2025 SD에듀 나무의사 한권으로 끝내기

Always **with you**

사람의 인연은 길에서 우연하게 만나거나 함께 살아가는 것만을 의미하지는 않습니다.
책을 펴내는 출판사와 그 책을 읽는 독자의 만남도 소중한 인연입니다.
SD에듀는 항상 독자의 마음을 헤아리기 위해 노력하고 있습니다. 늘 독자와 함께하겠습니다.

머리말

산림청은 나무의 질병 예방부터 치료까지 더 체계적으로 관리하기 위해 나무의사 국가자격제도를 도입하였습니다.

2018년 6월 28일부터 '나무의사 자격제도'를 시행하고 있으며 자격시험은 1차(선택형 필기)와 2차(서술형 필기 및 실기)로 나누어지고, 1차 시험에 합격해야 2차 시험에 응시할 수 있는 기회가 주어집니다.

나무의사와 함께 산림 및 조경 산업이 커지고 있어 관심을 갖고 준비하는 분들은 많지만, 양성과정의 수료 후 시험에 직면했을 때 이를 대비한 체계적인 참고서가 없는 실정이어서 시험을 준비하는 데 수험생들이 불편함과 어려움을 겪고 있을 것이라고 예상합니다.

이에 저희 집필자들은 나무의사 양성과정의 강의 경험과 나무의사 자격시험 출제 영역, 의도와 방향에 대한 진단을 토대로 1차 시험 과목인 수목병리학, 수목해충학, 수목생리학, 산림토양학, 수목관리학(수목관리/비생물적피해/농약학) 등 5과목의 핵심적인 내용을 간추리고 이를 문제화하여 실전에 대비할 수 있게 교재를 출간하게 되었습니다.

나무의사 국가자격제도가 시행 초반이라 시험이 정형화되지 않았지만, 여러 방면으로 정보를 수집해 도서를 집필했습니다. 본 도서로 학습을 하면서 부족함 또는 보충을 원하는 부분이 있다면 언제든 조언을 해주시길 바랍니다. 여러분의 아낌없는 충고를 기다리겠습니다. 그리고 부단히 오류와 미비점을 보완해 나가면서 나무의사를 준비하는 수험자의 동반서가 되도록 노력하겠습니다.

끝으로 이 책이 출간되기까지 후의를 베풀어 주신 SD에듀와 항상 힘이 되어주신 신구대식물원 전정일 원장님께 감사드립니다.

집필자 일동

나무의사 시험안내 INFORMATION

◤ 2024년도 시험일정

시행회수	구 분	시험일자
10회	1차	2024.02.24
	2차	2024.07.13

※ 자세한 사항은 시행처인 한국임업진흥원의 확정공고를 필히 확인하시기 바랍니다.

◤ 시험과목

시험구분	시험과목	시험방법	배 점	문항수
제1차 시험	수목병리학	객관식 5지택일형	100점	25
	수목해충학		100점	25
	수목생리학		100점	25
	산림토양학		100점	25
	수목관리학		100점	25
제2차 시험	**서술형 필기시험** 수목피해 진단 및 처방	논술형 및 단답형	100점	–
	실기시험 수목 및 병충해의 분류, 약제처리와 외과수술		100점	–

※ 시험과 관련하여 법률 · 규정 등을 적용하여 정답을 구하는 문제는 시험시행일 기준으로 시행 중인 법률 · 기준 등을 적용하여 그 정답을 구하여야 함

◤ 합격자 결정

제1차 시험	각 과목 100점을 만점으로 하여 각 과목 40점 이상, 전과목 평균 60점 이상인 사람을 합격자로 결정
제2차 시험	제1차 시험에 합격한 사람을 대상으로 논술형과 실기시험 각 100점을 만점으로 하여 각 40점 이상, 전과목 평균 60점 이상인 사람을 합격자로 결정

◪ 응시자격

「산림보호법」 제21조의4 관련

「산림보호법」 제21조의7에 따른 나무의사 양성기관에서 교육을 이수한 후 시험에 응시

「산림보호법 시행령」 제21조의6, 별표1 관련

❶ 「고등교육법」 제2조 각 호의 교육에서 수목진료 관련학과의 석사 또는 박사학위를 취득한 사람

❷ 「고등교육법」 제2조 각 호의 학교에서 수목진료 관련학과의 학사학위를 취득한 사람 또는 이와 같은 수준의 학력이 있다고 인정되는 사람으로서 해당 학력을 취득한 후 수목진료 관련 직무분야에서 1년 이상 실무에 종사한 사람

❸ 「초 · 중등교육법 시행령」 제91조에 따른 산림 및 농업분야 특성화고등학교를 졸업한 후 수목진료 관련 직무분야에서 3년 이상 실무에 종사한 사람

❹ 다음 각 목의 어느 하나에 해당하는 자격을 취득한 사람

> ㉠ 「국가기술자격법」에 따른 산림기술사, 조경기술사, 산림기사 · 산업기사, 조경기사 · 산업기사, 식물보호 기사 · 산업기사 자격
> ㉡ 「자격기본법」에 따라 국가공인을 받은 수목보호 관련 민간자격으로서 자격기본법 제17조 제2항에 따라 등록한 기술자격
> ㉢ 「문화재수리 등에 관한 법률」에 따른 문화재수리기술자(식물보호분야) 자격

❺ 「국가기술자격법」에 따른 산림기능사 또는 조경기능사 자격을 취득한 후 수목진료 관련 직무분야에서 3년 이상 실무에 종사한 사람

❻ 수목치료기술자 자격증을 취득한 후 수목진료 관련 직무분야에서 3년 이상 실무에 종사한 사람

❼ 수목진료 관련 직무분야에서 5년 이상 실무에 종사한 사람

◪ 결격사유(산림보호법 제21조의5)

다음 각 호의 어느 하나에 해당하는 사람은 나무의사가 될 수 없음

❶ 미성년자

❷ 피성년후견인 또는 피한정후견인

❸ 「산림보호법」, 「농약관리법」 또는 「소나무재선충병 방제특별법」을 위반하여 징역의 실형을 선고받고 그 집행이 종료되거나 집행이 면제되는 날부터 2년이 경과되지 아니한 사람

☑ 제1차 시험 수험자 유의사항

❶ 답안카드에 기재된 수험자 유의사항 및 답안카드 작성요령을 준수하시기 바랍니다.

❷ 수험자 교육시간에 감독위원 안내 또는 방송(유의사항)에 따라 답안카드에 수험번호를 기재 마킹하고, 배부된 시험지의 인쇄상태 확인 후 답안카드에 배부된 문제지를 확인하여 유형을 기재 마킹하여야 합니다.

❸ 답안카드는 반드시 컴퓨터용 검정색 사인펜으로 작성하여야 합니다.

❹ 답안카드를 잘못 작성했을 경우에는 답안카드를 교체하거나 수정테이프를 사용하여 수정할 수 있으나 불완전한 수정처리로 인하여 발생하는 불이익(전산자동 판독불가 등)은 수험자의 귀책사유입니다.

> ■ 수정테이프 이외 수정액 및 스티커 등은 사용불가
> ■ 답안 이외 수험번호 등의 내용은 수정테이프 사용불가

❺ 채점은 전산 자동 판독 결과에 따르므로 답안카드 기재착오, 불완전한 마킹, 수정, 지정 필기구 미사용 등 부주의나 유의사항을 지키지 않아 발생하는 불이익은 전적으로 수험자의 귀책사유입니다.

☑ 제2차 논술형 필기시험 수험자 유의사항

❶ 주관식 답안지 표지에 기재된 '답안지 작성 시 유의사항'을 준수하시기 바랍니다.

❷ 수험자 인적사항 · 답안지 등 작성은 반드시 정해진 필기구로만 작성해야 하며 다른 필기구로 작성한 답안은 영점처리 됩니다.

❸ 답안을 정정할 때에는 반드시 정정부분을 두 줄(═══)로 긋고 표시하여야 하며, 두 줄로 긋지 않은 답안은 정정하지 않은 것으로 간주합니다. 또한 수정테이프(액) 등을 사용했을 경우 채점상의 불이익을 받을 수 있으므로 사용하지 마시기 바랍니다.

❹ 답안지에 수험번호와 성명 기재란 외에 답안과 관련 없는 특수한 표시를 하거나 특정인임을 암시하는 문구를 기재한 경우, 답안지 전체를 0점 처리합니다.

❺ 제2차 시험 채점은 과정(논술형과 실기시험)별 응시자에 한하여 실시하므로 미응시 과정은 0점 처리됩니다.

> ■ 제2차 시험의 점수는 총득점만 공개되며, 채점관련자료(채점기준 세부내역 등)는 일절 공개되지 않습니다.

▨ 제2차 작업형 실기시험 수험자 유의사항

❶ 수험자 인적사항 · 답안지 등 작성은 반드시 정해진 필기구로만 작성해야 하며 다른 필기구로 작성한 답안은 영점처리 됩니다.

❷ 실기시험의 진행은 감독위원의 지시에 따라 작업에 임하며, 각 과제별 작업은 안전사항을 준수하여야 합니다. 이에 따르지 않아 사고가 발생하는 경우에는 수험자의 귀책사유입니다.

❸ 작업의 과정이 채점대상인 경우는 채점 대상과정을 시험위원에게 확인 받은 후 다음 작업에 임하여야 합니다.

❹ 시험이 종료되면 작업을 즉시 멈추고 문제지와 작업결과를 채점위원에게 제출하여야 하며, 남는 시간을 다른 과제 또는 작업시간에 사용할 수 없습니다.

❺ 지급재료는 수험 시작 전에 확인하여 재료의 교체 등을 요구할 수 있으나 수험이 시작된 후에는 교체할 수 없습니다.

❻ 시험장비(PC, 노트북, 현미경 등 시험에 사용되는 장비)를 사용 시 장비에 이상이 발생하면, 감독관에게 관련 사항을 보고하고 감독관의 지시에 따라 행동해야 합니다.

▨ 응시자 준수사항

❶ 지정된 시간까지 배정시험실에 입실하고 현장시험본부의 퇴실 안내가 있기 전까지 퇴실하지 아니할 것

❷ 시험의 시행에 관하여 시험감독관의 지시에 따를 것

❸ 시험 시작 전까지 시험문제를 열람하지 아니할 것

❹ 통신기기 및 전자기기는 지정된 장소에 보관하고 시험 중 소지하지 아니할 것

❺ 답안지를 훼손하지 않아야 하며, 답안내용 외의 사항을 기재하지 아니할 것

❻ 시험시간 종료 타종(벨)이 울리면 즉시 답안 작성을 멈출 것

❼ 시험문제가 비공개인 시험의 문제 및 답안을 옮겨 적지 아니할 것

❽ 시험장소(학교 등)의 이용규정을 준수하고 시설상태를 시험이전과 동일하게 유지할 것

❾ 그 밖에 시험의 공정한 관리를 위하여 본부장이 정하여 공고한 사항을 준수할 것

※ 응시자 준수사항 위반자는 해당 교시를 영점처리 또는 그 시험이 무효처리될 수 있으므로 위 사항을 반드시 준수해야 한다.

시험을 분석하고 연구한 핵심이론

시험에서 어떤 이론이 출제되었는지, 몇 번 출제되었는지를 확인하면서 학습할 수 있습니다. 그리고 중요한 내용을 색으로 표시해 집중력 높은 학습을 할 수 있습니다.

---

③ 수선조직 기출 8회
 ㉠ 목부의 횡단면 중앙에서 방사선 방향으로 뻗는 가느다란 줄 모양의 조직
 ㉡ 살아있는 세포인 수선유세포로 구성
 ㉢ 탄수화물을 전분의 형태로 저장
 ㉣ 구회화(CODIT) 기작 작동
 ㉤ 수간에서 중앙을 향한 수평 방향으로의 물질이동 담당
 ㉥ 필요하면 세포분열을 재개할 수 있는 능력을 가짐
④ 나이테(연륜) 기출 8회
 ㉠ 춘재 : 봄철에 형성된 목부조직, 세포의 지름이 크고 세포벽이 얇음, 비중 낮음
 ㉡ 추재 : 여름과 가을에 만들어지는 목부조직, 춘재와 반대되는 특징을 가짐
 ㉢ 나이테 : 추재와 춘재 사이의 경계선
⑤ 목재조직의 구조
 ㉠ 피자식물과 나자식물의 목재 구성 성분 기출 8회

	종축방향	수평방향
피자식물	도관, 가도관, 목부섬유, 종축유세포	수선유세포
나자식물	가도관, 종축유세포, 수지도세포	수선가도관, 수선유세포, 수지도세포

 ㉡ 피자식물의 목부조직 구분 기출 9회

특 징		수 종
환공재	• 춘재 도관 지름 > 추재 도관 지름 • 지름이 큰 도관이 춘재에 집중 • 환상으로 배열	낙엽성 참나무류, 음나무, 물푸레나무, 느티나무, 느릅나무, 팽나무, 회화나무, 아까시나무, 이팝나무, 밤나무
산공재	• 춘재 도관 지름 = 추재 도관 지름 • 나이테 전체에 골고루 산재	단풍나무, 피나무, 양버즘나무, 벚나무, 플라타너스, 자작나무, 포플러, 칠엽수, 목련, 상록성 참나무류(방사공재)
반환공재	춘재에서 추재로 바뀌면서 도관의 직경이 점진적으로 작아짐	가래나무, 호두나무, 중국굴피나무

 ㉢ 도관과 가도관

	가도관	도관
수 종	침엽수	
기 능	수분 이동	
구조적 특징	• 내용물이 없는 죽은 세포 • 직경 20~30㎛, 길이 2~3mm • 끝이 막혀 있고 막공을 통해 이동	
수분 이동 특성	매우 느림	

더 알아두기

줄기의 횡단면에서 보이는 여러 조직의 배열순서 기출 7회
맨 바깥쪽 : 수피 - 코르크층 - 코르크형성층 - 피층 - 사목부(변재 · 심재) - 속간부위(후생목부 · 원생목부) -

---

이해를 높이기 위한 삽화

글로만 설명하면 어렵고, 정확하지 않은 경우가 많습니다. 이해도를 높여 학습의 능률을 높이기 위해 곳곳에 삽화를 수록해 설명했습니다.

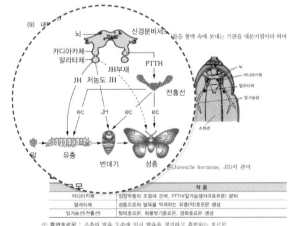

(9) 내분비계
 물을 혈액 속에 보내는 기관을 내분비샘이라 하며
 ... (Juvenile hormone, JH)이 관여

구모	작용
카디아카체	심장박동의 조절에 관여, PTTH(앞가슴생자극호르몬) 분비
알라타체	성충으로의 발육을 억제하는 유충(약)호르몬 생성
앞가슴선(전흉선)	탈피호르몬, 허물벗기호르몬, 경화호르몬 생성

 ② 휴면호르몬 : 곤충의 발육 도중에 일시 발육을 정지하고 휴면하는 호르몬

(10) 외분비계 기출 8회
 ① 체내에서 생성된 분비물을 관이나 구멍을 통해 체외로 보내는 기관이 외분비샘
 ② 하나 또는 여러 개의 분비세포
 ③ 누에와 배미나방의 페로몬 연구에 의해 발전
 ■ 외분비계의 종류 및 특징

외분비샘	작용
페로몬	• 곤충이 냄새로 의사를 전달하는 신호물질 • 집합페로몬, 성페로몬, 경보페로몬, 길잡이페로몬, 분산페로몬, 계급페로몬
표피샘	콜벌에서 락스를 분비하여 벌집을 짓는데 사용
침 샘	전장의 앞쪽에 위치
악취선	노린재류의 탄화수소 유도체 분비물질
이마샘	흰개미류에서 끈적한 방어용 물질 분비
배끝마디샘	딱정벌레류에서 불쾌한 물질 분비
여왕물질	큰턱마디에서 여왕벌 생성물 억제

출제 적중!
적중예상문제

기출문제와 비슷한 시험, 출제기준을 철저히 분석해 만든 출제를 예상하는 적중예상문제로 자신의 실력을 확인해 보세요. 시험에 출제될 문제는 정해져 있습니다.

---

07 곤충에 있어 알에서 부화되어 나온 것을 유충 또는 약충이라고 한다. 그 쓰임이 옳은 것은?

① 방패벌레의 애벌레는 약충, 부채벌레의 애벌레는 유충이라고 한다.
② 매미의 애벌레는 유충, 나비의 애벌레는 약충이라고 한다.
③ 잠자리와 하루살이 애벌레는 유충이라고 한다.
④ 노린재와 파리 애벌레는 약충이라고 한다.
⑤ 완전변태류의 애벌레는 모두 약충이라고 한다.

해설
매미목, 잠자리목, 하루살이목, 노린재목 등은 불완전변태를 한다.

08 진딧물의 간모(幹母)에 관한 설명 중 옳지 않은 것은?

① 단성생식을 한다.
② 월동한 알에서 부화한다.
③ 알 대신 1령 약충을 낳는다.
④ 양성생식으로 생긴 알에서 부화한 것이다.
⑤ 월동 후 2차 기주(여름기주)로 이동하여 번식한 첫 개체이다.

해설
진딧물의 월동란이 봄에 부화하여 발육한 것으로 날개가 없이 새끼를 낳는 단위 생식형의 암컷을 간모(幹母)라고 한다.

09 유충의 특성과 거리가 먼 것은?

① 완전변태를 하는 곤충의 애벌레를 말한다.
② 유충이 자라면서 허물을 벗는 것을 탈피라고 한다.
③ 탈피를 통해 몸의 크기를 키운다.
④ 다음 탈피할 때까지의 기간을 영기라고 한다.
⑤ 가슴다리보다는 배다리가 더 발달하였다.

해설
유충은 다리의 발달이 다양하게 나타나며, 가슴다리와 배다리가 발달

---

15 토양유기물층을 부숙된 정도가 작은 것에서 큰 것의 순서로 바르게 나열한 것을 고르시오.

① Oi-Oa-Oe ② Oi-Oe-Oa
③ Oa-Oe-Oi ④ Oa-Oi-Oe
⑤ Oe-Oi-Oa

해설
Oi층 : 미부숙된 유기물층, Oe층 : 중간 정도 부숙된 유기물층, Oa층 : 잘 부숙

16 토양생성작용에 관한 설명으로 옳지 **(2019년 37회 문화재수리기술자)**

① 철·알루미늄집적 : 염기와 규산의
② 회색화 : 건조한 산화상태의 토양
③ 이탄집적 : 장기적 혐기상태의 요함
④ 포드졸화 : 습윤한 한대지방의 침엽수
⑤ 석회화 : Ca과 Mg 등의 탄산염의 집적

해설
회색화 : 과습한 환원상태의 토양

17 유기물과 토양의 유기물층에 대한 설명으로 옳지 않은 것은?

① O층 : 토양 표면에 축적된 두꺼운 미부숙 또는 반부숙 유기물층
② mull : 분해가 양호한 유기물로 광질토양과 섞어 A층을 이룸
③ moder : mor와 mull의 중간적 특성
④ mor : 미생물의 분해활동을 덜 받아 일부분만 분해된 유기물
⑤ mull : pH가 7 부근인 중성

해설
mull의 pH는 4.5~6.5이며, mild humus라고 불린다.

정답 15 ② 16 ② 17 ⑤

출제 유사!
동일 과목, 유사 시험

다른 시험에서 출제되는 기출문제는 분명 중요한 내용입니다. 유사 시험에서 출제된 중요한 문제를 도서에 수록했습니다. 이 부분은 꼭 확인하세요.

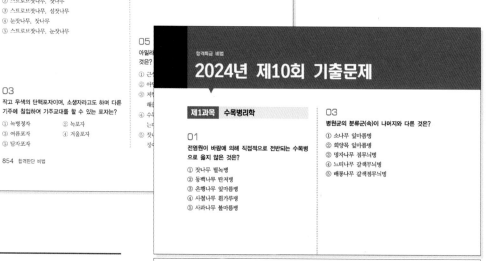

합격판단 비법
모의고사 제1회

제1과목 수목병리학

01
*Septoria*에 의한 병이 아닌 것은?
① 자작나무 갈색무늬병
② 철엽수 얼룩무늬병
③ 느티나무 흰별무늬병
④ 두릅나무 더뎅이병
⑤ 참나무 둥근별무늬병

02
오엽송 중 잣나무 털녹병에 저항성을 가지는 수목은?
① 섬잣나무, 눈잣나무
② 스트로브잣나무, 잣나무
③ 스트로브잣나무, 섬잣나무
④ 눈잣나무, 잣나무
⑤ 스트로브잣나무, 눈잣나무

03
작고 무색의 단핵포자이며, 소생자라고도 하며 다른 기주에 침입하여 기주교대를 할 수 있는 포자는?
① 녹병정자   ② 녹포자
③ 여름포자   ④ 겨울포자
⑤ 담자포자

854 합격판단 비법

04
접합균의 설명으로 옳지 않은 것은?
① 대부분 부생생활을 한다.
② 접합균류는 약 900여 종이 알려져 있다.
③ 세포벽은 글루칸과 섬유소로 이루어져 있다.
④ 균사가 노화되면 격벽이 발생하는 경우가 있다.
⑤ 유성생식은 모양과 크기가 비슷한 배우자낭이 합쳐져 접합포자를 만든다.

05
아밀라...
것은?
① 근...
② 아...
③ 저...
해...
④ 수...
는...
⑤ 잣...
장...

합격판단!
모의고사 3회분

합격의 마지막 관문인 모의고사 3회분을 수록했습니다. 학습이 완벽히 이루어졌을 때, 나의 실력과 부족한 부분을 확인할 수 있으니 이 부분도 꼭 확인하세요.

합격특급 비법
2024년 제10회 기출문제

제1과목 수목병리학

01
전염원이 바람에 의해 직접적으로 전반되는 수목병으로 옳지 않은 것은?
① 잣나무 털녹병
② 동백나무 탄저병
③ 은행나무 잎마름병
④ 사철나무 흰가루병
⑤ 사과나무 불마름병

03
병원균의 분류군(속)이 나머지와 다른 것은?
① 소나무 잎마름병
② 회양목 잎마름병
③ 명자나무 점무늬병
④ 느티나무 갈색무늬병
⑤ 배롱나무 갈색점무늬병

합격특급!
기출문제

어디에서도 볼 수 없었던 나무의사 시험을 경험할 수 있도록 필기 기출문제와 실기 기출복원문제를 수록했습니다. 「나무의사 한권으로 끝내기」 독자님들에게만 선보이는 비밀스러운 선물입니다.

나무의사 2차

제1회 시험 복원문제

[시행 2019. 07. 27.]

| 문 항 수 : 문항 |
| 응시시간 : 분 |

본 내용은 수험생의 기억을 바탕으로 복원된 문제로, 시험을 치루기 전 어떤 문제들이 출제되는지, 어떤 방식으로 출제되는지 등을 파악하기 위해 수록합니다. 실제 출제된 문제와 다르거나 배점이 다를 수 있으니 이점 양해바랍니다.

제1교시 논술형 (09:00~12:00) 100점

01 아파트에 제초제 피해 발생, 토양 및 수목관리방법 서술 (15점)

이 책의 차례 CONTENTS

이 책의 차례 CONTENTS

제1과목

수목병리학

아이들이 답이 있는 질문을 하기 시작하면 그들이 성장하고 있음을 알 수 있다.

- 존 J. 플롬프 -

수목병리학 일반

1. 수병학(Tree Pathology = Forest Pathology)

(1) 정 의

① 수목과 삼림의 병에 대한 연구

② 병의 원인, 병징, 발병과정, 발병조건, 병태생리, 저항성 기작, 예방과 치료의 원리 및 응용

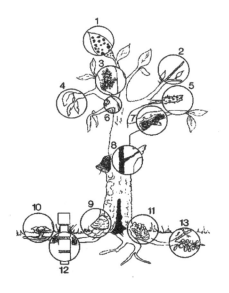

1. 잎점무늬
2. 가지끝마름, 궤양병, 스트레스 및 쇠락
3. 겨우살이
4. 시들음, 유관속시들음 또는 뿌리썩음
5. 궤양병곰팡이의 자실체
6. 유관속시들음 증상
7. 가지 기부의 가지궤양
8. 심부와 목재부후 곰팡이의 자실체
9. 밑둥썩음병균의 자실체
10. 손상된 뿌리에서 발생하는 뿌리썩음병균의 자실체
11. 근두암종병
12. 건축 피해로 인한 뿌리쪼개짐
13. 선충에 의한 뿌리병징

(2) 목 적

① 수목과 산림을 병해와 환경공해의 위협으로부터 효과적으로 보호

② 수목의 경제적, 사회적, 환경적인 기능을 다할 수 있도록 건강하게 가꾸고 지키기 위함

(3) 3대 수병 `기출` 8회

① 밤나무줄기마름병(chestnut blight)

② 잣나무털녹병(white pine blister rust)

③ 느릅나무시들음병(dutch elm disease)

2. 수목병리학의 역사

(1) Theophrastus(B.C. 371~287)

① 올리브나무를 포함한 몇 가지 식물병 서술

② 병의 원인을 신의 노여움으로 규정

(2) Robert Hartig(수병학의 아버지)

① 부후재중의 균사와 그 외부에 나타난 자실체와의 관계 규명

② 수병학교과서(Lehrbuch der Baumkrankheiten) 저서

(3) 우리나라 수병학의 역사 기출 7회

① 조선후기

　㉠ 실학자 서유구가 저술한 농서인 행포지에 배나무붉은별무늬병이 심하게 발생한다는 것과 향나무와
　　신비적인 관계가 있다는 것을 경험적으로 입증

② 1922년

　㉠ 조선 총독부 임업시험장 : 산림보호에 대한 과학적 연구 시작

　㉡ 일본인을 중심으로 산림보호관련 시험사업이 송충(솔나방), 솔잎혹파리, 오리나무잎벌레, 굼벵이(묘
　　포해충) 등의 산림해충에 대한 연구. 병에 관한 것은 적음

③ 1936년 Takaki Goroku : 우리나라 잣나무털녹병 최초 발견

④ 1937년 Hiratsuka Naohide

　㉠ 조선에서 새로 발견된 잣나무 병해 – 잣나무털녹병

　㉡ 국내 수목병 피해와 병원균 동정에 관한 최초의 기술 – 조선임업회보

⑤ 1935년~1942년 Hiratsuka Naohide

　㉠ 우리나라의 녹병균 203종을 수록한 조선수균을 발표

　㉡ 우리나라의 녹병균의 분류에 관한 최초의 연구논문

⑥ 1940년 : 선만임업편람에 우리나라 수목병 92종과 균이류 163종을 기록

⑦ 2차대전 이후 임업시험장 : 우리나라 연구진의 연구 시작

⑧ 1960년대 초 : 임업시험장 보호과 설치와 수목병, 산림곤충 및 야생동물 연구

⑨ 1976년 : 임업시험장을 산림병해충부로 승격

⑩ 1960~1980년대까지 : 대추나무빗자루병, 오동나무빗자루병, 잣나무털녹병

3. 국내 주요 수병의 발생 및 특징

① 1945년 광복 이후 수목병이 급증
② 1988년 소나무재선충과 같이 해외 유입된 수목병 증가

병 명	연 도	장 소	특 징
밤나무줄기마름병	–	–	• 아시아의 향토병이나 1900년에 북미 유입 • 미국과 유럽의 밤나무림을 황폐화
대추나무빗자루병	–	–	• 충북 보은, 옥천, 경북 봉화 등 황폐화(1950년) • 1973년에 파이토플라스마로 밝혀짐
오동나무빗자루병	–	–	• 1967년에 처음으로 매개충을 밝힘 • 1970년에 피해가 심각하여 조림이 중단
잣나무털녹병	1936년	가 평	• 국내는 중간기주 중 송이풀류에서만 발견 • 까치밥나무류에서는 발견되지 않음
포플러잎녹병	1956년	전 국	• 전국 조림지역에서 발생 • 낙엽송 및 현호색류가 중간기주
리지나뿌리썩음병	1982년	경 주	• 불난 자리나 뿌리가 약해진 곳에서 발병 • 동해안의 대형 산불지역에서도 발생
소나무재선충	1988년	부 산	• 적송과 해송에서 발생 • 2006년 경기도 광주 잣나무임지에서도 발견
푸사리움가지마름병 (소나무수지궤양병)	1996년	인 천	• 리기다소나무림에서 처음 발견 • 중부지역에서 발견된 후 전국으로 확산
참나무시들음병	2004년	성 남	• 신갈나무에서 처음 발견 • 광릉긴나무좀에 의해 매개

수목병 일반

1. 수목병의 원인

- 수목에 병을 일으키는 병원(病源)은 생물적 병원과 비생물적 병원으로 구분되는데, 생물적 병원을 병원체(病原體, pathogen)라고 함
- 수목의 주요 병원체로는 균류(곰팡이, fungi), 세균(bacteria), 파이토플라스마(phytoplasma), 바이러스, 선충, 바이로이드, 원생동물, 조류, 기생종자식물 등이 있음

2. 수목병의 구분

(1) 비생물적 병원

① 대부분의 식물체에서 똑같은 병징이 나타나는 경우가 많음

② 다른 종류의 식물에도 비슷한 병징이 나타나는 경우가 많음

(2) 생물적 병원(병원체)

① 같은 종류의 식물이라도 병든 개체와 건전한 개체가 섞여 있음

② 병든 식물체 사이 혹은 같은 개체의 부분에 따라서도 병 정도의 차이가 다름

③ 병의 발생이나 퍼져 가는 정도가 주위의 환경조건이나 취급하는 방법에 따라 달라짐

병 원		내 용
생물적 원인	곰팡이	점무늬병·탄저병·흰가루병·그을음병·떡병·가지마름병·시들음병·뿌리썩음병·녹병 등 대부분의 수목병
	세 균	뿌리혹병·세균성 궤양병·불마름병 등
	바이러스	모자이크병 등
	파이토플라스마	빗자루병·오갈병 등
	원생동물	코코넛야자 hartrot병 등
	선 충	소나무 시들음병(소나무 재선충병) 등
	기생성 종자식물	새삼·겨우살이·칡 등
비생물적 원인	온도 스트레스	과도한 고온 및 저온 등
	수분 스트레스	대기의 과건 및 과습, 토양의 과건 및 과습
	토양 스트레스	토양습도의 과부족, 양분의 불균형, 토양경화, 산소부족 및 유해가스의 과다, 염류집적, 중금속 오염, 토양반응(pH)의 부적당 등
	대기오염	일산화탄소·아황산가스·탄화수소·아질산·PAN·오존·산성비 등
	화학물질	제초제·제설제 등

■ 비생물병과 생물적 병의 비교 기출 7회

구 분	비생물적 병원	생물적 병원
발병부위	식물체 전부	식물체 일부
병의 심각성	대개 비슷한 수준	발병정도 다양
발병지역	넓 음	좁 음
초기증상진전률	빠 름	느 림
중기증상진전률	느 림	빠 름
종특이성	낮 음	높 음
병원체 확인	확인 불가능	병환부에 존재

3. 전염성 병원체의 특징

(1) 균 류

① 다세포 진핵생물로, 유기물을 섭취하여 에너지를 얻는 종속 영양 생물

② 엽록소가 없고 균사로 이루어져 있으며, 균사의 끝에서 생성된 포자로 번식

③ 균사체에서 외부로 소화 효소를 분비하여 주변의 유기물을 분해한 후 양분 흡수

④ 키틴 성분으로 이루어진 세포벽을 가지고 있으며, 운동성이 없음

⑤ 동식물의 사체에 붙어 기생생활이나 공생생활을 하며, 생태계에서 분해자 역할(예 난균류 : β-glucan과 섬유소)

※ 균류는 운동성이 없는 대신 균사가 빠르게 생장하여 뻗어나가며, 균사의 굵기보다는 길이를 늘임으로써 양분 흡수 면적을 넓힘

(2) 세 균

① 핵막이 없고(원핵생물) DNA가 세포질에 퍼져 있으며, 별도로 작은 원형 DNA인 플라스미드가 있음

② 이분법으로 빠르게 증식하며, 편모를 가지고 있어 이동할 수 있음

③ 효소가 있어 스스로 물질대사를 하며, 하나의 독립된 세포로서 숙주 없이도 살아갈 수 있음

④ 증식 과정에서 독소를 만들어 분비하고, 이 독소가 생물체의 세포나 조직을 손상시킴

⑤ 세포벽을 가지고 있으며, 세포벽에는 탄수화물과 단백질로 구성된 펩티도글리칸이 있음

⑥ 일부는 세포벽 바깥쪽에 점착성 성분으로 이루어진 두꺼운 피막(캡슐)을 가지고 있어 세균의 부착을 도우며, 숙주의 면역 체계를 피하기도 함

구 분	내 용
플라스미드	세균의 세포 내에 있는 주 DNA와는 별도로 존재하는 둥근 고리 모양의 DNA로 독자적으로 복제 가능
펩티도글리칸	다당류로 된 사슬에 비교적 짧은 펩타이드 사슬이 결합한 화합물로, 세균의 세포벽 성분

(3) 파이토플라스마

① 세 겹의 단위막(Unit membrane)으로 둘러싸임

② 공 모양, 타원형, 불규칙한 관 또는 실 모양

③ 인공배양이 불가능하며 식물의 체관 즙액에 존재

④ 접목이나 매미충에 의하여 매개하며 종자전염 및 즙액 전염은 되지 않음

⑤ 황화, 위축, 빗자루 모양, 쇠락 등의 병징이 발현

⑥ 우리나라에서의 대표적인 병 : 대추나무 빗자루병, 뽕나무 오갈병

(4) 바이러스 기출 7회

① 바이러스는 핵산과 단백질 껍질로만 되어 있는 비세포 단계

② 핵산과 단백질 껍질의 형태로 존재하며 DNA나 RNA 중 한 종류의 핵산을 가지고 있음

③ 수목병을 발생시키는 바이러스는 대부분 외가닥 RNA

④ 바이러스는 스스로 증식하지 못하고 숙주의 물질대사 기구를 이용하여 증식(복제)

⑤ 세균은 항생제로 제거할 수 있지만, 바이러스는 변이가 심해 항바이러스제의 개발이 어려움

⑥ 식물바이러스의 근거리 이동통로는 원형질연락사이며 조직 사이의 원거리 이동통로는 체관부

구 분	내 용	비 고
무생물적 특성	생물체 밖에서는 단백질과 핵산의 결정체로 존재하며 독자적인 효소가 없어 스스로 물질대사를 하지 못함	숙주 세포에 들어가 숙주 세포의 효소를 이용하여 물질대사를 함
생물적 특성	숙주 세포 내에서는 숙주 세포의 물질대사 기구를 이용하여 물질대사를 하고, 유전 물질을 복제하여 증식하며 유전 현상을 나타냄	돌연변이가 일어나 다양한 종류로 진화

4. 전염성병원체의 구분

① 생물적 요인에 의한 수목병은 전염성임

② 병든 부위에 원인체가 존재하는 특성이 있음

③ 대다수의 곰팡이와 세균은 임의부생체 또는 임의기생체임

④ 수목의 경우 다년생 식물로 1년생 작물과 달리 병의 진전이 상대적으로 느림

⑤ 주요 병원체는 곰팡이, 세균, 파이토플라스마, 바이러스, 원생동물, 선충, 기생성 종자식물이 있음

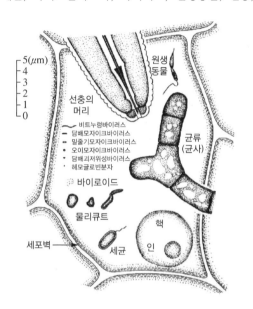

구 분	곰팡이	세 균	파이토플라스마	바이러스
생물분류	진핵생물	원핵생물	원핵생물	세포 없음
생물크기	사상균형태	$1 \sim 3 \mu m$	$0.3 \sim 1.0 \mu m$	$150 \sim 2,000 nm$
생물형태	균사, 자실체, 버섯	공, 나선, 막대, 곤봉모양	다형성	핵산과 (외피)단백질
번식방법	포자번식(유성, 무성)	이분법 번식	이분법 번식	복제 번식
감염형태	국부감염	국부감염	전신감염	전신감염
주요감염	직접, 개구부, 상처	개구부, 상처	매개충, 접목	매개충, 즙액, 접목 꽃가루, 종자, 경란전염
증식장소	세포간극 및 세포	세포간극	세포 내(체관)	세포 내

5. 전염성 병원체의 구조

① 전염성 병원체의 종류와 구조

　㉠ 곰팡이는 진핵생물로 핵막, 세포벽, 세포막이 있음

　㉡ 세균은 원핵생물이며 핵막이 없고, 세포벽, 세포막이 있음

　㉢ 바이러스는 핵산과 단백질로 이루어져 있음

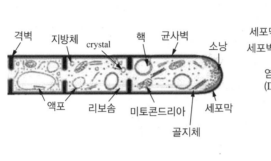

곰팡이

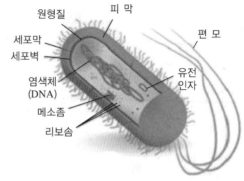

세균

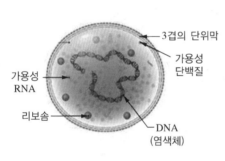

파이토플라스마

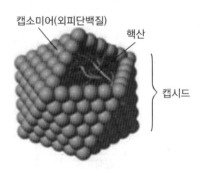

바이러스

② 전염성 병원체의 구조 비교

구 분	곰팡이	세 균	파이토플라스마	바이러스
핵 막	있 음	없 음	없 음	없 음
세포벽	있음(키틴) *난균 : 글리칸과 셀룰로스	있음(펩티도글리칸)	없 음	없 음
세포막	있 음	있 음	있 음	없 음
미토콘드리아	있 음	없 음	없 음	없 음
리보솜	있 음	있 음	있 음	없 음
기타 특징	유성 및 무성생식	플라스미드 보유	체관부에 존재	병원체는 외가닥 RNA
검정방법	광학현미경	균총, 광학현미경	DAPI 형광현미경	DN법, ELISA기법, PCR기법

6. 기생체의 종류

(1) 절대기생체(obligate parasite)

    ① 살아있는 기주에서만 생장하고 번식이 가능함

    ② 순활물기생체(biotroph)라고도 함

    ③ 흰가루병, 녹균병과 같은 일부 균류 및 바이러스와 파이토플라스마 등

(2) 임의 부생체 (facultative saprophyte)

    ① 대부분의 시간 또는 생활사 동안 기생체로 살아감

    ② 죽은 유기물에서도 부생적으로 살아갈 수 있음

    ③ 반활물영양체(semibiotroph)라고도 함(상대적으로 기생성이 강함)

(3) 임의 기생체(facultative parasite) `기출` 5회

    ① 대부분의 시간을 죽은 유기물에서 생활

    ② 사물영양체라 할 수 있지만 어떤 조건에서는 살아있는 식물체에 침입

    ③ 상대적으로 부생성이 강함

(4) 부생체(saprophyte)

    ① 죽은 유기물에서만 생활

    ② 사물기생균이라고도 하며 목재부후균이 대표적임

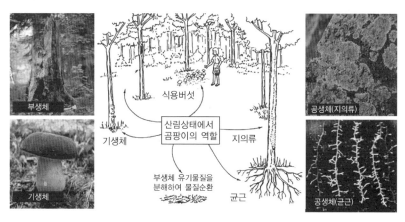

〈생태계에서의 곰팡이의 역할〉

※ 살생균(perthophyte) : 다른 생물의 조직을 침해하여 죽이고, 죽은 부위에서 양분을 취하여 생활하는 균

제3장 수목병해의 발생

1. 병원과 기주의 상호작용

(1) 병원성

① 효소(enzyme)

㉠ 병원성과 관련하여 가장 잘 알려진 것

㉡ 병원체가 수목에 침입하기 위해서 수목 표피조직의 주요 화학 구성성분인 wax, cutin, pectin, cellulose, 리그닌 등을 분해할 경우 cutinase, pectinase, cellulase 및 리그닌분해효소 등의 생산 능력이 병원체의 병원성에 밀접하게 관여

㉢ proteinase(단백질분해효소), amylase(탄수화물분해효소), lipase(지방분해효소)도 병원성에 관여

② 식물독소(phytotoxin)

㉠ 병원체가 기주에 감염하여 분비하는 식물체에 유해한 작용을 하는 물질로서 특정한 기주식물에서만 병원성을 나타내는 기주특이적 독소(host-specific toxin)

 예 배나무 검은무늬병의 AK독소, 사과나무 점무늬 낙엽병의 AM독소

㉡ 기주 이외의 식물에도 병원성을 나타내는 비기주적 독소(nonhost-specific toxin)

 예 느릅나무 마름병의 ceratoulmin, 자주날개무늬병의 helicobasidin, 밤나무 줄기마름병의 oxalic acid

③ 병원체 감염에 의한 숙주의 생리적 변화

여러 가지 생리적 이상현상, 즉 옥신(auxin), 지베렐린(gibberellin), 시토키닌(cytokinin) 및 에틸렌 (ethylene) 등과 같은 식물생장조절물질의 비정상적 생산, 광합성 방해, 물과 무기양분의 방해, 유기양분 이동의 방해, 호흡량의 이상, 세포막 투과성의 이상, 유전자 전사 및 번역의 장애 발생

(2) 병해 저항성

① 수목의 방어체계(기존적 방어와 유도적 방어)

㉠ 기존적 방어
- 기존의 구조적 특성 및 특유의 항균 또는 항바이러스 물질 등을 가지고 특정 병해의 감염을 방해하는 현상
- 기존 구조 : 표피 세포벽의 구조, 기공 및 피목의 구조(크기/위치/형태)
- 생육 억제 화학물 : 페놀화합물, 파이토안티시핀, 타닌, 사포닌 등

㉡ 유도적 방어
- 유도된 구조적 특성 및 생화학적 물질에 의한 방어
- 원래는 존재하지 않던 구조나 물질들이 특정 병원체의 감염에 의하여 유도되어 생성됨으로써 병원체의 감염과 확산을 방어하는 것

구 분	기존적 방어	유도적 방어
방어 능력	세포벽의 구조, 기공 및 피목의 구조, 왁스큐티클의 양과 질	코르크층의 형성, 이층의 형성, 전충체의 형성, 검물질의 침전 및 과민성 반응
생화학물질	페놀화합물, 파이토안티시핀, 타닌, 사포닌 등	페놀화합물, 파이토알렉신 등

② 방어체계의 종류

㉠ 페놀화합물(phenolic compound) : 페놀성 성분의 항균성은 주로 polyphenol이나 산화물이 항균성, 병저항성의 원인이 되는 물질 → 리그닌(lignin), 타닌(tannic acid), flavonoid 등

㉡ 코르크층(cork layer)의 형성 : 균류나 세균, 일부 바이러스나 선충에 의한 감염은 병원체에 의해 분비되는 물질이 기주 식물을 자극한 결과로서, 식물체가 감염부위 주변에 여러 층의 코르크세포(cork cell)의 형성 유도

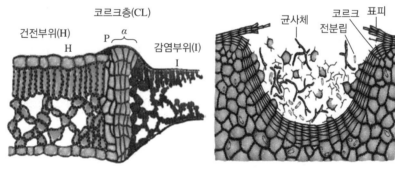

〈코르크층 형성〉

ⓒ 전충체(tylose)의 형성 : 다양한 stress를 받는 상태 또는 유관속 침입 병원체에 의해 침입 받는 동안 물관속에 형성 → 셀룰로스벽을 가지는 전충체는 크기가 커지고 수가 많아져 물관 전체를 폐색시킴

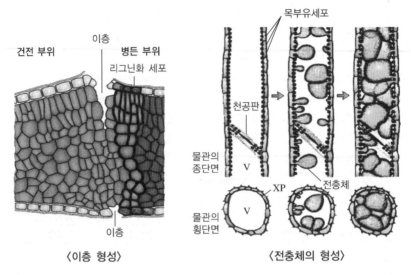

〈이층 형성〉 〈전충체의 형성〉

ⓓ 과민성 반응(hypersensitive reaction ; HR) : 병원체가 침입하였을 때, 기주세포가 급속히 반응을 일으켜 급사하는 동시에, 병원체의 생육도 저지되거나 불활성화되는 현상

③ 수목의 방어체계(CODIT이론) 기출 6회

  ㉠ 제1방어대 : 상처 난 곳에서 수직으로 향한 물관과 헛물관의 방어 역할(전충체 : tylose)

  ㉡ 제2방어대 : 나이테의 추재로서 세포벽이 두꺼워 분해가 어려운 방어대

  ㉢ 제3방어대 : 방사상 유세포로 균이 침투하면 스스로 사멸하면서 병원체의 침투 방어

  ㉣ 제4방어대 : 형성층세포에서 페놀물질, 2차 대사물, 전충체 등을 세포에 축적하여 목질부의 나이테로 전달하여 방어

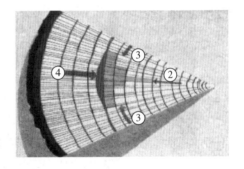

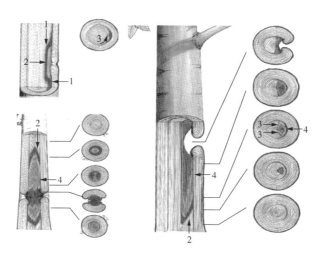

④ 유전적 특성에 의한 저항성의 구분

구 분	종 류	내 용
진정저항성	수직저항성	• 특정 병원체의 레이스(race)에 대해서만 나타내는 저항성 • 병원체의 유전자가 변하면 저항성 상실 • 질적 저항성, 소수인자저항성이라고도 함
	수평저항성	• 식물체가 대부분의 병원체 레이스(race)에 대하여 나타내는 저항성 • 완전하지 못하나 병의 전파를 감소시키고 큰 병으로 진전을 막음 • 양적 저항성, 다인자저항성이라고도 함
외견상저항성	병회피	• 감수성인 식물체라도 발병조건이 갖추어지지 않았을 때 나타나는 저항성
	내병성	• 감염되었더라도 병징이 약하거나 감염 전과 별 차이가 없는 경우

2. 수목병의 발병 요소

(1) **병 발생의 3요소(병의 삼각형)** : Host(소인), Pathogen(주인), Environment(유인)

① **수목(소인)** : 종이나 품종이 나타내는 저항성/성숙에 따른 저항성 정도

② **병원(주인)** : 균주의 종류/병원체의 밀도 및 휴면 여부/침입을 위한 수막이나 매개체의 존재

③ **환경(유인)** : 수목의 생장과 저항성에 영향/병원체의 생장과 증식 속도 및 병원성 정도/바람/물/매개체 등에 의한 병원체 전파

(2) 병 사면체 5요소 : 병원체, 기주, 환경, 시간, 인간 활동

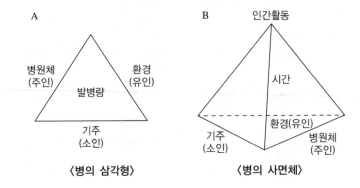

〈병의 삼각형〉 〈병의 사면체〉

3. 수목병의 발생과 환경

(1) 기상 및 토양환경

① 온 도
   ㉠ 병원체의 생육뿐만 아니라 수목의 병에 대한 감수성에도 영향
   ㉡ 리지나뿌리썩음병, 낙엽송가지끝마름병, Nectria 궤양병

② 햇 빛
   ㉠ 광합성에 필요한 광에너지가 부족하면 생육불량, 물질대사 이상으로 병해에 대한 저항력 약화
   ㉡ 흰가루병 등 수세약화로 각종 병의 유발

③ 습 도
   ㉠ 과도한 습도나 가뭄은 수목의 생리적 기능을 약화시켜 저항성 저하
   ㉡ *Fusarium*균(건조토양), *Rhizoctonia*, *Pythium*(과습토양)

④ 토 양
   ㉠ 식물체의 생리적 기능에 직접 영향을 줌
   ㉡ 질소비료의 과용은 병 유발/칼륨 및 인은 저항력 강화
   ㉢ 황산암모늄 과용은 병원균의 증식에 영향(곰팡이병)

⑤ 바람 및 지형
   ㉠ 수목의 과도한 증발작용으로 저항성 약화
   ㉡ 온도, 햇빛, 습도, 강우량, 적설량, 식생, 토양의 물리 화학적 성질 변화

⑥ 대기오염 : 특정병해의 유인 및 병의 발생 정도에 영향을 미칠 것으로 예상

(2) 산림조건

① 천연림과 인공림

    ㉠ 천연림의 경우 오랜 시간에 걸쳐 임목과 병원체 간의 균형으로 강력한 침입 병해가 없는 한 병해의 이상 발생 우려가 적음

    ㉡ 천연림은 한해, 풍해, 임지의 노출 및 건조 등의 환경요인에 잘 적응하여 각종 병해에 대한 환경저항성이 큼

② 단순림과 혼효림

    ㉠ 구성수종이 다양하면 병의 종류는 많으나 특정 병해의 대발생이 적음

    ㉡ 수종 간의 생육경쟁으로 약화된 저항력에 의한 병해가 발생

③ 임분밀도와 산림시업

    ㉠ 임목의 성장, 병해에 대한 저항력, 각 수종의 생리/생태적 특성 및 수령에 따라 간벌을 실시

    ㉡ 임분밀도가 높으면 수관하부로부터 가지가 말라 죽음

(3) **발병환경의 개선**

① 조림시에는 휴면기에 옮겨 심는 것이 원칙

② 낙엽송, 편백, 분비나무, 활엽수류 등은 휴면기가 아닐 때 심을 경우 뿌리썩음병, 페스탈로티아병, 잿빛곰팡이병, 탄저병, 줄기마름병의 발생하여 묘목이 고사

③ 오리나무갈색무늬병, 오동나무탄저병균 등과 같이 기주범위가 좁을 경우 윤작이 효과적

④ 모잘록병, 자주날개무늬병은 기주범위가 넓어 윤작으로는 방제효과가 없음

⑤ 임지무육의 풀베기, 덩굴치기, 제벌과 간벌을 통해 발병환경을 개선함

⑥ 잡초에 의해 피압되면 침엽수는 잿빛곰팡이병, 페스탈로티아병, 검은돌기잎마름병, 붉은마름병, 소나무류 잎떨림병, 피목가지마름병 등의 피해를 받기 쉬움

⑦ 소나무, 전나무류의 잎녹병이나 소나무 혹병 등은 겨울포자가 형성되기 전에 풀베기를 하면 각종 녹병을 예방할 수 있음

⑧ 소나무류 잎떨림병, 피목가지마름병, 낙엽송의 낙엽병, 가지끝마름병 등은 제벌과 간벌로 방제효과를 얻을 수 있음

4. 수목병해의 병환

(1) 병환(disease cycle)

① 병의 진전과 병원체의 번성에 관련되는 일련의 변화를 말함

② 접촉 → 침입 → 기주인식 → 감염 → 침투 → 정착 → 병원체의 성장 및 번식 → 병징 발현

    ㉠ 동종기생균 : 수목 병원균류가 한 종의 식물에서 생활사를 완성

    ㉡ 이종기생균 : 한 종이 아닌 서로 다른 종의 식물에 기생하여야 생활사를 완성(기주교대)

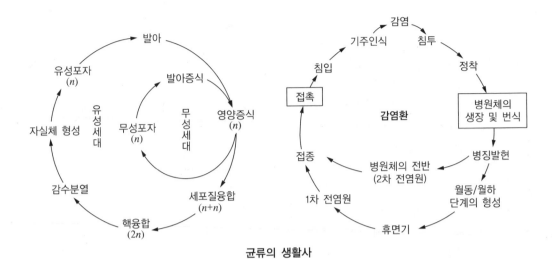

균류의 생활사

■ 수목의 주요 녹병

병 명	학 명	포자유형	
		녹병정자, 녹포자 세대	여름포자, 겨울포자 세대
잣나무 털녹병	*Cronartium ribicola*	잣나무	송이풀·까치밥나무
소나무 혹병	*C. quercuum*	소나무	졸참나무·신갈나무
소나무 잎녹병	*Coleosporium asterum*	소나무	참취·쑥부쟁이
	C. phellodendri	소나무	황벽나무
포플러 잎녹병	*Melampsora larici-populina*	낙엽송	포플러
오리나무 잎녹병	*Melampsoridium alni*	낙엽송	오리나무
배나무 붉은별무늬병	*Gymnosporangium asiaticum*	배나무	향나무
사과나무 붉은별무늬병	*G. yamadae*	사과나무	향나무

(2) 병환의 기간

① 단주기성 병(monocyclic disease)

  ㉠ 생육 후기에 전염원이 만들어짐

  ㉡ 전염원의 양은 해를 거듭할수록 꾸준히 증가 : 깜부기병, 녹병, 많은 토양병

② 다주기성 병(polycyclic disease)

  ㉠ 한 생육기에 여러 세대 발생(2~30세대)

  ㉡ 1차 전염원 : 유성포자, 휴면기구, 병든 조직

  ㉢ 2차 전염원 : 감염조직에서 만들어진 무성포자

  ㉣ 주로 공기 또는 충매전염, 대부분의 식물병

③ 다년성 병(polyetic disease)

    ㉠ 전염원을 형성하기까지 수년이 걸림

    ㉡ 다년생 기주에 생존

    ㉢ 생육후기에 만들어진 전염원 : 거의 모두 이듬해 봄에 1차 전염원으로 활동

    ㉣ 매년 전염원의 양이 꾸준히 증가

5. 병원체

(1) 병원체의 전반(transmission)

① 병원체가 어떠한 수단에 의하여 병을 일으킬 수 있는 장소까지 옮겨지는 현상

② 대부분의 병원체는 수동적으로 전반

    ㉠ 운동성을 가지고 있는 병원체 : 유주포자, 세균, 선충

    ㉡ 전반 수단 : 물, 바람, 곤충, 번식기관, 기타

    ㉢ 물, 바람 : 전반효율 낮음

    ㉣ 매개충, 뿌리유인 : 전반효율 높음

| 바람 | 튀기거나 흘러 내리는 빗물 | 바람에 날리는 빗물 | 곤충 | 관개 또는 범람 |

| 오염된 종자 | 감염된 이식묘 | 동물 | 작업화 | 각종 농기계 | 전정가위 칼 |

〈곰팡이와 세균이 전반되는 방법〉

병 명	병원체	매개충
바이러스성 병	바이러스	진딧물·응애·깍지벌레·매미충 등
대추나무 빗자루병	파이토플라스마	마름무늬매미충(*Hishimonus sellatus*)
뽕나무 오갈병	파이토플라스마	마름무늬매미충
붉나무 빗자루병	파이토플라스마	마름무늬매미충
쥐똥나무 빗자루병	파이토플라스마	마름무늬매미충
오동나무 빗자루병	파이토플라스마	담배장님노린재(*Cyrtopeltis tenuis*), 썩덩나무노린재(*Halyomorpha halys*, *H. mista*), 오동나무매미충(*Empoasca sp.*)
느릅나무 시들음병	*Ophiostoma novo-ulmi*	나무좀
참나무시들음병	*Ceratocystis fagacearum*(미국) *Raffaelea sp.*(한국)	밑빠진벌레류 광릉긴나무좀
녹 병	*rust fungi*	개미류·파리류
그을음병	*sooty mold*	진딧물·깍지벌레
청변병	*Ceratocystis*, *Ophiostoma*속	나무좀류
소나무재선충병	*Bursaphelenchus xylophilus*	솔수염하늘소(기주 : 소나무·해송 등) 북방수염하늘소(기주 : 잣나무)

■ 병원균의 전반방식 기출 7회

전반방식	내 용
바람에 의한 전반	잿빛곰팡이병, 흰가루병, 녹병, 낙엽송 가지끝마름병, 담자균류에 의한 목재썩음병
물에 의한 전반	밤나무줄기마름병, 호두나무탄저병, 과수 화상병
토양에 의한 전반	모잘록병, 리지나뿌리썩음병, 뿌리썩이선충
균류 및 선충에 의한 전반	• *Olpidium*, *Polymyxa* 등 토양균류 : *Necrovirus*속, *Furovirus*속 바이러스 매개 • *Longidurus*속, *Xiphinema*속 선충 : *Nepovirus*속의 바이러스 매개 • *Trichodurus*속 선충 : *Tobravirus*속 바이러스 매개
곤충에 의한 전반	파이토플라스마, 재선충, 기타 세균과 균류 등
종자 및 꽃가루에 의한 전반	• 종자 매개 : 탄저병과 모잘록병 • 배와 꽃가루 매개 : *Mulberry ringspot virus*, *Elm mottle virus*
접목에 의한 전반	파이토플라스마, 바이러스 등
묘목에 의한 전반	밤나무줄기마름병, 잣나무털녹병, 뿌리혹병, 자줏빛날개무늬병, 소나무혹병

(2) 병원체의 침입 기출 5회

① 각피침입

ㄱ 곰팡이와 선충이 가장 일반적이며, 세균, 파이토플라스마, 바이러스는 침입이 어려움

ㄴ 곰팡이 : 기계적 압력과 세포벽 분해효소 – 침입균사(penetration hyphae), 침입관
(penetration peg), cellulase, pectinase

ㄷ 기생식물 : 접촉 부위 부착기(appressorium)와 침입관(penetration peg)

ㄹ 선충 : 구침(stylet)으로 구멍 뚫고 침입

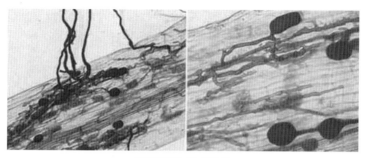

〈곰팡이의 각피침입〉

② 자연개구 침입

ㄱ 기공(stomata)
- 곰팡이는 식물표면에서 발아하여 발아관을 통해 기공으로 침입
- 세균의 경우에는 수막이 존재할 경우 헤엄쳐 기공으로 침입

ㄴ 수공(hydathode)
- 잎끝, 잎가, 항상 열려 있음
- 일부 세균의 침입이 발생하며 곰팡이의 침입은 매우 드묾

ㄷ 피목(lenticel)
- 가지, 열매, 괴경 등의 세포가 느슨히 연결된 공기통로인 피목으로 침입
- 몇 종의 곰팡이와 세균의 상처침입도 가능

ㄹ 밀선(nectarine)
- 꽃으로 침입하는 것은 일부 세균이 가능
- 화상병이 대표적이며 꽃이 시들며 잎과 가지로 전염됨

③ 상처침입

ㄱ 모든 세균, 대부분의 곰팡이, 일부 바이러스, 모든 바이로이드

ㄴ 일부 곰팡이는 상처의 죽은 조직으로 침입하여 살아있는 조직으로 진전됨

ㄷ 상처의 원인에는 강풍, 우박, 섭식, 가지치기, 옮겨심기, 엽흔, 생장흔 등이 있음

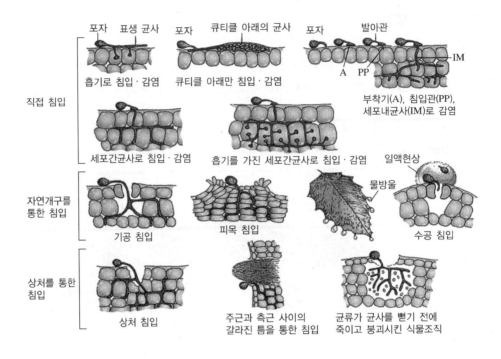

포자 표생 균사   포자 큐티클 아래의 균사   포자   발아관

흡기로 침입·감염   큐티클 아래만 침입·감염   IM
                                              A   PP

직접 침입   부착기(A), 침입관(PP),
                                             세포내균사(IM)로 감염

세포간균사로 침입·감염   흡기를 가진 세포간균사로 침입·감염   일액현상
                                                            물방울

자연개구를
통한 침입
            기공 침입   피목 침입   수공 침입

상처를 통한
침입
            상처 침입   주근과 측근 사이의   균류가 균사를 뻗기 전에
                          갈라진 틈을 통한 침입   죽이고 붕괴시킨 식물조직

(3) 병원체의 감염(infection) 기출 5회

① 병원체가 기주의 감수성 세포나 기관과 접촉하여 양분을 탈취하는 일련의 과정

② 병원체는 생장과 증식을 반복 : 변색, 기형, 괴저 등 병징 발현

③ 잠복기(latent period)는 접종으로부터 병징 발현 때까지를 말하며 수 시간, 수 년이 걸릴 수도 있음

기주와 병명	잠복기간
포플러 잎녹병(*Melampsora larici-populina*)	4~6일
낙엽송 가지끝마름병(*Guignardia laricina*)	10~14일
낙엽송 잎떨림병(*Mycosphaerella larici-leptolepis*)	1~2개월
소나무 재선충병(*Bursaphelenchus xylophilus*)	1~2개월
소나무 혹병(*Cronartium quercuum*)	9~10개월
소나무 잎녹병(*Coleosporium asterum*)	10~22개월
잣나무 털녹병(*Cronartium ribicola*)	3~4년

(4) 침입 후 생장과 증식 장소

① 곰팡이 : 세포간극 또는 세포 내

② 선충 : 주로 세포간극

③ 세균 : 세포간극(예외 : xylella는 세포 내)

④ 바이러스, 바이로이드, 파이토플라스마, 원생동물 : 세포 내

제4장 수목병해의 진단

1. 진단의 정의 기출 8회

기주에 나타나는 표징과 병징으로부터 병의 원인을 확인하는 과정

(1) 병징(Symptom)

① 비정상적인 색깔과 형태로 외부에 나타난 증상을 의미
② 잎의 변색, 시듦, 괴사, 가지마름, 해충피해 흔적을 말함

(2) 표징(Sign) 기출 5·6회

병원체의 일부가 직접 노출되어 있는 상태를 의미하며, 전염성 병에서는 구체적인 증후임 (버섯, 포자, 포자퇴가 가장 흔하게 관찰되는 표징)

① 포 자
  ㉠ 균류에 의한 수목병으로 환부에 다수의 포자가 형성되어 독특한 모양이나 색상을 나타냄
  ㉡ 흰가루병, 그을음병, 녹병 등
② 자실체
  자실체의 크기나 형태에 따라 자실체가 비교적 커서 육안으로 형태적 특징 관찰 가능
③ 균사조직
  ㉠ 기주식물에 독특한 형태의 균사 또는 균사조직을 형성
  ㉡ 주위가 균사로 덮힘(자주빛날개무늬병/흰날개무늬병 – 보라색/흰색의 매트모양 균사층)
  ㉢ 아밀라리아뿌리썩음병 : 수피와 목질부 사이의 흰색 균사층이 부채꼴모양
  ㉣ 삼나무균핵병 : 균핵과 같은 내구성 균사조직을 형성

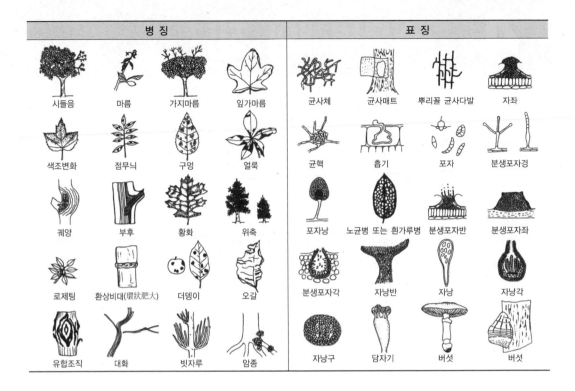

병 징				표 징			
시들음	마름	가지마름	잎가마름	균사체	균사매트	뿌리꼴 균사다발	자좌
색조변화	점무늬	구멍	얼룩	균핵	흡기	포자	분생포자경
궤양	부후	황화	위축	포자낭	노균병 또는 흰가루병	분생포자반	분생포자좌
로제팅	환상비대(環狀肥大)	더뎅이	오갈	분생포자각	자낭반	자낭	자낭각
유합조직	대화	빗자루	암종	자낭구	담자기	버섯	버섯

2. 진단법의 종류

(1) **육안검사**(visual inspection)

외관상으로 나타나는 병징 및 표징을 육안으로 관찰하여 진단하는 방법

(2) **배양적 진단**(identification by of pathogen pure culture) `기출` 5회

① **여과지습실처리법**(blotter method)

병징이나 표징이 나타나지 않을 때 사용하며, 살균된 샬레에 여과지를 2장을 넣고 멸균수로 적신 후 병든 식물체를 샬레에 알맞게 잘라서 직접 또는 U자형 유리관 위에 올려 놓고 20~25℃ 항온기 3~7일 정도 배양하여 형성된 포자를 관찰 및 동정하는 방법

② **영양배지접종**(plate on medium)

여과지습실처리법에 의해 포자 및 구조체가 잘 형성되지 않을 경우, 병든 부위를 차아염소산나트륨으로 표면소독한 다음, 한천배지나 영양배지에 치상하고 병든 부위로부터 병원균이 생장하면서 형성한 포자와 배양기에 형성된 균총을 관찰하여 균을 동정하는 방법

③ 생리화학적 진단(physiological and biochemical method)
   ㉠ 병에 걸려 변하는 화학적 성질을 조사하여 병을 진단하는 것을 이화학적 진단이라고 함
   ㉡ 일반적으로 Gram 염색 등이 있음
④ 해부학적 진단(dissecting method)
   ㉠ 현미경이나 육안으로 조직 내외부에 존재하는 병원균의 형태 또는 조직내부의 변색, 식물세포 내의
      X-체 등을 관찰하여 진단하는 방법
   ㉡ 육안으로는 병의 진단이 불가능할 때, 병든 조직을 해부하여 조직의 이상현상이나 조직 내의 병원체의
      존재/분포특성을 해부학적으로 밝히는 방법. 현미경적 진단과 함께 수행
⑤ 현미경 진단(microscopic exammination) 기출 7회
   ㉠ 육안으로 관찰할 수 없는 병원체의 형태적 특징을 해부현미경, 광학현미경, 주사전자현미경(SEM),
      투과전자현미경(TEM) 등으로 관찰하여 진단하는 방법
   ㉡ 선충/균류의 경우에는 해부현미경/광학현미경으로 균사/포자의 형태적 특성을 관찰
   ㉢ 세균의 형태적 특성을 정확히 관찰하려면 주사/투과전자현미경을 사용
   ㉣ 파이토플라스마/바이러스의 형태적 특성은 투과전자현미경으로 관찰
   ㉤ 전자현미경은 가시광선보다 파장이 짧은 전자빔을 광원으로 활용
   ㉥ 투과전자현미경은 시료를 투과한 전자빔의 투과정도에 따른 명암대비로 상을 형성
   ㉦ 주사전자현미경은 전자빔을 시료에 주사하여 반사된 전자빔을 포획하여 상을 관찰
⑥ 면역학적 진단(immunological method)
   ㉠ 항원과 항체간의 특이적 응집반응의 기작을 응용한 진단방법. 특정병원체의 항체와 진단대상인 병원
      체(항원) 사이의 반응 결과로 병원체의 유연관계를 동정하는 방법
   ㉡ 한천젤이중확산법(agar gel double diffusion test) 및 효소결합항체법(enzyme-linked immunosorbent,
      ELISA) 등이 식물병 진단에 많이 사용됨
⑦ 분자생물학적 진단(molecular detection)
   ㉠ 병원균의 DNA를 추출한 후 PCR를 이용하여 병원균의 특정 유전자 또는 DNA부위를 증폭시킴
   ㉡ DNA데이타베이스에 등록된 유전자 또는 DNA염기서열과 비교하여 동정
     • 세균 : 16S Rrna유전자
     • 곰팡이 : ITS
     • 식물 : 엽록체의 rbcL, matK 유전자

(3) 코흐의 법칙(Koch's postulate) 기출 5회
① 의심 받는 병원체(세균 또는 다른 미생물)는 반드시 조사된 모든 병든 기주에 존재해야 함
② 의심 받는 병원체는 반드시 병든 기주로부터 분리되어야 하고 순수배지에서 자라야 함
③ 순수배지에 의심 받는 병원체를 감수성인 기주에 접종하였을 때 기주는 특정 병을 나타내야 함
④ 실험적으로 접종하여 감염된 기주로부터 같은 병원체가 다시 획득되어야 함. 즉, 획득된 병원체가 2단계의
   생물체와 같은 특성을 가지고 있어야 함
※ 일부 병원체, 즉 바이러스, 파이토플라스마, 유관속국재성 세균, 원생동물 등에 대하여는 코흐의 원칙을 따를 수 없음(흰가루병,
   녹병 포함)

제5장 수목병해

1. 곰팡이 병해

(1) 곰팡이의 개념

① 핵이 있고, 포자를 가지며, 엽록소가 없는 생물로서 유성생식 또는 무성생식의 수단으로 번식하며, 일반적으로 키틴 성분의 세포벽으로 된 분지된 섬유상의 구조로 되어 있음
- ㉠ 10만종의 곰팡이 중 3만종이 식물병을 발생시킴
- ㉡ 식물병을 일으키는 곰팡이는 모두 사상균임
- ㉢ 곰팡이가 식물을 가해하는 시기는 대부분 무성세대기간 임
- ㉣ 난균은 글루칸과 섬유소로 되어 있음

② 균류의 분류
- ㉠ 효모(yeast) : 단일세포로 구성
- ㉡ 곰팡이(mold) : 섬유상 보푸라기 형태, 다세포로 구성되어 있으며 사상균이라고도 함

③ 균류의 역할 및 구성
- ㉠ 탄소의 선순환에 큰 역할을 함
- ㉡ 다양한 기관으로 구성되어 세포 활동의 효율성을 제공함
  - 균사(hypha) : 균류의 실처럼 된 구조체의 단위체
  - 균사체(mycelium) : 균사의 엉긴 형태
  - 격벽(septum) : 균사의 세포 간에 칸막이(고등균류 : 자낭균, 담자균 등), 구멍이 나 있어 세포질의 이동이 용이
  - 키틴(chitin) : 외골격을 구성하는 다당류로 균사 세포벽의 주요 성분(예 곤충, 게, 가재 등 절지류의 외골격)
  - 포자(spore) : 홀로 성체로 성장할 수 있는(무성생식) 생식세포. 두꺼운 껍질에 싸여 있어 환경변화에 내성이 강함

구 분	고등균류	하등균류
분 류	자낭균, 담자균, 불완전균류	유주포자균류, 접합균류
특 징	격벽이 있음	격벽이 없음

※ 곰팡이는 균사, 균사체 등 영양기관을 가지며 균사층(mycelial mat), 균사속(mycelial strands), 근상균사속(rhizomorph), 자좌(stroma), 균핵(sclerotium) 등과 같은 균사체가 모인 균사조직을 형성함

※ 포자로는 난포자(oospore), 접합포자(zygospore), 자낭포자(ascospore), 담자포자(basidiospore) 등 생식기관을 가짐

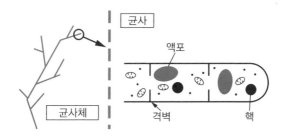

    ⓒ 종속영양형(heterotrophic) : 대부분의 균류는 이미 생성된 유기물에 의존

    ⓔ 세포외 효소분비 : 세포 밖으로 영양분 분해효소를 분비하여 양분흡수

      • 셀룰라아제(cellulase) : 섬유소 분해효소

      • 리그닌분해효소(ligninase) : 섬유소 부착에 관여하는 리그닌 분해

      • 아밀라아제(amylase) : 전분 분해효소

    ⓜ 생장 산도 : pH 5~6

④ **균류의 형태**

    ㉠ 자좌(stroma) : 균사가 치밀하게 접합하여 이룬 조직, 균사다발이나 번식기관 주변에 형성

    ㉡ 균핵(sclerotium) : 균사가 서로 엮여서 짜인 구형/타원형의 조직으로 안에 많은 영양분을 저장하기
      에 부적당한 환경 조건에서도 생존 가능

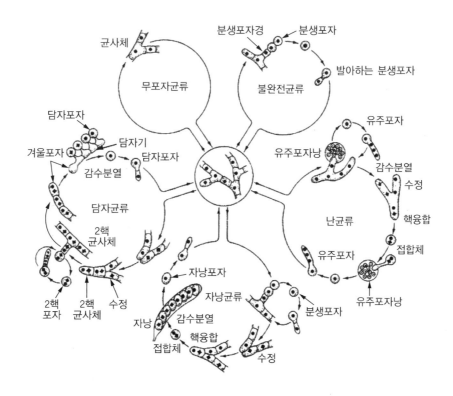

(2) 곰팡이의 번식과 생활환

곰팡이는 무성생식(asexual) 또는 유성생식(sexual)을 함

① 무성생식

　　㉠ 세포와 핵융합을 통한 감수분열(meiosis)이 없음

　　㉡ 체세포분열(mitosis)을 통해 한 개의 세포에서 유전적으로 동일한 두 개의 딸세포를 만듦

　　㉢ 유전적으로 단순하며 환경변화에 획일적 반응

　　㉣ 분생포자(conidium), 분열포자(oidium), 분아포자(blastospore), 후벽포자(chlamydospore), 유주포자(zoospore) 등이 있음

② 유성생식

　　㉠ 세포와 핵의 융합과 감수분열, 포자형성 과정이 있음

　　㉡ 균류의 핵은 일반적으로 반수체(haploid)임 : n 보유

　　㉢ 배우자의 세포접합을 통해 시작

　　㉣ 접합자 : 반수체(n), 이배체(2n, diploid)

　　㉤ 감수분열(meiosis) : 접합자(zygote)가 한 세트의 염색체를 가지는 딸세포를 만듦

　　㉥ 포자로 형성되어 이분법으로 균사 형성

　　㉦ 유전적 다양성 함유 환경에 대해 다양한 변이 가능

　　㉧ 난포자(oospore), 접합포자(zygospore), 자낭포자(ascospore), 담자포자(basidiospore)

　　㉨ 원형질융합(plasmogamy), 핵융합(caryogamy), 감수분열(meiosis)의 단계를 거쳐 이뤄짐

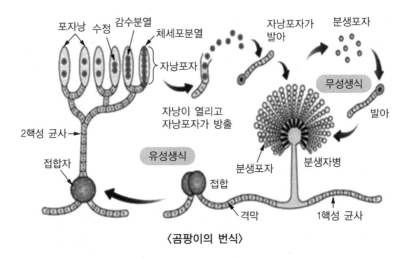

〈곰팡이의 번식〉

(3) 곰팡이의 침입

　　① **직접적인 침입** : 흡기, 발아관 등을 이용

　　② **자연개구부를 통한 침입** : 기공, 수공, 밀선, 피목 등 자연개구부

　　③ **상처를 통한 침입** : 전정, 바람에 의한 상처, 나무 간의 상처, 피해목

(4) 곰팡이의 분류

> • 균류는 크게 유사균류와 진정균류로 나눔
> • 유사균류에는 원생동물계와 색조류계가 있음
> • 원생동물계에는 끈적균문과 무사마귀병균문 등이 포함됨
> • 색조류계는 엽록체를 가진 조류를 포함하여 식물병원인 난균문이 포함됨
> • 진정균류는 병꼴균문, 접합균문, 자낭균문, 담자균문으로 분류됨

① 유주포자균문류

   ㉠ 유주포자에 편모를 가지고 있으며 병꼴균강, 역모균강, 난균강으로 나뉘는데 역모균강은 식물병원균이 아님. 약 700종이 알려져 있음

   ㉡ 병꼴균강

     • 격벽이 없는 다핵균사임

     • *Olpidium*, *Physoderma*, *Synchytrium* 등과 같은 식물병원균

② 난균류 `기출` 5회

   ㉠ 세포벽에는 키틴이 함유되지 않고 글루칸과 섬유소로 되어 있음

   ㉡ 균사는 잘 발달되어 있으며, 격벽이 없는 다핵균사임

   ㉢ 유성생식을 난포자라고 하며, 무성생식으로 직접 발아하는 포자를 유주포자라고 함

   ㉣ 700종이 알려져 있으며 대부분 부생성이지만 식물병원균도 포함됨

   ㉤ 뿌리썩음병(*Aphanomyces*, *Pythium*), 역병(*Phytophthora*), 노균병(*Bremia*, *bremiella* 등)

   ㉥ 조류(algae)와 유사성을 가짐(라이신 생합성 경로, 스테롤 대사)

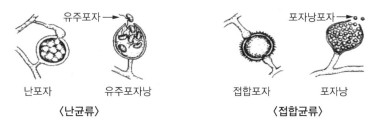

〈난균류〉 〈접합균류〉

③ 접합균류

   ㉠ 균사에 격벽이 없으나 균사가 노화되거나 생식기관이 형성됨에 따라 격벽이 형성됨

   ㉡ 접합균류는 900여 종이 알려져 있으며 대부분 부생생활을 함

   ㉢ 유성생식에서 모양과 크기가 비슷한 배우자낭이 합쳐져 접합포자를 형성

   ㉣ *Endogone*속, *Choanephora*, *Rhizopus*, *Mucor*속 등이 있음

④ 자낭균류

   ㉠ 곰팡이중에서 가장 큰 분류군으로 64,000여 종이 있음(효모 포함)

   ㉡ 잘 발달된 균사로 격벽이 있으며, 균사의 세포벽은 키틴으로 되어 있음

   ㉢ 유성생식으로 자낭포자를 형성하고 무성생식으로 분생포자를 형성함

   ㉣ 자낭균은 균사조직으로 균핵과 자좌 등을 형성

ⓜ 자낭은 자낭각, 자낭반, 자낭구, 자낭자좌 같은 특별한 모양을 가지는 자낭과의 내부에서 생성되거나 자낭과 없이 노출되는 것이 있음

ⓗ 균사의 격벽에는 물질이동통로인 단순격벽공이 있음

ⓢ 자낭에는 8개의 포자 형성 기출 5회

구 분	특 징	종 류
반자낭균강	• 자낭과를 형성하지 않아 병반 위에 나출 • 자낭은 단일벽	Saccharomyces 속 등 효모류, Taphrina 속 등 사상균
부정자낭균강	• 자낭과는 자낭구로 머릿구멍(ostiole)이 없음 • 단일 벽의 자낭이 불규칙적으로 산재	Penicillium, Aspergillus속 유성세대
각균강	• 자낭과는 자낭각으로 위쪽에 머릿구멍이 있거나 없음 • 단일 벽의 자낭이 자낭과 내의 자실층에 배열	흰가루병, 탄저병균, 일부 그을음병균, 맥각병균 등
반균강	• 자낭과는 자낭반으로 내벽은 자실층으로 되어 있음 • 자실층에는 자낭이 나출되어 있음	Rhytisma, Lophodermium, Sclerotinia속 등
소방자낭균강	자낭과로 자낭자좌를 가지며 자낭은 2중 벽	Elsinoe, Venturia, Mycosphaerella, Guignardia속, 각종 그을음병

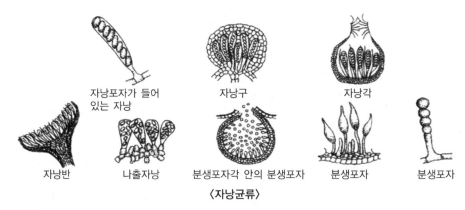

자낭포자가 들어 있는 자낭 　 자낭구 　 자낭각

자낭반 　 나출자낭 　 분생포자각 안의 분생포자 　 분생포자 　 분생포자

〈자낭균류〉

⑤ 담자균류

　ⓐ 전 세계적으로 31,000여 종이 알려져 있음

　ⓑ 담자기라는 포자 생성기관에 유성포자인 담자포자를 만들며, 보통 4개의 포자가 형성됨

　ⓒ 수목의 주요 병균인 녹병균과 목재부후균이 이에 속하며 균근균이 많음

　ⓓ 격벽은 자낭균보다 복잡한 구조를 가진 유연공격벽으로 되어 있음

　ⓔ 녹병균 및 깜부기병균 그리고 대부분의 버섯이 여기에 속함

　ⓕ 담자균의 균사세포와 균사세포 사이 격막 한쪽에 꺾쇠모양으로 연결되어 있음(clamp)

담자기 위의 담자포자 　 녹병정자기 안의 정자 　 녹포자기 안의 녹포자 　 여름포자퇴 안의 여름포자 　 겨울포자퇴 안의 겨울포자

〈담자균류〉

※ 꺾쇠연결은 담자균류에서 일차균사끼리 체세포접합으로 발생한 2핵성 이차균사의 세포에서 볼 수 있는 특수한 구조로 균사가 세포분열과 핵분열한 후 한 개의 핵이 옆의 세포로 이동하는 통로임

⑥ 불완전균류

　　㉠ 유성세대가 알려지지 않아 무성세대로만 분류된 집단

　　㉡ 유성세대가 알려지면 자낭균류로 재분리되며, 일부 담자균류로도 분류됨

　　㉢ 수목에 발생하는 많은 종류의 병이 불완전균에 의해서 발생됨

　■ 불완전균류의 종류

구 분	설 명	종 류
유각균강	분생포자과의 안쪽에 형성	*Ascochyta*, *Macrophoma*, *Phoma*, *Phomopsis*, *Septoria*, *Collectotrichum Marssonina*, *Pestalotiopsis* 등
총생균강	분생포자과를 형성하지 않고 균사조직인 분생포자좌, 분생포자경다발 위에서 분생포자 형성	*Alternaria*, *Aspergillus*, *Botrytis*, *Cercospora*, *Fusarium*, *Cladosporium Corynespora* 등
무포자균강	분생포자를 형성하지 않고 균사만 있음	*Rhizoctonia*, *Sclerotium*

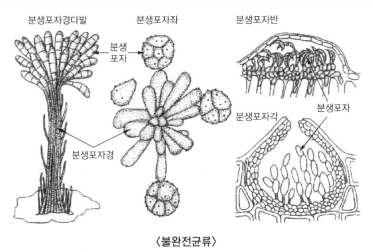

〈불완전균류〉

(5) 곰팡이의 역할

　① 부생성 곰팡이 : 섬유소와 리그닌의 분해

　② 기생성 곰팡이 : 수목병해의 대부분을 차지하며 궤양병균, 점무늬병, 시들음병균 등

　③ 공생성 곰팡이 : 조류와 공생하며 지의류를 형성. 수목의 뿌리에 공생하며 균근 형성

(6) 잎에 발생하는 수목병

　① 소나무류 잎떨림병(Pine needle cast)

　　㉠ 기주식물 : 소나무류(잣나무, 소나무, 곰솔, 스트로브잣나무, 리기다소나무, 리기테다소나무, 테다소나무)

　　㉡ 발병원인 : *Lophodermium spp.*

ⓒ 피해현황
- 주로 15년생 이하 어린나무의 수관하부에서 발생이 심함
- 강우가 많거나 가을에서 겨울 사이의 기온이 따뜻하면 이듬해 피해가 심함
- 3~5월 새잎이 나오기 전에 묵은 잎이 적갈색으로 변하면서 떨어지기 시작하고 나무 전체가 고사한 것처럼 보임

ⓔ 발병특성
- 6월 초순~7월 하순에 걸쳐 떨어진 낙엽 또는 갈색으로 변한 침엽부위에 0.5mm 정도 되는 타원형의 검은 돌기(자낭반) 형성
- 다습한 조건에서 자낭반이 세로로 열리며 자낭포자가 비산하여 새잎의 기공을 통해 2차 감염 발생
- 늦겨울과 이른 봄에 병든 잎이 갈변하며 분생포자각(pycnidia)이 발달하고 감염 12~15개월 후인 이듬 해 여름과 가을 사이 잎이 떨어짐

ⓜ 방제방법
- 병든 낙엽은 태우거나 묻고, 수관하부 발생이 심하므로 풀 깎기, 가지치기를 통해 통풍이 원활하도 록 관리함
- 6월 중순~8월 중순 사이 2주 간격으로 베노밀 수화제, 만코제브 수화제 살포

② 소나무류 잎마름병
ⓐ 기주식물 : 소나무, 해송, 리기다소나무, 삼나무
ⓑ 발병원인 : *Pestalotiopsis foedans*
ⓒ 피해현황
- 소나무, 해송, 리기다소나무의 어린나무와 묘목에 주로 발생
- 미국에서는 스트로브잣나무에 발병이 심한 것으로 알려져 있음
- 통풍이 불량하거나 습한 환경에서 발생

ⓔ 발병특성
- 장마철 이후부터 발생하기 시작하며 특히 여름철에 비가 많이 오고 잦을 때 발생
- 잎과 가지가 갈색 또는 회갈색으로 변하고 점차 회백색을 띠면서 빠르게 말라 부스러짐
- 처음에는 병반의 중앙부에는 세로로 갈라진 검은색의 분생자좌가 형성되고 습기가 많은 조건에서는 갈라진 부위로부터 검은 삼각뿔 모양을 한 포자각(spore horn)이 분출됨

ⓜ 방제방법
- 통풍이 나쁘거나 습기가 많은 경우 발생하므로 식재지의 환경개선에 유의하고 비배관리를 철저히 함
- 병든 부위를 제거하는 것이 좋으며 동수화제를 2주 간격으로 2~3회 살포

③ 버즘나무 탄저병(Syncamore anthracnose)
ⓐ 기주식물 : 버즘나무
ⓑ 발병원인 : *Apiognomonia veneta*
ⓒ 피해현황
- 잎이 나오기 전에 작은 1년생 가지의 끝을 죽이고, 눈이 싹트기 전에 죽기도 함
- 북아메리카와 유럽 지역에 피해가 큰 것으로 알려져 있으며 국내에서도 발병이 늘고 있음

② 발병특성
　　　　　• 자라나는 순과 어린 잎이 갑자기 죽는 증상을 보임
　　　　　• 주맥, 엽맥, 잎 말단 주위에 불규칙한 갈색 병반 형성
　　　　　• 날씨가 습하면 작고 크림색의 분생포자층이 엽맥을 따라 잎 뒷면에 형성
　　　　　• 죽은 가지에서 균퇴(菌堆)가 다량 형성됨
　　　⑩ 방제방법
　　　　　• 병든 낙엽과 가지를 발견 즉시 제거하고 태우거나 묻어 전염원 제거
　　　　　• 이른 봄, 눈이 트기 시작할 때와 2차 생장기에 베노밀 수화제를 10일 간격으로 4~5회 수관 전면에 살포

더 알아두기

탄저병의 특징
• 검게 된다는 의미의 탄저병(炭疽病)은 각종 식물, 과수 등에 발생하는 병으로 잎, 줄기, 꽃, 과일 등에 피해를 주며 심한 경우에는 조기 낙엽과 나무 전체를 고사시킴
• 탄저병은 검은색의 분생포자층 안에 분생포자를 형성하는 균에 의해 발생하는데, *Diplo-carpon*, *Elsinoe*, *Glomerella*, *Gnomonia* 등 4속의 자낭균류가 주요 병원균임
• 봄에 자낭과 분생포자각에 의해 1차 감염이 되고, 감염 후 병반에 새로 만들어진 분생포자에 의해 2차 감염을 일으킴
• 낙엽 또는 나무에 남아있는 병든 잎에서 자낭각 및 분생포자층 상태로 월동을 함

④ **철쭉류의 떡병**
　　㉠ 기주식물 : 철쭉류
　　㉡ 발병원인 : *Exobasidium*속(담자균류)
　　㉢ 피해현황
　　　　• 옥신의 양을 증가시켜 잎과 새순이 마치 떡과 같이 부풀어 올라 기형적으로 변함
　　　　• 봄에 비가 많이 오거나 통풍이 잘 되지 않는 곳에서 심하게 발생
　　㉣ 발병특성
　　　　• 5월 상순부터 잎, 새순이 부풀어 올라 여러 가지 형태의 혹 모양이 됨
　　　　• 혹은 담녹색 또는 분홍색을 띠다가 흰색 가루(담자포자층, 담자포자, 분생포자)로 뒤덮힘
　　　　• 포자가 주변 건전한 잎 등으로 비산하고 나서는 흑갈색으로 변함
　　㉤ 방제방법
　　　　• 잎눈이 트기 직전부터 트리아디메폰 수화제 800배액 살포
　　　　• 이미녹타딘트리스알베실레이트 수화제 1,000배액을 2주 간격으로 3~4회 살포

⑤ **그을음병(sooty mold)**
　　㉠ 기주식물 : 거의 대부분의 수목
　　㉡ 발병원인 : *Armatella litseae*와 *Micropeltis fumosa*에 의한 병으로 보고
　　㉢ 피해현황
　　　　• 검은 그을음을 발라 놓은 것 같은 외관을 나타내므로 쉽게 구별됨
　　　　• 그을음병균의 대다수는 진딧물・깍지벌레 등의 감로를 섭취하여 번식

- 식물체는 급속히 말라 죽지는 않으나 광합성이 방해되므로 쇠약하게 함
- 특히 5~6월 무렵에 많이 발생

ⓔ 발병특성
- 주로 잎 앞면에 원형 그을음 모양 균총을 형성
- 균총 내부에는 작고 검은 점(자낭각)이 산재

⑥ 흰가루병(powdery mildew)
ⓐ 기주식물 : 기주범위가 매우 넓음
ⓑ 발병원인
- 흰가루병은 자낭균아문 각균강에 속하며 모두 식물병원균이며 절대기생체임
- 대표적인 속은 *Erysiphe*, *Phvllactinia*, *Podisphaera*, *Sawadaea*, *Cystotheca* 등이 있음

흰가루병균(속)	발병 수목	부속사	자낭 수	자낭구 형태
Uncinula	배롱나무, 포플러나무, 물푸레나무류, 옻나무, 붉나무	끝이 굽어 있음	다 수	
Erysiphe	사철나무, 목련, 쥐똥나무류, 인동, 꽃댕강나무, 양버즘나무, 단풍나무류, 배롱나무, 꽃개오동, 참나무류	굽은 일자형	여러 개	
Sphaerotheca	장미, 해당화		1개	
Phyllactinia	물푸레나무, 산수유, 진달래, 포플러, 오리나무류, 철쭉, 가죽나무류, 오동나무류	직선형	다 수	
Podosphaera	장미, 조팝나무류, 벚나무류	덩굴형	1개	
Microsphaera	사철나무, 가래나무, 호두나무, 오리나무류, 개암나무, 밤나무, 참나무류, 매자나무류, 아까시나무, 수수꽃다리, 인동덩굴		다 수	

ⓒ 피해현황
- 국내 미기록 병으로 잎 앞면과 뒷면 모두에서 발생함
- 밀식되어 통풍이 불량한 곳이나 습하고 그늘진 곳에서 잘 발생함

ⓓ 발병특성 기출 7회
- 8월 이후부터 잎에 작고 흰 반점 모양 균총(균사와 분생포자의 무리)이 나타나고, 점차 진전되면서 잎 전체에 밀가루를 뿌려 놓은 것처럼 보임(흰가루는 분생포자경과 분생포자임)
- 가을이 되면 잎의 균총 위에 작고 둥근 노란 알갱이(자낭구)가 다수 나타나기 시작하고 성숙하면 검은색으로 변함

    ◎ 방제방법
- 병든 낙엽을 모아 제거하고, 통풍, 채광, 배수가 잘 되도록 관리
- 발병 초기에 마이클로뷰타닐 수화제 1,500배액 등 흰가루병 적용 약제를 10일 간격으로 2회 이상 살포

⑦ 벚나무 빗자루병(Witches's broom of flowering cherry) 기출 8회
    ㉠ 기주식물 : 벚나무
    ㉡ 발병원인 : *Taphrina wiesneri*(자낭균)
    ㉢ 피해현황
- 어린나무부터 노령목까지 수령에 관계없이 발생
- 병든 가지에는 꽃이 피지 않으므로 공원수나 경관수로서의 가치를 크게 떨어트림
- 최근 제주도, 강원도의 설악산, 부산지역 등 전국에서 큰 문제가 되고 있음

    ㉣ 발병특성
- 가는 가지가 다수 나와 빗자루증상을 나타냄
- 병든 나무를 방치하면 병환부가 번져 나무 전체에 잔가지가 총생하면서 꽃이 피지 않음
- 병원균의 포자가 형성된 잎은 흑갈색으로 변하고 얼마 후 말라서 낙엽이 됨
- 여러 종류의 벚나무에 발생하지만 특히 왕벚나무에서 피해가 심함
- 감염 4~5년 후에는 나무가 말라 죽음
- 병원균은 나출자낭을 형성하고 출아법으로 분생포자 형성
- 4월 하순에서 5월 하순 병든 부위 잎 뒷면에 회백색 가루가 나타남

    ㉤ 방제방법
- 병든 가지는 겨울철에 아래쪽의 부푼 부분을 포함하여 잘라내 태움
- 잘라낸 부분에는 지오판 도포제를 발라주어 유합을 촉진시킴
- 2~3년간 계속하여 병든 가지는 잘라주도록 하며 큰 나무는 자르기가 곤란하므로 나무가 어렸을 때부터 관리하도록 함
- 이른 봄에 꽃이 진 후 즉시 만코제브 수화제 등의 살균제를 2~3회 전체적으로 뿌려줌

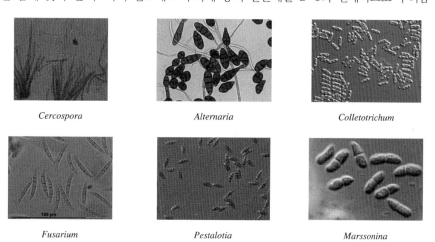

Cercospora　　　　　*Alternaria*　　　　　*Colletotrichum*

Fusarium　　　　　*Pestalotia*　　　　　*Marssonina*

〈잎에 발생하는 병원균의 분생포자의 형태〉

구 분	속 명	특 징	병 해
총생균강 (불완전균)	Cercospora	• 잎의 병원체이며 어린 줄기도 침입 • 병반 위에는 많은 분생포자경과 분생포자가 밀생 • 긴막대형으로 집단적으로 나타날 경우는 융단같이 보임	소나무 잎마름병 삼나무 붉은마름병 포플러 갈색무늬병 벚나무 갈색무늬구멍병 명자꽃 점무늬병 무궁화 점무늬병 배롱나무 갈색무늬병 때죽나무 점무늬병 쥐똥나무 둥근무늬병 모과나무 점무늬병 두릅나무 뒷면모무늬병
	Corynespora	• 70여 종이 알려져 있음 • 포자는 무색의 두세포로 이루어져 있음 • 잎의 병원체이며 어린 줄기도 침입 • 분생포자경이 길고 분생포자도 큼 • **짧은 털이 밀생**한 것처럼 보임	무궁화 점무늬병
	Hyphomycetes	−	소나무류 갈색무늬잎마름병 소나무류 디플로디아순마름병
유각균강 (불완전균)	Marssonina	• 잎에 점무늬병을 일으킴 • 습할 때에는 다량의 분생포자가 흰색의 분생포자덩이로 분생포자반에 쌓여 흰색 내지 담갈색	포플러류 점무늬잎떨림병 참나무 갈색둥근무늬병 장미 검은무늬병
	Entomosporium	• 점무늬를 발생시킴 • 분생포자의 모양이 **곤충과 흡사**	홍가시나무점무늬병 채진목점무늬병
	Pestalotiopsis	• 분생포자는 대부분 **중앙의 3세포는 착색되어 있고 양쪽의 세포는 무색**이며 부속사를 가짐 • 대부분 잎 가장자리에 **잎마름증상으로 나타남** • 병반 위에 육안으로 검은 점이 나타남	은행나무잎마름병 삼나무잎마름병 철쭉류잎마름병 동백나무겹둥근무늬병
	Colletotrichum	• 각종 식물의 **탄저병**을 발생시킴 • 잎, 어린줄기, 과실의 병원균 • 병징은 움푹 들어가고 흑갈색 병반 형성	호두나무 탄저병 사철나무 탄저병 동백나무 탄저병 개망나무 탄저병 오동나무 탄저병 버즘나무 탄저병
	Septoria	• 주로 잎에 작은 점무늬 형성 • 잎자루나 줄기는 거의 침해하지 않음 • 분생포자각은 병반의 조직에 묻혀 있음	자작나무 갈색무늬병 오리나무 갈색무늬병 느티나무 흰별무늬병 가죽나무 갈색무늬병 자작나무 갈색무늬병 밤나무 갈색점무늬병 가래나무 점무늬병 말채나무 점무늬병

기 타	*Lophodermium* (자낭균)	• 전 세계의 소나무류에 널리 발생 • 15년 이하의 잣나무에 발생 • 3~5월에 묵은 잎의 1/3 이상이 낙엽 • 병든 낙엽에서 6~7월 자낭반이 형성	소나무류 잎떨림병
	Elsinoe (자낭균)	각종 수목과 초본류에 더뎅이병을 발생	두릅나무 더뎅이병
	Guignardia (자낭균)	• 주로 8~9월에 병세가 가장 심함 • 봄부터 장마철까지 지속적으로 나타남	칠엽수 얼룩무늬병
	Tubakia (불완전균)	• 병원균은 Tubakia japonica • 신갈나무 등 참나무류에 가장 흔히 발생 • 조기낙엽과 생육감퇴의 주 원인	참나무 갈색무늬병

(7) 가지와 줄기에 발생하는 수목병

• 병원균이 상처를 통하여 들어간 후 휴면기 동안 수피를 침입하여 죽임
• 수목은 감염된 조직의 가장자리에 유합조직을 형성하여 병원균을 억제
• 병원균은 다음 휴면기간 동안 유합조직을 침입하고 수목은 새로운 유합조직을 형성
• 가지와 줄기에 병을 일으키는 병균은 대부분 자낭균임
• 대부분 수피의 상처와 스트레스를 받아 죽어 가는 조직을 통해 침입

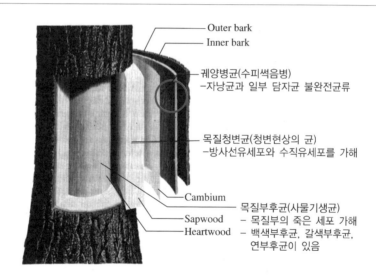

① 궤양병

• 궤양병(수피썩음병 : canker)은 가지와 줄기에서 수피와 형성층이 죽는 것을 말함
• 자낭균이 가장 많으며, 큰 줄기에는 담자균도 병을 발생시킴
• 궤양병은 과녁형(target)과 분산형(diffuse) 및 마름궤양(blight)으로 구분됨
• 과녁형은 호두나무, 단풍나무, 사과나무 등에 병을 발생시킴

| 과녁형(target) | 분산형(diffuse) | 마름궤양형(blight) |

〈궤양병의 구분〉

㉠ 소나무 수지궤양병(푸사리움가지마름병)
- 기주식물 : 리기다소나무, 테다소나무, 해송, 미송 등(적송과 잣나무는 저항성)
- 발병원인 : *Fusarium circinatum*, *F. subglutinans* 불완전균류
- 피해현황
  - 우리나라에서는 1996년 인천지역 리기다소나무에서 발생
  - 감염률이 80%, 고사율이 25%임
  - 우리나라 동해안 일부를 제외하고 전지역에 발생
  - 우리나라 소나무와 잣나무는 저항성을 가짐
- 발병특성
  - 수지가 흘러 하얗게 보이고 잎과 가지가 갈색으로 말라 죽음
  - 줄기, 가지, 구과, 노출된 뿌리에서도 수지가 흘러나옴
  - 생장기간 동안 가지 상처를 통해 침입하여 감염
  - 정단부 가지가 말라 죽음으로 수고생장이 위축됨
  - 과밀한 산림에서 건조할 때 나무좀이나 바구미 피해로 더욱 심해짐
  - 수피에 분생포자좌가 형성
- 방제방법
  - 산림에서는 감염된 나무를 위생간벌
  - 병든 가지는 잘라내어 잔존목의 수세를 회복
  - 갱신벌채를 함

㉡ 소나무 피목가지마름병
- 기주식물 : 소나무, 해송, 잣나무, 전나무, 가문비나무
- 발병원인 : *Cenangium ferruginosum*(자낭균)
- 피해현황
  - 병의 피해는 흔히 볼 수 있고 경미함
  - 영양불량, 해충피해, 이상건조 등으로 수세가 약할 때 넓은 면적에 발생
  - 겨울철 기온이 매우 낮을 때 피해 심각
  - 1998년 가을과 겨울에 걸친 건조로 남부지방의 소나무, 해송, 중부지방의 잣나무 피해가 심각하였음

- 발병특성
  - 2~3년생 가지와 줄기에서 발생(내생균)
  - 자낭반이 늦은 봄부터 여름까지 죽은 가지와 줄기의 피목에서 암각색으로 생김
  - 수피를 벗겨보면 병든 부위가 갈색으로 경계가 뚜렷함
  - 성숙한 자낭포자는 황갈색으로 타원형 단세포이며 과습할 시에 분출함
  - 7~8월 자낭포자가 새로운 가지로 옮겨가서 다음 해 봄에 전파함
  - 무성포자는 형성하지 않으므로 최초 감염은 유성포자인 자낭포자에 의해 발병
- 방제방법
  - 관목을 무육하여 토양건조 방지
  - 병든 가지는 6월까지 제거하여 태움

ⓒ 밤나무 줄기마름병
- 기주식물 : 밤나무
- 발병원인 : *Cryphonectria parasitica*(자낭균)
  - 자낭포자나 분생포자는 상처난 밤나무 줄기로 들어가서 발아함
  - 락타아제효소, 셀룰로스 분해효소, pH를 2.8 이하로 낮추는 옥살산을 분비
  - 병균은 겨울에 동면을 하다가 봄에 다시 생장함
  - 감염 3~6주 후에 병자각이 형성되고 무수한 분생포자가 형성되어 빗물로 불어나면 실덩굴모양의 포자각이 빠져 나옴
  - 4~8주 후에는 자낭각이 형성되고 자낭포자가 나타남
  - 자좌는 수피 밑에 형성되며, 수피의 갈라진 틈으로 돌출함
  - 자낭포자는 수년 후에도 발아할 수 있어 죽은 나무에서도 수년간 포자를 전파할 수 있음
- 피해현황
  - 동양의 풍토병으로 우리나라에서는 1925년 처음 보고되었음
  - 동양의 밤나무 품종은 저항성이 강한 편이며 미국과 유럽의 밤나무의 경우 감수성임
  - 수피와 형성층의 손상, 천공성 해충의 피해를 받을 경우 잘 발생함
- 발병특성
  - 병의 발생초기에 감염 수목의 수피가 황갈색~적갈색으로 변함
  - 새로운 유합조직이 병든 수피의 밑에서 형성되어 부풀어 오르며 길이 방향으로 찢어지거나 균열이 생김
  - 병징이 급격히 나타나는 여름철에는 가지나 잎이 빨리 말라서 밑으로 처짐
  - 병반은 분생포자각이 표피를 뚫고 다수 형성
  - 병환부가 줄기를 한 바퀴 돌면 그 위쪽은 말라 죽고, 밑에서는 부정아에 의한 맹아가 발생
  - 7~8월 자낭포자가 새로운 가지로 옮겨가서 다음 해 봄에 전파함
  - 무성포자는 형성하지 않음
- 방제방법 기출 5회·7회
  - 가지치기 또는 인위적 상처 시에 도포제 사용
  - 질소비료를 과용하지 말고, 동해방지를 위해 백색 페인트 도포

- 박쥐나방 등 천공성 해충의 피해 방지
- 진균기생바이러스에 감염된 저병원성 균주 이용(dsRNA)

② 밤나무 잉크병 (파이토프토라뿌리썩음병)
- 기주식물 : 밤나무
- 발병원인 : 주로 *Phytophthora katsuae*(난균)
- 발병현황
  - 우리나라에서는 2007년 처음 보고
  - 습하고 배수가 불량한 임지에 발생
- 발병특성
  - 유주포자가 뿌리를 가해하고 감염시킴
  - 움푹 가라앉은 궤양을 쪼개면 검은색의 액체가 흘러나옴
  - 밤은 성숙하지 않고 점점 시들고 고사함
  - 큰 나무보다 어린나무에서 병진전속도가 빠름
  - 병원균은 기주 수목이 없어도 휴면포자의 상태로 수년간 토양에서 생존
  - 미국·유럽밤나무 감수성. 중국·일본밤나무 저항성
- 방제방법
  - 표면에 물이 고이지 않도록 배수관리
  - 저항성 대목을 사용

⑩ 밤나무 가지마름병(지고병)
- 기주식물 : 사과나무, 배나무, 밤나무, 호두나무 등 다범성 병해
- 발병원인 : *Botryosphaeria dothidea*(자낭균)
- 발병현황
  - 밤나무와 사과나무에서는 과실을 썩히는 중요한 병해
  - 유수실 등 각종 수목의 줄기와 가지에 발생
- 발병특성
  - 자낭각이 표피 아래에 묻혀 있다가 검은색으로 표피 위에 나타남
  - 6~8월에 감염된 부위에서 분생포자각과 자낭각이 형성
  - 뿌리에서도 나타날 수 있으며 피층이 벗겨져 목질부만 남고 검은색으로 변함
  - 열매가 감염되면 흑색썩음병을 일으키며, 술냄새가 남
- 방제방법
  - 감염된 가지는 잘라서 태우고 비배 및 배수 관리에 유의
  - 햇빛이 부족한 경우에 발병함으로 가지치기 필요
  - 주요 감염원인 아까시나무의 제거

⑪ 소나무 가지끝마름병 기출 5회
- 기주식물 : 소나무류, 잣나무류, 전나무류, 가문비나무류에 발생
- 발병원인 : *Sphaeropsis sapinea*(자낭균)
- 피해현황
  - 주로 도입 소나무류에서 피해가 심함
  - 분생포자각이 수피나 침엽조직에 형성

- 우리나라 소나무류(잣나무, 소나무, 해송)의 묘목은 비교적 저항성
- 소나무류는 4~5년생 이상에서 피해가 발생하며 20~30년생의 큰 나무의 피해가 심함
- 건강한 수목은 당년생 가지가 말라 죽으나, 수세가 약해진 수목에서는 굵은 가지도 발생
- 산림에서보다 정원이나 조경지에서 많이 발생하며 디프로디아잎마름병이라고도 함
- 봄에 기온이 따뜻하거나 강우가 많을 때 심하게 발생함
- 방제방법
  - 수관하부에서 발생하므로 풀베기 실시
  - 수관하부 가지치기하여 통풍을 좋게 함

Ⓢ 낙엽송 가지끝마름병 `기출` 6회
- 기주식물 : 낙엽송, 잎갈나무
- 발병원인 : *Guignardia laricina*(자낭균)
- 피해현황
  - 수피 아래에 구형의 자낭각이 단독 또는 집단으로 형성
  - 10년생 내외의 일본잎갈나무에서 피해가 심함
  - 고온다습하고 강한 바람이 마주치는 임지에서 심하게 발생
  - 새로 나온 가지나 잎을 침해하며, 병든 부위는 약간 퇴색하여 수축되며 수지가 하얗게 흐름
  - 피해가 반복되면 수고생장이 정지되고 많은 가지가 밀생하여 빗자루 모양이 됨
  - 7월경부터 병든 가지의 윗 부분과 침엽의 뒷면에 검은색의 분생포자각이 많이 나타남
  - 이듬해 5~6월 사이에 성숙한 자낭각에서 자낭포자가 비산하여 1차 전염원이 됨
- 방제방법
  - 묘포에서 병이 발생하지 않도록 관리
  - 방풍림을 조성

◎ 잣나무 수지동고병
- 기주식물 : 잣나무, 스트로브잣나무 등
- 발병원인 : *Valsa abietis*(유성세대, 자낭균), *Cytospora abietis*(무성세대, 자낭균)
- 피해현황
  - 1988년 10월 경기도 가평군 잣나무 조림지에서 처음 발견
  - 현재는 일부지역으로 한정되지만 피해율이 5% 이상임
- 발병특성
  - 병든 줄기 부분은 1~2m 높이에서 가지를 친 부위를 중심으로 발병하여 아래 위로 퍼짐
  - 병환부는 약간 함몰하면서 갈변하고 수피가 세로로 터지면서 송진이 흐름
  - 수피 아래에 분생포자각이 형성됨
  - 분생포자각은 습할 때 황갈색의 끈적끈적한 분생포자 덩어리를 실처럼 뿜어내며 그 이후에 자낭각이 수피 밑에 형성되고 자낭포자는 무색의 단포자형임
  - 병징은 수피 바로 안쪽에서부터 체관부 사이의 녹색이던 표층조직이 갈색으로 단단해지며 수지가 마름

- 방제방법
  - 이 병의 원인은 스트레스이므로 잣나무의 수세를 강화해야 함
  - 지나친 가지치기와 남서향 경사지나 모래와 자갈이 많은 곳의 식재를 지양
- ⓩ Nectria 궤양병
  - 기주식물 : 호두나무, 백양나무, 단풍나무, 자작나무, 느릅나무, 사과나무 등 활엽수
  - 발병원인 : *Nectria galligena*(자낭균)
  - 발병현황
    - 활엽수에 자주 발생하는 일반적인 병해
  - 발병특성
    - 변환 부위에 붉은색 자낭각 형성
    - 수목이 유합조직을 형성하는 봄에는 사부와 목부에서 부생균으로 존재
    - 늦은 여름부터 겨울 사이에 기생균으로 형성층을 가해하여 윤문형 궤양을 만듦
- ⓧ Hypoxylon 궤양병
  - 기주식물 : 백양나무
  - 발병원인 : *Hypoxylon mammatun*(자낭균)
  - 발병현황
    - 1921년 백양나무에서 처음 보고됨
    - 북아메리카에 원래 존재해 왔고 최근에는 유럽에서도 발견
  - 발병특성
    - 감염된 수피 내에 검은색과 흰색의 얼룩으로 쉽게 진단
    - 시간이 경과하면서 병든 수피와 목재조직은 검게 변하고 균일이 생김
    - 유성세대는 감염 2~3년 후에 나타나며, 자좌와 자낭각은 초기에 흰색이나 점차 검게 변함
- ㉠ Scleroderris 궤양병
  - 기주식물 : 소나무와 방크스소나무
  - 발병원인 : *Gremmeniella abietina*(자낭균)
  - 발병현황
    - 1966년 최초로 상세히 보고됨
    - 북아메리카균주와 유럽균주 두 종류가 존재하며 유럽균주가 병원성이 강함
  - 발병특성
    - 침엽기부가 노랗게 변하고 형성층과 목재조직이 연두색을 띰
    - 발병지역은 추운 지역으로 병원균도 저온에서 생장이 양호함

② 목재부후

> - 사물기생균으로 목질부를 썩혀 경제적 손실을 줌
> - 수분과 양분이 공급되는 뿌리와 줄기의 경계부에서 잘 번식함
> - 형성층과 변재부가 죽으면 목질부가 노출되어 침입이 쉬워짐

   ⊙ 백색부후균 `기출 5회`
- 주로 담자균 종류임
- 구름버섯 같은 민주름버섯의 담자균으로 헤미셀룰로스, 셀룰로스, 리그닌을 모두 분해
- 밝은 색으로 변하며 조직은 약하고 견고성이 전혀 없어 부서짐
- 추재보다 춘재가 빨리 분해되므로 변재부가 나이테 모양으로 남음
- 말굽버섯, 잎새버섯, 조개껍질버섯, 간버섯, 치마버섯, 표고버섯, 영지버섯, 느타리버섯 등

   ⓛ 갈색부후균
- 자낭균과 담자균 종류임
- 셀룰로스, 헤미셀룰로스는 분해하고 리그닌은 남김
- 목질부는 섬유질이 없는 갈색으로 남게 되고 작은 벽돌모양으로 금이 가면서 쪼개짐
- 실버섯, 구멍버섯류, 전나무조개버섯, 조개버섯 등

   ⓗ 연부후균
- 분해력이 낮은 자낭균과 불완전균으로 구성
- 목질부의 방사유조직과 세포벽의 벽공으로 침투
- 목질부에 수분침투가 용이하게 만듦
- 콩버섯, 콩꼬투리버섯 등

③ 목질청변 `기출 8회`
   ⊙ 나무의 목질부 중 변재부에는 방사상 유세포와 수직유세포에 주로 존재하고 세포를 파괴시킴
   ⓛ 천공성 곤충의 침입통로로 곰팡이균이 들어가기도 함(나무좀)
   ⓒ 목질부의 색깔이 청변하고 나빠지는데 이를 목질청변(bluestain, sapstain)이라고 함
   ⓔ 푸른곰팡이(Trichoderma속)나 청변균에 의해 발생(멜라닌색소 함유)

백색부후　　　갈색부후　　　연부후

〈목재부후의 종류〉

■ 부후균에 따른 버섯의 종류

구 분	종 류
갈색부후균	꽃구름버섯, 말굽잔나비버섯, 미로버섯, 붉은 덕다리버섯, 소나무잔나비버섯, 조개버섯, 해면버섯
백색부후균	구름버섯속, 운지버섯, 구멍장이버섯, 말굽버섯, 뽕나무버섯, 붉은진흙버섯, 시루뻔버섯, 아까시재목버섯, 영지버섯, 줄버섯, 진흙버섯, 차가버섯, 치마버섯, 한입버섯, 흰구멍버섯
연부후균	콩버섯, 콩꼬투리버섯

병명 / 병원균	국내발생	특 징
밤나무 줄기마름병 *Cryphonectria parasitica*	1925년 최초보고	• 동양의 풍토병이었으나 1900년대 북아메리카로 유입 • 동양은 저항성이나 미국과 유럽의 밤나무림 황폐화 • 줄기의 상처 발생 시 바람에 의해 전파
밤나무 잉크병 *Phytophthora katsurae*	2007년	• 밤나무 줄기마름병과 함께 밤나무에 가장 피해가 큼 • *Phytophthora*에 의해 뿌리나 수간하부에 주로 발생 • 수피 표면이 젖어 있고 검은색의 액체가 흐르는 증상
밤나무 가지마름병 *Botryoshaeria dothidea*	─	• 사과나무, 배나무, 복숭아나무, 호두나무, 밤나무 등 발생 • 6~8월에 감염된 부위에서 분생포자각과 자낭각 형성 • 열매는 흑색썩음병을 일으키며 특유의 술 냄새가 남
포플러 줄기마름병 *Valsa sordida*	1965년	• 줄기에 상처나 약해지면 발생하며 추운 곳에서 피해 심함 • 주로 어린 삽수나 어린 조림목에서 발생
오동나무 줄기마름병 *Valsa paulowniae*	─	• 부란병이며 빗자루병과 함께 오동나무에 치명적임 • 추운지방 및 동해로 인해 수세가 약해지면서 피해가 심함
호두나무 검은돌기마름병 *Melanconis juglandis*	─	• 호두나무와 가래나무에서 발생 • 10년 이상의 수목 2~3년생 가지나 웃자란 가지에서 발생 • 어린나무에서는 줄기에서 발생하여 나무가 말라 죽음
소나무 수지궤양병 (푸사리움가지마름병) *Fusarium circinatum*	1996년 인천	• 불완전균류에 의해 발생 / 송진이 흘러내리고 궤양 형성 • 생육단계에서 여러 부위가 감염되어 다양한 병징 발생 • 리기다소나무는 감수성, 잣나무와 적송은 저항성을 가짐
소나무 피목가지마름병 *Cenangium ferruginosum*	─	• 자낭균에 의해 발생 / 기온이 매우 낮을 때 피해가 심함 • 소나무, 해송, 잣나무의 2~3년생 가지와 줄기에 발생 • **자낭반 형성** 및 7~8월에 새 가지로 이동 후 봄에 전파
소나무 가지끝마름병 *Sphaeropsis sapinea*	─	• 당년생 가지가 말라 죽으며 도입 소나무류에 피해가 심함 • 우리나라 소나무류의 묘목은 비교적 저항성 • 봄에 기온이 따뜻하거나 강우가 많을 때 심하게 발생
낙엽송 가지끝마름병 *Guignardia laricina*	─	• 주로 10년생 내외의 일본잎갈나무에서 피해가 심함 • 5~6월 성숙한 자낭각에서 자낭포자가 비산하여 1차 전염 • 고온다습하고 바람이 강한 임지에서 특히 심하게 발생
편백·화백 가지마름병 *Seiridium unicorne*	1987년	• 불완전균류에 의해 발생 / 10년생 이하 수목 피해 심함 • 양끝세포는 무색 각각 부속사가 있음 / 중앙 4개는 암갈색 • 수지가 흘러내려 **흰색**으로 굳어지며 지저분하게 보임
잣나무 수지동고병 *Valsa abieties*	1988년 가평군	• 현재는 국한된 지역에서만 발견되고 피해율이 **5%** 정도 • 자낭균에 의해 발생하며 병환부는 함몰하면서 갈변 • 가지치기한 부위를 중심으로 아래로 진전

■ 기타 줄기에 발생하는 병

병명 / 병원균	특 징
Nectria 궤양병 *Nectria galligena*	• 전형적인 다년생 윤문을 형성 • 봄에 유합조직을 형성하면 늦여름~겨울에 형성층 파괴 • 활엽수에 일반적인 병해로 서리나 눈에 의한 상처 침입 • 호두나무, 배나무, 자작나무 등에 발생
Hypoxylon 궤양병 *Hypoxylon mammatum*	• 목재산업에서 중요한 백양나무에 발생(북아메리카 / 유럽) • 감염된 수피에 검은색과 흰색의 얼룩으로 쉽게 진단 • 자낭각 내에 자낭포자 형성
Scleroderris 궤양병 *Gremmeniella abietina*	• 기주는 소나무와 방크스소나무 • 자낭반 형성

(8) 뿌리에 발생하는 수목병

• 뿌리의 형성층과 목질부와 같은 조직의 뿌리썩음은 담자균류의 부후균에 의해 발생
• 잔뿌리의 뿌리썩음병은 난균류와 불완전균류에 의해 발생
• 뿌리병원 곰팡이는 대부분 임의기생체
• 목재부후균은 죽은 뿌리를 통해 줄기를 따라 심재에서 목재를 부후시킴
• 동일한 수목일 경우 뿌리접촉, 뿌리접목에 의해서도 발병

① 모잘록병

㉠ 기주식물 : 거의 모든 수종(소나무류, 낙엽송, 전나무, 참나무, 자작나무 등)

㉡ 발병원인 : 난균류인 *Pythium*속, *Phytophthora*속, 불완전균류인 *Rhizoctonia*속, *Fusarium*속, *Sclerotium*속

㉢ 피해현황

• 모잘록병은 전 세계적으로 분포하며 묘목 전체 생산량의 약 15%를 차지함
• 감염부위는 뿌리 또는 지제부이며 묘포에서 군상으로 발생함
• 발아 전 입고형과 발아 후 입고형으로 구분

㉣ 발병특성

구 분	모잘록병균
난균류	*Pythium, Phytophthora*
불완전균류	*Rhizoctonia, Fusarium, Cylindrocladium, Sclerotium*

• *Pythium, Rhizoctonia*균은 기온이 낮은 시기에 많이 발생함
• *Phytophthora, Pythium*균은 과습한 환경에서 많이 발생함
• *Fusarium*균에 의한 피해는 온도가 높은 여름~초가을에 건조한 토양에서 발생함
• *Pythium*균은 잔뿌리에서 지제부 위로 병이 진전됨
• *Rhizoctonia*균은 지체부 줄기에서 감염되어 아래로 병이 진전됨

ⓜ 방제방법

- 모잘록병은 토양전염병으로 발생한 후에는 방제가 어려워 예방이 중요함
- 과습하지 않도록 배수와 통풍을 실시하고 햇볕이 잘 들어오게 해야 함
- 질소질 비료를 과용하지 말고 인산질 비료를 충분히 주어야 함
- 지오람수화제 200배액 24시간 침지 후 파종

② **리지나뿌리썩음병** `기출 5회`

ⓐ 기주식물 : 소나무, 해송

ⓑ 발병원인 : *Rhizina undulata*(자낭균)

ⓒ 피해현황

- 1982년 경주에서 처음 발견
- 서해안 태안, 서산 등지의 해수욕장 해송림에 피해가 급증하고 있음
- 산불발생 후 및 모닥불 자리에서 발병하는 경우가 많음

ⓓ 발병특성

- 지체부의 잔뿌리가 검은 갈색으로 썩고 점차 굵은 뿌리로 번지면서 마르는 증상을 보임
- 병든 나무 및 죽은 나무 주변에는 파상땅해파리버섯이 발생
- 병원균의 포자가 발아하기 위해서는 35~45℃의 지중온도가 필요
- 1년에 5~6m의 불규칙한 원형을 이루면서 피해가 확산되며 대부분 고사함

ⓔ 방제방법

- 불을 피우는 것을 삼가도록 함
- 산불이 발생한 임지에는 다른 수종 식재
- 1ha당 2.5ton의 석회를 뿌려 토양 중화
- 피해지 주변에 깊이 80cm 정도의 도랑을 파서 피해 확산을 막음
- 베노밀수화제 등 살균제의 처리

③ **아밀라리아뿌리썩음병** `기출 5회`

ⓐ 기주식물 : 잣나무, 낙엽송, 소나무, 전나무, 참나무, 자작나무, 밤나무, 포플러

ⓑ 발병원인 : *Armillariea mellea*(담자균)

ⓒ 피해현황

- 침엽수의 경우 20년 이하의 나무에서 많이 발생(잣나무에 급증)
- 수목은 말라 죽어도 잎은 떨어지지 않고 오랫동안 남아 있음

ⓓ 발병특성

- 뿌리부근에 송진이 흘러 굳어 있음
- 수피와 목질부 사이에 흰색의 균사층에서 균사체가 부채꼴모양(부채꼴균사판)으로 형성됨
- 병든 뿌리와 줄기의 아랫부분은 가늘고 긴 근상균사속(뿌리꼴균사다발)이 형성됨
- 8~10월 뽕나무 버섯이 병든 나무의 뿌리에 무리지어 나타남

㉺ 방제방법
　　　• 방제가 매우 어려움
　　　• 저항성 수종의 식재
　　　• 그루터기 제거, 석회를 처리하여 산성화 방지
④ 안노섬 뿌리썩음병
　　㉠ 기주식물 : 적송 및 가문비 등
　　㉡ 발병원인 : *Heterobasidion annosum*(담자균) / 말굽버섯속
　　㉢ 피해현황
　　　• 감염된 나무의 지상부에는 영양결핍, 지하부는 부패되어 섬유질 모양으로 변함
　　　• 병원균의 자실체(말굽버섯)는 표면이 갈색이고 아랫부분은 흰색으로 다공성임
　　㉣ 발병특성
　　　• 적송과 가문비가 감수성이며 침엽수에 피해를 줌
　　　• 벌채한 그루터기가 이상적인 침입장소
　　　• 뿌리가 감염되면 뿌리접촉이나 접목을 통해 확산
　　㉤ 방제방법
　　　• 식재 거리를 넓게 하여 뿌리를 통한 전염을 예방
　　　• 감염된 나무그루터기에 요소, 붕사, 질산나트륨 등을 처리하여 포자증식을 예방
⑤ 자주날개무늬병
　　㉠ 기주식물 : 활엽수와 침엽수에 모두 발생하는 다범성 병해
　　㉡ 발병원인 : *Helicobasidium mompa*(담자균)
　　㉢ 피해현황
　　　• 우리나라 사과 과수원 발생빈도는 5% 정도임
　　㉣ 발병특성
　　　• 지하부는 뿌리표면에 자갈색의 균사가 퍼져 끈 모양의 균사다발로 휘감고 균핵 형성
　　　• 지면부근에는 균사망이 발달하여 자갈색의 헝겊 같은 피막을 형성
　　㉤ 방제방법
　　　• 잡목의 잔재가 썩은 다음 식재
　　　• 석회를 살포하여 토양산도 조절
　　　• 외과수술로 병든 부위를 제거하고 살균제 도포
⑥ 흰날개무늬병
　　㉠ 기주식물 : 10년 이상 된 사과 과수원에서 주로 발생
　　㉡ 발병원인 : *Rosellinia necatrix*(자낭균 : 꼬투리버섯목)
　　㉢ 발병특성
　　　• 지하부는 흰색의 균사막으로 싸여있음
　　　• 굵은 뿌리를 제거하면 목질부에 부채 모양의 균사막과 실모양의 균사다발이 있음

ⓔ 방제방법
- 방제가 매우 어려움
- 석회를 이용하여 토양산도 조절
- 병든 나무를 뽑아낸 자리에 지오판수화제 1,000배액을 m2당 40L 사용하여 토양 소독
- 상처 부위는 외과수술 실시 및 살균제 도포

⑦ 구멍장이버섯속
ⓐ 기주식물 : 수령이 오래된 나무에서 많이 발생
ⓑ 발병원인 : *Polyporus sp.*(담자균)
ⓒ 피해현황
- 침엽수의 경우 20년 이하의 나무에서 많이 발생(잣나무에 급증)
- 수목은 말라 죽어도 잎은 떨어지지 않고 오랫동안 남아 있음
ⓓ 발병특성
- 감염된 뿌리는 백색으로 부후
- 아까시재목버섯에 의한 줄기밑둥썩음병은 활엽수 성목과 오래된 나무에서 발생
- 아까시재목버섯은 아까시나무, 느티나무, 벚나무, 튤립나무 등에 피해
- 영지버섯속은 단풍나무와 참나무가 감수성

■ 뿌리에 발생하는 주요 수목병 기출 8회

병명 / 병원균		특 징
병원균 우점병 • 미숙조직 침입 • 감염성 강함 • 연화성 병	모잘록병 난균 *Pythium spp.* 불완전균 *Rhizoctonia solani*	• 전 세계 묘목생산량의 15%를 고사시킴 • *Pythium*에 의한 병은 잔뿌리에서 지체부위로 병이 진전 • *Rhizoctonia*는 지체부 줄기가 감염되어 아래로 병이 진전 • 발병 시 질소질 비료보다는 인산비료를 충분히 살포
	Phytophthora 뿌리썩음병 *Phytophthora cactorum* (난균)	• 감염초기에는 잔뿌리가 죽고 그 후 큰 뿌리로 진전 • 침엽수는 엽색이 옅어지고 잎은 작고 뒤틀림 • 활엽수는 잎이 작아지고 퇴색하며 조기낙엽 및 뒤틀림 • 꼭대기는 가지마름이 나타나고 심한 경우 1~2년에 고사 • 사과나무 평균 0.2% 감염률 / 줄기밑동썩음병을 일으킴
	리지나뿌리썩음병 *Rhizina undulata* (자낭균)	• 자낭균에 의해 발생하며 1982년 경주에서 처음 발견 • 소나무, 전나무, 가문비나무, 낙엽송류 등 침엽수에 발생 • 토양온도가 35~45℃에서 발아하여 뿌리 및 사부로 침입 • 표징은 파상땅해파리버섯이며 산성토양에서 피해가 심각 • 섬유소분해효소 및 펙틴분해효소를 분비하는 연화성 병
기주 우점병 • 만성병 • 감염성 약함	아밀라리아뿌리썩음병 *Armillaria* 속 (담자균)	• 담자균에 의해 발생하며 침엽수 및 활엽수에 모두 가해 • 임분의 연령이 증가할수록 감소하는 경향이 있음 • 표징은 뽕나무버섯, 뿌리꼴균사다발, 부채꼴균사판 • 수년간 생존이 가능함으로 피해임지에서는 지속적 발생 • 우리나라에서는 잣나무조림지의 피해가 심각

Annosum 뿌리썩음병 *Helicobasidion annosum* (담자균)	• 담자균에 의해 발생하며 적송과 가문비나무가 감수성 • 감염된 수목은 영양결핍현상 및 잎의 황화현상이 발생 • 뿌리 접촉이나 접목을 통해서도 건전 기주로 감염 • 말굽버섯속에 속하는 균으로 주로 침엽수에 피해를 줌
자주날개무늬병 *Helicobasidium mompa* (담자균)	• 담자균에 의해 발생하며 사과 과수원의 약 5% 발생 • 침엽수와 활엽수에 모두 발생하는 다범성 병해 • 토양주변에 균사망을 만들고 헝겊 같은 피막을 형성 • 자실체가 일반 버섯과는 달리 헝겊처럼 땅에 깔림
흰날개무늬병 *Rosellinia necatrix* (자낭균)	• 자낭균에 의해 발생하며 10년 이상 된 사과과수원에 발생 • 나무뿌리가 흰색의 균사막으로 싸여 있음 • 목질부에 부채모양의 균사막과 실모양의 균사다발

구멍장이 버섯 (담자균)	아까시재목버섯	• 담자균에 의해 발생 / 활엽수 성목, 오래된 나무에서 발생 • 백색부후균인 반월형의 아까시재목버섯이 층을 지어 발생
	영지버섯속	• 담자균에 의해서 발생하며 심재를 침입하여 병이 진전 • 단풍나무와 참나무 등이 감수성

(9) 유관속 시들음병

① 참나무 시들음병 기출 5회

㉠ 기주식물 : 참나무류(신갈나무, 갈참나무, 서어나무 등이 감수성)

㉡ 발병원인 : *Raffaelea*속

㉢ 피해현황

- 2004년 성남에서 처음 발생
- 매개충인 광릉긴나무좀이 5월 말부터 나타나 참나무 속에 파고 들어감
- 참나무의 물관부에 *Raffaelea*속 불완전균류가 침입하여 시들음 현상 발생

㉣ 발병특성

- 피해목은 7월 말경 빠르게 시들면서 빨갛게 말라 죽음
- 허약한 수목에 매개충이 집단으로 공격(집합페로몬)하여 수목을 파고듦
- 병든 나무의 줄기는 매개충이 침입한 천공이 많이 발생하며 톱밥가루 배설물(목설)을 만듦

㉤ 방제방법

- 목재와 벌구는 비닐을 씌우고 메탐소디움 등의 살충 및 살균제로 훈증
- 페로몬을 묻힌 끈끈이트랩을 이용하여 매개충 구제
- 페니트로티온 유제를 우화최성기에 살포

■ 유관속 시들음병 비교 기출 6회

병명 / 병원균	매개충 / 전반	특 징
느릅나무 시들음병 *Ophiostoma ulmi* *Ophiostomatoid* 균류	유럽느릅나무좀 미국느릅나무좀	• 나무좀이 목부형성층 및 물관을 가해 • 물관가해 시 매개충 몸체에 있던 병원균이 물관 침입 • 병원균이 물관의 아래쪽으로 증식 • 뿌리접목을 통해 인접 수목으로 이동 • **미국느릅나무**는 감수성 / 시베리아, 중국느릅나무는 저항성
참나무 시들음병 *Raffaelea quercus*	우리나라 : 광릉긴나무좀 일본 : Platypus quercivorus	• 2004년 성남시에서 발견 • 국내는 주로 **신갈나무**, 일본은 **졸참나무, 물참나무** • 페르몬을 발산하여 암컷을 유인하고 목재내부에 산란 • 침입공은 수간 하부에서부터 지상 2m 이내에 분포
참나무 시들음병 *Ceratocysis* *fagacearum*	nitidulid 나무이	• **루브라참나무**와 **큰떡갈나무**에 특히 심하게 발생 • 현재 미국 중남부지역에서 발생(유럽에서는 미발생) • 나무이와 뿌리접목에 의해 병원균이 전반 • 나무이는 곰팡이 균사매트의 달콤한 냄새로 유인
Verticillium 시들음병 *Verticillium dahliae* *Verticillium* *albo-atrum*	*Verticillium*에 의한 토양전염	• 토양전염원과 뿌리접촉을 통하여 감염 • 국내는 농작물에서 발견, 수목에서는 보고되지 않음 • **단풍나무**와 **느릅나무**에서 가장 심하게 발생 • 감염 시 목부에 녹색이나 갈색의 줄무늬가 생김

- 5월중순부터 허약하거나 굵은 나무 공격(신갈나무 등)
- 수컷이 **집단페로몬**을 방출

- 수목의 아래부분을 집단적으로 공격
- 수목에 구멍을 뚫고 갱도를 형성함(목설 배출)

5~6월

- 참나무는 1~2개월안에 시들음 현상이 발생하여 고사
- 곰팡이균은 광릉긴나무좀 애벌레의 먹이자원이 됨

- 숫컷이 성페로몬을 분비하여 교미를 함
- 암컷 균낭에 있던 곰팡이균(Raffaelea속)을 물관에서 배양

7~8월

〈참나무시들음병의 매개충(광릉긴나무좀) 생활사〉

(10) 녹 병

① 녹병의 특징

   ㉠ 녹병은 담자균류에 속하며 전 세계 150속 6,000여 종이 알려져 있음(Puccinia속이 가장 많음)

   ㉡ 대부분 이종기생균으로 기주교대를 하며, 경제적인 측면에서 중요하면 기주(host), 그렇지 않으면
중간기주(alternate host)라고 함(예 향나무 녹병, 잣나무 털녹병, 소나무 혹병 등)

   ㉢ 일부 녹병균은 기주교대를 하지 않고 한 종의 기주에서 생활사를 마치는데 이를 동종기생균이라고
함(예 회화나무 녹병, 후박나무 녹병 등)

   ㉣ 녹병균은 순활물기생체 또는 절대기생체이지만 최근의 몇 종은 펩톤이나 효모추출물 등이 첨가된
인공배지에서 배양이 가능

   ㉤ 녹병은 담자균임에도 불구하고 꺽쇠연결체(clump)가 없고, 격벽은 단순격벽공임

② 녹병의 생활사

   ㉠ 녹병정자

     • 표면에 돌기가 없는 극히 작은 단세포

     • 녹병정자는 담자포자에서 형성되므로 핵상은 n이고 기주식물의 표피 또는 각피 아래에 형성

     • 녹병정자는 곤충을 유인할 수 있는 독특한 향이 있어 주로 곤충 및 빗물에 의해 전파

   ㉡ 녹포자

     • 녹포자기 내에서 연쇄상으로 형성되는 돌기가 있는 구형 내지 난형의 단세포

     • 녹포자는 담자포자와 같이 기주교대성 포자로 다른 기주에 침입

   ㉢ 여름포자

     • 녹포자와 같이 다양한 무늬돌기가 존재하는 구형 내지 난형의 단세포(세포벽이 얇고 발아공이 보임)

     • 여름포자의 형성을 반복하여 식물에 대한 피해를 증가시키는 역할

     • 포플러잎 녹병균은 여름포자상태로 월동하여 중간기주를 거치지 않고 직접 포플러를 감염

   ㉣ 겨울포자

     • 세포벽이 두꺼운 월동포자로서 갈색 내지 검은 갈색의 단세포 또는 다세포

     • 감수분열을 하여 격벽이 있는 4개의 담자기를 만듦

   ㉤ 담자포자

     • 소생자라고도 하며 작고 무색의 단핵포자

     • 다른 기주에 침입하여 기주교대

     ■ 녹병의 생활환 `기출` 8회

세 대	핵 상	생활환	특 징
녹병정자	n	원형질융합을 하여 녹포자 형성	유성생식
녹포자	n+n	녹포자의 발아로 n+n균사 형성	기주교대
여름포자	n+n	여름포자 발아로 n+n균사 형성	반복감염
겨울포자	n+n → 2n	핵융합으로 2n이 되고 발아할 때 감수분열을 하여 담자포자 형성	겨울월동
담자포자	n	담자포자의 발아로 n균사 형성	기주교대

③ 소나무류 혹병(Pine-oak gall rust)

　　㉠ 기주식물 : 소나무, 곰솔

　　㉡ 중간기주 : 참나무류(신갈나무, 졸참나무 등)

　　㉢ 발병원인 : *Cronartium orientale*, *Cronartium quercuum*

　　㉣ 피해현황

　　　　• 아시아를 비롯하여 북미 중동부지역, 미 서부지역, 멕시코 등에서 발생하는 병

　　　　• 병원균은 소나무류와 참나무류를 기주교대하는 이종기생균으로 나무의 가지나 줄기에 다양한 크기의 혹을 형성

　　　　• 병든 나무는 고사하지 않으나, 혹이 형성된 병든 부위의 표면은 거칠고 조직이 연약하여 강한 바람 또는 폭설 등에 의해 부러지기 쉬움

　　㉤ 발병특성

　　　　• 소나무의 가지나 줄기에 작은 혹이 생기는데, 해마다 비대해져서 30cm 이상의 혹으로 자람

　　　　• 봄(4~5월)에 노란색의 가루(녹포자)가 비산하여 중간기주로 옮겨감

　　　　• 5~6월에 참나무류 잎의 뒷면에 노란색의 가루(여름포자)가 형성되며, 7~8월 이후에는 흑갈색의 실같은 물체(겨울포자퇴)를 형성

　　　　• 9~11월에는 겨울포자가 발아하여 형성된 담자포자가 소나무를 침해

　　㉥ 방제방법

　　　　• 가지의 병든 부분(혹은 그 주변)은 잘라서 태우고 소나무 묘포 근처에는 참나무류 제거

　　　　• 예방약제로서 만코제브 수화제를 9월 상순부터 2주 간격으로 2~3회 살포

④ 잣나무 털녹병(white pine blister rust)

　　㉠ 기주식물 : 잣나무, 스트로브잣나무

　　㉡ 중간기주 : 송이풀류, 까치밥나무류

　　㉢ 발병원인 : *Cronartium ribicola*

　　㉣ 피해현황

　　　　• 세계 3대 수목병해 중 하나인 잣나무 털녹병은 1936년 강원도 양양군과 경기도 가평군에서 처음 발견

　　　　• 주로 5엽송 잣나무류에 피해를 주며 캄챠카반도, 만주, 한국, 일본, 북아메리카 중북부, 유럽 중북부에 넓게 분포

　　　　• 잣나무 털녹병의 발생에 관여하는 여러 환경인자 중 녹병균 감염 특성상 중간 기주의 밀도의 영향이 가장 크며, 해발 700m 이상의 한랭하고 습기가 많은 임지에 피해가 심함

　　㉤ 발병특성

　　　　• 병든 잣나무의 가지와 줄기의 수피가 방추형으로 부풀어 터져서 거칠거칠하게 되고 직경 5mm 정도의 노란색 녹포자퇴가 나옴

　　　　• 녹포자(aeciospore)는 바람에 의해 비산하며 이 부위는 건조해지면서 터지고 형성층은 죽게 됨. 죽은 형성층이 줄기를 둘러싸게 되면 나무는 죽게 되는데 살아남은 나무는 이듬해 상하로 병이 진전되어 결국 고사함

- 녹포자(aeciospore)는 바람에 날려 중간기주인 송이풀류에 침입하여 6월 중순부터 9월 상순까지 잎 뒷면에 노란색의 여름포자(uredospore)를 형성
- 우리나라에서는 까치밥나무에서 털녹병이 발견되지 않음

  ㉫ 방제방법
  - 병든 나무, 중간기주를 지속적으로 제거하고 수고 1/3까지 가지치기하여 감염경로 차단
  - 발생초기인 4월에 녹포자기가 터지지 않도록 병든 가지를 베어내고 묻거나 소각
  - 잣나무 임지 내의 중간기주는 지속적으로 제거

〈잣나무 털녹병의 생활사〉

⑤ 향나무 녹병(Cedar-apple rust)
   ㉠ 기주식물 : 향나무류, 노간주나무
   ㉡ 중간기주 : 장미과 수목(배나무, 사과, 모과나무, 명자꽃, 산사나무, 산당화, 야광나무, 유노리나무 등)
   ㉢ 발병원인 : *Gymnosporangium spp.*
   ㉣ 피해현황 : 사과나무, 배나무 재배농가에 심각한 피해를 주고 있음
   ㉤ 발병특성
   - *Gymnosporangium*속 균은 다른 녹병균과는 달리 여름포자세대가 없으며, 녹포자세대와 겨울포자세대로 연결됨
   - 4월 초순 향나무의 잎, 가지 및 줄기에 짙은 갈색의 돌기(겨울포자)가 형성되며 빗물에 의해 노란색의 한천 모양으로 부풀어 오름
   - 6~7월 중간기주의 잎과 열매에 노란색의 작은 반점이 다수 나타나고 그 중앙에 검은 돌기가 형성됨
   - 곧이어 잎 뒷면에는 흰색의 털모양의 돌기(녹포자퇴) 형성
   ㉥ 방제방법
   - 향나무 부근에는 중간기주의 식재를 금지하고 가능한 2km 이상 떨어질 수 있도록 함
   - 향나무에는 4~5월과 7월에, 중간기주 수목에는 4월 중순~6월까지 붉은별 무늬병 전용약제를 10일 간격으로 5~6회 살포
   - 겨울포자가 발생한 가지는 제거

〈향나무 녹병(배나무 붉은별무늬병)의 생활사〉

■ 녹병의 기주 및 중간기주 `기출` 5회

녹병균	병 명	녹병정자, 녹포자	여름포자, 겨울포자
Aecidium araliae	두릅나무 녹병	두릅나무	사초류
Chrysomyxa rhododendri	철쭉류 잎녹병	가문비나무	철쭉류
Coleosporium asterum	소나무 잎녹병	소나무	참취, 쑥부쟁이
Cronatium ribicola	잣나무 털녹병	잣나무	송이풀, 까치밥나무
Cronatium orientale	소나무 혹병	소나무, 해송	참나무류
Cronatium flaccidum	소나무 줄기녹병	소나무	모란, 작약, 송이풀
Gymnosporangium asiaticum	향나무 녹병	장미과 식물 (배, 모과, 명자)	향나무, 노간주나무
Gymnosporangium yamadae	향나무 녹병	장미과 식물 (사과, 아그배)	향나무, 노간주나무
Melampsora larici–populina	포플러 잎녹병	낙엽송	포플러류
Uromyces truncicola	회화나무 녹병	회화나무	회화나무

⑥ 소나무 줄기녹병

  ㉠ 기주식물 : 각종 2엽송류

  ㉡ 중간기주 : 참작약, 백작약, 모란 등

  ㉢ 발병원인 : *Cronartium flaccidum*

  ㉣ 피해현황

    • 유럽 전역에 널리 분포

    • 우리나라는 1934년 중간기주로 참작약 기록

    • 소나무에서는 1978년 태백에서 처음 발견

  ㉤ 발병특성

    • 소나무류 묘목이나 조림목의 줄기 또는 가지에 발생

    • 병든 부위는 약간 방추형으로 부풀고 수피가 거칠어 짐

- 봄에 수피를 뚫고 황색의 녹포자가 돌출하고 비산하여 중간기주로 이동
- 중간기주에서 녹포자퇴를 형성하고 나중에 갈색의 겨울포자퇴가 됨
- 생활사가 잣나무 털녹병균과 비슷

⑦ 전나무 잎녹병 **기출** 7회 · 8회

　㉠ 기주식물 : 전나무

　㉡ 중간기주 : 뱀고사리

　㉢ 발병원인 : *Uredinopsis komagatakensis*

　㉣ 피해현황

　　- 1986년 강원도 횡성에서 처음 보고

　　- 병원성은 높으나 나무를 죽이지는 않음

　㉤ 발병특성

　　- 주로 계곡에 발생

　　- 5~7월 전나무의 당년생 침엽에 작은 반점이 나타나고 잎 뒤쪽에서는 녹병정자를 함유한 점액이 맺힘

　　- 이후 침엽의 뒷면에서 녹포자기가 2줄로 형성되며 6월 중순에 녹포자가 비산하여 뱀고사리로 침입

　　- 10월에 여름포자퇴가 형성이 되고 겨울포자퇴로 월동하고 발아하여 담자포자가 형성되며 전나무로 침입

⑧ 회화나무 녹병

　㉠ 기주식물 : 회화나무(동종기생균)

　㉡ 발병원인 : *Uromyces truncicola*

　㉢ 피해현황

　　- 가로수, 공원수, 아파트 단지의 정원수에서 흔하게 볼 수 있음

　　- 길쭉한 모양의 혹이 여러 개 생겨 생육이 나빠짐

　　- 가로수의 경우, 피해부위가 약해 부러져 인명피해를 발생

　㉤ 발병특성

　　- 회화나무 녹병은 잎, 가지, 줄기에 발생

　　- 여름포자가 빗물이나 바람에 의해 지속적으로 감염

　　- 줄기와 가지는 여러 개의 방추형의 혹이 생김

　　- 가을에 껍질 밑에는 흑갈색의 겨울포자가 무더기로 나타남

　　- 생활사가 잣나무 털녹병균과 비슷하나 녹포자세대가 없음

⑨ 포플러 잎녹병

　㉠ 기주식물 : 포플러류

　㉡ 중간기주 : 일본잎갈나무(낙엽송), 현호색

　㉢ 발병원인 : *Melampsora*속 *larici-populina*, *M. magnusiana*

　㉣ 피해현황

　　- 정상적인 잎보다 1~2개월 일찍 낙엽이 지며 생장이 감소

　　- 대부분의 피해는 *Melampsora larici-populina*에 의해서 발생

　　　　ⓜ 발병특성
　　　　　• 4~5월 낙엽송의 잎 표면에 황색병반, 뒷면에 녹포자가 형성
　　　　　• 녹포자가 비산하여 포플러의 새 잎에 침입
　　　　　• 녹포자는 초여름에 여름포자를 형성하고 가을이 되면 겨울포자 생성
　　　　　• 따뜻한 지역에서는 겨울포자를 형성하지 않음

　⑩ 버드나무 잎녹병
　　　ⓐ 기주식물 : 호랑버들, 육지꽃버들, 키버들 등 버드나무류
　　　ⓑ 중간기주 : 일본잎갈나무
　　　ⓒ 발병원인 : *Melampsora*속
　　　ⓓ 피해현황
　　　　　• 6월에 버드나무의 잎 뒷면과 작은 가지에 황색의 여름포자가 나타남
　　　　　• 소나무에서는 1978년 태백에서 처음 발견
　　　ⓔ 발병특성
　　　　　• 중간기주는 일본잎갈나무로 알려져 있으나 국내에서는 보고되지 않음
　　　　　• 6월에 버드나무의 잎 뒷면과 작은 가지에 황색의 여름포자가 나타남
　　　　　• 초가을되면 여름포자의 형성은 중단되고 겨울포자가 형성
　　　　　• 병든 낙엽에서 월동한 병균은 중간기주인 일본잎갈나무로 침입
　　　　　• 버드나무의 새로 나온 잎에 곧바로 전염하기도 함

　⑪ 오리나무 잎녹병
　　　ⓐ 기주식물 : 오리나무, 두메오리나무
　　　ⓑ 중간기주 : 일본잎갈나무
　　　ⓒ 발병원인 : *Melampsoridium alni*, *M. hiratsukanum*
　　　ⓓ 피해현황
　　　　　• 우리나라에서는 중간기주가 보고되지 않음
　　　　　• 녹포자에 의한 감염거리는 매우 먼 것으로 알려져 있음
　　　ⓔ 발병특성
　　　　　• 6~7월경부터 잎의 표면에 황색 반점이 나타남
　　　　　• 잎의 뒷면에는 여름포자가 형성되고 심하면 조기낙엽 발생
　　　　　• 겨울포자로 월동하고 담자포자에 의해 일본잎갈나무의 잎에 침입
　　　　　• 일본잎갈나무의 잎에 형성되는 녹포자는 반복 감염시킴

⑫ 주요 녹병

병명 / 병원균	중간기주	특 징
잣나무 털녹병 *Cronartium ribicola*	송이풀, 까치밥나무	• 오엽송 중 **잣나무와 스트로브잣나무는 감수성** • **섬잣나무와 눈잣나무는 저항성** • 1936년 강원도 회양군, 경기도 가평군에서 처음 발견 • 주로 **5~20년생**의 잣나무에 많이 발생 • 가지 수피가 노란색 또는 갈색으로 변하면서 방추형으로 부풀고 수피가 거칠어지면서 수지가 흘러내림
소나무 줄기녹병 *Raffaelea quercus*	백작약, 참작약, 모란	• 유럽 전역에서 구주소나무 등 2엽송류에 큰 피해 • 1978년 강원도 태백시에서 처음 발견 • 병든 부위는 방추형으로 부풀고 수피가 거칠어 짐 • 잣나무털녹병의 생활사와 비슷
소나무류 잎녹병 *Coleosporium* 류	참취, 개미취, 과꽃 등	• 병든나무 잎은 일찍 떨어지지만 급속히 말라죽지 않음 {표} | 기 주	병원균	중간기주
소나무, 잣나무	*C. asterum*	참취, 개미취, 과꽃, 개쑥부쟁이
잣나무	*C. eupatorii*	골등골나물, 등골나물
소나무	*C. campanulae*	금강초롱꽃, 넓은잔대
소나무	*C. phellodendri*	넓은잎황벽나무, 황벽나무
곰 솔	*C. plectranthi*	산초나무	
소나무 혹병 *Cronarium quercuum*	졸참, 상수리, 떡갈나무 등 참나무	• 구주소나무는 이 병에 심하나 우리나라는 피해가 적음 • 우리나라에서는 직접적인 고사원인이 되지 않음 • 발병정도는 전염기인 9~10월의 강우량 차이 • **10개월의 잠복기간을 거쳐 이듬해 여름부터 혹 형성**
전나무 잎녹병 *Uredinopsis komagatakensis*	뱀고사리	• 1986년 강원도 횡성에서 처음 발견되었음 • 주로 **계곡에서 발생**하며 병든 잎이 일찍 떨어짐 • 발생 시 전나무임지 부근 뱀고사 제거
향나무 녹병 *Gymnosporangium spp.*	배나무, 사과나무, 명자꽃, 산당화, 산사나무, 야광나무, 모과나무 등 장미과	• 병원균은 **향나무, 노간주나무의 잎, 가지, 줄기에 침입** • 전 세계 70여 종 중 7종이 우리나라에서 보고 • 서유구 『**행포지**』에 배나무 붉은별무늬병에 대한 언급
버드나무 잎녹병 *Melampsora spp.*	일본잎갈나무 (국내 미기록)	• 호랑버들, 키버들, 육지꽃버들 등이 기주로 보고 • 중간기주인 일본잎갈나무에 침입하거나 버드나무류에 곧바로 전염한다고 알려짐
포플러 잎녹병 *Melampsora spp.*	일본잎갈나무 현호색	• 정상 잎보다 **1~2개월 일찍 낙엽**이 되어 생장 감소 • 전 세계적으로 약 14종 중 우리나라는 **2종**이 분포 • 대부분의 피해는 Melampsora larici-populina에 의함
오리나무 잎녹병 *Melampsoridium ssp.*	일본잎갈나무 (국내 미기록)	• 기주는 **오리나무와 두메오리나무** • 우리나라에서는 2종의 병원균이 알려져 있음 {표} 	기 주	병원균
---	---
오리나무	*Melampsoridium hiratsukanum*
두메오리나무	*Melampsoridium alni*	
회화나무 녹병 *Uromyes truncicola*	*동종기생균	• 회화나무 **잎, 가지, 줄기에 발생** • 방추형의 혹이 생겨 말라 죽거나 강풍에 의해 **부러짐** • 혹은 매년 비대해지며 **동종기생균**

2. 세균 병해

(1) 세균병의 특징

① 세균은 세포벽을 가지고 있으며, 점성이 있는 점질층으로 덮여 있음

② 세균은 하나 또는 그 이상의 유전물질인 플라스미드(plasmid)를 가지고 있음

③ 짧은 막대기 모양인 간균이 대부분의 병을 발생시킴

④ 핵은 닫힌 형태로 구성되어 있으며 이분법으로 증식함

⑤ 현재 1,600종의 세균 중 식물병원세균은 180여 종임(임의 부생체)

⑥ 편모의 유무, 수, 위치에 따라 세균을 분류(단극모, 양극모, 속생모, 주생모)

⑦ 병원세균은 직접적인 침입이 어려우며 상처 또는 자연개구부를 통하여 이루어짐

⑧ 세균병 유출검사법(Ooze test)은 줄기를 잘라 물에 넣었을 때 단면에서 스며 나오는 분비물로 세균병을 진단하는 방법임

⑨ 식물세균병을 진단하기 위하여 병원세균을 분리할 때는 배지선택이 중요함

⑩ 세균병은 그람염색법에 의해 보라색으로 염색되는 그람양성균과 붉은색으로 염색되는 그람 음성균이 있음

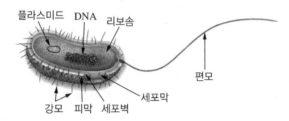

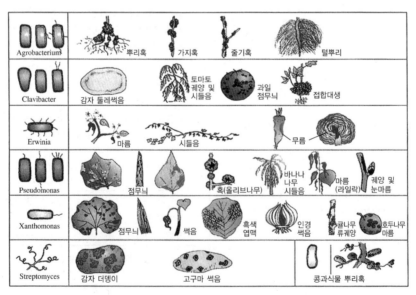

(2) 세균병의 감염 및 증상

① 세균은 각피침입을 하지 못하고 개구부나 상처를 통해 침입함
② 전반은 물, 곤충, 동물, 바람, 인간, 빗물 등에 의해서 이동함
③ 세균은 대부분 기주식물체 안에서 기생생활을 하고 일부는 부생생활을 함
④ 편모를 가지고 있는 세균은 짧은 거리의 이동이 가능함

기공 침입   상처 침입   수공 침입   밀선 침입

구 분	내 용
무름병	상처를 통해 침입한 병균이 펙티나아제 효소를 분비하여 기주세포의 중층을 분해하면 삼투압에 변화가 생겨 기주세포는 원형질분리를 일으켜 죽게 되면서 무름현상이 발생함
점무늬병	기공으로 침입하여 증식한 세포는 인접 유조직세포를 파괴하며 점무늬를 만듦
잎마름병	세균이 유관속 조직의 도관부를 침입하여 식물기관의 일부 또는 전체가 말라 죽음
시들음병	침입한 세균이 물관에서 증식하여 수분의 상승을 저해함
세균성혹병	세균이 기주세포를 자극하여 병환부를 이상증식 시킴

더 알아두기

세균의 생장곡선
• 유도기 : 균을 새로운 배지에 접종, 배양할 때 배지에 적응하는 시기(각종 효소단백질 생합성 등)
• 대수기 : 일정한 생장률을 보이고, 세포의 크기, 세균 수, 단백질, 건물량이 같은 속도로 증가
• 정상기 : 생장을 하지 않는 단계이며 영양물의 고갈, 대사생산물 축적, pH 변화, 산소부족 현상
• 사멸기 : 세균수가 감소하는 시기로 각종 가수분해효소의 작용으로 자가소화로 융해

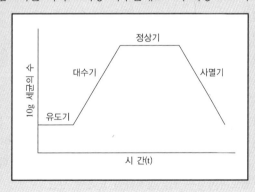

(3) 세균병의 진단 및 방제

① 진 단

ⓐ 세균의 존재여부는 광학현미경으로 확인 가능

ⓑ 세균의 형태적 특성 관찰은 주사전자현미경 및 투과현미경 사용

ⓒ 항원 항체 간의 응집반응을 이용한 면역학적 진단

ⓓ 분자생물학적 진단(핵산교잡, 중합효소연쇄반응)

ⓔ Gram염색법에 의한 양성세균과 음성세균

② 방 제

ⓐ 저항성 품종을 사용하는 것이 효과적

ⓑ 온실에서는 증기나 포름알데히드 등으로 처리

ⓒ 오염된 종자는 차아염소산나트륨으로 소독하거나 아세트산 용액에 침지

ⓓ 항생제로 스트렙토마이신 제제와 옥시테트라사이크린 이용

ⓔ 52℃에서 20분 정도의 처리는 감염종자의 수를 줄일 수 있음

ⓕ 구리를 함유한 농약의 경엽처리

(4) 세균병의 종류

① 뿌리 혹병

ⓐ 병원균

- 병원균은 *Agrobacterium tumefaciens*이며 막대모양임
- 그람음성세균이며 기주식물이 없어도 오랫동안 부생생활을 함
- 고온다습한 알칼리성 토양에서 많이 발생함

ⓑ 전반 및 병징

- 주로 줄기, 뿌리 및 지표면으로부터 가까운 곳에서 혹이 발생
- 초기에는 회황색의 부드러운 혹이 형성되다가 이후 혹이 목질화하면서 암갈색으로 변함
- 생장이 저해되어 왜소화되며 잎이 작고 황화현상이 발생함
- 병든 세균은 나무의 병든 부위에서 월동하며 기주가 없어도 수년간 독립적 부생생활을 함

ⓒ 방제방법

- 병이 없는 건전한 묘목 식재
- 석회 사용량을 줄이며, 유기물을 충분히 사용하여 수세를 튼튼하게 함
- 병든 묘목은 발견 즉시 제거하고 발생이 심한 지역은 식재하지 않음
- 나무뿌리를 가해하는 곤충을 방제하여 상처가 나지 않도록 함
- 약제는 스트렙토마이신용액을 침지하여 묘목에 사용

② 불마름병 기출 6회

ⓐ 병원균

- 병원균은 *Erwinia amlovora*이며 4~5개의 주생모를 가짐
- 그람음성균이며 짧은 간균의 형태임
- amylovorin이라는 독소를 생성하여 병을 발생시킴

ⓒ 전반 및 병징
- 병원균은 병든 가지의 궤양주변에서 휴면상태로 월동
- 이듬해 봄에 비가 내릴 때 활동하기 시작함
- 세균점액으로 곤충을 유인하고 곤충이 상처나 개구부를 통해서 침입
- 늦은 봄에 어린잎, 가지, 꽃이 갑자기 시들고, 병든 부분은 빠른 속도로 갈색 내지 검은색으로 변함
- 병원균은 주맥을 따라 잎으로 전반되거나 가지 전체로 이동하여 말라 죽게 함
ⓒ 방제방법
- 병든 가지 제거, 매개충을 구제(약 100m² 내 수목 제거 후 매립)
- 감염된 가지의 경우 최소 30cm 이상 잘라내어 주며 도구는 알코올이나 차아염소산나트륨으로 소독함
- 수액이동이 활발한 생육기에 가장 흔하게 나타나며 인산 비료, 칼륨 비료를 사용하여 수세 강화
- 약재는 석회보르도액을 살포하고 환부는 보르도액 또는 석회황합제 원액을 도포함
③ 세균성 구멍병
㉠ 병원균
- *Xanthomonas arboricola*에 의해 발생
- 1개의 극모를 가지고 있고 배지에서 노란색을 띰
- 호기성 세균으로 그람음성균임
㉡ 전반과 병징
- 병든 가지 및 눈에서 월동하며 이듬해 봄에 빗물과 곤충에 의해서 전반됨
- 바람이 심하고 높은 습도가 지속되거나 강우가 많은 해에 심하게 나타남
- 태풍이 발생한 후 발병이 현저하게 증가함
- 잎에 원형 또는 부정형으로 1~5mm 정도의 수침상 점무늬가 발생하고 이후 구멍이 생기는 천공이 나타남
㉢ 방제방법
- 발병이 심한 곳에는 과실의 감염을 줄이기 위해 봉지를 씌움
- 수목을 건강하게 재배하여 저항성을 높임
④ 잎가마름병
㉠ 병원균
- *Xylella fastidiosa*에 의해 발생
- 물관부국재성 세균임
- 호기성 세균으로 그람음성균임
㉡ 전반과 병징
- 잎의 가장자리 갈변
- 수분부족 증상과 잎의 주변조직과의 경계에 노란색 물결무늬가 나타남
- 매미충류 곤충과의 접촉에 의해서 전반
㉢ 방제방법
- 규칙적인 비료사용으로 활력유지
- 관수를 충분히 하여 가뭄피해 방지

⑤ 감귤 궤양병

　　㉠ 병원균

　　　• *Xanthomonas axonopodis*에 의해 발생

　　　• 짧은 막대모양(간균)이며, 1개의 편모를 가지고 있음

　　　• 호기성 세균으로 그람음성균임

　　㉡ 전반과 병징

　　　• 병원균이 빗물과 섞여 비산하여 기공 또는 상처로 침입

　　　• 어린 조직은 감수성이며 경화된 잎, 가지는 상처침입

　　　• 바람이 강하게 부는 과수원이나 태풍 후에 다수 발생

　　㉢ 방제방법

　　　• 방풍림 조성 및 귤굴나방 방제

　　　• 질소비료 과다 사용을 피하고, 가지치기 등 밀도를 낮춤

더 알아두기

그람염색법 `기출` 6회

• 1884년 덴마크의 의사 H. C. J. 그람(1853~1938)이 고안한 특수 염색법

• 아이오딘으로 착색 후 에탄올로 탈색한 다음 사프라닌으로 대조염색을 하는 방법

• 그람양성균은 세포벽의 약 80~90%가 펩티도글리칸이며 외막이 없음

• 그람음성균은 세포벽이 약 10%가 펩티도글리칸으로 세포외막과 내막 사이에 존재

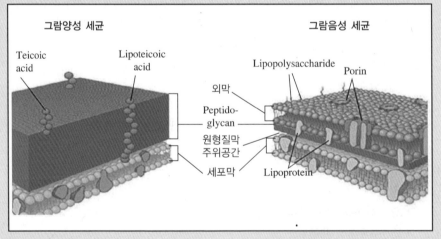

구 분	그람양성균(Gram positive)	그람음성균(Gram negative)
반 응	보라색	붉은색
식물병균	*Arthrobacter, Clavibacter, Curtobacterium, Rathayibacter, Rhodococcus*	*Agrobacterium, Pseudomonas, Streptomyces, Xanthomonas, Xylophilus, Xylella*

3. 선충 병해

(1) 선충의 특징

① 선충은 실모양으로 선충문에 속하는 무척추 하등동물임

② 식물성 기생선충의 대부분은 토양에서 서식하는 토양선충임

③ 식물선충은 구침을 가지고 있으며, 수목에 기생하여 피해를 줌

④ 소나무재선충 등 수목에 직접적인 피해를 주는 경우도 있지만 대부분의 선충은 식물에 뚜렷한 피해를 나타내지 않고 식생의 쇠락에 관여하고 있음

⑤ 선충은 먹이습성에 따라 식균성, 식세균성, 포식성, 잡식성, 식물기생성, 곤충기생성으로 나눔

⑥ 식물기생선충을 제외한 토양선충을 부생선충이라고 함

(2) 선충의 형태

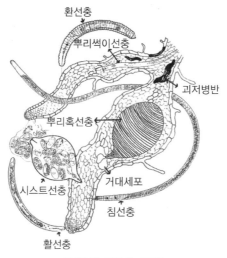

〈선충의 다양한 형태〉

① 수목에 피해를 주는 식물선충은 대부분 길이가 1mm 내외로 육안의 식별이 어려움

② 일반적으로 암수의 형태는 실모양 또는 방추형으로 비슷함

③ 일부 선충은 암수의 모양이 현저히 다른 자웅이형이며, 암컷은 성숙하면 배모양, 콩팥모양, 레몬모양, 공모양이 됨

④ 선충은 부드럽고 투명한 큐티클로 덮여 있음

⑤ 구침의 형태는 식도형 구침과 구강형 구침으로 나누어 짐

⑥ 선충의 생활사는 알, 유충, 성충으로 나눌 수 있으며 알에서 1차 탈피하고, 3번 탈피를 하면 성충이 됨

⑦ 생식방법은 양성생식과 처녀생식을 함

(3) 발병과 병징 기출 6회

① 식물체 내에서 또는 외부에서 구침을 통하여 기주식물체로부터 영양분을 탈취

② 선충의 침과 분비물로 인한 식물의 생리적 변화를 발생

③ 선충의 분비물로 인한 양육세포, 병합체, 거대세포가 형성되어 식물생리 장애 발생

④ 식물의 성장저해, 위축, 황화, 시들음 등의 병징 발생

⑤ 선충의 분리방법은 Baerman funnel법을 이용하거나 체를 사용하여 분리하기도 함

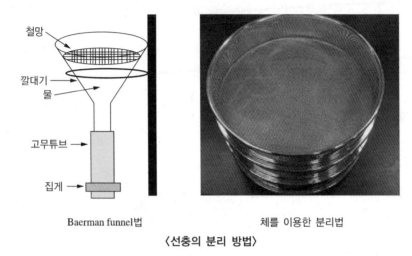

Baerman funnel법   체를 이용한 분리법

〈선충의 분리 방법〉

(4) 선충병의 종류

① 소나무재선충

　㉠ 발병 원인

　　• 국내에서는 1988년 부산 금정산에서 최초로 보고됨

　　• 소나무재선충인 *Bursaphelenchus xylophilus*에 의해 발생

　　• 솔수염하늘소와 북방수염하늘소에 의해서 전반됨

　　• 기주식물인 소나무(적송, 해송)는 감수성이 높으며 리기다소나무, 테다소나무는 저항성임

　㉡ 병징 및 병환

　　• 수령에 관계없이 갑자기 침엽이 변색하여 나무 전체가 말라 죽는 증상을 나타냄

　　• 감염 시에는 우선적으로 수지의 양이 감소함

　　• 침엽이 황화현상이 발생하면서 시들기 시작하다 말라 죽음

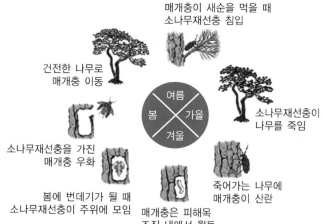

매개충이 새순을 먹을 때
소나무재선충 침입

건전한 나무로
매개충 이동

여름
봄 × 가을
겨울

소나무재선충이
나무를 죽임

소나무재선충을 가진
매개충 우화

죽어가는 나무에
매개충이 산란

봄에 번데기가 될 때
소나무재선충이 주위에 모임

매개충은 피해목
조직 내에서 월동

ⓒ 방제방법
- 목재와 벌구는 비닐을 씌우고 메탐소디움 등의 살충 및 살균제로 훈증
- 개미침벌을 이용한 생물학적 방제 실시
- 목질부를 파쇄하여 서식공간을 없앰(1.5cm 이하의 두께로 파쇄)
- 12~2월 수간주사(아바멕틴 1.8% 유제, 에마멕틴벤조에이드 2.15% 유제)
- 매개충 우화시기(5~8월)에 수관 약제 살포(페니트로티온 50% 유제, 티아클로프리드 10% 액제)

더 알아두기

솔수염하늘소와 북방수염하늘소의 비교

• 우화시기 : 5~8월(최전성기 6월) • 발생현황 : 남부지역, 소나무 • 성충크기 : 18~28mm • 형태특성 : 규칙적인 모자이크 무늬	• 우화시기 : 4~7월(최전성기 5월) • 발생현황 : 중부지역, 잣나무 • 성충크기 : 11~20mm • 형태특성 : 불규칙한 무늬, 검은 밴드 무늬

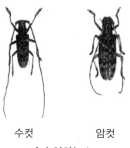

수컷 　　 암컷
솔수염하늘소

수컷 　　 암컷
북방수염하늘소

※ 예방 나무주사 약제로는 밀베멕틴 2% 유제, 아바멕틴, 에마멕틴벤조에이드이 있음
※ 매개충 나무주사 약제로는 티아메톡삼이 있음
※ 수관살포약제로는 아세타미프리드, 클로티아니딘, 티아메톡삼, 티아클로프리드, 페니트로티온, 플루피라디퓨론이 있음

■ 소나무재선충의 증식 및 분산이동기 기출 6회

재선충은 5~6월 번데기방에서 우화하는 매개충의 몸속으로 침입한 다음 매개충이 후식 피해를 가할 때 상처부위를 통하여 소나무 조직 내에 들어감으로 전파감염

• 암수 모두 실과 같이 가늘고 길며 원통형
• 암컷은 0.7~1.0mm, 수컷은 0.6~0.8mm
• 수명 : 상온에서 약 35일

분산형 제4기 유충 ──── 소나무로 감염 ────→ 성충

분산이동기 (매개충 몸속)

알 (100개 내외 산란)

증식기 (소나무 속)

제4기 유충

1세대 경과 소요일수 약 5일 (기온 25℃일 때) 이며 계속 반복 번식함으로써 1쌍이 20일 후 20만마리로 증식됨

제2기 유충

제3기 유충

매개충 몸속으로 침입

분산형 제3기 유충 ──── 매개충 용실 주변으로 이동

소나무 목질부속에서 번식을 계속하다가 2~5월 분산형 유충으로 변태하여 매개충 유충이 번데기로 될 때 번데기방 주변으로 모여듦

1L/m3 Methane sodium 25% SL

Fenitrothion 50% EC
Thiacloprid 10% SC

Emamectin benzoate 2.15%
Abamectin 1.8% EC

<1.5cm thickness
>2.0cm branches

② 뿌리혹선충

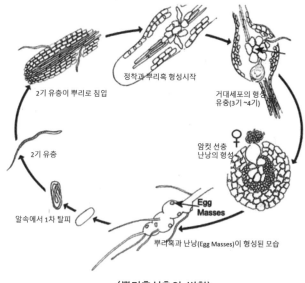

정착과 뿌리혹 형성시작

2기 유충이 뿌리로 침입

거대세포의 형성
유충(3기~4기)

2기 유충

암컷 선충
난낭의 형성

알속에서 1차 탈피

Egg
Masses

뿌리혹과 난낭(Egg Masses)이 형성된 모습

〈뿌리혹선충의 병환〉

　㉠ 발병원인
　　• 고착성 내부기생선충에 의해서 발생(*Meloidogyne*속에 속하는 선충)
　　• 뿌리혹 선충은 전 세계 어디에서나 발생
　　• 따뜻한 지역과 온실에서 그 피해가 심각함
　　• 기주식물은 침엽수와 활엽수를 포함하여 약 1,000여 종이며 밤나무, 오동나무, 아카시나무 등의
　　　활엽수에서 피해가 심함
　㉡ 병 징
　　• 묘목의 뿌리에 좁쌀 내지 강낭콩 크기의 혹이 만들어짐
　　• 수목에 나타나는 피해는 뿌리혹의 형성에 의해 뿌리 끝이 말라 죽어 뿌리기능 저하
　　• 어린나무가 감염되면 잘 자라지 못하고 심하면 말라 죽음
　㉢ 방제방법
　　• 살선충제로 토양소독을 하면 효과적으로 방제할 수 있음
　　• 식재를 할 경우 살선충제를 처리함
③ 뿌리썩이선충
　㉠ 발병원인
　　• 이주성 내부기생선충에 의해서 발생
　　• *Pratylenchus*, *Radopholus*속이 수목에 피해를 줌
　　• 뿌리에 상흔이나 균열이 생기고 조직이 파괴되어 뿌리가 썩는 증상
　　• 선충에 감염되면 곰팡이나 세균성 병원균의 침입이 용이
　　• 기주식물은 삼나무, 편백, 소나무, 일본잎갈나무, 가문비나무 등이 감수성임

ⓛ 병 징
- *Pratylenchus*속 선충은 굵은 뿌리의 피해가 적으며 지름 1mm 이하의 세근에서 피해를 봄
- 감염된 뿌리는 갈변되면서 향후에는 검게 변함
- *Radopholus*속 선충의 감염 시 뿌리가 다소 부풀어 오르고 표피가 갈라지는 증상을 보임
- 감염 시에는 수목이 점진적으로 쇠약해지는 경우가 많음

ⓒ 방제방법
- 살선충제로 토양소독을 하면 효과적으로 방제할 수 있음
- 식재를 할 경우 살선충제를 처리함

구 분		종 류	내 용
외부기생선충	이주성	토막뿌리병	- 창선충은 보통 식물선충보다 10배 이상 크고, 식도형 구침이 있으며 바이러스 매개 - 피해 받은 뿌리는 부풀어 오르거나 코르크화
			- 궁침선충은 침엽수 묘목에 피해를 줌 - 잔뿌리가 없어지고 뿌리 끝이 뭉툭해지며 검어짐
		참선충목의 선충	- 토양에서 생활하면서 뿌리를 가해하나 간혹 내부 침투 - *Ditylenchus*와 *Tylenchus*가 가장 많음
		균근과 관련된 뿌리병	- 식균성 토양선충으로 균근균을 가해하여 식물의 무기물의 흡수, 동화 등 수목의 정상적인 생리에 지장을 초래함 - *Aphelenchoides spp*, Aphelenchus avenae가 균근균과 관련이 있음
내부기생선충	고착성	뿌리혹선충	- 따뜻한 지역이나 온실에서 피해가 심함 - 작물생산의 5%의 피해를 줌 - 침엽수와 활엽수 모두 가해하나 주로 밤나무, 아까시나무, 오동나무 등 활엽수에 피해가 심함
		시스트선충	자작나무시스트선충이 있음
		콩시스트선충	사과나무, 뽕나무, 포도나무를 가해함
		감귤선충	감나무, 라일락, 올리브나무 (우리나라 미발견) 가해
	이주성	뿌리썩이선충	*Pratylenchus*는 전 세계 어느 지역에서나 분포하여 작물과 수목 가해
			*Radopholus*는 열대, 아열대에 바나나 뿌리썩음병, 귤나무 쇠락증

뿌리에 발생하는 병의 비교

뿌리혹병	뿌리썩이선충	뿌리혹선충

• 병균
  : *Agrobacterium tumefacien*(세균)
• 병징 : 혹이 커지면서 암갈색
• 피해 : 장미과 / 묘목에 잘 걸림
	• 병균 : *Pratylenchus*속 선충
	• 병징 : 잔뿌리에 발생 / 검게 변화함
	• 피해 : 묘목에 잘 걸림
		• 병균 : Meloidogyne속 선충
		• 병징 : 뿌리에 수 많은 작은 혹
		• 피해 : 밤나무, 아까시, 오동 묘목에
		  발생

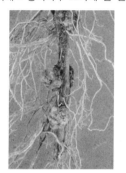  

4. 파이토플라스마 병해

(1) 파이토플라스마의 특징 기출 5회·6회

① 파이토플라스마는 바이러스와 세균의 중간 정도에 위치한 미생물

② 대추나무, 오동나무 빗자루병, 뽕나무 오갈병의 병원체로 알려져 있음

③ 세포벽이 없어 일정한 모양이 없으며, 원핵생물로 일종의 원형질막(단위막 : unit membrance)으로 둘러싸여 있음

④ 파이토플라스마는 감염된 수목의 체관부(사부)에만 존재

⑤ 파이토플라스마는 인공배양되지 않으며 테트라사이클린계의 항생물질로 치료

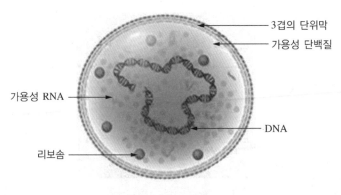

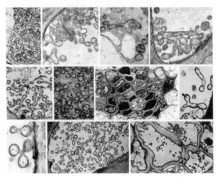

〈파이토플라스마의 구조 및 형태〉

(2) 파이토플라스마의 감염 및 증상

① 빗자루병이나 오갈병을 유발

② 총생, 위축, 엽화현상 등이 있음

(3) 파이토플라스마의 진단 및 방제

① 진 단

㉠ 전자현미경으로 관찰(virus보다 크고 bacteria보다 작음)

㉡ Toluidine blue의 조직 염색에 의한 광학현미경 기법

㉢ Confocal laser microscopy DNA에 특이적으로 결합하는 형광색소인 DAPI

㉣ 유합조직에 특이적으로 결합하는 형광색소인 아닐린블루(aniline blue)염색법

㉤ Dienes 염색법 등 형광염색소를 이용한 형광현미경기법

② 방 제

㉠ 테트라사이클린계 항생물질에 매우 민감

㉡ 테트라사이클린을 엽면시비하는 것은 토양관주처리처럼 치료효과가 없음

㉢ 대추나무 빗자루병 방제에 옥시테트라사이클린 항생제를 수간 주입

(4) 파이토플라스마병의 종류

① 대추나무 빗자루병

㉠ 병원체 및 매개충

- 1950년에 발생하여 보은, 옥천, 봉화 등지의 대추나무를 황폐화시킴
- 매개충은 마름무늬매미충이며 기주식물은 대추나무, 뽕나무, 쥐똥나무, 일일초 등임

㉡ 전반 및 병징

- 마름무늬매미충에 의해서 전염
- 아주 작은 잎이 밀생하고 꽃봉오리가 잎으로 변하는 엽화현상이 발생
- 개화결실을 하지 못하고 심하면 수년 내에 말라 죽게 됨

㉢ 방제방법

- 병든 나무는 즉시 뽑아버리거나 병든 가지, 줄기 등은 제거하여 소각함
- 옥시테트라사이클린(OTC) 항생제를 수간 주입
- 6~10월 페니트로티온유제를 사용하여 매개충 구제

② 뽕나무 오갈병

㉠ 병원체 및 매개충

- 매개충은 마름무늬매미충
- 기주식물은 뽕나무, 일일초, 자운영, 클로버 등임

㉡ 전반 및 병징

- 생육이 현저히 억제되고 가지와 마디사이가 짧아짐
- 잎은 건전 잎에 비하여 말리면서 오갈증상을 보임
- 가지의 발육이 부진해 나무가 현저히 왜소해 보이며 줄기조직이 가늘어짐

㉢ 방제방법

- 발병증식을 제거하고 저항성 품종을 식재함
- 옥시테트라사이클린(OTC) 항생제를 수간 주입함
- 6~10월 페니트로티온유제를 사용하여 매개충을 구제

③ 오동나무 빗자루병

㉠ 병원체 및 매개충

- 1960년대에 오동나무 빗자루병이 극심하여 오동나무 재배가 중단되기도 함
- 세계적으로 매우 중요한 수목병임
- 매개충은 담배장님노린재, 썩덩나무노린재, 오동나무애매미충임
- 기주식물은 오동나무, 일일초, 나팔꽃, 금잔화 등임

㉡ 전반 및 병징

- 새순에서 곁눈이 터져 연약한 잔가지가 총생하게 됨
- 아주 작은 잎이 밀생하여 빗자루나 새집 둥지와 같은 모양을 함
- 일찍 시들기 시작하여 조기 낙엽되며 가지도 말라 떨어짐

ⓒ 방제방법
- 병든 가지는 즉시 제거하고 옥시테트라사이클린 수용액으로 수간 주입
- 7~8월 매개충을 구제

더 알아두기

파이토플라스마에 의한 빗자루병		진균에 의한 빗자루병	
대추나무 빗자루병	오동나무빗 자루병	벚나무 빗자루병	전나무 빗자루병

매개충 :
마름무늬매미충

매개충 :
담배장님노린재
썩덩나무노린재
오동나무애매미충

자낭균
Taphrina Wiiesneri

담자균
Melompsorella caryophyllacearum

✓ Candidatus Phytoplasma asteris에 의한 파이토플라스마병

　대나무 빗자루병, 모감주나무 빗자루병, 물푸레나무 빗자루병, 붉나무 빗자루병, 이팝나무 오갈병, 뽕나무 오갈병

✓ Candidatus Phytoplasma ziziphi에 의한 파이토플라스마병

　광나무 빗자루병, 대추나무 빗자루병, 라일락 빗자루병, 왕쥐똥나무 빗자루병, 멀구슬나무 빗자루병

✓ Candidatus Phytoplasma costanea에 의한 파이토플라스마병

　밤나무 빗자루병

✓ 기타 진균에 의한 빗자루병

　대나무 빗자루병, 대나무 깜부기병 등

병 명	매개충	특 징
오동나무 빗자루병	담배장님노린재 썩덩무늬노린재 오동나무애매미충	• 1960년대, 1975년에 극심한 피해 • 감염된 가지에서 곁눈이 터져 새순 형성 및 잎의 총생 • 꽃의 엽화현상과 잎의 조기낙엽 및 가지고사
대추나무 빗자루병	마름무늬매미충	• 1950년경에 크게 발생 / 보은, 옥천, 봉화 등 황폐화 • 매미충의 침샘, 중장에서 증식 후 타액선을 통해 감염 • 병원균은 여름에 지상부에 있다가 겨울에 뿌리에서 월동 후 봄에 수액과 함께 전신으로 이동(전신병)
뽕나무 오갈병		• 1973년 상주에서 병이 만연 • 아직까지 저항성의 뽕나무품종이 개발되지 않음 • 종자, 토양, 즙액에 의해서는 전염되지 않음
붉나무 빗자루병		• 1973년 전북지방에서 처음 발견 • 새삼에 의해서도 매개전염이 됨 • 종자, 토양, 즙액에 의해서는 전염되지 않음
쥐똥나무 빗자루병		• 1980년 왕쥐똥나무에서 처음 발견 • 분주 및 접목에 의해서도 전염이 됨

5. 바이러스 병해

(1) 바이러스의 특징 기출 5회

① 최초의 바이러스 발견은 담배모자이크바이러스임(TMV)

② 바이러스는 핵산과 단백질(캡시드 : 외피단백질)로 구성된 일종의 핵단백질

③ 세포벽이 없으며 핵산의 대부분은 RNA임(수목병 유발 : 외가닥 RNA)

④ 바이러스는 막대기, 실, 타원, 공모양으로 구분이 됨

⑤ 광학현미경으로는 관찰되지 않으며, 전자현미경으로 관찰이 가능함

⑥ 살아있는 세포 내에서만 증식이 가능하며 인공배양되지 않음

⑦ 이분법으로 증식하지 않고 숙주에 침입하여 살아있는 세포를 이용하여 단백질을 만들어내는 방식으로 증식함(복제)

⑧ 바이러스는 화학적 방제가 어려우므로 경종적, 물리적인 방제를 사용

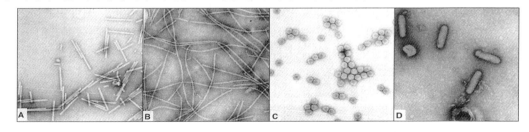

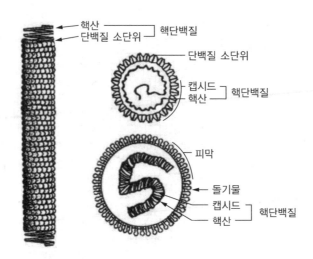

핵산
단백질 소단위 ⎤ 핵단백질

단백질 소단위

캡시드 ⎤
핵산 ⎦ 핵단백질

피막

돌기물
캡시드 ⎤
핵산 ⎦ 핵단백질

(2) 바이러스의 감염 및 증상

① 대부분 전신감염 발생

② 매개충이나 상처부위를 통해서만 감염

③ 식물바이러스는 세포 간 이동통로인 원형질연락사로 이동하며 원거리 이동은 체관부임

④ 한 종의 바이러스가 먼저 감염되면 다른 바이러스의 증식이 억제되는 것을 간섭효과 또는 교차보호라고 함(약독바이러스 접종)

⑤ 바이러스의 감염은 상당할 것으로 추정되나 경제적 피해는 적음

구 분	내 용
외부병징	모자이크, 줄무늬, 얼룩 등의 색소체 이상과 위축, 괴저, 기형, 왜화 등 기관의 생장 이상이 생김
내부병징	세포 내 엽록체의 수 및 크기 감소, 봉입체의 생성

(3) 바이러스의 진단 및 방제

① 진 단 기출 5회

ㄱ 감염식물체 내에서의 바이러스는 전자현미경에 의하여 관찰

ㄴ Dip method는 감염식물의 즙액 내의 바이러스를 직접 검경하는 방법, 봉입체에 의한 방법

ㄷ Dip method에 특정바이러스의 항혈청반응을 조합시킨 방법이 면역전자현미경법

ㄹ 이병조직을 화학적으로 고정하고 마이크로톰으로 초박절편하여 검경하는 초박절편법

ㅁ 효소결합항체법(enzyme-linked immunosorbent ; ELISA)을 응용한 진단법이 활용

ㅂ 지표식물로는 담배, 명아주, 콩 등을 이용하여 진단

ㅅ 중합효소연쇄반응법(PCR) 사용

② 방 제

ㄱ 묘목을 육성할 경우 윤작을 실시

ㄴ 바이러스에 감염된 묘목은 조기 제거

ㄷ 포장저항성을 지닐 수 있도록 묘포장 관리

② 공통기주가 될 수 있는 잡초 제거

⑩ 다양한 종류의 매개충에 의하여 전염되므로 매개충 구제

■ 바이러스병의 종류

바이러스병	특 징	전염방법
포플러모자이크병	• 건전나무에 비해 40~50% 재적 감소를 초래 • deltoides 계통의 포플러에 많이 발생 • 불규칙한 퇴록 반점이 다수 나타나며 모자이크 증상을 보임 • 잎자루와 주맥에 괴사반점이 생기면 잎이 뒤틀리면서 모양이 일그러짐	• 주로 감염된 모수에서 채취한 삽수를 통해 전염됨 • 종자전염은 되지 않음
장미모자이크병	• 꽃의 품질과 수량이 떨어지며 수세가 약화됨 • 4종류의 바이러스가 모자이크 증상을 유발 • PNRSV, ApMV가 대표적인 바이러스임 • 모자이크무늬, 번개무늬, 그물무늬 등 발생	• 접목전염을 하며 매개충은 알려지지 않음 • PNRSV는 꽃가루와 종자에 의해서도 전반됨
벚나무번개무늬병	• 왕벚나무를 비롯해 벚나무류에서 자주 발생 • American plum line pattern virus는 벚나무 외에도 매실나무, 자두나무, 복숭아나무, 살구나무에서도 비슷한 증세를 보임 • 5월쯤 중앙맥과 굵은 지맥을 따라 번개무늬모양으로 황백색 줄무늬병반이 생김	접목에 의한 전염

6. 종자식물 등에 의한 병해

(1) 일반 현황

① 수목에 기생하면서 양분을 흡수하여 직접적인 피해를 주는 병해

② 기생성 종자식물은 세계적으로 2,500여 종이 있음

③ 흡기라는 특이한 구조를 기주에 집어 넣어 수분과 양분을 흡수함

④ 우리나라의 경우에는 겨우살이와 새삼을 들 수 있음

⑤ 겨우살이는 불리한 환경에서 광합성을 할 수 있으나, 새삼은 기주식물에 전적으로 의존함

⑥ 기생성 종자식물은 거의 모두 쌍떡잎식물에 속함

(2) 기생성 종자식물

① 겨우살이

  ㉠ 병원체

   • 전 세계적으로 분포하는 상록관목임(광합성을 함)

   • 기주식물의 가지에 침입하여 기생근을 형성하며 양분 흡수

   • 기주식물은 참나무와 팽나무, 물오리나무, 자작나무, 밤나무 등의 활엽수와 소나무, 전나무, 가문비나무 등의 침엽수에서도 기생함

   • 뿌리가 없으며 기생체의 흡기를 통해 물과 양분을 흡수함

   • 전반은 새의 주둥이에 달라붙거나 배설물에 섞여서 다른 나무로 옮겨감

    ⓛ 병 징
- 가지에 기생하며 흡기를 만들어 국부적으로 이상 비대를 일으킴
- 병든 부위로부터 바깥쪽의 가지 끝이 위축되고 말라 죽음

    ⓒ 방제방법
- 가지의 아래쪽으로 50cm 이상을 잘라냄
- 잘라낸 부위에 목재부후균의 침입을 막기 위해 도포성 살균제 처리

② 새 삼

    ⓐ 병원체
- 다른 식물을 감고 자라는 기생식물로 전 세계적으로 분포함
- 뿌리가 없으며 엽록체도 거의 없어 기주식물에 전적으로 의존함
- 우리나라에서 수목에 기생하는 새삼은 한 종으로 보고됨
- 아까시나무, 싸리나무, 버드나무, 포플러, 오동나무 등에 기생함

    ⓛ 병 징
- 뚜렷한 병징은 없으나 심할 경우 생육이 저하됨
- 오동나무에 기생하면 혹이 생기기도 함
- 종자가 휴면사태에서 동물, 농기구, 물 등에 의해 근거리로 전반됨

    ⓒ 방제방법
- 감염된 식물로부터 새삼을 물리적으로 제거함
- 농기구를 통해 다른 곳으로 옮겨가지 못하도록 함

7. 조류에 의한 피해

(1) 일반 현황

① 조류는 광합성을 하며 질소원을 이용하여 급격히 생장함

② 조류는 여러 생물체의 병원체로 작용(인간의 피부병, 열대식물의 점무늬병 등)

③ 습한 환경에서 발생하며 잔디에도 피해를 줌

(2) 피해 특성

① 녹조류에 의한 피해는 차나무, 커피나무, 후추나무, 귤나무 등임

② 동백나무의 경우 cephaleuros, virescens에 의해 흰말병이 발생함

③ cephalaleuros속은 엽상체로 각피와 표피세포 사이에서 발생

④ 과습을 피하고 질소질 비료를 줄이도록 함

※ 지의류는 아황산가스(SO_2)나 불소에 민감하여 대도시주변, 공해가 심한 곳에서는 서식하지 못함

8. 지의류에 의한 피해

(1) 일반현황 기출 5회

① 균류와 조류와의 공생체

② 균류와는 뚜렷하게 구분되는 엽상체

③ 15,000종 이상이며 아황산가스와 불소에 민감함

④ 기질에 따라 고착형(납작형), 엽형(잎모양), 수지형(가지모양)으로 나눌 수 있음

⑤ 외생성 지의류는 남조류와 공생하며 질소고정

적중예상문제

제1장　수목병리학 일반

01 다음 중 우리나라 수목 병리학 발전 과정에 대하여 잘못 설명한 것은?

① 조선 후기 실학자 서유구는 행포지 저술을 통해 배나무 붉은별무늬병이 향나무와 신비적인 관계가 있다는 것을 기술하였다.

② 1936년 경기도 가평 도유림에서 잣나무털녹병을 최초로 발견하고 선만임업편람에 기록하였다.

③ 1940년대 조선산림식물병원균의 연구라는 제목으로 식물분류지리지에 발표한 자료가 우리나라 산림식물의 병원균에 대한 최초의 균학적 연구결과를 수록한 귀중한 자료이다.

④ 1960년대 보호과가 설치되면서 우리나라 수목병에 대한 체계적인 시험연구가 시작되었다.

⑤ 1970년대 임업시험장 보호과가 산림병해충부로 승격되고 그 안에 수목병리과가 신설되면서 수목병에 대한 연구가 크게 확충되었다.

해설

잣나무털녹병은 조선임업회보에 발표되었고, 선만임업편람에는 우리나라 수목병 92종과 균이류 163종이 기록되어 있다.

02 다음 중 우리나라 수목병 발견 순서가 바르게 묶인 것은?

① 잣나무털녹병 – 소나무재선충병 – 참나무시들음병 – 푸사리움가지마름병 – 대추나무빗자루병

② 잣나무털녹병 – 푸사리움가지마름병 – 대추나무빗자루병 – 오동나무빗자루병 – 참나무시들음병

③ 푸사리움가지마름병 – 소나무재선충병 – 참나무시들음병 – 잣나무털녹병 – 오동나무빗자루병

④ 푸사리움가지마름병 – 참나무시들음병 – 소나무재선충병 – 잣나무털녹병 – 오동나무빗자루병

⑤ 잣나무털녹병 – 대추나무빗자루병 – 소나무재선충병 – 푸사리움가지마름병 – 참나무시들음병

해설

우리나라에서는 1936년 잣나무털녹병, 1950년 대추나무빗자루병, 1988년 소나무재선충병, 1996년 푸사리움가지마름병, 2004년 참나무시들음병이 최초 발견되었다.

03 우리나라 수목병리학의 발달과정으로 옳지 않은 것은?

① 1936년 잣나무 털녹병을 처음 발견하고 *Cronartium ribicola*에 의한 피해를 보고하였다.

② 1940년 수목병 92종과 버섯류 163종이 수록된 선만임업편람이 발간되었다.

③ 1906년 우리나라 초창기의 산림보호에 관한 교육이 수원농림학교에서 시작되었다.

④ 1976년 임업시험장 보호과가 산림병해충부로 승격되고 수목병리과가 신설되면서 수목병에 관한 시험연구가 크게 확충되었다.

⑤ 1945년 종전과 동시에 시험책임연구를 맡았던 일본사람들이 물러감으로써 연구가 이루어지지 않았다.

해설

1940년 선만임업편람에서 우리나라 수병 92종과 균이류 163종을 기록하였으며, 해방 이후에는 우리나라 연구진의 연구가 시작되었다.

04 우리나라 녹병균의 분류에 관한 최초의 연구논문은?

① 조선임업회보   ② 조선수균

③ 선만실용임업편람   ④ 식물분류지리

⑤ 한국의 진균성 식물병목록

해설

국내 수목병 피해와 병원균 동정에 관한 최초의 기술은 조선임업회보이고, 녹병분류에 관한 최초의 연구논문은 조선수균이다.

05 다음 설명 중 옳지 않은 것은?

① Robert Hartig는 수목병리학을 하나의 학문분야로 만들었다.

② 배나무 붉은별무늬병균은 향나무와 기주교대한다.

③ Takaki Goroku에 의해 우리나라 잣나무 털녹병이 처음 발견되어 연구가 시작되었다.

④ 조선후기 실학자 서유구에 의해 부후재 중의 균사와 외부에 나타난 자실체와의 관계가 처음으로 밝혀지기도 하였다.

⑤ 1940년 발간된 선만임업편람에는 수목병 92종과 버섯류 163종이 수록되어 있다.

해설

서유구의 행포지에 배나무 붉은별무늬병이 심하게 발생한다는 것은 향나무와 관계가 있다는 기록이 있다.

06 다음 세계 3대 수목병에 대한 설명 중 옳지 않은 것은?

① 3대 수목병은 밤나무줄기마름병, 잣나무털녹병, 느릅나무시들음병이다.

② 느릅나무시들음병의 매개충은 나무좀이다.

③ 3대 수목병은 모두 균류에 의해서 발생하는 병이다.

④ 3대 수목병 모두 병든 묘목의 수입으로 인해 발생하였다.

⑤ 3대 수목병의 병원체는 모두 기주범위가 비교적 좁은 병원체들이다.

> **해설**
> 느릅나무 시들음병은 밤나무줄기마름병, 잣나무털녹병과 함께 세계 3대 수목병이나, 우리나라에서는 발생하지 않았다.

07 우리나라에서 발생하는 병해의 발병특성에 관한 설명 중 옳은 것은?

① 잣나무털녹병 : 1980년대에 고산지역 어린 잣나무림에서 큰 문제가 되었으며, 현재에도 수령 70년 이상의 장령림에서 피해가 지속적으로 발생하고 있다.

② 리지나뿌리썩음병 : 주로 약 35~45℃의 높은 토양온도에서 포자가 발아하며, 침엽수와 활엽수 모두에서 발생한다.

③ 흰가루병 : 순활물기생성이며, 제1차 전염원은 봄에 형성되는 무성포자이다.

④ 쥐똥나무 빗자루병 : 전신성 병해이므로 분근묘, 매개충의 알을 통하여 전염될 수 있다.

⑤ 소나무 시들음병(소나무재선충병) : 병원체는 매개충에 의하여 전파되며, 우리나라에서 알려진 매개충은 솔수염하늘소와 북방수염하늘소 2종이다.

> **해설**
> 잣나무털녹병은 5~20년생에서 많이 발생하며, 리지나뿌리썩음병은 침엽수에 발생한다.

08 우리나라에서 발생하는 병해의 발생특성에 관한 설명 중 옳지 않은 것은?

① *Colletotrichum*속균은 대표적인 탄저병균이며, 분생포자반내에 강모(setae)를 형성한다.

② *Exobasidium*속균은 철쭉류에서 떡병을 일으키며 살균제를 이용하여 방제한다.

③ 타르점무늬병은 도시조경수목에서 흔하게 발생하는 중요한 병해이다.

④ 뽕나무오갈병의 병원체는 자체 이동능력이 없으므로 병원체의 이동은 매개충에 의존한다.

⑤ 고약병균은 발생초기에는 깍지벌레로부터 영양분을 공급받는다.

> **해설**
> 타르점무늬병균은 공해에 약한 특징이 있어 도시의 조경수에는 거의 발생하지 않고, 공기오염의 생물학적 지표로 이용된다.

01 세균에 대한 설명으로 옳지 않은 것은?

① 식물세균병은 주로 원핵생물에 의하여 일어난다.

② 핵이 유사분열을 하고, 균체가 단세포로 기관을 만든다.

③ 핵막이 없기 때문에 염색체가 세포질 중에 노출되어 있다.

④ 원형질 유동이 보이지 않는 등의 성질이 진핵생물과 다른 점이다.

⑤ 원핵생물의 병원체에는 세균, 방선균, 파이토플라스마 등이 포함된다.

해설

세균은 단세포 원핵생물로서 DNA와 리보솜을 가진 세포질로 구성되어 있다. 원형질 유동은 넓은 의미에서 아메바 운동을 포함하는 것으로 생체의 세포에서 세포질이 흐르는 것처럼 운동하는 현상이다.

02 녹병균류가 양분을 섭취하는 방식은?

① 기생균   ② 부생균

③ 순활물기생균   ④ 임의부생균

⑤ 임의기생균

해설

흰가루병, 녹병균과 같은 일부 균류와 파이토플라스마, 바이러스는 순활물기생균이다.

03 병원균이 기주세포를 자력으로 죽인 후 죽은 세포로부터 양분을 섭취하는 균류를 무엇이라고 하는가?

① 살생균   ② 부생균

③ 순활물기생균   ④ 임의부생균

⑤ 임의기생균

해설

다른 생물의 조직을 침해하여 죽이고, 죽은 부분에서 양분을 취하여 생활하는 균은 살생균(perthophyte)이다.

04 순활물기생체에 대한 설명으로 옳은 것은?

① 절대기생체라고 한다.
② 곰팡이는 순활물기생체이다.
③ 인공배지상에서만 배양되어야 한다.
④ 인공배양이 쉽고, 약기생체라고도 한다.
⑤ 죽은 생물체나 무기물에서 주로 번식한다.

해설
순활물기생체 또는 절대기생체라고 하며, 주로 살아있는 생물체에서 번식한다. 그러기에 주로 인공배지 상에서 배양이 어려우며, 바이로이드, 바이러스, 파이토플라스마, 균류로는 노균병, 흰가루병, 녹병균, 무사마귀병 등이 이에 속한다.

05 식물 병원세균에 대한 설명으로 옳지 않은 것은?

① 플라스미드에 의하여 약제 내성이 나타나기도 한다.
② 플라스미드 유전자는 식물 병원세균의 생존에 필수적인 유전자이다.
③ 식물 병원세균의 콜로니 크기에 있어서도 변이가 일어날 수 있다.
④ 식물 병원세균은 계속적인 계대배양에 의하여 병원성이 상실되기도 한다.
⑤ 식물 병원세균의 형질은 박테리오파지의 감염에 의하여 변이될 수 있다.

해설
플라스미드 유전자는 세포의 세포 내에 있는 주 DNA와는 별도로 존재하는 둥근 고리모양의 DNA로 독자적으로 복제가 가능하며, 생존에 필수적인 유전자는 아니다.

06 세균의 구조에 대한 설명으로 가장 부적절한 것은?

① 이분법에 의해 증식이 되며 리보솜이 있다.
② 균체의 표면에는 섬모라고 불리는 섬유상의 구조물을 가지고 있다.
③ 편모가 있으나 편모의 위치와 수는 세균의 종류에 따라 다르다.
④ 생명현상에 독립적으로 복제가 가능한 플라스미드가 있다.
⑤ 점질층과 협막은 외막과 세포벽 사이에 존재하는 구조이다.

해설
세균의 세포벽은 대부분 점성이 있는 끈끈한 물질로 덮여 있는데, 두께가 얇고 확산되어 있으면 점질층이라고 하고, 두껍고 세포주위의 한계가 명확하면 캡슐이라고 한다.

07 다양한 종류의 미생물이 나무의 병을 일으키고 있다. 다음 중 나무병의 병원체로서 가장 많은 비율을 차지하고 있는 것은?

① 바이러스

② 세 균

③ 곰팡이

④ 파이토플라스마

⑤ 바이로이드

해설

사람에게는 세균병이 많지만 수목에서 가장 많은 비율을 차지하고 있는 병원체는 곰팡이다. 지구상의 곰팡이는 약 10만 종이며, 이 중 3만 종이 식물병을 발생시킨다.

08 파이토플라스마의 생물적 특성과 병해에 대한 설명 중 옳지 않은 것은?

① 원핵생물이며, 핵막을 갖지 않는다.

② 파이토플라스마는 인공배양되지 않는 순활물기생성이다.

③ 매미충류, 노린재류, 멸구류 등이 매개충이다.

④ 파이토플라스마는 페니실린계 항생제에 민감하여 나무주사를 통하여 치료할 수 있다.

⑤ 형광염색소(DAPI 등) 염색법으로 파이토플라스마를 형광현미경으로 관찰할 수 있다.

해설

파이토플라스마는 원핵생물로 세포벽이 없고 핵막이 없으며, 식물의 체관부 즙액 속에 존재한다.

09 다음 중에서 세균에 없는 구조는 어느 것인가?

① 염색체 DNA

② 리보솜

③ 미토콘드리아

④ 플라스미드

⑤ 협 막

해설

미토콘드리아는 진핵생물에서만 발견되며 원핵생물인 세균은 핵막이 없고, 세포막, 세포벽, 리보솜이 있다. 또한 플라스미드라는 유전물질을 보유하고 있다.

10 다음 수목병의 원인 중 비전염성 병의 원인에 해당하지 않는 것은?

① 생물적 원인으로는 기생식물도 해당된다.
② 토양적 원인으로 수분부족, 배수, 답압, 통기불량, 영양결핍 등이 있다.
③ 인위적 원인으로 대기오염, 약제, 기계, 답압, 도로포장, 복토 등이 있다.
④ 생물적 원인으로 야생동물, 만경식물, 착생식물 등이 있다.
⑤ 기상적 원인으로 일조량 부족, 고온, 저온, 한발, 낙뢰 등이 있다.

해설
기생성을 가지고 있는 생물적 요인은 전염성 병이다.

11 전염성 병의 발생에 대한 내용으로 옳지 않은 것은?

① 전염성 병이 발생할 때는 세 가지 구성요인이 상호작용을 한다.
② 병을 일으키는 주체가 되는 병원체가 전염성을 가지고 있어야 한다.
③ 기주식물은 병에 걸리기 쉬운 감수성 상태의 소질이 있어야 하며 소인이 된다.
④ 병원체와 기주가 접촉하더라도 발병하기 적절한 환경이 형성되어 발병을 유도해야 한다.
⑤ 기주는 수종, 품종, 나이에 따라서 병에 대한 감수성, 저항성에 큰 차이가 없다.

해설
병을 발생시키는 3요소는 소인(수목), 주인(병원체), 유인(환경)이며, 병에 대한 감수성, 저항성은 수종, 품종, 나이에 따라 다르게 나타난다.

12 전염병 발병기작은 단계별로 설명할 수 있다. 이에 해당하지 않는 것은?

① 기주표면에 접촉을 통한 접종이 이루어져야 한다.
② 포자는 침입하기 전에 먼저 기주 표면에 부착해야 한다.
③ 병원균은 기공, 피목, 상처를 통해 수목에 들어간다.
④ 병원체는 기주 내에서 감염된 곳에서만 병징이 나타난다.
⑤ 병원체의 기주 내 침입 후 감염은 국부적이거나 전체적으로 병징이 나타나기도 한다.

해설
병원균에 감염되지 않은 곳에서도 에틸렌의 분비, 과민성 반응, 비생물적 피해에 의한 병징이 나타난다. 파이토플라스마나 바이러스는 수목 전체 조직에 감염하는 전신감염의 특성을 지니고 있으며, 자연개구부로의 침입이 불가능하다.

13 다음 중 전염성이 있는 병의 특징이 아닌 것은?

① 동일 종이나 속에 속하는 나무에서 제한되어 나타난다.
② 미세기후가 서로 다르기 때문에 발생 개체가 불규칙하게 분포된다.
③ 개체 간, 한 개체 내에서도 수목의 부위에 따라 발병정도의 차이가 있다.
④ 한 지역의 동일수종 내에서도 개체 간의 건강상태, 내병성에 차이가 있다.
⑤ 표징을 보일 때도 있으며, 하루나 이틀사이에 급속히 진전되는 경우가 많다.

> **해설**
> 전염성 병원체의 침입에서부터 발병까지 소요되는 기간을 잠복기라고 하며 잠복기는 병원체의 종류 및 발병환경에 따라 달라진다.

14 수목병해의 원인에 대한 설명으로 옳지 않은 것은?

① 생물적 원인을 병원체라고 한다.
② 병의 원인은 크게 생물적 원인과 비생물적 원인으로 나눌 수 있다.
③ 생물적 요인인 병원체와 해충에 의한 피해가 차지하는 비중이 65%에 이른다.
④ 파이토플라스마와 원생동물에 의한 수목병은 열대와 아열대지방에서 흔하다.
⑤ 세균과 바이러스에 의한 병은 초본식물보다 목본식물에 더 흔하다.

> **해설**
> 일반적으로 세균과 바이러스에 대한 저항성은 목본식물이 초본식물보다 높다.

15 기생성 병의 발생 특성으로 옳지 않은 것은?

① 종특이성이 높다.
② 발병면적은 제한적이다.
③ 병 진전도는 비슷하다.
④ 병원체는 병환부에 있다.
⑤ 발병부위는 식물체의 일부이다.

> **해설**
> 기생성 병은 비전염성에 비하여 종 특이성이 높고 발병면적은 제한적이며 병 진전도는 느린 편이다.

16 세균의 구조를 올바르게 설명한 것은?

① 소포체가 있다.

② 세포벽이 없다.

③ 미토콘드리아가 있다.

④ 모든 세균은 플라스미드를 갖고 있다.

⑤ 핵막이 없어 염색체는 세포질 중에 노출되어 있다.

> **해설**
> 세균의 세포벽은 펩티도글리칸이라는 물질로 되어 있으며, 세포막이 있어 원형질을 싸고 있다. 세균의 플라스미드는 원형질연락사를 통해서 이동이 가능하다.

17 세균의 세포벽 외부로 배출한 다당체와 단백질로 구성되고 기주부착, 수침상 병반 형성, 위조 등을 일으키는 구조는?

① 점질층과 협막

② 세포질막

③ 편 모

④ 염색체

⑤ 플라스미드

> **해설**
> 세포벽은 대부분 점성이 있는 끈끈한 물질로 덮여 있는데, 두께가 얇고 확산되어 있으면 점질층(slime layer)이라 하고, 두껍고 세포주위에 한계가 명확하면 피막(협막)이라고 한다.

18 바이러스에 대한 설명으로 옳은 것은?

① 바이러스는 농약으로 방제할 수 있다.

② 바이러스는 인공배지에서 증식이 가능하다.

③ 바이러스는 단백질의 합성에 기주세포의 도움이 필요하다.

④ 바이러스는 감염성 인자로 광학현미경으로 확인이 가능하다.

⑤ 바이러스는 죽은 식물체에서 월동 후 다른 식물체로 전파가 가능하다.

> **해설**
> 바이러스는 순활물기생균으로 변이가 심하여 농약으로 방제하기 어려우며 인공배지에 증식이 어렵다. 또한 바이러스는 단백질 합성 능력을 가지고 있지 않아 기주세포의 도움이 필요하다.

19 다음 중 바이러스를 알맞게 설명한 것은?

① 인공배지에서 증식이 가능하다.
② 곤충에 의해서는 매개되지 않는다.
③ 균류와 같이 대사에 관련된 효소를 생산한다.
④ 바이러스의 유전자는 모두 DNA로 구성된다.
⑤ 단백질 합성에는 기주세포의 리보솜을 이용한다.

해설

바이러스가 세포 내로 감염되면 바이러스입자의 캡시드로부터 핵산이 분리되는 탈외피현상이 발생하며 핵산은 리보솜에 의존하여 복제된다. 복제된 RNA를 주형으로 하여 캡시드 단백질과 바이러스의 증식에 필요한 각종 단백질을 합성한다.

20 바이러스병의 방제가 어려운 가장 중요한 원인은?

① 크기가 너무 작다.
② 전염방법을 알 수가 없다.
③ 인공배양이 되지 않는다.
④ 절대기생체이기 때문이다.
⑤ 방제효과가 우수한 농약이 없다.

해설

세균은 항생제로 제거할 수 있지만 바이러스는 유전적 변이가 심해 항바이러스제의 개발이 어렵다.

21 다음은 수목병의 요인에 대한 비교 설명이다. 옳지 않은 것은?

	생물적 요인	비생물적 요인
①	병징, 표징(일부) 관찰 가능	병징만 관찰 가능
②	기생성 수목병	비기생성 수목병
③	주로 병삼각형에서 '주인'	주로 병삼각형에서 '유인'
④	병징의 발현까지 시간이 상대적으로 빠름	병징의 발현까지 시간이 상대적으로 더 걸림
⑤	발병의 종특이성이 높음	발병의 종특이성이 낮음

해설

병의 발현은 생물적 요인보다 비생물적 요인에 의해 빠르게 나타난다.

01 다음 중 수목병의 병징에 해당하는 것은?

① 암 종   ② 버 섯
③ 담자기   ④ 균사체
⑤ 균사매트

> **해설**
> 병징은 병에 의한 식물조직 자체의 이상변화의 특징이며 표징은 육안으로 관찰할 수 있는 병원체를 말한다.

02 균류의 침입 중 가장 보편적인 것은?

① 상처를 통한 침입   ② 표피를 통한 직접 침입
③ 자연개구부를 통한 침입   ④ 수공을 통한 침입
⑤ 기공을 통한 침입

> **해설**
> 곰팡이는 주로 상처를 통해 침입하나 개구부를 통해서도 침입이 가능하다.

03 다음 병의 진단법 중 나머지 넷과 다른 하나는 무엇인가?

① 육안적 진단   ② 바이러스 진단
③ 혈청학적 진단   ④ 이화학적 진단
⑤ 해부학적 진단

> **해설**
> 이병식물을 정밀하게 관찰, 검사하여 유사한 병과 구별하여 정당한 병명을 결정하는 것을 진단이라고 하는데, 진단에는 육안적 진단, 해부학적 진단, 이화학적 진단, 혈청학적 진단, 생물학적 진단이 있다.

04 파이토알렉신(Phytoalexin)의 설명 중 맞는 것은?

① 병원균이 분비한다.
② phenol은 파이토알렉신의 일종이다.
③ 병원체의 발육을 촉진하는 물질이다.
④ 기주와 병원균의 상호작용에 의해서 생기며 식물의 방어물질이다.
⑤ 파이토알렉신의 종류에는 검물질도 포함된다.

해설
파이토알렉신은 유도적 방어물질로 병원균이 침입할 경우에 기주식물에서 만들어내는 방어물질로써 식물의 대사활동을 통해 일상적으로는 합성되지 않는 2차 대사물질이다.

05 감수체가 어느 병원체와 접할 때 나타나는 병에 걸리기 쉬운 성질을 무엇이라고 하는가?

① 다범성
② 특이성
③ 감수성
④ 침입성
⑤ 저항성

해설
병에 걸리기 쉬운 성질을 감수성 또는 이병성이라고 한다.

06 식물병이 발생하기 위한 일반적인 발병요인에 대해 연결이 바른 것은?

① 병원체 - 유인
② 감수체 - 주인
③ 환경 - 유인
④ 병원체 - 소인
⑤ 감수체 - 유인

해설
병의 삼각형은 환경(유인), 기주식물(소인), 병원체(주인)을 말하며 병의 발병정도를 파악할 수 있다.

07 병원 발생과정(병환)에 대한 연결이 올바른 것은?

① 병원체의 월동 – 침입 – 전반 – 감염 – 병징
② 병원체의 월동 – 침입 – 감염 – 전반 – 병징
③ 병원체의 월동 – 감염 – 전반 – 침입 – 병징
④ 병원체의 월동 – 전반 – 감염 – 침입 – 병징
⑤ 병원체의 월동 – 전반 – 침입 – 감염 – 병징

해설

병환의 주요단계는 접촉 – 침입 – 기주인식 – 감염 – 침투 – 정착 – 병원체의 생장 및 증식 – 병징발현 – 전반 또는 월동 – 재접종으로 이루어진다.

08 세균이 기주식물체 내로 들어가는 침입방법이 아닌 것은?

① 각 피
② 상 처
③ 수 공
④ 기 공
⑤ 밀 선

해설

세균은 자연개구부(수공, 기공, 밀선, 피목)와 상처를 통한 침입이 가능한 반면, 곰팡이는 포자를 형성하고 발아관을 만들어내는 직접적인 침입도 가능하다.

09 병원체가 기주식물체 내로 들어가는 침입방법 중 선충 및 균류가 가능한 방법은?

① 각 피
② 상 처
③ 수 공
④ 기 공
⑤ 밀 선

해설

선충과 균류는 다른 기생생물과는 달리 구침과 발아관을 통해 직접적인 침입이 가능하다.

10 침입한 병원체가 기주체의 세포 또는 조직 내에 정착하여 양분을 섭취하는 과정을 무엇이라고 하는가?

① 침 입
② 감 염
③ 접 종
④ 인 식
⑤ 발 병

해설

병원체가 기주조직 내에 침입하고 정착하여 증식에 필요한 물질을 기주조직으로부터 얻는 관계가 성립되었을 때를 감염이라고 한다.

11 바이러스가 감염부위의 세포에서 인접 세포로 이동하는 통로는?

① 체 관
② 물 관
③ 원형질연락사
④ 돌 기
⑤ 매개충

해설
식물바이러스의 인접세포 간 이동통로는 원형질연락사이며 조직과 조직 간의 원거리 이동통로는 체관부이다.

12 병원체가 기주식물체에 침입하는 방법 중 자연개구부 침입에 대한 설명으로 옳지 않은 것은?

① 곰팡이의 주요 침입부위는 자연개구부이다.
② 사과나무 화상병균은 꽃의 밀선을 통해 침입한다.
③ 식물체의 기공, 수공, 피목 및 밀선을 통해 병원체가 침입하는 방법이다.
④ 노균병균의 유주자는 기공에 도달하면 피낭포자로 되어 침입균사가 기공을 통해 침입한다.
⑤ 일반적으로 활물기생을 하는 흰가루병균, 녹병균, 노균병균 등은 기공을 통해 침입한다.

해설
대부분의 곰팡이는 상처를 통해 침입하며, 일부 곰팡이는 개구부를 통하거나 직접 기주수목의 세포 내로 침입하기도 한다.

13 병원체가 기주식물체에 침입하는 방법 가운데 각피침입에 대한 설명으로 옳지 않은 것은?

① 균류, 세균 등이 식물체에 침입하는 방법이다.
② 주로 어린 잎이나 뿌리의 각피를 뚫고 침입하는 경우가 많다.
③ 탄저병균 등의 분생포자는 기주 위에서 발아하여 부착기를 형성하면서 각피침입을 한다.
④ 식물체의 잎이나 줄기 또는 뿌리의 표면을 균류의 힘으로 뚫고 침입하는 경우를 말한다.
⑤ 각피침입은 기주 표피에 대한 기계적인 힘과 병원균이 분비하는 효소의 협동작용에 의하여 일어나는 것으로 생각된다.

해설
세균의 주요 침입방법에는 수목의 기공침입, 상처침입, 수공침입, 밀선침입과 같은 자연개구와 상처를 통한 침입이다.

14 다음 중 기주교대에 대한 설명으로 옳지 않은 것은?

① 이종기생을 하는 현상을 기주교대라고 한다.
② 경제적 가치가 적은 기주를 중간기주라고 한다.
③ 녹병균류는 생활환을 완성시키기 위해 5종의 포자세대를 모두 형성한다.
④ 같은 종의 기주 위에서 생활사를 완성하는 병원균을 동종기생균이라고 한다.
⑤ 녹병균 중 서로 다른 2종의 기주 위에서 다른 번식체를 만들어 생활사를 완성시키는 병원균을 이종기생균이라고 한다.

해설
녹병균은 5가지의 포자형을 가지고 있는데 녹병균중 잣나무털녹병은 모든 포자형(장세대종)을 가지고 있으나 사과나무, 배나무 붉은별무늬병은 여름포자를 가지지 않는 특성이 있다.

15 병원성의 분화와 관련되어 레이스(race)에 대한 설명 중 옳지 않은 것은?

① 병원균의 레이스는 형태적으로 구별할 수 없다.
② 병원균의 레이스는 지역에 따라 분포가 다르다.
③ 병원균의 서로 다른 식물종에 대한 기생성의 차이를 의미한다.
④ 병원균의 레이스 구별을 위해서는 기존 품종의 선정이 필요하다.
⑤ 병원균의 레이스는 판별품종의 감수성과 저항성을 판정하여 유별한다.

해설
레이스는 같은 기주식물종 내 품종에서 기생성의 차이를 의미한다.

16 병원체가 식물을 침입하기 위해 식물의 세포벽을 분해하는 효소가 아닌 것은?

① 큐틴 분해효소
② 펙틴 분해효소
③ 셀룰로스 분해효소
④ 원형질 분해효소
⑤ 리그닌 분해효소

해설
병원체는 수목에 침입하기 위해 조직의 주요 화학구성성분인 Wax, Cutin, Pectin, Cellulose, 리그닌 등을 분해하는 효소를 분비한다.

17 세균의 감염에 의하여 식물조직에서 생성되어 잎의 상편생장, 부정근의 발생, 이층현상, 황화, 위축 등의 병징이 나타나는 식물 호르몬은?

① auxin   ② cytokinin

③ ethylene   ④ gibberellin

⑤ ABA

18 병원체와의 접촉에 의하여 식물체에서 일어나는 생리적인 변화 중 광합성의 변화에 대한 설명으로 옳지 않은 것은?

① 병든 식물의 광합성량 감소의 주원인은 엽록체의 파괴이다.

② 병원체가 광합성에 관여하는 효소에는 영향을 주지 않는다.

③ 시들음병의 경우 수분의 감소, 위조, 기공개폐 등이 광합성에 영향을 끼친다.

④ 광합성능력의 저하는 수목 조직의 괴사나 생육저하에 따른 영향과 관련이 있다.

⑤ 활물기생균에 감염된 잎에서는 황화와 함께 엽록소가 감소되지만, 엽록소당 광합성의 활성에는 변화가 없다.

해설
병원체는 광합성에 관여하는 효소에 영향을 끼친다.

19 병원체에 의하여 감염된 식물체에서 일어나는 생리적인 변화 중 저분자물질의 변화에 대한 설명으로 옳지 않은 것은?

① 뿌리혹병을 일으키는 세균은 IAA가 생산되어 혹을 형성한다.

② 바이러스에 감염된 잎에서는 녹말합성능력이 저하된다.

③ 바이러스에 감염되면 일반적으로 아미노산의 농도가 낮아진다.

④ 위축 증상을 나타내는 바이러스병에서는 지베렐린의 함량이 적어지는 경우가 많다.

⑤ 녹병에 걸린 잎은 포자퇴가 형성된 부위가 건전한 부위보다 더 많은 녹말을 합성한다.

해설
바이러스에 감염되면 일반적으로 아미노산의 농도가 높아진다.

20 병의 침입에 대한 설명 중 맞는 것은?

① 균류는 모두 매개충에 의한 침입을 한다.
② 세균은 주로 각피를 통해 직접 침입을 하지 못한다.
③ 균류는 식물체의 표피를 통해 직접 침입은 하지 못한다.
④ 바이러스, 바이로이드, 파이토플라스마 등은 식물체의 표피를 직접 관통해 침입한다.
⑤ 선충은 식물체를 직접 관통하는 침입만 한다.

해설

곰팡이는 주로 각피를 통하여 식물체 내로 침입하고, 자연개구부를 통해서도 침입을 한다. 바이러스는 대부분 매개충이 만드는
상처를 통해 침입하고, 선충은 기공 등을 통해서도 침입한다.

21 다음 중 무모인 식물 병원세균을 가지고 있는 것은?

① *Pseudomonas*   ② *Xanthomonas*
③ *Erwinia*   ④ *Clavibacter*
⑤ *Agrobacterium*

해설

Pseudomonas : 속모, *Xanthomonas* : 단극모, *Erwinia* : 주모, *Clavibacter* : 무모, *Agrobacterium* : 주모

22 다음 중 저항성에 대한 설명 중 옳은 것은?

① 식물이 병에 걸리기 어려운 성질, 즉 이병성이라고 한다.
② 저항성의 반대되는 의미로 이병성이 있다.
③ 저항성의 종류로는 수직저항성, 수평저항성만 있다.
④ 병원체가 접촉하기 전부터 식물체가 지니고 있는 저항성을 동적 저항성이라고 한다.
⑤ 식물세포 또는 조직이 병원체의 자극에 적극적으로 반응하여 병원체의 침입을 방지하려는 성질을 정적
  저항성이라고 한다.

해설

감수성을 이병성이라고도 한다. 병원체가 접촉하기 전부터 식물체가 가지고 있는 저항성을 정적 저항성이라고 한다. 식물의 세포
또는 조직이 병원체의 자극에 적극적으로 반응하여 병원체의 침입을 방지하려는 성질을 동적 저항성이라고 한다.

23 다음 중 기생성과 병원성에 대한 설명으로 옳지 않은 것은?

① 기생성은 병원성과 밀접하게 연관되어 있다.

② 기생체가 기주로부터 영양분을 획득하는 것을 기생성이라고 한다.

③ 기생성은 병원성의 발현에서 항상 제일 주요한 역할을 하는 것은 아니다.

④ 병원체는 기생성에 따라 임의기생체, 순활물기생체, 임의부생체로 나눌 수 있다.

⑤ 피해 정도는 기생체에게 영양분을 빼앗김으로써 나타나는 피해와 유사하다고 할 수 있다.

해설

식물체에서 나타나는 피해 정도는 기생체에 의하여 분비되는 효소, 독소 등에 의하여 기생체에게 영양분을 빼앗김으로써 나타나는 피해보다 훨씬 크고 심각하다.

24 다음 중에서 순활물기생균이 아닌 것은?

① 노균병균　　　　　　　　　② 흰가루병균

③ 녹병균　　　　　　　　　　④ 무사마귀병균

⑤ 목재부후균

해설

노균병균, 흰가루병균, 녹병균, 무사마귀병균은 순활물기생균이나, 목재부후균은 사물기생균이다.

25 다음 설명 중에서 가장 부적절한 것은?

① 세포벽의 리그닌화도 침입저항성의 일종이다.

② 벼의 규질화 정도는 병해충의 침입저항과 관련된다.

③ 표피에 존재하는 왁스, 항균성 물질 등도 침입저항에 관여한다.

④ 기주식물 표피의 경도, 두께 등의 구조나 성질이 침입저항에 관여한다.

⑤ 기주식물에 함유되어 있는 항균물질, 감염 후 페놀성 물질의 증가 등은 확대저항성에 관여한다.

해설

세포벽의 리그닌화는 확대저항성이라고 볼 수 있다.

26 다음 설명 중에서 옳지 않은 것은?

① 왁스와 큐티클의 양과 질은 병원균의 침입에 대한 물리적 저항성에 관여한다.
② 기공으로 침입하는 병원균에 대한 기공개폐의 영향은 균의 종류에 따라 각기 다르다.
③ 각피를 통하여 병원균이 기주에 침입하면 세포벽 안쪽에 파필라가 나타나는 경우가 많다.
④ 폴리페놀류가 항균성을 나타내는 원인으로는 병원균의 병원성 인자로서 중요한 역할을 하는 chitinase의 활성을 억제하기 때문이다.
⑤ flavone, caffeic acid, tannic acid 등은 항균성 페놀물질이다.

> **해설**
> 폴리페놀류가 항균성을 나타내는 이유는 병원성 인자인 팩틴분해효소, 셀룰로스 분해효소의 활성을 억제하기 때문이다.

27 파이토알렉신에 대한 설명으로 옳지 않은 것은?

① elicitor는 식물에서 유도된다.
② 파이토알렉신은 바이러스에 의해서도 유도된다.
③ 글로칸, 당단백질, 다당류 등에 의하여 파이토알렉신이 유도될 수 있다.
④ 비친화성 균이 감염한 경우에 비하여 병원균이 감염하였을 때는 더욱 느리게 축적된다.
⑤ 파이토알렉신은 감염균사의 신장저해작용과 병원균의 세포침입을 저지하는 감염저해작용이 있다.

> **해설**
> 파이토알렉신은 병원균이 감염되었을 때 더욱 빠르게 축적된다.

28 병원성이 없거나 약한 병원체를 먼저 식물에 접종하여 병원성이 강한 같은 종류의 병원체에 의한 병의 피해를 경감시키는 것과 관련이 먼 것은 어느 것인가?

① 교차보호(cross protection) ② 유도저항성
③ 진균병   ④ 바이러스병
⑤ 널리 이용되지 못함

> **해설**
> 약독바이러스를 이용한 바이러스병과 관련된 교차보호로서 진균병은 관련이 없다.

29 다음 중에서 목재부후에 대한 설명 중 옳은 것은?

① 세포벽을 구성하는 중요한 고분자물질은 셀룰로스, 리그닌, 헤미셀룰로스 등이며 이들 중 셀룰로스의 분해는 목재의 강도와 가장 관계가 높다.

② 갈색부후균은 주로 탄수화물성분, 셀룰로스, 리그닌을 분해하므로 썩은 조직은 갈색을 보인다.

③ 영지버섯, 표고버섯, 조개버섯, 말굽버섯 등은 백색부후균이다.

④ 중요한 목재부후균류는 *Fomes*속, *Polyporus*속, *Poria*속, *Ceratosystis*속, *Ophiostoma*속 곰팡이 등이다.

⑤ 연부후는 목재가 함수율이 낮은 상태에서 발생하며, 목재내부는 건전한 상태를 유지한다.

해설

조개버섯은 갈색부후균에 속하며 연부후는 목재의 함수율이 높은 상태에서 발생한다.

30 병원체의 침입 후 기주에서 유도된 방어기작이 아닌 것은?

① 전충체(Tylose)의 형성　　　　　　　② 코르크(Cork)층의 형성

③ 이층(abscission layer)형성　　　　　④ 과민성반응(hypersensitive reaction)

⑤ 세포벽의 강화

해설

병원체에 의한 유도된 방어기작은 코르크층의 형성, 이층의 형성, 전충체의 형성, 검물질의 침전 및 과민성반응 등이다.

31 다음 중 곰팡이에 의한 전염성 병원에 대한 설명으로 옳지 않은 것은?

① 곰팡이는 기공, 피목, 수공, 밀선 등 자연개구를 통해서만 수목의 세포 내로 침입할 수 있다.

② 곰팡이의 전염원 중 포자는 다른 전염원보다 많은 양으로 형성되어 신속히 전반되므로 가장 중요한 전염원으로 알려져 있다.

③ 곰팡이의 균사는 건조한 조건에 매우 민감하고, 어둡고 습기가 많은 곳에서 잘 자라며, 대부분의 곰팡이는 수목의 생장에 적합한 20~30℃에서 잘 자란다.

④ 그늘진 곳은 곰팡이가 생장하기 좋은 조건이나, 수목은 광합성을 수행하기에는 태양광선이 충분하지 못하여 수목의 활력이 떨어지는 조건이다.

⑤ 수목에서는 병원균에 감염된 조직을 먼저 구획화하는 능력이 있으며, 꽃, 잎, 가지, 줄기, 뿌리 등 모든 부분에서 일어날 수 있다.

해설

곰팡이는 직접적 침입이 가능하며, 자연개구부를 통해서도 침입이 가능하다.

32 다음 중 수목병의 발생과 관련하여 옳지 않은 것은?

① 선충은 일반적으로 토양에 서식하며 수목의 유근을 가해한다.

② 접촉 – 기주인식 – 침입 – 침투 – 정착 – 병원체의 생장 및 증식 – 병징발현의 순으로 진행된다.

③ 세균은 수목의 조직에 직접 침입할 수 없으나, 크기가 작아 자연개구를 통해서 침입할 수 있다.

④ 수목에 병이 발생되기 위해서는 병원체, 기주식물 및 환경의 세 가지 요소가 필요하다.

⑤ 선충의 침입으로 뿌리조직의 발달을 둔화시키며, 구침을 통하여 바이러스를 건전한 식물체에 옮기기도 한다.

해설

병환의 진행과정은 접종 – 접촉 – 침입 – 기주인식 – 감염 – 침투 – 정착 – 병원체의 생장 및 번식 – 병징의 발현 순이다.

33 다음 중 수목병의 병징과 표징의 설명으로 옳지 않은 것은?

① 겨우살이 같은 기생식물의 경우에는 식물 그 자체가 표징이 된다.

② 바이러스는 기생성 병원체이며, 총생하는 모습으로 표징을 만든다.

③ 표징이란 병원체의 일부 또는 전체가 눈에 보이도록 외부로 드러나 있는 것을 말한다.

④ 세균의 표징은 감염된 조직에서 밀려나오는 세균덩어리이며, 선충의 표징은 난괴 또는 선충이 표징이다.

⑤ 잎맥이 물에 젖은 듯 투명하게 보이는 잎맥투명화 병징은 주로 바이러스의 감염 시 발생한다.

해설

바이러스에 감염 시 감염세포 내에 나타나는 이상구조를 봉입체라고 하며, 광학현미경으로도 관찰할 수 있어 바이러스 감염 여부를 진단할 수 있다. 바이러스는 표징을 확인할 수 없다.

01 수목의 병징과 원인이 옳지 않은 것은?

① 황화현상 : 저온

② 시들음현상 : 재선충

③ 빗자루현상 : 곰팡이

④ 오갈현상 : 대기오염

⑤ 엽화현상 : 파이토플라스마

해설

수목의 황화현상은 병 발생 시 일반적으로 나타나는 현상으로 고온, 저온, 스트레스, 양분결핍 등 다양한 원인일 수 있다.

02 코흐의 법칙은 식물에서 병원체가 발견되면 병원체를 동정하고, 이 병원체가 병을 일으키는 원인이라는 사실을 증명하기 위하여 필요한 단계이다. 다음 중 코흐의 법칙이 아닌 것은?

① 병원체는 재분리하여 배양할 수 있다.

② 병원체는 반드시 분리되며 영양배지에서 순수배양되어야 한다.

③ 병든 식물의 병징부위에서 병원체를 찾을 수 있어야 한다.

④ 같은 식물에 병원체를 접종했을 때 같은 증상을 일으켜야 한다.

⑤ 순수배양된 병원체는 병이 나타난 식물과 같은 종 또는 품종의 건전한 식물에 접종하였을 때 그 식물체에서와 같은 증상을 일으키지 않을 수 있다.

해설

순수배지에 의심받는 병원체를 건전하고 감수성인 기주에 접종하였을 때 기주는 특정 병을 나타내어야 한다.

03 진단에 대한 설명으로 옳지 않은 것은?

① 병원을 구분하여 정확한 병명을 결정하는 것이다.

② 병원체를 분리하여 확인하여야 진단을 할 수 있다.

③ 정확한 진단은 적절한 방제대책을 수립하여 방제효과를 높일 수 있다.

④ 병의 발생상황, 피해추정, 방제 여부 등 적절한 관리 대책을 강구하기 위하여 필요하다.

⑤ 정확한 진단을 위해서는 복수의 방법으로 진단하는 것이 바람직하다.

해설

진단은 수목의 형태적, 생리적 변화를 면밀하게 조사하여 그 병의 원인을 찾아내고 정확한 병명을 결정하는 것으로 생물적 요인과 비생물적 요인에 의한 병으로 구분할 수 있으며, 비생물적인 요인에 의한 수목병의 진단은 병원체가 존재하지 않는다.

04 유전자진단법의 단점인 것은?

① 병원체의 모든 유전정보가 검토의 대상이 된다.

② 비용이 많이 소요되고 고가의 장비가 필요하다.

③ 병원체의 동정을 위하여 병원체를 순수 분리할 필요가 없다.

④ 병원체는 고유의 염기서열을 가지고 있어 이의 검출은 병원균의 직접적인 검출과 같다.

⑤ 균체의 양이 매우 적거나 유성세대를 형성하지 않아 종 동정이 어려운 경우에도 사용할 수 있다.

해설

분자생물학적 진단이라고도 하며 식물병원균의 진단과 동정에 DNA를 이용하는 방법으로 병원균의 특정 유전자 또는 DNA부위를 증폭하여 염기서열 분석을 통해 동정하는 방법이다.

05 코흐의 법칙을 충족시키지 않는 것은?

① 기주의 병징부위에서 병원체로 의심되는 특정 미생물이 존재하여야 한다.

② 병원체를 분리할 수 있어야 하며, 순수배양되어 특성을 알 수 있어야 한다.

③ 병원체는 재분리하여 배양할 수 있어야 하며 그 특성은 동일하여야 한다.

④ 동일 기주에 병원체를 접종하면 동일한 병이 발생되어야 한다.

⑤ 바이러스, 파이토플라스마를 포함한 모든 수목병에 적용할 수 있다.

해설

흰가루병, 녹병균, 바이러스, 파이토플라스마 등 순활물기생균에는 적용하기가 어렵다.

06 수목병의 원인을 규명하기 위해 코흐의 원칙을 충족시키고자 한다. 조건으로 옳지 않은 것은?

① 병원체의 순수배양이 불가능해야 한다.
② 병든 기주로부터 병원체를 분리할 수 있어야 한다.
③ 기주에서 병원체로 의심되는 특정 병원균이 존재해야 한다.
④ 동일 기주에 병원체를 접종하면 동일한 병이 발생되어야 한다.
⑤ 흰가루병과 녹병은 코흐의 법칙을 따르지 않는다.

해설
의심받는 병원체는 반드시 병든 기주로부터 분리되어야 하고 순수배지에서 자라야 한다.

07 코흐의 법칙에 대한 설명 중 옳지 않은 것은?

① 병원체가 분리되어 배지에서 순수배양되어야 한다.
② 병환부에 그 병을 일으키는 것으로 추정되는 병원체가 존재해야 한다.
③ 배양한 병원체를 건전한 기주에 접종 시 동일한 병이 발생하여야 한다.
④ 흰가루병과 같은 순활물기생체는 이 원칙을 그대로 적용시킬 수 없다.
⑤ 발병한 부위로부터 접종에 사용하였던 것과 다른 병원체가 재분리되어야 한다.

해설
발병한 부위로부터 접종에 사용하였던 것과 동일한 병원체가 재분리되어야 한다.

08 병원체가 병을 일으키는 원인이라는 사실을 증명하기 위한 코흐의 원칙 설명 중 옳지 않은 것은?

① 순수분리
② 인공배양
③ 접종 시 같은 현상
④ 재분리 배양
⑤ 재분리 배양 불가

해설
코흐의 법칙에서는 병원체는 재분리하여 배양할 수 있어야 한다. 그러나 흰가루병균, 녹병균, 바이러스, 파이토플라스마 등은 배양되지 않는다.

09 다음 중 코흐의 원칙 설명으로 옳지 않은 것은?

① 병원체는 순수분리, 영양배지에서 순수배양되어야 한다.
② 병원 식물의 병징 부위에서 병원체를 찾을 수 있어야 한다.
③ 순수배양된 병원체는 동종의 건전한 식물에 접종할 경우 동일한 증상을 보인다.
④ 바이러스, 파이토플라스마 등의 병원체는 배양이나 순화가 불가능하여 적용하기 어렵다.
⑤ 물관부 세균, 원생동물의 경우 식물체에 재접종이 가능하여 코흐의 원칙 적용이 가능하다.

해설
코흐의 원칙은 언제나 적용되는 것은 아니며, 바이러스, 파이토플라스마, 물관부국재성 세균, 원생동물 등에는 적용하기 어렵다.

10 다음 중 표징이 아닌 것은?

① 분생포자각   ② 흡 기
③ 암 종   ④ 버 섯
⑤ 자 좌

해설
병이 발생한 증상을 병징이라고 하며, 표징은 병원체가 직접 눈으로 보이는 것을 의미한다. 암종, 대화, 비대, 위축, 마름, 구멍 등은 병징에 속한다.

11 다음 중 병환부에 표징이 나타나지 않는 것은?

① 소나무혹병   ② 사철나무흰가루병
③ 대추나무빗자루병   ④ 오동나무탄저병
⑤ 잣나무털녹병

해설
표징은 대부분 곰팡이병에 의한 감염 시 자실체, 버섯, 균사체 등으로 나타나며, 대추나무빗자루병은 파이토플라스마에 의한 병으로 표징이 없다.

12 나무에 나타나는 이상증상(병징) 중 생육장애에 대한 설명으로 옳지 않은 것은?

① 위축 : 전체식물의 크기가 작아지는 것
② 왜화 : 세포의 분화가 잘 이루어지지 않아 기관의 발육정도가 낮은 것
③ 퇴색 : 잎의 엽록소가 일부 또는 전체적으로 파괴되어 녹색이 옅어지는 것
④ 억제 : 영향 받은 잎이나 다른 부분이 조직의 성장과 관계없이 세포의 분화가 정지되는 것
⑤ 얼룩 : 부분적인 색소의 파괴 또는 결핍으로 인하여 군데군데에 색깔이 변하여 나타나는 것

해설
억제는 기관의 발달이 완성되지 않은 경우를 말한다. 영향을 받은 잎이나 다른 부분의 세포 분화가 조직의 성장과 확산에 관계없이 정지되는 것은 쇠퇴에 대한 설명이다.

13 수목병 진단을 위한 표징(Sign)의 설명으로 옳지 않은 것은?

① 표징은 모든 병원체에 의하여 뚜렷하게 나타난다.
② 표징은 병의 진단에 있어서 매우 중요한 지표가 된다.
③ 표징은 식물체 자체의 이상에 의한 병징과는 구별되어야 한다.
④ 각종 수목에 발생하는 균핵병에서는 균사조직인 균핵이 병반부위에 형성된다.
⑤ 표징은 병든 수목의 표면에 병원균의 영양기관이나 번식기관이 나타나 육안으로 식별되는 것을 말한다.

해설
세균, 파이토플라스마, 바이러스에 의한 병에서는 표징이 나타나지 않는다. 이들을 병원체라고 부르고, 광학현미경이나 전자현미경으로 관찰이 된다.

14 병삼각형에 대한 설명으로 옳지 않은 것은?

① 환경을 유인이라고 한다.
② 병원체를 주인이라고 한다.
③ 발병과정을 병환이라고 한다.
④ 감수체(기주식물)를 소인이라고 한다.
⑤ 주인, 소인 및 유인을 통해 발병 정도를 알 수 있다.

해설
전염병에 있어 병원체는 기주로부터 다음 기주로 계속해서 전염되어 생존한다. 이와 같이 어떤 병이 되풀이되는 과정을 병환이라고 한다.

15 다음은 병의 발생에 관계하는 3대 요소를 짝지은 것이다. 옳은 것은?

① 곰팡이, 세균, 바이러스
② 곰팡이, 수목의 저항성, 토양상태
③ 온도, 습도, 토양
④ 기주, 병원체, 환경
⑤ 수목의 저항성, 병원체, 기상환경

해설

병이 발생하기 위해서는 병원체, 수목(기주) 및 환경의 세 가지 요소가 필요하며, 이 세 가지 상호관계를 삼각형으로 나타내고 3대 요소의 각각을 삼각형의 각 변으로 설명하는 것이 병의 삼각형이다.

16 다음은 병리학에 관련된 용어에 대한 설명이다. 옳은 것은?

① 병삼각형(disease traingle)을 구성하는 3가지 인자는 병원체, 기주, 토양이며, 이 인자들은 각각 독립적으로 병 발생 총량에 기여한다.
② 병징(sign)은 눈으로 구별할 수 있는 병원체의 포자, 균사 등을 의미하며, 표징(symptom)은 기주식물의 기능장애로 외부에 나타나는 반응이다.
③ 1차 전염원은 월동하면서 휴면상태로 생존하다가 봄에 감염을 일으키는 전염원이며, 가을에는 발생하지 않는다.
④ 수목부후의 구획화에서 가장 약한 부분은 가도관 폐쇄로 형성된 방어벽이다.
⑤ 병환(disease)은 병원체의 변화뿐만 아니라 기주식물의 변화를 동반하며, 주요단계는 "접종 → 감염 → 증식 → 정착 → 병징발현 → 월동"이다.

01 흰가루병균에 대한 설명으로 옳지 않은 것은?

① 순활물기생균이다.
② 자낭반을 형성한다.
③ 자낭균류에 속한다.
④ 분생포자를 형성한다.
⑤ 병원체는 식물의 표면에 기생한다.

해설
흰가루병균은 자낭각을 형성한다.

02 배나무 붉은별무늬병에 대한 설명으로 옳지 않은 것은?

① 병원균은 *Gymnosporangium asiaticum*이다.
② 주로 잎에서 발생하지만 열매와 햇가지에서도 발생한다.
③ 4월 하순과 5월경 비가 자주 올 때 많이 발생한다.
④ 병원균의 녹포자가 바람에 날려 배나무로 옮겨져 침입한다.
⑤ 중간기주인 향나무를 심지 않거나 적어도 1km 이상 격리시키는 것이 효과적이다.

해설
배나무 붉은별무늬병은 겨울포자에서 생성된 담자포자(소생자)가 바람에 날려 배나무에 옮겨져 침입한다.

03 *Agrobacterium tumefaciens*에 대한 설명으로 옳지 않은 것은?

① 각종 식물의 뿌리혹병을 일으킨다.
② 병원균은 6개 정도의 주모를 가지고 있다.
③ 묘목에 많이 발생하며, 대목과 접수의 접합부분에 발병하는 경우가 많다.
④ Ti플라스미드로부터 병원성 유전자를 제거한 플라스미드는 유전공학에 이용된다.
⑤ 세균이 가지고 있는 플라스미드(plasmid)의 T-DNA부분이 식물세포에 이행하여 지베렐린을 생산하기 때문에 식물에 혹이 발생한다.

해설
주로 옥신류인 IAA를 생성하여 혹을 만들며 *Agrobacterium tumefaciens*는 호기성인 Rhizobicaea과에 속하는 세균이며, 그람음성 반응을 보이고, 간상형이며, 6개 정도의 주모를 가지고 있고, 일반배지에서 회백색의 콜로니를 나타낸다.

04 배나무, 사과나무 불마름병에 대한 설명으로 옳지 않은 것은?

① 접수 또는 전정에 의해서도 감염된다.

② 주로 새순에 발생하지만 잎, 가지, 줄기, 꽃, 과실에서도 발생한다.

③ 병원균은 전년도에 감염되어 낙엽된 토양 속 병든 나뭇잎에서 월동한다.

④ 열매는 처음에는 수침상 병반이 생겨 검은색으로 변하고 균액이 흘러나온다.

⑤ 전염은 병반으로부터 누출된 세균점액이 비바람이나 곤충, 새 등에 의하여 꽃, 열매, 잎 등으로 전반된다.

> **해설**
> 불마름병균은 병든 나뭇가지, 나무의 줄기 및 눈에서 월동한다.

05 대추나무빗자루병에 대한 설명으로 옳지 않은 것은?

① 파이토플라스마에 의하여 발병한다.

② 마름무늬매미충에 의하여 매개한다.

③ 가지에 발병하며, 많은 잔가지를 형성한다.

④ 병든 나무의 꽃은 엽화현상이 나타나 열매가 열리지 않는다.

⑤ 심하지 않은 나무는 옥시테트라사이클린을 물에 타서 수간에 주입하여 치료한다.

> **해설**
> 파이토플라스마에 의한 병은 전신병징을 나타내어 가지뿐 아니라 전신에 발병한다.

06 진균의 세포에 대한 설명으로 옳지 않은 것은?

① 진핵세포이다.

② 종속영양을 한다.

③ 리보솜을 가지고 있다.

④ 미토콘드리아를 가지고 있다.

⑤ 동물세포와 같이 세포벽이 없다.

> **해설**
> 진균은 진핵생물이며 세포벽, 세포막, 핵막, 미토콘드리아, 리보솜 등을 가지고 있다.

07 진균의 기관에 대한 설명으로 옳지 않은 것은?

① 영양기관과 번식기관이 있다.
② 진균의 영양기관에 균핵, 자좌도 포함된다.
③ 어떤 균류는 격벽이 없는 무격벽 균사를 가지고 있다.
④ 후막포자는 균사의 세포벽이 노화화되어 생성된 것이다.
⑤ 진균의 구조는 고등식물과 같이 뿌리, 줄기 등의 기관 분화를 볼 수 있다.

해설
진균의 구조는 고등식물과 같이 분화되어 있지 않다.

08 다음 중에서 유성포자가 아닌 것은?

① 난포자
② 접합포자
③ 담자포자
④ 후막포자
⑤ 자낭포자

해설
후막포자는 *Fusarium*속에서 볼 수 있는 균사나 분생포자의 세포가 비대 후벽화하여 생성되는 무성포자이다.

09 무름병에 대한 설명으로 옳지 않은 것은?

① 무름병원균은 펙틴분해효소를 생산한다.
② *Erwinia*속 세균들은 대표적인 무름병원균이다.
③ *Pseudomonas*속 세균은 *Erwinia*보다 일반적으로 저온에서도 발병한다.
④ 무름병원균은 셀룰로스 분해효소를 분비하여 세포벽을 무르게 한다.
⑤ *Pseudomonas*속 세균에 의한 무름증상은 진전이 늦고 악취를 내지 않는다.

해설
세포벽이 물러지는 것은 펙틴분해효소와 관련이 있다.

10 선충에 대한 설명으로 가장 부적절한 것은?

① 환형동물이다.

② 암수한몸의 선충도 있다.

③ 자유기생선충은 구침이 없다.

④ 외부기생선충과 내부기생선충이 있다.

⑤ 거대세포나 다핵체의 특수구조를 형성하게 된다.

해설

선충은 실모양의 형태를 가진 선충문에 속하는 무척추 하등동물이며, 생활사는 토양을 경유하는 토양선충이 대부분이다.

11 주로 토양에 존재하며 뿌리혹병 등 뿌리에 문제를 발생시키는 병원균은?

① *Agrobacterium*속

② *Xanthomonas*속

③ *Pseudomonas*속

④ *Clavibacter*속

⑤ *Streptomyces*속

해설

기주식물 내에서 증식하며 매우 다양한 기주에 뿌리혹병을 일으키는 *Agrobacterium*속은 전형적인 토양서식균으로, 기주식물이 없어도 토양 속에서 상당히 오랜 기간 동안 생존할 수 있다.

12 생물적 방제에 대한 설명으로 옳지 않은 것은?

① 생물적 방제는 미생물들의 상호경쟁, 길항작용, 기생 등을 토대로 하여 개발한 기술이라고 할 수 있다.

② 병원성 *Fusarium*보다는 비병원성 *Fusarium*이 토양에서의 부생력이 더 큰 성질을 이용한다.

③ *Bacillus*속 세균들은 철분이 부족한 조건에서 siderophore를 주변에 분비하여 부족한 철분을 더욱 부족하게 고갈시켜 식물병원균의 생장을 어렵게 한다.

④ 균핵도 토양에서 *Actinomycetes*, *Trichodema*, *Gliocladium*속 균류의 침해를 받아 질적, 양적으로 감퇴될 수 있다.

⑤ 소나무혹병이나 잣나무털녹병 등과 같이 해마다 녹포자를 생산하여 중간기주를 통해 전파되는 병에 대해 농약을 살포하는 것보다 이들 병원균에 기생하는 *Tuberculina maxima*에 의하여 발병이 더 억제되었다는 조사보고가 있다.

해설

siderophore를 주변에 분비하는 세균으로 형광성 *Pseudomonas*속이 가장 잘 알려져 있다.

13 배나무 검은별무늬병에 대한 설명으로 옳지 않은 것은?

① 분생포자와 자낭포자를 형성한다.
② 병원균은 낙엽 또는 인편에서 월동한다.
③ 동양배에 기생하는 병원균은 *Venturia nashicola*이다.
④ 처음에는 황백색의 병무늬가 나타났다가 분생포자가 형성되는 시기에는 움푹 패인다.
⑤ 우리나라에서 봄, 가을에 비가 자주 오면 상당한 정도의 피해가 발생한다.

해설
분생포자가 잎에 형성되는 시기에는 검은색 그을음 모양이 된다.

14 복숭아나무잎오갈병을 일으키는 것은 다음 중 어느 그룹에 속하는가?

① 바이러스   ② 세 균
③ 곰팡이   ④ 파이토플라스마
⑤ 바이로이드

해설
복숭아나무잎오갈병의 병원균은 자낭균류인 *Taphrina deformans*이다.

15 뽕나무오갈병에 대한 설명으로 옳지 않은 것은?

① 로제트증상을 일으킨다.
② 마름무늬매미충이 병을 매개한다.
③ 테트라사이클린으로 치료할 수 있다.
④ 이 병에 대한 저항성 품종이 존재하지 않는다.
⑤ 질소질 비료의 과용을 피하는 것은 방제에 도움이 된다.

해설
노상계통은 저항성을 나타낸다.

16 식물기생선충의 생태에 대한 설명으로 옳지 않은 것은?

① 식물기생선충은 대부분 암수딴몸이다.
② 일부 식물기생선충은 단위생식을 하기도 한다.
③ 기주식물의 뿌리 근처에 기생선충의 밀도가 높다.
④ 알에서 깨어난 유충은 보통 4회 탈피를 거쳐 성충이 된다.
⑤ 기생선충은 토양 속이나 침입한 식물체 조직 내에서 알을 낳는다.

해설
선충의 몸은 큐티클로 덮여 있으며 세포수의 증가로 성장하지 않고 세포의 크기가 커지면서 자란다. 또한 식물선충은 절대활물기생체로 대부분 식물의 뿌리에서 기생하며, 알에서 1회 탈피한 후 깨어난 유충은 보통 3회의 탈피를 거쳐 성충이 된다.

17 접합포자에 대한 설명으로 옳지 않은 것은?

① 접합균의 유성포자이다.
② 접합포자의 세포벽은 두껍다.
③ 접합포자의 표면에는 사마귀 모양의 돌기가 나타나지 않는다.
④ 2개의 배우균사에서 돌기가 형성되고 그 선단이 접착하여 형성된다.
⑤ 접합포자가 발아하면 발아관을 내고 그 끝에서 포자낭이 형성되기도 한다.

해설
접합균류는 유성포자인 접합포자를 생성하며 대부분 부생생활을 하는 균으로 접합포자의 표면에는 사마귀 모양의 돌기가 있다.

18 자낭포자에 대한 것으로 가장 거리가 먼 것은?

① 자낭균의 유성포자는 대부분 단세포이다.
② 자낭과는 그 형태에 따라 여러 가지가 있다.
③ 자낭은 식물체 위에 그대로 나출되기도 한다.
④ 자낭균문은 유성포자를 형성하기 전에 먼저 전균사를 형성한다.
⑤ 자낭은 얇은 막으로 된 주머니로서 그 안에 보통 8개의 포자가 생성된다.

해설
버섯류는 담자기가 직접 균사에서 형성되며, 녹병균에는 동포자, 깜부기병균에 있어서는 후막포자의 발아에 의해서 형성된다. 이와 같은 담자를 전균사라고 하며, 소생자가 4개 형성된다.

19 곰팡이의 분류군의 특징에 대한 것 중 옳지 않은 것은?

① 담자균류 : 유성세대에서 담자기 위에 담자포자 4개 형성

② 자낭균류 : 유성세대에서 자낭포자 8개 형성

③ 접합균류 : 유성세대에서 비운동성 접합포자 형성

④ 난균류 : 무성세대에서 2개의 편모가 있는 유주포자 형성

⑤ 유주포자균류 : 유성세대에서 편모가 붙어있는 유주포자 형성

> **해설**
> 난균류에 속하는 균은 균사에 격벽이 없는 하등균류로서 무성포자인 유주포자는 균사의 일부분에서 유주포자낭이 형성되며, 유주포자는 편모라고 하는 운동기관을 가지고 있다.

20 식물의 병원체 중 곰팡이(fungi)에 대한 설명으로 옳은 것은?

① 노균병균은 수목에서 발생하지 않는다.

② 흰가루병균, 소나무류 잎떨림병균 등의 1차 전염원은 무성포자이다.

③ 청변균은 곰팡이 중에서 가장 진화도가 높은 균류인 담자균류에 속한다.

④ *Rhizoctonia*속과 *Sclerotium*속 곰팡이는 분생포자를 형성하지 않는다.

⑤ 일반적으로 곰팡이는 엽록체를 갖고 있지 않으나 열악한 환경에 서식하는 일부 곰팡이는 광합성을 할 수 있다.

> **해설**
> 불완전균류에 무포자균강에 속하는 *Rhizoconia*와 *Sclerotium*은 분생포자를 형성하지 않고 균사만 알려진 곰팡이이다.

21 세균에 대한 설명으로 옳은 것은?

① 그람염색법은 세포벽을 구성하는 키틴을 크리스탈바이올렛으로 염색하는 기법이다.

② 대부분 세균의 모양은 막대모양이며, 뚜렷한 세포벽을 갖고 있지 않다.

③ 일부 세균은 기주 세포 내에 흡기(haustorium)를 형성한다.

④ 플라스미드(plasmid)는 세균의 병원성, 약제저항성 등에는 관여하지 않는다.

⑤ *Corynebacterium* 계열 5개속은 모두 그람양성균이며, 나머지는 그람음성균이다.

해설
그람염색법은 아이오딘으로 착색 후 에탄올로 탈색한 다음 사프라닌으로 대조염색을 하는 방법으로 그람양성균은 세포벽의 약 80~90%가 펩티도글리칸이며 그람음성균은 세포벽의 약 10%가 펩티도글리칸으로 세포외막과 내막 사이에 존재한다. Corynebacterium 계열의 그람양성균은 Arthorobacter, Clavibacter, Curtobacterium, Rathayibacter, Rhodococcus이다.

22 다음 바이러스와 바이러스 병해에 대한 설명으로 옳은 것은?

① 살아있는 세포 내에서만 증식이 가능하므로 순활물기생체이다.

② 대부분의 바이러스가 외가닥 DNA이며, RNA는 없다.

③ 일반적으로 즙액과 매개충의 알을 통해서도 전염이 가능하나 종자전염은 되지 않는다.

④ 봉입체(inclusion body)는 형광염색을 통해 광학현미경으로 관찰할 수 있다.

⑤ 자연상태에서 국부감염(local infection)과 전신감염(systemic infection)을 같이 나타낸다.

23 다음은 기생성 종자식물, 조류(algae) 및 지의류(lichen)에 의한 병해에 대한 설명 중 맞는 것은?

① 겨우살이는 주로 활엽수 수종에 기생하며, 침엽수 수종에는 기생하지 않는다.

② 겨우살이와 새삼은 엽록체가 없어 기주식물에 수분과 양분을 의지해서 살아간다.

③ 흰말병의 병원체는 녹조류인 *Cephaleuros virescens*이며, 식물체의 조직 내에 침입한다.

④ 지의류는 아황산가스에 민감하므로 도시의 수세가 약한 나무를 침입하여 병을 일으키기도 한다.

⑤ 기생성종자식물은 주로 쌍떡잎식물에 속하나 남부지역에서는 외떡잎식물에서도 발견된다.

해설
기생성 종자식물은 모두 쌍떡잎식물이며, 이중 겨우살이는 참나무뿐만 아니라 팽나무, 물오리나무, 자작나무, 밤나무 등 활엽수와 소나무, 전나무, 가문비나무 등의 침엽수에도 기생해 물과 양분을 흡수하여 광합성을 한다.

24 다음 중 수목병해와 병원균의 학명이 맞게 짝지어진 것은?

① 철쭉류 떡병 : *Exobasidium spp.*
② 잣나무 잎녹병 : *Lophodermium spp.*
③ 밤나무 줄기마름병 : *Cryphonectria obtusa*
④ 포플러 잎녹병 : *Melamsprella spp.*
⑤ 잣나무 털녹병 : *Cronartium quercuum*

해설

주요한 병의 병원균의 학명은 정리해 두어야 한다. *Cronartium quercuum*은 소나무혹병을 발생시키는 병원균이며, 일본잎갈나무와 기주교대하는 포플러잎녹병의 병원균은 *Melampsora larici-populina*이다. 잣나무털녹병의 병원균은 *Cronartium ribicola*이다.

25 병해와 그 원인이 되는 미생물을 짝지은 것 중 옳지 않은 것은?

① 소나무 시들음병 : 선충
② 뽕나무 오갈병 : 파이토플라스마
③ 흰가루병 : 불완전균류
④ 잣나무 잎녹병 : 담자균류
⑤ 목재의 연부후 : 자낭균류

해설

흰가루병은 자낭균아문 각균강에 속하며, 순활물기생균(절대기생균)이다.

26 다음 중 같은 분류군의 병원체에 의하여 발생하는 병해로 바르게 짝지어진 것은?

① 대추나무 빗자루병 – 벚나무 빗자루병
② 소나무 시들음병 – 참나무시들음병
③ 오동나무 빗자루병 – 전나무 빗자루병
④ 향나무 녹병 – 붉나무 빗자루병
⑤ 뽕나무 오갈병 – 오동나무 빗자루병

해설

대추나무, 오동나무, 붉나무 빗자루병 및 뽕나무 오갈병은 파이토플라스마에 의해서 발생한다. 벚나무 빗자루병은 자낭균(*Taphrina wiesneri*)에 의해서 발생하고 전나무 빗자루병은 녹병균(*Melampsorella caryophyllacearum*)에 의해 발생하며 중간기주로 점나도나물이 기록되어 있다.

27 다음의 병해와 병원체를 매개하는 매개충을 맞게 배열한 것은?

① 청변병 : 멸구류
② 오동나무 빗자루병 : 마름무늬매미충
③ 벚나무 빗자루병 : 응애류
④ 참나무시들음병 : 깍지벌레류
⑤ 소나무 시들음병 : 북방수염하늘소

해설
청변균은 나무좀류가 매개하고 오동나무 빗자루병은 담배장님노린재, 썩덩나무노린재, 오동나무애매미충, 참나무시들음병은 광릉긴나무좀이 매개한다.

28 다음은 녹병균류에 대한 설명이다. 맞는 것은?

① 겨울포자세대와 담자포자세대에서 기주교대를 한다.
② 담자균류이며 참나무시들음병, 잣나무 털녹병 등이 대표적이다.
③ 녹포자는 반복감염성포자이므로 같은 기주에서 피해확산의 중요한 역할을 한다.
④ 모든 녹병균은 생활사를 완성하기 위하여 다른 두 종의 기주식물을 필요로 한다.
⑤ 녹병균은 살아있는 기주에서만 영양분을 얻는 순활물기생성이므로 모두 병원균이다.

해설
녹병은 5종류의 포자를 형성하며, 담자포자와 녹포자는 기주교대를 하는 세대이다. 여름포자는 반복감염을 하면서 경우에 따라서는 월동을 하기도 한다. 녹병균의 유성생식은 녹병정자 세대에서 이루어진다.

29 다음 중 녹병균류가 형성하는 포자형의 발생학적 순서와 각 포자의 핵형이 바른 것은?

① 녹병정자(n) → 녹포자(n) → 여름포자(n) → 담자포자(n) → 겨울포자($2n$)
② 겨울포자($2n$) → 담자포자(n) → 녹병정자(n) → 녹포자($n+n$) → 여름포자($n+n$)
③ 녹병정자($n+n$) → 담자포자(n) → 여름포자($n+n$) → 녹포자($n+n$) → 겨울포자($2n$)
④ 녹포자($2n$) → 녹병정자(n) → 겨울포자($2n$) → 여름포자($2n$) → 담자포자
⑤ 여름포자($n+n$) → 녹포자($n+n$) → 겨울포자($2n$) → 여름포자($n+n$) → 담자포자(n)

해설
겨울포자는 핵융합으로 핵상이 $2n$이 되고 발아할 때 담자포자인 n균사를 형성하며, 녹병정자가 원형질 융합으로 녹포자($n+n$)을 형성한다. 이후 여름포자($n+n$)이 반복 감염시킨다.

30 조경수목의 장미과 수목(배, 사과, 명자나무, 산사나무 등)에 문제가 되는 붉은별무늬병에 대한 설명 중 옳지 않은 것은?

① 담자균류에 의한 병해이다.

② 살균제를 살포하여 방제할 수 있다.

③ 겨울포자세대의 기주는 향나무류이다.

④ 장미과 수목에는 녹병정자세대와 녹포자세대를 형성한다.

⑤ 이 병의 확산에는 여름포자가 중요한 역할을 한다.

해설
향나무 녹병은 겨울포자 – 담자포자 – 녹병정자 – 녹포자의 생활사를 가진다.

31 참나무시들음병에 대한 설명 중 잘못된 것은?

① 2004년 경기도 성남에서 처음 발견되었다.

② 주 피해수종은 신갈나무이며, 서어나무도 기주이다.

③ 피해목은 매개충의 우화전인 6월 말까지 아바멕틴 25% 액제로 훈증처리한다.

④ 병원균은 *Raffaelea quercuum*이며, 매개충은 암부로시아 딱정벌레인 광릉긴나무좀이다.

⑤ 작은 나무보다 허약하고 큰 나무에서 주로 발생하며, 매개충의 침입은 줄기의 아랫부분이다.

해설
아바멕틴 1.8% 유제, 에마멕틴벤조에이트 2.15% 유제는 예방약제로 3월 전에 실시하는 것이 바람직하다.

32 현재 실시되고 있는 소나무재선충병의 방제방법에 대한 설명이다. 옳지 않은 것은?

① 벌채산물의 열처리 시 중심부 온도를 56℃ 이상에서 30분 이상 유지하여야 한다.

② 살선충제(메탐소디움)의 나무주사는 예방을 위한 것이며, 매개충 우화 전에 실시하여야 한다.

③ 병든 나무의 줄기 및 직경 2.0cm 정도의 작은 가지까지 전부 모아 훈증처리한다.

④ 티아클로프리드 10% 액상수화제, 아세타미프리드 10% 액제는 매개충의 우화전에 살포한다.

⑤ 감염목이나 피해지 내의 자연고사목을 파쇄할 때 파쇄크기는 두께 1.5cm 이하로 한다.

해설
벌채산물의 열처리 시 중심부 온도는 56℃ 이상에서 30분 이상 유지하여야 한다. 메탐소디움은 피해목에 사용하는 훈증처리 약제이다.

33 다음은 뿌리혹선충병에 대한 설명이다. 옳지 않은 것은?

① 혹의 수는 감염정도와 관계가 깊다.
② 병원체는 *Meloidogyne*속 선충이며, 고착성 내부기생선충이다.
③ 수컷은 감염된 뿌리 밖으로 탈출하며, 피해는 암컷에 의해 주로 발생한다.
④ 뿌리에 형성된 거대세포는 주변세포로부터 물과 양분을 기생선충으로 유입하는 역할을 한다.
⑤ 밤나무, 아까시나무, 오동나무 등에서 피해가 심하며, 침엽수종에서는 발생하지 않는다.

해설
침엽수와 활엽수를 포함하여 약 1,000여 종의 나무를 가해하는데 주로 밤나무, 아까시나무, 오동나무 등의 활엽수에서 피해가
심하다.

34 *Erysiphe*, *Phyllactinia*, *Podosphaera* 등에 의하여 발생하는 수목병에 대한 설명 중 옳은 것은?

① 무성세대를 형성하지 않는다.
② 매개충의 방제는 4월 말까지 하여야 한다.
③ 담자균류에 속하는 순활물기생성 병원체이다.
④ 항생제와 살균제를 혼용하여 살포하면 방제에 효과적이다.
⑤ 병든 낙엽에서 월동하며, 봄의 1차 전염원은 자낭포자이다.

해설
흰가루병에 대한 설명으로 자낭균아문에 속하며 절대기생체이다. 대부분의 수목에서는 병원균이 자낭과로 어린가지에 붙어서
월동하거나 낙엽에서 월동하므로 이듬해에 1차 전염원이 된다.

35 다음은 석회보르도액에 대한 설명이다. 옳은 것은?

① 조제액은 산성을 띤다.
② 조제할 때 가능하면 금속용기를 사용한다.
③ 보호살균제이므로 침투이행성에 치료효과가 높다.
④ 제조 후 약 20일간 숙성(안정화)시킨 후 사용하며, 가능하면 오후에 살포한다.
⑤ 황산구리($CuSO_4 \cdot 5H_2O$)와 생석회(CaO)로 조제하며, 석회 원액에 황산구리 원액을 섞는다.

해설
석회보르도액은 보호살균제로 생석회액에 황산구리원액을 첨가해서 제조하며 제조 후 바로 사용하여야 살균력이 떨어지지 않는다.
석회브로도액은 석회에 의해 알칼리성을 띠며 금속재와 반응함으로 조제 시 플라스틱 용기를 사용하도록 한다.

36 다음 포자의 종류에서 생존기간이 가장 짧은 것은?

① 녹병류의 여름포자
② 자낭균의 자낭포자
③ 난균류의 유주포자
④ 녹병균의 담자포자
⑤ 뿌리썩음병균류의 담자포자

37 다음의 나무주사 방법 중에서 비용이 가장 저렴한 것은?

① 중력식   ② 흡수식(유입식)
③ 삽입식   ④ 압력식
⑤ 뿌리대량주입식

해설

수간주사법은 수목 생장기인 4~10월 사이에 주로 시행하며 유입식, 중력식, 압력식, 삽입식이 있으며 유입식의 경우 처리가 간단하고 비용이 저렴하나 많은 용량 처리가 어려우며 상처가 크다는 단점이 있다.

38 다음의 모잘록병과 병원체에 관한 설명 중 잘못된 것은?

① 뿌리세포에 2차 세포벽이 형성되면 저항성을 갖는다.
② *Pythium*속균에 의한 모잘록병은 잔뿌리에서 땅가 부근 줄기로 병이 진전된다.
③ 침엽수 묘포에서 잘 발생하며 활엽수 묘포에서는 큰 문제가 되지 않는다.
④ 모잘록병균은 효소를 분비하여 조직을 연화시키는 화학적 방법에 의하여 침입한다.
⑤ *Rhizoctonia solani*에 의한 모잘록병은 유묘의 뿌리에 잘 부착되며, 땅가 부근 줄기에서 잔뿌리로 병이 진전된다.

해설

모잘록병은 묘목생산량의 15%를 차지할 정도로 큰 피해를 주는 병해이다. 거의 모든 수종에 발생하며 기온이 낮은 시기의 과습한 환경에서 많이 발생한다.

39 밤나무에 발생하는 줄기마름병에 대한 설명 중 옳지 않은 것은?

① 자낭균인 *Cryphonectria parasitica*에 의하여 발생한다.
② 아시아 원산이며, 북미와 유럽으로 유입되어 큰 피해를 주고 있다.
③ 저병원성 균주(hypervirulent strain)를 이용하는 생물적 방제가 연구 중에 있다.
④ 병원균은 라카아제효소, 셀룰로스 분해효소 또는 옥살산을 분비하여 세포를 죽인다.
⑤ 백색페인트를 줄기에 발라주는 것은 밤나무 줄기마름병의 방제에는 큰 효과가 없다.

해설
밤나무의 백색페인트는 환경적 요인에 의한 피소현상과 상렬현상을 막고 해충으로부터의 보호를 위한 조치이다.

40 다음 중 수목병의 원인에 대하여 잘못 설명한 것은?

① 온도, 습도, 토양 등의 스트레스는 넓은 의미의 병원체로 볼 수 있다.
② 최소한 병원체와 수목의 접촉에 의한 기주 – 기생체의 상호관계가 성립되어야 한다.
③ 파이토플라스마에 감수성인 수목에는 오동나무, 대추나무, 벚나무, 뽕나무 등이 있다.
④ 모자이크의 병원은 바이러스이며, 살아있는 기주체에서만 기생할 수 있는 절대기생체이다.
⑤ 뿌리혹병, 근두암종병 등의 병원은 세균으로, 특정세포에 의한 전염원이 생성되지 않고 세균 자체가 전염원으로 활동한다.

해설
엽화가 발생하고 빗자루형태의 병징을 보이는 곰팡이병에는 자낭균에 의해 발생하는 벚나무빗자루병이 있다.

41 다음 중 바이러스에 의한 수목병의 설명으로 잘못된 것은?

① 매년 봄, 수목의 새로 생성되는 조직이 바이러스 피해를 많이 입는다.
② 주로 수목의 모자이크병을 발생시키며 포플러, 아카시아나무 등에 발생된다.
③ 대부분의 바이러스는 곤충에 의한 매개, 상처를 통한 침입으로 감염된다.
④ 바이러스에 감염되면 기주세포가 비정상적인 생장과 기능장애를 나타내며 빠른 속도로 고사한다.
⑤ 핵산과 단백질로만 구성되어 있어, 기주세포 내에 있지 않으면 복제할 수 있는 방법이 없다.

해설
바이러스병은 전신감염을 발생시키나 수목에 큰 피해를 발생시키는 바이러스병은 많이 알려져 있지 않다.

42 다음 중 수목병의 매개체와 병원이 잘못 연결된 것은?

① 잣나무털녹병 – 바람 – 녹포자
② 포플러모자이크병 – 나무좀 – 바이러스
③ 소나무재선충병 – 솔수염하늘소 – 선충
④ 참나무시들음병 – 광릉긴나무좀 – 라펠리아균
⑤ 대추나무빗자루병 – 마름무늬매미충 – 파이토플라스마

해설
포플러모자이크병은 주로 삽수를 통해 전염이 되며, 아직 다른 전염경로는 알려져 있지 않다.

43 우리나라에서 크게 발생하여 상당한 경제적 손실을 입히고 주목을 받았던 수목병이 아닌 것은?

① 포플러녹병
② 소나무재선충병
③ 참나무시들음병
④ 밤나무가지마름병
⑤ 소나무류 푸사리움가지마름병

해설
푸사리움가지마름병은 리기다소나무에 심각한 피해를 발생시켰다.

44 수목병을 일으키는 병원과 병명이 바르지 않은 것은?

① 세균 – 불마름병
② 곰팡이 – 뿌리혹병
③ 선충 – 소나무 시들음병
④ 바이러스 – 모자이크병
⑤ 기생성종자식물 – 새삼

해설
수목에 피해를 주는 대표적인 세균성 병에는 불마름병, 뿌리혹병, 잎가마름병, 세균성구멍병 등이 있다.

45 잣나무털녹병 세대가 아닌 것은?

① 여름포자
② 가을포자
③ 겨울포자
④ 녹포자
⑤ 담자포자

> **해설**
> 잣나무털녹병의 중간기주는 송이풀과 까치밥나무이며, 잣나무에서는 유성포자인 녹병정자와 녹포자세대를 거친다.

46 산불 발생 직후에 많이 발생하는 수목병은 무엇인가?

① 소나무혹병
② 잣나무털녹병
③ 리지나뿌리썩음병
④ 소나무피목가지마름병
⑤ 아밀라리아뿌리썩음병

> **해설**
> 리지나뿌리썩음병은 표징으로 파상땅해파리버섯이 나타나며, 병원체의 포자가 발아하기 위해 지중온도가 35~45℃ 이상 되어야 한다.

47 수목 병해의 예방을 위한 관리방법이 아닌 것은?

① 가지치기를 한다.
② 발병 환경을 개선한다.
③ 내병성 품종을 식재한다.
④ 전염병의 경로를 차단한다.
⑤ 수목병에 대한 예찰을 철저히 한다.

> **해설**
> 수목의 상처발생은 병해를 발생시키는 직접적인 원인이 될 수 있다.

48 수목병이 발생하는 환경조건 개선이 아닌 것은?

① 건전 묘목의 식재
② 토양의 비배관리
③ 토양환경 개선작업
④ 식재시기와 방법의 선택
⑤ 뿌리의 보호를 위한 심식

> **해설**
> 심식은 물과 양분을 흡수하는 세근의 호흡을 방해하여 비생물적 피해를 발생시킨다.

49 잣나무털녹병에 관한 설명 중 옳지 않은 것은?

① 우리나라에서는 1936년 가평에서 최초 발견되었다.

② 섬잣나무와 눈잣나무는 저항성으로 털녹병에 잘 걸리지 않는다.

③ 우리나라 잣나무털녹병의 중간기주는 송이풀, 작약, 모란이다.

④ 병든 줄기나 가지는 노란색, 갈색으로 변하고 수지가 흘러 병든 부위가 지저분해진다.

⑤ 담자포자가 중간기주의 잎에서 바람에 날려 잣나무 잎의 기공을 통해서 침입한다.

해설

5엽송류 중 잣나무와 스트로브잣나무는 감수성이므로 피해가 대단히 심하나 섬잣나무와 눈잣나무는 저항성이므로 피해가 거의 없으며, 중간기주는 송이풀과 까치밥나무이다.

50 곰팡이에 의한 수목병이 아닌 것은?

① 탄저병

② 모자이크병

③ 떡 병

④ 뿌리썩음병

⑤ 가지마름병

해설

바이러스에 의한 병은 모자이크, 위축, 생육이상 등의 증상을 보인다.

51 식물체에 의해 전반되는 병이 아닌 것은?

① 자주무늬날개병

② 소나무혹병

③ 뿌리혹선충병

④ 참나무시들음병

⑤ 흰날개무늬병

해설

식물체에서의 직접적인 전반과 매개충에 의해 전반되는 병에 대해 구분하는 문제이다.

52 세균에서 파지의 감염부위, 영양물질의 수동적 흡수, 유해물질의 장벽이 되는 구조는?

① 세포막   ② 점질층
③ 협 막   ④ 세포벽
⑤ 핵 막

해설

영양물질의 선택적 흡수는 세포막의 기능이며 수동적 흡수는 세포벽의 기능이다.

53 균류에 대한 설명으로 옳지 않은 것은?

① 불완전균류는 유성세대가 발견되지 않았다.
② *Alternaria, Cercospora*는 유각균강에 속한다.
③ 접합균류는 격벽이 없으나 노화되면 격벽이 생기기도 한다.
④ *Rhizoctinia, Sclerotium*는 포자를 만들지 않는다.
⑤ 난균은 격벽이 없고 세포벽은 조류와 유연관계를 나타낸다.

해설

*Alternaria, Cercospora*는 총생균강에 속한다.

54 다음 포자 중 유성포자가 아닌 것은?

① 접합포자   ② 자낭포자
③ 유주포자   ④ 난포자
⑤ 담자포자

해설

난균류의 유성포자를 난포자라고 하며 무성포자를 유주포자라고 한다.

55 바이러스에 대한 설명으로 옳지 않은 것은?

① 병의 신속 진단을 위해 ELISA 기법이 이용된다.
② 의심 증상이 있을 경우 명아주, 오이 등 접종을 통해 확인할 수 있다.
③ DN법을 활용하여 검경할 경우, 인산텅스텐산 용액으로 염색하여 관찰한다.
④ 바이러스병은 종자의 배에서 전염되고, 종피나 배유에 의해서는 전염되지 않는다.
⑤ 잎의 병징은 모자이크, 잎맥투명, 번개무늬 등이며 줄기는 목부 천공이 나타나기도 한다.

해설

바이러스는 종자의 배에서도 전염이 되고 종피나 배유에서도 전염이 된다.

56 세균의 동정, 식물 병원세균의 생태연구, 병원성 연구 등에 이용되는 것은?

① 박테리오신
② 항생물질
③ 박테리오파지
④ 식물호르몬
⑤ 유전자 분석

해설

박테리오파지는 '세균'을 의미하는 'bacteria'와 '먹는다'를 의미하는 'phage'가 합쳐진 합성어로 최근에는 세균 감별(bacterial detection), 파지치료, 식물병 치료 등 다양한 분야에서 활용되고 있다.

57 균류 번식체의 설명이 올바르지 않은 것은?

① 포자는 균류의 분류, 동정에 중요한 기준이 된다.
② 균류는 보통 여러 종류의 포자를 형성하여 번식한다.
③ 균류의 포자는 유성포자, 무성포자, 내성포자가 있다.
④ 균류의 포자는 전파, 생존, 발병에 중요한 역할을 한다.
⑤ 유성포자는 대부분 일 년에 한 번 형성되지만 유전적으로 다양한 것이 만들어진다.

해설

균류의 포자는 유성포자와 무성포자로 나눌 수 있으며 포자를 형성하지 않고 번식하는 경우도 있는데 균핵, 자좌, 뿌리꼴균사다발 등이다.

58 식물병 바이러스 중에서 가장 많은 종류의 바이러스는?

① 1가닥 DNA
② 2가닥 DNA
③ 1가닥 RNA
④ 2가닥 RNA
⑤ RNA + DNA

해설

바이러스는 핵산과 외피단백질로 되어 있으며, 식물병을 발생시키는 바이러스인 핵산은 외가닥 RNA가 대부분이다.

59 다음 중 바이러스를 알맞게 설명한 것은?

① 바이러스는 인공배양이 불가능하다.
② 바이러스의 구조는 세균과 유사하다.
③ 바이러스는 방제에 효과적인 농약이 많이 개발되었다.
④ 바이러스는 식물, 세균, 물 속, 공기 중에서 증식한다.
⑤ 바이러스는 증식에 필요한 효소와 단백질을 합성한다.

> **해설**
> 바이러스는 순활물기생균이며 효소와 단백질을 스스로 합성할 수 없어 세포 내에서 증식한다.

60 녹병에 대한 설명으로 옳지 않은 것은?

① 잣나무털녹병에 섬잣나무와 눈잣나무는 저항성이다.
② 소나무줄기녹병의 중간기주는 백작약, 참작약, 모란이다.
③ 회화나무녹병과 후박나무녹병은 동종기생균이다.
④ 국내 버드나무 잎녹병의 중간기주가 낙엽송으로 기록되어 있다.
⑤ 포플러 잎녹병의 피해는 *Melampsora larici-populina*에 의해 대부분 발생한다.

> **해설**
> 뿌리썩이선충으로 뿌리 내부에서 기생하는 이주성 선충이다.

61 잣나무 털녹병에 대한 설명으로 옳지 않은 것은?

① *Cronartium ribicola* 병원균에 의한 피해이다.
② 1854년 러시아 발틱해 연안에서 처음 발견되었다.
③ 송이풀은 잣나무 털녹병의 중간기주로 우리나라에서 처음 발견되었다.
④ 잣나무와 섬잣나무는 감수성이며, 스트로브잣나무에서는 걸리지 않는 것으로 나타났다.
⑤ 1937년 조선임업회보에 기술한 잣나무털녹병에 대한 발표는 수목병과 병원균의 동정에 관한 우리나라 최초의 보고이다.

> **해설**
> 잣나무와 스트로브잣나무는 감수성이므로 피해가 심하나 섬잣나무와 눈잣나무는 저항성으로 피해가 거의 없다.

62 대추나무빗자루병 방제를 위해 옥시테트라사이클린을 처방하였다. 다음 설명 중 옳지 않은 것은?

① 옥시테트라사이클린은 항생제이다.
② 안전사용 기준은 수확 30일 전이다.
③ 수돗물 1L에 약제 1g을 정량하여 잘 저어서 녹인다.
④ 흉고직경 15~20cm인 경우 1회 주입한다.
⑤ 모무늬매미충 매개에 의한 바이러스 병이므로 수간주사한다.

해설
대추나무빗자루병은 모무늬매미충에 의해 매개되는 파이토플라스마에 의한 병이다.

63 다음 중 수목병해의 원인에 대한 설명으로 옳은 것은?

① 새삼은 기생성 종자식물로 볼 수 없다.
② 불마름병, 뿌리혹병, 가지마름병은 바이러스 병원체이다.
③ 식물병의 원인 중 온도스트레스는 대기의 과건 및 과습이 원인이다.
④ 식물병의 원인은 생물적 요인보다 비생물적 요인의 비중이 훨씬 크다.
⑤ 세균과 바이러스에 의한 병은 목본식물보다 초본식물에서 더 흔하게 발생한다.

해설
목본식물의 90%에는 곰팡이 병이 발생하며, 초본식물에는 세균, 바이러스에 의한 병도 흔하게 발생한다.

64 다음 중 곰팡이에 대한 설명으로 옳지 않은 것은?

① 대부분의 곰팡이는 수목의 생장에 적합한 20~30℃가 최적온도이다.
② 곰팡이는 기주수목에 병 발생을 위해 산소와 유기물질을 필요로 한다.
③ 곰팡이는 건조한 환경에 민감하여 어둡고 습기가 많은 곳에서 잘 자란다.
④ 곰팡이 균사는 기주식물의 잎이나 수피세포를 죽이고 광합성을 저해한다.
⑤ 곰팡이도 상황에 따라 생존을 위하여 햇빛을 이용하여 양분을 만드는 광합성을 한다.

해설
곰팡이는 생태계에서 분해자로서 기생성, 부생성, 공생성의 역할을 한다.

65 바이러스병에 대한 설명으로 옳은 것은?

① 바이러스는 임의부생체이다.
② 에너지를 스스로 생산할 수 없기 때문에 숙주에서 얻는다.
③ 바이러스에 감염된 대부분의 수목은 수명이 짧은 편이다.
④ 바이러스는 수목의 일부분에만 국한해서 감염시키는 부분적 병원균이다.
⑤ 진딧물과 매미충 같은 흡즙성 곤충은 바이러스 매개와 큰 관련이 없다.

> **해설**
> 바이러스는 스스로 양분 섭취를 못해 숙주에 침투 후 세포를 이용하여 복제한다. 바이러스는 세포가 없어 생물과 무생물의 중간에 있다고 할 수 있으며 반생물(半生物)이라고 부르기도 한다.

66 다음 중 파이토플라스마에 대한 설명으로 옳지 않은 것은?

① 파이토플라스마는 기주수목에 접촉되기 전 10~45일간 잠복한다.
② 파이토플라스마는 대부분 감염된 수목의 물관부 조직에서 발견된다.
③ 파이토플라스마의 전반은 영양번식체, 매개충, 뿌리접목 등에서 일어난다.
④ 파이토플라스마 병해는 에너지 저장화합물이 뿌리로 이동하는 것을 방해한다.
⑤ 파이토플라스마의 매개충을 보독충이라고 하며 종자전염과 즙액전염은 되어 있지 않는다.

> **해설**
> 매개충은 감염된 식물체에서 병원체를 흡즙한 후 온도조건에 따라 10~45일간 잠복기를 거친 다음 건전 식물체를 전염시킨다. 파이토플라스마는 주로 식물의 체관즙액 속에 존재한다.

67 다음 중 성격이 다른 것은?

① 표징이 나타나기도 한다.
② 전신적 감염이 특징이다.
③ 기주 선호성을 가지고 있다.
④ 광학현미경으로 관찰이 가능하다.
⑤ 대부분의 수목병의 원인이 된다.

> **해설**
> 곰팡이병에 대한 설명이며 전신감염은 파이토플라스마와 바이러스에 의한 증상이다.

68 수목병을 일으키는 바이러스의 특징으로 옳지 않은 것은?

① 인공배지배양이 불가능하다.
② 대부분의 수목병을 일으키는 원인이 된다.
③ 병원체가 자력으로 기주에 침입하지 못한다.
④ 병원체는 살아있는 세포 내에서만 증식이 가능하다.
⑤ 병원체는 전자현미경을 통해서만 관찰이 가능하다.

해설
대부분의 수목병을 발생시키는 원인은 곰팡이병이다.

69 수목병 발병에 관여하는 3대 요소에 대한 설명으로 옳지 않은 것은?

① 병원체
② 기주식물
③ 기생생물
④ 환경요인
⑤ 3대 요소 중 수치가 하나라도 0이 되면 발병하지 않는다.

해설
병의 삼각형은 병원체, 기주식물, 환경 인자를 각 변으로 하며 하나라도 0이 되면 병은 발생하지 않는다.

70 세균성 구멍병에 대한 설명으로 옳지 않은 것은?

① 잎에 다각형 수침상 병반이 생긴다.
② 병원균은 그람양성균인 *Xanthomonas arboricola*이다.
③ 과실 표면에 갈색 또는 암갈색의 병반이 생기고, 수지가 유출된다.
④ 바람이 심하고 높은 습도가 오래 유지되는 지역에 많이 발생한다.
⑤ 발병이 심한 과수원에서는 과실의 감염을 줄이기 위해서 봉지를 씌워 재배한다.

해설
Agrobacterium, *Pseudomonas*, *Xanthomonas*, *Xylophilus*, *Xylella* 등은 그람음성균이다.

71 다음 수목병 중에서 병원균의 유형이 다른 것은?

① 뽕나무오갈병
② 벚나무빗자루병
③ 오동나무빗자루병
④ 대추나무빗자루병
⑤ 붉나무 빗자루병

해설
빗자루병의 증상은 보통 파이토플라스마에 의한 병징으로 나타나는데 벚나무빗자루병은 자낭균에 의해서 발생하는 곰팡이병이다.

정답 68 ② 69 ③ 70 ② 71 ②

72 다음 중 생물적 요인의 수목병에 대한 설명으로 옳지 않은 것은?

① 원핵생물은 핵막이 없어 핵이 없거나 원형질 내에 하나 또는 여러 개의 핵이 존재한다.

② 바이러스, 파이토플라스마, 식물기생선충, 원생동물, 기생식물, 일부 곰팡이는 절대기생체이고 대부분의 곰팡이와 세균은 임의부생체 또는 임의기생체이다.

③ 수목에 발생하는 병해 중 곰팡이에 의한 병의 종류가 가장 많고 가장 큰 비중을 차지하고 있다.

④ 세균병은 수목의 지상부와 지하부에 모두 발생하고, 곰팡이의 뿌리병 발생에 중요한 억제인자로 작용하기도 하며, 대표적으로 뿌리혹병과 밤나무줄기마름병이 있다.

⑤ 선충은 소나무재선충과 같이 지상부에 발생하기도 하지만, 대부분 토양에서 뿌리를 가해한다.

> **해설**
> 밤나무줄기마름병은 자낭균에 속하는 *Cryphonectria parasitica*에 의해 발생하는 곰팡이병이다.

73 다음 중 곰팡이의 형태가 다른 균사는?

① 무격벽균사   ② 유주포자균류
③ 자낭균류   ④ 접합균류
⑤ 하등균류

> **해설**
> 자낭균과 담자균류는 고등균류로 격벽이 나타나며, 난균과 접합균류는 하등균류로 격벽이 나타나지 않는 일반적인 특성을 가지고 있다.

74 곰팡이의 번식과 생활환에 대한 설명으로 옳지 않은 것은?

① 유성생식은 원형질 융합과 핵융합, 그리고 감수분열을 거친다.

② 유성포자에는 난포자, 접합포자, 자낭포자, 담자포자 등이 있다.

③ 무성포자에는 분열포자, 후벽포자, 분아포자, 분생포자, 유주포자 등이 있다.

④ 곰팡이가 식물을 가해하는 시기는 대부분 유성세대이고, 무성세대는 대개 월동이나 휴면 또는 전적 변이를 통한 환경적응 시기이다.

⑤ 유성포자를 만들지 않거나, 유성세대를 발견하지 못한 균류를 불완전균류라고 총칭하고, 이들은 대부분 자낭균류에 속한다.

> **해설**
> 곰팡이의 생활환은 무성세대와 유성세대를 포함하는데 식물을 가해하는 시기는 대부분 무성세대이고 유성세대는 대개 월동, 휴면 또는 유전적 변이를 통한 환경적응의 기작으로 해석할 수 있다.

75 공생성 곰팡이에 대한 설명으로 옳지 않은 것은?

① 내생균류의 균사체는 원칙적으로 기주의 뿌리 피층세포 내에 존재하고 두꺼운 균사층을 형성하지 않으며 세포 내의 균사는 일정 기간 동안 생장하고 나서 없어지거나 기주에 의해 분해된다.

② 내생균근은 격벽의 유무에 따른 두 가지 형태로 구분되며, 격벽이 있는 접합균문과 진달래와 같이 격벽이 없는 것이 있다.

③ 외생균근은 온대지역의 산림수목, 소나무과, 참나무과, 자작나무과 등에서 일반적으로 형성되며, 두꺼운 균사층에 둘러싸여 있다.

④ 외생균근을 형성하는 곰팡이는 담자균문과 자낭균문에 속하며, 내생균근과 달리 균사가 세포 내에 침입하는 것은 거의 발생하지 않는다.

⑤ 내외생균근은 내생균근과 외생균근의 중간적인 균근으로 내외생균근을 형성한 곰팡이는 자낭균문에 속한다.

해설

내생균근은 격벽이 없는 접합균문과 격벽이 있는 난초형과 철쭉형이 있다.

76 뿌리에 발생하는 곰팡이에 의한 병 중 병원성 우점병에 대한 설명으로 옳지 않은 것은?

① 병원성 우점병균은 주로 미성숙한 조직에 침입하고, 병을 일으키거나 생육후기에 병원균 활동을 시작하여 뿌리의 노화를 촉진시키고 수목을 조기에 말라 죽게 한다.

② 모잘록병, *Phytophthora* 뿌리썩음병, 리지나 뿌리썩음병이 해당된다.

③ 모잘록병은 주로 파종 당년의 묘목에 심하게 발생하며, 묘포에 불규칙하게 발생한다.

④ *Phytophthora* 뿌리썩음병의 병원균은 뿌리에서 줄기, 과실 등 거의 모든 부위를 침입하며, 묘목의 모잘록병에서부터 큰 나무의 뿌리썩음병을 일으키는 원인이 된다.

⑤ 리지나뿌리썩음병의 병원균은 파상땅해파리버섯의 담자포자에 의하여 전염되는 토양전염성 병으로, 뿌리의 피층이나 물관부에 침입하며, 감염된 세포는 수지로 가득 차게 된다.

해설

리지나뿌리썩음병은 자낭균에 의해 발생하며 아밀라리아뿌리썩음병은 담자균에 의해서 발생한다.

77 다음 중 병원균과 설명이 잘못 묶인 것은?

① *Phytophthora spp.* – 불완전균류

② *Rhizoctonia solani* – 지제부에서 뿌리로 진전

③ *Phythium spp.* – 뿌리에서 지제부로 진전

④ *Rhizina undulata* – 대형 산불지역에서 발생

⑤ *Fusarium spp.* – 소나무와 같은 침엽수에 주로 피해

해설

*Phytophthora*속은 난균류로 모두 병원균이며 뿌리에서 줄기, 과실 등 거의 모든 부위를 침입하며 모잘록병에서부터 큰 나무의 뿌리썩음병을 일으키는 원인이 된다.

78 다음 중 뿌리썩음병의 병원체 연결이 잘못된 것은?

① 흰날개무늬병 – *Rosellinia* – 자낭균

② 리지나뿌리썩음병 – *Rhizina undulata* – 자낭균

③ 자줏빛날개무늬병 – *Helicobasidium mompa* – 자낭균

④ 아밀라리아뿌리썩음병 – *Armillaria spp.* – 담자균

⑤ 안노썸뿌리썩음병 – *Heterobasidion* – 담자균

해설

자줏빛날개무늬병은 담자균에 의한 병이다.

79 다음 중 수목병과 중간기주가 잘못 묶인 것은?

① 향나무 녹병 – 배나무

② 소나무 잎녹병 – 황벽나무, 쑥부쟁이, 잔대

③ 잣나무 털녹병 – 송이풀, 까치밥나무

④ 소나무혹병 – 참나무류

⑤ 포플러녹병 – 쑥, 현호색류

해설

포플러녹병은 낙엽송(일본잎갈나무) 및 현호색이 중간기주이다.

80 수목병의 기주특이적 독소가 잘못 연결된 것은?

① 느릅나무 마름병 – Albumin
② 배나무 검은무늬병 – AK 독소
③ 사과나무 점무늬낙엽병 – AM 독소
④ 자주날개무늬병 – Helicobasidin
⑤ 밤나무 줄기마름병 – Oxalic acid

해설
느릅나무 마름병은 Ceratoulmin의 독소가 형성된다.

81 식물체의 방어체계 중 병원체의 생육을 억제하는 식물의 생화학물질이 아닌 것은?

① 페놀화합물
② 파이토안티시핀
③ 타 닌
④ 에틸렌
⑤ 사포닌

해설
에틸렌은 수목이 분비하는 억제호르몬으로 각종 스트레스를 받았을 경우 발생한다.

82 버섯에 대한 설명으로 옳지 않은 것은?

① 버섯은 균류의 성장체이다.
② 버섯은 대부분은 자낭균이다.
③ 유기물을 썩히는 부후균이 있다.
④ 동식물의 병을 일으키는 기생균이 있다.
⑤ 나무뿌리의 역할을 하며 물과 양분을 흡수하는 공생균이 있다.

해설
버섯은 대부분 담자균에 속하며 일부 자낭균도 있다. 곰팡이는 생태계에서 부생성, 공생성, 기생성의 역할을 한다.

83 아밀라리아 뿌리썩음병과 관계가 먼 것은?

① 부채꼴 균사판이다.
② 부후균은 황갈색이다.
③ 근상균사속이 형성된다.
④ 표징으로 뽕나무 버섯이 발생한다.
⑤ 침엽수와 활엽수 모두에서 발생한다.

해설
아말리아 뿌리썩음병은 버섯냄새가 나는 흰색균사층이 형성된다.

84 참나무시들음병에 대한 설명 중 옳지 않은 것은?

① 매개충이 광릉긴나무좀이다.
② 병징을 겨울에도 알아볼 수 있다.
③ 피해목의 변재부는 병원균에 의해 변색된다.
④ 매개충의 암컷등판에는 곰팡이를 넣는 균낭이 있다.
⑤ 피해목은 초가을에 모든 잎이 낙엽으로 땅에 떨어진다.

해설
참나무시들음병이 발생하면 잎이 붙어 있는 채로 말라 죽는 현상이 발생한다.

85 곰팡이 분류 중 잘못 설명한 것은?

① 녹병균, 대부분의 버섯, 목재부후균 등은 담자균아문이다.
② 자낭균은 가장 큰 분류군으로 격벽이 있으며, 세포벽이 키틴으로 되어 있다.
③ 유성생식이 상실되거나 밝혀지지 않아 무성세대만 알려진 균은 불완전균아문이다.
④ 형태적으로 유사한 두 배우자의 접합으로 포자가 형성되는 접합균아문은 기생성이 강하다.
⑤ 난균강은 균사가 잘 발달하고 격벽이 없는 균사를 가지며 세포벽에는 키틴을 함유하지 않는다.

해설
접합균류는 900여 종이 알려져 있으며 대부분 부생생활을 한다.

86 수목 줄기에 발생하는 병을 설명한 것이다. 잘못된 것은?

① 소나무 피목가지마름병은 침엽에 내생균으로 존재하다가 수세가 약해지면 발현되기도 한다.
② 1996년 인천 리기다소나무에서 발견된 수지궤양병은 병든 조직에서 송진이 유출되고 가지를 고사시키며 심하면 나무전체를 고사시킨다.
③ 수목은 감염된 조직 가장자리에 유합조직을 형성하여 병원균의 침입을 억제한다.
④ 수지궤양병은 절대기생체로 살아있는 수목의 수피에서 생장하며 상처를 통해 궤양을 형성한다.
⑤ 밤나무 잉크병은 습하고 배수가 불량한 임지에서 병원균의 유주포자가 뿌리를 가해하고 감염시킨 후 줄기로 번져 검고 움푹 가라앉은 궤양을 형성한다.

87 곰팡이에 의한 수목 시들음병균이 아닌 것은?

① *Raffaelea quercus*
② *Ophiostoma ulmi*
③ *Ceratocystis fagacearum*
④ *Verticillium dahliae*
⑤ *Platypus Koryoensis*

해설

*Platypus Koryoensis*는 곰팡이균이 아니라 곤충인 광릉긴나무좀의 학명이다.

88 잎에 발생하는 병이 아닌 것은?

① 궤양병
② 탄저병
③ 갈색무늬병
④ 흰별무늬병
⑤ 겹둥근무늬병

해설

궤양병이란 수피썩음병이라고도 하며 가지와 줄기에서 수피와 그 안쪽 형성층이 죽는 것을 말한다.

89 밤나무줄기마름병에 대한 설명 중 잘못된 것은?

① 유럽의 밤나무는 저항성이다.
② 세계 3대 수목병 중에 하나이다.
③ 함몰, 부품, 갈라짐 증상을 볼 수 있다.
④ 1904년 미국 뉴욕동물원의 밤나무에서 발생하였다.
⑤ 1950년경 이탈리아에서 병원성이 감소된 균주가 발견되었다.

해설

밤나무줄기마름병은 동양의 향토병으로, 유럽으로 전파되어 밤나무를 황폐화시켰으며, 수목의 3대병은 밤나무줄기마름병, 잣나무털녹병, 느릅나무 시들음병이다.

90 수목병을 일으키는 바이러스의 특징으로 옳지 않은 것은?

① 병원체가 자력으로 기주에 침입하지 못한다.
② 병원체는 전자현미경을 통해서만 관찰이 가능하다.
③ 병원체는 살아있는 세포 내에서만 증식이 가능하다.
④ 바이러스를 구성하고 있는 것은 단백질과 핵산이다.
⑤ 바이러스병의 진단은 혈청을 이용한 면역학적 방법과 분자생물학적 방법이 사용된다.

해설
바이러스의 진단방법은 외부병징, 내부병징 관찰, 검정식물접종, 전자현미경관찰, 면역학적 방법, PCR 방법이 있으며 면역학적 진단법 중 효소결합항체법(ELISA)이 널리 사용되고 있다. 바이러스는 감염세포 내에서 이상구조를 형성하는데 이를 봉입체라고 하며, 광학현미경으로 관찰이 가능하다.

91 세균에 의해 발생하는 수목병에 대한 설명으로 옳지 않은 것은?

① 상처를 통하여 침입한다.
② 주로 그람음성세균이 수목에 피해를 준다.
③ 무름, 위조, 궤양, 부패 등의 병징을 나타낸다.
④ 주로 각피를 통해 직접 침입으로 기주를 감염시킨다.
⑤ 세균은 일반적으로 편모를 가지고 있어 활동성이 있다.

해설
식물병원세균은 Clavibacter를 비롯한 Corynebacterium 계열의 5개 속만이 그람양성균이고, 나머지는 모두 그람음성균이다.

92 다음 중 수목병의 표징이 아닌 것은?

① 떡갈나무 흰가루병의 포자
② 밤나무 줄기마름병의 줄기마름
③ 소나무 리지나뿌리썩음병의 자실체
④ 잣나무 피목가지마름병의 자낭반
⑤ 참나무의 아밀라리아뿌리썩음병의 뽕나무버섯

해설
표징은 병원체가 직접 눈에 보이는 것으로 줄기마름은 병징이라고 할 수 있다.

93 병에 의한 수목의 조직변화로 외관상의 이상을 보이는 증상을 무엇이라 하는가?

① 발 병
② 병 징
③ 표 징
④ 감 염
⑤ 전 반

해설

전반은 병원체가 활동범위를 한 곳에서부터 다른 곳으로 이전하거나 확대하는 현상이고, 병원체가 기주조직 내에 침입하고 정착하여 증식에 필요한 물질을 기주조직으로부터 얻는 관계가 성립되었을 때를 감염이라고 한다. 표징은 기주식물 위에 나타나는 병원체의 일부 또는 병원체의 산물을 의미한다.

94 붉은별무늬병(적성병)이 발생하는 기주와 중간기주의 연결이 옳은 것은?

① 전나무 – 황벽나무
② 잣나무 – 뱀고사리
③ 소나무 – 작약
④ 배나무 – 향나무
⑤ 스트로브잣나무 – 참취

해설

붉은별무늬병의 병원균은 향나무, 노간주나무의 잎, 가지 및 줄기를 침해하는데 배나무, 사과나무 등 과수에서 발생하여 경제적인 피해를 준다. 조경수종인 명자꽃, 산당화, 산사나무, 야광나무, 모과나무 등에서는 미관적 가치를 저하시킨다.

95 수목의 묘목에 발생하는 모잘록병 방제를 위한 설명으로 옳지 않은 것은?

① 질소질 비료를 많이 준다.
② 살균제처리를 한 후 식재한다.
③ 병든 묘목은 발견 즉시 뽑아 태운다.
④ 병이 심한 묘포지는 돌려짓기를 한다.
⑤ 묘상이 과습하지 않도록 배수와 통풍에 주의한다.

해설

질소질 비료는 수목의 비료가 되기도 하나, 병원균의 영양분으로도 사용될 수 있으며, 식물체의 웃자람을 발생시켜 허약하게 만들기도 한다.

96 다음 중 토양에 의해 전반되는 수목병은?

① 소나무 모잘록병
② 향나무적성병
③ 잣나무 털녹병
④ 오동나무 빗자루병
⑤ 벚나무 갈색무늬구멍병

해설
곰팡이병은 바람에 의해 전반되는 경우가 많으나 리지나뿌리썩음병 등 뿌리에 발생하는 병은 토양에 의해서 전반되는 경우도
있다.

97 다음 중 광릉긴나무좀이 매개하여 발생하는 수목병은?

① 참나무 시들음병
② 소나무 잎녹병
③ 오동나무 빗자루병
④ 밤나무 줄기마름병
⑤ 소나무 시들음병

해설
매개충에 의한 곰팡이병은 흔하지 않으나 암컷의 균낭에 불완전균류를 옮겨 유충의 먹이를 제공하는 생태적 특성을 보인다.

98 다음 중 세균에 의해 발병하는 수목병으로 옳은 것은?

① 포플러 모자이크병　　　　　② 대추나무 빗자루병
③ 소나무 잎녹병　　　　　　　④ 밤나무 뿌리혹병
⑤ 사과나무 적성병

해설
세균에 의한 수목병은 불마름병, 세균성 구멍병, 뿌리혹병 등이 있다.

99 다음은 수목병에 대한 방제 및 치료법이다. 옳지 않은 것은?

① 잣나무털녹병은 사이클로헥사마이드 살포로 치료하였다.

② 뽕나무 오갈병은 옥시테트라사이클린 수간주사로 치료하였다.

③ 벚나무 빗자루병의 병든 부위를 절개하여 병의 확산을 막았다.

④ 낙엽송잎떨림병의 전염을 막기 위해 이른 봄에 전년도의 낙엽을 제거해 주었다.

⑤ 소나무재선충병 피해 소나무를 1m 단위로 잘라 비닐을 씌우고 메탐소듐으로 훈증하였다.

해설

사이클로헥사마이드는 방선균에서 추출하여 잣나무털녹병과 낙엽송가지끝마름병에 적용하였으나 효과가 미비하여 상용화되지 못하였다.

100 다음 중 수목 바이러스의 감염경로가 아닌 것은?

① 상처를 통한 감염

② 기공을 통한 감염

③ 선충에 의한 전염

④ 새삼과 같은 기생식물에 의한 전염

⑤ 진딧물, 응애, 총채벌레, 가루이, 매미충, 멸구 등의 다양한 매개충에 의한 전염

해설

바이러스는 활물기생을 하며, 배양되지 않는 특성을 가지고 있다.

101 다음 주요 수목병과 병원체가 바르게 짝지어진 것은?

① 리지나뿌리썩음병 – 세균

② 뽕나무오갈병 – 파이토플라스마

③ 잣나무털녹병 – 자낭균

④ 푸사리움가지마름병 – 접합균

⑤ 그을음병 – 세균

102 다음은 불마름병에 대한 설명이다. 다음 중 옳지 않은 것은?

① 세균에 의한 수목병의 한 종류이다.
② 병원균은 *Erwinia amylovora*이고, 그람음성균이다.
③ 식물체에 생긴 상처나 자연개구부를 통해 전염된다.
④ 불마름병은 사과나무, 배나무, 살구나무 등에서 발생하기 쉽다.
⑤ 꽃은 암술머리에서 발생하며, 가지는 보통 아래쪽에서 시작하여 선단부로 올라간다.

> **해설**
> 불마름병의 진행 과정을 보면 꽃에서는 암술머리에서 발생하며, 가지에서는 선단부에서 시작하여 아래쪽으로 내려간다.

103 잣나무 털녹병에 관한 설명 중 옳지 않은 것은?

① 담자균에 의해 발생한다.
② 중간기주는 송이풀과 까치밥나무류이다.
③ 줄기에 병징이 나타나면 어린나무는 1~2년 내에 말라 죽는다.
④ 잣나무에 녹병정자와 녹포자를, 중간기주에 여름포자, 겨울포자, 담자포자를 형성한다.
⑤ 비산하는 포자는 녹포자와 담자포자이며, 담자포자의 비산거리가 더 멀다.

> **해설**
> 녹포자의 비산거리는 수백 km에 이르며, 담자포자의 비산거리는 보통 300m 내외이나 공기의 흐름이 좋은 곳은 수 km까지 확대된다.

104 향나무 녹병에 관한 설명 중 옳지 않은 것은?

① 적성병(붉은별무늬병)으로 불리기도 한다.
② 여름포자를 형성하지 않는 것이 특징이다.
③ 향나무에 녹병정자와 녹포자를, 중간기주에 겨울포자, 담자포자를 형성한다.
④ 방제법으로는 향나무 인근 2km 내에 배나무 등의 장미과식물을 심지 않도록 한다.
⑤ 향나무에는 큰 피해를 주지 않으나 때로는 가지 및 줄기를 고사시키기도 한다.

> **해설**
> 향나무에서 겨울포자퇴가 형성되고 겨울포자가 발아하여 담자포자가 형성된다. 담자포자의 소생자가 배나무에 옮겨져 녹병정자가 형성되고 녹포자가 된다.

105 수간주사에 관한 설명 중 옳지 않은 것은?

① 주입공의 깊이는 수피를 지나 목질부로부터 2cm 깊이가 되도록 한다.

② 대추나무 빗자루병 치료에 사용하는 수간주사법은 압력식 미량수간주입법이다.

③ 수간주사법의 주입공의 위치는 약액이 고루 퍼질수 있는 밑동 근처가 가장 좋다.

④ 중력식 수간주사법은 대량주입이라고도 불리며, 1L 주입 시 12~24시간 정도 소요된다.

⑤ 직경 1cm, 깊이 10cm 구멍을 뚫어 약액을 채우는 방법은 유입식 수간주사법이다.

해설

대추나무 빗자루병 치료는 옥시테트라사이클린 수용액을 1g당 1L 이상을 혼합하여 대량 주입하여야 한다.

106 다음 설명에 해당하는 수목병은?

- 곰팡이가 병원체이며, 우리나라에서는 2004년에 처음 발견되었다.
- 병원균은 변재에서 생장하며, 목재를 변색시키고, 물관의 이동을 방해한다.
- 광릉긴나무좀이 매개체이며, 고사한 나무는 잎이 달린 채로 남아있다.

① 참나무시들음병 ② 잣나무털녹병

③ 소나무잎마름병 ④ 밤나무가지마름병

⑤ 흰가루병

해설

참나무시들음병은 2004년 성남에서 처음 발견되었으며 광릉긴나무좀에 의해 매개된다.

107 다음 식물바이러스병에 대한 설명 중 옳지 않은 것은?

① 바이러스는 전신병징을 일으킨다.

② 일부 식물바이러스는 즙액접촉에 의해 전염된다.

③ 바이러스는 전자현미경으로 관찰가능하다.

④ 바이러스에 감염된 수목은 테트라사이클린계의 수간주사로 호전시킬 수 있다.

⑤ 고온이나 저온 등 환경이 변하면 바이러스 병징이 일시적으로 소실되는 경우도 있다.

해설

테트라사이클린계의 항생제는 세균과 파이토플라스마에 효과적이다.

108 다음 중 오동나무 빗자루병의 매개충은?

① 마름무늬매미충   ② 썩덩나무노린재

③ 솔잎혹파리   ④ 진딧물

⑤ 솔수염하늘소

> **해설**
> 오동나무 빗자루병의 매개충은 오동나무애매미충, 썩덩나무노린재, 담배장님노린재 등이다.

109 다음 수목병 중 병원체의 종류가 다른 하나는?

① 모잘록병   ② 밤나무줄기마름병

③ 벚나무빗자루병   ④ 소나무잎마름병

⑤ 포플러류모자이크병

> **해설**
> 모자이크병은 바이러스에 의한 병징이다.

110 다음 중 곤충에 의한 전반이 이루어지는 병이 아닌 것은?

① 느릅나무시들음병   ② 소나무재선충

③ 뽕나무오갈병   ④ 밤나무줄기마름병

⑤ 오동나무빗자루병

> **해설**
> 밤나무줄기마름병은 분생포자는 물, 곤충, 조류에 의해 전반되며, 자낭포자는 바람에 의해 전반되는 특징을 보이며, 나머지는
> 매개충에 의해서만 전염이 된다.

111 다음 뿌리혹병에 대한 설명 중 옳지 않은 것은?

① 병원균은 *Agrobacterium*이다.

② 전형적인 토양전염성 담자균에 속한다.

③ 고온다습할 때 알칼리성 토양에서 많이 발생한다.

④ 밤나무, 감나무, 호두나무, 포플러, 벚나무에 잘 발생한다.

⑤ 병충부에서 월동하지만 토양 내에서 기주식물 없이도 오랫동안 생존할 수 있다.

> **해설**
> 병원균은 *Agrobacterium*속에 속하는 세균이며 막대 모양의 단세포로 하나의 극모를 갖고 있다.

112 수목병에 대한 설명 중 옳지 않은 것은?

① 불마름병은 세균에 의한 수목병이다.
② 소나무 혹병은 담자균에 의해 발생한다.
③ 느릅나무 시들음병은 한국에서는 발병하지 않았다.
④ 리지나뿌리썩음병은 산불이 난 자리에 많이 발생한다.
⑤ 아밀라리아뿌리썩음병은 파상땅해파리버섯으로 확인이 가능하다.

해설
리지나뿌리썩음병은 35~45℃ 이상의 지중온도가 높아졌을 때 발병하며 뿌리의 피층이나 체관부를 침입한다. 표징으로 자실체인 파상땅해파리버섯을 확인할 수 있다.

113 소나무 잎녹병은 중간기주에서 어떤 포자형으로 반복 전염하는가?

① 녹병정자　　　　　　　　② 녹포자
③ 여름포자　　　　　　　　④ 겨울포자
⑤ 담자포자

해설
곰팡이병의 전염은 무성포자에 의해서 발생하는 경우가 많으며, 소나무 잎녹병의 경우에는 여름포자가 지속적인 반복전염을 발생시킨다.

114 소나무 중 리기다소나무와 테다소나무에 큰 피해를 주는 병은?

① 소나무잎떨림병
② 소나무잎마름병
③ 소나무재선충병
④ 푸사리움가지마름병
⑤ 소나무류잎녹병

해설
이 병은 1996년 인천지역에서 발생하였으며 병징은 수지가 흐르며 궤양이 큰 곳은 수지가 많이 흘러 하얗게 보이고 잎과 가지가 갈색으로 말라 죽는 현상을 보인다.

115 다음 중 담자균류에 의한 수목병이 아닌 것은?

① 잣나무털녹병
② 소나무혹병
③ 참나무시들음병
④ 향나무적성병
⑤ 소나무류잎녹병

해설

녹병은 담자균에 의해 발생하는 병이며, 참나무시들음병은 불완전균에 속하는 *Raffaelea*속의 병원균이다.

116 뿌리 수목병에 대한 설명으로 옳은 것은?

① 모잘록병은 세균에 의한 병이다.
② 리지나뿌리썩음병은 뽕나무버섯으로 표징을 확인할 수 있다.
③ 아밀라리아 뿌리썩음병은 수목을 조기에 말라 죽이는 병원균 우점병이다.
④ 자주빛날개무늬병은 담자균에 의해 발생하며, 침·활엽수에 모두 발생한다.
⑤ 혹병은 기공 등 자연개구부를 통해 전염되며, 자낭균인 *Agrobacterium*에 의한 것이다.

해설

병원균우점성병은 모잘록병, *Phytophthora* 뿌리썩음병, 리지나뿌리썩음병이 있으며, 리지나뿌리썩음병의 표징은 파상땅해파리버섯이다.

117 진딧물, 깍지벌레 등이 기생하는 나무에서 흔히 관찰되는 병은?

① 벚나무 빗자루병
② 흰가루병
③ 그을음병
④ 밤나무 줄기마름병
⑤ 철쭉류의 떡병

해설

진딧물, 깍지벌레 등 흡즙성 해충에 의한 2차 피해로 그을음병이 발생한다.

118 녹병에 대한 설명으로 옳은 것은?

① 소나무류 잎녹병은 자낭균에 의해 발생한다.

② 우리나라에서 중요한 잣나무 털녹병의 중간기주는 산초나무이다.

③ 향나무 녹병은 녹병정자, 녹포자, 여름포자, 겨울포자, 담자포자 모두 생산한다.

④ 녹병균은 생활사를 완성하기 위해 두 종류의 중간기주를 필요로 하는 이종기생균이다.

⑤ 포플러 잎녹병의 중간기주는 일본잎갈나무이며, 포플러에서 담자포자가, 일본잎갈나무에서 녹포자가 생성된다.

해설

녹병은 담자균에 의해서 발생한다. 잣나무털녹병의 중간기주는 까치밥나무, 송이풀이며 향나무녹병은 여름포자를 생산하지 않는다. 포플러 잎녹병의 녹포자와 녹병정자는 낙엽송(일본잎갈나무)에서, 여름포자, 겨울포자와 담자포자는 포플러에서 생성된다.

119 참나무시들음병에 대한 설명 중 옳은 것은?

① 세계 3대 수목병의 하나이다.

② 방제법은 참나무의 수세강화이다.

③ 담자균에 의해 발생하는 수목병이다.

④ 광릉긴나무좀의 수컷 등에는 균낭주머니가 있다.

⑤ 매개충은 광릉긴나무좀이며, 2004년 성남에서 처음 발생하였다.

해설

세계 3대 수목병은 잣나무털녹병, 느릅나무시들음병, 밤나무줄기마름병이며 참나무시들음병은 광릉긴나무좀의 암컷 등의 균낭주머니에 불완전균류를 운반하여 발생된다.

120 벚나무빗자루병에 대한 설명 중 옳지 않은 것은?

① 자낭균에 의해 발생하는 수목병이다.

② 방제법은 테트라사이클린계를 살포하거나 수간주사한다.

③ 벚나무빗자루병은 벚나무에서 가장 중요한 병해로 전국적으로 발생한다.

④ 감염되어 발병한 가지에서는 꽃이 피지 않고 작은 잎들이 빽빽하게 자라난다.

⑤ 어린 벚나무뿐 아니라 큰 벚나무도 발생하며, 왕벚나무가 가장 큰 피해를 입는다.

해설

벚나무 빗자루병은 대추나무 빗자루병과 달리 자낭균에 의해서 발생하는 수목병으로 살균처리한다.

121 다음 설명 중 옳지 않은 것은?

① 소나무류 잎떨림병은 자낭균에 의해 발생한다.

② 참나무시들음병은 특히 신갈나무에 피해가 크며, 서어나무에도 발병한다.

③ 바이러스에 의한 병은 주로 모자이크병이며 ELISA로 진단가능하다.

④ 잣나무는 소나무잎마름병, 푸사리움가지마름병, 소나무류 잎떨림병에 저항성이다.

⑤ 쇠락과 마름은 한 가지 요인에 의한 것이 아니며, 스트레스로 활력을 떨어뜨리고 2차적인 병원체나 해충들이 수목을 쇠락시키거나 고사시킬 수 있다.

해설

우리나라 잣나무는 소나무류 잎떨림병에는 감수성이나 소나무잎마름병, 푸사리움가지마름병에는 저항성이다.

122 벚나무빗자루병에 대한 설명으로 옳지 않은 것은?

① 병원균이 자낭균이다.

② 병원균은 포자낙하법으로 분리된다.

③ 꽃눈이 잎눈으로 바뀌는 엽화현상이 발생한다.

④ 4월 하순~5월 하순기간에 병든부위의 잎 앞면에서 병원체가 형성된다.

⑤ 겨울부터 이른봄 사이에 빗자루 모양의 가지 전체를 잘라 태우고 자른 부위에 상처도포제를 바른다.

해설

벚나무빗자루병은 4월 하순~5월 중순 사이에 빗자루 모양의 가지에 붙어 있는 잎의 뒷면이 회백색의 가루(나출자낭)로 뒤덮이고 가장자리가 흑갈색으로 변하면서 죽는 병이다.

123 *Pestalotiopsis*속에 대해 옳지 않은 것은?

① 완전세대를 포함하는 속이 있다.

② 동백나무 겹둥근무늬병을 일으킨다.

③ 병반 위에 육안으로 판단되는 검은 포자가 형성된다.

④ 분생포자반 위에 짧은 분생포자경에 분생포자가 형성된다.

⑤ 분생포자는 부속사를 가지고 있는 대부분의 가운데 세포가 착색되어 있다.

해설

*Pestalotiopsis*는 잎마름병, 불완전균아문 유각균강 분생포자반균목에 속한다. 분생포자반에 병렬된 짧은 분생포자경 위에 분생포자가 형성된다.

124 소나무 피목가지마름병에 대한 설명으로 옳은 것은?

① 지제부에 송진이 많아 누출된다.

② 병원균은 자낭각 자낭포자를 가진다.

③ 자낭 내에 형성된 자낭포자수가 4개이다.

④ 해충피해, 기상변동 등에 의해 수세가 약해지면 집단 발병한다.

⑤ 병든 부위에 수피를 벗기면 흰색 균사체를 쉽게 발견할 수 있다.

해설

일반적으로 피해가 경미하지만, 수세가 약해지면 넓은 면적에 발생하기도 한다.

125 밤나무 줄기마름병에 대하여 옳은 것은?

① 서유구의 행포지에 기술되어 있다.

② 병원균은 *Cryphonectria endothia*이다.

③ 저병원성 균주는 dsRNA 바이러스를 가진다.

④ 병든 부위에 이른봄 검은색 포자반이 형성된다.

⑤ 1900년경 북미에서 아시아로 넘어와 밤나무림을 황폐화시켰다.

해설

병원균이 원래 아시아에 존재하였으나 1900년경에 북미로 유입되고, 다시 유럽으로 전반되어 미국의 동부지역과 유럽의 밤나무림을 황폐화시켰다. 병원균은 *Cryphonectria parasitica*이며, 자좌가 수피 밑에 형성되고 수피의 갈라진 틈으로 돌출한다.

126 파이토플라스마에 의해서 발생하는 병이 아닌 것은?

① 뽕나무 오갈병

② 벚나무 빗자루병

③ 붉나무 빗자루병

④ 쥐똥나무 빗자루병

⑤ 오동나무 빗자루병

해설

벚나무빗자루병은 자낭균에 의해서 발생한다.

127 이종기생을 하는 배나무 붉은별무늬병균의 생활사 중에서 생성하는 포자세대의 연결이 옳은 것은?

① 겨울포자퇴 – 겨울포자 – 소생자 – 녹병정자 – 여름포자 – 겨울포자퇴
② 겨울포자퇴 – 겨울포자 – 소생자 – 녹병정자 – 녹포자 – 겨울포자퇴
③ 겨울포자퇴 – 겨울포자 – 녹병정자 – 여름포자 – 녹포자 – 겨울포자퇴
④ 겨울포자퇴 – 겨울포자 – 녹병정자 – 녹포자 – 여름포자 – 겨울포자퇴
⑤ 겨울포자퇴 – 겨울포자 – 녹포자 – 녹병정자 – 여름포자 – 겨울포자

해설
붉은별무늬병은 여름포자세대를 갖지 않으며 담자포자를 소생자라고도 한다.

128 이종기생을 하는 배나무붉은별무늬병균의 생활사 중 기주식물과 중간기주 식물에서 형성되는 포자세대 연결이 옳은 것은?

① 향나무 – 녹병포자   ② 향나무 – 녹포자
③ 향나무 – 겨울포자   ④ 배나무 – 여름포자
⑤ 배나무 – 겨울포자

해설
향나무녹병은 잣나무털녹병과는 달리 여름포자를 생성하지 않는다.

129 균류에 대한 설명 중 틀린 것은?

① 무격벽균사는 난균과 접합균에서 볼 수 있다.
② 유격벽균사는 자낭균과 담자균에서 볼 수 있다.
③ 하등균류에 속하는 난균과 접합균은 세포 내 여러 개의 핵이 있다.
④ 고등균류인 자낭균류, 담자균류, 그리고 불완전균류는 세포에 1개 또는 2개의 핵을 가지고 있다.
⑤ 유성포자를 만들지 않거나 유성세대를 발견하지 못한 균류를 총칭하여 불완전균류라고 하는데 이들은 대부분 담자균에 속한다.

해설
균류는 격벽의 유무에 따라 하등균류와 고등균류로 나누어지며 유성세대과 무성세대를 거치나, 유성세대가 발견되지 않은 균류는 불완전균류에 포함하고 이는 대부분 자낭균에 속한다.

130 균사의 인접한 두 세포 사이의 격벽 부근에서 돌기가 만들어져 형성되는 꺾쇠결합(Clamp connection)을 형성하는 균류는?

① 난 균
② 불완전균
③ 접합균
④ 자낭균
⑤ 담자균

해설
꺾쇠연결은 담자균류의 2차 균사분열 때에 많이 볼 수 있는 구조로 자매핵이 낭세포 속에서 분리되어 있다.

131 다음 중 무성포자의 형성과 관련하여 매트모양의 균사덩어리 위에 많은 분생자경을 만들고, 그 위에 분생포자를 형성하는 경우를 무엇이라고 하는가?

① 유주자낭
② 포자낭
③ 분생자좌
④ 분생자경속
⑤ 분생포자각

132 식물병원균류의 분류상 진균류에 속하지 않는 것은?

① 난균류
② 병꼴균류
③ 자낭균류
④ 담자균류
⑤ 불완전균류

해설
난균문은 유사균류로 분류된다.

133 난균문에 속하는 주요 식물병원균 속이 아닌 것은?

① *Pythium*속
② *Phytophthora*속
③ *Albugo*속
④ *Peronospora*속
⑤ *Rhizopus*속

해설
*Rhizopus*속은 진균류 내 접합균류에 속하며 기생보다는 부생생활을 한다.

134 우리나라에서 발생하는 파이토플라스마병 중 마름무늬매미충에 의하여 매개되는 병이 아닌 것은?

① 대추나무 빗자루병 ② 뽕나무 오갈병
③ 붉나무 빗자루병 ④ 오동나무 빗자루병
⑤ 쥐똥나무 빗자루병

> **해설**
> 오동나무 빗자루병의 매개충은 담배장님노린재, 썩덩나무노린재, 오동나무애매미충 등이다.

135 그을음병에 대한 설명으로 옳은 것은?

① 그을음병을 흰가루병이라고 부른다.
② 동화작용이 증가하여 식물체가 고사하게 된다.
③ 잎, 나뭇가지 또는 열매에 발생하며 하얗게 된다.
④ 그을음병으로 인하여 식물체는 급속히 말라 고사한다.
⑤ 그을음병 대부분은 깍지벌레 또는 진딧물 발생 시 유발된다.

> **해설**
> 그을음병은 감로에 의해서 발생하는 경우가 대부분이며 새까만 그을음을 발라둔 것과 같은 외부병징이 나타난다. 그을음으로 인하여 식물체가 급속히 말라 죽는 일은 없으나 동화작용이 저하되어 식물체는 허약해진다.

136 다음 중 진균류의 특징이 아닌 것은?

① 타가영양을 한다.
② 담자균류의 세포벽은 키틴을 가지고 있다.
③ 세포벽은 글루칸과 섬유소로 이루어져 있다.
④ 세포 내의 핵은 보통 1개이나 2개 또는 여러 개가 있는 경우도 있다.
⑤ 세포벽의 골격에는 다당류 및 당단백질로 이루어진 기질이 박혀 있다.

> **해설**
> 균사에는 세포벽이 있으며 주로 키틴이 주성분이나 종에 따라서는 글루칸이나 섬유소로 이루어진 것도 있다.

137 보르도액의 성분으로 옳은 것은?

① 황산암모늄, 생석회   ② 황산구리, 생석회

③ 황산암모늄, 탄산나트륨   ④ 황산구리, 탄산나트륨

⑤ 황산암모늄, 소석회

해설

석회보르도액 제조 시 황산구리($CuSO_4 \cdot 5H_2O$, 순도 98.5% 이상)와 생석회(CaO, 순도 90%)를 사용하고, 주의할 점은 반드시 석회유에 황산구리액을 첨가하여야 하며, 석회유와 황산구리액을 저온에서 반응시켜야한다는 것이다.

138 2~3년생의 소나무 가지가 죽고, 죽은 가지 수피에 농갈색의 자낭반이 나오는 병은?

① 소나무 잎녹병   ② 소나무 줄기녹병

③ 소나무 잎떨림병   ④ 소나무 피목가지마름병

⑤ 소나무 잎마름병

해설

주로 소나무, 해송, 잣나무, 전나무, 가문비나무의 줄기와 가지에서 발생하며 영양불량, 해충피해, 이상건조 등으로 수세가 약할 때에 넓은 면적에서 발생한다.

139 향나무에 형성된 배나무 붉은별무늬병균(赤星病菌)의 포자는?

① 여름포자(夏胞子)   ② 겨울포자(冬胞子)

③ 녹포자(錄胞子)   ④ 분생포자(分生胞子)

⑤ 후벽포자

해설

향나무에서는 겨울포자퇴가 형성되어 있다가 봄철에 수분을 흡수하면 노란색과 오랜지색의 한천모양으로 불어난다. 겨울포자는 담자포자를 형성하고 소생자가 날려 배나무로 옮겨가 녹병정자기를 형성한다.

140 다음 녹병종류 중 이종교대를 하지 않는 녹병은?

① 소나무줄기녹병
② 잣나무털녹병
③ 향나무녹병
④ 회화나무녹병
⑤ 소나무혹병

> **해설**
> 소나무줄기녹병은 모란, 작약, 송이풀과 기주교대를 하며, 잣나무털녹병은 송이풀, 까치밥나무와, 향나무녹병은 배나무, 사과나무 등 장미과 식물과, 소나무혹병은 참나무와 기주교대를 한다. 회화나무녹병과 후박나무녹병은 이종교대를 하지 않고 생활사를 완성한다.

141 다음 중 병원균이 다른 것은?

① 소나무(페스탈로치아)잎마름병
② 흰가루병
③ 그을음병
④ 소나무잎떨림병
⑤ 소나무혹병

> **해설**
> 소나무잎마름병, 흰가루병, 그을음병, 소나무잎떨림병은 자낭균에 의해 발생하며, 소나무혹병은 담자균에 의해 발생하는 녹병이다.

142 식물병을 일으키는 균 중에서 유주자를 생성하여 병을 전염시키는 것은?

① 불완전균류
② 난균류
③ 자낭균류
④ 담자균류
⑤ 접합균

> **해설**
> 불완전균류는 유성포자가 확인되지 않은 자낭균류라고 볼 수 있으며 난균의 무성포자는 유주자낭을 형성한다.

143 소나무 잎떨림병(엽진병, needle cast)의 1차 전염원은?

① 자낭포자
② 분생포자
③ 병자포자
④ 후막포자
⑤ 녹포자

해설

땅에 떨어진 병든 낙엽에서 6~7월 자낭반이 형성되고 7~9월에 비를 맞으면 자낭포자가 비산하여 새 잎을 침해한다.

144 소나무 재선충의 매개충인 솔수염하늘소의 우화 최성기는?

① 3월
② 6월
③ 9월
④ 10월
⑤ 12월

해설

솔수염하늘소의 우화 최전성기는 6월 초순이다.

145 소나무재선충은 솔수염하늘소가 매개한다. 다음 중 재선충을 건전한 소나무에 전파하는 시점은 어느 때인가?

① 유충이 목질부를 가해할 때
② 성충이 수피를 뚫고 산란할 때
③ 유충이 목질부 속에서 용화할 때
④ 성충이 소나무 신초 수피를 섭식할 때
⑤ 유충이 소나무 수간의 형성층을 가해할 때

해설

솔수염하늘소는 5~8월에 우화하며 우화최전성기는 6월 초순이고 우화한 성충은 섭식활동을 한다.

146 밤나무줄기마름병의 전반방식과 침해부위를 맞게 짝지은 것은?

① 바람 – 잎

② 종자 – 눈

③ 토양 – 줄기

④ 바람 – 줄기

⑤ 물 – 뿌리

해설

우리나라 밤나무 품종은 줄기마름병에 저항성이 강한 편이지만 최근에 피해가 늘고 있으며 줄기의 상처발생으로 인한 침입이
용이하다.

147 이종기생을 하는 잣나무털녹병균의 기주식물의 연결이 옳은 것은?

① 잣나무 – 졸참나무

② 잣나무 – 송이풀

③ 잣나무 – 향나무

④ 잣나무 – 매자나무

⑤ 잣나무 – 소나무

해설

잣나무털녹병균은 잣나무에서 녹병정자와 녹포자를 형성하고 중간기주에서 여름포자와 겨울포자 및 담자포자를 형성한다. 중간기주
로 까치밥나무와 송이풀이 있다.

제2과목
수목해충학

많이 보고 많이 겪고 많이 공부하는 것은 배움의 세 기둥이다.

– 벤자민 디즈라엘리 –

제 1 장 곤충의 이해

1. 곤충의 번성과 진화

곤충은 전 세계에 약 100만 종으로 지구상 전 동물의 70~80%를 차지하고 있으며, 밝혀지지 않은 곤충의 종류를 합치면 약 800만 종으로 추산하기도 함

※ 기록(명명법) : 절지동물문 곤충강은 85만여 종, 우리나라의 경우 12,000여 종

(1) 곤충의 출현 시기

① 무시충의 출현 시기 – 고생대 데본기(4억 년 전)

② 유시충의 출현 시기 – 고생대 석탄기(3.5억 년 전)

③ 대부분 목의 출현 시기 – 고생대 이첩기(2.8억 년 전)

(2) 곤충의 번성이유 `기출 8회`

① 곤충은 소형이며, 변태를 함으로써 지구의 급격한 기후변화에 견딤

② 소량의 식량과 작은 공간에서도 충분히 생활할 수 있음

③ 세대의 소요기간이 짧고 세대교대가 빈번히 이루어지므로 돌연변이가 일어날 기회가 많음

④ 다양한 공간에 적응하는 속도가 빠르고, 이동분산 능력이 크므로 산란장소의 탐색 행동, 배우 행동으로 확대가 가능

구 분	내 용
외부 골격	• 골격이 몸의 외부에 있는 외골격(키틴)으로 되어 있음 • 외골격은 건조를 방지하는 왁스층으로 되어 있음 • 체벽에 부착된 근육을 지렛대처럼 이용하여 체중의 50배까지 들어 올림
작은 몸집	• 생존과 생식에 필요한 최소한의 자원으로 유지 • 포식자로부터 피할 수 있는 크기
비행 능력	• 3억 년 전에 비행능력을 습득하였음 • 포식자로부터 피할 수 있으며 개체군이 새로운 서식지로 빠르게 확장 • 외골격의 굴근(flexor muscle)에 의해 흡수된 위치에너지를 운동에너지로 전환
번식 능력	• 대부분의 암컷은 저장낭에 수개월 또는 수년 동안 정자를 저장할 수 있음 • 수컷이 전혀 없는 종도 있으며 무성생식의 과정으로 자손을 생산
변태 유형	• 완전변태는 곤충강 27개목 중 9개목이지만, 모든 곤충의 약 86%를 차지 • 유충과 성충이 다른 유형의 환경, 먹이, 서식지를 점유할 수 있음
적응 능력	• 다양한 개체군, 높은 생식능력, 짧은 생활사로 유전자 변이를 발생 • 짧은 세대의 교번으로 살충제에 대한 저항성 발현 등

2. 곤충의 구분

(1) 분류

① 곤충은 절지동물문 – 육각아문(Hexapoda) – 곤충강

② 선충은 선형동물문 – 선충강

③ 응애는 절지동물문 – 협각아문(Chelicerata) – 거미강 – 진드기목

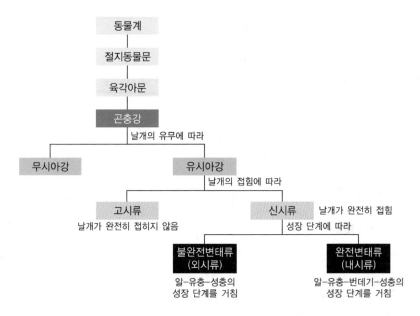

더 알아두기

속입틀류

곤충과 다지류와 구분되는 낫발이목, 좀붙이목, 톡토기목은 머리덮개 안에서 잎틀이 앞쪽으로 열린 공동으로 에워싸여 있음

구 분	내 용
낫발이목	• 눈이나 더듬이가 없음 • 앞다리는 몸 앞쪽에 자리하여 감각기관의 역할 • 9개 마디가 성장할 때까지 12개 마디로 변하는 증절변태 • 습한 곳에서 생활하며 색소침착이 없음
좀붙이목	• 성충과 미성충 모두 겹눈이 없음 • 더듬이는 염주상이며 몸의 수분균형을 위해 소낭이 있음 • 대부분 동물성 먹이를 선호
톡토기목	• 제1배마디 아래쪽에 쐐기모양의 끈끈이 관이 있음 • 겹눈이 없거나 8개가 넘지 않는 집속된 낱눈이 있음 • 제4마디에 도약기, 제5마디에 생식공이 있음 • 몸은 인편으로 덮혀 있으며 토양에 서식하는 절지동물 중 가장 풍부함

(2) 곤충의 분류적 특성

① 곤충강은 머리, 가슴, 배 세 부분으로 구분

② 가슴에는 세 쌍의 다리와 두 쌍의 날개

    ㉠ 다리는 앞가슴, 가운데가슴, 뒷가슴에 한 쌍씩

    ㉡ 날개는 가운데가슴과 뒷가슴에 한 쌍씩

③ 현존하는 동물계의 70~80%를 차지하며, 동물 중에서는 제일 많은 개체수와 종수

④ 곤충(곤충강)은 날개의 유무에 따라 무시아강과 유시아강으로 구분

⑤ 유시아강은 날개가 완전히 접히지 않는 고시류와 날개가 완전히 접히는 신시류로 구분

무시아강	유시아강(고시류)
• 돌좀목(*Archaeognatha*) • 좀목(*Thysanura*)	• 하루살이목(*Ephemeroptera*) • 잠자리목(*Odonata*)

⑥ 신시류는 알 – 약충 – 성충의 단계를 거치는 불완전변태류(또는 외시류)와 알 – 유충 – 번데기 – 성충의 단계를 거치며 성장하는 완전변태류(또는 내시류)로 나눔 기출 6회

	완전변태	불완전변태
종 류	• 나비목(*Lepidoptera*) • 날도래목(*Trichoptera*) • 풀잠자리목(*Neuroptera*) • 밑들이목(*Mecoptera*) • 부채벌레목(*Strepsiptera*) • 벼룩목(*Siphonaptera*) • 파리목(*Diptera*) • 딱정벌레목(*Coleoptera*) • 벌목(*Hymenoptera*)	• 바퀴목(*Blattaria*) • 사마귀목(*Mantodea*) • 귀뚜라미붙이목(*Grylloblattodea*) • 메뚜기목(*Orthoptera*) • 집게벌레목(*Dermaptera*) • 대벌레목(*Phasmida*) • 흰개미붙이목(*Embioptera*) • 강도래목(*Plecoptera*) • 민벌레목(*Zoraptera*) • 다듬이벌레목(*Psocoptera*) • 대벌레붙이목(*Mantophasmatodea*) • 이목(*Anoplura*) • 노린재목(*Hemiptera*) • 총채벌레목(*Thysanoptera*)
변 태	알 – 애벌레(유충) – 번데기 – 성충	알 – 애벌레(약충) – 성충
명 칭	애벌레를 유충(Larva)	애벌레를 약충(Nymph)
생김새	애벌레와 성충이 전혀 다름	애벌레와 성충이 비슷
날 개	내시류	외시류

절지동물문

곤충강

- 머리, 가슴, 배로 구분
- 겹눈과 홑눈, 다리가 3쌍으로 구성

거미강

- 머리가슴, 배로 구분
- 홑눈, 다리가 4쌍으로 구성

〈곤충강과 거미강의 비교〉

제2장 곤충의 구조와 기능

1. 외부구조와 기능

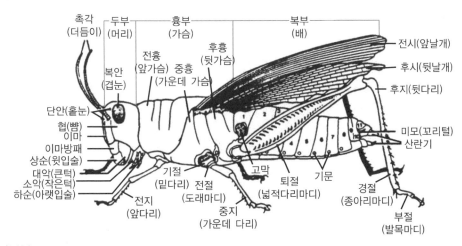

(1) 머리부분

- 머리는 외부에서 볼 때 1개의 절로 구성
- 1쌍의 더듬이, 1쌍의 겹눈, 2~3개의 홑눈 및 복잡한 1개의 마디

① 더듬이

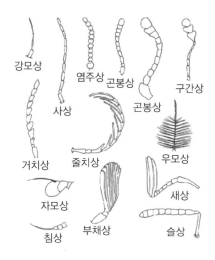

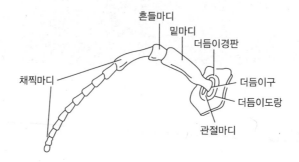

ⓐ 제1마디를 밑마디(자루마디), 제2마디를 흔들마디(팔굽마디), 제3마디를 채찍마디로 구성

ⓑ 흔들마디(팔굽마디)에는 소리감지 및 속도를 측정하는 존스톤기관

ⓒ 채찍마디에는 냄새를 맡는 감각기가 있음

■ 곤충 더듬이의 종류 및 형태 기출 6회

더듬이 종류	형 태	곤 충
실모양	가늘고 긴 더듬이	딱정벌레류, 바퀴류, 실베짱이류, 하늘소류
짧은털모양(강모상)	마디가 가늘어지고 짧음	잠자리류, 매미류
방울모양(구간상)	끝쪽 몇 마디가 폭이 넓어짐	밑빠진벌레, 나비류
구슬모양(염주상)	각 마디가 둥근형태의 더듬이	흰개미류
톱니모양(거치상)	마디 한쪽이 비대칭으로 늘어남	방아벌레류
방망이모양(곤봉상)	끝으로 갈수록 조금씩 굵어짐	송장벌레류, 무당벌레류
아가미모양(새상)	얇은 판이 중첩된 모양	풍뎅이류
빗살모양(즐치상)	머리빗을 닮은 더듬이	홍날개류, 잎벌류, 뱀잠자리류
팔굽모양(슬상)	두 번째 마디가 짧고 옆으로 꺾임	바구미류 및 개미류
깃털모양(우모상)	각 마디에 강모가 발달하여 깃털모양	일부 수컷의 나방류, 모기류
가시털모양(자모상)	납작한 세 번째 마디에 가시털	집파리류

② 눈 기출 8회

ⓐ 눈은 1쌍의 겹눈과 3개까지의 홑눈

ⓑ 한 개의 겹눈을 구성하는 낱눈의 개수는 1~8개, 많게는 20,000개

ⓒ 홑눈은 머리 앞면에 2~3개가 있으나 없는 종도 있음

ⓓ 겹눈은 주로 먼 거리, 홑눈은 가까운 거리의 물체를 식별

ⓔ 각막렌즈, 수정체, 망막세포, 감간체, 시신경다발로 연결

ⓕ 감간체(rhabdom)는 광수용 색소인 로돕신분자들이 결합되어 있는 미세융모집단

ⓖ 곤충은 편광된 빛과 편광되지 않는 빛 모두 구별할 수 있음

ⓗ 자외선 영역을 볼 수 있으나 적색 끝 쪽의 파장은 볼 수 없음

③ 입 틀

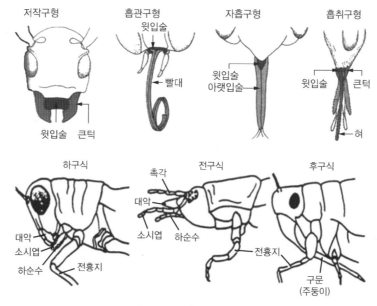

〈입틀의 종류 및 형태〉

㉠ 입틀은 윗입술, 큰턱, 작은턱, 아랫입술, 혀(설상체)로 구성

㉡ 입은 그 작용상 씹는 입, 빠는 입으로 대별할 수 있으며 기본형은 씹는 형

㉢ 입의 위치와 방향에 따라 전구식, 하구식, 후구식으로 구분됨

입틀 형태		종 류
씹는 형		• 딱정벌레류, 메뚜기, 잠자리, 사마귀 등 • 많은 완전변태류 곤충의 미성숙 단계(유충시기)
빠는 형	찔러 빠는 입	노린재, 진딧물, 멸구, 매미충류
	탐침하여 마시는 입	나비, 나방류
	썰어 빠는 입	등에류, 총채벌레류
	흡수하여 핥는 입	파리류

※ 벌 : 씹고 핥을 수 있도록 발달

(2) 가슴부분

① 가 슴

㉠ 가슴은 앞가슴, 가운데가슴, 뒷가슴의 3부분으로 구분

㉡ 각 가슴에는 1쌍씩의 다리가 있음

㉢ 가운데 가슴과 뒷가슴에는 각각 1쌍의 날개가 있음

㉣ 가슴은 각 4면의 판으로 구분

㉤ 위쪽은 등판, 아래쪽은 배판, 양측면은 측판

② 다 리

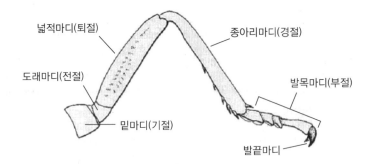

■ 곤충 다리의 구분 및 특징

구 분	설 명	비 고
밑마디 (기절)	• 기절돌기와 관절을 이루는 다리의 첫 번째 마디 • 2개로 보이는 경우가 많으며 뒤의 것을 버금밑마디라고 함	• 경주지 : 바퀴류 • 헤엄지 : 물방개류 • 도약지 : 메뚜기류 • 굴착지 : 땅강아지류 • 포획지 : 사마귀류
도래마디 (전절)	• 다리의 두 번째 마디이며 잠자리는 2개로 분리되어 있음 • 기생벌류는 제2의 도래마디가 있음	
넓적마디 (퇴절)	• 다리의 세 번째 마디 • 잘 뛰는 곤충에 특히 잘 발달되어 있음	
종아리마디 (경절)	• 길이는 넓적마디와 비슷 • 가늘고 끝에는 1개 이상의 가시돌기가 있음	
발목마디 (부절)	• 성충의 발목마디는 보통 2~5개로 되어 있음 • 끝부분을 끝발마디라고 함	

③ 날 개

〈날개의 형태 구분〉

㉠ 가운데가슴의 날개를 앞날개, 뒷가슴의 날개를 뒷날개

㉡ 파리목은 뒷날개가 퇴화, 평균곤으로 되어 1쌍만 남아 있음

㉢ 딱정벌레류는 초시(elytron), 노린재류는 반초시(hemielytron)

㉣ 부채벌레목은 앞날개가 퇴화하여 작대기모양의 의평균곤이 있음

㉤ 날개는 곤충의 분류에 중요한 기준으로 앞부분을 전연, 바깥쪽을 외연

ⓑ 나비목의 날개는 비늘형태로 인시목이라고도 함

ⓢ 날개의 연결방식에 따라 날개가시형, 날개걸이형, 날개갈고리형으로 구분

ⓞ 시 맥

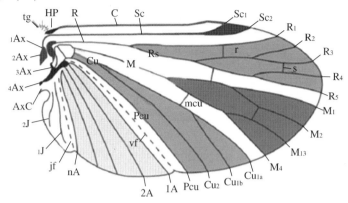

- C : 전연맥
- SC : 아전연맥
- R : 경맥
- M : 중맥
- Cu : 주맥
- A : 둔맥
- cross-vein : 횡맥
- discal cell : 중실

■ 날개 형태의 구분

구 분	내 용	비 고
딱지날개 (초시, Elytra)	뒷날개의 보호덮개 역할을 하는 딱딱한 날개	딱정벌레목, 집게벌레목
반초시 (Hemelytra)	• 기부는 가죽이나 양피지 같음 • 끝부분은 막질인 앞날개	노린재아목
가죽날개 (Tegmina)	전체가 가죽이나 양피지 같은 앞날개	메뚜기목, 바퀴목, 사마귀목
평균곤 (Halteres)	• 비행 중 회전운동의 안정기 역할 • 작은 곤봉 모양의 뒷날개	파리목

더 알아두기

- 날개는 시맥으로 지지되는 얇은 막으로 구성
- 막은 두 개의 인접한 층으로 형성
- 시맥은 두 개의 분리된 층으로 형성되며 아래표피는 두껍고 좀 더 경화됨
- 시맥 내부구조는 신경, 기관, 혈강과 연결, 혈림프 순환

(3) 배부분

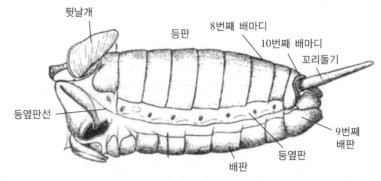

① 배는 머리나 가슴에 비하여 구조가 단순하며 대개 10~11마디로 이루어져 있음

② 8~10번째의 마디에 외부생식기나 산란관이 있음

③ 배마디는 등판, 배판 및 측면부로 이루어져 있음

④ 꼬리돌기는 감각기관이며, 진딧물의 경우 뿔관은 분비물을 배출하는 유도물질을 생성함

　　㉠ 뿔관 : 공생하는 개미유도물질 생산, 포식자 격퇴

　　㉡ 톡토기목 : 복부에 도약기(다섯 번째 마디)와 끈끈이관(첫째 마디)

　　㉢ 침 : 변형된 산란관으로 암컷에서만 볼 수 있음(개미, 꿀벌, 말벌 등)

2. 내부구조와 기능

(1) 피 부 `기출` 5회·8회

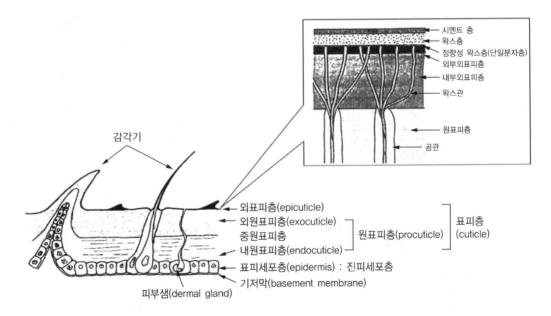

① 피부는 대단히 질기며 그 표면에는 다양한 털이나 감각기가 있음

② 안쪽에는 각종 기관과 근육이 위치하여 있음

③ 피부는 표피(외표피, 원표피), 진피세포, 및 기저막으로 크게 나누어짐

④ 표피는 물 30~40%, 키틴(chitin) 20~30%, 단백질 20~30%, 회분 3~5%로 되어 있음

⑤ 표피는 외표피와 원표피로 구분

　　㉠ 외표피는 시멘트층, 왁스층 및 단백질성 외표피

　　㉡ 원표피는 다량의 키틴질 함유, 외원표피, 중원표피, 내원표피

⑥ 진피는 한 층의 상피세포(epithelial cell)로 되어 있음

⑦ 기저막은 진피세포와 체강과의 경계를 이룸

더 알아두기

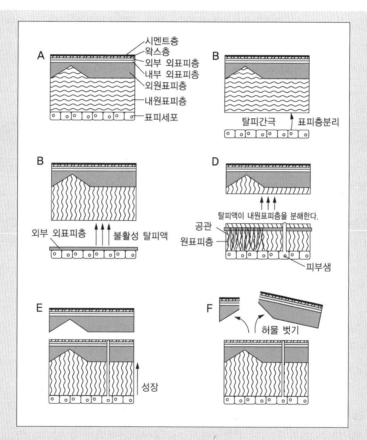

- A : 탈피이전의 표피
- B : 표피층분리, 표피층을 표피세포로부터 분리하여 탈피간극을 형성
- C : 탈피간극에 불활성의 탈피액을 분비
- D : 오래된 내원표피층을 분해하고 새로운 표피층을 분비
- E : 원표피층과 외표피층의 지속적 성장
- F : 허물벗기, 오래된 표피층을 버림

⑧ 외골격의 구조 기출 8회

구 분	내 용
외표피	• 외표피는 수분손실을 줄이고 이물질을 차단하는 기능 • 외표피의 가장 안쪽 층을 표피소층이라 함 • 리포단백질과 지방산 사슬로 구성 • 방향성을 가진 왁스층이 표피소층 바로 위에 놓임
원표피	• 키틴과 단백질로 구성되어 있으며 내원표피는 표피층의 대부분을 차지 • 내원표피는 새로운 표피층을 만들 때 표피세포에 흡수된 후 다시 사용 • 외원표피층은 단백질 분자들이 퀴논 등으로 서로 연결된 3차원 구조 • 외원표피는 경화반응이 일어나는 부위로서 매우 단단하고 안정된 구조
진 피	• 주로 상피세포의 단일층으로 형성된 분비조직 • 외골격을 이루는 물질과 탈피액을 분비 • 내원표피의 물질을 흡수하고 상처를 재생 • 진피세포의 일부가 외분비샘으로 특화되어 화합물(페르몬, 기피제) 생성 • 피부샘이 존재하며 시멘트층 생성, 휘발성 방어물질, 페로몬 분비 • 편도세포는 대형세포로 외표피층의 지질, 단백질, 합성·분비
기저막	• 부정형의 뮤코다당류 및 콜라겐 섬유의 협력적인 이중층 • 물질의 투과에 관여하지는 않으나 표피세포의 내벽 역할 • 외골격과 혈체강을 구분

⑨ 외골격의 부속기관

구 분		내 용
센털(강모) – 움직일 수 있음	피 모	체모나 부속지를 덮고 있는 가는 털
	인 편	편평해진 털을 말하며 나비목과 톡토기목의 대부분과 일부 곤충류
	분비센털	진피층에 있는 분비세포의 분비물 유출구
	감각센털	감각작용을 하며, 특히 부속지에 발달하며 신경계와 인접
가동가시	–	움직일 수 있는 가시털 모양의 돌기(다리의 다세포성 돌기)
가시돌기 – 움직이지 못함	가는털	밑들이목과 파리목 일부의 날개에서 볼 수 있는 가는 털
	가 시	미분화한 진피세포에서 생기며, 다세포성

※ 센털(강모) : 분화된 세포로 다세포이며 센털세포, 센털밑세포, 감각세포로 구분됨

(2) 감각계

① 촉각, 미각, 후각, 청각, 시각으로 크게 나누며 중추신경계가 지배

② 신경세포와 감각털이 곤충의 표피에 분포하고 감각털은 더듬이에 발달

③ 파리류는 다리에 감각기관이 있고, 후각은 더듬이 또는 입틀에 있음

④ 청각기관으로는 감각털, 고막기관 및 존스톤기관 등

⑤ 입틀을 형성하는 기관에 있는 감각털에서 미각을 담당(예외 : 파리는 다리)

감각계 구분	내 용
기계감각기 (mechanoreceptor)	• 곤충의 몸 표면 거의 어디에서나 발견됨 • 털감각기 : 가장 단순한 기계감각기이며 접촉성 털(센털)임 • 종상감각기 : 편평한 타원형의 판형으로 다리, 날개, 봉합선을 따라 발견됨 • 신장수용기 : 근육 또는 결합조직에 있는 다극성 신경임 • 압력수용기 : 수서곤충의 수심에 대한 감각정보를 제공 • 현음기관 : 외골격의 두 내부 표면사이의 간극을 잇는 양극성 신경임 {{TABLE_HYEON}}
화학감각기 (chemoreceptor)	• 가스형태로 있을 때 후각수용체가 냄새를 감지 • 화학물질이 고체 또는 액체 형태일 때 미각수용체가 맛을 감지 {{TABLE_HWA}}
광감각기 (photoreceptor)	• 광감각기는 홑눈과 겹눈이 있음

현음기관 표:

현음기관	내 용
무릎아래기관	• 대부분 다리에 위치함 • 매질을 통해 전달되는 진동을 들을 수 있음
고막기관	• 소리 진동에 반응하는 고막아래에 있음 • 가슴(노린재 일부), 복부(메뚜기, 매미류, 일부 나방), 앞다리 종아리마디 (귀뚜라미, 여치) 등에 있음
존스턴기관	• 더듬이 흔들마디 안에 있음(위치나 방향에 대한 정보) • 모기와 깔따구는 더듬이의 털이 공명성 진동을 감지함

화학감각기 표:

종 류	내 용
미각수용체	• 감각신경 수상돌기가 표피에서 하나의 구멍을 통해 노출됨 • 더듬이, 발목마디, 생식기에서도 볼 수 있음
후각수용체	• 많은 구멍이 있는 얇은 벽으로 되어 있음 • 더듬이에 가장 많으며 입틀이나 외부생식기에도 있음

(3) **신경계** 기출 5회

① 중추신경계, 전장신경계(내장신경계), 말초신경계로 구분

② 전대뇌는 시각감각, 중대뇌는 촉각감각, 후대뇌는 소화기관의 앞부분인 윗입술과 식도의 감각 및 운동에 관여

③ 가슴신경절은 다리 및 날개의 운동, 배신경절은 배근육의 운동에 관여

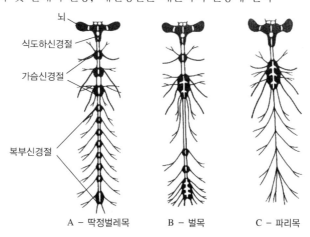

A - 딱정벌레목　　　B - 벌목　　　C - 파리목

■ 신경계의 종류 및 특징

구 분	내 용
중앙신경계 (중추신경계)	• 몸의 각 마디에 1쌍이 붙어 있고 그 사이를 1쌍의 신경색이 연결 • 머리에서 배끝까지 이어지며 머리에는 신경절이 모여 뇌를 구성 • 뇌는 **전대뇌(시신경 담당), 중대뇌(더듬이), 후대뇌(윗입술과 전위 담당)**로 구분 • 식도하신경절은 윗입술을 제외한 나머지 입신경을 담당
내장신경계 (전장신경계, 교감신경계)	내장신경계는 장, 내분비기관, 생식기관, 호흡계 등을 담당하고 있음
주변신경계 (말초신경계)	• 중앙신경계, 내장신경계의 신경절에서 좌우로 뻗어 나온 모든 신경들로 구성 • 운동뉴런과 감각뉴런을 포함

(4) 근육계

① 종주근 : 등과 배에 위치하여 수축방식에 따라 수축 또는 구부림

② 등배근 : 각각 속해 있는 마디의 등판과 배판을 연결하여 호흡작용을 도움

③ 측근 : 등판, 측판, 또는 기문과 배판을 연결하는 근육

(5) 호흡계

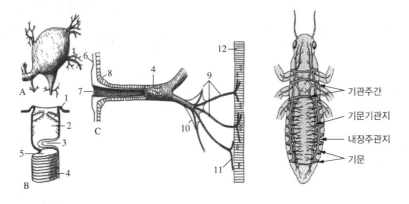

① 기체의 출입구가 되는 기문(spiracle)과 기관(tracheal)으로 구분됨

② 기문은 몸 측면에 10쌍이 있으며 안쪽은 나선사를 이루고 있음

③ 앞가슴과 가운데가슴 사이, 가운데가슴과 뒷가슴 사이에 각각 1쌍, 배마디에 8쌍

④ 기문은 기관에 의하여 주간과 이어지며 기관의 끝에는 기관소지가 있음

⑤ 기관소지 또는 모세기관은 체내 각 조직에 산소를 공급함

⑥ 기관소지는 $0.2\sim0.3\mu m$이며 나선사가 있음(세포 내까지 분포)

⑦ 곤충은 혈액을 통해 산소를 공급하지 않고 기관소지를 통해 직접 조직세포에 공급함

(6) 순환계 기출 6회

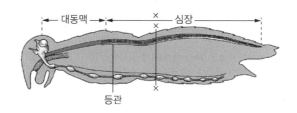

① 곤충의 순환계는 개방순환계이며 소화관의 배면에 있는 등관으로 되어 있음

② 혈액이 심장과 대동맥을 제외하고 바로 조직 속으로 스며들었다가 심장으로 되돌아 옴

③ 혈림프 순환에 뚜렷한 방향성이 없어 다리, 촉각, 미모 및 날개와 같은 부속지에 혈림프 전달이 어려움(부속박동기관)

구 분	내용
익상근	심장의 수축을 돕는 근육
부속박동기관	날개, 다리 등에 혈림프 순환

④ 혈액은 혈장과 혈구세포로 이루어져 있으며 혈장은 85%가 수분임

⑤ 혈장은 수분의 보존, 양분의 저장, 영양물질과 호르몬의 운반 기능을 함

⑥ 혈구는 식균작용으로 소형의 고체를 삼킴

⑦ 외시류에서는 나트륨과 염소이온이 삼투압에서 주도적인 역할을 함

⑧ 내시류에서는 염소이온이 적고 유리아미노산을 포함한 유기산이 많음

(7) 소화계

① **섭취** : 입 – 소화 – 흡수 – 배설

② **전장** : 전장은 인두, 식도, 모이주머니 및 전위로 구분, 음식물 섭취와 임시보관

③ **중장** : 소화액을 통한 소화 및 흡수 담당, 키틴 섬유의 망상조직의 위식막, 삼투압조절을 위한 여과실(흡즙성 해충)

④ **후장** : 음식물 찌꺼기와 말피기소관을 통해 흡수된 오줌 배설

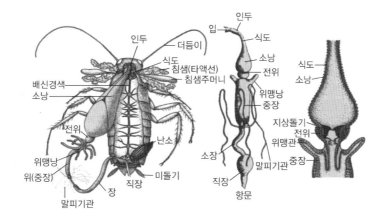

구 분	내 용	비 고
말피기관 (Malpighan tubule)	• 가늘고 긴 맹관으로 체강 내에 유리된 상태로 존재(한 층의 세포로 구성된 맹관) • 분비작용을 하는 과정에서 칼륨이온이 관 내로 유입 • 액체가 후장을 통과하면서 수분과 이온류의 재흡수	• 진딧물은 말피기관 없음 • 2~250개 다양
지방체 (Fat body)	• 내부에 액포와 여러 가지 함유물이 들어 있는 기관 • 영양물질의 저장 장소의 역할, 해독, 혈당조절기능	-
편도세포 (Oenocyte)	• 보통 복부기문 부근에 있음 • 탈피호르몬(Ecdysone)을 생산	-
공생균기관 (Mycetome)	• 수용성 비타민류와 필수아미노산을 공급(Actinomyces) • 소화관 내 벽이나 관 내 또는 낭상체 안에 있음	• 가루이류 : 구형 • 깍지벌레 : 다양

(8) **생식계** 기출 6회

일반적으로 교미에 의해 수컷의 정자가 암컷의 몸 안에 들어간 후 저장낭에 저장되었다가 난자가 성숙하면 수정 후 산란함(저장기간은 수개월, 수년 동안 가능)

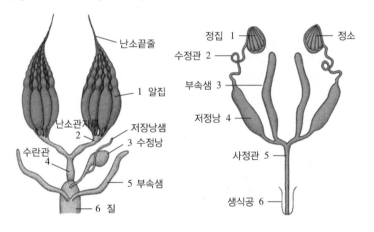

■ 생식기관의 구분

구 분	생식기관	내 용
수 컷	정소(정집)	여러 개의 정소소관이 모여 하나의 낭 안에 있음
	수정관	수정소관은 수정관으로 연결됨
	저장낭(저정낭)	정소소관의 정자는 수정관을 통해서 저장낭으로 모임
	부속샘	• 정액과 정자주머니를 만들어 정자가 이동하기 쉽게 도움 • 정액은 **양분공급, 정자이동, 산란촉진, 수컷의 회피** 물질
암 컷	난소소관(알집)	초기난모세포가 난소소관의 증식실과 난황실을 거쳐 알 형성
	부속샘	알의 **보호막, 점착액 분비**
	저장낭(수정낭)	• 교미 시 수컷으로부터 건네받은 정자 보관 • 저정낭샘에서 저장낭에 보관 중인 정자를 위해 **영양분 공급**
	수란관	난소소관은 수란관으로 연결됨

(9) 내분비계 기출 8회

분비샘이지만 분비물을 나르는 관이 없기 때문에 그 분비물을 혈액 속에 보내는 기관을 내분비샘이라 하며 이를 호르몬이라 함

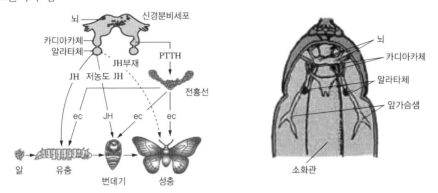

① 탈피 및 변태 호르몬

　　㉠ 유충의 탈피는 뇌, 앞가슴샘과 알라타체가 관여

　　㉡ 곤충을 어린상태로 유지하는 작용은 유약호르몬(Juvenile hormone, JH)이 관여

　　■ 내분비계의 종류 및 특징

내분비선	작 용
카디아카체	심장박동의 조절에 관여, PTTH(앞가슴샘자극호르몬) 분비
알라타체	성충으로의 발육을 억제하는 유충(약)호르몬 생성
앞가슴선(전흉선)	탈피호르몬, 허물벗기호르몬, 경화호르몬 생성

② 휴면호르몬 : 곤충의 발육 도중에 일시 발육을 정지하고 휴면하는 호르몬

(10) 외분비계 기출 6회

① 체내에서 생성된 분비물을 관이나 구멍을 통해 체외로 보내는 기관이 외분비샘

② 하나 또는 여러 개의 분비세포

③ 누에와 매미나방의 페로몬 연구에 의해 발전

　　■ 외분비계의 종류 및 특징

외분비선	작 용
페로몬	• 곤충이 냄새로 의사를 전달하는 신호물질 • 집합페로몬, 성페로몬, 경보페로몬, 길잡이페로몬, 분산페로몬, 계급페로몬
표피샘	꿀벌에서 왁스를 분비하여 벌집을 짓는데 사용
침 샘	전장의 양쪽에 위치
악취선	노린재류의 탄화수소 유도체 분비물질
이마샘	흰개미류에서 끈적한 방어용 물질 분비
배끝마디샘	딱정벌레에서 불쾌한 물질 분비
여왕물질	큰턱마디에서 여왕벌 생성을 억제

④ 이종 간 통신물질을 타감물질이라고도 함 `기출` 8회

  ㉠ 다른 종 개체의 성장, 생존, 번식 등에 영향을 주는 생물적 현상을 타감작용(allelopathy)이라고 함
  ㉡ 타감물질은 분비자와 감지자에게 주는 영향에 따라 구분됨

■ 이종 간 통신물질 `기출` 6회

구 분	내 용
카이로몬	분비자에게는 해가되나, 감지자에게 유리
알로몬	분비자에게 도움이 되지만, 감지자에게 불리
시노몬	분비자와 감지자 모두에게 유리

제3장 곤충의 생식과 성장

1. 곤충의 생태적 특징

(1) 곤충의 생활사

① 대부분의 곤충은 자웅이체로 양성생식

② 알에서 부화하면 1령충이 되고, 한 번 탈피(molt)하여 2령충

③ 난자가 수정되는 시기로부터 부화까지의 과정을 배자발육, 그리고 부화 후 성충까지의 과정을 배자 후 발육이라 함

■ 곤충의 배자 층별 발육 기출 6회

구 분	발육 운명
외배엽	표피, 외분비샘, 뇌 및 신경계, 감각기관, 전장 및 후장, 호흡계, 외부생식기
중배엽	심장, 혈액, 순환계, 근육, 내분비샘, 지방체, 생식선(난소와 정소)
내배엽	중장

④ 생명의 탄생에서 사망까지 각 발육단계별 곤충의 습성 및 환경과의 상호관계를 설명한 것이 생활사

　㉠ 완전 변태

　　• 알 – 유충(larva) – 번데기 – 성충

　　• 성충과 어린 유충의 모양이 완전히 다름

　　　예 파리목, 나비목, 딱정벌레목, 벌목 등

　㉡ 불완전 변태

　　• 알 – 약충(nymph) – 성충

　　• 성충과 약충의 모양이 비슷하고 크기의 차이만 있음

　　• 무변태 : 톡토기목, 증절변태 : 낫발이목

　　　예 매미목, 노린재목, 총채벌레목 등

　㉢ 과변태 : 유충과 번데기 사이에 의용의 시기가 있음(예 가뢰과)

■ 곤충의 변태 종류

구 분	내 용
무변태	어린 애벌레를 약충(nymph)이라고 하며 무시아강이 이에 속함
불완전변태	• 번데기 시기가 없으며 애벌레를 약충(nymph)이라고 함 • 물속에 살다가 성충시기에 공중 생활하는 약충과 성충이 현저히 다른 것을 Naiad라고 함 (예 잠자리, 하루살이, 강도래 등)
완전변태	애벌레가 번데기 시기를 거쳐 성충으로 탈피하며 유충(Larva)이라고 함

(2) 곤충의 산란

① **양성생식** : 암수가 교미하여 산란(대부분의 곤충)

② **단위생식** : 암컷만으로 생식(처녀생식) 예 밤나무혹벌, 무화과깍지벌레, 진딧물

③ **다배생식** : 1개에 알에서 두 개 이상의 곤충 발생 예 벼룩좀벌과, 고치벌과

④ **유생생식** : 유충이 성숙한 난자를 가지고 있으며 단위생식 예 일부 혹파리과

⑤ **자웅동체** : 생식기의 외부에 난자, 안쪽에 정자가 생김 예 이세리아깍지벌레

■ 곤충의 산란횟수에 따른 분류

발생횟수	해충명	비 고
2회	미국흰불나방, 소나무가루깍지벌레, 회양목명나방, 자귀뭉뚝날개나방, 무궁화잎밤나방, 꼬마쐐기나방, 오리나무좀, 뽕나무깍지벌레, 가루깍지벌레, 식나무깍지벌레, 큰팽나무이	일반적으로 진딧물류는 1년에 수 회 발생하며 깍지벌레는 1~2회 정도, 응애는 5~10회 정도 발생
2~3회	복숭아명나방, 솔잎벌, 솔애기잎말이나방, 벚나무깍지벌레, 이세리아깍지벌레, 오리나무좀, 아까시잎혹파리	
3회	낙엽송잎벌, 버즘나무방패벌레, 장미등에잎벌, 대추애기잎말이나방, 선호제깍지벌레, 큰이십팔점박이무당벌레	
3~4회	배나무방패벌레, 극동등에잎벌	
4회	물푸레방패벌레	
4~5회	진달래방패벌레	
5~6회	전나무잎응애, 벚나무응애	
8~10회	점박이응애, 차응애	
최대 24회	목화진딧물	

(3) 알(egg)

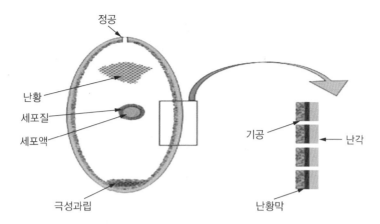

① 알의 세포막을 난황막이라고 하며, 인지질 이중층으로 구성되어 있음

② 암컷생식계의 부속샘에서 보호용 단백질을 통해 난각을 만듦

③ 난각에는 미세한 굴곡, 가스교환을 위한 미세구멍(기공), 정자의 입구인 정공이 있음

④ 알이 저장낭을 지날때 정자는 정공으로 들어가 핵과 융합하여 배수체 접합자를 형성

(4) 배자발육

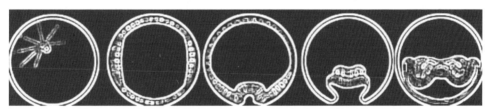

구 분	발육 운명
외배엽	표피, 외분비샘, 뇌 및 신경계, 감각기관, 전장 및 후장, 호흡계, 외부생식기
중배엽	심장, 혈압, 순환계, 근육, 내분비샘, 지방체, 생식선(난소와 정소)
내배엽	중장

① 난자가 수정되는 시기로부터 부화까지의 과정을 배자발육이라고 함

② 핵분열을 통해 500개의 딸핵을 얻은 후 배대발육으로 세포가 분열되고 함입과정을 거침

③ 배자는 외배엽과 중배엽, 내배엽으로 구분되며 난황이 완전소비되면 배자발생이 끝남

④ 부화 후 성충까지의 과정을 배자 후 발육이라 함

(5) 애벌레

무각형 유충 : 벌목 유충

대부분의 딱정벌레 유충

다각형 유충 : 나비목 및 잎벌과 유충

원각형 유충 : 기생벌 유충

① 알에서 갓 부화한 애벌레는 1령충
② 부화로부터 2령충의 탈피까지의 기간을 1령기(first stadium)라고 함
③ 보통 2~4령충 후 성충이 되지만 솔나방과 같은 몸집이 큰 종은 8령충 후 성충이 됨

■ 유충의 형태 및 특징

유충형태	특 징	종 류	형 태
나비유충형 (나비목 유충)	몸은 원통형으로 짧은 가슴다리와 2~10쌍의 육질형 배다리를 가짐	나비류 나방류	
좀붙이형 (기는 유충)	길고 납작한 몸으로 돌출된 더듬이와 꼬리돌기를 지님. 가슴다리는 달리는 데 적합	무당벌레류 풀잠자리류	
굼벵이형 (풍뎅이 유충)	몸은 뚱뚱하고 C자 모양으로 배다리는 없고 가슴다리는 짧음	풍뎅이류 소똥구리류	
방아벌레형 (방아벌레 유충)	몸은 길고 매끈한 원통형으로 외골격이 단단하고, 가슴다리는 매우 짧음	방아벌레류 거저리류	
구더기형 (파리류 유충)	몸은 살찐 지렁이형으로 머리덮개나 보행지가 없음	집파리류 쉬파리류	

(6) 탈 피

① 1번 탈피하면 2령충임

② 전흉선호르몬(PTTH)의 영향으로 엑디손(Ecdyson)이라는 스테로이드계 호르몬을 분비

③ JH(Juvenile Hormone)가 충분히 있는 한 엑디손(Ecdyson)은 유생에서 유생으로의 탈피 촉진

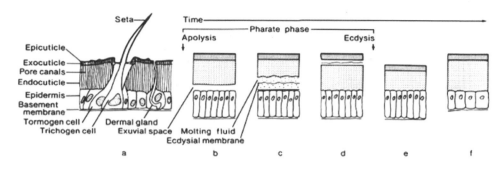

> ※ a − 탈피이전의 표피
>
> b − 표피층분리, 표피층을 표피세포로부터 분리하여 탈피간극을 형성
>
> c − 탈피간극에 불활성의 탈피액을 분비
>
> d − 오래된 내원표피층을 분해하고 새로운 표피층을 분비
>
> e − 원표피층과 외표피층의 지속적 성장
>
> f − 허물벗기, 오래된 표피층을 버림

(7) 번데기

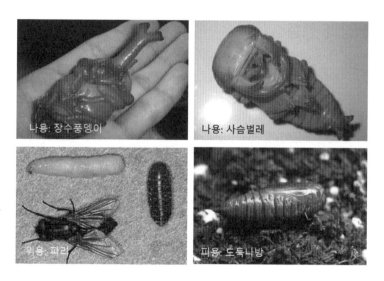

① 완전변태류에서만 볼 수 있고, 번데기가 되는 것을 용화라고 하며, 음식을 섭취하지 않음

② **나용** : 더듬이·다리·날개 등이 떨어져 있는 형태(벌목, 딱정벌레목 등)

③ **피용** : 더듬이·다리·날개 등이 몸과 꼭 붙어 있는 형태(나비목 등)

④ 위용 : 유충이 허물 그대로 굳어서 번데기 껍질을 형성(파리목)

⑤ 전용 : 유충이 고치를 만들고 나서 유충과 번데기의 중간 형태

■ 번데기의 형태 및 특징 **기출** 5회

구 분		특 징	종 류	형 태
피 용		발육하는 부속지가 껍질 같은 외피로 몸에 밀착됨	나비류 나방류	
	수 용	복부 끝의 발톱을 이용해 머리를 아래로 하고 매달린 번데기	네발나비과	
	대 용	갈고리발톱으로 몸을 고정하고 띠실로 몸을 지탱하는 띠를 두른 번데기	호랑나비과 흰나비과 부전나비과	
나 용		발육하는 모든 부속지가 자유롭고, 외부로 보임	딱정벌레류 풀잠자리류	
위 용		단단한 외골격 내에 몸이 들어 있음	파리류	

2. 곤충의 생장과 행동

(1) 곤충의 환경요인

① 온 도

　㉠ 온대성 곤충의 생존온도 : -15~50℃

　㉡ 곤충의 활발한 활동이 일어나는 온도 : 15~32℃

　㉢ 발육온도의 하한점을 발육영점온도, 발육영점온도를 초과하는 온도를 유효온도, 유효온도가 누적된 양을 유효적산온도라고 함 **기출** 6회

　　유효적산온도 = (발육기간 중의 평균온도 - 발육영점온도) × 경과일수

② 수 분

　㉠ 곤충 체내의 수분 손실은 곤충을 사망케 하며, 과습은 곰팡이의 번식, 전염병 등 치사원인

　㉡ 강우는 곤충의 직접적 치사요인

③ 바 람

　㉠ 곤충의 분산수단으로도 이용

　㉡ 기주식물로부터의 이탈을 가져와 치사요인으로 작용하기도 함

④ 일 광

　　㉠ 일장은 휴면으로의 진입 여부를 결정하는 중요한 요인으로 작용

　　㉡ 곤충은 파장대가 짧은 가시광선과 일부 자외선에서 양성주광성을 보임

(2) 개체군 생태

① 개체군의 특성

　　㉠ 개체군이란 일정한 시간과 공간에 생활하는 같은 종의 집단

　　㉡ 단위당 개체수로 표현되는 밀도, 출생률, 사망률, 이입률, 이출률로 계상될 수 있음

　　㉢ 서식지역의 환경요인이 충분할 경우, 개체군 밀도는 지수함수적 증가

　　㉣ 서식지역의 한정된 자원에 의한 경우, 환경수용력 범위 내의 로지스틱 성장

② 개체군의 생존곡선

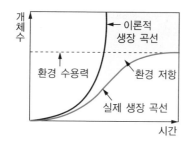 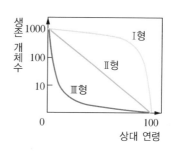

　　㉠ 제1형 : 연령이 어린 개체들의 사망률이 낮은 경우(인간, 대형동물 등)

　　㉡ 제2형 : 사망률이 연령에 관계없이 일정

　　㉢ 제3형 : 어린 연령의 개체 수들의 사망률이 매우 높은 경우(곤충 등)

(3) 곤충의 습성

정위란 동물의 자극원에 반응하여 자세 및 위치를 조절하는 행위로 무방향운동과 주성으로 나뉨

① 무방향운동

　　㉠ 이동방향이 자극원과 일정한 연관성이 없는 행동

　　㉡ 나무이는 습한 곳을 찾아 가며, 체체파리는 건조한 곳으로 이동

② 주 성

　　㉠ 주광성 : 빛에 반응하는 행동양식으로 대부분의 나방류 성충은 양성주광성

　　㉡ 주지성 : 중력에 반응하는 것으로 많은 곤충류는 음성주지성

　　㉢ 주촉성 : 몸을 최대한 물체에 접촉시키고자 하는 행동

　　㉣ 주화성 : 화학물질의 냄새에 반응하며 대표적인 화학물질이 페로몬

　　㉤ 주풍성 : 바람에 반응하는 행동습성으로 양성주화성을 나타내는 곤충은 양성주풍성

(4) 곤충의 섭식행동

① **부식성** : 낙엽, 시체, 배설물 등 썩는 유기물을 먹으며 부식성 곤충은 대부분 익충

② **식식성** : 초본류나 목본류 등을 섭식하며 광식성과 단식성으로 구분

③ **균식성** : 곰팡이 균사를 먹고 사는 것으로 서로 공생관계를 유지하는 경우가 많음

④ **육식성** : 살아있는 동물을 먹는 것으로 포식성 곤충과 기생성 곤충

더 알아두기

수목의 내충성 관련 용어 **기출** 5회
- 항생성 : 곤충의 정상적인 생장 및 번식을 억제하는 능력. 해충의 공격을 차단·억제하는 물리적 방어기능 또는 곤충에 독소로 작용하는 물질을 가지는 화학적 방어기능
- 내성 : 기주식물에 심각한 피해를 줄 수 있는 해충밀도의 공격에도 수목이 스스로 생리적 보상을 하여 정상적 생장, 번식, 피해회복이 가능한 능력
- 비선호성 : 주로 수목이 해충을 유인하는 화학물질을 발산하지 않거나 발산하더라도 다른 화학물질로 그 냄새를 덮어버림으로써 해충의 공격을 피하는 성질

제4장 수목해충의 분류

1. 수목해충의 정의 및 특징

(1) 해충의 정의

① 해충은 작물의 손상과 인간 생활에 성가심을 가져오며 질병을 매개하는 곤충을 말함

② 국내의 주요해충은 노린재목, 나비목, 딱정벌레목 등의 300여 종 정도임

③ 익충과 해충의 구분은 인간기준에 유익하면 익충, 그 반대의 경우 해충에 해당함

익 충	해 충
• 식물의 수정 매개자 • 해충과 잡초의 천적 • 상업적 부산물의 제공 • 의식주에 기여 • 에너지 순환의 분해자 • 질병치료와 건강 보조식품 • 과학연구의 재료	• 작물 파괴 • 목재, 옷, 음식 등 피해 • 질병 매개 • 인간 생활에 성가심

(2) 해충의 종류

① 국내의 곤충은 15,000종 가량으로 분류됨

② 수목에 피해를 주는 곤충은 약 1,600여 종 가량으로 전체의 7~8%에 해당함

(3) 해충의 구분(경제적 측면)

① 경제적 중요성 및 방제여부 측면에서 해충 구분

② 솔잎혹파리의 경우 충영형성률이 50% 이상이면 경제적 피해 수준임

③ 솔잎혹파리의 충영형성률을 20% 이하로 억제하는 것이 경제적 피해 허용수준임

구 분	특 징	해 충
주요해충 (관건해충)	• 매년 지속적으로 심한 피해 발생 • 경제적 피해수준 이상이거나 비슷 • 인위적인 방제를 실시	솔잎혹파리, 솔껍질깍지벌레 등
돌발해충	• 일시적으로 경제적 피해수준을 넘어섬 • 특히 외래종의 경우에 피해가 심함	• 매미나방류, 잎벌레류, 대벌레 및 외래종 • 꽃매미, 미국선녀벌레, 갈색날개매미충 등
2차 해충	• 생태계의 균형이 파괴됨으로 발생 • 특히 천적과 같은 밀도제어 요인이 없어졌을 때 급격히 증가하여 해충화	• 응애류, 진딧물류 등 • 소나무좀, 광릉긴나무좀
비경제해충	• 피해가 경미하여 방제가 필요치 않음 • 환경의 변화로 해충화 될 가능성이 있는 그룹을 잠재해충이라고 함	-

2. 수목해충의 구분

(1) 곤충분류에 따른 주요 해충

① 노린재목(Hemiptera)

ㄱ 노린재아목(Heteroptera)
- 삼각형 등판, 날개는 반초시를 가지고 있음
- 찔러서 빨아먹는 입틀을 가진 자흡구형이 많음, 악취선을 가짐
- 방패벌레, 노린재 등

ㄴ 매미아목(Homoptera)
- 해충이 많으며, 침투성 살충제로 방제하는 것이 효과적임
- 입틀은 자흡구형, 겹눈 발달, 불완전변태, 양성생식 또는 단위생식을 함
- 매미류, 매미충류, 멸구류, 면충 등

ㄷ 진딧물아목(Sternorrhyncha)
- 해충이 많으며, 침투성 살충제로 방제하는 것이 효과적임
- 미성숙충은 성충과 모양이 비슷하고 날개가 없음
- 입틀은 자흡구형, 겹눈 발달, 불완전변태, 양성생식 또는 단위생식을 함
- 진딧물, 깍지벌레 등

② 딱정벌레목(Coleoptera)

ㄱ 곤충의 40%를 차지하는 큰 곤충그룹

ㄴ 외골격이 발달, 앞날개는 두껍고 단단하며 날개맥이 없음

ㄷ 씹는 입틀을 가지고 있음(저작구형)

ㄹ 잎벌레, 무당벌레, 바구미, 나무좀, 하늘소

③ 나비목(인시목, Lepidoptera)

ㄱ 나비류와 나방류로 구분

ㄴ 생활사 중 애벌레기간 동안 식엽성으로 폭식하여 가장 많은 해를 끼침

ㄷ 유충의 경우 씹는 입틀, 성충은 빠는 입틀을 가짐

ㄹ 번데기는 부속지가 몸에 붙어있는 피용의 형태

ㅁ 딱정벌레목 다음으로 많은 수목 해충

④ 벌목(Hymenoptera) 기출 5회

ㄱ 해충으로는 잎벌류와 혹벌류 등이 있음

ㄴ 거의 모든 종이 2쌍의 막질 날개를 가지고 있음

ㄷ 입틀은 씹는 입틀이나 핥거나 빠는데 적합하게 변형되어 있는 경우도 있음

ㄹ 개미, 혹벌, 잎벌 등

⑤ 파리목(Diptera)

ㄱ 비교적 몸이 연하고 1쌍의 앞날개만을 가지고 있음

ㄴ 입틀의 모양은 종에 따라 변이가 많음

ㄷ 유충은 다리가 없음, 번데기는 껍질 속에 들어있어 위용의 형태임

ㄹ 혹파리, 모기, 기생파리, 굴파리 등

(2) 섭취습성에 따른 해충 분류

곤충의 입틀은 부착된 위치에 따라 하구식, 전구식, 후구식으로 나누어지며, 큰턱, 작은턱, 윗입술, 아랫입술, 혀의 변형에 의해 다양한 구기형으로 나눔

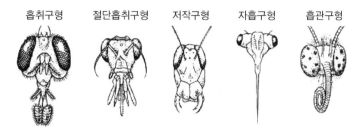

| 흡취구형 | 절단흡취구형 | 저작구형 | 자흡구형 | 흡관구형 |

① **흡취구형** : 핥아먹는 입을 가진 해충으로 집파리 등 위생해충에 많은 구기형
② **절단흡취구형** : 잘라서 빨아먹는 입을 가진 해충으로 질병을 옮기는 위생해충의 구기형(등애, 모기, 벼룩)
③ **저작구형** : 씹어먹는 입으로 큰턱이 기주식물을 자르고 부수는 역할을 함. 식엽성 해충이며 소화중독제로 방제하는 것이 효과적(메뚜기, 풍뎅이, 나비류 등)
④ **자흡구형** : 찔러서 빨아먹는 형으로 흡즙성 해충인 진딧물, 매미충류, 깍지벌레 등은 침투성 살충제로 방제하는 것이 효과적(진딧물, 멸구, 매미충, 깍지벌레)
⑤ **흡관구형** : 빨아먹는 형으로 나비와 나방 성충의 구기형(나비, 나방류)

(3) 가해습성에 따른 해충 분류
① **식엽성 해충**
  ㉠ 대벌레류
    • 나무껍질과 유사한 의태곤충이며 날개가 없음
    • 암컷은 나무 위에서 산란하면서 알을 지표면으로 떨어뜨림
    • 약충은 주간에 활동하며 성충은 겹눈이 발달하여 야간에 활동
  ㉡ 메뚜기류
    • 국내에는 130여 종이 있으며 불완전변태
    • 약충과 성충이 모두 잎과 꽃을 가해
    • 주요 해충으로는 섬서구메뚜기, 갈색여치 등
  ㉢ 풍뎅이류
    • 유충은 땅속에 굼벵이로 자라면서 잔디와 수목의 뿌리를 가해
    • 성충은 활엽수의 잎, 눈, 꽃을 가해
    • 풍뎅이, 구리풍뎅이, 주둥무늬차색풍뎅이, 애우단풍뎅이 등
  ㉣ 무당벌레류
    • 다리, 머리, 안테나는 모두 검은색
    • 대부분의 무당벌레는 유충과 성충이 해충을 잡아먹는 익충
    • 대표적인 해충은 큰이십팔점박이무당벌레, 곱추무당벌레 등

ⓜ 잎벌레류
- 성충과 유충이 모두 잎을 가해
- 풍뎅이류 중에서 가장 흔한 곤충에 해당
- 오리나무잎벌레, 버들꼬마잎벌레, 사시나무잎벌레, 버들잎벌레, 호두나무잎벌레 등
ⓑ 벼룩바구미류
- 벼룩바구미는 뒷다리가 발달하여 도약
- 벼룩바구미는 성충과 유충이 모두 잎살을 가해
- 대표적인 해충으로 느티나무벼룩바구미, 떡갈나무벼룩바구미 등
ⓢ 나방류
- 주머니나방류
  - 잎과 수피로 주머니 같은 집을 만들어 살면서 교미 후 주머니 안에 산란
  - 유충은 7월에 잎을 먹는데, 엽맥 사이에 구멍을 뚫고 나뭇가지에 주머니를 만듦
  - 남방차주머니나방, 차주머니나방, 검정주머니나방 등 40여 종이 있음
- 굴나방류
  - 잎의 표피세포 밑으로 굴을 파고 들어가서 엽육만 식해
  - 피해 잎은 흰색으로 변하며, 심하면 조기낙엽
  - 은무늬굴나방, 참나무어리굴나방 등이 있음
- 잎말이나방류
  - 유충이 거미줄로 잎을 말아 그 속에서 살면서 잎을 식해
  - 벚나무, 사과나무, 배나무, 버드나무류, 자작나무류, 젓나무 등 20여 종의 수목 가해
  - 오리나무잎말이나방, 매실애기잎말이나방, 네줄잎말이나방, 애모무늬잎말이나방 등
- 명나방류
  - 유충이 거미줄로 잎을 묶어 벌레집을 짓고 모여서 생활
  - 복숭아명나방은 소나무, 잣나무, 젓나무 등 침엽수의 잎을 가해하는 침엽수형
  - 밤나무, 복사나무, 자두나무, 배나무 등 열매를 가해하는 활엽수형으로 나눔
- 알락나방류
  - 유충의 몸이 굵어 달팽이 모양이며, 화려한 색깔을 가지고 있음
  - 유충은 잎의 가장자리부터 식해하고 다양한 활엽수를 가해
  - 유충은 위협 시 거미줄을 타고 땅으로 떨어지는 습성을 가지고 있음
  - 흰띠알락나방, 뒤흰띠알락나방, 대나무쐐기알락나방, 노랑털알락나방 등
- 쐐기나방류
  - 유충은 몸이 굵고 짧으며, 번데기는 딱딱한 껍질을 가지고 있음
  - 극모(독침)를 가지고 있어 인체에 염증을 발생시킴
  - 흰점쐐기나방, 노랑쐐기나방, 장수쐐기나방, 꼬마쐐기나방 등

- 자나방류
  - 몸을 반으로 접어 몸의 길이를 자로 재듯 움직이는 특징을 가지고 있음
  - 나뭇가지 모양을 하고 있어 가지나방이라고도 함
  - 수목 해충은 7종이며 다양한 활엽수를 가해
  - 별박이자나방, 잠자리가지나방 등
- 밤나방류
  - 나방류 중에서 가장 많은 종을 포함하고 있음
  - 과수를 포함한 다양한 활엽수를 가해
  - 한일무늬밤나방, 배저녁나방 등
- 불나방류
  - 주로 밤에 활동하면서 야간에 불빛에 잘 유인
  - 성충은 밝은 아름다운 색깔과 무늬를 가지고 있음
  - 국내에 30여 종이 알려져 있으며 미국흰불나방이 대표적임
- 재주나방류
  - 머리와 꼬리를 들고 재주를 피우는 행동을 보임
  - 국내 70여 종이 있으며 12종이 수목 가해
  - 유충이 군서생활을 하며 잎의 주맥만을 남기고 식해
  - 갈무늬재주나방, 참나무재주나방, 재주나방이 주요 해충임
- 독나방류
  - 밤나방류와 흡사하나 대부분 독침을 가지고 있음
  - 수목 해충은 8종 정도이며 대표적으로 매미나방
  - 독나방, 매미나방, 콩독나방, 흰독나방, 황다리독나방 등
- 솔나방류
  - 국내에는 15종 이상이 알려져 있음
  - 도토리나방, 천막벌레나방, 솔나방 등
- 어스렝이나방류
  - 유충의 몸길이가 10cm로 대형나방류임
  - 특히, 밤나무에 피해가 많이 발생함
  - 밤나무산누에나방, 가죽나무산누에나방 등
- 박각시류
  - 유충 몸의 등쪽 끝부분에 침 같은 돌기를 가지고 있음
  - 유충의 몸집은 크며, 막대기형으로 굵고 초록색임
  - 큰쥐박각시, 뱀눈박각시, 녹색박각시, 솔박각시 등

◎ 잎벌류

- 유충이 잎의 가장자리에서부터 갉아먹음
- 국내에서는 10종이 피해를 주며 암컷은 톱 같은 산란관을 가지고 있음
- 방제를 위해 기생파리, 기생벌, 풀잠자리, 무당벌레 등 포식성 천적 보호

분 류	잎벌명	발생횟수	기주 식물
납작잎벌과	잣나무넓적잎벌	1회	잣나무
	무지개납작잎벌	1회	벚나무류, 아그배나무, 마가목, 산사나무
등에잎벌과	장미등에잎벌	3회	장미, 찔레나무, 해당화
	느릅나무등에잎벌	2회	느릅나무, 참느릅나무, 비술나무, 난티나무
	극동등에잎벌	3~4회	진달래, 영산홍, 장미
잎벌과	좀검정잎벌	1회	쥐똥나무, 개나리, 광나무
	개나리잎벌	1회	개나리, 산개나리
	참나무잎벌	3회	졸참나무, 갈참나무, 굴참나무, 배나무
솔잎벌과	누런솔잎벌	1회	소나무, 곰솔, 기타 소나무
	솔잎벌	2~3회	소나무, 곰솔, 스트로브잣나무, 낙엽송

② 흡즙성 해충

㉠ 노린재류

- 수목에 피해를 주는 종은 5종 정도이며 냄새선을 가지고 있고 불완전변태를 함
- 유충은 잎의 뒷면에서 흡즙을 하고 성충은 주로 열매에서 흡즙하여 검은 반점을 만듦
- 보통 연 2회 발생하며 성충으로 월동하고 먹이가 부족하면 기주를 바꾸기도 함

㉡ 방패벌레류

- 4mm 이내의 작은 곤충으로 몸 전체가 사각형의 방패 모양임
- 국내에는 24종이 기록되어 있으며 수목에 피해를 주는 종은 5종임
- 잎의 뒤쪽에서 흡즙하며 검은 벌레똥과 탈피각이 붙어 있음
- 성충으로 낙엽 밑에서 월동하며 어릴 때는 거의 이동하지 않으나 4~5령이 되면 잘 움직임

방패벌레명	발 생	피해 수목
진달래방패벌레	4~5회	진달래, 철쭉, 영산홍, 사과나무, 밤나무
배나무방패벌레	3~4회	배나무, 황매화, 사과나무류, 벚나무류, 살구나무, 명자나무, 장미
버즘나무방패벌레	2회	버즘나무류, 물푸레나무류, 닥나무
물푸레방패벌레	4회	물푸레나무, 들메나무

㉢ 거품벌레류

- 10mm 이하의 작은 개구리같고 약충시기에 거품을 토해내어 건조와 천적으로부터 방어
- 수목해충으로는 솔거품벌레가 있으며 연 1회 발생하며 가지의 조직에서 알로 월동

㉣ 매미류

- 배에는 발음과 청각을 위한 고막이 있으며, 약충은 땅 속에서 뿌리 흡즙
- 성충은 2년생 가지에 입으로 상처를 내어 산란하며 흡즙으로 인한 그을음병 유발
- 말매미의 경우 약충으로 5년간 땅속에서 살며 성충은 산란을 위해 가지를 가해

ⓜ 선녀벌레류
- 약충은 백색의 솜과 같은 물질로 덮여 있음
- 약충의 분비물과 탈피각이 장기간 잎과 가지에 붙어 있어 미관을 해침

ⓗ 나무이류
- 몸길이 2~5mm로서 매미를 축소한 모양이며 뒷다리가 발달되어 있음
- 약충은 흰가루와 점착물을 분비하여 그을음병 유발

ⓢ 가루이류
- 몸길이 2~3mm의 미소곤충으로 몸과 앞날개가 백색 밀납으로 덮여 있음
- 약제구제가 힘들며 대신 온실가루이좀벌을 천적으로 이용

ⓞ 깍지벌레류
- 국내는 160여 종이 있으며 수목에 피해를 주는 것은 30여 종
- 진딧물과 함께 가장 흔하게 발견되는 흡즙성 해충
- 보호깍지로 싸여 있고 왁스물질을 분비하기도 하며 가지에 단단하게 붙어 있음
- 암수의 구분이 뚜렷한 것이 특징이며 알에서 깨어난 약충은 다리로 기어 다님
- 암컷은 탈피 후 다리가 없어져 한 자리에서 정착
- 수컷은 날개가 있는 경우 다리를 보유하고 암컷을 찾아다니나 수명이 매우 짧음

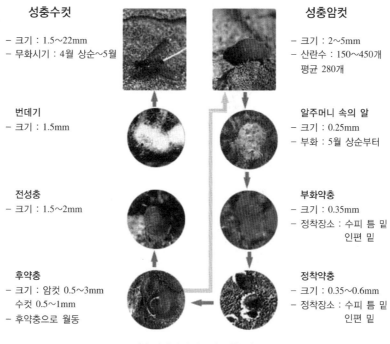

성충수컷
- 크기 : 1.5~22mm
- 우화시기 : 4월 상순~5월

성충암컷
- 크기 : 2~5mm
- 산란수 : 150~450개
  평균 280개

번데기
- 크기 : 1.5mm

알주머니 속의 알
- 크기 : 0.25mm
- 부화 : 5월 상순부터

전성충
- 크기 : 1.5~2mm

부화약충
- 크기 : 0.35mm
- 정착장소 : 수피 틈 밑
  인편 밑

후약충
- 크기 : 암컷 0.5~3mm
  수컷 0.5~1mm
- 후약충으로 월동

정착약충
- 크기 : 0.35~0.6mm
- 정착장소 : 수피 틈 밑
  인편 밑

〈솔껍질깍지벌레의 생활사〉

ⓩ 꽃매미류
- 2006년 이후 전국에 급속히 퍼지고 있음
- 잎이나 새로 자라는 가지에서 약충과 성충이 흡즙하여 기주 수목의 생장 억제
- 그을음병을 유발하며 1년에 1회 발생하고 알상태로 월동

ⓒ 진딧물류
- 깍지벌레, 응애와 더불어 조경수의 3대 해충이라고 함
- 국내에는 300여 종이 알려져 있으며 조경수는 30여 종이 있음
- 번식이 매우 빠르며, 무성생식과 유성생식을 함(목화진딧물 연 24회 번식)
- 월동한 알은 날개 없는 암컷으로 부화하며 처녀생식으로 빠른 속도로 암컷만을 생산
- 개체수가 많아지거나 늦여름이 되면 유시 암컷과 수컷이 나타나고 교미 후 산란하여 알로 월동
- 침엽수와 활엽수를 동시에 가해하는 진딧물은 없음

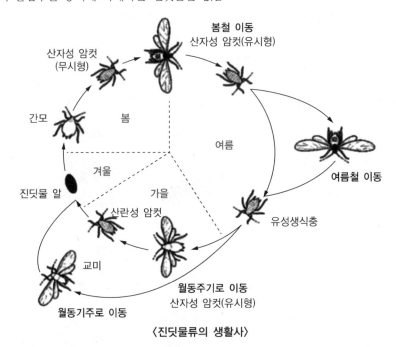

〈진딧물류의 생활사〉

ⓚ 면충류
- 세계적으로 450여 종이 있으며 국내에는 44종이 기록되어 있음
- 진딧물과 흡사하게 생겼으나 밀납 물질을 생산하여 몸을 덮고 있으며 날개가 있음
- 잎, 줄기, 새싹에 벌레혹을 만드는 경우가 많음

ⓔ 총채벌레류
- 세계적으로 1,500여 종이 있으며 국내에서는 2종이 수목을 가해
- 날개가 좁고 길며 긴 털이 많이 나 있어 날지 못하며 빠르게 움직이는 것이 특징
- 피해증상은 방패벌레와 비슷하여 주근깨 같은 흰색 또는 검은색 반점이 생김
- 꽃노랑총채벌레와 볼록총채벌레(10~13회 발생)가 있음

ⓔ 잎응애류

- 대부분 거미줄을 만들어 매트(mat)를 형성하고 그 안에서 자람
- 4쌍의 다리를 가지고 있으며 날개가 없음(혹응애 다리 2쌍)
- 눈은 겹눈이 없으며 홑눈으로만 구성되어 있음
- 잎응애는 침엽수와 활엽수에 폭넓게 기생하며 잎 뒷면에서 즙액을 빨아 먹음
- 덥고 건조하며 먼지가 많은 환경에서 대량 발생함
- 피해 증상은 주근깨 같은 반점이 무수히 생기면서 마치 잎에 양분이 결핍된 것처럼 보임
- 오래된 잎을 먼저 가해하여 연녹색으로 변하지만 새잎은 피해를 받지 않아 녹색 유지

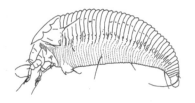

잎응애류   혹응애류

〈잎응애와 혹응애의 생김새 비교〉

구 분	발생 횟수	월동태	기 주
전나무잎응애	5~6회	알	전나무, 분비나무, 소나무, 곰솔, 잣나무, 가문비나무, 편백, 삼나무, 밤나무, 떡갈나무, 굴참나무
향나무잎응애	5회	알	향나무
벚나무응애	5~6회	암 컷	장미과 수목, 참나무류
점박이응애	8~10회	수정한 암컷	과수, 벚나무류, 장미류, 뽕나무류, 단풍나무류, 무궁화, 산수유, 물푸레나무, 개나리 등 활엽수
차응애	9회 정도	암 컷	차나무, 감귤류, 과수류, 뽕나무, 무화과나무, 동백나무,

③ 천공성 해충

㉠ 하늘소류

- 국내 300여 종 중 11종이 수목 가해
- 성충은 나무의 수피 틈 사이에 산란
- 유충이 목질부를 뚫고 들어가 갱도를 만들면서 가해

■ 하늘소의 종류 및 특징

하늘소명	발생횟수	우화시기	피해 수종
솔수염하늘소	1회	5~8월	소나무, 곰솔, 전나무
북방수염하늘소	1회	4~7월	소나무, 곰솔, 잣나무, 낙엽송
알락하늘소	1회	6~7월	버즘나무, 단풍나무, 버드나무류, 포플러류, 벚나무
뽕나무하늘소	2~3년 1회	7~8월	포플러류, 버드나무류, 뽕나무류
향나무하늘소	1회	3~4월	측백나무, 편백나무, 향나무류, 삼나무
털두꺼비하늘소	1회	4~8월	상수리나무, 졸참나무, 밤나무, 가시나무, 굴피나무
버들하늘소	2년 1회	7~8월	버드나무류, 참오동나무, 은백양, 느릅나무류, 벚나무류
포플러하늘소	1회	4~5월	포플러류

ⓛ 바구미류

- 약 6만 종이 있으며 국내에서는 70여 종이 있음
- 연 1회 발생 / 형성층 가해
- 수세가 약해진 수목을 가해함으로 수목을 건강하게 재배하는 것이 중요
- 유인목으로 방제할 수 있음

■ 바구미의 종류 및 특징

바구미명	월동형태	우화시기	주요 피해수목
노랑무늬솔바구미	성 충	6~7월	소나무, 곰솔, 잣나무, 리기다소나무, 가문비나무, 개잎갈나무
노랑검정바구미	유충, 번데기	5~6월	소나무, 곰솔 등 소나무류
흰점박이바구미	성 충	7~11월	소나무류
버들바구미	알	7~8월	포플러류, 버드나무류, 오리나무
왕바구미	성 충	–	소나무, 잣나무, 젓나무, 가문비나무, 종비나무, 편백나무, 삼나무, 참나무류, 버드나무류

ⓒ 나무좀류

- 6,000여 종이 분포하며 국내에서 수목을 가해하는 종은 20여 종
- 수피 밑의 내수피를 먹는 종(Bark beetle)과 ambrosia 곰팡이를 먹는 종(Ambrosia beetle)으로 나눔
- 수세가 약한 수목에 산란하는 경향이 있음

■ 나무종의 종류 및 특징

나무좀명	발생횟수	월동형태	피해수종
소나무좀	1회	유충, 성충	소나무, 곰솔, 잣나무 등 소나무속 수종
애소나무좀	1회	성 충	소나무속 수종
노랑소나무좀	2~4회	성 충	소나무, 곰솔, 잣나무 등 소나무속 수종
가문비왕나무좀	1~2회	성 충	소나무속, 솔송나무, 편백, 삼나무, 밤나무, 느티나무 등
오리나무좀	2회	성 충	소나무, 삼나무, 편백, 비자나무, 낙엽송, 느티나무, 참나무
광릉긴나무좀	1회	성 충	참나무류, 서어나무
앞털뭉뚝나무좀	1회	번데기	느티나무

ⓓ 나방류

- 나방류는 대부분 식엽성 해충이지만 간혹 천공성 해충이 있음
- 유리나방류, 박쥐나방류, 명나방류, 잎말이나방류에는 천공성 해충이 있음

ⓔ 비단벌레류

- 딱정벌레목 풍뎅이아목 비단벌레과에 속하며 유럽과 북미에는 피해가 큼
- 국내에는 10여 종이 있으나 피해가 크지 않음

④ 종실 및 구과 해충

ⓐ 종실과 구과를 가해하는 해충은 바구미류, 나방류, 거위벌레류, 뿌리혹벌레류가 있음

ⓑ 밤나무의 경우, 밤바구미, 복숭아명나방, 밤애기잎말이나방이 있음

ⓒ 잣나무의 경우, 솔알락명나방, 백송애기잎말이나방이 주요 구과 해충

■ 종실 및 구과 해충의 종류 및 특징 **기출** 8회

구 분	해충명	발 생	가해특성
바구미과	밤바구미	1회	똥이 밖으로 배출되지 않음
	도토리바구미	1회	밤바구미와 흡사
명나방과	복숭아명나방	2회	똥과 거미줄이 겉으로 보임
	점노랑들명나방	–	꽃망울과 씨방 가해
	솔알락명나방	1회	구과와 새순을 가해
	큰솔알락명나방	1회	구과와 새 가지를 가해
	애기솔알락명나방	–	구과와 새 가지를 가해
잎말이나방과	밤애기잎말이나방	1회	똥이 밖으로 배출
	백송애기잎말이나방	1회	구과와 새 가지 가해
	솔애기잎말이나방	2~3회	구과와 새 가지 가해
심식나방과	복숭아심식나방	1~3회	똥을 배출하지 않음
뿌리혹벌레과	밤송이진딧물	1회	작은 밤송이가 조기낙과
거위벌레과	도토리거위벌레	1회	도토리에 산란 후 가지 절단

(4) 기주범위에 따른 해충의 구분 **기출** 5회

① 곤충은 먹이에 따른 습성에 따라 식식성(herbivore), 육식성(carnivore), 부식성(scavenger) 그리고 2가지 이상의 식성을 가진 잡식성(omnivore)으로 구분

② 기주범위에 따라 단식성, 협식성, 광식성으로 구분

구 분	내 용	관련 해충
단식성 Monophagous	한 종의 수목만 가해하거나 같은 속의 일부 종만 기주로 하는 해충	• 느티나무벼룩바구미(느티나무), 팽나무벼룩바구미 • 줄마디가지나방(회화나무), 회양목명나방(회양목) • 개나리잎벌(개나리), 밤나무혹벌 및 혹응애류 • 자귀뭉뚝날개나방(자귀나무, 주엽나무) • 솔껍질깍지벌레, 소나무가루깍지벌레, 소나무왕진딧물 • 뽕나무이, 향나무잎응애, 솔잎혹파리, 아까시잎혹파리
협식성 Oligophagous	기주수목이 1~2개 과로 한정되는 해충	• 솔나방(소나무속, 개잎갈나무, 전나무), 방패벌레류 • 소나무좀, 애소나무좀, 노랑애소나무좀, 광릉긴나무좀 • 벚나무깍지벌레, 쥐똥밀깍지벌레, 소나무굴깍지벌레
광식성 Polyphagous	여러 과의 수목을 가해하는 해충	• 미국흰불나방, 독나방, 매미나방, 천막벌레나방 등 • 목화진딧물, 조팝나무진딧물, 복숭아혹진딧물 등 • 뿔밀깍지벌레, 거북밀깍지벌레, 뽕나무깍지벌레 등 • 전나무잎응애, 점박이응애, 차응애 등 • 오리나무좀, 알락하늘소, 왕바구미, 가문비왕나무좀

제2과목 | 수목해충학

제5장 수목의 예찰 및 방제

1. 수목해충의 예찰 기출 8회

수목 가해시기보다 이전 발육단계의 발생상황, 생리상태, 기후조건 등을 조사하여 해충의 분포상황, 발생량을 사전에 예측하도록 함

> 법적 근거 : 산림병충해 방제 규정
> 제2장 병충해 예찰 및 발생조사/제4조(예찰조사), 제5조(우화상황조사)에서 규정
> 국립산림과학원장은 병해충 발생예보 발령 및 발생전망을 판단하기 위하여 매년 고정조사구, 상습발생지 및 선단지 등을 대상으로 예찰조사를 실시 및 보고

(1) 수목해충의 예찰이론

① 선형모형의 이용(온도와 발육률이 선형적으로 관계를 가정하여 적온 영역에 속한 자료만으로 모형식을 추정) 기출 8회

ㄱ 유효적산온도
- 발육단계마다 발육에 필요한 일정한 온량이 필요
- 1일 평균기온에서 발육영점온도를 뺀 값을 누적시킨 온도

ㄴ 발육단계 예측
- 온일도(Degree-day) : 발육에 소요된 일수
- $D = K/(T-T')$
  (K=유효적산온도, T=사육온도, T'=발육영점온도)

ㄷ 적산온도모형
- $r(T) = at + b$
  (r(T)=발육률(1/발육기간), a=직선회귀식의 기울기, T=온도, T'=발육영점온도)
- 발육영점온도는 'y=0'일 때 온도
- 발육완료에 필요한 적산온도(degree day, 일도)는 기울기의 역수

적산온도모형 예시

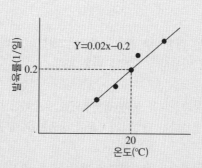

온도와 발육률의 직선식(희귀식)이 y=0.02x-0.2이라고 할 때, 발육영점온도는 'y=0'일 때, 온도를 구하면
되므로, 발육영점온도는 0.2/0.02=10℃가 된다. 또한 발육완료에 필요한 총온도의 양(적산온도, 즉온량,
thermal constant)은 추정한 희귀식 기울기의 역수로 추정한다. 따라서 발육완료에 필요한 적산온도는
1/0.02=50DD(degree day, 일도)가 된다.

② 다른 생물현상과의 관계 이용

  ㉠ 식물의 개화기 또는 어떤 곤충의 발생시기를 대상해충과 연관하여 예찰하는 방법

  ㉡ 솔잎혹파리 우화 : 아까시아나무 개화

③ 생명표 이용

  ㉠ 인구학에서 유래, 연령생명표와 시간생명표

  ㉡ 곤충개체군에서는 연령생명표 사용(솔잎혹파리 등)

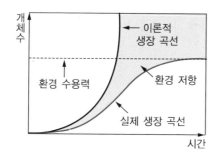
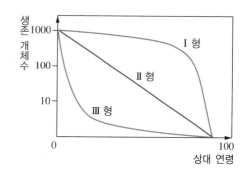

④ 통계적 예찰 방법

  ㉠ 온도, 강우량, 일조시간 등 장시간에 축적된 자료를 바탕으로 발생량과 시기를 예찰

  ㉡ 주로 농업에서 사용

(2) **수목해충의 예찰 방법**

① **직접조사**

  ㉠ 전수조사
    • 대상지 내 서식하는 해충이나 해충의 흔적을 전부 조사하는 방법
    • 정확한 정보수집이 가능하나 시간과 비용 과다

  ㉡ 표본조사
    • 일부를 조사하여 통계분석을 통해 전체집단을 유추하는 방법
    • 다양한 수종과 환경보다는 단일재배작물이 광범위할 때 효과적임

  ㉢ 축차조사
    • 해충의 밀도를 순차적으로 누적하면서 방제여부를 결정하는 방법
    • 표본의 크기가 정해져 있지 않고 관측치의 합계가 구분된 계급에 속할 때까지 조사

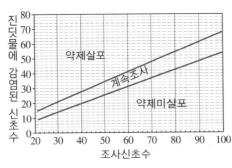 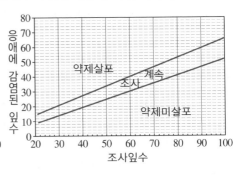

  ㉣ 원격탐사
    • 단시간 내에 넓은 면적 및 접근이 어려운 지역 조사 가능
    • 식엽성해충은 피해가 즉시 발생하여 조사가 가능하나 천공성 해충은 고사진행 후 발견

② **간접조사**

  ㉠ 비행하는 곤충
  ㉡ 수관 또는 지상에 서식하는 곤충

(2) **비행하는 곤충** 기출 5회 · 8회

  ① 끈끈이트랩(sticky trap) : 비행하는 곤충이 접착제로 처리된 표면에 잡히는 방식
  ② 유아등(light trap) : 곤충의 주광성을 이용해 비행하는 곤충을 채집하는 방식
  ③ 말레이즈트랩(Malaise trap) : 음성주지성, 즉 높은 곳으로 기어가는 습성을 이용한 방식
  ④ 페로몬트랩(pheromone trap) : 곤충의 페로몬을 이용하며 끈끈이트랩과 병행하여 사용
  ⑤ 흡입트랩(suction trap) : 인위적인 바람에 의해서 채집하는 방식
  ⑥ 수반트랩(water trap) : 총채벌레나 진딧물을 포함한 곤충의 채집

(3) 수관 또는 지상에 서식하는 곤충 기출 6회

    ① 미끼트랩 : 당분이나 다른 미끼를 이용하여 유인, 채집하여 조사하는 방법

    ② 넉다운 조사(knock-down insecticide) : 나무에 살충제를 뿌려 떨어지는 곤충을 조사

    ③ 핏폴트랩(pitfall trap) : 땅속에 함정을 만들어 그 속에 떨어지는 곤충을 조사

    ④ 쿼드렛(quadrats) : 이동성이 큰 곤충을 조사하는 방식으로 사각형 조사구를 설치

    ⑤ 토양표본 : 토양에 서식하는 곤충을 채집하는 방식

    ⑥ 스위핑(sweeping net) : 포충망을 휘둘러서 포획되는 곤충을 채집하는 방식

    ⑦ 비팅(beating) : 수관 밑에 일정한 크기(약 1m×1m)의 천을 대고 가지를 두드려 떨어지는 곤충을 채집하는 방법(딱정벌레류)

2. 수목해충의 예찰조사 현황

(1) 소나무재선충 매개충

    ① 전년도 11월 말까지 우화 조사목을 우화상에 적치 완료

    ② 매년 4월에서 8월까지 우화상 내 기온 및 우화하는 우화상을 매일 조사

    ③ 북방수염하늘소 : 최초 우화일(4/28 ~5/6), 최성기(5/8 ~ 19)

    ④ 솔수염하늘소 : 최초 우화일(5/18 ~6/16), 최성기(6/15~7/7)

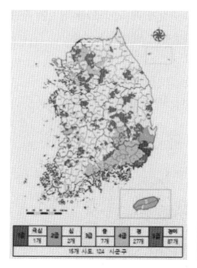

(2) 광릉긴나무좀

    ① 매년 4월 15일까지 조사지역에 유인목을 설치

    ② 끈끈이롤트랩을 부착한 후 4월 중순부터 8월까지 조사

    ③ 지역별 개체수, 우화초일 및 우화최성기 조사

(3) 솔잎혹파리

    ① 솔잎혹파리 예찰 중 성충 우화 상황조사

    ② 4월 10일까지 우화상을 설치하고 7월까지 조사

    ③ 최초 우화일(4월 말, 경기), 우화최성기(5월 말, 경기)

    ④ **솔잎혹파리 충영형성률 확인을 통한 피해조사**

        ㉠ 9~10월에 고정조사지의 임의 5본을 4방위에서 중간가지의 신초 2개씩 채취 조사

        ㉡ 피해율 = 충영형성 잎수/총잎의 수*100

    ⑤ 2019년도에는 전체적으로 증가하여 돌발적으로 발생

(4) 솔껍질깍지벌레

    ① 충청을 제외하고 피해가 대부분 남부지역에 국한

    ② 4월경 선단지 전방지역의 곰솔림에서 난괴발생 여부조사

    ③ 고정조사구를 선정하여 수컷 발생시기인 2~5월에 페로몬트랩을 설치한 후 분포조사

    ④ 2020년도에는 솔껍질깍지벌레의 피해가 계속해서 발견되고 있음

    ⑤ **피해가지수에 의한 피해율조사**

        ㉠ 조사대상지 내 피해 정도가 평균이 되는 조사목 30본 대상

        ㉡ 조사목 : 적갈색으로 변색된 잎의 가지나 고사된 가지수

        ㉢ 피해율 = 피해가지수/총가지수 *100

        ㉣ 피해도 : (경) 10% 미만, (중) 10~30% 미만, (심) 30% 이상

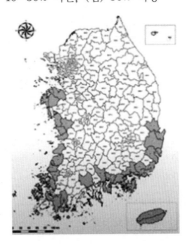

(5) 미국흰불나방

　① 피해도 조사는 6월과 8월, 전국 29개소 고정조사지

　　㉠ 조사지 내 2본당 1본 간격으로 총 50본의 조사목을 선정 후 본당 충소수를 조사

　② 발생시기 조사는 5~9월에 전국 9개 지역에서 유아등 또는 페로몬트랩으로 채집

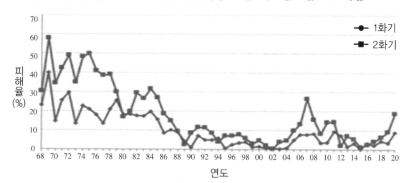

(6) 솔나방

　① 피해도 조사는 전국 고정조사지 내 임의의 20본 선정

　　㉠ 각 조사목의 수관 상하부에서 가지 1개씩을 탁하여 가지 위에 있는 유충수 조사

　② 최근에 옹진군 덕적도에 식해 피해

　③ 피해수종은 소나무에서 최근에는 곰솔과 리기다소나무로 번짐

(7) 잣나무넓적잎벌

　① 피해도 조사는 5월경 고정조사지에 1m*1m의 조사구 5개소 선정

　② 피해가 거의 발생하지 않아 최근에는 고정조사에서 제외

(8) 버즘나무방패벌레

　① 발생밀도 조사는 조사지 내 2본당 1본 간격으로 총 50본을 조사

　② 수관부 총면적을 조사하여 그 중 피해면적 계산

(9) 밤나무 해충

　① 복숭아명나방 : 피해송이/그루당 전체 밤송이 수*100

　② 밤바구미 : 피해밤알수/전체 조사 밤알 수*100

　③ 밤나무혹벌 : 피해혹 수/가지*20가지

3. 수목해충의 방제

(1) 법적방제

① 「식물방역법」을 통한 수출입 식물과 국내 식물 검역

② 「소나무재선충병 특별방제법」에 의한 소나무 이동의 제한

③ 「산림보호법」 제정으로 산림병해충 예찰·방제에 관한 법적 기준 마련

■ 해외에서 유입된 외래해충 기출 6회

학 명	원산지	피해수종	가해습성
이세리아깍지벌레	미국/대만	귤	흡즙성
솔잎혹파리	일본(1929)	소나무, 곰솔	충영형성
미국흰불나방	북미(1958)	버즘나무, 벚나무 등 활엽수 160여 종	식엽성
밤나무혹벌	일본(1958)	밤나무	충영형성
솔껍질깍지벌레	일본(1963)	곰솔, 소나무	흡즙성
소나무재선충	일본(1988)	소나무, 곰솔, 잣나무	–
버즘나무방패벌레	북미(1995)	버즘나무, 물푸레	흡즙성
아까시잎혹파리	북미(2001)	아까시나무	충영형성
꽃매미	중국(2006)	대부분 활엽수	흡즙성
미국선녀벌레	미국(2009)	대부분 활엽수	흡즙성
갈색날개매미충	중국(2009)	대부분 활엽수	흡즙성

(2) 기계적 방제법 기출 8회

① **포살법** : 손이나 간단한 기구를 이용하여 알, 유충, 번데기 및 성충을 직접 포살하는 방법

② **찔러죽임** : 천공성 해충류의 유충을 가는 철사 등을 이용하여 찔러 죽이는 방법

③ **진동법** : 딱정벌레류는 나무에 진동을 가하면 나무에서 떨어지는 습성을 이용하여 방제

④ **소살법** : 나방류 등의 어린 유충은 군서생활을 하며 잎을 가해하는 습성을 이용하여 유충을 태워 죽이는 방법

⑤ **경운법** : 특히 풍뎅이류와 기타 토양해충류의 밀도를 낮추기 위해 지표면에 노출되도록 하여 직접 잡아 죽이거나 새들의 포식이 되도록 방제하는 방법

⑥ **유살법** : 행동습성을 이용하거나, 월동 및 산란 장소를 제공하여 유인하는 방법

　㉠ 잠복장소 유살법 : 해충의 월동과 용화 또는 산란과 번식을 위해 잠복할 장소를 찾는 습성을 이용하여 해충을 유인하여 방제하는 방법

　㉡ 번식장소 유살법 : 천공성 해충의 경우 고사목이나 수세가 약해진 쇠약목을 찾아 수피 내부에 즐겨 산란하는 습성을 이용하여 방제하는 방법

　㉢ 등화유살법 : 곤충의 주광성을 이용하여 유아등으로 해충을 유인하여 포살하는 방법

등화유살법   잠복장소 유살법

(3) 물리적 방제법

① 온도처리법

ㄱ 가열법 : 곤충은 60~66℃의 온도에서 단백질이 응고되고 효소작용이 저해되어 죽게 됨

ㄴ 냉각법 : 곤충은 5~15℃에서 활동이 느려지고 −27~0℃에서는 생존이 어려움

② 습도처리법 : 곤충의 발육에 필요한 습도를 낮추거나 과습하게 하는 방법

③ 방사선이용법 : 방사선을 직접 쬐이는 방법과 해충의 불임화를 시키는 방법

(4) 화학적 방제법

① 살충제의 종류

ㄱ 소화중독제 : 해충의 입을 통해 소화관 내에 독성분이 들어가 중독작용을 일으키는 약제

ㄴ 접촉살충제 : 해충의 체표면에 직접 살포하거나 접촉되어 체내에 중독작용을 일으키는 약제

ㄷ 훈증제 : 주로 밀폐된 공간이나 천공성 해충의 구제에 사용하며 약제의 유효성분을 가스상태로 해충의 기문을 통해 호흡기에 침입하는 방법으로 시안화수소가스, 메틸브로마이드, 메탐소듐 등이 있음

ㄹ 침투성 살충제 : 식물의 뿌리나 잎, 줄기 등으로 약제를 흡수시켜 식물체 내의 각 부분에 도달하게 하고, 해충이 식물체를 섭식함으로써 방제하는 약제

ㅁ 유인제 : 해충을 독성분의 먹이나 포충기에 유인하여 포살하는 방법으로 방향성 물질(terpene, methyl eugenol)과 성페로몬 등을 이용

ㅂ 기피제 : 해충이 식물 또는 사람, 가축에 접근하지 못하게 하는 약제

ㅅ 제충제 : 곤충을 즉시 죽이지 않고 발육과 생식을 억제하여 해충의 밀도를 저하시키는 약제로 유약호르몬인 메소프렌, 키틴합성 저해제인 다이플루벤주론 등이 있음

ㅇ 보조제

• 용제 : 유제나 액제와 같이 액상의 농약을 제조할 때 주제를 녹이기 위하여 사용하는 물질. 자일렌(xylene), 벤젠(benzene) 등을 사용하나 주제의 특성에 따라 각종 유기용매를 사용하고, 액제의 경우에는 물이나 메탄올을 용제로 사용

• 유화제 : 유제의 유화성을 높이기 위하여 사용하는 물질로 주로 계면활성제를 사용

• 증량제 : 주약제의 농도를 낮추기 위해 사용하며 유제에는 물을 사용하고, 분제에는 talc, bentonite, kaolin, 소석회 등을 사용

• 전착제 : 약액이 식물이나 해충의 표면에 잘 부착되도록 하는 약제

• 협력제 : 주로 2종 또는 3종 이상의 약제를 혼합하여 주제의 살충력을 증진시키는 약제

② 살충제의 제형과 사용방법

    ㉠ 유제(EC) : 살충제의 주제를 용제에 녹여 계면활성제를 유화제로 첨가하여 제제한 것으로 다른 제형에 비해 제제가 간단하고 편리할 뿐 아니라 약효가 좋다는 장점이 있음

    ㉡ 수화제(WP) : 물에 녹지 않는 원제를 화이트카본, 증량제 및 계면활성제와 혼합, 분쇄한 제제로 물에 희석하면 유효성분의 입자가 물에 고루 분산하여 현탁액이 됨

    ㉢ 분제(D) : 주제를 증량제, 물리성 개량제, 분해방지제 등과 균일하게 혼합·분쇄하여 제제한 것을 말함

    ㉣ 입제(G) : 주제에 증량제, 점결제, 계면활성제를 혼합하여 입상으로 제제한 약제

    ㉤ 액제(Lq) : 주제가 수용성으로 가수분해의 우려가 없는 경우에 주제를 물에 녹여 계면활성제나 동결방지제를 첨가하여 제제한 약제

    ㉥ 액상수화제(FL) : 주제가 고체로서 물이나 용제에 잘 녹지 않는 것을 액상의 형태로 제제

    ㉦ 미립제(MG) : 제제는 입제의 제조방법과 같으나 입도 범위가 $62\sim210\mu m$ 임

    ㉧ DL분제(DL) : $10\mu m$ 이하의 미립자를 최소화한 증량제와 응집제를 가하여 살포된 미립자를 대기 중에서 응집시켜 약제의 표류·비산을 방지하기 위하여 개발된 새로운 제형

(5) 생물적 방제법

① 포식성 천적

    ㉠ 특성 : 기주특이성이 거의 없으며, 유충 시에 포식성을 보이는 종은 성충에서도 포식활동

    ㉡ 종류 : 곤충류, 거미류, 조류, 양서류, 포유류 등이 있음. 주요 포식곤충에는 노린재목의 노린재과, 긴노린재과, 침노린재과, 풀잠자리목의 풀잠자리과, 뱀잠자리붙이과, 딱정벌레목의 길앞잡이과, 딱정벌레과, 병대벌레과, 개미붙이과, 무당벌레과 등

② 기생성 천적 **기출** 6회

    ㉠ 해충의 몸에 산란하고 성장하여 기주인 해충을 죽이는 곤충

    ㉡ 해충 밀도 조절에 이용되며 기생벌류, 기생파리류 등이 있음

      • 내부기생성 천적 : 기주의 체내에 알을 낳고 부화한 유충은 기주의 체내에서 기생 (예 먹좀벌, 진디벌 등)

      • 외부기생성 천적 : 기주의 체외에서 영양을 섭취하여 기생하는 곤충(예 개미침벌, 가시고치벌 등)

해 충	기생성 천적
솔잎혹파리	혹파리등뿔먹좀벌, 혹파리반뿔먹좀벌, 솔잎혹파리먹좀벌, 혹파리살이먹좀벌
솔수염하늘소	개미침벌, 가시고치벌

■ 기생양식에 따른 분류

기생 양식	내 용
단포식기생(monoparasitism)	한 마리의 기주에 한 개체가 기생
다포식기생(과기생, polyparasitism)	한 마리의 기주에 동일종 2마리 이상 기생
다기생(multiparasitism)	한 마리의 기주에 2종 이상 기생

③ 병원미생물
  ㉠ 해충에 병을 일으켜서 해충을 폐사시키는 미생물
  ㉡ 바이러스, 세균, 곰팡이, 원생동물, 선충 등이 이용
  ㉢ 바이러스
    • 바이러스는 주변 환경에 따라 활성이 다름
    • 기주곤충이나 곤충배양세포에서만 증식이 가능
    • 방제 시 소요시간이 길어 방제현장에 적용이 어려움
    • 세균이나 곰팡이에 비해 기주범위가 좁아 복합적인 방제에 유리
    • 인간에 대한 감염 위험이나 독성, 알레르기 반응에 대한 안전성이 있음
  ㉣ 세 균
    • 해충방제에 상용화된 세균은 내생포자를 형성하는 포자형성 세균류임
    • 환경변화에 대한 저항성이 강하며 경구감염에 의해서만 효과가 있음
    • 우리나라에서는 Bt제로 나비목 유충의 방제용으로 상용화되어 있음
  ㉤ 곰팡이
    • 기주와 접촉에 의한 경피 감염을 일으킴
    • 대표적인 것은 백강균과 녹강균이 있음
    • 일부는 곰팡이가 독성물질을 만들어 살충효과가 있음
    • 분생포자의 발아를 위해서 90% 이상의 높은 습도가 요구됨
  ㉥ 선 충
    • 곤충에 기생하여 해충을 죽임
    • 일부는 불임을 유발하거나 생식력을 감소시키는 작용
    • 선충은 밤바구미, 복숭아명나방, 노랑알락나방에 살충효과가 있음
    • 햇빛이나 자외선에 매우 약하며 습도가 낮으면 죽는다는 단점이 있음
■ 병원미생물의 종류 및 내용

구 분		내 용
바이러스	핵다각체병바이러스	• 나비목 유충을 기주로 함(일부 잎벌류나 파리목에도 감염) • 경구감염을 통해 중장 내 소화액에 용해되고 기주세포에 침입 • 감염된 유충은 3~12일 정도에 죽으며 미라 형태로 축 늘어짐
	과립병바이러스	• 주로 나비목유충을 기주로 하며 경구 또는 경란 감염 • 병이 진전됨에 따라 유충의 색이 연해지는 경향 • 저온에서 장기간 유지되나 자외선에 의해 활성이 낮아짐
세 균	Bt제	• *Bacillus thuringensis* • 나비목 유충의 방제용으로 상용화되어 있음 • 소화중독에 의해서만 효과가 있음
곰팡이	백강균	• 흰가루 같은 분생포자에 덮여 굳어서 죽음 • 해충의 전 생육단계에서 침입
	녹강균	• 초기에는 흰색을 띠는 포자와 균사로 뒤덮음 • 점차 초록색을 띠며 굳어서 죽음

(6) 경종적(임업적) 방제 기출 6회

　① 임목보육

　　㉠ 밑깎기, 가지치기, 제벌, 간벌 등을 실시하여 해충이 번식하기 어려운 환경 조성

　　㉡ 단순림보다는 혼효림을 조성하여 피해를 최소화

　② 임지보육

　　㉠ 토양의 경운, 토성의 개량을 통해 수목환경을 조정

　　㉡ 시비를 하여 해충에 대한 내성 및 면역성을 높임

　　㉢ 내충성 수종의 식재로 해충의 공격에 대한 저항성을 높임

　　㉣ 황산암모늄은 토양을 산성화하여 토양전염병의 피해를 증가시킴

　　㉤ 인산질 비료와 칼륨 비료는 전염병의 발생을 감소시킴

　　㉥ 오동나무 임지의 탄저병은 돌려짓기를 통해 발생을 줄일 수 있음

3. 종합적 관리

(1) 해충방제의 개념 기출 8회

해충방제란 인간에게 경제적 손실을 초래하는 해충의 활동을 억제하는 것으로 해충의 밀도를 일정 수준 이하로 조절하는 것을 의미함

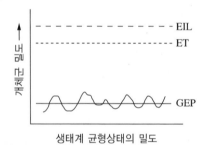

생태계 균형상태의 밀도　　　　생태계 교란상태의 밀도

① **경제적 피해수준(EIL)** : 경제적 피해가 나타나는 최저 밀도, 즉 해충에 의한 피해액과 방제비가 같은 수준의 밀도로 경제성, 지역, 사회적 여건에 따라 달라짐

② **경제적 피해허용 수준(ET)** : 경제적 피해 수준에 달하는 것을 억제하기 위하여 직접 방제수단을 써야하는 밀도 수준

③ **일반 평행밀도(GEP)** : 일반적인 환경조건에서의 평균밀도

(2) **해충종합관리(Integrated Pest Management)의 기본원칙** 기출 5회

	IPM		
화학적 방제 (선택성 농약)	생물적 방제 (천적)	기계 · 물리적 방제	경종적 방제
해충 천적 식별 · 발생 예찰		생활사 · 생태 이해	
경제적 피해수준	농작물 재배관리	사회적, 경제적 요인	

① IPM은 병해충에만 국한해서 병해충 문제를 해결하려는 것이 아니라 토양, 시비, 관수 등 재배관리와 연계하여 종합적인 관리를 실시하는 것

② 천적에 독성이 높은 농약은 사용을 제한하고 선택성 농약을 위주로 사용

③ 병충해의 발생상황, 생육단계 및 기상조건에 따라 살포간격과 방제횟수를 조정

④ IPM은 화학적, 생물적, 기계·물리적, 경종적 방제를 적절하게 사용하는 것을 의미

■ **해충의 천적관계** 기출 5회·6회·8회

천 적	대상 해충	천 적	대상 해충
가루진디벌	진딧물류	깍지무당벌레	깍지벌레류
굴파리좀벌	잎굴파리류	꼬마남생이무당벌레	진딧물류
굼벵이병원선충	나방류,딱정벌레류	담배장님노린재	가루이류
긴털이리응애	잎응애류	목화면충좀벌	진딧물류
무당벌레	진딧물류	미끌애꽃노린재	총채벌레류
민깨알반날개	잎응애류	배추나비고치벌	나방류
사막이리응애	잎응애류	쌀좀알벌	나방류
싸리진디벌	진딧물류	온실가루이좀벌	가루이류
으뜸애꽃노린재	총채벌레류	응애혹파리	잎응애류
지중해이리응애	가루이류	진디면충좀벌	진딧물류
진디벌	진딧물류	진디혹파리	진딧물류
참딱부리긴노린재	가루이류	칠레이리응애	잎응애류
칠성풀잠자리붙이	진딧물류	콜레마니진디벌	진딧물류
호랑풀잠자리	진딧물류	호리꽃등에	진딧물류

제6장 수목해충

1. 잎을 갉아먹는 해충(식엽성 해충)

(1) 솔나방(*Dendrolimus spectabilis*)

충태	월											
	1	2	3	4	5	6	7	8	9	10	11	12
유충	━	━	━	━	━	━	━		━	━	━	━
번데기							━					
성충								━				
알								━				

① **기주식물** : 소나무, 해송, 잣나무, 리기다소나무, 낙엽송, 히말라야시다, 전나무, 가문비나무

② **분포지역** : 한국, 일본, 중국, 시베리아

③ **피해현황** : 1970년대 중반까지 전국적으로 피해 심각, 현재는 리기다소나무에 피해

④ **해충특성**

　㉠ 1년에 1회 발생, 유충으로 월동, 가해 시기는 4월 상순~7월 상순, 8월 상순~11월 상순

　㉡ 6월 하순에 번데기가 되고, 번데기기간은 20일 정도

　㉢ 성충수명은 9일 정도이며 주광성이 강함

　㉣ 부화유충은 7회 탈피하며 4회 탈피한 5령충으로 11월경에 월동

⑤ **해충방제**

　㉠ 유충 가해시기에 디플루벤주론 수화제(35%), 트리플루뮤론 수화제(25%)를 6,000배액 살포

　㉡ 7월 하순~8월 중순에 산란된 알덩어리 제거하여 소각

　㉢ 성충의 활동기에 피해 임지 또는 주위에 수은등이나 유아등을 설치하여 유살

(2) 자귀뭉뚝날개나방(*Homadaula anisocentra*)

① 기주식물 : 자귀나무, 주엽나무

② 분포지역 : 한국, 중국, 일본, 북아메리카

③ 피해현황

    ㉠ 유충이 실을 토하여 잎끼리 겹치게 그물망을 만들고 집단으로 갉아먹음

    ㉡ 배설물이 그물망 안에 남아 있어서 지저분하게 보임

④ 해충특성

    ㉠ 1년에 2회 발생하며 번데기로 수피 틈이나 나무 밑의 지피물에서 월동

    ㉡ 암컷성충은 6월 상순부터 나타나서 잎에 알을 낳음

    ㉢ 유충은 움직임이 활발하며 위협 시 실을 내면서 아래로 떨어지는 습성을 보임

    ㉣ 산간지역, 평지 등 자귀나무가 자라는 곳에서 발생

(3) 오리나무잎벌레(*Agelastica coerulea*)

① 기주식물 : 오리나무, 산오리나무, 물갬나무, 자작나무, 박달나무 등

② 분포지역 : 한국, 중국, 일본, 북아메리카

③ 피해현황 : 유충과 성충이 모두 잎을 가해, 유충은 엽육만 식해

④ 해충특성

    ㉠ 1년에 1회 발생, 성충으로 지피물 밑 흙 속에서 월동

    ㉡ 월동한 성충은 4월 하순부터 가해하며 5월 중순~6월 하순에 300개의 알을 잎 뒷면에 산란

    ㉢ 유충 가해시기는 5월 하순~7월 하순이며 유충기간은 약 20일

    ㉣ 노숙유충은 6월 하순~7월 하순에 땅속에 들어가 흙집을 짓고 번데기가 됨

⑤ 방제방법

    ㉠ 유충 가해기에 트리클로르폰 수화제(80%) 1,000배액을 수관에 고르게 살포

    ㉡ 알덩어리가 붙어 있는 잎을 채취하여 소각

    ㉢ 군서생활을 하는 시기에 유충 포살(5월 하순~6월 하순)

(4) 호두나무잎벌레(*Gastrolina depressa*)

① 기주식물 : 호두나무, 가래나무

② 분포지역 : 한국, 중국, 일본

③ 피해현황

    ㉠ 유충이 잎살을 식해해 잎이 망상으로 변함

    ㉡ 부화한 유충은 군서생활을 하며 잎을 가해하고 3령부터 분산하여 가해

④ 해충특성

    ㉠ 연 1회 발생, 신선충은 이듬해 4월까지 낙엽 밑이나 수피 틈에서 성충태로 월동

    ㉡ 월동한 성충은 4월 초순에 교미하고 잎 뒷면에서 30개 내외의 알을 산란

    ㉢ 난기간은 4일 정도이며 2령까지 군서생활을 하며 3령부터 흩어져서 가해

⑤ 방제방법

    ㉠ 유충 가해기에 트리클로르폰 수화제(80%) 1,000배액을 수관에 고르게 살포

    ㉡ 모여살고 있는 유충과 매달려 있는 번데기를 채취하여 소각

(5) 밤나무산누에나방(*Dictyoploca japonica*)

충태	월											
	1	2	3	4	5	6	7	8	9	10	11	12
알	▬	▬	▬	▬					▬	▬	▬	▬
유충					▬	▬						
번데기						▬	▬	▬				
성충									▬			

① 기주식물 : 밤나무, 호두나무, 버즘나무, 은행나무, 감나무, 상수리나무, 벚나무 등

② 분포지역 : 한국, 일본, 시베리아

③ 피해현황 : 유충의 섭식량이 매우 높음(암컷 1마리 당 3,500cm^2 섭식)

④ 해충특성

    ㉠ 연 1회 발생, 줄기의 수피 사이에서 알로 월동

    ㉡ 6회 탈피하며, 6월 하순~7월 상순에 잎 사이에 그물모양의 고치를 짓고 번데기가 됨

    ㉢ 알로 월동하며 4월에 부화하며 유충은 군서생활을 하며 잎을 가해

(6) 개나리잎벌(*Apareophora forsythiae*) `기출 6회`

① 기주식물 : 개나리, 산개나리

② 분포지역 : 한국

③ 피해현황

    ㉠ 개나리잎만 식해하며 피해가 심한 경우에는 줄기만 남음

    ㉡ 도로변, 공원, 유원지 등에 개나리 식재면적이 증가됨에 따라 피해가 심함

④ 해충특성

    ㉠ 연 1회 발생하며, 노숙유충태로 흙집을 짓고 그 속에서 월동

    ㉡ 성충은 4월에 부화하여 매개엽 조직 속에 1~2열로 산란하며 수명은 6일 정도

    ㉢ 유충은 모여 살며 기해기간은 약 1개월

⑤ 방제방법

    ㉠ 우화최성기 4월 중순에 페니트로티온 유제(50%) 2,000배액을 1~2회 수관 살포

    ㉡ 유충 발생초기인 4월 하순경에 클로르플루아주론 유제(5%) 2,000배액 살포

(7) 낙엽송잎벌(*Pachynematus itoi*)

충태	월											
	1	2	3	4	5	6	7	8	9	10	11	12
성충					▬	▬	▬	▬				
알					▬	▬	▬	▬	▬			
유충					▬	▬	▬	▬				
전용-용	▬	▬	▬	▬			▬	▬	▬	▬	▬	▬

① 기주식물 : 일본잎갈나무, 잎갈나무, 만주잎갈나무, 시베리아낙엽송 등
② 분포지역 : 한국, 일본, 중국
③ 피해현황
　㉠ 국지적으로 대발생하여 임분 전체가 잿빛으로 변함
　㉡ 어린 유충들이 뭉쳐서 잎을 가해하며, 2년 이상 잎만 가해
　㉢ 한 번 발생한 지역에서는 재발생하지 않는 돌발해충
④ 해충특성
　㉠ 연 3회 발생하며 지표면의 부식층의 3cm 정도에서 번데기로 월동
　㉡ 1화기의 성비는 암수, 1:9 정도이며, 2화기는 암컷이 60%임
　㉢ 1~4령까지는 군서생활을 하지만 5령은 흩어져서 가해

(8) 극동등에잎벌(*Arge similis*)

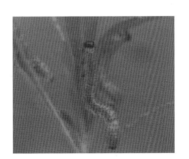

① 기주식물 : 진달래, 영산홍, 장미 등
② 분포지역 : 한국, 일본, 대만, 중국
③ 피해현황
　㉠ 유충은 5~9월에 철쭉류의 잎을 가해하고 잎 뒤에 모여 지냄
　㉡ 어린 유충은 모여 살며 잎의 가장자리에서 식해해 주맥만 남김

④ 해충특성
  ㉠ 연 3~4회 발생하며 고치를 짓고 그 안에 유충으로 월동
  ㉡ 암컷 성충은 톱과 같은 산란관을 잎 가장자리 조직 속에 삽입하여 산란
  ㉢ 3세대 유충은 10월 상순에 노숙하여 낙엽 밑 또는 흙 속에서 고치를 만듦
  ㉣ 암컷 성충으로 단위생식을 함
⑤ 방제방법 : 5월 상순, 7월 중순, 9월 중순인 유충발생 초기에 페니트로티온 유제(50%), 클로르플루아주론 유제(5%), 트랄로메트린 유제(1.3%) 2,000배액을 1~2회 살포

(9) 장미등에잎벌(*Arge pagana*)

 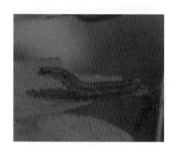

① 기주식물 : 장미, 찔레나무, 해당화 등
② 분포지역 : 한국, 일본, 중국, 유럽, 몽고
③ 피해현황
  ㉠ 유충이 모여 살면서 잎을 식해
  ㉡ 어린 유충은 모여 살며 잎의 가장자리에서 식해하며 주맥만 남김
④ 해충특성
  ㉠ 연 3회 발생하며 유충으로 월동
  ㉡ 해충의 특성은 극동등애잎벌과 비슷하나 생활경과는 밝혀지지 않음
⑤ 방제방법 : 유충발생 초기에 페니트로티온 유제(50%), 클로르플루아주론 유제(5%), 트랄로메트린 유제(1.3%) 2,000배액을 1~2회 살포

(10) 매미나방(*Lymantria dispar*) 기출 5회

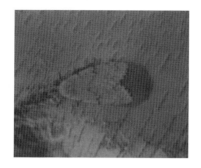

충태	월											
	1	2	3	4	5	6	7	8	9	10	11	12
알	━	━	━	━			━	━	━	━	━	━
유충					━	━						
번데기							━					
성충							━					

① 기주식물 : 밤나무, 사과나무, 배나무, 감나무, 포도, 참나무 등
② 분포지역 : 한국, 일본, 중국, 유럽, 북미
③ 피해현황
    ㉠ 산림이나 과수 해충으로 오래 전부터 알려져 있으며 때때로 대발생
    ㉡ 유충의 기주범위가 넓으며 대략 $1,000cm^2$의 잎을 식해
④ 해충특성
    ㉠ 연 1회 발생, 알(난괴)로 나무줄기에서 월동
    ㉡ 난기간은 9개월 정도이며, 번데기기간은 15일, 7월 상순~8월 상순 우화
    ㉢ 수컷은 활발하게 활동하여 밤낮으로 암컷을 찾아다녀 짚시나방이라고도 함
    ㉣ 지상 1~6m 높이의 수간에 난괴당 500개 산란
⑤ 방제방법
    ㉠ 유충발생 초기에 페니트로티온 유제(50%), 클로르플루아주론 유제(5%) 2,000배액 살포
    ㉡ 곤충병원성미생물인 Bt균이나 다각체바이러스를 살포
    ㉢ 성충시기인 7월 유아등이나 유살등을 이용
    ㉣ 4월 이전에 줄기에 산란된 난괴를 채취하여 소각하거나 땅에 묻음

(11) 회양목명나방(*Glyphodes perpectalis*)

① 기주식물 : 회양목
② 분포지역 : 한국, 일본, 중국, 인도
③ 피해현황
    ㉠ 유충이 거미줄을 토하여 잎을 묶고 그 속에서 잎을 식해
    ㉡ 관상수로 회양목 식재가 많아지면서 대발생
    ㉢ 피해 받은 수목은 수관에 거미줄이 많음
    ㉣ 피해가 심하면 수관의 일부분이 말라 고사

④ 해충특성

ㄱ 연 2회 발생하며 유충으로 월동

ㄴ 월동한 유충은 4월 하순경부터 출현하여 거미줄을 치고 잎을 식해

ㄷ 6월 상순경부터 피해가 심각하게 나타나며 가해부위에서 번데기가 됨

⑤ **방제방법** : 유충시기인 4월과 8월에 페니트로티온 유제(50%), 에토펜프록스 수화제(10%), 유제(20%) 1,000배액을 10일 간격으로 2회 수관 살포

(12) 거세미나방(*Agrotis segetum*)

① **기주식물** : 대부분의 수목의 어린 묘목

② **분포지역** : 한국, 일본, 중국, 유럽, 인도, 호주, 아프리카

③ **피해현황**

ㄱ 유충이 토양 속에 서식하면서 어린 묘목의 줄기와 잎을 식해

ㄴ 특히 자라고 있는 1년생 실생묘에 피해가 심각

④ **해충특성**

ㄱ 연 2~3회 발생하며 흙 속에서 유충으로 월동

ㄴ 성충은 6월 중순, 8월 중순~10월 상순에 주로 발생

ㄷ 유충기간은 38일, 번데기기간은 27일 정도이며 유충이 묘목의 줄기와 잎을 식해

⑤ **방제방법**

ㄱ 피해가 넓게 발생한 경우에는 이미다클로프리드 입제(2%), 카보퓨란 입제(3%) 등 토양 살충제를 살포하거나 물에 희석하여 물뿌리개로 흠뻑 뿌림

ㄴ 묘목을 이앙하거나, 실생묘 생산을 위해 파종할 때 땅 갈이를 하여 서식환경을 나쁘게 함

ㄷ 피해를 받아 잘라진 묘목의 주위를 파면 유충이 쉽게 발견되므로 잡아 죽임

(13) 미국흰불나방(*Hyphantria cunea*)

화기	충태	월											
		1	2	3	4	5	6	7	8	9	10	11	12
1	성충					▬							
	알					▬▬							
	유충						▬▬						
	번데기							▬					
2	성충								▬				
	알								▬				
	유충								▬▬▬				
	번데기	▬▬▬▬▬▬									▬▬▬		

① **기주식물** : 대부분의 활엽수 160여 종(기주범위가 매우 넓음)

② **분포지역** : 전 세계

③ 피해현황

    ㉠ 북미 원산으로 1958년 한국에 유입

    ㉡ 유충 1마리가 100~150cm^{2}의 잎을 섭식

    ㉢ 1화기보다 2화기에 피해가 심하며 산림 내보다는 도시주변 가로수, 조경수에 피해가 심함

④ 해충특성

    ㉠ 1화기 성충에만 날개에 검은 점이 나타남

    ㉡ 연 2~3회 발생, 수피 사이나 지피물 밑 등에서 번데기로 월동

    ㉢ 암컷은 600~700개의 알을 잎 뒷면 낳음

    ㉣ 5월 하순에 부화하여 4령기까지 실을 토하여 잎을 싸고, 군서생활을 하며 엽육을 식해

    ㉤ 5령기부터 흩어져서 엽맥만 남기고 7월 하순까지 가해

    ㉥ 2화기는 7월 하순~8월 중순에 우화하며 8월 상순부터 유충이 부화하기 시작하여 10월 상순까지 가해한 후 번데기가 되어 월동하며 번데기 기간은 약 200일

⑤ 방제방법

    ㉠ 화학적 방제는 유충이 발생 초기에 페니트로티온 유제(50%) 2,000배액, 디플루벤주론 액상수화제 (14%) 4,000배액, 클로르푸루아주론 유제(5%) 6,000배액을 1~2회 살포

    ㉡ 유충 가해기에 핵다각체병바이러스를 1,000배액으로 희석하여 수관에 살포

    ㉢ 월동하는 번데기를 채취하거나 알덩어리가 붙은 잎을 따서 소각

    ㉣ 성충시기에 유아등이나 흡입포충기를 설치하여 성충을 유인하여 제거

    ㉤ 천적인 꽃노린재, 검정명주딱정벌레, 흑선두리먼지벌레, 납작선두리먼지벌레 등을 보호

    ㉥ 기생성 천적인 무늬수중다리좀벌, 긴등기생파리, 나방살이납작맵시벌, 송충알벌 등을 보호

(14) 천막벌레나방(텐트나방, *Malacosoma neustia*)

① 기주식물 : 버드나무, 참나무, 장미나무, 밤나무, 살구나무, 벚나무, 찔레나무, 앵두나무, 사과나무

② 분포지역 : 한국, 일본, 중국

③ 피해현황

    ㉠ 유충이 가지의 갈라진 부분에 거미줄로 천막을 치고 모여 살면서 잎을 식해

    ㉡ 때때로 대발생하여 벚나무 가로수 등에 큰 피해

    ㉢ 한국에서는 1936년에 경기도에서 대발생

④ 해충특성

    ㉠ 연 1회 발생하고 알로 월동

    ㉡ 4월 중・하순에 부화하며 부화유충은 실을 토하여 천막모양의 집을 만들고 낮에는 그 속에서 쉬고 밤에만 나와 식해

    ㉢ 번데기기간은 약 2주, 주로 밤에 가는 가지에 반지모양으로 200~300개의 알을 낳음

(15) 남포잎벌(*Caliroa carinata*)

① **기주식물** : 신갈나무, 떡갈나무

② **분포지역** : 한국, 일본

③ **피해현황**

　⊙ 1996년 경북 상주지역의 신갈나무에서 발생

　ⓛ 유충이 엽육만 식해하며 피해 잎은 갈색으로 변함

④ **해충특성**

　⊙ 연 1회 발생하며 토양 내에서 노숙유충으로 월동

　ⓛ 노숙유충은 5월에 번데기가 됨

　ⓒ 6월 상순~7월 상순에 우화하며 우화 최성기는 6월

　ⓔ 기주의 잎 뒷면에 잎맥을 따라 일렬로 150~200개를 산란

　ⓜ 다 자란 유충의 체색은 투명하여 내장이 보임

(15) 황다리독나방(*Ivela auripes*)

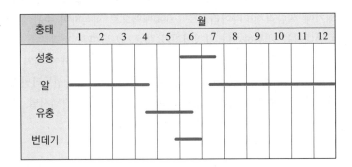

충태	월											
	1	2	3	4	5	6	7	8	9	10	11	12
성충						▬	▬					
알	▬	▬	▬	▬				▬	▬	▬	▬	▬
유충				▬	▬							
번데기					▬	▬						

① **기주식물** : 층층나무

② **분포지역** : 한국, 일본, 중국

③ **피해현황**

　⊙ 유충이 잎을 식해하며 유충 한 마리의 섭식량은 많으나 대발생하지 않음

　ⓛ 부화유충은 수간을 타고 올라가 층층나무 새순을 가해

　ⓒ 3령 이후 섭식량이 많아져 육안으로 피해가 쉽게 구분

④ **해충특성**

　⊙ 연 1회 발생하며 난괴형태로 월동

　ⓛ 4월 중순에 부화한 유충은 층층나무만 가해하는 단식성이 특징

　ⓒ 층층나무의 수간에 난괴형태로 40~50개 산란

　ⓔ 5월 하순에 번데기가 되고 번데기 기간은 약 7일 정도

(16) 참나무재주나방(*Phalera assimilis*)

① 기주식물 : 상수리나무, 졸참나무, 갈참나무, 밤나무 등

② 분포지역 : 한국, 일본, 중국

③ 피해현황

㉠ 돌발해충으로 유충이 군서하면서 가해

㉡ 한 가지씩 모여서 잎을 모조리 식해

④ 해충특성

㉠ 연 1회 발생하며 땅속에서 번데기로 월동

㉡ 6~8월에 성충이 나타나 잎 뒷면에 무더기로 산란

㉢ 8월 중순~9월 중순이 최성기

㉣ 유충은 무더기로 모여서 가해하며 몸의 끝부분을 들고 있는 습성이 있음

㉤ 노숙 유충은 땅으로 내려와 흙 속에서 번데기로 월동

(17) 주둥무늬차색풍뎅이(*Adoretus tenuimaculatus*)

① 기주식물 : 감나무, 귤나무, 느티나무, 대추나무, 밤나무, 버드나무, 벚나무, 배롱나무 등 대부분의 활엽수

② 분포지역 : 한국, 중국, 일본, 타이완, 인도, 인도네시아

③ 피해현황

㉠ 대부분의 활엽수를 가해하는 광식성 해충

㉡ 성충이 잎맥을 남기고 식해하며 잔디 또는 풀이 많으면 자주 발생

㉢ 유충은 땅속에서 뿌리를 가해하며 특히, 잔디의 피해가 심함

④ 해충특성

㉠ 1년에 1회 발생하며 성충으로 월동

㉡ 성충은 야행성이며 불빛에 잘 유인

㉢ 암컷성충은 5월 하순경부터 흙속에 알을 낳음

㉣ 유충은 6월 상순부터 발생하여 부식질이나 잡초의 뿌리를 가해

(18) 남방차주머니나방(*Eumeta japonica*)

① 기주식물

㉠ 감나무, 개나리, 밤나무, 버즘나무, 배나무, 참나무류 등 낙엽활엽수

㉡ 금목서, 돈나무, 사철나무, 아왜나무, 홍가시나무, 협죽도 등 상록활엽수

㉢ 개잎갈나무, 삼나무, 잣나무, 측백나무, 향나무 등의 침엽수

② 분포지역 : 한국, 일본, 중국

③ 피해현황

    ㉠ 불규칙적으로 대발생하기도 하며 가로수나 정원수 등에 많이 발생

    ㉡ 가을에 낙엽상태에서도 주머니가 그대로 가지에 달려 있는 경우가 많음

④ 해충특성

    ㉠ 1년에 1회 발생하며 가지에 붙은 주머니 속에서 유충으로 월동

    ㉡ 수컷성충은 날개 길이가 35mm이며, 더듬이는 빗살모양

    ㉢ 암컷성충은 날개와 다리가 퇴화되었음

    ㉣ 암컷성충이 주머니속에서 성페로몬으로 수컷성충을 유인

(19) 대벌레(*Ramulus irregulariterdentatus*)

① 기주식물 : 감나무, 느티나무, 대추나무, 밤나무, 벚나무류, 복숭아 배나무, 사과나무 등 활엽수

② 분포지역 : 한국, 일본

③ 피해현황

    ㉠ 1990년대 이후 경북, 충북, 강원 등지의 산림이나 과수에서 피해가 나타남

    ㉡ 대발생 시 성충과 약충이 집단으로 대이동하면서 잎 전체를 갉아먹음

④ 해충특성

    ㉠ 1년에 1회 발생하며 알로 월동

    ㉡ 성충은 날개가 없고 몸길이는 7~10cm 정도

    ㉢ 암컷은 매우 느리나, 수컷은 매우 민첩하게 행동

    ㉣ 환경조건에 따라 단위생식을 하기 때문에 돌발적으로 대발생할 수 있음

    ㉤ 산란 시 알을 지면에 떨어뜨려 월동할 수 있도록 함

(20) 노랑털알락나방(*Pryeria sinica*)

① 기주식물 : 노박덩굴, 사철나무, 참빗살나무, 화살나무 등

② 분포지역 : 한국, 일본, 중국, 미국

③ 피해현황

    ㉠ 주로 사철나무에서 피해가 크게 발생

    ㉡ 매년 동일 장소에서 반복적으로 발생하는 경향이 있음

④ 해충특성

    ㉠ 1년에 1회 발생하며, 가는 가지위에서 알로 월동

    ㉡ 봄에 부화한 어린 유충은 새로 발생된 가지 끝에 집단으로 모여 식해

    ㉢ 잎 뒤쪽에서 집단으로 탈피를 하여 탈피각이 남아 있음

    ㉣ 5월 중순경에 잎을 묶어서 고치를 짓고 번데기가 됨

(21) 좀검정잎벌(*Macrophya timida*)

① 기주식물 : 개나리, 광나무, 쥐똥나무 등

② 분포지역 : 한국, 일본

③ 피해현황

    ㉠ 개나리잎벌은 잎의 가장자리, 좀검정잎벌은 잎살을 불규칙한 원형으로 가해

    ㉡ 가해 시기는 개나리잎벌보다 늦은 편

④ 해충특성

    ㉠ 1년에 1회 발생하며, 노숙유충으로 흙 속에 고치를 짓고 월동

    ㉡ 부화한 유충은 5월 상순부터 잎을 갉아먹으며 6월 하순에 흙 속으로 이동

    ㉢ 피해 초기에 유충이 집단으로 잎을 가해

    ㉣ 유충발생 초기에 유충을 잡아 죽이거나 적용 약제 살포

(22) 대나무쐐기알락나방(*Barataea funeralis*)

① 기주식물 : 대나무, 조릿대

② 분포지역 : 한국, 일본, 중국

③ 피해현황

    ㉠ 산란한 어린 유충은 잎살만 먹기 때문에 잎이 하얗게 보임

    ㉡ 유충이 줄지어 잎을 갉아먹는데 노숙유충의 식흔은 가위로 자른 듯한 흔적이 남음

④ 해충특성

    ㉠ 1년에 2~3회 발생하며 잎 위에서 전용으로 월동

    ㉡ 돌발적으로 대발생하며 털에는 독이 있어 접촉 시 피부발진이 생김

    ㉢ 어린 유충은 집단으로 잎 뒷면의 잎살만 가해

    ㉣ 3령충 이후에는 잎 전체를 갉아먹음

(23) 벚나무모시나방(*Elcysma westwoodi*)

① 기주식물 : 벚나무류, 매실나무, 복숭아나무, 사과나무 등

② 분포지역 : 한국, 일본, 중국, 러시아

③ 피해현황

    ㉠ 장미과 식물의 잎을 가해하는 해충으로 돌발적으로 대발생

    ㉡ 가해 시기는 개나리잎벌보다 늦은 편

④ 해충특성

    ㉠ 1년에 1회 발생하며 어린 유충으로 지피물이나 낙엽에서 집단으로 월동

    ㉡ 노숙유충은 잎을 뒷면으로 말고 암갈색의 단단한 고치를 만듦

    ㉢ 불빛에도 모여들며 교미 전 이른 아침에 떼를 지어 날아다님

    ㉣ 평균 산란 수는 110개이며 알기간은 약 14일

■ 주요 식엽성 해충 종류 및 특징

해충명	발생 / 월동	특징
대벌레 *Ramulus irregulariterdentatus*	1회 / 알 –	• 1990년 이후 자주 발생하며 대발생하기도 함 • 수컷은 5회, 암컷은 6회 탈피 후 6월 중하순에 성충이 됨 • 활엽수를 가해하며 암컷은 느리나, 수컷은 민첩 • 무시형이며, 집단으로 대이동하면서 잎 식해
주둥무늬차색풍뎅이 *Adoretus tenuimaculatus*	1회 / 성충 –	• 활엽수를 가해하는 광식성 해충으로 잎맥을 남기고 식해 • 유충은 땅속에서 뿌리를 가해하며 특히, 잔디피해가 심함 • 5월 하순경 흙 속에 알을 낳으며, 유아등을 설치하여 방제
큰이십팔점박이무당벌레 *Henosepilachna vigintioctomaculata*	3회 / 성충 –	• 중부 이북지역에서 주로 분포하며 야산근처에서 흔히 발견 • 섭식량이 높으며, 입살만 가해하여 그물모양의 식흔을 남김 • 잎의 뒷면에 세워서 규칙적으로 붙여 알을 낳음
호두나무잎벌레 *Gastrolina depressa*	1회 / 성충 낙엽 밑, 수피 틈	• 호두나무와 가래나무를 가해, 성충과 유충이 잎을 가해 • 부화한 유충은 알껍데기를 먹은 후 집단으로 잎을 가해 • 2년충부터 분산하여 가해하며 입살만 가해하고 엽맥은 남김 • 번데기는 길이가 약 5mm로 잎 뒷면 또는 옆맥에 매달림
버들잎벌레 *Chrysomela vigintipunctata*	1회 / 성충 –	• 황철나무, 오리나무, 사시나무, 버드나무류 가해 • 성충과 유충이 잎을 가해 / 어린나무와 묘목에 피해가 심함 • 5월 상순부터 노숙유충이 잎 뒷면에서 번데기가 됨
참긴더듬이잎벌레 *Pyrrhalta humeralis*	1회 / 알 겨울눈, 가지	• 아왜나무, 가막살나무, 분꽃나무, 백당나무, 딱총나무 등 가해 • 7~8월 상순에 피해가 심하며, 9월에 가지와 겨울눈에 산란
오리나무잎벌레 *Agelastica coerulea*	1회 / 성충 지피물, 토양 속	• 오리나무, 박달나무류, 개암나무류 등 가해 • 2~3년간 지속적인 피해를 받으면 고사하기도 함 • 수관 아래에서 위로 가해함으로 수관 아래쪽 피해가 심함
두점알벼룩잎벌레 *Argopistes biplagiatus*	1회 / 성충 지피물 밑	• 월동성충은 5월에 어린잎을 불규칙하게 갉아먹음 • 노숙유충은 땅속 1~3cm에서 전용 후 번데기가 됨 • 더듬이는 실모양으로 황갈색이며 딱지날개는 광택이 남
느티나무벼룩바구미 *Orchestes sanguinipes*	1회 / 성충 지피물, 수피 틈	• 1980년에 피해가 나타났고 1990년대에 전국으로 확산 • 느티나무, 비술나무를 성충과 유충이 모두 잎살을 가해 • 뒷다리 넓적마디가 발달하여 벼룩처럼 잘 도약
잣나무넓적잎벌 *Acantholyda parki*	1회 / 유충 5~25cm 땅 속 흙집	• 1953년 경기도 광릉에서 최초 발견되었으며 현재 감소 추세 • 유충이 20년 이상 된 잣나무림에 대발생하여 잎을 가해 • 유충은 잎 기부에 실을 토하여 잎을 묶어 집을 만듦 • 4회 탈피 노숙유충은 7~8월에 땅에 떨어져 흙 속에서 월동
장미등에잎벌 *Arge pagana*	3회 / 유충 토양 속	• 군서생활을 하며 장미, 찔레꽃, 해당화 등에 피해를 줌 • 잎 가장자리에서 가해하여 주맥만 남기는 경우가 많음 • 암컷성충은 톱 같은 산란관으로 가지를 찢고 알을 낳음 • 성충의 머리와 가슴은 검은 색이며 배는 노란색

극동등에잎벌 *Arge similis*	3~4회 / 유충 낙엽 밑, 토양 속	• 군서생활을 하며 진달래, 철쭉, 장미 등의 잎을 가해 • 암컷성충이 톱 같은 산란관으로 잎 가장자리 조직에 알을 낳음 • 산란한 곳은 부풀어 오르고 갈색으로 변하며 단위생식
솔잎벌 *Nesodiprion japonicus*	2~3회 –	• 항상 침엽의 끝을 향해 머리를 두고 잎을 갉아먹음 • 산림보다는 묘포장이나 생활권 수목에 발생 밀도가 높음 • 성충은 침엽의 중간 부근에 잎 하나당 한 개의 알을 낳음
남포잎벌 *Caliroa carinata*	1회 / 노숙유충 토양 속	• 신갈나무, 떡갈나무를 가해하는 해충 • 몸 색깔은 내장이 보일 정도로 투명한 것이 특징 • 감수성은 밤나무는 낮은 편이고 굴참나무는 가해하지 않음
좀검정잎벌 *Macrophya timida*	1회 / 노숙유충 토양 속	• 개나리잎벌은 잎의 가장자리, 좀검정잎벌은 잎살 가해 • 가해 시기는 개나리잎벌보다 늦은 편
매실애기잎말이나방 *Rhopobata naevana*	3~5회 / 알 가지, 줄기	• 유충이 어린잎을 여러 장 묶거나 말고 그 속에서 식해 • 성충은 잎, 가지 등에 낱개로 알을 낳고 산란 수는 22개
자귀뭉뚝날개나방 *Homadaula anisocentra*	2회 / 번데기 수피 틈, 지피물	• 자귀나무, 주엽나무를 가해하는 단식성 해충 • 유충이 실을 토하여 그물망을 만들고 집단으로 갉아먹음 • 배설물이 그물망 안에 남아 있어서 지저분하게 보임
회양목명나방 *Glyphodes perspectalis*	2~3회 / 유충 –	• 회양목에 피해를 주며 유충이 실을 토해 잎을 묶음 • 알은 투명하다가 시간이 지나면 유백색으로 변함 • 페르몬트랩으로 성충을 유인하여 유살할 수 있음
제주집명나방 *Orthaga olivacea*	1회 / 유충 토양 속	• 주로 후박나무를 가해하며 눈에 쉽게 발견 • 잎과 가지를 묶어 커다란 바구니 모양의 벌레집을 만듦
벚나무모시나방 *Elcysma westwoodi*	1회 / 유충 지피물, 낙엽	• 주로 장미과 식물을 가해하며 종종 발생하는 돌발해충 • 성충은 밤에 불빛에도 모이며 유충은 집단으로 월동 • 잎을 전부 갉아 먹음 / 교미 전 이른 아침에 떼 지어 날아다님
대나무쐐기알락나방 *Fuscartona funeralis*	2~3회 / 전용 잎 위	• 대나무와 조릿대 가해 / 유충이 한 줄로 줄지어 식해 • 산란한 어린 유충은 잎살만 먹기 때문에 잎이 하얗게 보임
별박이자나방 *Naxa seriaria*	1회 / 중령유충 거미줄 내부	• 특히, 쥐똥나무에 피해가 심하며 종종 발생하는 돌발해충 • 가지에 수많은 번데기가 거꾸로 매달려 있어 미관을 해침 • 중령유충이 가지와 잎에 거미줄을 치고 월동
줄마디가지나방 *Chiasmia cinerearia*	2회 / 번데기 지제부 부근 토양	• 회화나무 가로수와 조경수를 가해하는 대표적인 해충 • 2003년 경부고속도로 기흥 주변에서 피해가 처음 보고 • 날개에 사각형 무늬가 무리지어 있어 다른 종과 쉽게 구분
두충밤나방 *Protegira songi*	1회 미상	• 중국 원산으로 2014년 최초 보고(생활사 미상) • 유충이 두충나무를 집중 가해하며 주맥만 남기고 식해

2. 즙액을 빨아먹는 해충

(1) 가루깍지벌레(*Pseudococcus comstocki*)

① **기주식물** : 배롱나무, 은행나무, 오리나무, 팽나무, 뽕나무, 매실나무, 무화과나무 등
② **분포지역** : 한국, 일본, 중국, 대만, 호주, 미국
③ **피해현황** : 잎, 가는 가지에 기생하여 흡즙하며 그을음병 유발
④ **해충특성**
   ㉠ 연 2회 발생하며 알로 월동
   ㉡ 1세대 약충은 5월 중순, 2세대 약충은 9~10월에 불규칙하게 나타남
   ㉢ 깍지벌레류는 대부분 고착하나 가루깍지벌레는 이동이 가능함
⑤ **방제방법**
   ㉠ 약충 발생시기인 5월 중순에 메티다티온 유제(40%), 이미다클로프리드 액상수화제(8%)를 1,000배액으로 살포
   ㉡ 피해 받은 가지를 제거하거나 밀도가 높지 않을 경우 면장갑으로 문질러 죽임

(2) 솔껍질깍지벌레(*Matsucoccus thunbergianae*)

충태	월											
	1	2	3	4	5	6	7	8	9	10	11	12
부화약충					━━━━							
정착약충					━━━━━━━━━━━━━							
후약충	━━━━━━━━━										━━━━━	
번데기(♂)			━━━									
성충				━━								
알				━━								

① **기주식물** : 해송, 소나무
② **분포지역** : 한국
③ **피해현황**
   ㉠ 1963년 전남 고흥 해송림에서 최초 발생(일본에서 침입한 것으로 추정)
   ㉡ 1980년대 초 전남지역에서 대발생
   ㉢ 가지에 기생하여 흡즙 가해
   ㉣ 침엽이 갈변되는 시기는 3~5월이며 여름과 가을에는 외견상 피해가 없다가 이듬해 봄에 다시 갈변

④ 해충의 특성
- ㉠ 연 1회 발생하며, 부화약충태로 여름잠을 자고, 겨울에 피해를 줌
- ㉡ 암수의 생활사가 다른 특이한 생태를 갖고 있음
- ㉢ 암컷 성충은 2~5mm이고 날개와 구기가 없음
- ㉣ 수컷 성충은 1~2mm이고 날개가 있고, 배 끝에는 3mm 정도의 흰색꼬리가 있으며, 비행 시 균형을 잡아줌
- ㉤ 암컷은 불완전변태, 수컷은 완전변태를 함
- ㉥ 부화약충은 10월경에 생장하기 시작하여 11월경에 탈피해 2령약충이 되며, 2령약충의 흡즙과 생장이 활발한 11월~3월에 수목피해가 가장 심함

⑤ 방제방법
- ㉠ 피해선단지의 대면적 발생임지는 후약충 말기인 2월 하순~3월 중순에 뷰프로페진 액상수화재(40%)를 50배로 희석하여 ha당 100L씩 항공 살포
- ㉡ 잎이 변색되기 이전의 피해 초기임지에 적용하며 후약충 가해시기인 12월에 이미다클로프리드 분산성액제(20%), 포스파미돈 액제(50%)을 원액 주입

(3) 꽃매미(*Lycorma delicatula*) 기출 8회

① 기주식물 : 가죽나무, 참죽나무, 소태나무, 포도나무, 머루나무 등 활엽수 다수

② 분포지역 : 한국, 일본, 중국, 인도 등

③ 피해현황
- ㉠ 2006년 중국에서 유입
- ㉡ 성충과 약충이 나무의 즙액을 빨아먹음
- ㉢ 기주나무가 고사하지는 않으나 그을음병 유발

④ 해충특성
- ㉠ 연 1회 발생하며 알로 월동
- ㉡ 5월 초순에 부화하기 시작하여 7월 하순에 성충으로 성장
- ㉢ 남쪽을 향한 나무줄기 틈에 산란
- ㉣ 3령충까지는 흑색, 4령 이후에는 붉은 색을 띰

⑤ 방제방법
- ㉠ 5월에 이미다클로프리드 액상수화제(8%), 델타메트린 유제(1%), 메티다티온 유제(40%) 1,000배액을 10일 간격으로 2회 살포
- ㉡ 기주식물의 줄기에 붙어 있는 알을 제거

(4) 배나무방패벌레(*Stephanitis nashi*)

① 기주식물 : 배나무, 황매화, 사과나무, 아그배나무, 벚나무류, 자두나무, 장미나무, 살구나무 등

② 분포지역 : 한국, 일본

③ 피해현황

    ㉠ 잎에 기생하여 수액을 흡즙 가해하므로 잎 표면이 하얀 점무늬로 변함

    ㉡ 잎의 뒷면에 배설물, 탈피각이 부착되어 다른 병이 유발되기도 함

    ㉢ 발생초기에는 발견이 쉽지 않아 세심한 관찰이 필요

④ 해충특성

    ㉠ 연 3~4회 발생하며 성충으로 피해목의 지제부, 잡초, 낙엽 밑에서 월동

    ㉡ 월동한 성충은 산란이 계속되어 각 충태가 동시에 나타남

    ㉢ 알은 15~30개의 알을 덩어리로 산란하고 부화한 약충은 산란장소 가까이에 모여 있음

⑤ 방제방법

    ㉠ 밀도가 높지 않은 1세대 약충시기에 방제하는 것이 효과적임

    ㉡ 방패벌레의 주행거리를 고려하여 동시에 방제하는 것이 효과적임

    ㉢ 이미다클로프리드 액상수화제(8%) 2,000배액 또는 메티다티온 유제(40%) 1,000배액을 10일 간격으로 2회 살포

(5) 버즘나무방패벌레(*Corythucha ciliata*)

① 기주식물 : 버즘나무류, 물푸레나무류, 닥나무 등

② 분포지역 : 한국, 미국, 캐나다, 유럽 등

③ 피해현황

    ㉠ 1995년 충북 청주에서 첫 발생, 북아메리카와 유럽에 분포

    ㉡ 약충이 버즘나무 잎 뒷면에 모여 흡즙 가해하며 피해 잎은 황백색으로 변함

    ㉢ 장마가 끝난 후 2세대 시기인 7월 초순 이후 피해가 심함

    ㉣ 잎의 변색으로 경관을 헤치나 고사시키지는 않음

④ 해충특성

    ㉠ 연 3~4회 발생하며 성충으로 월동

    ㉡ 잎 뒷면에 산란하고 알기간이 2주이며 약충기간은 5~6주

⑤ 방제방법

    ㉠ 방제는 7월 2세대 발생초기에 실시

    ㉡ 방제 시에는 방패벌레의 주행거리를 고려하여 동시에 방제하는 것이 효과적임

    ㉢ 이미다클로프리드 액상수화제(8%) 2,000배액 또는 메티다티온 유제(40%) 1,000배액을 10일 간격으로 2회 살포

(6) **진달래방패벌레**(*Stephanitis pyrioides*)

① **기주식물** : 진달래, 철쭉, 밤나무, 사과나무, 영산홍 등

② **분포지역** : 한국, 일본, 대만, 북아메리카

③ **피해현황**

    ㉠ 주로 가해수종의 잎 뒷면에 모여 살면서 흡즙 가해

    ㉡ 응애의 피해와 비슷하지만 피해부위에 검은색 벌레똥과 탈피각이 있음

    ㉢ 피해로 인한 수목 고사는 거의 발생하지 않으나 수세가 약해지고 미관을 해침

④ **해충특성**

    ㉠ 연 4~5회 발생하며 낙엽 사이나 지피 밑에서 월동

    ㉡ 성충은 잎 뒷면의 조직 내에 1개씩 산란하며 알기간은 5~7일

⑤ **방제방법**

    ㉠ 방제 시에는 방패벌레의 주행거리를 고려하여 동시에 방제하는 것이 효과적임

    ㉡ 이미다클로프리드 액상수화제(8%) 2,000배액 또는 메티다티온 유제(40%) 1,000배액을 10일 간격으로 2회 살포

(7) **진사진딧물**(*Periphyllus californiensis*)

① **기주식물** : 고로쇠나무, 단풍나무, 참단풍나무, 당단풍나무, 칠엽수 등

② **분포지역** : 한국, 일본, 중국, 대만, 북아메리카 등

③ **피해현황**

    ㉠ 봄에 단풍나무류의 새잎이나 새가지에 기생하여 잎이 오그라들고 변색

    ㉡ 가을에는 잎 뒷면이나 열매에 기생

④ **해충특성**

    ㉠ 연 수회 발생하며 알로 월동

    ㉡ 봄에 부화한 약충은 잎눈에 모여 살며 잎이 피면 잎 뒷면에 기생하며 흡즙

    ㉢ 잎이 성장할 때 날개가 없는 암컷 성충이 나타나 새끼를 낳음

    ㉣ 10~11월에 성충이 나타나며 날개가 없는 암컷 성충은 날개가 있는 수컷 성충과 교미하고 잎눈 기부에 산란

(8) **소나무왕진딧물**(*Cinara pinidensiflorae*)

① **기주식물** : 소나무, 해송

② **분포지역** : 한국, 일본, 중국, 대만

③ **피해현황**

    ㉠ 5~6월경 소나무류의 가지에 기생하는 진딧물로 성충, 약충이 모여 흡즙

    ㉡ 새가지의 생장이 저해되며, 수세를 약화시켜 가지를 고사시킴

    ㉢ 2차적으로 그을음병 유발

④ 해충특성

　㉠ 연 3~4회 발생하며 알로 월동

　㉡ 5월경에 부화한 약충은 2년생 가지나 유령목의 줄기에 무리를 지어 생활하며 흡즙

　㉢ 6월경에 밀도가 가장 높음

　㉣ 무시태생 암컷 성충이 번식을 계속 하지만 유시태생 암컷도 주변 소나무류에 분산 이주

　㉤ 가을에 무시양성 암컷과 유시수컷이 발생

(9) 느티나무벼룩바구미(*Rhynchaenus sanguinipes*)

① 기주식물 : 느티나무

② 분포지역 : 한국, 일본

③ 피해현황

　㉠ 성충과 유충이 잎살을 식해

　㉡ 성충은 주둥이로 잎 표면에 구멍을 뚫어 흡즙하고 유충은 잎의 가장자리를 갉아 먹음

　㉢ 5~6월에 피해를 받은 잎이 갈색으로 변해 경관을 해침

　㉣ 1980년대 중반에 눈에 띄었으며 1990년대 중반 이후 전국에서 관찰

④ 해충특성

　㉠ 연 1회 발생하며 수피에서 성충으로 월동

　㉡ 성충은 느티나무 잎이 피기 시작하는 4월 중순~5월 초순에 출현

　㉢ 잎에 1~2개씩 산란하며 5월 하순경 노숙한 유충은 잎살에서 번데기로 변함

　㉣ 신 성충은 잎 표면에 구멍을 만들고 7월 초순경부터 탈출하여 잎을 가해

■ 주요 흡즙성 해충 종류 및 특징

① 진딧물류

해충명	발생 / 월동	특 징
소나무왕진딧물 *Cinara pinidensiflorae*	3~4회 / 알	• 소나무, 곰솔 등을 가해하며 부생성 그을음병을 유발 • 약충은 이른 봄부터 2년생 가지를 가해하며 6월 밀도가 높음
쥐똥나무진딧물 *Aphis crinosa*	–	• 쥐똥나무에 피해가 심하며 인동덩굴, 백당나무 등도 가해 • 밀랍으로 덮여 있어 피해 부위가 흰회색으로 보임 • 5~6월 밀도가 높으며 장마철에 감소하다 가을에 재차 발생
목화진딧물 *Aphis gossypii*	최대 24회 / 알 남부는 성충	• 이른 봄에 무궁화에 피해가 심함 • 여름기주는 오이 · 고추 등, 겨울기주는 무궁화 · 개오동 • 겨울눈, 가지에서 알로 월동하나 남부는 성충 월동도 함
조팝나무진딧물 *Aphis spiraecola*	수회 / 알 남부는 성충	• 조팝나무류, 모과나무, 명자나무, 벚나무, 산사나무 등 가해 • 사과나무, 배나무, 귤나무 등의 과수를 가해하는 주요 해충 • 여름기주(명자나무, 귤나무)에서 겨울기주(조팝나무 등)로 이동
복숭아가루진딧물 기출 6회 *Hyalopterus pruni*	수회 / 알	• 살구나무, 매실나무, 복숭아나무, 벚나무 속에 피해를 줌 • 배설물로 인해 끈적거리며, 피해 잎은 세로로 말림 • 여름기주인 억새와 갈대에서 벚나무속 수목에서 알로 월동
붉은테두리진딧물 *Rhopalosiphum rufiabdominale*	수회 / 알	• 벚나무류, 옥매, 팥배나무, 매실나무, 사과나무 등을 가해 • 특히 매실나무에 피해가 크며 잎이 말리는 현상을 보임 • 5월 중순경부터 중간기주(벼과식물)로 이동

해충명	발생 / 월동	특 징
복숭아혹진딧물 *Myzus persicae*	수회 / 알	• 복숭아나무, 매실나무, 벚나무류 등 많은 수목에 피해를 줌 • 피해 잎은 세로방향으로 말리며 갈색으로 변함 • 부생성 그을음병이 발생되고 각종 바이러스를 매개, 여름기주는 배추와 무우
배롱나무알락진딧물 *Sarucallis kahawaluokalani*	수회 / 알	• 배롱나무를 가해 / 꽃대나 봉오리에서 생활하며 개화 방해 • 유시충으로 증식하며 봄보다 여름철 이후에 밀도가 높음
팽나무알락진딧물 *Shivaphis celtis*	수회 / 알	• 팽나무, 풍게나무, 푸조나무 등을 가해 • 봄부터 가을까지 발생하며 여름에 밀도가 가장 높음
느티나무알락진딧물 *Zelkova aphid*	수회 / 알	• 주로 공원, 가로수 등 생활권 내의 느티나무를 가해 • 5~6월에 밀도가 가장 높으며 7~8월에 감소
대륙털진딧물 *Chaitophorus saliniger*	수회 / 알	• 버드나무류를 가해 / 주로 무시충으로 번식 • 기주이동은 하지 않으며 봄에서 여름철에 발생량이 많음
진사진딧물 *Periphyllus californiensis*	수회 / 알	• 단풍나무류를 가해 / 잎눈의 기부에서 알로 월동 • 잎 뒷면에서 잘 움직이지 않고 붙어서 생활
모감주진사진딧물 *Periphyllus koelreuteriae*	수회 / 알	• 모감주나무를 가해 / 잎눈의 기부에서 알로 월동 • 여름 이후에는 가해수목에서 거의 발견되지 않음
가슴진딧물 *Nipponaphis coreana*	—	• 제주도에 분포하며 진딧물이 기주에서 잘 떨어지지 않음 • 가시나무, 구실잣밤나무, 녹나무, 식나무 등을 가해

② 깍지벌레류

해충명	발생 / 월동	특 징
이세리아깍지벌레 *Icerya purchasi*	2~3회 / 성충, 3령약충	• 오스트레일리아 원산으로 다식성 해충 • 자루모양의 알주머니를 만들어 배끝이 위쪽으로 흰색이 됨 • 암컷은 날개가 없고 자웅동체이며, 수컷은 날개가 있는 성충이 됨
솔껍질깍지벌레 *Matsucoccus matsumurae*	1회 / 후약충	• 소나무와 곰솔에 피해를 주지만 주로 곰솔에 피해가 심함 • 1963년 전남 고흥에서 최초로 발생 • 피해수목은 7~22년생 이하가 가장 높음 • 암컷성충은 다리 발달, 수컷은 날개와 하얀색꼬리가 있음 • 수컷의 전성충은 암컷성충과 비슷한 모양이며 번데기가 됨 • 암컷은 후약충 이후 불완전변태, 수컷은 완전변태
소나무가루깍지벌레 *Crisicoccus pini*	2회 / 약충	• 소나무, 잣나무, 곰솔 등 가해 / 피목가지마름병을 유발하기도 함 • 몸 전체는 하얀 밀랍가루로 덮혀 있고, 짧은 밀랍돌기가 있음
거북밀깍지벌레 *Ceroplastes japonicus*	1회 / 암컷성충	• 1930년에 국내에 처음 보고 / 밀랍으로 덮여 있어 방제가 어려움 • 동백나무, 감나무, 치자나무, 차나무 등 34종의 활엽수 가해
뿔밀깍지벌레 *Ceroplastes ceriferus*	1회 / 암컷성충	• 중국 원산으로 국내에서는 1930년대 과수 해충으로 처음 기록 • 남부 해안지방의 가로수와 조경수에 피해가 늘고 있음 • 66종 이상 가해하는 다식성 해충이며 명아주, 망초에도 기생
루비깍지벌레 *Ceroplastes rubens*	1회 / 암컷성충	• 동양의 열대지방이 원산지로 상록활엽수와 낙엽활엽수를 가해 • 상록활엽수를 가해하여 주로 남부지방에 피해가 심함
쥐똥밀깍지벌레 *Ericerus pela*	1회 / 암컷성충	• 쥐똥나무가 기주이며 광나무, 이팝나무, 수수꽃다리 등 가해 • 수컷약충이 가지에 하얀색 밀랍을 분비하여 쉽게 눈에 띔 • 정착하지 않고 1령충 때 잎맥, 2령충 때는 가지로 이동
공깍지벌레 *Eulecanium kunoense*	1회 / 중령약충	• 매실나무에 밀도가 높고 살구나무, 자두나무, 벚나무류 등 피해 • 부화약충은 잎 뒷면에서 흡즙, 월동 전에 가지로 이동해 가해
줄솜깍지벌레 *Takahashia japonica*	1회 / 3령충	• 오리나무, 뽕나무, 벚나무, 단풍남류, 앵두나무, 감나무 등 가해 • 암컷성충은 고리 모양의 알주머니를 형성
장미흰깍지벌레 *Aulacaspis rosae*	2회 / 암컷성충	• 장미, 해당화, 찔레, 장딸기 등에 피해 • 등면이 약간 볼록한 하얀색이며 수컷은 주로 잎에 기생

식나무깍지벌레 *Pseudaulacaspis cockerelli*	2회 / 암컷약충, 암컷성충	• 감나무, 고욤나무, 목련, 식나무, 협죽도 등 90여 종 가해 • 암컷성충은 2~3mm의 노란색으로 날개, 다리, 눈이 없음 • 수컷성충은 약 1mm로 작고 긴 형태이며 투명한 날개가 달림
벚나무깍지벌레 *Pseudaulacaspis pentagona*	2~3회 / 암컷성충	• 벚나무, 복숭아나무, 매실나무, 살구나무 등 핵과류 피해 심각 • 기생부위는 2~3년생 가지에 밀도가 가장 높음 • 수컷성충은 입틀이 없어 가해 못함(뽕나무깍지벌레와 유사)
사철깍지벌레 *Pseudaulacaspis prunicola*	2회 / 암컷성충	• 사철나무, 꽝꽝나무, 동백나무, 화살나무, 회양목에 피해를 줌 • 갈색고약병, 회색고약병 등의 2차 피해 발생 • 암컷은 노란색의 긴 타원형, 수컷은 3개의 융기선의 하얀색

③ 응애류

해충명	발생 / 월동	특 징
점박이응애 *Tetranychus urticae*	8~10회 / 암컷성충	• 조경수, 과수류, 채소류 등 가해식물의 범위가 매우 넓음 • 기온이 높고 건조할 경우에 피해가 심함 • 여름형은 황록색에 반점이 있고 겨울형은 주황색에 무반점 • 부화 약충은 다리가 3쌍이나 탈피하면서 4쌍이 됨 • 7~8월에 밀도가 가장 높음
차응애 *Tetranychus kanzawai*	수회 / 성충, 알, 약충	• 차나무, 뽕나무, 아까시나무 등 수목과 과수, 채소 등 가해 • 4~6월 밀도가 가장 높고 7~8월에 감소하다 10월에 높아짐
벚나무응애 *Amphitetranychus viennensis*	5~6회 / 암컷성충	• 주로 조경수, 가로수에 피해가 크고 과수원은 피해가 적음 • 4월 상순부터 활동하며 고온 건조한 6~7월에 밀도가 높음 • 수정한 암컷성충으로 기주수목의 수피 틈에서 월동
전나무잎응애 *Oligonychus ununguis*	5~6회 / 알	• 전나무, 잣나무, 소나무류, 편백, 화백, 밤나무 등에서 발생 • 밤나무에서는 잎맥에 집단으로 모여 잎맥이 노랗게 변함 • 침엽수의 경우 피해가 지속될 경우 고사할 수 있음 • 산림보다는 가로수, 조경수에 많이 발생

3. 종실 및 구과에 피해를 주는 해충

(1) 복숭아명나방(*Dichocrocis punctiferalis*)

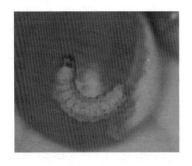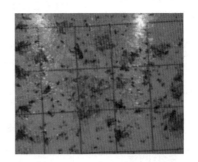

① 기주식물 : 밤나무, 호두나무, 포도, 감나무, 상수리나무, 졸참나무, 소나무
② 분포지역 : 한국, 일본, 중국, 대만, 인도, 인도네시아, 호주

③ 피해현황

　　㉠ 소나무류 중 잣나무 구과에 특히 피해가 심함

　　㉡ 과수에서는 밤나무(조생종)와 대부분의 과실에 피해

　　㉢ 밤을 수확하였을 때, 외관상 벌레구멍이 발생

④ 해충특성

　　㉠ 연 2~3회 발생

　　㉡ 알기간은 6~7일이며 어린 유충이 밤 가시를 식해, 3령충 이후 과육을 식해

　　㉢ 10월경에 줄기의 수피 사이에 고치를 짓고 그 속에서 유충으로 월동

　　㉣ 번데기 기간은 13일 정도

⑤ 방제방법

　　㉠ 유충발생 초기에 페니트로티온 유제(50%), 펜토에이트 유제(47.5%) 1,000배액 살포

　　㉡ 복숭아명나방 성페로몬 트랩을 이용

　　㉢ 밤 수확 시 피해 구과를 모아 소각하거나 땅에 묻어 밀도 조절

(2) 솔알락명나방(*Dioryctria abietella*)

① 기주식물 : 잣나무, 소나무류

② 분포지역 : 한국, 일본, 러시아, 유럽

③ 피해현황

　　㉠ 잣송이를 가해하여 잣 수확을 감소시키는 주요 해충

　　㉡ 구과 속의 가해부위에 벌레 똥을 채워놓고 외부로도 똥을 배출

④ 해충특성

　　㉠ 연 1회 발생

　　㉡ 흙 속에서 노숙유충으로 월동하거나 알과 어린 유충으로 구과에서 월동

　　㉢ 5~9월까지 우화하고 6월에 90%가 우화

　　㉣ 암컷 1마리당 100개의 알을 구과의 인편 사이에 산란

　　㉤ 알기간은 12일, 구과 내 가해기간은 40일 정도

⑤ 방제방법

　　㉠ 성충발생기인 6월에 페니트로티온 유제(50%) 6,000배액을 수관 살포

　　㉡ 구과를 탈각할 때 구과 내부에 들어있는 유충을 모아 잡아 죽임

(3) 복숭아심식나방(*Carposina sasakii*)

① 기주식물 : 대나무, 살구나무, 복사나무, 사과나무, 배나무, 명자나무 등

② 분포지역 : 한국, 일본, 중국

③ 피해현황

　㉠ 유럽 및 북미에 분포하지 않아 검역대상 해충으로 되어 있음

　㉡ 부화유충의 침입은 매우 작고 즙액이 나오며 부풀게 함

　㉢ 노숙유충은 2mm 정도 구멍을 뚫고 벌레 똥을 배출하지 않음

④ 해충특성

　㉠ 연 2회 발생이 기본이며 1~3회 발생하기도 함

　㉡ 노숙유충은 땅속 2~4cm에서 월동

　㉢ 알은 과실 표면이나 과경부에 산란하며 부화한 유충은 거미줄을 형성

　㉣ 최성기는 8월 중순, 주광성 없음(복숭아심식나방, 흑명나방)

⑤ 방제방법

　㉠ 성충발생기인 7월에 페니트로티온 유제(50%), 클로르플루아주론(5%) 1,000배액

　㉡ 성페로몬을 활용하거나 착과 후 봉지를 씌움

(4) 잣나무넓적잎벌(*Acantholyda parki*)

충태	월											
---	1	2	3	4	5	6	7	8	9	10	11	12
유충	▬	▬	▬	▬	▬	▬		▬	▬	▬	▬	▬
번데기					▬	▬						
성충						▬	▬					
알							▬					

① 기주식물 : 잣나무

② 분포지역 : 한국

③ 피해현황

　㉠ 1950년대 초 우리나라 광릉에서 최초 발견

　㉡ 1990년대 초까지 피해가 심하였으나 이후 피해가 점점 감소

　㉢ 잣나무림에 대발생하여 잎을 가해하므로 생장 감소 및 3~4년 계속되면 고사

　㉣ 주로 20년 이상된 밀생 임분에서 발생하므로 잣생산에 손실

④ 해충특성

　㉠ 연 1회 발생하며 일부는 2년에 1회 발생, 지표로부터 5~25cm 깊이에서 유충으로 월동

　㉡ 우화최성기는 7월 상순~하순이며 성충은 침엽의 위쪽에 1~2개씩 산란

　㉢ 노숙한 유충은 7월 중순~8월 하순에 땅위로 떨어져 흙 속에서 흙집을 짓고 월동

(5) 밤바구미(*Curculio sikkimensis*)

① 기주식물 : 밤나무, 참나무

② 분포지역 : 한국, 일본, 중국, 러시아

③ 피해현황

ⓐ 복숭아명나방과 함께 밤나무의 중요한 종실 해충

ⓑ 부화한 유충이 밤 종실의 과육을 먹고 자람

ⓒ 배설물을 종실 밖으로 배출하지 않아 외견상 피해를 발견하기 쉽지 않음

ⓓ 밤나무 중 중·만생종이 피해가 많고, 가시의 밀도가 높으면 피해가 적은 편

④ 해충특성

ⓐ 연 1회 발생하며, 노숙유충으로 땅속 15cm 이내 깊이에 흙집을 짓고 월동

ⓑ 7월에 번데기가 되고 8월에 성충이 발생

ⓒ 과육과 종피 사이에 1~2개의 알을 낳으며, 열매당 2~8개 산란

(6) 도토리거위벌레(*Mechoris ursulus*)

① 기주식물 : 참나무류

② 분포지역 : 한국, 중국, 일본, 러시아

③ 피해현황

ⓐ 도토리에 주둥이로 구멍을 뚫고 산란 후 가지를 잘라 땅에 떨어트림

ⓑ 7월 하순 이후 참나무가 떨어져 있는 것은 도토리거위벌레의 피해

ⓒ 알에서 부화한 유충이 과육을 식해

④ 해충특성

ⓐ 연 1회 발생하며 노숙유충이 땅속에서 흙집을 짓고 월동

ⓑ 성충 우화시기는 6월 중순~9월 하순 사이이고 최성기는 8월 상순

ⓒ 우화한 성충은 도토리에 주둥이를 꽂고 흡즙하며 생활

ⓓ 성충은 20~30개의 알을 낳고 1회에 1~2개씩 알을 낳음

⑤ 방제방법

ⓐ 유아등을 이용하여 성충을 유인하여 죽임

ⓑ 성충을 대상으로 페니트로티온 유제(50%) 1,000배액을 주사기로 주입

ⓒ 7월 하순 이후 떨어진 가지를 모아 소각

(7) 대추애기잎말이나방(*Ancylis hylaea*)

① 기주식물 : 대추나무, 헛개나무 등에 피해

② 분포지역 : 한국, 일본

③ 피해현황

ⓐ 유충이 이른 봄에 잎을 여러 장 묶어 속에서 잎을 갉아먹음

ⓑ 유충이 가을에는 과실의 겉면도 갉아먹으며 과실에 잎 1~2장을 붙여 놓음

④ 해충특성

    ㉠ 1년에 3회 발생하며 번데기 또는 성충으로 월동

    ㉡ 날개를 접고 있을 때 날개 양쪽 끝이 뾰족해 뿔처럼 보임

    ㉢ 대추나무, 헛개나무 등에 피해가 있으며 대추나무의 주요해충

4. 벌레혹을 만드는 해충

(1) 솔잎혹파리(*Thecodiplosis japonensis*)

충태	월											
	1	2	3	4	5	6	7	8	9	10	11	12
유충	─	─	─	─		─	─	─	─	─	─	─
번데기					─							
성충						─	─					
알						─	─					

① 기주식물 : 소나무, 곰솔

② 분포지역 : 한국, 일본

③ 피해현황

    ㉠ 1901년 최초로 기록, 일본에서 유입된 해충

    ㉡ 유충이 솔잎 기부에 벌레혹을 형성하고 그 속에서 수액을 흡즙 가해하여 솔잎을 일찍 고사하게 하고 임목의 생장을 저해함

    ㉢ 9월이 되면 벌레혹의 내부조직이 파괴되면서 벌레혹 부분은 갈색으로 변함

    ㉣ 11월이 되면 벌레혹 내부는 공동화되며 유충은 탈출하여 땅으로 떨어지고 피해 잎은 겨울동안 잎 전체가 황갈색으로 변하면서 고사함

④ 해충특성

    ㉠ 연 1회 발생하며, 지피물 밑에나 1~2cm 깊이의 흙 속에서 유충으로 월동

    ㉡ 성충우화기는 5월 중순~7월 중순이며, 비가 온 다음날 우화수가 많음

    ㉢ 암컷은 솔잎에 평균 6개씩 산란하며 실제 산란 수는 90개 정도임

    ㉣ 피해 극심지는 새가지의 90% 이상 고사하고 임목고사율이 20~30%이나 80%까지 고사

⑤ 방제방법

    ㉠ 해충이 외부로 노출되는 시기가 극히 제한적이기 때문에 침투성 약제인 나무주사가 가장 효율적인 방제법임

    ㉡ 포스파미돈 액제(50%), 이미다클로프리드 분산성액제(20%), 아세타미프리드 액제(20%)

    ㉢ 월동을 위해 지표면으로 낙하하는 유충낙하기인 11월 하순~12월 상순 이미다클로프리드 입제(2%), 카보퓨란 입제(3%)를 ha당 180kg을 지면에 살포

(2) 사사키잎혹진딧물(*Tuberocephalus sasakii*)

① 기주식물 : 벚나무류

② 분포지역 : 한국, 일본

③ 피해현황

  ㉠ 벚나무 새눈에 기생하는 진딧물로 잎 표면의 잎맥을 따라서 주머니모양의 벌레혹 형성

  ㉡ 형성초기의 벌레혹은 황백색이나 성숙하면서 붉은색으로 변함

④ 해충특성

  ㉠ 벚나무가지에서 알로 월동

  ㉡ 벌레혹 내에는 약충, 성충, 탈피각으로 가득함

(3) 큰팽나무이(*Celtisapis japonica*)

① 기주식물 : 팽나무

② 분포현황 : 한국, 일본, 중국

③ 피해현황

  ㉠ 약충이 잎 뒷면에 기생하여 잎 표면에 뿔 모양의 벌레혹을 만듦

  ㉡ 잎 뒷면은 분비물로 백색의 깍지를 만들어 덮음

  ㉢ 여름형의 깍지는 동심원이나 가을형은 편심원형의 형태임

④ 해충특성

  ㉠ 연 2회 발생하고 알로 월동

  ㉡ 여름형은 6~7월, 가을형은 10~11월에 성충이 출현

(4) 느티나무외줄진딧물(*Colopha moriokaensis*)

① 기주식물 : 느티나무, 대나무류, 느릅나무 등

② 분포지역 : 한국, 일본

③ 피해현황

  ㉠ 느티나무 잎에 표주박모양의 녹색 벌레혹을 형성하며 수액 흡즙

  ㉡ 유시태생 암컷 성충이 벌레혹으로부터 탈출하면 벌레혹은 갈변(여름기주 : 대나무)

  ㉢ 대발생하면 전체 잎에 벌레혹이 형성되고 미관을 해침

④ 해충특성

  ㉠ 연 수회 발생하며 수피 틈에서 알로 월동

  ㉡ 알은 4월 중순에 부화하며 약충은 새로운 잎 뒷면에 기생함

  ㉢ 벌레혹은 비대해지기 시작하여 약 20일 후에는 암컷 성충이 벌레혹에 약충을 낳음

(5) 때죽납작진딧물(*Ceratovacuna nekoashi*)

① 기주식물 : 때죽나무, 쪽동백나무 등

② 분포지역 : 한국, 일본

③ 피해현황

　㉠ 때죽나무에 피해가 많음

　㉡ 어린 가지 끝에 황녹색인 방추형의 벌레혹을 형성하고 벌레혹 끝에 돌기가 생김

　㉢ 진딧물이 탈출한 후 벌레혹이 황색으로 변함

④ 해충특성

　㉠ 6월 상순에 벌레혹이 형성되기 시작함

　㉡ 무시충이 벌레혹당 50마리의 약충을 형성

　㉢ 7월 하순에 유시충이 여름기주인 나도바랭이로 이주하고 가을에 다시 돌아옴

(6) 밤나무혹벌(*Chestnut Gall Wasp*)

① 기주식물 : 밤나무

② 분포지역 : 한국, 일본, 중국

③ 피해현황

　㉠ 밤나무 눈에 기생하며 충영을 형성함

　㉡ 기생부위에 작은 잎이 총생하며 새가지가 자라지 못하고 개화, 결실이 되지 않음

　㉢ 충영은 성충 탈출 후 7월 하순부터 갈색으로 변함

　㉣ 피해목은 고사하는 경우가 많음

④ 해충특성

　㉠ 1년에 1회 발생하며 눈의 조직 내에서 유충으로 월동

　㉡ 충영은 4월 하순~5월 상순에 팽대해져서 가지의 생장이 둔화됨

　㉢ 성충의 수명은 4일 내외이며 새눈에 3~4개의 알을 산란하고 산란 수는 200~300개

(7) 아까시잎혹파리(*Obolodiplosis robiniae*)

① 기주식물 : 아까시나무

② 분포지역 : 한국, 일본, 이탈리아, 체코, 미국(원산)

③ 피해현황

　㉠ 북아메리카 원산이며 2002년 처음으로 전 지역에 분포되어 있는 것을 확인

　㉡ 새로운 잎에 기생하여 잎을 말고 흡즙

　㉢ 6월 이후 다 자란 잎에 기생하는 유충은 잎의 가장자리를 말고 흡즙

　㉣ 흰가루병과 그을음병을 동반하는 경우가 많음

④ 해충생태

　㉠ 1년에 5~6회 발생하며 9월 하순에 땅속에서 번데기로 월동

　㉡ 5월 상순에 우화한 성충은 잎 가장자리에 산란

　㉢ 말린 잎 속에서 10마리 내외의 유충이 가해

■ 주요 충영형성 해충 종류 및 특징

해충명	발생 / 월동	특 징
큰팽나무이 *Celtisaspis japonica*	2회 / 알 수피밑, 지피물	• 팽나무만 가해하는 단식성 해충 • 잎 뒷면에 기생하여 잎 표면에 고깔모양의 혹을 만듦 • 벌레혹은 초기에는 노란색이며 내부에 하얀색 털이 있음
사사키잎혹진딧물 *Tuberocephalus sasakii*	수회 / 알 가지	• 벚나무류 가해 / 성충과 약충이 벚나무의 새눈에 기생 • 잎의 뒷면에서 즙액을 빨아 먹어 오목하게 들어감 • 잎 앞면에는 잎맥을 따라 주머니 모양의 벌레혹 형성
때죽납작진딧물 *Ceratovacuna nekoashi*	수회 / 알 가지	• 간모가 잎의 측아 속에서 흡즙하고 황록색 혹을 만듦 • 간모는 겨울눈에서 흡즙하다 측아로 옮겨 벌레혹을 만듦 • 벌레혹 형성은 한 달이 소요되며 6월에 쉽게 눈에 띔(여름기주 : 대나무)
조록나무혹진딧물 *Dinipponaphis autumma*	4회 / 성충 조록나무	• 1년 내내 조록나무에서 생활하며 제주도의 피해가 심함 • 잎에 벌레혹을 형성하여 그 안에서 성충과 약충이 흡즙 • 잎 앞면은 짧게, 뒷면은 길게 돌출한 벌레혹을 형성
외줄면충 *Paracolopha morrisoni*	수회 / 알 수피 틈	• 잎의 뒤에서 흡즙하여 잎 표면에 표주박모양 혹을 만듦 • 벌레혹은 유시충이 탈출하면 갈색으로 변하고 기형이 됨 • 암컷성충은 교미하여 몸에 알을 품고 수피 틈에서 죽음(여름기주 : 나도바랭이)
밤나무혹벌 Dryocosmus kuriphilus	1회 / 유충 겨울눈 조직	• 유충은 밤나무 눈에 기생하여 붉은색 벌레혹을 만듦 • 벌레혹이 발생하며 개화 결실이 발생하지 않음 • 밤나무혹벌은 암컷성충만 있어 교미 없이 단위생식
솔잎혹파리 *Thecodiplosis japonensis*	1회 / 유충 1~2cm 땅 속	• 1929년 서울 창덕궁과 전남 목포에서 피해 발생 • 유충이 솔잎의 기부에 충영을 형성하여 잎이 짧아짐 • 교미한 수컷은 수 시간 내에 죽고 암컷은 1~2일 생존 • 솔잎에 평균 6개씩을 산란하며 산란 수는 약 90개
아까시잎혹파리 *Obolodiplosis robiniae*	5~6회 / 번데기 땅 속	• 미국 원산으로 국내에서는 2002년 확인되었고 단식성 해충 • 유충이 잎 뒷면 가장자리에서 흡즙하여 잎이 뒤로 말림 • 말린 잎 속에는 평균 10마리의 유충이 있음
사철나무혹파리 *Masakimyia pustulae*	1회 / 유충 벌레혹	• 유충이 사철나무 잎 뒷면에 물집과 같은 벌레혹을 형성 • 3령유충으로 월동하며 암컷성충의 포란 수는 90개
붉나무혹응애 기출 6회 *Aculops chinonei*	수회 / 미상 미상	• 잎 뒷면에 기생하며 잎 앞면에 사마귀모양 혹을 형성 • 벌레혹은 봄에는 녹색이나 늦여름 이후 붉게 변함 • 1년에 수회 발생하며 자세한 생활사는 알려지지 않음
밤나무혹응애 *Aceria japonica*	수회 / 암컷성충 가지, 인편 등	• 잎 앞면의 혹은 반구형, 뒷면은 원통형으로 개구부 있음 • 가지, 인편, 낙엽의 벌레혹에서 월동 • 월동성충은 이른봄 새잎으로 이동해 벌레혹을 형성
회양목혹응애 *Eriophyes buxis*	2~3회 / 주로 성충 눈 속	• 잎눈 속에서 가해하며 꽃봉오리 모양의 벌레혹 형성 • 주로 성충으로 월동하지만 알, 약충으로 월동하기도 함

5. 줄기나 가지에 구멍을 뚫는 해충

(1) 솔수염하늘소(*Monochamus alternatus*)

솔수염하늘소가 건강한 소나무로 이동한다.

솔수염하늘소가 소나무 껍질을 갉아먹을 때 재선충이 침입한다.

재선충이 소나무를 죽인다.

재선충을 가진 솔수염하늘소가 우화한다.

죽어가는 소나무에 솔수염하늘소가 산란한다.

봄에 번데기가 될 때 재선충이 주위에 모인다.

솔수염하늘소 애벌레는 나무 속에서 겨울을 보낸다.

※ 선충 : 실처럼 가늘고 길게 생긴 벌레. 환형동물로 회충과 같은 '동물 기생성'과 농작물이나 토양, 식물체의 뿌리나 상처 등을 통해 식물을 감염시키는 '식물 기생성' 두 가지가 있음

① 기주식물 : 소나무, 해송, 잣나무, 삼나무, 히말라야시다, 낙엽송 등

② 분포지역 : 한국, 일본, 중국, 대만

③ 피해현황

    ㉠ 유충이 소나무류의 수피 안쪽의 형성층과 목질부 식해

    ㉡ 성충은 수세 쇠약목, 고사목에 산란

    ㉢ 소나무류에 치명적인 피해를 주는 소나무재선충 매개

④ 해충특성

    ㉠ 1년에 1회 발생

    ㉡ 목질부 속의 가해부위에 월동한 유충은 4월경에 수피와 가까운 곳으로 이동하여 번데기방을 만들고 번데기가 됨

    ㉢ 성충은 5월 하순~8월 상순에 수피에 약 6mm가량 되는 원형의 구멍을 만들고 밖으로 나와 3년생 전후의 어린가지의 수피를 식해(후식)

    ㉣ 소나무재선충은 성충이 후식할 때 가해부위를 통해 나무속으로 침입

    ㉤ 산란은 3mm 정도의 상처를 내고 1개씩 산란하며 알은 평균 100개 정도 산란

⑤ 방제방법

    ㉠ 소나무재선충은 자력으로 이동이 되지 않으므로 매개충을 방제

    ㉡ 성충의 우화 및 후식 피해시기인 5~7월 페니트로티온 수화제(50%), 티아클로프리드 액상수화제 (10%)를 3~4회 항공 방제

    ㉢ 벌채한 원목 및 가지는 메틸브로마이드 훈증제(98.5%) 또는 메탐소듐 액제(25%)로 훈증

    ㉣ 고사목, 피압목을 제거하고 밀생임분은 간벌을 실시하여 쇠약목이 없도록 함

    ㉤ 성충이 우화하기 전 티아메톡삼 분산성액제 나무주사

(2) 북방수염하늘소(*Monochamus saltuarius*)

① 기주식물 : 잣나무, 리기다소나무, 소나무, 해송, 낙엽송

② 분포지역 : 한국, 일본, 중국, 연해주, 러시아, 유럽

③ 피해현황

    ㉠ 유충이 소나무류의 수피 안쪽의 형성층과 목질부 식해

    ㉡ 성충은 수세 쇠약목, 고사목에 산란

    ㉢ 2006년 12월 경기도, 2007년 강원도의 잣나무림의 피해목 발생

    ㉣ 소나무류에 치명적인 피해를 주는 소나무재선충 매개

④ 해충특성

    ㉠ 1년에 1회 발생

    ㉡ 우화시기는 4~7월이고 최성기는 5월 상순

    ㉢ 산란기간은 30일 정도이고 암컷 1마리당 44~122개를 산란하며 성충은 45일 정도 생존

(3) 알락하늘소(*Anoplophora malasiaca*)

① 기주식물 : 가래나무류, 느릅나무, 단풍나무, 때죽나무, 멀구슬나무, 사시나무, 버드나무, 양버즘나무, 버즘나무, 배롱나무 등 활엽수와 침엽수인 삼나무

② 분포지역 : 한국, 일본, 중국, 미얀마, 북아메리카 등

③ 피해현황

    ㉠ 유충이 줄기 아래쪽에서 목질부 속으로 이동하며 갉아먹음

    ㉡ 노숙유충시기에는 지체부로 이동하여 형성층을 갉아먹음

    ㉢ 성충은 수피를 고리모양(환상)으로 갉아먹어 가지가 고사됨

④ 해충특성

    ㉠ 1년에 1회 발생하며 노숙유충으로 줄기에서 월동

    ㉡ 활엽수종과 삼나무를 가해. 특히 단풍나무 피해 심함

    ㉢ 유충이 밖으로 목설을 배출하고 노숙유충이 형성층 파괴

    ㉣ 성충은 후식피해는 크지 않지만 가지의 수피를 환상으로 갉아먹어 가지가 고사됨

⑤ 방제방법

    ㉠ 철사를 침입공으로 넣어 내부의 유충을 찔러 죽임

    ㉡ 성충 우화기에 아세타미프리드, 뷰프로페진 유제 살포

    ㉢ 피해목이나 가지를 제거하여 반출하여 소각

    ㉣ 고치벌류, 좀벌류, 맵시벌류, 기생파리류 등의 천적 보호

(4) 박쥐나방(*Endoclyta excrescens*)

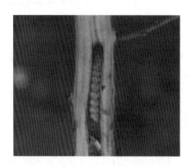 

① **기주식물** : 밤나무, 호두나무, 감나무, 대추, 단풍나무 등 활엽수

② **분포지역** : 한국, 일본, 중국, 러시아

③ **피해현황**

    ㉠ 어린유충은 초목의 줄기속 식해

    ㉡ 성장한 후에는 나무로 이동하여 수피와 목질부 표면을 환상으로 식해

    ㉢ 거미줄을 토하여 벌레 똥과 먹이 찌꺼기를 바깥에 처리하므로 혹같이 보임

    ㉣ 가해부위는 바람에 부러지기 쉬워 피해 가중

④ **해충특성**

    ㉠ 연 1회 발생하며 지표면에서 알로 월동

    ㉡ 5월에 부화하고 어린 유충은 지면의 지피물 밑에 서식

    ㉢ 8월 하순~10월 상순에 우화한 성충은 박쥐처럼 저녁에 활동하며 날면서 알을 땅에 산란

    ㉣ 한 마리의 산란 수는 3,000~8,000개

⑤ **방제방법**

    ㉠ 벌레집을 제거하고 페니트로티온 유제(50%) 100배액을 주사기로 주입

    ㉡ 부화 직후인 5월에 페니트로티온 유제(50%) 1,000배액을 지면 살포

    ㉢ 어린 유충기에 초목류를 가해하므로 풀깎기를 철저히 함

    ㉣ 침입구멍에 철사를 이용하여 유충을 찔러 죽임

(5) 복숭아유리나방(*Synanthedon hector*)

① 기주식물 : 복사나무, 자두나무, 벚나무, 사과나무, 갯버들 등 과수류

② 분포지역 : 한국, 일본

③ 피해현황

　　㉠ 유충이 줄기나 가지의 수피 밑 형성층 식해

　　㉡ 가해부에 가지마름병균이나 부후균이 들어가 심하면 나무가 고사됨

④ 해충특성

　　㉠ 연 1회 발생하며 줄기나 가지의 가해부위에서 유충으로 월동

　　㉡ 유충은 4~7월까지 가해 후 번데기가 됨

　　㉢ 성충은 주행성이며 강한 성페로몬 발산

　　㉣ 수피의 갈라진 틈에 산란

　　㉤ 수피 밑에 잠복하여 가해하므로 방제가 어려운 해충

⑤ 방제방법

　　㉠ 피해가 줄기 밑부분에 많고 쉽게 발견되므로 벌레집 제거

　　㉡ 페니트로티온 유제(50%) 100배액을 주사기로 주입

　　㉢ 침입구멍에 철사를 이용하여 유충을 찔러 죽임

(6) 포도유리나방(*Paranthrene regalis*)

① 기주식물 : 머루, 포도, 은사시나무 등

② 분포지역 : 한국, 중국, 일본

③ 피해현황

　　㉠ 어린 1~2령 유충은 신초와 잎을 식해하여 성장 저해

　　㉡ 3령 이후 유충은 가지부위로 이동하여 목질부를 뚫고 식해

　　㉢ 피해부위는 바람에도 부러지기 쉬우며 어린나무에 피해가 심함

　　㉣ 유충이 침입한 가지는 방추형으로 부풀기 때문에 발견이 용이

④ 해충특성

　　㉠ 연 1회 발생하며 가지에서 유충태로 월동

　　㉡ 성충은 5~6월 우화하며, 야행성 해충

⑤ 방제방법

　　㉠ 겨울철에 피해가지가 부풀어 있으므로 제거하여 소각

　　㉡ 페니트로티온 유제(50%) 1,000배액 살포

　　㉢ 침입구멍에 철사를 이용하여 유충을 찔러 죽임

(7) 광릉긴나무좀(*Platypus koryoensis*)

① **기주식물** : 신갈나무, 졸참나무, 갈참나무, 상수리나무, 서어나무 등

② **분포지역** : 한국, 대만, 러시아

③ **피해현황**

ⓐ 수세가 쇠약한 나무나 대경목의 목질부 가해

ⓑ 참나무시들음병의 병원체인 Raffaelea sp.를 매개

ⓒ 2004년 성남에서 발생하였으며, 주로 신갈나무 피해, 흉고직경이 30cm 이상에서 발생

④ **해충특성**

ⓐ 연 1회 발생하며 노숙유충으로 월동하나 일부는 성충과 번데기로도 월동

ⓑ 성충 5월 중순부터 모갱을 통하여 외부로 탈출하며 최성기는 6월 중순

ⓒ 유충은 분지공을 형성하고 암브로시아균을 먹으며 성장

⑤ **방제방법**

ⓐ 벌레 똥을 배출하는 침입공에 페니트로티온 유제(50%) 100배액을 주사기로 주입

ⓑ 피해목을 1m 단위로 잘라 메탐소듐 액제(25%)를 1주일 이상 훈증

ⓒ 광릉긴나무좀에 기생하는 천적을 이용

ⓓ 페로몬을 이용하여 유인하고 끈끈이트랩 활용

ⓔ 유인목을 설치하여 유인하고 소각처리

(8) 소나무좀(*Tomicus piniperda*) 기출 6회

충태	월											
	1	2	3	4	5	6	7	8	9	10	11	12
성충	━	━	━			━	━	━	━	━	━	━
알				━								
유충					━							
번데기					━							

① **기주식물** : 소나무, 해송, 잣나무, 소나무속 침엽수

② **분포지역** : 한국, 일본, 중국, 러시아, 유럽, 북미

③ **피해현황**

ⓐ 수세가 쇠약한 수목, 고사목에 기생

ⓑ 월동성충이 수피를 뚫고 들어가 산란한 알에서 부화한 유충이 형성층을 가해

ⓒ 신성충은 새가지를 뚫고 가지는 고사한 채 붙어 있는데 이를 후식 피해라고 함

④ 해충특성

  ㉠ 연 1회 발생하며 성충으로 월동

  ㉡ 봄과 여름 두 번 가해

  ㉢ 부화한 유충은 갱도와 직각 방향으로 내수피를 먹고 들어가면서 유충갱도 형성

  ㉣ 신성충은 6월 초부터 1년생 새가지 속을 위쪽으로 가해(후식피해)

⑤ 방제방법

  ㉠ 성충을 대상으로 3월 하순~4월 중순에 페니트로티온 유제(50%)를 500배액으로 1주일 간격으로 2~3회 살포

  ㉡ 수세 쇠약목을 주로 가해하므로 수세를 강화하는 것이 가장 좋음

  ㉢ 유인목을 설치하여 유인하고 소각처리(유살법)

(9) 향나무하늘소(*Semanotus bifasciatus*)

① 기주식물 : 향나무, 측백나무, 편백, 나한송, 화백, 삼나무 등을 가해

② 분포지역 : 한국, 중국, 일본, 타이완 등

③ 피해현황

  ㉠ 유충은 수피를 뚫고 형성층을 갉아먹기 때문에 **빠르게 고사**

  ㉡ 유충이 목설을 밖으로 배출하지 않기 때문에 피해를 발견하기 어려움

④ 해충특성

  ㉠ 1년에 1회 발생하며 피해목 목질부의 번데기 집에서 성충으로 월동(3~4월에 탈출)

  ㉡ 월동 성충은 3~4월에 탈출하여 교미 후 수피를 뜯고 알을 낳음(28개 정도)

  ㉢ 유충이 형성층을 불규칙하고 편평하게 갉아먹으며 갱도에 목설을 채움

  ㉣ 9월에 노숙유충이 되면 목질부 안쪽으로 파고들어 번데기집을 만들고 번데기가 됨

(10) 오리나무좀(*Xylosandrus germanus*)

① 기주식물

  ㉠ 오리나무, 참나무류, 밤나무, 감나무, 호두나무, 대추나무 같은 활엽수

  ㉡ 편백, 비자나무, 삼나무, 일본잎갈나무 같은 침엽수를 가해하는 잡식성 해충

② 분포지역 : 한국, 일본, 중국, 북아메리카, 유럽 등

③ 피해현황

  ㉠ 우리나라의 경우 밤나무에서 대발생하는 경우가 있음

  ㉡ 성충이 목질부에 침입하여 갱도에서 암브로시아균을 배양함

  ㉢ 외부로 목설을 배출하기 때문에 쉽게 발견됨

④ 해충특성

  ㉠ 1년에 2~3회 발생하며 성충으로 월동

  ㉡ 암컷성충은 갱도를 만들며 끝부분에 20~50개의 알을 무더기로 낳음

  ㉢ 부화한 유충은 암브로시아균을 먹고 자람

■ 주요 천공성 해충의 종류 및 특징

해충명	발생/월동	특 징
벚나무사향하늘소 *Aromia bungii*	2년 1회 / 유충 줄기	• 매실, 복숭아, 살구, 자두나무 등 가해 / 벚나무속 피해가 큼 • 유충은 목질부를 갉아먹고 목설 및 수액이 배출 • 목설은 가루 및 길이가 짧고 넓은 우드칩모양을 배출
향나무하늘소 *Semanotus bifasciatus*	1회 / 성충 목질부, 번데기집	• 향나무, 측백나무, 편백, 나한백, 화백, 삼나무 등 가해 • 유충이 수피를 뚫고 형성층을 파괴하여 빠르게 고사 • 목설을 밖으로 배설하지 않아 발견하기가 어려움
솔수염하늘소 *Monochamus alternatus*	1회 / 유충 목질부	• 소나무, 곰솔, 잣나무, 전나무 등 가해 / 재선충 매개 • 성충은 5월 하순부터 우화하며 5월 상순경이 최성기 • 우화한 성충은 어린가지 수피에서 후식(재선충 침입) • 암컷 더듬이는 편절마디 절반이 회백색, 수컷은 흑갈색
북방수염하늘소 *Monochamus saltuarius*	1회 / 유충 목질부	• 잣나무, 섬잣나무, 스트로브잣나무 등 가해 / 재선충 매개 • 성충은 4월 중순부터 우화하며 5월 상순이 최성기 • 우화한 성충은 어린가지 수피에서 후식(재선충 침입) • 성충은 야행성으로 저녁부터 야간에 활발히 활동
알락하늘소 *Anoplophora chinensis*	1회 / 노숙유충 줄기	• 활엽수종과 삼나무를 가해. 특히 단풍나무 피해 심함 • 유충이 밖으로 목설 배출, 노숙유충이 형성층을 파괴 • 성충은 가지의 수피를 환상으로 갉아먹어 가지가 고사
광릉긴나무좀 *Platypus koryoensis*	1회 / 노숙유충 성충, 번데기 목질부	• 참나무 중 특히 신갈나무에 피해가 심함 • 쇠약한 나무나 큰 나무의 목질부를 가해하고 **목설 배출** • 수컷성충이 먼저 침입하고 페르몬을 분비하여 암컷 유인 • 침입부위는 줄기 아래쪽부터 위쪽으로 확산되는 특징 • 유충은 분지공을 형성하고 병원균은 Raffaelea quercus
오리나무좀 *Xylosandrus germanus*	2~3회 / 성충 목질부	• 기주식물이 150종 이상의 잡식성 해충임 • 성충이 목질부에 침입하여 갱도에서 암브로시아균 배양 • 외부로 목설을 배출하기 때문에 쉽게 발견됨 • 건강한 나무를 집단 공격하여 고사시키는 경우도 있음
소나무좀 *Tomicus piniperda*	1회 / 성충 지체부 부근	• 소나무, 곰솔, 잣나무 등 소나무속의 침엽수 가해 • 성충과 유충이 수피 바로 밑 형성층과 목질부 가해 • 쇠약한 수목에 피해가 발생하나 건전한 나무도 가해 • 월동한 성충은 3월 하순~4월 상순에 쇠약한 나무에 침입
앞털뭉뚝나무좀 *Scolytus frontails*	1회 / 번데기 목질부	• 1983년 외래해충으로 기록, 2010년 국내 서식 확인 • 주로 느티나무 가해 / 수세가 쇠약한 수목이 피해가 큼 • 기주의 형성층과 목질부를 가해하여 피해목을 고사시킴 • 성충은 6~7월 피해목에서 우화함
박쥐나방 *Endoclyta excrescens*	1회 / 알 지표면	• 2년에 1회 발생할 경우 피해목 갱도에서 유충으로 월동 • 5월에 부화하여 지피물 밑에서 초목류 가해 • 3~4령기 이후에는 나무로 이동하여 목질부 속을 가해 • 산란은 지표면에 날아다니면서 알을 떨어트림 • 임내 잡초를 제거하고 지면에 적용 액제를 살포
복숭아유리나방 *Synanthedon bicingulata*	1회 / 유충 줄기나 가지	• 유충이 수피 밑의 형성층 부위를 식해 • 가해부는 적갈색의 굵은 배설물과 함께 수액이 흘러나옴 • 성충의 날개는 투명하나 날개맥과 날개끝은 검은색임 • 우화최성기는 8월 상순이며 암컷이 성페르몬을 분비 • 침입구멍에 철사를 넣고 찔러 죽이거나 페로몬 트랩 설치

적중예상문제

제1장 **곤충의 이해**

01 다음 중 곤충에 관한 설명으로 옳지 않은 것은?

① 곤충은 약 100만여 종이 밝혀져 있다.

② 곤충은 전 동물군의 70% 이상을 차지하고 있다.

③ 지구상의 곤충은 고생대 석탄기에 최초로 출현하였다.

④ 곤충의 종류는 딱정벌레목이 40%를 차지하고 있다.

⑤ 지구상 존재 가능한 곤충은 학자에 따라 차이가 있으나 800만여 종으로 추정하고 있다.

해설

지구상의 곤충은 데본기에 최초 출현하였으며, 날개 달린 곤충은 석탄기에 출현하였다.

02 곤충이 지구상에서 전 동물군의 70% 이상을 차지할 수 있었던 번성 원인이 잘못된 것은?

① 곤충은 몸이 소형이다.

② 곤충은 생식능력이 뛰어나다.

③ 곤충은 날개를 가지고 있다.

④ 곤충은 환경이 불리하면 휴면에 들어간다.

⑤ 곤충은 몸체가 작고 외골격이 약해서 물리적 충격에 약하다.

해설

작고 외골격이 단단해서 물리적 충격에 강하며 외골격은 근육량을 많이 포함할 수 있다.

정답 1 ③ 2 ⑤

03 곤충의 번성원인에 대한 설명 중 옳은 것은?

① 날개가 있는 유시류는 중생대에 출현했다.
② 곤충목은 불완전변태보다 완전변태의 종류가 더 많다.
③ 암컷의 저정낭은 정자를 저장하여 필요 시 사용 할 수 있다.
④ 곤충의 굴근은 위치에너지를 운동에너지로 전환한다.
⑤ 외골격은 건조를 방지하기 위해 키틴으로 되어있다.

해설
외골격의 굴근(flexor muscle)에 의해 흡수된 위치에너지를 운동에너지로 전환한다.

04 고시류(*Paleoptera*)와 신시류(*Neoptera*)의 차이를 설명한 것으로 옳은 것은?

① 고시류는 날개가 1쌍이고 신시류는 2쌍이다.
② 신시류는 날개가 막질이고, 고시류는 혁질이다.
③ 신시류는 불완전변태를 하고, 고시류는 완전변태를 한다.
④ 고시류는 신시류와 달리 날개를 복부 쪽으로 꺾을 수 없다.
⑤ 고시류는 애벌레 때부터 날 수 있지만 신시류는 성충만 날 수 있다.

해설
고시류와 신시류의 차이는 날개를 접을 수 있는지 없는지의 차이이다.

05 다음 중 뒷날개 1쌍이 퇴화하여 평균곤(또는 평형곤)으로 변형된 곤충목은?

① 밑들이목   ② 날도래목
③ 부채벌레목   ④ 파리목
⑤ 흰개미목

해설
파리목은 뒷날개가 퇴화되어 평균곤으로 발달했고, 이것으로 균형을 잡는다.

06 다음 중 완전변태류(*holometabola*)에 속하는 곤충이 아닌 것은?

① 풀잠자리

② 뱀잠자리

③ 약대벌레

④ 밑들이

⑤ 강도래

해설

강도래는 불완전변태를 하며 번데기기간이 없다.

07 다음 중 애벌레에서 성충이 될 때 번데기 과정을 거치지 않는 곤충은?

① 파 리

② 날도래

③ 밑들이

④ 하루살이

⑤ 나 방

해설

번데기기간이 없는 것은 무변태 또는 불완전변태를 말한다. 고시류에 속하는 하루살이목, 잠자리목은 불완전변태를 한다.

08 외골격의 주요 기능이 아닌 것은?

① 왁스층으로 탈수를 방지한다.

② 외부의 충격으로부터 보호한다.

③ 외부 세균의 침입을 방지하는 역할을 한다.

④ 움직이지 않도록 몸 전체를 고정할 수 있다.

⑤ 외부로부터의 자극을 받아들여 내부로 전달한다.

해설

외골격은 부드러운 몸조직의 모양을 지탱할 뿐 아니라 공격이나 상해로부터 보호하며, 건조 및 담수 환경 모두에서 체액의 손실을 최소화한다.

09 곤충의 번성 원인으로 옳지 않은 것은?

① 외골격이 발달하여 몸을 보호하기에 좋다.
② 곤충은 불리한 환경에서 휴면을 취할 수 있다.
③ 날개가 발달하여 생존 및 분산에 도움이 된다.
④ 생존을 위해 성충이 유충으로 되돌아가는 역변태가 가능한 종도 있다.
⑤ 몸의 크기가 작아 소량의 먹이로도 생존할 수 있고 적을 피해 숨기에 유리하다.

해설
곤충의 번성 원인으로는 외골격, 작은 몸집, 비행능력, 번식능력, 변태, 휴면 등이 있다.

10 앞날개가 변형된 반초시로 반은 딱딱하고 끝부분은 막질로 구성되어 있는 곤충 목은?

① 나비목   ② 메뚜기목
③ 딱정벌레목   ④ 노린재아목
⑤ 하루살이목

해설
딱정벌레목은 초시이고 노린재아목은 반초시가 특징이다. 메뚜기는 가죽날개이고, 나비목은 비늘날개를 가지고 있어 인시목이라고도 부른다.

11 노린재아목에 대한 설명으로 옳지 않은 것은?

① 입틀은 주사침 모양을 하고 있다.
② 겹눈은 크고 홑눈은 있거나 없다.
③ 몸에는 특수한 냄새샘이 있다.
④ 한쌍의 날개를 가지고 있으며 반초시이다.
⑤ 노린재아목에는 방패벌레도 포함되어 있다.

해설
노린재의 날개는 대부분 2쌍이다.

12 다음 설명으로 옳은 것은?

① 낫발이목은 무변태를 한다.

② 톡톡기목은 증절변태를 한다.

③ 좀붙이목은 구슬모양의 더듬이로 되어 있다.

④ 톡톡이, 낫발이, 좀붙이목은 곤충강에 속한다.

⑤ 돌좀목과 좀목은 곤충강에 속하지 않는다.

해설

좀붙이목은 겹눈이 없고 10개 이상의 구슬모양 더듬이가 있으며, 배마디마다 뾰족돌기와 소낭이 있다.

13 다음 중 지구상에 최초로 유시곤충이 출현한 시대는?

① 고생대 캄브리아기

② 고생대 데본기

③ 고생대 석탄기

④ 고생대 이첩기

⑤ 중생대 삼첩기

해설

최초의 곤충은 데본기에 나타났으며, 유시충은 3.5억 년 전인 석탄기에 나타났다.

01 곤충의 번데기가 되는 것을 억제하는 호르몬을 생성하는 곳은 어디인가?

① 알라타체   ② 환상샘

③ 앞가슴샘(전흉선)   ④ 카디아카체

⑤ 신경절

해설

앞가슴샘은 탈피, 허물벗기, 경화호르몬을 생성하고, 카디아카체는 심장박동조절에 관여한다.

02 다음 중 머리에서부터 곤충더듬이 마디의 연결순서이다. 옳은 것은?

① 밑마디(자루마디) – 흔들마디(팔굽마디) – 채찍마디

② 자루마디 – 밑마디(흔들마디) – 채찍마디(팔굽마디)

③ 자루마디 – 채찍마디 – 밑마디

④ 밑마디 – 채찍마디 – 자루마디

⑤ 채찍마디 – 밑마디 – 자루마디

해설

머리에서부터 밑마디(자루마디) – 흔들마디(팔굽마디) – 채찍마디 순으로 연결되어 있다.

03 곤충의 신경계와 지배받는 기관의 연결이 바르지 않는 것은?

① 촉감각 – 중대뇌

② 시감각 – 전대뇌

③ 다리 및 날개운동 – 가슴신경절

④ 침샘, 대동맥 및 입틀근육 – 전장신경계

⑤ 윗입술과 식도의 감각 및 운동 – 식도하신경절

해설

식도상신경절과 식도하신경절로 나누어지며, 식도상신경절에는 전대뇌, 중대뇌, 후대뇌로 구분되며 위입술과 식도의 감각 및 운동은 후대뇌에서 이루어진다.

04 곤충의 심장박동을 조절하는 곳은 어디인가?

① 카디아카체   ② 지방체

③ 알라타체   ④ 편도세포

⑤ 원추상 세포

해설

유충호르몬은 성충이 되는 것을 억제하는 호르몬으로 성충이 될 시기에 점점 줄어들며, 지방체는 척추동물의 간에 해당되는 곳으로 영양물질과 활동력 형성물질을 축적한다.

05 곤충의 생식계에 대한 설명으로 옳지 않은 것은?

① 줄기세포에서 난포세포가 형성된다.

② 난모세포는 증식실과 난황실을 거쳐 배란된다.

③ 난황실에서 수란관로 이동하는 것을 배란이라고 한다.

④ 수정낭은 수컷으로부터 건네받은 정자를 보관하는 곳이다.

⑤ 암컷의 부속샘은 알의 보호막과 점착액을 분비하여 알을 붙일 수 있다.

해설

곤충 암컷의 끝끈에서는 난모세포가 형성되고, 난모세포는 증식실과 난황실을 거쳐 배란된다.

06 곤충 날개의 변형 중 노린재의 특징으로 앞날개의 끝부분이 막질로 구성된 것을 뜻하는 것은?

① 반초시   ② 초 시

③ 외 연   ④ 평균곤

⑤ 부착판

해설

딱딱한 앞날개가 있으면 초시라고 하며, 노린재는 앞날개의 끝부분이 막질로 되어 있어 반만 딱딱하여 반초시라고 한다.

07 곤충에 있어 알에서 부화되어 나온 것을 유충 또는 약충이라고 한다. 그 쓰임이 옳은 것은?

① 방패벌레의 애벌레는 약충, 부채벌레의 애벌레는 유충이라고 한다.

② 매미의 애벌레는 유충, 나비의 애벌레는 약충이라고 한다.

③ 잠자리와 하루살이 애벌레는 유충이라고 한다.

④ 노린재와 파리 애벌레는 약충이라고 한다.

⑤ 완전변태류의 애벌레는 모두 약충이라고 한다.

해설

매미목, 잠자리목, 하루살이목, 노린재목 등은 불완전변태를 한다.

08 진딧물의 간모(幹母)에 관한 설명 중 옳지 않은 것은?

① 단성생식을 한다.

② 월동한 알에서 부화한다.

③ 알 대신 1령 약충을 낳는다.

④ 양성생식으로 생긴 알에서 부화한 것이다.

⑤ 월동 후 2차 기주(여름기주)로 이동하여 번식한 첫 개체이다.

해설

진딧물의 월동란이 봄에 부화하여 발육한 것으로 날개가 없이 새끼를 낳는 단위 생식형의 암컷을 간모(幹母)라고 한다.

09 유충의 특성과 거리가 먼 것은?

① 완전변태를 하는 곤충의 애벌레를 말한다.

② 유충이 자라면서 허물을 벗는 것을 탈피라고 한다.

③ 탈피를 통해 몸의 크기를 키운다.

④ 다음 탈피할 때까지의 기간을 영기라고 한다.

⑤ 가슴다리보다는 배다리가 더 발달하였다.

해설

유충은 다리의 발달이 다양하게 나타나며, 가슴다리와 배다리가 발달한 것은 나비목, 벌목에 속하는 곤충이다.

10 곤충이 번데기가 되는 것을 억제하는 호르몬을 생성하는 곳은?

① 앞가슴샘   ② 환상샘

③ 알라타체   ④ 카디아카체

⑤ 신경절

해설

내분비선	작 용
카디아카체	심장박동의 조절에 관여
알라타체	성충으로의 발육을 억제하는 유충(약)호르몬 생성
앞가슴선(전흉선)	탈피호르몬, 허물벗기호르몬, 경화호르몬 생성

11 해충의 발육조건을 지배하는 조건 중 가장 예민한 것은?

① 온 도   ② 습 도

③ 바 람   ④ 구 름

⑤ 소 음

해설

종에 따라 차이가 있으나 온대성 곤충의 생존온도는 −15∼50℃이며 15∼32℃에서 비교적 활발하게 활동한다. 해충의 변화를 적산온도에 따라 예측할 수 있듯 온도는 가장 중요한 해충의 발육조건이다.

12 곤충의 체벽 중 탈피호로몬을 분비하는 층은?

① 내원표피층   ② 시멘트층

③ 외원표피층   ④ 진피층

⑤ 기저막

해설

곤충은 표피(외표피, 원표피), 진피층, 기저막으로 구분되며 호르몬의 생성 및 분비는 한 줄의 세포로 구성되어 있으며 감각모가 연결되어 있는 진피층에서 이루어진다.

13 곤충의 표피층에서 체벽의 진피층(epidermis)에 대한 설명 중 옳지 않은 것은?

① 진피는 한층의 상피세포로 되어 있다.
② 진피의 표면에는 미세한 융모가 있다.
③ 기저막은 진피세포에서 분비되어 형성된다.
④ 진피세포는 감각모가 형성되어 있다.
⑤ 단백질, 지질, 키틴 화합물을 합성하며 탈피를 통해 재생산된다.

해설
• 외표피는 시멘트층, 왁스층 및 단백질성 외표피
• 원표피는 다량의 키틴질 함유

14 곤충의 외표피를 바깥쪽에서부터 안쪽으로 옳게 배열한 것은?

① 시멘트층 – 왁스층 – 표피층 – 기저막
② 왁스층 – 진피세포 – 기저막 – 원표피
③ 왁스층 – 원표피 – 기저막 – 진피세포
④ 왁스층 – 기저막 – 진피세포 – 표피층
⑤ 시멘트층 – 기저막 – 왁스층 – 표피층

해설
곤충은 가장 바깥쪽에 시멘트층이 있으며 왁스층과 함께 수분의 증발을 막아주는 역할을 한다. 곤충의 외골격은 외표피(시멘트층, 왁스층, 표피소층) – 원표피 – 진피세포층 – 기저막으로 되어있다.

15 곤충의 순환계에 대한 설명 중 틀린 것은?

① 폐쇄순환계를 가지고 있다.
② 각 심실의 양쪽에 1쌍의 심문이 있다.
③ 대동맥 부분에 배부 횡격막이 있다.
④ 횡격막의 작용으로 혈액이 후방과 측방으로 흐르게 한다.
⑤ 곤충의 혈액은 혈림프 한 가지이다.

해설
순환계는 등쪽에 1개의 단순환 관모양으로 이루어져 있으며 개방순환계이다.

16 곤충 혈림프의 기능과 가장 관계가 적은 것은?

① 양분의 운반
② 혈구와 혈장의 운반
③ 노폐물의 운반
④ 단백질과 지방의 운반
⑤ 산소의 운반

해설

혈림프는 개방혈관계를 가진 동물들의 체액을 말한다. 혈액과 림프의 기능을 모두 갖기 때문에 혈액(hemo)과 림프(lymph)를 합친 단어이다. 이는 대부분 절지동물(arthropod)이 갖고 있지만 일부 연체동물들도 갖는다. 곤충은 기문이라는 공기구멍을 통해 산소를 운반한다. 혈림프에도 호흡색소가 있지만 그 농도가 매우 낮고 세포 안에 쌓여있지도 않다. 절지동물의 호흡계가 각 세포에 도달해 있기 때문에 전신산소운반은 혈림프의 주요기능이 아니다.

17 곤충의 분비기관 중 내분비계가 아닌 것은?

① 카디아카체
② 알라타체
③ 앞가슴선(전흉선)
④ 악취선
⑤ 뇌하수체

해설

내분비계는 분비물을 혈액 속에 보내는 기관이며, 외부로 방출되는 물질은 외분비계에서 이루어진다. 악취선은 외분비선이다.

18 곤충의 분비계중에서 외분비계에 속하지 않는 것은?

① 악취선
② 이마샘
③ 여왕물질
④ 유약호르몬
⑤ 페로몬

해설

유약호르몬은 혈액 속으로 운반되는 물질이다.

19 곤충의 배설과 삼투압 조절에 관련된 기관을 짝지은 것으로 옳은 것은?

① 말피기관 - 직장
② 말피기관 - 소낭
③ 알라타체 - 소낭
④ 카디아카체 - 말피기관
⑤ 알라타체 - 말피기관

해설

곤충의 배설계에는 말피기관, 지방체, 편도세포, 공생균기관 등이 있고, 말피기관 밑부와 직장은 물과 무기이온을 재흡수하여 조직 내의 삼투압을 조절한다.

20 곤충의 알라타체에서 분비되는 호로몬의 종류로서 곤충으로 하여금 유충의 상태를 유지하도록 해 주는 호르몬은?

① 유약호르몬
② 탈피호르몬
③ 신경분비호르몬
④ 알라타체자극호르몬
⑤ 페로몬

해설
곤충을 어린 상태로 유지하는 작용 : 유약호르몬

21 체외로 분비되는 곤충의 생리활성물질로 이를 이용하여 암수의 교미를 방해하여 방제하는데 이용되는 것은?

① 신경분비호르몬
② 페로몬
③ 유인물질
④ 알라타체자극호르몬
⑤ 불임제

해설
페르몬(pheromone)은 동일 종의 한 개체가 다른 개체에게 정도를 전달하는 화합물질로 페로몬을 감지할 수 있는 감각모가 잘 발달되어 있다. 페로몬의 종류에는 성페로몬, 집합페로몬, 분산페로몬, 길잡이페로몬, 경보페로몬이 있다.

22 곤충의 유약호르몬을 분비하는 내분비선의 명칭은?

① 알라타체(Corpora allata)
② 카디아카체(Corpora cardiaca)
③ 앞가슴선(Prothoracic gland)
④ 식도하신경절
⑤ 말피기관

해설
알라타체는 미성숙 단계에서 성충 형질의 발육을 억제하고 성충 단계에서 성적 성숙을 촉진하는 화합물인 유약호르몬을 생산한다.

23 탈피호르몬(MH), 허물벗기호르몬(EH), 경화호르몬(bursicon)을 생성하는 곳은?

① 전흉선(앞가슴선)
② 알라타체
③ 카디아카체
④ 전 위
⑤ 지방체

해설
앞가슴샘은 표피세포에 키틴과 단백질의 합성을 자극하고 탈피가 정점에 달하는 단계적인 생리현상을 촉발시키는 스테로이드호르몬 그룹인 엑디스테로이드를 생산한다.

20 ① 21 ② 22 ① 23 ① 정답

24 내분비샘에서 나오는 탈피 및 변태호르몬에 대한 내용이다. 잘못 연결된 것은?

(①)에서 분비된 호르몬을 유약호르몬이라 하고, (②)에서 분비된 호르몬을 탈피호르몬이라고 한다. 유약호르몬이 높은 상태에서 탈피호르몬이 분비되면 (③), 유약호르몬이 낮은데서 탈피호르몬이 방출되면 (④), 유약호르몬이 완전히 소멸하면 (⑤)가 일어난다.

① 알라타체

② 카디아카체

③ 유충의 탈피

④ 용 화

⑤ 우 화

해설

탈피호르몬을 분비하는 곳은 앞가슴선이다.

25 곤충의 신경계와 지배받는 기관의 연결이 바르지 않는 것은?

① 촉감각 – 중대뇌

② 시감각 – 전대뇌

③ 다리 및 날개운동 – 가슴신경절

④ 침샘, 대동맥 및 입틀근육 – 전장신경계

⑤ 윗입술과 식도의 감각 및 운동 – 식도하신경절

해설

식도상신경절과 식도하신경절로 나누어지며, 식도상신경절에는 전대뇌, 중대뇌, 후대뇌로 구분되며 위입술과 식도의 감각 및 운동은 후대뇌에서 이루어진다.

26 다음 중 변태과정과 곤충, 분류목의 연결이 잘못 연결된 곤충은?

① 불완전변태 – 메뚜기 – 메뚜기목

② 불완전변태 – 매미 – 노린재목

③ 완전변태 – 흰개미 – 벌목

④ 완전변태 – 벌 – 벌목

⑤ 완전변태 – 나무좀 – 딱정벌레목

해설

흰개미는 흰개미목(불완전변태)이 별도로 있다.

01 딱정벌레목에 대한 설명으로 바르지 않은 것은?

① 완전변태를 한다.

② 번데기는 주로 나용이다.

③ 해충종보다 천적종이 많다.

④ 가장 큰 목으로 곤충 전체종의 40%를 차지한다.

⑤ 곤충의 체벽구성 바깥쪽에 시멘트층을 가지고 있다.

해설

딱정벌레류는 주로 목질부를 가해하거나 식엽성이므로 천적종이 많지 않다.

02 다음은 곤충개체군의 밀도조사법이다. 비행하는 곤충의 곤충조사법이 아닌 것은?

① 끈끈이 트랩   ② 유아등

③ 스위핑   ④ 페로몬 트랩

⑤ 흡입트랩

해설

스위핑은 수관에 서식하는 곤충의 밀도조사법이다.

03 다음의 빈칸에 들어갈 말이 차례대로 바르게 연결된 것은?

> 서로 다른 생물종 간의 상호작용은 양쪽에 유리한 (㉠), 한쪽에만 유리하고 상대방은 손익이 없는 (㉡), 양쪽에 불리한 (㉢), 그리고 한쪽에만 유리하고 상대방은 피해를 받는 (㉣)이 있다.

	㉠	㉡	㉢	㉣
①	경 쟁	편리공생	기 생	상리공생
②	기 생	경 쟁	편리공생	상리공생
③	편리공생	상리공생	경 쟁	기 생
④	상리공생	편리공생	기 생	경 쟁
⑤	상리공생	편리공생	경 쟁	기 생

04 수목해충에 대한 설명 중 옳은 것은?

① 거미강에 속하는 응애도 수목에 피해를 많이 주는 해충이다.
② 수목에 피해를 주는 곤충은 전체의 20~30%에 해당한다.
③ 진딧물과 깍지벌레가 속해 있는 딱정벌레목이 가장 큰 피해를 준다.
④ 거위벌레와 선녀벌레가 속해 있는 노린재목도 흡즙성 피해를 많이 가한다.
⑤ 노린재목, 딱정벌레목, 벌목 등은 완전변태를 하는 내시류이다.

해설
수목해충은 우리나라 곤충의 7~8%에 해당한다.

05 다음의 설명 중 옳지 않은 것은?

① 곤충의 생명표에서 가장 중요한 것은 생존율이다.
② 생명표의 유형은 크게 세 가지로 분류되는데, 곤충은 제3형에 해당한다.
③ 생존곡선의 유형은 종에 있어서 고정적인 유형이라고 할 수 있다.
④ 종 내 경쟁 중 임계밀도를 넘어서면 사멸하게 되는 것은 무서열 경쟁이다.
⑤ 먹이가 풍부하고 천적이나 병 등의 작용이 없으면 시간이 경과함에 따라 개체군 밀도는 지수함수적으로 증가한다.

해설
생존곡선은 환경요인에 의해 변화하는 특성을 가지고 있다.

06 곤충에 있어 알에서 부화되어 나온 것을 유충 또는 약충이라고 하는데 그 구별이 옳은 것은?

① 구별이 명확하지 않고 필요에 따라 사용한다.
② 성충과 모양이 현저하게 다를 때 약충이고, 모양이 어미와 비슷할 때 유충이라 한다.
③ 날개 있는 곤충의 애벌레는 유충이라 하고, 날개 없는 곤충의 애벌레는 약충이라 한다.
④ 성충과 모양이 다를 때 유충이라 하고 모양이 비슷할 때 약충이라 한다.
⑤ 유충은 탈피만 하고, 약충은 탈피와 변태를 같이 하는 것을 말한다.

해설
번데기 기간이 있는 완전변태의 애벌레를 유충, 번데기 기간이 없는 불완전변태의 애벌레를 약충이라고 한다.

07 휴면(休眠, diapause)은 곤충의 생존율을 증대시키는 중요한 기작이다. 다음 중 휴면의 효과와 관련이 없는 것은?

① 불리한 환경조건, 특히 저온기간 동안 내한성을 유발한다.
② 불리한 조건이 사라지고 먹이가 생겼을 때 발육을 회복시킨다.
③ 불리한 환경조건하에서 대사(代謝)와 발육(發育)을 느린 속도로 진행시킨다.
④ 성충기간이 짧은 종의 경우 일시에 우화하는데 도움이 된다.
⑤ 휴면에는 자발적 휴면과 타발적 휴면으로 구분된다.

해설
휴면에 들어가기 전의 곤충은 미리 탄수화물과 지방, 단백질 등을 축적하고, 표피층에 추가로 왁스층을 분비하거나 더 두꺼운 고지층을 만들며, 채색과 행동의 변화도 일어나게 된다. 이러한 휴면 과정에서 일어나는 몸의 변화는 발육을 일시 정지시킬 뿐 아니라 몸의 대사과정을 억제하여 최소한의 숨쉬기 활동만이 이루어질 정도이다. 그러므로 이러한 휴면 과정에서는 전형적으로 체내의 산소 소비가 감소하며 체내 에너지를 보존하게 된다.

08 유충이 자라서 만드는 번데기의 이름이다. 옳게 짝지어진 것은?

㉠ 나용	㉡ 피용	㉢ 위용

① 나비 – 벌 – 파리　　　　　　　　② 벌 – 나비 – 파리
③ 파리 – 나비 – 벌　　　　　　　　④ 나비 – 파리 – 벌
⑤ 벌 – 파리 – 나비

해설
벌목, 딱정벌레목은 나용이며 나비목은 피용, 파리목은 위용이 대부분이다.

09 곤충이 부적절한 환경에 처하는 경우 대처하는 방법에 대한 설명 중 잘못된 것은?

① 곤충이 대처하는 방법으로 활동정지와 휴면이 있다.
② 곤충의 휴면은 불리한 환경이 개선되면 끝나게 된다.
③ 곤충의 휴면은 절대적 휴면과 일시휴면으로 대별된다.
④ 휴면을 유발하는 요인은 온도, 일장, 먹이환경, 생리생태, 나이 등 다양하다.
⑤ 휴면은 개체군 내 성충의 우화시기를 집중시키는 효과로 종족보존에 유리하다.

10 페로몬을 이용한 해충방제에 대한 설명으로 옳지 않은 것은?

① 교미교란을 통해 산란수를 감소시킬 수 있다.

② 집합페로몬의 경우 집단 유살을 꾀할 수 있다.

③ 특정 해충의 발생을 모니터링해서 약제 방제 적기를 알려준다.

④ 페로몬에는 집합, 성, 길잡이, 경보, 계급페로몬 등이 있다.

⑤ 이종 간의 교신물질로서 천적을 유인하여 해충방제효과를 높이게 된다.

해설

동종 간의 교신물질을 페로몬이라고 하며 이종 간의 교신물질을 타감물질이라고 한다.

11 어떤 곤충을 상규하였을 때 25℃에서 10일이 걸렸다. 이 곤충의 발육영점온도가 13℃이면, 유효적산온도(DD)는?

① 120

② 150

③ 180

④ 300

⑤ 500

해설

유효적산온도 = (발육기간 중의 평균온도 − 발육영점온도) × 경과일수

01 다음 중 우리나라의 수목 해충이 가장 많이 포함되어 있는 곤충은?

① 나비목

② 파리목

③ 메뚜기목

④ 벌 목

⑤ 노린재목

해설
딱정벌레목은 곤충의 40%를 차지하고 있는 가장 큰 분류군이지만 우리나라에서 해충으로 분류되는 가장 큰 분류군은 나비목이다.

02 다음 중 말매미가 수목에 주는 피해로 옳지 않은 것은?

① 수목에 구멍을 뚫고 내부를 섭식 가해한다.

② 가지에 산란관으로 상처를 내어 가지 윗부분이 고사한다.

③ 유충이 땅속에서 나무의 뿌리를 갉아 먹는 피해를 준다.

④ 곰팡이균을 매개하는 매개충으로 발톱으로 포자를 옮긴다.

⑤ 성충이 산란을 하기 위해 2년생 가지에 상처를 만든다.

해설
말매미는 산란을 위해 2년생 가지에 상처를 만들고 상처에서 수액이 흘러나와 그을음병 및 부란병을 유발하기도 한다.

03 다음 메뚜기목 곤충 중 수목해충은?

① 섬서구메뚜기, 방아깨비

② 갈색여치, 섬서구메뚜기

③ 방아깨비, 베짱이

④ 베짱이, 여치

⑤ 갈색여치, 메뚜기

해설
갈색여치는 대발생하는 경우가 종종 있으며, 섬서구메뚜기의 경우 잎을 갉아 먹어 피해를 주고 있다.

04 다음 산림해충 중 침엽수와 활엽수를 모두 가해하는 해충은?

① 미국흰불나방
② 꽃매미
③ 갈색무늬매미충
④ 텐트나방
⑤ 매미나방

> **해설**
> 독나방과에 속하는 집시나방을 매미나방이라고도 하며, 낙엽송, 적송, 참나무, 밤나무 등 기주범위가 매우 넓다. 미국흰불나방은 산림보다는 도시숲에 피해가 심하며 대부분의 활엽수를 가해한다.

05 다음 중 완전변태류끼리 짝지어진 것은?

① 딱정벌레목 - 잠자리목
② 메뚜기목 - 풀잠자리목
③ 톡토기목 - 흰개미목
④ 노린재목 - 파리목
⑤ 벌목 - 벼룩목

> **해설**
> 완전변태를 하는 분류군은 나비목, 날도래목, 풀잠자리목, 밑들이목, 부채벌레목, 벼룩목, 파리목, 딱정벌레목, 벌목이다.

06 다음은 국내 수목해충의 분류군과 가해습성이 잘못 짝지어진 것은?

① 메뚜기 - 메뚜기목 - 식엽성 해충
② 방패벌레 - 노린재아목 - 흡즙성 해충
③ 깍지벌레 - 노린재아목 - 흡즙성 해충
④ 나무좀 - 딱정벌레목 - 천공성 해충
⑤ 바구미 - 딱정벌레목 - 식엽성, 천공성 해충

> **해설**
> ③ 깍지벌레 - 진딧물아목 - 흡즙성 해충

07 노린재아목이 다른 곤충의 목(目)과 쉽게 구분될 수 있는 특징은?

① 번데기는 대부분 피용이다.
② 머리는 전구식 또는 하구식이다.
③ 저작구형의 입틀을 가지고 있다.
④ 완전변태 또는 불완전변태를 한다.
⑤ 반초시(hemielytron)라는 앞날개를 갖고 있다.

> **해설**
> 노린재아목은 반초시라는 앞날개를 가지고 있는 것이 특징이며 냄새선을 가지고 있고 불완전변태를 한다. 유충은 잎의 뒷면에서 흡즙을 하고 성충은 주로 열매에서 과즙을 흡수하여 검은 반점을 만든다.

08 다음 중 식엽성 해충이 아닌 것은?

① 회양목명나방
② 집시나방
③ 미국흰불나방
④ 박쥐나방
⑤ 황다리독나방

해설
일반적으로 나방류 애벌레는 식엽성 해충이나 박쥐나방은 유충이 목질부를 가해하는 천공성 해충이다.

09 다음 중 종실가해해충이 아닌 것은?

① 밤바구미
② 복숭아심식나방
③ 복숭아명나방
④ 도토리거위벌레
⑤ 잣나무넓적잎벌

해설
잣나무넓적잎벌은 20년 이상된 밀생임분에서 발생하여 잎을 가해하며 잣생산에 손실을 가져 온다.

10 다음 식엽성 해충 중 발생횟수가 다른 해충은?

① 오리나무잎벌레
② 미국흰불나방
③ 집시나방
④ 붉은매미나방
⑤ 벚나무모시나방

해설
미국흰불나방은 제1화기와 제2화기로 나누어진다. 제1화기 성충에는 검은 점이 있으나 제2화기 성충에는 없다.

11 해충의 분류가 옳지 않은 것은?

① 매년 지속하여 심하게 피해를 발생하는 해충을 주요해충이라고 한다.

② 일시적으로 경제적 피해수준을 넘어서는 해충을 2차 해충이라고 한다.

③ 단식성해충에는 줄마디가지나방, 회양목명나방, 아까시잎혹파리가 있다.

④ 협식성 해충에는 솔나방, 소나무좀, 광릉긴나무좀, 쥐똥밀깍지벌레가 있다.

⑤ 광식성해충에는 오리나무좀, 알락하늘소, 전나무잎응애, 목화진딧물 등이 있다.

해설

일시적으로 경제적 피해수준(ET)을 넘어서는 해충을 돌발해충이라고 한다.

12 다음 중 이동을 하는 흡즙성 해충은?

① 깍지벌레

② 가루깍지벌레

③ 벚나무 깍지벌레

④ 식나무 깍지벌레

⑤ 느티나무 알락진딧물

해설

깍지벌레는 구기를 잎과 가지에 꽂고 이동하지 않는 것이 특징이나 가루 깍지벌레는 이동하며 흡즙하는 해충이다.

13 다음 중 유(약)충과 성충이 모두 가해하는 해충으로 맞게 짝지어진 것은?

① 솔나방 – 미국흰불나방

② 솔잎혹파리 – 솔수염하늘소

③ 버들바구미 – 솔알락명나방

④ 복숭아명나방 – 소나무좀

⑤ 알락하늘소 – 느티나무벼룩바구미

해설

나방류는 성충이 가해하는 경우는 드물며, 솔잎혹파리는 성충으로 1~2일 밖에 살지 못한다.

14 다음 설명 중 옳지 않은 것은?

① 주요 식엽성 해충목은 딱정벌레목, 노린재목, 나비목이다.

② 딱정벌레목에는 식엽성과 천공성 해충이 동시에 존재한다.

③ 해충의 다양성이 가장 높은 수종은 벚나무류이다.

④ 딱정벌레목은 곤충종류의 40%를 차지할 만큼 가장 종이 많은 목이다.

⑤ 국내에서 조경수를 가장 많이 가해하는 3대 곤충군은 나비목, 딱정벌레목, 노린재목이다.

해설

노린재목은 흡즙성이며, 나비목의 경우에는 유충이 잎을 가해한다.

15 다음 중 수목 가해 특징에 따른 해충 구분이 잘못된 것은?

① 잎 가해 : 오리나무잎벌레, 솔나방, 잣나무별납작잎벌, 대벌레

② 종실 가해 : 밤바구미, 솔알락명나방, 도토리거위벌레, 복숭아명나방

③ 충영 형성 가해 : 솔잎혹파리, 밤나무혹벌, 사사키혹진딧물, 느티나무외줄면충

④ 분열조직 가해 : 소나무좀, 향나무하늘소, 흰점바구미, 박쥐나방, 복숭아유리나방

⑤ 흡즙을 통해 가해 : 솔껍질깍지벌레, 방패벌레, 꽃매미, 미국선녀벌레

해설

박쥐나방, 복숭아유리나방 등은 천공성 해충으로 구분하며, 수피와 목질부를 가해하는 특징을 가지고 있다.

16 생활경과가 불규칙하여 흙 속에서 노숙유충으로 월동하거나 어린유충으로 구과에서 월동하는 종실해충은?

① 밤바구미   ② 복숭아명나방

③ 솔알락명나방   ④ 백송애기잎말이나방

⑤ 도토리거위벌레

해설

솔알락명나방은 잣 수확량을 감소시키는 중요한 해충으로 잣 구과 속을 가해하고 외부로는 배설물이 관찰된다. 밤바구미는 배설물을 배출하지 않으며 노숙유충으로 땅속 15cm 이내에서 흙집을 짓고 월동한다.

17 종실해충 중 월동형태가 다른 것은?

① 밤바구미
② 솔알락명나방
③ 복숭아명나방
④ 도토리거위벌레
⑤ 백송애기잎말이나방

해설

밤바구미, 복숭아명나방, 솔알락명나방, 도토리거위벌레는 노숙유충으로 월동하고, 백송애기잎말이나방은 번데기로 땅속에서 월동한다.

18 종실가해해충으로만 짝지어진 것은?

① 솔알락명나방, 복숭아명나방
② 알락하늘소, 밤바구미
③ 도토리거위벌레, 선녀벌레
④ 회양목명나방, 오리나무좀
⑤ 밤바구미, 밤나무혹벌

해설

솔알락명나방은 소나무, 잣나무 열매를 가해하며, 복숭아명나방은 다식성으로 침엽수형과 과수형이 있으나 특히 밤나무의 종실에 많은 피해를 준다.

19 솔껍질깍지벌레에 대한 설명으로 옳은 것은?

① 연 1회 발생하며, 정착약충상태로 여름잠을 잔다.
② 부화약충 시기인 봄철에 피해가 심하다.
③ 후약충 시기에는 다리가 없으며, 하기휴면을 한다.
④ 암컷은 완전변태를 하고, 수컷은 불완전변태를 한다.
⑤ 부화약충, 정착약충, 후약충, 전성충을 거쳐 암컷성충이 된다.

해설

솔껍질깍지벌레의 피해가 가장 심할 때는 후약충시기(1월~3월)이며 암컷은 부화약충, 정착약충, 후약충을 거쳐 성충이 되는 불완전변태하며, 수컷은 완전변태를 한다.

01 다음 중 재배적 방제법이 아닌 것은?

① 윤작한다.
② 경운을 실시한다.
③ 농약을 살포한다.
④ 내충성 품종을 이용한다.
⑤ 수확 후 포장에 남아 있는 작물이나 작물 잔재를 제거한다.

해설
재배적(생태적) 방제법은 적정한 재배적 관리로 병해를 예방하는 것이고, 화학적 방제법은 농약 등의 화학적 물질을 사용하는 방제법이다.

02 종합적 해충방제(IPM)란 무엇인가?

① 여러 가지 살충제를 사용하여 방제하는 방법이다.
② 모든 해충을 동시에 방제하는 방법이다.
③ 생물적 방제와 화학적 방제방법만을 사용하여 해충을 방제하는 방법이다.
④ 여러 가지 방제수단을 혼용하여 보다 경제적이고 친환경적으로 해충을 방제하는 방법이다.
⑤ 일정한 주기로 저독성 농약을 사용하여 해충을 방제하는 방법이다.

해설
IPM은 종합적 방제로 화학, 생물, 기계, 물리, 재배적 방제를 포함하여 적절하게 사용하는 것이다.

03 다음 중 해충의 기계적 방제법의 연결이 잘못된 것은?

① 포살법 : 손이나 간단한 도구 - 꽃매미 알집제거, 끈끈이롤트랩을 이용한 약충 포살
② 찔러죽임 : 천공성 해충에 가는 철사 등을 이용 - 하늘소, 바구미, 집시나방, 복숭아명나방
③ 소살법 : 불로 유충을 태워 죽임 - 흰불나방, 텐트나방
④ 번식장소유살법 : 유인목 설치 - 나무좀, 바구미, 하늘소류
⑤ 등화유살법 : 주광성을 이용, 유아등 설치 - 솔나방 등 나방류

해설
포살법은 손이나 간단한 기구를 이용하여 알, 유충, 번데기, 성충을 직접 잡아 죽이는 방법이다.

04 다음 중 수목 해충의 물리적 방제법이 아닌 것은?

① 가열온도처리법   ② 냉각온도처리법

③ 습도처리법   ④ 방사선이용법

⑤ 경운법

해설

물리적 방제는 온도, 습도, 이온화에너지, 음파, 전기, 압력, 색깔을 이용하여 해충을 직접적으로 없애거나 유인·기피하여 방제하는 방법이다.

05 유아등을 이용한 솔나방의 구제 적기는?

① 5월 하순~6월 중순   ② 6월 하순~7월 중순

③ 7월 하순~8월 중순   ④ 8월 하순~9월 중순

⑤ 9월 하순~10월 중순

해설

유아등의 이용은 성충활동기인 7월 하순~8월 중순에 적합하다.

06 다음 중 월동 형태가 동일한 해충끼리 바르게 연결된 것은?

① 솔나방 – 솔수염하늘소 – 솔잎혹파리 – 복숭아유리나방

② 솔나방 – 도토리거위벌레 – 버들재주나방 – 오리나무잎벌레

③ 소나무좀 – 미국흰불나방 – 측백하늘소 – 향나무하늘소

④ 꽃매미 – 박쥐나방 – 매미나방 – 독나방 – 삼나무독나방

⑤ 밤바구미 – 버들재주나방 – 어스랭이나방 – 텐트나방

해설

- 성충 월동 : 향나무하늘소, 오리나무잎벌레, 호두나무잎벌레, 느티나무벼룩바구미
- 유충 월동 : 알락하늘소, 버들재주나방, 독나방, 복숭아유리나방, 솔수염하늘소, 솔나방, 솔잎혹파리
- 알로 월동 : 꽃매미, 박쥐나방, 매미나방, 대벌레, 매실애기잎말이나방

07 다음 중 생물적 방제에 있어 천적을 선택할 때의 고려사항이 아닌 것은?

① 성비가 커야 한다(암컷 > 수컷).
② 천적은 번식력, 증식력이 커야 한다.
③ 천적에 기생하는 2차 기생봉이 없어야 한다.
④ 해충의 출현과 그 생활사가 일치되어야 한다.
⑤ 천적은 암컷보다 수컷의 식성이 더욱 중요하다.

해설
생물적 방제에 이용되는 천적은 번식력이 높아야 하며 해충의 발생시기와 일치하여야 한다.

08 응애 방제 방법 중 가장 적절한 것은?

① 독성이 강한 약제를 살포한다.
② 고농도 살포로 완전히 방제한다.
③ 응애 전문약제를 지속적으로 살포한다.
④ 방제효과를 위해 대발생 후 집중 방제한다.
⑤ 계통이 다른 적용 약제를 교호 살포한다.

해설
동일 계통의 살충제를 지속적으로 살포하면 살충제에 대한 저항성이 발달한 유전자를 가진 해충이 발생한다.

09 다음의 설명 중 옳지 않은 것은?

① 휴면현상은 호르몬의 작용에 의하여 일어나는 것은 아니다.
② 곤충은 부적합한 환경에 대한 적응으로 활동정지와 휴면을 한다.
③ 활동정지는 불리한 환경이 개선되면 곧 끝나게 된다.
④ 휴면은 불리한 환경이 끝나고 나서도 일정한 시간이 경과해야 발육이 재개된다.
⑤ 휴면에는 매 세대 들어가는 의무적 휴면과 환경조건에 따라 결정되는 기회적 휴면이 있다.

해설
휴면호르몬은 곤충의 발육 도중에 일시 발육을 정지하고 휴면하는 호르몬이다.

10 다음 ( ) 안에 들어갈 단어는?

> 기회적 휴면의 경우, 휴면진입여부를 결정하는 데 가장 중요한 계절적 변화를 예측할 수 있는 환경지표는 ( )(으)로서, 기회적 휴면의 예는 1년에 2세대를 갖는 흰불나방에서 찾아볼 수 있다.

① 발육온도　　　　　　　　　② 밀 도
③ 수 분　　　　　　　　　　　④ 일조시간
⑤ 온 도

해설
곤충의 휴면 방법에는 매 세대 휴면에 들어가는 의무적 휴면(義務的休眠, obligatory diapause)과 여러 세대 경과 후에 휴면에 들어가는 기회적 휴면(機會的休眠, facultative diapause)이 있다.

11 정위는 크게 무방향 운동과 주성으로 나누어진다. 다음 사례 중 구분이 다른 것은?

① 대부분의 나방류 성충은 빛에 끌려서 모여든다.
② 암컷이 발산한 성유인페로몬에 반응하여 수컷이 접근한다.
③ 새가지를 가해하는 많은 곤충류의 애벌레는 위로 기어 올라간다.
④ 솔껍질깍지벌레 부화약충이 소나무 가지의 인편 밑으로 기어들어가서 정착한다.
⑤ 습한 곳을 좋아하는 나무이류를 다양한 습도환경에 놓아두면 곧 습한 곳에 모인다.

해설
⑤는 무방향 운동에 대한 설명이며, 나머지는 주성에 대한 설명이다.

12 다음 ( ) 안에 공통으로 들어갈 단어는?

> 개체군 밀도가 상승하면 밀도상승을 낮추도록 작용하는 것을 ( )(이)라고 한다.
> ( )(을)를 폭넓게 해석하면 밀도에 영향을 주는 천적의 작용도 포함되지만 종 내의 관계에 의한 것에 한정되는 경우가 많다.

① 환경저항　　　　　　　　　② 밀도효과
③ 평형밀도　　　　　　　　　④ 환경수용력
⑤ 경 쟁

해설
밀도효과는 개체군의 증식률이나 현존량, 또는 그 개체군에 속하는 개체의 체중, 발육 그 밖의 생리, 생태, 형태상의 여러 성질이 개체군밀도에 의해서 변화하는 것을 말한다.

13 해충의 방제법은 직접적 방제법과 간접적 방제법으로 나눌 수 있다. 보기 중 다른 하나는?

① 페로몬을 이용한 해충방제
② 법적 방제법
③ 임업적 방제법
④ 물리적 방제법
⑤ 생물학적 방제법

해설
① · ② · ③ · ⑤ : 간접적 방제법
④ : 직접적 방제법

14 화학적 방제법인 살충제의 종류에 대한 설명 중 옳지 않은 것은?

① 소화중독제란 해충의 입을 통하여 소화관 내에 들어가 중독작용을 일으키는 것으로 씹어먹기에 알맞은 입틀구조를 가진 해충에 대하여 작용한다.
② 화학불임제는 곤충을 즉시 죽이지 않고 발육과 생식을 억제하여 해충의 밀도를 저하시킨다.
③ 유인제란 해충을 독먹이나 포충기에 유인하여 포살하는데 이용하는 약제이다.
④ 기피제란 해충이 식물 또는 사람, 가축에 접근하지 못하도록 하기 위하여 사용한다.
⑤ 접촉살충제에는 직접접촉살충제와 잔효접촉살충제가 있다.

해설
② 화학불임제는 곤충의 불임을 유발하는 화학적 방법이다.

15 기생성 천적의 주요 기생양식에 대한 설명 중 옳지 않은 것은?

① 다포식기생자란 1마리 기주에 2종 이상의 포식기생충이 동시에 기생하는 것으로, 대다수의 경우 종 간 경쟁의 결과 1마리만이 생육을 완료한다.

② 내부포식기생자란 기주의 체내에서 영양을 섭취하며 생육하는 것이다.

③ 외부포식기생자란 기주의 체외에서 영양을 섭취하며 생육하는 것이다.

④ 중기생은 고차기생이라고도 하며, 일정 포식기생충이 다른 포식기생충에 기생하는 것으로, 2차 기생자, 3차 기생자가 존재한다.

⑤ 과기생이란 1마리 기주체 내에 정상으로 생육가능한 범위를 초월하여 다수의 동종 개체가 기생하는 것으로, 종내 경쟁 결과 1마리의 우세한 개체만이 생존 가능하다.

해설

• 기생성 천적은 해충의 몸에 산란하고 성장하여 기주인 해충을 죽이는 곤충으로 해충 밀도 조절에 이용되며 기생벌류, 기생파리류 등이 있다.

• 내부기생성 천적은 대부분 긴 산란관으로 기주의 체내에 알을 낳고 외부기생성 천적은 기주의 체외에서 영양을 섭취하여 기생하는 곤충이다.

기생 양식	내 용
단포식기생(monoparasitism)	한 마리의 기주에 한 개체가 기생
다포식기생(과기생, polyparasitism)	한 마리의 기주에 동일 종 2마리 이상 기생
다기생(multiparasitism)	한 마리의 기주에 2종 이상 기생

16 천적의 종류 중 병원미생물에 관한 설명이다. 다음 중 옳지 않은 것은?

① 병원성이 있는 미생물을 이용하여 해충을 방제하는 행위를 미생물적 방제라고 한다.

② 해충의 방제에 바이러스, 세균, 균류, 선충, 원생동물을 이용한 제재를 미생물 살충제라고 한다.

③ 미생물 살충제는 화학농약과 혼용이 가능하고, 생태계에 미치는 부정적인 영향이 적다.

④ BT는 배양과 보존이 양호하고, 다른 살충제와 혼용이 가능하며, 속효적이고 선택적인 바이러스 미생물 방제 소재이다.

⑤ 러시아와 프랑스에서 사상균을 이용한 해충방제 사례가 있다.

해설

BT(Bacillus thuringiensis)는 화학농약에 비해 방제효과가 낮고, 약효도 늦게 나타나며, 적용 병충해의 범위가 작다는 단점이 있다.

17 다음은 기주식물의 저항성에 대한 설명이다. 바르게 연결된 것은?

- (㉠)은 곤충의 정상적인 생장 및 번식을 억제하는 능력. 해충의 공격을 차단·억제하는 물리적 방어기능 또는 곤충에 독소로 작용하는 물질을 가지는 화학적 방어기능
- (㉡)이란 기주식물에 심각한 피해를 줄 수 있는 해충밀도의 공격에도 수목이 스스로 생리적 보상을 하여 정상적 생장, 번식, 피해회복이 가능한 능력
- (㉢)은 주로 수목이 해충을 유인하는 화학물질을 발산하지 않거나 발산하더라도 다른 화학물질로 그 냄새를 덮어버림으로써 해충의 공격을 피하는 성질

	㉠	㉡	㉢
①	내 성	비선호성	항생성
②	내 성	항생성	비선호성
③	비선호성	내 성	항생성
④	항생성	내 성	비선호성
⑤	항생성	비선호성	내 성

18 다음 설명 중 잘못된 것은?

① 환경저항 중 기상적 요인은 대체적으로 밀도 독립적이다.

② 개체군의 밀도증가 억제요인에는 밀도의존적과 밀도독립적이 있다.

③ 개체수가 많을수록 높은 비율의 개체들을 치사시킨다는 것이 밀도의존적이다.

④ 천적은 밀도독립적으로 작용하므로 해충 개체수의 폭발적인 증가를 억제한다.

⑤ 천적류는 경우에 따라 대상 해충의 기하급수적 증가를 억제하는 가장 중요한 요인이다.

해설

밀도의존적은 개체수가 많을수록 높은 비율의 개체들을 치사시킨다는 것을 의미한다. 천적은 밀도의존적으로 작용한다.

19 다음 중 밑줄 친 부분에 해당하지 않는 것은?

> 잠재해충이 해충화하는 경우는 어떤 원인에 의하여 해충밀도가 증가함으로써 경제적 피해수준을 초과하거나 또는 해충밀도는 큰 변화가 없지만 경제적 피해수준이 하향되는 두 가지 경우가 있다.

① 외지에서 해충이 침입하였을 경우
② 2차 해충
③ 돌발해충
④ 노령 임분
⑤ 수종의 단순화

해설
돌발해충은 해충의 밀도를 억제하던 요인이 제거되어 비정상적으로 대발생되는 해충이다.

20 다음 중 등화유살법(유아등)으로 구제할 수 없는 해충은?

① 솔나방
② 독나방
③ 솔잎혹파리
④ 복숭아심식나방
⑤ 매미나방

해설
등화유살법은 곤충의 주광성을 이용하여 구제하는 방식으로 복숭아심식나방, 혹명나방은 주광성이 없다.

21 먹이가 되는 쇠약해진 나무를 이용하여 곤충의 집합페로몬의 분비를 통해 집단으로 유인유살할 수 있는 해충은?

① 소나무좀
② 집시나방
③ 솔수염하늘소
④ 포도유리나방
⑤ 오리나무잎벌레

해설
나무좀의 특성은 집합페로몬을 분비하여 허약한 나무를 집단으로 공격하며 나무의 아래쪽을 파고들어 톱밥(목설)을 밖으로 배출한다.

22 페로몬을 이용한 해충방제에 대한 설명으로 옳지 않은 것은?

① 집합페로몬의 경우 집단 유살을 꾀할 수 있다.

② 교미교란을 통해 산란수를 감소시킬 수 있다.

③ 특정 해충의 발생을 모니터링해서 약제 방제 적기를 알려준다.

④ 이종 간의 교신물질로서 천적을 유인하여 해충방제효과를 높이게 된다.

⑤ 페로몬에는 집합, 성, 계급, 길잡이, 분산, 경보 페로몬 등이 있다.

해설
동종 간의 교신물질을 페로몬이라 한다.

23 다음 설명 중 옳지 않은 것은?

① 관건해충은 매년 만성적, 지속적 피해를 주는 해충을 말한다.

② 위생해충은 전염성 병균을 옮기는 모기, 파리, 바퀴벌레 등이다.

③ 수목을 가해하나 피해가 경미하여 방제의 필요성이 없는 해충은 2차 해충이다.

④ 관건해충으로는 솔잎혹파리, 솔껍질깍지벌레, 버즘나무방패벌레 등이 있다.

⑤ 돌발해충이란 주기적으로 대발생하거나 평상시 문제가 되지 않던 종들이 어떤 이유로 인해 대발생하는 경우이다.

해설
2차 해충은 생태계의 균형이 파괴되었을 때 발생하며, 특히 천적과 같은 밀도제어요인이 없어졌을 때 급격히 증가한다. 수목에 대한 피해가 치명적으로 발생하는 경우가 많으므로 방제를 철저히 해야 한다.

01 솔잎혹파리에 대한 설명 중 옳지 않은 것은?

① 솔잎 기부에 벌레혹을 형성한다.

② 부화한 유충은 어린 잎을 갉아먹는다.

③ 유충으로 지하 약 1~2cm 땅속에서 월동한다.

④ 1년에 1회 발생하며 천공성 곤충의 발생을 조장한다.

⑤ 1929년 서울의 비원과 목포지방에서 처음 발견되었다.

해설

부화한 유충은 솔잎의 기부에서 혹을 만들고 그 안에서 흡즙을 하며 생활한다.

02 진딧물의 생활환 중에서 간모란 무엇인가?

① 월동한 알을 낳는 무시 암컷을 말한다.

② 월동할 알을 낳는 유시 암컷을 말한다.

③ 월동기준에서 발생한 유시 암컷을 말한다.

④ 하기주로 처음 날아온 유시 암컷을 말한다.

⑤ 월동한 알에서 부화한 무시 암컷을 말한다.

해설

간모는 유성생식을 통해 낳은 알로 월동하고 부화한 암컷을 의미한다.

03 솔수염하늘소 유충의 체액을 흡즙하면서 외부기생을 하는 습성으로 인해 국내에서 소나무재선충을 매개하는 솔수염하늘소를 방제하기 위해 대량 방생하기도 하는 곤충은?

① 솔잎혹파리먹좀벌   ② 개미침벌

③ 하늘소가는배 고치벌   ④ 소나무고치벌

⑤ 솔무당벌레

해설

소나무재선충의 매개충인 솔수염하늘소의 천적은 개미침벌이나 가시고치벌 등이 있으며, 솔잎혹파리먹좀벌, 혹파리살이먹좀벌을 솔잎혹파리 생물적 방제에 이용하고 있다.

04 솔수염하늘소에 대한 설명 중 옳지 않은 것은?

① 성충이 목질부를 뚫고 알을 낳는다.

② 소나무 목질부에서 애벌레 상태로 월동한다.

③ 6~9월에 총 100여 개의 알을 소나무 수피에 낳는다.

④ 1년에 1회 발생하고 추운 지방에서는 2년에 1회 발생한다.

⑤ 성충이 소나무 수피 또는 어린 솔잎을 갉아먹는 과정 중에 재선충이 소나무로 전파된다.

해설

주로 쇠약목, 고사목에서 발견되며, 건강한 소나무에는 수지를 만들어 방어함으로써 해충이 쉽게 공격하지 못한다.
암컷성충은 수피를 입으로 3mm 가량 뜯어내고 1개씩 알을 낳는다.

05 솔잎혹파리에 대한 설명 중 옳지 않은 것은?

① 벌레혹에서 유충상태로 월동한다.

② 부화한 유충은 솔잎 기부에 벌레혹을 만들고 산다.

③ 성충은 어린 솔잎에 산란하며, 수명은 1~2일간 생존한다.

④ 솔잎혹파리 유충을 방제하기 위한 천적으로 솔잎혹파리먹좀벌을 이용한다.

⑤ 스스로 이동할 수 있는 거리는 400m 내외이나 바람을 이용하여 먼 거리까지 이동한다.

해설

솔잎혹파리는 벌레혹에서 탈출하여 땅속에서 월동한다.

06 소나무 재선충병에 대한 설명 중 옳지 않은 것은?

① 1988년 부산 금정산에서 처음 발생하였다.

② 잎이 시들거나 변색되어 밑으로 처지면서 고사한다.

③ 재선충이 물관을 막음으로써 소나무를 고사시킨다.

④ 예방약으로 아바멕틴과 에마멕틴벤토에이드를 이용한다.

⑤ 솔수염하늘소 유충이 소나무 목질을 섭식할 때 재선충이 체내로 이동한다.

해설

솔수염하늘소 성충이 우화하는 5월 초순부터 소나무의 새순을 섭식할 때 재선충이 수지구를 따라 체내로 이동한다.

07 솔나방의 월동 형태는?

① 알
② 2령 유충
③ 5령 유충
④ 번데기
⑤ 성 충

해설

솔나방은 8령충이 노숙유충이며, 5령 유충으로 지피물과 수피 사이에서 월동한다.

08 그을음병을 방제하는데 가장 우선적인 방법은?

① 토양소독을 철저히 한다.
② 종자소독을 철저히 한다.
③ 질소질 비료를 충분히 준다.
④ 진딧물, 깍지벌레 등을 방제한다.
⑤ 병원균 방제를 위한 살균제를 주기적으로 살포한다.

해설

그을음병은 흡즙성 해충의 배설물인 감로에 의해서 발생하는 경우가 대부분이다.

09 다음 중 연 2회 이상 발생하는 해충이 아닌 것은?

① 솔잎벌
② 미국흰불나방
③ 회양목명나방
④ 감꼭지나방
⑤ 오리나무잎벌레

해설

오리나무잎벌레는 연 1회 발생하며, 성충으로 지피물 밑 또는 흙 속에서 월동한다.

10 다음 중 월동형태와 해충이 바르게 연결된 것은?

① 알 : 꽃매미, 매미나방, 외줄면충
② 번데기 : 흰불나방, 솔잎혹파리, 알락하늘소
③ 유충 : 솔나방, 회양목명나방, 느티나무벼룩바구미
④ 성충 : 오리나무잎벌레, 극동등에잎벌, 호두나무잎벌레
⑤ 성충 : 향나무하늘소, 광릉긴나무좀, 솔수염하늘소

해설
느티나무벼룩바구미는 연 1회 발생하며 성충으로 월동하며, 극동등에잎벌은 유충으로 월동한다. 솔수염하늘소는 유충으로 월동한다.

11 다음 설명에 해당하는 해충은 무엇인가?

> • 연 1회 발생하며, 성충으로 월동한다.
> • 유충과 성충이 모두 수목의 잎을 가해한다.

① 회양목명나방   ② 솔잎벌
③ 오리나무잎벌레   ④ 흰불나방
⑤ 극동등에잎벌

해설
잎벌레류는 유충과 성충이 모두 잎을 가해하는 특성을 가지고 있으며 이 밖에도 느티나무벼룩바구미가 있다.

12 다음 식엽성 해충에 대하여 설명이 바른 것은?

① 솔나방은 유충으로 월동하며 주로 돌발적으로 발생한다.
② 느티나무벼룩바구미는 유충이 잎을 가해하고, 성충은 엽육을 가해하지 않는다.
③ 미국흰불나방은 난괴를 형성하여 알을 낳고, 1화기가 2화기보다 피해가 크다.
④ 집시나방은 연 2회 발생하며 알의 형태로 수간에서 월동한다.
⑤ 회양목명나방은 연 2회 발생, 회양목 식재지 지표부에서 알로 월동한다.

해설
미국흰불나방은 2화기 때 피해가 더 심하며, 집시나방은 연 1회 발생한다. 회양목명나방은 연 2~3회 발생하며 유충으로 월동한다.

13 다음 해충의 월동 형태와 장소가 잘못 묶인 것은?

① 미국흰불나방 - 번데기 - 수피 사이 또는 뿌리근처 나무의 빈 공간

② 매미나방 - 알 - 수간 또는 가지부

③ 오리나무잎벌레 - 성충 - 낙엽층 또는 토양

④ 잣나무별납작잎벌 - 유충 - 땅속(흙집을 지음)

⑤ 솔나방 - 번데기 - 수피 사이 또는 지피물

> **해설**
> 솔나방은 4회 탈피한 5령충으로 11월경에 애벌레로 수피 사이 또는 지피물에서 월동을 한다.

14 다음 설명에 해당하는 해충은 무엇인가?

> • 학명 : *Thecodiplosis japonensis*
> • 기주식물 : 소나무, 곰솔
> • 특징 : 성충의 수명은 1~2일, 피해목은 고사하지 않더라도 수세가 약해져 천공성 해충의 발생을 조장한다.

① 잣나무넓적잎벌   ② 솔잎벌

③ 솔껍질깍지벌레   ④ 솔잎혹파리

⑤ 솔잎순나방

> **해설**
> 솔잎혹파리는 소나무류의 수세를 약화시켜 천공성 해충인 소나무좀 등 2차 해충의 피해를 유발시킨다.

15 다음 중 연중 가장 많이 발생하는 해충은?

① 미국흰불나방   ② 아까시잎혹파리

③ 극동등에잎벌   ④ 솔잎벌 ,

⑤ 감꼭지나방

> **해설**
> 아까시잎혹파리는 연 5~6회 발생하며 2화기 피해가 심하며 땅속에서 번데기로 월동한다.

16 다음의 아까시잎혹파리의 천적이 아닌 것은?

① 맵시벌   ② 풀잠자리 유충

③ 총채벌레   ④ 기생파리

⑤ 기생벌

> **해설**
> 총채벌레는 잎을 가해하는 식식성 해충이다.

17 다음 설명에 해당하는 해충은?

> • 매미아목, 진딧물과
> • 기주식물 : 대나무 등
> • 연 수회 발생
> • 천적 : 무당벌레류, 풀잠자리류, 거미류

① 사사키잎혹진딧물   ② 조팝나무진딧물

③ 느티나무외줄면충   ④ 복숭아혹진딧물

⑤ 소나무왕진딧물

> **해설**
> 느티나무외줄면충은 대나무도 기주식물로 한다.

18 다음 흡즙성 해충의 설명으로 옳지 않은 것은?

① 꽃매미 : 연 1회 발생하여 알로 월동하며 무리를 지어 생활하는 습성이 있다.

② 미국선녀벌레 : 연 2회 발생하며 약충과 성충이 기주식물을 흡즙하여 수세를 약화시킨다.

③ 갈색날개매미충 : 약충은 흰색의 밀랍물질을 달고 있으며 분비물의 그을음병을 일으켜 과일의 상품성을 떨어뜨린다.

④ 버즘나무방패벌레 : 연 3회 발생하며 성충으로 수피 틈에서 월동하고 4월 하순부터 잎 뒷면에 산란한다.

⑤ 복숭아혹진딧물 : 주로 잎 뒷면에 군집을 형성하여 흡즙하며 알로 월동하고 매미목의 진딧물과에 속한다.

> **해설**
> 미국선녀벌레는 연 1회 발생하고 알로 가지에서 월동하며 매미아목 선녀벌레과에 속한다.

19 산림해충이 아닌 것은?

① 솔수염하늘소 　　　　　② 복숭아명나방
③ 미국흰불나방 　　　　　④ 매미나방
⑤ 꽃노랑총채벌레

해설
총채벌레류는 주로 농작물의 피해를 발생시키는 해충이다.

20 솔수염하늘소에 대한 설명으로 옳지 않은 것은?

① 학명은 *Monochamus alternatus*이며, 딱정벌레목에 속한다.
② 몸의 빛은 적갈색을 띠며 날개는 흰색, 황갈색, 암갈색의 작은 무늬가 불규칙하게 있다.
③ 목질부에서 유충으로 월동, 4~6월에 번데기가 되며 암컷 한 마리가 100여 개의 알을 낳는다.
④ 소나무재선충을 매개하며 솔잎이 처지고 시들다가 잎 전체가 갈색으로 변한다.
⑤ 소나무류 산림에 심각한 피해를 주며 80%가 고사하고 20%는 재생한다.

해설
소나무재선충이 발생하면 치명적인 피해를 발생시킨다.

21 미국흰불나방에 대한 설명으로 옳지 않은 것은?

① 학명은 *Hyphantria cunea*이며 나비목에 속한다.
② 방제 방법으로 유아등을 설치하여 성충을 유살한다.
③ 연 2회 발생하며 수피 사이, 지피물 밑에서 번데기로 월동한다.
④ 성충날개에는 흰반점이 많고, 머리와 가슴에 가늘고 짧은 털이 많다.
⑤ 버즘나무, 벚나무, 단풍나무, 포플러류 등과 같은 활엽수를 주로 가해한다.

해설
몸과 날개는 백색이나 제1화기 성충날개는 검은 점들이 있다.

22 솔잎혹파리에 대한 설명으로 옳지 않은 것은?

① 학명은 *Thecodiplosis japonensis*이며, 파리목에 속한다.
② 유충은 침입기부에 충영을 형성하고 흡즙 가해한다.
③ 1929년 비원과 목포에서 처음 발견, 연 1회 발생하며 땅에서 유충으로 월동한다.
④ 피해 받은 잎은 신장이 1/2 ~1/3 정도 저해되며, 기부는 이상비대현상이 일어난다.
⑤ 이듬해 4월 중순부터 번데기가 되어 성충의 수명은 일주일 정도이다.

해설
솔잎혹파리는 5월 상순~6월 중순에 번데기가 되며, 성충은 1일 정도 생존하나 드물게 2일간 생존하는 개체도 있다.

23 소나무좀에 대한 설명으로 옳지 않은 것은?

① 학명은 *Tomicus piniporda*이며 딱정벌레목에 속한다.
② 연 1회 발생하며 소나무, 곰솔, 잣나무 등의 쇠약한 나무를 주로 가해한다.
③ 성충은 6월 상순부터 1년생 가지 위쪽을 가해하며 수피 틈에서 월동한다.
④ 암컷성충이 수피를 뚫고 수컷이 따라 들어가 교미하고 갱도 안쪽에 약 60개의 알을 낳는다.
⑤ 유충은 내수피를 섭식하며 갱도를 만들며 2회 탈피 후 갱도 밖으로 나와 번데기가 된다.

해설
유충은 2회 탈피하며, 5월 하순경 갱도 끝에 타원형의 번데기방을 만들고 목질 섬유로 둘러싼 후, 그 속에서 번데기가 된다.

24 광릉긴나무좀의 설명 중 옳지 않은 것은?

① 참나무시들음병인 *Raffaelea quercus* 곰팡이를 매개한다.
② 주로 신갈나무, 갈참나무에 피해가 많다.
③ 어린나무에서부터 대경목까지 피해를 준다.
④ 성충은 5월 중순부터 모갱을 통하여 탈출하며 6월 중순이 최성기이다.
⑤ 연 1회 발생하며 주로 노숙유충으로 월동하나 일부는 성충과 번데기로 월동한다.

해설
나무좀의 특성은 주로 노령목, 30cm 이상의 대경목에 피해를 발생시킨다.

25 솔수염하늘소에 대한 설명 중 옳지 않은 것은?

① 소나무 재선충을 매개한다.

② 우리나라는 일본에서 전파되었다.

③ 추운 지방에서는 2년에 1회 발생한다.

④ 성충의 우화시기는 5월 하순~8월 상순이다.

⑤ 연 1회 발생하며 목질부에서 유충으로 월동한다.

해설
소나무재선충은 일본에서 전파되었으나, 솔수염하늘소는 침입종이 아니다.

26 우리나라 산림에 피해를 주는 산림해충 중 외래침입 병해충만으로 짝지어진 것은?

① 버즘나무방패벌레, 솔나방, 솔껍질깍지벌레

② 잣나무넓적잎벌, 버즘나무방패벌레, 밤나무혹벌

③ 미국흰불나방, 버즘나무방패벌레, 밤나무혹벌

④ 갈색날개매미충, 도토리거위벌레, 혹파리먹좀벌

⑤ 아카시잎혹파리, 솔잎혹파리, 소나무재선충

해설
버즘나무방패벌레, 미국흰불나방, 아카시잎혹파리, 솔잎혹파리, 소나무재선충은 외래침입 병해충이다.

27 솔잎혹파리 성숙유충의 크기는?

① 0.5~1.0mm ② 1.0~1.5mm

③ 1.5~1.7mm ④ 1.7~2.8mm

⑤ 3mm 내외

해설
노숙유충인 3령 유충의 크기는 1.7~2.8mm이다.

28 미국흰불나방의 생태에 대해 잘못 설명한 것은?

① 3령충까지 군서생활을 하며 4령기부터 흩어져서 가해한다.

② 유충기에 피해를 주며 잡식성이어서 거의 모든 활엽수의 잎을 가해한다.

③ 원산지가 캐나다로 우리나라에서는 미군주둔지 근처에서 처음 발견되었다.

④ 성충은 유아등을 설치하여 유살하는 것도 권장할 수 있는 방법이다.

⑤ 10월 중순부터 11월 하순까지, 익년 3월 상순부터 4월 하순까지 번데기로 월동한다.

해설

미국 흰불나방의 유충은 4령기까지 실을 토해 잎을 싸고 군서생활을 하며 5령기부터 분산하여 가해한다.

29 대추, 차나무, 장미, 귤나무 등을 약충과 성충이 흡즙하기도 하지만 빗자루병을 매개하여 피해를 주는 해충은 무엇인가?

① 이슬애매미충

② 거세미나방

③ 온실가루이

④ 마름무늬매미충

⑤ 담배장님노린재

해설

대추나무빗자루병은 파이토플라스마에 의해서 발병하며 매개충은 마름무늬매미충(모무늬매미충)이다.

30 복숭아혹진딧물에 대한 설명으로 옳지 않은 것은?

① 양성생식과 단성생식을 한다.

② 양성생식으로 산란한 알로 월동한다.

③ 성충에는 단시형과 장시형이 있다.

④ 성충에는 무시형과 유시형이 있다.

⑤ 겨울기주는 복숭아나무이고 여름기주는 고추, 담배, 배추이다.

해설

진딧물의 특징은 무시형과 유시형으로 구분할 수 있다.

31 식엽성 해충의 월동행태가 다른 것으로 짝지어진 것은?

① 대벌레 - 미국흰불나방
② 집시나방 - 대벌레
③ 잣나무넓적잎벌 - 회양목명나방
④ 오리나무잎벌레 - 느티나무벼룩바구미
⑤ 호두나무잎벌레 - 느티나무벼룩바구미

해설
대벌레와 집시나방은 알로 월동하며 미국흰불나방은 번데기로 월동한다. 오리나무잎벌레와 느티나무벼룩바구미는 성충으로 월동한다.

32 미국흰불나방에 대한 설명으로 옳지 않은 것은?

① 발생횟수는 1년 2회이다.
② 1화기보다 2화기에 피해가 심하다.
③ 토양 내에서 고치를 짓고 번데기로 월동한다.
④ 1화기 성충은 5월 중순~6월 상순에 우화하며 수명은 4~5일이다.
⑤ 산림피해는 경미하지만 가로수나 정원수에 피해가 심하다.

해설
미국흰불나방은 수피 사이나 지피물 밑에서 고치를 짓고 그 속에서 번데기로 월동한다.

33 집시나방(매미나방)의 설명으로 옳지 않은 것은?

① 1년 1회 발생하며 유충으로 수간에서 월동한다.
② 천적으로 짚시벼룩좀벌, 독나방살이고치벌이 있다.
③ 번데기기간은 15일 이내이며 7월 상순~8월 상순에 우화한다.
④ 북아메리카에서 임목과 과수에 가장 심한 피해를 끼치는 해충이다.
⑤ 암컷은 멀리 날지 못하여 수컷이 밤낮으로 활발히 암컷을 찾아다니는 습성이 있다.

해설
집시나방은 수피에 난괴를 형성하고 알로 월동하는 습성을 가지고 있다.

34 솔잎혹파리에 대한 설명으로 옳지 않은 것은?

① 1년 1회 발생한다.

② 1901년 일본의 아이치현에서 최초 발견되었다.

③ 침투이행성 살충제를 나무에 주사하는 방법이 가장 효율적이다.

④ 성충은 도약운동 등으로 분산하여 지하 2~5cm에 잠입하여 월동한다.

⑤ 유충이 소나무와 곰솔의 잎집에 쌓인 침엽기부에 충영을 형성하고 그 안에서 흡즙한다.

해설

솔잎혹파리는 유충으로 지피물 밑이나 1~2cm 깊이의 흙 속에서 유충으로 월동한다.

35 밤나무혹벌에 대한 설명으로 옳지 않은 것은?

① 기생부위에 작은 잎이 총생한다.

② 흰가루병과 그을음병이 동반되는 경우가 많다.

③ 내충성 품종으로 산목율, 순역, 옥광율, 상림 등이 있다.

④ 1년 1회 발생하며 눈의 조직내에서 유충으로 월동한다.

⑤ 천적으로 남색긴꼬리좀벌, 참나무혹싸리종벌, 기생파리류가 있다.

해설

흰가루병과 그을음병이 동반되는 경우는 아까시잎혹파리의 피해 증상이다.

36 다음 설명에 해당하는 천공성 해충은?

유충이 번데기가 될 시기가 되면 아래쪽 지제부로 이동하여 줄기(지표로부터 50cm 이하)의 형성층을 뺑돌려 고리처럼 생긴 모양으로 나무를 가해하므로 치명적 피해를 입힌다.

① 북방수염하늘소　　　　　　　② 알락하늘소

③ 작은별긴하늘소　　　　　　　④ 벚나무사향하늘소

⑤ 오리나무좀

해설

알락하늘소는 활엽수종과 삼나무를 가해하는데 특히, 단풍나무의 피해가 심하다. 노숙유충은 형성층을 파괴하고 성충은 가지의 수피를 환상으로 갉아먹어 가지를 고사시킨다.

37 솔껍질깍지벌레에 대한 설명으로 옳지 않은 것은?

① 완전변태를 한다.

② 3령을 거쳐 전성충이 된다.

③ 주로 수관하부의 가지 침엽부터 적갈색으로 변한다.

④ 1980년대 초에 전남 목포와 고흥지역에서 급격히 발생하였다.

⑤ 암컷은 2령 약충 기간이 길어 4월 상순경 우화함으로 암수의 우화시기가 거의 일치한다.

해설

암컷은 불완전변태를 하고 수컷은 완전변태를 하는 특성을 가지고 있다.

38 다음 흡즙성 해충으로 인해 2차적으로 발생하는 병은 무엇인가?

미국선녀벌레, 꽃매미, 갈색날개매미충

① 탄저병   ② 잎가마름병

③ 그을음병   ④ 모자이크병

⑤ 혹 병

해설

흡즙성 해충은 감로를 떨어뜨려 곰팡이균을 발생시키는데 이를 그을음병이라고 한다.

39 다음 흡즙성 해충의 월동태가 다른 것은?

① 복숭아혹진딧물   ② 외줄면충

③ 미국선녀벌레   ④ 꽃매미

⑤ 버즘나무방패벌레

해설

버즘나무방패벌레는 성충으로 월동하며 나머지는 알로 월동한다.

40 미국선녀벌레에 대한 설명으로 옳지 않은 것은?

① 2차적으로 탄저병을 유발한다.

② 1년 1회 발생하며 알로 월동한다.

③ 왁스분비물질로 외관상 혐오감을 초래하고 감로를 배출한다.

④ 약충과 성충은 수액을 빨아먹어 피해를 준다.

⑤ 우리나라에서는 2005년에 경남 김해에서 처음 성충이 발견되었다.

해설

2차적으로 그을음병을 유발한다.

41 복숭아혹진딧물에 대한 설명으로 옳지 않은 것은?

① 1년 수회 발생한다.

② 기주식물의 잎 뒷면에서 모여 살며 흡즙한다.

③ 이식한 복숭아나무에서 많이 발생하며 고사하기도 한다.

④ 가해수종의 새순기부에서 알로 월동한다.

⑤ 10월경 유시태생의 암컷성충과 유시수컷 성충이 출현하며 양성암컷을 낳는다.

해설

복숭아혹진딧물은 이식한 벚나무에서 많이 발생하며 고사하기도 한다.

42 다음 수목해충 중 유충상태로 지피물 밑이나 수피틈 또는 가지 위에서 월동하는 것은?

① 매미나방(집시나방) ② 미국흰불나방

③ 소나무좀 ④ 솔나방

⑤ 솔잎혹파리

해설

매미나방은 알로 수피에서 월동하며, 미국흰불나방은 번데기로 수피 사이나 지피물에서 월동하고, 소나무좀은 성충으로 월동한다.

43 외래 침입해충으로만 묶인 것은?

① 미국흰불나방, 솔잎혹파리, 버즘나무방패벌레

② 버즘나무방패벌레, 아까시잎혹파리, 오리나무잎벌레

③ 잣나무넓적잎벌, 황다리독나방, 솔껍질깍지벌레

④ 황다리독나방, 솔나방, 소나무재선충

⑤ 광릉긴나무좀, 잣나무넓적잎벌, 솔나방

해설

오리나무잎벌레, 황다리독나방, 광릉긴나무좀, 잣나무넓적잎벌, 솔나방은 토착종이다.

44 진딧물의 생식방법에 대한 설명으로 옳은 것은?

① 양성생식에 의한 난생만을 한다.

② 양성생식에 의한 태생만을 한다.

③ 단위생식에 의한 난생만을 한다.

④ 진딧물은 자웅동체로 다배생식을 하기도 한다.

⑤ 단위생식에 의한 태생과 양성생식에 의한 난생을 모두 한다.

해설

진딧물은 알에서 부화한 암컷은 단위생식(처녀생식)에 의한 태생을 시작하여 월동 시에는 양성생식에 의한 난생을 한다.

45 층층나무에서만 피해를 주는 해충은?

① 황다리독나방

② 알락하늘소

③ 솔나방

④ 어스렝이나방

⑤ 집시나방

해설

황다리독나방은 단식성으로 층층나무만 가해한다.

46 겨울철 잠복소 설치로 구제하는 해충은?

① 미국흰불나방　　　　　　② 박쥐나방
③ 오리나무잎벌레　　　　　④ 남포잎벌
⑤ 거위벌레

해설
미국흰불나방은 수피 사이나 지피물 밑에서 번데기로 월동하므로 수피에 잠복소를 설치하여 구제한다.

47 솔껍질깍지벌레 방제 방법 중 옳지 않은 것은?

① 수간주사를 통해 침투성이행으로 구제한다.
② 간벌을 통해 솔껍질깍지벌레를 구제한다.
③ 항공방제를 이용하여 구제한다.
④ 토양소독을 통해 구제한다.
⑤ 지상방제를 통해 구제한다.

해설
솔껍질깍지벌레는 가지 위의 후미진 곳을 찾아 번데기가 되며 이후에도 수목에서 생활을 하므로 방제를 위해 토양소독을 하는 것과는 거리가 멀다.

48 1회 산란수가 가장 많은 해충은?

① 솔나방　　　　　　　　　② 낙엽송잎벌레
③ 오리나무잎벌레　　　　　④ 미국흰불나방
⑤ 꽃매미

해설
솔나방은 500여 개, 낙엽송잎벌레는 60여 개, 오리나무잎벌레는 300여 개, 미국흰불나방은 600~700여 개, 꽃매미는 40~50여 개를 낳는다.

46 ①　47 ④　48 ④　정답

49 솔껍질깍지벌레의 난괴형태는?

① 거품으로 덮혀있다.

② 솜으로 쌓여 있다.

③ 밀로 쌓여 있다.

④ 노출되어 있다.

⑤ 개별 알로 되어 있다.

해설

솔껍질깍지벌레는 가지 사이에 작은 흰 솜 덩어리 모양의 알주머니를 만든다. 일본에서 침입한 해충으로 1963년 전남, 고흥 등지에서 해송림에 피해를 주었다.

50 알로 월동하는 해충은 무엇인가?

① 미국흰불나방

② 솔나방

③ 붉은매미나방

④ 오리나무잎벌레

⑤ 솔수염하늘소

해설

미국흰불나방 – 번데기, 솔나방 – 애벌레, 붉은매미나방 – 난괴, 오리나무잎벌레 – 성충, 솔수염하늘소 – 유충으로 월동한다.

51 미국흰불나방에 대한 설명 중 옳지 않은 것은?

① 번데기로 월동한다.

② 해외침입 해충이다.

③ 1년 2~3회 발생한다.

④ 천적으로 방제할 수 있다.

⑤ 4령충까지 군서생활을 한다.

해설

미국흰불나방은 1958년에 발견되었으며 1년에 2회 발생, 2화기에 피해가 심각하며 천적으로는 방제가 어렵다.

52 솔잎혹파리 방제작업 중 간벌 시기는?

① 8~9월
② 1~2월
③ 3~4월
④ 11~12월
⑤ 5~6월

> **해설**
> 솔잎혹파리(Thecodiplosis japonensis)의 방제방법은 수간주사, 항공엽면시비, 피해목 벌채, 위생 간벌, 천적 방사 등이 있으며 위생간벌은 건전임분조성 및 확산저지를 위하여 6~11월 사이에 실시한다.

53 박쥐나방에 대한 설명 중 옳지 않은 것은?

① 천공성 해충이다.
② 목질부 표면을 환상으로 식해한다.
③ 1년에 1회 발생하며 알로 월동한다.
④ 유충시기에는 식엽성 해충이다.
⑤ 알을 날아다니며 지피에 떨어뜨린다.

54 해충을 방제할 때 유인목을 설치하여 방제하는 해충은?

① 솔나방
② 흰불나방
③ 소나무좀
④ 대벌레
⑤ 꽃매미

> **해설**
> 소나무좀의 특성은 쇠약한 나무를 공격함으로 유인목을 설치하여 목질부 내로 파고 들어오면 소각하거나 제거하여 방제한다.

55 밤나무혹벌에 대한 설명 중 옳지 않은 것은?

① 밤나무 수피에서 알로 월동한다.
② 1년에 1회만 발생한다.
③ 기주식물은 밤나무만 가해한다.
④ 밤나무에 충영을 겨울눈에서 형성하여 가해한다.
⑤ 기생성 천적은 중국긴꼬리좀벌, 남색긴꼬리좀벌, 노란꼬리좀벌 등이다.

> **해설**
> 밤나무혹벌은 눈 조직 내에서 유충으로 월동한다.

56 암컷만으로 단성생식하는 대표적인 해충은?

① 솔잎혹파리　　　　　　　　② 밤나무혹벌
③ 소나무좀　　　　　　　　　④ 솔나방
⑤ 응 애

해설

단성생식을 하는 대표적인 해충은 진딧물, 밤나무혹벌이 있다. 특히 밤나무혹벌은 암컷성충만 있다.

57 소나무재선충이 매개충인 솔수염하늘소의 몸속으로 침입하는 시기는?

① 고사목 내 솔수염하늘소의 노숙유충시기
② 고사목 내 솔수염하늘소의 번데기 시기
③ 고사목 내 솔수염하늘소의 우화된 성충시기
④ 고사목 내 솔수염하늘소의 우화된 증식기 유충시기
⑤ 고사목 내 알시기

해설

솔수염하늘소가 번데기방을 형성하고 번데기로 용화될 때 재선충이 기문으로 올라탄다.

58 솔잎혹파리 기생천적이 아닌 것은?

① 솔잎혹파리먹좀벌
② 혹파리원뿔먹좀벌
③ 혹파리살이먹좀벌
④ 혹파리등뿔먹좀벌
⑤ 혹파리반뿔먹좀벌

해설

솔잎혹파리 기생천적은 혹파리반뿔먹좀벌, 혹파리등뿔먹좀벌, 솔잎혹파리먹좀벌, 혹파리살이먹좀벌이다.

59 현재 우리나라 소나무림에 가장 피해를 심하게 주는 소나무재선충을 매개하는 솔수염하늘소의 남부지방 우화최성기는 언제인가?

① 3~5월 　　　　　　　　　② 5~7월

③ 8~9월 　　　　　　　　　④ 9~10월

⑤ 10~11월

해설

솔수염하늘소의 우화시기는 5월에서 8월까지로 남부지방의 경우에는 이른 5월에 우화하며 최성기는 6월 초이다.

60 열거한 수목해충 중에 외래침입 해충 종으로만 이루어진 것은?

① 미국흰불나방, 솔잎혹파리, 버즘나무방패벌레

② 버즘나무방패벌레, 아까시잎혹파리, 오리나무잎벌레

③ 황다리독나방, 솔나방, 소나무재선충

④ 잣나무넓적잎벌, 황다리독나방, 솔껍질깍지벌레

⑤ 솔나방, 미국선녀벌레, 갈색날개매미충

해설

토착해충은 오리나무잎벌레, 황다리독나방, 솔나방이다.

61 다음 중 외래침입 해충으로만 짝지어진 것은?

① 솔잎혹파리, 아까시잎혹파리

② 매미나방, 미국흰불나방

③ 솔껍질깍지벌레, 천막벌레나방

④ 미국선녀벌레, 솔나방

⑤ 꽃매미, 솔수염하늘소

해설

매미나방, 천막벌레나방(텐트나방), 솔나방, 솔수염하늘소는 토착해충이다.

62 다음 중 돌발해충으로만 짝지어진 것은?

① 매미나방, 솔잎혹파리
② 천막벌레나방, 오리나무좀
③ 낙엽송잎벌, 천막벌레나방
④ 꽃매미, 소나무좀
⑤ 버들바구미, 밤바구미

해설

돌발해충은 낙엽송잎벌, 천막벌레나방이다.

63 다음 중 1년 다회 발생 해충으로만 짝지어진 것은?

① 소나무좀, 오리나무좀
② 미국흰불나방, 박쥐나방
③ 버즘나무방패벌레, 밤바구미
④ 도토리거위벌레, 낙엽송잎벌
⑤ 아까시잎혹파리, 복숭아명나방

해설

아까시잎혹파리는 1년에 5~6회 발생하며 복숭아명나방은 1년에 2~3회 발생한다.

64 도토리거위벌레에 대한 설명이다. 다음 중 옳지 않은 것은?

① 1년 1회 발생한다.
② 유충은 엽육을 식해한다.
③ 딱정벌레목의 곤충이다.
④ 노숙유충은 땅속에서 흙집을 짓고 월동한다.
⑤ 성충은 도토리에 구멍을 뚫고 흡즙하며 생활한다.

해설

도토리거위벌레는 대표적인 종실가해 해충이다.

65 다음 설명 중 옳지 않은 것은?

① 솔껍질깍지벌레의 암컷은 불완전변태를 하고 수컷은 완전변태를 한다.

② 나무이는 습한 곳을 찾아 이동하는 습성이 있다.

③ 방패벌레류는 연간 발생횟수가 2회 이상이다.

④ 진딧물 중에서 침엽수와 활엽수를 동시에 가해하는 종이 있다.

⑤ 느티나무벼룩바구미의 성충과 유충은 식엽성이다.

> **해설**
>
> 느티나무벼룩바구미 유충과 성충이 모두 잎살을 가해하는 식엽성 해충이다. 진딧물 중 침엽수와 활엽수를 동시에 가해하는 종은 밝혀지지 않았다.

66 다음 설명 중 옳지 않은 것은?

① 밤바구미는 노숙유충으로 땅속에서 월동한다.

② 솔알락명나방의 연간발생횟수는 2~3회이다.

③ 도토리거위벌레는 도토리에 알을 낳은 후 가지를 잘라 떨어뜨린다.

④ 밤바구미는 복숭아명나방과 함께 밤나무의 중요한 종실해충이다.

⑤ 복숭아명나방은 다식성 해충으로 과수형과 침엽수형에 따라 기주가 다르다.

> **해설**
>
> 솔알락명나방은 연 1회 발생하며 노숙유충으로 땅속에서 월동하는 것과 알이나 어린 유충으로 구과에서 월동하는 것이 있다.

67 다음 설명 중 옳지 않은 것은?

① 다지형유충은 나비목에서 볼 수 있다.

② 유충 말피기관이 변화 없이 그대로 성충으로 넘어간다.

③ 곤충의 내분비샘은 탈피호르몬의 앞가슴샘, 유약호르몬의 알라타체 등이 있다.

④ 번데기의 모습 중 부속지가 몸에 붙어 있는 형태인 피용은 파리목에서 볼 수 있다.

⑤ 탈피와 변태는 모두 탈피호르몬에 의해 일어나지만, 변태는 유약호르몬 없이 일어난다.

> **해설**
>
> 용화는 번데기가 되는 것을 말하며 부속지가 뚜렷하게 분리되어 보이는 나용과 부속지가 몸체에 붙어 형태만 알 수 있는 피용, 형체를 알아볼 수 없는 위용으로 구분된다. 파리목에서 볼 수 있는 것은 위용이다.

68 낙엽송잎벌에 대한 설명이다. 다음 중 옳지 않은 것은?

① 1년 3회 발생한다.

② 1화기 성비는 1:9로 수컷이 절대적으로 많다.

③ 돌발해충이며 한번 발생한 지역은 지속적으로 발생한다.

④ 새로 나온 가지보다 기존의 가지에서 나오는 짧은 잎을 식해한다.

⑤ 어린유충이 군서생활을 하며 잎을 가해한다.

해설

낙엽송잎벌은 한번 발생한 지역에는 다시 발생하지 않는 특성을 가진 돌발해충으로 1~4령까지는 군서생활을 하지만 5령은 흩어져서 가해하며, 신엽을 가해하지 않고 2년 이상 잎만 가해한다.

69 다음 설명 중 옳지 않은 것은?

① 오리나무잎벌레는 성충과 유충이 함께 잎을 식해한다.

② 잣나무넓적잎벌은 잣나무림 중 주로 20년생 이상된 밀생임분에 발생하기 쉽다.

③ 매미나방은 남아메리카에서는 임목과 과수에 가장 피해를 끼치는 외래침입해충이다.

④ 천막벌레나방(텐트나방)은 1년 1회 발생하며, 돌발해충이다.

⑤ 솔잎혹파리의 성충의 수명은 1일이나 드물게 2일간 생존하는 개체도 있다.

해설

미국흰불나방은 북아메리카, 매미나방은 아시아 원산이다.

70 다음은 종실해충인 밤바구미에 대한 설명이다. 틀린 것은?

① 복숭아명나방과 함께 밤나무의 중요한 종실해충이다.

② 배설물과 즙액을 배출하고 거미줄을 형성하여 쉽게 발견할 수 있다.

③ 1년에 1회 발생하나 2년에 1회 발생하는 개체도 있다.

④ 9월 하순 이후부터 종실에서 탈출한 노숙유충은 땅속 15cm 깊이에 흙집을 짓고 월동한다.

⑤ 부화한 유충은 과육표면을 불규칙하게 식해하다가 점차 자라면서 과육 속을 먹는다.

해설

밤바구미는 배설물을 밖으로 배출하지 않아 가해흔적을 찾기 어렵다.

71 다음은 솔껍질깍지벌레에 대한 설명이다. 옳지 않은 것은?

① 노린재목의 해충으로 흡즙성 해충이다.

② 일본 남부에서 침입한 해충으로 추정되며, 해송에 피해가 심하나 최근에는 소나무림에도 피해를 주는 개체군이 출현하였다.

③ 암수 모두 불완전변태를 하며, 암컷은 날개가 없고, 수컷은 날개와 긴 흰 꼬리가 있다.

④ 1령약충은 여름에 긴 휴면을 가지며 10월경부터 생장하여 11월경에 2령약충이 된다.

⑤ 솔껍질깍지벌레의 피해를 오래 받은 나무는 흡즙이 어렵도록 인피부가 적응되어 항생성을 나타내는 것으로 보인다.

> **해설**
> 깍지벌레는 노린재목에 속하여 번데기기간이 없는 불완전변태를 하는 것이 일반적이나 솔껍질깍지벌레의 경우 암컷은 불완전변태, 수컷은 완전변태를 한다.

72 다음은 국내 수목해충의 분류군과 가해습성이 잘못 짝지어진 것은?

① 도토리거위벌레 – 딱정벌레목 – 종실가해

② 잎벌레 – 딱정벌레목 – 흡즙성

③ 바구미 – 딱정벌레목 – 천공성

④ 나무좀 – 딱정벌레목 – 천공성

⑤ 나무이 – 노린재목 – 흡즙성

> **해설**
> 잎벌레는 유충과 성충이 모두 식해하는 식엽성 해충이다.

73 유충이 잡목의 줄기 속을 파고 들어가서 가해하며 성충은 우화하여 날면서 알을 떨어뜨리는 해충은?

① 흰불나방　　　　　　　　　② 텐트나방

③ 박쥐나방　　　　　　　　　④ 짚시나방

⑤ 뽕나무이

> **해설**
> 박쥐나방은 알을 떨어뜨리며 산란하고 유충시기에는 잡목을 파고 들어 목질부를 가해한다.

74 외래 침입해충으로만 묶인 것은?

① 미국흰불나방, 솔잎혹파리, 버즘나무방패벌레
② 버즘나무방패벌레, 아까시잎혹파리, 오리나무잎벌레
③ 잣나무넓적잎벌, 황다리독나방, 솔껍질깍지벌레
④ 황다리독나방, 솔나방, 소나무재선충
⑤ 황다리독나방, 버즘나무방패벌레, 오리나무잎벌레

해설

솔잎혹파리는 1929년 비원과 전라도 목포지방에서, 미국흰불나방은 1958년 전국에서 발견되었으며, 아까시잎혹파리는 북아메리카 원산으로 2002년에 국내 전지역에서 발견되었다. 버즘나무 방패벌레는 1995년 충북 청주지방에서 발견되었다.

75 보통 1년에 2회 발생하며 유충이 기주식물을 가해하는 해충 종은?

① 솔나방   ② 미국흰불나방
③ 천막벌레나방   ④ 밤나무혹벌
⑤ 어스렝이나방

해설

솔나방, 천막벌레나방(텐트나방), 어스랭이나방은 1년에 1회 발생한다. 밤나무혹벌도 과실이 생산되는 주기에 따라 1년에 1회 발생한다.

76 다음 중 노숙유충으로 땅속에서 월동하는 해충과 알형태로 월동하는 해충을 바르게 연결한 것은?

① 향나무 하늘소 – 미국흰불나방
② 버즘나무 방패벌레 – 복숭아명나방
③ 집시나방 – 회양목명나방
④ 밤바구미 – 매미나방
⑤ 솔수염하늘소 – 회양목명나방

해설

향나무 하늘소는 성충으로 피해목에서 월동하며, 방패벌레는 성충으로 수피 사이에서 월동한다. 미국흰불나방은 번데기로 월동하며, 솔수염하늘소와 회양목명나방은 유충으로 월동한다.

77 다음 중 외래해충이 아닌 것은?

① 솔잎혹파리

② 미국흰불나방

③ 느티나무벼룩바구미

④ 아까시잎혹파리

⑤ 버즘나무방패벌레

해설

외래해충은 솔잎혹파리, 미국흰불나방, 솔껍질깍지벌레, 소나무재선충, 버즘나무방패벌레, 아까시잎혹파리, 꽃매미, 미국선녀벌레, 갈색날개매미충 등이다.

78 다음은 어떤 해충에 대한 설명인가?

- 노숙유충의 몸길이는 35mm 정도임
- 유충이 실을 토해 잎을 말고 그 속에서 가해함
- 연 2~3회 발생하며 유충으로 월동함

① 개나리 잎벌

② 황다리독나방

③ 회양목명나방

④ 노랑털알락나방

⑤ 벚나무 모시나방

해설

회양목명나방은 수관에 거미줄을 말고 그 속에서 잎을 가해하며 땅속에서 월동하다 4월 하순경부터 출현한다.

제3과목
수목생리학

배우기만 하고 생각하지 않으면 얻는 것이 없고,
생각만 하고 배우지 않으면 위태롭다.

- 공자 -

제 1 장 수목생리학의 정의

1. 수 목

(1) 나무의 뜻

① **나무** : 살아있거나 혹은 베어서 땔감으로 만든 것

② **수목** : 살아있는 나무

③ **임목** : 숲을 이루고 있는 나무

④ **목본식물** : 형성층에 의해 2차 생장을 하고 나이테를 가지며 직경이 증가하는 식물(야자류와 대나무 제외)

　㉠ 교목 : 키 4m 이상, 단일 수간

　㉡ 관목 : 키 4m 이하, 여러 개의 줄기

　㉢ 만경목 : 다른 물체를 감고 올라가는 나무

(2) 나무의 특징

① 식물과 동물의 차이

	식 물	동 물
이동성	한곳에 정착하여 자람	능동적 이동
지지력	세포벽	뼈 또는 외피
에너지원	빛(독립영양자)	유기물(종속영양자)
무기 영양소 섭취	수용성 무기물의 흡수	유기물 형태의 먹이로부터 흡수

② 초본과 다른 목본의 특징

　㉠ 형성층에 의한 직경생장

　㉡ 견고한 수간을 가지며, 매우 크게 자람(키 115m, 지름 10m의 세쿼이아나무)

　㉢ 증산작용을 통해 에너지 소모 없이 무기양분과 수분 이동

　㉣ 다년생 식물(5천년 이상을 사는 Pinus aristata)

　㉤ 생식생장(개화 및 결실)에 많은 에너지를 소비하지 않음

　㉥ 환경저항성 : 추위, 산불, 태풍, 병균, 해충

(3) 수목생리학의 정의와 응용

① **정의** : 수목에 생명현상을 나타내는 기능을 연구하는 학문

② **응용** : 조림학, 조경수관리학, 과수재배학 등

2. 목본식물의 분류

(1) 국내 목본식물의 분류

① 종자식물을 생식기관의 모양에 따라 분류

㉠ 나자식물 : 종자가 노출되어 있는 식물

소철목	소 철
은행나무목	은행나무
소나무목	소나무, 잣나무, 곰솔, 잎갈나무, 개잎갈나무, 젓(전)나무, 가문비나무, 솔송나무
측백나무목	주목, 개비자나무, 측백나무, 편백나무, 삼나무, 낙우송, 메타세쿼이아, 향나무

㉡ 피자식물 : 종자가 자방 속에 감추어져 있는 식물

• 단자엽식물(외떡잎식물) : 초본류, 목본 중에서는 대나무류와 청미래덩굴류

• 쌍자엽식물(쌍떡잎식물)

② 잎의 모양에 의한 분류

㉠ 침엽수

㉡ 활엽수

③ 목재의 성질에 의한 분류

㉠ 침엽수재(softwood) : 목재의 비중이 가벼움

㉡ 활엽수재(hardwood) : 목재의 비중이 무거움(오동나무처럼 가벼운 것도 있음)

④ 낙엽성에 의한 분류

㉠ 상록수

㉡ 낙엽수

> **더 알아두기**
>
> • 형성층에 의한 2차 생장을 하지 않지만, 목본식물로 분류되는 것 : 대나무, 야자류
> • 단자엽식물이지만 목본식물로 분류되는 것 : 대나무, 청미래덩굴류

(2) 국내 소나무속의 분류

분류(아속)	소나무류(hard pine)	잣나무류(soft pine)
엽속 내의 잎의 수	2, 3개	3, 5개
잎의 유관속의 수	2개	1개
아린의 성질	잎이 질 때까지 존속	첫해 여름 탈락
잎이 부착되었던 자리의 특성	도드라짐	밋밋함
목재의 성질	비중이 높아 굳고, 춘재에서 추재의 전이가 급함	비중이 낮아 연하고, 춘재에서 추재의 전이가 점진적임
수 종	소나무, 곰솔, 리기다소나무, 테다소나무, 방크스소나무	잣나무, 섬잣나무, 스트로브잣나무, 백송

(3) 국내 참나무속의 분류

분류	영 명	종자 성숙 특성	잎의 특성과 수종 예	
			낙엽성	상록성
갈참나무류	white oak	개화 당년에 익음	갈참나무, 졸참나무, 신갈나무, 떡갈나무	종가시나무, 가시나무, 개가시나무
상수리나무류	red oak	개화 이듬해에 익음	상수리나무, 굴참나무, 정릉참나무	붉가시나무, 참가시나무

더 알아두기

참나무류 구분 요령

특징 1	특징 2	특징 3	참나무류
엽병이 있음	밤나무잎과 유사하나 거치에 엽록소가 없음	잎에 털이 없음	상수리나무
		줄기의 코르크층이 두꺼움	굴참나무
	잎이 작음	잎이 가장 작음	졸참나무
		잎이 두꺼움	갈참나무
엽병이 없음	잎이 크고 아랫부분이 귀모양임	잎에 털이 없음	신갈나무
		잎에 털이 있음	떡갈나무

제2장 수목의 구조

1. 수목의 기본구조

(1) 영양기관과 생식기관

    ① 영양기관 : 잎, 줄기, 뿌리

    ② 생식기관 : 꽃, 열매, 종자

(2) 조직의 분류 `기출` `5회`

    ① 표피조직(epidermis)

        ㉠ 기능 : 어린 식물의 표면보호, 수분증발 억제

        ㉡ 관련 조직 : 표피층, 털, 기공, 각피층, 뿌리털

    ② 코르크조직(peridermis)

        ㉠ 기능 : 표피조직을 대신하여 보호, 수분증발 억제, 내화

        ② 관련 조직 : 코르크층, 코르크 형성층, 수피, 피목

    ③ 유조직(parenchyma)

        ㉠ 기능 : 신장, 세포분열, 탄소동화작용, 호흡, 양분저장, 저수, 통기, 상처치유, 부정아와 부정근 생성 (원형질을 가진 살아있는 조직)

        ㉡ 관련 조직 : 생장점, 분열조직, 형성층, 수선, 동화조직, 저장조직, 저수조직, 통기조직 등의 유세포 (수목에서 살아있는 세포를 상징하는 대표적인 세포)

    ④ 후각조직(collenchyma)

        ㉠ 기능 : 어린 목본식물의 표면 가까이에서 지탱 역할, 특수 형태 유세포

        ㉡ 관련 조직 : 엽병, 엽맥, 줄기

    ⑤ 후막조직(sclerenchyma)

        ㉠ 기능 : 두꺼운 세포벽, 원형질이 없는 조직으로 식물체를 지탱

        ㉡ 관련 조직 : 호두껍질, 섬유세포

    ⑥ 목부(xylem)

        ㉠ 기능 : 수분 통도, 지탱

        ㉡ 관련 조직 : 도관, 가도관, 수선, 춘재, 추재

    ⑦ 사부(phloem)

        ㉠ 기능 : 탄수화물의 이동, 지탱, 코르크 형성층의 기원

        ㉡ 관련 조직 : 사관세포, 반세포

⑧ 분비조직(secretory tissue)

    ① 기능 : 점액, 유액, 고무질, 수지 분비

    ② 관련 조직 : 수지구, 선모, 밀선

(3) 수목의 기본형

  ① 수관(crown)

    ㉠ 잎과 가지로 구성

    ㉡ 햇빛을 향해 넓게 퍼진 윗부분

    ㉢ 광합성과 증산작용

    ㉣ 수관형 : 원추형, 구형, 원주형, 수양형, 포복형

  ② 수간(stem)

    ㉠ 수관을 지탱하는 지상부 아랫부분의 굵은 원줄기

    ㉡ 뿌리로부터 수관으로 수분 전달

    ㉢ 잎으로부터 뿌리로 설탕 전달

  ③ 근계(root)

    ㉠ 지하의 뿌리부

    ㉡ 수목을 지탱

    ㉢ 수분과 무기양분 흡수

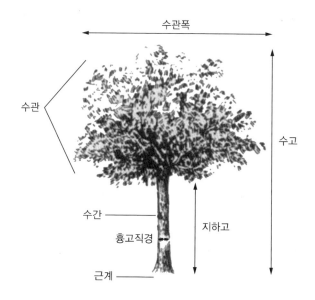

2. 잎과 눈

(1) 잎

① 잎의 기능
  ㉠ 광합성작용, 증산작용, 산소와 이산화탄소의 교환, 외부환경변화 감지
  ㉡ 수목 전체에서 대사활동이 가장 활발함
  ㉢ 엽육조직, 기공, 1차 목부, 1차 사부의 기본 구조를 가짐

② 피자식물의 잎 구조 `기출` 5회
  ㉠ 엽병 : 엽신 지탱
  ㉡ 엽신 : 각피, 상표피, 엽육조직(책상조직, 해면조직), 하표피, 엽맥, 기공으로 구성
    • 각피 : cuticle, 수분증발 억제
    • 표피 : 상표피(햇빛을 받는 위쪽), 하표피(아래쪽)
    • 엽육조직 : 상표피와 하표피 사이, 엽록체 다량 함유

책상조직	해면조직
• 상표피 아래 수직방향으로 길게 자란 조직 • 촘촘하고 규칙적인 배열 • 엽록체 집중 분포 – 활발한 광합성 • 잎의 윗면이 더 녹색인 이유	• 책상조직 아래 둥근 모양으로 자란 조직 • 간격을 두고 불규칙하게 배열 • 이산화탄소의 확산이 용이한 구조 • 책상조직에 비해 엽록체량이 적음

> **더 알아두기**
>
> 중생식물(mesophyte, 온대지방에서 강우량이 충분한 적습지에서 자라는 식물)은 책상조직이 주로 위쪽에 존재하여 잎의 앞뒤의 구별이 뚜렷한 양면엽을 가지는 반면, 건조지에서 자라는 수목(예 유칼리나무)은 책상조직이 양쪽에 있어 앞뒤의 구별이 불분명한 등면엽을 가짐

    • 엽맥 : 엽육조직 사이에 위치, 탄수화물·수분·무기양분 운반, 엽신 지탱 `기출` 8회

목 부	사 부
• 상표피쪽에 위치 • 수분 이동	• 하표피쪽에 위치 • 탄수화물 이동

망상맥	평행맥
대부분의 피자식물	층층나무, 팽나무

③ 나자식물의 잎 구조 `기출` 6회·9회

은행나무, 주목, 전나무, 미송	소나무류
• 책상조직과 해면조직 분화 • 한 개의 유관속	• 책상조직과 해면조직 미분화 • 외표피와 내표피의 이중 표피구조 • 두 개의 유관속
• 표피조직 아래 수지구에서 수지 분비 • 엽육조직 안쪽에 치밀한 단일 세포층의 내피 위치 • 내피 안쪽에 transfusion 조직	

④ 기 공 기출 6회
  ㉠ 공변세포에 의해 만들어지는 구멍
    • 증산작용 조절
    • 이산화탄소와 산소의 흡수·방출
  ㉡ 기공의 크기와 분포밀도
    • 대부분의 피자식물은 잎의 하표피에만 분포(예외 : 포플러는 양면에 모두 분포)
    • 크기 : 단풍나무 $17.3\mu m$(가장 작음), 은행나무 $56.3\mu m$(가장 큼)
    • 분포밀도 특성 : 기공의 크기와 반비례 관계 → 수종 간 증산량의 차이를 줄여줌
    • 기공이 차지하는 면적은 잎 표면적의 1% 가량(자유수면 증발량의 약 50% 증산)
  ㉢ 나자식물의 기공 : 공변세포가 반족세포보다 깊게 위치하여 증산작용 억제

(2) 눈

① 눈(Bud)의 정의
  ㉠ 아직 자라지 않은 잎, 가지, 꽃의 원기를 품고 있는 압축된 조직
  ㉡ 가지 끝의 왕성한 세포분열 조직 → 정단분열조직(apical meristem)
② 눈의 분류
  ㉠ 함유조직에 의한 분류
    • 엽아 : 잎과 대로 자라는 눈
    • 화아 : 꽃으로 자라는 눈
    • 혼합아 : 잎과 꽃의 원기를 함께 가진 눈
  ㉡ 가지에서의 위치에 의한 분류
    • 정아 : 가지 끝의 중앙에 위치, 주지로 자람
    • 측아 : 가지의 측면에 위치, 측지로 자람
    • 액아 : 대와 잎 사이의 엽액(겨드랑이)에 위치, 동아가 되거나 잠아로 남음
  ㉢ 형성시간에 의한 분류
    • 잠아 : 수피 밑에 묻힌 액아, 나이테가 추가될 때마다 수피 밑까지 따라 나옴, 외부자극에 의해 맹아지로 자람
    • 부정아 : 눈이 없는 곳에서 유상조직, 조직배양 또는 뿌리 삽목 시 형성되는 눈
  ㉣ 수목 전체에서의 위치에 의한 분류
    • 주맹아 : 지상부 그루터기의 잠아에서 자라는 눈
    • 근맹아 : 지하부 뿌리 삽목 시 형성되는 부정아의 일종인 눈

3. 줄기(수간)

(1) 기본 구조

줄기의 기본 구조	조직 명칭	특징 및 기능		
	외수피	맨 바깥, 죽은 조직, 딱딱함, 사부와 형성층 보호	내수피	수 피
	코르크 조직	코르크 생성, 수피를 두껍게 함, 사부와 형성층 보호, 코르크 형성층을 가짐		
	(2차)사부	잎에서 뿌리로 설탕 운반, 통도조직, 형성층에 의해 매년 새로 만들어짐		
	형성층	목부와 사부를 생산하는 분열조직, 나이테를 만듦		
	변 재	살아있는 부분이 있음, 옅은 색, 수분을 옮기는 통도조직		목 부
	심 재	대부분 죽은 조직, 짙은 색, 지지역할		
	수	유묘시절의 저장조직		

(2) 수피(bark) 기출 6회

① 외수피
  ㉠ 수피의 맨 바깥 조직
  ㉡ 죽은 조직이며, 나이를 먹으면 깊게 파이기도 함

② 코르크 조직(주피)
  ㉠ 외수피 안쪽에 위치
  ㉡ 안쪽부터 코르크 피층(목전피층), 코르크 형성층(목전형성층), 코르크층(목전층)으로 구분
  ㉢ 코르크 형성층 : 방수성이 강한 코르크를 생산하는 분열조직
  ㉣ 수목이 독특한 모양과 색깔의 수피를 갖게 함

③ 사부조직
  ㉠ 코르크 조직 안쪽과 형성층 바깥쪽 사이에 위치
  ㉡ 2차 사부에 해당(잎의 유관속에 있는 사부는 1차 사부)
  ㉢ 형성층에 의해 매년 새로 만들어짐
  ㉣ 잎에서부터 뿌리로 설탕 운반
  ㉤ 죽은 조직은 밖으로 밀려나와 수피로 벗겨져 없어짐 → 직경을 굵게 하지 못함

더 알아두기

피목(皮目, lenticel)
외부와의 공기유통을 원활하게 하기 위하여 세포가 엉성하게 배열된 수피의 작은 구멍

(3) 형성층(cambium) 기출 5회

① 측방분열조직

정단분열조직	잎, 가지, 뿌리를 만드는 분열조직	눈, 생장점
측방분열조직	나무의 직경을 증가시키는 분열조직	형성층

② 기능과 특징

　㉠ 형성층의 바깥쪽에 (2차)사부를 안쪽에 (2차)목부를 만들어 직경을 키움

　㉡ 나이테를 형성

　㉢ 직경의 굵기와 상관없이 항상 수피의 맨 안쪽과 나이테의 맨 바깥쪽 위치

　㉣ 수피가 손상되면 유상조직을 생성하여 수피를 재생

③ 유관속형성층의 완성과정

　㉠ 전형성층 단계 : 유관속 안에만 속내형성층이 있고, 유관속 사이에 형성층이 없음. 초본식물과 동일한 상태

　㉡ 속간형성층 단계 : 유관속과 유관속 사이에 속간형성층이 만들어져 연결되는 단계

　㉢ 유관속형성층 단계 : 원형의 형성층이 완성, 1차 사부와 1차 목부가 분리

(4) 목 부

① 1차 목부와 2차 목부

　㉠ 목부 : 형성층 안쪽에 있는 모든 조직, 수분을 이동시키는 통도조직, 목재

　㉡ 1차 목부 : 잎의 유관속 안에 있는 목부, 초본과 목본 모두에 존재

　㉢ 2차 목부 : 형성층에 의해 만들어지는 목부, 목본에만 존재

② 변재와 심재 기출 5회

　㉠ 변재(sapwood)

　　• 수피 바로 안쪽에 옅은 색을 가진 부분

　　• 비교적 최근에 만들어진 목부조직, 수분함량이 높음

　　• 구성요소 : 도관, 가도관, 목부섬유

　　• 뿌리로부터 위쪽으로 수분을 이동

　　• 탄수화물 저장

　㉡ 심재(heartwood)

　　• 목부의 중앙의 짙은 색을 가진 부분

　　• 오래 전에 만들어진 목부조직

　　• 기름, 검, 송진, 타닌, 페놀 등의 물질 축적

　　• 생리적 역할 없이 기계적 지지 역할

　　• 방어능력이 없어 미생물에 의해 부패되기 쉬움 → 공동현상

③ 수선조직 기출 8회
  ㉠ 목부의 횡단면 중앙에서 방사선 방향으로 뻗는 가느다란 줄 모양의 조직
  ㉡ 살아있는 세포인 수선유세포로 구성
  ㉢ 탄수화물을 전분의 형태로 저장
  ㉣ 구획화(CODIT) 기작 작동
  ㉤ 수간에서 중앙을 향한 수평 방향으로의 물질이동 담당
  ㉥ 필요하면 세포분열을 재개할 수 있는 능력을 가짐
④ 나이테(연륜) 기출 5회
  ㉠ 춘재 : 봄철에 형성된 목부조직, 세포의 지름이 크고 세포벽이 얇음, 비중 낮음
  ㉡ 추재 : 여름과 가을에 만들어지는 목부조직, 춘재와 반대되는 특징을 가짐
  ㉢ 나이테 : 추재와 춘재 사이의 경계선
⑤ 목재조직의 구조
  ㉠ 피자식물과 나자식물의 목재 구성 성분 기출 6회

	종축방향	수평방향
피자식물	도관, 가도관, 목부섬유, 종축유세포	수선유세포
나자식물	가도관, 종축유세포, 수지도세포	수선가도관, 수선유세포, 수지도세포

  ㉡ 피자식물의 목부조직 구분 기출 9회

	특 징	수 종
환공재	• 춘재 도관 지름 > 추재 도관 지름 • 지름이 큰 도관이 춘재에 집중 • 환상으로 배열	낙엽성 참나무류, 음나무, 물푸레나무, 느티나무, 느릅나무, 팽나무, 회화나무, 아까시나무, 이팝나무, 밤나무
산공재	• 춘재 도관 지름 = 추재 도관 지름 • 나이테 전체에 골고루 산재	단풍나무, 피나무, 양버즘나무, 벚나무, 플라타너스, 자작나무, 포플러, 칠엽수, 목련, 상록성 참나무류(방사공재)
반환공재	춘재에서 추재로 바뀌면서 도관의 직경이 점진적으로 작아짐	가래나무, 호두나무, 중국굴피나무

  ㉢ 도관과 가도관

	가도관	도 관
수 종	침엽수	활엽수
기 능	수분 이동	수분 이동
구조적 특징	• 내용물이 없는 죽은 세포 • 직경 20~30μm, 길이 2~3mm • 끝이 막혀 있고 막공을 통해 이동	• 내용물이 없는 죽은 세포 • 직경 30~500μm • 이웃 도관끼리 연결, 수 m • 파이프처럼 연결
수분 이동 특성	매우 느림	쉽고 빠름

더 알아두기

줄기의 횡단면에서 보이는 여러 조직의 배열순서 기출 7회
맨 바깥쪽 : 수피 – 코르크층 –코르크형성층 – 피층 – 사부섬유 – 2차 사부 – (유관속)형성층 – 2차 목부(변재 – 심재) – 속간부위(후생목부 – 원생목부) – 수 : 중심

4. 뿌리

(1) 기본적인 특징

① 기 능

ㄱ 식물을 고정하고 지탱

ㄴ 토양으로부터 수분과 양분을 흡수

ㄷ 탄수화물 저장

② 발달 형태 `기출` `5회`

ㄱ 유전적인 형질을 유지하기보다 토양의 환경에 따라 형태와 발달 정도가 달라짐

ㄴ 유묘 시절 : 유전적 형태와 특징이 잘 나타남

ㄷ 환경의 영향 : 배수가 잘 되고 건조한 토양에서는 직근이 깊게 발달하고(심근성) 배수가 불량하고 습한 토양에서는 측근이 얕게 퍼짐(천근성, 광근성)

ㄹ 수관폭에 비례하여 수관폭보다 더 넓게 퍼짐

ㅁ 세근은 표토에만 집중 분포

(2) 분 류

① 직 근

ㄱ 종자에서 처음 발달한 굵은 뿌리

ㄴ 참나무는 첫해에 직근만 가짐

② 장 근

ㄱ 계속 길게 자라는 뿌리

ㄴ 분 류

• 수평근 : 수평방향으로 주로 뻗는 뿌리

• 개척근 : 새로운 지역으로 뻗어 나가는 비교적 굵은 뿌리

• 모근 : 여러 개로 갈라져서 토양 접촉면적을 확대하는 비교적 가는 뿌리

③ 단근(세근)

ㄱ 더 이상 자라지 않고, 1년 정도 살아있음

ㄴ 수분과 무기양분을 흡수하는 짧은 뿌리

④ 뿌리털

ㄱ 뿌리의 표면적을 확대시켜 무기염과 수분 흡수에 기여

ㄴ 표피세포가 변형되어 길게 자란 것

ㄷ 뿌리 끝에 신장생장을 하는 부분 바로 뒤에 위치

더 알아두기

소나무류나 참나무류와 같이 외생균근을 형성하는 수종들은 뿌리털을 형성하지 않음

(3) 어린뿌리와 성숙뿌리의 구조 기출 5회 · 6회 · 7회

① 어린뿌리

ⓐ 1차 목부와 1차 사부를 가짐, 형성층이 없음, 잎의 구조와 유사

ⓑ 뿌리골무 : 정단분열조직 보호, 굴지성 유도

ⓒ 무시젤(mucigel) : 탄수화물의 일종, 토양을 뚫고 나가는 것을 돕는 윤활제

② 성숙뿌리

ⓐ 어린뿌리 표피에 수베린이 축적되어 목전화 진행

ⓑ 2차 목부와 2차 사부가 생성되면서 굵어짐

ⓒ 수분흡수보다는 수간 지탱 기능이 중요해짐

더 알아두기

어린뿌리의 분열조직
- 어린뿌리의 정단분열조직은 끝부분에 위치
- 맨 끝의 근관에서부터 세포분열 구역, 세포신장 구역, 세포분화 구역, 뿌리털 구역이 연속적으로 존재
- 뿌리털이 나타나는 곳 : 세포가 신장되면서 사부와 목부의 세포가 분화되어 유관속조직의 분화가 완성된 곳

성숙한 세근의 모양 기출 9회
- 뿌리는 형성층에 의해 2차 생장을 시작하기 전에 뿌리털과 표피를 비롯하여 피층, 내피, 유관속조직 등을 모두 갖춤
- 세근의 구성
  - 표피 : 비교적 치밀하게 배열된 맨 바깥쪽의 세포층
  - 뿌리털 : 표피세포가 길게 밖으로 자라서 형성
  - 피층(cortex) : 여러 층에 걸쳐 유세포가 세포간극을 가지고 배열한 둥근 모양의 세포층
  - 내피 : 이웃하는 내피세포끼리 치밀하게 맞닿아 있어 자유로운 수분 이동을 차단하도록 배열, 카스파리대는 내피에 형성됨
  - 내초 : 내피 안쪽의 세포층, 코르크형성층과 측근을 만드는 조직
  - 유관속조직 : 내초 안쪽의 목부와 사부를 함유한 조직

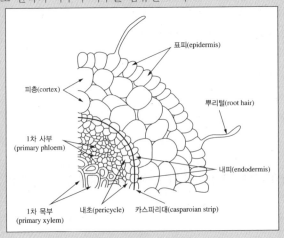

5. 살아있는 조직과 죽어있는 조직

(1) 살아있는 조직 기출 7회

　① 유세포 : 원형질을 가지고 있는 살아있는 세포

　② 세포분열, 광합성, 호흡, 물질(수분 제외) 이동, 생합성, 무기염흡수, 증산작용 등의 대사활동 담당

　③ 유세포가 모여 있는 조직

　　㉠ 잎, 눈, 꽃, 열매, 형성층, 세근, 뿌리끝

　　㉡ 표피세포, 주피, 사부조직, 방사조직, 분비조직

　④ 원형질연락사

　　㉠ 이웃하는 유세포의 원형질이 작은 구멍으로 연결되어 있는 연결망

　　㉡ 세포 사이 통신과 전달이 가능

　　㉢ Sypmplast 체계 : 원형질을 통한 전달체계

(2) 죽어있는 조직

　① 지지조직, 보호조직, 통도조직

　② 나무의 크기가 커질수록 죽어있는 목부조직의 비율이 커짐 → 에너지 소모 최소화

　③ 1차 세포벽과 두껍고 목질화된 2차 세포벽이 있음

더 알아두기

식물체의 분열조직과 이로부터 생기는 조직 기출 7회

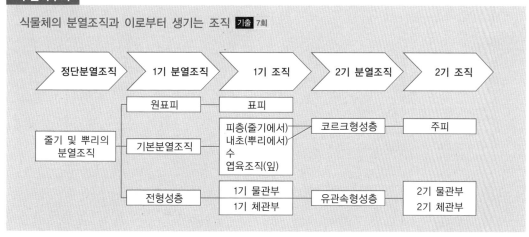

세포벽의 구조와 주요 구성성분 `기출` 7회

구 분	셀룰로오스	헤미셀룰로오스	펙 틴	리그닌
1차 세포벽	9~25%	25~50%	10~35%	15~25%
2차 세포벽	41~45%	30%	거의 없음	
중엽층	-	-	주성분	
비 고	탄수화물	탄수화물	탄수화물	지 질

1차 세포벽 2차 세포벽 중엽층

제3장 수목의 생장

1. 수목의 생장

(1) 생장의 정의와 단계

    ① 생장 : 몸의 크기가 커지거나 몸이 무거워지는 것

    ② 생장단계

        ㉠ 1단계 : 세포분열, 세포의 숫자 증가

        ㉡ 2단계 : 세포신장, 세포의 크기가 커짐

        ㉢ 3단계 : 세포분화, 전문화되고 구조가 복잡해짐

(2) 수목의 생장점

    ① 생장점 : 생장이 이루어지고 있는 특수 부위, 세포분열이 지속해서 일어남

    ② 동물과 식물의 생장 차이

        ㉠ 동물 : 세포의 절대숫자가 크게 늘어나지 않고 세포신장과 세포분화로 생장

        ㉡ 식물 : 세포분열을 왕성하게 하면서 새로운 조직을 추가

    ③ 생장점의 종류

        ㉠ 정단분열조직 : 눈, 뿌리끝(근단)

        ㉡ 측방분열조직 : 형성층

    ④ 수목 생장의 특징

        ㉠ 절간생장 : 마디와 마디 사이가 길게 자라는 현상, 새 가지가 나오는 첫 해에 한정

        ㉡ 절간생장 이후에는 직경만 굵어짐

2. 수고생장과 수고생장형 기출 7회

(1) 수고생장

    ① 새 가지가 자라서 수목의 키가 커지는 현상

    ② 수목의 키는 가지 끝의 눈이 자란만큼 커짐

    ③ 초본의 생장점은 잎의 밑부분에 있음

    ④ 고정생장과 자유생장이 있음

(2) 수고생장형 기출 5회·6회·8회

① 유한생장과 무한생장

유한생장	무한생장
• 정아가 줄기의 생장을 조절하면서 제한하는 생장 • 한 가지당 1년에 한 번 혹은 두세 번 정아가 차례대로 형성되면서 신장 • 소나무류, 가문비나무류, 참나무류 등의 줄기	• 정아가 죽거나 없어 맨 위의 측아가 정아 역할을 하여 줄기가 자라는 생장 • 정아가 꽃이거나 가지 끝이 잘 죽는 나무 • 자작나무, 서나무, 버드나무, 버즘나무, 아까시나무, 피나무, 느릅나무 등

② 고정생장형과 자유생장형의 비교

	고정생장형	자유생장형
특 징	• 생장이 느림 • 이른 봄 새 가지가 여름까지 자람 • 겨울눈(동아)에서 봄잎만 생산 → 전년도의 영향을 받음 • 북반구의 추운 지역에 많음 • 첫 서리 피해를 피하기 위한 진화	• 생장이 빠른 속성수 • 봄에 나온 새 가지가 가을까지 생장 • 생장하는 동안 새로운 눈을 계속 만들어 여름잎을 생산함 → 당해연도의 영향을 더 받음 • 연중 자라기 때문에 추가 전정 필요
수 종	• 소나무, 잣나무, 전나무, 가문비나무, 참나무, 목련, 너도밤나무 • 난대수종 중에는 동백나무	은행나무, 낙엽송, 포플러, 자작나무, 플라타너스, 버드나무, 아까시나무, 느티나무

③ 생장형은 절대적이지 않음
    ㉠ 하나의 수목에 고정생장과 자유생장을 하는 가지가 섞이는 경우
    ㉡ 자유생장과 고정생장이 섞이면서 수형이 불규칙하게 됨
    ㉢ 느티나무 : 기본적으로 자유생장하지만 성숙하면 고정생장하는 가지의 비율이 높아짐
    ㉣ 단풍나무 : 기본적으로 고정생장하지만 생육환경에 따라 자유생장하는 가지가 생김

(3) 수목의 수고생장 특성

① 계속 자라는 특성
    ㉠ 매년 새 가지를 만들어 생장
    ㉡ 계속 생장하는 한 살아있음, 수명이 정해지지 않음
② 수고생장의 한계
    ㉠ 지구상 가장 큰 나무 : 세쿼이아 115.3m
    ㉡ 목재의 강도 측면에서는 수백 미터까지 생장 가능하나 중요한 것은 수분의 공급 한계
    ㉢ 수압한계설 : 물이 중력에 반하여 끊어지지 않고 올라갈 수 있는 한계에 의해 결정
        • 100m 이상의 나무꼭대기는 사막처럼 수분이 부족한 상태
        • 높이에 따른 수분함량 회귀곡선 : 한계 높이 120~130m

(4) 수관형과 정아우세

① 수관형

㉠ 원추형 : 가지의 끝(정아지)이 옆의 가지(측지)보다 빠르게 자라 수관이 원추형이 됨

㉡ 구형 : 측지의 발달이 왕성해져 구형의 넓은 수관을 형성하게 됨

㉢ 원주형 : 구형의 수관형을 가진 수종이 밀식되어 자랄 때, 양버들은 단독으로 자랄 때에도 빗자루처럼 가지가 위로 선 전형적인 원주형을 보임

㉣ 기타 : 포복형(땅 바닥에서 옆으로 자라는 형태), 수양형(가지가 밑으로 처지는 형태)

② 정아우세현상

㉠ 정아가 옥신 계통의 식물호르몬을 생산하여 측아의 생장을 억제함으로써 정아지가 측지보다 빨리 자라는 현상

㉡ 정아우세현상에 의해 원추형의 수관을 형성하게 됨

㉢ 어릴 때 정아우세현상이 강해 원추형으로 자라다가 정아우세현상이 약해지면 구형이 됨

(5) 가지의 구분

① 장지와 단지

㉠ 장지 : 잎과 잎 사이의 마디가 길어 잎이 서로 떨어져 있음

㉡ 단지 : 잎과 잎 사이의 마디가 거의 없어 잎이 서로 총생(은행나무, 낙엽송, 자작나무, 단풍나무 등)

• 소나무류에서 [엽속 → 단지], [엽속이 붙어있는 가지 → 장지]

② 비정상지 : 제 위치나 제 계절에서 벗어난 줄기

㉠ 도장지 **기출** 8회

• 그늘에 있던 잠아가 햇빛에 갑자기 노출되어 빠른 속도로 자란 줄기

• [활엽수 > 침엽수], [유목 > 성숙목], [소목 > 대목], [강벌 > 약벌], [임연부 > 내부]

㉡ 라마지

• 다음 해에 자라야 할 눈이 당해에 미리 자라는 현상(참나무, 오리나무, 소나무류)

• 정아가 자라면 라마지(lammas shoot)라 함

㉢ 측아도장지

• 정아 대신 측아가 한꺼번에 서너 개씩 자라 올라온 줄기(노르웨이소나무, 방크스소나무)

• 줄기가 갈라져 나무 모양을 나쁘게 함

(6) 잎의 생장

① 자엽(떡잎, cotyledon)

㉠ 종자 내에 있는 배(씨눈, embryo)가 자란 것

㉡ 밤나무나 참나무류는 자엽에 탄수화물 저장

② 인편 (cataphyll, bud scale)

㉠ 눈이 형성될 때 제일 먼저 만들어지며, 주로 눈을 보호하고 양분을 저장하기도 함

㉡ 진정한 잎보다 분화가 적게 이루어져 유관속조직과 책상조직의 발달이 미약하고 기공의 빈도가 낮음

③ 잎
    ㉠ 줄기 끝의 정단분열조직에서 만들어짐
    ㉡ 잎의 아랫부분이 먼저 만들어지고, 엽신이 분화되면서 엽병이 중간에 생김
    ㉢ 잎의 신장은 처음에는 끝부분에서 일어나지만 곧 중단되고, 잎의 가장자리와 중간에 위치한 분열조직의 세포분열을 통해 고유의 모양을 갖춤
    ㉣ 잎이 자라는 기간
        • 사과나무, 자작나무, 포플러 : 15일가량
        • 포도나무 : 40일가량
        • 귤 : 130일가량
    ※ 소나무류의 잎
        • 자엽, 1차엽(바늘 형태의 유엽), 2차엽(성엽, 다발로 모인 엽속의 형태)
        • 2차엽의 분열조직(생장점)은 잎의 기부에 위치하고, 기부는 엽초로 둘러싸여 있음
        • 침엽수의 잎이 자라는 기간은 활엽수보다 더 긺
        • 잣나무 : 줄기생장은 2개월 이내에 끝나지만 잎의 신장은 3개월 이상 걸림
        • 대왕소나무, 고산성 전나무 : 2년에 걸쳐 잎이 자람

3. 직경생장

(1) 직경생장
    ① 형성층이 세포분열을 통해 안쪽으로 (2차)목부조직을 생산하여 직경이 굵어지는 현상
    ② 초본은 원통형의 형성층이 없기 때문에 직경생장을 할 수 없음
    ③ 코르크 형성층에 의한 수피 생산이 있으나 직경생장에 기여도가 작음

(2) 형성층의 기능 기출 8회
    ① 목부와 사부의 생산 기출 7회
        ㉠ 목부 : 형성층의 안쪽에 생성, 나이테 형태로 축적, 직경생장에 기여
        ㉡ 사부 : 형성층의 바깥쪽에 생성, 1년 정도의 수명이 다하면 없어짐, 직경생장에 기여 못 함
        ㉢ 목부와 사부의 생산비율
            • 목부 > 사부(일반적으로 10~20배)
            • 가뭄, 그늘 등 생장 환경이 불리할 때 목부의 생산이 급격히 줄어듦
        ㉣ 온대지방에서 봄에 사부가 목부에 비해 먼저 생산됨 – 설탕 이동 기출 9회
        ㉤ 호르몬의 영향 : 옥신/지베렐린 비율이 크면 목부 생산, 반대의 경우 사부 생산
    ② 형성층의 세포분열 방식 기출 5회 · 7회
        ㉠ 병층분열 : 형성층 세포가 접선방향으로 새로운 세포벽을 형성하면서 새로운 목부와 사부를 생산하는 분열, 수목의 직경이 굵어지는 현상
        ㉡ 수층분열 : 형성층 자체의 시원세포의 숫자를 늘리기 위해 방사선 방향으로 새로운 세포벽을 만드는 세포분열, 방사선 방향으로 새로운 시원세포가 생성

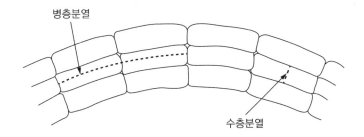

병층분열

수층분열

(3) 새로 만들어진 세포의 분화

① 도관, 가도관, 섬유, 유세포 중 하나로 분화

　　㉠ 도관과 가도관 : 통도조직, 죽어서 가운데가 비어야 기능 발휘

　　㉡ 도관의 분화과정 : 위쪽과 아래쪽에 천공판 생성

② 섬유 : 죽어서 지지역할

③ 유세포 : 수선조직 형성, 원형질을 가지고 있는 살아있는 세포, 대사작용 수행

④ 세포의 생장 방향

　　㉠ 방사방향 : 목재의 중앙에서 수평방향으로 외곽을 향해 생장, 우산살 모양

　　㉡ 종축방향 : 수직방향으로 생장, 가도관과 섬유의 주된 생장 방향

　　㉢ 접선방향 : 원둘레 방향

(4) 형성층의 계절적 생장 **기출** 8회

① 형성층 생장의 특성

　　㉠ 겨울에 중단

　　㉡ 봄에 수고생장과 함께 재개

　　㉢ 수고생장이 정지한 후에도 지속적으로 생장

② 옥신의 영향

　　㉠ 옥신 : 형성층 세포분열을 좌우하는 식물호르몬

　　㉡ 봄철 눈에서 만들어진 옥신이 밑으로 이동하면서 형성층의 세포분열 유도

　　　• 나무 꼭대기와 눈 바로 아래 가지에서 형성층 생장이 시작

　　　• 나무 밑동에서 가장 늦게 형성층 생장 시작

　　㉢ 가을 잎에서 옥신 생산이 줄어들면서 밑동부터 형성층 생장 중단

　　㉣ 나무 꼭대기가 가장 늦게까지 형성층 생장 지속

　　㉤ 옥신이 줄어드는 시기와 추재가 형성되는 시기 일치 – 밑동부터 추재 형성

(5) 심재와 변재

① 변재(sapwood)

　　㉠ 줄기의 횡단면상에서 형성층 안쪽에 인접하고 비교적 옅은 색을 가진 부분

　　㉡ 형성층이 비교적 최근에 생산한 목부조직

　　㉢ 수분이 많고 살아 있는 유세포가 있는 부분

② 뿌리로부터 수분을 위쪽으로 이동시키는 역할 및 탄수화물 저장

⑩ 변재의 두께 : 수종에 따라 다름

- 아까시나무 : 최근 2~3년 전에 생산된 목부 부분까지
- 벚나무 : 10년 전에 생산된 목부 부분까지
- 버드나무, 포플러, 피나무 : 구별이 어려움

② 심재(heartwood)

㉠ 줄기의 횡단면상에서 변재의 안쪽 한복판에 위치하며 짙게 착색된 부분

㉡ 형성층이 오래전에 생산한 목부조직으로 세포가 죽어버리고 여러 물질이 축적되어 짙은 색깔을 띰

㉢ 죽은 조직으로 생리적 기능은 없고 기계적인 지탱 역할을 함

㉣ 심재가 썩어 없어지더라도 나무는 살아갈 수 있음

㉤ 심재를 만들기 시작하는 시기 : 수종에 따라 다름

- 유칼리 : 5년부터
- 소나무류 : 15~20년부터
- 너도밤나무 : 80년부터

③ 변재가 심재로 변신하는 과정에서 나타나는 변화

㉠ 수선조직과 종축 방향 유세포가 죽어가면서 대사, 효소활동과 전분 함량 감소

㉡ 여러 화학물질(착색물질, 기름, 검, 송진, 타닌, 폴리페놀, 유기산의 염 등)이 심재세포의 내강과 세포벽에 축적 → 짙은 색의 원인

㉢ 가도관의 막공폐쇄 진행과 도관이 전충체로 막혀 수분이동 기능 상실

㉣ 수분함량 감소(소나무류의 경우 변재는 건중량의 90~120%, 심재는 건중량의 30~40%)

㉤ 목재의 밀도, 강도, 내구성 증가

4. 뿌리 생장 기출 8회

(1) 뿌리의 구분

① 배의 유근에서 시작한 직근 → 주근

② 주근에서 측근 발생

③ 측근이 갈라지면서 수많은 세근 발생

④ 뿌리털

㉠ 뿌리의 표면적을 확대하기 위해 표피가 변형되어 길게 밖으로 자란 형태

㉡ 뿌리끝 신장생장하는 부분의 바로 뒤에 위치

(2) 뿌리와 뿌리털의 발달 조건

① 토양 수분과 양분이 약간 부족할 때 더 발달

② 외생균근을 형성할 때 뿌리털을 만들지 않는 수종 : 소나무류와 참나무류

(3) 측근의 생성

① 주근의 내초세포의 병층분열로 시작 `기출` 9회

② 수층분열을 거듭하면서 측근으로 발달 → 병층분열로 볼록 튀어나오기 시작하고, 수층분열을 일으켜 내피와 피층을 뚫고 주근 밖으로 튀어나와 측근이 됨

③ 측근이 생성되면서 발생하는 공간과 상처를 통해 무기염, 병원균, 질소고정균 등 침투

(4) 뿌리의 분포

① 수직적 분포와 수평적 분포

　ㄱ 수직적 분포 : 수종 고유의 특성, 내건성과 내풍성과 관계

　ㄴ 수평적 분포 : 수관폭보다 넓은 게 보통, 모래가 많을수록 넓어짐

② 심근성과 천근성

심근성	침엽수	곰솔, 비자나무, 소나무, 은행나무, 전나무, 주목나무
	활엽수	가시나무, 구실잣밤나무, 굴거리나무, 녹나무, 느티나무, 단풍나무, 동백나무, 마가목, 모과나무, 목련, 벽오동, 생달나무, 소귀나무, 수양벚나무, 참나무, 참식나무, 칠엽수, 튤립나무, 팽나무, 호두나무, 회화나무, 후박나무
천근성	침엽수	가문비나무, 낙엽송, 솔송나무, 편백나무
	활엽수	매화나무, 밤나무, 버드나무, 아까시나무, 자작나무, 포플러, 푸조나무

③ 환경의 영향

　ㄱ 토양수분이 부족하고 토성이 거칠수록 통기성이 좋아 깊게 자라 심근성이 됨

　　• 대부분의 세근은 토양의 통기성이 좋은 표토에 집중적으로 분포

　　• 참나무류와 소나무 숲 : 표토 20cm 내에 90%의 세근 분포

　ㄴ 복토와 심식은 뿌리의 호흡을 저해

　　• 토성에 상관없이 30cm 이상 복토하면 뿌리 생장이 저해

　　• 복토로 땅에 묻히는 나무 밑동의 수피가 과다한 수분으로 썩게 됨

(5) 뿌리의 생장 특성 `기출` 5회·7회

① 계절적 활동 `기출` 9회

　ㄱ 줄기생장 전에 시작해서 줄기생장이 정지된 후에도 계속 생장

　　• 고정생장을 하는 수종의 경우 수고생장이 여름에 일찍 정지하는 반면 뿌리는 가을까지 계속 생장

　　• 지상부와 지하부 생장 기간 차이가 자유생장보다 고정생장 수종에서 더 큼

　ㄴ 온도가 높아지면 생장 속도도 빨라짐

　　• 봄철 뿌리의 발달이 시작되기 전(겨울눈이 트기 2~3주 전)에 나무를 이식하는 것이 이상적

　　• 뿌리의 생장 특성 : 봄에 왕성하게 자라다가, 여름에 생장속도 감소, 가을에 다시 왕성해지며 겨울에 생장 정지

　ㄷ 겨울철 온도가 낮아지면 생장 정지

　ㄹ 뿌리의 생장과 줄기의 생장은 무관

② **뿌리의 수명**

㉠ 다년생근 : 직경이 굵은 뿌리

㉡ 세근 : 보통 1년이며, 겨울에 대부분 죽음

㉢ 뿌리털 : 수 시간 혹은 수 주일

③ **뿌리의 형성층**

㉠ 형성층에 의한 2차생장은 첫해 혹은 둘째 해에 시작

㉡ 어린뿌리가 형성층과 코르크형성층을 만들면서 다년생 굵은 뿌리로 바뀌는 과정

- 어린뿌리의 내초 안쪽에 십자형 혹은 일자형으로 배열된 1차목부와 1차사부 사이에 있는 유세포가 세포분열을 시작하여 형성층을 만들기 시작
- 형성층 안쪽으로 2차목부가 축적되면서 부피가 늘어나고 이로 인해 안쪽으로 휘어 있던 형성층이 펴지면서 1차사부를 밖으로 밀어냄
- 형성층이 원형으로 연결되어 연속적인 유관속형성층을 이룸
- 형성층이 바깥쪽으로 2차사부를 안쪽으로 2차목부를 추가하여 직경이 굵어짐
- 내초의 세포분열로 코르크형성층을 만들어 뿌리표면을 보호
- 어린뿌리의 피층에 해당하는 조직은 찢어지고 벗겨져 없어짐

㉢ 봄에 토양온도가 상승하면 온도가 높은 겉흙 가까이에 있는 뿌리에서부터 목부조직을 만들고 토양 깊숙이 있는 뿌리로 파급됨 (※파급·전달되는 속도가 줄기형성층보다 훨씬 느림)

㉣ 뿌리의 목부조직 생산량이 토양 표면 근처에서 가장 많고 깊이 내려갈수록, 뿌리 끝으로 갈수록 적어져 초살도가 급격히 증가하여 뿌리가 가늘어짐

㉤ 줄기형성층에 비해 불규칙한 활동으로 직경생장이 뿌리의 위치에 따라 불규칙하고, 한쪽으로 치우쳐서 자라고, 위연륜과 복연륜이 자주 나타남

④ **뿌리의 생장 방향**

㉠ 새로 신장하는 주근(원뿌리)은 굴지성이 강함

㉡ 측근은 주근으로부터의 거리와 분지의 정도에 따라 차이는 있으나 굴지성을 나타냄

- 줄기에서 정하지가 측지의 발달에 영향을 주듯이 주근이 측근의 신장 방향에 영향을 줌
- 어린 묘목에서 수직 방향으로 자라는 직근을 제거하면 사선 방향으로 자라던 측근이 수직 방향으로 자라게 됨

㉢ 나무가 자라면서 주근의 구조가 복잡해지면서 중력에 대한 반응이 둔화됨

㉣ 수분공급과 기계적인 힘, 장애물이 뿌리의 생장 방향과 모양에 영향을 줌

5. 낙엽과 잎의 수명

(1) 자연적인 탈락

① 수목은 아무 때나 잎, 가지, 꽃, 열매를 떨어뜨리고 뿌리도 떨어져 나감
② 자연적 탈락의 효과
  ㉠ 토양에 유기물 제공
  ㉡ 건조 피해 방지
  ㉢ 병든 조직 제거
  ㉣ 수목 내 양분과 수분 경쟁 감소

(2) 낙 엽 기출 8회

① 가을에 낙엽이 질 것에 대한 대비책으로 어린잎에서부터 엽병 밑부분에 이층(떨켜)를 사전에 형성
  ※ 이층 세포의 특징 : 다른 부위에 비해 세포가 작고 세포벽이 얇음
② 가을이 되면 잎자루 끝의 분리층이 떨어져 나가 낙엽이 짐
③ 남은 가지 표면에 보호층 형성 : 수베린화, 리그닌화, 코르크화 진행

(3) 마른 잎의 낙엽 지연 현상

① 참나무류와 단풍나무류 등 일부 수종에서 나타남
② 잎은 말라 죽었지만 이층이 제대로 발달되지 않아 낙엽이 지연됨
③ 이듬해 봄에 물리적 힘으로 낙엽이 짐

(4) 잎의 수명

① 어린 나무와 건강한 나무의 잎은 낙엽이 늦게까지 지연됨
② 사철나무 : 봄에 나온 잎은 가을 전에 지고, 가을에 생긴 잎은 이듬해 새싹이 나온 다음 탈락(노엽에서 유엽으로의 양분 순환이 매우 빠름)
③ 상록수 잎의 자연수명

수종명	수명(년)	수종명	수명(년)
대왕소나무	2	스트로브잣나무	2~3
방크스소나무	2~3	스위스잣나무(고산성)	20
리기다소나무	2~3	잣나무	4~5
노르웨이소나무	3~5	동백나무	3~4
테다소나무	2~5	국내 전나무류	4~6(외국 7~10)
(한국)소나무	3~4	국내 가문비나무류	4~6(외국 7~10)
롱가에바잣나무(고산성)	10~45	국내 주목류	5~6

6. 생장측정과 생장분석

(1) 상대생장률

① 장기간에 걸쳐 진행되는 수목생장을 복리 원리로 계산
　㉠ 큰 나무는 작은 나무보다 더 빠른 속도로 목재를 축적하기 때문
　㉡ 초기에 수목의 크기(또는 무게)에 따라서 단위 시간당 생장량 계산

② 상대생장률(relative growth rate, RGR)
　㉠ 수목의 단위 무게당 단위 시간당 건중량의 증가량
　㉡ 보통 1주일당 1g당 증가한 무게(g)로 표시
　㉢ 수목이 가지고 있는 유전적 생장속도를 나타냄
　　속성수는 장기수보다 상대생장률이 높음

③ 계산식
상대생장률$(RGR) = (\ln W_2 - \ln W_1) / (t_2 - t_1)$

(단, ln은 자연대수, W_2는 측정 말기의 건중량, W_1은 측정 초기의 건중량, t_2는 말기 측정일, t_1은 초기 측정일)

(2) 대비성장량

① 대비성장(allometric growth) : 1932년 줄리안 헉슬리에 의해 개발된 이론
② 수목 두 부위 간의 상대적인 건중량 증가를 서로 비교할 수 있음
　㉠ 수목은 자라면서 고유의 유전적 특성, 환경 변화, 시간 경과에 따라서 여러 부위 간 건중량을 분배하는 양식이 변화됨
　㉡ 대비성장량은 이런 변화를 추적할 수 있게 함
③ 줄기와 뿌리 간의 건중량 분배를 측정하는 공식
$\log(지상부무게) = \alpha + \beta \log(지하부무게)$
　㉠ α와 β 계수는 시간 경과에 따른 지상부와 지하부의 무게를 반복 측정하여 직선상관관계로 계산
　㉡ α는 어떤 수종이 유전적으로 뿌리에 투자하는 고유의 능력(뿌리를 많이 키우는 소질)을 나타냄
　㉢ β는 대비성장계수로서 지상부와 지하부의 상대생장률(RGR)의 비율
　㉣ 식물이 뿌리를 얼마나 성장시켜야 줄기가 증가하는지 보여주는 공식
　　• 시간이 경과하면서 β가 변화하면 어린 묘목에서 지상부와 지하부 간의 물질배분의 순위가 변화한다는 것을 의미
　　• 환경 변화(시비, 간벌, 가지치기, 병충해 등)가 β에 미치는 영향을 이해할 수 있게 함

④ 분석 사례
　㉠ 참나무류 묘목은 과습지에서 자랄 경우 적습지와 건조지에서 자라는 경우보다 산소부족으로 뿌리발달 둔화되지만, 나이를 먹으면서 그런 경향이 없어짐
　㉡ 유칼리 묘목의 경우 질소비료 시비로 줄기에 비해 뿌리발달이 둔화되는 것을 수목이 뿌리발달의 필요성을 인지하지 못해서 보인 반응으로 해석

(3) 순동화율

① 건중량 생산은 기본적으로 잎 생산량과 순광합성량(총광합성량-호흡량)에 의해서 결정됨

② 순동화율(net assimilation rate, NAR)

  ㉠ 단위 엽면적당(m^2) 단위 시간당(1일, d) 건중량(g) 생산량으로 표시

  ㉡ 엽면적률(leaf area ratio, LAR)은 수목의 총건중량에 대한 총엽면적의 비율

③ 공 식

  ㉠ 순동화율(NAR, $g/m^2/d$) = 상대생장률(RGR, g/g/d) / 엽면적률(LAR, m^2/g)

  ㉡ 상대생장률(RGR) = 순동화율(NAR) × 엽면적률(LAR)

    • 생장이 빠르거나 느린 수목이 어떤 생장 특성을 가지고 있는지 분석할 수 있게 함

    • 유전적 생산효율(RGR에 해당)이 광합성량(NAR에 해당) 때문인지, 잎의 생산량(LAR에 해당) 때문인지, 양쪽 모두인지를 찾아내 분석할 수 있게 함

④ 분석 사례

  ㉠ 속성수인 백합나무 묘목은 참나무류에 비하여 더 많은 잎을 생산하여 높은 생장속도를 유지하며, 순동화율에서는 차이가 없음

  ㉡ 생장분석 : 생장에 관여하는 요소를 찾아내 요인을 분석하는 것

제4장 광합성과 호흡

1. 태양광선과 식물 생리 기출 7회

(1) 태양광선의 영향

① **태양광선** : 파장이 다른 여러 가지 전자기파로 구성

② 식물 광합성의 에너지원(파장 400~700nm)

③ **수목 형태의 결정** : 종자발아, 잎의 모양과 배열, 줄기의 생장, 줄기 대 뿌리 비율

④ **생리적 현상의 결정** : 눈의 휴면타파, 개화, 낙엽, 증산작용, 환경과 병해충 저항성

⑤ 생태적 식물분포 결정

⑥ **환경요인 변화** : 공기 및 토양온도, 강우, 바람 등

고에너지 광효과	광도 1,000lux 이상에서의 광합성
저에너지 광효과	• 광도 100lux 이하에서의 생리적 효과 • 광주기, 굴광성

(2) 광주기(=일장)

① **낮과 밤의 상대적인 길이**

    ㉠ 식물의 개화에 영향

    ㉡ 목본식물에서는 개화보다는 생장개시 및 휴면에 더 영향(예외 : 무궁화와 측백나무)

② **장일조건과 단일조건**

    ㉠ 장일조건 : 수고생장과 직경생장을 촉진, 낙엽과 휴면을 지연・억제

    ㉡ 단일조건 : 수고생장 정지, 동아의 형성 유도, 월동준비

③ **북반구 고위도 지역 수목의 생장 특성(광주기 지역품종)**

    ㉠ 일장이 짧아지기 시작하면 즉시 생장 정지 → 첫서리 피해 방지

    ㉡ 일장이 길어질 때까지 기다린 후 발아 → 늦서리 피해 방지

(3) 광 질 기출 5회

① **파장의 구성성분**

    ㉠ 활엽수림 하부에는 장파장인 적색광선이 주종

    ㉡ 침엽수림 하부에는 가시광선 전파장이 전달

    ㉢ 우거진 숲의 지면에서는 적색광이 적어 종자발아가 억제됨

② 광합성, 종자발아와 휴면, 개화, 형태변화, 주광성 등에 영향

③ 엽록소(chlorophyll) `기출` 5회

  ㉠ 엽록체에 들어있는 색소(지구상에서 가장 풍부한 색소)

  • 그라나(grana) : 엽록소 함유 부분 → 광반응

  • 스트로마(stroma) : 엽록소 없는 부분 → 암반응

  ㉡ 목본의 주종 엽록소 : 엽록소 a(청록색), 엽록소 b(황록색)

  ㉢ 에테르에 잘 녹는 지질 화합물

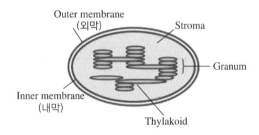

④ 피토크롬(phytochrome)

  ㉠ 파장 660~730nm의 적색광을 흡수하는 색소

  ㉡ 뿌리를 포함한 생장점 근처에 가장 많이 분포

  ㉢ 광주기 현상, 종자발아와 휴면, 광 형태 변화 지배

⑤ 크립토크롬(cryptochrome)

  ㉠ 파장 320~450nm의 청색광을 흡수하는 플라보단백질 계통의 색소

  ㉡ 주광성(햇빛을 향해 자라는 현상) 유도

  ㉢ 원형질막에 붙어 있음

(4) 광 도 `기출` 5회

① 태양광선의 강도 : 광합성량에 직접적인 영향

② 광보상점

  ㉠ [호흡으로 방출하는 CO_2의 양] = [광합성으로 흡수하는 CO_2의 양]의 광도

  ㉡ 식물이 생존할 수 있는 최소한의 광도

  ㉢ 보통 전광의 2%인 2,000럭스(lux) 정도

③ 광포화점

  ㉠ 광도를 증가시켜도 광합성량이 더 이상 증가하지 않는 상태

  ㉡ 양수 : 전광의 40~50% 정도

  ㉢ 음수 : 전광의 20~25% 정도

(5) 주광성과 굴지성 기출 5회

주광성	• 식물이 햇빛이 있는 방향을 향하여 자라는 현상 • 1923년 Went의 귀리 자엽초 실험 : 자엽초에 빛을 비추면 빛의 반대쪽에 옥신 농도가 올라가면서 세포 신장이 촉진되어 빛의 방향으로 구부러짐을 규명 • 450nm와 360nm에서 효율적 • cryptochrome 색소
굴지성	• 중력이 작용하는 방향으로 식물이 자라는 것을 의미 • 1차 주근의 굴지성이 가장 강하며, 3차근은 거의 굴지성을 나타내지 않음 • 수간과 꽃은 반굴지성을 나타내 위로 자람 • 가지와 엽병은 비교적 수평방향으로 자람 • 수평으로 자라던 뿌리가 굴지성을 갖게 되는 것은 옥신이 뿌리의 아래쪽으로 이동해 세포 신장을 억제하여 위쪽 세포가 더 빨리 신장하기 때문(※주광성과 반대)

(6) 광수용체 기출 7회 · 8회 · 9회

① Phytochrome 기출 5회 · 6회

㉠ 분자량 120,000Da 가량의 두 개의 동일한 polypeptide로 구성되며, 4개의 pyrrole이 모인 발색단을 가짐

㉡ 암흑 속에서 기른 식물체 내에 가장 많음 (햇빛을 받으면 합성이 일부 금지되거나 파괴)

㉢ 식물체 내 대부분의 기관에 존재, 특히 뿌리를 포함한 생장점 근처에 가장 많음

㉣ 세포 내에서는 세포질과 핵 속에 존재하며, 세포소기관이나 원형질막, 액포 내에는 존재하지 않음

㉤ 존재형태

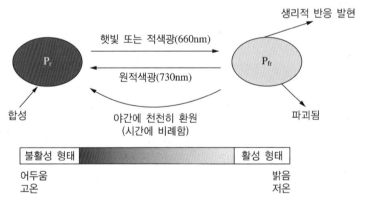

• 두 가지 형태 중 한 형태로만 존재하는 것이 아님(적색광에서 80%가 P_{fr}로 존재, 원적색광에서 99%가 P_r로 존재)

• P_{fr}은 생리적으로 활성을 띠는 형태, 암흑 속에서 P_{fr}에서 P_r로 천천히 시간에 비례하여 환원되거나 파괴됨. 식물이 시간을 측정할 수 있는 장치

② Phototropin

    ㉠ 굴광성과 굴지성에 효과가 있는 청색광에 반응하는 광수용체

    ㉡ 청색광(400~450nm)과 자외선 A(320~400nm)를 흡수하는 flavoprotein의 일종

    ㉢ 잎에 많이 존재

    ㉣ 잎의 확장, 어린 식물의 생장 조절, 크립토크롬이 작동하기 전에 줄기생장 유도

    ㉤ 햇빛을 감지하여 기공을 열기 위한 일련의 화학반응 유도

    ㉥ 햇빛이 강하게 비출 때 엽록체가 방향을 전환하는 데 관여

③ Cryptochrome

    ㉠ 포토트로핀과 함께 청색광과 자외선을 흡수하여 굴광성에 관여하는 광수용체

    ㉡ 식물과 동물에 모두 존재

    ㉢ Flavoprotein의 일종

더 알아두기

- 피토크롬과 포토트로핀 : 인산화효소의 일종
- 크립토크롬 : 인산화효소가 아님

    ㉣ 자귀나무처럼 밤에 잎이 접히는 일주기 현상(또는 생체리듬) 조절 → Cry1,
       종자와 유묘생장 조절 → Cry2

    ㉤ 철새의 경우, 자기장 감지

④ 고광도 반응(HIR)

    ㉠ 고광도에서 반응하는 색소

    ㉡ 종자발아, 줄기의 생장억제, 잎의 신장생장, 색소합성에 관여

    ㉢ phytochrome과 다른 점

       • phytochrome 보다 최소 100배가량의 고광도 요구

       • 수 시간 노출되어야 함

       • 적색광과 원적색광에 의해 상호환원되지 않음

       • 청색, 적색, 원적색 부근에 1개 이상의 흡광정점을 가짐

2. 양수와 음수

(1) 양수와 음수의 구분 `기출` 5회

① 그늘에서 견딜 수 있는 내음성 정도에 따른 구분

② 햇빛을 좋아하는 정도에 따른 구분이 아님

(2) 양 수

① 그늘에서 자라지 못하는 수종

② 광포화점이 높음

ⓘ 광도가 강한 환경에서 광합성이 효율적

ⓛ 낮은 광도에서 광합성 효율 저조

③ 수 종 기출 8회

	생존가능 광도	침엽수종	활엽수종
양 수	전광의 30~60%	낙우송, 메타세쿼이아, 삼나무, 소나무, 은행나무, 측백나무, 향나무, 히말라야시다	가죽나무, 과수류, 느티나무, 라일락, 모감주나무, 무궁화, 밤나무, 배롱나무, 백합나무, 벚나무, 산수유, 아까시나무, 오동나무, 오리나무, 위성류, 이팝나무, 자귀나무, 주엽나무, 층층나무, 플라타너스
극양수	전광의 60% 이상	낙엽송, 대왕송, 방크스소나무, 연필향나무	두릅나무, 버드나무, 붉나무, 예덕나무, 자작나무, 포플러

(3) 음 수

① 그늘에서 자랄 수 있는 수종

② 광포화점이 낮음 → 낮은 광도에서 광합성 효율적

③ 광보상점이 낮음 → 낮은 광도에서 호흡량이 적음

④ 수 종 기출 8회

	생존가능 광도	침엽수종	활엽수종
음 수	전광의 3~10%	가문비나무, 솔송나무, 전나무	너도밤나무, 녹나무, 단풍나무, 서어나무, 송악, 칠엽수, 함박꽃나무
극음수	전광의 1~3%	개비자나무, 금송, 나한백, 주목	굴거리나무, 백량금, 사철나무, 식나무, 자금우, 호랑가시나무, 황칠나무, 회양목

3. 양엽과 음엽

(1) 양 엽

① 높은 광도에서 광합성을 효율적으로 하도록 적응한 잎

② 광포화점이 높음

③ 책상조직의 치밀한 배열

④ 큐티클층과 잎이 두꺼움 → 증산작용 억제

(2) 음 엽

    ① 낮은 광도에서 광합성을 효율적으로 하도록 적응한 잎

    ② 광포화점이 낮음

    ③ 책상조직의 엉성한 배열

    ④ 큐티클층과 잎이 얇음, 잎의 넓이는 양엽보다 넓음

(3) 발생 특징

    ① 햇빛의 양에 적응하여 생긴 후천적 특징

    ② 양수와 음수 모두 한 개체에 양엽과 음엽을 함께 가지고 있음

    ③ 잎들끼리 만드는 그늘의 영향 → 광합성량을 늘리기 위한 생존 전략

4. 광합성

(1) 광합성의 정의

    ① 엽록체가 빛에너지를 이용해 이산화탄소와 물을 원료로 탄수화물을 합성하는 과정

    ② 탄소동화작용

> **더 알아두기**
>
> 광합성 색소 – 엽록소 a, 엽록소 b, 카로티노이드
> - **흡수스펙트럼** : 엽록소가 흡수하는 적색과 청색의 가시광선 부근
> - **작용스펙트럼** : 녹색광을 흡수하여 광합성에 기여하는 색소가 존재
> - **카로티노이드** : 엽록소 보조색소, 광산화작용 방지
>
>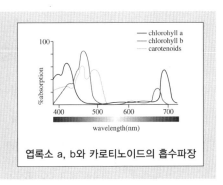
>
> **엽록소 a, b와 카로티노이드의 흡수파장**

(2) 광합성 기작 [기출] 7회

    ① **명반응(광반응)** [기출] 5회

        ㉠ 햇빛이 있을 때 엽록체의 그라나에서 진행

        ㉡ 물을 분해하면서 에너지 저장물질인 ATP와 NADPH 생산

        ㉢ 전자전달계

            • 물 분해로 방출되는 전자가 NADP까지 전달되는 과정(환원과정)

            • 관여물질 : Q, X, plastocyanin, cytochrome, ferredoxin 등

② 암반응

　　㉠ 이산화탄소를 환원시켜 탄수화물을 합성하는 과정

　　㉡ 명반응에서 생산한 ATP와 NADPH를 에너지원으로 사용

　　㉢ 엽록체 내에서 엽록소가 없는 스트로마에서 진행

　　㉣ 햇빛 없이도 반응이 일어남(한밤중에 일어난다는 말이 아님에 유의)

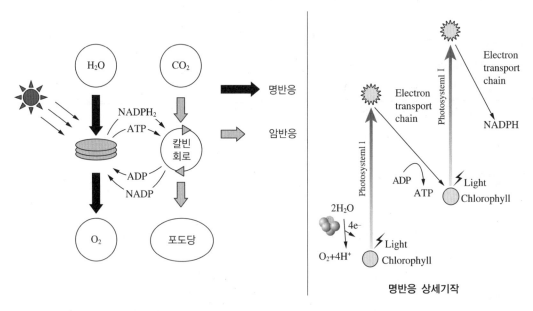

명반응 상세기작

(3) 이산화탄소 고정 방식에 따른 식물의 분류

C-3 식물군	녹조류를 포함한 대부분의 녹색식물	5탄당인 RuBP와 CO_2가 반응하여 2개의 C3 화합물(3-PGA)을 생산, Rubisco 효소(지구상 가장 흔한 효소) 관여, 칼빈회로를 통해 RuBP가 재생산
C-4 식물군	• 대부분 단자엽식물, 사탕수수, 옥수수, 수수 • 광합성량과 효율이 높음	엽육세포에서 C3 화합물인 PEP가 CO_2를 고정하여 C4 화합물인 OAA를 생산, OAA는 malic acid로 전환되어 유관속초세포로 이동, 고정된 CO_2가 다시 방출되고 이후 방출된 CO_2는 C-3식물과 같은 방식으로 RuBP를 통해 고정
CAM 식물군	다육식물(돌나물과, 선인장) - 건조에 대응하기 위해 밤에 기공을 열고 CO_2 흡수	• 밤 : CO_2 흡수 → PEP가 CO_2 고정 OAA 생산 → malic acid로 전환되어 액포에 저장 • 낮 : malic acid가 OAA로 전환 → OAA가 분해되어 CO_2 방출 → RuBP가 CO_2 다시 고정

※ RuBP : ribulose bisphosphate

　Rubisco : ribulose bisphosphate carboxylase = RuBP carboxylase

　3-PGA : 3-phospho-glyceric acid

　OAA : oxaloacetic acid

　PEP : phosphoenolpyruvate

C-3 식물군의 CO_2 고정 과정

$$CO_2 + RuBP \rightarrow 3\text{-}PGA + 3\text{-}PGA \; (1+5 = 2 \times 3)$$

Calvin cycle

C-4 식물군의 CO_2 고정 과정

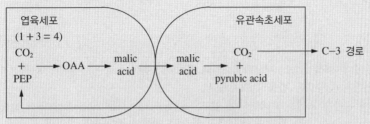

CAM 식물군의 CO_2 고정 과정

- 야간(기공 열림) : $CO_2 + PEP \rightarrow OAA \rightarrow$ malate $\rightarrow$ 엑포에 저장
- 주간(기공 닫힘) : malic acid $\rightarrow$ OAA $\rightharpoondown$ PEP or pyruvate
  $\rightarrow CO_2 + RuBP \rightarrow 3\text{-}PGA \rightarrow$ Calvin cycle

C-3 식물과 C-4 식물의 특징 비교

구 분	C-3 식물	C-4 식물
광합성 최초 생산물질	3탄당 (3-PGA)	4탄당 (OAA)
담당 효소명	Rubisco	PEP carboxylase
유관속초 존재	있거나 없음	반드시 있음
광합성 최적온도	20~25℃	30~35℃
광포화점	낮 음	높 음
CO_2 보상점	높 음	낮 음
광호흡량	많음(광합성량의 25~40%)	적음(광합성량의 5~10%)
순광합성량	적 음	많 음
생장속도	보 통	빠 름
식물 예	대부분의 식물	옥수수, 사탕수수
분포지역	온대, 열대, 한대	열 대
[13]C탄소동위원소 선호도*	낮 음	높 음

* [13]C탄소동위원소 선호도 차이를 이용하여 진짜 꿀(온대지방의 식물에서 채취)과 가짜 꿀(사탕수수에서 정제한 설탕) 판별

(4) 광호흡

① 잎의 광조건에서만 일어나는 호흡 → 야간 호흡과 다름

② 엽록체에서 광합성으로 고정한 탄수화물의 일부가 산소와 반응하여 다시 분해되어 미토콘드리아에서 CO_2가 방출되는 과정

③ C-3식물 : 광합성으로 고정한 이산화탄소의 25~33% 정도를 광호흡으로 방출

④ C-4식물 : 광호흡량이 매우 적음 → C-3식물보다 광합성 효율이 높은 이유

더 알아두기

RuBP carboxylase
- 광합성과 광호흡 모두에 관여하는 효소, 이산화탄소와의 친화력이 높아 주로 광합성 반응을 촉진하지만 주변 산소 농도가 높아지면 광호흡 반응이 커지게 됨
- C-4식물은 이 효소가 유관속 초세포에 국한되어 있고, 이 세포 내에서는 malic acid에서 방출되는 CO_2로 인해 CO_2 농도가 높아 O_2가 제대로 경쟁하지 못하기 때문에 광호흡이 적어짐

(5) 광합성에 영향을 주는 요인 **기출** 9회

① 광 량

㉠ 수목 전체는 낱개 잎의 광포화점보다 훨씬 높은 광량이 필요

㉡ 광량 부족 → 광합성 저조 → 포도당 부족 → 새로운 잎을 만들 섬유소 부족

② 온 도

㉠ 광합성에 관여하는 효소의 활성이 온도의 영향을 받음

㉡ 온대지방의 광합성 적온 : 15~25℃(양엽 : 25℃, 음엽 : 20℃)

㉢ 고산수종 : 15℃

㉣ 열대식물 : 30~35℃

㉤ 사막의 관목 : 30℃

③ 수 분

㉠ 수분이 과다하거나 부족하면 광합성이 저해

㉡ 수분 부족 → 기공 폐쇄 → 광합성 중단

㉢ 보통 수분 부족은 회복이 가능하나 심한 한발로 엽록체, 기공, 뿌리끝이 영구적인 손상을 입었을 경우에는 회복되지 않음

④ 일변화

㉠ 광도, 온도, 수분의 상태가 복합적으로 영향을 줌

㉡ 아침 : 수분상태 양호하나 광도와 온도가 낮아 광합성량이 적음

㉢ 정오 전후 : 광도, 온도, 수분상태 모두 양호, 광합성량이 가장 많음

㉣ 오후 : 수분 부족으로 광합성의 침체 현상이 나타남, 오후 늦게 회복

⑤ 계절변화

    ㉠ 수종에 따라 크게 차이

    ㉡ 활엽수 : 수고생장형에 따른 차이

      • 고정생장형 : 초여름에 광합성량 최대

      • 자유생장형 : 늦은 여름에 광합성량 최대

    ㉢ 침엽수 : 대부분 상록수, 연중 광합성 수행

      • 새로운 잎이 추가되는 7~8월에 광합성량 최대

      • 한겨울 빙점 전후에도 광합성 수행

⑥ 이산화탄소 농도

    ㉠ 이산화탄소 농도의 증가 → 광합성량 증가

    ㉡ 이산화탄소는 HCO_3^- 형태로 엽육조직 세포질에 녹아 흡수

    ㉢ 숲속 수목의 광합성 제한 요소 : 햇빛(음엽)과 이산화탄소(양엽)

    ㉣ 인위적인 이산화탄소의 농도 증가로 식물 생장을 촉진시킬 수 있음 – 이산화탄소시비

⑦ 수종과 품종

    ㉠ 생장이 빠른 수종의 광합성 능력이 큼

    ㉡ 광합성 능력에 영향을 주는 인자

      • 단위 엽면적당 기공수 : 기공수가 많을수록 광합성 능력이 큼

      • 개체당 엽량 : 엽량이 많을수록 광합성 능력이 큼

      • 생육기간 : 생육기간이 긴 환경조건에서 광합성량이 많아짐

5. 호 흡

(1) 호흡의 정의와 기능 `기출` 5회

① 호흡의 정의

    ㉠ 에너지를 가지고 있는 물질을 산소를 이용해 산화
      시켜서 에너지를 발생시키는 과정

    ㉡ 광합성의 역반응

    ㉢ 미토콘드리아에서 일어남

    ㉣ 생성된 에너지를 ATP의 형태로 저장

② 생명현상에 필요한 에너지 공급

    ㉠ 세포의 분열, 신장, 분화

    ㉡ 무기양분의 흡수

    ㉢ 탄수화물의 이동과 저장

    ㉣ 대사물질의 합성, 분해 및 분비

    ㉤ 주기적 운동과 기공의 개폐

    ㉥ 세포질 유동

③ **동물과 식물의 차이** : 식물은 근육운동, 체온 유지를 위해 에너지를 소모하지 않음

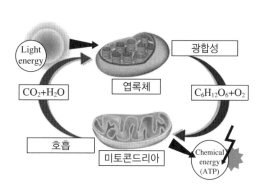

(2) 호흡작용의 기본 반응 `기출` 5회·6회·7회·9회

단 계		주요 내용
1단계	해당작용	• 포도당이 분해되는 단계(세포질에서 일어남) • glucose(C_6) → $2C_3$ → $2C_2$ + $2CO_2$ • 산소를 요구하지 않는 단계(※ 효모균의 알코올 발효) • 2개의 ATP 생산(에너지 생산효율이 낮음)
2단계	Krebs회로	• TCA(tricarboxylic acid) cycle 또는 citric acid cycle • acetyl CoA(C_2)가 oxaloacetate(C_4)와 축합하여 citrate(C_6)가 형성되면서 사이클이 시작함 • 4개의 CO_2를 발생시키면서 NADH를 생산하는 단계 • 미토콘드리아에서 일어남
3단계	말단전자전달경로	• NADH로 전달된 전자와 수소가 최종적으로 산소(O_2)에 전달되어 물(H_2O)이 생산되는 경로 • 효율적으로 ATP를 생산하는 과정 • 산소가 소모되기 때문에 호기성 호흡이라고도 함 • 미토콘드리아에서 일어남

※ C_2는 탄소원자 2개로 구성된 탄소화합물을 나타냄, 즉 C는 탄소, 2는 탄소의 숫자

(3) 호흡에 영향을 주는 요인 `기출` 8회

① 온 도
　　㉠ Q_{10} : 온도가 10℃ 상승할 때 호흡량의 증가율
　　　　• 5~25℃ 범위에서 Q_{10} = 2.0~2.5
　　　　• 10℃ 상승하면 호흡량은 2~2.5배 증가
　　㉡ 광합성은 호흡에 비해 낮은 온도에서 최대치에 이름
　　　　• 수목 생장 최적온도 : 25℃
　　　　• 순광합성이 높아질수록 탄수화물 축적량이 증가
　　　　• 호흡만을 하는 야간의 온도가 주간보다 낮아야 수목은 정상적으로 생장
② 수목의 나이
　　㉠ 왕성하게 자라는 녹색식물의 호흡량은 광합성량의 30~40%
　　㉡ 유령림이 성숙림보다 단위건중량당 호흡량이 큼
　　㉢ 수목은 나이가 들수록 호흡률(=호흡량/광합성량)이 증가하여 차차 생장이 거의 이루어지지 않게 됨
③ 임분의 밀도
　　㉠ 밀식된 임분
　　　　• 개체수가 많고 줄기직경이 작음 → 호흡이 필요한 형성층의 표면적과 잎의 양이 늘어남 → 호흡량 증가
　　　　• 그늘로 인한 광합성 감소, 호흡량 증가로 인한 생장량 감소
　　㉡ 솎아내기와 밑가지 제거 → 광량 증가와 호흡 감소 → 생장 촉진

④ **수목의 부위** 기출 7회·9회
  ㉠ 호흡은 유세포 조직에서 일어남
  ㉡ 지상부
  - 잎 : 수목 전체 중량의 일부이지만 호흡량은 30~50%로 가장 왕성, 잎이 완전히 자란 직후 최대, 가을에 생장을 정지하거나 낙엽 직전에 최소
  - 눈 : 휴면기간 동안 최저, 봄철 개엽 시기에 급격히 증가하고 가을에 생장이 정지할 때까지 왕성하게 유지, 아린(bud scale)은 산소를 차단하여 겨울철 눈의 호흡을 억제함
  - 가지와 수간 : 수피와 형성층 주변 조직(사부와 몇 년 이내의 변재)
  - 방사조직 : 숫자가 적어 호흡량은 매우 적음
  - 심재 : 대부분 죽은 조직으로 거의 호흡하지 않음
  - 형성층 조직 : 외부와 직접 접촉하지 않아 산소 공급이 부족하여 혐기성 호흡이 일어나는 경향이 있음
  - 조피 : 수피 중 맨 바깥쪽의 외수피, 죽어있는 조직이지만 가스교환을 촉진시키기 위한 피목을 가지고 있음
  ㉢ 지하부
  - 전체 호흡량의 8% 정도
  - 왕성한 세포분열과 무기염 흡수에 ATP를 소모하기 때문에 호흡량 많음
  - 균근을 형성한 뿌리의 호흡량이 형성하지 않은 뿌리보다 증가
  - 세근의 90%가 표토 20cm 내에 분포 → 이미 자라고 있는 나무 주변에 복토를 하면 안 됨
  - 뿌리가 장기간 침수될 경우 → 뿌리에서 메탄과 에틸렌가스가 발생 → 잎의 황화현상 유발 또는 상편생장으로 잎이 아래로 말림
  - 과습에 견디는 능력 : 산소 확산 능력, 혐기성 호흡에 견디는 능력, 호흡근 발달(낙우송), 판근 발달(열대수종)
  ㉣ 과 실
  - 결실 직후 가장 높고 자라면서 급격히 감소, 완전 성숙 직전 일시적 증가(Climacteric 현상)
  - 수확 후 낮은 온도, 낮은 산소함량, 높은 이산화탄소 조건에서 저장성 향상
  ㉤ 종 자
  - 자라는 동안 높지만, 성숙하고 나서 감소
  - 휴면상태에서 더욱 낮아짐
⑤ **대기오염과 호흡**
  ㉠ 오존 : 매우 강한 산화력으로 조직 파괴, 지상부 호흡량 증가 반면 뿌리 호흡은 감소함 → 지상부 손상을 치료하기 위해 탄수화물을 많이 사용하기 때문
  ㉡ 아황산가스 : 오존과 마찬가지로 호흡 증가
  ㉢ 이산화질소 : 노출된 초본식물의 호흡 감소
  ㉣ 불소 : 낮은 농도에서 호흡 증가, 높은 농도에서는 호흡 감소
⑥ **기계적 손상과 물리적 자극**
  ㉠ 수목의 잎을 만지거나 문지르거나 구부리면 호흡량이 크게 증가함
  ㉡ 상처를 만들면 호흡이 증가함(상처를 복구하는 대사가 시작되기 때문)

제 5 장 탄수화물 대사

1. 탄수화물의 종류와 기능 기출 5회·6회

(1) 단당류

① 탄수화물의 기본 단위

② 탄소 3개에서 8개까지 있으며, 보통 5탄당과 6탄당이 많음

  ㉠ 3탄당 : glyceraldehyde 등

  ㉡ 4탄당 : erythrose 등

  ㉢ 5탄당 : ribose, xylose, arabinose, ribulose 등

  ㉣ 6탄당 : glucose(포도당), fructose(과당), mannose 등

  ㉤ 7탄당 : heptulose 등

③ ATP, NAD의 구성성분. RNA, DNA의 기본골격

④ 광합성과 호흡작용에서 탄소 이동에 직접 관여

⑤ 물에 잘 녹고 이동이 용이

⑥ 환원당으로서 다른 물질을 환원시킴

(2) 올리고당류

① 단당류의 분자가 2개 이상 연결된 형태

  ㉠ 2당류 : maltose(맥아당), lactose(유당), cellobiose, sucrose(설탕)

  ㉡ 3당류 : raffinose, melezitose

  ㉢ 4당류 : stachyose

  ㉣ 5당류 : verbascose

  ㉤ 그 이상 : dextrin(환원당)

  ※ 비환원당 : sucrose, raffinose, melezitos, stachyose, verbascose

② 수용성으로 체내 이동이 용이함

③ **설탕** : 포도당 + 과당

  ㉠ 살아있는 세포 내에 널리 분포

  ㉡ 비교적 높은 농도

  ㉢ 대사작용, 저장탄수화물의 역할

  ㉣ 사부를 통해 이동하는 탄수화물의 주성분

④ 맥아당(엿당) : 포도당 + 포도당
  ㉠ 전분 분해로 생성
  ㉡ 농도나 기능이 설탕만큼 크지 않음

(3) 다당류

① 단당류 분자가 수백 개 이상 연결되어 만들어진 화합물

	starch, cellulose, callose	hemicellulose	pectin
기본 구성 단당류	glucose	xylan, mannan, galactan, araban	galacturonic acid

② 물에 녹지 않아 이동할 수 없음

③ 다당류의 종류 **기출** 7회 · 8회 · 9회

  ㉠ 기본 구성 단당류 : glucose
  • cellulose : 섬유소, 세포벽의 주성분(1차벽 9~25%, 2차벽 41~45%), 지구에서 가장 흔한 유기화합물
  • starch : 전분, 가장 흔한 저장 탄수화물, 전분립으로 축적, amylopectin(가지를 많이 친 사슬 모양)과 amylose(직선의 사슬 모양)
  • callose : 세포벽에서 분비되는 스트레스 반응 물질, 사공 막힘과 관련
  ㉡ 기본 구성 단당류 : xylan, mannan, galactan, araban
  • hemicellulose : 세포벽의 주성분(1차벽 25~50%, 2차벽 30%)
  ㉢ 기본 구성 단당류 : galacturonic acid
  • pectin : 세포벽의 구성성분(1차벽 10~35%, 2차벽 별로 없음), 중엽층(middle lamella)에서 이웃 세포를 서로 결합시키는 시멘트 역할
  ㉣ gum : 벚나무속 나무가 기둥에 상처받을 때 분비되는 물질
  ㉤ mucilage : 콩꼬투리, 느릅나무 내수피, 잔뿌리 표면 주변에 분비되는 물질

(4) 탄수화물의 기능 **기출** 9회

① 세포벽의 주요 성분
② 에너지를 저장하는 주요 화합물
③ 지방, 단백질과 같은 다른 화합물을 합성하기 위한 기본 물질
④ 광합성에 의해 처음 만들어지는 물질
⑤ 세포액의 삼투압을 증가시키는 물질
⑥ 호흡과정에서 산화되어 에너지를 발생시키는 주요 화합물

2. 탄수화물의 합성과 이용 `기출` 7회·8회

(1) 탄수화물의 합성

    ① **탄수화물의 합성** : 광합성의 암반응으로부터 시작

    ② 단당류는 빠르게 설탕 등으로 합성(잎조직에서 설탕의 농도가 단당류보다 높음)

        ㉠ 엽록체 속에서 캘빈회로를 통해 단당류가 합성되고 전환됨

        ㉡ 설탕의 합성은 세포질에서 이루어짐(2개의 3탄당 결합 → 6탄당 → 2개의 6탄당 결합)

    ③ **전분** : 포도당이 길게 연결된 다당류

(2) 탄수화물의 전환

    ① 여러 가지 탄수화물들은 필요한 화합물로 전환

    ② **전분 ↔ 설탕**

        ㉠ 종자가 자랄 때. 설탕이 전분으로 전환

        ㉡ 과실이 성숙해질 때. 전분이 설탕으로 전환되어 당도 증가

    ③ 세포벽 구성 탄수화물은 다른 형태로 전환되지 않음

(3) 탄수화물의 축적과 분포

    ① **탄수화물의 축적** : [광합성량] > [호흡과 새로운 조직 생산에 의한 소비량] 때

    ② **축적되는 형태** : 대부분 전분. 그 밖에 지방, 질소화합물, 설탕, raffinose, fructose 등

    ③ **탄수화물 저장 세포** : 살아있는 유세포(죽으면 회수)

(4) 탄수화물의 이용 `기출` 9회

    ① **새 조직 형성** : 가지끝의 눈, 뿌리끝의 분열조직, 형성층, 어린 열매 등으로 이동, 이용

    ② **호흡작용에 이용** : 대사작용에 필요한 에너지 공급

    ③ **저장물질로 전환** : 전분으로 전환 등

    ④ **공생미생물에게 제공** : 질소고정박테리아, 균근균 등

    ⑤ **빙점을 낮춤** : 설탕 농도를 높여 세포가 겨울에 어는 것 방지

(5) 계절적 변화 `기출` 6회·8회

    ① 낙엽수의 변화폭이 상록수보다 큼

    ② **낙엽수**

        ㉠ 가을 낙엽 시기에 탄수화물 농도 최고

        ㉡ 겨울철 호흡에너지로 사용되면서 농도 감소

        ㉢ 봄철 새로운 잎과 가지를 내면서 사용, 늦은 봄 탄수화물 농도 최저

        ㉣ 늦봄부터 가을까지 탄수화물 축적, 탄소화물 농도 증가

③ 생육기간 동안 줄기생장을 반복하는 수종 : 줄기생장 때마다 탄수화물 감소

④ **상록수** : 겨울까지 탄수화물 축적, 줄기생장을 하는 4~7월에 가장 낮음

> **더 알아두기**
>
> • 활엽수 제거를 위해 밑동을 자를 때 6월 중하순이 효과적 → 탄수화물을 모두 소모시켜 맹아지의 생장력이 약하기 때문
> • 겨울철에 전분의 함량이 감소하고 환원당의 함량이 증가하는 이유 → 세포액의 농도를 높여 가지의 내한성을 증가시키기 위함

3. 탄수화물 운반조직

(1) 피자식물의 사부조직

① 사관세포

　㉠ 지름 20~40μm, 길이 100~500μm

　㉡ 살아있는 세포, 성숙하면 핵이 없어짐

　㉢ 위, 아래 인접한 사관세포가 사판으로 연결

　㉣ 사판의 사공(지름 2.0μm 내외)을 통해 탄수화물 이동

② 반세포

　㉠ 사관세포와 인접하여 탄수화물 이동을 보조

　㉡ 세포질이 많고, 핵을 가진 살아있는 세포

③ **사부유세포** : 탄수화물의 측면이동

④ **사부섬유** : 물리적 지지

(2) 나자식물의 사부조직

① 사세포

　㉠ 길이 1.4mm

　㉡ 사판이 없음

　㉢ 이웃하는 사세포와 사부막공을 통해 탄수화물 이동

② **알부민세포** : 반세포와 유사

③ **사부유세포** : 탄수화물의 측면이동

④ **사부섬유** : 물리적 지지

■ 피자식물과 나자식물의 사부조직 비교

구분	기본세포	보조세포	유세포	지지세포	물질이동 수단
피자식물	사관세포	반세포	사부유세포	사부섬유	사공, 사역
나자식물	사세포	알부민세포	사부유세포	사부섬유	사역

4. 탄수화물 운반물질의 성분 기출 6회

(1) 비환원당 기출 9회

① 사부조직을 통해 운반되는 탄수화물의 구성 성분

② 다른 물질을 환원시킬 수 없는 당류

③ 효소에 의해 잘 분해되지 않고 화학반응성이 작아 장거리 수송에 적합

(2) 주요 물질

① 설탕 : 가장 농도가 높고 흔함(장미과는 sorbitol 함량이 더 많음) 기출 9회

② 올리고당 : raffinose, stachyose, verbascose 등

③ 당알코올 : mannitol, sorbitol, galactitol, myoinositol 등

④ 사부수액에는 20% 정도의 당류가 함유되어 있음

(3) 운반속도와 방향

① 운반속도

㉠ 20% 농도의 설탕물의 확산 속도 : 55cm/h

㉡ 식물체 내에서의 탄수화물 운반 속도 : 50~150cm/h

② 운반방향

㉠ 공급원(잎의 엽육조직) → 수용부(비엽록조직)

㉡ 잎의 나이와 열매의 유무에 따라 공급원과 수용부의 위치가 바뀜

㉢ 수용부로서의 상대적 강도

> 열매, 종자 > 어린 잎, 줄기끝의 눈 > 성숙한 잎 > 형성층 > 뿌리 > 저장조직

(4) 운반원리

① 압력유동설

㉠ 공급원(높은 탄수화물 농도) → 수용부(낮은 탄수화물 농도)

㉡ 삼투압 차이로 발생하는 압력에 의한 수동적 이동

② 압력유동설의 전제 조건

㉠ 반투과성 막이 있어야 함

㉡ 종축 방향으로의 이동수단이 있고, 저항이 적어야 함

㉢ 두 지점의 삼투압 차이와 함께 압력이 있어야 함

㉣ 공급원에 적재 기작, 수용부에 하적 기작이 있어야 함

③ 압력유동설을 뒷받침하는 현상

㉠ 사부수액을 빨아먹는 진딧물의 주둥이를 잘랐을 때, 사부수액이 배출됨 → 사부 내에 압력이 있다는 것을 증명

㉡ 공급원에서 수용부로 이동하면서 사부조직의 설탕 농도 감소

㉢ 잎의 바이러스나 화학물질이 확산에 의해 뿌리로 이동하지만 설탕은 확산에 의해서만 이동하지 않음

④ 압력유동설의 문제점에 대한 대응

  ㉠ 설탕과 물의 이동속도가 다름 : 탄수화물이 이동 중에 소모되기 때문

  ㉡ 탄수화물 이동의 양방향성 : 1개의 사관세포 내에서는 한 방향이지만 다른 사관세포에서는 반대 방향으로 운반될 수 있음

(5) 탄수화물과 가을 단풍 관련 색소

① 가을이 되면서 엽록소 생산 중단 및 기존 엽록소 파괴

② 기존의 다른 색소 노출(예 cartenoid) 또는 새로운 색소의 합성

③ 단풍색의 종류, 관련 색소, 수종 예

단풍색	관련 색소	수종 예
노란색	carotenes, xanthophyll	은행나무, 생강나무, 백합나무, 물푸레나무, 히코리, 계수나무
붉은색	anthocyanin	단풍나무, 층층나무, 화살나무, 벚나무, 느티나무, 산수유, 옻나무, 감나무, 대왕참나무, 붉나무, 개옻나무, 풍향수
오렌지색	carotenes, anthocyanin	일부 단풍나무
황갈색	carotenes, tannin	너도밤나무, 참나무류, 버즘나무

④ 느티나무 단풍색

  ㉠ 고유의 단풍색 : 개체의 유전적 특성에 따라 노란색 혹은 붉은색

  ㉡ 갈색 단풍 : 봄에 일찍 종자가 달린 가지의 왜소엽

단백질과 질소 대사

1. 아미노산과 단백질 기출 8회

(1) 아미노산

① 아미노기($-NH_2$)와 카르복실기($-COOH$)가 하나의 탄소와 결합된 화합물

② 주요 아미노산 20가지

③ 펩타이드 결합을 통해 다양한 단백질을 합성

(2) 식물단백질

① 원형질 구성성분

　　㉠ 세포막의 선택적 흡수기능

　　㉡ 엽록체의 광에너지 흡수촉진 : 엽록소와 carotenoid 부착

② 효 소

　　㉠ 모든 효소는 단백질

　　㉡ rubisco 효소 : 광합성 관련 효소, 녹색 잎의 단백질의 12~25%, 지구상에서 가장 풍부한 단백질

　　㉢ 엽록체(광합성)와 mitochondria(호흡)는 많은 효소를 가지고 있음

③ 저장 단백질 : 특히 종자

④ 전자전달계

　　㉠ cytochrome : 광합성과 호흡작용에서 전자전달

　　㉡ ferredoxin : 광합성에서 전자전달

(3) 핵 산

① 핵산의 구성 : 염기(pyrimidine, purine), 5탄당, 인산

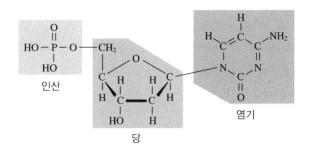

② DNA, RNA : 세포의 핵에 존재, 유전정보(단백질 합성에 필요한 정보) 저장
③ nucleotide : 핵산 관련 화합물
   ㉠ AMP, ADP, ATP, NADP, Coenzyme A(에너지 생산 조효소)
   ㉡ thiamine(비타민 B_1)
   ㉢ cytokinin(식물호르몬)

(4) 대사 중개물질

① porphyrin : pyrrole 4개가 모인 화합물
   ㉠ 엽록소 : 광합성
   ㉡ phytochrome : 광주기 감지
   ㉢ hemoglobin : 질소고정 시 산소공급
② IAA(Indole acetic acid)
   ㉠ 식물호르몬인 옥신의 일종
   ㉡ 아미노산의 하나인 tryptophan으로부터 만들어짐

(5) 2차 대사산물

① alkaloid : 3,000여 종류, 주로 쌍자엽 초본에서 발견, 나자식물에는 별로 없음
   ㉠ 초본식물 : morphine, atropine, ephedrine, quinine 등
   ㉡ 목본식물 : 차나무의 caffeine
② 생리활성 또는 보호 기능이 있는 것으로 알려짐

2. 질소 대사 `기출` 8회

(1) 뿌리로 흡수되는 질소의 형태

① 암모늄태 질소(NH_4^+-N)와 질산태 질소(NO_3^--N)로 흡수

② **경작토양** : 암모늄태 질소가 질산태 질소로 전환되기 때문에 질산태 질소로 주로 흡수

③ **산림토양** : 질산화균의 생육 억제(산성화, 타감작용)로 암모늄태 질소 비율이 높음

④ 산성화 산림토양에서는 균근의 도움을 받아 암모늄태 질소 흡수

(2) 질산환원 `기출` 5회 · 7회 · 9회

① 질산태로 흡수된 질소가 암모늄태 질소로 환원되는 과정

② 뿌리에서 환원되거나 잎으로 이동한 후 환원

  ㉠ lupine형(Lupinus) : 뿌리에서 환원

  • 나자식물, 진달래, Proteaceae

  • 특히 산성토양에서 자라는 소나무류와 진달래류는 토양 중 낮은 NO_3^-를 뿌리에서 환원시키기 때문에 줄기 수액에서 아미노산과 ureides가 주로 검출됨

  • 소나무의 경우 유기태질소의 73~88%가 citrulline과 glutamine

  ㉡ 도꼬마리형(Xanthium) : 잎에서 환원

  • 나머지 수목

③ 질산환원과정

$$NO_3^- \xrightarrow[\text{세포질 내}]{\text{nitrate reductase}} NO_2^- \xrightarrow[\substack{\text{엽록체 혹은}\\\text{proplastid(전색소체)}}]{\text{nitrite reductase}} NH_4^+$$

질산태 (nitrate)　　　　아질산태 (nitrite)　　　　암모늄 (ammonium)

  ㉠ nitrate reductase(질산환원효소)

  • Fe과 Mo을 함유한 효소

  • 햇빛에 의해 활력도가 높아지기 때문에 낮에 효소 활력이 높음

  ㉡ nitrite reductase(아질산환원효소)

  • 루핀형과 목본식물 : 잎으로부터 탄수화물이 뿌리의 전색소체에 공급되어야 일어남

  • 도꼬마리형 : 엽록체 안에서 일어나며, 광합성으로 환원된 ferredoxin으로부터 전자와 수소를 전달받음

(3) 암모늄의 유기물화

① 암모늄 이온은 체내에서 독성을 띠기 때문에 축적되지 않고 아미노산의 형태로 유기물화(NH$_4$$^+$는 식물의 ATP 생산을 방해함).

② 환원적 아미노반응과 아미노기 전달 반응의 단계를 거쳐 진행

  ㉠ 환원적 아미노반응

   • 암모늄 이온이 glutamic acid와 결합 → glutamine 생산

   • glutamine + α-ketoglutaric acid → 2glutamic acid

  ㉡ 아미노기 전달 반응

   • 위의 glutamic acid가 oxaloacetic acid(OAA)에 아미노기(-NH$_2$)를 넘겨줌

   • glutamic acid는 다시 α-ketoglutaric acid로 되돌아오고 OAA는 aspartic acid가 됨

  ㉢ 결과적으로 NH$_4$$^+$가 aspartic acid 합성에 사용

(4) 광호흡 질소순환

① 광호흡과정에서 이산화탄소와 함께 암모늄 이온 생성

② 암모늄 이온은 엽록체에서 유기물화

  NH$_4$$^+$ + glutamate → glutamine

③ 광호흡 질소순환 : 엽록체, peroxisome과 미토콘드리아 간에 광호흡과정에서 생성되는 암모늄을 고정하여 순환시키는 과정

④ NH$_4$$^+$ 축적으로 인한 독성 피해 방지 및 아미노산 합성에 기여

3. 질소의 체내 분포와 변화 기출 5회 · 7회 · 9회

(1) 체내 분포

① 동물과 달리 몸의 구성성분이 아니고 대사작용에 직접 관여

② 대사활동이 활발한 부위에 집중 : 잎, 눈, 뿌리끝, 형성층

③ 제한된 질소의 효율적 활용 : 오래된 조직에서 새로운 조직으로 재분배

④ 수간의 질소함량 : 비교적 낮은 편이며, 특히 심재에서 극히 낮음, 변재는 형성층에 가까울수록 질소함량이 증가

⑤ 수피의 질소함량 : 비교적 많은 질소가 함유, 특히 내수피는 살아있는 사부조직으로 구성되어 있어서 잎과 비슷한 질소함량을 보임, 겨울철에 수피가 야생동물의 먹이로 이용되는 이유

(2) 질소함량의 계절적 변화

① 가을과 겨울에 가장 높음

② 낙엽 전에 질소를 회수하여 뿌리와 줄기의 유조직에 저장

③ 봄철 저장된 질소를 이용하기 때문에 감소하다가 여름철 생장이 정지되면 증가

④ 사부를 통해 이동하며, arginine은 질소의 저장과 이동에서 가장 중요한 아미노산

⑤ 탄수화물의 계절적 변화와 유사

⑥ 목부보다는 사부(특히 내수피 부분)의 변화가 더 심함

> **더 알아두기**
>
> 이층(abscission layer)
> 어린 잎에서부터 엽병 밑부분에 형성, 이층의 세포는 다른 부위의 세포에 비해 작고 세포벽이 얇음,
> 가을이 되면 분리층이 떨어져 나가고 표면에 suberin, gum 등이 분비되어 보호층 형성, 이를 탈리현상
> 이라 함

4. 질소고정과 순환

(1) 질소고정의 방법

① 생물적 질소고정 : 미생물에 의해 대기 중의 질소가 암모늄태로 환원되는 방법

② 광화학적 질소고정 : 번개에 의해 산화되는 방법, NO와 NO_2가 NO_3^- 형태로 빗물에 녹음

③ 산업적 질소고정 : 비료공장에서 암모니아 합성

④ 연간 질소고정량 : 생물적 질소고정 > 산업적 질소고정 > 광화학적 질소고정

(2) 생물학적 질소고정 `기출` 6회·8회

① nitrogenase 효소 필수적

② 세포핵이 없는 전핵미생물만이 가능

ⓐ 공생질소고정미생물 : Cyanobacteria(외생공생), Rhizobium(내생공생), Frankia(내생공생)

ⓑ 비공생질소고정미생물 : Azotobacter(호기성), Clostridium(혐기성)

생활형태	미생물	기주식물
자유생활 (비공생)	Azotobacter (호기성)	–
	Clostridium (혐기성)	–
외생공생	Cyanobacteria	곰팡이와 지의류 형성, 소철
내생공생	Rhizobium	콩과식물, 느릅나무과
	Frankia	오리나무류, 보리수나무, 담자리꽃나무, 소귀나무과

③ 연간 질소고정량 : 공생 > 비공생

④ 질소고정식물
  ㉠ 콩과식물 : 500속 15,000종(산림에서 흔한 수종 : 싸리류, 칡)
  ㉡ 비콩과식물 : Casuarina, 오리나무류, 보리수나무류, 소귀나무, 담자리꽃나무
⑤ 질소고정미생물
  ㉠ 자유생활
    • 호기성 : Azotobacter, 산성 산림토양에서 낮은 활성
    • 혐기성 : Clostridium, 산성 산림토양에서 높은 활성
  ㉡ 외생공생
    • cyanobacteria : 곰팡이와 지의류(lichen) 형성, 소철과 공생
  ㉢ 내생공생
    • Rhizobium : 콩과식물과 공생, 느릅나무과와 공생
    • Frankia : 오리나무류, 보리수나무, 담자리꽃나무, 소귀나무속과 공생

(3) 질소순환

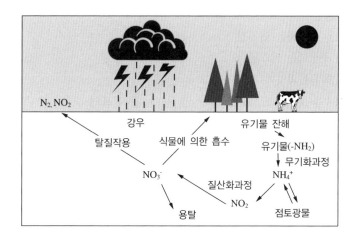

① 유기물이 분해되면서 결합되어 있는 질소가 암모니아화 작용을 거쳐 NH_4^+됨
② 질산화작용과 미생물
  ㉠ Nitrosomonas : $NH_4^+ \rightarrow NO_2^-$
  ㉡ Nitrobacter : $NO_2^- \rightarrow NO_3^-$
③ 탈질작용 : NO_3^-가 환원조건에서 N_2 또는 NOx화합물로 환원되어 대기로 빠져나가는 현상
  ㉠ 산소공급이 안 되는 장기 침수토양이나 답압토양에서 발생
  ㉡ Pseudomonas 세균이 관여

더 알아두기

아까시나무와 아까시잎혹파리
성충과 애벌레가 아까시나무 어린잎 가해 → 광합성 부족 → 근류근으로 탄수화물 공급 장애 → 근류균 사멸 → 질소 부족 → 황화현상

제7장 지질 대사

1. 지질의 기능

(1) 지 질

① 탄소와 수소가 주성분으로 극성을 유발하는 산소를 극히 적게 또는 전혀 가지지 않기 때문에 극성을 갖지 않는 물질임

② 극성을 가진 물에 잘 녹지 않고 유기용매(클로로포름, 아세톤, 벤젠, 에테르 등)에 잘 녹음

(2) 수목에서 지질의 기능

① 세포의 구성성분
　　㉠ 원형질막을 형성하는 인지질
　　㉡ 세포벽을 구성하는 리그닌

② 저장물질 : 종자나 과일에 저장

③ 보호층 조성 : wax, cutin, suberin – 잎, 줄기, 종자 표면 보호

④ 저항성 증진
　　㉠ 수지 : 병원균, 곤충의 침입을 막음
　　㉡ 인지질 : 내한성 증가 기출 6회

⑤ 2차 산물의 역할 : 고무, tannin, flavonoid 등 2차 대사산물

2. 목본식물 내 지질의 종류 기출 8회

(1) 지방산 및 지방산 유도체

① 지방산
　　㉠ 탄소수 12~18개의 사슬구조의 한쪽 끝에 카르복실기가 결합되어 있는 구조
　　㉡ 포화지방산 : 이중결합이 없는 지방산, 상온에서 고체(예 palmitic acid 등)
　　㉢ 불포화지방산 : 이중결합이 있는 지방산, 상온에서 액체(예 oleic acid와 linoleic acid 등)
　　㉣ 추운 지방의 식물에 불포화지방산 함량이 높음

② 단순지질
　　㉠ 지방(fat, 포화지방산 구성비가 높음)과 기름(oil, 불포화지방산 구성비가 높음)
　　㉡ 글리세롤 1분자와 지방산 3분자가 결합한 화합물

③ 복합지질

　　㉠ 단순지질의 지방산 중 하나가 인산이나 당으로 대체된 형태의 지질

　　㉡ 인지질 : 원형질막 구성성분, 극성과 비극성 부분을 동시에 가짐, 반투과성 막 형성

　　㉢ 당지질 : 엽록체에서 주로 발견, 일부 미토콘드리아에 존재

④ 납(wax) : 긴 사슬의 알코올과 지방산의 화합물, 표피세포에서 합성되어 분비, 각피층의 표면에 왁스층 형성

⑤ 큐틴(cutin) : 수산기를 가진 지방산과 다른 지방산의 중합에 페놀화합물이 첨가된 화합물, 각피층의 왁스층 아래에 pectin과 결합하여 두꺼운 층을 형성

⑥ 목전질(suberin) : 큐틴과 비슷하나 페놀화합물 함량이 많음, 수피의 코르크세포를 감싸 수분 증발을 억제, 낙엽의 상처 보호, 어린뿌리의 카스페리안대 구성

(2) isoprenoid 화합물

① terpenoid 또는 terpene으로도 불리며, isoprene이 2개 이상 결합한 화합물

② 정유(essential oil)

　　㉠ 초본, 수목의 잎, 꽃, 열매의 독특한 냄새를 내는 휘발성 물질

　　㉡ 타감작용 : 경쟁 식물의 생장 억제

　　㉢ 수분곤충의 유인

　　㉣ 포식자 공격 억제

③ 카로티노이드(carotenoid)

　　㉠ 황색, 주황색, 적색, 갈색 등 색깔을 띠게 하는 색소

　　㉡ carotene과 xanthophyll로 구분

　　㉢ 엽록체에 가장 많은 카로티노이드 : 베타카로틴, 루테인

④ 수지(resin) 기출 5회

　　㉠ 지방산, 왁스, 테르펜 등의 혼합체

　　㉡ 저장에너지 역할하지 않음

　　㉢ 목재의 부패 방지

　　㉣ 나무좀의 공격에 대한 저항성 기출 9회

　　㉤ 소나무의 oleoresin이 상업적으로 매우 중요

　　㉥ 수지구 주변을 싸고 있는 피막세포가 수지구 속으로 분비

⑤ 고무(rubber)

　　㉠ 500~6,000개의 isoprene이 직선상으로 연결된 isoprenoid 화합물

　　㉡ 2,000여 종의 쌍자엽식물에서 생산

　　㉢ 나자식물과 단자엽식물에서는 생산 안 됨

　　㉣ 고무나무 유액(latex)의 20~60%가 고무성분

⑥ 스테롤(sterol 또는 steroid)

    ㉠ 6개의 isoprene으로 구성

    ㉡ 막의 안정성, 타감물질로 작용

    ㉢ steroid 유도체인 brassin : 줄기의 생장 촉진

더 알아두기

수목에서 발견되는 isoprenoids 종류

Isoprene 개수	명칭	분자식	예
2	Monoterpenes	$C_{10}H_{16}$	정유, α-pinene
3	Sesquiterpenes	$C_{15}H_{24}$	정유, abscisic acid, 수지
4	Diterpenes	$C_{20}H_{32}$	수지, gibberellins, phytol
6	Triterpenes	$C_{30}H_{48}$	수지, latex, phytosterols
8	Tetraterpenes	$C_{40}H_{64}$	carotenoids
n	polyterpenes	$(C_5H_8)_n$	고무

(3) phenol 화합물 `기출` 6회 · 9회

① 리그닌(lignin)

    ㉠ 여러 가지 방향족 알코올이 복잡하게 연결된 중합체

    ㉡ 섬유소(cellulose) 다음으로 지구상에서 두 번째로 풍부한 유기물

    ㉢ 목부의 물리적 지지 강화 : cellulose의 미세섬유 사이 충진, 압축강도와 인장강도 증진

    ㉣ cellulose가 병원균, 곤충, 초식동물에 의하여 먹이로 사용되는 것을 방지

② 타닌(tannin)

    ㉠ 폴리페놀의 중합체

    ㉡ 곰팡이와 세균의 침입 방어

    ㉢ 떫은맛 : 초식동물이 먹기 싫어하게 함

    ㉣ 타감물질로 기능

③ 플라보노이드(flavonoid)

    ㉠ 15개 탄소를 가진 화합물로서 방향족 고리를 포함한 기본구조를 가지고 있음

    ㉡ 플라보노이드 기본 구조에 당류가 결합되어 수용성 색소로 기능

    ㉢ 주로 세포내 액포에 존재

    ㉣ 2,000여 가지 플라보노이드가 알려져 있음

    ㉤ 안토시아닌(anthocyanin) : 붉은색 색소(열매, 꽃, 단풍)

        • 아름다운 색을 만들어 번식과 수분을 용이하게 함

        • 단풍이 들어 엽록소가 없어진 후 잎의 광산화를 방지함

        • 잎으로부터 질소 회수를 촉진함

        • 진딧물 피해를 줄임

3. 수목 내 지질의 분포와 변화 기출 8회

(1) 수목 내 지질의 분포

① 세포막의 40%를 차지하지만 수목 전체의 건중량에서는 1% 미만

② 월동기간에 함량 증가 : 에너지 저장, 내한성 증가

③ 열매, 종자 > 영양조직

④ 지질의 에너지 효율이 탄수화물과 단백질보다 큼

(2) 지방의 분해와 전환 기출 9회

① 지방의 이용

㉠ 에너지가 필요할 때 분해

㉡ malate 형태로 세포질로 이동

㉢ 설탕으로 전환되어 필요한 곳으로 이동

② 지방의 분해

㉠ 리파아제(lipase) 효소에 의해 glycerol과 지방산으로 분해

지방 → glycerol + 3개의 지방산(올레오솜에서 리파아제 효소에 의한 반응)

㉡ 탄수화물 분해처럼 산소를 소모하는 호흡작용

㉢ 지방산 사슬의 끝부터 탄소 2개씩 떨어지면서 에너지 방출

③ 지방분해 소기관

㉠ oleosome : 불완전한 반막구조, 리파아제 효소 작용으로 지방 분해

㉡ glyoxysome : 소포체의 일종, 단일막구조, 2개씩 탄소가 떨어져 나오는 베타산화반응이 일어나며 NADH가 생성됨

㉢ mitochondria : 이중막구조, NADH가 산소를 소모하며 ATP 생성

제8장 수분생리와 증산작용

1. 물의 특성과 기능

(1) 물의 특성

　① **높은 비열** : 물 1g을 1℃ 올리는데 소요되는 열량, 1cal/g

　② **높은 기화열** : 물 1g을 액체상태에서 기체상태로 변화시키는데 필요한 열량, 586cal/g

　③ **높은 융해열** : 물 1g을 고체상태에서 액체상태로 변화시키는데 필요한 열량, 80cal/g

　④ **극성** : 양전기와 음전기를 동시에 띰

　⑤ 자외선과 적외선의 흡수

(2) 물의 기능

　① 원형질 구성성분(세포 생중량의 80~90%)

　② 광합성을 포함한 생화학적 가수분해의 반응물질

　③ 기체, 무기염 등의 용매

　④ 대사물질의 운반

　⑤ 식물세포의 팽압 유지

2. 수목에서의 수분퍼텐셜 기출 6회

(1) 삼투퍼텐셜 기출 5회

　① 액포 속에 녹아있는 용질의 농도에 의해 나타남

　② 순수한 자유수에 비해 용질의 농도가 높기 때문에 항상 (−)값을 가짐

　③ 세포액의 빙점, 원형질 분리 또는 압력통으로 측정

　④ 보통 −0.4~−2.0MPa

　⑤ 어린잎이 성숙잎보다 낮음 → 성숙잎부터 시듦

　⑥ 키가 큰 나무가 키가 작은 초본식물보다 낮음

　⑦ 사막이나 염분이 높은 지역에 사는 식물은 수분을 흡수하기 위해 삼투퍼텐셜이 더 낮음

(2) 압력퍼텐셜

　① 세포가 수분을 흡수해 원형질막을 밀어내면서 나타나는 압력, 팽압

　② 수분을 충분히 흡수한 세포 : (+)값

　③ 수분이 부족해 원형질분리 상태인 세포 : 0값

　④ 증산작용으로 장력하에 있는 도관세포 : (−)값

　⑤ 팽압이 커질수록 수분을 밀어냄

(3) 기질퍼텐셜(매트릭퍼텐셜)

　① 기질의 표면과 물분자의 친화력에 의해 발생되는 퍼텐셜

　② 수분을 함유하고 있는 보통 세포에서는 0에 가까움

　③ 수목의 수분퍼텐셜에서 고려할 필요 없음(건조한 종자와 토양에서는 매우 중요)

(4) 수분퍼텐셜과 수분 스트레스　`기출 8회`

　① 수분퍼텐셜이 높은 곳에서 낮은 곳으로 수분이 이동

　② 수목에서 수분퍼텐셜은 삼투퍼텐셜과 압력퍼텐셜의 합으로 정해짐

세포의 상태	삼투퍼텐셜	압력퍼텐셜	수분퍼텐셜
팽윤 세포(수분을 최대한 흡수한 세포)	−1.8	+1.8	0
보통 세포(수분감소로 삼투퍼텐셜과 압력퍼텐셜 감소)	−1.9	+0.9	−1.0
늘어진 세포(수분감소로 삼투퍼텐셜 감소, 압력퍼텐셜 소멸)	−2.0	0	−2.0

　③ 중생식물(수분이 알맞은 곳에서 자라는 식물)의 수분 스트레스 기준

　　㉠ −0.5MPa : 약간의 수분 스트레스를 받음

　　㉡ −0.5~−1.2MPa : 제법 수분 스트레스를 받음

　　㉢ −1.5MPa 이하 : 심한 수분 스트레스를 받음

　　※ 1MPa = 10.13atm(기압) = 10^7dyne/cm^2 = 10bars

(5) 도관의 장력과 수분퍼텐셜

　① 증산작용이 작용할 때, 도관은 팽압 대신 장력이 걸림

　② 장력에 의해 압력퍼텐셜이 (−)값을 갖게 됨

　③ 수목의 수분퍼텐셜을 낮추게 됨

(6) 토양 − 식물 − 대기 연속체

　① 수분이 토양으로부터 식물을 거쳐 대기로 이동

　② 수분퍼텐셜의 구배로 에너지 소모 없이 이동

　③ 물분자의 응집력에 의해 물기둥 연결

3. 뿌리 구조와 수분흡수

(1) 어린뿌리

    ① **표피와 피층** : 세포의 느슨한 배열, 수분이동 용이

    ② 내피의 카스파리대

        ㉠ 내피의 방사단면과 횡단면 세포벽에 발달

        ㉡ 수베린으로 된 띠, 물의 자유로운 출입 차단

        ㉢ 세포벽이나 세포간극을 통한 수분의 이동 차단

    ③ 내피의 원형질막

    ④ 새로 형성되는 측근이 주변 조직을 찢으면서 자라나오기 때문에 수분이나 무기염이 자유롭게 이동할 수 있는 열린 공간이 만들어짐

(2) 성숙뿌리

    ① 코르크형성층이 생기면서 표피, 뿌리털, 피층이 파괴되어 소멸

    ② 목부, 사부, 목전질층(수베린층) 생성

    ③ 수베린화되었지만 수분흡수 능력 유지

4. 수분 흡수 기작 `기출` 5회·9회

(1) 수동적 흡수

    ① 증산작용이 왕성한 모든 식물

    ② 삼투압에 의한 수분흡수력보다는 수분의 집단유동에 의해 수분흡수

    ③ 식물이 에너지를 소모하지 않음

(2) 능동적 흡수

    ① 낙엽 후 겨울철, 삼투압에 의하여 수분흡수

    ② 뿌리에 근압이 생김 → 일액현상 발생

    ③ 생육기간 중 수목의 수분흡수에 기여도가 매우 낮음

(3) 근압과 수간압

    ① 근 압 `기출` 8회

        ㉠ 삼투압에 의하여 흡수된 수분에 의해 발생된 뿌리 내의 압력

        ㉡ 일액현상 : 근압을 해소하기 위하여 잎의 엽맥 끝부분에 있는 구멍, 즉 배수조직을 통하여 수분이 밖으로 나와서 물방울이 맺히는 현상

        ㉢ 수분의 이동 매우 느림

        ㉣ 겨울철 증산작용을 하지 않을 때 나타나는 현상(자작나무, 포도나무 수액)

② 수간압
  ㉠ 낮에 이산화탄소가 수간의 세포간극에 축적되어 나타나는 압력
  ㉡ 밤에 이산화탄소가 소모되면 압력이 감소하게 되고, 물이 재충전
  ㉢ 사탕단풍나무, 고로쇠, 야자나무, 아가베의 수액은 수간압에 의한 현상

(4) 토양조건
  ① 토양수분과 모세관현상
    ㉠ 포장용수량 : 식물이 이용할 수 있는 물을 최대한 보유한 상태 (-0.01MPa)
    ㉡ 영구위조점 : 식물이 더 이상을 수분을 흡수할 수 없어 시들기 시작하는 상태 (-1.5MPa)
    ㉢ 유효수분 : 포장용수량과 영구위조점 사이의 수분, 식물이 이용할 수 있는 수분 상태
  ② 토양용액의 농도
    ㉠ 토양용액의 수분퍼텐셜은 삼투퍼텐셜과 기질퍼텐셜(=매트릭퍼텐셜)에 의해 결정됨
    ㉡ 삼투퍼텐셜이 -0.3MPa보다 낮아지면, 식물이 수분을 흡수할 수 없음
    ㉢ 관개수와 토양에 무기염이 과다하면 관수를 하더라도 수목이 수분을 흡수할 수 없게 됨
  ③ 토양온도
    ㉠ 온도가 낮아질 경우 수목뿌리의 흡수력이 현저히 저하됨
      • 직접 원인 : 원형질막을 구성하는 지질의 성질이 변화하여 물의 투과성 감소
      • 간접 원인 : 토양수분의 점성 증가로 물의 이동에 대한 저항 증가
    ㉡ 이른 봄 기온의 급격한 상승으로 상록성 침엽수의 증산작용이 증가하지만, 토양이 얼어있으면 수분흡수가 불량하게 되면 수목이 말라죽게 됨 ⇨ 동계건조(winter desiccation)
    ㉢ 고산지대에서 낮은 온도 때문에 수분 흡수가 방해를 받아 수목한계선이 결정되기도 함
  ④ 원형질막을 통한 수분이동
    ㉠ 세포벽 이동(apoplastic movement) : 세포벽의 틈을 통한 자유로운 수분이동
    ㉡ 세포질 이동(symplastic movement) : 수분이 원형질막을 통과하여 세포질 속으로 들어오는 이동
    ㉢ 아쿠아포린(aquaporin) 기출 9회
      • 원형질막은 비극성을 띤 인지질의 이중막이어서 극성을 띤 물분자가 통과하기 어려움
      • 원형질막에 분포하는 아쿠아포린이라는 단백질 채널을 만들어 수분을 쉽게 이동시킴
      • 식물세포 내 액포를 형성하는 액포막에도 존재하여 세포의 삼투압을 조절함
      • 액포막을 통한 수분 통과 속도는 원형질막의 통과 속도보다 두 배 정도 빠름

5. 증산작용

(1) 증산작용과 기능
  ① 식물의 표면으로부터 수분이 수증기의 형태로 방출되는 것
  ② 주로 기공을 통해 일어남
  ③ 이산화탄소를 얻기 위해 기공을 열면 동시에 수분을 잃게 됨

④ 증산작용의 기능

    ㉠ 무기염의 흡수와 이동 촉진 → 수분과 함께 이동하기 때문

    ㉡ 잎의 온도를 낮춤 → 엽소 현상 방지

(2) 기공의 개폐 기작 `기출` 5회·9회

① 공변세포

    ㉠ 기공(2개의 공변세포에 의해 형성된 구멍)을 형성하는 세포

    ㉡ 안쪽의 세포벽이 바깥쪽보다 두꺼움 → 팽창할 때 바깥쪽이 더 늘어남

    ㉢ 햇빛을 받으면 삼투압이 높아짐 → 수분흡수, 팽창 → 기공이 열림

      • 햇빛에 의해 전분이 분해되어 3탄당인 PEP 생성

      • PEP + CO_2 → OAA → malic acid → 음이온의 malate

      • 중화시키기 위해 K^+ 유입(칼륨 펌프) → 삼투압 증가

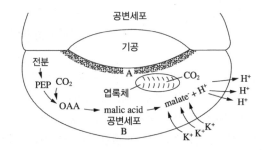

    ㉣ 해가 지면 반대 방향으로 진행되어 기공이 닫힘

    ㉤ 아브시스산(abscisic acid) : 수분이 부족하게 되면 잎이나 뿌리에서 생성되어 공변세포로 이동하여 칼륨을 방출하게 하여 기공을 닫히게 함

② 증산량

    ㉠ 환경요인 : 햇빛, 이산화탄소 농도, 기온의 영향을 받음

    ㉡ 증산량 증가 조건 : 높은 광도, 낮은 이산화탄소 농도

    ㉢ 엽면적 합계에 비례, 잎이 크면 온도가 잘 올라가기 때문에 증산작용도 증가

    ㉣ 증산작용의 억제 : 여러 개의 소엽으로 된 복엽, 가느다란 침엽, 두꺼운 각피층, 털, 반사도

건생형 잎 (양엽의 특징)	• 건조한 환경에 적응(감탕나무류, 스텔라타참나무) • 두꺼운 잎과 각피층, 엽육세포의 치밀한 배열 • 증산량이 적음
중생형 잎 (음엽의 특징)	• 적당한 수분 환경에 적응(튤립나무, 너도밤나무류) • 얇은 잎과 각피층, 엽육세포의 엉성한 배열 • 증산량이 많음

    ㉤ 증산량의 측정 방법

      • 중량법 : 토양의 무게변화로 증산량 추정

      • 용적법 : 증산작용으로 줄어드는 물의 부피 측정

      • 텐트법(가스교환법) : 투명한 용기에 밀봉하고 공기 중의 수증기량의 변화 측정

③ 환경의 영향

    ㉠ 햇 빛

        • 기공이 열리는 데 필요한 광도 : 전광의 1/1,000~1/30 정도의 순광합성이 가능한 광도

        • 아침에 해가 뜰 때 1시간에 걸쳐 열리며, 저녁에 서서히 닫힘

        • 음지에서 자란 너도밤나무는 빛이 들어오면 3초 만에 열리기도 함

    ㉡ 이산화탄소

        • 엽육조직의 세포간극의 CO_2 농도가 중요

        • CO_2 농도가 낮으면 열고, 높으면 닫음

    ㉢ 수분포텐셜

        • 잎의 수분포텐셜이 낮아져서 수분스트레스가 커지면 닫힘

        • CO_2 농도나 햇빛과 상관없이 독립적으로 작용

    ㉣ 온 도

        • 온도가 높아지면 닫힘(30~35℃)

        • 수분스트레스 또는 호흡증가로 인한 CO_2 농도 증가에 의한 간접적 현상

(3) 내건성

① 식물이 한발에 견딜 수 있는 능력

② 수목이 초본에 비해 큼

③ 수종에 따른 차이가 수목분포에 영향을 줌

    ㉠ 내건성이 적은 수종 : 수분이 많은 계곡

    ㉡ 내건성이 큰 수종 : 남향 경사지와 산정상

④ 내건성의 근원

    ㉠ 심근성

    ㉡ 건조저항성 : 저수조직, 증산작용 억제

    ㉢ 건조인내성 : 마른 상태에서 피해를 입지 않고 견딜 수 있는 능력(이끼, 지의류, 고사리류 등)

6. 수분 스트레스 기출 7회

(1) 수분 스트레스

① 수목이 토양에서 흡수하는 양보다 더 많은 수분을 증산작용으로 잃어버림으로써 체내 수분의 함량이 줄고, 생장량이 감소하는 현상

② 잎의 수분포텐셜이 -0.3~-0.2MPa부터 시작

③ 생리적 증상

    ㉠ 세포가 팽압을 잃고 기공이 닫힘

    ㉡ 광합성 중단으로 비정상적 탄수화물 및 질소대사 → 생장 둔화

    ㉢ 전분은 당류로 가수분해되고, 아미노산의 일종인 proline 축적

④ 아침에 증산작용 시작하면 잎과 나무 위쪽에서 수분이 먼저 없어지고, 아래쪽으로 수분 부족이 확장됨
→ 수간의 직경이 위에서부터 줄어듦

(2) 생리적 변화

① 팽압의 감소 → 수분포텐셜 낮아짐

② **효소 활성 저하** : 수분 스트레스를 받은 식물체에 proline이 축적

③ 세포신장, 세포벽 합성, 단백질 합성에 영향

④ −0.5MPa 가량에서 abscisic acid 생산 → 증산작용 억제

⑤ 수분 스트레스가 중생식물의 대사작용에 미치는 영향

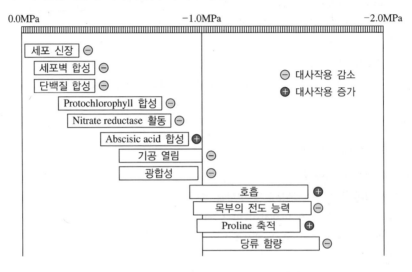

(3) 줄기 및 수고생장

① 수분 스트레스 → 잎 크기 감소 → 줄기생장 저조 → 엽면적 감소 → 증산량 감소 → 광합성량 감소
→ 생장 저조

② 수고 생장에 미치는 영향

㉠ 전년도 동아(겨울눈) 형성 때 받은 수분 스트레스의 영향이 당년도에 나타남

㉡ 당해연도 줄기 생장 기간에 수분 스트레스를 받으면 수고 생장이 저조해짐

• 고정생장을 하는 수종은 봄철과 이른 여름에 받는 수분 스트레스로 수고 생장이 감소

• 자유생장을 하는 수종은 수분 스트레스의 영향을 받는 기간이 전 생육기간에 걸쳐서 나타남

줄기생장형	생장특성	생장시기	스트레스 시기	예
고정생장	1년에 한 마디 생장	전년도 늦여름(동아), 당년도 봄과 초여름(춘엽)	전년도 여름(동아), 당년도 봄과 초여름(춘엽)	잣나무
자유생장	1년에 여러 마디 생장	전년도 가을(동아), 당년도 봄과 초여름(춘엽), 당년도 여름과 가을(하엽)	전년도 늦여름(동아), 당년도 봄과 초여름(춘엽), 당년도 초여름과 늦여름(하엽)	포플러

③ 직경 생장에 미치는 영향

    ㉠ 수분 스트레스($-0.58{\sim}-0.31$MPa)를 받으면 2차 목부의 세포벽에 cellulose가 추가되는 속도가 줄어
       듦(※ 강우량과 연륜생장과의 관계 → 연륜기후학)

    ㉡ 강우량이 많아지면 춘재의 양이 증가

    ㉢ 수분 스트레스는 춘재에서 추재로의 이행(수간 아래쪽에서 위쪽보다 먼저 시작)을 촉진

④ 뿌리 생장에 미치는 영향

    ㉠ 뿌리는 수목 부위 중에 수분 스트레스를 가장 늦게 받고, 가장 먼저 회복하는 부위

    ㉡ 토양 수분포텐셜이 포장용수량보다 감소하면 뿌리 생장이 감소

    ㉢ 일반적으로 수분포텐셜 -0.7MPa 이하에서 뿌리 생장이 거의 없음

    ㉣ 뿌리의 생장 둔화 또는 정지의 영향은 지상부로 즉시 전달

    ㉤ 수분 스트레스를 받으면 평소 뿌리에서 합성되어 줄기로 이동하던 cytokinin이 감소하고 abscisic
       acid가 증가(→ 기공 폐쇄, 줄기생장정지)

제 9 장 무기염의 흡수와 수액 상승

1. 무기염의 흡수 기작 [기출 7회]

(1) 무기영양소의 역할 [기출 5회 · 6회]

① 식물조직의 구성요소 : Ca(세포벽), Mg(엽록소), N과 S(단백질)

② 효소의 활성제 : Mg, Mn, 대부분의 미량원소

③ 삼투압 조절 : K(특히 기공), Na(내염성 식물)

④ 완충제 : P, 유기산 완충제(Ca, Mg, K)

⑤ 막의 투과성 조절제 : Ca

> ### 더 알아두기 [기출 9회]
>
> 필수원소와 유익원소
> - 필수원소 : 모든 식물에게 공통적으로 필요한 원소
>   - 다량원소(건중량의 0.1% 이상) : C, H, O, N, P, K, Ca, Mg, S
>   - 미량원소(건중량의 0.1% 이하) : Fe, Zn, Cu, Mn, B, Mo, Cl, Ni
> - 유익원소 : 몇몇 식물에게 필요한 원소
>   - Si : 벼와 같은 단자엽식물
>   - Na : 염분이 많은 토양에서 자라는 식물과 C-4 식물
>   - Co : 질소고정 미생물과 식물, 동물이 필요로 하는 비타민 B_{12}의 구성성분
>
> 토양산도와 무기영양소 유용성 변화
> - 토양의 pH는 토양 내 물질의 용해도에 영향을 줌
>   - 산성토양에서 결핍되기 쉬운 영양소 : P, Ca, Mg, B 등
>   - 알칼리성 토양에서 결핍되기 쉬운 영양소 : Fe
> - 산성비와 이로 인한 토양의 산성화는 Al 독성 유발 → 산림쇠퇴
>
> 수목 내 무기영양소의 분포와 변화
> - 수목의 부위별 분포
>   - 잎에서 가장 높음 : 왕성한 대사활동
>   - 작은 가지 > 큰 가지
> - 계절별 변화
>   - 잎에서 변화 폭이 가장 큼
>   - 질소, 인, 칼륨 : 어린잎에서 가장 높고, 가을이 되면 급격히 감소
>   - 칼슘 : 어린잎에서 낮지만, 계속 증가하다 낙엽 전에 급격히 증가
>   - 마그네슘 : 비슷한 수준 유지

- 낙엽 전 영양소 재분배
  - N, P, K : 수피로 회수 저장
  - Ca : 노폐물과 함께 밖으로 배출

엽면시비
- 잎을 통해 무기영양소 공급 : 요소, 황산철, 일인산칼륨 등을 고압분무기로 살포
- 흡 수
  - 흡수 부위 : 잎(큐티클층, 기공, 털)과 가지(피목)
  - 엽면시비 시 양전하를 가진 영양소 흡수 속도 비교 : Na 〉 Mg 〉 Ca
- 영양소 농도
  - 적정농도: 0.2~0.5% (0.5% 이상에서 피해 가능)
  - 영양소 조성 : 호글랜드용액(Hoagland solution)을 참고해서 사용

※ 엽분석 적정 시기 : 7월 말 ~ 8월
※ 수종에 따른 무기영양소 요구도 : 농작물 > 활엽수 > 침엽수 > 소나무류
　(주의) 소나무류가 척박한 땅을 좋아한다는 의미가 아님

(2) 자유공간과 카스파리대 `기출` 6회 · 9회

① 자유공간 `기출` 8회
　㉠ 무기염 등이 확산과 집단유동에 의해 자유롭게 들어올 수 있는 부분
　㉡ 뿌리 표면의 세포벽 사이의 공간이며, 내피 직전까지의 공간
　㉢ 세포벽이동(세포질이동과 대립되는 용어)

더 알아두기

세포질이동(symplastic movement)
원형질로 구성되어 원형질연락사로 이웃하고 있는 세포와 서로 연결되어 있는 부분(세포질, symplast)
을 통한 이동

② 카스파리대
　㉠ 내피세포의 방사단면벽과 횡단면벽에 수베린(목전질)으로 만들어진 띠
　㉡ 세포벽을 통한 물과 무기염의 자유로운 이동을 차단
　㉢ 원형질막을 통해서 이동하게 하며, 이때 선택적 흡수 가능

(3) **선택적 흡수와 능동운반** 기출 9회

　① 무기염의 흡수 과정

　　㉠ 선택적

　　㉡ 비가역적

　　㉢ 에너지 소모

　② 운반체설

　　㉠ 운반체 : 원형질막에 있는 단백질

　　㉡ 능동운반 : 운반체에 의하여 농도가 낮은 곳에서 높은 곳으로 에너지를 소모하면서 선택적으로 무기염을 이동

(4) **원형질막과 운반체**

　① 세포질이동 : 원형질막을 통과하는 것

　② 원형질막 밖의 이온이 운반체와 결합하여 원형질막 안으로 전달되어 분리

　③ 운반단백질 : 운반체, 촉매단백질(ATP), 통로단백질

2. 균 근 기출 6회

(1) **외생균근**

　① 주로 목본식물에서 발견

　② 균사가 세포 안까지 침투하지 않고 밖에 머뭄

　③ 균투 : 뿌리 표면을 두껍게 싼 균사

　④ 하티그망 : 뿌리 피층 세포 사이의 간극에 침투하여 형성된 균사망

　⑤ 감염되면 방사선 방향으로 신장이 일어나 뿌리 직경이 굵어짐

　⑥ 감염된 뿌리에는 뿌리털이 발생하지 않음, 균사가 뿌리털 기능

　⑦ 주로 담자균과 자낭균으로 송이버섯, 광대버섯류, 무당버섯류, 젖버섯류, 그물버섯류 등

　※ 소나무과 수목에게 필수적임, 천연상태에서 균근 없이 살 수 없기 때문

외생균근을 형성하는 수종 기출 8회

과 명	속 명	대표적인 종명
소나무과	소나무속	소나무, 곰솔, 리기다소나무, 백송, 잣나무류
	전나무속	전나무, 구상나무, 분비나무
	가문비나무속	가문비나무, 종비나무, 독일가문비나무
	잎갈나무속	잎갈나무, 일본잎갈나무
	개잎갈나무속	개잎갈나무
	솔송나무속	솔송나무
버드나무과	버드나무속	버드나무, 왕버들, 능수버들
	사시나무속	사시나무, 양버들, 황철나무, 미루나무
자작나무과	자작나무속	자작나무, 거제수나무, 사스래나무, 박달나무
	오리나무속	오리나무, 물오리나무, 물갬나무
	서어나무속	서어나무, 까치박달, 소사나무
	개암나무속	개암나무, 참개암나무
참나무과	참나무속	상수리나무, 굴참나무, 갈참나무, 신갈나무
	밤나무속	밤나무, 약밤나무
	너도밤나무속	너도밤나무
피나무과	피나무속	피나무, 염주나무, 보리자나무

(2) 내생균근

① 곰팡이의 균사가 뿌리 피층세포 안으로 침투

② 균사의 생장은 피층세포까지이고, 내피 안쪽으로는 들어가지 않음

③ 통도조직을 범하지 않음(외생균근 포함)

④ 균투 형성하지 않음

⑤ 뿌리털이 정상적으로 발달

⑥ 소낭(vesicle)과 가지 모양 균사(arbuscule)를 가진 VA균근균이 가장 흔하며, 난초형 균근균과 진달래형 균근균이 있음

⑦ 대부분의 작물과 과수에 감염

⑧ 접합자균에 속하며, Glomus와 Scutellospora 등이 있음

⑨ 포자의 직경이 커서 바람에 전파되지 못 함

(3) 내외생균근

    ① 외생균근의 균사가 세포 안으로 침투하여 자람

    ② 소나무의 어린 묘목에서 주로 발견

(4) 균근의 역할

    ① 무기염의 흡수 촉진

        ㉠ 암모늄태 질소의 흡수

        ㉡ 인산가용화 등

    ② 환경스트레스에 대한 저항성 증진

    ③ 항생제 생산 → 병원균 저항성 증진

3. 수액상승

(1) 관련 조직

    ① 목부조직

        ㉠ 수분이동에 대한 저항이 가장 적음 - 도관, 가도관

        ㉡ 막공을 통해 이동해야 하는 가도관이 도관에 비해 저항이 큼

    ② tylosis현상

        ㉠ 기포나 전충체 등에 의해 도관이 막히는 현상

        ㉡ 가도관은 직경이 작고 세포마다 끊어져 있어 기포 발생이 억제

> **더 알아두기**
>
> 전충체(tylose)
> 도관 주변의 유세포의 원형질체가 막공을 통하여 도관 안으로 들어온 형태

(2) 수액성분 `기출` 9회

    ① 목부수액

        ㉠ 증산류를 타고 상승하는 도관 또는 가도관의 수액

        ㉡ 일반적으로 수액은 목부수액을 지칭

        ㉢ 무기염, 질소화합물, 탄수화물, 효소, 식물호르몬 등이 녹아 있음

        ㉣ 산성(pH 4.5~5.0)

    ② 사부수액

        ㉠ 사부를 통한 탄수화물의 이동액

        ㉡ 알칼리성(pH 7.5)

③ 질소화합물
   ㉠ 아미노산과 ureides(암모늄태와 질산태 질소는 거의 없음)
   ㉡ 사과나무의 경우 여름철 aspartic acid와 glutamine 주종/가을철 arginine 증가
④ 탄수화물
   ㉠ 겨울철과 이른 봄에 높은 농도
   ㉡ 주성분 : 설탕, 포도당, 과당
   ㉢ 고로쇠나무 수액의 주성분 : 설탕
⑤ 식물호르몬
   ㉠ cytokinin과 gibberellin
   ㉡ 수분 스트레스 상황에서는 abscisic acid 발견
⑥ 목부수액의 농도가 사부수액의 농도보다 낮음, 토양에서 흡수한 물로 희석

(3) 수액의 상승속도와 상승각도
① 상승속도 기출 9회
   ㉠ 열파동법으로 측정

> **더 알아두기**
>
> 열파동법(heat-pulse method)
> 수피 밑의 한 지점에 열을 가하고, 열의 이동속도를 위에서 측정하는 방법, 최근에 수간에 고리
> 모양으로 열을 가하는 열균형법(heat balance method)이 개발

   ㉡ 속도 비교 : 가도관 < 산공재 < 반환공재 < 환공재 기출 5회
   ㉢ 일중변화 : 증산작용과 관계, 증산작용이 왕성한 12~15시경 가장 빠름
② 상승각도
   ㉠ 나선방향으로 돌면서 상승
   ㉡ 수분을 수관으로 골고루 배분
   ㉢ 살충제나 영양제를 골고루 분배시키는 경향

4. 수액의 상승 원리

(1) 응집력설 `기출` `5회`

① 수분퍼텐셜 구배에 따라 수분이 이동할 때 물기둥이 연속적으로 이어지는 것은 물분자 사이의 응집력 때문(물분자 사이의 수소결합)

② 도관 내 장력을 견딜 만큼 충분한 인장강도 발휘

③ 수고 100m 이상의 수목이 에너지 소모 없이 수액을 상승시킬 수 있음

(2) 수액 상승 과정

기공의 증산작용 → 엽육세포 수분 손실 → 삼투압과 수화작용으로 인근 도관의 물이 엽육세포로 이동 → 도관의 탈수로 아래쪽 물을 잡아당기는 장력 발생 → 물분자 사이의 응집력에 의해 물이 딸려 올라감 → 뿌리까지 전달되어 토양수분이 뿌리로 이동(수분퍼텐셜 구배가 생긴 물기둥 형성)

(3) 수액 상승 방해 인자

① 기 포 `기출` `9회`
ㄱ 기포의 발생은 물기둥의 끊김을 의미
ㄴ 지름이 큰 환공재에서 더 큰 문제(지름이 작은 가도관과 산공재에서는 기포가 쉽게 제거됨)
• 도관 : 수분이동효율 높음
• 가도관 : 기포에 의한 공동현상 교정력 강함

② 중력과 세포의 저항 : 물 상승 높이의 한계

제10장 유성생식과 개화 및 종자생리

1. 수목의 유생기

(1) 유시성과 성숙

　① 유생기(juvenile phase) : 종자에서 시작하여 영양생장만을 하고 개화하지 않는 시기

　② 성숙기(mature phase) : 개화하는 상태에 달해 있는 시기

　③ 상변화(phase change) : 유생기에서 성숙기로 바뀌는 과정

(2) 유생기간(juvenile period)

　① 수종과 환경에 따라 차이가 남

나무명	유생기간(년)	나무명	유생기간(년)
털자작나무	5~10	유럽물푸레나무	15~20
구주소나무	5~10	플라타너스단풍	15~20
당귤나무	6~7	독일가문비나무	20~25
사과나무류	7.5	흰전나무	25~30
배나무류	10	유럽참나무	25~30
유럽잎갈나무	10~15	유럽너도밤나무	20~40
미송	15~20		

　② 목본식물의 유형기가 긴 이유 : 영양생장에 에너지를 집중하여 수고생장 경쟁에서 유리해지고자 하는 생존 전략

(3) 유시성의 특징 기출 6회

　① 잎의 모양

　　㉠ 서양담쟁이덩굴 : 유엽은 결각으로 갈라짐, 성엽은 둥글게 자람

　　㉡ 향나무 : 유엽은 바늘 같은 침엽, 성엽은 비늘 같은 인엽

　　㉢ 소나무류 : 발아 첫 해의 1차엽은 유엽의 일종

　② 가시의 발달 : 귤나무와 아까시나무는 유생기에 가시가 발달

　③ 엽서 : 유칼리나무는 잎의 배열순서와 각도가 성숙하면서 변함

　④ 삽목의 용이성 : 유형기 삽목이 쉬움

⑤ 곧추선 가지 : 잎갈나무

⑥ 낙엽의 지연성 : 참나무류

⑦ 수간의 해부학적 특성

    ㉠ 활엽수 : 환공재의 특성이 잘 나타나지 않음

    ㉡ 침엽수 : 춘재에서 추재로의 점진적 전이, 추재의 비중이 낮음

⑧ 밋밋한 수피와 덩굴성

(4) 유시성의 생리적 원인

① 정단분열조직이 세포분열을 한 횟수가 적으면 유생기간으로 남게 됨

② 어린나무가 봄부터 가을까지 쉬지 않고 계속해서 자라는 특성이 개화를 방해

더 알아두기

- 영양생장을 계속 하려는 어린 나무의 특성이 단계변화를 방해. 영양생장을 억제하여 유형기를 극복할 수 있음. 자작나무의 경우 개화하는 개체가 어린 나무보다 abscisic acid 함량이 높음
- 영양조직과 생식조직 간에는 양분 경쟁이 있어 수목의 개화는 정기적이지 않고 불규칙. 과수의 경우 풍년과 흉년이 번갈아 나타나는 격년결실이 나타남. 일반적으로 열매가 영양소를 독점하는 강력한 수용부이기 때문에 생식생장은 영양생장을 억제

2. 유성생식 기관과 특징

(1) 꽃의 구조

    ① 피자식물의 꽃 `기출` 7회·9회

        ㉠ 꽃의 구분

- 꽃받침, 꽃잎, 수술, 암술을 모두 갖추었는가?

```
┌ 완전화 ─── 모두 갖춤 ──────────────── 벚나무, 자귀나무
│
└ 불완전화 ─── 한 가지 이상 결여 ┌ 꽃잎이 없음 ──── 포플러류, 가래나무류
                              └ 꽃잎과 꽃받침 없음 ── 버드나무류
```

- 암술과 수술이 한 꽃에 있는가?

```
┌ 양성화 ──── 모두 있음          ──── 벚나무, 자귀나무
├ 단성화 ──── 하나만 있음         ──── 버드나무류, 자작나무류
└ 잡성화 ──── 양성화와 단성화가 한 그루에 있음 ──── 물푸레나무, 단풍나무
```

- 암꽃과 수꽃이 한 나무에 있는가?

```
┌ 일가화 ──── 한 그루에 있음      ──────── 참나무류, 오리나무류
└ 이가화 ──── 서로 다른 그루에 있음 ──────── 버드나무류, 포플러류
```

        ㉡ 어떤 꽃은 꿀을 분비하는 밀선을 가지고 있음

② 나자식물의 꽃

 ㉠ 피자식물의 꽃에서 볼 수 있는 꽃잎, 꽃받침, 수술, 암술 등의 기관이 없음

 ㉡ 양성화가 없음

 ㉢ 이가화 : 소철류, 은행나무

 ㉣ 일가화 혹은 이가화 : 주목, 향나무

 ㉤ 일가화 : 구과목의 소나무과, 낙우송과, 측백나무과(솔방울은 암꽃을 의미)

(2) 화아원기

① 피자식물

 ㉠ 이른 봄에 꽃이 피는 수종

  • 전년도(대개 6~8월)에 이미 형성되어 있다가 월동 후 봄에 개화

  • 포도나무(5월 하순), 배나무(6월 중·하순), 사과나무(7월 상순), 복숭아나무(8월 상순), 개나리(9월 하순)

  • 산림수목에서 1가화의 경우 수꽃의 원기 형성과 발달이 암꽃보다 먼저 이루어짐 예 참나무류 수꽃 5월 말, 암꽃 7월 말

 ㉡ 여름에 꽃이 피는 수종

  • 같은 해 봄이나 여름에 형성 (늦여름에 피는 수종은 한여름에 형성)

  • 찔레꽃 : 4월 초순 화아 원기 형성, 5월 중순 개화

  • 장미 : 5월 초순 화아 원기 형성, 6월 중순 개화

  • 금목서 : 8월 초순 화아 원기 형성, 9월 초순 개화

② 나자식물

 ㉠ 나자식물의 꽃은 대개 봄철에 개화하며, 화아 원기가 전년도에 형성됨

 ㉡ 수꽃의 원기 형성이 암꽃보다 먼저 이루어짐

  • 소나무류 수꽃 6월 말에서 7월 초, 암꽃 8월 말

  • 암꽃의 정단조직이 수꽃보다 크고 넓어서 둥근 형태를 가짐

  • 수꽃의 정단조직은 암꽃보다 작고 뾰족함

(3) 배우자 형성

① 피자식물

 ㉠ 배주가 심피 속에 싸여 있음

 ㉡ 주피 : 배주의 맨 바깥 부분(외주피, 내주피)

 ㉢ 배주의 주심 내 세포 1개가 4개의 난모세포로 분화

 ㉣ 난모세포 분화 → 배낭 형성(7개 세포, 8개의 핵) → 자성배우자

 ㉤ 수술의 분화 → 꽃밥, 꽃실

  • 꽃밥 → 화분낭 4개로 분화 → 화분모세포 생성 → 화분 4개

  • 2개의 핵을 가진 성숙한 화분 → 웅성배우자

② 나자식물

    ㉠ 배주가 노출되어 있음

    ㉡ 주피 : 배주의 맨 바깥 부분(피자식물과 달리 한 겹)

    ㉢ 배주의 주심 내 세포가 난모세포로 분화

    ㉣ 수분이 이루어지고 난 후 난모세포 감수분열 → 4개의 난모세포 형성

    ㉤ 세포벽 형성 지연, 여러 개의 장란기 형성 → 다배현상의 원인

    ㉥ 수꽃은 각 인편에 소포자낭을 형성

(4) 개 화

① **암꽃** : 수관의 상단(세력이 왕성), 수분 안 되면 조기낙과현상 발생

② **수꽃** : 수관의 하단(활력이 약한 가지), 화분 비산 후 바로 탈락

③ 암꽃은 많은 탄수화물을 요구하며, 충실한 종자를 맺기 위해 수관의 상단에 위치함

(5) 화분 생산과 비산

① **화분 생산** `기출` 7회

    ㉠ 충매화 : 과수류, 피나무, 단풍나무, 버드나무

    ㉡ 풍매화 : 호두나무, 자작나무, 포플러, 참나무류, 침엽수

    ㉢ 화분 생산량 : 충매화 < 풍매화

② **화분 비산** `기출` 9회

    ㉠ 온도가 높고 건조한 낮에 집중

    ㉡ 화분 입자가 작을수록 비산거리 증가

    ㉢ 타가수분 유도

      • 잣나무, 전나무류, 가문비나무류의 경우 암꽃이 수관 상단부에 집중적으로 달리고 수꽃은 수관 하단부에 모여 있는 이유

      • 수꽃이 상단부에 달리면 바람이 불지 않을 때 밑에 있는 암꽃을 자가수분시키는 확률이 커짐

(6) 수 분 `기출` 9회

※ 수분(꽃가루받이, pollination) : 화분이 수술에서 암술머리(주두, stigma)로 이동하는 현상

① **피자식물**

    ㉠ 주두가 감수성을 나타내서 화분을 받아들일 수 있는 상태여야 수분이 성공하게 됨

      • 화분이 비산할 때 주두가 감수성이 높은 상태에 있을 때를 동시성이 있다고 함

      • 동시성은 1가화를 가진 수목 간에는 암꽃과 수꽃의 화기가 일치하는 것을 의미

    ㉡ 주두는 감수성을 보일 때 세포외 물질을 분비하여 화합성을 감지함

    ㉢ 주두에 화합성이 있는 화분이 도착

      • 화분은 발아하여 화분관(pollen tube) 형성

      • 화분관은 효소를 분비하여 화주(style)의 중엽층의 펙틴을 녹이면서 자방(ovary)을 향해 자라 내려감

② 나자식물

　　㉠ 암꽃이 감수성을 보이는 감수기간(보통 3~5일)

　　　• 잎갈나무 1일, 미송 4일, 전나무・솔송나무・소나무류에서 숲 전체로 보면 2주 정도

　　㉡ 감수기간에 배주 입구의 주공(micropyle)에서 수분액 분비

　　㉢ 수분액(pollination drop)

　　　• 화분이 부착되기 쉽게 함

　　　• 주공 안으로 수분이 후퇴할 때 화분이 함께 빨려 들어감

　　　• 소나무속, 가문비나무속, 편백속, 측백나무속에서 관찰됨(밤에 분비되고 오후에 없어지는 경향을 가짐, 주성분은 당류)

　　　• 전나무, 잎갈나무, 솔송나무는 수분액을 분비하지 않고, 적은 양의 세포외 분비물 생산

(7) 수 정

① 피자식물

　　㉠ 화분관을 따라 화분관핵과 생식핵이 들어감

　　㉡ 생식핵은 분열하여 2개의 정핵이 됨

　　㉢ 한 개의 정핵(n) + 난자(n) → 배(2n) 형성(n : 염색체 수)

　　㉣ 다른 한 개의 정핵(n) + 2개의 극핵(n) → 배유(3n) 형성, 중복수정

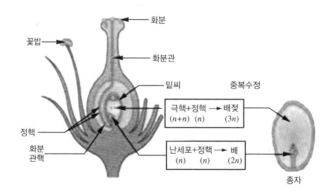

② 나자식물 [기출] 7회

　　㉠ 피자식물과의 차이점

　　　• 개화상태에서 난모세포는 형성되어 있지만 난자를 형성하진 않음

　　　• 단일수정

　　　• 난세포의 소기관은 소멸 → 웅성배우체의 세포질 유전(부계 유전현상)

　　㉡ 생식세포 → 경형세포 + 체형세포

　　㉢ 체형세포 → 작은 정핵 + 큰 정핵

　　㉣ 큰 정핵(n) + 난자(n) → 배(2n) 형성

　　㉤ 자성배우체(n) → 양분저장조직

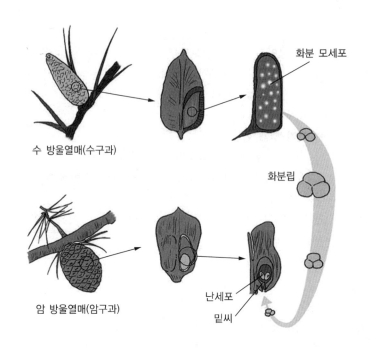

수 방울열매(수구과)

화분 모세포

화분립

암 방울열매(암구과)

난세포

밑씨

(8) 배의 발달

① 피자식물과 나자식물의 차이점

	피자식물	나자식물
세포벽	형 성	없 음
배 병	상대적으로 짧음	상대적으로 긺
분열다배현상	일어남	흔한 현상

② 다배현상

　㉠ 한 개의 배낭에 두 개 이상의 배가 형성되는 경우

　㉡ 피자식물에서 다배현상의 원인

　　• 접합자가 분열하거나 반족세포나 조세포가 배로 바뀐 경우

　　• 부정배

　㉢ 나자식물에서 다배현상의 원인

　　• 단순다배현상 : 배주 안의 여러 장란기의 난자가 수정되어 배로 발동

　　• 분열다배현상 : 한 개의 수정 접합자가 여러 개의 배세포로 분열

③ 단위결과 : 수정에 의해 종자가 형성되지 않아도 열매가 성숙하는 현상

3. 개화생리 [기출] 7회

(1) 수목의 개화생리 연구의 어려움

① 수목의 유형기(유생기간, juvenile period) : 개화 촉진을 시도해도 쉽게 개화하지 않음, 보통 5년 이상이고 길게는 30~40년

② 수목의 크기 : 환경 조정이 어려움

③ 유성생식기간 : 화아의 원기형성, 개화, 종자성숙에 장시간 필요, 환경 영향이 큼

④ 광주기 반응 : 반응하지 않음

⑤ 순계의 육성 : 타가수분을 하기 때문에 균일한 시험재료 확보가 어려움

(2) 개화생리에 대한 영향인자 [기출] 6회

① 주기성

㉠ 수목은 유형기 이후 개화해도 불규칙 결실

㉡ 개화에 있어서도 불규칙성

㉢ 불규칙성의 원인

• 화아원기 형성의 불완전성

• 탄수화물 부족

• 식물호르몬 : 과실의 종자가 식물호르몬(지베렐린, 옥신)으로 화아 발달 억제

② 유전적 개화능력

③ 성 결정

㉠ 암꽃이 활력이 큰 가지에 달림

㉡ 수목의 영양상태가 좋지 않으면 수꽃이 생김

㉢ 수목의 영양상태가 양호하면 암꽃이 촉진

㉣ 높은 옥신 함량은 암꽃을 촉진

㉤ 옥신/지베렐린 비 : 높을 때 암꽃, 중간일 때 수꽃

요 인	소나무과 암꽃	소나무과 수꽃
수관에서 달리는 위치	상 부	중간 또는 하부
가지의 활력	크 다	작 다
주변의 광합성량	많 다	적 다
무기영양상태	양 호	불 량
질소비료에 대한 반응	긍정적	무반응
조직 내 옥신 농도	높 다	낮 다

④ 영양상태

㉠ 영양상태가 양호하면 개화 촉진, 특히 암꽃 생산 증가

㉡ 질소비료로 암꽃 생산 촉진

⑤ 기후 : 전년도 기후의 영향을 받음

　　㉠ 태양복사량과 강우량 중요

　　㉡ 개화가 많이 이루어지기 위한 전년도 생육기간 동안 기후 조건

　　　• 태양복사량이 많아야 함

　　　• 봄부터 이른 여름까지 강우량이 풍부해야 함

　　　• 한여름에는 온도가 높으면서 강우량이 적어야 함

⑥ 광주기

　　㉠ 초본식물과 달리 광주기에 반응하지 않음

　　㉡ 예외 : 무궁화(장일성), 진달래(단일성)

⑦ **식물호르몬**

　　㉠ 옥신 : 낮은 농도에서 영양생장 억제

　　㉡ 지베렐린 : 화아원기 형성 촉진

　　㉢ 시토키닌 : 뿌리에서 생산되어 잎으로 운반, 개화 촉진

⑧ 스트레스

　　㉠ 탄수화물과 아미노산의 영양학적 균형을 교란하여 생식성장 유도

　　㉡ 외부자극 : 수분 스트레스, 한발, 가지치기, 단근, 박피, 질소시비, 간벌 등

4. 종자생리 `기출` 7회

(1) 종자의 구조

※ 종자(seed) : 고등식물에서 새로운 세대를 탄생시키는 매개체, 하등식물의 포자보다 효율적으로 다음 세대를 생존시킴

① 배(embryo)

　　㉠ 식물의 축소형 : 한 개 이상의 자엽(떡잎), 유아, 하배축, 유근으로 구성

　　㉡ 자엽의 수 : 단자엽식물(1개), 쌍자엽식물(2개), 나자식물(2~18개)

② 저장물질

　　㉠ 자엽 내 혹은 배의 주변 조직에 있음

　　　• 자엽에 있는 경우 배유가 없는 무배유종자가 됨(너도밤나무, 아까시나무)

　　　• 배의 주변 조직인 배유에 저장하는 경우 배유종자가 됨(두릅나무, 솔송나무)

　　　• 피자식물의 배유는 중복수정에 의한 3n 염색체를 가짐

　　　• 나자식물의 경우 저장물질은 자성배우체에 포함되어 있으며, 반수체인 1n 염색체를 가짐

　　㉡ 탄수화물, 지방, 단백질 형태로 에너지 물질이 저장됨

　　　• 밤나무, 참나무류 : 탄수화물 비율이 가장 높음

　　　• 소나무류 : 단백질과 지방 비율이 높음

　　　• 잣나무, 개암나무 : 지방 비율이 가장 높음 `기출` 9회

　　㉢ 아미노산, 무기염, 인산화합물(인지질, 핵단백질), 핵산, 유기산, 식물호르몬 등

③ 종 피

    ㉠ 종자가 건조와 물리적 손상, 미생물이나 곤충으로부터 피해를 막아주는 보호벽 역할

    ㉡ 보통 비교적 딱딱하고 두꺼운 외종피와 얇은 막의 형태를 가진 내종피로 구성

(2) 종자휴면

① 성숙한 종자가 발아하기에 적합한 환경에서도 발아하지 못하는 상태

② 원 인

    ㉠ 배휴면 : 미숙배 상태에 있어 발아가 안 됨(예 물푸레나무, 덜꿩나무, 은행나무)

    ㉡ 종피휴면 : 종피가 발아를 억제

       • 종피가 가스 교환과 수분흡수를 억제(예 아까시나무)

       • 종피가 물리적으로 견고(예 잣나무)

    ㉢ 생리적 휴면 : 생리적 대사를 억제

       • 생장억제제의 분비 : abscisic acid, 배의 발육 억제(예 단풍나무, 물푸레나무, 소나무류, 사과나무)

       • 생장촉진제의 부족 : gibberellin의 부족으로 배유의 영양분 이용 못함(예 개암나무), Cytokinin의 부족으로 mRNA와 단백질 합성 저해(예 노르웨이단풍)

(3) 휴면타파

① 종자휴면의 요인 제거

② 방 법

    ㉠ 후숙 : 배휴면 또는 가벼운 종피휴면 종자를 건조한 상태에서 보관하여 휴면타파

    ㉡ 저온처리

       • 종자를 젖은 상태로 겨울철 땅속의 낮은 온도에서 보관하는 방법

       • 노천매장 = 저온처리 = 층적

       • 배휴면, 종피휴면, 생리적 휴면 동시 제거

    ㉢ 열탕처리

       • 뜨거운 물(75~100℃)에 잠깐 담가 꺼낸 후 점차 낮은 온도에서 추가 처리

       • 종피를 부드럽게 해서 공기의 유통을 원활하게 함

    ㉣ 약품처리 : 지베렐린, 과산화수소 등 이용

    ㉤ 상처유도법

       • 종피를 부드럽게 하기 위해 진한 황산을 처리

       • 기계적 상처를 만듦 : 줄칼, 사포, 전기침, 콘크리트 믹서

    ㉥ 추파법

       • 휴면종자를 별도의 처리 없이 가을에 파종하는 방법

       • 종자유실을 막기 위한 조치가 필요

(4) 종자의 발아

① 종자발아
  ㉠ 종자 내의 배가 생장하여 종피를 뚫고 나와 어린 식물로 자라는 과정
  ㉡ 배의 유근이 먼저 자라 토양으로부터 수분과 무기영양소 흡수
  ㉢ 자엽 또는 유엽이 토양 밖으로 자라 광합성 기관 형성
  ㉣ 필요한 에너지는 저장조직으로부터 공급받음

② 발아방식
  ㉠ 자엽의 위치에 따라 2가지 방식
  ㉡ 지상자엽형 발아
    • 배의 하배축이 길게 자라면서 자엽을 지상 밖으로 밀어내는 방식
    • 단풍나무, 물푸레나무, 아까시나무, 소나무, 대부분의 나자식물
  ㉢ 지하자엽형 발아
    • 자엽은 지하에 남아 있고, 상배축이 지상으로 자라나와 본엽 형성
    • 보통 대립종자인 참나무류, 밤나무, 호두나무, 개암나무류

③ 발아생리 단계 : 수분흡수 → 식물호르몬 생산 → 효소 생산 → 저장물질의 분해와 이동 → 세포분열과 확장 → 기관 분화
  ㉠ 수분흡수 : 종자발아의 첫 단계
    • 여러 대사의 시작
    • 종피가 부드러워지고 배가 늘어나서 종피를 파열시킴
  ㉡ 호흡 : 종자가 수분을 흡수하면서 산소 호흡량 증가
    • 에너지 저장물질 분해 → ATP 생산
  ㉢ 효소와 핵산 : 수분흡수로 gibberellin이 생산되어 효소 및 핵산 생산 촉진
    • amylase 합성(전분을 함유한 종자), lipase 합성(지방 함량이 높은 종자)
    • abscisic acid 처리는 핵산 합성 억제
    • 쌍자엽식물, 나자식물 : cytokinin이 지방 분해 촉진
  ㉣ 저장양분의 이용
    • 가수분해효소 활성 : amylase, phosphorylase, lipase, peptidase
    • 분해된 물질이 배의 분열조직으로 이동

④ 발아에 영향을 미치는 환경요인
  ㉠ 광 선
    • 광도 : 대부분 수목종자는 광선의 존재에 상관없이 발아
    • 광주기 : 광선에 의해 발아가 촉진될 경우 연속광, 장일처리, 단일처리 효과
    • 파장 : 피토크롬이 빛의 파장에 반응, 천연광 또는 적색광(660nm)에서 발아 촉진, 원적색광 (730nm)에서 발아 억제
  ㉡ 산소 : 발아할 때 호흡작용이 활발해지기 때문에 필요
  ㉢ 수분 : 가장 기본적인 조건
  ㉣ 온도 : 세포분열을 위한 임계온도(생육 최저온도와 최고온도 사이)

⑤ 종자시험

　㉠ 발아시험

　　• 종자를 직접 발아시켜 발아능력을 조사하는 시험

　　• 국제종자검정협회(ISTA)의 표준발아시험 조건 : 주간 30℃ 8시간, 야간 20℃ 16시간, 700~1,500lux

　㉡ 종자활력시험

　　• 테트라졸리움 시험 : 종자 내 산화효소와 시약의 발색반응을 통해 종자의 활력을 측정

　　• 살아있는 조직은 핑크색으로 염색

　㉢ 배추출시험 : 종자에서 배를 추출하여 배양

　㉣ 기타 방법

　　• X선 사진법 : 살아있는 종자를 염화바륨($BaCl_2$) 용액에 침전시키면 침투되어 검게 보임

　　• 각종 염색법

목본식물에서 수분 후 수정 및 종자성숙까지 소요되는 시간(수목생리학, 이경준) **기출** 8회

수 종	개화시기	수분~수정 소요 시간	수분~종자성숙 소요 시간
회양목	4월 초	–	3개월
배나무, 사과나무	4월	1~2일	5개월
개암나무	3월	3~4개월	6개월
졸참나무(white oak류)	5월	5주	5개월
상수리나무(black oak류)	5월	13개월	17개월
가문비나무	5월	3~5일	5개월
미 송	4월	3주	5개월
히말라야시다(개잎갈나무)	10월	9개월	12개월
적송, 잣나무	5월	13개월	16~17개월

• 상수리나무류(red or black oak) : 종자가 다음 해에 익는 참나무류 – 상수리, 굴참

• 갈참나무류(white oak) : 종자가 당년에 익는 참나무류 – 갈참, 졸참, 신갈, 떡갈

제11장 식물호르몬

1. 식물호르몬

(1) 정 의

① 식물의 생장, 분화 및 생리적 현상에 영향을 끼치는 물질

② 갖추어야 할 요건

㉠ 유기물

㉡ 한 곳에서 생산되어 다른 곳으로 이동하고 이동된 곳에서 생리적 반응을 나타냄(에틸렌은 생산된 곳에서도 작용)

㉢ 아주 낮은 농도에서 작용

(2) 동물호르몬과의 차이

동물과 달리 생산하는 장소가 뚜렷하게 분화되어 있지 않음

(3) 식물호르몬의 역할

① 내적 연락체계

㉠ 식물의 각 부위 간의 연락

㉡ 이웃한 세포와 협력하여 식물의 전체 특성 발현

② 외부자극 감지

㉠ 환경요인의 변화 감지

㉡ 내적 생리적 변화 유발

(4) 식물호르몬의 작용단계

① 세포 원형질막의 수용단백질과 세포질 내 수용단백질이 호르몬과 결합

② 호르몬 감지

③ 수용단백질 활성

④ 호르몬 신호의 증폭

2. 종류와 기능 기출 9회

(1) 식물호르몬의 종류

생장촉진제	생장억제제
auxin, gibberellin, cytokinin	abscisic acid, ethylene

(2) 옥신(auxin) 기출 6회·7회

① 종 류
　㉠ 귀리의 자엽초나 완두콩의 상배축을 신장시키는 화합물의 총칭
　㉡ 천연 옥신 : IAA(indoleacetic acid), 4-chloro IAA(4-chloro-indoleacetic acid), PAA
　　(phenylacetic acid), IBA(indole-butyric acid)
　㉢ 합성 옥신 : NAA(α-naphthalene acetic acid), 2,4-D(2-
　　4-dichlorophenoxyacetic acid), MCPA(2-methyl-4-chlorophenoxyacetic acid)

② 생합성과 이동
　㉠ 생합성 단계 : tryptophan → indoleacetaldehyde → IAA
　㉡ 어린 조직(줄기끝 분열조직, 생장 중인 잎과 열매)에서 주로 생합성
　㉢ 결합옥신 : 옥신이 다른 화합물(aspartic acid, inositol, glucose)과 결합하여 불활성화, 옥신의
　　농도를 낮춤
　㉣ IAA oxidase : 산화효소, IAA를 제거
　㉤ 이동 : 목부나 사부가 아닌 유관속 조직에 인접한 유세포를 통해 이동
　　• 대단히 느림 : 1cm/h(단순 확산속도보다 10배 빠름)
　　• 에너지 소모 : ATP 생산 억제제를 처리하면 옥신 운반이 중단
　　• 극성을 가짐 : 줄기에서는 구기적(求基的) 방향(밑동을 향함), 뿌리에서는 구정적(求頂的) 방향(분
　　　열조직이 있는 줄기 또는 뿌리의 끝부분을 향함)

> **더 알아두기**
>
> 삽목할 때 줄기를 거꾸로 꽂으면 발근이 안 되는 것은 옥신의 구기적 특징 때문

③ 생리적 효과
　㉠ 뿌리의 생장
　　• 낮은 농도(10^{-7}~10^{-10}M 이상)에서 촉진, 높은 농도(10^{-6}M 이상)에서 억제
　　• 줄기에서 생산되어 뿌리로 운반되어 뿌리의 원기 형성을 촉진
　　• 뿌리의 초기 발달을 촉진하지만 계속적인 신장은 억제
　　• 부정근 발달 촉진 → 삽목번식에 옥신 이용

   ⓒ 정아우세
    • 정아가 생산한 옥신이 측아의 생장을 억제
    • 수목의 수고생장 촉진
   ⓒ 제초제 효과
    • 높은 농도에서 대사작용을 교란
    • 2,4-D, 2,4,5-T, MCPA, picloram

(3) **지베렐린(gibberellin)**

 ① **종 류**
   ㉠ gibbane의 구조를 가진 화합물의 총칭, 126종 이상 존재
   ⓛ 산성을 띠며, 보통 GA로 표기
   ⓒ 보통 GA_3가 gibberellic acid로 불림

 ② **생합성과 운반**
   ㉠ 미성숙 종자에 높은 농도로 존재
   ⓛ 종자에서 많이 생산
   ⓒ 어린잎에서 주로 생산
   ⓔ 목부와 사부를 통하여 위아래 양방향으로 운반

 ③ **생리적 효과**
   ㉠ 신장생장
    • 줄기의 신장 촉진
    • 원형 그대로의 식물체에서 세포신장과 분열을 촉진(옥신은 베어낸 자엽초나 줄기의 신장생장을 촉진)
    • 옥신과 함께 사용할 때 상승효과
   ⓛ 개화 및 결실
    • 장일성 초본류를 단일조건에서 GA 처리로 개화
    • 저온처리 대신에 GA 처리로 개화
    • 일반적으로 목본쌍자엽식물의 개화 촉진에 효과가 없음
    • 복숭아, 사과에서 단위결과 유도
   ⓒ 휴면과 종자
    • 봄철 어린잎에서 생산되어 형성층이 세포분열을 시작하도록 유도
    • 뿌리에서 생산되어 줄기로 운반되어 줄기 생장 자극
    • 종자가 수분을 흡수하면 GA가 생산되어 종자휴면이 타파
   ⓔ 상업적 이용 `기출` 8회
    • 착과 촉진, 과실 품질 향상, 과실성숙 지연에 이용
    • 생장억제제 : GA의 생합성을 방해하여 줄기 생장을 억제{phosphon D, Amo-1618, CCC(Cycocel), paclobutrazol}

(4) 시토키닌(cytokinin) 기출 5회

① 종 류

⊙ 담배의 수조직을 배양할 때 세포분열을 촉진하는 adenine 치환체의 총칭

ⓒ 천연 시토키닌 : 옥수수 종자에서 추출된 zeatin, dihydrozeatin, zeatin riboside, iso-pentenyl adenine, benzyladenine

ⓒ 합성 시토키닌 : kinetin

② 생합성과 운반

⊙ 식물의 어린 기관(종자, 열매, 잎)과 뿌리끝부분에서 생합성

ⓒ 뿌리끝에서 생산된 시토키닌은 목부조직을 통해 줄기로 이동

ⓒ 사부를 통한 이동은 매우 제한적

③ 생리적 효과

⊙ 세포분열과 기관형성

- Callus(유상조직) 조직배양 시 세포분열 촉진
- 시토키닌과 옥신의 비율을 조정하여 식물체 분화 유도
  - 시토키닌의 함량이 높을 때 : 유상조직이 줄기로 분화하여 눈, 대, 잎을 형성
  - 옥신의 함량이 높을 때 : 유상조직이 뿌리로 분화

ⓒ 노쇠지연

- 잎의 노쇠지연 : 시토키닌이 주변으로부터 영양분을 모아들임, 어린잎에 시토키닌 함량이 성숙잎보다 많기 때문에 성숙잎에서 어린잎으로 양분이 이동
- 녹병 곰팡이 : 시토키닌을 생산하여 감염 부위만 엽록소를 유지(green island)
- 액포막 기능 활성 : 단백질분해 효소가 세포질로 들어오는 것을 억제
- 뿌리생육이 불량해지면 시토키닌 생산이 줄어들어 줄기의 생장이 감소되고 낙엽현상이 발생

ⓒ 정아우세 소멸, 측아 발달

ⓔ 떡잎 발달 촉진

ⓜ 암흑에서 발아될 때 엽록체의 발달과 엽록소 합성 촉진

(5) 아브시스산(abscisic acid)

① 종 류

⊙ 15개의 탄소를 가진 sesquiterpene의 일종

ⓒ 목본식물의 휴면과 목화열매의 낙과현상을 연구하면서 발견

ⓒ abscisic acid, ABA

② 생합성과 운반

⊙ 색소체를 가진 기관에서 생합성

- 잎 : 엽록체
- 열매 : 색소체
- 뿌리와 종자의 배 : 백색체, 전색소체

ⓒ 목부와 사부를 통해 이동, 지베렐린의 이동과 유사

③ 생리적 효과

    ㉠ 휴면유도

       • 눈의 휴면유도

       • 종자휴면유도 → 휴면타파 처리를 하면 ABA 함량이 감소

    ㉡ 탈리현상 촉진

       • 잎, 꽃, 열매의 탈리현상 촉진

       • 간접적 : 세포의 조기노쇠현상을 유발하여 에틸렌이 발생

    ㉢ 스트레스 감지

       • 외부환경에 의한 스트레스를 감지하는 스트레스 호르몬

       • 수분 스트레스 → 잎의 ABA 함량 증가 → 기공폐쇄

       • 고온, 침수, 무기영양 부족 → ABA 함량 증가 → 생장 정지

    ㉣ 모체 내의 종자발아 억제

       • 종자가 성숙하는 동안 배의 발아를 억제

       • 종자가 성숙단계로부터 발아단계로 전환하는 것을 조절

(6) 에틸렌(ethylene)

① 종 류

    ㉠ 2개의 탄소가 이중결합으로 연결된 기체 분자

    ㉡ 과실의 성숙과 저장에 영향

    ㉢ 살아있는 모든 조직에서 생산

② 생합성과 이동

    ㉠ 생합성 경로 : methionine → S-adenosyl methionine(SAM) → 1-amino-cyclopropane
-1-carboxylic acid(ACC) → ethylene

    ㉡ 생합성 과정에서 ATP가 소모되고 산소를 요구

    ㉢ 옥신이 에틸렌 생산을 촉진

    ㉣ 식물에 상처를 주면 에틸렌 발생 증가

    ㉤ 이산화탄소처럼 세포간극이나 빈 공간을 통해 빠르게 확산 이동

    ㉥ 지용성으로 원형질막의 수용단백질에 쉽게 부착

③ 생리적 효과

    ㉠ 과실의 성숙 촉진

       • climacteric 과실(사과, 배 등) : climacteric 시점에서 에틸렌 생산이 급증하면서 과실이 성숙

       • 비climacteric 과실(포도, 귤) : 과실이 성숙되는 동안 에틸렌 생산량이 낮게 유지되는 특징, 에틸렌
처리로 과실의 성숙 촉진 안 됨

    ㉡ 침수 효과

       • 뿌리가 침수되면 에틸렌이 뿌리 밖으로 나가지 못하고 줄기로 이동하여 독성을 나타냄

       • 독성현상 : 잎의 황화현상, 줄기 신장억제, 줄기 비대촉진, 잎의 상편생장(잎이 아래쪽으로 말려들
어감), 잎이 시들면서 탈리현상, 뿌리 신장억제, 부정근 발생

    ⓒ 줄기와 뿌리의 생장억제
- 종축 방향의 신장은 억제되고 비대생장을 초래하여 굵어짐
- 쌍자엽식물의 종자가 땅 속에서 발아할 때 갈고리 모양을 갖추게 해서 흙을 밀어 올릴 때 안전하게 함

    ⓔ 개화촉진효과
- 대부분의 식물에서 개화 억제
- 망고, 바나나, 파인애플류에서 개화 촉진 - 카바이드, NAA, ethephon(상품명 : Ethrel)

    ⓜ 옥신에 의한 에틸렌 생산 촉진
- 잎의 상편생장
- 줄기와 잎의 신장억제
- bromeliad(바나나, 파인애플류 포함)의 개화 촉진
- 쌍자엽식물의 발아 시 갈고리 형성

(7) 기타 생장조절제

① 폴리아민류 생장조절제
    ㉠ putrescine, spermidine, spermine
    ㉡ 함량이 높고, 이동이 잘 안 되기 때문에 호르몬은 아님
    ㉢ 세포분열 촉진, 막의 안전성 유지, 열매발달 촉진, 잎의 노쇠방지

② jasmonate : 낙엽 촉진

③ phenol 화합물 : 생장 억제

④ brassinosteroid : 생장 촉진 **기출** 9회

⑤ salicylic acid : 항균성 단백질 생산 촉진

3. 호르몬과 수목생장

(1) 줄기생장

① 옥 신
    ㉠ 계절에 따른 줄기생장의 정도와 옥신의 함량 사이에는 상관관계가 있음
    ㉡ 줄기생장량에 비례하여 옥신 함량 증가

② 지베렐린
    ㉠ 자라고 있는 어린잎에서 생산된 GA는 밑의 줄기 생장에 관여
    ㉡ 어린잎을 제거하면 줄기 생장 정지
    ㉢ GA_3 처리하면 절간생장 회복

(2) **직경생장**

　① 눈과 잎에서 생산되는 옥신의 역할이 중요

　② 눈과 잎에서 생산되는 GA와 뿌리에서 생산되는 시토키닌의 상호작용이 형성층 생장 결정

　　㉠ 봄철 눈의 생장시기와 형성층의 분열시기가 일치

　　㉡ 형성층의 분열은 눈 바로 밑에서 시작되어 구기적 방향(줄기의 밑동)으로 진행

　　㉢ 눈 제거, 제엽, 사부 박피는 형성층 생장을 중단시킴

　　㉣ 외부에서 호르몬 처리하면 형성층 생장이 재개

(3) **뿌리생장**

　① **옥신** : 수간에서 뿌리로 이동하여 뿌리의 형성층 분열 촉진

　② 지상부 조직의 손상으로 식물호르몬 공급이 감소되면 뿌리 생장 정지

제12장 스트레스 생리

1. 스트레스

(1) 정 의
① 물리학적 스트레스 : 어떤 물체에 가해진 힘
② 생물학적 스트레스 : 생물의 생장이나 발달을 둔화시키거나 생장에 불리하게 작용하는 환경변화

(2) 투여량반응곡선
① 부족수준 : 식물의 반응이 증가하는 구간
② 적정수준 : 최대한의 반응을 보이는 최소한의 수준
③ 인내수준 : 수준이 증가할 때 반응이 증가하지 않는 수준
④ 유독수준 : 수준의 증가가 반응의 감소를 가져오는 구간

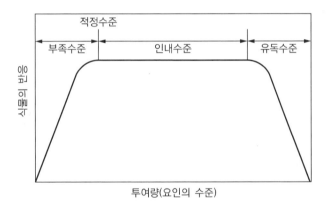

(3) 최소법칙
모든 요인이 적절한 수준에 있더라도 어느 한 가지 요인이 부족하면 그 요인에 의해 생장이 결정되는 현상

(4) 스트레스를 일으키는 요인
① 기후적 요인 : 고온, 저온, 바람, 한발, 홍수, 폭설, 낙뢰, 화산폭발, 산불
② 생물적 요인 : 병균, 해충, 야생동물, 기생식물, 착생식물
③ 인위적 요인 : 오염, 약제, 답압, 기계, 복토, 절토, 산불, 잘못된 전정
④ 토양적 요인 : 배수불량, 영양결핍, 극단적 산도
⑤ 조림적 요인 : 경쟁, 지나친 간벌, 수확

2. 수분 스트레스 기출 6회

(1) 수분 스트레스의 발생

① 토양에서 흡수하는 양보다 많은 양의 수분을 증산작용으로 배출함에 따라 체내 수분함량이 감소하고 이로 인해 생장량이 감소하는 현상

② 잎의 수분퍼텐셜 : $-0.2 \sim -0.3$ MPa 이하

③ 팽압을 잃고 기공이 닫혀 광합성이 중단

④ 전분 → 당류, 단백질 합성 감소, proline 증가

(2) 증산작용

① 잎에서부터 수분이 감소하기 시작

② 인근 변재와 줄기부터 수분이 감소하게 됨 → 수간의 직경이 위에서부터 줄어듦

③ 야간에 다시 회복

(3) 수분 스트레스의 영향

① 생리적 변화
  ㉠ 세포의 팽압 감소
  ㉡ 효소활동 둔화
  ㉢ proline(아미노산의 일종) 축적
  ㉣ ABA 생산 → 기공 축소

② 줄기 및 수고생장
  ㉠ 잎이 작아지고 줄기생장이 저조해짐
  ㉡ 엽면적 감소로 광합성량 감소
  ㉢ 고정생장형 : 전년도 수분 스트레스가 당해 연도에 영향을 줌
  ㉣ 자유생장형 : 전년도와 당해 연도 수분 스트레스를 모두 받음

③ 직경생장
  ㉠ 강우량이 많을 때 연륜폭이 커지고, 춘재의 양이 증가
  ㉡ 수분 스트레스를 받으면 세포의 크기가 작아지고, 춘재의 비율이 낮아짐
  ㉢ 생장기간에 건조와 회복이 반복되면 위연륜이 생기고 복륜을 만듦

④ 뿌리생장
  ㉠ 수분 스트레스를 가장 늦게 받고 가장 빨리 회복하는 기관
  ㉡ 수분 스트레스는 시토키닌 생산을 감소시키고 ABA 생산을 증가시킴

3. 온도 스트레스

(1) 임계온도

① 원형질막의 온도 민감성

ㄱ 살아있는 세포는 원형질막을 가지고 있음

ㄴ 원형질막은 지질로 구성되어 있어 온도에 따라 구조에 변화가 생김

② 임계온도

ㄱ 식물이 생리활동을 할 수 있는 최대온도와 최소온도 사이

ㄴ 온대식물의 경우, 보통 0~35℃

(2) 고온 스트레스

① 고온에 의한 피해

ㄱ 세포막의 손상 : 지방질의 액화와 단백질의 변성

ㄴ 엽록체 thylakoid막의 기능 상실 → 광합성 기능 상실

ㄷ 과도한 증산에 의한 수분 스트레스가 복합적으로 작용

② 고온에 대한 적응

ㄱ 고온에 노출될 때 열쇼크단백질 합성

ㄴ 단백질과 핵산의 변성 방지

(3) 저온 스트레스

① 생육과 생존 최저온도

ㄱ 생존 최저온도는 한계가 없음

ㄴ 왕성하게 생장하는 식물은 빙점 근처에서 치명적인 손상을 입음

ㄷ 서서히 순화한 식물은 아주 낮은 온도(서양측백나무 −85℃)에서도 생존

② 저온 순화 기출 7회

ㄱ 서서히 낮은 온도로 순화된 수목은 빙점 이하에서도 동해를 입지 않음

ㄴ 과냉각 : 세포간극의 수분이 얼면서 세포액은 탈수되어 농축되고 빙점은 더 내려가게 됨 (보통 −40℃에서 온대수목이 동결)

(4) 냉 해

① 빙점 이상의 온도에서 나타나는 저온 피해

ㄱ 열대와 아열대지방 수목 : 15℃ 이하

ㄴ 온대지방 수목 : 빙점 근처

② 피해 기작

ㄱ 원형질막과 소기관의 막 구조 변화

      ⓛ 온도 저하로 막의 지질이 고체겔화되면서 수축하여 막 구조가 찢어짐

      ⓒ 불포화지방산의 비율이 높을수록 저항성이 커짐

(5) 동 해 `기출 5회`

① 빙점 이하의 온도에서 나타나는 피해

    ⓐ 순화되지 않고 짧은 시간에 빙점 이하에 노출될 때 발생

    ⓛ 피해 기작

      • 세포질 내에 발생한 얼음결정이 세포막 파괴

      • 세포질 밖에 발생한 얼음으로 심하게 탈수되어 발생

    ⓒ 봄철 늦서리, 가을철 첫서리

② 동계피소

    ⓐ 겨울철 햇빛을 받는 부분이 일시적으로 해빙되었다가 일몰 후 급격히 온도가 떨어져 동해 발생

    ⓛ 형성층 조직이 피해를 입게 됨

    ⓒ 수간에 흰 페인트를 칠하거나 흰 테이프를 감싸 방지할 수 있음

③ 상렬과 상륜

    ⓐ 상렬 : 수간이 얼 때 안쪽과 바깥쪽 목재의 수축정도의 차이로 수직방향의 균열이 생김

    ⓛ 상륜 : 서리로 인하여 형성층의 시원세포에서 유래한 어린세포의 일시적 피해 `기출 9회`

(6) 내한성의 발달 `기출 7회`

① 내한성의 발달과정

    ⓐ 겨울을 맞기 위해 생장이 정지하고, 탄수화물과 지질 함량 증가

    ⓛ 단백질과 막지질의 합성 → 양분이 결핍하거나 병이 있는 식물은 내한성을 발달시키기 어려움

② 생화학적 변화

    ⓐ 당류의 증가

    ⓛ 수용성 단백질 증가

    ⓒ 지질 함량 증가

    ⓔ 수분함량 감소 → 빙점 낮아짐

4. 바람 스트레스

(1) 풍 해

① 풍해의 정의 : 바람에 의한 물리적 및 생리적 피해

② 풍해의 유형

    ⓐ 주풍 : 수관이 한쪽으로 몰리는 기형을 유발하는 바람, 바닷가와 수목한계선에서 관찰

    ⓛ 풍도 : 바람에 의해 수간이 부러지거나 뿌리째 뽑히는 것

③ 침엽수(특히 소나무류, 가문비나무, 젓나무류)가 활엽수보다 피해가 큼
   ㉠ 바람이 불어오는 쪽(역풍향, windward)의 수간 : 장력하에 놓임
   ㉡ 바람이 불어가는 쪽(순풍향, leeward)의 수간 : 압축하에 놓임

(2) 바람의 영향

   ① 생 장
      ㉠ 수고생장을 감소시킴
      ㉡ 잎의 신장생장을 감소시킴
      ㉢ 직경생장 촉진(바람에 대한 저항성 증가) → 초살도 증가
         ※ 초살도 : 줄기나 가지가 아래쪽에서 위쪽으로 향하면서 가늘어지는 정도, 초살도가 커지면 구조적으로 튼튼하여 바람에
            대한 저항이 커짐
      ㉣ 편심생장 : 바람에 의해 형성층의 세포분열이 한쪽으로 주로 일어나 연륜이 한쪽으로 몰리는 생장
   ② 이상재의 생산 기출 5회·6회·7회
      ㉠ 이상재 : 바람에 저항하여 똑바로 자라기 위해 편심생장을 한 목재
      ㉡ 압축이상재(compression wood) : 침엽수류
         • 바람이 불어가는 쪽(아래쪽)에 이상재가 생김
         • 아래쪽 형성층의 세포분열 촉진
         • 해부학적 특징 : 가도관의 길이가 짧고, 세포벽이 두꺼워져 춘재와 추재의 구분이 비교적 어려우며,
            횡단면상에서 가도관이 둥글게 보이며, 세포간극이 큼
      ㉢ 신장이상재(tension wood) : 활엽수류
         • 바람이 불어오는 쪽(위쪽)에 이상재가 생김
         • 위쪽에 교질섬유가 다량으로 생성됨
         • 해부학적 특징 : 교질섬유(gelatinous fiber)의 다량 생성, 도관의 크기와 숫자 감소, 두꺼운 세포벽
            을 가진 섬유 숫자 증가
         • 오동나무와 개오동나무 예외
      ㉣ 식물호르몬의 재분배로 유도 : 옥신과 에틸렌 관여
   ③ 증산작용
      ㉠ 바람에 의한 엽면의 공기경계층 감소로 증산작용 증가
      ㉡ 풍속의 증가와 기공을 닫는 속도의 관계가 증산량에 영향을 줌
         • 사탕단풍나무 : 기공이 작고 빠르게 닫힘
         • 미국물푸레나무 : 기공이 크고 wax로 덮여 있어 느리게 닫힘

5. 대기오염 스트레스

(1) 대기오염의 정의와 오염물질의 분류

① 대기오염 : 대기 중에 있는 물질이 정상적인 농도 이상으로 존재할 때

② 대기오염물질 : 기체, 액체, 고체 형태

㉠ 1차오염물질 : 오염원에서 직접적으로 발생

㉡ 2차오염물질 : 방출된 물질로부터 새롭게 형성된 물질

(2) 여러 가지 대기오염물질 `기출` `5회`

① 황화합물 : $SOx(SO_2, SO_3^{2-}, SO_4^{3-})$, H_2S

② 질소화합물 : NH_3, $NOx(NO, NO_2, N_2O)$

③ 탄화수소 및 산소화물 : CH_4, C_2H_2, 알코올, 에테르, 페놀, 알데히드

④ 할로겐화합물 : HF, HBr, Br_2

⑤ 광화학산화물 : O_3, NO_3, PAN(peroxyacetyl nitrate)

⑥ 미립자 : 검댕, 먼지, 중금속

※ 일산화탄소(CO)는 수목에 대한 오염물질이 아님(100ppm 이하에서 피해 없음)

(3) 독성기작과 병징

① 아황산가스(SO_2)

㉠ 독성기작

- 기공으로 흡수되면 HSO_3^- 또는 SO_3^{2-} 형태로 용해
- 독성을 해독하는 데 광합성에 관련하는 환원된 ferredoxin이 사용
- 광합성 작용이 방해되면서 독소가 생산되어 여러 효소기능과 대사반응이 손상

㉡ 병 징

- 활엽수 : 잎끝과 엽맥 사이조직 괴사, 물에 젖은 듯한 모양
- 침엽수 : 물에 젖은 듯한 모양, 적갈색 변색

㉢ 발단농도

- 민감수종 : 0.3~0.6ppm 3시간, 1.0~1.5ppm 5분
- 저항수종 : 0.8ppm 3시간, 2.0ppm 5분

② 질소산화물(NOx)

㉠ 독성기작

- 주로 자동차 배기가스에서 유래
- NO_2의 피해가 가장 큼
- 기공으로 들어간 NO_2는 아질산과 질산으로 변하여 pH를 낮추고, 탈아미노반응을 일으키며, 자유라디칼을 생산하여 광합성을 억제하고 초산 대사를 방해

  ⓛ 병 징
- 활엽수 : 흩어진 회녹색 반점 → 잎 가장자리 괴사 → 엽맥 사이조직 괴사
- 침엽수 : 잎끝이 자홍색 내지 적갈색으로 변색 → 잎의 기부까지 확대(고사부위와 건강부위의 경계 뚜렷)
  ⓒ 발단농도 : 1ppm 100시간, 1.6~2.6ppm 48시간, 20ppm 1시간

③ 오존(O_3)
  ⓐ 독성기작
- NOx가 대기권에서 자외선에 의해 산화될 때 발생
- 기공을 통해 들어가면 용해되어 자유라디칼(superoxide O_2^-, hydroxyl radical *OH)로 전환
- 자유라디칼은 강력한 산화제로 NADH, RNA, DNA, IAA, 단백질, 지질 등을 산화시켜 세포막과 소기관의 막을 파괴하고 광합성을 방해
  ⓛ 병 징
- 활엽수 : 잎 표면에 주근깨 모양의 반점, 책상조직이 먼저 붕괴, 반점이 합쳐지면서 백색화
- 침엽수 : 잎끝의 괴사, 황화현상의 반점, 왜성화된 잎
  ⓒ 발단농도 : 60~170ppb 4시간, 100~250ppb 2시간, 200~510ppb 1시간

④ PAN(Peroxyacetyl nitrate)
  ⓐ 독성기작
- NOx와 탄화수소가 자외선에 의해 광화학산화반응으로 형성되는 2차 오염물질
- 광화학산화물 중 가장 독성이 강함
- 오존과 비슷한 기작으로 세포막과 소기관의 막 기능을 마비시킴
- −SH기를 가진 효소와 반응하여 기능을 정지시킴
- 지방산 합성 방해, 황화합물 산화 → 탄수화물, 호르몬 대사, 광합성 교란
  ⓛ 병 징
- 활엽수 : 잎 뒷면 광택 후 청동색으로 변색, 고농도에서 잎 표면 피해
- 침엽수 : 정보 부족
  ⓒ 발단농도 : 200~300ppb 8시간

⑤ 불소(F)
  ⓐ 독성기작
- 기체상태 오염물질 중 독성이 가장 큼
- 체내에 흡수되어 누적
- 기공과 각피층을 통해 흡수되어 금속 양이온과 결합하여 무기영양상태 교란
- 세포벽 형성, 산소 흡수, 전분 합성 등 억제
  ⓛ 병 징
- 활엽수 : 잎끝의 황화 → 잎 가장자리로 확대 → 중륵을 타고 안으로 확대 → 황화 및 조직 고사
- 침엽수 : 잎끝의 고사, 고사부위와 건강부위의 경계 뚜렷
  ⓒ 발단농도
- 조직 내 함량 : 민감수종 $100\mu g/g$, 저항수종 $4,000\mu g/g$
- 노출 농도 : $0.75{\sim}500\mu g/m^3$ 수 시간 혹은 수일간

⑥ 중금속

  ㉠ 독성기작

    • Cd, Cu, Pb, Hg, Ni, V, Zn, Cr, Co, Tl 등

    • 효소작용 방해, 항대사제, 대사물질의 침전·분해, 세포막 투과성 변경 등 생리적 기능 장애

  ㉡ 병 징

    • 활엽수 : 엽맥 사이조직의 황화, 잎끝과 가장자리 고사, 조기 낙엽, 잎의 왜성화, 유엽에서 먼저
      발생

    • 침엽수 : 잎의 신장억제, 유엽 끝 황화현상, 잎의 기부로 고사 확대

  ㉢ 발단농도(조직 내 함량) : Cd 7.0, Cu 128, Pb 135, Hg 25, Ni 37, V 7.7, Zn 240

6. 산림쇠퇴 기출 5회

(1) 증 상

  ① 생장 감소

  ② 잎의 크기 감소, 황화현상, 조기낙엽

  ③ 가지의 고사와 바깥수관의 쇠퇴

  ④ 줄기와 가지의 부정아 발생

  ⑤ 세근과 균근 뿌리의 파괴

  ⑥ 뿌리썩음병균에 의한 뿌리의 감염

(2) 원인과 기작

  ① **오염가스의 피해** : 대기오염물질에 의한 만성적 피해

  ② **무기영양소의 용탈** : 산성비와 대기오염물질에 의한 조직용탈

  ③ **토양의 알루미늄 독성** : 토양 산성화로 알루미늄 용해도 증가

  ④ **영양의 불균형** : 강하물로 인해 질소 공급되나 Ca, Mg 등은 용탈되어 결핍

  ⑤ **기후에 대한 저항성 약화** : 수목의 영양상태가 나빠지면서 내한성이 약해짐

  ⑥ **병해충의 피해** : 활력이 약한 수목은 병해충이 쉽게 피해를 줌

  > **더 알아두기**
  >
  > 조직용탈
  > • 강우, 이슬, 연무, 안개 등의 수용액에 의해 수목 조직의 물질이 빠져나가는 것
  > • K이 가장 많이 용탈
  > • 대기오염물질은 잎의 wax를 침식시켜 조직용탈을 가속화

적중예상문제

제1장	수목생리학의 정의

01 수목에 관한 설명 중 옳지 않은 것은?

① 나무 : 살아있거나 혹은 베어서 땔감으로 만든 것
② 수목 : 살아있는 나무
③ 임목 : 숲을 이루고 있는 나무
④ 목본식물 : 형성층에 의해 2차 생장을 하고 나이테를 가지며 직경이 증가하는 식물
⑤ 대나무 : 초본식물

해설
단자엽식물은 거의 초본식물이지만 대나무류와 청미래덩굴류는 목본식물에 속한다.

02 다음 목본의 특징에 관한 설명 중 옳지 않은 것은?

① 형성층에 의한 직경생장을 한다.
② 증산작용을 통해 에너지를 소모하면서 무기양분과 수분을 흡수한다.
③ 다년생 식물이다.
④ 생식생장에 많은 에너지를 소비하지 않는다.
⑤ 추위, 산불, 태풍, 병균, 해충에 대한 저항성을 가지고 있다.

해설
증산작용은 수분퍼텐셜 구배에 의한 물의 이동 현상으로 수목은 에너지 소비 없이 물을 이용할 수 있다.

03 다음 목본식물에 관한 설명 중 옳지 않은 것은?

① 침엽수재의 목재가 활엽수재의 목재보다 비중이 크다.
② 나자식물에는 은행목, 주목목, 구과목이 있다.
③ 목본 중에 단자엽식물은 대나무류와 청미래덩굴류이다.
④ 종자식물은 생식기관의 모양에 따라 나자식물과 피자식물로 나뉜다.
⑤ 상록수와 낙엽수는 낙엽성에 의한 분류이다.

해설

비중 비교 : 침엽수재(softwood) < 활엽수재(hardwood)

04 소나무와 잣나무에 대한 설명 중 옳지 않은 것은?

① 소나무류는 비중이 높아 hard pine이라 한다.
② 엽속 내의 잎의 수는 소나무류가 2, 3개이고, 잣나무류는 3, 5개이다.
③ 소나무류와 잣나무류 모두 잎의 유관속의 수는 2개로 같다.
④ 소나무류는 잎이 부착되었던 자리가 도드라지는 특성을 가지고 있다.
⑤ 잣나무류의 아린은 첫해 여름에 탈락한다.

해설

잎의 유관속 수 : 소나무류 2개, 잣나무류 1개

05 참나무속에 관한 설명 중 옳지 않은 것은?

① 갈참나무류의 영명은 white oak이다.
② 갈참나무류의 종자는 개화 당년에 익는다.
③ 상수리나무류의 영명은 red oak이다.
④ 굴참나무와 정릉참나무는 갈참나무류에 속한다.
⑤ 붉가시나무와 참가시나무는 상록성인 상수리나무류이다.

해설

• 갈참나무류 : 갈참나무, 졸참나무, 신갈나무, 떡갈나무
• 상수리나무류 : 상수리나무, 굴참나무, 정릉참나무

01 **수목의 조직에 관한 설명 중 옳지 않은 것은?**

① 코르크조직은 표피조직을 보호하고 수분 증발을 억제한다.
② 유조직은 원형질을 가진 살아있는 조직이다.
③ 후각조직은 죽어있는 조직이다.
④ 목부조직은 수분의 이동과 지탱 기능을 한다.
⑤ 사부조직은 탄수화물의 이동과 지탱 기능을 한다.

해설

후막조직은 두꺼운 세포벽을 구성하고 원형질이 없는 죽은 조직이다. 후각조직은 엽병, 엽맥, 줄기를 이루며 특수 형태의 유세포이다.

02 **다음 중 유조직이 아닌 것은?**

① 생장점   ② 형성층
③ 수 선   ④ 도 관
⑤ 통기조직

해설

유조직 : 원형질을 가진 살아있는 조직(생장점, 분열조직, 형성층, 수선, 동화조직, 저장조직, 저수조직, 통기조직)

03 **다음 수관의 기본형에 관한 설명 중 옳지 않은 것은?**

① 수목의 기본형은 수관, 수간, 근계로 구분된다.
② 수관은 잎과 가지로 구성된다.
③ 수간은 수관을 지탱하는 굵은 원줄기이다.
④ 수간을 통해 잎으로부터 뿌리로 포도당이 전달된다.
⑤ 근계는 수분과 무기양분을 흡수한다.

해설

광합성으로 생산된 포도당은 설탕으로 전환되어 전달된다.

정답) 1 ③ 2 ④ 3 ④

04 다음 중 잎에 대한 설명으로 옳지 않은 것은?

① 공변세포에 의해 만들어지는 구멍을 기공이라 한다.
② 엽록체량은 책상조직보다 해면조직에 더 많다.
③ 수목 전체에서 대사활동이 가장 활발하다.
④ 기공의 크기는 기공의 분포밀도와 반비례한다.
⑤ 나자식물의 기공은 공변세포가 반족세포보다 깊게 위치하여 증산작용이 억제된다.

> **해설**
> 엽육조직은 책상조직과 해면조직으로 구분된다. 책상조직에 엽록체가 집중 분포하기 때문에 광합성이 활발하다.

05 눈이 없는 곳에서 유상조직, 조직배양 또는 뿌리 삽목 시 형성되는 눈을 무엇이라 하는가?

① 부정아   ② 정 아
③ 액 아   ④ 주맹아
⑤ 잠 아

> **해설**
> 눈의 종류
>
> | 정 아 | 가지 끝의 한복판에 자리잡고 있는 눈 |
> |---|---|
> | 측 아 | 정아의 측면에 각도를 가지고 발달한 눈 |
> | 액 아 | 대와 잎 사이의 겨드랑이에 위치한 눈 |
> | 잠 아 | 휴면상태에 있는 눈으로 아흔을 남기며 주맹아, 도장지, 맹아지로 발달 |
> | 부정아 | 줄기 끝이나 엽액이 아닌 수목의 오래된 부위에서 불규칙하게 형성되는 눈으로 상처를 입은 유상조직이나 형성층 근처에서 만들어지며 아흔이 없음 |
> | 화 아 | 꽃을 만드는 눈 |

06 다음 중 줄기에 대한 설명으로 옳지 않은 것은?

① 수피는 외수피, 코르크조직, 2차 사부로 구분된다.
② 대부분 죽어있는 조직으로 짙은 색을 띠는 목부를 변재라 한다.
③ 수는 유묘시절의 저장조직이다.
④ 형성층은 목부와 사부를 생산하는 분열조직이다.
⑤ 코르크조직은 수목이 독특한 모양과 색깔의 수피를 갖게 한다.

> **해설**
> • 변재 : 살아있는 부분이 있고, 옅은 색을 띠며, 수분을 옮기는 통도조직을 갖는다.
> • 심재 : 대부분 죽어있는 조직으로 짙은 색을 띠며, 식물체를 지지하는 역할을 한다.

07 유관속형성층이 완성되어 가는 과정이 단계별로 바르게 나열된 것은?

① 전형성층 단계 → 속간형성층 단계 → 유관속형성층 단계
② 속간형성층 단계 → 유관속형성층 단계 → 전형성층 단계
③ 유관속형성층 단계 → 전형성층 단계 → 속간형성층 단계
④ 전형성층 단계 → 유관속형성층 단계 → 속간형성층 단계
⑤ 속간형성층 단계 → 전형성층 단계 → 유관속형성층 단계

> **해설**
> 처음에 유관속 안의 전형성층만 있다가 유관속 사이에 속간형성층이 만들어지고 원형으로 모두 연결되면 유관속형성층이 완성된다.
> 피나무의 경우 종자 발아 초기부터 속내형성층이 크기 때문에 속간형성층 발달 없이 원형의 형성층이 갖춰진다.

08 형성층에 대한 설명 중 옳지 않은 것은?

① 측방분열조직으로 나무의 직경을 증가시킨다.
② 나이테가 만들어진다.
③ 손상된 수피를 재생시킨다.
④ 형성층의 바깥쪽에는 사부를, 안쪽에는 목부를 만든다.
⑤ 직경이 굵어지면서 안쪽으로 이동한다.

> **해설**
> 형성층은 직경의 굵기와 상관없이 항상 수피의 맨 안쪽과 나이테의 맨 바깥쪽에 위치한다.

09 다음 중 CODIT 기작 중 나이테를 따라 접선방향으로의 확산을 막는 기작은?

① 방어벽1   ② 방어벽2
③ 방어벽3   ④ 방어벽4
⑤ 방어벽5

> **해설**
> CODIT(수목부후 구획화)
> • 침입 미생물의 확산을 막기 위해 나무가 방어벽을 입체적으로 만들어 구획화한다.
> • 방어벽1(wall 1) : 위아래 종축방향의 확산을 막고, 가장 약하다.
> • 방어벽2(wall 2) : 중심을 향한 방사방향의 침투를 막는다.
> • 방어벽3(wall 3) : 나이테를 따라 접선방향으로의 확산을 막는다.
> • 방어벽4(wall 4) : 형성층이 만든 방어벽으로 가장 강하다.

10 목재조직에 관한 설명 중 옳지 않은 것은?

① 환공재는 춘재 도관의 지름이 추재의 것보다 크다.
② 산공재는 춘재 도관의 지름과 추재 도관의 지름에 차이가 없다.
③ 반환공재는 춘재에서 추재로 바뀌면서 도관의 직경이 점차 작아진다.
④ 참나무류는 반환공재이다.
⑤ 가도관의 직경은 도관에 비해 작다.

> **해설**
> 참나무류와 음나무는 환공재이다.

11 뿌리에 관한 설명 중 옳지 않은 것은?

① 토양환경에 상관없이 유전적인 형질을 유지한다.
② 종자에서 처음 발달한 굵은 뿌리를 직근이라 한다.
③ 참나무는 첫해에 직근만 갖는다.
④ 세근은 수분과 양분을 흡수하는 짧은 뿌리이다.
⑤ 어린 뿌리에는 형성층이 없다.

> **해설**
> 배수가 잘 되고 건조한 토양에서는 직근이 깊게 발달하고(심근성) 배수가 불량하고 습한 토양에서는 측근이 얕게 퍼진다(천근성, 광근성). 즉 유전적인 형질을 유지하기보다 토양의 환경에 따라 형태와 발달정도가 달라진다.

12 탄수화물의 일종으로 뿌리가 토양을 뚫고 나가는 것을 돕는 윤활제를 무엇이라 하는가?

① 뿌리골무   ② 무시젤
③ 큐티클층   ④ 개척근
⑤ 수베린

> **해설**
> 수베린은 목전화와 관계가 있다.

13 다음 수목에 관한 설명 중 옳지 않은 것은?

① 침엽수의 가도관은 활엽수의 도관에 비해 수분이동이 느리다.
② 배수가 불량하고 습한 토양에서 뿌리는 천근성을 나타낸다.
③ 뿌리골무는 뿌리의 형성층을 보호한다.
④ 수베린이 축적된 성숙한 뿌리는 수분흡수보다는 지지 기능을 한다.
⑤ 나무는 커질수록 살아있는 조직의 비율이 커진다.

> **해설**
> 나무의 크기가 커질수록 죽어 있는 목부조직의 비율이 커짐으로써 에너지 소모를 최소화한다.

14 줄기를 구성하는 조직을 바깥쪽에서부터 안쪽으로 바르게 나열한 것은?

① 외수피 → 코르크조직 → 형성층 → 사부 → 변재 → 심재 → 수
② 외수피 → 코르크조직 → 사부 → 변재 → 형성층 → 심재 → 수
③ 외수피 → 코르크조직 → 사부 → 형성층 → 변재 → 심재 → 수
④ 외수피 → 코르크조직 → 사부 → 형성층 → 심재 → 변재 → 수
⑤ 외수피 → 코르크조직 → 형성층 → 사부 → 심재 → 변재 → 수

> **해설**
> 형성층의 바깥쪽이 사부이고 안쪽이 목부이다.

15 대부분의 피자식물은 기공이 잎의 하표피에만 분포한다. 하지만 이 나무는 기공이 잎의 양면에 모두 분포한다. 다음 중 무엇인가?

① 포플러   ② 상수리나무
③ 벚나무   ④ 팽나무
⑤ 음나무

> **해설**
> 포플러와 같이 기공이 양면에 모두 존재하는 경우에도 뒷면의 기공 숫자가 앞면보다 훨씬 더 많다.

01 수목의 생장에 관한 설명 중 옳지 않은 것은?

① 세포분열, 세포신장, 세포분화의 3단계로 구분된다.
② 동물과 식물 모두 세포분열을 통해 세포의 숫자를 늘려 생장한다.
③ 수목의 정단분열조직은 눈과 뿌리끝이다.
④ 마디와 마디 사이가 길게 자라는 것을 절간생장이라 한다.
⑤ 절간생장은 새가지가 나오는 첫해에만 일어난다.

> **해설**
> 동물은 세포의 절대숫자가 크게 늘어나지 않고 세포신장과 세포분화로 생장하는 반면 식물은 세포분열을 왕성하게 하면서 새로운 조직을 추가하면서 생장한다.

02 수고생장에 관한 설명 중 옳지 않은 것은?

① 고정생장형과 자유생장형이 있다.
② 고정생장형이 자유생장형보다 생장이 빠르다.
③ 하나의 수목에서 자유생장과 고정생장이 섞이게 되면 수형이 불규칙하게 된다.
④ 수목은 매년 새가지를 만들어 생장하기 때문에 수명이 정해지지 않는다.
⑤ 수압한계설은 수고생장의 한계를 설명하는 이론이다.

> **해설**
> 고정생장형은 겨울눈에서 봄잎만 생산하기 때문에 당해연도의 생장은 전년도의 상황에 크게 영향을 받는다. 자유생장형은 봄잎뿐만 아니라 여름잎을 계속 생산하기 때문에 연중 자라는 특성을 갖는다.

03 수관형에 관한 설명 중 옳지 않은 것은?

① 정아지가 측지보다 빠르게 자라면 원추형의 수관을 만든다.
② 측지가 정아지보다 빠르게 자라면 구형의 수관을 만든다.
③ 정아에서 생산되는 시토키닌이 측아의 생장을 억제한다.
④ 정아가 측아의 생장을 억제하여 더 빠르게 자라는 현상을 정아우세현상이라 한다.
⑤ 정아우세현상이 약해지면 수관형은 구형으로 바뀐다.

> **해설**
> 정아에서 생산하는 옥신 계통의 식물호르몬이 측아의 생장을 억제한다.

04 수목의 직경생장에 관한 설명 중 옳지 않은 것은?

① 초본은 형성층이 없어 직경생장을 할 수 없다.
② 목부는 형성층의 안쪽에 생성된다.
③ 사부는 직경생장에 기여하지 못 한다.
④ 병층분열을 통해 형성층에서 방사선 방향으로 새로운 시원세포가 생성된다.
⑤ 새로 만들어진 세포는 도관, 가도관, 섬유, 유세포 중 하나로 분화된다.

> **해설**
> 형성층의 병층분열은 형성층 세포가 접선방향으로 새로운 세포벽을 형성하면서 새로운 목부와 사부를 생산하는 분열이다. 수층분열은 형성층 자체의 시원세포의 숫자를 늘리기 위해 방사선 방향으로 새로운 세포벽을 만드는 세포분열이다.

05 형성층의 계절적 생장에 영향을 주는 식물호르몬은 무엇인가?

① 옥 신
② 지베렐린
③ 시토키닌
④ 에틸렌
⑤ 아브시스산

> **해설**
> 이른 봄에 눈에서 만들어진 옥신이 아래로 이동하면서 형성층의 활동을 자극하기 때문에 나무 밑동의 형성층이 가장 늦게 활동하게 되고, 가을에 잎에서 옥신 생산이 줄어들면서 공급이 먼저 중단되는 나무 밑동부터 형성층 활동이 중단된다.

06 뿌리생장에 관한 설명 중 옳지 않은 것은?

① 뿌리털은 뿌리의 표면적을 넓히기 위해 표피가 변형되어 자란 것이다.
② 소나무류와 참나무류는 외생균근을 형성할 때 뿌리털이 만들어진다.
③ 뿌리의 수평적 분포는 수관폭보다 넓은 게 보통이다.
④ 대부분의 세근은 표토에 집중적으로 분포한다.
⑤ 뿌리는 줄기생장 전에 생장하기 시작해서 줄기생장 정지 후에도 계속 생장한다.

해설
외생균근은 뿌리의 영역과 기능을 확대해주는 역할을 하는 공생미생물이다. 소나무류와 참나무류는 외생균근을 형성할 때 뿌리털을 만들지 않는 수종이다.

07 다음 중 균근을 형성하여 공생하는 뿌리는 어느 것인가?

① 주 근
② 측 근
③ 세 근
④ 수평근
⑤ 직 근

해설
세근에 균근균이 침투하여 공생한다.

08 줄기생장에 관한 설명 중 옳지 않은 것은?

① 옥신이 형성층의 세포분열을 유도한다.
② 형성층 생장은 나무 꼭대기와 눈 바로 아래 가지에서 시작한다.
③ 가을에 밑동부터 형성층 생장이 중단된다.
④ 형성층은 나무밑동에서 가장 늦게 생장을 시작한다.
⑤ 옥신이 줄어드는 시기와 춘재가 형성되는 시기가 일치한다.

해설
• 춘재 : 봄철에 형성된 목부조직으로 세포의 지름이 크고 세포벽이 얇으며 비중이 낮다.
• 추재 : 여름과 가을에 만들어지는 목부조직으로 춘재와 반대되는 특징을 갖는다.
• 나이테 : 추재와 춘재 사이의 경계선이다.

09 수목생장에 관한 설명 중 옳지 않은 것은?

① 목부가 사부보다 10~20배 더 많이 생산된다.
② 온대지방에서 봄에 사부가 목부에 비해 먼저 생산된다.
③ 사부를 통해 설탕이 이동한다.
④ 옥신/지베렐린 비율이 크면 사부를 생산한다.
⑤ 뿌리털은 뿌리끝 신장생장하는 부분의 바로 뒤에 위치한다.

해설

목부와 사부의 생산비율은 호르몬의 영향을 받는다. 옥신/지베렐린 비율이 크면 목부의 생산이 증가하고, 반대의 경우 사부의 생산이 증가한다.

10 다음 중 포플러에 관한 설명 중 옳지 않은 것은?

① 생장이 빠른 속성수이다.
② 수고생장형은 자유생장형이다.
③ 기공이 잎의 양면에 분포한다.
④ 연중 자라기 때문에 추가 전정이 필요하다.
⑤ 외생균근을 형성할 때 뿌리털을 만들지 않는다.

해설

외생균근을 형성할 때 뿌리털을 만들지 않는 수종은 소나무류와 참나무류이다.

제4장 광합성과 호흡

01 태양광선의 영향에 관한 설명 중 옳지 않은 것은?

① 광합성의 에너지원이다.
② 수목의 형태를 결정한다.
③ 개화와 낙엽에 영향을 준다.
④ 환경요인을 변화시킨다.
⑤ 종자발아에는 영향을 주지 않는다.

해설

발아에 영향이 미치는 환경요인 : 광선, 산소, 수분, 온도

02 태양광선의 성질에 관한 설명 중 옳지 않은 것은?

① 낮과 밤의 상대적인 길이를 일장 또는 광주기라 한다.
② 장일조건에서 동아의 형성이 유도된다.
③ 광도는 광합성량에 직접적인 영향을 준다.
④ 활엽수림 하부에는 장파장인 적색광선이 주종을 이룬다.
⑤ 양수는 그늘에서 자라지 못하는 수종이다.

해설
• 장일조건 : 낮의 길이가 길어지는 조건으로 수고생장과 직경생장을 촉진하고 낙엽과 휴면을 지연·억제한다.
• 단일조건 : 낮의 길이가 짧아지는 조건으로 수고생장이 정지되고 동아의 형성이 유도되어 월동을 준비하게 된다.

03 호흡으로 방출되는 CO_2와 광합성을 위해 흡수되는 CO_2의 양이 같을 때의 광도를 무엇이라 하는가?

① 광보상점　　　　　　　　　　　② 광포화점
③ 광주기　　　　　　　　　　　　④ 명반응
⑤ 암반응

해설
광포화점 : 광도를 증가시켜도 광합성량이 더 이상 증가하지 않는 상태

04 양수와 음수에 관한 설명 중 옳지 않은 것은?

① 광보상점 이하의 광도에서 식물은 생존할 수 없다.
② 햇빛을 좋아하는 정도에 따라 수목을 구분한 것이다.
③ 주목과 금송은 극음수이다.
④ 음수는 광포화점이 낮아 낮은 광도에서 광합성이 효율적이다.
⑤ 양수는 그늘에서 자라지 못하는 수종이다.

해설
양수와 음수의 구분은 그늘에서 견딜 수 있는 내음성 정도에 따른 것이다. 양수는 광포화점이 높고, 음수는 광포화점과 광보상점이 낮다.

05 다음 중 파장 660~730nm의 적색광을 흡수하고 생장점 근처에 가장 많이 분포하는 색소는 무엇인가?

① 클로로필
② 크립토크롬
③ 파이토크롬
④ 플라보노이드
⑤ 카로테노이드

해설

- phytochrome : 적색광(660nm)과 원적색광(730nm)
- cryptochrome : 청색과 보라색 부근(320~450nm)
- 광합성 색소 : 엽록소 a, 엽록소 b, 카로테노이드 등(400~700nm 부근)

06 다음 중 주광성을 유도하는 색소는 무엇인가?

① 클로로필
② 크립토크롬
③ 파이토크롬
④ 플라보노이드
⑤ 카로테노이드

해설

- phytochrome : 적색광(660nm)과 원적색광(730nm)
- cryptochrome : 청색과 보라색 부근(320~450nm)
- 광합성 색소 : 엽록소 a, 엽록소 b, 카로테노이드 등(400~700nm 부근)

07 양엽과 음엽에 관한 설명 중 옳지 않은 것은?

① 양엽은 높은 광도에서 광합성을 효율적으로 하도록 적응한 잎으로 광포화점이 낮다.
② 양엽은 증산작용을 억제하기 위해 큐티클층과 잎이 두껍다.
③ 음엽은 책상조직의 배열이 엉성하다.
④ 햇빛의 양에 적응하여 생긴 후천적 특징이다.
⑤ 수목은 한 개체에 양엽과 음엽을 함께 가진다.

해설

광포화점이 높으면 높은 광도에서 광합성 효율이 좋고, 광포화점이 낮으면 낮은 광도에서 광합성 효율이 좋다.

08 광합성 기작에 관한 설명 중 옳지 않은 것은?

① 명반응은 햇빛이 있을 때 일어난다.

② 명반응은 엽록체의 그라나에서 일어난다.

③ ATP와 NADPH는 명반응에서 물을 분해하여 생긴 에너지를 저장한다.

④ 암반응은 이산화탄소를 산화시켜 탄수화물을 합성하는 과정이다.

⑤ 암반응은 명반응에서 생산된 ATP와 NADPH를 에너지원으로 사용한다.

해설

• 산화반응 : 산화수가 증가하는 반응, 산소와 결합하는 반응
• 환원반응 : 산화수가 감소하는 반응, 산소와 분리되는 반응

09 다음 중 CAM 식물군에 해당하는 것은?

① 소나무   ② 붉나무

③ 사탕수수   ④ 옥수수

⑤ 돌나물

해설

다육식물은 CAM 식물군으로 건조에 대응하기 위해 밤에 기공을 열고 CO_2를 흡수한다.

10 식물이 이산화탄소를 고정하는 방식에 대한 설명 중 옳지 않은 것은?

① C-4 식물군은 대부분 쌍자엽식물로 광합성량과 효율이 높다.

② C-3 식물군은 5탄당인 RuBP와 CO_2가 반응하여 2개의 C3 화합물(3-PGA)을 생산한다.

③ CAM 식물군은 밤에 CO_2를 흡수한다.

④ C-4 식물군과 CAM 식물군은 공통적으로 PEP가 CO_2를 고정하여 OAA를 생산한다.

⑤ CAM 식물군은 낮에 malic acid를 OAA로 전환한다.

해설

C-4 식물군은 사탕수수, 옥수수, 수수 등으로 대부분 단자엽식물이다. 광도가 높고 온도가 높은 열대지방의 기후조건에서 광합성 효율이 높다.

11 광호흡에 관한 설명 중 옳지 않은 것은?

① 잎에서 광조건하에서만 일어나는 호흡이다.

② 광합성으로 고정한 탄수화물의 일부가 산소와 반응하여 이산화탄소로 방출된다.

③ C-3 식물은 광합성으로 고정한 이산화탄소의 25~33% 정도를 광호흡으로 방출한다.

④ C-4 식물은 광호흡량이 매우 적기 때문에 C-3 식물보다 광합성 효율이 높다.

⑤ C-3 식물의 광호흡은 산소의 농도를 높여주면 감소시킬 수 있다.

해설

RuBP carboxylase 효소는 CO_2를 고정하기도 하지만 광호흡 반응에도 작용한다. 따라서 산소의 농도가 높아지면 광호흡 반응이 더 잘 일어나게 된다.

12 광합성에 영향을 주는 요인에 관한 설명 중 옳지 않은 것은?

① 수목 전체가 필요로 하는 광량은 낱개 잎의 광포화점보다 낮다.

② 온대지방에서 광합성에 적합한 온도는 15~25℃이다.

③ 수분이 부족하면 기공이 폐쇄되기 때문에 광합성이 중단된다.

④ 하루 중 아침은 수분상태는 양호하나 광도와 온도가 낮아 광합성량이 적다.

⑤ 고정생장형은 초여름에 광합성량이 최대인 반면 자유생장형은 늦은 여름에 광합성량이 최대이다.

해설

수목 전체가 필요로 하는 광량은 낱개 잎의 광포화점보다 훨씬 높다.

13 이산화탄소의 농도와 광합성에 관한 설명 중 옳지 않은 것은?

① 지구온난화의 원인인 이산화탄소 농도의 증가는 광합성량을 증가시킨다.

② 이산화탄소는 HCO_3^- 형태로 엽육조직 세포질에 녹아 흡수된다.

③ 숲속 수목의 광합성 제한 요소는 햇빛과 이산화탄소이다.

④ 숲속 수목의 양엽은 햇빛이 광합성 제한 요소이다.

⑤ 인위적으로 이산화탄소를 공급해 식물의 생장을 촉진시키는 것을 이산화탄소시비라 한다.

해설

숲속 수목의 양엽은 이산화탄소가 광합성 제한 요소이다. 음엽은 햇빛이 제한 요소이다.

14 광합성에 관한 설명 중 옳지 않은 것은?

① 생장이 빠른 수종이 광합성 능력이 크다.

② 단위면적당 기공수가 많고 엽량이 많을수록 광합성 능력이 크다.

③ 하루 중 오후에 광합성량이 가장 많다.

④ 침엽수는 연중 광합성을 한다.

⑤ 광합성에 관여하는 효소의 활성은 온도의 영향을 받는다.

해설

광합성량이 일중 가장 많을 때는 정오 전후이다. 이때 광도, 온도, 수분 상태 모두 양호하기 때문이다. 오후에는 수분 부족으로 오히려 광합성이 침체되는 현상이 나타난다.

15 광합성이 일어나는 곳과 호흡이 일어나는 곳을 바르게 짝지은 것은?

① 엽록체 – 미토콘드리아 ② 미토콘드리아 – 엽록체

③ 엽록체 – 액포 ④ 미토콘드리아 – 액포

⑤ 엽록체 – 소포체

해설

광합성이 일어나는 엽록체는 엽록소를 함유하는 grana와 엽록소가 없는 stroma로 구분되며, 호흡은 미토콘드리아에서 일어나는 산화반응이다.

16 식물의 호흡에 관한 설명 중 옳지 않은 것은?

① 광합성의 역반응이다.

② 에너지를 흡수하는 반응이다.

③ 미토콘드리아에서 일어난다.

④ 생명현상에 필요한 에너지를 공급한다.

⑤ 호흡량이 많아지면 탄수화물 축적량이 감소한다.

해설

호흡은 에너지를 가지고 있는 물질을 산소를 이용해 산화시켜서 에너지를 발생시키는 과정이다. 이렇게 생성된 에너지는 ATP의 형태로 저장되었다가 생명현상에 필요한 에너지로 사용된다.

17 과실이 완전 성숙 직전에 호흡량이 일시적으로 증가하는 현상을 무엇이라 하는가?

① hysteresis ② chlorosis

③ climacteric ④ guttation

⑤ polyembryony

해설

hysteresis : 이력현상, chlorosis : 황화현상, guttation : 일액현상, polyembryony : 다배현상

18 호흡에 영향을 주는 요인에 관한 설명 중 옳지 않은 것은?

① 광합성은 호흡에 비해 낮은 온도에서 최대치에 이른다.

② 야간의 온도가 주간보다 높으면 수목이 정상적으로 생장할 수 없다.

③ 수목은 나이가 들수록 호흡량이 증가하게 되고 그로 인해 차차 생장이 저조해진다.

④ 온도가 10℃ 상승할 때 호흡량의 증가율을 R_{10}이라 한다.

⑤ 밀식된 임분은 호흡량이 많아 생장량이 감소한다.

해설

Q10 : 온도가 10℃ 상승할 때 호흡량의 증가율

19 임분의 밀도와 호흡과의 관계를 설명한 것 중 옳지 않은 것은?

① 줄기직경이 작을수록 형성층의 비표면적이 증가한다.

② 수목을 밀식하면 호흡량이 증가한다.

③ 솎아내기는 광량을 증가시키는 효과가 있다.

④ 광합성량이 호흡량보다 많아야 생장량이 증가한다.

⑤ 수목을 밀식하면 개체수가 많아지므로 생장량 또한 증가한다.

해설

밀식된 임분은 개체수가 많고 줄기직경이 작기 때문에 형성층의 표면적과 잎의 양이 늘어나 호흡량이 증가하게 되어 생장량은 감소한다. 반면에 그늘로 인해 광합성은 감소한다.

20 수목의 부위와 호흡과의 관계를 설명한 것 중 옳지 않은 것은?

① 호흡이 가장 왕성한 부위는 잎이다.

② 호흡은 유세포 조직에서 일어난다.

③ 휴면상태의 종자는 거의 호흡하지 않는다.

④ 과실의 저장성을 높이기 위해서는 온도와 산소농도를 낮추고 이산화탄소 농도를 높여 호흡량을 줄여줘야 한다.

⑤ 뿌리가 장기간 침수될 경우 잎의 황화현상이 유발되거나 상편생장으로 잎이 위로 말린다.

해설

상편생장은 잎을 아래로 말리게 한다.

제5장   탄수화물 대사

01 탄수화물의 종류와 기능에 관한 설명 중 옳지 않은 것은?

① 단당류는 탄수화물의 기본 단위이다.

② 포도당과 과당은 단당류 중 5탄당에 속한다.

③ 설탕은 포도당과 과당이 결합한 이당류로 올리고당류에 속한다.

④ 단당류는 환원당으로서 다른 물질을 환원시킨다.

⑤ 다당류는 물에 녹지 않기 때문에 이동하지 않는다.

해설

• 5탄당 : ribose, xylose, arabinose, ribulose 등
• 6탄당 : glucose(포도당), fructose(과당), mannose 등

02 사부를 통해 이동하는 탄수화물의 주성분은 무엇인가?

① 포도당   ② 과 당

③ 설 탕   ④ 전 분

⑤ 검

해설

수목에 따라 탄수화물의 성분과 양은 다르나 비환원당이라는 공통점이 있으며, 설탕이 가장 농도가 높고 흔하다. 단, 장미과 식물은 설탕보다 sorbitol 함량이 높다(사과나무속, 벚나무속, 배나무속, 마가목속, 조팝나무속 등).

20 ⑤ / 1 ② 2 ③ 정답

03 전분과 섬유소의 기본 구성 단당류는 무엇인가?

① glucose   ② fructose

③ xylose   ④ arabinose

⑤ mannose

해설
전분(starch)과 섬유소(cellulose)는 포도당(glucose)의 중합체이다.

04 세포벽의 구성성분으로서 이웃세포를 결합시키는 역할을 하는 다당류는 무엇인가?

① cellulose   ② hemicellulose

③ starch   ④ pectin

⑤ mucilage

해설
펙틴(pectin)은 이웃세포를 서로 접합시키는 시멘트 역할을 한다.

05 탄수화물의 합성과 이용에 관한 설명 중 옳지 않은 것은?

① 탄수화물의 합성은 광합성의 명반응으로부터 시작한다.
② 과실이 성숙해지면서 단맛이 강해지는 것은 전분이 설탕으로 전환되어 당도가 증가하기 때문이다.
③ 세포벽 구성 탄수화물은 다른 형태로 전환되지 않는다.
④ 설탕 농도를 높여 세포가 겨울에 어는 것을 방지한다.
⑤ 탄수화물 저장 세포는 살아있는 유세포이다.

해설
탄수화물의 합성은 광합성의 암반응이다.

06 다음 중 피자식물의 사부조직이 아닌 것은?

① 사관세포
② 반세포
③ 사부유세포
④ 사부섬유
⑤ 사세포

해설

피자식물과 나자식물의 사부조직 비교

구 분	기본세포	보조세포	유세포	지지세포	물질이동
피자식물	사관세포	반세포	사부유세포	사부섬유	사공, 사부막공
나자식물	사세포	알부민세포	사부유세포	사부섬유	사부막공

07 피자식물의 사부조직 중 나자식물의 알부민세포와 유사한 것은?

① 사관세포
② 반세포
③ 사부유세포
④ 사부섬유
⑤ 사세포

해설

6번 문제 해설 참조

08 탄수화물 운반물질에 관한 설명 중 옳지 않은 것은?

① 환원당이다.
② 설탕이 가장 농도가 높고 흔하다.
③ 잎의 엽육조직에서 비엽록조직으로 운반된다.
④ 열매와 종자는 수용부로서 상대적 강도가 가장 크다.
⑤ 효소에 의해 잘 분해되지 않고 화학반응성이 작아 장거리 수송에 적합하다.

해설

비환원당은 다른 물질을 환원시킬 수 없는 당류이다. 사부조직을 통해 운반되는 탄수화물은 효소에 의해 잘 분해되지 않고 화학반응성이 작아 장거리 수송에 적합해야 한다.

09 탄수화물 운반원리인 압력유동설에 관한 설명 중 옳지 않은 것은?

① 삼투압 차이로 발생하는 압력에 의한 수동적 이동이다.

② 진딧물 실험으로 사부 내에 압력이 있다는 것이 증명되었다.

③ 설탕은 확산에 의해서만 이동하지 않는다.

④ 공급원의 탄수화물 농도가 수용부의 것보다 높다.

⑤ 공급원에서 수용부로 이동하면서 사부조직의 설탕 농도가 증가한다.

해설

공급원에서 수용부로 이동하면서 사부조직의 설탕 농도가 감소하는 현상은 압력유동설을 뒷받침하는 현상이다.

10 탄수화물 대사에 관한 설명 중 옳지 않은 것은?

① 단당류 올리고당류는 물에 잘 녹아 이동성이 크다.

② 단당류는 보통 5탄당과 6탄당이 많다.

③ 전분은 지구에서 가장 흔한 유기화합물이다.

④ 광합성으로 생산된 단당류는 빠르게 설탕 등으로 합성된다.

⑤ 종자가 자랄 때, 설탕이 전분으로 전환된다.

해설

지구에서 가장 흔한 유기화합물은 셀룰로스이다.

제6장 단백질과 질소 대사

01 지구상에서 가장 풍부한 단백질은 무엇인가?

① rubisco 효소 ② cytochrome

③ ferredoxin ④ phytochrome

⑤ hemoglobin

해설

rubisco 효소는 광합성 관련 효소로 잎 단백질의 12~25%를 차지한다.

02 **식물단백질과 질소 포함 화합물에 관한 설명 중 옳지 않은 것은?**

① 원형질 구성성분으로서 세포막이 선택적 흡수기능을 갖게 한다.
② 모든 효소는 단백질이다.
③ 2차 대사산물 중 차나무의 caffeine은 질소 원자가 포함되어 있다.
④ 저장 단백질은 특히 종자에 존재한다.
⑤ IAA는 porphyrin 화합물이다.

해설

porphyrin은 pyrrole 4개가 모인 화합물로서 엽록소, phytochrome, hemoglobin 등이 있다.

03 **질소 대사에 관한 설명 중 옳지 않은 것은?**

① 뿌리로 흡수되는 질소의 형태는 암모늄태와 질산태이다.
② 질산환원은 질산태로 흡수된 질소가 암모늄태 질소로 환원되는 과정이다.
③ 뿌리로 흡수된 질산태 질소는 뿌리에서 환원되거나 잎으로 이동한 후 잎에서 환원된다.
④ 암모늄 이온은 체내에 축적된다.
⑤ 산성화 산림토양에서는 균근의 도움을 받아 암모늄태 질소를 흡수한다.

해설

암모늄 이온은 체내에서 독성을 띠기 때문에 축적하지 않고 아미노산의 형태로 유기물화된다. 이를 암모늄의 유기물화라 한다.

04 **엽록체, peroxisome과 미토콘드리아 간에 광호흡과정에서 생성되는 암모늄을 고정하여 순환시키는 과정을 무엇이라 하는가?**

① 환원적 아미노반응 　　　　　　　② 아미노기 전달반응
③ 광호흡 질소순환 　　　　　　　　④ 질산환원과정
⑤ 질소고정

해설

엽록체, peroxisome, 미토콘드리아 간의 광호흡 과정에서 발생하는 NH_4^+는 엽록체로 이동하여 glutamate와 결합하여 glutamine이 되는데 이를 광호흡 질소순환이라 한다. NH_4^+ 축적으로 인한 독성을 방지하고 아미노산 합성에 기여한다.

2 ⑤ 3 ④ 4 ③ 정답

05 질소의 체내 분포와 변화에 관한 설명 중 옳지 않은 것은?

① 대사활동이 활발한 부위에 집중된다.
② 오래된 조직에서 새로운 조직으로 재분배된다.
③ 생장이 활발한 봄에 질소 함량이 가장 높다.
④ 낙엽 전에 질소는 회수되어 유조직에 저장된다.
⑤ arginine은 질소의 저장과 이동에서 가장 중요한 아미노산이다.

해설

봄철에는 저장된 질소를 이용하기 때문에 감소하다가 여름철 생장이 정지되면 증가한다. 따라서 가을과 겨울에 가장 높다.

06 질소고정과 순환에 관한 설명 중 옳지 않은 것은?

① 산업적으로 고정되는 질소의 양이 생물적 질소고정량보다 많다.
② 질소고정미생물은 공생과 비공생으로 구분된다.
③ 유기물에 결합된 질소는 암모니아화 작용을 거쳐 분해되어 나온다.
④ 탈질작용은 환원상태의 토양에서 발생한다.
⑤ *Nitrosomonas*와 *Nitrobacter*는 질산화작용에 관여하는 미생물이다.

해설

연간 질소고정량 : 생물적 질소고정 > 산업적 질소고정 > 광화학적 질소고정

07 다음 질소고정미생물 중 외생공생인 것은?

① *Cyanobacteria*   ② *Rhizobium*
③ *Frankia*   ④ *Azotobacter*
⑤ *Clostridium*

해설

질소고정 미생물의 종류

구 분	생활형	미생물 종류	공생 기주
단 생	호기성	Azotobacter	–
	혐기성	Clostridium	–
공 생	외생공생	Cyanobacteria	지의류, 소철
	내생공생	Rhizobium	콩과식물, Parasponia(느릅나무과)
		Frankia	오리나무류, 보리수나무, 담자리꽃나무, 소귀나무속

08 다음 질소고정미생물 중 비공생이고 혐기성인 것은?

① *Cyanobacteria*　　　　　　② *Rhizobium*

③ *Frankia*　　　　　　　　　④ *Azotobacter*

⑤ *Clostridium*

해설

7번 문제 해설 참조

09 다음 중 콩과식물은 무엇인가?

① Casuarina　　　　　　　　② 오리나무

③ 보리수나무　　　　　　　　④ 싸 리

⑤ 소귀나무

해설

한국의 목본 콩과식물은 16속 41종이고, 산림에서 싸리류(Lespedeza)와 칡(Pueraria)이 가장 흔하고 중요하다.

10 다음의 질산화작용에 관여하는 미생물을 단계에 맞게 바르게 나열한 것을 고르시오.

$$NH_4^+ \rightarrow NO_2^- \rightarrow NO_3^-$$

① *Nitrosomonas, Nitrobacter*

② *Nitrosomonas, Pseudomonas*

③ *Azotobacter, Nitrobacter*

④ *Azotobacter, Pseudomonas*

⑤ *Nitrobacter, Azotobacter*

해설

NH_4^+ ──────→ NO_2^- ──────→ NO_3^-
　　　　니트로소모나스　　　　니트로박터

01 지질의 특성과 기능에 관한 설명 중 옳지 않은 것은?

① 지질은 극성이며 물에 녹지 않는다.
② 인지질은 원형질막을 형성한다.
③ 종자나 과일에 저장된다.
④ 왁스, 큐틴, 수베린은 잎, 줄기, 종자 표면을 보호한다.
⑤ 고무, 탄닌, 알칼로이드 등은 2차 대사산물이다.

해설
비극성인 지질은 극성인 물에 녹지 않고 유기용매에 녹는다.

02 원형질막의 구성성분으로 반투과성 막을 형성하는 것은?

① 지방산
② 납(왁스)
③ 당지질
④ 큐 틴
⑤ 인지질

해설
인지질
단순지질의 3개 지방산 중 하나가 인산으로 대체된 것으로, 극성과 비극성 부분을 동시에 가지고 있어 원형질막의 반투과성
기능을 나타낸다.

03 목전질(수베린)에 관한 설명 중 옳지 않은 것은?

① 수피의 코르크세포를 감싸 수분 증발을 억제한다.
② 큐틴과 비슷하다.
③ 낙엽으로 생긴 상처를 보호한다.
④ 나무좀의 공격에 대한 저항성을 갖게 한다.
⑤ 어린 뿌리의 카스페리안대를 구성한다.

해설
병원균과 곤충의 침입을 막는 지질은 수지이다.

04 수지에 관한 설명 중 옳지 않은 것은?

① 지방산, 왁스, 테르펜 등의 혼합체이다.
② 저장에너지로 사용된다.
③ 목재의 부패를 방지한다.
④ 나무좀의 공격에 대한 저항성을 갖게 한다.
⑤ 소나무의 oleoresin이 상업적으로 매우 중요하다.

해설

수지는 수목에서 저장에너지 역할을 하지 않는다.

05 리그닌에 관한 설명 중 옳지 않은 것은?

① 섬유소(cellulose) 다음으로 지구상에서 두 번째로 풍부한 유기물이다.
② 목부의 물리적 지지를 강화한다.
③ 여러 가지 방향족 알코올이 복잡하게 연결된 중합체이다.
④ isoprenoid 화합물이다.
⑤ cellulose가 병원균, 곤충, 초식동물에 의하여 먹이로 사용되는 것을 방지한다.

해설

이소프레노이드 화합물	정유, 카로티노이드, 수지, 고무, 스테롤
페놀 화합물	리그닌, 타닌, 플라보노이드

06 지질에 관한 설명 중 옳지 않은 것은?

① 불포화지방산은 상온에서 액체로 존재한다.
② 추운 지방의 식물은 포화지방산 함량이 높다.
③ 단순지질은 글리세롤 1분자와 지방산 3분자가 결합한 화합물이다.
④ 복합지질은 단순지질의 지방산 중 하나가 인산이나 당으로 대체된 형태의 지질이다.
⑤ 지방산은 탄소수 12~18개의 사슬구조의 한쪽 끝에 카르복실기가 결합되어 있다.

해설

포화지방산은 이중결합이 없는 지방산으로 분자 간 배열이 치밀하여 분자 사이를 떼어 내어 액화시킬 때 더 많은 에너지가 소요되기 때문에 녹는점이 높다. 이와 같은 특성 때문에 포화지방산 함량이 높아지면 상온에서 고체로 존재하게 된다. 만약 추운 지방의 식물에 포화지방산 함량이 높으면 지질성분이 굳어져서 생리작용이 저해된다. 따라서 추운 지방의 식물은 녹는점이 낮은 불포화지방산 함량이 높다.

07 황색, 주황색 등의 색소이며 항산화기능이 있는 이소프레노이드 화합물은?

① 카로티노이드

② 스테로이드

③ 플라보노이드

④ 타 닌

⑤ 정 유

해설

• 카로티노이드 : 베타카로틴, 루테인

• 플라보노이드 : 안토시아닌(붉은 색소)

08 지질 성분인 정유, 스테롤, 타닌의 공통적인 기능은 무엇인가?

① 떫은 맛 ② 색 소

③ 타감작용 ④ 상처보호

⑤ 저장물질

해설

타감작용(allelopathy) : 페놀 등의 물질을 분비하여 경쟁이 되는 다른 식물의 생장을 억제하는 작용

09 수목 내 지질의 분포와 변화에 관한 설명 중 옳지 않은 것은?

① 지질은 세포막의 40%를 차지하지만 수목 전체의 건중량에서는 1% 미만이다.

② 월동기간에 함량이 증가한다.

③ 리파아제는 지방분해효소이다.

④ 지질은 탄수화물과 단백질에 비해 에너지 효율이 작다.

⑤ 에너지가 필요할 때 분해되어 설탕으로 전환된 후 필요한 곳으로 이동한다.

해설

지질의 에너지 효율이 가장 높다.

10 식물의 지질 대사에 관한 설명 중 옳지 않은 것은?

① 인지질은 식물의 내한성을 증가시킨다.
② 당지질은 단순지질의 지방산 중 하나가 당으로 대체된 형태로 엽록체에 주로 존재한다.
③ 정유(essential oil)는 잎, 꽃, 열매의 독특한 냄새를 내는 휘발성 물질이다.
④ 고무는 쌍자엽과 단자엽의 피자식물에서는 생산되지만 나자식물에서는 생산되지 않는다.
⑤ 지방의 분해는 탄수화물 분해처럼 산소를 소모하는 호흡작용이다.

해설
고무는 쌍자엽식물에서만 생산된다.

제8장　수분생리와 증산작용

---

01 물의 특성과 기능에 관한 설명 중 옳지 않은 것은?

① 물의 높은 비열, 기화열, 융해열은 물분자의 극성과 이로 인한 수소결합에 기인한다.
② 물은 자외선은 흡수하나 적외선은 흡수하지 못 한다.
③ 식물은 무기염을 물에 녹아 있는 형태로 흡수한다.
④ 광합성의 명반응은 물의 분해 반응이다.
⑤ 식물세포의 팽압을 유지하여 물리적 지지력을 갖게 한다.

해설
물은 자외선과 적외선을 모두 흡수한다. 대기 중의 수증기는 지구의 복사에너지를 흡수하여 대기온도를 높이는 기능을 한다.

02 다음은 무엇에 관한 설명인가?

> • 액포 속에 녹아있는 용질의 농도에 의해 나타난다.
> • 항상 (−)값을 갖는다.

① 삼투퍼텐셜   ② 압력퍼텐셜

③ 기질퍼텐셜   ④ 수분 스트레스

⑤ 중력퍼텐셜

해설

용질의 농도에 의한 수분퍼텐셜은 삼투퍼텐셜이다. 용질이 없는 순수한 물의 삼투퍼텐셜을 0이라 하면, 용질이 녹아들어갈수록 삼투퍼텐셜이 작아진다.

03 수목에서의 수분퍼텐셜에 관한 설명 중 옳지 않은 것은?

① 수분은 수분퍼텐셜이 높은 곳에서 낮은 곳으로 이동한다.

② 수목에서 가장 중요한 퍼텐셜은 기질퍼텐셜이다.

③ 압력퍼텐셜은 팽압에 의해 나타난다.

④ 염분이 높은 지역에 사는 식물은 수분을 흡수하기 위해 삼투퍼텐셜을 낮게 유지한다.

⑤ 수분이 알맞은 곳에서 사는 식물을 중생식물이라 한다.

해설

기질퍼텐셜은 매트릭퍼텐셜이라고도 한다. 매트릭퍼텐셜은 기질의 표면과 물분자의 친화력에 의해 발생되는 퍼텐셜로서 불포화상태의 토양에서는 매우 중요하다. 하지만 수분을 함유하고 있는 식물의 세포는 이미 수분으로 포화되어 있는 상태라서 항상 0에 가까운 값을 갖기 때문에 수목에서는 삼투퍼텐셜과 압력퍼텐셜이 중요하다.

04 수목에서 압력퍼텐셜에 관한 설명 중 옳지 않은 것은?

① 세포가 수분을 흡수해 원형질막을 밀어내면서 나타나는 압력이다.
② 수분을 충분히 흡수한 세포의 압력퍼텐셜은 (+)값을 나타낸다.
③ 수분이 부족하면 세포벽으로부터 원형질이 분리되어 (−)값을 나타낸다.
④ 증산작용으로 장력하에 있는 도관세포에서 압력퍼텐셜은 (−)값을 나타낸다.
⑤ 팽압이 커질수록 수분을 밀어낸다.

> **해설**
> 원형질이 분리된 상태에서는 팽압과 장력이 모두 작용하지 않기 때문에 압력퍼텐셜은 0이 된다.

05 세포의 수분상태와 수분퍼텐셜의 관계에 관한 설명 중 옳지 않은 것은?

① 수분을 최대한 흡수한 팽윤세포의 수분퍼텐셜은 0이다.
② 세포의 수분이 감소할수록 삼투퍼텐셜은 증가한다.
③ 팽윤세포에서 수분이 감소하게 되면 압력퍼텐셜이 감소한다.
④ 세포의 수분이 더욱 감소하여 원형질분리가 되면 압력퍼텐셜은 0이 된다.
⑤ 세포의 수분감소는 세포액의 농도를 높이는 결과를 낳는다.

> **해설**
> 세포의 수분퍼텐셜은 삼투퍼텐셜과 압력퍼텐셜의 합으로 나타난다. 세포의 수분이 감소할수록 세포액의 농도가 높아지므로 삼투퍼텐셜이 낮아지고{(−)에서 더 낮은 (−)로}, 팽압이 감소하기 때문에 압력퍼텐셜도 낮아진다{(+)에서 0으로}.

06 수목의 수분퍼텐셜에 관한 설명 중 옳지 않은 것은?

① 증산작용에 의해 도관에는 팽압 대신 장력이 작용한다.
② 일반 세포에서 수분의 증가는 팽압을 증가시킨다.
③ 팽압은 세포벽이 세포의 수분에 의한 팽창을 막기 때문에 발생한다.
④ 수분을 최대한 흡수한 팽윤세포에서 삼투퍼텐셜의 최대값을 갖는다.
⑤ 팽압과 마찬가지로 장력은 압력퍼텐셜을 증가시킨다.

> **해설**
> 장력에 의해 압력퍼텐셜이 (−)값을 갖게 되고 수목의 수분퍼텐셜 또한 낮아진다.

07 뿌리의 수분흡수에 관한 설명 중 옳지 않은 것은?

① 성숙한 뿌리는 수베린화되었기 때문에 더 이상 수분을 흡수하지 못 한다.
② 어린 뿌리는 표피와 피층의 세포배열이 느슨하기 때문에 수분이동이 용이하다.
③ 내피의 카스페리안대는 물의 자유로운 출입을 차단한다.
④ 어린 뿌리는 표피, 피층, 내피의 카스페리안대, 내피의 원형질막의 구조를 갖는다.
⑤ 코르크형성층이 생기면서 뿌리가 성숙해지면 표피, 뿌리털, 피층이 파괴되어 소멸한다.

해설
성숙뿌리는 수베린화되었지만 수분흡수 능력은 유지한다.

08 수목의 수분 흡수 기작에 관한 설명 중 옳지 않은 것은?

① 증산작용이 활발한 식물은 수동적 흡수 기작을 통해 물을 흡수한다.
② 수동적 흡수 기작은 수분퍼텐셜에 의한 물의 이동을 이용하기 때문에 식물은 에너지를 소모하지 않는다.
③ 증산작용이 활발하지 않거나 토양용액의 농도가 높은 환경에서는 삼투압에 의해 수분을 흡수한다.
④ 생육기간 중 능동적 흡수 기작의 기여도는 매우 낮다.
⑤ 수동적 흡수에 의해 뿌리에 근압이 생기고 이로 인해 일액현상이 발생한다.

해설
뿌리의 근압은 능동적 흡수에 의해 생긴다.

09 근압과 수간압에 관한 설명 중 옳지 않은 것은?

① 근압은 삼투압에 의하여 흡수된 수분에 의해 발생된 뿌리 내의 압력이다.
② 수간압은 낮에 이산화탄소가 수간의 세포간극에 축적되어 나타나는 압력이다.
③ 일액현상은 수간압을 해소하기 위한 현상이다.
④ 사탕단풍나무의 수액 채취는 수간압을 이용한 것이다.
⑤ 고로쇠나무의 수액 채취는 수간압을 이용한 것이다.

해설
일액현상은 잎의 끝 등에 물방울이 맺히는 현상으로 근압을 해소하기 위한 현상이다. 일비현상은 잎이나 줄기를 잘랐을 때 물방울이 맺히는 현상이다.

10 증산작용에 관한 설명 중 옳지 않은 것은?

① 주로 기공을 통해 일어난다.
② 기공을 열면 이산화탄소를 흡수할 수 있지만 수분은 잃게 된다.
③ 증산작용은 무기염의 흡수와 이동을 촉진한다.
④ 잎의 온도를 낮춰 엽소를 막는다.
⑤ 대기의 수분퍼텐셜이 잎의 수분퍼텐셜보다 높기 때문에 잎의 수분이 대기로 이동한다.

해설
토양 – 식물 – 대기 연속체 : 토양의 수분퍼텐셜이 가장 높고 식물이 다음, 그리고 대기가 가장 낮기 때문에 토양의 수분은 식물체를 거쳐 대기로 이동하게 된다.

11 공변세포에 관한 설명 중 옳지 않은 것은?

① 2개가 모여 기공을 형성한다.
② 안쪽의 세포벽이 바깥쪽보다 얇아 팽창할 때 안쪽이 더 팽창한다.
③ 햇빛을 받으면 삼투압이 높아져 기공이 열린다.
④ K^+는 기공의 개폐에 관여하는 중요한 이온이다.
⑤ 아브시스산은 수분이 부족할 때 기공을 닫히게 한다.

해설
안쪽의 세포벽이 바깥쪽보다 두꺼워 팽창할 때 바깥쪽이 더 팽창한다.

12 증산량에 관한 설명 중 옳지 않은 것은?

① 광도가 높고 이산화탄소 농도가 높으면 증산량이 증가한다.
② 엽면적 합계에 비례한다.
③ 잎이 크면 온도가 잘 올라가기 때문에 증산작용도 증가한다.
④ 복엽, 침엽, 각피층, 털, 반사도 등은 증작작용을 억제한다.
⑤ 텐트법은 식물체를 투명한 용기에 밀봉하고 공기 중의 수증기량의 변화를 측정하여 증산량을 측정하는 방법이다.

해설
광도가 높고 이산화탄소 농도가 낮으면 증산량이 증가한다.

13 내건성에 관한 설명 중 옳지 않은 것은?

① 내건성이 큰 수종은 북향 경사지와 산정상에 분포한다.
② 수목이 초본에 비해 내건성이 크다.
③ 심근성 식물의 내건성이 크다.
④ 마른 상태에서 피해를 입지 않고 견딜 수 있는 능력을 건조인내성이라 한다.
⑤ 수목은 건조에 저항하기 위해 증산작용을 억제한다.

해설

북향 경사지는 남향 경사지에 비해 수분환경이 양호하므로, 내건성이 큰 수종은 남향 경사지에 분포한다.

14 수목의 수분생리에 관한 설명 중 옳지 않은 것은?

① 어린 잎의 삼투퍼텐셜이 성숙잎보다 높다.
② 중생식물은 수분퍼텐셜이 −1.5MPa 이하가 되면 심한 수분 스트레스를 받는다.
③ 근압은 겨울철 증산작용을 하지 않을 때 나타난다.
④ 토양온도가 낮아지면 원형질막의 지질이 물분자 통과에 불리한 성질을 나타낸다.
⑤ 이끼, 지의류, 고사리류 등은 건조인내성이 크다.

해설

어린 잎의 삼투퍼텐셜이 성숙잎보다 낮기 때문에 수분 부족 시 성숙잎이 먼저 시들게 된다.

15 다음은 무엇에 관한 설명인가?

> 내피의 방사단면과 횡단면 세포벽에 발달하는 수베린으로 된 띠로서 세포벽이나 세포간극을 통한 수분의 자유로운 이동을 차단한다.

① 원형질막   ② 카스페리안대
③ 코르크층   ④ 리그닌
⑤ 큐티클층

해설

물이 내피까지 도달하면 내피의 카스페리안대에 막혀 더 이상 자유롭게 이동하지 못 하게 되고, 이때부터는 내피의 원형질막을 통과해야 한다.

01 **무기염의 흡수 기작에 관한 설명 중 옳지 않은 것은?**

① 자유공간은 확산과 집단유동에 의해 자유롭게 들어올 수 있는 부분이다.

② 자유공간은 세포벽 사이의 공간으로 내피 직전까지 해당한다.

③ 카스페리안대는 내피세포의 방사단면벽과 횡단면벽에 목전질로 만들어진 띠이다.

④ 카스페리안대는 물과 무기염의 자유로운 이동을 차단한다.

⑤ 무기염은 원형질막을 구성하는 인지질을 통해 선택적으로 흡수된다.

해설

무기염은 원형질막의 단백질을 통해 선택적으로 통과된다.

02 **무기염의 흡수에 관한 설명 중 옳지 않은 것은?**

① 선택적이다.　　　　　　　　② 가역적이다.

③ 에너지가 소모된다.　　　　　④ 능동운반이다.

⑤ 운반체가 관여한다.

해설

무기염의 흡수는 비가역적이다.

03 **균근에 관한 설명 중 옳지 않은 것은?**

① 외생균근은 주로 목본식물에서 발견된다.

② 외생균근은 뿌리 피층 세포 사이의 간극에 침투하여 하티그망을 만든다.

③ 외생균근이 감염된 뿌리에는 뿌리털이 발생하지 않는다.

④ 외생균근과 내생균근 모두 균투를 형성한다.

⑤ 내생균근이 감염된 뿌리에는 뿌리털이 정상적으로 발달한다.

해설

내생균근의 균사는 뿌리의 피층세포 안으로 침투하며, 하티그망과 균투를 형성하지 않는다.

04 균근의 역할에 대한 설명으로 옳지 않은 것은?

① 암모늄태 질소의 흡수를 촉진한다.
② 인산을 가용화하여 흡수를 촉진한다.
③ 토양환경이 양호할수록 감염률이 높아진다.
④ 환경스트레스에 대한 저항성을 증진시킨다.
⑤ 항생제를 생산하여 병원균에 대한 저항성을 증진시킨다.

해설
균근은 토양이 척박할 때 감염률이 높아진다.

05 수액상승에 관한 설명 중 옳지 않은 것은?

① 기포나 전충체 등에 의해 도관이 막히는 현상을 hysteresis라고 한다.
② 가도관은 도관에 비해 수액상승에 대한 저항이 크다.
③ 일반적으로 수액은 목부수액을 말한다.
④ 목부수액은 증산류이다.
⑤ 사부수액은 탄수화물의 이동액이다.

해설
tylosis현상 : 기포나 전충체 등에 의해 도관이 막히는 현상으로, 가도관은 직경이 작고 세포마다 끊어져 있어 도관에 비해 기포
발생이 억제된다.

06 수액에 관한 설명 중 옳지 않은 것은?

① 목부수액에는 무기염, 질소화합물, 탄수화물, 효소, 식물호르몬 등이 녹아 있다.
② 목부수액은 알칼리성이고 사부수액은 산성이다.
③ 수액의 질소화합물은 아미노산과 ureides이다.
④ 수액의 탄수화물 농도는 겨울과 이른 봄에 높다.
⑤ 고로쇠나무 수액의 주성분은 설탕이다.

해설
• 목부수액의 pH : 4.5~5.0
• 사부수액의 pH : 7.5

07 수분 스트레스를 받을 때 수액에 나타나는 식물호르몬은?

① 옥 신
② 지베렐린
③ 아브시스산
④ 시토키닌
⑤ 에틸렌

해설
뿌리가 수분 스트레스를 받으면 cytokinin 합성량이 줄고 abscisic acid(ABA)가 증가한다.

08 수액의 상승에 관한 설명 중 옳지 않은 것은?

① 수액의 상승속도는 열파동법으로 측정한다.
② 수액의 상승속도는 일 중 일정하다.
③ 수액은 나선방향으로 돌면서 상승한다.
④ 도관 중 환공재의 상승속도가 가장 빠르다.
⑤ 수액의 상승각도는 살충제나 영양제를 골고루 분배시킨다.

해설
수액의 상승속도는 증산작용과 관계가 있으며, 증산작용이 왕성한 12~15시경이 가장 빠르다.

09 수액의 상승원리인 응집력설에 대한 설명 중 옳지 않은 것은?

① 수분이 이동할 때 물기둥이 연속적으로 이어지는 것은 물분자 사이의 응집력 때문이다.
② 물의 응집력은 도관 내 장력을 견딜 만큼 충분한 인장강도를 발휘한다.
③ 물의 응집력은 물분자 사이의 반데르발스힘 때문이다.
④ 물의 응집력으로 100m 이상의 수목이 에너지 소모 없이 수액을 상승시킬 수 있다.
⑤ 수분의 이동은 수분퍼텐셜의 구배 차이로 시작한다.

해설
물의 응집력을 만드는 물분자 사이의 결합은 수소결합이다.

10 수액 상승의 방해인자가 아닌 것은?

① 증산작용
② 기 포
③ 중 력
④ 세포의 저항
⑤ 공동현상

해설
증산작용이 활발하면 수액 상승도 활발하다.

01 **피자식물에서 완전화와 불완전화의 구분과 상관없는 것은?**

① 밀 선
② 꽃받침
③ 꽃 잎
④ 수 술
⑤ 암 술

해설

피자식물 꽃의 기본 기관 : 꽃받침(sepals), 꽃잎(petals), 수술(stamen), 암술(carpel)

02 **나자식물의 꽃에 대한 설명으로 옳지 않은 것은?**

① 피자식물의 꽃과 같은 기관(꽃잎, 꽃받침, 수술, 암술)이 없다.
② 모두 단성화이다.
③ 소철류와 은행나무는 이가화이다.
④ 소나무, 낙우송, 측백나무는 일가화이다.
⑤ 솔방울은 수꽃이다.

해설

솔방울은 암꽃을 의미한다.

03 **다음 꽃에 대한 설명 중 옳지 않은 것은?**

① 피자식물과 나자식물 모두 화아원기는 전년도에 형성된다.
② 나자식물은 암꽃이 수꽃보다 먼저 형성된다.
③ 피자식물의 수술은 분화되어 꽃밥과 꽃실로 분화된다.
④ 피자식물의 화분모세포는 1회의 감수분열과 1회의 유사분열을 통해 4개의 화분을 생산한다.
⑤ 나자식물의 난모세포는 감수분열을 통해 4개의 난모세포를 형성한다.

해설

나자식물은 수꽃이 암꽃보다 먼저 형성된다.

04 개화와 화분에 관한 설명 중 옳지 않은 것은?

① 암꽃은 많은 탄수화물을 요구하고 충실한 종자를 맺기 위해 수관의 상단 세력이 왕성한 가지에 위치한다.
② 수꽃은 화분 비산 후 바로 탈락한다.
③ 풍매화가 충매화보다 많다.
④ 화분의 비산은 자가수분을 유도한다.
⑤ 화분의 비산은 온도가 높고 건조한 낮에 집중된다.

> **해설**
> 화분의 비산은 타가수분을 유도한다.

05 수분과 수정에 관한 설명 중 옳지 않은 것은?

① 수분은 화분이 수술에서 암술머리로 이동하는 현상이다.
② 피자식물에서 주두에 도착 화분은 발아해서 화분관을 생성한다.
③ 나자식물에서 화분은 주공에서 분비된 수분액과 함께 주공 안으로 들어간다.
④ 생식핵에서 분열한 정핵은 1개의 극핵과 결합해 배유를 형성한다.
⑤ 피자식물은 중복수정을 하고 나자식물은 단일수정을 한다.

> **해설**
> 피자식물에서 생식핵은 분열해서 2개의 정핵을 생성한다. 한 개의 정핵(n)은 난자(n)와 결합하여 배(2n)를 형성하고, 다른 한 개의 정핵(n)은 2개의 극핵(n)과 결합하여 배유(3n)를 형성한다.

06 종자 없이 열매가 성숙하는 것을 무엇이라 하는가?

① 단위결과   ② 다배현상
③ 부정배   ④ 중복수정
⑤ 무성생식

> **해설**
> 단위결과 : 종자 없이 열매가 성숙하는 경우

피자식물	• 종자의 발달 없이 열매가 성숙하는 경우 • 일반 과수에서 흔함 • 단풍나무, 느릅나무, 물푸레나무, 자작나무, 튤립나무
나자식물	• 비립종자만이 있는 상태에서 솔방울이 완전히 성숙하는 경우 • 전나무속, 잎갈나무속, 가문비나무속, 향나무속, 주목속, 측백나무속에서 자주 관찰 • 소나무속에서는 거의 관찰되지 않음

07 개화생리에 관한 설명 중 옳지 않은 것은?

① 예외가 있지만 일반적으로 수목의 개화는 광주기에 반응하지 않는다.
② 수목의 영양상태가 좋지 않으면 암꽃의 생성이 촉진된다.
③ 옥신/지베렐린 비가 높을 때 암꽃이 촉진된다.
④ 시토키닌은 잎에서 생산되며 개화를 촉진한다.
⑤ 과실의 종자는 식물호르몬으로 화아 발달을 억제한다.

해설

수목의 영양상태가 좋지 않으면 수꽃이 생기고, 수목의 영양상태가 양호하면 암꽃이 촉진된다.

08 목본식물은 초본식물과 달리 광주기에 반응하지 않는다. 다음 중 이러한 경향에서 예외되는 수종은 무엇인가?

① 무궁화
② 자귀나무
③ 붉나무
④ 벚나무
⑤ 떡갈나무

해설

무궁화는 장일성이며, 진달래는 단일성이다.

09 종자생리에 관한 설명 중 옳지 않은 것은?

① 배(embryo)는 식물의 축소형이다.
② 무배유종자는 자엽에 저장물질이 있다.
③ 너도밤나무와 콩과식물의 종자는 배유종자이다.
④ 종자의 저장물질은 탄수화물, 지방, 단백질 등이다.
⑤ 종자는 배, 저장물질, 종피로 구성된다.

해설

• 무배유종자 : 너도밤나무, 아까시나무, 콩과식물, 참나무류
• 배유종자 : 두릅나무, 소나무, 솔송나무

10 종자휴면에 관한 설명 중 옳지 않은 것은?

① 성숙한 종자가 발아하기에 적합한 환경에서도 발아하지 못하는 상태를 말한다.

② 종피가 가스 교환과 수분흡수를 억제하거나 물리적으로 견고하여 발아를 억제하는 경우를 종피휴면이라 한다.

③ abscisic acid는 배의 발육을 억제한다.

④ 미숙배 상태에 있어 발아가 안 되는 경우를 생리적 휴면이라 한다.

⑤ gibberellin이 부족하면 배유의 영양분을 이용하지 못해 발아가 억제된다.

해설
종자휴면의 원인은 배휴면, 종피휴면, 생리적 휴면으로 나뉜다. 배휴면은 미숙배 상태에 있어 발아가 안 되는 것이고, 종피휴면은 종피가 발아를 억제하는 것이고, 생리적 휴면은 식물호르몬과 관련된 생리적 대사를 억제하는 것이다.

11 휴면타파 방법에 관한 설명 중 옳지 않은 것은?

① 후숙으로 생리적 휴면을 제거한다.

② 열탕처리는 종피를 부드럽게 해서 공기의 유통을 원활하게 한다.

③ 저온처리는 노천매장 또는 층적이라 불린다.

④ 진한 황산을 처리해서 종피를 부드럽게 하는 것은 상처유도법에 속한다.

⑤ 추파법은 별도의 처리 없이 가을에 파종하는 방법으로 종자유실을 막기 위한 조치가 필요하다.

해설
후숙은 배휴면 또는 가벼운 종피휴면을 깨기 위해서 종자를 건조한 상태에서 보관하여 휴면을 타파하는 방법이다.

12 종자발아에 관한 설명 중 옳지 않은 것은?

① 배의 자엽이 유근보다 먼저 자란다.

② 자엽 또는 유엽이 토양 밖으로 자라 광합성 기관을 형성한다.

③ 자엽의 위치에 따라 2가지의 발아방식이 있다.

④ 지상자엽형 발아는 자엽을 지상 밖으로 밀어낸다.

⑤ 지하자엽형 발아는 자엽이 지하에 남아 있게 된다.

해설
배의 유근이 먼저 자라 토양으로부터 수분과 무기영양소를 흡수한다.

13 다음 수목 중 상자엽형 발아를 하지 않는 것은?

① 단풍나무   ② 물푸레나무
③ 소나무   ④ 아까시나무
⑤ 밤나무

해설
보통 대립종자인 참나무류, 밤나무, 호두나무는 지하자엽형 발아를 한다.

14 발아에 영향을 미치는 환경요인에 관한 설명 중 옳지 않은 것은?

① 대부분 수목종자는 광선의 존재에 상관없이 발아한다.
② 적색광은 발아를 억제한다.
③ 수분은 발아에 가장 기본적인 조건이다.
④ 발아할 때 호흡작용이 활발해지기 때문에 산소가 필요하다.
⑤ 세포분열을 위한 임계온도에서 발아한다.

해설
천연광 또는 적색광(660nm)에서 발아가 촉진되고, 원적색광(730nm)에서 발아가 억제된다.

15 종자 내 산화효소와 시약의 발색반응을 통해 종자의 활력을 측정하는 종자시험은 무엇인가?

① 발아시험   ② 배추출시험
③ X선 사진법   ④ 테트라졸리움 시험
⑤ 염색법

해설
테트라졸리움 시험(tetrazolium test)
무색의 2,3,4-triphenyltetrazolium chloride는 종자 내 dehydrogenase에 의해 붉은 색의 formazan으로 바뀐다. 이와 같은 원리에 의해 살아있는 조직은 핑크색으로 염색된다.

01 식물호르몬에 관한 설명 중 옳지 않은 것은?

① 유기물이다.

② 아주 낮은 농도에서 작용한다.

③ 생산되는 장소가 뚜렷하게 분화되어 있다.

④ 환경요인의 변화를 감지한다.

⑤ 내적 생리적 변화를 유발한다.

해설

식물호르몬은 동물호르몬과 달리 생산하는 장소가 뚜렷하게 분화되어 있지 않다.

02 식물호르몬이 갖춰야 할 요건 중 하나는 '한 곳에서 생산되어 다른 곳으로 이동하고 이동된 곳에서 생리적 반응을 나타낸다.'는 것이다. 그렇지 않은 식물호르몬은 무엇인가?

① 옥 신

② 지베렐린

③ 시토키닌

④ 아브시스산

⑤ 에틸렌

해설

에틸렌은 생산된 곳에서도 생리적 작용을 나타낸다.

03 다음 식물호르몬 중 식물의 생장을 억제하는 것을 모두 고르시오.

auxin, gibberellin, cytokinin, abscisic acid, ethylene

① auxin, gibberellin

② gibberellin, cytokinin

③ cytokinin, abscisic acid

④ abscisic acid, ethylene

⑤ ethylene, auxin

해설

• 생장촉진제 : 옥신, 지베렐린, 시토키닌

• 생장억제제 : 아브시스산, 에틸렌

04 옥신에 관한 설명 중 옳지 않은 것은?

① 귀리의 자엽초나 완두콩의 상배축을 신장시키는 화합물의 총칭이다.

② 2,4-D는 합성옥신으로 농도가 높아지면 제초효과가 있다.

③ 목부나 사부를 통해 이동한다.

④ 줄기에서는 나무 밑동을 향하는 극성을 가진다.

⑤ IAA는 tryptophan으로부터 생합성된다.

해설

옥신은 목부나 사부가 아닌 유관속 조직에 인접한 유세포를 통해 이동한다.

05 옥신의 생리적 효과가 아닌 것을 고르시오.

① 낮은 농도($10^{-7} \sim 10^{-10}$M 이상)에서는 뿌리의 생장을 촉진하지만 높은 농도(10^{-6}M 이상)에서는 억제한다.

② 원형 그대로의 식물체에서 세포신장과 분열을 촉진한다.

③ 정아우세를 유도한다.

④ 높은 농도에서 대사작용을 교란한다.

⑤ 부정근 발달을 촉진하기 때문에 삽목번식에 이용된다.

해설

옥신은 베어낸 자엽초나 줄기의 신장생장을 촉진한다. 원형 그대로의 식물체에서 세포신장과 분열을 촉진하는 것은 지베렐린이다.

06 지베렐린에 관한 설명 중 옳지 않은 것은?

① gibbane의 구조를 가진 화합물의 총칭으로 126종 이상이 존재한다.

② 알칼리성을 띤다.

③ 미성숙 종자에 높은 농도로 존재한다.

④ 목부와 사부를 통하여 위아래 양방향으로 운반된다.

⑤ 종자와 어린잎에서 주로 생산된다.

해설

지베렐린은 산성을 띠며, 보통 GA로 표기한다.

07 지베렐린의 생리적 효과에 관한 설명 중 옳지 않은 것은?

① 뿌리의 신장을 촉진시킨다.
② 장일성 초본류를 단일조건에서 GA 처리하면 개화시킬 수 있다.
③ 복숭아와 사과에서 단위결과를 유도한다.
④ 종자휴면을 타파시킨다.
⑤ 상업적으로 착과 촉진, 과실 품질 향상, 과실성숙 지연에 이용된다.

> **해설**
> 지베렐린은 뿌리에서 생산되어 줄기로 운반되어 줄기 생장을 자극한다.

08 시토키닌에 관한 설명 중 옳지 않은 것은?

① 담배의 수조직을 배양할 때 세포분열을 촉진하는 adenine 치환체의 총칭이다.
② 식물의 어린 기관(종자, 열매, 잎)과 뿌리끝부분에서 생합성된다.
③ 옥수수 종자에서 추출된 zeatin은 대표적인 시토키닌이다.
④ 뿌리끝에서 생산된 시토키닌은 사부조직을 통해 줄기로 이동한다.
⑤ kinetin은 합성 시토키닌이다.

> **해설**
> 뿌리끝에서 생산된 시토키닌은 목부조직을 통해 줄기로 이동한다.

09 시토키닌의 생리적 효과에 관한 설명 중 옳지 않은 것은?

① Callus(유상조직) 조직배양 시 세포분열을 촉진하기 위해 사용된다.
② 시토키닌과 지베렐린의 비율을 조정하여 식물체 분화를 유도할 수 있다.
③ 정아우세를 소멸시키고 측아 발달을 촉진한다.
④ 잎의 노쇠를 지연시킨다.
⑤ 뿌리생육이 불량해지면 시토키닌 생산이 줄어들어 줄기의 생장이 감소되고 낙엽현상이 일어난다.

> **해설**
> 시토키닌과 옥신과의 비율을 조정하여 식물체 분화를 유도할 수 있다. 시토키닌의 함량이 높을 때는 유상조직이 술기로 분화하여 눈, 대, 잎을 형성하지만 옥신의 함량이 높을 때는 유상조직이 뿌리로 분화된다.

10 녹병 곰팡이에 감염된 부위는 엽록소를 유지하게 되어 green island가 형성되는데, 이때 관련된 식물호르몬은 무엇인가?

① 옥 신
② 지베렐린
③ 시토키닌
④ 아브시스산
⑤ 에틸렌

해설

시토키닌(cytokinins)

식물의 세포분열을 촉진하고 잎의 노쇠를 지연시키는 물질로, 고등식물뿐만 아니라 이끼류와 조류, 곰팡이, 세균에도 존재한다.

11 아브시스산에 관한 설명 중 옳지 않은 것은?

① ABA로 불린다.
② 색소체를 가진 기관에서 생합성된다.
③ 목부와 사부를 통해 이동한다.
④ 15개의 탄소를 가진 sesquiterpene의 일종이다.
⑤ 옥신과 유사한 이동 특성을 갖는다.

해설

아브시스산의 이동 특성은 지베렐린과 유사하다.

12 아브시스산의 생리적 특성에 관한 설명 중 옳지 않은 것은?

① 눈과 종자의 휴면을 유도한다.
② 잎, 꽃, 열매의 탈리현상을 촉진한다.
③ 외부환경에 의한 스트레스를 감지한다.
④ 수분 스트레스를 받으면 ABA의 함량이 감소한다.
⑤ 세포의 조기노쇠현상을 유발하여 에틸렌이 발생되게 한다.

해설

• 수분 스트레스 → 잎의 ABA 함량 증가 → 기공폐쇄
• 고온, 침수, 무기영양 부족 → ABA 함량 증가 → 생장 정지

13 에틸렌에 관한 설명 중 옳지 않은 것은?

① 2개의 탄소가 삼중결합으로 연결된 기체 분자이다.
② 과실의 성숙과 저장에 영향을 준다.
③ 생합성 과정에서 ATP가 소모되고 산소를 요구한다.
④ 식물에 상처를 주면 에틸렌 발생이 증가한다.
⑤ 이산화탄소처럼 세포간극이나 빈 공간을 통해 빠르게 확산 이동한다.

> **해설**
> 에틸렌은 이중결합을 갖는다. 삼중결합을 갖는 2탄소 분자는 아세틸렌이다.

14 에틸렌의 생리적 기능에 관한 설명 중 옳지 않은 것은?

① 과실의 성숙을 촉진한다.
② 포도와 귤과 같은 비climacteric 과실은 에틸렌 처리로 과실의 성숙을 촉진시킬 수 없다.
③ 뿌리가 침수되면 에틸렌이 뿌리 밖으로 나가지 못하고 줄기로 이동하여 독성을 나타낸다.
④ 줄기와 뿌리의 종축 방향 신장은 억제되고 비대생장을 초래하여 굵어지게 한다.
⑤ 망고, 바나나, 파인애플류에서 개화를 억제한다.

> **해설**
> 대부분의 식물에서 개화를 억제하나 망고, 바나나, 파인애플류에서는 개화를 촉진한다.

15 항균성 단백질 생산을 촉진하는 생장조절제를 고르시오.

① putrescine   ② jasmonates
③ salicylic acid   ④ phenol 화합물
⑤ brassinosteroids

> **해설**
> salicylic acid은 병원균에 대한 저항성을 높여주는 항균성 단백질의 생산을 촉진한다.

16 호르몬과 수목생장에 관한 설명 중 옳지 않은 것은?

① 줄기생장량에 비례하여 옥신 함량이 증가한다.

② 자라고 있는 어린잎에서 생산된 GA는 밑의 줄기 생장에 관여한다.

③ 눈 제거, 제엽, 사부 박피는 형성층 생장을 중단시키는데 이는 옥신이 작용하지 못 하기 때문이다.

④ 형성층의 분열은 눈 바로 밑에서 시작되어 구기적 방향(줄기의 밑동)으로 진행한다.

⑤ 한번 중단된 절간생장과 형성층 생장은 외부에서 호르몬을 처리해 줘도 회복되지 않는다.

> **해설**
>
> 어린잎을 제거하면 줄기 생장이 정지된다. 이때 GA₃ 처리하면 절간생장이 회복된다. 외부에서 호르몬을 처리하면 형성층 생장 또한 재개된다.

제12장   스트레스 생리

---

01 투여량반응곡선에서 수준이 증가할 때 반응이 증가하지 않는 수준을 무엇이라 하는가?

① 부족수준   ② 적정수준

③ 인내수준   ④ 유독수준

⑤ 최소수준

> **해설**
>
> 어떤 환경 요인의 수준이 증가할 때, 식물 반응은 함께 증가하는 구간(부족 수준), 증가하지 않는 구간(인내 수준), 감소하는 구간(유독 수준)으로 구분된다.

---

02 스트레스를 일으키는 요인 중 기후적 요인과 인위적 요인에 모두 해당하는 것은?

① 산 불   ② 복 토

③ 홍 수   ④ 잘못된 전정

⑤ 해 충

> **해설**
>
> • 기후적 요인 : 고온, 저온, 바람, 한발, 홍수, 폭설, 낙뢰, 화산폭발, 산불
> • 인위적 요인 : 오염, 약제, 답압, 기계, 복토, 절토, 산불, 잘못된 전정

03 수분 스트레스 상황에 관한 설명 중 옳지 않은 것은?

① 수분 스트레스를 받게 되면 팽압을 잃고 기공이 닫혀 광합성이 중단된다.
② 전분이 당류로 전환된다.
③ ABA가 생산되며 기공이 축소된다.
④ 잎에서부터 수분이 감소하기 시작한다.
⑤ proline 함량이 감소한다.

해설
proline은 아미노산의 일종으로 수분 스트레스를 받게 되면 함량이 증가한다.

04 수분 스트레스의 영향에 관한 설명 중 옳지 않은 것은?

① 세포의 팽압이 감소한다.
② 잎이 작아지고 줄기생장이 저조해진다.
③ 고정생장형의 수종의 경우 전년도 수분 스트레스가 당해연도에 영향을 준다.
④ 생장기간에 건조와 회복이 반복되면 위연륜이 생기고 복륜을 만들게 된다.
⑤ 뿌리는 수분 스트레스를 가장 빨리 받고 가장 늦게 회복하는 기관이다.

해설
뿌리는 수분 스트레스를 가장 늦게 받고 가장 빨리 회복하는 기관이며, 시토키닌 생산을 감소시키고 ABA 생산을 증가시킨다.

05 온도스트레스에 관한 설명 중 옳지 않은 것은?

① 원형질막을 구성하는 지질은 온도에 따라 구조적 특성이 변화한다.
② 식물이 생리활동을 할 수 있는 최소온도를 임계온도라 한다.
③ 고온에서 지방질이 액화되고 단백질이 변성된다.
④ 왕성하게 생장하는 식물은 빙점 근처에서도 잘 견뎌낸다.
⑤ 저온에서 마익 지질이 고체겔화되면서 수축하여 막 구조가 찢어진다.

해설
임계온도는 식물이 생리활동을 할 수 있는 최대온도와 최소온도 사이로 온대식물의 경우 보통 0~35℃이다.

06 냉해와 동해에 관한 설명 중 옳지 않은 것은?

① 냉해는 빙점 이상의 온도에서 나타나는 저온 피해이고 동해는 빙점 이하의 온도에서 나타나는 저온 피해이다.

② 열대와 아열대지방 수목은 15℃ 이하에서 냉해를 받는다.

③ 포화지방산의 비율이 클수록 냉해에 대한 저항성이 커진다.

④ 동해는 세포질 내에 발생한 얼음결정으로 인해 세포막이 파괴되거나 세포질 밖에 발생한 얼음으로 심하게 탈수되어 발생한다.

⑤ 봄철 늦서리 또는 가을철 첫서리에 동해를 입기 쉽다.

해설

포화지방산은 불포화지방산에 비해 녹는점이 높아서 온도가 내려가면 쉽게 굳는다.

07 겨울철 햇빛을 받는 부분이 일시적으로 해빙되었다가 일몰 후 급격히 온도가 떨어져 동해가 발생하는 것을 무엇이라 하는가?

① 상 렬   ② 동계피소

③ 상 륜   ④ 위 조

⑤ 하 고

해설

동계피소(winter sunscald)는 수간에 흰 페인트를 칠하거나 흰 테이프로 감싸서 방지한다.

08 내한성을 발달시키는 것과 거리가 먼 것은?

① 당류의 증가   ② 수용성 단백질 증가

③ 지질 함량 증가   ④ 수분함량 증가

⑤ 생장 정지

해설

수분함량을 감소시키면 세포액의 농도가 증가하고 이는 빙점을 낮춘다.

09 바람스트레스에 관한 설명 중 옳지 않은 것은?

① 주풍은 수관이 한쪽으로 몰리는 기형을 유발한다.
② 바람에 의해 수간이 부러지거나 뿌리째 뽑히는 것을 풍도라 한다.
③ 수고생장이 감소하고 직경생장도 감소한다.
④ 바람이 불어오는 쪽의 연륜폭이 더 크게 형성된 것을 신장이상재라 한다.
⑤ 바람에 저항하여 똑바로 자라기 위해 편심생장을 한 목재를 이상재라 한다.

해설
편심생장 : 바람에 의해 형성층의 세포분열이 한쪽으로 주로 일어나 연륜이 한쪽으로 몰리는 생장

10 압축이상재의 형성을 촉진시키는 식물호르몬은?

① auxin, gibberellin
② gibberellin, cytokinin
③ cytokinin, abscisic acid
④ abscisic acid, ethylene
⑤ ethylene, auxin

해설
압축이상재(compression wood)
수간이 기울어질 경우 바람이 불어가는 쪽, 즉 아래쪽에 생기는 이상재를 말한다. 아래쪽 형성층의 세포분열 촉진으로 목부조직이 비대해지는 반면 바람이 불어오는 쪽, 즉 위쪽은 세포분열이 억제되어 편심생장을 한다. 옥신과 에틸렌 처리로 압축이상재가 생겨난다.

11 다음 대기오염물질 중 할로겐화합물은 어느 것인가?

① H_2S
② HF
③ PAN(peroxyacetyl nitrate)
④ NOx
⑤ O_3

해설
할로겐화합물 : HF, HBr, Br_2

12 다음 중 수목에 대한 대기오염물질이 아닌 것은?

① CO
② HF
③ PAN(peroxyacetylnitrate)
④ NOx
⑤ O₃

해설

일산화탄소(CO)는 100ppm 이하에서 식물에 피해를 주지 않기 때문에 오염물질로 취급하지 않는다.

13 오존에 관한 설명 중 옳지 않은 것은?

① NOx가 대기권에서 자외선에 의해 산화될 때 발생한다.
② 자유라디칼을 생성하여 세포막과 소기관의 막을 파괴하고 광합성을 방해한다.
③ 활엽수에서 잎 표면에 주근깨 모양의 반점을 만든다.
④ 침엽수에서의 병징은 잎끝의 괴사, 황화현상의 반점, 왜성화된 잎이다.
⑤ 광화학산화물 중 가장 독성이 강하다.

해설

광화학산화물 중 가장 독성이 강한 것은 PAN이다.

14 강우, 이슬, 연무, 안개 등의 수용액에 의해 수목 조직의 물질이 빠져나가는 것을 조직용탈이라 한다. 가장 많이 용탈되는 것은?

① K
② N
③ P
④ Ca
⑤ Mg

해설

K의 용탈이 가장 많으며, Ca, Mg, Mn 등 무기염과 당, 아미노산, 유기산, 호르몬, 비타민, 페놀류 등 유기물도 용탈된다.

15 산림쇠퇴의 원인과 기작으로 옳지 않은 것은?

① 오염가스의 피해 – 대기오염물질에 의한 만성적 피해
② 토양의 알루미늄 독성 – 토양의 알칼리화로 알루미늄 용해도 증가
③ 영양의 불균형 – 강하물로 인해 질소 공급되나 Ca, Mg 등은 용탈되어 결핍
④ 기후에 대한 저항성 약화 – 수목의 영양상태가 나빠지면서 내한성이 약해짐
⑤ 병해충의 피해 – 활력이 약한 수목은 병해충이 쉽게 피해를 줌

해설
알루미늄의 용해도는 산성에서 증가한다.

제4과목

산림토양학

우리가 해야할 일은 끊임없이 호기심을 갖고
새로운 생각을 시험해보고 새로운 인상을 받는 것이다.

– 월터 페이터 –

제 1 장 토양의 개념과 생성

1. 토양의 정의와 특성

(1) 토양의 정의

모재가 되는 각종 암석(모암)이 여러 가지 자연작용에 의하여 제자리에서 또는 옮겨져 쌓인 뒤, 표면에 유기물질들이 혼합되면서 여러 가지 토양생성인자의 영향을 받아 생긴 지표면의 얇고 부드러운 층

과 거	토양생성과정에 의한 층위 분화가 된 토양만을 말함
현 재	층위의 분화가 없는 신선한 퇴적물(하천변 모래나 자갈더미, 얕은 수면 밑의 퇴적된 흙 등)이라도 식물이 자라고 있으면 토양으로 포함

(2) 토양의 특성

① 토양생성인자인 환경과 평형을 이루려고 끊임없이 변화되고 있는 자연체

② 온도와 습도가 적합하면 식물을 기계적으로 지지하여 자라게 하는 능력을 지님

③ 도로, 건축물, 댐을 건설하는 장소이면서 재료

④ 농업생산기반

⑤ 생물이 서식하면서 상호 관계하는 생태계 또는 그 구성 성분

⑥ 임목이 생장하는 배양기임과 동시에 다목적 기능을 발휘하는 삼림의 지지기반

2. 토양의 생성

(1) 모 암

① 암석의 구분 기출 5회 · 6회

㉠ 화성암 기출 7회

- 마그마가 분출되거나 지중에서 서서히 냉각되어 만들어짐
- 구성광물, 규산함량, 생성 깊이에 따라 구분됨
- 주요 광물 : 석영, 장석, 운모, 각섬석, 휘석
- 규산함량이 많아질수록 밝은 색

• 어두운 색의 광물들은 철과 마그네슘 함량이 많고, 밝은 색의 광물보다 쉽게 풍화됨

구 분	산성암 기출 9회	중성암	염기성암
SiO₂ 함량	>66%	66~52%	<52%
심성암	화강암	섬록암	반려암
반심성암	석영반암	섬록반암	휘록암
화산암	유문암	안산암	현무암

ⓛ 퇴적암
- 물과 바람에 의해 퇴적 작용에 의해 생성
- 퇴적흔적인 층리가 있음
- 사암, 역암, 혈암, 석회암, 응회암

ⓒ 변성암
- 화성암과 퇴적암이 지압(고압)과 지열(고열)에 의한 변성작용을 받아 생성
- 변성작용에 의해 광물의 조성과 구조 등이 변함
- 조직이 치밀해지고 비중이 무거워져서 풍화에 잘 견딤
- 편마암(화강암 변성), 편암(혈암, 점판암, 염기성 화성암 변성), 점판암(혈암, 이암 변성), 천매암(점판암 변성), 규암(사암 변성), 대리석(석회암 변성)

(2) 풍화작용

※ 풍화에 영향을 미치는 인자 : 기후조건과 조암광물의 성질
① 기후조건 (온도와 강수량 중요)
　ⓗ 건조한 조건 : 화학적 풍화가 적고 물리적 풍화작용이 많기 때문에 풍화산물은 1차 광물이 많게 됨
　ⓛ 습윤한 조건 : 기계적 붕괴와 다양한 화학반응이 일어나기 때문에 규산염 점토광물 및 철과 알루미늄 산화물과 같은 2차 광물이 다양하게 생성됨
② 조암광물의 성질
　ⓗ 조암광물의 물리적 성질 : 크기, 굳기, 다공성 등
　ⓛ 조암광물의 화학적 및 결정학적 특성 : 석고나 방해석 같은 광물은 이산화탄소에 포화된 물에 잘 녹아나오고, 감람석과 흑운모와 같이 Fe^{2+}를 함유한 광물은 쉽게 풍화됨

① 물리적(기계적) 풍화작용
　ⓗ 암석의 물리적 붕괴
- 입상붕괴 : 결정형 광물들의 팽창, 수축계수의 차이 등에 의해 입자상으로 분리
- 박리 : 화강암 등이 양파와 같이 벗겨지는 현상
- 절리면 분리 : 기반암에 생긴 평행 절리에 따라 분리되는 현상
- 파쇄 : 불규칙한 암편으로 부서지는 현상
　ⓛ 주요 인자 : 온도, 물과 얼음, 바람, 식물과 동물
② 화학적 풍화작용
　ⓗ 화학작용
- 용해, 가수분해, 수화, 산성화, 산화 등
- 고온다습, 유기물 분해 환경에서 촉진됨

ⓛ 물의 작용 : 가수분해, 수화, 용해를 통해 광물을 분해, 변형, 재결정화

- $KAlSi_3O_8 + H_2O \rightarrow HAlSi_3O_8 + K^+ + OH^-$ (가수분해, 용해)
- $2HAlSi_3O_8 + 11H_2O \rightarrow Al_2O_3 + 6H_4SiO_4$ (가수분해, 용해)
- $Al_2O_3 + 3H_2O \rightarrow Al_2O_3 \cdot 3H_2O$ (수화)
- $2Fe_2O_3 + 3H_2O \rightarrow 2Fe_2O_3 \cdot 3H_2O$ (수화)

ⓒ 산성용액

- 이산화탄소가 물에 용해되어 생성되는 탄산과 수소이온(H^+)
  - $K_2Al_2Si_6O_{16} + 2H_2O + CO_2 \rightarrow H_4Al_2Si_2O_9 + 4SiO_2 + K_2CO_3$
  - $CaCO_3 + H_2O + CO_2 \rightleftarrows Ca^{2+} + 2HCO_3^-$
- 유기산에 의하여 공급되는 수소이온(H^+)
  - $K_2(Si_6Al_2)Al_4O_{20}(OH)_4 + 6C_2O_4H_2 + 8H_2O \rightleftarrows 2K^+ + 8OH^- + 6C_2O_4Al^+ + 6Si(OH)_4$

ⓔ 산화작용 : 철(Fe)을 함유한 암석에서 흔히 일어남

- $4Fe(OH)_2 + 2H_2O + O_2 \rightleftarrows 4Fe(OH)_3$
- $3MgFeSiO_4 + 2H_2O \rightarrow H_4Mg_3Si_2O_9 + SiO_2 + 3FeO$
  $4FeO + O_2 + 2H_2O \rightarrow 4FeOOH$

③ **생물적 풍화작용** : 동물, 식물, 미생물의 작용

ⓐ 동물 : 주로 기계적 풍화

ⓑ 식물 : 이산화탄소와 유기산 공급

ⓒ 미생물 : 이산화탄소(호흡), 질산(암모니아 산화), 황산(황화물 산화), 유기산(유기물 분해)

④ **풍화최종광물**

ⓐ 규산염 점토광물 : 2차 광물, 1차 광물의 화학적 구조 변형이나 분해 후에 재결정되면서 생성

ⓑ 철과 알루미늄 산화물 : 2차 광물, 열대지방의 고도로 풍화된 토양의 주요 점토광물

ⓒ 석영과 같이 풍화에 대한 안정성이 매우 큰 1차 광물

⑤ **물리화학적 풍화과정(온대지방 약산성 토양 조건)** 기출 6회

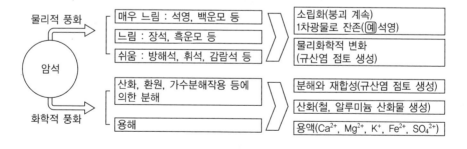

광물의 풍화내성(검정 글씨 : 1차 광물, 색 글씨 : 2차 광물) **기출** 8회·9회
침철광 > 적철광 > 깁사이트 > 석영 > 규산염점토 > 백운모·정장석 > 사장석 > 흑운모·각섬석
·휘석 > 감람석 > 백운석·방해석 > 석고

가동률에 따른 지각구성원소를 4가지 상으로 구분
- 암석 풍화생성물의 가동률(Polynov가 제시)
- 바닷물과 암석 속에 함유된 각각의 풍화산물 성분의 함량비를 구하고, 이때 Cl^-의 함량비를 가동률 100으로 놓고 다른 성분의 가동률을 이론적으로 계산함
- 풍화가 잘 될수록 가동률이 높음

제1상	• 풍화의 1단계에서 가동 • Cl^-, SO_4^{2-} 등이 양이온과 결합하여 용탈
제2상	• 풍화의 2단계 • Ca^{2+}, Na^+, Mg^{2+}, K^+ 등 알칼리금속과 알칼리토금속의 용탈 • 카올리나이트 계통의 광물이 남게 됨
제3상	• 풍화의 3단계 • 반토규산염(aluminosilicate)의 규산(SiO_2)이 용탈
제4상	• 풍화의 최종 단계 • 가동율이 가장 낮은 철과 알루미늄 산화물의 축적

(3) 토양모재

① 무기모재와 유기모재

㉠ 무기모재 : 암석의 풍화로 만들어진 성긴 상태의 광물질입자

㉡ 유기모재 : 동·식물에서 기인한 유기물질

② 잔적모재와 운적모재

㉠ 잔적모재 : 풍화된 장소에 남아서 모재가 됨

- 잔적무기모재 : 경사가 완만한 지역에서 토심이 깊고 완숙한 토양으로 발달, 산악지에서는 얇은 두께의 암쇄토
- 퇴적유기모재 : 유기물분해가 느려 축적되는 환경에서 생성. 산소가 부족한 습지 또는 온도가 낮은 고위도지대 예 이탄층(황화물 함유량이 높아 특이 산성 토양물질로 변할 수 있음)

㉡ 운적모재 : 물, 바람, 빙하, 중력에 의해 다른 곳으로 이동하여 퇴적된 모재

- 물과 빙하
  - 선상지퇴적물 : 산지에서 평야지로 나오는 계곡 입구에서 부채꼴 모양으로 생성
  - 범람원 : 강 하류에서 물이 범람하여 주변에 퇴적된 모재. 강에서 멀어질수록 입자가 작음

- 하해혼성퇴적지 : 강이 바다로 나가는 곳에 만들어지는 삼각주에 퇴적된 모재. 이탄의 형성, 잠재특이산성토
- 해안퇴적물 : 바다로 유입된 토사가 다시 해안으로 밀려와 퇴적된 모재. 갯벌, 간척지
- 호수물에 의한 퇴적물
- 빙하에 의한 퇴적물 : 빙하의 침식·퇴적 작용으로 생성됨. 빙력토 평원(빙하가 흐른 지역)
- 바 람
  - 사구 : 멀리 이동하기 어려운 굵은 입자들이 형성
  - 황사 : 건조지역에서 발생. 석회함량이 높고 비옥한 토양을 만듦
  - 화산분출물 : 화산력, 화산사, 화산재
- 중 력
  - 붕적퇴적물 : 경사면을 따라 중력에 의하여 이동(포행, 산사태, 동활, 토석류)하여 퇴적된 모재

(4) 토양생성인자

① 모재로부터 토양이 만들어지는 과정에 관여하는 인자들

② 모재, 기후, 지형, 생물(또는 식생), 시간

③ 인자들의 함수관계에 의하여 다양한 토양이 생성됨

④ 모 재

ㄱ 모재의 광물학적 특성이 토양의 특성과 발달속도에 영향을 줌
- 산성 화성암류 : 석영 및 1가 양이온의 함량이 높음. 물리성이 양호한 토양 발달
- 염기성 화성암류 : 칼슘, 마그네슘 등의 2가 양이온의 함량이 높음. 비옥한 토양 발달

ㄴ 물리적 특성
- 굵은 입자의 모재 : 물질의 하방이동이 활발
- 고운 입자의 모재 : 물의 이동 제한으로 회색화 현상 발생

⑤ 기 후

ㄱ 강수량과 기온이 가장 중요

ㄴ 강수량 : 강수량이 많을수록 토양생성속도가 빨라지고 토심이 깊어짐

ㄷ 온도 : 온도가 높을수록 풍화속도가 빨라짐(10℃ 상승, 화학반응 2~3배 증가)

ㄹ 토양유기물 함량 : 낮은 온도, 많은 강수 조건에서 유기물 함량이 많음. 고온에서는 강수량과 상관없이 유기물 함량이 낮음

⑥ 지 형

　ⓐ 경사도

　　• 급할수록 토양의 생성량보다 침식량이 많아짐. 토심이 얇은 암쇄토 생성

　　• 평탄할수록 표토가 안정되고 투수량이 증가하여 토심이 깊고 단면이 발달한 토양이 생성됨

　ⓑ 토양수분조건

　　• 볼록지형 : 강우의 유거로 부분적 건조 현상 발생

　　• 오목지형 : 강우의 집중으로 부분적 습윤 현상 발생

　ⓒ 평탄지 토양의 특성

　　• 투수량이 많기 때문에 물질의 이동량 증가

　　• 표층에서 용탈된 점토와 이온이 심층에 집적하여 B층 구조 발달

　ⓓ 지하수위의 영향

　　• 습윤지역 : 지하수위가 낮은 곳의 유기물 분해 속도가 빠름

　　• 건조지역 : 지하수위가 높은 곳의 염류집적 증가로 알칼리화 촉진

⑦ 생 물

　ⓐ 삼림 : 습윤지대, 낙엽의 축적으로 O층 발달

　ⓑ 사막형 관목림 : 건조지대

　ⓒ 초원 : 건습반복지대, 초본의 뿌리조직 분해산물의 축적으로 어두운 색의 A층 발달

　ⓓ 동물 : 유기물 분해, 토양 혼합, 층위의 발달에 관여

　ⓔ 미생물 : 유기물 분해, 부식의 생성, 식물 생장에 관여

　ⓕ 인간 : 종족과 문화에 따라 다른 영향(장기간 두엄을 뿌린 결과로 plaggen 표층(Ap층)의 생성. 아시아 쌀 문화권의 논토양, 산림벌채, 화전농업)

⑧ 시간 : 안정지면에서 시간인자의 누적효과가 나타나며, 누적효과가 클수록 토양발달도 증가. 토양단면에서 층위의 분화정도(층위의 수, 두께, 질적 차이)에 따라 토양발달도 결정

(5) 토양단면

① 개 요

　ⓐ 토양은 토양생성과정이 진행되면서 특징적인 층위의 분화가 일어남

　ⓑ 토양단면을 통해 토양생성요인의 작용 정도와 토양의 발달정도를 알아냄

　ⓒ 기본토층과 종속토층으로 구분

② 토양단면의 기본토층 기출 8회

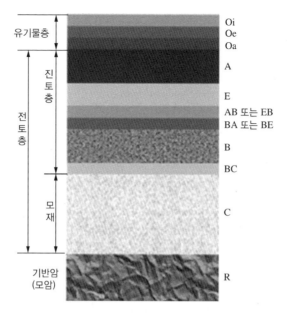

토층 명칭	특 징
H	물로 포화된 유기물층
Oi	미부숙 유기물층
Oe	중간 정도 부숙된 유기물층
Oa	잘 부숙된 유기물층
A	무기물 토층(부식 포함), 어두운 색
E	용탈흔적이 가장 명료한 층
AB - EB	전이층(A → B, E → B), 단 특성 : A > B, E > B
BA - BE	전이층(A → B, E → B), 단 특성 : A < B, E < B
E/B	혼합층(단 E층의 분포비가 우세), 우세층 먼저 표기
B	무기물집적층
BA - BC	전이층(B → A, B → C), 단 특성 : A, C < B(B층 우세)
B/E	혼합층(B층 분포비가 우세)
BC - CB	전이층(우세 토층 먼저 표기)
C	모재층(잔적토 : 풍화층, 운적토 : 원퇴적 사력층)
R	모암층(수직적으로 연속 분포, 수작업 굴취 불가)

O층	• 유기물층(organic horizon) • 무기질 토층 위에 위치 • 고사목, 나뭇가지, 낙엽 및 동식물의 유체 등으로 구성된 층 • 고산악 또는 고위도 삼림지에서 흔히 볼 수 있음 • 초지에서는 쉽게 분해되어 무기물과 혼합되기 때문에 존재하지 않음 • 식생이 풍부한 중위도지대 또는 분해가 느린 고위도 습윤 냉대에서 여러 가지 형태의 유기물층을 볼 수 있음
A층	• 무기물표층(topmost mineral horizon) • 부식화된 유기물과 섞여 있음 • 아래 층위보다 암색을 띠고 물리성이 좋음 • 대부분 입단구조가 발달되어 있고 식물의 잔뿌리가 많음 • O층이 없거나 경사지, 개간지, 토심이 얕은 암쇄토에서 침식을 받기 쉬움
E층	• 최대 용탈층(eluvial, maximum leaching horizon) • 규반염점토와 철·알루미늄 산화물 등이 용탈되어 위·아래층보다 조립질이거나 내풍화성 입자의 함량이 많음 • 담색을 띰 • 과용탈토(spodosol)의 표백층이 대표적인 E층 • 부식산이 많이 생성되고 강수량이 많은 지역에서 발달
B층	• 집적층(illuvial horizon) • 습윤지대에서 O층, A층, E층 등의 상부 토층으로부터 용탈된 철·알루미늄 산화물과 미세점토(fine clay)가 집적되어 생성 • 위·아래층보다 색깔이 더 진함 • 토괴의 표면에 점토피막이 형성되기 때문에 구조의 발달을 볼 수 있음 • 점토피막이 두꺼울수록 구조의 발달이 좋아짐 • 피막을 현미경으로 관찰하면 나이테 모양으로 침착되어 있음
C층	• 모재층(parent material layer) • 무기물층으로서 아직 토양생성작용을 받지 않은 모재의 층 • 심한 침식을 받은 경우 A층과 B층이 발달하지 않아 지표면이 될 수 있음
R층	• 모암층 • C층 아래 또는 C층이 없을 경우 B층 아래에 위치
전이층	• 혼합층 • 두 가지 토층의 특성을 동시에 지닌 토층 • 두 가지의 특성 중 우세한 쪽의 토층명을 먼저 씀 예 BC층 : C층에서 B층으로 전환되고 있는 토층으로 B층의 특징이 더 큼

③ 토양단면의 종속토층(보조토층)

　㉠ 토양생성과정을 통하여 생성된 특징적 토층 표시

　㉡ 영문소문자로 표기되며 기본토층 이름 다음에 붙임

기 호	특 성	기 호	특 성
a	잘 부숙된 유기물층	o	Fe · Al 등의 산화물 집적층
b	매몰 토층	p	경운(plowing) 토층, 인위교란층
c	결핵 또는 결괴(nodule)	q	규산 집적층
d	미풍화 치밀물질층	r	잘 풍화된 연한 풍화모재층
e	중간 부숙된 유기물층	s	이동 집적된 유기물+Fe · Al 산화물
f	동결토층	t	규산염점토 집적층
g	강 환원(gleying) 토층	v	철결괴(plinthite)층
h	이동 집적된 유기물층(B층)	w	약한 B층
i	미부숙된 유기물층	x	이쇄반, 용적밀도가 높음
k	탄산염 집적층	y	석고 집적층
m	경화토층	z	염류 집적층
n	나트륨 집적층		

- Oi : 미부숙된 유기물이 특징인 O층
- Ap : 장기간 경운으로 교란된 A층
- Ab : 복토 등으로 매몰된 A층
- ABg : 산소부족으로 회색화된 A층과 B층의 전이층
- Bt : 규산염점토가 집적된 B층
- Btg : 규산염점토의 집적과 함께 회색화된 B층

(6) 토양생성작용

① 토양무기성분의 변화 기출 7회

　㉠ 초기토양생성작용 : 미생물, 지의류, 선태류 등이 암석 또는 모재 표면에 서식하면서 세토층과 점토광물을 생성

　㉡ 점토생성작용 : 1차 광물이 분해되어 결정형 또는 비결정형의 2차 규산염광물을 생성

　㉢ 갈색화작용 : 풍화작용으로 녹아나온 철 이온이 산소나 물 등과 결합하여 가수산화철이 되어 토양을 갈색으로 착색시키는 과정

　㉣ 철 · 알루미늄 집적작용 : 강수량이 많고 기온이 높은 환경에서 염기와 규산이 심하게 용탈되고 산화철과 산화알루미늄이 집적되는 작용. 열대지역의 라테라이트 토양. 붉은 색을 띰. 신토양분류법에서 oxisol로 분류됨

② 유기물의 변화

　㉠ 부식집적작용 : 유기물의 분해산물인 부식(humus)의 집적(mor → moder → mull)

조부식(mor)	moder	입상부식(mull)
• 유기물이 미생물의 활동 부족으로 일부만 분해된 것 • 토양 표면에 O층을 이룸	• mor와 mull의 중간적 특성 • 위층은 분해되지 않은 유기물층, 아래층은 A층(무기질)과 혼합된 mull층과 비슷	• 분해가 양호한 유기물 • mild humus • pH 4.5~6.5 • 광질토양과 잘 섞여 두꺼운 입상구조를 가진 A층 이룸

　㉡ 이탄집적작용 : 혐기상태(예 습지환경)에서 불완전하게 분해된 유기물의 집적

③ 토양생물의 작용과 물질의 이동

　㉠ 회색화작용 : 과습으로 인한 산소부족으로 형성된 환원상태에서 철과 망간이 환원됨에 따라 토양의 색이 암회색으로 변하는 작용. 배수가 불량하거나 지하수위가 높을 때 나타남

　㉡ 염기용탈작용 : 토양용액이 이동하면서 염기가 함께 씻겨나가는 작용. 강수량이 증발량보다 많을 때 나타남

　㉢ 점토의 이동작용 : 토양용액이 아래로 이동하면서 점토가 토양 하층에 집적되는 작용

　㉣ 포드졸화작용 : 습윤한 한대지방의 침엽수림지에 축적된 유기물이 분해되면서 풀브산과 같은 강한 산성물질이 생성되고 토양이 산성화되면서 염기성 이온의 용탈이 심해짐. 이로 인해 회백색을 띤 표백층이 생성됨

　㉤ 염류화작용 : 토양용액에 녹아있는 수용성 염류가 표토 밑에 집적되는 현상. 증발량이 강수량보다 많은 건조 기후에서 나타남

　㉥ 탈염류화작용 : 집적된 염류가 제거되는 현상. 강수량 또는 관개수가 증가하고 지하수위가 낮아질 때 일어남

　㉦ 알칼리화작용 : Na^+의 농도가 높아지면 토양콜로이드의 분산성이 증가하고 강알칼리성이 되며, 이로 인해 부식이 용해되어 토층이 암색화되는 현상

　㉧ 석회화작용 : 집적된 염류 중에 용해도가 낮은 $CaCO_3$이나 $MgCO_3$가 축적되는 현상. 석회나 석고집적층이 생성됨

　㉨ 수성표백작용 : 물로 포화되어 환원상태가 발달함에 따라 철과 망간이 녹아 제거되어 표층이 회백색으로 표백되는 현상

3. 산림토양의 구성

(1) 산림토양

① 정의 : 산림식생의 영향을 받아 발달된 토양

② 특성 : 낙엽층의 존재, 유기물 집적, 낮은 pH, 낮은 비옥도

(2) 산림토양과 경작토양의 상대적 비교 [기출] 6회 · 8회

① 토양단면 [기출] 6회

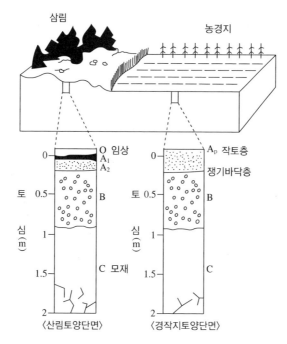

〈산림토양단면〉 〈경작지토양단면〉

산림토양	경작토양
수목이 장기간 한 장소에서 자라는 환경에서 생성됨	작물을 재배하기 위해 정기적으로 경운하는 환경

• O층(유기물층)
  – Oi 낙엽층(L층)
  – Oe 발효층(F층)
  – Oa 부식층(H층)
• 경운층 없음
• 쟁기바닥층 없음
	• O층 없음
	• 경운층의 존재
	• 쟁기바닥층 존재

② 토양의 물리성

비교 항목	산림토양	경작토양
토 성	주로 경사지에 위치하고 점토 유실이 심해 모래와 자갈 함량이 높음	미사와 점토 함량이 산림토양에 비해 높음. 양토와 사양토 비율 높음
토양공극	임상의 높은 유기물 함량과 수목 뿌리의 발달로 공극이 많음	기계 작업 등으로 다져지기 때문에 공극이 적음
통기성과 배수성	토성이 거칠고 공극이 많아 통기성과 배수성이 좋음	토성이 상대적으로 곱고 공극이 적어 통기성과 배수성이 보통임
용적밀도	유기물 함량이 높고, 공극이 많아 용적밀도가 작음	유기물 함량이 낮고, 공극이 적어 용적밀도가 큼
보수력	모래 함량이 높아 보수력이 낮음	점토 함량이 높아 보수력이 높음
토양온도 및 변화	임관의 그늘 때문에 온도가 낮고, 낙엽층의 피복으로 변화폭이 작음	그늘 효과가 없어 온도가 높고 표토가 노출됨에 따라 변화폭이 큼

③ 토양의 화학성

비교 항목	산림토양	경작토양
유기물 함량	낙엽, 낙지 등 유기물이 지속적으로 공급되고 축적되기 때문에 높음	경운과 경작으로 유기물이 축적되지 않기 때문에 낮음
탄질율 (C/N율)	탄소비율이 높은 유기물(셀룰로스, 리그닌 등)이 공급되기 때문에 높음. 유기물 분해속도가 느림	질소비율이 높은 유기물 자재와 질소 비료의 투입으로 탄질율이 낮음. 유기물 분해속도가 빠름
타감물질	페놀, 탄닌 등 축적	거의 축적되지 않음
토양 pH	낙엽의 분해로 생성되는 휴믹산(humic acid)으로 인해 pH가 낮음. 보통 pH 5.0~6.0	석회비료의 사용 등 토양이 산성화되지 않도록 관리. pH가 높음. 보통 pH 6.0~6.5
양이온치환용량 (CEC)	모래 함량이 높아 CEC가 낮음	점토 함량이 높아 CEC가 큼
토양비옥도	비료성분의 용탈과 낮은 보비력으로 비옥도가 낮음	토양개량과 비료관리로 비옥도가 높음
무기태질소의 형태	낮은 pH로 인해 질산화세균이 억제됨에 따라 암모늄태 질소(NH_4^+-N) 형태로 존재	질산화세균의 작용으로 질산태 질소(NO_3^--N)형태로 존재

④ 토양의 생물학성

비교 항목	산림토양	경작토양
주요 미생물	낮은 pH에 대한 적응성이 큰 곰팡이(fungi)가 많고, 세균(bacteria)은 적음	세균과 곰팡이
질산화 작용	낮은 pH로 인해 질산화세균의 작용이 억제됨	질산화 작용이 활발함

제 **2** 장

토양분류 및 토양조사

1. 토양분류

(1) 포괄적 토양분류체계

① 토양분류의 종류

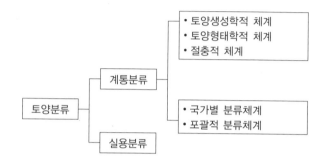

② 포괄적 분류체계

    ㉠ 생성론적 분류와 형태론적 분류를 종합한 분류체계

    ㉡ 미국 농무성의 신토양분류법과 FAO/UNESCO의 세계토양도 범례가 널리 쓰임

(2) 신토양분류법(Soil Taxonomy)

① **분류체계** : 목(order) – 아목(suborder) – 대군(great group) – 아군(subgroup) – 속(family) – 통(series)

② **목** : 가장 상위 단위. 12개 기출 7회·8회

    ㉠ Alfisol : 표층에서 용탈된 점토가 B층에 집적(argillic 차표층), 염기포화도 35% 이상

    ㉡ Aridisol : 건조한 기후지대, 연중 대부분 건조한 상태이며 사막형 식생, 유기물 축적이 안 되고, 밝은 색 토양. 염기포화도 50% 이상

    ㉢ Entisol : 토양단면의 발달이 거의 진행되지 않으며, 풍화가 어려운 모재, 최근 형성된 모재, 침식에 노출된 모재 등에서 생성

    ㉣ Histosol : 유기물의 퇴적으로 생성된 유기질 토양. 유기물 함량 20~30% 이상, 유기물토양층 40cm 이상

    ㉤ Inceptisol : 토층의 분화가 중간 정도인 토양이며, 온대 또는 열대의 습윤한 기후조건에서 발달. argillic 토층이 형성될 만큼 점토 용탈이 일어나지 않음, cambic · ochric · plaggen · anthropic 및 umbric 표층을 가짐 기출 9회

ⓗ Mollisol : 표층에 유기물이 많이 축적되고 Ca 풍부. 스텝이나 프레리에서 발달되며 암갈색의 mollic 표층

ⓢ Oxisol : 고온다습한 열대기후지역에서 발달되며 철산화물로 인해 적색 또는 황색 토양. 양이온교환 용량이 적고 비옥도가 낮음

ⓞ Spodosol : 냉온대의 침엽수림지역의 사질 토양에서 발달되며, 유기산의 영향을 받아 심하게 표백된 용탈층이 특징

ⓩ Ultisol : 온난 습윤한 열대 또는 아열대기후지역에서 발달되며, 점토 집적층(agillic), 염기포화도 30% 이하

ⓩ Vertisol : 팽창형 점토광물로 인해 팽창과 수축이 심하며, 초지 발달

ⓚ Andisol : 화산회토. 우리나라 제주도와 울릉도. 주요 점토광물 allophane

ⓣ Gelisol : 영구동결층

③ **아목** : 토양의 수분상태, 경반층, 토성, 유기물의 분해 정도 등을 기준으로 분류

ⓐ 아목의 조어와 의미

조 어	의 미	조 어	의 미
alb	표백 용탈층	orth	평범
and	화산회의 영향	perud	연중 습윤
aqu	과 습	psamm	사질 토성
arg	점토집적층	rend	렌치나 유사 토양
cry	추운 기후	sapr	가장 부숙도가 높음
fibr	미부숙 섬유질 유기물	torr	고온 건조한 기후
fluv	퇴적흔적	ud	습윤 기후
fol	물에 젖지 않은 나뭇잎	usr	덥고 건조한 여름
hem	반부숙 유기물	xer	여름 건조
hum	유기물 많음		

ⓛ 조어법 사례

Udepts(습윤반숙토) : ud = 습윤 기후, epts : inceptisol의 약어, 아목 + 목

④ **대군** : 아목을 특징적인 감식토층으로 분류

> ※ 조어법 : 대군 + 아목 + 목 → Hapludepts = 층위가 거의 발달하지 않은 습윤반숙토

⑤ **아군** : 대군을 수분상태 또는 감식토층에 따라 세분

⑥ **속** : 토지이용과 관련된 특성으로 분류되며, 토성이 가장 중요함

⑦ **통** : 토양분류의 기본 단위이며, 표토를 제외한 심토의 특성이 유사한 토양표본(페돈)의 집합체. 발견된 지역의 지명 또는 주변의 지형적 특성을 따서 명명(관악통, 낙동통, 평창통 등)

(3) 세계토양도 범례(WRB, World Reference Base for Soil Resources)

① FAO/UNESCO의 분류체계로 완전한 분류체계가 아니고 세계토양도의 토양자원 표기를 위한 범례
② 1998년 발표 당시 30개 토양군이었으나, 2014년 이후로 32개 토양군과 1,529개 아군으로 구성됨

토양군	기 호	특 징
Histosols	HS	1. 두꺼운 유기물층을 가지는 토양
Anthrosols	AT	2. 인위적인 영향력을 강하게 받은 토양 2.1 장기간 집약적 농업 토양
Technosols	TC	2.2 상당량의 인공물을 포함한 토양
Cryosols	CR	3. 뿌리의 생장에 제한을 받는 토양 3.1 영구동토대의 영향을 받는 토양
Leptosols	LP	3.2 얕거나 > 2mm 이상의 석력이 많은 토양
Solonetz	SN	3.3 교환성 Na 함량이 많은 토양
Vertisols	VR	3.4 우기–건기 기후조건 아래 수축과 팽창형 점토를 가지는 토양
Solonchaks	SC	3.5 가용성 염류가많은 토양
Gleysols	GL	4. Fe/Al의 특성이 뚜렷한 토양 4.1 지하수나 조수의 영향을 받는 토양
Andosols	AN	4.2 알로팬이나 알로팬–부식 복합체 토양
Podzols	PZ	4.3 부식과 산화물이 심토층에 집적한 토양
Plinthosols	PT	4.4 철이 집적되거나 재분포된 토양
Nitisols	NT	4.5 저활성점토, 인(P) 고정, 철 산화물이 많은 토양
Ferralsols	FR	4.6 카올리나이트와 산화물이 우세한 토양
Planosols	PL	4.7 물의 정체로 인하여 토양 입경분포에 급격한 변화가 어느 정도 있는 토양
Stagnosols	ST	4.8 물의 정체로 인해 토양구조나 토양입경분포차가 발생한 토양
Chernozems	CH	5. 표토층에 유기물의 집적이 뚜렷한 토양 5.1 암흑색의 표층과 2차 탄산염을 가지는 토양
Kastanozems	KS	5.2 흑색의 표층과 2차 탄산염을 가지는 토양
Phaeozems	PH	5.3 흑색의 표층과 2차 탄산염은 존재하지 않지만, 염기포화도가 높은 토양
Umbrisols	UM	5.4 흑색이며 염기포화도가 낮은 토양
Durisols	DU	6. 수용성 염이나 비염류성물질이 축적된 토양 6.1 2차 규산염 점토가 집적하거나 고결화된 토양
Gypsisols	GY	6.2 2차 석고가 집적된 토양
Calcisols	CL	6.3 2차 탄산염이 집적된 토양
Retisols	RT	7. 심토에 점토가 풍부한 토양 7.1 세립질의 강한 토색을 가지는 토양단면에 조립질의 밝은 토색의 입자가 끼어 들어간 토양
Acrisols	AC	7.2 저활성점토, 낮은 염기포화도
Lixisols	LX	7.3 저활성점토, 높은 염기포화도
Alisols	AL	7.4 고활성점토, 낮은 염기포화도
Luvisols	LV	7.5 고활성점토, 높은 염기포화도
Cambisols	CM	8. 미분화되거나 약간 발달한 토층을 가지는 토양 8.1 토층이 적절하게 발달한 토양
Arenosols	AR	8.2 모래토양
Fluvisols	FL	8.3 바다나 호수 유래 퇴적물 토양
Regosols	RG	8.4 토양 생성 층위가 발달하지 않은 토양

(4) 소련의 토양분류

① 성대성토양 기출 8회
  ㉠ 기후나 식생과 같이 넓은 지역에 공통적으로 영향을 끼치는 요인에 의하여 생성된 토양
  ㉡ 풍적 loess, 사막 steppe, chernozem, 활엽수림(회색삼림토), 초지 podzol, tundra

② 간대성토양 기출 6회·7회
  ㉠ 좁은 지역 내에서 토양 종류의 변이를 유발하는 지형과 모재의 영향을 주로 받아 형성된 토양
  ㉡ 염류토양, rendzina형(부식탄산염질), 점토질 소택형, 테라로사(terra rossa)

③ 비성대성토양
  ㉠ 충적토양
  ㉡ 하곡 이외에 있는 미숙토와 암쇄토

2. 우리나라 토양

(1) 신토양분류법에 따른 우리나라 토양

① 7개 목, 14개 아목, 27개 대군으로 분류
② 가장 많이 분포하는 토양목 : Inceptisol
③ 없는 토양목 : aridisol, gelisol, oxisol, spodosol, vertisol

(2) 우리나라 산림토양의 분류 기출 6회·8회·9회

토양군	기 호	토양아군	기 호	토양형	기 호
갈색산림토양 (Brown forest soils)	B	갈색산림토양	B	갈색건조산림토양 갈색약건산림토양 갈색적윤산림토양 갈색약습산림토양	B_1 B_2 B_3 B_4
		적색계갈색산림토양	rB	적색계갈색건조산림토양 적색계갈색약건산림토양	rB_1 rB_2
적황색산림토양 (Red & Yellow forest soils)	R·Y	적색산림토양	R	적색건조산림토양 적색약건산림토양	$R·Y-R_1$ $R·Y-R_2$
		황색산림토양	Y	황색건조산림토양	$R·Y-Y$
암적색산림토양 (Dark Red forest soils)	DR	암적색산림토양	DR	암적색건조산림토양 암적색약건산림토양 암적색적윤산림토양	DR_1 DR_2 DR_3
		암적갈색산림토양	DRb	암적갈색건조산림토양 암적갈색약건산림토양	DRb_1 DRb_2
회갈색산림토양 (Gray Brown forest soils)	GrB	회갈색산림토양	GrB	회갈색건조산림토양 회갈색약건산림토양	GrB_1 GrB_2

화산회산림토양 (Volcanic ash forest soils)	Va	화산회산림토양	Va	화산회건조산림토양 화산회약건산림토양 화산회적윤산림토양 화산회습윤산림토양 화산회자갈많은산림토양 화산회성적색건조산림토양 화산회성적색약건산림토양	Va_1 Va_2 Va_3 Va_4 $Va-gr$ $Va-R_1$ $Va-R_2$
침식토양 (Eroded soils)	Er	침식토양	Er	약침식토양 강침식토양 사방지토양	Er_1 Er_2 $Er-c$
미숙토양 (Immatuer soils)	Im	미숙토양	Im	미숙토양	Im
암쇄토양 (Lithosols)	Li	암쇄토양	Li	암쇄토양	Li
8개 토양군		11개 토양아군		28개 토양형	

- 주로 화강암과 화강편마암에서 유래되어 사양토와 산성 토양의 특성을 가짐
- 산림토양형 분포는 산림지역의 지형 발달과 밀접한 관계가 있으며 산림기후대별 산림생산력을 판정하거나 예측할 수 있음

① 갈색산림토양
  ㉠ 습윤한 온대 및 난대기후에 분포
  ㉡ A-B-C 층위를 갖는 산성토양으로 우리나라 산림토양의 대부분 차지
  ㉢ 갈색삼림토양아군과 적색계갈색산림토양아군으로 구분

② 적황색산림토양 기출 7회
  ㉠ 홍적대지에 생성된 토양으로 야산지에 주로 분포
  ㉡ 퇴적상태가 치밀하고 토양의 물리적 성질이 불량한 산성토양
  ㉢ 주로 화성암 및 변성암을 모재로 하며 해안가에 나타남

③ 암적색산림토양
  ㉠ 퇴적암지대의 석회암 및 응회암을 모재로 하는 지역에 분포
  ㉡ 토양생성인자 중 모재의 영향을 가장 크게 받는 토양

④ 회갈색산림토양
  ㉠ 퇴적암지대의 니암, 회백색사암, 셰일 등의 모암으로부터 생성
  ㉡ 미사함량이 현저히 높고 투수성이 다른 토양에 비해 불량함

⑤ 화산회산림토양
  ㉠ 화산활동에 의해 생성된 비교적 짧은 시간을 갖는 토양
  ㉡ 제주도 및 울릉도와 연천지역에 국소적으로 분포
  ㉢ 다른 토양에 비해 가비중(용적밀도)이 낮으며 유기물함량이 높음

⑥ 침식토양
  ㉠ 산정의 능선부근 및 산복경사면에 주로 분포
  ㉡ 층위가 발달하였으나 침식을 받아 토층의 일부가 유실된 토양
  ㉢ 침식정도와 토양의 복구상태에 따라 약침식, 강침식, 사방지토양으로 분류

⑦ 미숙토양

    ㉠ 주로 산복사면, 계곡저지 및 산복하부에 출현하는 토양

    ㉡ 층위 분화가 완전하지 않거나 2~3회 이상 붕적되어 쌓여 있는 토양

⑧ 암쇄토양

    ㉠ 산정 및 산복사면에 나타나는 토양

    ㉡ B층이 결여된 A-C층의 단면형태를 가짐

    ㉢ 토심이 얕으며 암반이 노출된 곳이 많음

3. 토양조사

(1) 토양단면조사 기출 7회

① 토양단면

    ㉠ 토양은 일정한 지표면과 더불어 깊이를 가진 3차원적인 자연체

    ㉡ 토양생성과정을 거치면서 특징적인 층위의 분화가 일어남

    ㉢ 토양단면의 형태적 특성을 조사함으로써 모재의 종류, 기후 등 토양생성요인의 작용 정도와 토양의 발달 정도를 파악함

② 토양단면의 작성

    ㉠ 조사지점의 선정 : 미지형이나 식생이 거의 같으면 토양의 성질도 거의 같음

    ㉡ 토양단면의 시갱 : 폭 1m, 깊이 1m로 사면방향과 직각이 되도록 파냄

    ㉢ 토양단면의 정리 : 단면의 상부에서 하부로 정리

    ㉣ 단면의 촬영 및 스케치 : 층분화 및 두께, 색깔 등 단면에서 보이는 여러 가지 특징을 기록함

③ 토양단면기술

구 분	세부 기록 사항
조사지점의 개황	단면번호, 토양명, 고차분류단위, 조사일자, 조사자, 조사지점, 해발고도, 지형, 경사도, 식생 또는 토지이용, 강우량 및 분포, 월별 평균기온 등
조사토양의 개황	모재, 배수등급, 토양수분 정도, 지하수위, 표토의 석력과 암반노출 정도, 침식 정도, 염류집적 또는 알칼리토 흔적, 인위적 영향도 등
단면의 개략적 기술	지형, 토양의 특징(구조발달도, 유기물집적도, 자갈함량 등), 모재의 종류 등
개별 층위의 기술	토층기호, 층위의 두께, 주 토색, 반문, 토성, 구조, 견고도, 점토 피막, 치밀도나 응고도, 공극, 돌·자갈·암편 등의 모양과 양, 무기물 결괴, 경반, 탄산염 및 가용성 염류의 양과 종류, 식물 뿌리의 분포 등

제3장 토양의 물리적 성질

1. 토양의 3상과 토성

(1) 토양의 3상

① 토양의 구성 : 고상, 액상, 기상의 3상으로 구성됨

　ㄱ 고상 : 토양입자와 유기물

　ㄴ 액상 : 토양수분

　ㄷ 기상 : 토양공기

② 일반적인 구성비율

　ㄱ 고상 50%, 액상 + 기상 50%

　ㄴ 토양의 수분상태에 따라 액상과 기상 비율 변화

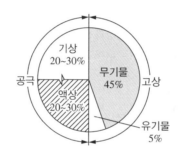

③ 3상의 구성비율에 따른 토양의 특성 변화

　ㄱ 고상의 비율이 낮아지면 액상과 기상의 비율이 증가 → 공극률 증가, 용적밀도 감소

　ㄴ 고상의 비율이 높아지면 액상과 기상의 비율이 감소 → 공극률 감소, 용적밀도 증가

(2) 토성(soil texture)

① 정의 및 특성

　ㄱ 정의 : 토양입자를 크기별로 모래, 미사, 점토로 구분하고, 그 구성비율에 따라 토양을 분류한 것

　ㄴ 특성 : 토양의 가장 기본적인 성질. 투수성, 보수성, 통기성, 양분보유용량, 경운성 등과 밀접한 관계

② 토양입자의 크기 구분 `기출` 5회

㉠ 입경구분 : 입자의 크기가 2mm 이하만을 토양으로 취급

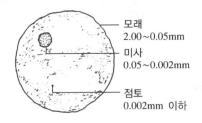

모래
2.00~0.05mm

미사
0.05~0.002mm

점토
0.002mm 이하

㉡ 자갈(2mm 이상)
- 물, 이온, 화합물을 흡착 보유하지 못함
- 토양의 골격으로 기능
- 투수성과 통기성 개선 효과
- 엄밀한 의미에서 토양이 아님

㉢ 모래(2.0~0.05mm)
- 극조사, 조사, 중간사, 세사, 극세사로 세분됨
- 석영, 장석, 전기석 등의 1차 광물
- 풍화되면서 양분을 내놓거나 2차 광물을 형성함
- 대공극 형성으로 토양의 통기성과 투수성을 향상시킴
- 양분보유와 같은 화학성과는 무관

㉣ 미사(0.05~0.002mm) `기출` 6회
- 주로 석영으로 구성
- 모래에 비해 작은 공극을 형성 → 보수성 증가, 투수성 감소
- 가소성과 점착성이 없음

㉤ 점토(0.002mm 이하) `기출` 6회
- 주로 2차 광물로 구성
- 교질(콜로이드)의 특성과 표면전하를 가짐
- 수분과 양분을 흡착 보유 → 점토의 종류와 함량은 토양의 화학적 특성에 결정적임
- 모래와 미사에 비해 작은 공극 형성 → 보수성 증가, 투수성 및 통기성 감소

더 알아두기

연관짓기
- 입자가 굵어지면 공극이 커지므로 투수성과 통기성이 증가하지만 보수성은 감소한다. 통기성이 증가하면 토양의 유기물분해가 촉진되어 남아있는 유기물의 함량은 감소한다.
- 입자가 작아지면 비표면적이 증가하므로 양분저장능력이 증가한다. 같은 이유로 오염물질을 흡착하는 능력도 증가한다.

더 알아두기

입자의 크기가 토양의 성질에 미치는 요인들 `기출` 8회

구 분	모 래	미 사	점 토	비 고
수분보유능력	낮 음	중 간	높 음	공극량의 차이에서 옴
통기성	좋 음	중 간	나 쁨	
배수속도	빠 름	느림~중간	매우 느림	
유기물함량수준	낮 음	중 간	높 음	통기성과 관련
유기물분해	빠 름	중 간	느 림	통기성과 관련
온도변화	빠 름	중 간	느 림	
압밀성	낮 음	중 간	높 음	
풍식감수성	중 간	높 음	낮 음	입단상태에서만 낮음
수식감수성	낮 음	높 음	낮 음	
팽창수축력	매우 낮음	낮 음	높 음	
차수능력	불 량	불 량	좋 음	댐 등의 차수벽 역할
오염물질 용탈능력	높 음	중 간	적 음	
양분저장능력	나 쁨	중 간	높 음	
pH완충능력	낮 음	중 간	높 음	

③ 토성의 분류

㉠ 토성삼각도 `기출` 9회

- 모래, 미사, 점토함량에 따라 토성 구분
- 미국 농무성법과 국제토양학회법이 있음
- 미국 농무성법에 의한 토성구분(12개 토성 : 식토, 식양토, 미사질 식토, 미사질 식양토, 미사질 양토, 미사토, 양토, 양질 사토, 사질 식토, 사질 식양토, 사양토, 사토)

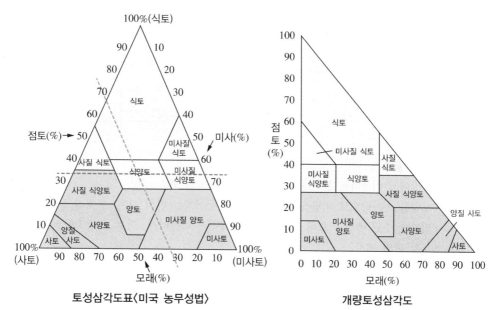

토성삼각도표〈미국 농무성법〉   개량토성삼각도

모래가 30%(사선 점선)이고 점토가 32%(수평 점선)일 때 두 점선의 교차점이 식양토의 영역에 속하게 되므로 이 토양의 토성은 식양토이다.

ⓛ 입경분포도 : 단순한 토성분류 보다 많은 정보를 주며, 입경의 누적합계를 그래프로 표현

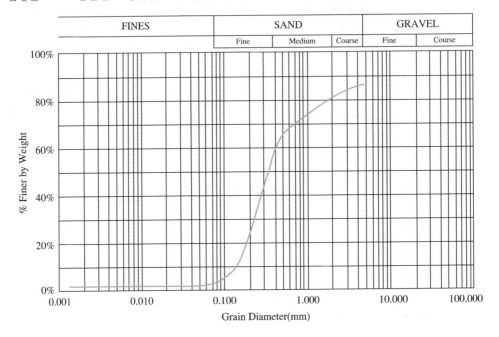

④ 토성의 결정 기출 5회

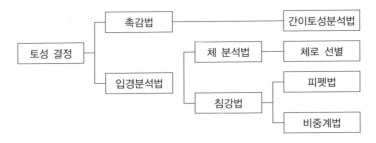

㉠ 촉감법 기출 5회

- 현장에서 이용하는 간이토성분석법. 숙달된 경험 필요
- 토양을 손가락으로 비볐을 때의 촉감과 만들어지는 띠의 길이, 뭉쳐짐 등으로 판단
- 입자별 주된 촉감 : 모래 - 까칠까칠, 미사 - 미끈미끈, 점토 - 끈적끈적
- 토성 판별 예시

순 서	기 준	토 성
ⓐ	탁구공만큼의 흙을 떼어서 손바닥에 올려놓고 물 몇 방울을 더해 토양입자를 부서 가며 움켜쥔다.	
	• 흙이 탁구공 모양으로 뭉쳐지지 않는다. • 흙이 탁구공 모양으로 뭉쳐진다. → ⓑ	사토(S)
ⓑ	• 엄지와 검지로 문질러도 띠가 생기지 않는다. • 엄지와 검지로 문지르면 띠가 생긴다. → ⓒ	양질사토(LS)
ⓒ	• 띠의 길이가 2.5cm 이하이다. → ⓓ • 띠의 길이가 2.5~5.0cm이다. → ⓔ • 띠의 길이가 5.0cm 이상이다. → ⓕ	
ⓓ	• 매우 거칠다. • 거칠지도 부드럽지도 않다. • 매우 부드럽다.	사양토(SL) 양토(L) 미사질양토(SiL)
ⓔ	• 매우 거칠다. • 거칠지도 부드럽지도 않다. • 매우 부드럽다.	사질 식양토(SCL) 식양토(CL) 미사질식양토(SiCL)
ⓕ	• 매우 거칠다. • 거칠지도 부드럽지도 않다. • 매우 부드럽다.	사질 식토(SC) 식토(C) 미사질식토(SiC)

ⓛ 체를 이용한 모래입자분석법

• 지름 0.05mm 이상의 모래를 분석

• 미국 ASTM 표준체(체 번호 10번부터 325번까지)를 사용

• 체 번호와 입자의 크기

체 번호	입자의 크기		모래의 분류(USDA법)
	μm	mm	
10	2,000	2	극조사, 매우 거친 모래
18	1,000	1	
35	500	0.5	조사, 거친 모래
60	250	0.25	중간 모래
70	212	0.212	고운 모래
140	106	0.108	
270	53	0.053	매우 고운 모래
325	45	0.045	

ⓒ 피펫법

• 토양현탁액을 피펫으로 채취하여 토양함량을 측정하여 토성을 결정하는 방법

• 측정방법 : 10번 체(2mm)를 통과한 토양시료 준비 → 270번 체(0.053mm)로 모래입자 분리 → 나머지 1L 실린더에 넣고 현탁시킴 → 계산된 시간에 10cm 깊이에서 피펫으로 현탁액 채취 → 현탁액 건조 후 중량 측정 → 분산제 보정 후 모래, 미사, 점토 중량 비율 계산

ⓔ 비중계법

• 토양입자가 침강하면 토양현탁액의 밀도가 낮아짐

• 측정방법 : 10번 체(2mm)를 통과한 토양시료 준비 → 270번 체(0.053mm)로 모래입자 분리 → 나머지 1L 실린더에 넣고 현탁시킴 → 계산된 시간에 비중계를 넣어 토양현탁액의 비중을 측정하여 토양함량으로 환산

Stockes의 법칙
- 구형의 입자가 액체 내에서 침강할 때 침강속도는 입자의 비중에 비례하고 입자 반지름의 제곱에 비례하며 액체의 점성계수에 반비례함
- 침강법의 이론적 원리(토양입자가 클수록 빨리 침강)
- 모래를 제외한 미사와 점토 분석에 적용
- 입자 크기에 따라 침강속도가 다르기 때문에 특정 크기의 입자가 일정 깊이까지 침강하는데 걸리는 시간을 계산할 수 있음
- 주의해야 할 가정 : 입자들은 동일한 비중을 가진 단단한 구체, 침강하는 입자끼리의 마찰 무시, 입자들은 액체분자의 브라운운동에 영향을 받지 않을 만큼 충분히 큼. 액체의 점성이 일정하게 작용

2. 토양의 밀도와 공극

(1) 토양 3상의 모식도

토양의 기상(air), 액상(water), 고상(soil)의 부피(V)와 무게(W)를 표현한 모식도. 공기의 무게는 무시할 수 있을 만큼 작기 때문에 표기하지 않음
(예 V_s = 고상의 부피, W_s = 고상의 무게)

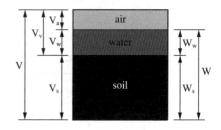

(2) 토양의 밀도 　기출　5회

※ 밀도 = 무게/부피

① 입자밀도

　㉠ 토양의 고상무게를 고상부피로 나눈 것

　　• 입자밀도 = W_s/V_s

　　• 단위 : g/cm^3 또는 Mg/m^3

　㉡ 토양의 고유한 값으로 인위적으로 변하지 않음

　　• 석영과 장석이 주된 광물인 일반 토양 : $2.6{\sim}2.7g/cm^3$

　　• 철, 망간 등 중금속을 함유할 경우 커지고, 유기물이 많은 토양은 작아짐

② 용적밀도 　기출　7회 · 9회

　㉠ 토양의 고상무게를 토양 전체부피로 나눈 것

　　• 용적밀도 = W_s/V, $V = V_a + V_w + V_s$

　　• 단위 : g/cm^3 또는 Mg/m^3

　㉡ 토양관리방법 등의 인위적 이유로 변함

　　• 일반 토양 : $1.2{\sim}1.35g/cm^3$

　　• 다져질수록 커짐. 뿌리 생장, 투수성, 배수성 악화

　　• 고운 토성과 유기물이 많은 토양은 공극이 발달하기 때문에 용적밀도가 낮음

> **면적 1ha, 깊이 10cm의 농경지 토양의 무게는?(단, 토양의 용적밀도는 1.2g/cm³)** 기출 5회
>
> 토양의 용적 = 면적 × 깊이 = 10,000m² × 0.1m = 1,000m³
> 용적밀도 = 1.2g/cm³ = 1.2Mg/m³
> 토양무게 = 토양의 용적 × 용적밀도 = 1,000m³ × 1.2Mg/m³ = 1,200Mg = 1,200ton

(3) 공극

① 공극 : 토양입자들 사이에 형성된 공간

② 공극의 역할

    ㉠ 공기와 수분의 이동 통로(대공극)

    ㉡ 수분의 저장(소공극 : 대공극보다 작은 공극의 총칭)

    ㉢ 토양생물의 서식 공간

③ 공극의 분류

    ㉠ 생성원인별 분류

      • 토성공극 : 토양입자 사이에 형성된 공극

      • 구조공극 : 토양입단 사이에 형성된 공극

      • 특수공극 : 뿌리, 소동물의 활동, 가스 발생 등으로 형성된 공극(생물공극)

    ㉡ 크기에 따른 분류

      • 대공극 : 0.08~5mm 이상. 물의 이동통로, 뿌리 생장 공간, 토양생물 이동 통로

      • 중공극 : 0.03~0.08mm. 모세관 현상에 의해 수분 보유, 곰팡이와 뿌리털 생장 공간

      • 소공극 : 0.005~0.03mm. 토양입단 내부의 공극. 유효수분 보유, 세균 생장 공간

      • 미세공극 : 0.0001~0.005mm. 점토입자 사이의 공극. 식물이 이용 못하는 수분 보유

      • 극소공극 : 0.0001mm 이하. 미생물이 자랄 수 없음

④ 공극률 = $(V_a + V_w)/V$

⑤ **공극률과 용적밀도와의 관계** 기출 5회·8회·9회

    ㉠ 공극률 = 1 − 용적밀도/입자밀도

    ㉡ 공극률이 클수록 용적밀도는 작아짐(반비례 관계)

3. 토양입단과 구조

(1) 토양입단 `기출` 7회 · 8회

① 입단의 형성

　㉠ 입단 : 토양입자들이 응집하여 형성된 덩어리(떼알구조)

　㉡ 양이온의 작용

　　• 토양용액의 양이온은 음전하를 띤 점토와 점토를 정전기적으로 응집하게 함

　　• 대표적인 양이온 : Ca^{2+}, Mg^{2+}, Fe^{2+}, Al^{3+} 등

　　• 주의 : Na^+이온은 수화반지름이 커서 점토입자를 분산시킴

　㉢ 유기물의 작용

　　• 미생물이 분비하는 점액성 물질, 뿌리의 분비액, 유기물의 작용기

　　• 특히 폴리사카라이드는 큰 입단의 형성에 중요

　㉣ 미생물의 작용 : 곰팡이의 균사, 균근균의 균사 및 글로멀린

　㉤ 기후의 작용 : 습윤과 건조의 반복 및 얼음과 녹음의 반복

　㉥ 토양개량제의 작용 : 합성폴리머에 의한 응집

② 입단과 공극

　㉠ 입단이 커지면 비모세관공극량 증가 → 통기성과 배수성 증가

　㉡ 비모세관공극 = 대공극(수분 이동통로)

　㉢ 모세관공극 = 소공극(수분 저장)

　㉣ 입단이 발달하면 대공극과 소공극이 골고루 발달하게 되어 식물 생육에 유리

(2) 토양구조

① **토양구조** : 토양입자들의 배열상태이며, 입단의 모양·크기·발달 정도에 따라 분류

② **모양에 따른 분류**

　㉠ 구상(입상) 구조

　　• 유기물이 많은 표층토(깊이 30cm 이내)에 발달

　　• 입단의 결합이 약해 쉽게 부서짐

　㉡ 판상 구조

　　• 접시 모양 또는 수평배열 구조

　　• 구상 구조와 같이 표층토(깊이 30cm 이내)에 발달

　　• 토양생성과정 또는 인위적인 요인으로 형성

　　• 모재의 특성이 그대로 유지

　　• 논토양에서도 발달 : 오랜 경운으로 특정 깊이에 점토가 집적되고 다져져 생성(경반층)

　　• 용적밀도가 크고 공극률이 매우 낮음

　　• 수분의 하방이동 및 뿌리의 생장에 불리한 환경 조성

ⓒ 괴상 구조 **기출** 9회
  - 불규칙한 6면체 구조
  - 각이 있으면 각괴, 없거나 완만하면 아각괴
  - 배수와 통기성이 양호한 심층토에서 발달
  - 입단 간 거리 : 5~50mm
ⓔ 주상 구조
  - 지표면과 수직한 방향으로 1m 이하 깊이에서 발달
  - 각주상 구조 : 건조 또는 반건조 심층토에서 발달
  - 원주상 구조 : Na 이온이 많은 토양 B층
ⓜ 무형구조
  - 낱알구조 : 모래와 같이 토양입자들이 서로 결합되지 않는 상태
  - 덩어리형태의 구조 : 어떠한 모양으로 구분하여 나눌 수 없는 형태로 결합되어 있는 형태
  - 주로 모재가 풍화과정에 있는 C층에서 발견

③ 토양구조의 기능
  ㉠ 뿌리 생장 환경, 수분과 공기의 함유 비율에 영향
  ㉡ 토괴 사이의 거리는 토양입자 사이의 간격보다 넓음

	수분침투	배수성	통기성
주 상	양 호	양 호	양 호
괴 상	양 호	중 간	중 간
입 상	양 호	최 상	최 상
판 상	불 량	불 량	불 량

더 알아두기

산림토양의 토양구조 구분 및 기준(국립산림과학원) **기출** 6회·7회

구 분	기 준
세립상	• 미세한 토양입자(1~2mm)가 단독 배열되거나, 균사가 달라붙어 있는 상태 • 매우 건조한 토양에서 발달
입 상	• 토양입자가 비교적 소형(2~5mm)으로 둥긂 • 유기물 함량이 많은 표토에서 발달
홑 알	• 응집력이 없는 토양입자(모래)가 단독으로 배열 • 매우 건조한 토양에서 발달
떼 알	• 토양입자가 수 mm 정도의 입단(ped)을 이룬 상태로 수분이 많아 감촉이 부드럽고 쉽게 분쇄됨 • 유기물 함량이 많은 표토에서 발달
견과상	• 모서리의 각이 비교적 뚜렷하고 단단하며, 1~3mm 크기 • 건조한 토양의 하층에서 발달
괴 상	• 감자와 유사하게 둥글둥글하며(지름 1cm 이상) • 적윤한 토양의 심토에서 발달
판 상	수평형태로 발달하여 판으로 분리되고 답압이 심한 지역에서 발달
무구조	응집력이 있는 토양입자가 서로 분리되어 있어 어떤 형태의 배열도 없는 구조

4. 토양의 견지성

(1) 정 의

    ① 외부 요인에 의하여 토양 구조가 변형 또는 파괴되는 것에 대한 저항성 또는 응집성

    ② 토성과 수분함량에 따라 달라짐

(2) 용 어

    ① 강 성

        ㉠ 건조하여 굳어지는 성질

        ㉡ van der Waals 힘에 의해 결합

        ㉢ 판상의 점토입자(예 kaolinite, montmorillonite)가 많을수록 커짐

        ㉣ 구상의 무정형광물(예 allophane)이 많을수록 작아짐

    ② 이쇄성

        ㉠ 적당한 수분을 가진 토양에 힘을 가할 때 쉽게 부서지는 성질

        ㉡ 경운하기 적합한 강도를 가진 토양 상태

    ③ 소성 : 힘을 가했을 때 파괴되지 않고 모양만 변하며 원래 상태로 돌아가지 않는 성질

(3) 수분함량에 따른 토양의 견지성 변화

    ① 소성하한 : 토양이 소성을 가질 수 있는 최소 수분함량

    ② 소성상한 : 토양이 소성을 가질 수 있는 최대 수분함량, 액성한계

    ③ 소성지수 : 소성상한 – 소성하한

        ㉠ 점토함량이 증가할수록 증가

        ㉡ 점토종류에 따른 소성지수의 크기 montmorillonite > illite > halloysite > kaolinite
           > 가수 halloysite

    ④ Atterberg 한계 : 소성과 액성의 한계수분함량 범위

5. 토양공기와 온도

(1) 토양공기

① 토양공기의 조성 기출 8회

- ㉠ 산소 : 표토에서 심토로 내려갈수록 감소
- ㉡ 이산화탄소 : 호흡으로 산소가 줄어드는 양과 비례하여 증가하고, 석회질 비료의 사용으로도 발생하며, 토양 pH를 낮추고, 광물을 녹이거나 침전물을 형성
- ㉢ 대기와 토양공기의 조성 비교 : 토양에서 질소농도는 비슷하고, 산소농도는 적고 이산화탄소와 수증기 함량은 높음

② 대기와 토양공기의 교환

- ㉠ 통기성 : 대기와 토양공기가 분압의 차이에 의해 공극을 통해 교환되는 특성
- ㉡ 산소 : 대기에서 토양으로 확산(산소확산율 : 대기 중의 산소가 토양으로 공급되는 공급률. 단위시간당 단위면적을 통과하는 산소의 무게로 표시)
- ㉢ 이산화탄소 : 토양에서 대기로 확산
- ㉣ 공극의 특성과 온도, 습도, 기압, 바람이 교환 속도에 영향을 줌

③ 산소 농도가 토양 이온 및 기체 분자의 존재 형태에 미치는 영향

- ㉠ 산화상태 : 통기성이 양호하여 토양 공기의 산소가 풍부한 상태
- ㉡ 환원상태 : 통기성이 불량하여 토양 공기의 산소가 부족한 상태
- ㉢ 토양의 산화환원상태에 따른 토양 이온 및 기체 분자의 존재 형태

	CO_2 이산화탄소	NO_3^- 질산이온	SO_4^{2-} 황산이온	Fe^{3+} 3가 철	Mn^{4+} 4가 망간
산화상태	CO_2 이산화탄소	NO_3^- 질산이온	SO_4^{2-} 황산이온	Fe^{3+} 3가 철	Mn^{4+} 4가 망간
환원상태	CH_4 메탄	N_2, NH_3 질소, 암모니아	S, H_2S 황, 황화수소	Fe^{2+} 2가 철	Mn^{2+}, Mn^{3+} 2가 망간, 3가 망간

- 환원상태에서 발생하는 메탄, 암모니아, 황화수소 등은 식물에 해로움
- 환원상태의 철과 망간은 용해도가 증가하기 때문에 식물에 해로움
- 벼의 추락현상 : 논 토양의 하층은 산소가 부족한 환원상태에 놓이게 되는데 황산암모늄 비료(유안비료, $(NH_4)_2SO_4$)로 공급된 황산이온이 황화수소로 바뀌면서 피해를 입어 가을에 벼의 생육이 급격히 저해되는 현상

④ 토양 중 산소농도와 식물 생육

- ㉠ 일반적으로 10% 이상이면 식물 생육에 지장 없음
- ㉡ 5% 이하로 떨어지면 심각하게 생육이 저해됨
- ㉢ 토양산소가 부족해도 통기조직을 통해 뿌리로 산소를 공급할 수 있는 식물은 정상 생육
- ㉣ 점질토에 미부숙 유기물이 공급되면 산소 고갈이 심해져 환원상태가 됨

(2) 토양온도

① 토양온도와 유기물
  ㉠ 토양 유기물 함량 : 냉온대지역 > 아열대 및 열대지역
  ㉡ 낮은 온도에서 미생물 활성이 낮아 유기물 분해가 지연되기 때문

② 토양의 비열
  ㉠ 토양 1g의 온도를 1℃ 올리는데 필요한 열량(cal)
  ㉡ 물 = 1, 무기광물(모래, 미사, 점토) = 0.2, 유기물 = 0.4, 공기 = 0.000306

③ 토양의 용적열용량
  ㉠ 단위부피의 토양온도를 1℃ 올리는데 필요한 열량(cal)
  ㉡ 토양은 3상으로 구성되기 때문에 고상, 액상, 기상의 열용량의 합으로 계산됨
    • 토양광물 : $0.48cal/cm^3$℃
    • 유기물 : $0.6cal/cm^3$℃
    • 물 : $1cal/cm^3$℃
    • 공기 : $0.003cal/cm^3$℃
  ㉢ 점토가 많을수록 용적열용량 증가
  ㉣ 수분함량이 많을수록 용적열용량 증가

④ 토양의 열전달
  ㉠ 열전도도 : 두께 1cm의 물질 양면에 1℃의 온도차를 두었을 때 $1cm^2$의 면적을 통하여 1초 동안 통과되는 열량
    • 무기입자 > 물 > 부식 > 공기
    • 사토 > 양토 > 식토 > 이탄토
    • 습윤토양 > 건조토양
    • 토양 덩어리 > 입단 또는 괴상 구조 토양

⑤ 열의 흡수
  ㉠ 어두운 토양 > 밝은 토양
  ㉡ 토양의 경사와 경사방향

⑥ 토양온도의 변화와 관리
  ㉠ 태양복사열의 흡수량과 방출량이 온도 변화에 영향을 줌
  ㉡ 토심이 깊어질수록 변화 속도와 폭이 작아짐
  ㉢ 토양온도 관리 방안
    • 토양 표면을 다져주고 수분함량을 높여주면 토양의 열전도율이 올라감
    • 유기물 : 토양색을 어둡게 하여 태양광선 흡수를 증가시킴
    • 흰색 또는 투명 멀칭 : 태양복사열을 반사하여 토양 온도를 낮춤
    • 비닐 멀칭 : 복사열 방출 차단 및 물의 증발을 줄여 열손실을 낮춤

6. 토양색

(1) 토양색의 표기

토색첩 사용 : Ridgeway color atlas, Maxwell color mixer, Munsell color chart

(2) Munsell color chart

① 색의 3가지 속성을 사용해 분류

　㉠ 색상(hue, H) : 색깔의 속성. 빨강(R) · 노랑(Y) · 초록(G) · 파랑(B) · 보라(P)의 5개 색상과 그 중간 색상 5개, 즉 10개 색상이고, 각 색상은 2.5, 5, 7.5, 10의 4단계로 구분

　㉡ 명도(value, V) : 색깔의 밝기 정도(순수한 흰색 10, 순수한 검은색 0). 토양은 2(또는 2.5)에서 8까지 7단계로 구분

　㉢ 채도(chroma, C) : 색깔의 선명도. 회색에 가까울수록 낮은 값. 1, 2, 3, 4, 6, 8의 6단계

② 측정 방법

　㉠ 토양 덩어리 채취(수분상태 기록, 건조할 경우 분무기로 습윤하게 적심)

　㉡ 토양 덩어리 2등분하고 안쪽 면을 토색첩과 대조

　㉢ 직사광선에 직접 비춰 토양의 색과 토색첩의 색을 비교하여 찾음

　㉣ 색이 1개 이상일 때, 모든 색을 기록하고 지배적인 색을 표시함

③ 표기방법 : 색상 명도/채도(각 쪽의 오른쪽 상단 Y축/X축) 기출 5회

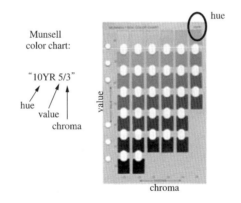

(3) 토양구성요소와 토양색

① 유기물 : 토양색을 어둡게 함, 유기물이 많은 표토가 심토에 비해 어두운 색을 띰

② 조암광물 : 석영과 장석의 구성 비중이 클수록 연한 색깔

③ 철과 망간의 존재 형태 : 배수양호 또는 불량의 판별에 도움

　㉠ 산화상태 : 산소 공급이 원활, 붉은 색을 띰(산화철 Fe^{3+}, 산화망간 Mn^{4+})

　㉡ 환원상태 : 산소 부족으로 회색을 띰(환원철 Fe^{2+}, 환원망간 Mn^{2+}, Mn^{3+})

④ 수분함량 : 습윤 토양이 건조 토양보다 짙은 색을 띰

제4장 토양수

1. 물의 특성

(1) 물 분자의 구조적 특성

① 물의 분자 구조

ㄱ 분자식 H_2O, 수소 원자 2개가 산소원자 1개와 공유결합

ㄴ 물의 극성

- 물 분자 자체는 전기적으로 중성이지만 분자 내 전자분포는 불균일함
- 산소원자 쪽 : 부분적 음전하
- 수소원자 쪽 : 부분적 양전하

② 수소결합

ㄱ 물 분자의 산소 원자는 이웃 물 분자의 수소 원자와 전기적으로 끌려 결합

ㄴ 물 분자끼리의 결합력이 강해짐 → 상온에서 액체상태로 존재, 높은 비열과 증발열

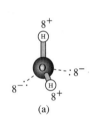

(a)

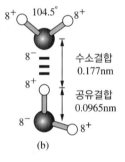

수소결합
0.177nm

공유결합
0.0965nm

(b)

(2) 물의 물리적 특성

① 물의 부착과 응집

ㄱ 응집 : 극성을 가진 물 분자들이 서로 끌려 뭉치는 현상

ㄴ 부착 : 물 분자가 다른 물질의 표면에 끌려 붙는 현상

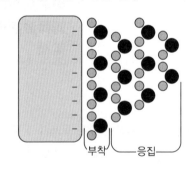

부착 응집

② 표면장력
ㄱ 액체분자끼리의 결합력이 액체분자와 기체분자와의 결합력보다 클 때, 액체와 기체의 경계면에서 일어나는 현상으로 액체의 표면적을 최소화하려는 힘
ㄴ 물의 경우, 물 분자끼리의 응집력이 물 분자와 공기 분자와의 부착력보다 크기 때문에 물방울이 형성됨
③ 모세관현상
ㄱ 모세관 표면에 대한 물의 부착력과 물 분자들끼리의 응집력 때문에 모세관을 타고 물이 상승하는 현상
ㄴ 모세관 상승 높이
• 비례 : 용액의 표면장력과 흡착력
• 반비례 : 관의 반지름과 액체의 점도
• 물의 모세관 상승 높이 : $H(cm) = 15(cm^2)/r(cm)$ (H : 모세관 높이, r : 모세관 반지름)
ㄷ 중공극 이하의 크기로 연결된 공극을 모세관과 같은 형태로 볼 수 있음
ㄹ 모세관 현상의 효과
• 외부에서 유입된 물이 토양 중에 보유될 수 있는 것
• 식물 뿌리에서 흡수된 물이 양분과 함께 식물체 전체에 퍼지는 것
④ 습윤열
ㄱ 토양입자 표면에 물이 흡착될 때 방출되는 열
ㄴ 물의 토양 흡착에 따른 열 방출 기작
• 물의 분자운동 감소
• 수분 에너지 감소
• 저에너지 수준으로 수분의 이동

2. 토양수분함량

(1) 중량 및 용적수분함량
① 중량수분함량
ㄱ 토양수분의 단위무게당 함량(W/W)
ㄴ (젖은 토양의 무게 − 마른 토양의 무게)/마른 토양의 무게
= {(Ws + Ww) − Ws}/Ws = Ww/Ws
② 용적수분함량
ㄱ 토양수분의 단위부피당 함량(V/V)
ㄴ 물의 부피/전체 토양의 부피 = Vw/V
ㄷ 토양 시료의 부피를 알아야 함(예 core sampler 사용)
ㄹ 토양수분의 양을 물만의 깊이 또는 높이로 표현할 수 있음
ㅁ 관개수량 계산과 강수량 자료의 활용에 편리

③ 중량수분함량과 용적수분함량의 관계

    ⊙ (용적수분함량) = (중량수분함량) × (용적밀도)

    ⓛ $(Vw/V) = (Ww/Ws) \times (Ws/V)$

(2) 토양수분함량의 측정 방법

  ① 건조법

    ⊙ 시료의 건조 전후의 무게 차이로 직접 수분함량을 구함

    ⓛ 매번 시료를 채취해야 하기 때문에 토양 환경의 변화를 초래함

  ② 전기저항법

    ⊙ 전기저항값이 토양의 수분함량에 따라 변하는 원리 이용

    ⓛ 전극이 내장된 전기저항괴를 토양에 묻고 저항값을 측정

    ⓒ 미리 구해 둔 전기저항과 토양수분함량 관계식을 통해 환산

  ③ 중성자법

    ⊙ 중성자가 물 분자의 수소원자와 충돌하면 속력이 느려지고 반사되는 원리 이용

    ⓛ 중성자수분측정기로 느린 중성자의 수를 측정(수분함량이 높을수록 느린 중성자 수 증가)

    ⓒ 장점 : 동일 지점의 수분함량을 깊이별로 수시로 측정 가능

    ⓔ 단점 : 고가이며, 방사성 물질을 사용, 토양마다 관계식이 있어야 함

  ④ TDR(time domain reflectometry)법

    ⊙ 토양의 유전상수(dielectric constant)가 토양의 수분함량에 비례함을 이용

    ⓛ 전자기파가 한 쌍의 평행한 금속막대를 왕복하는데 걸리는 시간으로 유전상수를 구함

    ⓒ 미리 구해 둔 유전상수와 토양수분함량 관계식을 통해 환산

3. 토양수분퍼텐셜

(1) 토양수분의 에너지 개념

  ① 에너지 개념의 필요성

    ⊙ 토양이 물을 보유하는 현상 이해

    ⓛ 토양 내 물의 이동 현상 이해

    ⓒ 토양에서 식물로의 물의 이동 현상 이해

  ② 토양수분의 동적 이동

    ⊙ 수분함량이 많고 적음으로 물의 상태와 이동을 설명할 수 없음

    ⓛ 물은 높은 곳(에너지 상태)에서 낮은 곳(에너지 상태)으로 흐름

    ⓒ 물이 가지는 에너지 = 수분퍼텐셜

(2) **토양수분퍼텐셜** 기출 5회·8회

① 총수분퍼텐셜
  ㉠ 중력, 매트릭, 압력, 삼투퍼텐셜의 합
  ㉡ 토양의 수분환경에 따라 작용하는 퍼텐셜에 차이가 있음
    • 4개의 퍼텐셜이 동시에 작용하는 경우는 없음
    • 압력퍼텐셜 : 포화수분상태에서만 작용
    • 매트릭퍼텐셜 : 불포화수분상태에서만 작용

② 중력퍼텐셜
  ㉠ 중력에 의하여 물이 갖게 되는 에너지
  ㉡ 기준면(높이)의 값을 0으로 하며, 높아지면 (+)값을 낮아지면 (−)값을 가짐
  ㉢ 강수 또는 관수 후 대공극에 채워진 과잉의 수분이 중력 방향으로 이동함

③ 매트릭퍼텐셜
  ㉠ 토양 표면에 흡착되는 부착력과 모세관력에 의하여 물이 갖게 되는 에너지
  ㉡ 매트릭스(토양 입자)의 영향을 전혀 받지 않는 자유수의 값을 0으로 함
  ㉢ 토양 입자의 영향을 받는 수분은 항상 (−)값을 가짐
  ㉣ 매트릭스의 표면 부착력이 클수록, 모세관이 작을수록 낮아짐
  ㉤ 불포화상태(예 밭토양 환경)에서 일어나는 수분 이동의 주된 원인
  ㉥ 식물의 물 흡수는 뿌리 부근의 매트릭퍼텐셜을 주변보다 낮추게 되며 이로 인해 상대적으로 매트릭퍼텐셜이 높은 주변의 수분이 뿌리 부근으로 이동함

④ 압력퍼텐셜
  ㉠ 물의 무게에 의하여 갖게 되는 에너지
  ㉡ 대기와 접촉하고 있는 수면을 기준상태로 하고, 그 값을 0으로 함
  ㉢ 포화상태(예 물이 채워진 논토양)에서 수면 이하의 물은 항상 (+)값을 가짐
  ㉣ 불포화상태에서 대기압과 평형상태이기 때문에 항상 0

⑤ 삼투퍼텐셜
  ㉠ 토양용액의 이온이나 용질 때문에 생기는 에너지
  ㉡ 순수한 물의 삼투퍼텐셜을 0으로 하며, 토양용액은 이온과 용질을 함유하고 있기 때문에 항상 (−)값을 가짐
  ㉢ 반투막이 존재하지 않는 토양에서 크게 작용하지 않으나, 뿌리 세포의 원형질막을 통한 세포용액과 토양용액 사이의 수분 이동에 중요하게 작용

토양수분퍼텐셜에 영향을 끼치는 요인과 기준상태 정리

퍼텐셜		영향요인	기준상태
Ψm	매트릭퍼텐셜	토양의 수분흡착	자유수(free water)
Ψp	압력퍼텐셜	적용 압력	대기압
Ψg	중력퍼텐셜	중력 높이	기준 높이
Ψo	삼투퍼텐셜	용존물질	순수수(pure water)

⑥ 토양수분퍼텐셜의 표시 방법

㉠ 단위질량당 에너지 : erg/g, J/kg, N · m/kg

㉡ 단위부피당 에너지 : 압력(수두, 기압, bar, Pa 등)

㉢ 단위무게당 에너지 : cm

㉣ 압력단위환산

수두(물기둥의 높이, cm)	pF = log(수두)	bar	MPa	KPa
0.0		0	0	0
10.2	1.0	−0.01	−0.001	−1.0
102.0	2.0	−0.1	−0.01	−10
306.0	2.49	−0.3	−0.03	−30
1,020.0	3.0	−1.0	−0.1	−100
15,300.0	4.18	−15.0	−1.5	−1,500
31,700.0	4.5	−31.0	−3.1	−3,100
102,000.0	5.0	−100.0	−10.0	−10,000

(3) 토양수분퍼텐셜의 측정 방법

① 텐시오미터(tensiometer, 장력계)법

㉠ 토양수분의 매트릭퍼텐셜 측정

㉡ 텐시오미터 : 다공성 세라믹컵, 진공압력계, 연결관으로 구성

㉢ 토양수분의 에너지 상태를 진공압력계로 확인함 : 관개시기와 수량 결정에 활용

② 싸이크로미터(psychrometer)법

㉠ 토양공극 내 상대습도로 토양수분퍼텐셜을 측정

㉡ 평형상태에서 토양수분퍼텐셜은 토양공기의 수증기퍼텐셜과 같음

㉢ 매트릭퍼텐셜과 삼투퍼텐셜의 합에 해당

(4) 토양수분함량과 퍼텐셜과의 관계

① 토양수분특성곡선

　㉠ 수분함량과 퍼텐셜의 관계 그래프
- 수분함량이 감소하면 퍼텐셜도 감소
- 토양의 구조와 토성에 따라 달라짐

　㉡ pressure plate extractor 이용하여 측정
- 점토가 많아지면 보유수분량도 많아짐
- 보유수분량이 많더라도 에너지가 너무 낮으면 식물이 이용하기 어려움

수분퍼텐셜 = −(가해진 압력)	토양수분함량(%)		
	사 토	양 토	식 토
−0.1MPa (포장용수량)	4	14	35
−1.5MPa (위조점)	2~3	7	22
포장용수량 − 위조점 = 유효수분	1~2	7	13

　㉢ 이력현상(hysteresis)
- 토양수분특성곡선이 토양을 건조시키면서 측정하여 그린 것과 습윤시키면서 측정하여 그린 것이 일치하지 않는 현상
- 토양공극의 불균일성, 공극 내 공기, 토양 구조의 변화 등이 원인
- 같은 압력에서 습윤과정의 수분함량이 건조과정보다 낮음

4. 토양수분의 분류 기출 9회

(1) 식물의 흡수측면 기출 7회

① 포장용수량(field capacity)

　㉠ −0.033MPa 또는 −1/3bar 퍼텐셜의 토양수분함량

　㉡ 과잉의 중력수가 빠져 나간 상태

　㉢ 일반적으로 식물의 생육에 가장 적합한 수분조건

② 위조점(wilting point)

　㉠ −1.5MPa 또는 −15bar 퍼텐셜의 토양수분함량

　㉡ 식물이 수분부족으로 시들고 회복하지 못함 → 영구위조점

　㉢ −1.0MPa 정도에서는 낮에 시들었다 밤에 다시 회복함 → 일시적 위조점

③ 유효수분(plant-available water)

　　㉠ 식물이 이용할 수 있는 물

　　㉡ 포장용수량과 위조점 사이의 수분

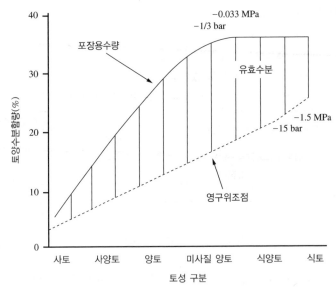

　　㉢ 유효수분함량은 중간 토성의 토양에서 많아짐

　　　• 점토함량이 많아질수록 포장용수량은 공극의 공간적 한계로 곡선적으로 증가

　　　• 점토함량이 많아질수록 위조점 수분함량은 직선적으로 증가

　　㉣ 유기물 함량이 높아지면 유효수분함량 증가

　　㉤ 염류의 집적은 물의 퍼텐셜을 낮추기 때문에 유효수분함량 감소

(2) 물리적 측면

① 오븐건조수분

　　㉠ 토양을 105℃ 오븐에서 건조시켰을 때 남아있는 수분

　　㉡ 토양광물 또는 화합물의 결합수

　　㉢ -1,000MPa 이하의 퍼텐셜 → 식물이 이용할 수 없는 수분

② 풍건수분

　　㉠ 토양을 건조한 대기 중에서 건조시켰을 때 남아있는 수분

　　㉡ -100MPa 이하의 퍼텐셜 → 식물이 이용할 수 없는 수분

③ 흡습수

　　㉠ 습도가 높은 대기로부터 토양에 흡착되는 수분

　　㉡ -3.1MPa 이하의 퍼텐셜 → 식물이 이용할 수 없는 수분

④ 모세관수

    ㉠ 토양의 모세관공극에 존재하는 물

    ㉡ -3.1~-0.033MPa 사이의 퍼텐셜 → 대부분 식물이 이용할 수 있는 수분

⑤ 중력수 **기출** 6회

    ㉠ 중력에 의해 쉽게 제거되는 수분

    ㉡ 자유수, 대공극에 존재

    ㉢ -0.033MPa 이상의 퍼텐셜 → 식물이 지속적으로 이용할 수 없는 수분

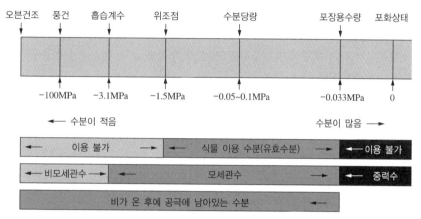

※ 수분당량 : 물로 포화된 토양에 중력의 1,000배에 상당하는 원심력이 작용했을 때, 토양 중에 남아 있는 수분

5. 토양수분의 이동

(1) 토양 내 수분수지

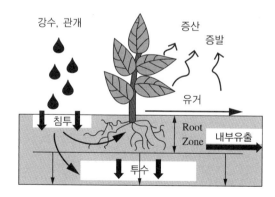

강수(P) + 관개(I) = 침투(IN) + 유거(R)

침투(IN) - 증산(PT) - 증발(PE) - 내부유출(IF) - 투수(PE)
= 토양저장(SS)

침투(IN) - 토양저장(SS)
= 증산(PT) + 증발(PE) + 내부유출(IF) + 투수(PE)

(2) 토양 내 수분이동 기출 6회

① 포화상태 수분이동

- ㉠ 포화상태 : 토양공극이 물로 채워져 있는 상태
- ㉡ 물의 이동 방향 : 주로 아래쪽 수직 이동과 일부 수평 이동
- ㉢ 중력퍼텐셜과 압력퍼텐셜 작용
- ㉣ Darcy의 법칙 : 유량은 토주의 단면적과 수두차에 비례하고, 길이에 반비례
- ㉤ 포화수리전도도 : 물의 이동속도와 수두구배 사이의 비례상수, cm/sec
  - 투수성과 배수성의 척도
  - 토성, 용적밀도, 공극의 형태에 따라 달라짐
  - 토성이 거칠고 대공극이 많을수록 커지고, 토성이 곱고 대공극이 적을수록 작아짐

② 불포화상태 수분이동

- ㉠ 불포화상태 : 토양공극이 물로 채워져 있지 않은 상태
- ㉡ 물의 이동 : 모세관공극이나 토양 표면의 수분층을 따라 이동
- ㉢ 불포화수리전도도 : 매트릭퍼텐셜 또는 수분함량에 따라 달라짐
  - 수분함량이 많을수록 커짐
  - 시간과 위치에 따라 달라짐
  - Darcy의 법칙이 적용되지 않음

③ 수증기에 의한 이동

- ㉠ 지표면에서 일어나는 증발과 불포화상태 토양에서 공극 사이의 수증기 이동
- ㉡ 두 지점의 수증기압 차이에 의한 확산현상
- ㉢ 토양의 수분퍼텐셜과 공기의 수분퍼텐셜 차이가 클수록 증발이 활발해짐

④ 침 투

- ㉠ 물이 토양으로 유입되는 현상
- ㉡ 침투율 : 단위시간당 단위면적을 통과하여 침투하는 수분의 양
- ㉢ 침투율에 영향을 끼치는 요인 : 토성과 구조, 식생, 표면봉합과 덮개, 토양의 소수성과 동결

⑤ 유 거

- ㉠ 침투하지 못한 물이 지표면을 따라 다른 지역으로 흘러가는 현상
- ㉡ 침투율이 강수량보다 작을 때 발생
- ㉢ 토양침식 유발

6. 식물의 물 흡수 기작

(1) 능동적 흡수

① 증산율이 낮은 경우, 물관의 용질농도가 높아 뿌리조직 내의 수분퍼텐셜(삼투퍼텐셜)이 낮아지기 때문에 토양으로부터 뿌리로 물이 이동함

② 염류 농도가 높은 토양의 경우, 식물은 체내의 수분퍼텐셜을 토양용액의 것보다 낮추기 위해 에너지를 소비하면서 이온 또는 당과 같은 가용성 유기물을 축적함

(2) 수동적 흡수

① 증산율이 높은 경우, 수분퍼텐셜의 차이로 뿌리에서부터 줄기, 그리고 잎까지 물이 연속적으로 이동함(토양 – 식물 – 대기 연속체)

② 식물이 이용하는 물의 90% 이상 수동적 흡수

수분퍼텐셜	수분 이동방향	
대기의 수분퍼텐셜 : −94.3MPa (온도 20℃, 상대습도 50%)	⇑⇑	⇑⇑
잎에서의 수분퍼텐셜 : −2.0MPa (온도 20℃, 상대습도 50%)	⇑⇑	⇑⇑
물관에서의 수분퍼텐셜 : −1.2MPa (온도 20℃, 상대습도 50%)	⇑⇑	⇑⇑
뿌리에서의 수분퍼텐셜 : −1.0MPa (온도 20℃, 상대습도 50%)	⇑⇑	⇓⇓
토양에서의 수분퍼텐셜	−0.033MPa	−1.5MPa

토양의 화학적 성질

1. 토양의 무기교질물

(1) 광물의 종류 기출 5회

① 광물 : 일정한 물리성, 화학성, 결정성을 지닌 천연 무기화합물

    ㉠ 광물의 구성 원소 : 산소 > 규소 > 알루미늄 > 철 > 칼슘 > 나트륨 > 칼륨 > 마그네슘

    ㉡ 토양광물의 대부분은 규소와 산소로 구성된 규산염광물

② 점토광물 : 지름 $2\mu m$ 이하의 광물

③ 1차 광물 : 화학적으로 변화를 받지 않은 광물

    ㉠ 석영, 장석, 휘석, 운모, 각섬석, 감람석 등

    ㉡ 주로 모래, 미사의 크기로 존재하고, 일부는 점토 크기로 존재

1차 광물명		화학식
석 영	quartz	SiO_2
백운모	muscovite	$KAl_2(AlSi_3O_{10})(OH)_2$
흑운모	biotite	$K(Mg,Fe)_3(AlSi_3O_{10})(OH)_2$
장석류	feldspar	
정장석	orthoclase	$KAlSi_3O_8$
사장석	microcline	
조장석	albite	$NaAlSi_3O_8$
각섬석류	amphiboles	
	tremolite	$Ca_2Mg_5Si_8O_{22}(OH)_2$
휘석류	pyroxenes	
	enstatite	$MgSiO_3$
	diopside	$CaMg(Si_2O_6)$
	rhodonite	$MnSiO_3$
감람석	olivine	$(Mg,Fe)_2SiO_4$

④ 2차 광물 : 1차 광물이 풍화의 여러 반응을 거쳐 새롭게 재결정화된 광물

    ㉠ 규산염광물 : kaolinite, montmorillonite, vermiculite, illite, chlorite 등

    ㉡ 금속 산화물 또는 금속 수산화물 : gibbsite, goethite 등

    ㉢ 비결정형 광물 : allophane, imogolite 등

    ㉣ 황산염 또는 탄산염광물 등

2차 광물명	화학식
규산염점토광물	
kaolinite	$Si_4Al_4O_{10}(OH)_8$
montmorillonite	$M_x(Al,Fe^{2+},Mg)_4Si_8O_{20}(OH)_4$
vermiculite	$(Al,Mg,Fe^{3+})_4(Si,Al)_8O_{20}(OH)_4$
chlorite	$[MAl(OH)_6](Al,Mg)_4(Si,Al)_8O_{20}(OH,F)_4$
allophane	$Si_3Al_4O_{12} \cdot nH_2O$
imogolite	$Si_2Al_4O_{10} \cdot 5H_2O$
goethite	$FeOOH$
hematite	$\alpha-Fe_2O_3$
maghemite	$\gamma-Fe_2O_3$
ferrihydrite	$Fe_{10}O_{15} \cdot 9H_2O$
bohemite	$\gamma-AlOOH$
gibbsite	$Al(OH)_3$
pyrolusite	$\beta-MnO_2$
birnessite	$\delta-MnO_2$
dolomite	$CaMg(CO_3)_2$
calcite	$CaCO_3$
gypsum	$CaSO_4 \cdot 2H_2O$

(2) 점토광물의 기본 구조

① 규소사면체

    ㉠ 1개의 규소 원자를 4개의 산소 원자가 둘러싸 4면체를 이룸

    ㉡ 단독으로 존재하게 되면 -4의 순음전하를 띰

    ㉢ 규소사면체의 연결 : 음전하를 해소하는 방법

      • 양이온이 규소사면체를 연결함 : 감람석

      • 산소를 공유하여 음전하를 줄이고 안정화를 이룸 : 휘석, 각섬석, 운모, 장석, 석영

② 알루미늄팔면체

    ㉠ 1개의 알루미늄 원자를 6개의 산소 원자가 둘러싸 8면체를 이룸

    ㉡ 음전하를 해소하는 기작

      • H^+가 결합하여 OH^-가 됨

      • 모서리를 공유하는 방식으로 2개의 산소를 공유함

    ㉢ 팔면체층 2개가 위아래로 결합하는 방식

      • 이팔면체층 : Al^{3+}이 중심 양이온 – gibbsite

      • 삼팔면체층 : Mg^{2+}이 중심 양이온 – brucite

③ 동형치환

    ㉠ 사면체와 팔면체의 구조의 변화 없이 원래 양이온 대신 크기가 비슷한 다른 양이온이 치환되어 들어가는 현상

      • 규소사면체 : 주로 Si^{4+} 대신 Al^{3+}로 치환

      • 알루미늄팔면체 : 주로 Al^{3+} 대신 Mg^{2+}, Fe^{2+}, Fe^{3+}로 치환

    ㉡ 점토광물의 음전하 생성요인

(3) 규산염 점토광물

① 규산염 1차 광물

감람석	휘 석	각섬석	운 모	장 석	석 영
양이온 연결	단일사슬	이중사슬	판	3차원 망상구조	
$(Mg,Fe)SiO_4$	SiO_3^{2-}	$Si_4O_{11}^{6-}$	$Si_2O_5^{2-}$	SiO_2	
감람석	enstatite diopside rhodinite	tremolite	백운모(muscovite) 흑운모(biotite)	정장석 사장석 조장석	석 영
쉬 움	←――――――― 풍 화 ―――――――→			어려움	

② 규산염 2차 광물 기출 7회

    ㉠ 토양의 점토는 주로 2차 광물

    ㉡ 한랭 또는 건조지역에서 생성되는 중요한 점토(고온다습하여 풍화가 심한 곳에서는 철이나 알루미늄 산화물 또는 수산화물이 주된 점토)

ⓒ 규소사면체층과 알루미늄팔면체층의 결합구조 특성에 따라 5가지로 분류

	kaolin	smectite	vermiculite	illite	chlorite
	1:1	2:1	2:1	2:1	2:1:1
Si사면체층과 Al팔면체층의 결합비율과 구조	Si 사면체층 / Al 팔면체층 / Si 사면체층 / Al 팔면체층	Tetrahedral Sheet / Octahedral Sheet / Tetrahedral Sheet / Water molecules and cations / Tetrahedral Sheet / Octahedral Sheet / Tetrahedral Sheet (1~2nm)	Tetrahedral Sheet / Octahedral Sheet / Tetrahedral Sheet / Water molecules and cations / Tetrahedral Sheet / Octahedral Sheet / Tetrahedral Sheet (1~1.5nm)	Tetrahedral Sheet / Octahedral Sheet / Tetrahedral Sheet / K^+ / Octahedral Sheet / Tetrahedral Sheet (1.0nm)	Tetrahedral Sheet / Octahedral Sheet / Tetrahedral Sheet / Tetrahedral Sheet / Octahedral Sheet / Tetrahedral Sheet (1.4nm)
팽창성	비팽창형	팽창형	팽창형	비팽창형	비팽창형
해당 광물	kaolinite halloysite	montmorillonite, nontronite, saponite, hectorite, sauconite	vermiculite	illite	chlorite
음전하 $cmol_c/kg$	2~15	80~150	100~200	20~40	10~40
비표면적 m^2/g	7~30	600~800	600~800		70~150
주요 특성	층과 층 사이가 수소결합으로 강하게 결합, 도자기 제조, 우리나라 대표 점토광물	2:1층 사이의 결합이 약해 물 분자의 출입이 자유로움, 수분함량에 따라 팽창과 수축이 심함	운모류 광물의 풍화로 생성된 토양에 많음, montmorillonite 에 비해 팽창성 작음	2:1층 사이에 K^+이 들어가 강하게 결합, 층 사이 물 분자 출입이 불가	대표적인 혼층형 광물, 2:1층 사이에 이온이 아닌 brucite 팔면체층이 들어가 강하게 결합

※ 버미큘라이트와 운모
- 두 광물은 매우 유사한 2:1 층상 구조를 가짐
- 삼팔면체와 이팔면체 구조의 버미큘라이트가 존재함
- 버미큘라이트가 운모와 다른 점은 2:1층과 2:1층 사이의 공간에 K^+ 대신 Mg^{2+} 등의 수화된 양이온들이 자리 잡고 있다는 것

(4) 금속산화물과 비결정형 점토광물

① 금속산화물 기출 5회

ⓐ 오랜 기간 심한 풍화작용을 받은 토양에 집적되는 철, 알루미늄, 망간 등의 (수)산화물

ⓑ 매우 안정한 광물로 결정형과 비결정형으로 구분

ⓒ 규산염 광물과 달리 동형치환이 일어나지 않음 → 영구 음전하 없음

ⓓ 식물의 영양성분인 Ca, Mg, K 등의 양이온을 보유하는 기능이 없음

ⓜ 대표적인 광물 : gibbsite, goethite, hematite 등

	gibbsite	goethite	hematite
중심금속	알루미늄 수산화물	철 산화물	철 산화물
기본구조	알루미늄팔면체의 층상구조	철팔면체의 이중사슬 구조	철팔면체의 공유 결정
특 징	동형치환이 없어 음전하량이 매우 적음	가장 흔한 철 산화물	토양이 붉은 색을 띠게 함

② 비결정형 점토광물

㉠ 전체적으로는 불규칙하지만 매우 짧은 범위에서는 일정한 결정구조가 있음

㉡ 대표적인 광물 : immogolite, allophane 등

	immogolite	allophane
Al_2O_3/SiO_2	1(gibbsite층과 규소사면체층의 1:1 결합)	0.84~2(알루미늄팔면체층과 규소사면체층의 결합)
모 양	지름 2nm 정도의 긴 튜브 모양	지름 30~50nm의 구형 입자
특 징	동형치환에 의한 음전하 없음, pH 의존전하로 다량의 양이온 흡착	pH 의존 음전하가 150cmol$_c$/kg으로 매우 크고, 비표면적도 70~300m^2/g으로 큼, 제주도 화산회토에 많음

(5) 점토광물의 특성

① 비표면적과 표면전하

㉠ 비표면적 : 비표면적이 클수록 물리화학적 반응이 활발함

㉡ 표면전하 : 점토광물은 양전하와 음전하를 동시에 가짐

• 일반적으로 순전하량은 음전하

• 비결정형 광물 또는 심하게 풍화된 금속산화물 비중이 높을 때 낮은 pH에서 순양전하를 띨 수 있음

• 점토광물의 표면전하 구분

	영구전하	가변전하
구분 기준	pH 변화와 상관없음	pH 의존적임
생성원인	동형치환	pH에 따른 탈양성자화 또는 양성자화
특 징	동형치환이 많을수록 영구전하량 증가 → 양이온교환용량 증가	• 낮은 pH : 양전하 생성 • 높은 pH : 음전하 생성 • 금속산화물과 비결정형 점토광물은 영구전하가 없는 대신 가변전하를 가짐

• 점토를 분쇄하면 양이온교환용량 증가 → 변두리 증가

② 점토광물의 풍화

    ㉠ 일반적인 풍화순서 : 2:1형 광물 → 1:1형 광물 → 금속산화물

    ㉡ 기후와의 관계

       • 고온다습한 열대 지역 : 금속산화물 점토 비중이 높음

       • 한랭건조한 지역 : 2:1형의 광물이 많음(모재에 따라 1:1형이 많을 수 있음)

       • 온난다습한 지역 : kaolinite 또는 금속산화물 점토광물이 많음(우리나라 해당)

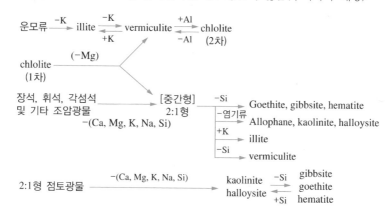

③ 점토광물의 분석

    ㉠ 분석법 : 현미경 이용법, X선회절분석법, 시차열분석법, 적외선분광법, 화학분석 등

    ㉡ X선회절분석법 : 규산염광물 분석에 유용

2. 토양의 유기교질물(부식) 기출 6회

(1) 부식(휴머스)

    ① 토양유기물 중 교질(colloid)의 특성을 가진 비결정질의 암갈색 물질

    ② 보통 점토입자에 결합된 상태로 존재

    ③ 점토광물보다 비표면적과 흡착능이 큼(비표면적 $800 \sim 900 m^2/g$, 음전하 $150 \sim 300 cmol_c/kg$)

    ④ pH 의존전하를 가지며, 휴믹산과 풀빅산의 작용이 큼

(2) 부식의 전기적 성질

    ① 부식의 등전점(순전하 = 0일 때의 pH) : pH 3 정도

    ② pH 3 이상일 때, 부식은 순음전하를 가짐

    ③ pH가 높을수록 순음전하 증가 → 양이온교환용량 증가

3. 토양의 이온교환

(1) 교질의 전기이중층

① 전기이중층

ⓐ 전기이중층 : 음전하를 띤 토양교질입자에 양전하를 띤 이온들이 전기적 인력으로 끌리면서 형성된 음전하층과 양전하층의 이중층이며, 양이온교환과 교질입자의 응집과 분산에 영향

ⓑ 이중층모델

모델명	Helmholtz 이중층모델	Gouy-Chapman 확산전기이중층모델	Stern의 전기이중층모델
내 용	건조한 토양에서 교질이 가지는 음전하와 교질 표면에 흡착된 양이온들 사이에 전기적 평형이 이루어지고 이때 이중층이 형성됨	• 음전하를 띤 교질 표면에 가까울수록 양이온 농도는 늘어나고 음이온 농도는 멀어질수록 증가하는 확산층이 형성됨 • 교질의 전하가 영향을 끼치지 못하는 전위값 0을 제타퍼텐셜이라 함	• 전기적 이중층을 특이적 흡착층인 Stern층과 정전기적 이온층인 확산층으로 구분함 • Stern층과 확산층의 경계면 : Outer Helmholtz Plane(OHP)
한 계	용액에서의 이온 분포를 나타내지 못함	이온의 수화 정도에 따라 달라지는 흡착과 반발 특성을 반영하지 못함	

② 확산전기이중층의 두께

ⓐ 두께 증가
  • 교질 표면의 음전하가 많고 밀도가 클수록
  • 용액 중의 양이온의 농도가 낮을수록

ⓑ 두께 감소
  • 교질 표면의 음전하가 적고 밀도가 작을수록
  • 용액 중의 양이온의 농도가 높을수록

ⓒ Ca^{2+}, Mg^{2+}, Al^{3+} : 교질에 강하게 흡착되기 때문에 이온농도가 낮아도 확산층이 압착됨

ⓓ Na^+, K^+, NH_4^+ : 교질에 약하게 흡착되기 때문에 이온농도가 아주 높아야 압착됨

③ 교질물질의 응집과 분산

ⓐ Ca^{2+}, Mg^{2+}, Al^{3+} : 확산층이 얇아 응집을 촉진

ⓑ Na^+, K^+, NH_4^+ : 확산층이 두꺼워 분산이 잘 일어남

(2) 양이온교환 `기출` 5회

① 기본원리

㉠ 화학량론적이며 가역적인 반응

$$\boxed{\text{토양교질물}} - Ca^{2+} + 2KCl \rightleftharpoons \boxed{\text{토양교질물}} \begin{array}{l} K^+ \\ K^+ \end{array} + CaCl_2$$

㉡ 주요 교환성 양이온 : H^+, Ca^{2+}, Mg^{2+}, K^+, Na^+

㉢ 기타 교환성 양이온 : Al^{3+}, NH_4^+, Fe^{3+}, Mn^{2+}

㉣ 흡착세기 : $Na^+ < K^+ = NH_4^+ < Mg^{2+} = Ca^{2+} < Al(OH)^{2+} < H^+$

② 기 능

㉠ 식물영양소(Ca^{2+}, Mg^{2+}, K^+, NH_4^+ 등)의 흡착, 저장

㉡ 중금속 오염물질(Cd^{2+}, Zn^{2+}, Pb^{2+}, Ni^{2+} 등)의 확산 방지

㉢ 토양 중화를 위한 석회요구량을 $Al(OH)_2$와 H^+의 양을 통해 계산

③ 양이온교환용량 `기출` 7회

㉠ 건조한 토양 1kg이 교환할 수 있는 양이온의 총량

㉡ Cation Exchange Capacity(CEC)

㉢ (현재단위) $cmol_c/kg$ = (과거단위) meq/100g

더 알아두기 ♪

몰과 당량의 관계

- 양이온의 총량은 교질의 음전하에 대응되는 양이온의 양전하량에 따라 달라짐
  예 10개의 음전하를 대응하기 위해 2가 양이온인 Ca^{2+}는 5개가 필요한 반면, 1가 양이온인 K^+는 10개가 필요
- 몰(mole)은 이온이나 분자 등의 개수를 나타내는 것으로 이들의 질량을 나타내는 것이 아님에 유의
- 몰농도(M)은 용액의 단위부피당 이온이나 분자 등의 몰수를 나타내는 농도
- 노르말농도(N)는 용액의 단위부피당 이온이 가진 전하량인 당량(eq)을 나타내는 농도
- 1몰의 Ca^{2+}은 2몰의 양전하량을 갖게 되므로 2당량에 해당(1M = 2eq/L = 2N)
- 1몰의 K^+은 같은 1몰의 양전하량을 갖게 되므로 1당량에 해당(1M = 1eq/L = 1N)
- $1mol_c$ = $100cmol_c$(아래첨자 c는 전하를 나타냄)

㉣ 점토함량, 점토광물의 종류, 유기물 함량에 따라 달라짐

- 점토함량과 유기물 함량이 많을수록 커짐
- 부식 > 2:1형(vermiculite > smectite > illite) > 1:1형(kaolinite) > 금속산화물 `기출` 9회
- 우리나라 토양 : 낮은 유기물 함량과 주요 점토는 kaolinite → $10cmol_c/kg$ 정도로 낮음
- pH와의 관계 : pH 증가 → pH 의존성 전하 증가 → CEC 증가

④ 염기포화도 **기출** 6회·7회·8회

    ㉠ 교환성 양이온의 총량 또는 양이온의 교환용량에 대한 교환성 염기의 양

        • 교환성 염기 : Ca, Mg, K, Na 등의 이온은 토양을 알칼리성으로 만드는 양이온

        • 토양을 산성화시키는 양이온 : H와 Al 이온 **기출** 9회

    ㉡ 염기포화도(%) = 교환성 염기의 총량/양이온교환용량 × 100

    ㉢ 우리나라 토양은 보통 50% 내외

    ㉣ 산성 토양에서 낮고 중성 및 알칼리토양에서 높음 → 토양이 산성화된다는 것은 수소와 알루미늄 이온의 농도가 증가한다는 것을 의미

(3) 음이온교환

  ① 기본원리

    ㉠ 양이온교환과 유사하며, 화학량론적임

    ㉡ 주요 음이온 : SO_4^{2-}, Cl^-, NO_3^-, HPO_4^{2-}, $H_2PO_4^-$

    ㉢ 흡착순위 : 질산 < 염소 < 황산 < 몰리브덴산 < 규산 < 인산

  ② 음이온교환용량

    ㉠ 건조한 토양 1kg이 교환할 수 있는 음이온의 총량(cmol$_c$/kg)

    ㉡ Anion Exchange Capacity(AEC)

    ㉢ 2:1형 광물에서는 무시할 정도로 작음

    ㉣ allophane, Fe 또는 Al 산화물이 풍부한 토양에서 커짐

    ㉤ pH와의 관계 : pH 감소 → pH 의존성 양전하 증가 → AEC 증가

  ③ 음이온의 토양흡착

    ㉠ 배위자교환(ligand exchange)

$$\begin{array}{c} X\text{-}O\text{-}H \\ X\text{-}O\text{-}H \end{array} + HPO_4^- \rightleftharpoons \begin{array}{c} X\text{-}O \\ X\text{-}O \end{array}\!\!P\!\!\begin{array}{c} OH \\ O \end{array} + 2OH^-$$

        • 특이적 흡착 : F^-, $H_2PO_4^-$, HPO_4^{2-} 등 반응성이 강한 음이온의 비가역적 배위결합, 다른 음이온과 쉽게 교환되거나 방출되지 않음

        • 비특이적 흡착 : Cl^-, NO_3^-, ClO_4^- 등이 정전기적 인력에 의하여 흡착된 것, 다른 음이온과 교환됨

    ㉡ 표면복합체 형성

$$X\text{-}O\text{-}H + H^+ \rightleftharpoons X\text{-}O\!\begin{array}{c} H^+ \\ H \end{array} + A^- \rightleftharpoons X\text{-}O\!\begin{array}{c} H^+A^- \\ H \end{array}$$

        • 낮은 pH에서 금속원자와 결합한 OH에 H^+가 붙어 양전하가 되면 음이온 흡착이 일어남

4. 토양반응

(1) 토양반응의 정의 및 중요성

① 토양반응의 정의

    ㉠ 토양의 산성 또는 알칼리성의 정도

    ㉡ pH로 나타냄, $pH = -\log[H^+]$

        • 수소이온 농도가 높아지면 pH 감소, 낮아지면 증가

        • pH 7이 중성, 7보다 작아질수록 산성이, 커지면 알칼리성이 강해짐

② 토양반응의 중요성

    ㉠ 토양의 중요한 화학적 성질

    ㉡ 토양 무기성분의 용해도에 영향(pH의 변화에 따라 무기성분의 용해도 변화)

        • pH 4~5 강산성 토양 : Al, Mn 용해도 증가로 식물에 독성 야기

        • 산성토양에서 콩과식물 공생균인 뿌리혹박테리아 활성 저하

        • 질산화세균 활성 저하(산림토양에서 무기태 질소 중 NH_4^+ 비중이 높은 이유)

    ㉢ pH 6 이하가 되면 대부분의 식물영양소 유효도 감소

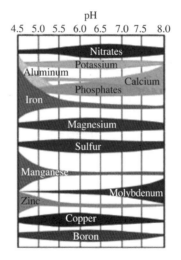

(2) 토양의 완충능력 [기출] 5회 · 6회 · 9회

① 완충용량(buffer capacity) : 외부로부터 어떤 물질이 토양에 가해졌을 때 그 영향을 최소화할 수 있는 능력

② 토양이 pH에 대한 완충능력을 가질 수 있는 이유

    ㉠ 탄산염, 중탄산염 및 인산염과 같은 약산계 보유

    ㉡ 점토와 교질복합체에 산성기를 보유

    ㉢ 토양교질물은 해리된 H^+과 평형을 이루고 있음

③ 토양의 pH 완충 기작

  ㉠ H^+이 제거될 때, 제거된 만큼 교질물로부터 보충

  ㉡ H^+이 첨가되면, 교질물의 염기가 H^+과 치환되어 H–교질이 됨 → 결국 토양용액의 pH는 거의 변하지 않음

④ 양이온교환용량이 클수록 완충용량이 커짐

  ㉠ 점토나 부식물이 많아 양이온교환용량이 큰 토양일수록 pH를 개량하려면 많은 개량제(예 석회)가 필요

  ㉡ 토양의 완충능력이 작아 pH가 크게 변동한다면 양분의 유효도가 크게 변화하게 되는 등 식물과 미생물의 생육에 지장을 주게 됨

(3) 토양의 산성화 `기출` 8회

① 수소이온의 생성

  ㉠ H^+ 농도의 증가

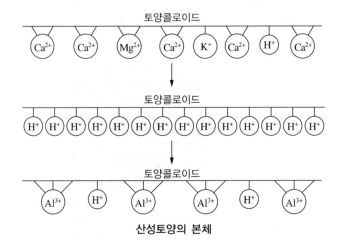

산성토양의 본체

  ㉡ Al복합체의 형성

$$Al^{3+} + H_2O \rightarrow Al(OH)^{2+} + H^+$$

$$Al(OH)^{2+} + H_2O \rightarrow Al(OH)_2^+ + H^+$$

$$Al(OH)_2^+ + H_2O \rightarrow Al(OH)_3^0 + H^+$$

$$Al(OH)_3^0 + H_2O \rightarrow Al(OH)_4^- + H^+$$

② 토양의 산도 `기출` 7회

  ㉠ 활산도 : 토양용액에 해리되어 있는 H와 Al이온에 의한 산도

  ㉡ 잠산도 : 토양입자에 흡착되어 있는 교환성 수소와 알루미늄에 의한 산도

   • 교환성 산도 : 완충성이 없는 염용액(KCl, NaCl)에 의하여 용출되는 산도

   • 잔류산도 : 석회물질 또는 완충용액으로 중화되는 산도

③ 토양산성화 과정 = H^+ 이온의 생성과정 기출 5회 · 8회

　　㉠ 이산화탄소로부터 탄산 형성

　　㉡ 유기물분해로부터 유기산 형성

　　㉢ 질소, 황, 철화합물의 산화

　　㉣ 식물의 양이온 흡수

　　㉤ 양이온의 침전

　　㉥ pH 의존전하의 탈양성자화

④ 토양의 산성화에 의한 피해 기출 6회

직접적인 피해	간접적인 피해
• 뿌리의 단백질 응고 • 세포막의 투과성 저하 • 효소활성 저하 • 양분흡수 저해	• 독성화합물의 용해도 증가 • 인산 고정 • 영양소 불균형 • 토양미생물 활성 저하 • 토양의 물리화학성 변화에 따른 피해

(4) 산성토양의 중화

① 석회요구량 기출 7회

　　㉠ 정의 : 토양의 pH를 일정 수준으로 올리는데 필요한 석회물질의 양을 $CaCO_3$로 환산하여 나타낸 값

　　㉡ 석회물질

　　　• 종 류

산화물 형태		수산화물 형태		탄산염 형태	
CaO	생석회	$Ca(OH)_2$	소석회	$CaCO_3$	탄산석회
MgO	고 토	$Mg(OH)_2$	수산화고토	$MgCO_3$	탄산고토
				$CaMg(CO_3)_2$	석회고토

　　　• 석회물질이 이산화탄소와 물과 반응 → 중탄산염[$Ca(HCO_3)_2$, $Mg(HCO_3)_2$] 형성 → OH^- 방출

　　　• 석회물질이 토양교질에 결합되어 있는 H 또는 Al과 직접 반응 → $Al(OH)_3$는 난용성 물질로 침전되고, CO_2는 기체로 대기 중으로 방출 → 반응이 오른쪽으로 진행 → 염기포화도 상승으로 토양 pH 상승

　　㉢ 석회물질의 중화력 비교 기출 9회

　　　탄산칼슘(탄산석회)(100%) 〈 소석회(135%) 〈 생석회(179%)

② 계산방법

　　㉠ 교환산도에 의한 방법

　　　• 토양 일정량의 교환산도를 측정하여 전산도를 알아내고, 중화에 필요한 석회물질의 당량을 구한 후 실제 토양에 투입할 양을 계산함

　　　• 전체토양량/토양시료량 × 전산도(meq) × 50(mg/meq)

　　　　= $CaCO_3$ 요구량($CaCO_3$, 1meq = 50mg)

ⓛ 완충곡선에 의한 방법
- 토양 시료에 직접 석회물질을 첨가하면서 pH 변화를 기록한 완충곡선으로부터 소요되는 석회의 양을 구함
- 전체토양량/토양시료량 × 곡선에서 얻은 석회요구량 = $CaCO_3$ 요구량

더 알아두기

특이산성토양 [기출] 6회 · 8회
- 특이산성토양의 특성
  - 강의 하구나 해안지대의 배수가 불량한 곳에서 늪지 퇴적물을 모재로 발달한 토양
  - 황철석(pyrite, FeS_2) 등 황화물(sulfide) 다량 함유
  - 인위적인 배수로 통기성이 좋아지면 황철석이 산화되어 pH 4.0 이하의 강산성을 띰
  - 배수가 되기 전에는 환원상태이며 pH는 중성 → 황화수소(H_2S)의 발생으로 작물 피해
  - 전 세계적으로 바닷물이 침투하는 해안을 따라 주로 발달 – 베트남, 태국, 인도네시아, 브라질, 말레이시아, 중국, 그리고 우리나라의 김해평야와 평택평야 등지에 분포
  - 추락(akiochi, autumn decline)현상 : 벼 재배 시 황화수소에 의한 피해현상, 벼의 생장이 영양생장기에 양호하다가 생식생장기에 Ca, Mg, K 등의 흡수가 크게 저해되어 가을 수확량이 크게 감소하는 현상 → 황화수소에 의해 벼의 뿌리 활성이 크게 저해되기 때문
- 특이산성토양의 생성
  - 황산기가 많은 해수의 유입으로 황화합물 축적 → 통기성이 불량한 조건에서 미생물에 의하여 황화물로 환원
  - 지하수위 하락이나 인위적인 배수로 통기성이 좋아지면 산화반응이 촉진되어 황산 생성
- 특이산성토양의 관리
  - 산성의 발달정도, 황화물 축적 두께, 용탈 가능성, 토지 이용가치에 따라 관리방법 결정
  - 토양을 계속 담수시켜 황화물의 산화를 억제하여 산성 발달을 제어할 수 있음 – 논으로 이용할 때 가능한 관리방법
  - 특이산성토층 위에 작물을 재배할 만큼의 비산성화층이 있다면 특이산성토층이 담수상태로 유지되는 정도까지 배수하고 작물을 재배함
  - 석회를 시용하여 중화시키는 것은 경제성이 낮음 → 일반적인 산성토양에 비해 20배 이상 석회가 소요되기 때문
  - 용탈을 통해 황함량을 낮추는 방법이 있으나, 특이산성토양이 발달한 지역이 지하수위가 높고 배수가 불량하기 때문에 적용하기 어려움

(5) 알칼리토양과 염류토양

① 염류의 집적
- ㉠ 해안지대와 건조 및 반건조지대에서 토양에 염류가 집적
- ㉡ 토양의 염기포화도와 토양용액의 염기 농도가 높아짐

② 염류와 토양반응
- ㉠ 알칼리 및 알칼리토금속이온은 토양용액의 OH^- 이온농도를 높이고 이로 인해 H^+ 이온농도가 감소되기 때문에 pH 7.0 이상의 알칼리성을 나타냄
- ㉡ 가용성 염류($NaCl$, $CaCl_2$, $MgCl_2$, KCl)의 용탈이 쉽지 않은 환경에서 알칼리성의 염류 토양(saline soil)이 발달
- ㉢ pH와 Na와 같은 염류 농도가 높아 식물 생장에 피해를 줌

③ 알칼리토양과 염류토양의 종류
- ㉠ 나트륨성 토양(sodic soil)
  - 알칼리토양을 다른 염류토양과 구별하기 위한 이름
  - pH 8.5 이상의 강알칼리성으로 식물 생육이 저해
  - 포화침출액의 전기전도도는 4dS/m 이하이며, 염류토양에 비해 가용성 염류의 농도는 높지 않지만 교환성 나트륨의 비율이 15% 이상
  - 교질물로부터 해리된 Na가 Na_2CO_3를 형성하고 분산된 유기물이 토양 표면에 분포되어 어두운 색을 띰 → 흑색 알칼리토양(black alkali soil)
  - 교질의 분산으로 경운이 어렵고, 투수성이 나쁨
  - 분산된 점토의 하방 이동으로 경반층(hard pan)이 형성되어 수분 이동과 뿌리의 신장이 차단
  - 농경지로서 매우 불량한 토양으로 석고($CaSO_4$)를 처리해 개량 → 석고의 Ca이 Na을 밀어냄
- ㉡ 염류토양(saline soil)
  - 염화물, 황산염, 질산염 등의 가용성 염류가 많고 가용성 탄산염은 거의 없음
  - 용해도가 낮은 $CaSO_4$, $CaCO_3$, $MgCO_3$ 등을 포함하기도 함
  - Ca, Mg의 황산염 또는 염화물이 축적되어 염류층이 형성되기도 함 → 건조기에 백색을 띠기 때문에 백색 알칼리토양(white alkali soil)으로 불림
  - pH 8.5 이하, 포화침출액의 전기전도도 4dS/m 이상, 교환성 나트륨비는 15% 이하, 나트륨 흡착비 13 이하
  - 높은 염류농도로 대부분의 식물 생육에 부적합
  - 교질물이 고도로 응집되어 토양 구조는 양호
- ㉢ 염류나트륨성 토양(saline-sodic soil)
  - 염류토양과 나트륨성 토양의 중간적 성질
  - pH 8.5 이하, 포화침출액의 전기전도도 4dS/m 이상, 교환성 나트륨비 15% 이상, 나트륨 흡착비 13 이상
  - 가용성 염류가 용탈로 하방 이동하면 pH 8.5 이상이 되고, 나트륨이 교질을 분산시켜 토양구조를 불량하게 함
  - 가용성 염류가 표면으로 이동해 집적하면 pH가 내려가고 토양구조가 좋아짐

② 석회질토양(calcareous soil)

- 탄산칼슘($CaCO_3$)의 함유량이 많아 묽은 염산을 가하면 거품반응이 일어나는 토양
- 반건조지역에 흔하고 pH는 7.0~8.3으로 비교적 높음
- 토양구조와 비옥도가 양호하기 때문에 관개농업에 적합한 토양

④ 알칼리토양과 염류토양 개량

㉠ 염류 집적으로 만들어진 토양이기 때문에 배수 상태와 관개수질의 관리가 중요
- 과잉의 Na와 가용성 염류들을 효과적으로 용탈시킬 수 있도록 배수체계 확립하고 염류의 농도가 낮은 양질의 관개수 이용

㉡ 염류나트륨성 토양은 Ca염을 첨가하고 충분히 배수 용탈시켜 개량
- Ca염(석고, 석회석 등의 분말)을 첨가하여 교환성 Na을 침출시켜 황산염이나 탄산염으로 전환
- 황 분말은 토양에서 느리게 산화되어 황산이 생성됨 → 토양용액의 Na과 결합하거나 $CaCO_3$을 용해시켜 가용성 Ca이 교환성 Na과 치환되게 하여 pH를 낮추고 토양 물리성 개량

⑤ 염류집적토양의 분류 기준 기출 9회

구 분	EC_e(dS/m)[1]	ESP[2]	SAR[3]	pH
정상 토양	< 4.0	< 15	< 13	< 8.5
염류토양	> 4.0	< 15	< 13	< 8.5
나트륨성 토양	< 4.0	> 15	> 13	> 8.5
염류나트륨성 토양	> 4.0	> 15	> 13	< 8.5

1) EC_e : 포화침출액(토양 공극이 포화될 정도의 물을 가하여 반죽한 후 뽑아낸 토양용액)의 전기전도도, 단위는 dS/m → 용액의 이온농도가 클수록 큰 값을 나타냄
2) ESP : 교환성 나트륨퍼센트(exchangeable sodium percentage), 토양에 흡착된 양이온 중 Na^+가 차지하는 비율(exchangeable sodium ratio ; ESR)을 %로 나타냄
3) SAR : 나트륨흡착비(sodium adsorption ratio), 토양용액 중의 Ca^{2+}, Mg^{2+}에 대한 Na^+의 농도비, 관개용수의 나트륨 장해를 평가하는 지표로도 사용

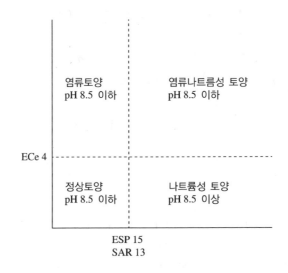

5. 토양의 산화환원반응

(1) 산화환원반응

① 전자의 이동을 수반하며 동시에 일어남

㉠ 산화반응 : 전자를 잃어 산화수가 증가하는 반응(산소 결합, 수소 해리)

㉡ 환원반응 : 전자를 얻어 산화수가 감소하는 반응(산소 해리, 수소 결합)

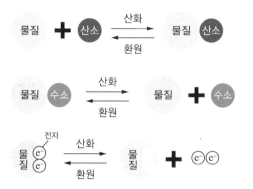

② 산화환원전위

㉠ 백금전극과 용액 사이에 생기는 전위차

㉡ $pE = -\log[e^-]$

(2) 토양의 산화환원전위

① 토양의 통기성, 무기이온, 유기물, 배수성, 온도, 식물의 종류 등의 영향을 받음

㉠ 산화상태 : 산소가 충분한 상태, 호기적 조건(예 밭토양)

㉡ 환원상태 : 산소가 부족한 상태, 혐기적 조건(예 논토양)

② 환원상태가 되면 pH가 증가함($pE + pH = 20.78$)

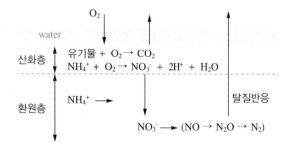

제6장 토양생물과 유기물

1. 토양생물

(1) 토양생물의 분류

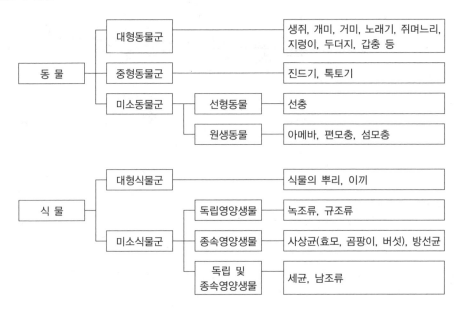

(2) 토양생물의 활성 측정

① **토양미생물의 수**
  ㉠ 하나의 독립된 미생물이 하나의 집락을 형성한다는 가정에 집락형성수(cfu)를 셈
  ㉡ 단위 : cfu/g 또는 cfu/ml
  ㉢ 실험법 : 희석평판법

② **토양미생물체량**
  ㉠ 토양 중 미생물 바이오매스의 양을 측정하는 방법
  ㉡ 인공배지에서 검출할 수 없는 미생물의 양도 포함되어 측정됨

③ **토양미생물 활성**
  ㉠ 미생물의 호흡작용 및 효소 활성을 측정함
  ㉡ 미생물 활성이 클수록 이산화탄소 발생량 증가

ⓒ 주요 효소
- 탈수소효소(dehydrogenase) : 유기물의 분해와 관련
- 인산가수분해효소(phosphatase) : 유기태 인산을 유효화시킴
- 단백질가수분해효소(protease) : 단백질을 아미노산으로 분해함

(3) 주요 토양동물

① 지렁이 – 대형동물 `기출` 6회

- ㉠ 약 3,000여 종, 종류에 따라 토양 깊은 곳까지 이동
- ㉡ 토양 속에 수많은 통로(생물공극)를 만들어 토양의 배수성과 통기성을 증가시킴
- ㉢ 지렁이의 점액물질은 토양구조의 개선과 미생물의 활성에 유익
- ㉣ 분변토 : 지렁이의 내장기관을 통과하여 나온 배설물, 안정된 입단 형성

② 선충 – 미소동물

- ㉠ 미소동물군에 속하며 토양 $1m^2$에 일반적으로 백만 마리 이상 존재
- ㉡ 토양선충의 90%가 토양 깊이 15cm 내에 서식
- ㉢ pH가 중성이며 유기물이 풍부한 환경, 특히 식물의 뿌리 근처에서 밀도가 높음
- ㉣ 먹이원에 따라 식균성, 초식성, 포식성, 잡식성으로 분류
- ㉤ 작물재배에서 많은 피해 유발

③ 원생동물 – 미소동물

- ㉠ 단일세포동물로서 세균과 조류의 중요한 포식자
- ㉡ 유기물이 풍부하고 통기성이 좋고, pH 6~8에서 잘 자람
- ㉢ 분류 : 편모상 원생동물, 섬모상 원생동물, 아메바상 원생동물

(4) 토양미생물 `기출` 7회 · 8회

① 조류(algae)

- ㉠ 광합성을 하고 산소를 방출하는 생물로 지질시대 지구화학적 변화에 중요한 역할
- ㉡ 탄산칼슘 또는 이산화탄소를 이용하여 유기물을 생성함
- ㉢ 스스로 탄수화물을 합성하므로 질소, 인 및 칼리와 같은 영양원이 갑자기 많아지면(부영양화, eutrophication) 생육이 급증(algal bloom)하여 녹조나 적조현상을 일으킴
- ㉣ 종류 : 녹조류(green algae), 규조류(diatoms), 황녹조류(yellow green algae) 등

② 사상균

- ㉠ 사상균 : 일반적으로 곰팡이를 지칭
  - 종속영양생물 : 유기물이 풍부한 곳에서 활성이 높음
  - 호기성 생물이지만 이산화탄소의 농도가 높은 환경에서도 잘 적응
  - 사상균의 수는 세균보다는 적지만, 강한 대사활성으로 강력한 분해자 역할을 함
  - 일반적인 종 : *Penicillium*, *Mucor*, *Fusarium*, *Aspergillus*

ⓒ 효 모
- 주로 혐기성인 담수토양에 서식
- 술과 빵의 조제에 이용
- *Saccharomyces cerevisiae*, *S. carlsbergensis* 등

ⓒ 버 섯
- 수분과 유기물의 잔사가 풍부한 산림이나 초지에 주로 서식
- 지상부인 자실체가 있으며, 균사는 토양이나 유기물의 잔사에 널리 뻗어 있음
- 목질조직의 분해와 식물의 뿌리와의 공생적 관계에서 중요한 역할

③ 균근균 [기출] 5회·8회·9회
ⓐ 균근(mycorrhizae) : '사상균 뿌리'라는 뜻, 사상균과 식물 뿌리와의 공생관계 의미
ⓑ 식물은 5~10%의 광합성 산물을 균근균에 제공, 균근균으로부터 여러 가지 이득을 취함
ⓒ 균근균의 기능
- 식물 뿌리의 연장 – 수분과 양분 흡수 촉진
- 양분의 유효도 증가 – 인산의 흡수 촉진
- 독성 인자의 흡수 억제 – 과도한 염류와 중금속 이온의 흡수 억제
- 항생물질의 생성 및 뿌리 표피 변환 – 병원균과 선충으로부터 식물 보호
- 토양의 통기성과 투수성 증가 – 토양 입단화 촉진
ⓓ 균근균의 종류

	외생균근(ectomycorrhizae)	내생균근(endomycorrhizae)	내외생균근
형태적 특징	• 표피세포 사이의 공간에 침입 • Hartig망 형성 • 피층 둘레에 균투 형성	• 세포의 내부조직까지 침투 • 균투를 형성하지 않음 • 근권과 뿌리표면, 세근의 피질조직에 포자 형성 • vesicles(낭상체) 형성 • arbuscules(수지상체) 형성	어린 묘목에서만 나타남
해부학적 구조			
배양 특성	실험실에서 단독배양 가능	살아있는 식물의 뿌리를 통해서만 배양 가능	
기주 특성	• 거의 수목에만 한정됨 • 소나무, 참나무, 너도밤나무, 자작나무, 피나무 등	초본류, 작물, 과수, 대부분의 산림수목	소나무류의 묘목
관련 종	자낭균, 담자균	접합자균	외생균근

ⓔ 균근균의 이용
- 광합성 환경은 좋으나 토양비옥도가 낮을 때 균근 발달함
- 접종 방법 : 자생지 토양이나 유기물, 균근 접종된 유묘, 균근균 순수배양액

④ 방선균

　　㉠ 형태적으로 사상균과 비슷하지만 세균과 같은 원핵생물

　　㉡ 실모양의 균사상태로 자라면서 포자(spore) 형성

　　㉢ 토양미생물의 10~50%를 구성, 대부분이 유기물을 분해하고 생육하는 부생성 생물

　　㉣ geosmins : 흙에서 나는 냄새 물질로 방선균(*Actinomyces odorifer*)이 분비

　　㉤ 대부분 호기성 균으로서 과습한 곳에서는 잘 자라지 않음

　　㉥ 주요 방선균 : *Micromonspora*, *Nocardia*, *Streptomyces*, *Streptosporangium*,
　　　Thermoactinomyces 등

　　　• 병원성 방선균 : *Mycobacterium tuberculosis* – 결핵병, *Streptomyces scabie* – 감자 더뎅이병

　　　• 질소고정 : *Frankia*속 방선균은 관목류와 공생하여 질소 고정

　　　• 항생물질 생성 : *Streptomyces*속 방선균

⑤ 세 균

　　㉠ 원핵생물로 가장 원시적인 형태의 생명체

　　㉡ 거의 모든 지역에 분포, 물질순환작용에서 핵심 역할, 매우 다양한 대사작용에 관여

　　㉢ 기본 형태 : 구형(cocci), 막대형(bacilli), 나선형(spirilla)

　　㉣ 세균의 분류

　　　• 탄소원과 에너지원에 따른 분류

구 분	탄소원(생체물질구성)	에너지원(대사에너지)	대표적 미생물군
화학종속영양생물	유기물 분해	유기물 분해	부생성 세균, 대부분의 공생 세균
광합성자급영양생물	CO_2	빛	green bacteria, cyanobacteria, purple bacteria
화학자급영양생물	CO_2	무기물 산화 (철, 황, 암모늄 등)	질화세균, 황산화세균, 수소산화세균

　　　• 생육적온에 따른 분류 : 고온성균, 중온성균, 저온성균

　　　• 산소 요구성에 따른 분류 : 편성호기성균, 편성혐기성균, 미호기성균, 통성혐기성균

　　　• 기타 : 호산성균, 호알칼리성균, 호염성균, 호한발성균

　　㉤ 질소순환에 관여하는 균

　　　• 암모니아생성균 : 유기물로부터 암모니아를 생성하는 미생물(세균, 방선균, 사상균)

　　　• 질산화균 : 암모니아산화균(*Nitrosomonas*, *Nitrosococcus*, *Nitrosospira*), 아질산산화균(*Nitrobacter*,
　　　　Nitrocystis) 기출 9회

　　　• 탈질균 : NO_3^-를 기체 질소로 환원시키는 균(*Pseudomonas*, *Bacillus*, *Micrococcus*, *Achromobacter*)

　　　• 질소고정균 : 단생질소고정균(*Azotobacter*, *Beijerinckia*, *Derxia*, *Klebsiella*, *Azospirillum*, *Bacillus*,
　　　　Clostridium, *Desulfovibrio*, *Desulfomaculum*), 공생질소고정균(*Rhyzobium*, *Bradyrhizobium*,
　　　　Sinnorhyzobium)

　　㉥ 인산가용화균

　　　• 유기산을 분비하여 불용화된 인산을 용해하여 가용화하는 세균

　　　• *Pseudomonas*, *Mycobacter*, *Bacillus*, *Enterobacter*, *Acromobacter*, *Flavobacterium*, *Erwinia*,
　　　　Rhanella

Ⓢ 금속 산화환원균
　　　　• 금속의 산화 : 산화 에너지로 ATP 합성(*Thiobacillus ferroxidans*의 철 산화반응)
　　　　• 금속의 환원 : 산소 결핍 환경에서 최종 전자수용체로 사용(*Geobacter metallireducens*의 철 환원반응)
　　　　• 수은이온의 무독화 : 황환원균이 수은이온을 메틸화하여 무독화시킴, 친유성으로 새와 물고기의 지방에 축적됨 → 수은중독에 의한 미나마타병 발생
　　⑥ 근권과 근권미생물
　　　　㉠ 근권 : 살아있는 뿌리의 영향을 받는 주변 토양(뿌리로부터 2mm 범위)
　　　　　• 뿌리 삼출물, 점액성의 유기화합물, 뿌리세포 분해산물, 이탈된 세포와 조직으로 비옥
　　　　　• mucigel : 뿌리의 점액에 미생물과 점토가 섞여 있는 것
　　　　㉡ 근권미생물(PGPR) : 근권에 서식하는 세균
　　　　　• *Rhizobium*, *Azotobacter*, *Azospirillum* - 질소고정력 증가
　　　　　• *Bacillus* - gibberellic acid, indolacetic acid 등의 식물생장촉진호르몬 생성
　　　　　• *Pseudomonas* : 종자나 뿌리에 군락형성능력과 철을 결합시키는 시데로포아(siderophore) 생성 → 철분을 결핍시켜 병원성 미생물의 세포생장이나 발육을 억제함

2. 토양유기물

(1) 탄소순환

　　① 이산화탄소의 고정 : 광합성에 의한 고정, 바다와 호소에 용해, 토양유기물로 저장, 화석연료로 저장, 암석에 저장
　　② 이산화탄소의 방출 : 호흡, 바이오매스의 분해, 바다와 호소로부터 방출, 화석연료의 연소

(2) 식물체의 구성성분

　　① 식물체의 주요 구성물질과 원소

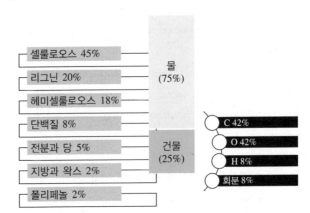

　　② 식물체 구성물질의 분해도 : 당류·전분 > 단백질 > 헤미셀룰로스 > 셀룰로스 > 리그닌 > 지질·왁스·탄닌 등

(3) 유기물의 분해 기출 9회

① 토양에 가해진 유기물의 변환

㉠ 이산화탄소로 방출 60~80%

㉡ 토양미생물의 생체구성물질 3~8%

㉢ 비부식물질 3~8%

㉣ 부식물질 10~30%

② 유기물 분해에 영향을 미치는 요인 기출 7회·8회

㉠ 환경요인 : pH, 수분, 산소, 온도

㉡ 유기물의 구성요소 : 리그닌 함량, 페놀 함량

㉢ 탄질률 : 유기물을 구성하는 탄소와 질소의 비율, C/N ratio 기출 5회

탄질률	20 이하	20~30	30 이상
주요 작용	• 무기화작용 우세 • 토양에 무기태 질소 증가	양방향 균형	• 고정화작용 우세 • 미생물에 의해 질소가 고정되면서 토양의 무기태 질소 감소 또는 고갈 → 질소기아현상
분해속도	빠 름	중 간	느 림
예 시	가축분뇨, 알팔파	호밀껍질	나무톱밥, 밀짚, 옥수수대

더 알아두기

• 고유미생물 : 안정화된 환경에서 서식하는 미생물

• 발효형 미생물 : 새로운 유기물이 가해졌을 때 급증하는 미생물

• 기폭효과(priming effect) : 발효형 미생물이 분해 저항력이 큰 부식이나 리그닌의 분해를 촉진시키는 효과

(4) 토양유기물 기출 7회

① 토양유기물의 구분

㉠ 부 식

• 대략적인 탄소/질소/인산/황의 비율 = 100/10/1/1

• 탄질률 약 10(탄소 약 58%, 질소 약 5.8%)

㉡ 비부식성 물질

• 다당류, 단백질, 지방 등이 미생물에 의하여 약간 변형된 물질

• 토양유기물의 12~24%

• 부식물질에 비하여 분해가 쉬움

㉢ 부식성 물질

• 리그닌과 단백질의 중합 및 축합반응 등으로 생성

• 무정형, 다양한 분자량, 갈색에서 검은색, 강한 분해저항성

• 토양유기물의 60~80%

② 토양유기물의 단계적 분획

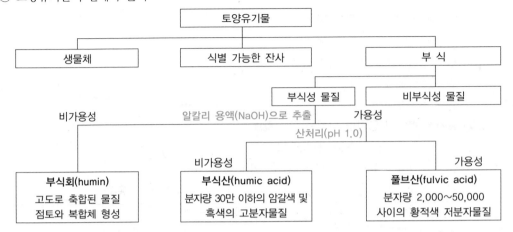

② **부식의 분해와 집적**

 ⊙ 침엽수의 잎은 활엽수의 잎보다 분해되기 어렵고 부식의 집적이 많아짐

 ⓛ 셀룰로스와 리그닌함량이 많은 볏짚은 단백질함량이 많은 클로버의 잎보다 분해되기 어렵고 부식의
  집적이 많아짐

 ⓒ 식물의 유기물생산량은 25~30℃ 정도에서 최대이고, 토양생물의 유기물분해량은 호기적 및 혐기적
  조건하에서도 35~40℃에서 최대임 → 온대지역이 열대지역에 비해 토양에 유기물이 축적되기에
  유리함

③ **부식의 효과** 기출 5회·6회·8회

 ⊙ 화학적 효과

  • 무기양분의 공급 : 서서히 분해되어 N, P, K, Ca, Mg, Mn, B 등의 다량 및 미량원소 방출

  • 생리활성작용 : 부식물질의 주성분인 페놀성 카르복실산(carboxylic acid) 대사조절작용

  • 무기이온의 유효조절 : 부식의 킬레이트화합물이 Al의 유해작용을 억제하고, 인산의 비효를 높이
   고, 미량요소를 가용화시킴

  • 양이온치환능 : CEC가 점토보다 수 배~수십 배 큼

  • 완충능 : 다수의 약산기를 가지고 있어 완충능이 강해짐

 ⓛ 물리적 효과

  • 입단화 증진

  • 용적밀도 감소

  • 토양공극 증가

  • 토양의 통기성과 배수성 향상

  • 보수력 증가

  • 지온상승(부식의 검은색)

 ⓒ 생물적 효과

  • 토양동물이나 미생물의 에너지원과 영양원

  • 미생물 활성 증가

  • 생육제한인자 또는 식물성장촉진제 공급

④ 퇴비화 및 퇴비의 기능

    ㉠ 탄소 이외의 양분 용탈 없이 좁은 공간에서 안전하게 보관

    ㉡ 퇴비화 과정에 30~50%의 CO_2가 방출됨으로써 감량화됨

    ㉢ 질소기아 없이 유기물 투입효과를 볼 수 있음

    ㉣ 탄질률이 높은 유기물의 분해 촉진

    ㉤ 퇴비화 과정의 높은 열에 잡초의 씨앗 및 병원성 미생물 사멸

    ㉥ 퇴비화 과정 중에 농약과 같은 독성 화합물 분해

    ㉦ 퇴비화 과정 중에 활성화된 *Pseudomonas*, *Bacillus*, *Actinomycetes* 등과 같은 미생물에 의해 토양병 원균의 활성 억제

(5) 유기질 토양

① 유기물함량이 20~30% 이상인 토양 → 히스토졸(histosol)에 속함

② 대부분 이탄(peat)과 흑이토(muck)

    ㉠ 이탄 : 갈색을 띰, 부분적으로 분해되어 있지만 섬유소 부분이 남아 있음

    ㉡ 흑이토 : 검은색을 띰, 식물 본래의 조직을 구분할 수 없음

③ 매우 낮은 가비중($0.2~0.4Mg/m^3$), 높은 수분 흡수력(단위무게의 2~3배 물 흡수), 탄질률 약 20(분해될 때 질소 무기화로 식물에 질소 공급)

④ 히스토졸의 면적은 지구 표면적의 약 1%이지만 전 세계 토양유기물의 약 20% 보유

⑤ 히스토졸의 보존이 필요 → 무분별한 개발과 파괴는 온실효과를 가중시킴

제 7 장 식물영양과 비배관리

1. 영양소의 종류와 기능

(1) 필수식물영양소 `기출` 6회

① 필수식물영양소의 정의와 종류

　㉠ 정의 : 식물이 정상적으로 성장하고 생명현상을 유지하는 데 반드시 필요한 원소

　㉡ 갖춰야 할 요건

　　• 해당원소의 결핍 시 식물체가 생명현상을 유지할 수 없음

　　• 그 원소만이 갖는 특이적 기능이 있으며, 다른 원소로 대체될 수 없음

　　• 식물의 대사과정에 직접적으로 관여

　　• 모든 식물에 공통적으로 적용되어야 함

　㉢ 종류(17원소) : C, H, O, N, P, K, Ca, Mg, S, Fe, Zn, B, Cu, Mn, Mo, Cl, Ni

　㉣ 주의 : 토양, 식물체, 비료에 존재하는 형태가 아니며, 편의상 화학원소기호로 표기함

> **더 알아두기**
>
> 유익한 원소(beneficial nutrient)
> 필수식물영양소에 해당하지 않지만 일부 식물에게는 필수성이 인정되거나 일부 생육환경조건에서
> 식물의 생육에 유리한 작용을 하는 원소 – Ni, Co, Na, Si, Se, Al, Sr, V 등
> • Ni : urease의 작용에 관여(최근 필수식물영양소에 포함)
> • Co : 질소고정식물의 leghaemoglobin의 합성에 필요 `기출` 9회
> • Na : 염류농도가 높은 간척지의 염생식물에게 필수적
> • Si : 벼의 생장에 필수적

② 필수식물영양소의 분류 `기출` 7회

　㉠ 비무기성 다량영양소 : 무기형태로 흡수되지만 바로 유기물질을 동화하는데 사용

　㉡ 무기성 다량 1차 영양소 : 식물이 많이 필요로 하고, 토양에서 결핍되기 쉬움

　㉢ 무기성 다량 2차 영양소 : 식물이 많이 필요로 하나 토양에서 결핍될 우려가 매우 낮음

　㉣ 무기성 미량영양소 : 식물의 요구량이 적고 소량으로 충분

　㉤ 필수식물영양소의 흡수형태, 기능 및 식물체 중 함량

구 분	분 류		원소	주요 흡수형태	주요 기능	식물체 함량
비무기성	비무기성		C	HCO_3^-, CO_3^{2-}, CO_2	무기형태 흡수 후 유기물질 생성	40~45%
			H	H_2O		5.0~6.0%
			O	O_2, H_2O		45~50%
무기성	다량영양소	1차영양소	N	NO_3^-, NH_4^+	아미노산, 단백질, 핵산, 효소 등의 구성요소	0.5~5.0%
			P	$H_2PO_4^-$, HPO_4^{2-}	에너지 저장과 공급(ATP 반응의 핵심)	0.1~0.4%
			K	K^+	효소의 형태유지, 기공의 개폐조절	1.0~3.0%
		2차영양소	Ca	Ca^{2+}	세포벽 중엽층 구성요소	0.2~3.0%
			Mg	Mg^{2+}	chlorophyll 분자구성	0.1~1.0%
			S	SO_4^{2-}, SO_2	황 함유 아미노산 구성요소	0.1~0.2%
	미량영양소		Fe	Fe^{2+}, Fe^{3+}, chelate	cytochrome의 구성요소, 광합성 작용의 전자전달	30~150ppm
			Cu	Cu^{2+}, chelate	산화효소의 구성요소	5~15ppm
			Zn	Zn^{2+}, chelate	알코올탈수소효소 구성요소	10~50ppm
			Mn	Mn^{2+}	탈수소효소, 카르보닐효소의 구성요소	15~100ppm
			Mo	MoO_4^{2-}, chelate	질소환원효소의 구성요소	1~5ppm
			B	H_3BO_3	탄수화물대사에 관여	5~50ppm
			Cl	Cl^-	광합성반응 산소방출	50~200ppm
			Ni	Ni^{2+}	Urease의 성분, 단백질 합성에 관여	

※ 1% = 10,000ppm = 10,000mg/kg

③ 생화학 및 식물생리학적 근거에 의한 구분

구분 근거	원소	설 명
식물체 구조 형성	C, H, O, N, S, P	탄수화물, 단백질, 지질, 핵산, 대사중간산물 등의 유기물 구성요소이며 각종 동화작용, 효소반응 및 산화환원반응에도 관여
효소 활성화	K, Ca, Mg, Mn, Zn	• K : pyruvate kinase 외 60여 가지 효소 활성, 삼투압 및 이온균형 기능 조정 • Ca : 생체막 ATPase 외 효소 활성, 세포벽과 세포막의 구조적인 안정화 기출 9회 • Mg : ATP phosphotransferase 외 효소 활성, 엽록소 구성원소 • Mn : 광합성과정에서 물분해에 필수적, IAA oxidase 외 활성
산화환원반응	Fe, Cu, Mo	• Fe : 시토크롬의 구성요소, 광합성작용의 전자전달 • Cu : 산화효소의 구성요소 • Mo : 질소환원효소의 구성요소
기타 기능	B, Cl, Si, Na	• B : 생장점의 생장과 동화산물의 수송 • Cl : 삼투압 및 이온균형 조절, 광합성과정에서 물의 광분해

④ 흡수하는 이온형태에 따른 구분

양이온 형태로 흡수	N, Ca, Mg, K, Fe, Mn, Zn, Cu, Ni
음이온 형태로 흡수	N, P, S, Cl, B, Mo

※ 질소는 양이온형태(NH_4^+)와 음이온형태(NO_3^-)로 모두 흡수

⑤ 흡수 기관에 따른 구분

잎을 통한 흡수	C(CO_2), H(H_2O), O(O_2), S(SO_2)
뿌리를 통한 흡수	N, P, K, Ca, Mg, S, Zn, Cu, Fe, Mn, Cl, B, Mo, Ni

(2) 식물영양소의 유효도

① 유효태 영양소

  ㉠ 영양소의 유효도 : 토양의 영양소가 식물에 의해 이용될 수 있는 정도

  ㉡ 유효태 영양소 : 토양의 총영양소 중 식물이 흡수할 수 있는 형태의 영양소

    • 토양용액에 존재

    • 확산계수 $10^{-12}cm^2/s$ 이상의 속도로 뿌리로 이동

② 영양소의 유효도에 영향을 주는 토양요인

  ㉠ 토양용액

    • 토양의 교환성 이온들과 평형 상태

    • 양이온의 몰수는 음이온의 몰수와 평형을 유지하려 함

    • 주요 양이온 : $Ca^{2+} > Mg^{2+} > K^+ > Na^+$

    • 주요 음이온 : NO_3^-, SO_4^{2-}, Cl^-, $H_2PO_4^-$, HPO_4^{2-}

  ㉡ 영양소 공급기작 **기출** 5회·7회·9회

뿌리차단	• 뿌리가 직접 접촉하여 흡수 • 접촉교환학설 : 뿌리에서 H^+를 내놓고 교환성 양이온을 흡수 • 뿌리가 발달할수록 접촉 기회 증가 • 유효태 영양소 흡수의 1% 미만에 해당
집단류	• 수분퍼텐셜에 의한 물의 이동과 함께 영양소가 뿌리 쪽으로 이동하여 공급 • 식물이 흡수하는 물의 양과 영양소 농도에 의해 흡수량 영향 • 기후조건과 토양수분함량에 따라 변화 • 증산작용이 클수록 증가 • 대부분 영양소의 공급기작
확 산	• 이온이 높은 농도에서 낮은 농도로 이동하는 현상 • 뿌리 근처의 이온 농도는 주변 토양에 비해 낮아 농도 기울기가 발생 • 확산속도 : NO_3^-, SO_4^{2-}, $Cl^- > K^+ > H_2PO_4^-$ • 인산, 칼륨의 주된 공급기작

※ 대부분의 영양소는 주로 집단류에 의하여 공급되고, 주로 확산에 의하여 공급되는 영양소는 인산과 칼륨, 뿌리차단에 의한 영양소 공급은 매우 적음

  ㉢ 영양소 완충용량

    • 토양용액의 농도를 일정하게 유지하는 능력

    • 강도 요인(Intensity ; I) : 토양용액에 녹아 있는 영양소의 농도

    • 양적 요인(Quantity ; Q) : 잠재적으로 이용 가능한 영양소의 양

    • 영양소 완충용량 = 토양에 흡착된 이온의 농토 변화량($\triangle Q$)/토양용액의 이온 농도 변화량($\triangle I$)

    • 양이온교환용량이 클수록 완충용량이 커짐

2. 영양소의 순환과 생리 작용

(1) 질 소

① 질소의 순환 [기출] 8회

　㉠ 자연계에서 질소의 주요 존재 형태

　　• 질소 분자(N_2) : 대기 중에 기체 분자로 존재

　　• 유기태 질소(Org-N) : 유기물에 결합되어 존재, 토양 질소의 80~97% 차지

　　• 무기태 질소 : 암모늄태 질소(NH_4^+-N), 질산태 질소(NO_3^--N), 아질산태 질소(NO_2^--N) 등

　　• 식물의 흡수 형태 : 암모늄태 질소(NH_4^+-N), 질산태 질소(NO_3^--N), 토양 질소의 2~3%

　㉡ 무기화와 고정화(부동화) 작용

　　• 무기화 작용 : 유기태 질소가 무기태 질소로 변환되는 작용(유기물이 분해되는 과정)

　　• 고정화 작용 : 무기태 질소가 유기태 질소로 변환되는 작용(유기물로 동화되는 과정)

　　• 무기화/고정화 과정

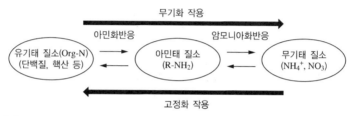

　　• C/N율의 영향

C/N율	20 이하	20~30	30 이상
우세한 작용	무기화 작용	균 형	고정화 작용
토양 무기태 질소	증 가	현상 유지	감 소
식물생육 적합성	질소 과잉, 부패	적 합	질소기아현상

　　• 질소기아현상 : 미생물이 식물이 이용할 무기태 질소를 흡수해서 식물이 질소부족현상을 겪는 것,
　　　C/N율이 높은 유기물을 토양에 투입할 경우 발생

　㉢ 질산화 작용

　　• 질산화 과정 : 질산화균에 의한 2단계 산화반응

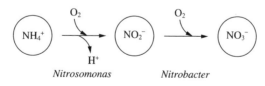

　　• 질산화균 : 암모니아산화균과 아질산화균으로 구분 [기출] 9회

　　　암모니아산화균 : Nitrosomonas, Nitrosococcus, Nitrosospira

　　　아질산산화균 : Nitrobacter, Nitrocystis

　　• 환경조건 : pH 4.5~7.5, 적당한 수분함량, 산소공급 원활, 25~30℃

ㄹ 탈질작용 **기출** 5회
- 탈질 과정 : 탈질균에 의한 다단계 환원반응

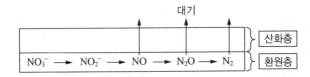

- 탈질균 : 통성혐기성균(산소가 부족한 환경에서 산소 대신 NO_3^-를 전자수용체로 이용)
- 유기물이 많고 담수되어 있는 조건, 즉 산소가 고갈되기 쉬운 조건에서 나타남
ㅁ 질소고정 : 질소 분자를 암모니아로 전환시켜 유기질소화합물을 합성하는 것
- 생물학적 질소고정 : $N_2 + 6e^- + 6H^+ \rightarrow 2NH_3$

구 분	공생적 질소고정	비공생적 질소고정
기본 특징	식물뿌리에 감염되어 뿌리혹(근류)을 형성하며, 대부분 콩과식물과 공생	식물과의 공생 없이 단독으로 서식
종 류	*Rhizobium*속의 뿌리혹박테리아, *meliloti, leguminosarum, trifolii, japoricum, phaseoli, lupini* 등	*Azotobacter, Beijerinkia, Clostridium, Achromobacter, Pseudomonas, blue-green algae, Anabaeba, Nostoc* 등

- 공생적 질소고정 > 비공생적 질소고정
- 생물학적 질소고정과 고정된 질소의 이용효율 향상 조건 : 질소비료 적게 주기, 코발트(Co, legheamoglobin 생합성)와 몰리브데늄(Mo, nitrogenase 효소의 보조인자) 필수, 인과 칼륨이 도움
- 산업적 질소고정 : Haber-Bösch 공정, $3H_2 + N_2 \rightarrow 2NH_3$
- 자연적 산화에 의한 질소고정 : 번개, $N_2 \rightarrow NO_3^-$, 빗물을 통해 토양에 유입
ㅂ 휘 산 **기출** 6회
- 토양 중의 질소가 암모니아(NH_3) 기체로 전환되어 대기 중으로 날아가 손실되는 현상
- 촉진 조건 : pH 7.0 이상, 고온 건조, 탄산칼슘($CaCO_3$)이 많은 석회질 토양
ㅅ 용 탈
- 토양 중의 물질(여기서는 질소)이 물에 녹아 씻겨 나가 손실되는 현상
- 질소의 형태 중 음전하를 띠는 NO_3^-는 토양에 흡착되지 못해 쉽게 용탈됨
ㅇ 흡착과 고정
- 흡착 : 암모늄이온(NH_4^+)이 점토나 유기물에 정전기적으로 붙는 현상, 교환성, 용탈을 막아줌
- 고정 : vermiculite와 illite 같은 2:1형의 구조 안에 들어감, 비교환성

ⓩ 자연계에서의 질소순환경로

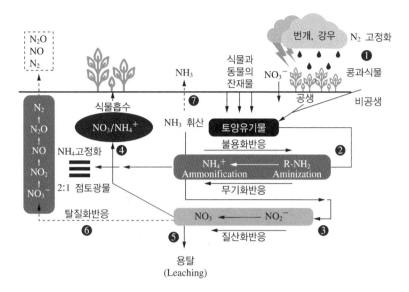

② 질소의 기능

ㄱ 아미노산, 단백질, 핵산, 엽록소 등 중요 유기화합물의 필수구성원소

ㄴ 흡수 형태 : NH_4^+, NO_3^-

  • NH_4^+ : 뿌리에서 아미노산, 아마이드, 아민 등으로 동화되어 각 부분으로 재분배

  • NO_3^- : 대부분 줄기와 잎으로 이동한 후 동화됨

  • NH_4^+은 pH가 중성일 때, NO_3^-은 낮은 pH에서 잘 흡수됨

ㄷ 결핍증상 : 생장 지연, 오래된 잎에서부터 황화현상 나타남, 분얼수 감소로 인한 수확량 감소

③ 질소질비료 기출 5회

구 분	질소질 비료	주성분
일반 질소질비료 (속효성)	황산암모늄(유안)	$(NH_4)_2SO_4$
	요 소	$(NH_2)_2CO$
	염화암모늄	NH_4Cl
	질산암모늄	NH_4NO_3
	석회질소	$CaCN_2$
	암모니아수	NH_4OH
완효성 질소질비료	피복요소	요소를 천연물질 또는 화학물질로 코팅
	CDU	요소와 crotonaldehyde 또는 acetaldehyde의 화합물
	IBDU	요소와 isobutylaldehyde의 화합물

(2) 인

① 인의 순환 기출 5회 · 8회

ㄱ 자연계에서 인의 주요 존재 형태

- 인회석(apatite) : 인을 함유하고 있는 광물, 주성분이 tricalcium phosphate인 화합물
- 인산이온 : 토양용액에 녹아있는 형태(H_3PO_4, $H_2PO_4^-$, HPO_4^{2-}, PO_4^{3-}), 토양의 pH에 따라 존재형태가 달라짐 식물이 이용할 수 있는 형태는 H_2PO^{4-}, HPO_4^{2-}

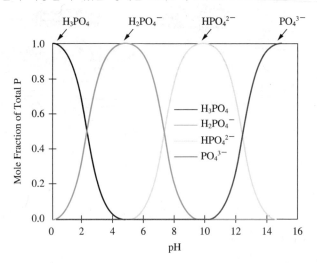

- 유기태 인 : 생물의 세포에서 형성된 유기화합물(이노시톨, 핵산, 인지질 등)에 포함된 인
- 무기태 인 : Ca, Fe, Al 또는 점토광물에 흡착된 인, 인의 불용화와 관련
- 식물의 흡수 형태 : $H_2PO_4^-$, HPO_4^{2-} (총인에 비해 농도가 매우 낮음)

ㄴ 무기화와 불용화

- 무기화 : 미생물이 유기물을 분해하면서 유기태 인이 인산이온으로 떨어져 나오는 것
- 불용화 : 토양용액 중의 인산이온을 미생물이 흡수하여 유기인산화합물을 만드는 것

ㄷ 흡착과 탈착 : 토양에서 인은 흡착되어 고정되거나 탈착되어 가용화됨

ㄹ 인산의 유실 : 인산이 흡착된 토사가 유출됨으로써 발생

ㅁ 식물영양 측면에서 총인 함량이 아닌 유효인산 함량이 중요

② 인의 기능 기출 6회

ㄱ 생체 물질 구성원소

- ATP : 광합성 에너지의 저장, 방출, 전달
- 핵산 : 형질유전과 발달에 관여
- 인지질 : 각종 생체막 형성

ㄴ 결핍증상

- 세포분열, 뿌리 생장, 분얼, 개화, 결실 지연 또는 불량
- 오래된 잎 : 암록색
- 1년생 줄기 : 자주색

③ 인산질비료

㉠ 종 류

구 분	주성분	제조방법
과린산석회(과석)	$CaH_4(PO_4)_2 \cdot H_2O$	인광석에 황산 처리
중과린산석회(중과석)	$CaH_4(PO_4)_2$	인광석에 인산 처리
용성인비	$Mg_3CaP_2O_3 \cdot 3CaSiO_2$	인광석 용융
용과린	$CaH_4(PO_4)_2 \cdot H_2O + Mg_3CaP_2O_3 \cdot 3CaSiO_2$	과석 + 용성인비
토마스인비	$Ca_4(PO_4)_2O$	인산 함유 제강슬래그

㉡ 속효성 : 과린산석회, 중과린산석회

㉢ 지효성 : 용성인비

(3) 칼 륨

① 칼륨의 순환

㉠ 자연계에서 칼륨의 주요 존재 형태

- 칼륨 함유 1차 광물 : feldspars, orthoclase, microcline, muscovite, biotite 등
- 칼륨 함유 2차 광물 : illite 등
- 교환성 칼륨 : 토양 교질물에 흡착되어 있는 칼륨
- 이온성 칼륨 : 토양용액에 녹아있는 칼륨, K^+

㉡ 고정과 방출 : 토양에서 칼륨은 흡착되어 고정되거나 방출되어 가용화됨

② 칼륨의 기능

㉠ 칼륨의 흡수 형태 : K^+

- 식물체 내에서 가용성의 K^+로 존재, 체내 이동성이 매우 큼
- 어린 조직, 종자, 과일 또는 기타 저장기관으로 이동하는 특성

㉡ 식물의 구조를 형성하지 않고 생리적 기능을 담당

- 이온 균형 유지 : NO_3^- 또는 SO_4^{2-}에 대응
- 공변세포의 팽압 조절 → 기공의 개폐 → 광합성과 증산량 조절
- 효소 작용 및 활성화

㉢ 결핍증상

- 오래된 잎에서 먼저 나타남
- 잎 주변과 끝부분의 황화현상 또는 괴사현상

③ 칼리질비료

구 분	주성분
황산칼리	K_2SO_4
염화칼리	KCl
재	해초 또는 식물의 재

(4) 칼슘

① 칼슘의 순환

　㉠ 자연계에서 칼슘의 주요 존재 형태

　　• 칼슘 함유 1차 광물 : 회장석, 사장석, 각섬석, 녹섬석 등

　　• 칼슘 함유 2차 광물 : dolomite(돌로마이트), calcite(방해석), gypsum(석고) 등

　　• 교환성 칼슘 : 토양 교질물에 흡착되어 있는 칼슘

　　• 이온성 칼슘 : 토양용액에 녹아있는 칼슘, Ca^{2+}

　㉡ 고정과 방출 : 토양에서 칼슘은 흡착되어 고정되거나 방출되어 가용화됨

② 칼슘의 기능

　㉠ 칼슘의 흡수 형태 : Ca^{2+}

　　• 식물체 내에서 가용성의 Ca^{2+}로 존재

　　• 체내 이동성이 매우 작음 → 식물체 내에서 재분배되지 않음

　㉡ 주로 세포벽에 다량 존재

　　• 펙틴과 결합하여 세포벽의 구조를 안정화시킴

　　• 세포막의 구조 안정화

　㉢ ATPase, calmodulin 등의 효소 작용 및 활성화

　㉣ 결핍증상

　　• 생장점 조직이 파괴되어 새 잎이 기형화됨

　　• 토마토의 배꼽썩음병, 사과의 고두병

③ 칼슘비료

　㉠ 칼슘비료 = 석회질비료

　　보통 토양의 칼슘농도가 풍부하기 때문에 비료보다는 토양개량 효과를 위해 사용

　㉡ 석회질비료의 종류

구 분	주성분	제조방법
소석회	$Ca(OH)_2$	생석회 + 물
석회석	$CaCO_3$	광 물
석회고토	$CaCO_3 \cdot MgCO_3$	광 물
생석회	CaO	석회석 가열
부산물석회	제강슬래그, 굴껍질, 조개껍질, 재	부산물 가공

(5) 마그네슘 [기출] 9회

① 마그네슘의 순환

　㉠ 자연계에서 마그네슘의 주요 존재 형태

　　• 마그네슘 함유 광물 : dolomite(돌로마이트), biotite(흑운모), serpentine(사문석) 등

　　• 교환성 마그네슘 : 토양 교질물에 흡착되어 있는 마그네슘

　　• 이온성 마그네슘 : 토양용액에 녹아있는 마그네슘, Mg^{2+}

　㉡ 고정과 방출 : 토양에서 마그네슘은 흡착되어 고정되거나 방출되어 가용화됨

② 마그네슘의 기능

　㉠ 마그네슘의 흡수 형태 : Mg^{2+}

　　• NH_4^+, K^+ 등의 양이온과 흡수 경쟁

　　• 체내 이동성이 있음(칼슘과 다른 점)

　㉡ 엽록소의 구성원소

　㉢ 인산화작용 효소의 보조인자, ATP와 효소 사이의 가교역할

　㉣ 결핍증상

　　• 엽록소 합성 저해로 인한 엽맥 사이의 황화현상

　　• 오래된 잎에서 먼저 발생

③ 마그네슘비료

　㉠ 마그네슘비료 = 고토비료

　　마그네슘이 부족한 산성토양을 개량할 때 고토석회(석회고토) 사용

　㉡ 마그네슘비료의 종류

구 분	주성분	특 징
황산고토	$MgSO_4$	수용성, 황 시비효과
수산화고토	$Mg(OH)_2$	구용성, 지효성
석회고토	$CaCO_3 \cdot MgCO_3$	산성토양 개량효과

(6) 황

① 황의 순환

　㉠ 자연계에서 황의 주요 존재 형태

　　• 황화광물 : pyrite(FeS 또는 FeS_2), *Thiobacillus*에 의해 산화되어 SO_4^{2-}로 방출

　　• 대기 중의 SO_2 또는 황산화물 : 빗물에 녹아 토양으로 유입

　　• 무기태 황 : SO_4^{2-}의 이온형태 또는 석고($CaSO_4 \cdot 2H_2O$)와 같은 황산염

　　• 황화물 : 혐기조건의 토양에서 발생한 황화수소가 철이온과 결합하여 철황화물(pyrite) 생성

　　• 유기태 황 : 유기화합물에 결합되어 있는 황

　㉡ 순환과정 : 질소의 순환과 유사

② 황의 기능

　㉠ 황의 흡수 형태 : 뿌리 SO_4^{2-}, 기공 SO_2

　㉡ 아미노산(cystein, methionine)의 구성성분

　㉢ 90% 이상이 식물체의 단백질에 존재

　㉣ coenzyme-A, 비타민(biotine, thiamine)의 구성성분

　㉤ 결핍증상

　　• 질소 결핍증상과 유사

　　• 어린잎에서 황화현상이 먼저 발생

③ 황비료

    ㉠ 원소형태의 S : *Thiobacillus thioxidans* 등의 황산화세균에 의해 SO_4^{2-}로 전환

    ㉡ 황산암모늄, 황산칼리, 황산고토

(7) 미량영양원소

① 미량원소의 순환

    ㉠ Fe, Mn, Cu, Zn, Cl, B, Mo, Co, Ni, Si

    ㉡ 대부분 모암에서 유래

    ㉢ pH에 따른 유효도

      • 낮을수록 유효도 증가 : Fe, Mn, Cu, Zn, B

      • 높을수록 유효도 증가 : Mo

    ㉣ 산화환원에 따른 유효도

      • 철과 망간이온의 존재 형태에 영향을 줌

      • 산화상태에서 유효도 감소 : Fe^{3+}, Mn^{4+}

      • 환원상태에서 유효도 증가 : Fe^{2+}, Mn^{2+}

② 미량원소의 기능 `기출` 5회·9회

미량원소	기 능	결핍증상
망 간	• TCA 회로에 관여된 효소의 활성화 • SOD(활성산소무해화효소)의 보조인자	• 표피조직의 오그라짐 • 엽맥과 엽맥 사이의 황백화(오래된 잎에서 먼저 발생)
철	• hemoprotein, leghemoglobin, cytochrome, catalase 등의 효소작용 • 엽록소의 생합성과정 • Fe–S 단백질, ferredoxin	• Mg 결핍증상과 유사하지만 어린 잎에서 주로 나타남(Mg과의 차이) • 엽맥 사이의 황화현상 • 어린잎의 백화현상
구 리	대부분 엽록체 내에 존재하며 광합성과 산화환원효소에 필요	• 잎의 백화현상 • 잎이 좁아지고 뒤틀리는 현상 • 생장점 고사현상
아 연	• RNA polymerase, RNase 활성 • 리보솜 구조 안정화 • carbonic anhydrase 등 효소 활성화	• 로제트 현상 • little leaf 현상 • 오래된 잎부터 황화현상
붕 소	• 새로운 세포의 발달과 성장에 필수 • 생체물질의 이동	• 로제트 현상 • 잎자루 비대 • 낙화 또는 낙과
몰리브덴	• 산화환원효소의 보조인자 • 질소환원효소인 nitrate reductase의 보조인자	• 질소 결핍증상과 유사 • 오래된 잎에서 먼저 발생 • 황화현상 및 잎의 가장자리 오그라짐
염 소	• 광합성 반응 • 칼륨과 함께 기공의 개폐 관여 • 액포막의 ATPase 활성화	햇빛이 강할 때 위조와 함께 황화현상
코발트	근류균의 질소고정에 필요	• 토양수분, pH 영향이 큼 • pH가 높고 담수상태의 토양과 산성토양에서 코발트 흡수 증가 • 석회 사용은 유효도 감소시킴

니 켈	• urease의 구성원소 • 질소 수송과정의 질소대사에 관여	콩과식물은 뿌리혹에서 고정된 질소를 지상부로 수송할 때 allantoin(ureide화합물)을 주로 이용
규 소	잎과 줄기의 피층세포에 축적되어 물리적 강도를 높임	규질화된 잎세포는 균의 침입방지 뿐만 아니라 침입한 균의 생장과 증식을 억제

③ 미량원소비료

　㉠ 붕산비료, 붕사비료, 황산아연비료, 미량요소복합비료

　㉡ 엽면시비용, 양액재배 관주용 4종복합비료

④ 미량영양원소의 유효도

　㉠ 유효도 결정 인자

　　• Fe, Mn : 원소 산화물의 용해도

　　• 나머지 원소 : 토양교질과의 흡착·탈착반응

　㉡ 모암의 미량영양원소 함량이 높고 미생물과 유기물 분해 작용이 활발하면 높아짐

　㉢ pH에 따른 유효도

　　• 낮을수록(산성일수록) 유효도 증가 : Fe, Mn, Cu, Zn, B

　　• 높을수록(알칼리성일수록) 유효도 증가 : Mo

> **더 알아두기**
>
> 수목의 미량원소 중 흔하게 결핍되는 원소
> • 철 : 가장 흔하게 나타나며, 주로 알칼리성 토양에서 관찰됨
> • 붕소 : 산성과 알칼리성 토양 모두에서 나타남

3. 토양비옥도

(1) 토양비옥도 관리의 기본 원리

① 유효태 함량

　㉠ 유효태 : 식물이 실제로 흡수할 수 있는 형태의 영양소

　㉡ 영양원소의 함량은 총함량보다 유효태 함량이 중요 → 실제 토양에 존재하는 영양소의 일부만이 유효태로 존재함

② 최소양분율의 법칙

　㉠ 1862년 리비히가 최초로 주장

　㉡ 다른 영양소가 충분하더라도 어느 하나의 영양소가 부족하면 그 부족한 영양소에 의하여 식물의 생장량이 결정된다는 법칙

③ 보수점감의 법칙
　　㉠ 양분의 공급량을 늘리면 초기에는 식물의 생산량이 증가하지만 공급량이 늘어날수록 생산량의 증가
　　　는 점차 줄어든다는 법칙
　　㉡ 시비량과 생산량과의 관계에서 경제성을 평가하는데 적용

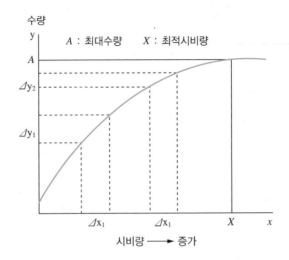

(2)　토양비옥도의 평가

① 토양검정
　　㉠ 토양의 양분공급능력을 화학적으로 평가하는 방법
　　㉡ 영양소의 추출방법에 따라 측정된 농도와 식물의 흡수량 또는 생육 사이에 밀접한 상관관계가 있어야 함
　　㉢ 영양소별 유효도 검정을 위한 측정 및 추출 방법

질 소	• 유효도 검증을 위해 NH_4^+, NO_3^- 형태의 무기태 질소의 측정 • 총질소함량과 유기태질소 함량을 함께 측정하여 공급능력 추정
인(유효인산)	• Olsen법 : pH 8.5의 0.5M $NaHCO_3$ 용액 사용 • Bray법 : NH_4F와 HCl 혼합용액 사용 • Lancaster법 : CH_3COOH, $CH_3CH(OH)COOH$, NH_4F, $(NH_4)_2SO_4$, NaOH 혼합용액 사용
칼슘, 마그네슘, 칼륨	물을 사용한 수용성과 NH_4COOCH_3(암모늄아세테이트) 교환태 추출
망 간	3N $NH_4H_2PO_4$ 용액 사용
몰리브덴	NH_4-oxalate 용액 사용
붕 소	물 사용
기타 미량영소	묽은 HCl 사용

② **식물검정**

　　㉠ 식물체분석 : 가장 정확하지만 시간의 소비와 비용이 큼

　　㉡ 수액분석 : 부정확하지만 간단

　　㉢ 육안관찰

　　　• 결핍증상 관찰

　　　• 영양소별 결핍증상이 뚜렷하게 구분되지 않는 경우가 많음

　　　• 독성 또는 병충에 의한 피해 증상과 구분하는데 어려움이 있음

　　　• 관찰자가 경험을 축적하게 되면 매우 유용함

식물체 부분	주요 증상		결핍/과잉영양소
오래 되고 성숙한 잎 (아래쪽 잎)	황화현상	균 일	N(S) 결핍
		엽맥 사이, 반점	Mg(Mn) 결핍
	고사현상	잎 끝과 가장자리	K 결핍
		엽맥 사이	Mg(Mn)
어린 잎과 새순 (위쪽 잎)	황화현상	균 일	Fe(S) 결핍
		엽맥 사이, 반점	Zn(Mn) 결핍
	고사 또는 황화현상		Ca, B, Cu 결핍
	기 형		Mo(Zn, B) 결핍
오래 되고 성숙한 잎 (아래쪽 잎)	고사현상	점	Mn(B) 과잉
		잎 끝과 가장자리	B, 염 과잉
	황화 및 고사현상		불특성 독성

　　㉣ 재배시험 : 비료요구량, 시비권장량을 시험결과를 통해 결정함

더 알아두기

비료의 구분(비료공정규격설정 및 지정, 농촌진흥청) `기출` 7회

• 보통비료 : 질소질, 인산질, 칼리질, 복합, 석회질, 규산질, 고토, 미량요소비료, 상토

• 부산물비료

　– 부숙유기질비료 : 부숙과정을통하여 제조한 비료, 예 퇴비, 부엽토

　– 유기질비료 : 유기질을 주원료로 제조한 비료, 예 대두박, 채종유박

　– 미생물비료 : 살아있는 미생물을 주원료로 제조한 비료, 토양미생물제제

4. 비료의 반응

(1) 화학적 반응

① 비료 자체가 가지는 반응(물에 녹이면 비료의 화학조성에 따라 용액의 반응이 나타남)

② 화학적 반응에 따른 비료의 분류

산성 비료	과인산석회, 중과인산석회, 인산1암모늄, 황산암모늄
중성 비료	• 중성염류 : 질산암모늄, 황산칼륨, 염화칼륨, 질산칼륨 • 유기질 : 요소, 우레아포름(ureaform)
알칼리성 비료	• 알칼리성 물질 : 생석회, 소석회, 암모니아수 • 강염기염 : 탄산칼륨, 탄산암모니아 • 석회의 과잉 함유 : 석회질소, 용성인비, 규산질 비료, 규회석 비료

(2) 생리적 반응

① 식물이 음・양이온을 흡수하는 속도가 고르지 않기 때문에, 토양에 시용한 비료의 성분 중 어떤 성분은 많이 남고, 어떤 성분은 적은 양만 남아 있어 토양반응이 어느 편으로 치우쳐 나타나는 반응

  ㉠ 질산나트륨($NaNO_3$)은 질산은 많이 흡수되고 나트륨이 많이 남게 되어 토양반응이 알칼리성이 됨

  ㉡ 질산암모늄은 음・양이온의 거의 같게 흡수하므로 생리적 중성 비료

② 생리적 반응에 따른 비료의 분류

생리적 산성 비료	황산암모늄, 염화암모늄, 황산칼륨, 부숙된 인분뇨, 염화칼륨
생리적 중성 비료	질산암모늄, 질산칼륨, 요소, 인산암모늄
생리적 알칼리성 비료	질산나트륨, 질산칼슘, 탄산칼륨(초목회), 용성인비

제 **8** 장

특수지 토양개량 및 관리

1. 임해매립지 식재기반

(1) 방풍 · 방사시설

① 시설의 설치

바람이나 모래의 피해를 받을 우려가 있는 식재지에 방풍림 또는 방풍망·방사망 설계

② 방풍망 설계

㉠ 최대풍압의 산정

$D = 1/2 \times \rho \times C \times \alpha \times V^2 \times A$

(D : 풍압력, ρ : 공기의 밀도, C : 저항계수, α : 방풍망의 차폐율, V : 최대풍속, A : 물체의 최대 투영 면적)

㉡ 방풍망기초 설계 : 최대풍압과 높이를 기준으로 기초를 설계함

③ 방사망 설계

㉠ 바람에 날리는 모래로 수목의 생육장애가 우려되는 지역에 적용

㉡ 방사망의 구멍이 모래 등에 막힐 우려가 있는 경우 풍압의 증가치를 고려함

㉢ 수목의 성장에 따라 방사망을 높일 수 있음을 고려하여 기초를 설계함

(2) 관수시설

① 필요성

㉠ 지하에서 염분이 상승하여 식물의 생장에 피해를 줌

㉡ 토양수분의 부족이 우려됨

② 관수시설의 도입과 운영

㉠ 살수차에 의한 관수비용과 내구연한 10년으로 한 관수시설의 비용을 비교함

㉡ 염분 상승을 예방하기 위한 급수량 최저 기준 : 3mm/일

㉢ 총관수량 = 최저 급수량 + 식물의 소비량(흡수와 증발산) - 강수량

(3) 준설토에 의한 식재기반

① 준설토 입도조정

㉠ 준설토를 제염하여 식재용 토양으로 사용

㉡ 조건 : 입경 $20\,\mu m$ 이하의 입자 함유율 5% 이하, 포화투수계수 10^{-3}cm/sec 이상

② 준설토 제염

    ㉠ 제염이 쉽도록 심토층 배수시설을 채용함

    ㉡ 제염기준 : 염소 0.01% 이하, 전기전도도 0.2dS/m 이하, pH 7.8 이하

    ㉢ 토양 이화학적 분석 후 적합성 확인

③ 식재지반 깊이

    ㉠ 모세관 현상에 의한 염수 도달층보다 위쪽의 상층부 토양을 식재지반으로 함

    ㉡ 교목 1.5m 이상, 관목 1.0m 이상, 초본류 및 잔디 0.6m 이상

    ㉢ 염수의 모세관 상승고는 시험에 의해 정함

      • 수분 상승이 정지된 후 48시간 이상 수분 상승이 일어나지 않는 곳의 높이

      • 토양의 밀도는 최대다짐밀도의 95% 이상 조건에서 실시

(4) 전면객토에 의한 식재기반

① 전면객토법 적용지역

    ㉠ 준설토를 사용하기 어려운 곳

    ㉡ 식재밀도가 높은 곳

② 식재지반 하부의 준설매립토에 대한 조치

    ㉠ 준설매립토의 염분이 식재지반층으로 확산되는 것을 막는 조치

      • 충분히 제염

      • 준설매립토와 객토층 사이에 차단층 설치

    ㉡ 준설매립토와 객토층 사이에 정체수가 발생하지 않도록 심토층 배수설계

    ㉢ 모세관 최대상승고보다 위쪽의 토양을 식재지반으로 함

③ 객토 깊이

    ㉠ 교목 1.5m 이상, 관목 1.0m 이상, 초본류 및 잔디 0.6m 이상

    ㉡ 객토층 깊이가 확보되기 어려울 때는 0.6~1.0m 깊이의 전면객토를 하고 식재지역을 마운딩하여 생육최소토심을 확보함

(5) 부분객토에 의한 식재지반

① 부분객토법의 적용지역 : 식재밀도가 낮은 곳(도로변의 가로수 식재 등)에서는 전면객토법과 부분객토법의 비용을 비교하여 객토방법 결정

② 준설매립토에 대한 조치

    ㉠ 준설매립토의 염분이 식재지반층으로 확산되는 것을 막는 조치

      • 충분히 제염

      • 준설매립토와 객토층 사이에 차단층 설치

    ㉡ 준설매립토와 객토층 사이에 정체수가 발생하지 않도록 심토층 배수설계

    ㉢ 모세관 최대상승고보다 위쪽의 토양을 식재지반으로 함

③ 식재구덩이

    ㉠ 구덩이의 깊이 : 교목 1.5m 이상, 관목 1.0m 이상, 초본류 및 잔디 0.6m 이상

    ㉡ 바닥면의 너비 : 교목은 근원직경의 15배 이상, 관목은 수관폭의 1.5배 이상

    ㉢ 구덩이 옆면의 기울기 : 안식각 고려

④ 객토용 토양의 선정

    ㉠ 식재용 토양으로 적합한 것을 선정

    ㉡ 준설토로부터 염분확산이 우려되는 곳에서는 준설토보다 입자크기가 큰 토양을 객토용으로 채택함

2. 쓰레기매립지 식재기반

(1) 복 토

① 복토용토

    ㉠ 폐기물관리법의 관련 규정에 따름

    ㉡ 10^{-8}m/sec 이하의 투수계수를 지닌 점토의 사용이 원칙

② 식재지반

    ㉠ 최종매립 후 3년 경과되고 조성함

    ㉡ 조건 : CH_4의 평균배출농도 50ppm 이하, 특정지점의 CH_4 농도가 500ppm을 초과하지 않는 시점 이후 가능

(2) 차단층 설치

① 사전 조치사항

    ㉠ 침출수의 상승 혹은 가스의 확산을 방지하기 위하여 복토층 위에 차단층을 설치한 후 식재기반 조성

    ㉡ 차단층의 부등침하를 막는 조치

        • 차단층을 설치하기 전에 복토층을 충분히 다짐

        • 차단층을 손상할 우려가 있는 이물질을 제거함

        • 차단층을 부직포 등으로 보강하거나 적절한 인장강도를 가지는 불투수성 재료로 조성

② 차단층 위 배수시설

    ㉠ 차단층은 흙쌓기 후의 심토층 배수를 고려하여 2%의 기울기를 줌

    ㉡ 차단층 위에 흙쌓기를 하기에 앞서 심토층 배수시설을 설치함

③ 가스 배출관 설치

    ㉠ 쓰레기 매립지반에서 발생하는 가스가 차단층을 통과할 수 있도록 $400m^2$마다 1개소 이상의 가스배출관을 설치함

    ㉡ 배출된 가스가 대기로 쉽게 확산되도록 함

    ㉢ 가스 배출관 주위에 위험 표시판과 안내판 배치

(3) 여과층 설치

    ① 목적 : 식재지반토양이 배수층으로 흘러들지 않도록 함

    ② 설치방법

        ㉠ 여과층 위에 굵은 입자의 토양을 포설함

        ㉡ 부직포 등으로 여과층을 설치할 때에는 미세한 토양입자가 부직포의 공극을 막지 않도록 배수층 위에 굵은 입자의 토양을 깔고 그 위에 차례로 입자의 크기가 작은 순으로 토양층을 조성함

(4) 식재지반

    ① 토심 : 사용 식물의 생육 최소토심 이상을 확보함

    ② 토양공기 조건

        ㉠ 0.3m 깊이에서 토양공기의 조건

        ㉡ 산소 : 18% 이상 (부피 기준)

        ㉢ 탄산가스 : 5% 이하

        ㉣ 메탄가스 : 5% 이하

3. 도시토양의 특성 기출 8회

토양 온도	도시의 열섬현상으로 토양 온도 상승 → 유기물 분해속도 증가, 질소 무기화 증가
토양 수분	불투수성재료 피복 + 답압 → 수분 침투 감소, 강수의 신속 배수 → 지하수위가 낮아지고 건조 피해 발생
토양 공극	답압 → 용적밀도 증가 → 공극 감소 → 통기성/배수성 저하 기출 9회
토양 산도	• 건물과 도로 주변 토양의 알칼리화 • 산성 강하물에 의한 도시숲 토양의 산성화

토양 오염	• 제빙염(deicing salt) : Na 이온 교환, 입단 파괴, Cl독성, 삼투퍼텐셜감소
	  – 민감종(단풍나무, 피나무, 벚나무, 물푸레나무)
	  – 내성종(버즘나무, 아까시나무, 팽나무, 참나무)
	• 중금속 농도 : 도로에 가까운 표층에서 가장 높고, 멀어질수록 그리고 깊어질수록 감소
	• 유기화합물 : 농약 또는 유해 유기화합물 오염

4. 산불이 토양에 미치는 영향 기출 5회·7회·8회·9회

    ① 암석 파편화

    ② 500℃ 이상이 되면, 카올리나이트가산화알루미늄과 규소 형태로 분해

    ③ Fe-OOH 화합물이 Fe_2O_3로 변하고 종종 붉은색 토양 형성

    ④ 버미큘라이트나 클로라이트 등 점토광물의 결정 구조 붕괴로 수분 손실

    ⑤ 유기물 연소와 광물질의 변형으로 양이온교환용량 50% 이상 감소

⑥ 유기물층 소실과 광물질 토양층이 노출됨으로써 침식 증가 → 토성 거칠어짐

⑦ 임목의 고사로 증산량 감소. but 표토층 노출에 따른 증발량 증가

⑧ 산불 재로 인한 토색 및 토양 온도 변화

⑨ 토양에 유입되는 부식의 감소 → 용적밀도 증가

⑩ 수분침투율과 투수능 감소(공극이 막히거나, 발수성 증가 때문)

⑪ **산불 재층의 양분 함량** : N 20~100kg/ha, P 3~50kg/ha, Ca 40~1,600kg/ha

⑫ 질소의 손실을 야기하지만, 다른 대부분의 양분 함량은 일시적으로 급속히 증가

⑬ 산불 직후 토양 pH 상승하지만, 시간이 경과하면서 이전 수준으로 돌아감

⑭ **긍정적 영향** : 양분유효도 증가, 반 연소된 물질의 혼입, 가열에 의한 양분 방출, but 일시적 효과임에 유의

⑮ **부정적 영향** : 용적밀도 증가, 유기물 및 질소의 산화, 재에 포함된 양분의 손실, 식물 종의 경쟁 감소, 온도 및 수분함량, 토양침식 증가, 토양생물군 구성과 활성 변화

제 9 장 토양의 침식 및 오염

1. 토양침식

(1) 지질침식과 가속침식

① 지질침식

㉠ 지형이 평탄해지는 과정을 이끄는 침식

㉡ 매우 느린 침식으로 새로운 토양의 생성이 가능

② 가속침식

㉠ 지질침식에 비해 10~1,000배 심하게 진행

㉡ 강우량이 많은 경사 지역에서 심하게 발생

㉢ 토양층이 훼손되기 때문에 관리되어야 함

(2) 수식(물에 의한 침식)

① 수식의 단계

㉠ 1단계 : 토양입자의 분산탈리

㉡ 2단계 : 입자들의 이동

㉢ 3단계 : 입자들의 퇴적

② 수식의 종류

면상침식	세류침식	협곡침식
	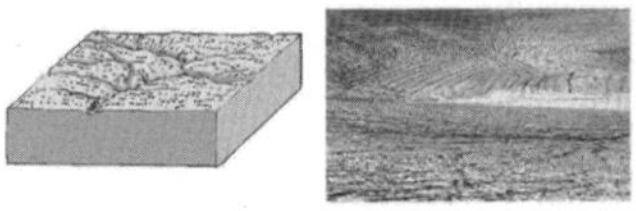	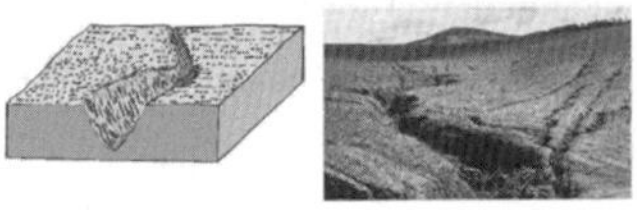
• 강우에 의해 비산된 토양이 토양표면을 따라 얇고 일정하게 침식되는 것 • 자갈이나 굵은 모래가 있는 곳은 강우의 타격력을 흡수하여 작은 기둥모양으로 남아 있기도 함 • 세류간침식(interrill erosion)	• 유출수가 침식이 약한 부분에 모여 작은 수로를 형성하며 흐르면서 일어나는 침식 • 새로 식재된 곳이나 휴한지에서 일어남 • 농기계를 이용하여 평평하게 할 수 있는 정도의 규모	• 세류침식의 규모가 커지면서 수로의 바닥과 양 옆이 심하게 침식되는 것 • 트랙터 등 농기계가 들어갈 수 없음

토양 유실의 대부분은 면상침식과 세류침식에 의해 일어남 기출 9회

(3) 풍식(바람에 의한 침식)

① 풍식의 단계 : 수식과 같은 분산탈리, 이동, 퇴적의 3단계

② 입자의 이동 경로에 따른 구분

   ㉠ 약동 : 0.1~0.5mm 입자가 30cm 이하의 높이 안에서 비교적 짧은 거리를 구르거나 튀어서 이동하는 것, 풍식 이동의 50~90% 차지

   ㉡ 포행 : 1.0mm 이상의 큰 입자가 토양 표면을 구르거나 미끄러져 이동하는 것, 풍식 이동의 5~25% 차지

   ㉢ 부유 : 가는 모래 크기 이하의 작은 입자가 공중에 떠서 멀리 이동하는 것, 수백 km까지 이동, 전체 이동량의 40% 이하, 보통 15% 정도

(4) 토양침식예측모델 **기출** 5회

① 토양침식의 영향인자

   ㉠ 지형 : 경사도, 경사의 넓이, 경사의 길이, 지형의 기복

   ㉡ 기상조건 : 강우량, 강우강도, 건조(수식이 아닌 풍식이 문제)

   ㉢ 토양조건 : 토성, 구조, 투수성, 유기물 함량, 토양수분, 토양표면의 상태

   ㉣ 식생 : 식물의 종류, 밀도, 피복도, 초장(지표에 가까울수록 피복 효과가 큼), 뿌리

② 토양유실예측공식(모델) : USLE, RUSLE, WEPP

   ㉠ USLE(Universal soil erosion loss equation), RUSLE(revised USLE)

     • $A = R \times K \times LS \times C \times P$

     • A : 연간 토양유실량

강우인자, R	• 강우량, 강우강도, 계절별 강우분포 등(강우강도의 영향이 가장 큼) • 연중 내린 강우의 양과 강우강도를 토대로 계산한 운동에너지 합으로 여러 해 동안의 평균값을 사용 • 등식침식도 : 강우인자의 값이 비슷한 지역을 연결하여 나타낸 그림
토양침식성 인자, K	• 토양이 가진 본래의 침식가능성을 나타냄 • 표준포장(식생이 없는 나지상태로 유지된 길이 22.1m, 경사 9%) 실험을 통해 얻은 수치를 이용 • 침투율과 토양구조의 안정성이 주요 인자 • K값의 범위 : 0~0.1(침투율이 높은 토양 0.025 정도, 쉽게 침식을 받는 토양 0.04 정도 또는 이상)
경사도와 경사장인자, LS	• 표준포장 실험을 통해 얻은 수치를 이용 • 경사도가 크고 경사장이 길수록 침식량이 많아짐 • 경사도가 경사장보다 침식에 미치는 영향이 큼
작부관리인자, C	• 작물을 생육시기별로 나누어 측정한 토양유실량을 나지의 토양유실량으로 나눈 비에 각 시기별 강우인자를 곱하여 얻은 값의 합 • 토양이 거의 피복되지 않은 곳의 C값은 1.0에 근접하게 됨 • 식물의 잔재로 피복되어 있거나 식생이 조밀한 곳은 0.1 이하 • 지역과 식물의 종류, 토양관리에 따라 달라짐

토양보전인자, P	• 상·하경에 의하여 재배되는 시험구의 연간 토양유실량에 대한 토양보전처리구의 연간 토양유실량의 비로 나타냄 • 토양관리방법(등고선재배, 등고선대상재배, 승수로와 초생수로 설치 등)에 따라 값을 정함 • 토양관리활동이 없을 때의 값은 1이고 관리가 들어가면 1보다 작아짐

  ○ WEPP(water erosion prediction project)

   • USLE/RUSLE와의 차이점 : 세류침식과 면상침식을 구분하여 유실량 예측, 개개 인자에 의한 유실량 예측

 ③ 풍식예측공식

  풍식량 E = I × K × C × L × V(I = 토양풍식성인자, K = 토양면의 거칠기인자, C = 기후인자, L = 포장의 나비, V = 식생인자)

(5) 침식방지방법

 ① 지표면의 피복

  ㉠ 식생피복을 통해 면상침식과 세류침식을 방지

  ㉡ 여러 식생 중 목초는 토양유실 방지효과가 탁월

 ② 토양개량

  ㉠ 심층경운(subsoiling) : 심토를 개량하여 토양의 투수성을 증가시키고 근권을 확대함, 심토 파쇄도는 폭기식 토층개량법 등이 있음

  ㉡ 수직부초 : 수직으로 구덩이 또는 넓은 홈을 파서 짚이나 잔가지를 채워 넣는 방법

 ③ 유거의 속도조절

  ㉠ 초생대와 부초(mulching, 보릿짚이나 볏짚으로 지표면을 덮거나 그루터기를 그대로 두어 침식을 방지하는 것)

  ㉡ 등고선재배(contour cropping) : 경사진 밭에서 등고선을 따라 작물을 재배하는 것

  ㉢ 등고선대생재배(contour strip-cropping) : 등고선을 따라 작물대와 초생대를 번갈아 띠모양으로 배열하여 재배하는 방법

  ㉣ 계단재배 : 계단을 만들어 경사도와 경사장을 줄이는 방법

  ㉤ 승수로설치재배 : 승수로(등고선 또는 필지 구획을 따라 물을 대거나 배수하는 수로, terrace system)와 승수로 사이에 작물을 재배하는 방법, 포장 내의 승수로는 등고선에 평행하게 설치

포장 내 승수로	등고선 승수로	빗물의 수식을 방지하고 집수로로 유도하기 위해 등고선에 평행하게 설치
	집수로	보통 등고선에 수직으로 설치
포장 밖 승수로		포장 위에서 흘러 내려오는 유출수로부터 포장을 보호하기 위한 승수로 포장 경계선을 따라 설치

2. 토양오염

(1) 토양오염의 특성

① 일반적인 정의 : 오염물질이 외부로부터 토양 내로 유입됨으로써 그 농도가 자연함유량보다 많아지고 이로 인하여 토양에 나쁜 영향을 주어 그 기능과 질이 저하되는 현상

② 토양오염의 특성

매 질	공간적 균일성	시간적 균일성
토 양	매우 작음	매우 큼
수 계	중 간	중 간
대 기	매우 큼	매우 작음

③ 발생원에 따른 구분

구 분	오염원
점오염원	폐기물매립지, 대단위 축산단지, 산업지역, 건설지역, 가행광산, 송유관, 유류저장시설, 유독물저장시설
비점오염원	농약과 화학비료가 장기간 사용되고 있는 농경지, 휴폐광산, 산성비, 방사성 물질

(2) 토양오염물질의 종류와 특성

① 질소와 인

  ㉠ 비료의 과다 사용과 축산 활동, 유기성 폐기물 등으로부터 발생

  ㉡ 음용수의 질산염 농도가 높아지면 청색증, 비타민결핍증, 고창증 등의 피해 발생

  ㉢ 수계의 부영양화 → 녹조, 적조의 발생

  ㉣ 수용성인 질산태 질소는 물에 녹아 수계에 유입되며, 용해도가 낮은 인산은 토양입자와 함께 수계로 유입됨

② 농 약

  ㉠ 살충제, 제초제, 살균제 등이 토양에 잔류

  ㉡ 먹이사슬을 통해 생물농축되는 특성

③ 유독성 유기물질

  ㉠ 석유계 탄화수소 : 연료, 용제, 휘발성유기화합물(VOC), 다환고리방향성탄화수소화합물(PAHs), 계면활성제, 방향족아민류, 염소계파라핀, 염소계방향족화합물, 가소제 등으로 난분해성

  • PAHs : 비극성이며 소수성인 특성이 있고 토양과 지하수를 광범위하게 오염시킴

  • 유기염소계화합물 : 유기용매 또는 세정수로 사용, 지하수 오염, TCE, THM

  • 니트로방향족화합물 : 제초제·살충제 원료, 비누 향료 원료 NB, 폭약 원료 TNT

  ㉡ 생물학적 처리가 어렵고 맹독성이고 장기간 잔류하는 특성

④ 중금속

　　㉠ 미량원소 또는 위해성 미량원소(Cu, Zn, Ni, Co, Pb, Hg, Cd, Cr 등)

　　　• 필수원소 : Cu, Zn, Ni, Co

　　　• 비필수원소 : Pb, Hg 등

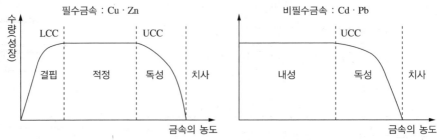

중금속의 농도에 대한 식물생육반응곡선

　　㉡ 흡수 시 체내에 축적되고 잘 배설되지 않고 장기간에 걸쳐 부작용을 나타냄

　　㉢ 중금속의 용해도가 커질수록 독성 증가

　　　• pH : 몰리브덴(Mo)을 제외한 중금속은 pH가 낮아지면 용해도가 커짐

　　　• 산화환원조건

용해도(독성) 증가 조건	금속 종류	독 성
산화조건	Cd, Cu, Zn, Cr	$Cr^{6+} > Cr^{3+}$
환원조건	Fe, Mn	환원상태 비소(As) > 산화상태 비소

⑤ 산성 광산폐기물 　기출 6회

　　㉠ 광산폐수, 광산폐석, 광미 등에서 발생하는 오염

　　㉡ 산성갱내수(AMD, acid mine drainage) : 강한 산성, 중금속(특히 철과 알루미늄)과 황산이온을 다량 함유

　　　• Yellow boy : 광산폐수의 철이 산화되어 토양과 하천 바닥의 바위 표면을 노란색에서 주황색으로 변화시키는 현상

　　　• 백화현상 : 광산폐수의 알루미늄이 산화되어 침전물로 변하여 강바닥과 토양을 하얗게 변화시키는 현상

⑥ 유해 폐기물

　　㉠ 산업폐기물 : 산업 활동의 부산물

　　㉡ 도시고형폐기물 : 하수슬러지 문제 심각

(3) 오염토양 복원기술

① 토양환경보전법 시행규칙에 규정된 토양오염물질 [기출] 5회 · 7회

[별표 3, 7] 〈개정 2022.1.21.〉

(단위 : mg/kg)

물 질	토양오염우려기준			토양오염대책기준		
	1지역	2지역	3지역	1지역	2지역	3지역
카드뮴	4	10	60	12	30	180
구 리	150	500	2,000	450	1,500	6,000
비 소	25	50	200	75	150	600
수 은	4	10	20	12	30	60
납	200	400	700	600	1,200	2,100
6가크롬	5	15	40	15	45	120
아 연	300	600	2,000	900	1,800	5,000
니 켈	100	200	500	300	600	1,500
불 소	400	400	800	800	800	2,000
유기인화합물	10	10	30	–	–	–
폴리클로리네이티드비페닐	1	4	12	3	12	36
시 안	2	2	120	5	5	300
페 놀	4	4	20	10	10	50
벤 젠	1	1	3	3	3	9
톨루엔	20	20	60	60	60	180
에틸벤젠	50	50	340	150	150	1,020
크실렌	15	15	45	45	45	135
석유계총탄화수소(TPH)	500	800	2,000	2,000	2,400	6,000
트리클로로에틸렌(TCE)	8	8	40	24	24	120
테트라클로로에틸렌(PCE)	4	4	25	12	12	75
벤조(a)피렌	0.7	2	7	2	6	21
1, 2-디클로로에탄	5	7	70	15	20	210

- 1지역 : 전, 답, 과수원, 목장용지, 광천지, 대(주거용도), 학교용지, 구거, 양어장, 공원, 사적지, 묘지, 어린이 놀이시설 부지
- 2지역 : 임야, 염전, 대(1지역 제외), 창고용지, 하천, 유지, 수도용지, 체육용지, 유원지, 종교용지, 잡종지
- 3지역 : 공장용지, 주차장, 주유소용지, 도로, 철도용지, 제방, 잡종지(2지역 제외), 국방, 군사시설 부지

② **토양오염정화기술** 기출 5회·6회

㉠ 물리·화학적, 생물학적, 열적 처리방법으로 분류

㉡ 기술의 종류와 특징

기술명		공정개요
생물학적 처리방법	생물학적 분해법 (Biodegradation)	영양분과 수분(필요 시 미생물)을 오염토양 내로 순환시킴으로써 미생물의 활성을 자극하여 유기물 분해기능을 증대시키는 방법
	생물학적 통풍법 (Bioventing)	오염된 토양에 대하여 강제적으로 공기를 주입하여 산소농도를 증대시킴으로써, 미생물의 생분해능을 증진시키는 방법
	토양경작법 (Landfarming)	오염토양을 굴착하여 지표면에 깔아놓고 정기적으로 뒤집어줌으로써 공기 중의 산소를 공급해주는 호기성 생분해 공정법
	바이오파일법 (Biopile)	오염토양을 굴착하여 영양분 및 수분 등을 혼합한 파일을 만들고 공기를 공급하여 오염물질에 대한 미생물의 생분해능을 증진시키는 방법
	식물재배 정화법 (Phytoremediation)	식물체의 성장에 따라 토양 내의 오염물질을 분해·흡착·침전 등을 통하여 오염토양을 정화하는 방법
	퇴비화법 (Composting)	오염토양을 굴착하여 팽화제(bulking agent)로 나무 조각, 동식물 폐기물과 같은 유기성 물질을 혼합하여 공극과 유기물 함량을 증대시킨 후 공기를 주입하여 오염물질을 분해시키는 방법
	자연저감법 (Natural Attenuation)	토양 또는 지중에서 자연적으로 일어나는 희석, 휘발, 생분해, 흡착 그리고 지중물질과의 화학반응 등에 의해 오염물질 농도가 허용 가능한 수준으로 저감되도록 유도하는 방법
물리· 화학적 처리방법	토양세정법 (Soil Flushing)	오염물 용해도를 증대시키기 위하여 첨가제를 함유한 물 또는 순수한 물을 토양 및 지하수에 주입하여 오염물질을 침출 처리하는 방법
	토양증기추출법 (Soil Vapor Extraction)	압력구배를 형성하기 위하여 추출정을 굴착하여 진공상태로 만들어줌으로써 토양 내의 휘발성 오염물질을 휘발·추출하는 방법
	토양세척법 (Soil Washing)	오염토양을 굴착하여 토양입자 표면에 부착된 유·무기성 오염물질을 세척액으로 분리시켜 이를 토양 내에서 농축·처분하거나, 재래식 폐수처리방법으로 처리
	용제추출법 (Solvent Extraction)	오염토양을 추출기 내에서 solvent와 혼합시켜 용해시킨 후 분리기에서 분리하여 처리하는 방법
	화학적 산화/환원법 (Chemical Oxidation/Reduction)	오염된 토양에 오존, 과산화수소 등의 화합물을 첨가하여 산화/환원반응을 통해 오염물질을 무독성화 또는 저독성화 시키는 방법
	고형화/안정화법 (Solidification/ Stabilization)	오염토양에 첨가제(시멘트, 석회, 슬래그 등)를 혼합하여 오염성분의 이동성을 물리적으로 저하시키거나, 화학적으로 용해도를 낮추거나 무해한 형태로 변화시키는 방법
	동전기법 (Electrokinetic Separation)	투수계수가 낮은 포화토양에서 이온상태의 오염물(음이온·양이온·중금속 등)을 양극과 음극 전기장에 의하여 이동속도를 촉진시켜 포화오염토양을 처리하는 방법
열적 처리방법	열탈착법 (Thermal Desorption)	오염토양 내의 유기오염물질을 휘발·탈착시키는 기법이며, 배기가스는 가스처리 시스템으로 이송하여 처리하는 방법
	소각법 (Incineration)	산소가 존재하는 상태에서 800~1,200℃의 고온으로 유해성 폐기물 내의 유기오염물질을 소각·분해시키는 방법
	유리화법 (Vitrification)	굴착된 오염토양 및 슬러지를 전기적으로 용융시킴으로써 용출특성이 매우 적은 결정구조로 만드는 방법
	열분해법 (Pyrolysis)	산소가 없는 혐기성 상태에서 열을 가하여 오염토양 중의 유기물을 분해시키는 방법

ⓒ 식물재배정화기술
- phytoremediation : 식물체의 성장에 따라 토양 내의 오염물질을 분해, 흡착, 침전 등을 통하여 오염토양을 정화하는 방법
- 주요 기작

기 작	설 명
식물추출 (phytoextraction)	• 오염물질을 식물체로 흡수, 농축시킨 후 식물체를 제거하여 정화 • 중금속, 비금속원소, 방사성 동위원소의 정화에 적용
식물안정화 (phytostabilization)	• 오염물질이 뿌리 주변에 비활성 상태로 축적되거나 식물체에 의해 이동이 차단되는 원리를 적용 • 식물체를 제거할 필요가 없고 생태계 복원과 연계될 수 있음
식물분해 (phytodegradation)	오염물질이 식물체에 흡수되어 그 안에서 대사에 의해 분해되거나 식물체 밖으로 분비되는 효소 등에 의해 분해
근권분해 (rhizodegradation)	뿌리 부근에서 미생물 군집이 식물체의 도움으로 유기 오염물질을 분해하는 과정

- 기술의 장단점

장 점	단 점
• 난분해성 유기물질을 분해할 수 있음 • 경제적 • 오염된 토양의 양분이 부족한 경우 비료성분을 첨가하면서 관리할 수 있음 • 친환경적인 접근 기술 • 운전경비가 거의 소요되지 않음	• 토양, 침전물, 슬러지 등에 있는 고농도의 TNT나 독성 유기화합물의 분해가 어려움 • 독성물질에 의하여 처리효율이 떨어질 수 있음 • 화학적으로 강하게 흡착된 화합물은 분해되기 어려움 • 처리하는데 장기간이 소요됨 • 너무 높은 농도의 오염물질에는 적용하기 어려움

적중예상문제

| 제1장 | 토양의 개념과 생성 |

01 산림토양을 경작지 토양과 비교하여 기술한 내용 중 잘못된 것을 고르시오.

① 토양 pH가 높다.
② 토양 표면의 온도가 낮고 변화가 적다.
③ 미생물 중 곰팡이의 비중이 크다.
④ 유기물층이 있다.
⑤ 비옥도가 낮다.

해설
산림토양은 경작지 토양에 비해 유기물이 분해되면서 축적되는 유기산(특히 부식산)이 많아 산성화되기 때문에 pH가 낮다.

02 토양의 특성에 대한 설명으로 옳지 않은 것은?

① 온도와 습도가 적합하면 식물을 기계적으로 지지하여 자라게 한다.
② 생물이 서식하면서 상호 관계하는 생태계 또는 그 구성성분이다.
③ 토양생성인자인 환경과 평형을 이루어 더 이상 변화되지 않는다.
④ 임목이 생장하는 배양기임과 동시에 다목적 기능을 발휘하는 삼림의 지지기반이다.
⑤ 도로, 건축물, 댐을 건설하는 장소이면서 재료이다.

해설
토양은 환경과 평형을 이루려고 끊임없이 변화되고 있는 자연체이다.

03 토양의 모재가 되는 암석 중 하나인 화성암에 대한 설명으로 옳지 않은 것은?

① 마그마가 분출되거나 지중에서 서서히 냉각되어 만들어진다.
② 주요광물로는 편마암, 편암, 점판암, 대리석 등이 있다.
③ 규산함량에 따라 산성암, 중성암, 염기성암으로 구분한다.
④ 어두운 색의 광물은 철과 마그네슘 함량이 많다.
⑤ 규산함량이 많아질수록 밝은 색을 띤다.

해설
화성암의 주요광물은 석영, 장석, 운모, 각섬석, 휘석 등이다.

04 다음의 화학반응은 화학적 풍화작용 중 무엇에 해당하는가?

$KAlSi_3O_8 + H_2O \rightarrow HAlSi_3O_8 + K^+ + OH^-$
$2HAlSi_3O_8 + 11H_2O \rightarrow Al_2O_3 + 6H_4SiO_4$

① 산화작용
② 수 화
③ 가수분해와 용해
④ 산성용액
⑤ 환원작용

해설
물은 가수분해, 수화, 용해를 통해 광물을 분해, 변형, 재결정화한다. 수화는 광물의 화학구조에 물분자가 추가되는 반응이다.
(예) $Al_2O_3 + 3H_2O \rightarrow Al_2O_3 \cdot 3H_2O$)

05 암석 풍화생성물의 가동률에 대해 잘못 설명한 것은?

① 제1상인 Cl^-, SO_4^{2-} 등은 양이온과 결합하여 용탈된다.
② 제2상인 Ca^{2+}, Na^+, Mg^{2+}, K^+ 등이 용탈되고 남는 광물은 카올린과 유사한 계통이다.
③ Polynov는 Na^+의 가동률을 100으로 보고 각 성분들의 이론적 가동률을 계산했다.
④ 철과 알루미늄 산화물은 가동률이 가장 낮다.
⑤ 이론적 가동률을 근거로 주요 지각구성원소들은 4개의 상으로 구분된다.

해설
Polynov는 암석과 바닷물 속의 함량을 비교하여 암석풍화생성물의 가동률을 계산하였다. 상대 비교를 위해 Cl^-의 가동률을 100으로 놓고 각 성분들의 이론적 가동률을 계산하고 4개의 상으로 구분하였다. 제1상의 가동률이 가장 크고 제4상이 가장 작다.

정답 3 ② 4 ③ 5 ③

06 아래 제시된 광물을 풍화내성의 크기순으로 바르게 나열한 것을 고르시오.

> 석영, 방해석, 규산염점토, 흑운모, 석고, 침철광, 정장석

① 석영 > 방해석 > 규산염점토 > 흑운모 > 석고 > 침철광 > 정장석
② 정장석 > 방해석 > 규산염점토 > 흑운모 > 석고 > 침철광 > 석영
③ 침철광 > 방해석 > 규산염점토 > 흑운모 > 석고 > 정장석 > 석영
④ 침철광 > 석영 > 규산염점토 > 흑운모 > 정장석 > 방해석 > 석고
⑤ 침철광 > 석영 > 규산염점토 > 정장석 > 흑운모 > 방해석 > 석고

해설
철산화물(침철광, 적철광)과 알루미늄산화물(깁사이트)은 모든 광물 중 가장 풍화된 형태의 2차광물이기 때문에 더 이상의 풍화에 대해서 매우 안정적이다. 그 다음은 1차광물인 석영의 풍화내성이 강하고, 이어서 규산염 점토광물이 강하고, 탄산염과 황산염의 풍화내성이 가장 약하다. 황산염인 석고가 가장 쉽게 풍화된다.

07 토양모재에 대한 설명으로 옳지 않은 것은?

① 잔적모재는 풍화된 장소에 남아서 토양의 모재가 된 것이다.
② 퇴적유기모재는 통기성이 좋은 완만한 경사지에서 생성된다.
③ 강 하류에서 물이 범람하여 주변에 퇴적된 모재가 범람원이다.
④ 빙하가 흐른 지역을 빙력토평원이라 한다.
⑤ 붕적퇴적물은 경사면을 따라 중력에 의하여 이동하여 퇴적된 모재이다.

해설
퇴적유기모재는 유기물분해가 느려 축적되는 환경에서 생성된다. 산소가 부족한 습지와 온도가 낮은 고위도지대는 유기물 분해가 느려 축적되기 좋은 환경을 제공한다.

08 다음 중 토양생성인자가 아닌 것은?

① 모 재   ② 기 후
③ 식 생   ④ 지 형
⑤ 중 력

해설
토양단면에서 층위는 시간인자의 누적효과가 클수록 발달도가 증가한다.

09 토양생성인자에 대한 설명 중 잘못된 것을 고르시오.

① 산성 화성암류가 모재인 토양은 칼슘, 마그네슘 등 2가 양이온의 함량이 높다.

② 강수량이 많을수록 토양생성속도가 빨라지고 토심이 깊어진다.

③ 온도가 높아지면 화학반응의 속도가 증가하여 풍화속도가 빨라진다.

④ 평탄지 토양은 표층에서 용탈된 점토와 이온이 심층에 집적하여 B층이 발달한다.

⑤ 초원지역은 초본의 뿌리가 분해산물로 축적되어 어두운 색의 A층이 발달한다.

해설

모재의 광물학적 특성이 토양의 특성과 발달속도에 영향을 준다.
• 산성 화성암류 : 석영 및 1가 양이온의 함량이 높고 물리성이 양호한 토양 발달
• 염기성 화성암류 : 칼슘, 마그네슘 등의 2가 양이온의 함량이 높고 비옥한 토양 발달

10 과습으로 인한 산소 부족으로 형성된 환원상태에서 철과 망간이 환원되는 현상과 관련된 토양생성작용은 무엇인가?

① 갈색화작용   ② 포드졸화작용

③ 염류화작용   ④ 회색화작용

⑤ 석회화작용

해설

① 갈색화작용 : 풍화작용으로 녹아나온 철 이온이 산소나 물 등과 결합하여 가수산화철이 되어 토양을 갈색으로 착색시키는 작용이다.

② 포드졸화작용 : 습윤한 한대지방의 침엽수림지에 축적된 유기물이 분해되면서 풀브산과 같은 강한 산성물질이 생성되고 토양이 산성화되면서 염기성 이온의 용탈이 심해지고 이로 인해 회백색을 띤 표백층이 생성된다.

③ 염류화작용 : 토양용액에 녹아있는 수용성 염류가 표토 밑에 집적되는 현상으로 증발량이 강수량보다 많은 건조 기후에서 나타난다.

⑤ 석회화작용 : 집적된 염류 중에 용해도가 낮은 $CaCO_3$이나 $MgCO_3$가 축적되는 현상으로 석회나 석고집적층이 생성된다.

11 산림토양에서 무기태 질소의 형태가 주로 암모늄태 질소인 이유로 가장 가까운 것은?

① 낮은 pH로 인해 질산화세균이 억제된다.

② 유기물의 분해속도가 느리다.

③ 점토함량이 높아 CEC가 크다.

④ 임관의 그늘 때문에 토양 온도가 낮다.

⑤ 토성이 거칠고 용적밀도가 낮다.

해설

낮은 pH로 인해 질산화세균이 억제됨에 따라 암모늄태 질소(NH_4^+-N)가 질산태 질소(NO_3^--N)로 전환되지 못하기 때문이다.

12 토양토층의 명칭과 특징이 어울리지 않는 것을 고르시오.

① Oe층 : 중간 정도 부숙된 유기물층
② A층 : 무기물 토층(부식 포함), 어두운 색
③ E층 : 용탈흔적이 가장 명료한 층
④ B층 : 무기물 집적층
⑤ AB층 : A층에서 B층으로의 전이층(B층이 우세함)

> **해설**
> AB, EB, BA, BE, BC, CB 모두 전이층을 나타내며, 앞에 쓰인 층이 우세한 토층이다.

13 다음의 토양생성작용 중 물질의 용탈로 나타나는 것은?

① 염류화작용
② 포드졸화작용
③ 알칼리화작용
④ 석회화작용
⑤ 점토집적작용

> **해설**
> 포드졸화작용을 받은 토양은 과용탈로 인한 뚜렷한 표백층(E층)을 갖게 된다.

14 식생이 토양생성에 미치는 영향으로 옳지 않은 것은?

① 식생은 토양유기물의 주된 공급원이다.
② 건조와 습윤이 반복되는 지대는 초지가 발달한다.
③ 유기물층의 발달 정도는 유기물의 공급량에 의해 결정된다.
④ 삼림지대에서는 낙엽의 축적으로 O층이 발달한다.
⑤ 초지에서는 뿌리조직의 분해산물이 축적되어 어두운 색을 띠는 A층이 발달한다.

> **해설**
> 유기물층이 발달하기 위해서는 유기물의 공급량과 함께 분해량이 중요하다. 즉, 유기물의 공급량이 분해량보다 많아야 유기물층이 발달하게 된다.

15 토양유기물층을 부숙된 정도가 작은 것에서 큰 것의 순서로 바르게 나열한 것을 고르시오.

① Oi-Oa-Oe

② Oi-Oe-Oa

③ Oa-Oe-Oi

④ Oa-Oi-Oe

⑤ Oe-Oi-Oa

해설

Oi층 : 미부숙된 유기물층, Oe층 : 중간 정도 부숙된 유기물층, Oa층 : 잘 부숙된 유기물층

16 토양생성작용에 관한 설명으로 옳지 않은 것은? (2019년 37회 문화재수리기술자)

① 철·알루미늄집적 : 염기와 규산의 용탈

② 회색화 : 건조한 산화상태의 토양

③ 이탄집적 : 장기적 혐기상태의 요함지

④ 포드졸화 : 습윤한 한대지방의 침엽수림

⑤ 석회화 : Ca과 Mg 등의 탄산염의 집적

해설

회색화 : 과습한 환원상태의 토양

17 유기물과 토양의 유기물층에 대한 설명으로 옳지 않은 것은?

① O층 : 토양 표면에 축적된 두꺼운 미부숙 또는 반부숙 유기물층

② mull : 분해가 양호한 유기물로 광질토양과 섞여 A층을 이룸

③ moder : mor와 mull의 중간적 특성

④ mor : 미생물의 분해활동을 덜 받아 일부분만 분해된 유기물

⑤ mull : pH가 7 부근인 중성

해설

mull의 pH는 4.5~6.5이며, mild humus라고 불린다.

18 강수량이 증발량보다 많으면 K과 Na 등의 이온이 물에 녹아 하방이나 측방으로 빠져나가게 되는데 이런 현상과 관련된 토양생성작용으로 적합한 것은?

① 점토생성작용
② 갈색화작용
③ 염기용탈작용
④ 알칼리화작용
⑤ 석회화작용

해설
염기 또는 영양소 등 물질이 녹아서 빠져나가는 것을 용탈이라 한다.

19 강줄기와 가까운 곳에 모래언덕(자연제방)이 형성되고 세립질 토양은 강줄기에서 멀리 퇴적되면서 배후습지를 형성한다. 이와 같은 형태의 퇴적지를 무엇이라 하는가?

① 범람원
② 빙력토평원
③ 선상지
④ 삼각주
⑤ 사 구

해설
강 하류에서 물이 범람하여 강 주변에 퇴적되어 만들어진다.

20 철과 알루미늄의 집적작용에 대한 설명으로 옳지 않은 것은?

① 건기와 우기가 반복되는 열대지방에서 많이 일어난다.
② 양이온치환용량이 높은 비옥한 토양을 형성한다.
③ 라테라이트화 작용이라고 부를 수 있다.
④ 토양색이 강한 붉은 색을 띤다.
⑤ 토심이 수십 미터 이상으로 깊게 발달한다.

해설
이 토양은 심하게 용탈된 토양으로 pH가 낮고 점토활성이 낮으며 경운이 어려운 특성을 가지고 있다.

01 **토양분류에 대한 설명 중 옳지 않은 것은?**

① 토양분류는 크게 계통분류와 실용분류로 구분된다.
② 미국 농무성의 신토양분류법을 Soil Toxonomy라고 한다.
③ 토양의 포괄적 분류체계는 생성론적 분류와 국가별 분류를 종합한 것이다.
④ FAO/UNESCO는 세계토양도 범례를 제공하고 있다.
⑤ 신토양분류법에서 토양목은 12개이다.

> 해설
> 토양의 포괄적 분류체계는 생성론적 분류와 형태론적 분류를 종합한 것이다.

02 **미국 농무성의 신토양분류법에 따른 분류 체계 중 가장 상위 단위와 가장 하위 단위가 맞게 짝지어진 것을 고르시오.**

① 목 – 통   ② 목 – 속
③ 대군 – 통   ④ 대군 – 속
⑤ 속 – 통

> 해설
> 목(order) → 아목(suborder) → 대군(great group) → 아군(subgroup) → 속(family) → 통(series)

03 **신토양분류법에 따르면 유기물의 퇴적으로 생성된 유기질 토양은 어느 목에 속하는가?**

① Alfisol   ② Aridisol
③ Spodosol   ④ Vertisol
⑤ Histosol

> 해설
> 히스토졸은 유기물함량이 20~30% 이상이며, 유기물토양층이 40cm 이상이다.

04 신토양분류법에 따르면 화산회 토양은 어느 목에 속하는가?

① Alfisol
② Gelisol
③ Spodosol
④ Vertisol
⑤ Andisol

해설

안디졸은 제주도와 울릉도와 같은 화산섬에 많이 분포하며, 점토광물로 allophane을 많이 가진 토양이다.

05 신토양분류법에 따르면 영구동결층을 가진 토양은 어느 목에 속하는가?

① Alfisol
② Gelisol
③ Spodosol
④ Vertisol
⑤ Andiso

해설

gel은 라틴어로 고체를 의미하며, 영구동결층을 가진 토양에 쓰인다.

06 Inceptisol에 대한 설명으로 틀린 것은?

① 토층의 분화가 중간 정도인 토양이다.
② 온대 또는 열대의 습윤한 기후조건에서 발달한다.
③ argillic 토층이 형성될 만큼 점토 용탈이 일어나지 않는다.
④ 팽창형 점토광물로 인해 팽창과 수축이 심하다.
⑤ 우리나라에 가장 많이 분포되어 있는 토양이다.

해설

④는 vertisol의 특징이다.

07 건조지역에서 발달한 토양으로 ochric 표층을 가지고 있으며 유기물이 축적되지 못하여 밝은 색을 띠는 토양목으로 옳은 것은? (2019년 37회 문화재수리기술자)

① Alfisol   ② Aridsol

③ Spodosol   ④ Vertisol

⑤ Andisol

해설
aridus는 라틴어로 건조함을 의미한다.

08 토양조사지점의 개황에 관한 세부기록사항으로 옳지 않은 것은? (2019년 37회 문화재수리기술자)

① 단면 번호, 토양명
② 조사지점, 해발고도
③ 경사도, 식생 또는 토지이용
④ 염류집적 또는 알칼리토 흔적
⑤ 강우량 및 분포, 월별 평균기온

해설
④는 조사토양의 개황의 세부기록사항에 해당한다.

09 조사토양의 개황에 관한 세부기록사항으로 옳지 않은 것은?

① 모 재   ② 배수등급
③ 토양수분 정도   ④ 지하수위
⑤ 층위의 두께

해설
⑤는 개별 층위의 기술의 세부기록사항에 해당한다.

10 다음은 우리나라의 어느 토양통에 대한 설명이다. 이 토양을 분류할 때 적합한 것은?

> 관악통 : 관악산 산정에서 볼 수 있는 화강암지대의 암쇄토로서 얇은 A층 밑에 약간 풍화된 C층이 있고 약 40cm부터 암반층이다.

① 미숙토(Entisol)　　　　　　　　② 반숙토(Inceptisol)
③ 성숙토(Alfisol)　　　　　　　　④ 과숙토(Ultisol)
⑤ 인위토

해설
① 미숙토(Entisol) : 하상지 또는 산악지와 같이 퇴적 시간이 짧아 층위의 분화가 매우 미약한 토양
② 반숙토(Inceptisol) : 우리나라에서 침식이 심하지 않은 대부분의 산악지와 농경지
③ 성숙토(Alfisol) : 오랜 기간 안정적인 환경에서 집적층이 잘 발달한 토양
④ 과숙토(Ultisol) : 오랜 기간 안정적인 환경에서 심하게 용탈을 받아 염기가 유실된 척박한 토양

11 토양단면 조사에 대한 설명 중 옳지 않은 것은?

① 토양단면의 형태적 특성을 조사한다.
② 토양단면에는 토양생성과정에 의한 특징이 남아 있다.
③ 미지형이나 식생이 거의 같으면 토양의 성질도 거의 같다.
④ 토양단면을 정리할 때는 하부에서 상부로 정리한다.
⑤ 단면을 촬영 또는 스케치한다.

해설
상부에서 하부로 토양단면을 정리한다. 이때 다져지지 않게 주의하며 삽자국 등의 흔적을 없게 해야 한다.

12 토양통에 대한 설명으로 옳지 않은 것은?

① 토양분류의 기본 단위
② 표토를 포함한 심토의 특성이 유사한 토양표본의 집합체
③ 발견된 지역의 지명 또는 지형적 특성을 따서 명명
④ 토양통이 동일한 토양은 동일한 모재에서 유래
⑤ 표토의 토성은 다를 수 있음

해설
② 표토를 제외한다.

01 토양의 물리적 성질에 대한 설명이 옳지 않은 것을 고르시오.

① 토양의 고상 비율이 증가하면 용적밀도가 감소한다.

② 토양의 고상은 토양입자와 유기물로 구성되어 있다.

③ 토양의 수분상태에 따라 액상과 기상의 비율이 변한다.

④ 토양입자의 크기별 구성비율에 따라 토양을 분류한 것이 토성이다.

⑤ 토성은 토양의 가장 기본적인 성질이다.

> **해설**
> 용적밀도 = 토양무게/전체토양부피 = Ws/V. 따라서 고상의 비율이 증가하면 토양의 무게가 증가하기 때문에 용적밀도도 증가한다.

02 토양의 입자밀도와 용적밀도에 대한 설명으로 옳지 않은 것을 고르시오.

① 입자밀도는 토양의 고유한 값으로 인위적으로 변하지 않는다.

② 주된 광물이 석영과 장석인 토양A의 입자밀도는 철과 망간이 주된 광물인 토양B의 입자밀도보다 크다.

③ 용적밀도는 토양관리와 같은 인위적인 이유로 변한다.

④ 토양이 답압되면 용적밀도가 증가한다.

⑤ 유기물 함량이 증가하면 용적밀도가 감소한다.

> **해설**
> 석영과 장석의 밀도가 철과 망간의 밀도보다 작다. 따라서 철과 망간이 주된 광물인 토양의 입자밀도가 크다.

03 A공원에서 100cm³ 코어로 채취한 토양의 무게가 150g이었다. 건조기에서 말린 후 토양무게는 125g이었다. 이 토양의 입자밀도는 2.5g/cm³이다. 다음 서술 중 틀린 것을 고르시오.

① 중량수분함량은 20%이다.

② 용적수분함량은 25%이다.

③ 용적밀도는 1.25g/cm³이다.

④ 공극률은 50%이다.

⑤ 고상:액상:기상 = 50:20:30이다.

> **해설**
> 공극률이 50%이므로 액상과 기상의 비율이 50%이다. 따라서 고상의 비율은 50%이다. 용적수분함량 25%는 전체 토양부피 중에 수분이 25%임을 의미하기 때문에 기상의 비율은 25%가 된다. 그러므로 고상:액상:기상 = 50:25:25가 된다.

04 다음 중 토양의 입단화를 방해하는 이온은?

① Ca^{2+}

② Mg^{2+}

③ Na^+

④ Fe^{2+}

⑤ Al^{3+}

> **해설**
> Na^+이온은 수화반지름이 커서 점토입자를 분산시킨다.

05 다음의 토양 이온과 기체 분자 중 토양이 환원상태일 때 존재하는 형태는?

① CO_2

② CH_4

③ NO_3^-

④ SO_4^{2-}

⑤ Fe^{3+}

> **해설**
> 토양의 산화환원상태에 따른 토양 이온 및 기체 분자의 존재 형태

산화상태	CO_2	NO_3^-	SO_4^{2-}	Fe^{3+}	Mn^{4+}
환원상태	CH_4	N_2, NH_3	S, H_2S	Fe^{2+}	Mn^{2+}, Mn^{3+}

○6 토양의 색은 토양단면의 형태적 특징을 나타낸다. Munsell식 토색책을 이용해 표현된 10YR 5/3은 무엇을 의미하는가?

① 색상/명도/채도
② 명도/채도/색상
③ 채도/색상/명도
④ 색상/채도/명도
⑤ 명도/색상/채도

해설
색상(hue)/명도(value)/채도(chroma)로 표기한다. 색상은 토색첩의 페이지 번호를 말하며 명도는 Y축이고, 채도는 X축에 있다.

○7 토양색을 측정하는 방법에 대한 기술 중 옳지 않은 것은?

① 토양 덩어리를 채취하고 건조할 경우 분무기를 이용해 습윤하게 적신다.
② 토양 덩어리를 2등분하고 안쪽 면을 토색첩과 대조한다.
③ 직사광선에 직접 비춰 토양의 색과 토색첩의 색을 비교하여 찾는다.
④ 색이 1개 이상일 때는 대표색만 기록한다.
⑤ 토양색은 색상 명도/채도로 표기한다.

해설
모든 색을 기록하고 지배적인 색을 표시한다.

○8 토성에 대한 설명 중 옳지 않은 것을 고르시오.

① 토양입자를 크기별로 모래, 미사 및 점토로 나누고, 이들의 함유비율에 따라 토양을 분류한 것이다.
② 토양의 물리적 성질들 중에서 가장 기본이 되는 성질이다.
③ 미사는 지름이 0.05~0.002mm(미국 농무성법)이며, 손가락으로 비볐을 때 미끈미끈한 느낌이 나며 가소성과 점착성을 갖는다.
④ 점토는 지름이 0.002mm 이하이며, 교질의 특성을 갖는다.
⑤ 토성이 고울수록 배수속도가 느려지고 통기성이 나빠지는 경향이 있다.

해설
미사는 가소성과 점착성이 없다.

09 토양의 밀도에 대한 설명으로 틀린 것을 고르시오.

① 고상을 구성하는 유기물을 포함한 토양의 고형 입자 자체의 밀도를 입자밀도라 한다.
② 입자밀도는 토양이 가진 고유한 밀도로 인위적인 요인에 의하여 변하지 않는다.
③ 고상을 구성하는 고형 입자의 무게를 전체 용적으로 나눈 것을 용적밀도라 한다.
④ 용적밀도는 입자밀도와 달리 인위적인 요인에 의하여 변한다.
⑤ 일반적으로 용적밀도가 입자밀도보다 크다.

> **해설**
> 석영과 장석이 주된 광물인 일반 토양의 입자밀도는 $2.6\sim2.7g/cm^3$이고, 용적밀도는 $1.2\sim1.35g/cm^3$이다.

10 토양구조에 대한 설명으로 틀린 것을 고르시오.

① 작은 토양입자들이 서로 응집하여 뭉쳐진 덩어리형태의 토양을 말한다.
② 일반적으로 지표면으로부터 약 30cm 이내인 표층의 토양에서는 구형의 입상과 판상의 구조가 주로 발견된다.
③ 판상구조는 용적밀도가 크고 공극률이 급격히 낮아지며 대공극이 없어지기 때문에 수분의 하향이동이 불가능해진다.
④ 일반적으로 괴상구조는 배수와 통기성이 불량한 심층토에서 발달한다.
⑤ 각주상 구조는 단위구조의 수직길이가 수평길이보다 긴 기둥모양이며, 수평면이 평탄하고 각진 모서리를 가진 구조이다.

> **해설**
> 괴상구조는 배수와 통기성이 양호하고 뿌리의 발달이 원활한 심층토에서 발달한다.

11 입경분석에 적용되는 Stokes의 법칙에 대한 설명 중 옳지 않은 것은?

① 구형의 입자가 액체 내에서 침강할 때 침강속도는 입자의 크기와 액체의 점성에 의하여 결정된다는 법칙이다.
② 구형 입자의 침강속도는 액체의 점성계수에 비례한다.
③ 구형 입자의 침강속도는 입자 반지름의 제곱에 비례한다.
④ 침강하는 동안 입자들 간의 마찰은 무시한다.
⑤ 입자들은 액체분자들의 브라운 운동의 영향을 받지 않을 정도로 충분히 크다.

> **해설**
> 구형의 입자가 액체 내에서 침강할 때 침강속도는 입자의 비중에 비례하고 입자 반지름의 제곱에 비례하며 액체의 점성계수에 반비례한다.

12 토성분석에 관한 설명으로 옳지 않은 것은? (2019년 37회 문화재수리기술자)

① 풍건 토양시료 중 지름이 2mm인 체를 통과한 입자를 사용한다.

② 체를 이용한 입경분석은 지름이 0.05mm 이상인 모래를 분석하는데 사용한다.

③ 촉감법에서 양토는 엄지와 검지로 띠를 만들 때 100mm 이상의 띠가 만들어진다.

④ 침강속도를 이용한 입경분석에는 비중계법과 피펫법이 있다.

⑤ 침강법은 Stockes의 법칙에 근거한다.

해설

토성판별 예시

사 토	양 토	식양토	식 토
• 뭉쳐지지 않음	• 뭉쳐짐 • 띠 : 2.5cm 이하	• 뭉쳐짐 • 띠 : 5cm 이하 • 까칠까칠한 촉감	• 뭉쳐짐 • 띠 : 5cm 이상 • 매끄러운 촉감

13 지름이 2mm인 토양입자를 분석하는데 사용하는 미국 ASTM 표준 체 번호는?

① 10   ② 20

③ 30   ④ 40

⑤ 50

해설

침강법을 이용한 입경분석에 사용하는 체는 10번체(2mm)와 270번체(0.053mm)이다.

14 피펫법과 비중계법에서 모래입자를 분리할 때 사용하는 체의 번호는 몇 번인가?

① 10   ② 18

③ 60   ④ 140

⑤ 270

해설

10번 체(2mm)를 통과한 토양시료 준비 → 270번 체(0.053mm)로 모래입자 분리

15 토양색에 관한 설명으로 옳지 않은 것은? (2019년 37회 문화재수리기술자)

① 토양색의 차이는 토양을 구성하는 광물성분과 토양수분함량에 따라 변한다.

② 토양색의 표기방법은 색상 명도/채도로 표기한다.

③ 토양색은 토양 내 유기물 함량과 이온화된 성분에 따라 색이 결정된다.

④ 토양색 분류의 기본체계는 색상(hue ; H), 명도(chroma ; C), 채도(value ; V)를 적용하여 결정한다.

⑤ 습윤 토양이 건조 토양보다 짙은 색을 띤다.

> **해설**
> 색상(hue ; H), 명도(value ; V), 채도(chroma ; C)

16 토양구조에 관한 설명으로 옳지 않은 것은? (2019년 37회 문화재수리기술자)

① 구상구조는 유기물이 많은 심층토에서 발달하고 입단결합이 강하다.

② 괴상구조는 주로 배수와 통기성이 양호하며 뿌리의 발달이 원활한 심층토에서 발달한다.

③ 각주상 구조는 건조 또는 반건조지역의 심층토에서 주로 지표면과 수직한 형태로 발달한다.

④ 판상구조는 모재의 특성을 그대로 간직하고 있는 것이 특징이다.

⑤ 작은 토양입자들이 서로 응집하여 뭉쳐진 덩어리형태의 토양을 말한다.

> **해설**
> 구상구조와 판상구조는 표층토(30cm 이내)에서 발달한다.

17 토양온도에 관한 설명으로 옳지 않은 것은?

① 유기물의 분해속도에 영향을 준다.

② 무기광물의 비열은 유기물의 비열보다 작다.

③ 단위무게의 토양온도를 1℃ 올리는데 필요한 열량을 토양의 용적열용량이라 한다.

④ 점토가 많을수록 용적열용량이 증가한다.

⑤ 수분함량이 많을수록 용적열용량이 증가한다.

> **해설**
> 토양의 용적열용량은 단위부피를 기준으로 한다.

15 ④ 16 ① 17 ③ 정답

18 토양 10.0g을 1.0℃ 올리는 데 5.0cal가 소요되었다. 이 토양의 비중이 4.0g/cm³일 때 용적열용량은? (2019년 37회 문화재수리기술자)

① $1.0\text{cal/cm}^3 \cdot ℃$

② $1.5\text{cal/cm}^3 \cdot ℃$

③ $2.0\text{cal/cm}^3 \cdot ℃$

④ $2.5\text{cal/cm}^3 \cdot ℃$

⑤ $3.0\text{cal/cm}^3 \cdot ℃$

해설

토양의 비중이 4.0g/cm³이고 제시된 토양의 무게가 10.0g이므로 토양의 부피는 2.5cm³이다. 2.5cm³를 1.0℃ 올리는 데 5.0cal가 소요되었기 때문에 1.0cm³을 1.0℃ 올리는데 2.0cal가 소요된다.

19 토양의 열전달에 대한 설명으로 옳지 않은 것은?

① 열전도도는 두께 1cm의 물질 양면에 1℃의 온도차를 두었을 때 1cm²의 면적을 통하여 1초 동안 통과되는 열량이다.

② 토양의 무기입자의 열전도도가 물의 열전도도보다 크다.

③ 사토의 열전도도가 식토의 열전도도보다 크다.

④ 습윤토양의 열전도도가 건조토양의 열전도도보다 크다.

⑤ 입단구조의 토양이 구조가 발달하지 않아 덩어리진 토양보다 열전도도가 크다.

해설

입단구조가 발달한 토양은 공극이 발달하게 된다. 공기는 토양광물에 비해 열전도도가 매우 낮다.

20 토양공기에 관한 설명으로 옳지 않은 것은?

① 대기의 조성과 비교할 때 산소 농도는 적고, 이산화탄소 농도는 높다.

② 산소는 대기에서 토양으로 확산된다.

③ 이산화탄소는 대기에서 토양으로 확산된다.

④ 통기성이 양호하여 토양공기의 산소가 풍부한 상태를 산화상태라 한다.

⑤ 일반적으로 토양 중 산소농도가 10% 이상이면 식물 생육에 지장이 없다.

해설

기체분자는 농도가 높은 곳에서 낮은 곳으로 확산된다. 이산화탄소는 농도가 높은 토양공기에서 농도가 낮은 대기로 확산한다.

21 환원상태의 토양에 존재하는 형태가 아닌 것은?

① 메 탄
② 질산이온
③ 암모니아
④ 질 소
⑤ 황화수소

> **해설**
> 환원상태에서 질산은 탈질과정을 거쳐 질소로 환원된다.

22 외부 요인에 의하여 토양 구조가 변형 또는 파괴되는 것에 대한 저항성을 무엇이라 하는가?

① 견지성
② 강 성
③ 이쇄성
④ 소 성
⑤ 액상화

> **해설**
> 강성, 이쇄성, 소성은 견지성의 속성에 해당한다.

23 다음 설명 중 옳지 않은 것은?

① 소성하한 : 토양이 소성을 가질 수 있는 최소수분함량
② 소성상한 : 토양이 소성을 가질 수 있는 최대수분함량
③ 액성한계 : 소성하한
④ 소성지수 : 소성상한 – 소성하한
⑤ Atterberg 한계 : 소성과 액성의 한계수분함량 범위

> **해설**
> 소성상한 = 액성한계

24 토양의 견지성에 영향을 주는 인자가 바르게 짝지어진 것은?

① 구조와 수분함량
② pH와 수분함량
③ 입자밀도와 토성
④ 토성과 수분함량
⑤ 토성과 pH

> **해설**
> 점토의 종류 및 함량 그리고 수분함량은 토양의 견지성에 가장 큰 영향을 준다.

25 입자밀도가 2.6g/cm³이고 용적밀도가 1.2g/cm³인 토양의 공극률을 구하시오.

① 0.46

② 0.50

③ 0.54

④ 0.58

⑤ 0.62

해설

공극률 = 1 - 용적밀도/입자밀도

= 1 - 1.2/2.6

26 공극에 대한 설명으로 옳지 않은 것은?

① 대공극은 공기와 수분의 이동 통로의 역할을 한다.

② 소공극은 수분을 저장한다.

③ 공극은 토양생물의 서식 공간이다.

④ 뿌리, 소동물의 활동, 가스 발생 등으로 형성된 공극을 특수공극이라 한다.

⑤ 공극률 = 1 - 입자밀도/용적밀도

해설

공극률 = 1 - 용적밀도/입자밀도

27 공극에 수분이 저장되는 것과 가장 밀접한 것은?

① 모세관현상

② 중 력

③ 삼투현상

④ van der Waals 힘

⑤ 이온교환

해설

공극을 모세관공극과 비모세관공극으로 구분할 수 있는데 이는 공극의 크기에 의해 결정된다.

28 토양의 산화환원상태에 관한 설명 중 옳지 않은 것은?

① 점질토에 미부숙 유기물이 공급되면 산소 고갈이 심해져 환원상태가 된다.

② 철과 망간의 용해도는 산화상태에서 증가한다.

③ 토양 중 산소농도가 5% 이하로 떨어지면 식물생육이 심각하게 저해된다.

④ 환원상태에서 황산이온은 황화수소로 전환된다.

⑤ 통기성이 불량하여 토양 공기의 산소가 부족한 상태를 환원상태라 한다.

> **해설**
> 환원상태의 철과 망간은 용해도가 증가하기 때문에 식물에 해롭다.

제4장   토양수

01 토양수분과 관련된 설명 중 옳지 않은 것을 고르시오.

① 물은 분자 내 불균일한 전자분포로 극성을 띤다.

② 물 분자의 산소 원자와 이웃 물 분자의 수소 원자 사이에는 수소결합이 발생한다.

③ 물 분자들이 서로 끌려 뭉치는 현상을 부착이라 한다.

④ 표면장력은 액체와 기체의 경계면에서 일어나는 현상으로 액체의 표면적을 최소화하려는 힘이다.

⑤ 모세관 상승 높이는 액체의 점도에 반비례한다.

> **해설**
> 응집과 부착의 차이
> • 물 분자들끼리 뭉치는 것 : 응집
> • 물 분자가 다른 물질에 붙는 것 : 부착

02 토양수분에 대한 설명으로 옳지 않은 것은?

① 토양입자 표면에 물이 흡착되면 열이 흡수된다.

② 물이 토양표면에 흡착되면 수분 에너지가 감소된다.

③ 모세관 상승 높이는 용액의 표면장력과 흡착력에 비례한다.

④ 모세관 현상은 물의 부착력과 응집력에 의해 나타난다.

⑤ 나뭇잎 위에 물방울이 형성되는 것은 표면장력 때문이다.

해설

물이 토양표면에 흡착되면 분자운동이 감소하게 되며, 이에 따라 에너지 수준이 낮아진다. 낮아진 에너지 중 일부는 열로 방출하게 되는데 이를 습윤열이라 한다.

03 100cm³의 코어로 토양을 채취한 후 아래의 데이터를 얻었다. 이 데이터를 보고 기술한 것 중 옳지 않은 것을 고르시오.

구 분	시료 용기	건조 전	건조 후
무게(g)	10	150	130

① 토양만의 무게를 알기 위해 시료 용기의 무게를 빼 주어야 한다.

② 이 토양의 중량수분함량은 14.3%이다.

③ 이 토양의 용적수분함량은 20%이다.

④ 이 토양의 용적밀도는 1.2g/cm³이다.

⑤ 이 토양이 10cm 깊이를 대표한다면 수분양은 2cm로 표현할 수 있다.

해설

중량수분함량은 건조토양의 무게를 기준으로 한다. 따라서 이 토양의 중량수분함량은 16.7%가 된다.

04 토양수분함량을 측정하는 방법 중 하나인 TDR법에 대해 잘못 설명한 것을 고르시오.

① 토양의 유전상수(dielectric constant)가 토양의 수분함량에 비례함을 이용한다.

② 전자기파가 한 쌍의 평행한 금속막대를 왕복하는데 걸리는 시간으로 유전상수를 구한다.

③ 미리 구해 둔 유전상수와 토양수분함량 관계식을 통해 환산한다.

④ 전극이 내장된 전기저항괴를 토양에 묻고 저항값을 측정한다.

⑤ 측정오차가 작다.

해설

전기저항법 : 전기저항값이 토양의 수분함량에 따라 변하는 원리 이용

05 토양수분퍼텐셜에 대한 설명 중 옳지 않은 것은?

① 토양수분의 에너지 상태를 나타낸다.
② 총수분퍼텐셜은 중력, 매트릭, 압력, 삼투퍼텐셜의 합이다.
③ 대공극에 채워진 과잉의 물이 아래로 빠져나가는 것은 중력퍼텐셜의 작용이다.
④ 삼투퍼텐셜은 세포용액과 토양용액 사이의 수분 이동에 중요하게 작용한다.
⑤ 압력퍼텐셜은 불포화수분상태에서 작용한다.

> **해설**
> 4개의 퍼텐셜이 동시에 작용하는 경우는 없다. 압력퍼텐셜은 포화수분상태에서만 작용하고, 매트릭퍼텐셜은 불포화수분상태에서만 작용한다.

06 토양수분의 매트릭퍼텐셜에 대한 설명 중 옳지 않은 것을 고르시오.

① 극성을 가진 물분자가 토양 표면에 흡착되는 부착력과 토양입자 사이의 모세관에 의하여 만들어지는 힘 때문에 생성되는 물의 에너지이다.
② 어떤 매트릭스의 영향을 전혀 받지 않은 자유수가 기준상태가 되며, 이때의 값은 '0'이다.
③ 토양입자의 표면이나 모세관공극에는 물이 강하게 흡착 보유되므로 기준상태인 자유수에 비하여 높은 퍼텐셜을 가진다. 따라서 항상 (+)값을 가진다.
④ 불포화상태에서의 수분 이동은 대부분 매트릭퍼텐셜의 차이에서 온다.
⑤ 건조한 토양덩어리나 스펀지 속으로 물이 스며드는 현상과 관련된다.

> **해설**
> 주변의 간섭을 전해 받지 않는 자유수의 물 분자는 주변에 토양입자 또는 이온 등의 물질이 존재하면 자유도가 감소된다. 즉 에너지 수준이 낮아지게 된다. 따라서 토양 표면의 부착과 관계된 매트릭퍼텐셜과 토양용액의 농도와 관계된 삼투퍼텐셜은 항상 자유수(0)보다 낮은 퍼텐셜(−)을 갖게 된다.

07 토양수분퍼텐셜의 측정 방법에 관한 설명 중 옳지 않은 것은?

① 텐시오미터법은 토양수분의 삼투퍼텐셜을 측정한다.
② 텐시오미터는 다공성 세라믹컵, 진공압력계, 연결관으로 구성된다.
③ 텐시오미터는 관개시기와 수량 결정에 활용도가 높다.
④ 싸이크로미터법은 토양공극 내 상대습도를 측정한다.
⑤ 싸이크로미터법으로 측정한 퍼텐셜은 매트릭퍼텐셜과 삼투퍼텐셜의 합이다.

> **해설**
> 텐시오미터는 매트릭퍼텐셜에 의해 발생하는 압력의 변화를 측정하는 기구이다.

5 ⑤ 6 ③ 7 ① 정답

08 토양수분의 분류에 관한 설명 중 옳지 않은 것은?

① 포장용수량 : 식물의 생육에 가장 적합한 수분조건
② 영구위조점 : 식물이 수분부족으로 시들고 회복하지 못하는 수분조건
③ 유효수분 : 식물이 이용할 수 있는 물
④ 점토함량이 많아질수록 유효수분함량이 증가한다.
⑤ 염류가 높아지면 유효수분함량이 낮아진다.

해설
포장용수량은 점토가 많아지면 증가하지만 공간적 한계에 도달하면 더 이상 증가하지 않는다. 위조점은 점토가 많아질수록 계속적으로 증가하기 때문에 유효수분함량은 중간 토성에서 가장 높다.

09 0, −0.033, −1.5, −3.1MPa의 토양수분퍼텐셜에서의 용적수분함량이 42%, 27%, 7%, 4%였다. 포장용수량과 유효수분함량이 맞게 짝지어진 것을 고르시오.

① 42% − 38%
② 27% − 23%
③ 42% − 35%
④ 27% − 7%
⑤ 27% − 20%

해설

수분퍼텐셜 = −(가해진 압력)	토양수분함량(%)	토양수분 분류
−0.1 MPa	27	포장용수량
−1.5 MPa	7	위조점
포장용수량 − 위조점	20	유효수분

10 다음 중 식물이 이용하기에 가장 적합한 수분은 무엇인가?

① 오븐건조수분
② 풍건수분
③ 흡습수
④ 모세관수
⑤ 중력수

해설
모세관수 중 미세공극과 극소공극에 저장된 수분은 식물이 이용할 수 없고, 중력수의 대부분은 중력에 의해 쉽게 제거되기 때문에 식물이 지속적으로 이용할 수 없다.

11 토양수분특성곡선을 그릴 때, 토양을 건조시키면서 측정해서 그릴 때와 습윤시키면서 측정해서 그릴 때 서로 일치하지 않는 현상을 무엇이라 하는가?

① 위조현상 　　　　　　　　　② 일액현상

③ 이력현상 　　　　　　　　　④ 모세관현상

⑤ 삼투현상

해설
일액현상 : 식물에서 근압을 해소하기 위해 식물체의 배수조직으로부터 물방울이 배출되는 현상

12 토양에서의 수분이동에 관한 설명 중 옳지 않은 것은?

① 토양공극이 물로 채워져 있는 상태를 포화상태라 한다.
② 물의 이동속도와 수두구배 사이의 비례상수를 포화수리전도도라 한다.
③ 포화상태에서 물의 이동량은 토주 단면적, 수두차, 길이에 비례한다.
④ 불포화상태에서 물은 모세관공극이나 토양 표면의 수분층을 따라 이동한다.
⑤ 수증기에 의한 이동은 두 지점의 수증기압의 차이에 의한 확산현상이다.

해설
포화상태에서 물의 이동량은 토주 단면적과 수두차에 비례하고, 길이에 반비례한다.

13 다음 중 물의 토양 침투율에 영향을 끼치는 요인으로서 가장 거리가 먼 것은?

① 입자밀도 　　　　　　　　　② 토 성

③ 식 생 　　　　　　　　　　④ 표면봉합

⑤ 토양의 소수성

해설
침투율과 관련된 공극에 영향을 주는 것은 입자밀도가 아닌 용적밀도이다.

14 식물의 물 흡수 기작에 관한 설명 중 옳지 않은 것은?

① 식물은 이용하는 물의 90% 이상을 능동적으로 흡수한다.

② 수분퍼텐셜의 차이로 토양의 수분은 식물을 통해 대기로 이동한다.

③ 염류가 높은 토양에서 식물은 생존하기 위해 체내 수분퍼텐셜을 토양용액보다 낮게 유지한다.

④ 일반적으로 식물은 물의 대부분을 표토 30cm 이내에서 흡수한다.

⑤ 식물의 뿌리체계는 뿌리의 밀도와 발달깊이로 비교할 수 있다.

> **해설**
> 식물의 물 흡수 기작은 증산율에 따라 능동적 흡수와 수동적 흡수로 나뉜다. 식물은 이용하는 물의 90% 이상을 수동적으로 흡수한다.

15 토양의 수분 저장량을 높이기 위한 조처로 적합하지 않은 것은?

① 유기물 함량을 늘린다.

② 토양의 용적밀도를 높여준다.

③ 토양구조를 발달시킨다.

④ 바크 멀칭을 통해 물의 토양침투를 촉진한다.

⑤ 토지 피복을 통해 수분 증발을 억제한다.

> **해설**
> 용적밀도가 증가하면 공극률이 줄어들기 때문에 수분 저장량은 감소하게 된다.

16 토양의 특성과 수리전도도의 관계에 대한 설명 중 옳지 않은 것은?

① 불포화상태보다 포화상태일 때 수리전도도가 크다.

② 물의 이동량은 공극 반지름의 2제곱에 비례한다.

③ 사질 토양이 식질 토양보다 배수가 잘 된다.

④ 생물공극은 물의 이동을 촉진한다.

⑤ 공극의 복잡한 배열은 물의 이동을 방해한다.

> **해설**
> 공극의 반지름이 10배 차이가 나면 물의 이동량은 10,000배 차이가 난다. 즉 4제곱에 비례한다.

17 토양수분특성곡선에 관한 설명 중 옳지 않은 것은?

① 수분함량과 퍼텐셜의 관계를 그래프로 나타낸 것이다.
② 토양의 구조와 토성에 따라 달라진다.
③ pressure plate extractor를 이용하여 측정한다.
④ 같은 압력에서 사양토가 식양토보다 수분함량이 높다.
⑤ 토양을 습윤시키면서 측정하는 방법과 건조시키면서 측정하는 방법이 있다.

해설
점토가 많을수록 물을 저장하는 힘이 커지기 때문에 같은 압력에서 보유되는 물의 양은 토성이 고울수록 많다.

18 토양입자 표면에 물이 흡착될 때 나타나는 현상으로 옳지 않은 것은? (2015년 33회 문화재수리기술자)

① 열 방출
② 물분자의 운동 감소
③ 물의 에너지 함량 감소
④ 높은 에너지 준위의 물로 전환
⑤ 얇은 피막 형성

해설
저에너지 수준으로 수분이 이동한다.

19 0, -33, -150, -1,500kPa의 토양수분퍼텐셜하에서 상대적 질량수분함량(%)은 각각 31, 28, 20, 8이었다. 이 토양의 유효수분함량(v/v, %)으로 옳은 것은? (단, 물의 밀도 : 1g/cm³, 용적밀도 : 1.3g/cm³) (2015년 33회 문화재수리기술자)

① 8
② 11
③ 23
④ 26
⑤ 29

해설
1MPa = 1,000kPa, 유효수분함량은 v/v, 즉 용적수분함량임을 의미, 용적수분함량 = 질량수분함량 × 용적밀도

	포장용수량(-33kPa)	위조점(-1,500kPa)	유효수분함량
질량수분함량(%)	28	8	20
용적수분함량(%)	36.4	10.4	26

20 토양 침투율에 영향을 미치는 요인에 관한 설명으로 옳지 않은 것은? (2016년 34회 문화재수리기술자)

① 모래함량이 많을수록 침투율은 증가한다.
② 빗방울에 의한 입단파괴는 침투율을 감소시킨다.
③ 표토에 소수성을 가진 유기물이 많을 경우 침투율은 증가한다.
④ 동결된 토양에서는 침투현상이 거의 일어나지 못한다.
⑤ 식생에 의한 피복은 토양 침투율을 증가시킨다.

해설
소수성은 친수성의 반대 개념으로 물과 잘 섞이지 않는다는 의미이다. 따라서 물은 소수성이 큰 토양표면에서 흡수되지 않고 유거된다.

제5장 토양의 화학적 성질

01 다음 중 규산염광물에 속하지 않는 것은?

① 고령석(kaolinite)
② 알로판(allophane)
③ 질석(vermiculite)
④ 견운모(illite)
⑤ 녹니석(chlorite)

해설
알로판은 비결정형 광물로서 화산토양에 많다. 우리나라에서는 제주도에 많은 2차 광물이다. 화산회토인 Andisol은 알로판 점토가 특징적이다.

02 점토광물의 표면전하에 대한 설명으로 옳지 않은 것을 고르시오.

① 양전하와 음전하를 동시에 가질 수 있다.
② 토양의 순전하량은 양전하와 음전하의 합으로 계산한 값이다.
③ 일반적인 조건에서 토양은 순 양전하를 띤다.
④ 토양의 pH의 영향을 받는 가변전하와 영향을 받지 않는 영구전하로 구분할 수 있다.
⑤ 토양의 양분보유력과 밀접한 관련이 있다.

해설
일반적인 조건에서 토양은 순음전하를 띤다.

03 광물에 대한 설명으로 옳지 않은 것은?

① 규소사면체 : 규소 원자를 4개의 산소 원자가 둘러싼 4면체
② 알루미늄팔면체 : 알루미늄 원자를 6개의 산소 원자가 둘러싼 8면체
③ 동형치환 : 구조의 변화 없이 원래 양이온 대신 크기가 비슷한 다른 양이온이 치환되어 들어가는 현상
④ 2차 광물 : 1차 광물이 풍화의 여러 반응을 거쳐 새롭게 재결정화된 광물
⑤ 점토광물 : 지름 2mm 이하의 광물

해설

점토광물은 지름 $2\mu m$ 이하의 광물이다.

04 다음 2차 광물 중 규산염광물인 것은?

① gibbsite
② kaolinite
③ allophane
④ goethite
⑤ imogolite

해설

allophane, imogolite : 비결정형 점토광물 / gibbsite : 알루미늄 수산화물 / goethite : 철 산화물, 카올리나이트 : 1:1형 규산염광물

05 다음 규산염 1차 광물 중 3차원 망상구조로 되어 있어 풍화가 가장 어려운 것은?

① 석 영
② 운 모
③ 각섬석
④ 휘 석
⑤ 감람석

해설

감람석 : 양이온이 규소사면체를 연결하고 있어 가장 풍화되기 쉬운 규산염 1차 광물

06 다음 규산염 2차 광물 중 팽창형인 것을 고르시오.

① kaolinite   ② vermiculite

③ illite   ④ chlorite

⑤ halloysite

해설

2:1형 광물 중에 층 사이 결합이 약해 물분자의 출입이 자유로운 광물은 수분함량에 따라 팽창과 수축이 일어나게 된다. 대표적인 광물로 smectite와 vermiculite가 있다.

07 카올리나이트에 대한 설명으로 옳지 않은 것은?

① 우리나라의 대표 점토광물이다.

② 2:1형 광물로 층 사이에 K이 들어가 강하게 결합하고 있다.

③ 비팽창형 광물로 도자기 제조에 적합한 성질을 가지고 있다.

④ 동형치환이 거의 일어나지 않아 다른 규산염 2차 광물에 비해 음전하량이 적다.

⑤ 심하게 풍화된 토양에서 발견되는 중요한 점토광물이다.

해설

카올리나이트와 할로이사이트는 대표적인 1:1형 규산염 2차 광물이다.

08 금속산화물과 비결정형 점토광물에 관한 설명으로 옳지 않은 것은?

① 금속산화물은 동형치환이 일어나지 않는다.

② 비결정형 점토광물인 allophane은 제주도 화산회토에 많다.

③ 금속산화물은 토양을 비옥하게 만든다.

④ 비결정형 점토광물의 표면전하는 pH 의존전하이다.

⑤ 금속산화물은 심하게 풍화된 토양에 집적된 철, 알루미늄, 망간 등의 산화물이다.

해설

금속산화물은 식물의 영양성분인 Ca, Mg, K 등의 양이온을 보유하는 기능이 없다.

09 점토광물의 표면전하에 관한 설명 중 옳지 않은 것은?

① 영구전하와 가변전하로 구분된다.
② 동형치환은 영구전하의 생성 원인이다.
③ 가변전하는 pH 의존전하이다.
④ pH가 높아지면 점토표면에 양전하가 증가한다.
⑤ 금속산화물과 비결정형 점토광물은 영구전하가 없다.

해설

pH가 낮아지면 양성자화되어 양전하가 생성되고, pH가 올라가면 탈양성자화되어 음전하가 생성된다.

10 점토광물의 풍화순서로 옳은 것은?

① 2:1형 광물 → 1:1형 광물 → 금속산화물
② 2:1형 광물 → 금속산화물 → 1:1형 광물
③ 금속산화물 → 2:1형 광물 → 1:1형 광물
④ 1:1형 광물 → 2:1형 광물 → 금속산화물
⑤ 금속산화물 → 1:1형 광물 → 2:1형 광물

해설

$$2:1형\ 점토광물 \xrightarrow{-(Ca,\ Mg,\ K,\ Na,\ Si)} \begin{matrix} kaolinite \\ halloysite \end{matrix} \underset{+Si}{\overset{-Si}{\rightleftarrows}} \begin{matrix} gibbsite \\ goethite \\ hematite \end{matrix}$$

11 부식에 대한 설명 중 옳지 않은 것은?

① 교질의 특성을 가진 비결정질 유기물질
② 보통 점토입자와 결합된 상태로 존재
③ 점토광물에 비해 비표면적과 흡착능이 작음
④ pH 의존전하를 가짐
⑤ pH가 높을수록 순음전하가 증가함

해설

양이온교환용량의 크기
부식 > 2:1형(vermiculite > smectite > illite) > 1:1형(kaolinite) > 금속산화물

12 토양의 이온교환에 관한 설명 중 옳지 않은 것은?

① 화학량론적이며 가역적인 반응이다.

② 토양이 식물 영양소를 흡착, 저장할 수 있게 한다.

③ 중금속 오염물질의 확산을 방지할 수 있게 한다.

④ 주요 교환성 양이온은 H^+, Ca^{2+}, Mg^{2+}, K^+, Na^+이다.

⑤ Ca^{2+}, Mg^{2+}, Al^{3+}는 토양의 분산을 촉진한다.

해설

확산전기이중층이 두꺼워 토양 교질물을 분산시키는 이온은 Na^+, K^+, NH_4^+이다.

13 다음 중 양이온의 흡착 세기가 바르게 나열된 것을 고르시오.

① $Na^+ < K^+ < Mg^{2+} = Ca^{2+} < H^+$

② $H^+ < Na^+ < K^+ < Mg^{2+} = Ca^{2+}$

③ $Mg^{2+} = Ca^{2+} < H^+ < Na^+ < K^+$

④ $Mg^{2+} = Ca^{2+} < K^+ < Na^+ < H^+$

⑤ $Mg^{2+} = Ca^{2+} < K^+ < H^+ < Na^+$

해설

보통 2가 양이온이 1가 양이온보다 흡착 세기가 크지만 수소이온이 가장 세다.

흡착세기 : $Na^+ < K^+ = NH_4^+ < Mg^{2+} = Ca^{2+} < Al(OH)_2^+ < H^+$

14 양이온교환용량에 관한 설명 중 옳지 않은 것은?

① 건조한 토양 1kg이 교환할 수 있는 양이온의 총량을 뜻한다.

② 같은 토양에서 유기물 함량이 증가하면 양이온교환용량은 감소한다.

③ 우리나라 토양은 카올리나이트가 주된 점토이기 때문에 양이온교환용량은 낮다.

④ pH가 증가하면 양이온교환용량이 증가한다.

⑤ 2:1형 점토광물이 1:1형 점토광물보다 양이온교환용량이 크다.

해설

양이온교환용량은 CEC라 불리며, 점토함량, 점토광물의 종류, 유기물 함량에 따라 달라진다.

15 아래 주어진 자료를 이용해 염기포화도를 구하면 얼마인가?

구분	Ca	Mg	K	Na	CEC
농도(cmol$_c$/kg)	3	2	1	1	14

① 20%   ② 30%

③ 40%   ④ 50%

⑤ 60%

염기포화도(%) = 교환성 염기의 총량/양이온교환용량 × 100, 교환성 양이온 : Ca, Mg, K, Na

16 토양산성에 가장 큰 영향을 끼치는 두 가지 양이온은 무엇인가?

① Al과 Ca   ② Ca과 Mg

③ Mg과 Fe   ④ H와 Al

⑤ Ca과 H

토양산성에 가장 큰 영향을 끼치는 양이온은 토양에 흡착되어 있는 H와 Al이다.

17 토양의 pH와 양이온교환용량에 관한 설명 중 옳은 것을 고르시오.

① 철과 알루미늄의 산화물 및 유기물의 음전하는 대부분 pH 의존성이다.

② 규산염점토광물의 음전하는 대부분 pH 의존성이다.

③ 토양의 양이온교환용량은 pH의 변화와 상관없다.

④ 산성에서 양이온교환용량이 높아진다.

⑤ pH가 높아지면 양이온교환용량이 작아진다.

pH의 변화는 pH 의존전하량에 영향을 준다. 예를 들어 pH가 올라가면 pH 의존전하 중 음전하가 늘어나게 되므로 양이온교환용량이 증가하게 된다.

18 토양의 산화환원반응에 대한 설명 중 옳지 않은 것을 고르시오.

① 전자의 이동을 수반하는 반응으로서 짝을 이루어 동시에 일어난다.

② 배수가 불량한 토양은 산소가 고갈됨에 따라 환원상태가 된다.

③ 산화층과 환원층으로 분화되는 경계면에서의 산화환원전위(Eh)는 +200~300mV로 알려져 있다.

④ 토양공기의 조성에 영향을 준다. 예를 들어 환원상태의 토양공기에는 메탄의 농도가 높다.

⑤ 산화환원전위는 pH와는 상관이 없다.

해설

pE와 pH의 합은 산소의 분압에 따라 일정한 값을 갖기 때문에 하나가 증가하면 다른 하나는 감소하게 된다.

19 규산염 2차 광물 중 팽창성인 것으로만 짝지어진 것을 고르시오.

① kaolin, smectite

② smectite, vermiculite

③ vermiculite, illite

④ illite, chlorite

⑤ chlorite, kaolin

해설

팽창형 : smectite, vermiculite / 비팽창형 : kaolin, illite, chlorite

20 토양반응에 대한 설명 중 옳지 않은 것을 고르시오.

① 토양의 산성 또는 알칼리성의 정도이며 pH로 나타낸다.

② 수소이온 농도가 높아지면 pH는 증가한다.

③ 토양 무기성분의 용해도에 영향을 준다.

④ 산림토양에서 질산화세균의 활성이 저하되는 것은 낮은 pH 때문이다.

⑤ 석회물질은 산성토양을 중화시키기 위해 사용된다.

해설

수소이온 농도가 높아지면 산성이 되며, pH값은 작아진다.

21 토양이 산성화되는 원인으로 옳지 않은 것은? (2019년 37회 문화재관리기술자)

① pH 의존 전하의 양성자화
② 식물의 양이온 흡수
③ 양이온의 침전
④ 철화합물의 산화
⑤ 유기산의 작용

해설

토양이 산성화되는 것은 토양용액의 수소이온 농도가 증가하기 때문이다.

22 동일 환경조건에서 양이온교환용량이 큰 순서로 옳은 것은? (2019년 37회 문화재관리기술자)

① Montmorillonite > Hydrous mica > Kaolinite > Sesquioxides
② Sesquioxides > Hydrous mica > Montmorillonite > Kaolinite
③ Hydrous mica > Kaolinite > Sesquioxides > Montmorillonite
④ Kaolinite > Montmorillonite > Hydrous mica > Sesquioxides
⑤ Montmorillonite > Hydrous mica > Sesquioxides > Kaolinite

해설

풍화가 많이 될수록 양이온교환용량이 작아진다. sesquioxide는 Al_2O_3와 같이 산소 원자 3개와 다른 원소 2개로 이루어진 산화물을 말한다.

23 다음이 설명하는 점토광물은? (2017년 35회 문화재관리기술자)

> • 대표적인 알루미늄 수산화물이다.
> • Ultisol이나 Oxisol과 같은 토양에 많이 존재한다.
> • 결정구조 내부의 Al^{3+}은 6개의 OH와 결합한다.

① Gibbsite   ② Goethite
③ Hematite   ④ Imogolite
⑤ Allophane

해설

철산화물 : goethite, hematite / 비결정형 점토광물 : imogolite, allophane

24 점토가 90%, 부식이 10%인 이 토양의 CEC(cmol$_c$/kg)는? (단, 점토의 CEC는 10, 부식의 CEC는 200이다)(2017년 35회 문화재관리기술자)

① 21　　　　　　　　　　　　　　② 29

③ 35　　　　　　　　　　　　　　④ 39

⑤ 41

해설

전체 CEC에서 점토의 기여도는 90%이고 부식의 기여도는 10%이다. 따라서 점토는 자체 CEC의 90%인 9만큼을, 부식은 자체 CEC의 10%인 20만큼을 기여하게 된다. 두 개의 합이 전체 CEC가 된다.

25 특이 산성 토양에 관한 설명으로 옳지 않은 것은? (2017년 35회 문화재관리기술자)

① 강의 하구나 해안지대의 배수가 불량한 곳에서 발달하며 황철석과 같은 황화물을 많이 함유하고 있다.

② 황화수소가 발생하여 작물에 피해를 준다.

③ 생식생장기에 K$^+$, Ca^{2+}, Mg^{2+} 등 양분흡수가 크게 저해되어 벼 수확량이 감소한다.

④ 습윤 또는 담수상태에서 황화합물이 환원되어 토양의 pH가 4.0 이하가 보통이다.

⑤ 이 토양에서 벼의 수확량이 급격히 떨어지는데 이를 추락현상이라 한다.

해설

배수되기 전 습윤 또는 담수상태에서 pH는 중성이고, 배수 후 산화조건이 되면 pH가 4.0 이하로 떨어진다.

제6장　토양생물과 유기물

01 토양생물을 분류할 때 미소식물군에 해당하지 않는 것은?

① 녹조류　　　　　　　　　　　　② 방선균

③ 아메바　　　　　　　　　　　　④ 세 균

⑤ 남조류

해설

선충, 아메바, 편모충, 섬모충은 미소동물군으로 분류된다.

02 토양생물의 활성과 측정에 관한 설명으로 옳지 않은 것은?

① 미생물의 개체수를 나타내기 위해 cfu/g 또는 cfu/ml를 사용한다.

② 토양미생물의 바이오매스량을 측정하기도 한다.

③ 미생물활성이 클수록 이산화탄소의 발생량이 증가한다.

④ 인공배지기술의 발달로 대부분의 토양 미생물을 검출할 수 있다.

⑤ 유기물은 토양생물의 활성을 촉진시킨다.

해설
인공배지로 검출할 수 있는 토양미생물의 수는 매우 제한적이다. 세균의 경우 1% 정도를 검출할 수 있다.

03 토양생물에 관한 설명으로 옳지 않은 것은?

① 지렁이의 내장기관을 통과하여 나온 배설물을 분변토라 한다.

② 토양선충은 유기물이 풍부한 식물 뿌리 근처에서 서식밀도가 높다.

③ 균근균은 세균에 속한다.

④ 녹조와 적조의 발생은 조류의 급증으로 유발된다.

⑤ 곰팡이 중에 특히 지방부 자실체를 형성하는 것을 버섯이라고 한다.

해설
균근균은 식물의 뿌리에 균근을 형성하여 공생하는 사상균이다.

04 외생균근균에 대한 설명으로 옳지 않은 것은?

① 살아있는 식물의 뿌리를 통해서만 배양이 가능하다.

② 뿌리의 표피세포 사이의 공간에 침입하여 Hartig 망을 형성한다.

③ 거의 수목에만 한정해서 공생한다.

④ 피층 둘레에 균투를 형성한다.

⑤ 항생물질을 생성하고 뿌리 표피를 변환시켜 병원균과 선충으로부터 식물을 보호한다.

해설
내생균근균은 활물기생으로 증식시키기 위해서는 기주식물이 필요하다.

05 흙냄새의 원인 물질인 geosmins의 분비와 가장 관련이 깊은 미생물은?

① 균근균　　　　　　　　　　② 방선균
③ 조 류　　　　　　　　　　　④ 버 섯
⑤ 효 모

해설

geosmins을 분비하는 대표적인 미생물인 Actinomyces oderifer은 방선균에 속한다.

06 다음 중 단생질소고정균을 고르시오.

① *Azotobacter*　　　　　　　② *Rhizobium*
③ *Nitrosomonas*　　　　　　　④ *Nitrobacter*
⑤ *Pseudomonas*

해설

단생질소고정균(free-living nitrogen fixing bacteria)

Azotobacter	타급영양, 호기성세균, 중성 또는 알칼리성 토양에 분포
Beijerinckia, Derxia	광범위한 pH 조건에서 생장, 특히 열대 산성토양에 많음
Klebsiella, Azospririllum, Bacillus	미호기성 질소고정세균
Clostridium, Desulfovibrio, Desulfomaculum	편성혐기성 질소고정세균
cyanobacteria(blue-green algea)	광합성세균, 논토양에서 질소를 고정하는 수생생물

07 토양미생물에 관한 설명 중 옳지 않은 것은?

① 탈질균은 NO_3^-를 기체 질소로 환원시킨다.
② *Thiobacillus ferroxidans*는 철을 환원시킬 때 나오는 에너지를 이용해 ATP를 합성한다.
③ 황환원균은 메틸코발라민을 생성해 수은이온을 무독화한다.
④ 질산화균은 암모니아산화균과 아질산산화균으로 구분된다.
⑤ 인산가용화균은 유기산을 분비하여 인산의 용해도를 증가시킨다.

해설

• Thiobacillus ferroxidans : 철의 산화에너지를 이용해 ATP 합성
• Geobacter metallireducens : 산소가 부족할 때 철을 전자수용체로 사용

08 1년 동안 지렁이가 소화해서 배출하는 토양의 양이 250Mg/ha일 때, 면적 1ha의 토지에서 표층 5cm 깊이의 토양을 모두 먹어서 배출하는데 걸리는 시간은 얼마인가? (토양의 용적밀도는 1.25Mg/m³)

① 1년
② 1.5년
③ 2년
④ 2.5년
⑤ 3년

해설

토양의 무게 = 토양의 부피 × 용적밀도 = (10,000m² × 0.05m) × 1.25Mg/m³ = 625Mg
지렁이의 연간 소화량 = 250Mg, 걸리는 시간 = 625/250

09 유기물 분해에 대한 설명으로 옳지 않은 것을 고르시오.

① 리그닌 함량이 높은 유기물의 분해속도는 느리다.
② 탄질률이 크면 유기물의 분해속도는 느려진다.
③ 페놀함량이 높은 유기물의 분해속도는 느리다.
④ 왁스 성분은 셀룰로스보다 빨리 분해된다.
⑤ 유기물 분해에 미치는 환경요인으로 pH, 수분, 산소, 온도가 있다.

해설

식물체 구성물질의 분해도 : 당류·전분 > 단백질 > 헤미셀룰로스 > 셀룰로스 > 리그닌 > 지질·왁스·탄닌 등

10 탄질률에 대한 설명으로 옳지 않은 것은?

① 탄질률은 유기물을 구성하는 탄소와 질소의 성분비를 나타낸다.
② 톱밥의 탄질률이 알팔파의 탄질률보다 높다.
③ 탄질률이 30 이상이면 질소의 무기화 작용이 우세하게 된다.
④ 목질 바이오매스의 탄질률을 낮추기 위해 가축분뇨를 섞어 줄 수 있다.
⑤ 탄질률이 커지면 유기물 분해속도가 느려진다.

해설

탄질률이 커지면 탄소에 비해 질소의 함량이 낮아진다. 미생물이 유기물을 분해할 때 필요한 질소가 부족해지기 때문에 토양 중에 질소함량이 낮아진다. 이로 인해 질소의 고정화 작용이 우세하게 된다.

11 탄소함량이 40%이고, 질소함량이 0.5%인 톱밥 100g이 탄소동화율이 40%인 사상균에 의하여 분해될 때 식물의 질소기아 없이 분해가 되려면 몇 g의 질소를 보충해주어야 하는가? (단, 사상균 세포의 탄질률은 10으로 한다)

① 0.8g

② 0.9g

③ 1.0g

④ 1.1g

⑤ 1.2g

[해설]
톱밥 100g 중 탄소는 40g이고 질소는 0.5g이다. 사상균의 탄소동화율(사상균이 흡수하는 탄소비율)이 40%이기 때문에 톱밥의 탄소 40g 중 16g을 흡수한다. 사상균은 자신의 탄질률을 10으로 유지하기 위해 1.6의 질소가 필요하다. 톱밥에는 0.5g의 질소가 있기 때문에 외부에서 1.1g의 질소를 공급해주어야 한다.

12 다음은 토양유기물을 단계적으로 분획했을 때 얻어진 물질의 특성이다. 이 물질은 무엇인가?

> 알칼리용액에 가용성이나 산을 처리하면 비가용성이 된다.
> 분자량 30만 이하의 암갈색 및 흑색의 고분자물질

① 부식회

② 부식산

③ 풀브산

④ 리그닌

⑤ 셀룰로스

[해설]

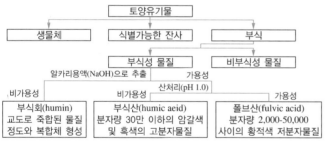

13 탄소가 60%이고 질소가 6.0%인 부식을 유기물로 가지고 있는 토양이 있다. 이 토양에 탄소가 30g이 있는 것으로 조사되었다. 부식의 양을 계산하면 몇 g인가?

① 30

② 40

③ 50

④ 60

⑤ 70

[해설]
부식 : 탄소 = 1 : 0.6 = 부식(x) : 30

14 **다음 부식에 관한 설명 중 옳지 않은 것은?**

① 토양에서 서서히 분해되면서 식물 영양소를 방출한다.

② 토양의 용적밀도를 감소시킨다.

③ 중금속의 유해작용을 억제한다.

④ 미생물 활성을 증가시킨다.

⑤ 점토보다 CEC가 작다.

해설

부식의 CEC가 점토보다 수 배~수십 배 크다.

15 **퇴비화 및 퇴비에 관한 설명 중 옳지 않은 것은?**

① 유기물이 이산화탄소로 방출되면서 부피가 줄어든다.

② 탄소 이외의 양분 용탈 없이 좁은 공간에서 안전하게 보관할 수 있다.

③ 질소기아 없이 유기물 투입효과를 볼 수 있다.

④ 퇴비화 과정의 높은 열에 잡초의 씨앗 및 병원성 미생물이 사멸한다.

⑤ 고온단계에서 퇴비더미의 온도는 40℃를 넘지 않는다.

해설

고온단계에서 분해열로 인해 온도가 50~75℃까지 오르고 고온성균이 우점한다.

16 **토양미생물에 의한 물질변환에 관한 설명으로 옳지 않은 것은? (2019년 37회 문화재관리기술자)**

① 황환원균은 혐기적 조건에서 메틸코발라민에 있는 메틸기를 수은이온에 전이한다.

② *Pseudomonas* 같은 탈질세균은 호기적 조건에서 NO_3^-을 N_2O와 N_2 등으로 변환시킨다.

③ 화학자급영양세균은 탄소원을 CO_2로부터 그리고 에너지원은 무기물로부터 얻는다.

④ *Thiobacillus ferrooxidans*는 호기적 조건에서 철을 산화하여 에너지를 얻는다.

⑤ 질소고정균은 식물의 뿌리에 침입하여 균류를 형성한다.

해설

탈질작용은 혐기조건의 토양에서 발생한다.

17 C/N률이 400인 활엽수 톱밥을 토양에 시용하였을 때 토양에서 발생하는 현상으로 옳은 것은? (2019년 37회 문화재관리기술자)

① 유기물 분해속도가 증가한다.
② 질소기아현상이 일어난다.
③ 질소의 무기화작용이 증가한다.
④ 부식생성량이 증가한다.
⑤ 미생물 군집이 크게 증가한다.

해설

C/N률이 30 이상이면 미생물에 의해 질소가 고정되면서 토양의 무기태 질소가 감소 또는 고갈되어 질소기아현상을 일으킨다.

18 토양유기물의 효과로 옳지 않은 것은? (2018년 36회 문화재관리기술자)

① 유효수분 보유력 증대효과는 세립질 토양에서, 통기성 개선효과는 조립질 토양에서 크다.
② 거친 유기물을 지표면에 멀칭하면 토양침식을 방지하고 불필요한 수분소모를 방지한다.
③ 화학물질에 의한 토양질 악화에 대한 완충작용을 한다.
④ 수용성 착화합물을 형성하여 미량 금속원소의 식물유효도를 높인다.
⑤ 토양의 용적밀도를 낮추고 공극률을 높인다.

해설

토양유기물은 토양의 물리성 개량에 매우 효과적이다.

19 Glucose 함량이 3%인 유기물의 분해특성을 glucose 함량변화로 조사한 결과, 반응 후 2시간에 2.4%, 4시간 후 1.8%이었다. 이 유기물이 완전 분해되는데 소요되는 총 시간은? (단, 0차 반응이다) (2017년 35회 문화재관리기술자)

① 6시간
② 8시간
③ 10시간
④ 12시간
⑤ 14시간

해설

0차 반응은 기질의 변화가 촉매(효소)에 의해서만 영향을 받는다. 문제의 조건이 2시간마다 0.6%씩 줄어들고 있음에 착안한다.

20 유기물분해에 관한 설명으로 옳지 않은 것은? (2016년 34회 문화재관리기술자)

① 한대지방은 온도가 낮아 토양유기물 분해속도가 느리다.

② 조건이 비슷한 경우, 점토가 많은 토양이 모래가 많은 토양보다 부식의 양이 많다.

③ 열대지방에서는 식물의 생장량이 많아 일반적으로 토양유기물 함량이 높다.

④ 유기탄소, 전질소 함량이 각각 40%, 1%인 옥수숫대는 42%, 0.6%인 볏짚보다 분해되기 쉽다.

⑤ 리그닌은 유기물의 분해속도를 느리게 한다.

> **해설**
> 토양유기물 함량은 분해속도가 느린 환경에서 높다.

제7장 식물영양과 비배관리

01 식물의 필수영양소 중 양이온과 음이온 두 가지 형태로 흡수되는 것은?

① N
② P
③ Fe
④ Ca
⑤ S

> **해설**

양이온 형태로 흡수	N, Ca, Mg, K, Fe, Mn, Zn, Cu
음이온 형태로 흡수	N, P, S, Cl, B, Mo

※ 질소는 양이온형태(NH_4^+)와 음이온형태(NO_3^-)로 모두 흡수

02 토양 중 칼륨과 식물생리에 관한 설명 중 옳지 않은 것을 고르시오.

① 양이온 형태로 식물에 흡수된다.

② 체내 이동성이 강하여 어린 조직에 축적되는 경향을 보인다.

③ 성장이 진행될수록 종자나 과실로 이동한다.

④ 결핍하면 잎의 주변과 끝 부분에 황화현상 또는 괴사현상이 나타난다.

⑤ 펙틴 등 세포벽 구성물질에 결합하여 세포벽의 구조 안정성을 높여준다.

> **해설**
> 펙틴과 결합하여 세포벽의 구조를 안정화시키는 원소는 칼슘이다.

03 필수식물영양소에 관한 설명 중 옳지 않은 것은?

① 마그네슘은 엽록소 분자의 구성원소이다.

② 철, 구리, 아연은 무기성 다량 2차 영양소이다.

③ 식물이 정상적으로 성장하고 생명현상을 유지하는데 반드시 필요하다.

④ 다른 원소로 대체될 수 없다.

⑤ 식물체 구성 원소 중 가장 많은 것은 탄소이다.

해설

무기성 다량 2차 영양소 : 식물이 많이 필요로 하나 토양에서 결핍될 우려가 매우 낮음 – Ca, Mg, S

04 식물영양소에 관한 설명 중 옳지 않은 것은?

① 영양소의 총함량보다 유효태 영양소의 함량을 아는 것이 중요하다.

② 토양용액에서 양이온의 몰수는 음이온의 몰수와 일치한다.

③ 수분퍼텐셜에 의한 물의 이동과 함께 영양소가 뿌리쪽으로 이동하여 공급되는 것을 확산이라 한다.

④ 접촉교환학설은 뿌리가 수소이온을 내놓고 교환성 양이온을 흡수한다는 이론이다.

⑤ 양이온교환용량이 큰 토양은 영양소에 대한 완충용량이 크다.

해설

영양소 공급기작은 뿌리차단, 집단류, 확산으로 구분된다. 수분퍼텐셜에 의한 물의 이동과 관련 있는 것은 집단류이다.

05 토양 중 질소순환에 관한 설명 중 옳지 않은 것은?

① 유기태 질소가 무기태 질소로 변화되는 작용을 무기화 작용이라 한다.

② 미생물이 식물이 이용할 무기태 질소를 흡수해서 식물이 질소부족현상을 겪는 것을 질소기아현상이라 한다.

③ 탈질과정은 탈질균에 의한 다단계 환원반응이다.

④ 휘산은 산성토양에서 일어나기 쉽다.

⑤ NO_3^-는 토양에 흡착되지 못해 쉽게 용탈된다.

해설

휘산은 토양 중의 질소가 암모니아(NH_3) 기체로 전환되어 대기 중으로 날아가 손실되는 현상으로 pH 7.0 이상, 고온 건조, 탄산칼슘 ($CaCO_3$)이 많은 석회질 토양에서 촉진된다.

06 식물이 이용할 있는 인산의 형태로 알맞은 것은?

① H_3PO_4, $H_2PO_4^-$

② $H_2PO_4^-$, HPO_4^{2-}

③ HPO_4^{2-}, PO_4^{3-}

④ H_3PO_4, PO_4^{3-}

⑤ $H_2PO_4^-$, PO_4^{3-}

해설

식물이 흡수하는 인의 형태는 $H_2PO_4^-$, HPO_4^{2-}이며, 토양용액의 pH에 의하여 인의 형태별 양이 변한다.

07 질소의 기능에 관한 설명으로 옳지 않은 것은?

① 단백질, 핵산, 엽록소 등의 필수구성원소이다.

② NH_4^+는 줄기와 잎으로 이동한 후 동화된다.

③ NO_3^-는 낮은 pH에서 잘 흡수된다.

④ 결핍하면 오래된 잎에서부터 황화현상이 나타난다.

⑤ NH_4^+, NO_3^-의 두 가지 형태로 흡수된다.

해설

NH_4^+는 뿌리에서 아미노산, 아마이드, 아민 등으로 동화되어 각 부분으로 재분배되고, NO_3^-는 줄기와 잎으로 이동한 후 동화된다.

08 표준 질소시비량이 100kg N/ha이다. 1ha 면적에 요소비료($CO(NH_2)_2$)를 시비할 경우, 표준 질소시비량만큼 시비하려면 요소비료를 얼마큼 시비해야 하는가? (원자량 : N = 14, O = 16, C = 12, H = 1, 요소비료의 순도를 100%로 가정) (2016년 34회 문화재수리기술자)

① 약 114kg

② 약 164kg

③ 약 214kg

④ 약 264kg

⑤ 약 314kg

해설

요소비료의 분자량 = 60, 요소비료 중 질소량 = 28

비례식을 세우면 60 : 28 = 실제요소비료 : 100

09 다음 중 인에 대한 설명으로 옳지 않은 것은?

① 질소, 칼륨과 함께 비료의 3대 원소이다.
② 유기화합물에 포함된 인을 유기태 인이라 한다.
③ 결핍 시 개화와 결실이 지연되거나 불량해진다.
④ 음이온이고 용해도가 커서 물에 녹아 용탈되기 쉽다.
⑤ 핵산, 인지질, ATP의 구성원소이다.

해설

인은 Ca, Fe, Al 또는 점토광물에 흡착되어 불용화되는 경향이 매우 강하다. 따라서 인산의 유실은 흡착된 토사가 유출되면서 발생한다.

10 다음 설명에 해당하는 영양소를 고르시오.

- 체내 이동성이 매우 작아 식물체 내에서 재분배가 안 된다.
- 주로 세포벽에 다량 존재한다.
- 결핍되면 생장점 조직이 파괴되어 새 잎이 기형화된다.

① Ca   ② Mg
③ S   ④ N
⑤ P

해설

칼슘은 비확산성 음이온에 쉽게 흡착되기 때문에 체내 이동성이 매우 작다. 펙틴과 결합하여 세포벽의 구조를 안정화시키는 기능을 한다.

11 식물영양소 중 마그네슘에 대한 설명으로 옳지 않은 것은?

① dolomite, biotite, serpentine, 흑운모 등의 광물에 함유되어 있다.
② 칼슘과 마찬가지로 체내 이동성이 없다.
③ 결핍되면 엽록소 합성이 저해되어 엽맥 사이에 황화현상이 나타난다.
④ 마그네슘비료는 고토비료로 불린다.
⑤ 마그네슘이 부족한 산성토양을 개량할 때 고토석회를 사용한다.

해설

마그네슘은 칼슘과 달리 체내 이동성이 있다.

12 식물영양소 중 황에 대한 설명으로 옳지 않은 것은?

① 대기 중의 SO_2 또는 황산화물이 빗물에 녹아 토양으로 유입된다.

② *Thiobacillus*는 황화합물을 산화시키며, 이때 황이 SO_4^{2-}로 토양에 방출된다.

③ 황을 필요로 하는 아미노산은 cysteine과 methionine이다.

④ 황의 결핍증상은 인의 결핍증상과 유사하다.

⑤ 원소형태의 황 비료는 황산화세균에 의해 SO_4^{2-}로 전환된다.

> **해설**
>
> 황은 2개의 아미노산에 필수적인 원소이기 때문에 결핍되었을 때 모든 아미노산의 필수원소인 질소와 같은 결핍증상을 나타낸다. 하지만 질소와 달리 어린잎에서 황화현상이 먼저 나타난다.

13 다음 미량영양원소 중에 pH가 높을수록 유효도가 증가하는 원소는?

① Fe   ② Mn

③ Cu   ④ Zn

⑤ Mo

> **해설**
>
> • pH가 낮을수록(산성일수록) 유효도 증가 : Fe, Mn, Cu, Zn, B
> • pH가 높을수록(알칼리성일수록) 유효도 증가 : Mo

14 미량영양원소 중 최근에 필수영양원소로 인정되었으며, urease 구성원소이며 질소 수송과정의 질소대사에 관여하는 원소는?

① 코발트   ② 니 켈

③ 아 연   ④ 붕 소

⑤ 몰리브덴

> **해설**
>
> 니켈은 urease의 구성원소로서 요소를 많이 흡수하는 식물에게 필요하고, 질소 수송과정의 질소대사에 관여한다.

15 잎과 줄기의 피층세포에 축적되어 물리적 강도를 높여주는 영양원소이지만 벼와 같은 화본과에 한정적으로 기능을 보이기 때문에 필수식물영양소가 아닌 것은?

① 염 소   ② 붕 소

③ 규 소   ④ 니 켈

⑤ 구 리

[해설]

규소는 잎과 줄기의 피층세포에 축적되어 물리적 강도를 높여 준다. 잎의 직립, 도복 방지, 병원균 감염 방지, 충해 경감의 효과가 있으며, 규질화된 잎세포는 균의 침입방지 뿐만 아니라 침입한 균의 생장과 증식을 억제한다.

16 토양비옥도에 관한 설명 중 옳지 않은 것은?

① 최소양분율의 법칙과 보수점감의 법칙은 비옥도 관리의 기본 원리이다.

② 영양원소의 함량은 총함량보다 유효태 함량이 중요하다.

③ 식물의 결핍증상을 관찰하면 부족한 영양소를 쉽게 찾아낼 수 있다.

④ 토양검정은 토양의 양분공급능력을 화학적으로 평가하는 방법이다.

⑤ 영양소의 농도가 과다하면 독성을 나타낸다.

[해설]

육안관찰에 의한 영양소별 결핍증상은 뚜렷하게 구분되지 않는 경우가 많고, 독성 또는 병충에 의한 피해 증상과 구분하는데 어려움이 있다. 관찰자의 축적된 경험과 노하우가 매우 중요하다.

17 토양비옥도 관리에 관한 설명으로 옳은 것은? (2019년 37회 문화재수리기술자)

① 일반적으로 인위적 관리가 어렵다.

② 시비량 결정은 토양 내 영양원소의 총함량을 기준으로 한다.

③ 식물의 생육은 부족한 성분에 의해 지배된다.

④ 식물에서 영양원소의 결핍증상이 육안으로 관찰되었을 때는 해당 영양소의 결핍이 막 시작된 것이다.

⑤ 양분의 공급량에 비례하여 식물의 생장 효과는 계속해서 증가한다.

[해설]

식물이 실제로 흡수할 수 있는 형태의 영양소를 유효태 영양소라 한다. 따라서 시비량 결정은 유효태 함량을 기준으로 한다.

18 엽록소 생성에 관여하며, 어린잎과 석회질 토양에서 주로 결핍현상이 일어나는 미량원소는? (2016년 34회 문화재수리기술자)

① 몰리브덴　　　　　　　　　　② 철
③ 구 리　　　　　　　　　　　　④ 붕 소
⑤ 니 켈

해설

철의 결핍증상은 Mg 결핍증상과 유사하지만, 어린잎에서 주로 나타나기 때문에 Mg과 구별된다. 엽맥 사이의 황화현상과 어린잎의 백화현상이 나타나며, 석회질토양에서 자주 발생한다.

19 식물이 음·양이온을 흡수하는 속도가 고르지 않기 때문에, 토양에 시용한 비료의 성분 중 어떤 성분은 많이 남고, 어떤 성분은 적은 양만 남아 있어 토양반응이 어느 편으로 치우친다. 이와 같은 반응을 비료의 생리적 반응이라 한다. 다음 중 생리적 중성 비료를 고르시오.

① 황산암모늄　　　　　　　　　② 요 소
③ 황산칼륨　　　　　　　　　　④ 질산나트륨
⑤ 탄산칼륨(초목회)

해설

생리적 산성 비료	황산암모늄, 염화암모늄, 황산칼륨, 부숙된 인분뇨
생리적 중성 비료	질산암모늄, 질산칼륨, 요소
생리적 알칼리성 비료	질산나트륨, 질산칼슘, 탄산칼륨(초목회)

20 토양 내 질소변환에 관한 설명으로 옳지 않은 것은? (2016년 34회 문화재수리기술자)

① 탈질작용은 호기성 세균이 산소가 없는 조건에서 질산태 질소를 전자수용체로 이용하는 반응이다.
② 탈질과정 중 아질산환원효소가 저해되었을 때 N_2O의 생성비율이 높아진다.
③ 질산화 작용에는 독립영양세균인 *Nitorsomonas*속과 *Nitrobacter*속이 관여한다.
④ 암모니아 휘산 작용은 pH가 높아지면 많이 일어난다.
⑤ 공생적 질소고정량이 비공생질소고정량보다 많다.

해설

• 산소가 없는 조건에서 사는 세균 : 혐기성
• 산소를 필요로 하는 세균 : 호기성

01 임해매립지 토양관리에서 유의할 사항과 가장 거리가 먼 것을 고르시오.

① 지하에서 염분이 상승하여 식물의 생장에 피해를 줄 수 있다.
② 염분 상승을 예방하기 위한 급수량 최저 기준은 3mm/일이다.
③ 제염이 쉽도록 심토층 배수시설을 채용한다.
④ 400m²마다 1개소 이상의 가스배출관을 설치한다.
⑤ 모세관 최대상승고보다 위쪽의 토양을 식재지반으로 한다.

해설
가스배출관은 쓰레기매립지와 관련된다.

02 임해매립지에서 준설토를 이용해 식재기반을 조성할 때 유의해야 할 사항과 거리가 먼 것은?

① 준설토를 사용하기 전에 제염을 실시한다.
② 식재지반의 깊이는 교목 1.5m 이상, 관목 1.0m 이상, 초본류 및 잔디 0.6m 이상으로 한다.
③ 염수의 모세관 상승고는 수분 상승이 정지된 후 24시간 이상 수분 상승이 일어나지 않는 곳의 높이로 정한다.
④ 준설토 제염기준은 염소 0.01% 이하, 전기전도도 0.2dS/m 이하, pH 7.8 이하이다.
⑤ 제염이 쉽도록 심토층 배수시설을 채용한다.

해설
염수의 모세관 상승고 : 수분 상승이 정지된 후 48시간 이상 수분 상승이 일어나지 않는 곳의 높이

정답 1 ④ 2 ③

03 충분한 양의 CaCO₃을 가지고 있어 묽은 염산을 가하면 거품반응을 일으키는 토양은?

① 석회질 토양
② 나트륨성 토양
③ 염류나트륨성 토양
④ 염류토양
⑤ 특이 산성 토양

해설

염류집적토양의 분류

구 분	ECe(dS/m) 포화침출액 전기전도도	ESP 교환성나트륨퍼센트	SAR 나트륨흡착비	pH
정상토양	<4.0	<15	<13	<8.5
염류토양	>4.0	<15	<13	<8.5
나트륨성 토양	<4.0	>15	>13	>8.5
염류나트륨성 토양	>4.0	>15	>13	<8.5

04 깊이 10cm까지의 토양수를 관개수의 전기전도도 값으로 유지하기 위하여 처리할 총관개수의 양으로 옳은 것은? (단, 관개수 전기전도도 : 1.20dS/m, 배출수 전기전도도 : 5.00dS/m) (2019년 37회 문화재수리기술자)

① 10.24cm
② 12.40cm
③ 14.20cm
④ 15.00cm
⑤ 15.20cm

해설

• 용탈요규량(leaching requirement, LR) = 관개수의 전기전도도/배출수의 전기전도도
• 총관개수의 양 = 토양의 깊이 × (1 + LR)

05 염류 – 나트륨성 토양과 나트륨성 토양 개량방법으로 적합한 것을 모두 고른 것은? (2016년 34회 문화재수리 기술자)

ㄱ. 석고 시용	ㄴ. 심근성 식물 재배
ㄷ. 원소 황 시용	ㄹ. 공기주입

① ㄱ
② ㄱ, ㄴ
③ ㄱ, ㄴ, ㄷ
④ ㄱ, ㄴ, ㄷ, ㄹ
⑤ ㄴ, ㄷ, ㄹ

해설
염류집적토양을 개량을 위해서는 배수를 좋게 하는 것이 가장 중요하다.

06 쓰레기매립지 식재지반에 관한 설명 중 옳지 않은 것은?

① 복토용토는 폐기물관리법의 규정을 따른다.
② 최종매립 후 1년이 경과되면 식재지반을 조성한다.
③ 메탄가스의 평균배출농도가 50ppm 이하이어야 한다.
④ 차단층을 설치하여 침출수의 상승이나 가스의 확산을 방지한다.
⑤ 차단층은 흙쌓기 후의 심토층 배수를 고려하여 2%의 기울기를 준다.

해설
최종매립 후 3년이 경과되면 식재지반을 조성한다.

07 쓰레기매립지 식재지반의 토양의 공기 조성은 산소 18% 이상, 탄산가스 5% 이하, 메탄가스 5% 이하의 조건을 충족시켜야 한다. 이 농도는 토심 몇 cm에서 측정하는가?

① 10cm
② 20cm
③ 30cm
④ 40cm
⑤ 50cm

해설
0.3m 깊이에서 측정한다.

01 토양침식에 대한 설명 중 옳지 않은 것을 고르시오.

① 물에 의한 침식은 분산탈리, 이동, 퇴적의 3단계의 과정을 거친다.

② 강우에 의해 비산된 토양이 토양표면을 따라 얇고 일정하게 침식되는 것을 면상침식이라 한다.

③ 유출수가 침식이 약한 부분에 모여 작은 수로를 형성하며 흐르면서 일어나는 침식을 세류침식이라 한다.

④ 세류침식의 규모가 커지면서 수로의 바닥과 양 옆이 심하게 침식되는 것을 협곡침식이라 한다.

⑤ 토양 유실의 대부분은 협곡침식에 의해 일어난다.

해설

⑤ 토양 유실의 대부분은 면상침식과 세류침식에 의해 일어난다.

수식의 종류

면상침식	강우에 의해 비산된 토양이 토양표면을 따라 얇고 일정하게 침식되는 것으로 자갈이나 굵은 모래가 있는 곳은 강우의 타격력을 흡수하여 작은 기둥모양으로 남아있기도 한다.
세류침식	유출수가 침식이 약한 부분에 모여 작은 수로를 형성하며 흐르면서 일어나는 침식으로 새로 식재된 곳이나 휴한지에서 일어난다. 농기계를 이용하여 평평하게 할 수 있는 정도의 규모이다.
협곡침식	세류침식의 규모가 커지면서 수로의 바닥과 양 옆이 심하게 침식되는 것으로 트랙터 등 농기계가 들어갈 수 없다.

02 다음 중 풍식에 대한 설명으로 옳지 않은 것은?

① 바람에 의한 침식이다.

② 약동은 0.1~0.5mm 입자가 30cm 이하의 높이 안에서 비교적 짧은 거리를 구르거나 튀어서 이동하는 것을 말한다.

③ 풍식이동의 대부분은 약동에 의한 것이다.

④ 풍식에 의해 입자가 수백 km까지 이동하는 것은 포행에 의한 것이다.

⑤ 수식과 같이 분산탈리, 이동, 퇴적의 3단계로 구분된다.

해설

포행은 1.0mm 이상의 큰 입자가 토양 표면을 구르거나 미끄러져 이동하는 것이다.

03 다음 중 토양유실예측공식의 인자에 대한 설명이 옳지 않은 것은?

① R : 식생인자
② K : 토양의 침식성인자
③ LS : 경사도와 경사장인자
④ C : 작부관리인자
⑤ P : 토양보전인자

해설
R은 강우인자이다.

04 토양유실예측공식에 관한 설명 중 옳지 않은 것은?

① 강우인자에서 강우량의 영향이 가장 크다.
② 침투율과 토양구조는 토양의 침식성 인자에 해당한다.
③ 토양이 거의 피복되지 않은 곳의 작부관리인자는 1.0에 근접한다.
④ 토양관리활동이 없을 때 토양보전인자의 값이 1이다.
⑤ 경사도가 크고 길수록 침식량이 많아진다.

해설
강우인자는 강우량, 강우강도, 계절별 강우분포 등에 의해 결정된다. 이 중 강우강도의 영향이 가장 크다.

05 등고선재배와 같은 토양관리활동은 토양유실예측공식인 USLE의 주요 인자 중 어느 것과 관련이 있는가?

① 강우인자
② 토양침식인자
③ 경사도와 경사장인자
④ 작부관리인자
⑤ 토양보전인자

해설
$A = R \times K \times LS \times C \times P$
A : 연간 토양유실량, R : 강우인자, K : 토양의 침식성인자, LS : 경사도와 경사장인자, C : 작부관리인자, P : 토양보전인자

06 다음 중 토양, 수계, 대기오염의 특성에 대한 설명 중 옳지 않은 것은?

① 토양오염은 수계나 대기에 비해 공간적 균일성이 매우 작다.
② 토양오염은 수계나 대기에 비해 시간적 균일성이 매우 작다.
③ 대기오염은 토양과 수계에 비해 시간적 균일성이 매우 작다.
④ 대기오염은 토양과 수계에 비해 공간적 균일성이 매우 크다.
⑤ 수계오염의 공간적 시간적 균일성이 토양과 수계의 중간 정도이다.

해설

토양, 물, 대기를 환경의 3대 구성요소라 한다.

구성요소	공간적 균일성	시간적 균일성
토 양	매우 작음	매우 큼
물	중 간	중 간
대 기	매우 큼	매우 작음

07 토양오염물질에 대한 설명 중 옳지 않은 것은?

① 비료의 과다 사용과 축산 활동은 질소와 인의 과잉을 유발한다.
② 음용수의 인산염 농도가 높아지면 청색증이 발생할 수 있다.
③ 농약은 먹이사슬을 통해 생물농축되는 특성이 있다.
④ PAHs는 비극성이며 소수성인 특성이 있고 토양과 지하수를 광범위하게 오염시킨다.
⑤ 중금속은 용해도가 커질수록 독성이 증가한다.

해설

음용수의 질산염 농도가 높아지면 청색증, 비타민결핍증, 고창증 등의 피해가 발생한다.

08 다음 중 산화조건에서 독성이 증가는 금속 종류가 아닌 것은?

① Cd
② Cu
③ Zn
④ Cr
⑤ Mn

해설

철과 망간은 환원조건에서 용해도가 증가하고 이로 인해 독성이 증가한다.

09 토양환경보전법에 규정된 토양오염물질에 관한 설명 중 옳지 않은 것은?

① 토양오염우려기준과 대책기준으로 구분된다.
② 각 기준에 따라 1지역, 2지역, 3지역으로 나뉘어 관리된다.
③ 크롬은 3가 크롬의 농도로 규제된다.
④ 방사능 물질은 포함하지 않는다.
⑤ 유기인화합물은 토양오염우려기준만 있다.

해설
크롬은 6가 크롬으로 존재할 때 독성이 크다. 비소의 경우는 환원상태의 비소가 산화상태의 비소보다 독성이 크다.

10 오염토양의 식물복원방법에서 식물의 뿌리가 오염물질, 특히 유해 금속이나 방사성 물질을 흡수하여 식물체의 조직 내로 수송하여 제거하는 기작을 무엇이라 하는가?

① Phytoextraction
② Rhizosphere bioremediation
③ Phytodegradation
④ Phytostabilization
⑤ Landfarming

해설

식물추출 (phytoextraction)	• 오염물질을 식물체로 흡수, 농축시킨 후 식물체를 제거하여 정화 • 중금속, 비금속원소, 방사성 동위원소의 정화에 적용
식물안정화 (phytostabilization)	• 오염물질이 뿌리 주변에 비활성 상태로 축적되거나 식물체에 의해 이동이 차단되는 원리를 적용 • 식물체를 제거할 필요가 없고 생태계 복원과 연계될 수 있음
식물분해 (phytodegradation)	오염물질이 식물체에 흡수되어 그 안에서 대사에 의해 분해되거나 식물체 밖으로 분비되는 효소 등에 의해 분해
근권분해 (rhizodegradation)	뿌리 부근에서 미생물 군집이 식물체의 도움으로 유기 오염물질을 분해하는 과정

11 유류물질로 오염된 토양을 쌓아두고 폭기, 영양물질, 수분을 가함으로써 호기성 미생물들의 활성을 극대화시켜서 유류분해를 촉진하는 토양복원기술로 옳은 것은? (2019년 37회 문화재수리기술자)

① Biopile
② Biostimulation
③ Landfarming
④ Biofilter
⑤ SVE

해설
• 바이오파일법(Biopile) : 오염토양을 굴착하여 영양분 및 수분을 혼합한 파일을 만들고 공기를 공급하여 오염물질에 대한 미생물의 생분해능을 증진시키는 방법
• 생물학적 분해법(Biodegradation) : 영양분과 수분(필요 시 미생물)을 오염토양내로 순환시킴으로써 미생물의 활성을 자극하여 유기물 분해기능을 증대시키는 방법

12 대도시 중심부에서 유류를 운반하던 트럭이 전복하여 주변 토양을 오염시켰을 때, 현장 내에서 적용할 수 있는 생물학적 토양복원방법은? (2016년 34회 문화재수리기술자)

① 토양증기추출법(soil vapor extraction)　　② 유리화법(vitrification)

③ 퇴비화(composting)　　④ 바이오벤팅(bioventing)

⑤ 토양세척법(soil washing)

> **해설**
> • 바이오벤팅(Bioventing) : 공기(산소)를 불어넣어 유류와 같은 오염물질의 미생물 분해를 촉진시키는 방법
> • 토양증기추출법(Soil Vapor Extraction, SVE) : 추출정을 박아 넣고 토양의 공기를 빨아내어 휘발성 오염물질을 휘발, 추출하는 방법

13 식물에 필수적인 금속이 아닌 것은? (2017년 35회 문화재수리기술자)

① 아 연　　② 구 리

③ 카드뮴　　④ 몰리브덴

⑤ 니 켈

> **해설**
> 식물영양측면에서 중금속 구분
> • 필수적 중금속 : Cu, Fe, Zn, Mn, Mo 등, 하위한계농도(LCC)와 상위한계농도(UCC)를 가짐
> • 비필수적 중금속 : Cd, Pb, As, Hg, Cr 등, 상위한계농도(UCC)만을 가짐

14 중금속이 식물의 생육에 미치는 영향에 대한 서술 중 옳지 않은 것은?

① 토양용액 중의 중금속 농도는 pH가 높을수록 높아진다.

② 중금속 중에서 Cu, Fe, Zn, Mn, Mo 등은 식물의 생육에 필수적이다.

③ 중금속은 뿌리의 원형질막 투과성을 저하시켜 K^+과 같은 이온과 다른 용질의 누출을 초래한다.

④ 식물체는 phytochelatin을 합성하거나 자유라디칼을 없애 주는 항산화 효소 또는 대사물질을 만들어 중금속 피해를 방어한다.

⑤ 필수적인 중금속은 하위한계농도와 상위한계농도가 존재하는 반면, 비필수적인 중금속은 상위한계농도만이 존재한다.

> **해설**
> 대부분의 중금속은 낮은 pH에서 용해도가 증가한다.

15 토양 내 중금속에 관한 설명으로 옳지 않은 것은? (단, As, Mo 제외) (2019년 37회 문화재수리기술자)

① 유기물과 점토광물에 흡착된다.

② 산성에서 토양흡착이 감소된다.

③ 식물체의 효소작용을 증가시킨다.

④ 산성토양에서 식물흡수량은 증가한다.

⑤ 석회물질로 토양을 중화시키면 중금속 피해를 저감시킬 수 있다.

해설

중금속이 식물 생육에 미치는 영향

원형질막의 투과성 변경	식물효소의 억제작용
• 뿌리세포의 원형질막은 중금속이 영향을 미치는 최초의 작용점이 됨 　– 직접적 영향 : 원형질막의 SH 또는 COOH기와 결합 　– 간접적 영향 : 자유 라디칼에 의한 원형질막의 지질 과산화로 막단백질의 기능 억제 • 결과적으로 K^+ 등 이온의 누출 초래	• 광합성 관련 효소와 질산환원효소 등의 활성 억제 • 세포막의 생합성 억제 • 엽록체 생합성 억제 • 광합성에 필수적인 전자전달반응, 광인산화반응, 이산화탄소 고정 억제

작은 기회로부터 종종 위대한 업적이 시작된다.

– 데모스테네스 –

제5과목

수목관리학

무언가를 위해 목숨을 버릴 각오가 되어 있지 않는 한
그것이 삶의 목표라는 어떤 확신도 가질 수 없다.

– 체 게바라 –

수목관리학

---

01 식재수목 선정

1. 수종의 선정

식재목적을 달성하기 위해 부지의 환경과 수목의 특성을 고려하여 적합한 수종을 선택하는 과정이며(적지적수), 적지적수는 관리비용을 최소화하게 되어 비용 최소화와 편익을 극대화할 수 있음

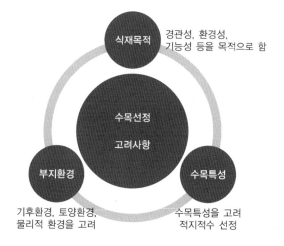

2. 기능별 수목의 선정

(1) 차폐식재용 수목

① 수목의 특성

ㄱ 적당한 수고를 가진 수종

ㄴ 하지가 고사하지 않는 수종

ㄷ 지엽이 밀생한 상록수

ㄹ 맹아력이 강한 수종

ㅁ 건조와 공해에 대한 저항력이 있는 수종

② 수목의 선정

    ㉠ 상록교목 : 주목, 서양측백, 전나무, 측백나무, 향나무, 화백, 광나무 등

    ㉡ 상록관목 : 돈나무, 동백나무, 사철나무, 식나무, 유엽도, 팔손이나무

    ㉢ 낙엽교목 : 느티나무, 단풍나무, 미루나무, 산딸나무, 서어나무, 양버들

    ㉣ 만경류 : 담쟁이덩굴, 인동덩굴, 칡 등

(2) 산울타리용 수목

① 수목의 특성

    ㉠ 지엽이 밀생하는 수종

    ㉡ 병해충이 적은 수종

    ㉢ 사람에게 해가 되지 않는 수종

    ㉣ 맹아력이 강한 수종

    ㉤ 다듬기 좋은 수종

② 수목의 선정 : 쥐똥나무, 무궁화, 싸리, 명자나무, 사철나무 등

(3) 녹음식재용 수목

① 수목의 특성

    ㉠ 적당한 지하고를 가진 수종

    ㉡ 수관이 큰 수종

    ㉢ 잎이 밀생하는 교목

    ㉣ 병해충과 답압의 피해가 적은 수종

    ㉤ 악취가 없고 가시가 없는 수종

② 수목의 선정 : 느티나무, 팽나무, 은행나무, 칠엽수, 회화나무 등

(4) 방음식재용 수목

① 수목의 특성

    ㉠ 지하고가 낮고 잎이 수직 방향으로 치밀하게 부착된 상록교목이 바람직

    ㉡ 지하고가 높을 경우에는 교목과 관목을 혼식하는 것이 바람직

    ㉢ 차량의 방음식재는 배기가스에 내성이 강한 내공해성 수종을 선택

② 수목의 선정 : 양버즘나무, 회화나무, 층층나무, 산사나무, 쥐똥나무, 매자나무, 녹나무, 아왜나무, 광나무, 꽝꽝나무, 돈나무, 동백나무 등

(5) 방화식재용 수목

　① 수목의 특성

　　㉠ 잎이 두텁고 함수량이 많은 수종

　　㉡ 잎이 넓으며 밀생하고 있는 수종

　　㉢ 상록수인 수종

　　㉣ 수관의 중심이 추녀보다 낮은 위치에 있을 것

　② 수목의 선정

　　㉠ 내화수 : 화재에 의해 연소되어도 다시 맹아하여 수세가 회복되는 수목으로 두터운 코르크층에 의해 수피가 보호되고, 맹아력이 강한 나무

　　㉡ 가시나무, 아왜나무, 사스레피나무, 왜금송, 상수리나무, 은행나무, 단풍나무, 층층나무 등

(6) 방풍식재용 수목

　① 수목의 특성

　　㉠ 심근성이면서 가지가 강한 수종

　　㉡ 지엽이 치밀한 수종

　　㉢ 낙엽수보다는 상록수가 바람직

　　㉣ 파종하여 자란 자생수종으로 직근을 가진 수종

　② 수목의 선정 : 소나무, 곰솔, 향나무, 가시나무, 아왜나무, 독일가문비, 주목, 리기다소나무, 느티나무, 동백나무 등

(7) 도로 중앙분리대용 수목

　① 수목의 특성

　　㉠ 지엽이 밀생하고 다듬기 작업에 견딜 수 있는 수종

　　㉡ 전정이 가능한 수종

　　㉢ 가능한 상록수를 사용

　② 수목의 선정 : 광나무, 사철나무, 섬쥐똥나무, 꽝꽝나무, 가이즈까향나무, 졸가시나무, 돈나무, 철쭉 등

1. 수목선정

(1) 건강상태 기출 6회·8회

① 성숙 잎의 색깔은 짙은 녹색이어야 함

② 잎은 크고 촘촘하게 달려있어야 함

③ 줄기의 생장량은 1년에 최소 30cm가량 되어야 함

④ 수피는 밝은 색을 띠면서 금이 가거나 상처가 없어야 함

⑤ 겨울철 동아가 가지마다 뚜렷하고 크게 자리 잡아야 함

(2) 수간과 수관의 모양

① 한 개의 줄기로 이루어져야 함

② 가로수일 경우 지하고 2m 이상 되어야 함

③ 골격지가 적정한 간격을 두고 네 방향으로 균형 있게 뻗어야 함

④ 수관의 높이는 수고의 2/3가량 되는 것이 바람직함

■ 이식이 가능한 수종

성공률	침엽수	활엽수
높 음	은행나무, 야자	가죽나무, 개오동나무, 구실잣밤나무, 낙상홍, 느릅나무, 느티나무, 단풍나무, 매화나무, 명자꽃, 무궁화, 물푸레나무, 박태기나무, 배나무, 배롱나무, 버드나무, 벽오동, 뽕나무, 사철나무, 수수꽃다리 등
중 간	가문비나무, 낙엽송, 낙우송, 잣나무, 전나무, 주목, 측백나무, 향나무, 화백 등	계수나무, 마가목, 벚나무, 칠엽수
낮 음	백송, 소나무, 섬잣나무, 삼나무	가시나무류, 감나무, 굴거리나무, 만병초, 목련, 산사나무, 산수유, 서어나무, 이팝나무, 자작나무, 참나무류, 층층나무, 튤립나무 등

2. 이식적기 기출 8회

(1) 이식이 가장 좋은 시기

① 초봄에 동아가 트기 2~3주 전에 실시

② 다시 말해서 뿌리가 발육하기 전에 실시하는 것이 좋음

(2) 이식이 가능한 시기

① 늦가을부터 이른 봄까지 수목이 휴면상태에 있는 기간으로 휴면기에 실시

② 동해의 위험성이 있는 수종은 겨울이 지나고 이른 봄에 실시

(3) 이식이 곤란한 시기

① 7월과 8월로 기온이 높아 증산작용이 많아지는 여름

② 토양호흡 및 생장저하의 원인인 6월 말부터 7월 말까지의 장마 기간

3. 뿌리분 제작

(1) 뿌리분의 종류 및 특성

① 뿌리분의 형태는 나근, 용기묘, 근분묘로 구분

② 나근의 경우, 어린 묘목 등 활착이 잘 되는 수목에 가능

③ 용기묘는 규격화 및 하자율을 줄일 수 있는 방안이 될 수 있음

④ 일반적으로 사용되는 분 형태는 근분이며 산지의 수목을 이식할 경우에 사용함

■ 뿌리분의 종류와 특성

나근(bare root)	용기묘(containerized)	근분묘(balled and burlapped)

• 5cm 미만의 활엽수의 가을이나 봄에 이식할 경우 사용 • 측근이 4개 이상, 뿌리의 폭이 근원경의 10배 이상일 경우에 적합	• 일정한 규격의 수목을 생산하는데 적합 • 뿌리의 꼬인 현상이 발생할 경우 생장 장애를 가져올 수 있음 • 절단기로 꼬인 부분을 절단한 후 식재	• 다양한 규격의 수목을 산지에서 굴취할 경우 사용 • 뿌리분의 깨짐을 방지하기 위한 조치가 필요 • 근분의 크기는 4D 이상으로 제작

(2) 분의 크기 및 제작

① 분의 크기는 가장 작은 크기로 가장 많은 뿌리를 보호할 수 있어야 하나 수종, 토성 등에 따라 달라짐(조경시방서에는 뿌리분의 크기는 근원 직경의 4배 이상으로 되어 있음)

② 굴취작업 2~3일 전에 충분한 관수 실시

③ 굴취작업이나 운반 시 상처가 날 염려가 있으므로 수간이나 가지에 보호재를 감아줌
    ㉠ 녹화마대와 녹화끈으로 허리감기 실시
    ㉡ 허리감기가 끝나면 각 지점을 삼각뜨기 또는 사각뜨기로 감아줌
    ㉢ 고무바와 철선을 결속해 줌(뿌리분의 깨짐 방지)

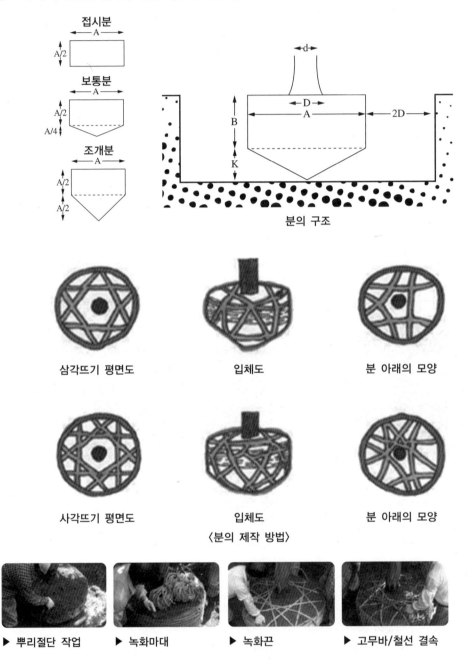

분의 구조

삼각뜨기 평면도　　　　입체도　　　　분 아래의 모양

사각뜨기 평면도　　　　입체도　　　　분 아래의 모양

〈분의 제작 방법〉

▶ 뿌리절단 작업　　▶ 녹화마대　　▶ 녹화끈　　▶ 고무바/철선 결속

(3) 뿌리돌림 `기출` 6회

　① 실시목적

　　㉠ 이식이 곤란한 수종 또는 안전한 활착을 요할 경우

　　㉡ 이식 부적기에 이식 및 거목을 이식하고자 할 경우

　② 실시방법

　　㉠ 굵은 뿌리(측근 등)가 나무를 지탱할 수 있도록 남겨 둠

　　㉡ 굵은 뿌리는 환상박피 및 구간박피(부분박피)를 실시함

　　㉢ 뿌리는 깨끗하게 절단하고 발근제를 처리함

　　㉣ 직경 5cm 이상의 뿌리는 환상박피를 실시함

(4) 수목의 운반

　① 운반 도중 접촉에 의하여 수피가 손상되지 않도록 트럭에 고정

　② 담요나 쿠션 등으로 트럭의 가장자리를 덮어 수피의 손상을 방지

　③ 장거리 이동시 나무전체를 덮어 줌(이동 시 바람에 노출되면 심한 탈수현상이 일어남)

　④ 도로표면이 불규칙할 경우 뿌리분이 깨지지 않도록 서행

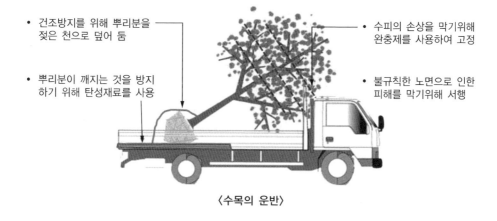

〈수목의 운반〉

(5) 수목의 식재

　① 터파기 시 직경은 뿌리분의 2~3배

　② 깊이는 뿌리분의 깊이와 거의 같게 작업 실시

　③ 만약 터파기의 깊이가 뿌리분의 깊이보다 깊게 되면 호흡곤란

　④ 터파기한 흙은 주변에 두어 수목의 위치나 방향을 정한 후 되메우기 실시

　⑤ 웅덩이를 만들어주어 관수작업의 준비를 하며, 뿌리분을 감은 재료(고무바, 녹화끈, 새끼, 철선 등)는 가급적 제거

⑥ 지주는 수목이 정상적으로 활착하고, 그 후 생육이 충분해질 때까지 설치해 놓아야 하는데, 수목의 모양, 크기, 풍향, 입지 조건 등을 고려해 수목과 조화를 이루는 형식과 재료를 선정

⑦ 관수작업은 수목의 활착을 돕는 것과 이식 시 생긴 뿌리분 주변 빈 공극을 메워주는 역할

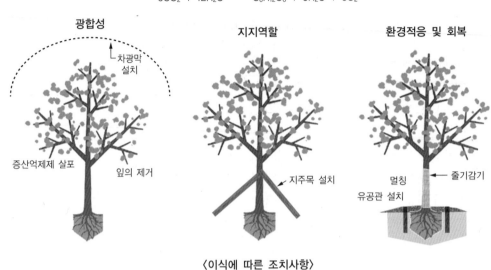

햇빛
$$6CO_2 + 12H_2O \rightarrow C_6H_{12}O_6 + 6H_2O + 6O_2$$

〈이식에 따른 조치사항〉

(6) 지주의 설치 기출 7회

① 수목의 특성 및 주변 환경에 의해 지주의 종류 선택

② 단각지주, 이각지주, 매몰형지주, 삼발이지주, 삼각지주, 사각지주, 연계형지주, 당김줄지주 등이 있음

③ 지주는 뿌리를 지탱하는 역할을 함으로 움직임이 없어야 하며 지주가 흔들릴 경우, 뿌리의 발육을 저해

④ 연계형지주는 외부환경에 따른 유동을 완화시킬 수 있는 재질인 대나무 사용

⑤ 단각지주는 어린 묘목에 사용하며, 삼각지주와 사각지주는 가로수에 적용하는 경우가 많음

⑥ 삼발이 지주가 일반적으로 사용되나 지주는 경관성을 높이기 위해서 매몰형지주나 당김줄형 사용

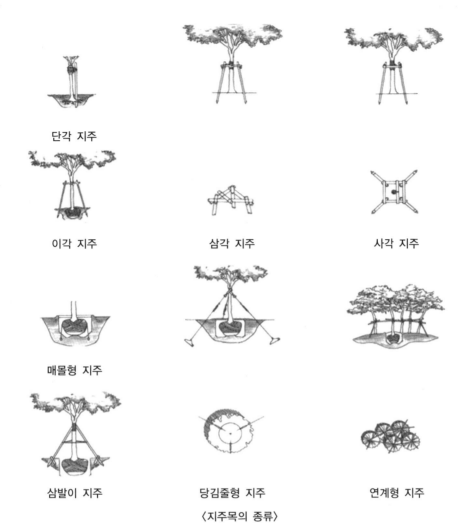

단각 지주

이각 지주   삼각 지주   사각 지주

매몰형 지주

삼발이 지주   당김줄형 지주   연계형 지주

〈지주목의 종류〉

(7) 멀 칭 [기출] 6회·7회

① 잡초의 생장 억제 및 토양의 구조 향상, 입단화 촉진, 공극률을 높여 줌

② 표토의 유실 및 침식 방지, 답압 방지

③ 토양 온도 유지 및 겨울철의 과건조와 온도 저하 방지

④ 이식 후 월동해야 하는 수목은 당년의 광합성량이 적어 저온순화가 어려움

⑤ 이식 수목은 뿌리의 보호 및 줄기의 보호를 통해 동해의 피해를 방지하여야 함

| 수피(바크) | 우드 칩 | 코코 칩 | 새끼줄 | 볏짚기적 | 씨거적 | 잠복소 |

종 류	구 분
유기질 재료	볏짚, 솔잎, 톱밥, 나무껍질, 우드 칩, 펄프, 이탄 이끼, 쌀겨, 옥수수 속, 땅콩껍질
광물질 재료	왕모래, 마사, 돌조각, 자갈, 조약돌
합성 재료	토목섬유, 폴리프로필렌 부직포, 폴리에틸렌 필름(비닐) 등

〈멀칭 재료의 종류〉

03 시비 및 관수

1. 시비관리

(1) 시비의 시기

① 온대지방에서는 왕성한 생장을 하는 시기인 봄에 비료를 주는 것이 바람직함

② 시비효과가 봄에 나타나게 하려면 겨울눈이 트기 4~6주 전인 늦은 겨울이나 이른 봄 시비

③ 엽면시비의 경우 잎이 한창 커질 때 실시

(2) 시비의 방법

① 토양시비법

㉠ 표토시비법 : 작업이 신속하나 유실량이 많음

ⓛ 토양내시비법 : 땅을 갈거나 구덩이를 파서 비료성분이 직접 토양 내부로 유입. 용해하기 어려운 비료 시비에 효과적

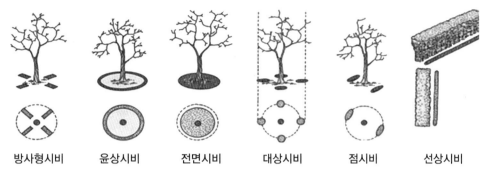

| 방사형시비 | 윤상시비 | 전면시비 | 대상시비 | 점시비 | 선상시비 |

〈토양 내 시비 방법 및 종류〉

② 엽면시비법

ⓐ 수용액을 (고압)분무기로 잎에 직접 살포

ⓛ 미량원소의 부족 시 **빠른 효과**를 보이며 쾌청한 날씨에 실시

ⓒ 철분, 아연, 망간, 구리의 결핍증상을 치료할 때 사용

ⓓ 엽면시비 시 무기양분의 최종 농도는 0.5% 이하로 유지하여 사용

③ 수간주사법

ⓐ 뿌리의 기능이 원활하지 못하고, 다른 시비 방법의 사용이 어려울 때 사용

ⓛ 수간주사 아래로 주사액이 이동하지 않으므로 수간주사 위치는 낮을수록 좋음

ⓒ 빠르게 수세를 회복시키고자 할 때 사용하며, 생장기인 4~10월 사이에 시행

ⓓ 뿌리가 생육을 시작하는 봄부터 휴면에 들어가기 전까지의 시기

ⓜ 방제를 위한 특별한 경우 12~3월 사이에도 주입할 수 있음(소나무 재선충병)

④ 관주관수법

ⓐ 미량원소 및 발근촉진에 유리한 호르몬제 등을 물에 희석하여 토양에 관주

ⓛ 직접 뿌리에서 흡수하도록 함

ⓒ 토양관수 시 점토는 양이온 치환용량이 커서 약해를 받지 않음

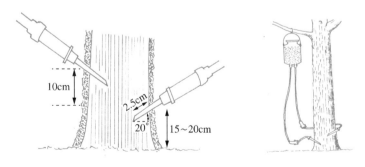

〈수간주사 종류 및 특징〉

수간주사의 종류	특 징
유입식	• 처리가 간단 • 처리비용이 가장 저렴함 • 많은 용량 처리 어려움 • 구멍의 지름이 커서 상처 크기가 큼
중력식	• 처리 비용이 대체로 저렴함 • 다양한 약제 첨가 가능(활용성 큼) • 가장 일반적으로 사용(많은 양의 약제 주입) • 수종에 따라 용량 전체가 삽입되지 않을 수 있음
압력식	• 주입속도가 가장 빠름 • 가장 빠른 효과를 볼 수 있음 • 처리비용이 가장 고가 • 많은 용량 처리 어려움
삽입식	• 지속적인 효과를 볼 수 있음 • 영양공급에 한정됨

(3) 시비량의 선정

① 시비량의 선정

㉠ 시비량은 수종, 수령, 토성 그리고 토양조건에 따라 달라짐

㉡ 점질토의 경우에는 사질토보다 더 많이 시비해야 함(양이온 치환용량)

② 양분요구도가 높은 수종

㉠ 속성수는 양료요구도가 크며, 활엽수는 침엽수보다 양료요구도가 큼

㉡ 일반적으로 농작물 > 유실수 > 활엽수 > 침엽수 > 소나무류 순

■ 양료요구도에 따른 수목 구분

양료요구도	침엽수	활엽수
높 음	금송, 낙우송, 독일가문비, 삼나무, 주목, 측백나무	감나무, 느티나무, 단풍나무, 대추나무, 동백나무, 매화나무, 모과나무, 물푸레나무, 배롱나무, 벚나무, 오동나무, 이팝나무, 칠엽수, 튤립나무, 피나무, 회화나무, 버즘나무
중 간	가문비나무, 잣나무, 전나무	가시나무류, 버드나무류, 자귀나무, 자작나무, 포플러
낮 음	곰솔, 노간주나무, 대왕송, 방크스소나무, 소나무, 향나무	등나무, 보리수나무, 소귀나무, 싸리나무, 아까시나무, 오리나무, 해당화

2. 관수관리

(1) 관수의 시기

① 봄 관수

㉠ 1년 중 수목이 가장 많은 물을 필요로 하는 계절

㉡ 가뭄이 들면 수목의 활착이 불량하고 생육이 좋지 않음

ⓒ 중부지방에서는 봄에 불어오는 북서풍으로 수목이 건조되거나 수분부족으로 인해 고사목이 발생하기 쉬우므로 건조 상태를 점검하고 집중적으로 관수

ⓔ 이식 후 수목활착이 되는 5년까지는 주의 깊게 관찰하여 관수 실시

② **여름 관수** : 여름철 30℃ 이상으로 혹서기가 계속되는 경우 수목의 체온을 내려주는 데 효과적

③ **가을 관수** : 가을 이식 후 그 해 겨울 온도가 높을 경우 수목은 계속 증산작용을 하게 되어 건조한 상태가 되므로 이식목의 경우에는 뿌리가 활착될 때까지 5년 정도는 정기적인 관수 실시

■ 관수시기별 특징

구 분	내 용
봄	수목의 생장에 있어 가장 물이 많이 필요한 시기이며 봄 가뭄에 대비한 관수
여 름	여름철 온도를 낮추는 효과가 있으며, 강우량에 따라 관수 조절
가 을	겨울 온도가 높을 경우 광합성 및 증산작용을 하게 됨에 따라 가을관수가 필요

(2) 관수의 시간

① 하루 중 관수 시간은 한낮을 피해 아침 10시 이전이나 일몰 즈음이 좋음

② 겨울철 기온이 낮은 시간대에 관수를 하면 뿌리가 썩는 원인이 됨

③ 하루 중 기온이 상승한 이후의 관수가 좋음(여름철 제외)

(3) 관수의 횟수

① 가물 때 실시하되 연 5회 이상, 3~10월경의 생육 기간 중에 관수

② 점적 관수의 경우 2~3일 간격으로 물을 주는 것이 좋음

③ 수목의 뿌리가 활착될 때까지 매일 관수하는 것을 원칙으로 하되, 다량의 강우로 토양에 충분한 수분이 함유되어 있을 경우는 제외

　ⓐ 이식 시 관수 기준 : 교목 1회/4일, 관목 1회/2일

　ⓑ 이식 시 관수 중지 : 20~30mm/일 이상 강우 시 4일간, 30mm/일 이상 강우 시 7일간 중지

④ 관수빈도와 관수량은 상황에 따라 다르지만, 건조 시기가 계속되어 수목이 시들기 전에 관수하려고 할 때에는 1회를 실시하더라도 물이 땅 속 깊이 스며들도록 해주어야 함

⑤ 여름철 이식 후 관수할 때에는 한 번에 수분이 스며들기 어려우므로 하층토까지 젖도록 2~3회 횟수를 나누어 주며 물집을 만들어 충분히 관수하여야 함

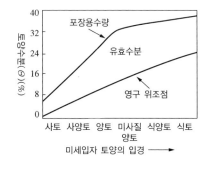

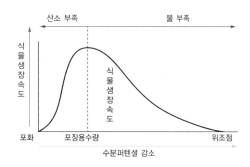

1. 서 론

(1) 전정의 정의

　① 특정한 목적을 달성하기 위해 수목의 일부를 선택적으로 제거하는 수목관리 작업

　② 수목의 수형을 유지보존하고 생장을 조절하기 위하여 수간과 가지를 정리함으로써 균형과 조화를 이루어 원하는 형태대로 관상, 개화, 결실 등의 최종적인 목적을 얻기 위한 기초정리 작업을 말함

(2) 전정의 목적

　① 수목의 생리·생태적인 균형을 맞추어 건강한 생육과 아름다운 수형을 유지

　② 도장지, 교차지를 솎아내어 통풍과 채광을 좋게 하여 병해충을 방지하고 풍설해에 대한 저항력을 강하게 함

　③ 꽃이나 열매 등 관상가치가 좋은 수목은 도장지를 전정하여 웃자람을 억제하고 내지를 제거하여 개화와 결실 촉진

　④ 이식한 수목은 지엽의 일부를 잘라 수분의 흡수와 증산의 균형을 맞추어 활착을 좋게 함

　⑤ 쇠약한 수목은 묵은 가지를 제거하여 새로운 가지를 재생시킴

(3) 기본원리 및 효과

　① 경관성을 높이기 위해 불필요한 것을 잘라 주어 고유의 미적가치를 높임

　② 여름철 태풍에 대비하여 수형을 축소시키거나(가로수 등) 생육을 조절함

　③ 밀집된 곳의 가지와 잎의 통풍과 채광이 잘 되게 하여 병충해 발생을 억제함

　④ 영양생장을 조정하고 생식생장으로 유도하여(유실수, 화목 등) 개화와 결실을 촉진시킴

　⑤ 이식한 수목의 지상부와 지하부의 균형을 맞추어 수목의 활착을 촉진시킴

　⑥ 병충해 피해 또는 쇠약한 수목의 가지를 잘라 활력을 재생시킴

(4) 전정의 시기 `기출` `7회`

　① 온대지방에서는 수목의 생육절기가 분명하기 때문에, 수목의 생육절기를 고려하여 전정 시기를 선택하여야 하며 특히 발육기는 피해야 함

　② **낙엽수의 경우** : 수목의 건강 측면에서 가장 좋은 전정 시기는 아래 그림에서 제1휴면기가 끝나가고 제2휴면기가 시작되기 직전이며, 이는 외형적으로 볼 때 수목의 가지와 줄기에 물이 이동하기 직전임

③ **상록수의 경우** : 완전 휴면에 들어가지 않고 반휴면 상태로 겨울을 나기 때문에 수목의 건강 측면에서 가장 좋은 전정 시기는 다음 그림과 같이 반휴면기가 끝나는 시점임. 즉, 외형적으로 새로운 신초 생장이 시작되기 직전임

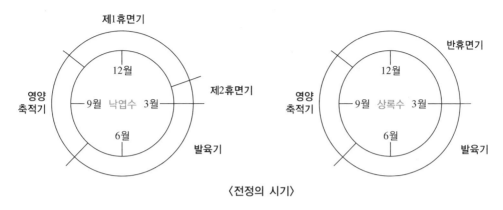

〈전정의 시기〉

㉠ 화목류의 전정시기
- 봄에 꽃이 피는 수종은 꽃이 진 직후에 실시(화아분화 형성 이전에 실시)
- 여름에 꽃이 피는 수종인 무궁화, 배롱나무, 싸리나무, 금목서의 경우에는 다음해에 화아분화가 발생하므로 이른 봄에 실시(싹트기 전)

■ 수목 종류별 화아분화 시기와 개화 시기

수 종	1	2	3	4	5	6	7	8	9	10	11	12
매화나무	•••	•••	•••					○○	•••	•••	•••	•••
동백나무	•••	•••	•••	•••		○○	○○•	•••	•••	•••	•••	•••
산수유	•••	•••	•••			○•	•••	•••	•••	•••	•••	•••
서 향	•••	•••	•••	•••			○••	•••	•••	•••	•••	•••
백목련	•••	•••	•••	•••	○	•••	•••	•••	•••	•••	•••	•••
명자나무	•••	•••	•••	•••				○••	•••	•••	•••	•••
개나리	•••	•••	•••	•••				○	•••	•••	•••	•••
왕벚나무	•••	•••	•••	••		○		•••	•••	•••	•••	•••
수수꽃다리	•••	•••	•••	•••	•••	○•		•••	•••	•••	•••	•••
조팝나무	•••	•••	•••	••	•					○••	•••	•••
복숭아나무	•••	•••	•••	••				○••	•••	•••	•••	•••
모 란	•••	•••	•••	••●	•••		○	•••	•••	•••	•••	•••
오오무라사끼 철쭉	•••	•••	•••		•••		○•	•••	•••	•••	•••	•••
기리시마철쭉	•••	•••	•••		•••		○•	•••	•••	•••	•••	•••
단풍철쭉	•••	•••	•••		•••			○•	•••	•••	•••	•••
등나무	•••	•••	•••		•••	○•	•••	•••	•••	•••	•••	•••
만병초	•••	•••	•••		•••	○•	•••	•••	•••	•••	•••	•••

찔레나무				○○●	●●●	●						
사쯔끼철쭉	●●●	●●●			●●	○	○○○	●●●	●●●	●●●	●●●	
치자나무	●●●	●●●			●●●	○	●●●	●●●	●●●	●●●	●●●	
수 국	●●●	●●●			●●●	●●●	●			○●	●●●	●●●
무궁화					●●●	●●●	●●●					
배롱나무					○●	●●●	●●●	●●				
싸리나무							○○○	○●●	●●●			
금목서								○●●	●●●			

주) ○●●● 화아형성 및 지속기   ● 개화기

ⓛ 수종별 전정시기

- 굵은 가지를 전정(강전정)할 경우에는 동계전정을 함
- 소나무 새순의 가지치기는 경화되기 이전인 5월 초순에 순지르기를 하여 전정

■ 수종별 전정시기 및 요령

시 기	수 종	시기 및 요령
춘기전정 (3~5월)	• 상록활엽수 : 참나무류, 녹나무 등 • 낙엽활엽수 : 느티나무, 벚나무 등 • 침엽수 : 소나무, 반송, 섬잣나무 • 봄꽃나무 : 철쭉류, 목련, 벚나무, 진달래 • 여름꽃나무 : 무궁화, 배롱나무, 싸리나무 • 생울타리 : 향나무류, 화양목, 사철나무 • 유실수 : 복숭아, 꽃사과 등 • 동백나무, 목련	• 잎이 떨어지고 새 잎이 날 때 • 신장생장이 최대인 시기 • 순 꺾기(순지르기 – 적심) : 5월 상순 • 꽃 진 직후 전정 • 눈이 움직이기 전 이른 봄에 전정 • 5월 말(화양목은 겨울 전정 지양) • 이른 봄 • 눈의 바로 위를 전정
하계전정 (6~8월)	• 수목 생장 활발기로 수형이 흐트러지고 도장지 발생, 통풍, 일조 불량으로 병충해 피해가 많음 • 낙엽활엽수 : 단풍나무, 자작나무 등 • 일반수목	• 비대성장, 화아생성, 동화물질 저장 시기로 약전정 실시함 • 강전정 피함 • 도장지, 도복지, 맹아지 제거
추계전정 (9~11월)	• 낙엽활엽수 일부 • 상록활엽수 일부 • 침엽수 일부 • 생울타리	• 강전정은 동해 유발(약전정 실시) • 남부지방만 전정 • 묵은 잎 적심(털어주기) • 2회 전정
동계전정 (12~2월)	• 낙엽활엽수 • 상록수 • 무궁화 • 기타	• 굵은 가지 강전정(수형 잡기 위함) • 동계전정 지양(내한성이 약함) • 내년도 신초가 나기 전 10~12월, 2월 • 해토 무렵 실시
기 타	• 장미류	• 눈이 부풀어 오를 때 실시

(5) 전정 시 유의사항

① 전정하지 않는 수종

　　㉠ 침엽수 : 독일가문비, 금송, 히말라야시다, 나한백 등

　　㉡ 상록활엽수 : 동백나무, 치자나무, 굴거리나무, 녹나무, 태산목 등

　　㉢ 낙엽활엽수 : 느티나무, 팽나무, 회화나무, 참나무류, 푸조나무, 백목련, 튜립나무, 떡갈나무 등

② 전정 시 주의 사항

　　㉠ 추운지역에서는 가을에 전정 시 동해를 입을 수 있음으로 이른 봄에 실시

　　㉡ 상록 활엽수는 대체로 추위로 약하므로 강 전정은 피함

　　㉢ 눈이 많은 곳은 눈이 녹은 후에 실시하는 것이 좋음

　　㉣ 늦은 봄에서 초가을까지는 수목 내에 탄수화물이 적고 부후균이 많아 상처치유가 어려움

■ 전정 시 주의해야 할 수종 기출 8회

전정 시 주의 할 사항	수 종	비 고
부후하기 쉬운 수종	벚나무, 오동나무, 목련 등	
수액유출이 심한 수종	단풍나무류, 자작나무 등	전정 시 2~4월은 피함
가지가 마르는 수종	단풍나무류	
맹아가 발생하지 않는 수종	소나무, 전나무 등	
수형을 잃기 쉬운 수종	전나무, 가문비나무, 자작나무, 느티나무, 칠엽수, 후박나무 등	
적심을 하는 수종	소나무, 편백, 주목 등	적심은 5월경에 실시

2. 전정기초이론

(1) 절단 유형

① 제거절단

　　㉠ 불필요한 가지를 제거하는 방식

　　㉡ 남겨지는 가지가 제거되는 가지의 직경보다 클 경우 실시

② 축소절단

　　㉠ 길이를 줄이기 위해 상대적으로 더 굵은 가지를 절단

　　㉡ 제거되는 줄기 직경이 남겨지는 가지 직경보다 클 경우 실시

③ 두 절
　　㉠ 눈 또는 마디 사이 절단
　　㉡ 수목의 생장에 좋지 않은 전정 방법
　　㉢ 원하는 위치에서 줄기/가지를 절단하는 방식
　　㉣ 1, 2년 가지는 수형유지를 위해 활용 가능하나 3년생 이상의 가지는 잘못된 전정임

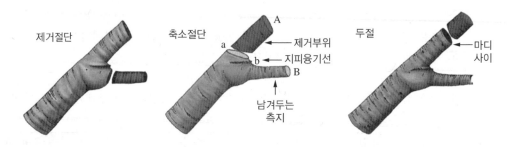

제거절단　　　　　축소절단　　　　　　　　　　　　　　　　두절

A
a　　→ 제거부위
b　　→ 지피융기선
B
↑
남겨두는
측지

→ 마디
사이

(2) 전정 이론

① 지륭(枝隆, branch collar) 기출 5회
　　㉠ 가지조직(branch tissue)은 수간조직(trunk tissue) 안쪽에서 자람
　　㉡ A지역은 수간조직이며 B지역은 가지조직
　　㉢ 가지조직을 둘러싸고 있는 부분이 볼록해지면서 지륭이 형성

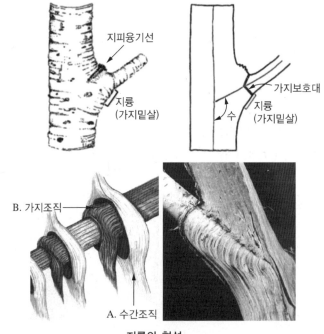

지피융기선

지륭
(가지밑살)

가지보호대
지륭
(가지밑살)
수

B. 가지조직

A. 수간조직

지륭의 형성

② 지피융기선(枝皮隆起線, Branch Bark Ridge, BBR)
  ㉠ 지피융기선이란 줄기와 가지의 분기점(分岐點)에 있는 주름살 모양의 융기된 부분
  ㉡ 지피융기선을 경계로 줄기조직과 가지조직이 갈라짐
  ㉢ 지피융기선은 줄기조직과 가지조직을 갈라놓는 경계선

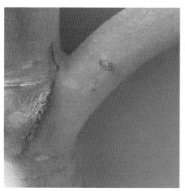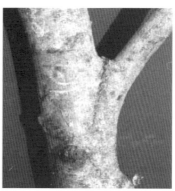

③ 보호지대
  ㉠ 보호지대는 가지의 기부 안쪽에 형성되어 있음
  ㉡ 세포에 의해 만들어진 전분 및 기름 등 화학물질로 채워져 있음
  ㉢ 가지로부터 수간으로의 생물체의 확산을 막아냄(활엽수 : 페놀계, 침엽수 : 테르펜계)

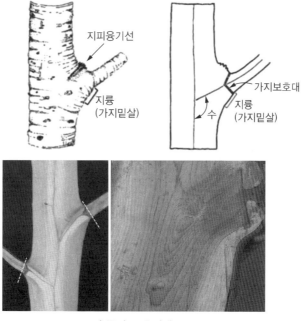

수목의 보호지대

(3) 잔가지 전정하기

① 잔가지치기의 반응 : 수목의 옥신에 의한 정아우세성에 의해 수형이 형성되어 가지의 방향을 예측할 수 있음

② 잔가지 전정하기 요령

ㄱ 가지의 전정은 눈 위치의 반대편까지 비스듬하게 잘라야 함

ㄴ 수종에 따라 다소 차이는 있으나 원칙적으로 흡지(얼지, 분지), 동지, 맹아, 평행경쟁지, 도장지(상수지 포함), 역지(하수지), 내향지, 교차지, 병해충 피해지, 고사지 및 쇠약지, 지나치게 무성하게 자라서 설해·풍해의 피해가 우려되는 가지, 유실수로서 개화 결실을 촉진시키고자 하는 가지 등

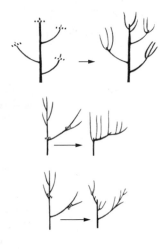

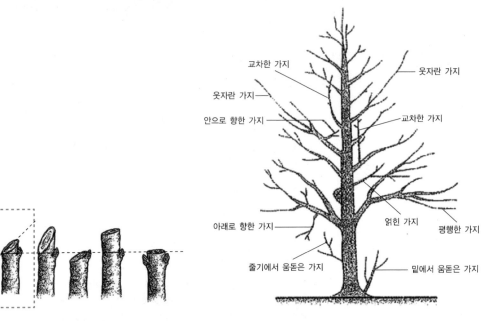

(4) 굵은 가지 전정하기

① 수피가 찢어지는 것을 방지하기 위해 가지의 하중을 먼저 제거
② 최종적으로 지피융기선과 지륭의 끝부분을 제거함
③ 수목의 종류에 따라 지피융기선과 지륭이 다르게 나타남

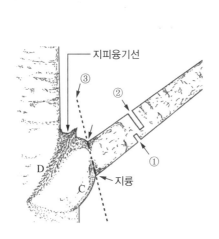
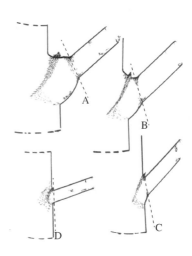

④ 침엽수의 경우에는 지피융기선과 지륭이 줄기에 근접하여 있어 바짝 제거함
⑤ 활엽수의 경우에는 지륭(가지밑살) 부분이 바깥으로 나와 있어 절단 시 지륭을 잘 확인하여야 함

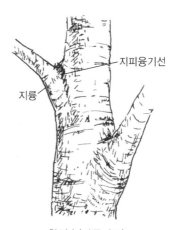

침엽수(소나무)   활엽수(단풍나무)

(5) 기타 전정하기

① 지륭이 뚜렷하지 않은 가지자르기

ㄱ 지피융기선과 수목줄기의 가상의 수직선의 각도와 등각이 되도록 절단선을 설정

ㄴ 각도 b의 크기는 각도 a보다 약간 작거나 같아야 함

ㄷ 안으로 말려들어간 가지는 절단선 아래에서 상단부를 향해 치켜 올려 자르도록 함

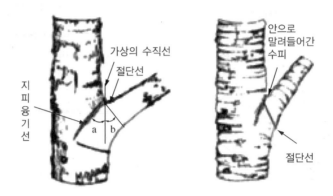

② 죽은 가지자르기

ㄱ 수목이 고사한 가지를 분리시키려는 흔적이 보임

ㄴ 지륭이 밖으로 돌출되어 있을 때에는 지륭의 끝부분에서 죽은 가지만을 제거

ㄷ 지륭(가지 밑살)은 건들지 않아야 함

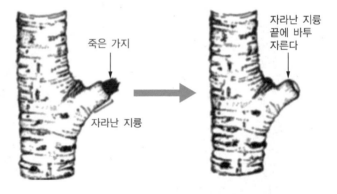

③ 줄기 자르기

    ⊙ 지피융기선과 제거해야 할 줄기 직각방향의 이등분선 절단

    ⓛ 절단된 줄기의 내부에는 가지의 지륭에 형성되는 화학적 보호대가 없으므로 부후균의 침해를 받음

    ⓒ 절단면에 락발삼, 티오파네이트메틸 도포제, 테부코나졸 도포제 등 상처도포제 처리

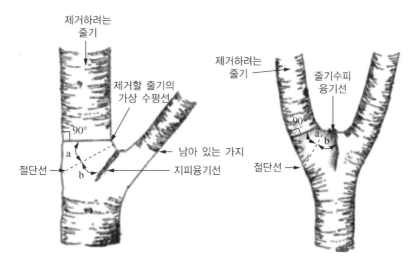

(6) 전정의 결과

    ① 전정이 잘된 것은 유합조직에 의해서 새살이 원형으로 잘 발생함

    ② 지피융기선과 지륭을 잘못 전정하였을 경우에는 회복 시간이 길어짐

    ③ 전정 후에는 도포제(살균제)를 발라 균의 침입과 방수의 역할을 할 수 있도록 조치

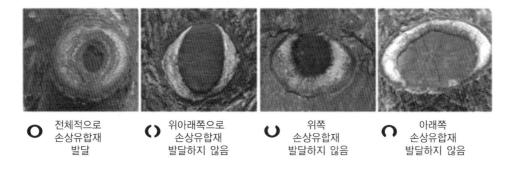

(7) 울타리 전정하기

    ① 울타리의 상단보다 바닥이 넓게 유지되도록 전정함

    ② 바닥까지 햇빛이 도달할 수 있도록 조치

    ③ 신초가 단단해지기 전, 직전 깎기 지점의 2.5cm 이내에서 깎기

    ④ 화목류는 꽃이 피고 난 다음 꽃눈이 형성되기 전에 전정

    ⑤ 꽃이 중요하지 않은 울타리는 연중 언제든지 가능함

잘된 경우   잘못된 경우

〈울타리 전정하기〉

1. 노거수 결함 유형

결함 때문에 추가적인 부하가 가해지면 수목 전체 또는 일부가 파손되는 피해를 입게 됨

위 치	결 함	파손 유형
가 지	과도한 말단 무게	부러짐, 분기 찢어짐
	목재 부후 취약한 부착	부러짐, 분기 찢어짐
수 간	낮은 초살도와 살아있는 수관비율	수간 꺾임, 넘어짐
	목재 부후	수간 꺾임
	매몰된 수피를 가진 동일세력	분기 찢어짐
	수간 기울어짐	넘어짐
뿌 리	부후와 병, 뿌리 제거, 얕은 토심과 배수불량	넘어짐

2. 위험성 평가 기출 7회

수목의 위험요인을 조사하고 평가하여 적절한 피해 경감 방안을 시행한 다음, 그 후에도 주기적인 점검과 사후관리를 철저히 함으로써 피해를 최소화 할 수 있음

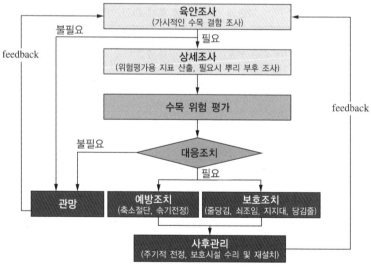

수목 위험 관리 절차

(1) **육안조사(기초조사)** `기출` 8회

① 육안조사는 수목에 대한 명백한 결함이나 특정한 상태를 확인하기 위해 실시

② 주기적으로 대규모 수목 집단이나 개별 수목을 개략적으로 조사

③ 폭풍 직후에 이들을 신속하게 조사하기 위해 실시

구 분	조사 항목
수목 전체	• 수목의 전반적인 건강 • 수관의 배치와 기욺
수 간	• 초살도 • 상처 및 균열 • 부후로 인한 공동 및 곰팡이 자실체 • 동일 세력 줄기의 분기 균열, 수피 매몰
가 지	• 지관의 배치와 초살도 • 가지/줄기 직경 비율과 수피 매몰·균열과 부후
뿌 리	• 근원부후와 곰팡이 자실체 • 뿌리판 솟음과 토양 균열 • 지표면 변화 : 절토 또는 성토·공사로 인한 뿌리 절단

(2) **정밀조사** `기출` 8회

목재의 부후나 뿌리 피해에 대한 정확한 정보를 확보하기 위해서는 보다 전문화된 장비와 기술이 필요하고, 일부 토양을 굴착해야 하는 경우도 있음. 수간과 가지, 뿌리 등 목재의 내부 부후는 다음과 같은 다양한 장비를 활용하여 조사할 수 있는데, 장비는 비용과 장비의 유효성, 기술적인 전문성 등을 고려하여 선택하여야 함

2단계 상세조사를 통해 확인 가능한 지표

구 분	주요 확인 지표
수목 전체	• 살아있는 수관 비율 : 수관 높이/총 수고 • 수목 기울기
수 간	• 수간 초살도 : 수고/직경 비율, 분기 균열의 크기, 공동 개구의 크기와 대략적인 부후 정도 • 필요 시 내부 부후에 대한 정밀 조사
가 지	• 가지 초살도 : 길이/직경 비율, 살아있는 지관 비율, 가지/줄기 직경 비율, 균열과 부후의 대략적인 크기 • 내부 부후에 대한 정밀 조사
뿌 리	• 절단된 뿌리 비율 • 부후된 뿌리의 대략적인 비율 • 뿌리 내부 부후에 대한 정밀 조사

① **목재부후** `기출` 6회
- 살아있는 수목의 내부 부후를 확인할 수 있는 장비의 정확도가 낮고, 줄기와 내부의 부후형태가 균일하지 않음
- 수종별 목재의 강도, 개별 수목의 건강과 활력, 다른 결함의 존재 여부, 수목의 노출 정도, 부지여건 등에 따라 차이가 있어 정확하게 판단하는 데 한계가 있음

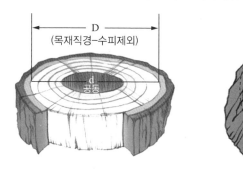

㉠ 생장추(生長錐, increment borer)
- 목편채취기인 생장추를 수간에 돌려 넣은 후 확보한 목재 추출편(抽出片, ejector)을 통해 목재의 변색 및 부후 부위를 확인하는 방법
- 샘플을 추출할 때 상대적으로 큰 상처를 남기고, 목재가 단단한 수목(주로 활엽수)은 샘플 채취가 어려운 문제점이 있음

㉡ 천공(穿孔, drilling)
- 4mm 강철 천공촉을 활용하여 일정한 깊이의 목재 파편을 단계적으로 추출
- 목재 파편의 상태를 기준으로 수간의 내부 상황을 평가하는 방법

㉢ 저항기록 천공(resistograph)
- 천공촉이 목재 속으로 진입하면서 받는 저항이 그래프용지(graph paper)에 기록되는 기기
- 숙련도를 덜 요구하고 다른 방법과 결합하면 부후 탐지의 정확도를 크게 높일 수 있음

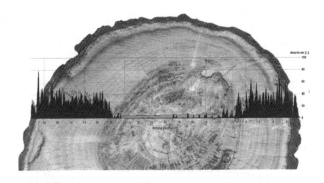

ㄹ 음향측정장치(acoustic measurement device)
  • 음파(音波, sound wave)가 목재를 통과하는 데 걸리는 시간을 측정하여 수간 내부의 상황을 탐지하는 기기
  • 균열, 공동, 부후와 결함이 없는 목재를 통해 전달되는 시간과 비교하여 시간 차이를 영상 이미지로 나타냄

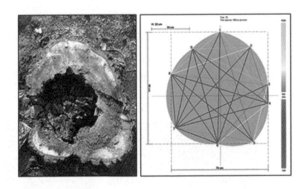

② 초살도
  ㄱ 초살도는 수간과 가지가 외부의 중력과 추가적인 부하에 견디는 힘과 비례
  ㄴ 극한적인 기상에서 수간과 가지 모두 30:1의 비율을 초과하면 부러지거나 넘어지기 시작하며 60:1을 초과하면 대부분의 수간과 가지가 파손됨
  ㄷ 무게중심의 수목 파손에 영향을 미치는 중요한 요소로 무게 중심이 아래쪽에 있는 수목이나 가지는 피해 가능성이 적음

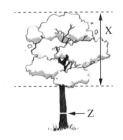 

③ 수간과 가지의 수관 비율

살아있는 수관 비율은 수목과 가지의 무게중심의 위치를 나타내는 지표

지표		계산식	측정치	참고
목재 강도 손실	노출된 공동	$\dfrac{d^3 + r(D^3 - d^3)}{D^3} \times 100$	• d : 부후 기둥의 직경 • D : 수피 내부 목재 직경 • r : 공동개구/줄기둘레 비율	
	내부 부후	$\dfrac{d^3}{D^3} \times 100$		
초 살 도	수 간 (수고/직경 비율)	$\dfrac{Y}{Z}$	• Y : 수고(H) • Z : 흉고직경(DBH)	
	가 지 (길이/직경 비율)	$\dfrac{y}{z}$	• y : 가지 총 길이 • z : 가지 기부 직경	
수관 비율	수 간	$\dfrac{X}{Y}$	• X : 살아있는 수관 높이 • Y : 수고(H)	
	가 지	$\dfrac{x}{y}$	• x : 살아있는 지관 길이 • y : 가지 총 길이	

④ 분지의 직경 비율과 각도

㉠ 분지의 강도는 직경 비율과 가지 각도에 의해 결정됨

㉡ 수목의 부하가 가중되었을 때 파손되는 부위를 예측하는 데 활용할 수 있음. 직경 비율은 0.7을 기준으로 그 이하가 되면 가지가 부러지기 쉽고, 그 이상이 되면 연결부위 분기가 찢어지기 쉬움

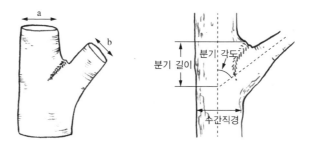

⑤ 수목의 기울어짐

수간이 20° 이상 기울어지면 중력에 의해 넘어질 수 있는 긴박한 상황으로 판단

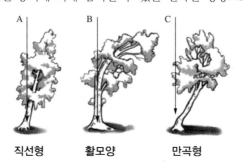

직선형　　　활모양　　　만곡형

ⓒ 만곡형 : 수목이 기울기가 직립하는 수목보다는 안정적이지 않지만 우려되는 상황은 아님

ⓛ 활모양 : 수목이 편중된 경우가 많으므로 부하가 가중되면 넘어질 가능성이 높음

ⓒ 직선형 : 직선으로 기울어진 수목은 최근에 기울어진 수목으로 사소한 부하에도 넘어짐

지표	계산식	측정치	참고
분기 직경 비율	$\dfrac{b}{a}$	• b : 가지 직경 • a : 줄기 직경	
분기 각도	수간(줄기)과 가지의 중심선이 이루는 각도		
수간 기울기	근원에 대한 수직선과 수간의 중심선이 이루는 각도		

3. 보호시설 설치

(1) 줄당김(Cabling)

① 줄당김의 목적

ⓒ 줄당김은 수목의 약한 구조에 대한 동적인 부하를 줄이기 위해, 강철 케이블이나 합성섬유로프처럼 탄력성 있는 자재를 설치함으로써 과도한 움직임을 억제하는 수목보호시설

• 과도하게 뻗은 가지에 대한 지지력 제공

• 추가적인 부하에 노출될 수 있는 가지에 대한 지지력 제공

• 동일세력 줄기나 가지의 움직임 제한

② 줄당김의 고려사항

ㄱ 건전 목재 비율 : 건전한 목재가 수간이나 가지 직경의 40% 미만인 부후된 부위에서는 관통하는 고정 장치(anchor)를 설치해서는 안 됨

ㄴ 케이블 설치 위치 : 케이블은 지지될 가지나 주지의 길이(높이)의 2/3지점에 설치하되, 수목의 구조와 형태, 설치 지점의 강도, 주변 환경 등을 고려하여 조절

ㄷ 케이블 각도 : 케이블 설치 각도는 케이블이 설치될 두 수목 조직이 이루는 각도를 양분하는 가상선에 대하여 수직이 되도록 함

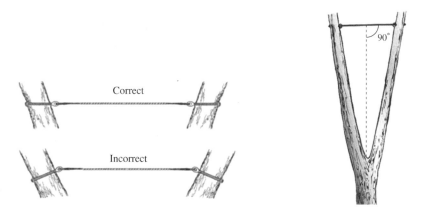

③ 설치 방법

ㄱ 정적 줄당김(static cabling)

• 줄당김은 가지나 줄기 사이에 설치된 케이블이나 로프가 장력하에 놓이게 하여 움직임을 허용하지 않음

• 설치 부위의 목재를 관통하는 고정 장치를 설치하는 침투식(invasive)

ㄴ 동적 줄당김(dynamic cabling)

• 지지되는 가지나 줄기의 움직임을 어느 정도 허용. 설치부위를 케이블이나 합성섬유 밧줄로 감싸는 비침투식(non-invasive)

• 동물에 의한 가해나 자외선에 의한 열화로 합성섬유 로프의 내용연수가 짧은 문제점이 있지만 설치가 용이하고, 상처 유발이 없음

④ 설치 유형

ㄱ 직접 줄당김 : 수목의 두 부분, 즉 두 가지 사이에 하나의 케이블을 연결하는 방식

ㄴ 삼각형 줄당김 : 세 가지를 하나의 그룹으로 연결하는 방법. 모든 방향에서의 흔들림을 줄일 수 있는 강력한 직접 지지가 요구될 때 적용

ㄷ 상자형 줄당김 : 네 개 이상의 가지를 연결하는 방법. 지지력이 가장 약하며, 측면 흔들림만 흡수할 필요가 있을 때 설치

ⓔ 바퀴살형 줄당김
- 중간에 철제로 된 중심 고리와 여기서 세 개 이상의 가지로 뻗어나간 케이블로 구성
- 중앙 주지가 없거나 줄기가 바깥을 향해 파손될 가능성이 높을 때 설치
- 동시에 발생하는 모지(줄기)의 측면 진동은 억제하지 못함
- 바퀴살형 줄당김은 각 케이블의 장력이 독립적으로 조절되어야 하기 때문에 설치하는 데 전문성 필요

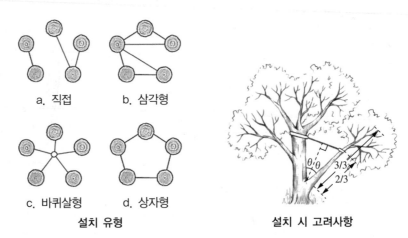

a. 직접　　　b. 삼각형

c. 바퀴살형　　　d. 상자형

설치 유형

설치 시 고려사항

(2) 쇠조임(Bracing)

① 쇠조임의 목적

ㄱ 쇠조임은 단단한 강봉이나 볼트를 수목 내부에 설치하는 작업

ㄴ 둘 이상의 주지가 벌어지거나 옆으로 움직이는 위험을 줄이고, 찢어지거나 금이 간 분기나 가지를 함께 묶어주어 상처가 더 이상 확대되는 것을 방지하기 위해 활용

ㄷ 쇠조임 강봉을 배치하는 방법에 따라 단일 쇠조임, 평행 쇠조임, 교호 쇠조임, 교차 쇠조임 등이 있음

ㄹ 설치 유형은 수목의 크기, 구조, 결함 등을 종합적으로 고려하여 결정

② 쇠조임의 유형

ㄱ 단일 쇠조임 : 지지력이 가장 약해 연결 부위에 찢어짐이 없는 직경 20cm 이하의 소교목에 적합

ㄴ 평행 쇠조임 : 연결부위가 찢어져 있거나 대규모 수피매몰이 있는 중교목(직경 20~50cm)인 경우에는 연결부위 아래쪽으로 조임 강봉을 수직으로 평행하도록 추가 설치. 초대형 교목(직경 100cm 이상)인 경우에는 각 높이에서 둘 이상의 조임 강봉을 수평으로 설치할 수 있음

ⓒ 교호 쇠조임 : 연결부위가 하나이고(두 개의 동일세력 줄기가 연결된 경우) 연결부위 아래가 찢어진 대교목(직경 50~100cm)인 경우 적합. 연결부위 위에 설치한 강봉과 연결부위 아래에 서로 수평적으로 교호하는 둘 이상의 강봉 설치

ⓔ 교차 쇠조임 : 셋 이상의 동일세력 줄기를 가진 수목에 사용. 연결부위 위에 하나 이상, 아래에 둘 이상의 조임 강봉을 설치하며, 각 줄기는 적어도 하나의 강봉이 약한 연결을 관통하도록 설치

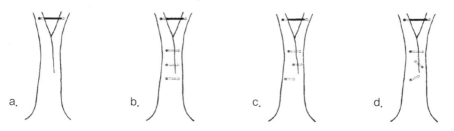

(3) 지지대(Propping)

① 지지대의 목적

ⓐ 수목 전체 또는 가지나 줄기가 파손되거나 쓰러지는 위험을 줄이기 위함

ⓑ 가지가 지면이나 구조물과 거리를 유지하기 위함

ⓒ 통행 공간을 확보하기 위함

② 설치 고려사항

ⓐ 수목의 자율적인 적응 생장을 저해하지 않도록 설치

ⓑ 지지대는 예상되는 부하를 견디기에 충분한 강도를 가지고 있어야 함

ⓒ 지지대는 지지될 줄기/가지에 대해 수직이 되도록 설치

ⓔ 지지대는 가지/줄기의 손상이나 생장에 방해가 되지 않도록 설치

③ 설치 유형

ⓐ T형 지지대 : 지지 대상 줄기/가지를 T자형 지지대 위에 올려놓고 이를 줄기/가지와 묶어 주는 형태

ⓑ I형 지지대 : 지지대 끝에 U자형 난간을 부착시키고 여기에 줄기/가지를 올려놓거나, 볼트로 지지대와 줄기/가지를 연결시켜 고정시키는 형태

ⓒ A형 지지대 : 줄기/가지의 움직임을 최소화하여 지지력을 제공하기 위해 설치하는 방법. 수목 전체가 넘어질 가능성이 있어서 수간을 지지할 필요가 있을 때에도 활용

ⓔ H형 지지대 : 지지를 받을 줄기/가지와 지지대 사이에 좌우/상하 간격을 두어, 극한적으로 부하가 증가하는 경우에 한하여 지지력을 제공하도록 하는 형태. 평소와 어느 정도의 추가 부하 하에서는 대상 줄기/가지의 움직임을 허용

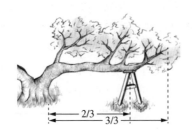 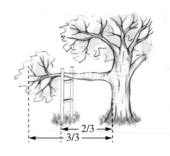

(4) 당김줄(Guying) 기출 6회

① **당김줄의 목적** : 넘어지거나 뿌리 고착이 불안정한 수목에 대해 충분한 강도의 케이블을 설치하여 지지를 제공하는 방법

ㄱ 기울어지거나 넘어진 후 다시 세워진 수목의 지지

ㄴ 심각한 뿌리 결함으로 고착에 문제가 있는 수목

ㄷ 학술적/문화적/역사적 중요성 때문에 제거하기보다 보존해야 하는 수목

② **설치 시 고려사항**

ㄱ 당김줄 고정 장치(anchor) 방향은 지상의 고정 장치 방향으로 설치

ㄴ 고정 장치의 높이는 수고의 1/2 이상을 기준으로 하되, 주변 여건과 설치 대상 수간의 강도를 고려하여 조정

ㄷ 지지 대상 수목과 지상 고정 장치와의 거리는 수목 고정 장치 높이의 2/3보다 멀고, 지지 대상 수목의 기울기가 증가함에 따라 거리를 늘림

ㄹ 당김 케이블은 수목 고정 장치를 기준으로 90° 이내에 둘 이상을 설치할 수 있음

③ **설치 유형**

ㄱ 수목 대 지상 방식 : 지상 앵커와 지지될 수목 사이에 하나 이상의 케이블 설치

ㄴ 수목 대 수목 방식 : 앵커 수목과 지지될 수목 사이에 하나 이상의 케이블 설치

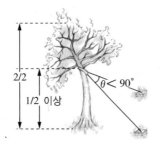 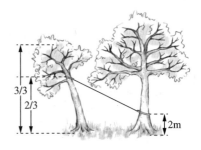

1. 수목상처 치료

(1) 상처부위

① 수피가 들떠 있거나 말라 있는 부분만을 제거

② 살아있는 수피는 그대로 둠

③ 노출되는 면적을 가급적 줄여야 함

④ 뾰족하게 나와 있는 반도형, 가장자리도 그대로 두어야 함

⑤ 상처부위 손질 후 표면 소독

(2) 수피이식 **기출** 5회 · 7회

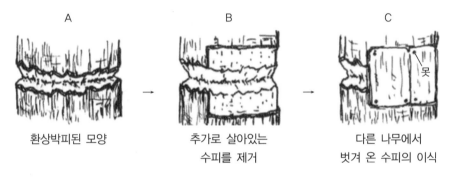

A	B	C
환상박피된 모양	추가로 살아있는 수피를 제거	다른 나무에서 벗겨 온 수피의 이식

① 상처부위를 깨끗하게 청소

② 상처 위아래 2cm 가량 살아있는 수피 제거

③ 격리된 상하 상처부위에 다른 곳에서 벗겨 온 비슷한 두께의 신선한 수피를 이식

④ 약 5cm 길이로 잘라서 연속적으로 밀착하여 부착 후 작은 못으로 고정

⑤ 이식이 끝나면 젖은 천과 비닐로 덮고 건조하지 않게 그늘을 만들어 줌

⑥ 늦은 봄에 실시할 경우 성공률이 높음(체관 형성)

2. 공동관리

(1) 이 해

① 외과수술은 공동이 더 이상 전진 및 부패하지 않도록 조치하며 수간의 물리적 지지력을 높여주고 미관상 자연스러운 외형을 가지도록 하는 것으로, 수목이 건전하게 생육할 수 있도록 함

② 수액이 흘러내리고 많은 영양분이 녹아 있어 주변의 병원균이 쉽게 번식, 줄기 내부 침입

③ 아래쪽의 수피손상은 토양으로부터 박테리아, 곰팡이 등이 침입하여 부후시킴

④ 상처부위가 마르고 활력이 떨어지면 천공성 해충의 침입 발생

(2) CODIT : Compartmentalization Of Decay In Tree

① 이론의 배경

㉠ 수목이 상처에 대한 자기방어기능을 가지고 있음

㉡ 수목은 자기방어기작에 의해 부후외측의 변색재와 건전재의 경계에 방어벽을 형성하여 부후균의 침입에 저항하는데, 이것이 파괴되면 부후균은 방어벽을 돌파하여 건전재로 침입하기 때문에 외과수술 시 방어벽이 형성된 변색재나 건전재에 상처를 내면 안 됨

② 수목의 방어체계(CODIT 이론)

나무는 상처를 입게 되면 목재 부후균을 비롯한 여러 상처 미생물의 침입을 봉쇄하고, 감염된 조직의 확대를 최소화하기 위해 상처 주위에 여러 방향으로 화학적, 물리적 방어벽을 만들어 저항함

㉠ 제1방어대 : 상처난 곳에서 수직으로 향한 물관과 헛물관의 방어 역할(전충체 형성 등)

㉡ 제2방어대 : 나이테의 추재로서 세포벽이 두꺼워 분해가 어려운 방어대

㉢ 제3방어대 : 방사상 유세포로 균이 침투하면 스스로 사멸하면서 병원체의 침투를 방어

㉣ 제4방어대 : 형성층 세포에서 페놀물질, 2차 대사물, 전충체 등을 세포에 축적하여 목질부의 나이테로 전달하여 방어

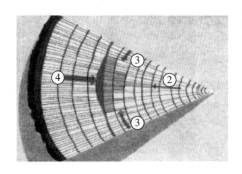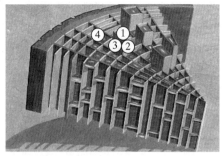

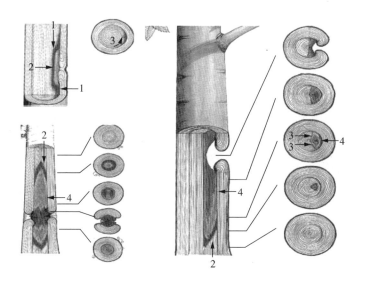

(3) 뿌리 외과수술 기출 6회

- 살아있는 뿌리에 박피를 실시함으로써 새로운 뿌리 발달을 촉진
- 토양을 개량하여 양분 흡수를 용이하게 함
- 수술적기는 봄이지만 9월까지는 뿌리가 자라므로 무방함

① **흙파기**
- ㉠ 수관 폭 내 콘크리트나 아스팔트가 깔려 있다면 모두 제거
- ㉡ 정상 : 깊이 15~30cm 이내 수평근과 잔뿌리가 대량 존재
- ㉢ 잔뿌리가 없거나 굵은 뿌리가 모두 고사했을 경우 살아있는 뿌리가 나타날 때까지
- ㉣ 살아있는 가는 뿌리가 대량으로 발견되는 부분은 더 이상 파헤치지 않고 다른 부분으로 이동

② **뿌리 절단과 박피**
- ㉠ 우선 죽어 있는 부분을 절단, 제거(반드시 살아있는 부분에서 예리하게 절단)
- ㉡ 살아있는 뿌리는 3cm 폭으로 환상박피 또는 길이 7~10cm 띠 모양으로 부분 박피

③ **발근촉진제 처리** : 절단되거나 박피된 곳에 발근촉진제인 옥신을 10~50ppm 분제로 조제하여 뿌림

④ **토양소독 및 개량**
- ㉠ 각종 병균과 해충을 구제
- ㉡ 흙을 들어낸 기회를 이용하여 토양을 개량
- ㉢ 과습한 지역은 유공관과 암거배수

⑤ **되메우기** : 최종적인 지표면의 높이를 작업 전과 동일하게 하여야 함

⑥ 지상부 처리

　ⓐ 가지치기를 통해서 쇠약지, 고사지, 도장지를 제거

　ⓑ 솎음 전정을 통하여 엽량을 줄여줌

　ⓒ 빠른 회복을 위해 엽면시비와 수간주사를 통해 무기양료를 추가로 공급

(4) 수간 외과수술 기출 5회

① 부패부를 제거

　ⓐ 부패한 조직을 끌, 망치 등을 이용하여 말끔히 긁어냄

　ⓑ 손이 닿지 않는 부분은 공기 압축기(Air Compressor)로 압축 공기를 분사 및 청소

　ⓒ 수목이 방어대를 형성한 목질부의 갈색 부분은 제거해서는 안 됨

② 소독 및 방부 처리

　ⓐ 살균제와 살충제를 처리하되 살균제는 70% 이상 에틸알코올 처리

　ⓑ 살충제에 페니트로티온 유제 1,000배와 다이아지논 유제 800배를 혼합하여 분무기로 살포 처리

③ 공동 충전

　ⓐ 노출된 형성층 부위와 수피에 우레탄폼이 붙지 않도록 조치(테이프, 투명 필름 등)

　ⓑ 틈이 새지 않도록 고정한 다음 투명 필름에 구멍을 뚫어 우레탄폼을 분사하여 1/4 가량 공동을 채움

　ⓒ 우레탄폼이 새지 않고 잘 굳게 하기 위해서 랩으로 감싼 뒤 굳은 우레탄폼이 밖으로 터지지 않게 고무 밴드로 잘 묶어줌

④ 충전제 성형

　ⓐ 3~4일 후 완전히 건조된 우레탄폼 외부의 테이프와 신문지를 걷어냄

　ⓑ 경화한 우레탄폼을 형성층으로부터 2~3cm 아래로 다듬어가며 제거

⑤ 인공 수피 조성

　ⓐ 실리콘과 코르크 가루를 1:4로 고르게 반죽

　ⓑ 완성된 반죽을 형성층 아래로 향후 유합조직이 자라나 덮일 것을 예상하여 본래의 목질부 층보다 약 5mm 낮게 조성함

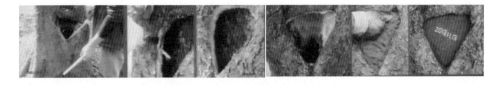

1. 서 론

(1) 산림사업 재해율

전체 업종 산업재해율 평균(0.53%)보다 4.1배 높으며, 벌채, 숲가꾸기, 소나무 재선충병 방제 등 벌목이 수반되는 사업이 늘어나면서 여전히 재해발생 위험성은 높음

(2) 하인리히의 법칙(1:29:300의 법칙)

어떤 대형 사고가 발생하기 전에는 그와 관련된 수십 차례의 경미한 사고와 수백 번의 징후들이 반드시 나타난다는 것을 의미함

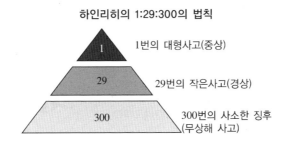

하인리히의 1:29:300의 법칙

- 1 1번의 대형사고(중상)
- 29 29번의 작은사고(경상)
- 300 300번의 사소한 징후 (무상해 사고)

2. 장비의 사용

(1) 안전보호장구

① 안전모 : 물체가 떨어지거나 날아올 위험이 있는 작업
② 안전대 : 높이 또는 깊이 2m 이상의 추락할 위험이 있는 작업
③ 안전화 : 물체의 낙하, 충격, 물체의 끼임에 의한 위험이 있는 작업
④ 보안경 : 물체가 흩날릴 위험이 있는 작업
⑤ 귀마개 : 소리에 의한 고막의 손상 및 작업 시 소통이 필요한 작업

① 안전모 : 귀마개와 눈가리개가 부착된 안전모 착용

② 작업복 : 통풍이 잘 되고 몸을 안전하게 덮을 것

③ 안전장갑 : 방진기능 및 긁힘, 오일과 연료로부터 보호하기 위하여 항상 착용

④ 안전바지(무릎보호대) : 안전바지의 섬유조직에 의하여 체인의 동작을 멈추게 하여야 함

⑤ 안전화 : 발가락 보호캡, 톱질 보호 및 미끄럼 방지 기능이 있어야 함

⑥ 구급상자 : 항상 쉽게 이용할 수 있도록 구급상자 휴대

(2) 체인 톱

① 체인 톱 사용방법

㉠ 체인 톱 톱날 회전 방향에 따른 기본적 절단 방법

㉡ 체인 톱의 회전방향은 바의 상단에서 하단으로 회전함

㉢ 바의 하단을 사용할 시에는 앞으로 나가려고 하는 성질이 있어 당기면서 작업을 함

㉣ 바의 상단을 사용할 시에는 끌어오려는 성질이 있어 밀면서 작업을 함

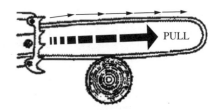

〈당기면서 작업〉

② 킥백(Kick back) 현상

㉠ 회전하는 톱 체인(가이드 바) 끝의 상단부분이 어떤 물체에 닿아서 체인 톱이 작업자 쪽으로 튀는 현상을 말함

㉡ 킥백 현상은 접촉속도나 접촉물의 강도 등에 따라 치명적인 재해를 유발함

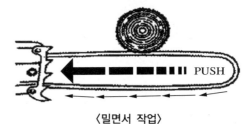

〈밀면서 작업〉

ⓒ 기계톱의 끝부분이 단단한 물체에 접촉하면 톱 체인의 반발력에 의하여 작업자가 위험함(톱 체인이 끊어져 튀어오를 위험)

ⓔ 경사진 장소에서 기계톱 작업 중 넘어지면서 기계톱에 닿을 위험

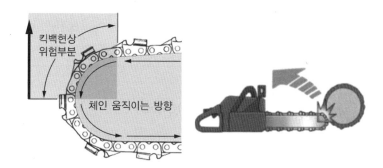

③ 체인톱 사용 안전수칙 [기출 7회]

㉠ 기계톱 연속운전은 10분을 넘기지 말아야 함

㉡ 기계톱 시동 시에는 체인브레이크를 작동시켜 둠

㉢ 작업자의 어깨 높이 위로는 기계톱을 사용하지 말아야 함

㉣ 절단작업 시 톱날을 빼 낼 때에는 비틀지 않아야 함

㉤ 톱날 주위에 사람 또는 장애물이 없는 곳에서 시동을 걸어야 함(3m 이상 이격거리 유지)

㉥ 기계톱을 절대로 한 손으로 잡고 사용하지 않으며 안정된 상태에서 작업해야 함

㉦ 가이드 바(안내판)의 끝으로 작업하는 것은 피하여야 함

㉧ 항상 톱 체인의 장력에 주의하고 느슨해지면 바로 조정해야 함

㉨ 절단 시 목재 이외의 금속, 못, 철사 등에 접촉되지 않도록 해야 함

㉩ 작업 면에서 작업자가 미끄러지지 않도록 평탄하게 보강한 후 작업 실시

㉪ 항상 안전한 복장을 하고 보안경, 안전모 및 귀마개 등 개인보호장구 착용

㉫ 체인톱 연료에 대한 윤활유의 혼합비가 과다하면 출력저하나 시동불량의 현상이 발생

㉬ 윤활유의 혼합비가 부족하면 피스톤, 실린더, 및 엔진 각 부분에 눌러붙을 수 있음

(3) 예초기

① 예초기의 사용방법

㉠ 예초날 각도(일반 5~10°, 소경목 45°) 및 높이(10cm)를 적정하게 유지

㉡ 올바른 작업자세로 전 방향(상단 → 하단, 우측 → 좌측)으로 작업 실행

㉢ 안전 공간(작업반경 10m 이상)을 확보하면서 작업

㉣ 작업 중 예초날이 돌 또는 굵은 나무 등의 방해물에 부딪히지 않도록 주의

㉤ 경사 방향으로 작업 진행 및 급경사 내 작업 금지

㉥ 예초기를 들고 작업장 이동 시 상대방과 충분한 안전거리 확보

② 예초기의 종류 및 특성

칼날 형태	용도	특징
나일론 날	연하면서 키 작은 잡초	장애물이 많은 장소에서도 작업 가능
2날	연하면서 키 작은 잡초	작업속도가 빠름
3날	비교적 키 작은 잡초	일정한 높이로 작업 가능
4날	키 작은 잡초	-
8날	억센 잡초	-
톱날(40, 60, 80날)	직경 5~10cm 이하 관목	조림예정지 정리 작업에 사용 가능

(4) 전정 장비

① **전정에 필요한 장비** : 손톱, 고지절단기, 전정가위 등

② 안정된 자세(고지톱과 작업자의 각도 45° 내외 유지) 및 보호구 착용

③ 작업 이동 시 작업도구 운반 주의(보호캡 사용) 및 이동거리 유지

3. 교목 벌도와 제거

(1) 벌도 및 제거

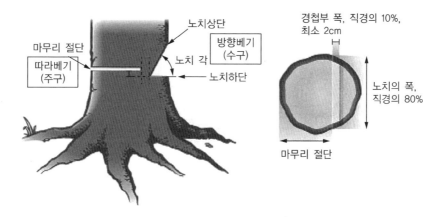

① 방향 베기의 45° 이상으로 유지하도록 함

② 경첩부는 직경의 10%, 최소 2cm 이상으로 하여 수목을 절단하도록 함

③ 수목 절단 시 수목 중심부에서 뒤쪽 좌우측 45° 정도의 안전지역을 확보

(2) 방향 베기 방법

① 위로 베기 : 가장 손쉬운 방법

② 크게 베기 : 경첩부가 찢어지는 것을 방지

③ 밑으로 베기 : 경사지역의 나무에 적용

위로 베기	크게 베기	밑으로 베기
• 평평하거나 약간 경사진 지형 • 방향 베기의 각도는 45~70°로 유지 • 방향 베기의 하단 절단의 각은 마무리 절단각과 일치	• 평평하거나 경사진 지형 • 방향 베기의 각도는 약 70° 이상 유지 • 방향 베기의 하단 절단은 마무리 절단 위치에서 밑으로 각을 주어야 함	• 가파른 경사의 직경이 큰 나무 • 방향 베기의 각도는 최소 45° 이상 유지 • 방향 베기의 하단 절단각은 마무리 절단각과 일치
• 가장 손쉬운 방법이며, 그루터기 높이를 가장 낮게 할 수 있음 • 나무가 지면에 닿기 전에 경첩부가 찢어질 우려가 있음	• 나무가 지면에 닿기 전에 경첩부가 찢어지지 않음 • 그루터기 높이가 높아짐	• 잘 찢어지는 수종에 적합 • 그루터기 높이를 가장 낮게 할 수 있음

제2장 비생물적 피해론

01 비생물적 피해 서론

1. 비생물적 피해의 정의

① 수목에 피해를 주는 원인을 비전염성, 전염성, 충해로 구분할 수 있음
② 전염성(Infectious diseases)을 제외한 요인에 의한 병을 비전염성병 또는 생리적 피해라고도 함
③ 비생물적 피해는 생물적인 요인을 제외한 모든 요인에 의한 것을 말함
④ 비생물적 피해 요인은 크게 기상적 요인, 토양적 요인, 인위적 요인으로 구분할 수 있음

2. 비생물적 피해의 특성

① 피해 장소에서 자라는 거의 모든 나무에서 동일한 병징을 나타냄
② 다른 수종에서도 비슷한 증상을 보임
③ 일정한 다른 특수한 환경에서 발병하는 경우가 많음
④ 수관의 방위, 위치, 높이에 따라 한 나무 내에서도 발병 부위가 다름
⑤ 불규칙한 기상상태 등 급속히 빠른 속도로 나타나기도 함
⑥ 토양의 이상 발생 시에는 병징이 수개월, 수년 후 혹은 20년 후에 나타나기도 함

기주특이성

환경요인

생물적 피해(전염성)	비생물적 피해
• 동일 종이나 속 혹은 과에 속하는 유사 수종에서만 제한되어 나타남(기주 특이성) • 동일 수종 내에서도 개체의 건강상태에 따라 발병 정도가 다름	• 피해 장소 내의 거의 모든 나무에서 동일한 병징이 나타남 • 특수한 환경(경사, 고도, 방위, 바람, 토양 등)에서 발병한 경우가 많음

1. 고온 피해

일반적으로 고온에 의한 피해는 세포막의 손상에서 비롯되는데, 세포막에 있는 지방질의 액화, 단백질의 변성이 발생함

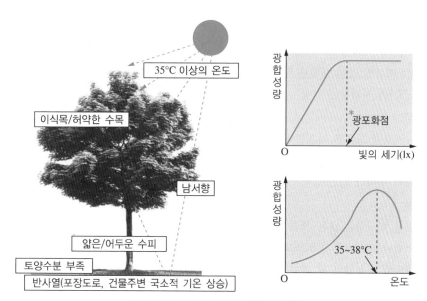

기상적 요인에 따른 광합성량의 변화

(1) 엽소현상

① 원인 : 여름철 강한 햇빛과 증발산량의 과다로 인해 물 공급이 충분하게 되지 않음으로써 잎이 타는 현상

② 병 징

ㄱ 잎의 가장자리에서부터 잎이 마르기 시작하여 갈색으로 변함

ㄴ 엽맥에서 가장 먼 지역으로부터 수분부족 현상 발생

ㄷ 장마기간 후 저항성이 약한 잎에서 엽소현상 자주 발생

③ 방 제

　　㉠ 토양 관수하여 수분부족을 해소

　　㉡ 고산성 수목의 식재 주의(잣나무, 전나무, 주목 등)

　　　■ 고온에 의한 피해 수목

비 고	내 용	원 인
이식수목	물 공급이 원활하지 못할 때	뿌리의 절단
비순화목	숲 내부의 수목이 단독으로 식재되었을 때	환경의 변화
고산수목	낮은 온도에 적응한 수목이 높은 온도를 받았을 때	환경의 변화
피해수목	단풍나무, 층층나무, 물푸레나무, 칠엽수, 느릅나무, 주목, 잣나무, 전나무, 자작나무	식물의 특성

(2) 피소현상 기출 5회 · 6회

① 원인 : 여름철 강한 햇빛과 증발산량의 과다로 인해 줄기에 물 공급이 원활하지 않아 수피가 타면서 형성층까지 파괴하는 현상

② 병 징

　　㉠ 남서쪽에 노출된 지표면에 가까운 수피가 여름철 햇빛과 열에 의하여 형성층 파괴

　　㉡ 수직방향으로 불규칙하게 수피가 갈라지면서 괴사함(수피가 지저분하게 고사)

　　㉢ 특히 수피가 얇은 종인 벚나무, 단풍나무, 목련, 매화나무, 물푸레나무에서 다수 발생

③ 방 제

　　㉠ 빛을 반사하는 밝은 색의 재료로 수간감기를 실시

　　㉡ 어린나무의 경우 흰도포제 사용(예 석회유황합제)

　　㉢ 관수를 실시하여 물 공급을 해줌으로써 냉각효과를 발행시킴

　　　■ 고온에 의한 피해 수종

구 분	강한 수종	약한 수종
엽 소	사철나무, 동백나무 등	단풍나무, 층층나무, 물푸레나무, 칠엽수, 느릅나무, 주목, 잣나무, 젓나무, 자작나무
피 소	참나무류, 소나무류 등	버즘나무, 배롱나무, 가문비나무, 오동나무, 벚나무, 단풍나무, 매화나무 등

2. 저온 피해

- 저온 피해는 내한성이 감소하는 이른 봄에 가장 발생하기 쉬움
- 늦여름에 주는 질소 비료를 과용하면 저온 피해를 받을 수 있음
- 저온순화 시 ABA호르몬이 증가하는데 저항성 품종이 더 많이 증가
- 외기의 접촉면이 많은 컨테이너나 화분 등에서 자라는 식물은 저항성이 약함
- 세포간극에 얼음이 만들어 지면 수분이 세포간극으로 이동하여 세포 내 어는점은 낮아짐

(1) 냉해와 동해 `기출` 6회

① 원 인
- ㉠ 냉해 : 수목의 생장기에 서늘하고 비가 많이 내리는 기상조건이 오랫동안 지속되면 수목의 생장에 장애를 일으키며, 특히 0℃ 이상에서 피해를 입는 경우를 말함
- ㉡ 동해 : 0℃ 이하에서 발생하며 순화되지 않는 수목이거나 수체 기관의 일부가 동결되거나 수분부족을 일으켜 피해를 발생시킴

② 병 징
- ㉠ 냉해는 엽록소가 파괴되어 백화현상이 나타나며 마른 증상을 보임
- ㉡ 냉해는 생식생장에 주로 영향을 줌으로써 꽃과 과실 및 생장의 둔화를 가져옴
- ㉢ 동해는 엽육조직의 붕괴와 세포질의 응고현상이 발생함
- ㉣ 동해는 잎의 끝과 가장자리가 피해초기에 탈색되며 물먹은 것 같은 증상을 보임

③ 방 제
- ㉠ 찬 공기에 노출되지 않도록 하거나 차가운 물로 관수하지 않아야 함
- ㉡ 북풍의 노출을 막고 유기물로 멀칭함

- ■ 내한성 수종 `기출` 6회

내한성 수종	비내한성 수종
자작나무, 오리나무, 사시나무, 버드나무, 소나무, 잣나무, 전나무	삼나무, 편백, 곰솔, 금송, 히말라야시다, 배롱나무, 피라칸사스, 자목련, 사철나무, 벽오동, 오동나무

(2) 서리(조상 및 만상) `기출` 5회 · 8회

① 원 인
- ㉠ 서리 피해는 생육기간 동안 나타나는 현상
- ㉡ 만상은 수목의 생육이 시작되는 이른 봄에 서리에 의해서 발생하는 현상
- ㉢ 조상은 가을에 따뜻한 날씨가 지속되어 수목의 생장이 지속될 경우 내한성을 가지고 있지 않을 때 첫서리에 의해서 피해 발생

② 병 징
- ㉠ 만상은 새로 나온 새순, 잎, 꽃이 시들고 마르는 증상을 보임
- ㉡ 활엽수는 검은색으로 변색, 침엽수는 붉은색으로 변색되다가 고사
- ㉢ 활엽수는 목련, 튤립나무 모과나무, 단풍나무, 철쭉, 영산홍에서 다수 발생
- ㉣ 침엽수의 경우에는 주목 및 낙엽송에서 발생
- ㉤ 바람이 심할 경우 증상이 악화됨

③ 방 제
- ㉠ 늦여름의 시비를 자제하도록 함
- ㉡ 바람을 막아주어 식물체의 온도를 낮추는 것을 방지함

(3) 상 렬 기출 7회

① 원 인

㉠ 겨울철 수간이 동결되는 과정에서 발생

㉡ 변재부위와 심재부위의 수축과 팽창의 차이에 의한 장력의 불균형으로 발생(남서쪽)

㉢ 낮과 밤의 온도차가 심하여 밤에 수축률이 높아짐으로써 발생

㉣ 치수보다는 성숙목, 침엽수보다는 활엽수가 상렬피해가 심함

㉤ 15~30cm 가량 되는 나무에서 주로 발생

② 병 징

㉠ 수간의 목질부위, 특히 변재부위가 갈라짐

㉡ 수피가 길게 수직방향으로 갈라지며 지체부위가 상렬에 더욱 취약함

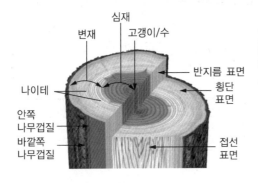

③ 방 제

㉠ 수간감기를 통해 줄기에 미치는 낮과 밤의 온도차를 줄여줌

㉡ 토양멀칭을 통해 지온을 높여줌으로써 낮과 밤의 온도차를 줄여줌

(4) 동계건조

① 원 인

㉠ 이른 봄 상록수가 과다한 증산작용으로 인하여 말라 죽는 현상

㉡ 기온이 상승하여 상록수의 잎에서 광합성을 하나, 토양은 얼어 있는 상태로 수분을 충분히 공급해 주지 못하는 경우 발생

㉢ 겨울에도 잎이 있는 상록수 및 저온순화 되지 않은 유목에 많이 발생

② 병 징

㉠ 잎이 달려 있는 상태로 고사함

㉡ 잎은 황갈색으로 변하며 아래로 처지면서 말라 죽는 현상이 발생

③ 방 제

㉠ 토양이 얼지 않도록 멀칭제의 사용

㉡ 증산작용을 하지 않도록 조치함(증산억제제 및 차광막의 사용 등)

(5) 상주

① 원인

    ㉠ 초겨울 혹은 이른 봄에 습기가 많은 땅에 서리가 내리면서 표면의 흙이 솟아오르는 현상

    ㉡ 성목보다는 어린나무에 발생함

② 병징

    ㉠ 서릿발로 인해 뿌리가 노출되어 말라 죽는 현상을 보임

    ㉡ 잎이 갈변하면서 변색되는 현상을 보임

③ 방제

    ㉠ 토양배수가 원활하게 유지되도록 조치

    ㉡ 볏짚, 톱밥, 바크, 우드칩 등으로 멀칭

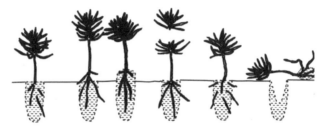

〈치수의 상주현상에 의한 피해〉

3. 수분 피해

> 수목의 체내에는 60% 이상의 수분이 함유되어 있으며 개체의 생장, 발육과 관계있는 모든 생리적 활동에 관여하고 있음. 수목은 건물 1g을 생산하는데 수백 g의 물이 필요함

(1) 건조 피해 **기출** 8회

① 원인

    ㉠ 수분이 물, 온도, 바람 등 환경조건의 이상 때문에 뿌리로부터의 흡수가 극단적으로 저하되거나 잎으로부터 증산이 억제됨

    ㉡ 증산과 흡습의 균형이 깨져 체내의 수분은 점차 감소하여 쇠약해지며 2차 피해에 대한 저항성도 약해짐

    ㉢ 이에 대한 임목의 피해를 한해(drought injury)라고도 함

② 한해가 발생하기 쉬운 장소는 산등성이, 급경사지, 남쪽 또는 서쪽 사면의 얕은 토양임

⑩ 천근성 수종을 남향 사면 경사지에 심었을 때 그 피해가 큼

⑪ 버드나무, 포플러, 오리나무, 들메나무 등 습생식물은 한해에 약함

⑫ 소나무, 해송, 리기다소나무, 자작나무, 서어나무 등은 건조에 강함

⑬ 한해의 피해가 가장 잘 나타나는 것은 1~2년생 묘목임

⑤ 증상 : 가뭄이 장기간 계속되어 토양의 수분부족으로 인해 나무의 끝이 말라죽거나 생장이 감소하는
현상을 보임

⑥ 방 제

㉠ 관수 시 하층토까지 완전히 젖도록 충분히 관수

㉡ 점적관수를 이용하여 조금씩 물을 흘려보내는 방법이 바람직

㉢ 이식 시 처음 2년 동안은 절대적으로 물이 부족하며, 회복하려면 5년 정도가 걸림

■ 건조에 대한 수종별 특성

내건성	침엽수	활엽수
높 음	곰솔, 노간주나무, 눈향나무, 섬잣나무, 소나무, 향나무	가중나무, 물오리나무, 보리수나무, 사시나무, 사철나무, 아까시나무, 호랑가시나무, 회화나무
낮 음	낙우송, 삼나무	느릅나무, 능수버들, 단풍나무, 동백나무, 물푸레나무, 주엽나무, 층층나무, 황매화

(2) 과습 피해

① 원인 : 배수가 불량하거나 정체된 곳에서 토양 중의 산소가 결핍되어 뿌리의 호흡장애 발생

② 증 상

㉠ 저항성이 낮아져서 *Phytophthora*병균에 의하여 뿌리가 썩고 메탄가스가 발생함

㉡ 수목이 에틸렌을 분비하여 엽병이 누렇게 변하고 아래로 쳐지며, 시간경과에 따라 잎이 탈락함

㉢ 뿌리의 목질부와 수피부위가 분리되는 현상을 보임

㉣ 5일 동안 침수될 시에는 나무가 고사할 수 있음

㉤ 산소농도 10% 이하에서는 호흡곤란이 발생하며, 3% 이하에서는 성장이 멈춤

㉥ 구엽이 일찍 떨어지며, 잎의 뒤쪽에 물혹(수종)이 생기기도 함

③ 방 제

㉠ 태양광이나 바람이 임내로 충분히 들어가서 지표면의 증발을 많게 함

㉡ 임내에 배수구 및 집수정을 설치하여 배수를 좋게 함

■ 과습에 잘 버티는 수종의 선정

저항성	침엽수	활엽수
높 음	낙우송	단풍나무류(은단풍, 네군도, 루부르), 미루나무, 물푸레나무, 버드나무류, 버즘나무류, 주엽나무 등
낮 음	가문비나무, 서양측백나무, 주목, 소나무	벚나무류, 아까시나무, 자작나무류, 층층나무

4. 기타 피해

(1) 염 해 **기출** 5회·7회·8회

① 원 인

　㉠ 제설을 위한 해빙염인 염화나트륨과 염화칼슘에 의한 피해

　㉡ 상록수의 경우 해빙염이 잎에 바로 접촉하게 되므로 큰 피해를 입게 됨

　㉢ 염해는 이온농도가 높은 곳으로 수분이 빠져나가는 현상(삼투압)을 보임

　㉣ 수목의 염분한계농도는 0.05%이며, pH는 5.0~7.0 정도임

② 증 상

　㉠ 피해부위와 건전부위의 경계선이 뚜렷하며, 성숙 잎이 어린잎보다 피해가 큼

　㉡ 수목의 가장 먼 부분인 잎의 끝 쪽에서 수분이 빠져나가 황화현상을 보이게 됨

　㉢ 오래된 잎은 염분이 많아져 어린잎보다 피해가 심함

　㉣ 토양의 염류가 3dS/m을 초과하면 염도성으로 간주하며, 이 수준부터 민감한 식물이 피해를 입기
　　시작함

 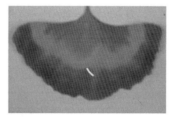

③ 방 제

　㉠ 염분을 물로 씻어내 줌

　㉡ 활성탄을 이용하여 염분을 흡착하도록 함

　㉢ 토양을 객토함

■ 염분농도에 따른 수목의 피해

염분농도	내 용
0.5g/m² 이하	피해가 없음
0.5~1.0g/m²	직접 만지지 않으면 낙엽이 발생하지 않음
1.0~3.0g/m²	원줄기를 흔들면 낙엽이 발생
3.0~5.0g/m²	자연적으로 많은 잎이 떨어지며, 낙엽은 색이 엷어짐
5.0g/m² 이상	모두 낙엽짐

(2) 풍 해 **기출** 7회 · 8회

> - 평소의 바람은 뿌리발달과 나무 밑둥의 생장을 촉진하여 초살도 증진
> - 활엽수보다는 인장강도가 낮은 침엽수, 천근성인 가문비나무와 낙엽송이 바람에 약함
> - 가지치기를 주기적으로 하여 수관의 크기를 유지, 이식 2년 후 지주목을 제거하여 적응시킴
> - 잎 간의 부딪힘이 발생하여 상처가 다량 발생하면 균의 침입이 용이해짐(곰팡이 병의 발생원인)

① 주풍에 의한 피해 **기출** 6회

ㄱ 주풍이란 풍속 10~15m/s 정도의 속도로 장기간 같은 풍향으로 부는 바람을 의미함
ㄴ 주풍의 영향으로 잎, 줄기의 일부가 탈락하거나 임목의 생장이 저하됨
ㄷ 임목은 주풍방향으로 굽게 되며 수간 하부가 편심생장을 하게 됨
ㄹ 활엽수는 하방편심, 침엽수는 상방편심

구 분	침엽수	활엽수
심근성	곰솔, 나한송 소나무류, 비자나무, 은행나무, 잣나무류, 전나무, 주목	가시나무, 구실잣밤나무, 굴거리나무, 녹나무, 느티나무, 단풍나무류, 동백나무, 마가목, 모과나무, 목력류, 벽오동, 생달나무, 참나무류, 칠엽수, 튤립나무, 팽나무, 호두나무, 회화나무, 후박나무
천근성	가문비나무, 낙엽송, 눈주목, 독일가문비나무, 솔송나무, 편백	매화나무, 밤나무, 버드나무, 아까시나무, 자작나무, 포플러류

② 폭풍에 의한 피해

ㄱ 폭풍이란 풍속 29m/s 이상의 속도로 부는 바람을 의미함
ㄴ 침엽수의 피해율이 활엽수보다 높으며, 천연림이 인공림보다 피해가 적음
ㄷ 수간 부러짐의 중간단계인 만곡, 뿌리 뒤집힘의 중간단계인 경사 등의 피해가 많음
ㄹ 유령목보다는 노령목이 피해가 많음
ㅁ 편심생장은 외부환경으로 인해 세포분열이 한쪽으로 집중되는 결과로 발생
ㅂ 침엽수는 경사지 아래쪽, 바람이 불어가는 쪽에 이상재가 발생(압축이상재)
ㅅ 활엽수는 경사지 위쪽, 바람이 불어오는 쪽에 이상재가 발생(신장이상재)

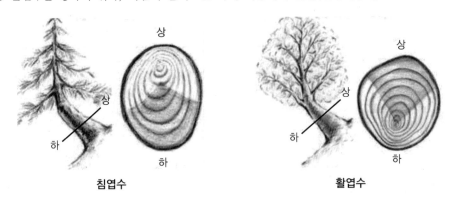

침엽수　　　　**활엽수**

③ 조풍에 의한 피해

ㄱ 활엽수의 경우 잎의 가장자리가 타들어가는 현상 및 갈색반점
ㄴ 생장감소와 조기낙엽 현상이기 때문에 다른 생리적 피해와 쉽게 구별되지 않음
ㄷ 물로 잎을 씻어주거나 토양이 마른 후에 숯가루를 넣어서 소금을 흡착

내염성	침엽수	활엽수
강 함	곰솔, 낙우송, 노간주나무, 리기다소나무, 주목, 측백나무, 향나무	가중나무, 감탕나무, 굴거리나무, 녹나무, 느티나무, 능수버들, 동백나무, 때죽나무, 모감주나무, 무궁화, 버즘단풍나무, 벽오동, 보리수, 사철나무, 식나무, 아까시나무, 아왜나무, 양버들, 자귀나무, 주엽나무, 참나무류, 칠엽수, 팽나무, 후박나무, 향나무
약 함	가문비나무, 낙엽송, 삼나무, 소나무, 스트로브잣나무, 은행나무, 전나무, 히말라야시다	가시나무, 개나리, 단풍나무류, 목련류, 벚나무, 피나무

④ 방풍림의 설치

 ㉠ 주풍, 폭풍, 조풍, 한풍의 피해를 방지 및 경감(풍향에 직각으로 설치)

 ㉡ 풍상측은 수고의 5배, 풍하측은 10~25배의 거리까지 영향을 미침

 ㉢ 수고는 높게, 임분대 폭은 넓게 하면 바람의 영향의 감소 효과가 커짐

 ㉣ 임분대의 폭은 대개 100~150m가 적당

 ㉤ 방풍림의 수종은 침엽수와 활엽수를 포함하는 혼효림이 적당

 ㉥ 활엽수보다는 인장강도가 낮은 침엽수가 바람에 약함

 ㉦ 천근성인 가문비나무와 낙엽송, 편백이 바람에 약함

(3) 설 해

> • 적설은 통기성의 공극을 갖는 얼음이 공극 내에 물의 함유에 따라 습성과 건성으로 구분됨
> • 눈이 많이 오는 지역일수록 오랜 세월의 진화과정을 통해 곧게 자라는 성질이 있음
> • 예를 들어 독일가문비나무는 측지와 소지가 밑으로 쳐져있음
> • 정원수의 경우 나뭇가지 위에 쌓인 눈을 속히 제거하여 무게를 줄여야 함
> • 설해는 침엽수에 많이 발생하며 특히, 소나무, 잣나무 등에서 발생

① 관설해

 ㉠ 강설이 수목의 가지나 잎에 부착한 것을 관설 또는 착설체라고 함

 ㉡ 대설로 인한 관설로 인하여 수간이 크게 휘어 줄기가 부러지거나 뿌리가 뽑히는 등의 피해를 관설해라고 함

 ㉢ 낙엽수보다는 상록수의 피해가 큼

 ㉣ 가늘고 긴 수간, 경사를 따른 임목의 고밀한 배치, 복층림의 하층목의 피해가 심함

 ㉤ 독일가문비나무는 측지와 소지가 밑으로 쳐져 피해를 최소화함

② 설압해

 ㉠ 수목의 설압해란 수체의 일부 또는 전체가 적설에 묻혀 적설의 변형, 이동에 따라 수체가 무리한 자세가 되어 손상을 입는 것을 말함

 ㉡ 전나무, 삼나무, 가문비나무 등 대부분의 침엽수에 많이 발생

(4) 그늘 피해

① 일조량이 부족하면 절간생장이 촉진되나 직경생장이 저조하여 줄기가 바람에 잘 넘어짐

② 잎의 양이 적고 소관이 엉성하게 형성되어 속이 들여다보임

③ 흰가루병에 잘 감염되며 내한성 및 내병성이 약해짐

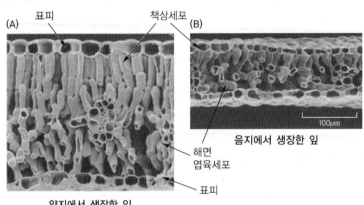

양지에서 생장한 잎

분 류	전광량	침엽수	활엽수
극음수	1~3%	개비자나무, 금송, 나한송, 주목	굴거리나무, 백량금, 사철나무, 식나무, 자금우, 호랑가시나무, 회양목
음 수	3~10%	가문비나무류, 비자나무, 전나무류	녹나무, 단풍나무류, 서어나무류, 송악, 칠엽수, 함박꽃나무
중성수	10~30%	잣나무, 편백, 화백	개나리, 노각나무, 느릅나무, 때죽나무, 동백나무, 마가목, 목련류, 물푸레나무류, 산사나무, 산초나무, 산딸나무, 생강나무, 수국, 은단풍, 참나무류, 채진목, 철쭉류, 피나무, 회화나무
양 수	30~60%	낙우송, 메타세쿼이아, 삼나무, 소나무, 은행나무, 측백나무, 향나무류, 히말라야시다	가죽나무, 느티나무, 등나무, 라일락, 모감주나무, 무궁화, 밤나무, 배롱나무, 벚나무류, 산수유, 오동나무, 오리나무, 위성류, 이팝나무, 자귀나무, 주엽나무, 층층나무, 튤립나무, 플라타너스
극양수	60% 이상	낙엽송, 대왕송, 방크스소나무, 연필향나무	두릅나무, 버드나무, 붉나무, 자작나무, 포플러류

(5) 낙뢰 피해

① 낙뢰는 거목일수록 피해가 큼(흉고직경 1m 이상 시 피뢰침 2개 설치)

② 낙뢰피해는 꼭대기에서 밑동으로 내려가면서 수피 피해 폭이 넓어짐

③ 낙뢰피해 시 부직포나 비닐로 덮어서 건조를 막아줌

④ 뿌리가 손상되지 않도록 피뢰침 설치

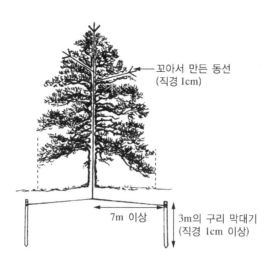

꼬아서 만든 동선
(직경 1cm)

7m 이상

3m의 구리 막대기
(직경 1cm 이상)

■ 낙뢰 피해에 대한 구분

구 분	수 종
피해가 많은 수종	참나무, 느릅나무, 소나무, 튤립나무, 포플러, 물푸레나무
피해가 적은 수종	자작나무, 마로니에

1. 물리적 상처

(1) 개 요

　① 물리적 상처는 형성층을 파괴함으로써 목질부의 부패현상을 발생시킴

　② 지피융기선에 맞추어 전정을 하여야 하나 가지가 찢어지거나 융합되지 않을 경우에 발생

　③ 동공을 통해 빗물과 균류가 침입하여 수간내부가 부패하게 됨(사물기생균, 부후균)

(2) 치 료

　① 올바른 가지치기 방법을 사용하여 전정 및 외과수술 시행

　② 균류에 의한 병의 발생을 예방하기 위해 살균처리 및 도포제 처리

2. 산불(화재)

(1) 산불의 정의

　① 산림 내 가연물질이 산소 및 열과 화합하여 열에너지와 광에너지로 바뀌는 화학변화

　② 산불발생의 3요소 : 연료, 열, 공기

(2) 산불의 형태

　① 지표화(地表火, surface fire)

　　㉠ 지표에 쌓여 있는 낙엽과 초류 등의 지피물과 지상 관목, 치수 등이 불에 타는 화재

　　㉡ 가장 많이 일어나고 모든 산불의 시초가 됨

　　㉢ 지표화에서부터 지중화, 수간화 또는 수관화로 번지는 예가 많음

　　㉣ 지표화의 연소 속도는 지형과 기상(바람)의 영향을 받으나 보통 4~7km/hr가 연소

Fire Triangle

heat

fuel — oxygen

　② 지중화(地中火, ground fire)

　　㉠ 이탄질이나 부식층

　　㉡ 산소의 공급이 막혀 연기도 적고 불꽃이 없어 서서히 타나 강한 열이 오래도록 잔존하여 균일하게 피해를 줌

　　㉢ 육안으로 식별이 어렵고 연기 등으로 판별하여야 하므로 특히 뒷불 정리 시 주의를 요함

③ 수간화(樹幹火, stem fire)

　　㉠ 나무의 줄기가 타는 불

　　㉡ 지표화로부터 연소되는 경우가 많고 나무의 속이 썩어서 공동이 있는 경우에는 이것이 굴뚝과 같은 작용을 하여 강한 불길로 불꽃을 공중에 비산시켜 다른 지표화나 수관화를 일으키게 되기도 함

④ 수관화(樹冠火, crown fire)

　　㉠ 나무의 수관에서 수관으로 번져 타는 불

　　㉡ 진화하기가 힘들어 큰 손실을 가져오므로 가장 무서운 산불

　　㉢ 바람에 의하여 나뭇조각이 날아가 새로운 불을 만들어가며 가장 큰 피해를 줌

(3) 산불 영향의 3요소

① **연료**(Fuel) : 연료 형태, 연료의 크기, 연료의 배열, 연료의 밀도, 연료의 상태

② **지형**(Topography)

　　㉠ 산불의 진행 방향과 불의 확산 속도에 중요한 영향

　　㉡ 지표면의 물리적 특징(고도, 향, 경사, 형태, 장애물)

③ **기상**(Weather)

　　㉠ 강우량 : 가연물의 연료 습도를 좌우하는 직접적 요인

　　㉡ 바람 : 연소속도와 연소방향

　　㉢ 습도 : 임내 가연물의 건조도 및 산불의 연소 진행 속도에 영향

　　㉣ 온도 : 연료의 건조도 및 기류 형성에 원인

■ 대기 습도와 산불 발생 위험도와의 관계

습도(%)	산불 발생 위험도
> 60	산불이 잘 발생하지 않음
50~60	산불이 발생하거나 진행이 느림
40~50	산불이 발생하기 쉽고 빨리 연소
< 30	산불이 대단히 발생하기 쉽고 산불을 진화하기 어려움

(4) 산불 발생으로 인한 피해

① 피해의 형태

　　㉠ 산림이 모자이크 형태로 피해를 받음

　　㉡ 수지가 있는 소나무가 참나무보다 피해를 심하게 받음

　　㉢ 산불에 의한 잎의 치상온도는 52℃이고, 형성층은 60℃임

　　㉣ 활엽수 중에서는 상록활엽수가 낙엽활엽수보다 산불에 강함

　　㉤ 가문비나무, 분비나무, 전나무는 음수로 산불의 위험성이 낮음

② 수목의 피해

　　㉠ 지하고의 높이에 따른 피해 발생

　　㉡ 바람의 반대편에서 수간의 피해가 발생

　　㉢ 지표화 시 지표와 가까운 세근에 피해 발생

③ 수목의 적응

    ○ 수피를 두껍게 하여 적응함

    ○ 지표화를 벗어나기 위해 빨리 생장

    ○ 딱딱한 껍질을 통해 온도에 의한 발아

    ○ 맹아 및 초기 수종으로 적응

(5) 우리나라 산불의 특성

① 지형 변화가 심함

    ○ 평야보다는 산지가 많아 산불제어가 힘듦

    ○ 경사가 급하고 기복이 많아 연소 진행 속도가 빠름(평지의 8배)

    ○ 계곡 및 산지로 인해 바람의 방향을 예측하기 어려움

② 계절적인 건조 현상

    ○ 산림이 울창하고, 가연성 낙엽이 많음

    ○ 봄과 가을철에 매우 건조한 시기가 있음

    ○ 봄철 건조기에 계절풍이 겹쳐 동시 다발적으로 발생하고 확산

    ○ 동해안 지역은 태백산맥을 넘어가는 공기층의 푄현상으로 인해 매우 건조한 바람 동반

③ 자연발화보다는 실화로 인한 화재가 대부분을 차지함

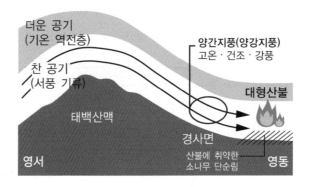

■ 내화력이 강한 수종 **기출** 6회·7회·8회

구 분	내화력이 강한 수종	내화력이 약한 수종
침엽수	은행나무, 잎갈나무, 분비나무, 가문비나무, 개비자나무, 대왕송	소나무, 해송, 삼나무, 편백
상록활엽수	아왜나무, 굴거리나무, 후피향나무, 붓순, 협죽도, 황벽나무, 동백나무, 사철나무, 가시나무, 회양목	녹나무, 구실잣밤나무
낙엽활엽수	피나무, 고로쇠나무, 마가목, 고광나무, 가중나무, 네군도단풍, 난티나무, 참나무, 사시나무, 음나무, 수수꽃다리	아까시나무, 벚나무, 능수버들, 벽오동나무, 참죽나무, 조릿대

3. 농약해 및 비료해

(1) 농약에 의한 피해

① 원인

ⓐ 옥신계통의 제초제에 의해 많이 발생하며 수목의 호르몬 대사 균형을 잃으면서 피해 발생

ⓑ 두 가지 이상의 농약을 살포함으로써 발생(살충제의 유제와 살균제의 수화제가 결합되면서 발생)

ⓒ 살균제의 피해는 적으나, 살충제와 제초제의 피해가 큼

② 병징

ⓐ 살충제에 의한 증상

• 활엽수 : 잎의 가장자리가 타들어가며 불규칙한 반점이 생김

• 침엽수 : 소나무의 잎 끝이 갈색으로 변색됨

ⓑ 선택성 제초제인 식물호르몬제 중 2,4-D는 잎이 타면서 말라 들어가며 디캄바 유제는 활엽수의 잎을 기형으로 자라게 하면서 비대화시킴

ⓒ 비선택성 제초제인 경우에는 활엽수의 잎은 갈색으로 말라죽고, 주목, 향나무, 측백나무는 새 잎의 끝 부분에 황화현상이 발생함

③ 방제

ⓐ 활성탄을 사용하여 농약을 흡착 또는 부엽토나 완숙퇴비를 사용

ⓑ 응급처치를 위해 영양제 수간주사, 무기양료 엽면시비 등의 영양을 공급

ⓒ 제초제 피해가 일어난 곳의 토양을 경운함

■ 제초제에 의한 피해 [기출] 5회

구 분		약 제	내 용
발아전처리제		simazine, dichlobenil	독성이 약하여 나무에 별다른 피해가 없음
경엽 처리형	호르몬	2,4-D, 2,4,5-T, Dicamba, MCPA	• 잎 말림, 잎자루 비틀림, 가지와 줄기 변형 등 비정상적 생장을 유도함 • 생리적인 불균형을 초래하고 식물을 고사시킴
	비호르몬	글리포세이트	아미노산인 트립토판, 페닐알라닌, 티로신 등의 합성에 관여하는 EPSP합성효소의 활성을 억제하며, 아미노산들이 합성되지 않음으로 식물은 단백질을 하지 못하고 고사
		메코프로프(MCPP)	페녹시 지방족산계 제초제로 핵산대사와 세포벽을 교란함
		Flazasulfuron	침투이행성이며 체관을 통한 이행성이 좋음
접촉제초제		Paraquart	접촉한 부분에만 피해를 일으키고 괴저반점이 생김
토양소독제		methyl bromide	휘발성 액제와 기체로서 오래 잔존하지 않고 처리됨

(2) 비료에 의한 피해

① 유기질 비료일 경우 미숙성퇴비에 의해서 발생

② 미숙성퇴비의 경우 분해되는 과정에서 고온에 의한 뿌리생장을 저해할 수 있음

③ 화학비료의 경우 과다하게 시비할 경우, 고농도에 의한 염류장해를 가져옴

4. 대기오염피해

(1) 대기오염물질의 종류

① **산화적 장해** : 오존(O_3), PAN(peroxyacetyl nitrate), 이산화질소(NO_2), 염소(Cl_2) 등

② **환원적 장해** : 아황산가스(SO_2), 황화수소(H_2S), aldehyde류, 일산화탄소(CO) 등

③ **산성 장해** : 불화수소(HF), 염화수소(HCl), 황산화물(SO_3, SO_2)

④ **알칼리성 장해** : 암모니아가스(NH_3)

⑤ **기타 유기계 가스** : ethylene, propylene, buthylene, acetone

⑥ **고체입자상물질** : 매진, 분진, 부유입자상 물질(Cd, Zn, Pb 등), 금속연기와 산화물

⑦ **산성비** : 산도가 pH 5.6 이하인 강우

■ 대기오염물질의 구분 `기출` 5회 · 7회

구 분	내 용	종 류
1차 대기오염물질	화석연료의 연소에 의하여 배출되는 오염물질	이산화황, 질소산화물, 탄소산화물, 불화수소, 염소, 브롬
2차 대기오염물질	• 1차 대기오염물질이 자외선과의 광화학반응에 의해 생성되는 물질 • 낮에 햇빛이 강할 때 많이 생성	오존, PAN 등

(2) 대기오염물질의 특성

① 대기오염에 의한 수목 피해는 크게 가시해(可視害)와 비가시해(非可視害)로 구분함

② 가시해는 피해 증상을 육안으로 판단할 수 있는 것이며 비가시해는 육안으로 피해를 판단할 수는 없으나 수목의 생리 작용에 영향을 미쳐 생육을 감소시키는 것

③ 가시해는 다시 급성피해와 만성피해로 구분

④ 급성피해는 고농도 오염물질이 단시간 동안 피해를 입히는 것

⑤ 만성피해는 비교적 저농도 오염물질이 장시간에 걸쳐 피해를 입힘으로써 결국에는 가시적 장해가 발생하는 것을 의미

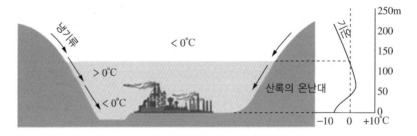

(3) 대기오염피해의 양상

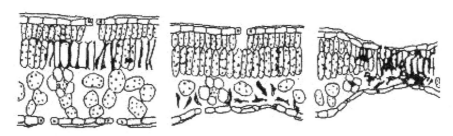

〈O₃에 의한 피해〉　　　　〈PAN에 의한 피해〉　　　　〈SO₂에 의한 피해〉

〈대기오염피해에 의한 잎의 피해 양상〉

① 일반적으로 봄부터 여름까지 많이 발생

② 밤보다는 낮에 피해가 심각

③ 대기 및 토양습도가 높을 때 피해가 늘어남(매우 높은 습도는 오히려 피해 감소)

④ 바람이 없고 상대습도가 높은 날에 피해가 큼

⑤ 기온역전현상이 발생할 경우 피해가 큼

⑥ 오염물질의 발생원에서 바람 부는 쪽으로 피해가 나타남

(4) 대기오염물질이 수목에 미치는 영향

① 아황산가스(SO_2)

　㉠ 아황산가스를 다량 흡수하면 황산염이 축적되고 계속해서 sulfurous acid가 형성되어 조직을 괴사시킴

　㉡ 급성 피해는 고농도의 아황산가스를 단시간에 흡수했을 때 나타나며 엽록소의 급격한 파괴나 세포괴
　　사 등의 증상이 나타남

　㉢ 침엽수는 엽 선단부가 담녹색, 회녹색으로 변색되고 피해가 계속되면 갈색 또는 적갈색으로 변하며
　　때로는 엽 중심부에 띠를 형성하기도 함

　㉣ 활엽수는 엽 주위부터 피해를 입기 시작하여 내부로 확산되며 엽맥 사이에 연반 형성

　㉤ 민감한 수종은 0.3~0.6ppm에서 약 3시간, 1.0~1.5ppm에서 5분 정도면 피해가 발현됨

　㉥ 일반적으로 오랜 기간 엽이 붙어있는 침엽수가 활엽수보다 피해를 입기 쉬움

　■ 아황산가스에 강한 수종

침엽수	화백 · 향나무 · 편백 · 측백 · 섬잣나무 · 노간주나무 · 해송 · 은행나무 · 낙우송 · 메타세쿼이아
활엽수	양버즘나무 · 포플러 · 중나무 · 오동나무 · 벽오동 · 밤나무 · 떡갈나무 · 졸참나무 · 굴참나무 · 은단풍 · 자작나무 · 물푸레나무 · 멀구슬나무 · 튤립나무 · 회화나무 · 풍나무 · 일본목련 · 목련 · 때죽나무 · 주엽나무 · 칠엽수 · 푸조나무 · 매실나무 · 가시나무 · 종가시나무 · 무궁화 · 쥐똥나무 · 이팝나무 · 사스레피나무 · 개나리 · 철쭉 · 박태기나무 · 석류나무 · 배롱나무 · 광나무 · 후피향나무 · 돈나무 · 식나무 · 태산목 · 먼나무 · 아왜나무 · 사철나무

② 불화수소가스(HF)
  ㉠ 불화수소는 기공을 통해 엽 내에 흡수되면 수분에 용해되어 엽 내 조직을 괴사시킴
  ㉡ 독성이 매우 강해 대기 중에 약 5ppb만 존재해도 식물에 피해를 입힘
  ㉢ 괴사조직과 건전조직 간의 차이가 아황산가스에서보다 훨씬 뚜렷함
  ㉣ 주로 엽 선단과 주위에 발생
  ㉤ 건조 현상을 나타내며 점차 녹색에서 황갈색으로 변해 나중에는 갈색이 됨
  ■ 불화수소가스에 강한 수종

침엽수	소나무 · 향나무 · 전나무 · 일본전나무
활엽수	가중나무 · 양버즘나무 · 아까시나무 · 떡갈나무 · 버드나무류

③ 질소산화물(NOx)
  ㉠ 자동차 배기가스에서 발생, 고농도의 질소산화물은 도로 주변에 나타남
  ㉡ 피해는 아황산가스보다 덜 하지만, 다른 가스와 반응하면 시너지 효과를 일으킴
  ㉢ 불규칙적인 반점이 발생하여 광택을 띠다가 회색이나 백색으로 변함
  ㉣ 침엽수는 엽 주위가 적갈색으로 변색되며 고사된 부위와 건전한 부위의 경계가 뚜렷함
  ㉤ 활엽수는 초기에는 회녹색 반점이 생기다가 엽맥 사이의 조직 괴사
  ㉥ 수종의 피해 발현 농도는 1.6~2.6ppm에서 2일간, 20ppm에서 1시간
  ■ 질소산화물에 대한 식물의 민감도

구 분	강	중	약
식물종	소나무 · 해송 · 편백 · 삼나무	배나무 · 밤나무	벚나무 · 단풍나무

④ 오존(O₃) 기출 6회
  ㉠ 오존의 피해는 일반적으로 그 강력한 산화 작용에 의한 것으로 엽의 표면에 한정
  ㉡ 책상조직이 오존에 대하여 가장 약하여 제일 먼저 공격을 받음(죽은 깨 같은 반점형성)
  ㉢ 책상조직 상부 표피세포나 공변세포는 상당한 기간 동안 피해를 입지 않고 견딤
  ㉣ 대기 중 농도가 0.03ppm 이상(8시간 기준)에서 피해

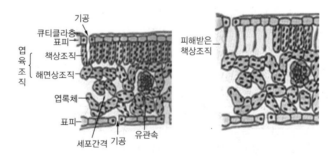

  ■ 오존에 강한 수종

침엽수	삼나무 · 해송 · 편백 · 화백 · 서양측백 · 은행나무
활엽수	버즘나무 · 굴참나무 · 졸참나무 · 누리장나무 · 개나리 · 사스레피나무 · 금목서 · 녹나무 · 광나무 · 돈나무 · 협죽도 · 태산목

⑤ 산성비 **기출** 6회·8회

  ⑦ 각종 공장이나 자동차 등에서 배출되는 가스상 오염물질이 대기 중에 있는 수분과 결합되어 생성되며 pH가 5.6 이하로 떨어지는 비를 말함

  ⓒ 산성비의 주된 원인 물질은 황산화물과 질소산화물임

  ⓒ 강수의 산도가 pH 3.0 전후로 내려가면 활엽수에서, pH 2.0 이하로 내려가면 침엽수에서 가시적인 피해가 나타남

  ⓒ 엽의 표피조직이나 세포가 파괴되어 조직이 고사

  ⓜ 엽 주변이나 엽맥 간에 갈색, 황갈색의 반점이 생김

  ⓗ Ca, Mg, K과 같은 체내의 양료 성분을 용탈시켜 양료 결핍을 초래

  ⓢ 엽록소를 감소시켜 광합성을 저해하고, 생장 장해를 초래하여 발아나 개화가 지연

  ⓞ 병해충, 부적합한 생육 환경에 대한 내성이 약화되어 피해 유발

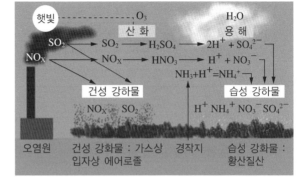

■ 산성비에 의한 수목 피해

강수산도		피해 정도
pH 3.0 이하	수목 가시적 피해	엽의 황색 반점 및 조직 파괴
pH 3.1~4.5	수목 간접적 피해	• 엽록소 파괴 • 엽내 양료 용탈
pH 4.6~5.5	수목 간접적 피해	• 엽록소 감소 • 광합성 저해 • 종자 발아 및 개화 지연(pH 5.6 이상 정상)

더 알아두기

수목의 산성비 저항성 순위
▶ 침엽수 : 해송 > 소나무 > 리기다소나무 > 전나무 > 편백 > 삼나무 > 낙엽송
▶ 활엽수 : 자작나무 > 참나무 > 느티나무 > 포플러 > 밤나무 > 양버즘 > 은행나무

⑥ PAN(Peroxyacetyl nitrate)

  ⑦ PAN은 공장 연료의 불완전 연소 가스나 자동차의 배기가스의 광화학 반응 생성물인 n-butylene과 질소산화물이 반응을 하여 생성됨

  ⓒ 엽 하부에 은색 반점이 나타나고, 지속되면 상부로 확대되어 괴사 현상이 나타남

  ⓒ 미성숙 엽에서는 피해가 크고, 성숙 엽에서는 피해 발생이 억제됨

  ⓒ PAN의 피해 현상은 반드시 자외선에 노출될 때 발생하는 것이 특징

  ⓜ 활엽수에서는 피해 초기에는 엽 뒷면이 은회색으로 변하고, 심해지면 갈색으로 변함

  ⓗ 침엽수에서는 황화 현상이 나타나며 조기 낙엽

  ⓢ 0.2~0.8ppm에서 8시간을 노출하면 민감 수종에서는 피해 발생

⑦ 염소가스(Cl_2)

　　㉠ 미세한 회백색의 반점이 표면에 나타나며 심하면 적갈색의 대형 반점이 남

　　㉡ 음지에 있는 엽은 피해가 경미함

　　㉢ 염소피해의 주된 것으로는 엽의 괴사, 탈색

　　㉣ 구엽은 신엽보다, 상엽은 하엽보다 피해를 입기 쉬움

　■ 염소가스에 대한 감수성

구 분	감수성	중간성	저항성
식물명	사과·밤나무·장미	진달래·복숭아·소나무	솔송나무

　■ 대기오염에 대한 수목의 저항성

저항성	침엽수	활엽수
강 함	은행나무, 편백, 향나무류	가죽나무, 개나리, 굴거리나무, 녹나무, 대나무, 돈나무, 동백나무, 때죽나무, 매자나무, 먼나무, 물푸레나무, 미루나무, 버드나무류, 벽오동, 병꽃나무, 뽕나무, 사철나무, 산사나무, 송악, 아까시나무, 아왜나무, 자작나무, 쥐똥나무, 참느릅나무, 층층나무, 태산목, 팥배나무, 버즘나무, 피나무, 피라칸사, 현사시, 호랑가시나무, 회양목
약 함	가문비나무, 반송, 삼나무, 소나무, 오엽송, 잣나무, 전나무, 측백나무, 히말라야시다	가시나무, 감나무, 느티나무, 단풍나무, 매화나무, 라일락, 명자나무, 목서류, 목련, 무화과나무, 박태기나무, 벚나무류, 수국, 자귀나무, 진달래, 튤립나무, 화살나무

5. 토양환경 변화 피해

(1) 복토에 의한 피해

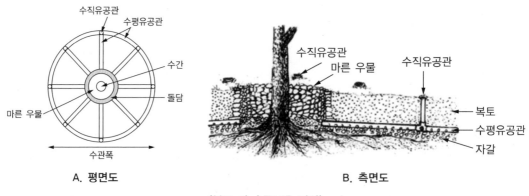

A. 평면도　　　　　　　　　　　　B. 측면도

〈복토 시 수목보호 방안〉

① 배 경

　　㉠ 토양을 북돋우는 것은 수목의 뿌리를 더 깊이 파묻는 것과 같기 때문에 뿌리가 질식함

　　㉡ 수목이 받는 스트레스는 복토된 토양의 두께와 물리적 조성에 따라 달라짐

② 병 징

    ㉠ 일반적인 쇠락, 잎이 작아지고 적어져 수관이 엉성해 보임

    ㉡ 조기 낙엽이 되거나 한겨울 내내 마른 잎이 매달려 있는 등의 증상

    ㉢ 토목공사 시 복토에 의해 수목의 호흡이 되지 않음(잔뿌리의 생존 기간 1년)

    ㉣ 복토에 의한 피해는 지속적으로 나타나며 10~20년 후에 나타나는 경우도 있음

    ㉤ 복토에 의한 피해는 전국 보호수의 30% 이상에서 나타남(충북 보은 백송104호, 정이품송)

③ 방 제

    ㉠ 복토된 흙을 제거

    ㉡ 복토 시 배수가 되지 않을 경우에는 배수구를 설치

    ㉢ 마른 우물(dry well)을 만들어 물이 주변으로 빠지면서 뿌리에 산소와 수분이 공급되도록 함

(2) 절토에 의한 피해 `기출` 5회

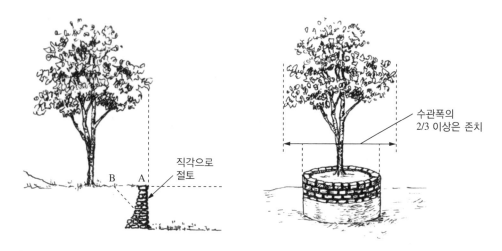

〈절토 시 수목보호 방안〉

① 배 경

    ㉠ 토양표면을 낮추는 것으로 대부분의 뿌리가 60cm 이내에 존재

    ㉡ 물과 양분을 흡수할 수 있는 뿌리는 20cm 이내에서 자라므로 피해가 심할 수 있음

② 병 징

    ㉠ 지면을 들어내면 뿌리가 마르게 되고 심하면 지탱이 힘들어짐

    ㉡ 활엽수는 도관이 수간을 따라 곧게 올라가기 때문에 뿌리가 잘린 쪽으로 수관이 피해를 봄

    ㉢ 침엽수의 가도관은 나선상으로 올라가는 경향이 있어 뿌리가 잘리지 않는 쪽에 피해가 발생

③ 방 제

    ㉠ 절토 시 나무 주변의 흙을 제거할 때 수관 폭의 2/3 이상은 남겨두고 원형으로 석축을 쌓아서 흙이 뿌리와 분리되지 않도록 해야 함

    ㉡ 피해된 뿌리를 잘라내고 인산질 비료를 주어 뿌리의 생육을 촉진함

    ㉢ 질소질 비료는 상처지역의 병원균을 활성화시킴으로 사용 자재

    ㉣ 잎의 증산에 따른 수분 손실을 보충하기 위하여 관수

경도(mm)	내 용
18mm 이하	수목의 생육이 가능
18~23mm	수목의 근계생장이 가능
23~27mm	수목의 생육이 양호하지 않음
27mm 이상	수목의 생육이 불가능

① 배 경

　㉠ 토양에 반복적인 압력을 주는 것은 토양의 공극률을 낮추어 물과 양분, 공기를 차단함(용적밀도 증가)

　㉡ 압력이 지속되면 토양은 경화되며 토양 내의 공기와 수분의 교환이 어려워짐

　㉢ 유기물 함량이 감소하여 점토량이 많아짐

② 방 제

　㉠ 경화를 막기 위해서는 출입을 막고 울타리를 설치

　㉡ 경운을 통해 토양의 물리적 구조를 바꾸어 줌

　㉢ 토탄이끼와 같은 유기물과 펄라이트나 모래와 같은 무기토양을 섞어서 탄성을 증가시킴

　㉣ 용적밀도를 낮추어 줌(용적밀도가 낮은 토양에서 식물의 뿌리 자람과 투수성이 좋음)

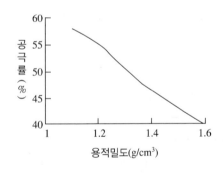

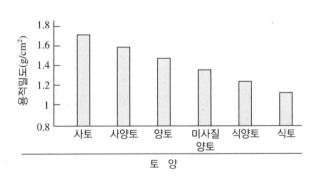

〈토양의 용적밀도〉

1. 양분 피해 증상의 확인

(1) 양분 피해 증상

① 왜성화 : 줄기 중 잎의 크기 감소, 노란색을 띠며 괴사하기도 함

② 황화현상 : N, Mg, Ca, K, Fe, Mn 부족으로 엽록소 합성에 이상이 생겨 발생

③ 조직의 괴사 : 수분부족, 독극물, 이상기온, 무기염류 과다 등으로도 나타남

(2) 결핍증상 확인 방법

① 가시적 결핍증 관찰 : 실제 일어나고 있는 결핍현상으로 영양상태 판단

② 시비 실험 : 의심되는 결핍원소를 엽면시비 후 결핍증상 관찰

③ 토양분석 : 지표면 10cm 깊이에서 토양을 채취하여 양료의 함량을 측정

④ 엽 분석 : 가지의 중간부위에서 잎을 채취하여 무기양료 함량 분석(봄 잎은 6월 중순, 여름 잎은 8월 중순)

(3) 무기영양소의 이동성 <mark>기출</mark> 5회

식물체 내 이동에 따라 결핍현상이 먼저 나타나는 곳이 다름

① 이동이 용이한 원소 : N, P, K, Mg은 결핍증이 성숙 잎에서 먼저 나타남

② 이동이 어려운 원소 : Ca, Fe, B는 결핍증이 생장점, 열매, 자라는 어린잎에 발생

③ 이동성 중간 원소 : S, Zn, Mn, Cu, Mo

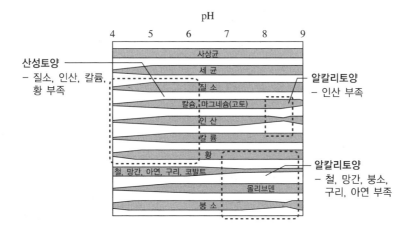

2. 양분 종류별 피해 증상 및 방제법

(1) 질소

① 질소의 기능

- ㉠ 단백질의 구성요소인 아미노산을 비롯하여 핵산, 엽록소 등 중요 유기화합물을 구성하는 필수원소
- ㉡ NH_4^+과 NO_3^-로 흡수되며 도관부를 통하여 지상부로 이동
- ㉢ NO_3^- : 줄기와 잎으로 이동된 후 환원 동화
- ㉣ NH_4^+ : 뿌리에서 아미노산, 아마이드, 아민 형태로 동화되어 재분배

② 결핍 증상

- ㉠ 식물 생장이 지연
- ㉡ 오래된 잎의 엽록소 또한 파괴되며 결과적으로 잎의 황화현상 발생
- ㉢ 활엽수의 경우 잎이 작고 얇아지며 성숙 엽에서 결핍증상이 먼저 발생
- ㉣ 생장이 극히 저조해지며 조기낙엽 발생
- ㉤ 침엽의 경우 잎이 짧고 노란색을 띰
- ㉥ 잎의 배열이 엉성하고 수관하부가 노란색으로 변함

③ 방제 방법 : 요소, 황산암모늄, 질산나트륨 비료를 100m²당 1~2kg 시비

(2) 인

① 인의 기능

- ㉠ 식물의 건물을 기준으로 0.1~0.5%의 인 함유
- ㉡ 에너지의 저장 및 이동 : ATP, Phytic acid 등
- ㉢ 전자 전달 반응 : Redox reaction
- ㉣ 재생성 : genetic "memory" system
- ㉤ 세포 분열에 관여
- ㉥ 초기 뿌리 형성 및 생장

② 결핍 증상

- ㉠ 침엽수는 늙은 잎에서 암녹색, 일년생 식물의 줄기는 자주색으로 변함
- ㉡ 체내 인의 함량이 0.1% 미만일 경우 성숙 잎에서 먼저 나타남
- ㉢ 황화현상이 오거나 엽병과 엽맥이 적자색으로 변화하며, 잎이 작고 약간 뒤틀림
- ㉣ 꽃과 열매가 적게 달림

③ 방제 방법

- ㉠ 인의 부족 현상은 산성 토양과 알칼리성 토양에서 나타나므로 토양산도를 중화시켜야 함
- ㉡ 일반적으로 석회를 사용하지만 과린산석회 100m²당 1~2kg 사용

(3) 칼륨

① 칼륨의 기능

- ㉠ 양이온 형태로 흡수 : K^+
- ㉡ 체내 이동성이 강하여 어린 조직에 축적되는 경향을 보임

ⓒ 수목 내 칼륨 함량 : 1~2%(식물체를 구성하지 않음)

ⓓ 성장이 진행될수록 종자나 과실로 이동

ⓔ 삼투압 조절로 이온의 균형 유지

ⓕ 공변세포의 팽압 유지 → 기공의 개폐 관여 → 광합성과 증산 현상에 영향

② **결핍 증상** : 잎의 주변과 끝 부분에 황화현상 또는 괴사현상이 나타남

③ **방제 방법** : 황산칼륨이나 염화칼륨을 100m^{2}당 2~8kg 시비하며, 모래성분이 많은 토양에서는 완효성 칼륨비료를 사용. 유기물 멀칭으로 토양에 덮어두면 칼륨이 쉽게 용탈되어 효과가 있음

■ 3대 원소의 기능 및 결핍 증상

종 류	함 량	기 능	결핍증상
질소(N)	1.5%	엽록소, 아미노산, 단백질, 효소, 조효소, 핵산, 비타민의 구성성분	• 성숙 잎의 황화현상 • 지상부 성장 저조로 T/R률 작아짐
인(P)	0.2%	• 핵산, 인지질, 원형질막의 구성성분 • 에너지를 전달하는 ATP의 구성성분 • 광합성과 호흡작용에서 당류와 결합하여 대사를 주도	• 단백질 합성이 억제되어 세포분열이 저해되며, 묘목이 왜성화되고, 소나무의 경우 자주색을 띰 • 토양 pH가 5.0 이하에서는 철분이나 알루미늄과 결합하여 불용성 인산으로 바뀜
칼륨(K)	1.0%	• 조직의 구성성분이 아님 • 광합성과 호흡작용 효소의 활성제 • 전분과 단백질 합성효소의 활성화 • 세포의 삼투압 향상 • 기공의 개폐에 관여	• 성숙 잎 가장자리 황화현상 • 잎에 검은 반점이 생김 • 병에 대한 저항성이 약해져 뿌리썩음병에 잘 걸림

(4) **칼 슘**

① **칼슘의 기능**

ⓐ Ca^{2+}의 형태로 식물에 흡수, 세포벽에 다량 존재

ⓑ 펙틴 등 세포벽 구성물질의 COO-기에 결합되어 세포벽의 구조적 안정성 ↑

ⓒ ATPase를 포함한 여러 효소의 활성화에 관여

ⓓ Ca^{2+}가 결합된 단백질인 Calmodulin은 효소의 작용을 조절함

② **결핍 증상**

ⓐ 세포분열이 일어나는 정단부인 가지 끝, 뿌리 끝, 어린잎에서 나타남

ⓑ 분열조직이 기형으로 변함

③ **방제 방법** : 석회나 과린산석회 사용

(5) **황**

① **황의 기능**

ⓐ 대부분 SO$_4^{2-}$의 형태로 뿌리를 통해 식물에 흡수

ⓑ 일부는 대기 중의 이산화황이 기공을 통해서 흡수

ⓒ 아미노산 Cysteine과 Methionine의 구성 성분

ⓓ 식물체 황의 90% 이상이 단백질에 존재

② **결핍 증상** : 질소 결핍 증상과 유사

③ **방제 방법** : 황산칼륨 사용

(6) 마그네슘

① 마그네슘의 기능

ⓐ Mg^{2+}의 형태로 식물에 흡수, 칼슘과 칼륨에 비해 낮으며 건물 기준으로 평균 0.5%

ⓑ 경쟁 관계 이온 : NH_4^+, K^+

ⓒ 광합성에 관여하는 엽록소 분자의 구성원소

ⓓ 인산화 작용을 활성화시키는 효소들의 보조인자

② **결핍 증상** : 엽록소의 합성이 저해되고 황화현상이 나타나며, 오래된 잎에서 나타남

③ **방제 방법** : 황산마그네슘이나 석회석 비료를 $100m^2$당 12~25kg 시비함

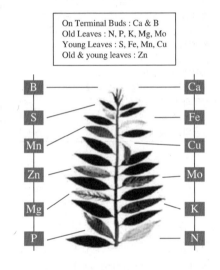

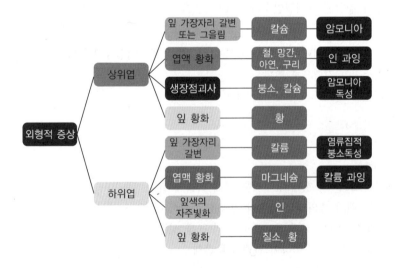

(7) 기타 양분

① 망간 : Mn^{2+} 형태로 흡수, 유해활성산소를 없애는 보조인자
② 철 : Fe^{3+}, Fe^{2+} 형태로 흡수, 착화합물을 형성(Fe-S Protein)
③ 구리 : Cu^{2+} 형태로 흡수, 산화환원관련 효소에 필요
④ 아연 : Zn^{2+} 형태로 흡수, Ribosome 구조의 안정화에 관여함
⑤ 붕소 : 식물 효소의 보조인자, 새로운 세포의 발달과 생장에 필수 원소
⑥ 몰리브덴 : 효소의 보조인자, 산화환원관련 반응

■ 기타 원소의 기능 및 결핍 증상

종 류	함 량	기 능	결핍증상
칼 슘	0.5%	• 세포벽의 구성성분 • 원형질막의 정상적인 기능에 관여 • 효소의 활성제	• 세포분열이 일어나는 정단조직 • 즉 뿌리 끝, 줄기 끝, 어린잎에서 나타나며, 분열조직이 기형으로 변함
마그네슘	0.2%	• 엽록소의 구성성분 • ATP와 결합하여 그 기능의 활성화 • 광합성, 호흡, 핵산 합성효소의 활성제	• 성숙 잎에서 먼저 황화현상이 나타남 • 엽맥과 엽맥 사이 조직에서 먼저 황화가 시작됨
황	0.1%	아미노산, 비타민B, 조효소의 구성성분	어린잎 전체에 황화현상이 일어남
철	100ppm	• 광합성과 호흡 담당 • 단백질과 효소의 구성성분 • 엽록소 합성, 단백질의 활성화	• 엽맥 사이 조직에서 먼저 황화현상이 시작됨 • 어린잎에서 먼저 나타나는 것이 Mg(성숙 잎에서 먼저 시작)과 다름
붕 소	20ppm	• 화분관의 생장에 관여 • 핵산과 섬유소 합성에 관여	• 로제트 현상 및 잎자루비대 • 낙화 또는 낙과 발생
망 간	50ppm	• 엽록소의 합성에 필수적 • 효소의 활성제 • 광합성 시 물의 광분해 촉진	• 표피조직이 오그라듦 • 엽맥과 엽맥 사이 황백화(성숙잎)
아 연	20ppm	호르몬 옥신 생산에 관여	로제트 현상, 황화현상
구 리	6ppm	• 산화 – 환원 반응에 관여하는 효소의 구성성분 • 엽록체 단백질인	• 잎이 좁아지고 뒤틀리는 현상 • 잎의 백화 및 생장점 고사
몰리브덴	0.1ppm	• 질소 환원효소의 구성성분 • 호르몬 아브시스산의 합성에 관여	질소 결핍현상과 비슷
염 소	100ppm	• 광합성 시 물의 광분해 촉진 • 호르몬 옥신계통 화합물 구성성분 • 세포의 삼투압 향상에 기여	• 햇빛이 강할 때 위조현상 • 황화현상 발생
니 켈	극미량	요소(urea) 분해 효소의 구성성분	

※ 식물체의 건중량의 0.1% 이상이면 다량원소이며, 0.1% 미만이면 미량원소임

제3장 농약관리

01 농약학 서론

1. 농약의 정의와 범위 기출 5회

(1) 농약관리법의 정의

① 농약이라 함은 농작물(수목 및 농림산물을 포함)을 해하는 균, 곤충, 응애, 선충, 바이러스, 잡초, 그 밖에 농림축산식품부령이 정하는 동식물(동물 : 달팽이, 조류 또는 야생동물, 식물 : 이끼류 또는 잡목)의 방제에 사용되는 살균제, 살충제, 제초제, 그 밖에 농림축산식품부령이 정하는 약제(기피제, 유인제, 전착제)와 농작물의 생리기능을 증진하거나 억제하는데 사용되는 약제를 말함

② 천연식물보호제라 함은 진균, 세균, 바이러스 또는 원생동물 등 살아있는 미생물을 유효성분(有效成分)으로 하여 제조한 농약과 자연계에서 생성된 유기화합물 또는 무기화합물을 유효성분으로 하여 제조한 농약

(2) 농약의 범위

① 토양소독, 종자소독, 재배 및 저장에 사용되는 모든 약제

② 약효를 증진시키기 위해 사용되는 전착제

③ 제제화에 사용되는 보조제

④ 천적, 해충 병원균, 불임화제, 유인제

(3) 농약의 명칭 기출 7회

① **화학명** : IUPAC 또는 CA의 명명법에 따른 명칭. 길고 어려움

② **일반명** : 화학구조 중 모핵 화합물을 암시하면서 단순화시킨 명칭. ISO, BSI, JMAF의 인정을 받아 사용

③ **코드명** : 농약 개발단계에서 붙여진 이름. 개발 후 일반명으로 사용하기도 함

④ **상표명** : 농약을 제조한 회사에 의해 붙여진 이름 기출 9회

⑤ **품목명** : 유효성분의 제제화에 따라 붙여진 이름. 우리나라에서만 사용

⑥ **학명** : 생물농약이 개발되면서 생물체의 학명을 사용한 이름

2. 농약의 기능 및 중요성

(1) 농약의 기능

　　① 병해충 및 잡초로부터 농작물 보호
　　② 농업생산물의 양적 증대와 품질 향상

(2) 농약의 중요성

　　① 농업생산성의 양적 증대
　　② 안정적 생산 및 공급
　　③ 우수한 농산물의 생산
　　④ 시간 및 노동력 절감

(3) 구비조건

　　① 소량으로 약효 확실
　　② 인축 및 생태계에 안전
　　③ 농작물에 안전
　　④ 저렴한 가격
　　⑤ 농약의 안정성
　　⑥ 기타 : 사용편리성, 대량생산 가능, 정부 등록

(4) 농약의 안전사용기준 **기출** 6회 · 7회

　　① **정의** : 수확 농산물 중 잔류농약 최소화를 통한 소비자 보호와 농작업자 농약 중독 예방 등을 위한
　　　　사용자가 준수하여야 할 최소한의 기준
　　② **구체적 기준**
　　　　㉠ 농약의 "적용 대상 농작물, 적용 대상 병해충"에만 사용
　　　　㉡ 해당 농작물과 병해충의 "사용방법 및 사용량" 준수하여 사용
　　　　㉢ 농약의 "사용시기", 재배기간 중의 "사용가능횟수" 준수
　　　　㉣ "사용대상자가 정하여진 농약"은 사용대상자외에는 사용하지 말 것
　　　　㉤ "사용지역이 제한되는 농약"은 사용제한지역에서 사용하지 말 것

1. 사용목적에 따른 분류

분류		특성	종류
살충제	식독제	해충이 먹이와 함께 섭취, 소화중독제	유기인계, carbamate계, Bt제
	접촉독제	• 해충의 표피에 접촉되어 체내로 침입 • 직접 접촉독제, 잔류성 접촉독제	유기인계, carbamate계
	침투성살충제	• 약제가 식물체 내로 흡수·이행 • 흡즙 해충을 방제	유기인계, carbamate계
	유인제	해충을 일정한 장소로 유인하여 방제	페로몬, oryzanone, arylisothio-cyanate
	기피제	해충이 접근하지 못 하게 하는 약제	lauryl alcohol, N, N-dimethyl-m-toluamide
	불임화제	해충을 불임시켜 번식을 막는 약제	amethopterin, tepa
	생물농약	천적을 이용한 방제	병원균, 바이러스, 기생벌
살응애제		• 응애의 성충과 유충, 알을 죽일 수 있는 약제 • 보통 살충효과를 겸비	hexathiazox, clofentezine
살선충제		선충을 죽이는 약제, 훈증 또는 침투성 살충제로 방제	fosthiazate
살연체동물제		달팽이류의 방제	metaldehyde
살서제		설치류의 방제, 쥐약	warfarin
살조제		조류(새)의 방제	avitrol
살어제		어류에 대한 비선택적 독작용	rotenone
살균제	보호살균제	• 병원균의 포자가 발아하여 침입하는 것을 방지하는 약제, 예방을 목적 • 약효지속시간이 길고 부착성과 고착성이 양호해야 함	석회보르드액, 수산화구리제
	직접살균제	• 병원균의 발아, 침입 방지, 침입균의 살멸에 사용 • 발병 후에도 방제 가능, 침투성 약제가 많음	pyrazophos, benomyl, 항생물질
	기 타	종자소독제, 토양소독제, 과실방부제	도열병약, 탄저병약
제초제	작용특성	선택성 제초제	2,4-D, simazine
		비선택성 제초제	paraquat, diquat
	작용기작	광합성 저해제	diuron, simazine
		광활성화에 의한 독물 생산제	paraquat, oxyfluorfen
		산화적 인산화 저해제	PCP, DNBP
		식물호르몬 저해제	2,4-D, dicamba
		단백질 생합성 저해제	bialaphos, metolachlor
	사용시기	발아전 처리제(토양처리제)	butachlor, thiobencarb
		발아후 처리제(경엽처리제)	bentazone, 2,4-D
살조류제		담수 혹은 해수 조류의 활성을 줄이는 화합물	copper-triethanolamine

식물생장조절제	• 식물생육을 촉진 또는 억제하는 약제 • 개화촉진, 착색촉진, 낙과방지 등		ethephon, gibberellin
생물농약	해충의 천적을 이용한 방제		Bt제, 기생벌
혼합제	서로 다른 2종 이상의 약제를 혼합하여 사용		이소피 유제, 하나로 수화제
보조제	전착제	약제가 해충과 식물체에 잘 전착되게 함	spread sticker
	증량제	주성분의 농도를 낮추고 부피를 늘려 균일하게 살포하기 위해 사용하는 재료	활석, 카올린, 설탕, 유안, 물
	용 제	액상농약을 만들 때 주제를 녹이기 위한 물질	xylene, benzene, 물, 메탄올
	유화제	유제의 유화성을 높이는 물질	계면활성제
	협력제	유효성분의 생물학적 활성 증대	piperonyl butoxide, pyrethroid화합물
	약해방지제	약해를 일으키는 인자의 제거	fenclorim

2. 유효성분 조성에 따른 분류

(1) 살충제 기출 5회

구 분	구조 및 특성	종 류
유기인계	• 현재 농약 중 가장 많은 종류 • 인을 중심으로 각종 원자 또는 원자단 결합 구조	parathion, chlorpyrifos, diazinon
카바메이트계	• carboxyl acid와 amine과의 반응물인 carbamic acid 유도체 • 일부 제초제로도 개발	carbaryl, carbofuran, methomyl
Pyrethroid계	제충국의 살충성분인 pyrethrin 화합물	fenvalerate, deltamethrin, biphenthrin
유기염소계	염소 원자를 많이 함유하고 있는 농약	endosulfan, heptachlor, DDT
Benzoylurea계	• 요소를 기본으로 한 화합물 • 키틴 생합성을 저해	diflubenzuron, teflubenzuron, hexaflumuron
Nereistoxin계	• 바다갯지렁이의 독소인 nereistoxin 유사 화합물 • 식독 및 접촉독제로 작용	cartap, bensultap

(2) 살균제

구 분	구조 및 특성	종 류
Benzimidazole계	benzimidazole 화합물	benomyl, carbendazim, thiophanatemethyl, thiabendazole
Triazole계	분자구조 내에 3개의 질소원자를 가진 triazole 화합물	cyproconazole, flusilazole, flutriafol, epoxiconazole
Anilide계	acyl alanine 화합물과 dicarboximide 화합물	metalaxyl, oxadixyl, procymidone, vinclozolin
유기인계	인을 중심으로 각종 원자 또는 원자단 결합 구조	fosetyl, iprobenfos, pyrazophos, edifenphos

Morpholine계	2, 6-dimethylmorpholine과 alkyl 또는 phenylalkyl이 결합한 화합물	fenpropimorph, tridemorph, dodemorph
Strobilurin계	사상균 대사물질인 strobilurin와 oudemansin의 유기합성 유사체	azoxystrobin, Kresoxim-methyl
Dithiocarbamate계	유기유황계 농약	mancozeb, maneb, propineb, zineb, ziram

(3) 제초제

구 분	구조 및 특성	종 류
Triazine계	분자구조 내에 질소원자 3개를 가지는 triazine기를 가진 화합물	atrazine, simazine, cyanazine, ametrine
Amide계	chloroacetanilide기, anilide기 또는 aryl alanine기를 가진 화합물	acetochlor, alachlor, butachlor, propanil, flamprop-M
Urea계	요소골격을 가진 화합물	chlorbromuron, diuron, isoproturon, linuron
Toluidine계	Dinitroaniline계라고도 함	pendimethalin, trifluralin
Diazine계	diazine기를 가진 화합물	bentazone, oxadiazone, methazole, pyrazolate
Diphenyl ether계	벤젠핵 2개가 산소로 연결된 에테르계 화합물	acifluorfen, aclonifen, diclofop, bifenox
Sulfonylurea계	분자구조 중간에 sulfonylurea기를 가교로 하는 화합물	bensulfuronmethyl, pyrazosulfuronethyl, chlorsulfuron
Imidazolinone계	imidazolinone기를 가진 화합물	imazamethabenz, imazapyr, imazaquin, imazethapyr
Bipyridylium계	pyridine 2분자가 결합한 화합물	paraquat, diquat
아미노산 유도체	아미노산의 유도체	glyphosate

3. 농약의 작용특성에 따른 분류

(1) 살충제 기출 5회

구 분	저해 내용	종 류
곤충의 신경기능	Acetylcholinesterase 활성 저해	유기인계, 카바메이트계
	신경전달물질 수용 저해	nicotinoid계, nereistoxin계
	시냅스 전막 저해	cyclodiene계, 감마-BHC
	신경축색 전달 저해	DDT, pyrethroid계
에너지대사	에너지 대사 저해	2,4-dinitrophenol계
생합성	키틴 합성 저해	diflubenzuron, buprofezin
호르몬 기능	호르몬 기능 교란	methoprene, juvenile hormone(JH), 길항제

(2) 살균제

구 분	저해 내용	종 류
호 흡	SH기 저해	chloranil, captan, folpet, captafol, dichlofluanid, chloroethanol
	전자전달 저해	carboxin, mepronil, oxathiin계
	탈공역	nitrophenol계
	기타 호흡 저해	phenazine oxide, fentin hydroxide
단백질 생합성	단백질 생합성 저해	streptomycin, kasugamycin
세포벽 형성	키틴 생합성 저해	edifenphos, polyoxin
세포막 형성	스테롤 생합성 저해	fenarimol, triadimefon, propiconazole, triforine
인지질 생합성	인지질 생합성 저해	edifenphos, isoprothiolane, thiram, iprodione, procymidone, quintozene
세포기능	세포기능 저해	metalaxyl
세포막 구조	세포막 구조 파괴	dodine
Melanin 생합성	멜라닌 생합성 저해	tricyclazole, pyroquilon
저항성	숙주식물의 병해 저항성 증대	iprobenfos, fosetyl-Al, probenazole, 규산염

(3) 제초제

구 분	저해 내용	종 류
광합성	Hill반응 저해	atrazine, metribuzin, bentazone, diuron
	엽록소 생성 저해	amitrole, fluometuron, dichromate
	황색색소 관여형 광합성 저해	nitrofen, chlornitrofen, oxadiazon
	활성산소 발생	paraquat
에너지 생성과정	에너지 생성과정 저해	pentachlorophenol, DNOC
식물호르몬	식물호르몬 작용 교란	2,4-D, MCPB, dicamba
단백질 합성	단백질 합성 저해	propham, butachlor, alachlor
세포분열	세포분열 저해	chlorpropham, propham, trifluralin
아미노산 생합성	Acetylactate synthase 저해	bensulfuron,
	Shikimic acid 생합성 저해	glyphosate, glufosinate
지방산 합성	지방산 합성 저해	clethodim, sethoxydim

4. 제형에 따른 분류

(1) 농약의 제형 `기출` `7회`

① **제형의 필요성** : 소량의 유효성분을 넓은 면적에 균일하게 살포해야 함

ⓧ 유효성분을 적당한 희석제로 희석하고 살포하기 쉬운 형태로 가공

ⓒ 실제로 사용하기 적합한 형태(제형)로 가공

② **제제(formulation)** : 원제와 보조제로 제형(농약 완제품)을 만드는 작업

③ 유효성분이 같더라도 제형에 따라 약효, 약해, 안전성에 차이가 생김

(2) 농약제형의 분류

① **희석살포용 제형** : 유제, 수화제, 액상수화제, 입상수화제, 액제, 유탁제·미탁제, 분산성 액제, 수용제, 캡슐현탁제

② **직접살포용 제형** : 입제 및 세립제, 분제, 수면부상성 입제, 수면전개제, 오일제, 미분제, 미립제, 저비산분제, 캡슐제

③ **특수 제형** : 도포제, 훈연제, 훈증제, 연무제, 정제, 미량살포약제, 독먹이

④ 종자처리용 제형

---

03 **농약의 작용기작**

1. 살충제

(1) 작용점

① **신경계** : 신경전달 저해

② **대사계** : 에너지대사 저해, 키틴 생합성 저해, 호르몬 균형 교란

③ **원형질** : 단백질 응고

④ **피부** : 피부 부식, 기계적 호흡 저해

⑤ **호흡기관** : 질식

(2) 작용점 도달

① 식독제(stomach poison) : 소화 중독제

　　㉠ 약제의 해충 체내 침투 경로 : 소화기관

　　㉡ 식엽성해충이 주요 방제 대상

② 접촉독제(contact poison) : 해충의 표피에 직접 접촉되어 체내로 침입하여 독작용

　　㉠ 직접 접촉독제 : 충체에 직접 접촉했을 때 독작용

　　㉡ 잔류성 접촉독제 : 직접 접촉 + 식물체 잔류 약제와 접촉하였을 때도 독작용

③ 침투성 살충제(systemic insecticide) **기출** 8회

　　㉠ 약제가 식물체 내로 흡수, 이행하여 식물체 각 부위로 퍼져가는 특성

　　㉡ 흡즙성해충에 대한 방제 효과 우수

　　㉢ 반침투성(잎의 밑면까지만 이행), 침투이행성(식물 전체로 이행)으로 구분

　　㉣ 대부분의 입제 형태 살충제(토양해충 방제제 제외) 해당

더 알아두기

- 식독제·접촉독제 : 비극성(물에 대한 용해도가 수 mg/L 이하), 잔효성이 짧은 약제
- 침투성 살충제 : 물에 대한 용해도가 높고, 분해에 대한 안정성이 요구됨

(3) 작용점 도달에 관여하는 인자

① 농약의 특성

② 농약의 사용방법

③ 농약 살포 시 환경조건

④ 곤충의 생태적 특성

(4) 작용기작 **기출** 7회

• 신경 및 근육에서의 자극 전달작용 저해　• 성장 및 발생 과정 저해 • 호흡과정 저해　• 해충의 중장 파괴 • 비선택적 다점 저해

① 신경 및 근육에서의 자극 전달작용 저해 **기출** 8회

　　㉠ 곤충 신경계의 구조와 기능

　　　• 뉴런(neuron) : 세포막으로 피복, 이온의 선택적 투과

　　　• 시냅스(synapse) : 한 뉴런의 축색과 다른 뉴런의 수상돌기의 접합부

- 신경근 접합부(신경종판) : 신경세포(뉴런)와 근섬유의 접합부
ⓒ 시냅스의 신경전달
- 신경자극의 충격으로 축색말단(시냅스 전막)으로부터 신경전달물질 방출
- 신경전달물질이 시냅스 후막의 수용체와 결합
- 신경전달물질 : acetylcholine(ACh), GABA(γ-aminobutyric acid), dopamine 등

흥분성 시냅스	• Na^+통로가 열려 Na^+가 후막 내로 유입되어 활동전위 발생, 흥분 전달 • 신경말단의 시냅스 소포에 저장된 ACh이 방출되어 수용체에 결합 • AChE(acetylcholinesterase)에 의해 분해되어 원상 회복
억제성 시냅스	GABA가 전달되어 수용기와 결합, K^+ 유출 또는 Cl^- 유입

ⓒ 세부 작용기작 **기출** 9회

구 분	설 명	농 약
아세틸콜린에스터라제 저해	자극이 지속되는 신경 교란	유기인계, 카바메이트계
GABA 의존성 Cl 이온 통로 차단	시냅스 과잉 활성	cylcodienes 및 BHC류의 유기염소계, phenylpyraole계, fipronil
Na 이온 통로 변조	신경 축색의 Na^+ 통로를 변조시켜 신경 전달 저해	pyrethroid계, 유기염소계 DDT 계통
니코틴 친화성 ACh 수용체의 경쟁적 변조	원하지 않는 신경 자극을 계속적으로 전달	neonicotinoid계, nicotin, sulfoximine계, butenolide계, mesoionic계
니코틴 친화성 ACh 수용체의 다른 자리 입체성 변조	수용체의 구조 변형	spinosyn계
글루탐산 의존성 Cl 이온 통로 다른 자리 입체성 변조	과분극 유발하여 마비 및 치사	avermectin계, milbemycin계
현음기관 TRPV 통로 변조	현음기관을 교란시켜 섭식 중단 및 행동 저해	pyridine azomethine 유도체, pymetrozine
니코틴 친화성 ACh 수용체의 통로 차단	neonicotinoid계와 작용점 동일	nereistoxin 유사체
전위 의존 Na 이온 통로 차단	Na^+ 이온 통로 폐쇄	oxdiazine, semicarbazone계
라이아노딘 수용체 변조	근육 세포의 Ca^{2+} 이동 통로(라이아노딘) 수용체 저해	diamide계

② 성장 및 발생과정 저해

구 분	설 명	농 약
유약호르몬(JH) 모사	곤충생장조절제로 작용(정상적 발달 저해, 불완전 번데기화, 불임화 등)	fenoxycarb, pyriproxyfen
키틴 합성 저해	탈피 시 살충효과, 유충에만 약효가 있음	benzoylurea계, buprofezin
탈피호르몬(Ecdysone) 수용체 기능 활성화	탈피과정을 교란하여 비정상으로 빠르고 불완전한 탈피 유발	diacylhydrazine계
지질 생합성 저해	지질 생합성의 첫 번째 단계(malonyl CoA 합성)의 효소(acetyl CoA carboxylase) 저해	tetronic acid, tetramic acid, spirodiclofen, spirotetramat

③ 호흡과정 저해 기출 7회

구 분	설 명	농 약
미토콘드리아 ATP 합성 효소 저해	ATP synthase 저해	diafenthiuron, propargite, tetradifon
수소이온 구배 형성 저해(탈공력제)	탈공력제(uncoupler)로 작용하여 수소이온 구배를 소실시켜 ATP 합성 저해	pyrrole계, dinitrophenol계, sulfluramid, chlorfenapyr
전자전달계 복합체 Ⅰ 저해	MET Ⅰ(mitochondrial complex Ⅰ) 양성자 펌프 저해	pyidaben, tebufenpyrad, rotenone
전자전달계 복합체 Ⅱ 저해	MET Ⅱ(mitochondrial complex Ⅱ) 호박산 탈수소효소(succinate dehydrogenase) 저해	β-ketonitrile유도체, carboxanilide계 살응애제, cyenopyrafen, pyflubumide

※ 미토콘드리아의 전자전달계 복합체 Ⅰ, Ⅱ, Ⅲ, Ⅳ 중 MET Ⅱ를 제외한 나머지는 양성자 펌프임

④ 해충의 중장 파괴

 ㉠ Bacillus thuringiensis(Bt)

  • 미생물 살충제

  • 살충성분 : 포자 또는 배양액 중의 δ-endotoxin(단백질 독소)

  • 해충의 중장 막을 용해하여 막 천공 유발, 패혈증으로 치사

 ㉡ δ-endotoxin생산 유전자를 넣은 유전자조작작물(GMO) 육종

⑤ 비선택적 다점 저해

 ㉠ 훈증제 : methyl bromide, chloropicrin, sulfurylfluoride

 ㉡ 살포용 살충제 : disodium octaborate, 토주석(tartar emetic)

 ㉢ 전구적 훈증제로서 methyl isothiocyanate발생제 : metam, dazomet

2. 살균제

(1) 작용점 및 작용점 도달

① 왁스와 단백질로 구성된 병원균의 세포벽을 뚫어야 함

② 살균제는 독성물질과 함께 왁스와 잘 결합하는 친유성기와 친수성을 동시에 가지고 있어야 함

③ 병원균 표면이 음전하를 띠기 때문에 금속이온이 세포 내로 침투하기 어려우나, 병원균의 아미노산이나 유기산과 결합하여 킬레이트를 형성해서 침투(구리 착화합물 : DBEDC)

> **더 알아두기**
>
> **보호살균제와 직접살균제** `기출` 8회
> - **보호살균제(protectant)**
>   - 병 발생 전에 예방을 목적으로 사용하는 살균제
>   - 병원균 포자 발아 억제 또는 살멸
>   - 발병시점을 특정할 수 없기 때문에 약효 지속시간이 길고, 부착성과 고착성이 양호해야 함
>   - 균사에 대한 살균력이 약하기 때문에 발병 이후에는 약효가 불량
>   - 예 석회보르도액, dithiocarbamate 등
> - **직접살균제(eradicant)**
>   - 침입한 병원균을 살멸하는 약제
>   - 강력한 살균력과 함께 반침투성 이상의 침투성을 요구
>   - 작용점이 명확하고 범위가 좁을수록 저항성 유발이 잘 일어나기 때문에 작용점이 넓은 보호살균제와 혼용하는 것이 좋음
>   - 예 metalaxyl, benzimidazole, triazole, 항생제 등

(2) 작용기작

• 핵산 대사 저해	• 세포막 스테롤 생합성 저해
• 세포분열(유사분열) 저해	• 세포벽 생합성 저해
• 호흡 저해	• 세포벽 멜라닌 생합성 저해
• 아미노산 및 단백질 합성 저해	• 기주식물 방어기구 유도
• 지질 합성 및 막 기능 저해	

① 핵산 대사 저해

구 분	설명 (표시기호)	농 약
RNA 중합효소 Ⅰ 저해	가1	phenylamides(metalaxyl, ofurace)
아데노신 디아미나제 효소 저해	가2	hydroxy-(2-amino) pyrimidines(bupirimate)
DNA/RNA 합성 저해	가3	heteroaromatics(hymexazole)
DNA 토포이소메라제 효소 저해	가4	carboxylic acids(oxolinic acid)

② 세포분열(유사분열) 저해

　㉠ Phenylamide계 살균제

　　• 유사세포분열에서 방추체 등을 구성하는 미세소관의 형성 저해

　　• benomyl과 thiophanate-methyl의 실제 살균 성분 : carbendazim

　㉡ Thiabendazole : 주로 수확 후 처리제로 사용

③ 호흡 저해 　기출 7회

구 분	설 명	농 약
전자전달계 복합체 Ⅱ 저해	호박산 탈수소효소 저해	flutolanil, isofetamid, carboxin, fluopyram, thifluzamide, fluxapyroxad, penthiopyrad, pydiflumetofen, boscalid
전자전달계 복합체 Ⅲ 저해	퀴논 외측에서 시토크롬 bc1 기능 저해	Strobilurin계 살균제 : azoxystrobin, kresoxim-methyl, mandestrobin, orysastrobin, trifloxystrobin, pyraclostrobin
전자전달계 복합체 Ⅲ 저해	퀴논 내측에서 시토크롬 bc1 기능 저해	cyazofamid, amisulbron, fenpicoxamid
산화적 인산화 반응에서 탈공력제	수소이온 구배를 소실시켜 산화적 인산화에 의한 ATP 합성 저해	dinitrophenylcrotonate계 binapacryl, dinitroaniline계 fluazinam
ATP 합성효소 저해	ATP 합성효소의 수소이온 유입 저해	유기주석계 fentin acetate, fentin hydroxide

④ 아미노산 및 단백질 합성 저해

구 분	설 명	농 약
메티오닌 생합성 저해	메티오닌(methionine) 생합성 및 가수분해효소의 분비 저해	Anilinopyrimidine계 cyprodinil, mepanipyrim, pyrimethanil
단백질 합성 저해	병원균의 단백질 합성 저해하는 농업용 항생제 (세균성 병 방제)	blasticidin-S, kasugamycin, oxytetracylin, streptomycin

⑤ 세포막 스테롤 생합성 저해 　기출 7회 · 8회 · 9회

구 분	설 명	농 약
C14-탈메틸 효소 저해	C14-demethylase : squalene으로부터 ergosterol로 생합성되는 경로 중 lanosterol→4,4-dimethylcholesta-8,14,24-trienol 반응 촉매	triadimefon, tebuconazole, prothoconazole, prochloraz, fenarimol, pyrifenox
환원 및 이성질화 효소 기능 저해	• Δ14 reductase : squalene으로부터 ergosterol로 생합성되는경로 중 4,4-dimethylcholesta-8,14,24-trienol → 4,4-dimethyl-zymosterol 반응 촉매 • Δ8 isomerase : squalene으로부터 ergosterol로 생합성되는 경로 중 fecosterol→ episterol로 이성질화되는 반응 촉매	morpholine계 tridemorph, piperidine계, spirokealamine계 spiroxamine
3-케토환원효소 저해	3-케토환원효소 : squalene으로부터 ergosterol로 생합성되는 경로 중 zymosterone → zymosterol로의 환원반응 촉매	hydroxyanilide계 fenhexamid, aminopyrazolinone계 fenpyrazamine
스쿠알렌 에폭시다제 효소 저해	squalene epoxidase : squalene이 squalene epoxide로 산화되는 반응 촉매	thiocarbamate계 pyributicarb, allylamine계 naftifine

⑥ 세포벽 생합성 저해

구 분	설 명	농 약
키틴 합성 저해	chitin synthase 저해	polyoxin류
셀룰로오스 합성효소 저해	β-(1,3)-glucansynthase 저해 → 세포벽의 강도를 약화시킴	dimethomorph, benthiavalicarb, mandipropamid

⑦ 세포벽 멜라닌 생합성 저해

ㄱ 벼 도열병균의 벼 체내 침투과정과 밀접한 관계
- 침투과정 : 벼 표면에 포자 낙하 후 점액 밀착 → 발아관발아 → 부착기형성 → 수분 유입 및 팽압 증대(삼투압) → 효소로 벼 표면 연화 → 침입사 표피 투과
- 멜라닌 역할 : DHN melanin 축적으로 세포벽 강도 증대, 침입사의 기계적 천공

ㄴ 멜라닌 생합성 저해제
- 벼 도열병 방제용 전문 살균제
- 주로 보호용이며 치료 효과는 거의 없으므로 발병 전 처리
- 환원 효소 저해 : fthalide, pyroquilon, tricyclazole
- 탈수소 효소 저해 : capropamid, diclocymet, fenoxanil
- 폴리케티드 합성효소 저해 : tolprocarb

⑧ 기주식물 방어 기구 유도

ㄱ 기주식물방어 기구 유도체
- 전신획득저항성(SAR)을 유발하는 물질
- SAR : systemic acquired resistance, 식물체의 잠재적 선천성 면역체계
- 병원균 감염부위에서 원격적으로 유발되는 식물체 조직 내의 비약해성, 비선택적 식물체 방어 반응
  ※ phytoalexin 발현 현상과는 구별됨

ㄴ SAR 현상의 식물병방제 이용
- 식물체 자체의 항균성 유도, 향균효과 지속성, 광범위성, 낮은 저항성 유발
- 살리실산 관련 식물 활성제 : 현재 실용화된 기주식물 방어기구 유도체
- 자체 살균 작용은 없으므로 발병 전 살포
- 벼 도열병 : probenazole, tiadinil, isotianil
- 채소 및 과수류: acibenzolar-S-methyl

⑨ 비선택적 다점 저해

ㄱ 특징
- 명확한 작용점 저해에 의한 선택적 고효율 살균활성은 어려움
- 특이적 작용점이 없으므로 저항성 발현이 없거나 적음
- 명확한 작용점 약제와 혼합 사용하기 적합

ㄴ 약제 : 무기동(copper), dithiocarbamate(mancozeb), phthalimide(captan), chloronitrile(chlorothalonil), sulfamide(dichlofluanid), Bis-guanidine(iminoctadine), triazine(anilazine), quinone(dithianon), quinoxaline(chinomethionat), maleimide(fluoroimide), thiocarbamate(methasulfocarb)
  ※ 이 약제들은 친전자성 화합물로 균세포 내의 친핵체안-SH기를 함유하는 효소들을 비선택적으로 저해

3. 제초제

(1) 작용점

① 광합성 과정

② 호흡 과정

③ 식물호르몬 작용 과정

④ 지질 및 아미노산 생합성 과정

(2) 작용점 도달

① **식물 잎의 표피층** : (비극성)왁스질 > cutin질 > pectin질 > cellulose질

    ㉠ 비극성 화합물은 왁스층을 통과하기 쉬우나 내부로 갈수록 침투가 어려움

    ㉡ 극성 화합물은 반대

② **제초제 흡수 경로**

    ㉠ apoplast 경로 : 제초제가 casparian strip을 통과하여 물관부로 들어가는 과정

    ㉡ symplast 경로 : 원형질 내로 침투하여 원형질 연결사에 의해 체관부로 들어가는 과정

    ㉢ apo-symplast 경로 : casparian strip 통과 후 다시 세포벽을 침투하여 물관부를 통과하는 과정

(3) 작용기작

• 지질(지방산) 생합성 저해	• 세포분열 저해
• 아미노산 생합성 저해	• 세포벽 합성 저해
• 광합성 저해	• 호흡 저해
• 색소 생합성 저해	• 옥신작용 저해 및 교란
• 엽산 생합성 저해	

① 지질(지방산) 생합성 저해 **기출** 7회

구 분	설 명	농 약
아세틸 CoA 카르복실화 효소 저해	acetyl CoA carboxylase (ACCase) 저해	aryloxypheonxypropionate계 diclofop-methyl, cyclohexanedione계 alloxydim
지질 생합성 저해	ACCase가 아닌 다른 지질 생합성 과정 저해	thiocarbamate계, phosphorodithioate계, benzofuran계

② 아미노산 생합성 저해 [기출] 7회

구 분	설 명	농 약
가지사슬 생합성 저해	가지사슬 아미노산 : valine, leucine, isoleucine	sulfonylurea, imidazolinone, triazolopyrimidine, pyrimidinyl(thio)benzoate, sulfonylaminocarbonyltriazolinone계
방향족 아미노산 생합성 저해	방향족 아미노산 : tryptophan, tyrosine, phenylalanine	glyphosate
글루타민 합성효소 저해	glutanmine synthetase 저해	glufosinate

③ 광합성 저해

구 분	설 명	농 약
광화학계 II 저해	• PS II : 광에너지 흡수 → 물을 산소와 수소이온으로 분해 → 전자전달, ATP 생산 • Hill 반응 저해 제초제	simazine, hexazinone, amicarbazone, bromacil, chloridazon, desmedipham, diuron(DCMU), linuron, propanil, bromoxynil, bantazon, pyridate
광화학계 I 저해	• PS I : 광에너지 흡수 → NADPH 생산 • 전자전달 저해 또는 탈공력제, 자유라디칼과 활성산소 발생	diquat, paraquat

④ 색소 생합성 저해

구 분	설 명	농 약
엽록소 생합성 저해	chlorophyll과 heme생합성에 작용하는 protoporphyrinogen oxidase 저해	oxyfluorfen, pyraflufen−ethyl, cinidon−ethyl, thidiazimin, oxadiazon, carfentrazole−ethyl, pentoxazone
카로티노이드 생합성 저해	phytoene desaturase(PDS) 저해	norflurazon, diflufenican
	p−hydroxyphenylpyruvate dioxygenase(HPPD) 저해	mesotrione, isoxaflutole, pyrazolynate
	1−deoxy−D−xylulose 5−phosphate synthase(DXA) 저해	clomazone, fluometuron,aclonifen, amitrole

⑤ 세포분열 저해 [기출] 7회

　　㉠ 방추체 구성 미세소관의 단위체인 tubulin에 결합하여 미세소관 조합 저해

　　　　• 농약 : pendimethalin, butamiphos, dithiopyr, propyzamide, chlorthal−dimethyl

　　㉡ 세포분열, 미세소관의 조립 및 중합화 저해

　　　　• 농약 : chlorpropham

　　㉢ 장쇄지방산 생합성 저해

　　　　• 장쇄지방산 : 탄소수 22 이상의 지방산, 세포막 구조・인지질・세포분열 및 분화 등에 관여

　　　　• 농약 : alachlor, napropamide, mefenacet, fentrazamide

⑥ 세포막 합성 저해
- cellulose synthase 저해
- 농약 : dichlobenil, isoxaben, flupoxam

⑦ 호흡 저해
- 탈공력제로 작용 → 산화적 인산화에 의한 ATP 합성 저해
- 농약 : dinosep

⑧ 옥신작용 저해 및 교란
ㄱ 합성 옥신
- 식물호르몬인 옥신의 유사체
- 농약 : 2,4-D, dicamba, fluroxypyr, quinclorac
- 고농도에서 살초 활성을 보이는 반면, 낮은 농도에서는 식물 생장 촉진
ㄴ 옥신 이동 저해
- 세포 내 및 세포 간 옥신이동 저해
- 농약 : naptalam, diflufenzopyr-Na

04　농약의 제제 형태 및 특성

1. 희석살포용 제형

(1) 수화제

① 조 제
ㄱ 원제가 액체인 경우 : white carbon, 증량제(점토, 규조토 등), 계면활성제 혼합, 분말도 $44\mu m$ 이하로 분쇄
ㄴ 원제가 고체인 경우 : white carbon 없이 조제

② 입자의 크기와 현수성 중요

③ 장 점
ㄱ 유제에 비해 고농도 제제 가능(유제 30% 내외, 수화제 50% 내외)
ㄴ 계면활성제의 사용량 절감, 용제 불필요
ㄷ 고체상태로 빈 농약병 처리 문제가 없음

④ 단 점

    ⊙ 살포액을 조제할 때 저울로 재야 함

    ⓛ 비산되기 쉬워 살포액 조제 및 취급 시 호흡기로 흡입할 위험성이 큼

(2) 액상수화제

    ① 물과 유기용매에 난용성인 원제를 액상으로 조제

    ② 수화제의 비산과 같은 단점을 보완한 제형

    ③ 증량제로 물을 사용하고 액상보조제와 유효성분을 물에 현탁시킨 제제

    ④ 입자 크기 1~3μm로 미세하여 약효가 우수하나 제조가 까다롭고 점성으로 달라붙음

    ⑤ 가수분해에 안정한 유효성분만을 사용할 수 있음

(3) 입상수화제

    ① 수화제와 액상수화제의 단점을 보완한 과립형 제제, 수화제의 일종

    ② **과립조제법** : 분무건조법, 유동층조립법, 압출조립법, 전동조립법

    ③ 농약원제 함량이 50~95%로 높고 증량제 비율이 낮음

    ④ 비산에 의한 중독 가능성이 낮고 용기에 잔존하는 농약의 양도 매우 적음

(4) 유 제

    ① 농약 원제를 용제에 녹이고 계면활성제를 유화제로 첨가한 제제로 매우 간단히 제조

    ② **용제** : 석유계 용제(xylene 등), ketone류, alcohol류

    ③ **유화성 중요** : 약액 조제 2시간 경과 후 안정성을 보이면 유화성 양호로 평가

    ④ 약액의 조제가 편리하고 약효가 우수하나 유리병과 같은 액체용 용기를 사용

    ⑤ 취급 중 용제의 인화성에 의한 화재 위험

(5) 유탁제 및 미탁제

    ① **유탁제** : 소량의 소수성 용매에 농약원제를 용해하고 유화제로 물에 유화시켜 제제

    ② **미탁제** : 유탁제의 기능을 개선, 더 소량의 유기용제를 사용한 제제, 살포액을 조제했을 때 외관상 투명한
상태 **기출** 9회

(6) 액 제 **기출** 6회·8회

    ① 수용성이고 가수분해의 우려가 없는 원제를 물 또는 메탄올에 녹이고 계면활성제나 동결방지제를 첨가한
액상 제제, 살포액이 투명함

    ② 동결에 의한 용기 파손 주의 필요

(7) 분산성 액제 **기출** 5회

① 물에 녹지 않는 농약 원제를 물에 대한 친화성이 강한 특수용매에 계면활성제와 함께 녹여 만든 제제
② 액제와 유사하나 고농도 제제가 불가능

(8) 수용제

① 수용성 고체 원제와 유안이나 망초, 설탕과 같은 수용성 증량제를 혼합 분쇄한 분말제제
② 분말의 비산과 평량을 해야 하는 단점이 있음

(9) 캡슐현탁제

① 미세한 농약 원제의 입자에 고분자 물질을 코팅하여 유탁제나 액상수화제처럼 현탁시킨 제제
② 유효성분의 방출제어가 가능

2. 직접살포용 제형

(1) 입제 및 세립제

① 압출조립법
  ㉠ 농약 원제에 활석, 점토와 같은 증량제와 점결제(접착제), 계면활성제를 혼합하여 물로 반죽한 후 조립, 건조하여 만드는 제형
  ㉡ 수분과 열풍건조공정이 있어 가수분해와 열에 강한 약제에 적용
② 흡착법
  ㉠ 원제가 상온에서 액상일 경우, 고흡유가의 점토광물 등에 흡착시켜 제제
  ㉡ 고흡유가의 점토광물 : 벤토나이트, 버미큘라이트
③ 피복법
  ㉠ 비흡유성의 입상 담체를 중심핵으로 액상의 원제를 피복시킨 제제
  ㉡ 비흡유성 입상 담체 : 규사, 탄산석회, 모래

(2) 수면부상성 입제

① 압출조립법과 흡착법을 응용 조합한 제제
  ㉠ 수용성이면서 비중이 큰 증량제와 고분자접착제를 물로 반죽하여 압출조립법으로 담체를 만듦
  ㉡ 농약 원제와 확산제를 용제에 용해하고 흡착법으로 담체에 흡착
② 담수된 논에 살포하면 처음에 가라앉았다가 비중이 큰 증량제가 녹으면서 부상하여 수면에 약제층 형성

(3) 수면전개제

    ① 비수용성 용제에 원제를 녹이고 수면확산제를 첨가하여 조제한 액상형 제제

    ② 수면에 확산되어 균일한 처리층 형성

(4) 분 제

    ① 원제를 다량의 증량제와 물리성 개량제, 분해 방지제 등과 혼합, 분쇄한 제제

    ② 유효성분 함량은 1~5%에 불과, 대부분이 증량제

    ③ 액상농약에 비해 고착성이 불량하여 잔효성이 요구되는 과수에 적합하지 않음

(5) 미분제 및 수화성 미분제

    ① 입도를 더 작게 하여 비산성을 높여 밀폐된 공간의 방제에 적합하도록 한 제제

    ② 시설하우스에 적용

(6) 저비산분제

    ① 증량제를 최소화하고 응집제를 사용하여 약제의 표류, 비산을 경감시킨 제제

    ② 일반 분제에 비해 표류비산이 크게 줄어듦

(7) 미립제

    ① 입제와 분제의 문제점을 개선한 제형

    ② 약제의 표류, 비산에 의한 환경오염 방지

    ③ 사용자 안전하며 살포가 용이하고 능률적

    ④ 벼의 하부에 서식하는 병해충 방제

(8) 캡슐제

    ① 농약 원제를 고분자 물질로 피복하거나 캡슐에 주입하여 만듦

    ② 유효성분의 방출제어 기능

(9) 오일제

    기름에 녹여 유기용제로 희석하여 살포할 수 있는 제형

3. 종자처리용 제형

(1) 종자처리수화제

① 종자에 대한 부착성을 향상시킨 수화제, 수화성 분의제라고도 함
② 직파용 벼, 육묘용 종자에 사용
③ 마른 종자에 사용할 때는 소량의 물에 현탁하여 사용

(2) 종자처리액상수화제

액상으로 마른 종자에 바로 사용할 수 있음

(3) 분의제

분상 그대로 종자에 분의 처리하거나 물에 희석하여 사용

4. 특수제형

(1) 훈연제 및 과립훈연제

① 농약 원제에 발연제, 방염제 등과 기타 보조제 등을 첨가한 제형
② 심지에 점화하여 살포하며 밀폐된 공간에서 사용
③ 유효성분이 연기와 함께 상부로 퍼진 후 하강하면서 균일하게 살포

(2) 연무제

① 압축가스나 연무발생기를 이용해 분무할 수 있는 제형
② 고가이고 가정원예용으로 주로 사용

(3) 도포제

① 점성이 큰 액상으로 제조하여 바를 수 있도록 함
② 과수의 부란병 방제에 주로 사용

(4) 훈증제 기출 7회

① 증기압이 높은 원제를 용기에 충진한 것
② 용기를 열면 유효성분이 기화하여 약효가 나타남
③ 저장곡물 소독용이나 토양소독에 사용

(5) 정제(tablet)

    ① 특수한 목적으로 소량 투입되는 농약을 대상으로 한 제형

    ② 단단한 형태로 제조되나 물에 들어가면 쉽게 풀어짐

(6) 농약함유비닐멀칭제

    ① 비닐멀칭을 하는 작물에 적용하기 쉽게 개발된 제형

    ② 비닐수지 원료에 약제를 혼합하여 비닐멀칭에 유효성분이 함유

(7) 판상줄제

    ① 침투성 농약원제를 고분자 합성수지 원료에 혼합하여 줄 형태로 사출하여 제조

    ② 정식작업과 약제처리가 동시에 되기 때문에 노동력 절감 효과가 큼

(8) 미량살포제 기출 7회

    ① 항공방제에 사용되는 고농축 액체 제형

    ② 균일한 살포를 위해 정전기 살포법과 같은 기술 필요

(9) 독먹이(독미끼)

    살서제, 살연체동물제의 제형

5. 농약보조제 기출 7회

(1) 용 제

    ① 원제를 녹이기 위하여 사용하는 용매

    ② 구비 조건

        ㉠ 높은 용해도

        ㉡ 유효성분에 대한 안전성

        ㉢ 인축과 작물에 대한 안전성

        ㉣ 유효성분의 효과 증진

        ㉤ 저휘발성과 저인화성

        ㉥ 경제성

    ③ 종류 : 지방족 및 방향족 탄화수소류, 염화탄화수소류, 알코올류, 에테르류

(2) 계면활성제 **기출** 5회·6회

① 서로 섞이지 않는 유기물질층과 물층 사이의 경계면을 활성시키는 물질

② 친수성과 소수성의 특징을 동시에 가지고 있음

③ 음이온 계면활성제, 양이온 계면활성제, 비이온 계면활성제, 양성 계면활성제

④ HLB(hydrophilic-lipophilic balance) : 친수성기와 친유성기의 균형에 따른 계면활성에 차이가 생김

　㉠ 계면활성제 분자량을 이용한 계산법 : HLB = $7 + 11.7\log(Mw/Mo)$ 이때, Mw는 친수성 부분의 분자량, Mo는 친유성 부분의 분자량

　㉡ 검화가 및 산가에 의한 계산법 : HLB = $20(1-S/A)$ 이때, S는 ester의 검화가, A는 산의 산가

　㉢ 수용성에 의한 계산법 : 계면활성제의 수용성 정도로 추정

⑤ 작용

　㉠ 현수성(고체입자의 분산)과 유화성(액상 입자의 분산)을 높임

　㉡ 습전성과 부착성을 높여 살포약액의 병해충 및 잡초에 대한 접촉효율을 높임

　㉢ 약액의 표면장력을 낮춰 습전성과 부착성을 높임

(3) 전착제

① 살포액의 습전성과 부착성을 향상시키는 보조제

② 계면활성제 보다 전문적인 보조제

③ POE계통, dimethyl silicone계

(4) 증량제

① 흡유가가 높은 미세분말 또는 유기물 분말에 액상의 농약 원제를 흡수 또는 흡착

② 희석제와 구분되나 증량제에 포함

③ 농약 제조에 영향을 미치는 증량제의 특성

　㉠ 입자의 크기 및 입도분포 : 분산성, 비산성, 부착성에 영향

　㉡ 가비중 : 비산성과 관계, 0.4~0.6 적당

　㉢ 수분함량 및 흡습성 : 저장 중 고결, 분산성 악화되므로 낮아야 함

　㉣ 유효성분에 대한 안정성

　㉤ 강도 : 살분기 마모가 크면 안 됨

　㉥ 혼합성 : 원제 및 다른 첨가제와 비중의 차이가 크면 혼합이 잘 안 됨

④ 주요 증량제 : 식물성 분말, 광물성 분말(규조토, 활석, 벤토나이트 등)

(5) 협력제 `기출` 5회

① 천연 식물성 농약 pyrethrin에 첨가되면 살충력이 증대되는 물질 : sesamin, sesamolin, egonol, hinokinin, piperonyl butoxide

② sesamex : DDT와 parathion에 첨가하면 이 약제에 저항성이 있는 집파리에 강한 살충력을 나타냄

③ 농약의 생물활성을 증대시킴

(6) 약해방지제

① 작물과 잡초 간 근연성으로 작물에 약해가 발생했을 때 이를 경감시키는 첨가제

② 현재 특정 작물과 제초제에만 적용

　　㉠ fenclorim : 벼농사용 제초제인 pretilachlor에 혼합하여 사용하여 벼를 보호함

　　㉡ oxabetrinil : 사탕수수 등을 metolachlor에 의한 약해에서 보호

　　㉢ 두 약제 모두 보호 작물의 glutathione 콘쥬게이트 형성을 촉진

6. 기타 보조제

(1) 분해방지제

① 유효기간 내 유효성분의 분해를 방지, 억제하기 위한 첨가제

② PAP, epichlorohydrin(유기인계 농약의 분해방지제)

(2) 활성제

① 유효성분의 이온화 정도를 조정하여 침투성을 향상하기 위한 첨가제

② 물리성 향상제 – 협력제와의 차이점

③ sodium bisulfite

(3) 고착제

① 약제의 부착성과 고착성을 향상시키기 위한 첨가제

② casein, flour, oil, gelatin, gum, resin, 합성물질

(4) 보습제

① 살포액적의 증발속도를 억제하기 위한 첨가제

② 휘발성이 낮은 polyethylene glycol 등이 사용

1. 처리제 조제

(1) 희석용수의 선택

　　① 오염되지 않은 중성의 용수 사용

　　② 오염용수 사용 시 농약 주성분이 분해되어 약효가 떨어질 수 있음

　　③ 오염물질이 농약과 반응하여 약해를 유발할 수 있음

(2) 희석배수 준수

　　희석배수는 병해충의 방제효과와 약해와 직접적으로 관계됨

(3) 충분한 혼합

　　① 물에 잘 녹는 약제에서는 문제가 되지 않음

　　② 유제와 수화제와 같이 물에 잘 녹지 않는 농약은 충분히 혼합해서 균일하게 해야 함

(4) 약해 방지

　　유제나 수화제가 충분히 혼화되지 않으면 약해의 원인이 됨

2. 조제방법 기출 9회

(1) 조제의 원칙

　　약제의 중량으로 계산하여 조제

(2) 배액 조제법 기출 7회

　　① 배액 = 용량 배수

　　② 소요농약량(ml, g) = 단위면적당 소요 농약살포액량(ml)/희석배수

　　　희석배수 = 물의 양(ml)/농약제품의 양(ml 또는 mg)

　　③ 가장 일반적인 조제방법

(3) 퍼센트액 조제법

    ① **퍼센트액** : 약제에 함유된 유효성분의 백분율로 나타낸 것

    ② 소요농약량(ml, g) = [추천농도(%) × 단위면적당 소요 살포액량(ml)]/[농약유효성분농도(%) × 비중]

    ③ 물소요량(l) = 농약량(ml) × [농약유효성분농도(%)/희석액 농도 − 1] × 농약의 비중/1,000

(4) 피피엠 조제법

    소요농약량(mg, g) = [추천농도(ppm) × 소요 살포액량(ml) × 비중]/[농약의 농도(%) × 1,000]

(5) 제형별 조제방법

    ① **수화제와 액상수화제**

        ㉠ 소정량의 약제를 소량의 물에 넣어 혼화한 후 나머지 전량의 물을 부어 혼화해 조제

        ㉡ 수화제의 경우 약제를 자루에 넣어 희석액 전량에 담가 비벼서 조제

    ② **유 제**

        ㉠ 규정량의 약제를 동일한 양의 물에 넣고 혼화한 후 소정량의 물을 부어 혼화해 조제

        ㉡ 희석하기 전 잘 흔들어 사용하고 침전물이 있으면 병째 따뜻한 물에 가온하여 녹여 씀

        ㉢ 가온해도 침전물이 녹지 않으면 사용하지 않음

    ③ **액제, 수용제**

        ㉠ 물에 잘 녹음

        ㉡ 완전히 녹여 투명한 액으로 조제

    ④ **전착제의 첨가** : 유제와 같은 방법으로 조제하여 살포액에 첨가, 혼화

3. 약제 혼용

(1) 약제 혼용의 기초

    ① 대부분의 약제는 알칼리에서 분해되거나 약해를 유발

    ② **알칼리성 약제** : 보르도혼합액, 결정석회황합제, 농용비누, 석회함유 약제(비산석회, 카세인석회, 소석회)

    ③ 알칼리성 약제와 혼합해야 할 경우 사용직전에 조제하여 즉시 살포

    ④ **알칼리성 약제와 혼용을 피해야 할 약제** : 말라티온, DDVP, 파라티온에틸, EPN, 다이아지논 등 유기인제, 카바메이트계, 유기염소계, 유기유황균제

    ⑤ 반드시 혼용의 가부를 확인해야 함

(2) 약제 혼용의 장점

    ① 살포횟수를 줄여 비용과 노력 절감

    ② 서로 다른 병해충의 동시 방제

    ③ 연용에 의한 내성 억제

    ④ 약제의 상승작용(synergism)

(3) 주의사항

    ① 설명서와 혼용가부표 확인

    ② 적용대상 작물에만 적용

    ③ 표준희석배수를 준수하고 표준량 이상을 살포하지 않음

    ④ 혼용가부표가 없을 때는 시험 살포하여 약해를 확인

    ⑤ 가급적 다종혼용을 피하고 2종 혼용

    ⑥ 약제 혼합 시 하나 먼저 완전히 녹인 후 다음 약제를 추가

    ⑦ 미량요소비료와 혼용하지 않음

    ⑧ 침전물이 생긴 제품은 사용하지 않으며, 조제한 살포액은 당일에 살포

    ⑨ 유제와 수화제는 가급적 혼용하지 않음

    ※ 부득이한 경우 액제 → 수용제 → 수화제 = 액상수화제 → 유제의 순서로 희석

4. 약제 살포

(1) 분무법

    ① 분무기로 약액을 뿜어내어 살포하는 방법(가장 보편적인 방법)

    ② **일반적인 분무기 노즐 형태 : 무기분무(공기 주입 없이 약액에 압력을 가함)**

    ③ **살포액적 : $100 \sim 200 \mu m$**

    ④ 희석용 제형의 다량 살포에 적합

(2) 미스트법 `기출` `9회`

    ① 살포액적을 미립화하여 살포하는 방법

    ② 고속 송풍기의 풍압으로 약액을 미립화

    ③ **살포액적 : $35 \sim 100 \mu m$**

    ④ 분무법에 비해 살포액의 농도가 높고 균일성과 부착성이 좋아 효율적

(3) 살분법

    ① 분제 농약을 살포하는 방법

    ② 분무법에 비해 간편하고 신속하며 희석용수가 필요 없음

(4) 살립법

① 입제 농약의 살포법으로 토양살포법이라 함

② 비료 살포작업과 유사

(5) 연무법

① 미스트보다 작은 aerosol(연무질) 형태로 살포

② 브라운운동 상태로 부유하며 대상 표면에 대한 부착성이 우수

③ **입자크기** : $10\sim20\mu m$

(6) 미량살포법

① 약제 원액 또는 유효성분량의 농도가 높은 미량살포제(수십 %)를 소량 살포하는 방법

② 항공살포에 이용

③ **살포기술**

　　㉠ 정전기살포법 : 살포액적에 정전기를 띠게 해 부착성을 높임

　　㉡ 액적조절살포법 : 회전판을 이용해 액적 크기를 균일하게 함

(7) 훈증법

① 공간을 밀폐시키고 약제를 가스화하여 처리하는 방법

② 수입농산물 방역용이나 토양소독용으로 사용

(8) 관주법

토양 병해충을 방제하기 위해 토양에 주입하는 방법

(9) 토양혼화법

입제 농약을 경작 전에 토양에 투입하고 경운하는 방법

(10) 나무주사

① 나무줄기에 구멍을 뚫고 침투이행성이 높은 약제를 주입

② 천적에 영향이 적고 환경오염을 유발하지 않음

③ 솔잎혹파리, 솔껍질깍지벌레 방제에 이용

(11) 기 타

① 침지법, 도포법, 피복법 등

② **도포법** : 나무줄기에 환상으로 처리하여 이동하는 해충을 잡거나 상처에 약제를 발라주는 방법

1. 농약 독성의 종류

(1) 독성 발현속도에 의한 분류

① 급성독성

㉠ 농약을 경구, 경피 투여하거나 피하, 복강, 정맥 주사하였을 때 나타나는 반응

㉡ 반수 치사량 또는 중위 치사량(LD_{50}) : 1회 투여로 시험동물의 50%가 죽는 농약의 양, 단위 mg/kg(농약 투여량/동물 체중)

② 아급성독성 : 상당기간 투여하면서 독성반응 관찰, 잔류농약 안전성 시험

③ 만성독성 : 상당기간 투여하면서 독성반응 관찰, 잔류농약 안전성 시험

(2) 급성농약의 투여방법에 따른 분류

① 경구독성 : 입으로 투여

② 경피독성 : 피부로 투여

③ 흡입독성 : 호흡기로 투여

(3) 독성의 정도에 따른 분류

① 저독성 : 우리나라에서 유통 중인 대부분의 농약

② 보통독성

③ 고독성 : 중독의 우려가 있어 취급제한기준을 두고 관리, 일반 농가의 사용 제한

④ 맹독성 : 우리나라에서 유통되지 않음

구 분	반수치사량(mg/kg)			
	경 구		경 피	
	고 체	액 체	고 체	액 체
맹독성	5 이하	20 이하	10 이하	40 이하
고독성	5~50	20~200	10~100	40~400
보통독성	50~500	200~2,000	100~1,000	400~4,000
저독성	500 이상	2,000 이상	1,000 이상	4,000 이상

더 알아두기

우리나라 농약 제품의 독성 [기출 7회]
• 인축독성 구분 : I급(맹독성), II급(고독성), III급(보통독성), IV급(저독성)
• 독성 비교 : 경구독성 > 경피독성, 고체제품 > 액체제품
• 98.8%가 보통독성 또는 저독성, 고독성농약 5품목(훈증제), 맹독성 없음

(4) 독성시험

① **시험동물** : 쥐, 개, 토끼, 원숭이
② 동물에 따라 반응이 다르기 때문에 서로 다른 두 종류의 동물 시험을 의무화함

더 알아두기

여러 가지 독성시험 기출 9회

구분	종류	설명
급성독성	급성경구독성	최소 1일 1회 경구 투여, 14일 관찰, LD_{50} 산출
	급성경피독성	피부에 도포, 24시간 후 제거, 14일 이상 관찰, LD_{50} 산출
	급성흡입독성	최소 1일 1회 4시간 흡입 투여, 14일 이상 관찰, LD_{50} 산출
아급성독성	아급성독성	90일간 1일 1회, 주 5회 이상 투여, 제 증상 관찰
만성독성	만성독성	장기간(6개월~1년) 먹이와 함께 투여, 최대무작용량 결정
변이원성	복귀돌연변이시험	Salmonella typhimurium 돌연변이균주에 처리한 후 항온배양하여 나타나는 복귀돌연변이(정상세균) 조사
	염색체이상시험	인위 배양한 포유류 세포에 처리 후 1.5 정상 세포주기 경과 시에 염색체 이상 검정
	소핵시험	생쥐에 복강 또는 경구 투여, 18~72시간 사이 골수 채취하여 소핵을 가진 다염성 적혈구 빈도 검사
지발성신경독성	지발성신경독성	닭에 유기인제 농약 1회 투여, 21일간 보행이상, 효소활성억제, 병리조직학적 이상 여부 검사
자극성	피부자극성시험	주로 토끼 피부에 도포하고 4시간 노출 후 72시간까지 홍반, 부종 등 이상 여부 조사
	안점막자극성시험	토끼 눈에 처리하고 24시간 후 멸균수로 닦아낸 후 72시간 동안 관찰
	피부감작성시험	기니피그 피부에 주사 또는 도포하여 4주간 알러지 반응 검사
특수독성	발암성	흰쥐(24개월) 또는 생쥐(18개월)에 먹이와 함께 투여, 암의 발생 유무와 정도 파악
	최기형성	임신된 태아 동물의 기관 형성기에 투여, 임신 말기 부검하여 검사
	번식독성시험	실험동물 암수에 투여, 교배 후 얻은 1세대에 투여, 2세대 검사

(5) 생물농축 기출 5회

① 환경과 먹이 중의 농도보다 체내 농도가 더 높아지는 현상
  ㉠ DDT, BHC와 같은 화학적으로 안정하고 지용성인 농약이 쉽게 축적
  ㉡ 먹이사슬을 통하여 이동, 축적 → 최상위 포식자에 축적되어 만성독성 일으킴
  ㉢ 육상 생물 중 농약의 농축 정도 : 조류·포유류동물 > 무척추동물 > 식물
  ㉣ 조류의 경우 유기염소계 살충제의 영향이 매우 큼(Aldrin, dieldrin, heptachlor)
② 생물농축계수(bioconcentrationfactor, BCF) = 생물체 중 농도 / 환경 중 농도
  예 수질 중 화합물 농도 1, 송사리 체내 화합물 농도 10 → BCF = 10
  ㉠ 옥탄올/물 분배계수(LogP)와 높은 상관관계 : 높을수록 농축 가능성 높아짐
  ㉡ 배설속도 느릴수록 농축 증가, 농약의 수용성과 증기압이 낮을수록 농축 증가

(6) 농약의 1일 섭취허용량 및 노출허용량

① 농약의 1일 섭취허용량

　㉠ 최대무독성용량(no observable adverse effect level, NOAEL)
　　• 대조군에 비해 실험동물에 바람직하지 않은 영향 나타내지 않는 최대 투여용량
　　• 사람이 아닌 실험동물에 의한 독성 수치

　㉡ 농약의 1일 섭취허용량(acceptable daily intake, ADI) **기출** 7회
　　• ADI = NOAEL ÷ 안전계수(safety factor, SF)
　　• 안전계수 : 독성시험의 다양한 요인으로 야기되는 불확실성 보정계수, 불확실성 계수라고도 하며, 보통 100 적용(동물시험 자료를 사람에게 적용 10, 사람 간 차이 10)
　　• 사람이 일생 매일 섭취하더라도 아무런 만성독성학적 영향을 주지 않는 약량
　　• 농작업자 농약노출 허용량과 농약 잔류허용기준설정 근거

> **더 알아두기**
>
> 용어 정리
> • 농작업자 농약 노출 허용량(acceptable operator exposure level, AOEL)
> • 농약 잔류허용기준(maximum residue limit, MRL)
> • 농약 잔류허용기준(MRL) 값을 근거로 설정되는 기준
> - 농약 안전사용기준(pre harvest interval, PHI)
> - 생산단계농약 잔류허용기준(pre harvest residue limit, PHRL)

② 농약 살포자에 대한 농약 노출평가

　㉠ 노출량(또는 노출수준)이 독성만큼 중요

　㉡ 측정방법

수동적 측정법	• 농약 살포할 때 직접 포집하여 피부노출 및 호흡노출 측정 • 여러 가지 노출인자 사용 • 가장 보편적으로 사용
생물학적 측정법	• 살포자와 작업자의 소변, 혈액, 타액, 땀 등의 농약량 측정 • 인체 내부 노출 정도 측정 가능

　㉢ 농작업자 농약 노출허용량 설정

　　• $AOEL = \dfrac{최대무독성용량(NOAEL) \times 경구흡수율(<80\% \ 경우)}{안전계수(SF)}$

　　• 경구흡수율이 80% 이상인 경우에는 보정계수 적용하지 않음
　　• 안전계수는 보통 100을 사용함

2. 농약 독성의 증상

(1) 약해

① **약해** : 농약에 의하여 작물에 나타나는 생리적 해(害) 작용

② **구 분**

ㄱ 급성적 약해 : 약제처리 1주일 이내에 발생하는 약해

ㄴ 만성적 약해 : 약제처리 1주일 이후부터 수확 때까지 나타나는 약해

ㄷ 2차 약해 : 처리한 농약이 토양에 잔류하여 후작물에서 나타나는 약해

(2) 약해 증상

위 치	경 엽	뿌 리	꽃, 과실
증 상	백화, 괴사, 낙엽, 기형잎	발근저해, 기형근, 갈변, 비대억제, 생장 감소	개화 지연, 화변에 약반, 낙과, 기형과, 과피의 약반, 착색저해

(3) 약해 발생의 원인

① **식물의 특성**

ㄱ 종류와 품종에 따른 감수성의 차이

ㄴ 식물체의 형태 : 모양과 표면특성에 따른 농약의 부착 특성

ㄷ 재배조건 : 환경에 따른 생장 속도와 표피구조의 차이

ㄹ 생장단계

ㅁ 생리적 특성 : 농약의 투과성과 체내 이동에 차이

ㅂ 생화학적 특성 : 유해물질의 활성화 또는 불활성화 기작의 차이

② **농약의 이화학적 특성**

ㄱ 농약의 물리성 : 제제형태, 용해도, 휘발성

ㄴ 부성분 : 불순물 혼입에 따른 약해

ㄷ 환경 중 농약의 확산 : 수용성, 표류비산, 휘산, 잔류, 2차대사산물

③ **환경조건**

ㄱ 기상조건 : 광, 온도, 수분

ㄴ 토양환경 : 토양의 흡착특성

④ **농약의 사용방법**

ㄱ 잘못된 혼용

ㄴ 근접살포

(4) 약해의 방지

① 제제의 개선

② **해독제의 이용** : 토마토에서 2,4,6-trichlorophenoxyacetic acid가 2,4-D 해독

③ 안전사용기준 준수

3. 농약의 잔류

(1) 농약의 잔류에 영향을 미치는 요인

① 농약의 이화학성

    ㉠ 살포된 농약의 식물체 표면 부착성 : 유제나 수화제는 부착성과 고착성이 좋아 잔류성에 대한 영향이 큼

    ㉡ 물에 대한 용해도 : 보르도액 같은 수용성 무기농약은 쉽게 유실되기 때문에 잔류성이 낮음

    ㉢ 유용성 약제 : 큐티클층에 녹아들어가 잔류성이 높음

    ㉣ 침투이행성 : 식물체 내에서의 분해에 의해 잔류가 결정되며, 대체로 길게 나타남

    ㉤ 증기압 : 높을수록 증발되기 쉬워 잔류성이 낮음, 입자가 작을수록 빠르게 증발

② 작물의 형태

    ㉠ 대상식물의 표면적 및 표면의 성상

    ㉡ 작물의 비대성장은 잔류 농약 농도의 감소로 나타남

③ 환경조건

    ㉠ 온도 : 흡수 촉진 동시에 분해 촉진

    ㉡ 강우 : 세정 효과

    ㉢ 바람 : 농약 증발

    ㉣ 토 성

        • 식토(토양 흡착 큼) – 작물의 흡수 억제

        • 사토(토양 흡착 작음) – 작물의 흡수 증대

(2) 농약의 안전사용

① 농약잔류허용량

    ㉠ 잔류농약은 식품의 형태로 섭취되어 체내에 흡수됨

    ㉡ 1일 섭취허용량(ADI) : 사람이 평생 매일 섭취하더라도 만성독성학적 영향을 주지 않는 약량, 동물시험 결과로부터 산출

    ㉢ 이론적 잔류허용 한계농도(PL) = ADI(mg/kg/일) × 체중(kg)/농산물 섭취량(kg/일)

② 농약의 안전성 평가

    ㉠ 잔류허용기준(MRL)에 의한 평가

    ㉡ 1일 섭취허용량(ADI)에 의한 평가

    ㉢ 질적위해성(QRA)에 의한 평가 : 식이섭취위험도 = 농약의 노출량(총섭취량) × 종양유발가능지수

4. 농약 저항성

(1) 저항성의 정의

① 생물체가 생명에 치명적인 영향을 받을 수 있는 농약의 약량에도 견딜 수 있는 능력

② 약제에 대한 내성이 유전자에 의해 후대로 유전됨

③ **사례** : 미국 산호세깍지벌레의 석회유황합제에 대한 저항성, 포도상구균의 페니실린에 대한 저항성, 집파리의 DDT, malathion에 대한 저항성, 바퀴벌레의 chlordane, malathion, diazinon, propoxur에 대한 저항성

(2) 저항성의 구분

① **단순저항성**

② **교차저항성**

　㉠ 어떤 약제에 대한 저항성을 가진 병원균, 해충, 잡초가 한 번도 사용하지 않은 새로운 약제에 대하여 저항성을 나타내는 현상

　㉡ 두 약제 간 작용기작이나 무해화 대사에 관여하는 효소계가 유사할 경우 나타남

③ **복합저항성**

　㉠ 작용기작이 서로 다른 2종 이상의 약제에 대한 저항성

　㉡ 한 개체 안에 2개 이상의 저항성 기작이 존재하기 때문

④ **역상관교차저항성**

　㉠ 어떤 약제에 대한 저항성이 발달하면서 다른 약제에 대한 감수성이 높아지는 것

　㉡ 교차저항성 관계가 없는 새로운 농약 개발 필요

(4) 살충제에 대한 저항성

① **저항성 발달 요인**

　㉠ 행동적 요인 : 기피 현상을 나타냄

　㉡ 생리적 요인 : 표피 큐티클층의 지질 구성 변화, 체내지방에 저장하여 불활성화시킴, 지질을 늘려 작용점 도달 농도를 낮추거나 배설

　㉢ 생화학적 요인 : 침투 약제의 무독화, 작용점 변형

② **저항성에 대한 대책** `기출` `5회`

　㉠ 해충에 대한 완전 방제는 불가능

　㉡ 저항성을 유발하지 않거나 지연

　㉢ 과도한 사용과 동일 약제의 연속사용을 피함

　㉣ 화학적, 생물학적, 재배적 요인을 적절히 활용하는 종합적 방제가 요구됨

(5) 살균제에 대한 저항성

① 저항성 발달 요인

ⓐ 변이균주의 발생

ⓑ 감수성 병원균의 도태

② 저항성에 대한 대책

ⓐ 작용기작이 상이한 여러 살균제를 복합처리하거나 교호사용

ⓑ 침투성, 비침투성 살균제 혼합 사용

ⓒ 살균 효과를 유지하는 최소한의 약량을 사용

ⓓ 일정지역 방제 시 동일한 약제의 공동 사용 회피

(6) 제초제에 대한 저항성 기출 6회

① 저항성 발달 요인

ⓐ 작용점 자체의 저항성 발현 : 구조 변화로 제초제와의 결합력 감소

ⓑ 무독화 대사반응 : 제초성분을 분해하는 생화학적 활성의 증가

ⓒ 작용점 도달 제초제 성분의 감소 : 제초성분의 투과성 감소, 분배로 인한 이행량 감소

② 저항성에 대한 대책

ⓐ 계통이 다른 약제를 번갈아 사용

ⓑ 전구적 제초제의 개발 : 식물 내 생화학 반응으로 약효 발생하도록 분자구조 설계

ⓒ 제초제 저항성 작물의 육종

더 알아두기

PLS제도(농약 허용물질목록관리제도)

- Positive List System, 2019년 1월 1일부터 시행하는 제도
- 그동안 해당 작물에 등록되지 않은 농약에 대해서도 잔류농약 잠정기준에 따라 이를 초과하지 않은 농산물은 유통을 허용해 왔으나, PLS 제도가 시행되면서 등록되지 않은 농약에 대하여 일률적으로 0.01ppm의 잔류허용기준을 적용
- 안전성이 입증되지 않은 수입농산물을 차단하고 미등록 농약의 오남용을 방지하기 위한 제도

잔류허용기준(MRL)* 여부	PLS 시행 전	PLS 시행 후
기준 설정 농약	설정된 잔류허용기준(MRL)* 적용	좌 동
기준 미설정 농약	① CODEX 기준 적용 ② 유사 농산물 최저기준 적용 ③ 해당 농약 최저기준 적용	일률기준(0.01ppm) 적용 ※ 기준이 없음에도 ①, ②, ③ 순차 허용으로 발생하는 농약 오남용 개선

* MRL(Maximum Residue Limits) : 사람이 일생동안 섭취해도 건강에 이상이 없는 수준의 과학적으로 입증된 허용량

- "농약정보서비스"(pis.rda.go.kr), "농사로"(www.nongsaro.go.kr) 또는 농약판매상에게 등록여부 및 안전사용기준을 확인하고 사용

농약의 대사 기출 5회

- 체내에 침투된 외래성 물질의 생물학적 대사로 무극성 물질이 극성 물질로 변환되는 과정을 통해 해독 또는 배설됨
- 농약 대사의 구분
  - Phase I
    ⓐ 산화 : microsomal oxidase계, FMO, 고리개열효소
    ⓑ 환원 : nitro기, S-oxide, N-oxide 환원, 탈할로겐화
    ⓒ 가수분해 : carboxylesterase, arylesterase, amidase, epoxy hydrase, dehydrochlorination
  - Phase II
    ⓐ 콘쥬게이션(conjugation) - glucuronicacid, glucose, amino acid, glutathione, 황산
    ⓑ thiocyanate 형성
    ⓒ methylation
    ⓓ acetylation
  - 기타 반응

병해충명	농약명	사용방법		계통별
		살포방법	사용배수	
솔잎 혹파리	페이트로티온유제(50%)	수관살포	1,000배액	유기인계
	이미다클로프리드분산성액제(20%)	나무주사	0.3ml/DBHcm	클로로니코닐계
	이미다클로프리드입제(2%)	토중처리	20g/DBHcm	〃
	에토프로포스입제(5%)	〃	150kg/ha	유기인계
	아세페이트갭슐제(97%)	나무주사	1캅슐/DBH3cm	〃
	아세타미프리드액제(20%)	〃	0.3ml/DBHcm	클로로니코닐계
	티아메톡삼분산상액제(15%)	〃	〃	치아니코티닐계
	다이아지논입제(3%)	토중처리	150kg/ha	유기인계
	카보퓨란입제(3%)	〃	50g/DBHcm	〃
솔나방	펜토에이트유제(47.5%)	수관살포	1,000배액	유기인계
	페니트로티온유제(50%)	〃	1,500배액	〃
	페니트로티온수화제(40%)	〃	800배액	〃
	트리클로르폰액제(50%)	〃	1,000배액	〃
	트리클로르폰수화제(40%)	〃	1,500배액	〃
	클로르피리포스수화제(25%)	〃	1,000배액	
	트리플루뮤론수화제(25%)	〃	6,000배액	벤조닐우레아계
	비티쿠르스타키수화제(16BIU)	〃	1,000배액	생물농약
	디플루벤주론수화제(25%)	〃	4,000배액	벤조닐우레아계
잣나무 넓적잎벌	디플루벤주론수화제(25%)	수관살포	4,000배액	벤조닐우레아계
	클로르푸루아주론유제(5%)	〃	〃	
미국 흰불나방	피리미포스메틸유제(25%)	수관살포	1,000배액	유기인계
	카바릴수화제(50%)	〃	〃	카바메이트계
	피라클로포스수화제(35%)	〃	〃	유기인계
	플루페녹수론분산성액제(5%)	〃	500배액	아씰우레아계
	에스펜발러레이트+페니트로티온수화재(1.25%)	〃	1,000배액	합성피레스로이드+유기인계
	에스펜발러레이트유제(1.5%)	〃	〃	합성피레스로이드계
	에스펜발러레이트+말라티온유제(16.25%)	〃	〃	합성피레스로이드+유기인계
	비티쿠르스타키수화재(16BIU)	〃	〃	생물농약
	람다사이할로트린유제(1%)	〃	〃	합성피레스로이계
	람다사이할로트린수화제(1%)	〃	〃	
	디플루벤주론액상수화제(14%)	〃	4,000배액	벤조닐우레아계
	테부페노자이드액상수화제(20%)	〃	8,000배액	벤조일하이드라진계
	클로르피리포스수화제 (25%)	〃	1,000배액	유기인계
	클로르피리포스_알파사이퍼메트린유제 (11%)	〃	〃	유기인계+합성피레스로이드계
황철나무 알락하늘소	펜토에이트유제(47.5%)	수관살포	1,500배액	유기인계
	사이플루트린유제(2%)	〃	1,000배액	합성피레스로이드계
	클로르피리포스수화제(25%)	〃	800배액	유기인계

오리나무 잎벌레	카바릴수화제(50%) 페니트로티온+펜발러레이트수화제(40%) 트리플루뮤론수화제(25%) 델타메트린+프로페노포스유제(15.6%) 디플루벤주론수화제(25%) 델타메트린유제(1%)	수관살포 〃 〃 〃 〃 〃	1,000배액 2,000배액 6,000배액 1,000배액 4,000배액 1,000배액	카바메이트계 유기인계+합성피레스로이드계 벤조닐우레아계 합성피레스로이드+유기인계 벤조닐우레아계 합성피레스로이드계
솔껍질 깍지벌레	이미다클로프리드분산성액제(20%) 포스파미돈액제(50%) 부프로페진액상수화제(40%) 아바멕틴+이미다클로프리드분산성액제(11%)	나무주사 〃 항공살포 나무주사	0.6ml/DBHcm 0.6ml/DBHcm 20배액+100l/ha 0.6ml/DBHcm	클로로니코닐계 유기인계 치아디아진계 항생제+클로로니 코닐계
주머니 깍지벌레	클로티아니딘수용성입제(8%) 클로티아니딘액상수화제(8%)	수관살포 〃	2,000배액 〃	클로로니코닐계 〃
버즘나무 방패벌레	이미다클로프리드분산성액제(20%) 에토펜프록스유제(20%) 아세타미프리드액제(20%) 클로티아니딘액제(20%)	나무주사 수관살포 나무주사 〃	0.3ml/DBHcm 1,000배액 1.0ml/DBHcm 1.0ml/DBHcm	클로로니코닐계 합성피레스로이드계 클로로니코닐계 〃
북방수염 하늘소	메탐쇼듐액제(2%)	훈증처리	1l/m³	토양소독용
솔수염 하늘소	메탐쇼듐액제(25%) 페니트로티온유제(50%) 아세타미프리드액제(20%) 티아클로프리드액상수화제(10%) 티아메톡삼이방수화제(10%) 클로티아니딘액상수화제(8%)	훈증처리 수관살포 〃 〃 〃 〃	1l/m³ 500배액 2,000배액 1,000배액 〃 〃	토양소독용 유기인계 클로로니코닐계 〃 치아니코티닐계 클로로니코닐계
소나무 재선충	메탐쇼듐액제(25%) 포스티아제이트액제(30%) 에마멕틴벤조에이트유제(2.15%) 아바멕틴유제(1.8%)	훈증처리 토양관주 나무주사	1l/m³ 50배액, 1l/DBHcm 1ml/DBHcm	토양소독용 유기인계 항생제
밤바구미	펜토에이트분제(2%) 클로티아니딘액상수화제(8%) 티아클로프리드액상수화제(10%)	수관살포 〃 〃	40kg/ha 1,000배액 〃	유기인계 클로로니코닐계 〃
복숭아 명나방	펜토에이트유제(47.5%) 펜발러레이트유제(5%) 페니트로티온유제(50%) 메톡시페노자이드액상수화제(ULV)(21%) 트리클로르폰액제(50%) 트랄로메트린유제(1.3%) 람마사이할로트린유제(1%) 델타메트린유제(1%) 감마사이할로트린캡슐현탁액(ULV)(1.4%) 클로르피리포스유제(25%) 클로르푸루아주론유제(5%)	수관살포 〃 〃 〃 〃 〃 〃 〃 〃 〃 〃	1,000배액 〃 〃 120배액/+30l/ha 1,000배액 〃 〃 〃 60배액 30l/ha 1,000배액 2,000배액	유기인계 합성피레스로이드계 유기인계 벤조일하이드, 라자이드계 유기인계 합성피레스로이드계 〃 〃 〃 유기인계 벤조닐우레아계

제4장 산림보호법 등 관계법령

01 생활권 수목 건강관리 관련 법령 – 산림보호법(시행 2023.06.28.)

1. 목 적

① 산림보호구역 관리, ② 산림병해충 예찰 및 방제, ③ 산불 예방 및 진화, ④ 산사태 예방 및 복구 등 산림을 건강하고 체계적으로 보호함으로써 국토를 보전하고 국민의 삶의 질 향상에 이바지한다.

2. 적용범위

산림이 아닌 토지나 나무에 대하여도 이 법에서 정하는 바에 따라 산림보호구역, 보호수, 산림병해충 및 수목진료에 관한 규정의 전부 또는 일부를 적용한다.

(1) 산림보호구역

산림청장 또는 시·도지사가 지정

① **생활환경보호구역**

도시, 공단, 주요 병원 및 요양소의 주변 등 생활환경의 보호·유지와 보건위생을 위하여 필요하다고 인정되는 구역

② **경관보호구역** : 명승지·유적지·관광지·공원·유원지 등의 주위, 그 진입도로의 주변 또는 도로·철도·해안의 주변으로서 경관 보호를 위하여 필요하다고 인정되는 구역

③ **수원함양보호구역** : 수원의 함양, 홍수의 방지나 상수원 수질관리를 위하여 필요하다고 인정되는 구역

④ **재해방지보호구역** : 토사 유출 및 낙석의 방지와 해풍·해일·모래 등으로 인한 피해의 방지를 위하여 필요하다고 인정되는 구역

⑤ **산림유전자원보호구역** : 산림에 있는 식물의 유전자와 종 또는 산림생태계의 보전을 위하여 필요하다고 인정되는 구역(단, 자연공원법에 따른 국립공원구역의 경우에는 공원관리청과 협의)

(2) 보호수

시·도지사 또는 지방산림청장이 지정

① 역사적·학술적 가치 등이 있는 노목, 거목, 희귀목 등

② 지정대상 나무의 소재지, 나무종류, 나무나이, 나무높이, 가슴높이지름, 수관폭 등을 소유자와 관할 시장·군수·구청장에게 알려야 한다.

③ 보호수를 이전하는 경우, 나무의사 등 전문가의 의견을 들어야 한다.

④ 보호수의 질병 및 훼손 여부 등을 매년 정기적으로 점검하여야 한다.

⑤ 보호수의 일부를 자르거나 보호장비를 설치하는 등의 행위를 할 경우 나무의사 등 전문가의 의견을 들어야 한다.

더 알아두기

산림청이 지정한 주요 보호수(많은 순으로 나열)

느티나무 > 소나무 > 팽나무 > 은행나무 > 버드나무 > 회화나무 > 향나무 > 기타

3. 산림병해충의 예찰·방제

(1) 수목진료에 관한 시책

① 수목진료 : 수목의 피해 진단·처방 및 피해 예방 또는 치료를 위한 모든 활동

② 수목진료에 관한 시책

 ㉠ 피해예방·진단·치유방법에 관한 사항

 ㉡ 수목진료 관련 전문인력 양성에 관한 사항

 ㉢ 그 밖의 수목진료에 필요한 사항으로서 대통령령으로 정하는 사항

(2) 나무의사

수목진료를 담당하는 사람

① 산림청장이 나무의사 자격시험에 합격한 사람에게 나무의사 자격증 발급

② 자격 취득의 결격 사유

 ㉠ 미성년자

 ㉡ 피성년후견인 또는 피한정후견인

 ㉢ 농약관리법 또는 소나무재선충병 방제특별법을 위반하여 징역의 실형을 선고받고 그 집행이 종료되거나 집행이 면제된 날부터 2년이 경과되지 아니한 사람

③ 자격 취소 또는 자격정지 `기출` 5회

거짓이나 부정한 방법으로 나무의사 등의 자격을 취득한 경우	자격 취소
자격취득의 결격사유에 해당하는 경우	
나무의사 등의 자격정지기간에 수목진료를 행한 경우	
고의로 수목진료를 사실과 다르게 한 경우	
거짓이나 그 밖의 부정한 방법으로 처방전 등을 발급한 경우	자격 취소 또는 3년 이하 자격정지
동시에 두 개 이상의 나무병원에 취업한 경우	
나무의사 등 자격증을 빌려준 경우	
과실로 수목진료를 사실과 다르게 한 경우	

④ 나무의사 자격시험에서 부정한 행위를 한 응시자는 그 시험을 정지 또는 무효로 하며, 그 시험 시행일로부터 3년간 응시자격을 정지한다.

(3) 수목치료기술자

나무의사의 진단·처방에 따라 예방과 치료를 담당하는 사람

① 산림청장이 수목치료기술자 교육을 이수한 사람에게 수목치료기술자 자격증 발급

② 나무의사에 준하여 적용된다.

(4) 나무의사 등의 양성기관

① 산림청장은 수목의학 관련 교육기관·시설·단체를 나무의사 등의 양성기관으로 지정할 수 있다.

② 지정의 취소 또는 시정명령

거짓이나 부정한 방법으로 지정을 받은 경우	지정 취소
지정요건에 적합하지 아니하게 된 경우	지정 취소 또는 시정명령
지정 당시 제출한 양성과정과 다르게 운영하는 경우 등 대통령령으로 정하는 경우	

③ 지정이 취소된 자에 대하여는 취소된 날부터 1년 이내에 양성기관으로 지정하여서는 안 되며, 거짓이나 부정한 방법으로 지정을 받아 취소된 경우는 3년 이내에 지정하여서는 안 된다.

(5) 나무병원

① 수목진료 사업을 하려는 자는 대통령령으로 정하는 등록기준을 갖추어 시·도지사에게 등록해야 한다.

종 류	업무범위	등록기준		
		인 력	자본금	시 설
1종 나무병원	수목진료	• 2018년 6월 28일부터 2020년 6월 27일까지 : 나무의사 1명 이상 • 2020년 6월 28일 이후 : 나무의사 2명 이상 또는 나무의사 1명과 수목치료기술자 1명 이상	1억원 이상	사무실
2종 나무병원	수목진료 중 처방에 따른 약제살포	• 2018년 6월 28일부터 2020년 6월 27일까지 : 다음의 어느 하나에 해당하는 사람 1명 이상 – 수목치료기술자 – 「건설기술 진흥법」에 따른 조경 분야의 초급 이상 건설기술자 또는 「국가기술자격법」에 따른 조경 기술사·기사·산업기사·기능사의 자격을 갖춘 사람으로서 「건설산업기본법」에 따라 등록한 조경공사업 또는 조경식재공사업에서 1년이상 종사한 사람 • 2020년 6월 28일부터 2023년 6월 27일까지 : 나무의사 또는 수목치료기술자 1명 이상	1억원 이상	사무실

② 나무병원을 등록하지 아니하고는 「산림자원의 조성 및 관리에 관한 법률」에 따른 산림에 서식하는 나무와 「농어업재해대책법」에 따른 농작물을 제외한 산림이 아닌 지역의 수목을 대상으로 수목진료를 할 수 없다(예외 : 국가 또는 지방자치단체가 산림병해충 방제사업을 시행하는 경우, 국가·지방자치단체 또는 수목의 소유자가 직접 수목진료를 하는 경우).

③ 나무병원의 등록 취소 등

거짓이나 부정한 방법으로 등록을 한 경우	등록 취소
영업정지 기간에 수목진료 사업을 하거나 최근 5년간 3회 이상 영업정지 명령을 받은 경우	
폐업한 경우	
등록 기준에 미치지 못 하게 된 경우	등록 취소 또는 1년 이하 영업정지
변경등록을 하지 아니하거나 부정한 방법으로 변경등록을 한 경우	
다른 자에게 등록증을 빌려준 경우	

④ 등록이 취소된 후 3년이 지나지 아니한 자는 나무병원을 등록할 수 없다.

(6) 한국나무의사협회

① 나무의사는 나무의사의 복리 증진과 수목진료기술의 발전을 위하여 산림청장의 인가를 받아 한국나무의사협회를 설립할 수 있다.

② 법인으로 하며, 협회 회원의 자격과 임원에 관한 사항 및 협회의 업무 등을 정관으로 정한다.

4. 보칙 및 벌칙

(1) 보 칙

① 수수료 : 농림축산식품부령으로 정하는 바에 따라 수수료를 내야 한다.
　　㉠ 나무의사 자격시험에 응시하려는 사람
　　㉡ 나무의사 등의 자격증을 발급 또는 재발급 받으려는 사람
② 청문 : 산림청장 또는 시·도지사는 다음의 처분을 하려는 경우 청문을 하여야 한다.
　　㉠ 나무의사 등의 자격의 취소 또는 자격정지
　　㉡ 나무의사 등의 양성기관 지정의 취소 또는 시정명령
　　㉢ 나무병원의 등록의 취소 또는 영업정지

(2) 벌 칙

① 500만원 이하의 벌금
　　㉠ 나무의사 등의 자격취득을 하지 아니하고 수목진료를 한 자
　　㉡ 동시에 두 개 이상의 나무병원에 취업한 나무의사 등
　　㉢ 나무의사 등의 명칭이나 이와 유사한 명칭을 사용한 자
　　㉣ 자격정지기간에 수목진료를 한 나무의사 등
　　㉤ 나무병원을 등록하지 아니하고 수목진료를 한 자
　　㉥ 나무병원의 등록증을 다른 자에게 빌려준 자

② 1년 이하의 징역 또는 1천만원 이하의 벌금

　㉠ 거짓이나 부정한 방법으로 나무의사 등의 자격을 취득한 자

　㉡ 나무의사 등의 자격증을 빌리거나 빌려주거나 이를 알선한 자

　㉢ 거짓이나 부정한 방법으로 양성기관으로 지장을 받은 자

　㉣ 거짓이나 부정한 방법으로 나무병원을 등록한 자

③ **양벌규정** : 위반행위를 한 행위자를 벌하는 외에 소속 법인 또는 개인에게도 벌금 또는 과료의 형을 과한다. 다만 위법행위 방지를 위해 주의 감독을 게을리하지 아니한 경우에는 예외로 한다.

(3) 과태료

① 500만원 이하의 과태료

　나무의사의 처방전 없이 농약을 사용하거나 처방전과 다르게 농약을 사용한 나무병원

② 100만원 이하의 과태료

　㉠ 진료부를 갖추어 두지 아니하거나, 진료한 사항을 기록하지 아니하거나 또는 거짓으로 기록한 나무의사

　㉡ 수목을 직접 진료하지 아니하고 처방전 등을 발급한 나무의사

　㉢ 정당한 사유 없이 처방전 등의 발급을 거부한 나무의사

　㉣ 보수교육을 받지 아니한 나무의사

5. 산림보호법 시행령(시행 2023.06.28.) 주요 내용

(1) 보호수 지정해제의 절차 및 방법(공고 사항) 기출 7회

① 지정해제 예정 보호수의 관리번호

② 지정해제 예정 보호수의 수종

③ 지정해제 예정 보호수의 소재지

④ 지정해제 사유

⑤ 지정해제에 관한 이의신청 기간

(2) 수목진료에 관한 시책의 내용에서 대통령령으로 정하는 사항

① 수목진료 체계의 구축에 관한 사항

② 수목진료를 위한 기술의 개발·보급에 관한 사항

③ 수목진료 종사자에 대한 교육·홍보 및 컨설팅 등의 지원에 관한 사항

④ 수목진료 관련 산업의 육성·지원에 관한 사항

⑤ 그 밖에 수목진료의 육성·발전을 위하여 필요한 사항

(3) 산림의 건강·활력도의 조사기준

① 식물의 생장 정도

② 토양의 산성화 정도 등 토양 환경의 건전성 정도

③ 대기오염 또는 산림병해충 등에 의한 산림의 피해 정도

④ 산림생태계의 다양성 정도

⑤ 그 밖에 산림의 건강에 영향을 미치는 요인

(4) 나무의사 등의 자격취소 및 정지처분의 세부기준 `기출` 5회·6회

① 행정처분기준은 최근 3년 동안 같은 위반행위로 행정처분을 받은 경우에 적용

② 위반행위가 둘 이상인 경우 그 중 무거운 처분기준에 따르고, 자격정지인 경우 합산하되 3년을 초과할 수 없음

위반행위	행정처분기준			
	1차 위반	2차 위반	3차 위반	4차 이상 위반
거짓이나 부정한 방법으로 나무의사 등의 자격을 취득한 경우	자격 취소			
법 제21조의4 제4항을 위반하여 동시에 두 개 이상의 나무병원에 취업한 경우	자격 정지 2년	자격 취소		
법 제21조의5에 따른 결격사유에 해당하게 된 경우	자격 취소			
법 제21조의6 제4항을 위반하여 나무의사 등의 자격증을 빌려준 경우	자격 정지 2년	자격 취소		
나무의사 등의 자격정지기간에 수목진료를 행한 경우	자격 취소			
고의로 수목진료를 사실과 다르게 행한 경우	자격 취소			
과실로 수목진료를 사실과 다르게 행한 경우	자격 정지 2개월	자격 정지 6개월	자격 정지 12개월	자격 취소
거짓이나 그 밖의 부정한 방법으로 법 제21조의12에 따른 처방전 등을 발급한 경우	자격 정지 2개월	자격 정지 6개월	자격 정지 12개월	자격 취소

(5) 나무병원 등록의 취소 또는 영업정지의 세부기준 기출 6회

① 행정처분기준은 최근 5년 동안 같은 위반행위로 행정처분을 받은 경우에 적용

② 위반행위가 둘 이상인 경우 그 중 무거운 처분기준에 따르고, 영업정지인 경우 합산하되 1년을 초과할 수 없음

위반행위	행정처분기준			
	1차 위반	2차 위반	3차 위반	4차 이상 위반
거짓이나 부정한 방법으로 등록을 한 경우	등록 취소			
법 제21조의9 제1항에 따른 등록 기준에 미치지 못하게 된 경우	영업 정지 6개월	영업 정지 12개월	등록 취소	
법 제21조의9 제3항을 위반하여 변경등록을 하지 않은 경우	영업 정지 3개월	영업 정지 6개월	영업 정지 12개월	등록 취소
법 제21조의9 제3항을 위반하여 부정한 방법으로 변경등록을 한 경우	등록 취소			
법 제21조의9 제5항을 위반하여 다른 자에게 등록증을 빌려준 경우	영업 정지 12개월	등록 취소		
법 제21조의14 제1항에 따른 보고 또는 자료제출을 정당한 사유 없이 이행하지 않거나 조사·검사를 거부한 경우	영업 정지 1개월	영업 정지 3개월	영업 정지 6개월	영업 정지 12개월
영업정지 기간에 수목진료 사업을 하거나 최근 5년간 3회 이상 영업정지 명령을 받은 경우	등록 취소			
폐업한 경우	등록 취소			

(6) 과태료 부과기준

① **일반기준** 기출 7회

㉠ 위반행위의 횟수에 따른 과태료 부과기준은 최근 1년간 같은 위반행위로 과태료 부과처분을 받은 경우에 적용. 이 경우 위반행위에 대하여 과태료를 부과처분한 날과 다시 같은 위반행위(처분 후의 위반행위만 해당)를 적발한 날을 각각 기준으로 하여 위반횟수 계산

㉡ 부과권자는 다음의 어느 하나에 해당하는 경우에는 ②에 따른 과태료 금액의 2분의 1의 범위에서 그 금액을 감경할 수 있음(다만, 과태료를 체납하고 있는 위반행위자의 경우 제외)
  • 위반행위자가 「질서위반행위규제법 시행령」 제2조의2 제1항 각 호의 어느 하나에 해당하는 경우
  • 위반행위가 사소한 부주의나 오류로 인한 것으로 인정되는 경우
  • 법 위반상태를 시정하거나 해소하기 위한 위반행위자의 노력이 인정되는 경우
  • 그 밖에 위반행위의 정도, 위반행위의 동기와 그 결과 등을 고려하여 과태료 금액을 감경할 필요가 있다고 인정되는 경우

ⓒ 부과권자는 다음의 어느 하나에 해당하는 경우에는 ②에 따른 과태료 금액의 2분의 1의 범위에서 그 금액을 가중할 수 있음(다만, 가중하는 경우에도 법 제57조에 따른 과태료 금액의 상한을 넘을 수 없음)

• 위반행위가 고의나 중대한 과실로 인한 것으로 인정되는 경우
• 법 위반상태의 기간이 6개월 이상인 경우
• 그 밖에 위반행위의 정도, 위반행위의 동기와 그 결과 등을 고려하여 과태료 금액을 가중할 필요가 있다고 인정되는 경우

② 개별기준 **기출** 7회·8회

위반행위	근거 법조문	과태료 금액(만원)		
		1차 위반	2차 위반	3차 이상 위반
나무의사가 법 제21조의12 제1항을 위반하여 진료부를 갖추어 두지 않거나, 진료한 사항을 기록하지 않거나 또는 거짓으로 기록한 경우	법 제57조 제3항 제1호의2	50	70	100
나무의사가 법 제21조의12 제2항을 위반하여 수목을 직접 진료하지 않고 처방전등을 발급한 경우	법 제57조 제3항 제1호의3	50	70	100
나무의사가 법 제21조의12 제3항을 위반하여 정당한 사유 없이 처방전등의 발급을 거부한 경우	법 제57조 제3항 제1호의4	50	70	100
나무병원이 법 제21조의12 제4항을 위반하여 나무의사의 처방전 없이 농약을 사용하거나 처방전과 다르게 농약을 사용한 경우	법 제57조 제1항 제2호	150	300	500
나무의사가 법 제21조의13 제1항을 위반하여 보수교육을 받지 않은 경우	법 제57조 제3항 제1호의5	50	70	100

1. 소나무재선충병 방제특별법(시행 2023.06.28.)

(1) 목 적

소나무재선충병으로 피해를 받고 있는 산림을 보호하고, 산림자원으로서의 기능을 확보하기 위한 피해방지대책을 강구하여 추진함으로써 국토의 보전에 이바지한다.

(2) 용어의 정의

① 소나무재선충병 : 소나무재선충에 감염되어 소나무류가 고사하는 병

② 소나무류 : 소나무, 해송, 잣나무 그 밖에 산림청장이 인정하여 고시하는 수종

③ 재선충병 감염우려목 : 소나무류 반출금지구역의 소나무류 중 재선충병 감염 여부 확인을 받지 아니한 소나무류

④ 훈증 : 재선충병에 감염된 소나무류 또는 감염우려목을 벌채·집재한 후 재선충과 이를 매개하는 솔수염하늘소 등 해충의 유충을 죽이는 효과가 인정된 농약을 넣은 후 비닐로 밀봉하는 것

2. 소나무재선충병 방제지침

(1) 지침의 개요

① 목 적

㉠ 소나무재선충병 방제특별법에 따른
  • 예비관찰요령, 예비관찰시기와 예비관찰 결과에 대한 조치사항 규정
  • 재선충병의 신고·보고 및 진단에 관한 사항 규정
  • 훈증, 파쇄 및 소각 등의 처리에 대한 세부 방제방법 규정
  • 재선충병 발생지역으로부터 일정거리 이내의 지역에서 조림 및 육림을 할 수 있는 공익적 목적에 해당하는 사항 규정

㉡ 소나무재선충병 방제특별법 시행규칙에 따른
  • 방제사업의 설계에 관하여 필요한 사항 규정
  • 방제사업의 감리에 관하여 필요한 사항 규정

㉢ 그 밖에 재선충병의 효과적인 방제를 위하여 필요한 사항 규정

② 적용범위

　㉠ 산림소유자, 감염목 또는 감염우려목(이하 "감염목 등"이라 한다)의 소유자 및 그 대리인이 재선충병이 발생하였거나 발생할 우려가 있어 이를 방제하는 경우

　㉡ 국가 및 지방자치단체의 장이 재선충병을 예방하고 그 확산을 방지하기 위하여 재선충병 방제대책을 수립하여 시행하는 경우

　㉢ 재선충병 방제와 관련하여 다른 법령의 특별한 규정이 있는 경우 제외

③ 용어 정의 기출 6회

　㉠ 소나무류 : 소나무, 해송, 잣나무, 섬잣나무와 그밖에 산림청장이 재선충병에 감염되는 것으로 인정하여 고시하는 수종

　㉡ 반출금지구역 : 재선충병 발생지역과 발생지역으로부터 2km 이내에 포함되는 행정 동·리의 전체구역

　㉢ 감염목 : 재선충병에 감염된 소나무류

　㉣ 감염우려목 : 반출금지구역의 소나무류 중 재선충병 감염 여부 확인을 받지 아니한 소나무류

　㉤ 감염의심목 : 재선충병에 감염된 것으로 의심되어 진단이 필요한 소나무류

　㉥ 피해고사목 : 반출금지구역에서 재선충병에 감염되거나 감염된 것으로 의심되어 고사되거나 고사가 진행 중인 소나무류

　㉦ 기타고사목 : 반출금지구역에서 재선충병이 아닌 다른 원인에 의해 고사되거나 고사가 진행 중인 소나무류로서 매개충의 서식이나 산란이 우려되어 방제대상이 되는 소나무류

　㉧ 비병징목 : 반출금지구역에서 잎의 변색이나 시들음, 고사 등 병징이 나타나지 않은 외관상 건전한 소나무류

　㉨ 비병징감염목 : 재선충병에 감염되었으나 잎의 변색이나 시들음, 고사 등 병징이 감염당년도에 나타나지 않고 이듬해부터 나타나는 소나무류

　㉩ 피해고사목 등 : 반출금지구역에서 재선충병 방제를 위해 벌채대상이 되는 피해고사목, 기타고사목 및 비병징목

　㉪ 선단지 : 재선충병 발생지역과 그 외곽의 확산우려지역을 말하며, 감염목의 분포에 따라 점형선단지, 선형선단지 및 광역선단지로 구분

　　• 점형선단지 : 감염목으로부터 반경 2km 이내에 다른 감염목이 없을 때 해당 감염목으로부터 반경 2km 이내의 지역

　　• 선형선단지 : 발생지역 외곽 재선충병이 확산되는 방향의 끝지점에 있는 감염목들을 연결한 선(이하 "선단지선"이라 한다. 이 경우 연결할 수 있는 감염목 간의 거리는 2km 이내로 한다)으로부터 양쪽 2km 이내의 지역

　　• 광역선단지 : 2개 이상의 시·군 또는 자치구 또는 시·도에 걸쳐 재선충병이 발생한 경우 해당 시·군·구 또는 시·도의 감염목들을 선으로 연결하여 구획한 선형선단지

　㉫ 예비관찰조사 : 재선충병이 발생할 우려가 있거나 발생한 지역에 대하여 재선충병 발생여부, 발생정도, 피해상황 등을 관찰 조사하는 것

　㉬ 진단 : 재선충병에 감염된 것으로 의심되는 소나무류에 대해 외관검사, 재선충 분리동정 및 유전자 분석 등 다양한 방법으로 재선충병 감염여부를 확인하는 것

ⓗ 신규발생지 : 재선충병이 처음 발생한 시·군·구

㉮ 재발생지 : 재선충병이 이미 발생하였으나 이를 효과적으로 방제하여 관내 반출금지구역이 모두 해제된 이후 다시 재선충병 발생이 확인된 시·군·구

㉯ 모두베기 : 재선충병 발생지역의 전부 또는 일부 구역 안에 있는 모든 소나무류를 베어내는 것

㉰ 소구역골라베기 : 피해고사목 반경 20m 안의 고사된 소나무와 비병징감염목 등을 골라 벌채하는 것(비병징감염목은 송진추출법 등을 통해 산정), 소구역골라베기 시 피해고사목으로부터 50m 내외 소나무류에 대해 예방나무주사를 실시

㉱ 소군락모두베기 : 모두베기의 한 방법으로서 일정한 규모 이하로 군락을 이루고 있는 소나무류를 모두 베어내는 것

(2) 방제조직

① 재선충병 방제조직

설치운영권자	설치·운영할 방제조직	방제조직의 소속기관
산림청장	중앙방제대책본부 소나무재선충병 모니터링센터 중앙역학조사반 진단기관	산림청 한국임업진흥원 산림청 국립산림과학원
시·도지사 또는 지방산림청장	지역방제대책본부 지역역학조사반 재선충병방제지역협의회 진단기관	시·도 또는 지방산림청 시·도 시·도 또는 지방산림청 ② 참조
시장·군수·구청장 또는 국유림관리소장	지역방제대책본부 지역역학조사반 재선충병방제지역협의회	시·군·구 또는 국유림관리소 시·군·구 시·군·구 또는 국유림관리소
지방산림청장	권역별방제협의회	지방산림청

② 재선충병 감염의심목 1차 진단기관

기관별	진단기관
서울특별시	서울특별시, 소나무재선충병 모니터링센터
부산광역시	부산광역시 푸른도시가꾸기사업소, 경남 산림환경연구원, 소나무재선충병 모니터링센터
대구광역시	대구광역시 수목원관리사무소, 경북 산림환경연구원, 소나무재선충병 모니터링센터
인천광역시	인천광역시, 소나무재선충병 모니터링센터
광주광역시	광주광역시, 전남 산림자원연구소, 소나무재선충병 모니터링센터
대전광역시	대전광역시, 충남 산림환경연구소, 소나무재선충병 모니터링센터
울산광역시	울산광역시, 경남 산림환경연구원, 소나무재선충병 모니터링센터
세종특별자치시	세종특별자치시, 충남 산림환경연구소, 소나무재선충병 모니터링센터
경기도	경기 산림환경연구소, 소나무재선충병 모니터링센터
강원도	강원 산림환경연구원, 소나무재선충병 모니터링센터
충청북도	충북 산림환경연구소, 소나무재선충병 모니터링센터
충청남도	충남 산림환경연구소, 소나무재선충병 모니터링센터
전라북도	전북 산림환경연구소, 소나무재선충병 모니터링센터
전라남도	전남 산림자원연구소, 소나무재선충병 모니터링센터
경상북도	경북 산림환경연구원, 소나무재선충병 모니터링센터

경상남도	경남 산림환경연구원, 부산광역시 푸른도시가꾸기사업소, 소나무재선충병 모니터링센터	
제주특별자치도	제주특별자치도 세계유산본부, 소나무재선충병 모니터링센터	
지방산림청	지방산림청, 관할 시·도 산림환경 연구기관, 소나무재선충병 모니터링센터	

※ 서울, 부산, 대구, 인천, 광주, 대전, 울산, 세종, 제주, 지방산림청은 해당 부서 또는 소속 기관을 자체 진단기관으로 지정

(3) 예찰 및 진단

① 예찰

	미발생지역 예찰	발생지역 예찰
목적	감염의심목의 조기 발견과 감염여부를 신속하게 진단하기 위함	피해고사목 발생추이를 파악, 적기 방제를 위한 대상지 조사 및 설계, 예산 편성 등의 기초자료로 활용하기 위함
대상지	• 선단지 중 피해 미발생지역 • 최근 2년 이내에 반출금지구역 지정이 해제된 지역 • 반출금지구역 인근 숲가꾸기 및 벌채사업 허가지 • 소나무류 취급업체, 땔감용 농가, 물류이동이 잦은 도로변 등 인위적 재선충병 확산 가능성이 높은 지역 • 백두대간보호지역, 문화재보호구역, 산림유전자원 보호구역, 국립공원 등 소나무류 보존가치가 큰 산림지역 • 그 밖에 재선충병 발생으로 인해 공공의 이익을 크게 해칠 우려가 있는 지역	• 신규발생지역 및 재발생지역 • 반출금지구역 내 산지전용 및 벌채사업 허가지 • 그 밖에 재선충병 피해가 발생한 모든 지역
예찰 시기	• 지상예찰 : 피해고사목 등의 방제가 완료된 이후 5~8월 집중 실시 • 항공예찰 : 8~10월, 12월~이듬해 1월 정기적으로 실시, 선단지 확정을 위해 당해년도 감염된 소나무류의 고사가 시작되는 8월부터 조기 실시	• 지상예찰 : 피해고사목 등의 누락 없는 방제를 위하여 1차 방제 이전인 5~9월, 2차 방제 이전인 12월~이듬해 1월에 집중실시 • 항공예찰 : 8~10월, 12월~이듬해 1월 정기적으로 실시, 전수조사 등 방제사업 설계가 필요한 9월에 집중 실시
예찰 기준	• 선단지 중 피해확산 가능성이 높은 지역은 월 2회 이상 주기적 예찰 • 최근 2년 이내에 반출금지구역 지정이 해제된 지역, 반출금지구역 인근 숲가꾸기 및 벌채 사업지 등은 월 1회 이상 주기적 예찰 • 소나무류 취급업체 주변 등 인위적 확산 가능성이 높은 지역, 소나무류 보존가치가 큰 산림지역에 대해서는 월 1회 이상 예찰 • 항공예찰은 정기예찰 시기에 실시하되, 선단지 등 피해확산 우려가 높은 지역은 수시 항공예찰 실시 • 예찰효과를 높이기 위해 항공예찰과 지상예찰을 병행하여 실시	• 신규발생지역 및 재발생지역은 월 2회 이상, 그 외 발생지역은 월 1회 이상 주기적 예찰 • 피해고사목 등 방제작업 기간 중에는 발생지역 예찰 생략 가능 • 발생지역 예찰은 필요한 경우 미발생지역 예찰과 연계하여 실시 가능 • 예찰효과를 높이기 위해 항공예찰과 지상예찰을 병행하여 실시
예찰 방법 및 결과 활용	• 정밀 지상 예찰 및 정기 항공 예찰 • 자체 임차헬기 또는 드론 등 무인항공기, 근거리무선통신(NFC) 태그 부착한 전자예찰함 등 활용 • 발견된 고사목 중 감염의심목은 가슴높이 부위에 노란색 마킹테이프를 둘러 표시를 하고, 일련번호, GPS 좌표, 수종, 가슴높이 지름, 조사일, 조사자 등을 기재 • 감염의심목 시료 채취, 진단 의뢰 • 산림병해충통합관리시스템 등록	• 자체 임차헬기 또는 드론 등 무인항공기 활용 • 무인항공기를 이용한 피해조사 결과(감염의심목 위치좌표 도면 등)를 방제사업 기본설계 자료로 활용 • 발견된 고사목 중 감염의심목은 가슴높이 부위에 노란색 마킹테이프를 둘러 표시를 하고, 일련번호, GPS 좌표, 수종, 가슴높이 지름, 조사일, 조사자 등을 기재 • 산림병해충통합관리시스템 등록

② 시료채취

  ㉠ 채취대상

    • 미발생지역 예찰에서 발견된 모든 감염의심목

    • 재선충병 발생지역 내의 선단지에서 발견된 모든 감염의심목

    • 그 밖에 중앙대책본부장이나 지역대책본부장이 진단이 필요하다고 인정하는 감염의심목

  ㉡ 채취방법

    • 감염의심목의 시료는 벌도(伐倒, 베어 넘어뜨림)하여 채취하는 것이 원칙

    • 대상목이 피해 초기 단계일 경우, 최소한 고사정도가 50% 이상 진행된 이후 시료 채취

    • 시료는 벌도 후 수목의 줄기 상·중·하 3부위에서 1개씩(30~50g)과 잎이 달린 죽은 가지(직경 5~10cm)를 10cm길이로 5~6개 채취, 줄기 부위 시료는 동·서·남·북 4방위에서 채취

    • 대경목(평균가슴높이지름 30cm 이상)은 위와 동일하게 시료를 채취하되, 상·중·하 부위별 시료는 각각 100g 이상으로 하고, 8방위 이상에서 골고루 채취

    • 벌도를 하지 않은 경우에는 사다리 또는 고지톱 등을 이용하여 감염의심목의 줄기 상부에서 4방위로 30~50g의 충분한 시료를 채취하고, 윗부분의 잎이 달린 죽은 가지(직경 5~10cm)를 10cm길이로 5~6개를 반드시 채취하되, 검경결과 미감염으로 판정되면 2~4주 후 재채취

    • 조경수 및 분재의 경우에는 상품가치 등을 고려하여 상단부 1개소에서 시료를 채취할 수 있음

    • 시료의 봉투 겉면에는 일련번호, 채취장소, GPS좌표, 채취일자, 채취자, 연락처 등을 표시하여 송부

    • 채취한 시료는 직사광선에 노출되거나 고온에 접촉되지 않도록 하고, 냉장고 또는 항온·항습기에 보관 관리

    • 시료채취를 위해 벌도한 감염의심목은 방제기간 내 반드시 방제처리

③ 진단 의뢰 및 자료 관리

  ㉠ 시료는 채취 후 3일 이내에 1차 진단기관에 송부

  ㉡ 모든 감염의심목 정보는 반드시 산림병해충통합관리시스템에 등록·관리

④ 진 단

  ㉠ 감염의심목 진단

    • 진단은 시료가 도착한 날부터 5일 이내에 완료하여야 함, 부득이한 경우라도 7일을 초과하지 않아야 함

    • 진단기관에서는 정확한 진단을 위하여 필요한 경우 현지조사를 실시하고 시료를 다시 채취하여 검경 실시

    • 신규발생지(재발생지를 포함한다)가 아닌 지역에서 감염이 확인되었을 경우에는 1차 진단으로 최종 감염여부을 확정할 수 있음

    • 1차 진단결과 신규발생지(재발생지를 포함한다)에서 감염이 확인된 경우, 3일 이내에 국립산림과학원에 감염확인 진단을 의뢰

    • 국립산림과학원은 진단 요청을 받으면 5일 이내에 진단을 완료하여야 함. 이 때 정확한 진단을 위하여 시료채취를 다시 할 수 있음

- 최초 시료채취부터 국립산림과학원의 2차 최종 진단까지 소요기간은 14일 이내로 함
- 진단기관은 진단결과를 산림병해충통합관리시스템에 등록하고 이를 의뢰기관이 승인함으로써 통보된 것으로 갈음
- 국립산림과학원은 매년 1차 진단기관 담당자를 대상으로 진단역량 강화 전문교육 실시
- ⓛ 재선충병 미감염 확인증 발급
  - 시·도 산림환경 연구기관의 장은 재선충병 감염여부 신청서를 접수한 날부터 15일 이내에 재선충병 감염여부 등을 검사하여 신청자에게 통보
  - 검사 담당자는 재선충병 감염여부를 검사하기 전에 산림경영계획 인가, 산지일시사용신고 등의 절차에 따라 적법하게 생산된 소나무인지를 해당 시·군·구 등에 확인
  - 신청서가 접수되면 1차적으로 [별표 5]에 따라 육안검사를 실시하고, 육안검사 결과 재선충병 감염이 의심되는 경우 시료를 채취하여 감염여부 확인
  - 검사결과 재선충병에 감염되지 아니한 것으로 확인된 경우, 이동차량의 대수만큼 일련번호 및 QR코드가 인쇄된 법 시행규칙 [별지 제5호서식]의 재선충병 미감염 확인증을 발급하고 [별지 제4호서식]의 미감염(생산) 확인증 발급대장에 기록 관리

⑤ 발생상황도 작성 및 선단지 획정
  - ⊙ 시·군·구 및 국유림관리소 등 사업시행기관에서는 전년도 3월말(제주특별자치도는 4월말) 방제가 완료된 이후부터 이듬해 3월말(제주특별자치도는 4월말)까지 발생한 피해고사목에 대한 방제좌표를 매월 말일 기준 산림병해충통합관리시스템에 등록. 이 경우 등록기간은 10월부터 이듬해 5월말까지로 함
  - ⓛ 모니터링센터에서는 등록된 방제좌표에 대해 보정 및 검증과정을 거쳐 산림병해충통합관리시스템에서 확정하고, 이 자료를 활용하여 매년 7월말까지 [별표 6]의 전국 재선충병 발생상황도를 작성
  - ⓒ 지역대책본부장은 관할지역 예찰 결과 등을 토대로 [별표 7]의 재선충병 발생상황도(예시)를 참고하여 지역별 재선충병 발생상황도를 작성 관리. 이 경우 재선충병 발생상황도에는 발생지역 외곽 재선충병이 확산되는 방향의 끝지점에 위치한 감염목의 분포에 따라 선형선단지, 점형선단지 및 광역선단지를 획정
  - ⓔ 지역대책본부장은 작성된 재선충병 발생상황도에 따라 자체 방제계획을 수립·시행하고, 재선충병 방제지역협의회 등을 통해 관내 발생상황과 선단지 정보를 인접 시·군·구 등 관련 기관과 공유

(4) 매개충 발생 조사
  ① 매개충 우화상황 조사
    ⊙ 우화상 설치 : 국립산림과학원장은 매년 10월말까지 우화상 설치 및 조사계획을 수립 시행하며 우화상 설치시기는 매년 12월말까지로 함
    ⓛ 우화상황 조사
      - 조사기간 : 매개충의 애벌레가 번데기로 탈바꿈할 때부터 성충의 우화가 종료될 때까지
      - 국립산림과학원과 시·도 산림환경 연구기관은 매일 10시를 기준으로 매개충의 번데기 탈바꿈 시기, 최초 우화일, 우화 최성기, 우화 종료일 등을 조사

ⓒ 우화상황 보고
- 시·도 산림환경 연구기관은 우화상 설치 내역을 매년 1월말까지 국립산림과학원에 보고
- 우화상별로 매개충의 최초 우화가 확인된 경우 당일 13시까지 국립산림과학원에 보고
- 시·도 산림환경 연구기관은 자체 조사한 매개충 우화상황 조사결과를 익월 5일까지 국립산림과학원에 제출
- 국립산림과학원장은 매개충의 우화가 종료되면 자체 우화상황 조사결과와 시·도 산림환경 연구기관의 조사결과를 종합 분석하여 8월말까지 산림청 및 각 기관에 통보

② 우화전망보고서 작성
ⓐ 국립산림과학원장이 매년 1월말까지 작성·배포함
ⓑ 우화전망보고서에 포함되어야 하는 내용
- 장기 기상예보, 전년도 우화상황 분석자료 등을 토대로 당해연도 매개충별 우화특성을 전망
- 시·군 단위로 매개충별 최초 우화일, 우화 최성기, 우화 종료일 등을 예측
ⓒ 각 기관에서는 우화전망보고서를 참고하여 피해고사목 등 방제, 매개충 구제(약제살포, 유인트랩 설치 등) 등 방제일정 조정

③ 매개충 발생 예보
ⓐ 매개충(북방수염하늘소, 솔수염하늘소) 발생예보는 국립산림과학원장이 발령함
ⓑ 발생주의보와 발생경보로 구분하여 발령
- 발생주의보 : 매개충의 애벌레가 번데기로 탈바꿈을 시작하는 시기
- 발생경보는 매개충의 성충이 최초 우화하는 시기
ⓒ 발생예보별 조치사항

발생주의보	발생경보
• 반출금지구역에서의 소나무류 벌채 금지 • 약제살포(항공·지상) 착수 • 매개충 유인트랩 설치 완료	반출금지구역 안에서 소나무류의 이동제한 및 단속

④ 매개충 활동상황 조사
ⓐ 매개충 유인트랩 설치
- 국립산림과학원장은 매년 2월말까지 매개충 유인트랩 설치 및 조사계획을 수립 시행
- 설치시기 : 북방수염하늘소 분포지(혼생지 포함)는 3월말까지, 솔수염하늘소 분포지는 4월말까지
ⓑ 활동상황 조사
- 매개충의 우화가 시작될 때부터 매개충의 활동이 종료될 때까지 조사
- 설치 후 10일 간격으로 트랩별 포획된 매개충을 수거·분석
- 포획된 매개충은 서식지 분포, 시기별 매개충 밀도, 우화 종료일 등을 확인하기 위해 트랩별, 시기별, 매개충 종류별(암·수 구분)로 구분하고, 매개충의 재선충 보유율 등도 분석

ⓒ 활동상황 등 보고
- 시·도 산림환경 연구기관은 매개충 유인트랩 설치 내역을 매년 4월말까지 국립산림과학원에 보고
- 시·도 산림환경 연구기관은 매개충 활동상황 조사·분석 결과를 익월 5일까지 국립산림과학원에 제출
- 국립산림과학원장은 매개충의 활동이 종료되면 자체 활동상황 조사결과와 시·도 산림환경 연구기관의 조사결과를 종합 분석하여 11월말까지 산림청 및 각 기관에 통보

(5) 신규발생지 등 긴급대응

① 소나무류 이동제한 조치
㉠ 반출금지구역 지정·공고 : 시장·군수·구청장은 소나무재선충병 발생지역과 발생지역으로부터 2km 이내에 해당하는 행정 동·리 전체구역을 반출금지구역으로 지정
㉡ 단속초소 설치·운영
㉢ 소나무류 일시 이동중지 명령
- 전국 또는 일부지역을 지정하여 일시적으로 소나무류의 이동중지를 명할 수 있음
- 일시 이동중지 기간은 48시간을 초과할 수 없으며, 연장이 필요한 경우 1회 48시간의 범위에서 연장할 수 있음

② 발생지역 및 주변산림 정밀조사
㉠ 발생지역 조사(당일)
㉡ 주변산림 정밀조사(7일 이내)
㉢ 전국 피해상황 일제조사(30일 이내)

③ 긴급 방제조치
㉠ 방제명령
- 감염목 등의 벌채
- 감염목 등의 벌채, 훈증, 소각, 파쇄 등의 조치
- 감염목 등의 양도·이동의 제한 또는 금지
- 발생지역의 운반용구, 작업도구 등 물품이나 작업장 등 시설의 소독 등
㉡ 직접방제
- 방제명령을 받은 자가 재선충병 방제를 소홀히 하는 경우
- 재선충병이 다른 지역으로 확산될 우려가 있어 긴급히 방제가 필요한 경우
- 관계 행정기관의 장 또는 지방자치단체의 장이 요청한 경우
- 재선충병이 시·도 또는 국·공유림과 사유림 간에 걸쳐서 발생한 경우
- 백두대간보호지역, 문화재보호구역, 산림유전자원보호구역, 국립공원 등 보존가치가 큰 산림으로 재선충병이 확산될 우려가 높은 경우
- 재선충병 발생지역의 작업인력이 일시적으로 부족하거나 방제기간이 촉박하여 방제효과가 현저히 낮을 우려가 있는 경우
- 군사시설보호구역 및 국가 중요 청사시설 등 국가 주요시설 지역
- 그 밖에 재선충병의 피해가 심하여 공공의 이해에 미치는 영향이 크다고 산림청장이 인정하는 지역

(6) 방제의 시행 기출 8회

① 기본계획 수립

   ⊙ 피해본수와 면적을 동시에 줄여 나가기 위한 전략

   ⓒ 선단지 집중 관리 방안 등

② 예방사업

   ⊙ 예방나무주사는 매개충 우화 이전에 주입된 약제가 나무에 골고루 퍼질 수 있도록 3월말까지 완료

   ⓒ 매개충 구제를 위한 약제살포는 매개충 발생주의보가 발령된 때부터 항공살포의 경우 매개충 우화 종료기까지, 지상살포의 경우 매개충 활동 종료기까지 시행

   ⓒ 매개충 유인트랩은 매개충 최초 우화예상일 이전 설치 완료

③ 피해고사목 등 방제

   ⊙ 가을철 방제를 중심적으로 시행하고 이후 방제는 누락목, 추가 고사목 등의 보완작업으로 실시

   ⓒ 모든 발생지역에 대해 가을철부터 이듬해 봄철까지 방제기간 내 최소 2회 이상 방제작업 실시

   ⓒ 분산된(점생) 피해고사목에 대해 직영방제를 할 수 있음

   ⓔ 벌채를 수반하는 방제사업은 북방수염하늘소(혼생지 포함) 분포지역은 3월말까지(매개충 발생 주의보 발령일로부터 5일간까지 보완작업 가능), 솔수염하늘소 분포지역은 4월말까지(매개충 발생 주의보 발령일로부터 5일간까지 보완작업 가능) 완료. 다만, 중앙대책본부장은 국립산림과학원장이 매년 작성·배포하는 우화전망보고서를 참고하여 방제기간을 조정하여 시행할 수 있음

④ 훈증더미 제거

   ⊙ 벌채를 수반하는 피해고사목 등 방제작업과 연계한 훈증더미 제거는 반드시 피해고사목 등 방제기간 내에 완료

   ⓒ 훈증처리 후 6개월 이상 경과한 훈증더미만을 제거하는 경우에는 연중 실행할 수 있음. 이 경우 훈증목은 파쇄, 소각 또는 매몰 처리를 원칙으로 하되, 훈증목이 충분히 썩어 매개충의 산란 가능성이 없는 경우에는 지면에 낮게 깔아 처리할 수 있음

⑤ 작업장 개발 및 목재자원 활용

   ⊙ 기본계획, 벌채된 피해고사목 등의 목재자원으로 활용가치, 산물 반출여건, 작업의 난이도 등을 종합적으로 고려하여 작업장 개발

   ⓒ 작업방법은 입지여건, 피해정도, 방제의 우선순위 등을 고려하여 예방사업과 피해고사목 등 방제 등을 복합적으로 적용

   ⓒ 피해고사목 등을 목재자원으로 활용하기 위하여 모두베기를 할 경우 다음 사항을 고려하여야 함

     • 산주의 동의가 있는 경우 모두베기 방제를 위탁하거나 대행하게 할 수 있음

     • 모두베기로 생산된 피해고사목 등의 매각으로 수익이 발생할 경우에는 이를 산주에게 환원하여야 함

     • 모두베기 방제의 비용절감을 위하여 총 방제비용에서 벌채산물의 매각대금을 공제 후 그 부족분에 대하여 방제비용을 설계할 수 있음

     • 필요한 경우에는 국가 및 지방자치단체가 입목의 소유자로부터 입목을 매수하여 모두베기를 시행할 수 있음

⑥ 발생지역 피해정도 구분

    ㉠ 전년도 4월(제주특별자치도는 5월)부터 당해년도 3월말(제주특별자치도는 4월말)까지 발생한 피해 고사목 본수를 기준으로 시·군·구 단위로 판정

    ㉡ 발생지역 피해정도는 피해고사목 발생본수에 따라 극심, 심, 중, 경, 경미 등 5단계로 구분

- "극심"지역은 피해고사목 본수가 5만본 이상인 시·군·구
- "심"지역은 피해고사목 본수가 3만본 이상 5만본 미만인 시·군·구
- "중"지역은 피해고사목 본수가 1만본 이상 3만본 미만인 시·군·구
- "경"지역은 피해고사목 본수가 1천본 이상 1만본 미만인 시·군·구
- "경미"지역은 피해고사목 본수가 1천본 미만인 시·군·구

(7) 방제 방법

① 복합방제(피해고사목 벌채+예방나무주사)를 원칙으로 함

    ㉠ 극심·심 지역 : 외곽부터 피해목 제거에 집중, 피해극심지는 모두베기

    ㉡ 경·경미지역 : 소구역골라베기와 예방나무주사, 피해목 주변 고사목 병행 제거

    ㉢ 선단지 : 소구역골라베기와 예방나무주사, 피해지 2km 내외 고사목 제거

② 예방사업

    ㉠ 예방나무주사

    ㉡ 매개충나무주사

    ㉢ 합제나무주사

    ㉣ 토양약제주입

    ㉤ 약제살포(항공살포, 지상살포)

    ㉥ 매개충 유인트랩 설치

    ㉦ 재선충병 피해우려 소나무류 단순림 관리

③ 피해고사목 등 방제

    ㉠ 벌채방법에 따른 구분 : 단목벌채, 소구역골라베기, 소군락모두베기, 모두베기

    ㉡ 벌채산물 처리에 따른 구분

- 산물을 활용할 수 없는 경우 파쇄, 소각, 매몰, 박피, 그물망 피복, 훈증 등의 방법으로 처리함
- 산물을 활용하기 위해 대용량 훈증, 파쇄, 제재, 건조, 열처리 등의 방법으로 처리함

※ 예찰·신고 및 진단체계

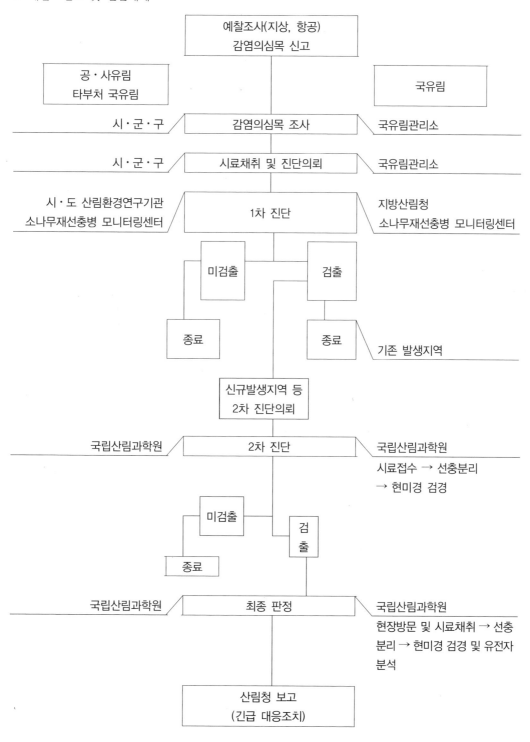

※ 육안검사 방법

구 분	검사내용	검사방법
입목 및 원목 등	외관검사	소나무류 잎의 병징 확인 • 잎이 아래로 처지며 시들거나 고사하였는지 여부
	송진유출 확인	송진유출 감소여부 확인 • 대상 : 잎에 병징이 나타나기 전 감염이 의심되어 추가 확인이 필요하다고 판단될 경우 • 방법 : 감염우려목의 줄기에 낫, 펀치 등을 이용하여 직경 1cm 정도 수피를 벗겨 변재부를 노출시켜 1~2시간 경과 후 송진 유출상태를 확인 • 확인 : 송진이 흘러나온 흔적이 없거나 극히 적은 양이 변재부의 표면에 알갱이 모양으로 맺히는 경우에는 감염의심목으로 판정 ＊ 다만, 가을철 이후 일일 최저기온이 10℃ 이하인 날이 3일 이상 지속되면 이 방법을 적용할 수 없음
	침입·탈출공 확인	매개충 산란 및 우화 탈출공 확인 • 매개충의 대상목 내 산란여부 확인 • 대상목 내 매개충 서식 등 확인 • 대상목에 탈출공(우화공, 지름 5~7mm의 원형 구멍)이 있는지 확인
	선충분리 및 현미경 검사	재선충병 감염이 의심되는 경우 시료를 채취하여 재선충 분리 및 현미경 검사 실시
훈증처리목	매개충 살충여부	• 훈증처리 여부 및 훈증시기 등 확인 • 훈증처리목의 매개충이 죽었는지 확인
	선충분리 및 현미경 검사	재선충병 감염이 의심되는 경우 시료를 채취하여 재선충 분리 및 현미경 검사 실시

1. 목적과 용어의 정의

(1) 목 적

① 농약의 제조·수입·판매 및 사용에 관한 사항을 규정, ② 약의 품질향상, 유통질서의 확립, ③ 약의 안전한 사용을 도모하고 농업생산과 생활환경 보전에 이바지함

(2) 용어의 정의

① 농 약
  ㉠ 농작물(수목, 농산물, 임산물 포함)을 해치는 균, 곤충, 응애, 선충, 바이러스, 잡초, 그 밖에 농림축산식품부령으로 정하는 동식물을 방제하는 데에 사용하는 살균제, 살충제, 제초제
  ㉡ 농작물의 생리기능을 증진하거나 억제하는 데에 사용되는 약제
  ㉢ 그 밖에 농림축산식품부령으로 정하는 약제

② 천연식물보호제
  ㉠ 진균, 세균, 바이러스 또는 원생동물 등 살아있는 미생물을 유효성분으로 하여 제조한 농약
  ㉡ 자연계에서 생성된 유기화합물 또는 무기화합물을 유효성분으로 하여 제조한 농약

③ 품목 : 개별 유효성분의 비율과 제제 형태가 같은 농약의 종류

④ 원제 : 농약의 유효성분이 농축되어 있는 물질

⑤ 농약활용기자재
  ㉠ 농약을 원료나 재료로 하여 농작물 병해충의 방제 및 농산물의 품질관리에 이용하는 자재
  ㉡ 살균·살충·제초·생장조절 효과를 나타내는 물질이 발생하는 기구 또는 장치

⑥ 제조업 : 국내에서 농약 또는 농약활용기자재를 제조(가공 포함)하여 판매하는 업

⑦ 원제업 : 국내에서 원제를 생산하여 판매하는 업

⑧ 수입업 : 농약 등 또는 원제를 수입하여 판매하는 업

⑨ 판매업 : 제조업 및 수입업 외의 농약 등을 판매하는 업

⑩ 방제업 : 농약을 사용하여 병해충을 방제하거나 농작물의 생리기능을 증진하거나 억제하는 업

2. 농약의 등록

(1) 국내 제조품목의 등록

① 품목별로 농촌진흥청장에게 등록 **기출** 5회

② 신청서 기재 사항

　㉠ 신청인의 성명(법인 명칭과 대표자 성명), 주소, 주민등록번호

　㉡ 농약의 명칭

　㉢ 이화학적 성질・상태 및 유효성분과 그 밖의 성분의 종류와 각각의 함유량

　㉣ 품목의 제조과정

　㉤ 용기 또는 포장의 종류・재질 및 그 용량

　㉥ 적용 대상 병해충 및 농작물의 범위, 농약의 사용방법 및 사용량

　㉦ 약효의 보증기간

　㉧ 사람과 가축에 해로운 농약은 그 내용과 해독방법

　㉨ 수서생물에 해로운 농약은 그 내용

　㉩ 인화성・폭발성 또는 피부를 손상시키는 등의 위험이 있는 농약은 그 내용

　㉪ 보관・취급 및 사용상의 주의사항

　㉫ 제조장의 소재지

　㉬ 그 밖에 농림축산식품부령으로 정하는 제조품목의 등록에 필요한 사항

③ 신청서와 함께 지정된 시험연구기관에서 검사한 농약의 약효, 약해, 독성 및 잔류성에 관한 시험성적서와 농약 시료 제출

(2) 원제의 등록

① 농촌진흥청장에게 등록

② 신청서 기재 사항

　㉠ 신청인의 성명, 주소, 주민등록번호

　㉡ 원제의 명칭, 이화학적 성질・상태 및 주요성분과 그 밖의 성분의 종류와 각각의 함유량

　㉢ 원제의 합성・제조과정

　㉣ 인화성・폭발성 또는 위험한 원제는 그 내용

　㉤ 제조장의 소재지

　㉥ 그 밖에 농림축산식품부령으로 정하는 원제의 등록에 필요한 사항

③ 신청서와 함께 지정된 시험연구기관에서 검사한 원제의 이화학적 분석 및 독성 시험성적을 적은 서류와 원제 시료 제출

(3) 수입농약 등의 등록

① 수입업자는 농약이나 원제를 수입하여 판매하려고 할 때에는 농약의 품목이나 원제의 종류별로 농촌진흥청장에게 등록

② 품목등록과 원제등록 규정 준용

(4) 농약활용기자재의 등록

　① 제품별로 농촌진흥청장에게 등록

　② 신청서 기재 사항

　　㉠ 신청인의 성명(법인 명칭과 대표자 성명), 주소, 주민등록번호

　　㉡ 농약활용기자재의 명칭

　　㉢ 이화학적 성질·상태 및 유효성분과 그 밖의 성분의 종류와 각각의 함유량

　　㉣ 제품의 제조과정

　　㉤ 용기 또는 포장의 종류·재질 및 그 용량

　　㉥ 적용 대상 병해충 및 농작물의 범위, 약효의 보증기간 및 제품의 사용방법

　　㉦ 인화성·폭발성이 있는 경우에는 그 내용

　　㉧ 보관·취급 및 사용상의 주의사항

　　㉨ 제조장의 소재지

　　㉩ 그 밖에 농림축산식품부령으로 정하는 제품등록에 필요한 사항

　③ 신청서와 함께 지정된 시험연구기관에서 검사한 농약활용기자재의 이화학적 분석 등을 기재한 서류와 시험용 제품 제출

3. 농약, 원제 및 농약활용기자재의 표시기준

(1) 농약 포장지 표시 사항 기출 5회

　① '농약' 문자표기

　② 품목등록번호

　③ 농약의 명칭 및 제제형태

　④ 유효성분의 일반명 및 함유량과 기타성분의 함유량

　⑤ 포장단위

　⑥ 농작물별 적용병해충(제초제·생장조정제나 약효를 증진시키는 농약의 경우에는 적용대상토지의 지목이나 해당 용도를 말한다) 및 사용량

　⑦ 사용방법과 사용에 적합한 시기

　⑧ 안전사용기준 및 취급제한기준(그 기준이 설정된 농약에 한한다)

　⑨ 다음의 어느 하나에 해당하는 경우 해당 그림문자, 경고문구 및 주의사항

　　㉠ 고독성·작물잔류성·토양잔류성·수질오염성 및 어독성 농약의 경우에는 그 문자와 경고 또는 주의사항

　　㉡ 사람 및 가축에 위해한 농약의 경우에는 그 요지 및 해독방법

　　㉢ 수서생물에 위해한 농약의 경우에는 그 요지

　　㉣ 인화 또는 폭발 등의 위험성이 있는 농약의 경우에는 그 요지 및 특별취급방법

　⑩ 저장·보관 및 사용상의 주의사항

⑪ 상호 및 소재지(제조업자 및 재포장시설이 있는 수입업자의 경우 해당 제조장의 소재지를 말하며, 재포장시
　　설이 없는 수입농약의 경우에는 수입업자의 상호 및 소재지와 제조국가 및 제조자의 상호를 말한다)

⑫ 농약제조 시 제품의 균일성이 인정되도록 구성한 모집단의 일련번호

⑬ 약효보증기간

⑭ 작용기작그룹

⑮ 독성·행위금지 등 그림문자 및 설명

⑯ 해독 및 응급처치 요령

⑰ 상표명

⑱ 농약의 용도 구분

⑲ 바코드(전자태그를 포함한다)

⑳ 빈 농약용기 처리에 관한 설명

(2) 농약 등의 그림문자

행위 금지의 표시		행위 강제의 표시	
고독성 농약	꿀벌독성농약	마스크 착용	불침투성방제복 착용
보통독성 농약	누에독성농약	보안경 착용	농약보관창고(상자)에 잠금장치 보관
고독성농약중 액체농약	조류독성농약	불침투성장갑 착용	주의·경고마크
어독성 Ⅰ급 농약 및 수도용 어독성 Ⅱ급 농약	분말상태 농약 요리금지		

(3) 농약 등의 겉포장의 표기

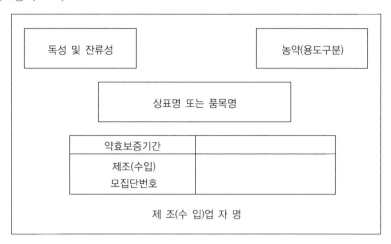

독성 및 잔류성		농약(용도구분)
상표명 또는 품목명		
약효보증기간		
제조(수입) 모집단번호		
제 조(수 입)업 자 명		

(4) 원제의 그림문자

① 물리적 위험성

그림문자	유해성 항목 및 구분
	폭탄의 폭발 • 폭발성 물질 또는 화약류의 구분 1, 2, 3, 4, 5 • 자기반응성 물질의 구분 1, 2 • 유기과산화물의 구분 1, 2
주황색 바탕	심벌 없음 • 폭발성 물질 또는 화약류의 구분 6, 7
	불 꽃 • 인화성 가스의 구분 1 • 인화성 에어로졸의 구분 1, 2 • 인화성 액체의 구분 1, 2, 3 • 인화성 고체의 구분 1, 2 • 자기반응성 물질의 구분 2, 3, 4, 5, 6 • 자연발화성 액체의 구분 1 • 자연발화성 고체의 구분 1 • 자기발열성 물질의 구분 1, 2 • 물반응성 물질의 구분 1, 2, 3 • 유기과산화물의 구분 2, 3, 4, 5, 6
	원위의 불꽃 • 산화성 가스의 구분 1 • 산화성 액체의 구분 1, 2, 3 • 산화성 고체의 구분 1, 2, 3

	가스실린더 • 고압가스의 구분 1, 2, 3, 4
	부식성 • 금속부식성 물질의 구분 1
없 음	• 인화성 가스의 구분 2 • 자기반응성 물질의 구분 7 • 유기과산화물의 구분 7

② 건강 위해성

그림문자	유해성 항목 및 구분
	해골과 X자형 뼈 • 급성 독성의 구분 1, 2, 3
	부식성 • 피부 부식성/자극성의 구분 1 • 심한 눈 손상/자극성의 구분 1
	감탄부호 • 급성 독성의 구분 4 • 피부 부식성/자극성의 구분 2 • 심한 눈 손상/자극성의 구분 2 • 피부 과민성의 구분 1 • 특정 표적장기 독성-1회 노출의 구분 3
	건강유해성 • 호흡기 과민성의 구분 1 • 생식세포 변이원성의 구분 1, 2 • 발암성의 구분 1, 2 • 생식독성의 구분 1, 2 • 특정 표적장기 독성(1회 노출물질)의 구분 1, 2 • 특정 표적장기 독성(반복 노출물질)의 구분 1, 2 • 흡인 유해성의 구분 1, 2
없 음	생식독성의 구분 수유 독성

③ 환경 유해성

그림문자	유해성 항목 및 구분
	환경 유해성 • 수서환경 유해성의 급성독성 구분 1 및 만성독성 구분 1, 2
없 음	• 수서환경 유해성의 급성독성 구분 2, 3 • 수서환경 유해성의 만성독성 구분 3, 4

(5) 농약 작용기작별 분류기준

① 살균제 (2023.03.16. 개정 기준)

작용기작 구분	표시 기호	세부 작용기작 및 계통(성분)	해당농약	
가. 핵산합성 저해	가1	RNA 중합효소 I 저해	메탈락실, 메탈락실엠, 베날락실-엠, 오퓨레이스, 옥사딕실	Metalaxyl, Metalaxyl-M, Benalaxyl-M, Ofurace, Oxadixyl
	가2	아데노신 디아미네이즈 저해		
	가3	핵산 활성 저해	하이멕사졸	Hymexazol
	가4	DNA 토포이소머레이즈 (type II) 저해	옥솔린산	Oxolinic acid
나. 세포분열 (유사분열) 저해	나1	미세소관 생합성 저해 (벤지미다졸계)	베노밀, 카벤다짐, 티아벤다졸, 티오파네이트메틸	Benomyl, Carbendazim, Thiabendazole, Thiophanate-methyl
	나2	미세소관 생합성 저해 (페닐카바메이트계)	디에토펜카브	Diethofencarb
	나3	미세소관 생합성 저해 (톨루아마이드계)	에타복삼, 족사마이드	Ethaboxam, Zoxamide
	나4	세포분열 저해 (페닐우레아계)	펜사이큐론	Pencycuron
	나5	스펙트린 단백질 정위 저해 (벤자마이드계)	플루오피콜라이드	Fluopicolide
	나6	액틴/미오신/피브린 저해 (시아노아크릴계)	메트라페논, 피리오페논	Metrafenone, Pyriophenone

	다1	복합체 I 의 NADH 산화환원효소 저해		
	다2	복합체 II 의 숙신산(호박산염) 탈수소효소 저해	메프로닐, 보스칼리드, 사이클로뷰트리플루람, 아이소페타미드, 아이소피라잠, 옥시카복신, 카복신, 티플루자마이드, 펜티오피라드, 펜플루펜, 푸라메트피르, 플루오피람, 플루인다피르, 플루톨라닐, 플룩사피록사드, 피디플루메토펜, 피라지플루미드	Mepronil, Boscalid, Cyclobutrifluram, Isofetamide, Isopyrazam, Oxycarboxin, Carboxin, Thifluzamide, Penthiopyrad, Penflufen, Furametpyr, Fluopyram, Fluindapyr, Flutolanil, Fluxapyroxad, Pydiflumetofen, Pyraziflumid
다. 호흡 저해 (에너지 생성 저해)	다3	복합체 III : 퀴논 외측에서 시토크롬 bc1 기능 저해	만데스트로빈, 메토미노스트로빈, 아족시스트로빈, 오리사스트로빈, 크레속심메틸, 트리플록시스트로빈, 파목사돈, 페나미돈, 피라클로스트로빈, 피리벤카브, 피콕시스트로빈	Mandestrobin, Metominostrobin, Azoxystrobin, Orysastrobin, Kresoxim-methyl, Trifloxystrobin, Famoxadone, Fenamidone, Pyraclostrobin, Pyribencarb, Picoxystrobin
	다4	복합체 III : 퀴논 내측에서 시트크롬 bc1 기능 저해	사이아조파미드, 아미설브롬, 플로릴피콕사미드	Cyazofamid, Amisulbrom, Florylpicoxamid
	다5	산화적인산화 반응에서 인산화반응 저해	디노캅, 멥틸디노캅, 플루아지남	Dinocap, Meptyldincap, Fluazinam
	다6	ATP 생성효소 저해		
	다7	ATP 수송 저해		
	다8	복합체 III : 시토크롬 bc1 기능 저해	아메톡트라딘	Ametoctradin

라. 아미노산 및 단백질 합성저해	라1	메티오닌 생합성 저해	메파니피림, 사이프로디닐, 피리메타닐	Mepanipyrim, Cyprodinil, Pyrimethanil
	라2	단백질 합성 저해 (신장기 및 종료기)	블라시티시딘-에스	Blasticidin-S
	라3	단백질 합성 저해 (개시기) (헥소피라노실계)	가스가마이신	Kasugamycin
	라4	단백질 합성 저해 (개시기) (글루코피라노실계)	스트렙토마이신, 스트렙토마이신황산염	Streptomycin, Streptomycin (sulfate salt)
	라5	단백질 합성 저해 (신장기) (테트라사이클린계)	옥시테트라사이클린	Oxytetracycline
마. 신호전달	마1	작용기구 불명 (아자나프탈렌계)	프로퀴나지드	Proquinazid
	마2	삼투압 신호전달 효소 MAP 저해	플루디옥소닐	Fludioxonil
	마3	삼투압 신호전달 효소 MAP 저해	빈클로졸린, 이프로디온, 프로사이미돈	Vinclozolin, Iprodione, Procymidone
바. 지질생합성 및 막 기능 저해	바2	인지질 생합성, 메틸 전이효소 저해	아이소프로티올레인, 에디펜포스, 이프로벤포스, 피라조포스	Isoprothiolane, Edifenphos, Iprobenfos(IBP), Pyrazophos
	바3	세포 과산화	에트리디아졸, 톨클로포스메틸	Etridiazole, Tolclofos-methyl
	바4	세포막 투과성 저해 (카바메이트계)	프로파모카브하이드로클로라이 드	Propamocarb hydrochloride
	바6	병원균의 세포막 기능을 교란하는 미생물	심플리실리움라멜리코라 비시피, 패니바실루스폴리믹사에이시-1	Simplicillium lamellicola BCP, Paenibacillus polymyxa AC-1
	바7	세포막 기능 저해		
	바8	에르고스테롤 결합 저해		
	바9	지질 항상성, 이동, 저장 저해	옥사티아피프롤린	Oxathiapiprolin

사. 막에서 스테롤 생합성 저해	사1	탈메틸 효소 기능 저해 (피리미딘계, 이미다졸계 등) **기출** 6회	뉴아리몰, 디니코나졸, 디페노코나졸, 마이클로뷰타닐, 메트코나졸, 메펜트리플루코나졸, 비터타놀, 사이프로코나졸, 시메코나졸, 에폭시코나졸, 이미벤코나졸, 이프코나졸, 테부코나졸, 테트라코나졸, 트리아디메놀, 트리아디메폰, 트리티코나졸, 트리포린, 트리플루미졸, 페나리몰, 펜뷰코나졸, 펜코나졸, 프로클로라즈, 프로클로라즈망가니즈, 프로클로라즈 코퍼 클로라이드, 프로피코나졸, 플루실라졸, 플루퀸코나졸, 플루트리아폴, 헥사코나졸	Nuarimol, Diniconazole, Difenoconazole, Myclobutanil, Metconazole, Mefentrifluconazole, Bitertanol, Cyproconazole, Simeconazole, Epoxiconazole, Imibenconazole, Ipconazole, Tebuconazole, Tetraconazole, Triadimenol, Triadimefon, Triticonazole, Triforin, Triflumizole, Fenarimol, Fenbuconazole, Penconazole, Prochloraz, Prochloraz manganese, Prochloraz copper chloride complex, Propiconazole, Flusilazole, Fluquinconazole, Flutriafol, Hexaconazole
	사2	이성질화 효소 기능 저해		
	사3	케토환원효소 기능 저해	펜피라자민, 펜헥사미드	Fenpyrazamine, Fenhexamid
	사4	스쿠알렌에폭시데이즈 기능 저해		
아. 세포벽 생합성 저해	아3	트레할라제(글루코스 생성) 효 소 기능 저해		
	아4	키틴 합성 저해	폴리옥신디, 폴리옥신비	Poyloxin−D, PolyoxinB
	아5	셀룰로오스 합성 저해	디메토모르프, 만디프로파미드, 발리페날레이트, 벤티아발리카브아이소프로필, 이프로발리카브	Dimethomorph, Mandipropamid, Valifenalate, Benthiavalicarb isopropyl, Iprovalicarb

자. 세포막 내 멜라닌 합성 저해	자1	환원효소 기능 저해	트리사이클라졸, 프탈라이드(라브사이드), 피로퀼론	Tricyclazole, Fthalide, Pyroquilon
	자2	탈수소 효소 기능 저해	카프로파미드, 페녹사닐	Carpropamid, Fenoxanil
	자3	폴리케티드 합성 저해		
차. 기주식물 방어기구 유도	차1	살리실산 유사 작용 (벤조티아디 아졸 계, 아시벤졸라 에스메틸)	아시벤졸라-에스-메틸	Acibenzolar-S-methyl
	차2	벤즈이소티아졸계(포로베나졸)	프로베나졸	Probenazole
	차3	티아디아졸카복사마이드계	아이소티아닐, 티아디닐	Isotianil, Tiadinil
	차4	천연 화합물 계통		
	차5	식물 추출물 계통		
	차6	미생물 계통		
	차7	포스포네이트계 (포세틸알루미늄 등)	포세틸알루미늄	Fosetyl-Aluminium
	차8	(2023년 신규 도입)	디클로벤티아족스	Dichlobentiazox
카. 다점 접촉작용	카	보호살균제, 무기유황제, 무기구리제, 유기비소계 등	결정석회황, 노닐페놀설폰산구리(유기폰), 디비이디시(산코), 디클로플루아니드, 디티아논, 만코제브, 메티람, 보드로액, 석회황, 옥신코퍼, 이미녹타딘트리스알베실레이트, 이미녹타딘트리아세테이트, 지네브, 캡타폴, 캡탄, 코퍼설페이트베이직, 코퍼설페이트펜타하이드레이트, 코퍼옥시클로라이드, 코퍼하이드록사이드, 큐프러스옥사이드, 클로로탈로닐, 톨릴플루아니드, 트리베이식코퍼설페이트, 티람, 파밤(카3), 폴펫, 프로피네브, 플루오로이마이드, 황	Lime sulfur, Nonylphenolsulfonic acid copper, DBEDC, Dichlorfluanid, Dithianon, Mancozeb, Metiram, Bordeau mixture, Lime sulfur, Oxine-copper, Iminonoctadin tris albesilate, Iminoctadin triacetate, Zineb, Captafol, Captan, Copper sulfate basic, Copper sulfate pentahydrate, Copper oxichloride, Copper hydroxide, Copper oxide, Chlorothalonil, Tolyfluanid, Tribasic copper sulfate, Thiram, Ferbam(카3), Folpet, Propineb, Fluoroimide, Sulfur

작용기작 불명	미분류		네오아소진, 다조멧, 도딘, 발리다마이신 에이, 블라드, 사이목사닐, 사이플루페나미드, 슈도모나스 올레오보란스, 이프플루페노퀸, 테부플로퀸, 테클로프탈람, 페나진옥사이드, 페림존, 플루설파미드, 플루티아닐, 피카뷰트라족스	Neoasozin, Dazomet, Dodin, Validamycin-A, BLAD, Cymoxanil, Cyflufenamid, Pseudomonas oleovorans, Ipflufenoquin, Tebufloquin, Teclofthalam, Phenazine oxide, Ferimzone, Flusulfamide, Flutianil, Picarbutrazox
생. 생물학적 제제	생1	식물 추출물(세포벽, 이온막수 송체에 다양한 작용, 포자 및 발아관에 영향, 식물저항성 유 도 등)		
	생2	미생물 및 미생물 추출물 또는 대사산물(경쟁, 균기생, 항균 성, 세포막 저해, 용해 효소, 식 물 저항성 등)	바실루스메틸로트로피쿠스 류, 바실루스서브틸리스 류, 바실루스아밀로리퀴파시엔스 류, 바실루스푸밀루스큐에스티 류, 박테리오파지액티브어 게니스트 어위니아 아밀로보라, 스트렙토마이세스고시키엔시스 류, 스트렙토마이세스콜롬비엔시스 류, 암펠로마이세스퀴스괄리스에이 큐94013 류, 트리코더마아트로비라이드 류, 트리코더마하지아눔 류	Bacillus methylotrophicus, Bacillus subtilis, Bacillus amyloliquefaciens, Bacillus pumilus, Bacteriophage active against Erwinia amylovora, Streptomyces goshikiensis, Streptomyces colombiensis, Ampelomyces quisqualis, Trichoderma atroviride, Tricoderma harzianum

② 살충제(2023.03.06. 기준)

작용기작 구분	표시 기호	계통 및 성분	해당농약	
1. 아세틸콜린 에스터라제 기능 저해	1a	카바메이트계	메토밀, 메톨카브, 메티오카브, 벤퓨라카브, 아이소프로카브, 알라니카브, 엑스엠씨, 카바릴, 카보설판, 카보퓨란, 티오디카브, 페노뷰카브, 페노티오카브, 퓨라티오카브, 프로폭슈르, 피리미카브(피리모)	Methomyl, Metolcarb, Methiocarb, Benfuracarb, Isoprocarb, Alanycarb, XMC, Carbary, Carbosulfan, Carbofuran, Thiodicarb, Fenobubarb(BPMC), Fenothiocarb, Furathiocarb, Propoxur, Pyrimicarb
	1b	유기인계 기출 5회	다이아지논, 데메톤-에스-메틸, 디메토에이트, 디메틸빈포스, 디설포톤, 디알리포스, 디클로르보스, 말라티온, 메타미포스, 메티다티온, 모노크로토포스, 바미도티온, 아세페이트, 아진포스메틸, 에토프로포스, 오메토에이트, 이미시아포스, 이피엔, 카두사포스, 퀴날포스, 클로르펜빈포스, 클로르피리포스, 클로르피리포스-메틸, 터부포스, 테부피림포스, 테트라클로르빈포스, 트리클로르폰, 티오메톤, 파라티온, 페니트로티온, 펜토에이트, 펜티온, 포레이트,	Diozinon, Demeton-S-methyl, Dimethoate, Dimethylvinphos, Disulfoton, Dialifos, Dichlorvos/DDVP, Malathion, Methamidophos, Methidathion, Monocrobophos, Vamidothion, Acephate, Azinphos-methyl, Ethoprophos, Omethoate, Imicyafos, EPN, Cadusafos, Quinalphos, Chlorfenvinphos, Chlorpyrifos, Chlorpyrifos-methyl, Terbufos, Tebupirimfos, Tetrachlorvinphos, Trichlorfon, Thiometon, Parathion, Fenitrothion, Phenthoate, Fenthion, Phorate,

			포스티아제이트, 포스파미돈, 폭심, 프로티오포스, 프로페노포스, 플루피라조포스, 피라클로포스, 피리다펜티온, 피리미포스-메틸	Fosthiazate, Phosphamidon, Phoxim, Prothiofos, Profenofos, Flupyrazofos, Pyraclofos, Pyridaphenthion, Pirimiphos-methyl
2. GABA 의존 Cl 통로 억제	2a	유기염소 시클로알칸계	엔도설판	Endosulfan
	2b	페닐피라졸계	피프로닐	Fipronil
3. Na 통로 조절	3a	합성피레스로이드 계	감마-사이할로트린, 델타메트린, 람다사이할로트린, 베타사이플루트린, 비펜트린, 사이퍼메트린, 사이플루트린, 실라플루오펜, 싸이클로프로트린, 아크리나트린, 알파사이퍼메트린, 에스펜발러레이트, 에토펜프록스, 제타싸이퍼메트린, 테플로트린, 트랄로메트린, 펜발러레이트, 펜프로파트린, 푸루시스리네이트	Gamma-Cyhalothrin, Deltamethrin, Lambda cyhalothrin, Beta cyfluthrin, Bifentrin, Cypermethrin, Cyfluthrin, Silafluofen, Cycloprothrin, Acrinathrin, Alpha-cypermethrin, Esfenvalerate, Etofenprox, Zeta-cypermethrin, Tefluthrin, Tralomethrin, Fenvalerate, Fenpropathrin, Flucythrinate
	3b	DDT, 메톡시클로르		
4. 신경전달 물질 수용체 차단	4a	네오니코티노이드 계 기출 6회	디노테퓨란, 아세타미프리드, 이미다클로프리드, 클로티아니딘, 티아메톡삼, 티아클로프리드	Dinotefuran, Acetamiprid, Imidacloprid, Clothianidin, Thiamethoxam, Thiacloprid
	4b	니코틴		
	4c	설폭시민계	설폭사플로르	Sulfoxaflor
	4d	부테놀라이드계	플루피라디퓨론	Flupyradifurone
	4e	메소이온계	트리플루메조피림	Triflumezopyrim
	4f		플루피리민	Flupyrimin
5. 신경전달 물질 수용체 기능 활성화	5	스피노신계	스피네토람, 스피노사드	Spinetoram, Spinosad

6. Cl 통로 활성화	6	아버멕틴계, 밀베마이신계	레피멕틴, 밀베멕틴, 아바멕틴, 에마멕틴벤조에이트	Lepimectin, Milbemectin(A3+A4) Abamectin, Emamectin benzoate
7. 유약호르몬	7a	유약호르몬 유사체		
	7b	페녹시카브	페녹시카브	Fenoxycarb
	7c	피리프록시펜	피리프록시펜	Pyriproxyfen
8. 다점저해 (훈증제)	8a	할로젠화알킬계	메틸브로마이드	Methyl bromide
	8b	클로로피크린		
	8c	플루오르화술푸릴		
	8d	붕사		
	8e	토주석		
	8f	이소티오시안산메틸 발생기	메탐소듐	Metam-sodium
9. 현음기관 TRPV 통로 조절	9b	피리딘 아조메틱 유도체	피리플루퀴나존, 피메트로진	Pyrifluquinazon, Pymetrozine
	9d	피리피로펜	아피도피로펜	Afidopyropen
10. 응애류 생장 저해	10a	클로펜테진, 헥시티아족스	클로펜테진, 헥시티아족스	Clofentezine, Hexythiazox
	10b	에톡사졸	에콕사졸	Etoxazole
11. 미생물에 의한 중장 세포막 파괴	11a	Bt 독성 단백질	비티아이자와이 류, 비티쿠르스타키	B.T. subsp. Aizawai, B.T. subsp. Kurstaki
	11b	Bt 아종의 독성 단백질		
12. 미토콘드리아 ATP 합성효소 저해	12a	디아펜티우론	디아펜티우론	Diafenthiuron
	12b	유기주석 살선충제	사이헥사틴, 펜뷰타틴옥사이드	Cyhexatin, Fenbutatin oxide
	12c	프로파자이트	프로파자이트	Propargite
	12d	테트라디폰	테트라디폰	Tetradifon
13. 수소이온 구배 형성 저해	13	피롤계, 디니트로페놀계, 설플루라미드	클로르페나피르	Chlorfenapyr
14. 신경전달물질 수용체 통로 차단	14	네레이스톡신 유사체	벤설탑, 티오사이클람하이드로젠옥살레이트	Bensultap, Thiocyclamhydrogenoxalate
15. 0형 키틴 합성 저해	15	벤조일요소계	노발루론, 디플루벤주론, 루페뉴론, 비스트리플루론, 클로르플루아주론, 테플루벤주론, 트리플루뮤론, 플루루싸이크록수론, 플루페녹수론	Novaluron, Diflubenzuron, Lufenuron, Bistrifluron, Chlorfluazuron, Teflubenzuron, Triflumuron, Flucycloxuron, Flufenoxuron
16. I형 키틴 합성 저해	16	뷰프로페진	뷰프로페진	Buprofezin

17. 파리목 곤충 탈피 저해	17	사이로마진	사이로마진	Cyromazine
18. 탈피호르몬 수용체기능 활성화	18	디아실하이드라진계	메톡시페노자이드, 크로마페노자이드, 테부페노자이드	Methoxyfenozide, Chromafenozide, Tebufenozide
19. 옥토파민 수용체기능 활성화	19	아미트라즈	아미트라즈	Amitraz
20. 전자전달계 복합체 III 저해	20a	하이드라메틸논		
	20b	아세퀴노실	아세퀴노실	Acequinocyl
	20c	플루아크리피림	플루아크리피림	Fluacrypyrim
	20d	비페나제이트	비페나제이트	Bifenazate
21. 전자전달계 복합체 I 저해	21a	METI 살비제 및 살충제	테부펜피라드, 페나자퀸, 펜피록시메이트, 피리다벤, 피리미디펜	Tebufenpyrad, Fenazaquin, Fenpyroximate, Pyridaben, Pyrimidifen
	21b	로테논		
22. 전위 의존 Na 통로 차단	22a	옥사디아진계	인독사카브	Indoxacarb
	22b	세미카르바존계	메타플루미존	Metaflumizone
23. 지질생합성 저해	23	테트론산 및 테트람산 유도체	스피로디클로펜, 스피로메시펜, 스피로테트라맷, 스피로피디온	Spirodiclofen, Spiromesifen, Spirotetramat, Spiropidion
24. 전자전달계 복합체 IV 저해	24a	인화물계	마그네슘포스파이드, 알루미늄포스파이드(인화늄), 포스핀	Magnesium phosphide, Aluminium phosphide, Phosphin
	24b	시안화물	사이안화수소	Hydrogen cyanide
25. 전자전달계 복합체 II 저해	25a	베타 케토니트릴 유도체	사이에노피라펜, 사이플루메토펜	Cyenopyrafen, Cyflumetofen
	25b	카복시닐라이드	피플루뷰마이드	Pyflubumide
28. 라이아노딘 수용체 조절	28	디아마이드 계 기출 9회	사이안트리닐리프롤, 사이클라닐리프롤, 클로란트라닐리프롤, 테트라닐리프롤, 플루벤디아마이드	Cyantraniliprole, Cyclaniliprole, Chlorantraniliprole, Tetraniliprole, Flubendiamide
29. 현음기관 조 절-정의되지 않 은 작용점	29	플로니카미드	플로니카미드	Flonicamid
30. GABA 의존 Cl 통로 조절	30	메타-디아마이드계	브로플라닐라이드, 아이소사이클로세람, 플룩사메타마이드	Broflanilide, Isocycloseram, Fluxametamide
33	33		아사이노나피르	Acynonapyr
34	34		플로메토퀸	Flometoquin

| 작용기작 불명 | 미분류 | 아자디락틴, 디코폴 등 | 기계유,
디메틸디설파이드,
디코폴,
메트알데하이드,
모나크로스포륨타우마슘 류,
벤족시메이트,
브로모프로필레이트,
아자디락틴,
에탄디니트릴,
에틸포메이트,
이제트-사,육-헥사데카디에날,
파라핀 오일,
플루아자인돌리진,
플루엔설폰,
파라핀,
피리달릴 | Machine oil,
Dimethyl disulfide
Dicofol, Metaldehyde,
Monacrosporium
thaumasium,
Benzoximate,
Bromopropylate,
Azadirachtin,
Ethanedinitrile,
Ethyl formate,
(E,Z)-4,6-Hexadecadienal,
Paraffinic oil,
Fluazaindolizine,
Fluensulfone,
Paraffin,
Pyridalyl |

③ 제초제(2022.07.06., 2023.03.06. 기준)

작용기작 구분	표시 기호	세부 작용기작 및 계통(성분)	해당농약	
지질(지방산) 생합성 저해	H01	카바메이트계	메타미포프, 사이할로포프-뷰틸, 세톡시딤, 퀴잘로포프에틸, 퀴잘로포프-피-에틸, 클레토딤, 페녹사프로프-피-에틸 프로파퀴자포프, 프로폭시딤, 플루아지포프-피-뷰틸 플루아지포프-뷰틸, 할록시포프메틸, 할록시포프-알-메틸	Metamifop, Cyhalofop-butyl, Sethoxydim, Quizalofop-ethyl, Quizalofop-P-ethyl Clethodim, Fenoxaprop-P-ehtyl Propaquizafop, Profoxydim, Fluazifop-P-bytyl, Fluazifop-butyl, Haloxyfop-methyl, Haloxyfop-R-methyl
아미노산 생합성 저해	H02	분지 아미노산 생합성 저해(ALS 저해)	니코설퓨론, 림설퓨론, 메타조설퓨론, 벤설퓨론메틸, 비스피리박소듐, 사이클로설파뮤론, 아이오도설퓨론메틸소듐 아짐설퓨론, 에톡시설퓨론, 오르토설파뮤론, 이마자퀸, 이마자피르, 이마조설퓨론, 트리아파몬, 트리플록시설퓨론소듐, 티펜설퓨론메틸, 페녹슐람, 포람설퓨론, 프로피리설퓨론,	Nicosulfuron, Rimsulfuron, Metazosulfuron, Bensulfuron-methyl, Bispyribac-sodium, Cyclosulfamuron, Iodosulfuron-methyl-sodium, Azimsulfuron, Ethoxysulfuron, Orthosulfamuron, Imazaquin, Imazapyr, Imazosulfuron, Triafamone, Trifloxysulfuron-sodium, Thifensulfuron-methyl, Penoxsulam, Foramsulfuron, Propyrisulfuron,

			플라자설퓨론, 플루세토설퓨론, 피라조설퓨론에틸, 피리미노박메틸, 피리미설판, 피리벤족심, 피리프탈리드, 할로설퓨론메틸	Flazasulfuron, Flucetosulfuron, Pyrazosulfuron-ethyl, Pyriminobac-methyl, Pyrimisulfan, Pyribenzoxim, Pyriftalid, Halosulfuron-methyl
	H09	방향족 아미노산 생합성 저해(EPSP 저해)	글리포세이트, 글리포세이트암모늄, 글리포세이트이소프로필아민, 글리포세이트포타슘, 설포세이트	Glyphosate, Glyphosate-ammonium Glyphosate-isopropylamine, Glyphosate-potassium, Sulfosate(=Glyphosate-trimesium)
	H10	글루타민 합성효소 저해	글루포시네이트암모늄, 글루포시네이트-피	Glufosinate-ammonium, Glufosinate-D
광합성 저해	H05	광화학계 II 저해(D1 Serine 264 binders)	디메타메트린, 리뉴론, 메타벤즈티아주론, 메토브로뮤론, 메트리뷰진, 브로마실, 시마진, 시메트린, 터브틸라진, 프로메트린, 프로파닐, 헥사지논	Dimethametryn, Linuron, Metabenzthiazuron, Metobromuron, Metribuzin, Bromacil, Simazine, Simetryne, Terbuthylazine, Prometryne, Propanil, Hexazinone
	H06	광화학계 II 저해 (D1 Histidine 215 binders)	벤타존, 벤타존소듐	Bentazon, Bentazone-sodium
	H22	광화학계 I 전자전달 저해(비피리딜리움계)	패러콱디클로라이드	Paraquat dichloride
색소 생합성 저해	H14	엽록소 생합성 저해 (PPO 저해)	뷰타페나실, 비페녹스, 사플루페나실, 설펜트라존, 옥사디아길, 옥사디아존, 옥시플루오르펜, 카펜트라존에틸, 클로르니트로펜, 클로메톡시펜, 트리플루디목사진, 티아페나실, 펜톡사존, 플루미옥사진, 플루티아셋메틸, 피라클로닐, 피라플루펜에틸	Butafenacil, Bifenox, Saflufenacil, Sulfentrazone, Oxadiargyl, Oxadiazon, Oxyfluorfen, Carfentrazone-ethyl Chlornitrofen, Chlomethoxyfen, Trifludimoxazin, Tiafenacil, Pentoxazone, Flumioxazin, Fluthiacet-methyl, Pyraclonil, Pyraflufen-ethyl
	H12	카로티노이드 생합성 저해(PDS 저해)	베플루부타미드	Beflubutamid

			메소트리온,	Mesotrione,
	H27	카로티노이드 생합성 저해(HPPD 저해)	벤조비사이클론,	Benzobicyclon,
			테퓨릴트리온,	Tefuryltrione,
			톨피라레이트,	Tolpyralate,
			펜퀴노트리온,	Fenquinotrione,
			피라족시펜,	Pyrazoxyfen,
			피라졸레이트,	Pyrazolate,
			피라졸리네이트	Pyrazolynate
	H34	카로티노이드 생합성 저해(Lycopene cyclase)		
	H13	DXP(Deoxy-D-Xylul ose Phosphate Synthase) 저해	클로마존	Clomazone
엽산 생합성 저해	H18	엽산 생합성 저해(아슐람)	아슐람소듐	Asulam-sodium
세포분열 저해	H03	미소관 조합 저해	니트랄린,	Nitralin,
			디티오피르,	Dithiopyr,
			벤플루랄린,	Benfluralin,
			에탈플루랄린,	Ethalfluralin,
			오리잘린,	Oryzalin,
			트리플루랄린,	Trifluralin,
			펜디메탈린,	Pendimethalin,
			프로디아민	Prodiamine
	H23	유사분열/미소관 형성 저해		
	H15	장쇄 지방산(VLCFA) 합성 저해	나프로아닐라이드,	Naproanilide,
			나프로파마이드,	Napropamide,
			디메테나미드,	Dimethenamid,
			디메테나미드피,	Dimethenamid-P,
			디메피퍼레이트,	Dimepiperate,
			메타클로르,	Metazachlor,
			메톨라클로르,	Metolachlor,
			메페나셋,	Mefenacet,
			몰리네이트,	Molinate,
			벤퓨러세이트,	Benfuresate,
			뷰타클로르,	Butachlor,
			아닐로포스,	Anilofos,
			알라클로르,	Alachlor,
			에스-메톨라클로르,	S-Metolachlor,
			에스프로카브,	Esprocarb,
			에토퓨메세이트,	Ethofumesate,
			이프펜카바존,	Ipfencarbazone,
			인다노판,	Indanofan,
			카펜스트롤,	Cafenstrole,
			테닐크롤,	Thenylchlor,
			티오벤카브,	Thiobencarb,
			페녹사설폰,	Fenoxasulfone,
			페톡사미드,	Pethoxamid,
			펜트라자마이드,	Fentrazamide,
			프레틸라클로르,	Pretilachlor,
			프로설포카브,	Prosulfocarb,

			프로피소클로르, 플루페나셋, 피록사설폰, 피페로포스	Propisochlor, Flufenacet, Pyroxasulfone, Piperophos
세포벽 합성 저해	H29	세포벽(셀룰로오스) 합성 저해	디클로베닐, 아이속사벤, 인다지플람, 플루폭삼	Dichlobenil, Isoxaben, Indaziflam, Flupoxam
	H30	지방산 티오에스테르화 효소(TE) 저해	메티오졸린, 신메틸린	Methiozolin, Cinmethylin
에너지 대사 저해	H24	막 파괴		
옥신 작용 저해 ·교란	H04	클로펜테진, 헥시티아족스	디캄바, 메코프로프, 메코프로프피, 엠시피비, 엠시피비에틸, 엠시피에이, 이사-디, 이사-디에틸에스터, 퀸메락, 퀸클로락, 트리클로피르, 트리클로피르티이에이, 플루록시피르멥틸, 플루옥시피르, 플루피록시펜벤질	Dicamba, Mecoprop, Mecoprop-P, MCPB, MCPB-ethyl, MCPA, 2,4-D, 2,4-D ethylester, Quinmerac, Quinclorac, Triclopyr, Triclopyr-TEA, Fluroxypyr-meptyl, Fluoxypyr, Florprauxifen-benzyl
	H19	에톡사졸		
작용기작 불명	미분류	기타	다이뮤론, 브로모뷰타이드, 에피코코소루스네마토스포루스 와이시에스제이112, 옥사지클로메폰, 퀴노클라민, 퍼플루이돈, 펠라르곤산, 피리뷰티카브	Daimuron, Bromobutide, Epicocosorus nematosporus YCSJ112, Oxaziclomefone, Quinoclamine, Perfluidone, Pelargonic acid, Pyributicarb

4. 농약 등의 독성 및 잔류성 정도별 구분(농약관리법 시행규칙)

(1) 급성독성 정도에 따른 농약 등의 구분

구 분	시험동물의 반수를 죽일 수 있는 양(mg/kg 체중)			
	급성경구		급성경피	
	고 체	액 체	고 체	액 체
I급 (맹독성)	5 미만	20 미만	10 미만	40 미만
II급 (고독성)	5 이상 50 미만	20 이상 200 미만	10 이상 100 미만	40 이상 400 미만
III급 (보통독성)	50 이상 500 미만	200 이상 2,000 미만	100 이상 1,000 미만	400 이상 4,000 미만
IV급 (저독성)	500 이상	2,000 이상	1,000 이상	4,000 이상

(2) 어류에 대한 독성 정도에 따른 농약 등의 구분

구 분	반수를 죽일 수 있는 농도(mg/l, 48시간)
I급	0.5 미만
II급	0.5 이상 2 미만
III급	2 이상

(3) 잔류성에 의한 농약 등의 구분

구분	내 용
작물잔류성 농약 등	농약 등의 성분이 수확물 중에 잔류하여 식품의약품안전처장이 농촌진흥청장과 협의하여 정하는 기준에 해당할 우려가 있는 농약 등
토양잔류성 농약 등 기출 9회	토양 중 농약 등의 반감기간이 180일 이상인 농약 등으로서 사용 결과 농약 등을 사용하는 토양(경지를 말한다)에 그 성분이 잔류되어 후작물에 잔류되는 농약 등
수질오염성 농약 등	수서생물에 피해를 일으킬 우려가 있거나 「수질 및 수생태계 보전에 관한 법률」에 따른 공공수역의 수질을 오염시켜 그 물을 이용하는 사람과 가축 등에 피해를 줄 우려가 있는 농약 등

1. 수목진료전문가 양성 및 수목진료 실행기반 강화

2. 소나무재선충병 방제 총력 대응

(1) 기본방향

① 예찰체계(QR코드) 고도화 및 예방체계 강화로 예찰사각 방제 및 누락 방지

② QR코드 활용 설계 · 방제 · 감리 현황 실시간 공유로 방제 투명성 확보

③ 피해 유형에 따라 면적 · 본수 감소를 위한 방제전략 수립 및 체계적인 방제

④ 우화기 이전 재선충병 피해목과 기타 피해목 전량방제

⑤ 방제방법 다양화 및 현장점검 강화로 방제품질 제고

⑥ 유인헬기 약제살포는 최소화하고 드론활용 등 정밀 약제방제 실행

(2) 주요사업별 세부추진 요령

① 예찰 기본체계

구 분	광역예찰		지상예찰 (QR코드, NFC)
	헬 기	무인항공기	
주요 목적	전체적인 피해 발생 현황 파악	• 고사목 조기 발견 • 기본설계	• 고사목 전수조사 • 실시설계
주요 대상	연접 시군을 포함	선단지, 중요지역	해당 시군
주 체	담당 공무원	모니터링 센터	예찰 · 방제단
시 기	연 2회(1월, 9월)	수시(촬영가능시기)	연중

② 소나무재선충병 확산방지를 위한 합동 정밀예찰

【조사개요】

• 조사기간 : 5~10월(6개월)

 － 1차 : 5~7월(피해목 반경 2km 외곽 전 지역 고사목 및 기 시료채취목)

 － 2차 : 8~9월(항공예찰시 발견된 소나무류 고사목 대상 시료채취)

 － 3차 : 9~10월(추가 발생 고사목 및 기 시료채취목 반복 채취)

  ※ 반복 시료채취 대상목은 시료채취 대장 및 검경대장에 '재채취' 명시

• 조사지역 : 전국 소나무류 대상

 － 대상목 : 4월 이후 붉게 고사(70% 이상)되는 소나무류

  ※ 건전목, 2년 이상 고사목, 피압목 등 제외

• 조사기관 : 지방산림청(관리소), 지자체, 산림연구기관, 임업진흥원 등

• 검경기관 : 지방산림청, 산림연구기관, 한국임업진흥원

【조사방법】

- (지상예찰) 모니터링센터에서 구획한 책임 예찰구획도 참조
  - 예찰지역 내 소나무류 고사목 전수 시료채취(기 채취목 포함)
- (헬기예찰) 지자체는 일정 및 예찰노선 등 사전 모니터링센터와 조율 후 예찰
  - 예찰트랙(경로) 및 소나무류 고사목 좌표 취득(산길샘App 등)
- (무인기예찰) 국유림관리소, 지자체, 모니터링센터 무인기 활용
  - 가시권 및 비가시권 분석을 통한 촬영 대상지 선정 제공(필요시)
- 예찰 우선순위
  - 1순위 : 선단지 내·외곽~10km(발생 및 미발생지 전 지역)
  - 2순위 : 선단지 10km 반경 외곽 미발생지
  - 3순위 : 피해발생 전 지역
- QR코드 활용하여 예찰을 실시하여 조사목, 감염여부 등 실시간 공유

【결과제출】

- 제출기한 : 매월 25일
- 제출기관 : 각 도 담당부서, 한국임업진흥원 현장조사실
- 제출자료 : 좌표, 지번, 수종 등 공문 제출
  - 조사기관 : 예찰(시료채취) 결과
  - 검경기관 : 검경결과 취합

③ 피해고사목 등 방제대상목

㉠ 고사되거나 고사가 진행 중인 피해고사목

㉡ 매개충의 산란으로 성충이 우화될 우려가 있는 기타 고사목

㉢ 비병징목 또는 비병징감염목

㉣ 아래에 해당하는 고사목은 방제대상목에서 제외

- 경급·수피와 관계없이 잎이 완전히 떨어진 하층 피압고사목
- 이미 고사되어 매개충의 탈출공이 관찰되는 경우
- 심하게 부후되어 조직이 부서지는 경우
- 단목벌채지에서는 비병징목(건전목)은 반드시 제외

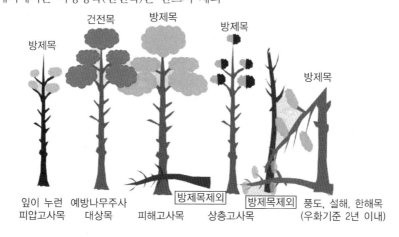

④ 소나무림 보호지역별 예방나무주사 우선순위 기출 7회

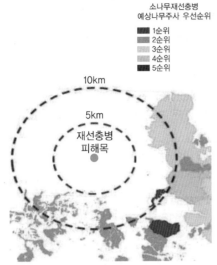

소나무재선충병
예상나무주사 우선순위
- 1순위
- 2순위
- 3순위
- 4순위
- 5순위

10km
5km
재선충병
피해목

* 1, 2순위 대상지는 최단 직선거리로 10km, 3,4순
위 대상지는 5km, 5순위 대상지는 2km 이내에
재선충병이 발생되었을 때 예방나무주사 시행

구 분	우선순위
보호수	1
천연기념물	
유네스코 생물권보전지역	
금강소나무림 등 특별수종육성권역	
종자공급원(채종원, 채종림 등)	
산림보호구역(산림유전자원보호구역)	
시험림	
수목원·정원	2
산림문화자산	
문화재보호구역	
백두대간보호지역	3
국립공원	
도시림·생활림·가로수	
생태숲	
역사·문화적 보존구역	4
도시공원	
산림보호구역(경관보호구역)	
군립공원	
기 타	5

⑤ 동시방제(재선충·매개충)에 효과가 있는 나무주사 실행

㉠ 합제 나무주사 약제 선발 등록

품목명	상표명	작물	병해충	약제주입량
아바멕틴·설폭사플로르분산성액제 6%	푸른솔	소나무잣나무	소나무재선충, 솔껍질깍지벌레, 솔수염하늘소, 북방수염하늘소, 솔잎혹파리, 솔나방	원액1ml / 흉고직경(cm)
아세타미프리드·에바멕틴벤조에이트 10+6%	솔키퍼	소나무	소나무재선충, 솔수염하늘소	원액1ml / 흉고직경(cm)

㉡ 합제 나무주사 대상지 및 실행 방법 등

- 시행 범위 : 피해목 주변 소구역모두베기를 포함하여 1ha 내외 기준
  * 피해목 기준으로 소구역모두베기 후 벌채지로부터 외곽 30m 내외 안쪽 합제 나무주사
- 주사 시기 : 2월 ~ 3월 적기
  * 매개충 약효가 7개월로 적기에 실행하는 것이 중요
- 방제방법 : 「소나무재선충병방제지침」에 따른 예방나무주사 방법 준용

⑥ 소나무재선충 미감염확인증 발급 대상 수종 목록

| 과 | 속 | 아속 | 기주명 | | | 미감염 확인증 | |
			학 명	일반명	향 명	대 상	비대상
Pinaceae (소나무과)	Pinus (소나무속)	Pinus (소나무아속)	P. thunbergii	곰솔	해송, 흑송	○	
			P. thunbergii f. multicaulis	곰반송	–	○	
			P. densiflora	소나무	적송, 청송	○	
			P. densiflora f. erecta	금강소나무	–	○	
			P. densiflora f. aggregata	남복송	–	○	
			P. densiflora f. multicaulis	반송	–	○	
			P. densiflora f. congesta	여복송	–	○	
			P. densiflora f. vittata	은송	–	○	
			P. densiflora f. pendula	처진소나무	–	○	
			P. rigida	리기다소나무	삼엽송, 세싶소나무		○
			P. bungeana	백송	백골송		○
			P. taeda L.	테에다소나무	테다소나무		○
		Strobus (잣나무아속)	P. koralensis	잣나무	홍송	○	
			P. strobus	스트로브잣나무	–		○
			P. parviflora	섬잣나무	오엽송	○	
	Abies (전나무속)		A. holophylla Maxim.	전나무	젓나무		○
	Larix (잎갈나무속)		L. leptolepsis	일본잎갈나무	낙엽송		○

3. 솔잎혹파리 피해 저감

(1) 기본방향

① 솔잎혹파리 피해 발생지역에 대한 리·동별 특별관리체계 지속 관리 강화

② 소나무재선충병 발생지역은 재선충병 방제방법으로 처리하고, 미발생지역은 사전 임업적 방제(강도의 솎아베기)를 실행하여 소나무림의 생태적 건강성 확보

③ 피해도 "중" 이상 지역 또는 중점관리지역, 주요지역 등 실행 시 임업적 방제 후 저독성 약제를 사용한 적기 나무주사 추진

④ 피해도 "중"인 임지와 천적 기생율 10% 미만 임지는 천적방사 추진(경북)

(2) 주요사업별 세부추진 요령

① 나무주사

㉠ 대상지

• 피해도 "중" 이상인 지역으로써 숲가꾸기 등으로 ha당 평균경급에 의한 적정밀도가 유지된 개소를 우선 실행 (*「산림병해충 방제규정」 제7조에서 정한 특별방제구역, 중점관리지역 및 주요 지역은 피해도 "경"지역이라도 실행 가능함)

㉡ 실행시기

• 국립산림과학원에서 제공하는 "우화최성기 예측 정보"를 활용하여 적기 방제

• 성충 우화최성기 직후 약제주입이 가장 효과적이며, 일반적으로 솔잎혹파리 우화 최초일로부터 2주일 후가 방제 적기임

㉢ 사용약제

• 디노테퓨란 액제 10% 등('21년 산림병해충 방제용 약종선정 내역 참조)

• 약제별 기준량(디노테퓨란은 ha당 8.8L)을 토대로 방제대상 본수 등 현지 여건을 고려하여 기준량의 110%로 설계 및 약제 구입

㉣ 실행방법

• 계획된 방제대상지가 누락되지 않도록 경계표시 및 적기방제를 추진 - 예정지조사, 사업설계, 인력수급계획, 방제장비 등을 사전준비

• 관광사적지, 우량소나무림 지역은 약해가 없도록 실행하고, 송이생산지 등 민원발생 우려지역은 제외

㉤ 실행요령

• 천공수 : 대상나무의 가슴높이지름에 따라 결정

• 천공당 약제주입량(수피를 제외한 깊이)

  * 1개당 : 지름 1cm, 깊이 7~10cm(평균 7.5cm), 주입량 4ml

  * 가슴높이지름이 10~12cm인 경우 깊이 6cm 이내는 구멍 1개당 약 4ml(3.888ml)

• 약제주입구 : 지면으로부터 50cm 아래 수피의 가장 얇은 부분

• 천공은 밑을 향해 중심부를 비켜서 45° 되게 나무줄기 주위에 고루 분포

• 약제주입기를 구멍에 깊이 넣고 서서히 당기면서 주입(주입량 준수)

  * 1개 구멍에 1회 주입(급히 주입하면 약제가 넘쳐 나옴)

㉥ 나무주사 천공 깊이와 약제주입량

  * 천공 깊이는 평균 7.5cm로 하고, 최대주입량 5.498ml의 75%(산지경사 등을 감안) 산정하여 4.123ml(약 4ml)

• 천공방향

잎을 향해 45° 되게   나무줄기에 고루 분포시키고 중심부를 비켜서 뚫음

- 천공당 약제주입량

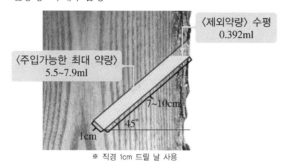

※ 직경 1cm 드릴 날 사용

② 임업적 방제
  ㉠ 대상지
    - 솔잎혹파리 피해지 또는 선단지 등에 대면적(20ha 이상)으로 선정
  ㉡ 실행방법
    - 소나무는 빛에 대한 요구도가 매우 큰 수종으로 양분·수분 경쟁완화를 위해 적정밀도 유지와 입목 간 적정간격 이상 거리를 이격
    - 평균경급에 의한 생육본수를 조사, 강도의 솎아베기를 통하여 임내를 건조시킴으로써 솔잎혹파리 번식에 불리한 환경 조성하며, 생태적으로 건강한 소나무림으로 육성
    - 솎아베기를 통해 적정 밀도가 유지된 개소에 나무주사 실행
    - 소나무재선충병 발생구역은 재선충병 방제방법에 따라 추진
③ 천적 방사(솔잎혹파리먹좀벌, 혹파리살이먹좀벌)
  ㉠ 솔잎혹파리 우화 시기인 5월 중순~6월 하순 사이에 방사
  ㉡ 피해도 "중"인 임지와 천적 기생율 10% 미만의 임지에 방사(ha당 2만 마리)

4. 솔껍질깍지벌레 피해 최소화

(1) 기본방향

① 피해 병징이 뚜렷한 4~5월 중 전국 실태조사 및 리·동별 특별관리체계 구축
② 소나무재선충병 발생지역은 재선충병 방제방법으로 처리하고, 미발생지역은 사전 임업적 방제(강도의 솎아베기)를 실행하여 소나무림의 생태적 건강성 확보
③ 피해도 "중" 이상 지역 및 우량 곰솔림 등 주요지역은 임업적 방제 후 나무주사 실시
④ 남·서해안 선단지를 중심으로 피해확산 방지를 위한 예찰·방제 집중 추진
⑤ 해안가 우량 곰솔림에 대한 종합방제사업 지속 발굴·추진

(2) 주요사업별 세부추진 요령

① 임업적 방제

- ㉠ 소나무(곰솔)림 건강성 확보를 위한 숲 관리(솎아베기)
  - 솔껍질깍지벌레 피해지 또는 선단지 위주로 일정 규모(30ha) 이상 대면적에 집중하여 추진
  - 소나무림의 생태적 건강성 확보 차원에서 강도간벌 추진(입목 간 적정간격(4m 내외) 이상 거리 이격)
  - 간벌 후 기준본수 이상 강도간벌 실시(ha 당 500본 기준)(본수비율 간벌율 : 40~50% 기준, 재적비율 간벌율 : 30~40% 기준)
  - 산물은 가급적 전량 수집하여 국산목재의 공급기반을 마련하고, 산주의 소득보전을 통해 소나무림 관리의 관심 유도

- ㉡ 피해목 벌채(모두베기)
  - 피해도 심 이상 지역으로서 고사된 소나무(곰솔)가 생립본수의 30% 내외로 수종갱신이 필요하다고 판단되는 피해지
    - 벌채·위탁·대행사업으로 추진하고, 적지적수를 고려하여 산주가 원하는 수종으로 식재될 수 있도록 조림사업과 연계 추진
    - 암석지, 석력지, 황폐우려지로서 갱신이 어려운 임지는 모두베기를 지양

- ㉢ 단목 벌채(밀도조절)
  - 피해 고사목과 하층 열세목 등을 제거하여 병해충의 밀도조절과 잔존목의 생태적 건강성 확보차원에서 실행
    - 피해도 "중" 이상 지역으로서 당해 연도 나무주사 대상지를 우선 선정하여 실행
      * 예산이 부족한 경우 숲가꾸기 사업을 우선 실시 → 단목제거 → 나무주사
    - 소나무재선충병 혼재 지역에서는 재선충병 방제방법에 따라 처리

② 나무주사

- ㉠ 대상지
  - "간벌 후 입목 본수기준" 보다 밀생된 임분에서는 가급적 사전에 임업적 방제를 실시하여 밀도조절 후 나무주사 실행
  - 피해도 중 이상 지역으로서 선단지, 특정지역 및 우량 임분에 중점실시
    * 관광사적지, 도로변 등 경관보전지역과 보안림 등 법적으로 보존시킬 지역 및 우량 곰솔림, 동네주변 마을 숲 등

- ㉡ 사용약제
  - 에마멕틴벤조에이트유제 2.15% 등('21년 산림병해충 방제용 선정 약종)
  - 약제량은 기준량의 110%로 설계

- ㉢ 사용기준
  - 표준지 조사를 실시하여 약제량을 산출(사용 약종에 따른 기준약량)
  - 대상목의 가슴높이(1.2m) 직경을 측정, 천공기로 소정개수의 직경 1cm, 깊이 7~10cm 크기로 뚫고, 약제주입기로 약제를 주입
  - 약제주입구 : 지면으로부터 50cm 아래 수피의 가장 얇은 부분

- 약제주입구는 지면으로부터 50cm 아래 수피가 가장 얇은 부분에 밑을 향해서 45° 되게, 나무줄기 주위에 고루 분포시켜 중심부를 비켜서 천공
- 하층식생과 피압목 등 가치가 적은 나무는 나무주사 전에 제거하여 방제효과를 제고
- 소나무재선충병 혼재 지역에서는 재선충병 나무주사 사용기준에 따라 처리
- ㉣ 실행시기
  - 1~2월, 11~12월(후약충기)
- ㉤ 실행방법
  - 지면으로부터 50cm 아래 수피의 가장 얇은 부분에 구멍(직경 1cm, 깊이 7~10cm 크기)을 뚫고 약제를 직접 주입(약제주입기 4ml를 사용)
  - 대상지내 하층식생과 피압목 등 존치할 가치가 없는 나무는 나무주사 실행 전후에 제거 정리하여 방제효과를 제고
- ③ 해안가 우량 곰솔림 종합방제
  - ㉠ 종합방제 세부 사업내용
    - 병·해충 방제 : 솔껍질깍지벌레 나무주사, 재선충병 예방나무주사 등
    - 토양 이화학성 개선 : 산도교정, 유기질비료시비, 무기질비료시비 등
    - 생육환경개선 : 고사목 제거, 고사지 및 가지치기, 복토제거, 콘크리트제거, 지지대 설치, 식생정리 등
    - 수세회복처리 : 엽면시비, 영양제수간주사, 외과수술 등
  - ㉡ 사업 추진
    - 실시설계·감리 : 3월 이내 실시설계 추진
    - 나무주사 : 1~2월, 11~12월(후약충기)
    - 임업적 방제 : 9~11월

5. 참나무시들음병 확산 저지

(1) 기본방향

① 중점관리지역을 중심으로 권역별 방제전략 수립·방제
② 매개충의 생활사 및 현지 여건을 고려한 복합방제 방법으로 실행
③ 방제효과 극대화 및 사각지대 해소를 위한 유관기관 부서 공동협력 방제 강화
④ 친환경 예방·방제 추진으로 경관 및 건강한 자연생태계 유지
⑤ 드론 정밀예찰 및 공동방제를 통해 수도권 피해극심지 집중방제 실시

(2) 주요사업별 세부추진 요령

① 소구역골라베기
  - ㉠ 대상지
    - 참나무시들음병 피해지 중 벌채산물의 수집·반출이 가능한 지역
    - 집단발생 지역으로 벌채를 통한 근원적 방제가 필요한 지역

- 대상지의 경계는 최소 피해지 외곽 20m~30m까지 설정 (고사목을 중심으로 20m 이내의 나무에 많이 침입함)
  - ⓛ 벌채·반출 및 벌채산물의 활용
    - 산림소유자가 관할 시·군·구에서 입목벌채허가를 받아 피해지역의 참나무류 입목을 "골라베기"로 실시
      - 피해지 1개 벌채구역은 5ha 이하를 원칙으로 하되, 벌구 사이에 피해가 발생되지 않았을 경우 폭 20m 이상의 수림대 존치
      - 기주나무인 신갈나무는 벌채대상이며, 신갈나무 외 수종은 존치하여 친환경적 벌채로 유도하여야 하며, 벌채 산물은 전량 수집하여 반출하여야 함
    - 벌채 산물은 산림 밖으로 반출하여 숯·칩·톱밥 생산업체에 공급
    - 산물은 4월말까지 숯·칩·톱밥으로 처리, 원목상태의 방치 금지
    - 담당공무원은 공급한 벌채 산물의 처리 상황을 확인하고 기록·유지

② 피해목 제거(벌채·훈증)
  - ㉠ 대상목 : 피해지역의 고사목에 한하여 실시
  - ⓛ 훈증처리 부위
    - 매개충의 침입을 받은 피해부위의 줄기와 가지를 잘라 훈증
    - 침입공이 최근 상단부로 이동 경향이 있어 세밀한 관찰이 필요함
  - ㉢ 실행방법
    - 매개충이 침입한 나무의 줄기 및 가지를 1m 정도로 잘라 쌓은 후에 훈증약제를 골고루 살포하고 갈색 천막용 방수포(타포린)로 완전히 밀봉하여 훈증(비닐을 훈증포로 사용하는 것을 금지하며, 훈증포 훼손금지 경고문 부착)
    - 그루터기는 최대한 낮게 베고 적정량의 약제를 넣고 훈증
    - 매개충이 침입하여 고사목이 발생하는 7월부터 익년 4월 말까지 훈증 완료
    - 매개충의 우화 탈출시기(5~10월) 이전에 처리한 훈증더미의 해체는 다음 연도 11월부터 실시
    - 집중호우 시 훈증더미가 유실되지 않도록 계곡부 적치 금지

③ 끈끈이롤트랩 설치
  - ㉠ 설치지역을 고려한 제품 선정
    - 일반 제품 : 중점관리지역으로 접근이 용이하며 경관유지를 위해 수거 필요 지역
    - 생분해형 제품 : 산간오지 등 별도의 수거를 요하지 않는 지역
    - 갈색 한면 점착성 제품 : 경관이 중요시되는 지역(사찰, 고궁, 생활권, 주요 숲길 등)
    - 통기성 개선 제품 : 습도가 높아 이끼류 발생이 예상되는 지역
  - ⓛ 설치 및 회수 시기
    - 설치 : 일반제품은 매개충의 우화 이전까지 설치(4월 말)
    - * 갈색 한면 점착성 제품은 우화한 매개충에 포획력이 없으므로 4월 말까지 설치
    - 회수 : 매개충 우화가 끝난 10월부터 회수(회수 필요성이 없는 지역은 존치)
    - * 회수 필요성이 없는 지역이라도 참나무류 생육에 나쁜 영향을 미치는 경우 회수

     © 실행방법
- 매개충의 침입흔적이 있는 높이까지 감되 가급적 최대한 높이(2m 이상) 설치
- 매개충이 가장 많이 침입하는 지제부는 끈끈이롤트랩을 잘라서 사용
- 빗물이 스며들지 않도록 하단에서 상단으로 돌려가며 감아주는 것이 효과적임
- 고사목을 중심으로 20m 이내의 피해우려목에 집중 설치

④ **대량포획 장치법**
     ㉠ 실행 방법
- 방제 대상목에 포획병을 연결하는 받침대를 4방위별로 상·중·하에 설치
- 지제부에서 약 2m 높이까지 검은 비닐로 씌움
- 받침대에 물이 담겨진 플라스틱 포획병을 연결
- 밑부분의 검은 비닐을 나무말뚝으로 고정한 후 흙으로 덮어 완전 밀폐

     ㉡ 설 치
- 지역별로 우화시기를 고려하여 1월초부터 4월말까지 전년도 피해목에 설치
- 수도권 지역의 매개충 다수 분포 지역에서 대량 포획할 수 있는 입목에 설치

⑤ **유인목 설치**
     ㉠ 설치개소
- 방제구역 내 ha당 10개소 내외로 설치하되, 현지여건 및 지형조건을 감안하여 탄력적으로 설치(유인목 재료가 많은 지역, 매개충 밀도가 낮은 지역)

     ㉡ 설치방법
- 피해목 중 매개충의 침입 흔적이 없는 부위를 1m 간격으로 절단하여 우물정(井)자 모양으로 1m 정도의 높이까지 쌓고 가급적 4월말 이전 설치
- 유인목 설치 시 알코올(Ethyl alcohol) 원액 200ml을 휘발 가능한 용기에 담아 유인목 가운데 설치(땅을 5cm 정도 파고 용기 고정)
- 유인목은 매개충 침입 및 산란이 끝나는 10월경 소각, 훈증, 파쇄 등 완전 방제처리(훈증 시 산림병해충 방제용 선정 약제 사용)
- 주의사항 : 유인목은 매개충 산란기 이후 훈증처리가 누락되지 않도록 좌표취득, 경고문 설치 등을 통해 철저히 관리

⑥ **지상약제 살포**
     ㉠ 대상목 : 피해가 심하고 확산의 우려가 예상되는 지역의 참나무류
     ㉡ 실행방법
- 매개충의 우화최성기인 6월 중순을 전후하여 산림청 선정 약종을 나무줄기에 흠뻑 살포(3회 : 6월 초순 1회, 6월 중순 1회, 6월 하순 1회)
- * 지상약제 살포는 약제 살포로 인한 환경피해 및 민원발생 우려가 없는 지역에서 최소한의 면적으로 제한적 추진

⑦ 약제(PET)줄기 분사법

　㉠ 약제줄기 분사법

　　• 식물추출물을 원료로 한 친환경 약제를 방제 대상목에 직접 뿌려 매개충에 대한 살충 효과와 침입저지 효과를 동시에 발휘

　　• 원료로 Paraffin, Ethanol, Turpentin 등의 혼합액을 사용

　㉡ 실행방법

　　• 원료 혼합액을 방제 대상목의 살포 가능한 높이까지 골고루 뿌림

　　• 지역별로 우화시기를 고려하여 5월 말부터 6월 말까지 살포

　　• 보존가치가 있는 지역에 제한적으로 실행

⑧ 물리적 방제법

　㉠ '물리적 방제법'

　　• 피해목을 절단 후 임내에 방치하여 자연건조를 촉진시키고 겨울의 낮은 온도를 거치게 함으로써 매개충의 밀도를 억제하는 친환경적인 방제방법

　㉡ 실행방법

　　• 대상지 : 피해목의 임외 반출이 어려운 지역(급경사지, 밀식지, 고밀도 하층식생 발생지 등)

　　• 처리시기 : 매개충 우화최성기를 지나 활동이 거의 없거나 종료되는 시기(9~11월)

　　• 실행방법 : 피해목을 1m 이하의 길이로 절단하고, 각각의 절단목을 폭이 10cm 이하가 되도록 세로로 절단하여 임내에 방사형으로 고루 방치

6. 기타(외래 · 돌발 등) 산림병해충 적기 대응

(1) 기본방향 　기출 7회 · 9회

① 예찰조사를 강화하여 조기발견 · 적기방제 등 협력체계 정착으로 피해 최소화

② 외래 · 돌발병해충이 발생되면 즉시 전면적 방제로 피해확산 조기 저지

③ 대발생이 우려되는 외래 · 돌발해충 사전 적극 대응을 통한 국민생활 안전 확보

④ 돌발해충 대발생 시 각 산림관리 주체별로 예찰 · 방제를 실시하고, 광범위한 복합피해지는 부처협력을 통한 공동 방제로 국민생활 불편 해소 및 국민 삶의 질 향상에 최선

⑤ 지역별 방제여건에 따라 방제를 추진할 수 있도록 자율성과 책임성 부여

⑥ 농림지 동시발생병해충, 과수화상병, 아시아매미나방(AGM), 붉은불개미 등 부처 협력을 통한 공동 예찰 · 방제

⑦ 밤나무 해충 및 돌발해충 방제를 위한 항공방제 지원

(2) 주요사업별 세부추진 요령

① 방제시기 및 사용약제

해충 및 병명	방제시기	사용약제
꽃매미	1~12월	• (지상방제) 페니트로티온 유제 50%, 델타메트린 유제1% 등 • (나무주사) 이미다클로프리드 분산성액제 20%
미국선녀벌레	4~10월	디노테퓨란 입상수화제 10%, 티아메톡삼 입상수화제 10% 등
갈색날개매미충	1~12월	디노테퓨란 수화제 10%, 에토펜프록스 유제 20% 등
솔나방	4월 중·하순 9월 상순	트리플루뮤론 수화제 25% 등 약종 선정 약제 ※ 4월 중·하순 : 월동유충 가해 초기 ※ 9월 상순 : 어린 유충기
미국흰불나방	5월 하순~6월 초순 7월 중·하순	클로르플루아주론 유제 5% 등 약종 선정 약제 ※ 5월 하순~6월 초순 : 1세대 발생초기 ※ 7월 중·하순 : 2세대 발생초기
매미나방	4~6월 6~8월 8월~익년 4월	스피네토람 액상수화제 5%, 메타플루미존 유제 20%, 티아클로프리드 액상수화제 10% 등 산림(수목)용 등록 약제 ※ 4~6월 : 유충기 ※ 6~8월 : 성충·산란기 ※ 8월~익년 4월 : 월동기
잣나무넓적잎벌	7월 중순~8월 중순	클로르플루아주론 유제 5% 등 약종 선정 약제 ※ 7월 중순~8월 중순 : 수상유충기
오리나무잎벌레	4~6월 하순	트리플루뮤론 수화제 25% 등 약종 선정 약제 ※ 성충과 유충을 동시 방제
밤나무 해충	종실가해 해충 (복숭아명나방) 발생 시기	감마사이할로트린 캡슐현탁제, 메톡시페노자이드 액상수화제, 클로르플루아주론 유제, 비펜트린 유제, 테플루벤주론 액상수화제, 에토펜프록스·메톡시페노자이드 유현탁제, 클로르피리포스 유제, 람다사이할로트린 유제, 펜토에이트 유제, 펜발러레이트 유제, 델타메트린 유제, 비펜트린 유탁제, 티아클로프리드 액상수화제 등 약종 선정 약제
벚나무사향하늘소	4~11월 6~8월 8월~익년 3월	페니트로티온 유제 50% 등 수목용 등록 약제 ※ 유충기(4~11월), 성충·산란기(6~8월), 월동기(8월~익년 3월)
대벌레	3~6월 6~9월	약제 직권등록시험을 통한 조속한 약제 등록 추진 예정 ※ 약충기(3~6월), 성충·산란기(6~9월)
소나무허리노린재	6~7월	약제 직권등록시험을 통한 조속한 약제 등록 추진 예정 ※ 약충기(6~7월)
붉은매미나방	4~7월 7~8월 8~4월	약제 직권등록시험을 통한 조속한 약제 등록 추진 예정 ※ 유충기(4~7월), 성충기(7~8월), 월동기(8~4월)
피목가지마름병	4~6월	• 고사한 나무와 병든 가지를 잘라 소각 • 병 발생하지 않은 지역은 솎아베기하고 죽은 가지 제거
푸사리움가지마름병	겨울	• 테부코나졸 유탁제 25%(살균제) 등 약종 선정 약제 • 3월에 흉고직경 10cm당 원액 5ml 주사(고속도로·국도, 사적지·묘역, 주택가 등 주요지역)
잣나무털녹병	4~8월	• 4~6월 : 이병목 제거 • 6~8월 : 중간기주(송이풀) 제거
벚나무빗자루병	6월~익년 2월	가능한 범위 내에서 병이 발생한 가지 전체를 절단

(3) 병해충 발생예보 발령구분 세부기준

관심 **(Blue)**	1) 주요 산림병해충 : 솔잎혹파리, 광릉긴나무좀, 미국흰불나방 등 발생 및 우화시기 예측이 가능한 병해충의 사전 예보(예측 시기를 기점으로 2개월 전 발령) 2) 외래·돌발병해충 : 전년도 발생밀도 및 피해가 2개 이상의 시 군·구에서 10ha 이상의 피해 발생 또는 월동·부화·우화시기 예찰·모니터링 결과 병해충 대발생 우려 3) 지자체, 소속기관, 유관기관 및 민간신고 등 외래·돌발병해충 발생정보 입수 4) 과거에 외래·돌발병해충이 발생한 시기, 지역 및 수목(임산물 포함)의 이상 징후 5) 중국·일본 등 인접 국가에서 대규모 병해충 발생 및 국내 유입 징후
주의 **(Yellow)**	1) 당해연도에 1개의 시·군·구에서 20ha 이상 또는 2개 이상의 시 군·구에서 10ha 이상의 외래·돌발병해충 피해 발생 2) 과거에 외래·돌발병해충이 발생한 시기, 지역 및 수목(임산물 포함)에서 지역적 규모의 동종 병해충 발생 3) 중국·일본 등 인접국가에서 대규모로 발생한 병해충이 국내로 유입
경계 **(Orange)**	1) 외래·돌발병해충이 타 지역으로 확산하거나(2개 이상의 시·군) 50ha 이상의 피해 발생 2) 과거에 외래·돌발병해충이 발생한 시기, 지역 및 수목(임산물 포함)에서 지역적 규모로 발생한 동종 병해충이 타 지역으로 전파 3) 중국·일본 등 인접국가에서 대규모로 발생한 병해충이 국내로 유입되어 타 지역으로 전파
심각 **(Red)**	1) 외래·돌발병해충이 타 지역으로 전파되어 전국적 확산 징후 또는 100ha 이상의 피해 발생 2) 과거에 외래·돌발병해충이 발생한 시기, 지역 및 수목(임산물 포함)에서 지역적 규모로 발생한 동종 병해충이 타 지역으로 전파되어 전국적으로 확산 징후 3) 중국·일본 등 인접국가에서 대규모로 발생한 병해충이 국내로 유입, 타 지역으로 전파되어 전국적 확산 징후 4) 병해충 발생 피해로 인하여 해당 수목(임산물 포함)의 수급, 가격안정 및 수출 등에 중대한 영향을 미칠 징후

더 알아두기

「산림병해충 방제규정」 제7조 산림병해충 발생밀도(피해도)조사 요령 **기출** 7회

병해충명	구분방법	발생밀도(피해도) 구분			조사요령
		심	중	경	
솔잎혹파리	충영형성율에 의한 구분	50% 이상	20~50% 미만	20% 미만	• 조사대상지 내 피해 정도가 평균이 되는 조사목 5본을 전구역에서 고루 선정 • 조사목 1본당 4방위에서 중간부위의 가지 1년생 신초 2가지씩 채취(5본×4방×2가지=40가지 채취) • 채취된 가지 위에 붙어 있는 총 잎수와 충영이 형성된 잎수를 계산 • 충영형성율 = $\dfrac{\text{충영형성 잎수}}{\text{총 잎수}} \times 100$
솔껍질 깍지벌레	외견적 피해율에 의한 구분	30% 이상	10~30% 미만	10% 미만	• 조사대상지 내 피해 정도가 평균이 되는 조사목 30본을 전구역에서 고루 선정 • 조사목당 적갈색으로 변색된 잎의 가지나 고사된 가지수를 계산 • 피해율 = $\dfrac{\text{피해받은 가지수}}{\text{총 가지수}} \times 100$

병해충명	구분방법	발생밀도(피해도) 구분			조 사 요 령
		심	중	경	
솔나방	유충의 서식수에 의한 구분	춘 기			• 조사대상지 내 발생 정도가 평균이 되는 조사대상목 20본을 전구역 내에서 고루 선정 • 선정된 조사목의 수관상부와 하부에서 직경×길이가 100m² 정도 되는 가지 1개씩을 택하여 가지 위에 있는 유충수를 셈 • 전 조사본수의 유충수를 합계하여 평균한 수(총 마리수÷조사본수)로 그 임지에서의 발생밀도를 판정
		1가지당 1마리 이상	2가지당 1마리	2가지당 1마리 미만	
		추 기			
		1가지당 2마리 이상	1가지당 1마리	1가지당 1마리 미만	
미국 흰불나방	유충의 군서개소(충소수)에 의한 구분	1나무당 5개 이상	1나무당 2~4개	1나무당 1개 이하	• 조사대상지 내 2본당 1본 간격으로 총 50본의 조사목을 선정 • 조사목의 유충 군서개소(충소수)를 조사
오리나무 잎벌레	난괴밀도에 의한 구분	100엽당 5.2개 이상	100엽당 2.1~5.1개	100엽당 2.0개 이하	• 조사대상지 내에서 30본의 조사목 선정 • 조사목 상부에서 100엽, 하부에서 200엽을 채취하여 100엽당 난괴수를 조사
잣나무 넓적잎벌	토중 유충수에 의한 구분	m²당 150마리 이상	m²당 91~149 마리	m²당 31~90 마리	• 조사대상지 내에서 1.0×1.0m의 조사구 5개소씩을 선정 • 지표면으로부터 30cm 깊이까지 땅을 파면서 토중 유충수 조사
솔알락 명나방	피해구과 비율에 의한 구분	50% 이상	20~50% 미만	20% 미만	• 조사대상지 내에서 피해정도가 평균이 되는 조사목 5본 선정 • 전 조사본수의 구과수를 세고 그 중에 피해 구과수 계산 • 피해율 = $\dfrac{\text{피해받은 구과수}}{\text{총 구과수}} \times 100$
버즘나무 방패벌레	수관부의 피해면적에 의한 구분	50% 이상	20~50% 미만	20% 미만	• 조사대상지 내 2본당 1본 간격으로 총 50본의 조사목을 선정 • 전 조사본수의 수관부 총 면적을 조사하고 그중에 피해면적 계산 • 피해율 = $\dfrac{\text{수관부 피해면적}}{\text{수관부 총 면적}} \times 100$
복숭아 명나방	피해밤송이 비율에 의한 구분	50% 이상	20~50% 미만	20% 미만	• 조사대상지 내에서 피해정도가 평균이 되는 조사목 5본 선정 • 전 조사본수의 밤송이수를 세고 그 중에 피해 밤송이수 계산 • 피해율 = $\dfrac{\text{피해받은 밤송이 수}}{\text{총 밤송이 수}} \times 100$
꽃매미	약·성충수에 의한 구분	30마리 이상	10~30 마리 미만	10마리 미만	• 실 발생면적을 조사·확정하고 발생상황의 표준이 되는 지역을 선정 • 목본성, 초본성 기주식물을 중심으로 30본을 육안조사하여 약충과 성충의 평균 마리수를 계산
갈색날개 매미충	약·성충수에 의한 구분	30마리 이상	10~30 마리 미만	10마리 미만	• 실 발생면적을 조사·확정하고 발생상황의 표준이 되는 지역을 선정 • 목본성, 초본성 기주식물을 중심으로 30본을 육안조사하여 약충과 성충의 평균 마리수를 계산

병해충명	구분방법	발생밀도(피해도) 구분			조 사 요 령
		심	중	경	
미국 선녀벌레	약·성충수에 의한 구분	30마리 이상	10~30 마리 미만	10마리 미만	• 실 발생면적을 조사·확정하고 발생상황의 표준이 되는 지역을 선정 • 목본성, 초본성 기주식물을 중심으로 30본을 육안조사하여 약충과 성충의 평균 마리수를 계산

참나무 시들음병	피해본수 및 천공수에 의한 구분	50% 이상	20~50% 미만	20% 미만	• 조사 3개소(10×15m)에서 조사
					• 피해목별로 4방위에 대해 수고 1m 이하에서 투명판(크기 : 20×20cm, 면적 : 400cm^2) 내 천공수를 조사한 후 평균 천공수를 계산
					  – '가' : 35개 이상/400cm^2
					  – '나' : 5~35개 미만/400cm^2
					  – '다' : 5개 미만/400cm^2
					• 피해율=[{5×('가'의 본수) + 3×('나'의 본수) + 1×('다'의 본수)} / (총 조사본수×5)]×100

푸사리움 가지마름병	피해본수에 의한 구분	50% 이상	20~50% 미만	20% 미만	• 조사지 3개소(10×15m)에서 피해본수를 조사 • 피해율 = $\frac{\text{피해본수}}{\text{총 조사본수}}$ × 100

피목가지 마름병	피해본수 및 피해가지수에 의한 구분	50% 이상	20~50% 미만	20% 미만	• 조사지 3개소(10×15m)에서 조사
					• 피해가지의 수로 피해목별 피해도를 조사
					  – '가' : 5개 이상
					  – '나' : 3~5개 미만
					  – '다' : 3개 미만
					• 피해율=[{5×('가'의 본수) + 3×('나'의 본수) + 1×('다'의 본수)} / (총 조사본수×5)]×100

벚나무 빗자루병	피해본수 및 피해증상수에 의한 구분	50% 이상	20~50% 미만	20% 미만	• 조사지 3개소(10×15m)에서 조사
					• 총생 증상의 수로 피해목별 피해도를 조사
					  – '가' : 5개 이상
					  – '나' : 3~5개 미만
					  – '다' : 3개 미만
					• 피해율=[{5×('가'의 본수) + 3×('나'의 본수) + 1×('다'의 본수)} / (총 조사본수×5)]×100

아밀라리아 뿌리썩음병	피해본수에 의한 구분	50% 이상	20~50% 미만	20% 미만	• 조사지 3개소(10×15m)에서 피해본수를 조사 • 피해율 = $\frac{\text{피해본수}}{\text{총 조사본수}}$ × 100
리지나 뿌리썩음병	피해본수에 의한 구분	50% 이상	20~50% 미만	20% 미만	• 조사지 3개소(10×15m)에서 피해본수를 조사 • 피해율 = $\frac{\text{피해본수}}{\text{총 조사본수}}$ × 100

이팝나무 잎녹병	피해본수 및 피해잎수에 의한 구분	50% 이상	20~50% 미만	20% 미만	• 조사지 3개소(10×15m)에서 조사
					• 육안 피해엽량으로 피해목별 피해도를 조사
					  – '가' : 50% 이상
					  – '나' : 20~50% 미만
					  – '다' : 20% 미만
					• 피해율=[{5×('가'의 본수) + 3×('나'의 본수) + 1×('다'의 본수)} / (총 조사본수×5)]×100

병해충명	구분방법	발생밀도(피해도) 구분			조 사 요 령
		심	중	경	

호두나무 갈색썩음병	피해본수 및 피해잎수에 의한 구분	50% 이상	20~50% 미만	20% 미만	• 조사지 3개소(10×15m)에서 조사
					• 육안 피해엽량으로 피해목별 피해도를 조사
					  – '가' : 50% 이상
					  – '나' : 20~50% 미만
					  – '다' : 20% 미만
					• 피해율=[{5×('가'의 본수) + 3×('나'의 본수) + 1×('다'의 본수)} / (총 조사본수×5)]×100

「산림병해충 방제규정」 제53조 약제선정 기준 기출 8회

• 방제용 약종은 「농약관리법」에 따라 등록된 약제 중에서 다음의 기준에 따라 약제를 선정한다.
  – 예방 및 살충·살균 등 방제효과가 뛰어날 것
  – 입목에 대한 약해가 적을 것
  – 사람 또는 동물 등에 독성이 적을 것
  – 경제성이 높을 것
  – 사용이 간편할 것
  – 대량구입이 가능할 것
  – 항공방제의 경우 전착제가 포함되지 않을 것
• 「농림축산식품부 소관 친환경농어업 육성 및 유기식품 등의 관리·지원에 관한 법률 시행규칙」에 따라 유기농업자재로 공시·품질 인증된 제품은 다음의 기준을 모두 충족하는 제품을 사용한다.
  – 적용대상 수목 및 병해충에만 사용할 것
  – 약효시험 결과 50% 이상 방제효과가 인정될 것
  – 기준량 및 배량 모두에서 약해가 없을 것
  – 항공방제의 경우 전착제가 포함되지 않을 것

적중예상문제

제1장 수목관리학

01 비생물적 서론

01 대부분의 나자식물은 정아지가 측지보다 빨리 자람으로써 원추형을 유지하는데 이에 관여하는 식물호르몬은 무엇인가?

① 옥 신 ② 지베렐린
③ 시토키닌 ④ 아브시스산(ABA)
⑤ 에틸렌

해설
정아우세성을 나타내는 성장촉진 호로몬은 옥신이다.

02 도시 수목의 구비조건 설명 중 옳지 않은 것은?

① 튼튼한 수관구조를 가져야 한다.
② 이식활착이 용이하여야 한다.
③ 알레르기를 유발하지 않아야 한다.
④ 강한 상처에도 유합조직이 잘 발달하여야 한다.
⑤ 병해충 환경조건에 폭넓은 감수성을 가져야 한다.

해설
도시수목은 병해충의 발생이 높으며, 이에 내병성이 높은 나무를 식재하여야 한다.

03 내염성이 높은 수종이 아닌 것은?

① 은행나무   ② 위성류

③ 곰 솔   ④ 자귀나무

⑤ 회화나무

해설

내염성이 강한 수종은 곰솔, 낙우송, 노간주나무, 주목, 측백, 향나무 등 침엽수와 느티나무, 굴거리나무, 녹나무, 능수버들, 동백나무, 때죽나무, 모감주나무, 보리수나무 등 활엽수이다.

04 우량수목 조건에 대한 설명 중 틀린 것은?

① 건강한 뿌리를 가지고 있다.

② 수간이 상처나 손상이 없다.

③ 외줄기 수간이 수관의 끝까지 이어져 있다.

④ 수목 고유의 수형을 유지하고 있다.

⑤ 수목의 가지가 불규칙하게 부착되어 있다.

해설

우량수목은 외줄기 수간이 수관의 끝까지 연결되어 있고 수목의 가지가 일정한 간격으로 분지되어 있어야 한다.

05 야자수의 설명 중 틀린 것은?

① 직경 생장을 한다.

② 줄기에 형성층이 없다.

③ 속씨식물이며 단자엽 식물이다.

④ 수고생장은 정관 분열조직에서 이루어진다.

⑤ 야자수 열매 및 줄기는 탄질률이 높아 수목관리용 재료로 사용된다.

해설

야자수는 2차 목부와 사부에서 생장을 하지 않는다.

06 수목의 정아우세와 관련 있는 생장촉진 호르몬은?

① 에틸렌
② 시토키닌
③ ABA
④ 옥 신
⑤ 지베렐린

해설

생장촉진 호르몬은 옥신, 지베렐린, 시토키닌이며, 생장억제 호르몬은 ABA, 에틸렌이다.

07 수목의 호르몬 중 기체형태로 존재하는 호르몬은?

① 에틸렌
② 시토키닌
③ ABA
④ 옥 신
⑤ 지베렐린

해설

에틸렌은 기체상태의 식물 호르몬의 일종이다. 전구물질은 ACC이며 식물은 가뭄, 침수, 상처, 감염 등의 자극에 대한 반응으로 에틸렌을 합성한다.

08 수목의 가지 한쪽 방향으로부터 비추는 빛(400~450nm의 복사)에 노출되면, 가지의 끝이 빛을 향해 자라는 성질을 무엇이라 하는가?

① 굴색성
② 굴수성
③ 광합성
④ 굴광성
⑤ 굴지성

해설

굴광성(屈光性)은 빛의 자극이 식물의 생장에 미치는 효과를 말한다. 이때 줄기가 빛이 오는 방향으로 굽는 성질을 '양굴광성', 뿌리처럼 빛의 반대 방향으로 굽는 성질을 '음굴광성'이라고 한다.

09 다음 중 우량수목 구비 조건으로 알맞은 것은?

① 무조건 크게 자라야 한다.
② 용기 내 뿌리가 꽉 차 있고, 건강한 맴도는 뿌리가 있어야 한다.
③ 가지가 일정한 간격으로 단단하게 줄기에 부착되어 있어야 한다.
④ 2m 높이에서 부챗살 모양으로 균일하게 다수의 가지가 분지되어야 한다.
⑤ T/R률의 값이 커야 한다.

> **해설**
> 우량수목은 외줄기 수간이 수관의 끝까지 연결되어 있고 수목의 가지가 일정한 간격으로 분지되어 있어야 한다.

10 다음 중 적지적수에 대한 올바른 개념으로 볼 수 없는 것은?

① 수종은 반드시 평균기온을 기준으로 선택하여야 한다.
② 토양에 가장 적합한 수종을 선정하여 식재하는 것이다.
③ 수목은 기능적으로 주변지역의 미기후 또는 중기후에 영향을 준다.
④ 수목의 식재는 목적과 식재 부지의 환경, 수목의 유전적 특성을 고려하여 선택한다.
⑤ 남부지역의 수목을 중부지역에 식재할 경우 기후환경 변화에 따른 문제가 발생한다.

> **해설**
> 수종은 최저·최고기온에 대해 내한성과 내서성을 확인하여 식재하도록 한다.

11 이식이 잘 되는 수종으로 연결된 것은?

① 은행나무, 낙우송
② 가문비나무, 낙엽송
③ 주목, 전나무
④ 소나무, 금송
⑤ 자작나무, 호두나무

해설

이식이 잘되는 수종은 편백, 측백나무, 낙우송, 메타세쿼이아, 향나무, 꽝꽝나무, 사철나무, 쥐똥나무, 철쭉류, 벽오동, 미루나무, 은행나무, 플라타너스, 수양버들 등이다.

12 척박한 토양에 잘 자라는 수종이 아닌 것은?

① 잣나무
② 소나무
③ 곰 솔
④ 노간주나무
⑤ 향나무

해설

척박한 토양에서 잘 자라는 수종은 아래와 같다.

양료요구도	침엽수	활엽수
낮 음	곰솔, 노간주나무, 대왕송, 방크스소나무, 소나무, 향나무	등나무, 보리수나무, 소귀나무, 싸리나무, 아까시나무, 오리나무, 해당화

13 내음성이 강한 수종들로만 짝지어진 것은?

① 너도밤나무, 녹나무

② 자작나무, 동백나무

③ 낙우송, 측백나무

④ 방크스소나무, 연필향나무

⑤ 소나무, 버드나무

해설

내음성이 있는 나무는 녹나무, 단풍나무류, 서어나무류, 송악, 칠엽수, 함박꽃나무, 가문비, 전나무, 굴거리, 식나무, 단풍나무류 등이다.

14 방풍림의 효과가 미치는 거리는 풍상에서 수고의 5배인데 풍하에서는 수고의 몇배인가?

① 15~20배   ② 10배 이하

③ 40배 이상   ④ 30~40배

⑤ 50배

해설

방풍림의 효과를 미치는 거리는 풍상측은 수고의 5배, 풍하측은 15~20배이다.

15 다음 중 낙엽, 낙지 등에 의한 수목피복의 효과가 아닌 것은?

① 강우에 의한 표토의 침식과 유실을 막아준다.

② 표토 과습으로 인해 뿌리발달을 방해한다.

③ 토양의 답압을 막아주어 산소공급을 원활히 할 수 있다.

④ 토양에 유기물을 공급하여 양료를 증가시켜줌으로써 나무의 생장을 돕는다.

⑤ 토양수분의 증발을 막고 표토의 온도를 조절하여 토양 미생물을 보호한다.

해설

낙엽으로 멀칭할 경우 표토의 침식을 막아지고 유기물을 공급하며 토양 수분의 증발을 막는 효과 등이 있으나 병해충의 발생지가 될 수 있다.

16 산성비가 토양에 미치는 영향이 아닌 것은?

① 양료성분의 용탈을 가져온다.
② 중금속이 용탈된다.
③ 뿌리독성이 증가한다.
④ 양료 순환계가 회복된다.
⑤ 토양을 단립구조로 만든다.

해설

산성비는 pH 5.6 이하의 비를 산성비라고 하며, 중금속의 용탈, 알루미늄 이온에 의한 독성 발생, 칼륨, 마그네슘, 칼슘의 용탈 등이 발생한다.

17 나무의 내음성에 대한 설명 중 옳지 않은 것은?

① 참나무류는 양수에 속한다.
② 어린나무는 내음성에 약하다.
③ 음지에서는 절간생장이 빨라진다.
④ 수관의 밀도로서 내음성을 판단할 수도 있다.
⑤ 너도밤나무, 주목 등은 음수의 대표적인 수종이다.

해설

내음성이 강한 음수는 광보상점과 광포화점이 낮으며, 낮은 광조건에서도 광합성을 효율적으로 수행할 수 있다. 특히, 어린 수목은 내음성이 있어 초기생장에 기여한다.

18 다음 중 수목관리에 적용되는 원리가 아닌 것은?

① 수종 선정은 적지적수에 기초한다.
② 수목관리는 수목 건강관리 원칙에 근거를 둔다.
③ 수목관리는 장기간, 높은 강도로 진행한다.
④ 수목관리 시 치료에는 한계가 있기 때문에 예방이 치료보다 훨씬 중요하다.
⑤ 수목관리적 처리는 긍정적인 편익과 부정적인 결과 중 하나를 초래할 수 있다.

해설

수목의 관리는 이식 후 5년은 높은 강도로 하여야 하나, 이후 수목의 정착 후에는 안정적인 관리가 필요하다.

19 수목의 생존 전략에 대한 설명 중 옳지 않은 것은?

① 양분을 스스로 획득하는 자가영양체이다.

② 초기에는 영양생장에 주력한다.

③ 상처가 발생하면 구획화하여 방어한다.

④ 생육환경이 불리하면 휴면하는 경우도 있다.

⑤ 토양미생물과 경쟁하고 배척한다.

해설
토양미생물은 생태계에서 기생의 역할도 하지만 분해와 공생의 역할을 한다.

20 수목관리에 관한 설명으로 옳지 않은 것은?

① 수목의 구조적인 안정성을 유지시킨다.

② 수목관리는 양질의 수목으로부터 시작된다.

③ 육묘 이식을 제외한 수목의 관리를 모두 포함한다.

④ 외과수술과 지지대, 줄당김 등의 지지시스템 등을 포함한다.

⑤ 수목관리에 있어 가장 중요한 것은 건강하게 키우는 것이다.

해설
수목의 관리는 종자에서부터 성숙 시까지 전 단계에 걸쳐 시행되어야 한다.

21 수목의 눈에 대한 설명으로 옳지 않은 것은?

① 도장지는 부정아에서 나온다.

② 눈은 전개되지 않은 신초나 꽃이다.

③ 액아는 잎의 겨드랑이 부분에서 나오는 눈이다.

④ 부정아는 뿌리, 잎, 또는 신초나 가지의 마디 사이에서 형성될 수 있다.

⑤ 잠아는 1년 이상의 눈으로 정아가 전정이나 기타 다른 이유로 제거되었을 때 발생한다.

해설
정아(頂芽), 측아(側芽), 액아(腋芽) 등은 정해진 위치인 절(節, node)에서 발생하여 존재하지만 부정아는 상처난 부위나 일반적으로 눈을 형성하지 않는 부위에서 발생한다.

02 수목의 이식

01 우리나라의 수목의 이식기준인 근분의 크기는 얼마인가?

① 근원경의 3배 이상으로 한다.
② 근원경의 4배 이상으로 한다.
③ 근원경의 5배 이상으로 한다.
④ 직경의 7배 이상이어야 한다.
⑤ 직경의 8배 이상이어야 한다.

> **해설**
> 조경시방서의 수목이식의 기준에 의하면 근원경의 4배 이상으로 정해져 있다.

02 수목의 생리적인 상태를 볼 때 수목의 이식의 최적기는?

① 3월 초순   ② 3~4월 초순
③ 4월   ④ 4~5월
⑤ 5~6월

> **해설**
> 수목을 이식하기에 가장 적절한 시기는 수목이 휴면상태에 있는 기간이나, 그 중에서도 겨울철 동해를 피할 수 있는 3~4월 초가 적기이다.

03 수목식재방법 중 뿌리분에 대한 설명 중 옳지 않은 것은?

① 구덩이는 뿌리분 크기의 2~3배로 한다.
② 수목방향은 전 생육지 방향과 같게 한다.
③ 뿌리분에 덧댄 거적을 제거한다.
④ 흙을 구덩이에 4/5 정도 채운다.
⑤ 물을 주고, 물주머니를 만든다.

> **해설**
> 터파기 시 직경은 뿌리분의 2~3배로 하고 깊이는 뿌리분의 깊이와 같게 하여야 한다.

04 멀칭의 효과와 거리가 먼 것은?

① 토양수분의 증발 억제
② 혐광성 종자의 잡초발아 억제
③ 답압피해 예방
④ 토양미생물 증진
⑤ 동결 피해예방

해설
멀칭은 호광성 종자의 발아를 막는다.

05 어린 수목의 식재와 관련된 내용 중 옳지 않은 것은?

① 일반적으로 눈이 트기 전에 식재하는 것이 좋다.
② 식재 후 매일 관수하는 것은 오히려 피해를 줄 수 있다.
③ 근원부분은 굴취할 때부터 식재할 때까지 노출되어 있어야 한다.
④ 수목 주변에 토양수분의 증발억제를 위해 수간에 붙여서 잔디를 식재한다.
⑤ 이식 수목은 대체로 건조, 추위, 병해충에 대한 저항력이 약화되어 있다.

해설
수목식재 후 잔디식재는 수목의 생장을 방해하거나 수분의 침투를 막을 수 있음으로 일정간격을 띄우고 식재한다.

06 대형목의 이식에 관한 설명 중 옳지 않은 것은?

① 팽나무, 느릅나무, 버드나무속, 주목속 수목은 이식이 용이한 편이다.
② 일반적으로 같은 수종이면 작은 수목이 큰 수목보다 생존 성공률이 높다.
③ 이식의 성공여부는 수종과 해당 수목의 이식 전 생육상태와 관련이 깊다.
④ 대형목의 이식성공이라 함은 이식 전 생장률보다 조금이라도 나아진 것을 말한다.
⑤ 대형목 이식은 굴취와 식재 사이의 시간이 길수록 위험하다.

해설
대형목의 이식은 고사율이 매우 높으며, 이식 후 안정화하는 것이 중요하다.

07 이식하는 수목의 수분부족에 대한 대책으로 옳지 않은 것은?

① 멀칭을 하여 증발을 막는다.

② 차광막을 씌워 광합성량을 줄인다.

③ 식재하기 전에 잎을 적당히 없앤다.

④ 굴취한 현장에서 바로 증산억제제를 잎에 뿌린다.

⑤ 근원부위를 15cm 정도 지표면보다 아래에 식재하여 뿌리가 마르지 않도록 한다.

해설

근원부위를 지표면 아래에 식재할 경우에는 뿌리호흡이 되지 않아 세근의 발달이 적어지고 이로 인해 수분흡수가 적어져 수분부족현상이 심해진다.

08 수목의 월동대책으로 적절하지 않은 것은?

① 배수시설을 구축하여 배수를 철저히 한다.

② 토양이 동결되기 전에 관수를 충분히 한다.

③ 뿌리발근제를 처리하여 뿌리생장을 유도한다.

④ 관목의 경우 방풍벽을 설치하여 준다.

⑤ 동해에 약한 배롱나무는 볏짚이나 새끼끈으로 수간을 감싸준다.

해설

수목은 겨울철 휴면상태에서 내한성을 유지하고 있음으로 뿌리생장을 유도할 시에는 동해를 입을 수 있다.

09 나근 굴취 설명 중 옳지 않은 것은?

① 분감기를 하지 않고 뿌리의 흙이 떨어지는 대로 굴취하는 것이다.

② 식재시기가 좋은 봄, 가을에 직경 5cm 이하인 상록수에 많이 한다.

③ 작업이 간단해서 비용이 절감된다.

④ 잔뿌리가 많은 철쭉류, 회양목, 사철나무, 수국 등에 이용한다.

⑤ 어린나무, 관목류에 적용한다.

해설

나근묘는 어린묘목이나 관목류에 적합하며 상록수보다 활엽수종에 적합하다.

10 수목의 이식에 대한 설명 중 옳지 않은 것은?

① 사전 뿌리 돌림은 2년 전부터 2회에 나누어 실시한다.

② 이식 적기는 겨울눈이 트기 2~3주 전으로서 뿌리가 나오기 직전에 해당한다.

③ 소나무를 여름에 이식할 때 증산작용을 줄이기 위하여 봄에 나온 새잎을 훑어서 제거한다.

④ 분의 모양은 겉흙에 모여 있는 가는 뿌리를 많이 확보하기 위해서 옆으로 넓은 것이 바람직하다.

⑤ 수목의 이식 시에는 증산억제제나 차광막을 사용하여 광합성량을 줄여준다.

해설

소나무의 이식 시에는 새잎이 아니라 묵은 잎을 제거해 주도록 한다.

11 수목관리기법 중 하나인 멀칭의 기대효과로 볼 수 없는 것은?

① 토양의 수분 증발을 감소시킨다.

② 표토의 유실을 방지해 준다.

③ 토양의 입단화를 촉진하여 구조를 개선해 준다.

④ 태양 복사열 반사를 증대시킨다.

⑤ 토양의 동결을 방지하여 동해를 방지해 준다.

해설

멀칭은 토양온도를 유지해주는데 효과적이다.

12 다음 중 멀칭의 효과와 거리가 먼 것은?

① 토양 침식 저감

② 잡초생장 억제

③ 답압피해 경감

④ 열의 재복사 증대

⑤ 토양수분 및 온도 유지

해설

멀칭의 토양 침식 저감, 잡초생장 억제, 답압피해 경감, 토양수분 및 온도 유지 등의 효과가 있다.

03 시비 및 관수

01 엽록소의 구성성분으로 부족하면 잎의 황화현상이 발생하는 무기원소는?

① 질소와 마그네슘
② 칼슘과 몰리브덴
③ 유황과 몰리브덴
④ 유황과 마그네슘

해설

엽록소를 구성하는 5가지 필수원소는 C, H, O, N, Mg이다. 질소가 결핍되면 엽록체 단백질이 분해되어 노엽부터 황백화가 나타난다. 마그네슘이 결핍되면 엽록소 형성이 억제되어 노엽부터 황백화가 일어나는데 주로 엽맥 사이에 나타난다.

02 식물의 필수원소 가운데 체내 이동이 잘 안 되는 원소는?

① 붕 소
② 질 소
③ 마그네슘
④ 칼 륨
⑤ 인 산

해설

식물의 필수원소의 이동
• 이동이 용이한 원소 : 질소, 칼륨, 마그네슘, 인 – 결핍이 성숙된 잎에서 먼저
• 이동이 어려운 원소 : 칼슘, 철, 붕소 – 결핍이 생장점, 열매, 어린잎에서 먼저

03 세포벽의 중층에서 펙틴과 결합하여 조직을 견고하게 하는 성분은?

① 칼 슘
② 질 소
③ 마그네슘
④ 칼 륨
⑤ 인 산

해설

칼슘은 지방산, 유기산, 펙틴, 단백질과 결합한다. 분열조직에서 펙틴산, 칼슘은 딸세포 사이에 생기는 세포판에서 중층을 형성하여 세포분열을 완성하고 그 후 성숙과정에서 두 세포를 견고하게 밀착시켜 준다.

04 뿌리에서 카스테리안대가 형성되는 부위는 어디인가?

① 내피조직   ② 표피조직

③ 수피조직   ④ 피층조직

⑤ 내초조직

해설

카스테리안대는 내피의 세포벽에 지방산과 알코올의 복잡한 혼합물인 수베린이 부분적으로 퇴적비후하여 형성된 환상의 띠다.

05 균근의 역할에 대한 설명 중 옳지 않은 것은?

① 양분을 흡수한다.

② 내충성을 높인다.

③ pH 완충조절의 역할을 한다.

④ 극온 저항성에 대해서는 약해진다.

⑤ 건조에 대한 내성을 증가시킨다.

해설

균근의 종류에는 외생균근과 내생균근, 내외생균근으로 구분되며, 수목의 뿌리와 공생하면서 수목에 물과 양분의 흡수를 돕고, 내병성을 만든다. 토양의 건조, 낮거나 높은 pH, 토양 독극물, 극단적인 토양 온도에 대한 저항성을 높여준다.

06 수목의 뿌리에 대한 설명으로 옳은 것은?

① 점토질 토양에서는 뿌리가 더 깊게 발달한다.

② 뿌리는 방사유관속을 형성하는 방사중심주이다.

③ 외생균근에 감염된 수종들은 뿌리털을 형성하지 않는다.

④ 뿌리생장은 지상부에 있는 줄기생장과 함께 시작되고 정지된다.

⑤ 뿌리의 중요한 기능 중 하나인 물과 양분의 흡수는 심장근에서 이루어진다.

해설

쌍자엽식물은 방사중심주이고, 단자엽식물은 관상중심주이다. 수목에 외생균근이 형성되면 수목의 뿌리털 기능을 대신해주므로 뿌리털을 형성하지 않는다. 내생균근이 형성되더라도 뿌리털을 형성한다.

07 수분관리에 관한 설명 중 옳지 않은 것은?

① 포장용수량과 영구위조점 사이의 물이 유효수분이라고 할 수 있다.

② 토양 소공극에 있는 모세관수의 절반 정도를 식물의 뿌리가 이용할 수 있다.

③ 중력수가 배수된 후 토양 내에 남아있는 물의 양을 포장용수량이라고 부른다.

④ 포장용수량 이하에서 물은 모세관 현상에 의해서 수분함량이 높은 곳에서 낮은 곳으로 이동한다.

⑤ 거친 입자의 층위가 가는 입자의 토양 아래에 위치할 때 가는 입자만 통과하면 수분이 아래로 잘 전달된다.

해설
수분은 중력수, 결합수, 모세관수, 흡습수 등으로 구분되며, 식물에 유효한 수분은 모세관수이다.

08 다음 중 수간주사 투여 시 주의할 사항이 아닌 것은?

① 상처도포제를 발라 병균이나 빗물이 들어가지 않게 하여야 한다.

② 뚫어놓은 구멍에 공기가 남아있으면 물기둥이 연결되지 않아 약액이 들어가지 못하므로 먼저 약액을 넣어 공기를 제거한 후 주사기를 꽂아야 한다.

③ 중력식은 중력에 의해 약액이 침투하므로 잎이 나오지 않은 이른 봄에도 사용이 가능하다.

④ 소나무의 경우 약액을 넣기 전에 에틸알코올을 먼저 넣어 송진을 녹인 다음 주사하는 것이 좋고, 구멍 속에 남아있는 톱밥을 제거해야 약액 침투가 용이하다.

⑤ 압력식 약제는 농축액이어서 직경 6cm 미만의 작은 나무와 엽량이 적은 나무에 주사하면 약해를 입을 수도 있다.

해설
수간주사의 적기는 4월에서 10월까지인 생장기이다.

09 다음 중 유기토양개량제로 적합하지 않은 것은?

① 부엽토 ② 미부숙퇴비
③ 유기생물촉진제 ④ 빻은 수피
⑤ 곡물의 껍질

해설
미부숙퇴비는 분해되지 않는 유기물로 인해 토양주입 시 발열과 독성분이 발생하여 수목에 악영향을 미친다.

10 다량원소가 아닌 것은?

① P ② S
③ Mg ④ Fe
⑤ Ca

해설
다량원소의 기준은 식물체 건중량의 0.1% 이상을 차지하는 원소를 의미한다.
N, P, K, S, Ca, Mg 등은 많은 양이 요구되므로 다량 필수 원소로 취급하고, Fe, Cu, Mo, Mn, B, Cl 등은 적은 양이 요구되므로 미량 원소로 분류한다.

11 수목의 수간주사에 대한 설명 중 가장 부적절한 것은?

① 다량원소 결핍 시 사용한다.
② 5~9월의 맑은 날 낮에 실시한다.
③ 약제의 이동속도는 활엽수(환공재) > 활엽수(산공재) > 침엽수 순이다.
④ 구멍의 깊이는 수피를 통과한 후 2cm 가량 더 들어가야 한다.
⑤ 수액을 따라서 위로 올라가기 때문에 뿌리에는 약제가 이동하지 않는다.

해설
수목의 수간주사는 보통 미량원소 결핍 시 사용하는 것이 바람직하다.

9 ② 10 ④ 11 ①

01 수목 전정 시 피해야 할 시기에 대한 설명 중 잘못된 것은?

① 수목의 호흡량이 많은 초여름은 피해야 한다.
② 수목의 스트레스가 심한 상태에서는 전정을 피해야 한다.
③ 병충해의 피해가 우려되는 시기에는 전정을 하지 않는 것이 좋다.
④ 수목이 생장하지 않은 이른 봄에는 전정을 하지 않는다.
⑤ 동해의 우려가 있는 초가을에는 전정을 하지 않는다.

해설

수목의 전정은 수목에 상처를 주는 것으로 수목의 생장이 좋지 않거나 수목생장에 해를 끼치는 시기에는 삼가는 것이 좋다.

02 수목의 전정 작업 설명 중 옳지 않은 것은?

① 축소절단은 줄기가 있는 곳에서 가지를 절단한다.
② 두절은 원하는 위치에서 줄기나 가지를 절단한다.
③ 동일세력 줄기 절단 시 어린 묘목은 일시에 절단한다.
④ 제거절단 전정은 지피융기선과 지륭선 바깥을 절단한다.
⑤ 동일세력 줄기 절단 시 직경 5cm 이상 제거대상 줄기를 억제 후 전정한다.

해설

축소절단은 길이를 줄이기 위해 상대적으로 더 굵은 가지를 절단하는 것이다.

03 생울타리 전정에 대한 설명 중 옳지 않은 것은?

① 신초가 단단해지기 전 전정한다.
② 직전 깎기 지점의 2.5cm 이내에서 깎기를 실시한다.
③ 꽃이 중요하지 않을 시 연중 가능하다.
④ 생울타리의 상단과 하단 넓이를 동일하게 전정한다.
⑤ 화목류는 꽃이 피고 난 후 꽃눈이 형성되기 전에 전정을 실시한다.

해설

생울타리는 하단까지 햇볕을 받을 수 있고 하부의 잎이 고사하지 않도록 하여야 한다.

04 다음 중 전정의 목적에 해당되지 않는 것은?

① 시비량의 축소

② 건강한 생육과 외관의 유지관리

③ 수목의 크기조절

④ 개화와 결실 촉진

⑤ 병해충 방지

> **해설**
> 전정은 수목의 생장을 활성화시키고, 광합성을 효율적으로 실시하며, 경관성을 우수하게 하고 개화·결실을 촉진할 목적으로 실시한다.

05 다음 중 전정 이후 수목의 반응에 대한 설명 중 적당하지 않은 것은?

① 전정을 하면 항상 수목의 크기가 줄어든다.

② 전정 시기는 수종, 수목의 여건, 원하는 결과에 따라 다르다.

③ 남겨진 개별 가지가 활력이 좋아지는 것은 전정에 대한 보편적 반응이다.

④ 어린 수목을 전정하는 것은 남은 가지에 활력을 주지만, 수목의 총 생장을 감소시킨다.

⑤ 꽃이 피는 성목을 전정하는 것은 남은 가지에 활력을 주지만, 개화와 결실을 감소시킴으로써 수목의 총 생장은 증가할 수 있다.

> **해설**
> 전정은 수관을 축소하는 경우도 있으나 생육이 저조한 수목의 활력을 주어 수목의 생장을 높일 수 있다.

06 교목의 올바른 전정이 아닌 것은?

① 올바른 전정을 함으로써 수목의 수명을 연장시킬 수 있다.

② 대부분의 낙엽수는 낙엽이 진 다음부터 휴면기 중에 전정한다.

③ 수목의 죽은 가지를 절단할 경우 지륭선의 끝을 절단해야 융합이 빨리 된다.

④ 두목작업은 크게 자란 나무를 작게 유지하기 위하여 동일한 위치에서 새로 자란 가지를 1~3년 간격으로 모두 잘라버리는 전정이다.

⑤ 지피융기선과 지륭선을 침범하지 않는 선에서 최대한 가깝게 전정하는 것이 좋다.

> **해설**
> 자연낙지의 개념에서는 고사한 가지의 끝부분을 잘라주는 것이 옳다.

07 관목의 올바른 전정이 아닌 것은?

① 생장이 빠른 수종은 정기적으로 수형을 조절해야 한다.
② 생울타리 전정 시 아랫부분은 생장속도가 빠르므로 과감하게 전정한다.
③ 대부분의 관목은 다음해의 개화를 위해 꽃을 감상하고 바로 전정해 주어야 한다.
④ 병에 감염되거나 해충에 피해를 입은 목재는 제거하여 적절히 처분한다.
⑤ 대부분의 흡지는 빨리 제거할수록 전정작업이 더 쉽고 효과적이다.

> **해설**
> 생울타리 전정 시 광합성을 위해 상단부보다 하단부의 폭을 넓게 하여 전정해야 한다.

08 2년생 가지에서 화아형성이 되는 수종이 아닌 것은?

① 개나리, 박태기
② 라일락, 목련
③ 배롱나무, 감나무
④ 매화나무, 살구나무
⑤ 앵두나무, 벚나무

> **해설**
> 2년생 가지에서 화아형성이 되는 수종은 개나리, 박태기, 라일락, 목련, 매화나무, 살구나무, 앵두나무, 벚나무이다.

09 소나무의 적심 시기로 가장 적당한 것은?

① 4월 중순
② 5월 초순~중순
③ 5월 하순
④ 3월 초순
⑤ 6월 초순~중순

> **해설**
> 소나무는 어린가지가 경화되기 전에 순지르기(적심)를 해주는 것이 좋다.

10 맹아력이 약해서 굵은 가지의 전정이 어려운 수종은?

① 팽나무　　　　　　　　　　② 소나무
③ 느티나무　　　　　　　　　④ 모과나무
⑤ 수양버들

> **해설**
> 소나무는 고정생장을 하는 수목으로서 맹아력이 약하다.

11 다음 중 가지치기의 효과가 아닌 것은?

① 무절의 용재를 얻을 수 있다.
② 하층 식생의 생장이 촉진된다.
③ 지하고를 낮게 한다.
④ 수간의 완만도를 높인다.
⑤ 밀식된 곳은 병충해를 방지한다.

> **해설**
> 지하고는 지면에서 잎이 달린 가지까지의 높이를 말한다.

12 전정에 대한 설명 중 적절하지 않은 것은?

① 가벼운 가지치기는 일반적으로 언제든 가능하다.
② 활엽수는 휴면기간 중 가지치기를 피하는 것이 좋다.
③ 침엽수는 이른 봄에 새가지가 나오기 전에 전정하는 것이 좋다.
④ 죽은 가지, 부러진 가지, 병든 가지의 제거는 연중 언제든지 할 수 있다.
⑤ 전정 시 지피융기선과 지륭선의 바깥쪽을 절단하여야 한다.

> **해설**
> 굵은 가지를 자를 경우에는 휴면기에 실시하며, 동해에 약한 수종의 경우에는 생장휴면기인 이른 봄에 실시하는 것이 좋다.

13 다음 중 수간과 좁은 각도를 이루고 매몰된 수피를 가진 가지를 제거하기 위한 방법으로 가장 적당한 것은?

① 평절(flush cut)을 한다.
② 반드시 가지턱을 남기고 자른다.
③ 가지의 밑동으로부터 자르기 시작한다.
④ 지륭선과 지피융기선 바로 바깥쪽을 절단한다.
⑤ 수피가 수간을 따라 벗겨지는 것을 막기 위해 3단계 절단(drop-cut)방법을 사용한다.

해설
매몰된 수피는 상단에서 자를 경우 형성층에 피해를 줄 수 있으므로 가지의 밑동으로부터 자르도록 한다.

---

05 수목위험평가와 관리

---

01 수목의 위해평가요소를 모두 고르시오.

㉠ 파손가능성이 있는 수목	㉡ 파손을 부추기는 환경
㉢ 피해를 입을 수 있는 사람, 물체	㉣ 기계적 구조
㉤ 초살도	

① ㉠
② ㉠, ㉡
③ ㉠, ㉡, ㉢
④ ㉠, ㉡, ㉢, ㉣
⑤ ㉠, ㉡, ㉢, ㉣, ㉤

해설
수목의 위해평가 요소는 수목, 환경, 사람이나 물체 등이다.

02 다음 중 파손 가능성을 높이는 전형적인 수목의 결함과 요소가 잘못 짝지어진 것은?

① 가지 – 과도한 말단 무게
② 가지 – 부후
③ 수간 – 낮은 초살도, 낮은 살아있는 수관비율
④ 수간 – 부후
⑤ 뿌리 – 판근(buttress root) 발달

해설
판근은 습지에서 나무가 자신의 몸을 지탱하거나 습지가 아니라도 바람 등에 버티기 위해서 형성되기 때문에 보통 줄기와 뿌리가 맞닿는 부분이 둥근 형태를 띠지 않고 수직으로 편평하게 발육하여 판상이 되어 지표에 노출된 형태를 갖는 뿌리를 말한다.

03 다음 중 줄당김에 대한 설명으로 적당하지 않은 것은?

① 줄당김은 꼬아 만든 굵은 철사를 이용하여 가지와 가지 사이, 혹은 가지와 수간 사이를 서로 붙들어 매줌으로써 구조적으로 보강하는 작업이다. 줄당김을 실시하기 전에 하중을 줄일 수 있도록 가지치기를 통해 수형을 바로잡을 수 있는지 먼저 검토해야 한다.
② 가지치기가 끝나면 보강하려는 가지의 크기와 각도, 분지점, 부패 정도를 고려하여 가장 효율적인 줄당김 형태를 결정한다.
③ 가장 쉬운 형태는 처지는 가지를 수간에 붙들어 매는 것으로, 이때 가지와 당김줄과의 각도를 45° 이상이 되도록 위쪽에 매야 안전하다.
④ 당김줄을 설치할 때 당김줄이 가지나 줄기에 느슨하게 연결되어야 하며, 당김줄은 시간이 지나도 풀리지 않도록 가지 둘레에는 단단하게 돌려 매주어야 한다.
⑤ 가장 힘을 많이 받을 수 있는 당김줄 연결방식은 쇠조임의 경우와 같이 가지를 관통하는 방법이다.

해설
당김줄을 가지 둘레에 단단하게 돌려 매어줄 경우에는 수목의 생장과 함께 형성층이 훼손되어 부패하기 시작한다.

04 다음 중 뿌리의 외과수술 단계가 바르게 연결된 것은?

㉠ 흙파기	㉡ 지상부처리
㉢ 토양소독과 토양개량	㉣ 뿌리절단과 박피
㉤ 되메우기와 기타토양처리	

① ㉠ – ㉡ – ㉢ – ㉣ – ㉤

② ㉠ – ㉡ – ㉤ – ㉢ – ㉣

③ ㉠ – ㉡ – ㉣ – ㉢ – ㉤

④ ㉠ – ㉣ – ㉢ – ㉤ – ㉡

⑤ ㉠ – ㉣ – ㉢ – ㉡ – ㉤

해설

뿌리외과수술은 토양제거, 뿌리조사 뿌리박피 및 단근처리, 약품처리, 토양소독, 토양개량, 유공관 설치의 순으로 진행된다.

05 위해점검을 위한 평균적인 점검 주기는?

① 1~2년 주기   ② 2~3년 주기

③ 3~4년 주기   ④ 매년 실시

⑤ 2~4년 주기

해설

수목의 위해점검 주기는 1~2년이다.

06 수고가 10m이고 흉고직경이 20cm인 경우 수간의 초살도는?

① 2   ② 20

③ 30   ④ 50

⑤ 200

해설

수간의 초살도는 수고(H)/흉고직경(DBH)이며 가지의 초살도는 길이(가지 총길이)/직경(가지 기부 직경)이다.

07 수관높이가 6m이고, 수고가 10m인 경우 살아있는 수관비율을 구하시오.

① 0.6   ② 6

③ 60   ④ 1.6

⑤ 16

> **해설**
> 수관비율은 살아있는 수관높이/수고(H)로 계산한다.

08 수간부후 탐지법의 종류 중 옳지 않은 것은?

① 탐 침   ② 생장추

③ 천공법   ④ 수간 주사

⑤ 전기 저항 이용

> **해설**
> 수간부후 탐지는 고무망치, 생장추, 천공, 저항기록 천공, 음향측정장치 등을 이용한다.

09 수목의 위해저감을 위한 보강시설이 아닌 것은?

① 줄당김   ② 당김줄

③ 쇠조임   ④ 지지대

⑤ 피뢰침

> **해설**
> 수목의 지지시스템은 줄당김, 당김줄, 쇠조임, 지지대가 있다.

01 CODIT(구획화) 이론 설명 중 잘못된 것은?

① 제1방어대 : 전충체에 의해 물관의 위아래를 막는다.

② 제2방어대 : 나이테로서 밀도가 높은 추재를 통해 막는다.

③ 제3방어대 : 방사상 유세포에 의해서 좌우측의 침입으로부터 막는다.

④ 제4방어대 : 형성층으로서 방어물질을 내보낸다.

⑤ 제5방어대 : 상처부위를 격리하여 이층을 형성한다.

해설

CODIT 이론은 나무가 서로 다른 네 개의 경계(Wall)를 구축하여 상처부위를 상하 · 좌우 · 안팎으로 둘러쌈으로서 건강한 조직에서 격리시킨다.

02 외과수술에 대한 설명으로 옳지 않은 것은?

① 목적은 부후 진전 감소 및 지탱에 있다.

② 전문가가 시행해야 한다.

③ 사전에 건강유지작업을 시행한다.

④ 공동충전제는 우레탄만 사용한다.

⑤ 수목이 건전하게 생육할 수 있도록 한다.

해설

공동충전의 종류에는 콘크리트 충전, 콘크리트와 우레탄을 이용한 충전, 우레탄 충전, 우레탄과 다른 물질 혼합충전, 수지와 시멘트 혼합충전, 우레탄고무 충전 등이 있다. 과거 노거수의 공동충전제로 황토나 시멘트를 많이 이용했지만 상처부위가 악화되는 문제점이 있어 최근에는 우레탄을 많이 사용하고 있다.

03 외과수술의 공동처리 순서는?

① 살균, 살충, 방부처리 – 부패부 제거 – 내부건조 및 방수처리 – 충전제 사용 – 형성층 노출

② 부패부 제거 – 내부건조 및 방수처리 – 살균, 살충, 방부처리 – 충전제 사용 – 형성층 노출

③ 내부건조 및 방수처리 – 부패부 제거 – 살균, 살충, 방부처리 – 충전제 사용 – 형성층 노출

④ 부패부 제거 – 살균, 살충, 방부처리 – 내부건조 및 방수처리 – 형성층 노출 – 충전제 사용

⑤ 부패부 제거 – 내부건조 및 방수처리 – 살균, 살충, 방부처리 – 형성층 노출 – 충전제 사용

해설

수간외과수술 과정은 부패부 제거 – 살균, 살충, 방부처리 – 내부건조 – 방수처리 – 형성층 노출 – 충전제 사용 – 인공수피 처리 순이다.

04 다음 중 가지에서 수간으로 변색이나 부후가 확산되는 것을 저지하는 구조나 세포집단을 설명하는 용어는?

① 내초(pericycle)

② 연륜(growth ring)

③ 유세포(parenchyma cell)

④ 가지보호지대(branch protection zone)

⑤ 지피융기선(branch bark ridge)

해설

보호지대는 가지의 기부 안쪽에 형성되어 있으며 세포에 의해 만들어진 전분 및 기름 등 화학물질로 채워져 있다. 가지로부터 수간으로의 생물체의 확산을 막아준다(활엽수 : 페놀계, 침엽수 : 테르펜계).

05 수목의 상처 발생 시 치료에 관한 설명으로 옳지 않은 것은?

① 들뜬 수피는 건조하기 전 압착해 준다.
② 들뜬 수피는 압착 후 끈으로 단단히 묶어 준다.
③ 노출된 형성층은 건조하지 않게 도포제를 바르고 젖은 자재로 감싸준다.
④ 상처 발생 1년 후 죽은 부위가 확인될 때까지 상처부위 정리를 하지 않는다.
⑤ 상처 발생 직후 다리접, 환상박리지에 대한 수피이식 등을 조치한다.

> **해설**
> 들뜬 수피의 고정 시에는 상처를 받은 지 오래되지 않았을 때 실시하여야 하며, 들뜬 수피를 제자리에 밀착하고, 작은 못이나 테이프로 고정시키고 습기를 유지하도록 덮은 다음 마르지 않도록 비닐로 덥고 끈으로 단단히 고정하여야 한다.

06 CODIT 이론을 정리한 사람은?

① Shigo
② Pavey
③ Hartig
④ Smith
⑤ Hiratsuka

> **해설**
> 1977년에 미국의 Shigo박사가 제창한 이른바 '수목 부후(腐朽)의 구획화(CODIT)' 개념의 등장을 계기로 비로소 과학적인 수목외과수술방법이 확립되었다.

07 공동 충전으로 효과가 있는 것은?

① 줄기에 한정된 성숙목의 공동
② 모든 나무의 공동
③ 뿌리의 공동
④ 수간 전체적인 공동의 충전
⑤ 뿌리, 수간, 가지 등 연결된 공동

> **해설**
> 수간외과수술을 통한 공동 충전은 수목의 구조적 안정성을 위해 줄기에 한정된 성숙목의 공동에 적합하다.

08 수목의 외과수술에 대한 설명 중 잘못된 것은?

① 형성층에서 유합조직이 활발하게 자라나 오는 이른 봄에 실행하는 것이 좋다.

② 수목이 오랜 기간 동안 살아남을 수 있는 것은 수목부후의 구획화(CODIT)로 설명되는 자기방어기작 때문이다.

③ CODIT 4가지 방어막 중 가장 약한 방어대는 나이테를 따라 만든 2번 방어대이다.

④ 썩은 조직을 제거할 때는 공동 가장자리에 형성되어 있는 상처유합제가 다치지 않도록 한다.

⑤ 썩은 조직은 다소 남겨두더라도 단단한 조직은 되도록 다치지 않게 하여야 한다.

해설

CODIT 이론의 경계(Wall) 중 가장 약한 방어대는 제1방어대(Wall 1)로 도관이나 가도관을 막는 전충체(tylose)의 형성이다.

---

07 **수목관리 작업안전**

---

01 어떤 대형 사고가 발생하기 전에는 그와 관련된 수십 차례의 경미한 사고와 수백 번의 징후들이 반드시 나타난다는 것을 뜻하는 용어는?

① 하인리히의 법칙

② 게르만의 법칙

③ 총량불변의 법칙

④ 보편확률의 법칙

⑤ 탈리오의 법칙

해설

하인리히의 법칙은 1 : 29 : 300의 법칙이라고도 하며, 300번의 사소한 징후(무상해 사고)가 29번의 작은 사고(경상)를 발생시키며 1번의 대형사고(중상)로 이어진다는 법칙이다.

02 킥백(Kick back) 현상이란 무엇인가?

① 톱체인이 끊어져 튀어 오르는 현상

② 절단 시 체인톱이 앞으로 나가려고 하는 현상

③ 절단작업을 할 경우, 위험지역에서 벗어나려는 현상

④ 기계톱 작업 중 넘어지면서 기계톱에 무방향으로 움직이는 현상

⑤ 체인톱 끝의 상단부분이 어떤 물체에 닿아서 체인 톱이 작업자 쪽으로 튀는 현상

해설

기계톱의 끝부분이 단단한 물체에 접촉하여 발생하는 킥백현상은 접촉속도나 접촉물의 강도 등에 따라 치명적인 재해를 유발시킬 수 있다.

03 예초기 작업설명 중 옳지 않은 것은?

① 예초기 작업 시에는 좌측에서 우측으로 작업한다.

② 지면으로부터 높이 10cm 이상 확보하면서 작업하여야 한다.

③ 예초날 각도는 일반 5~10°, 소경목 45°를 적정하게 유지한다.

④ 올바른 작업자세로 상단에서 하단으로 작업을 실행하여야 한다.

⑤ 작업 중에 예초날이 돌 또는 굵은 나무 등의 방해물에 부딪히지 않도록 주의한다.

해설

예초기 작업은 상단에서 하단으로, 우측에서 좌측으로 작업을 실행한다.

04 벌도와 제거에 대한 설명이다. 옳지 않은 것은?

① 방향베기의 45° 이상으로 유지하도록 해야 한다.

② 경첩부는 직경의 10%, 최소 2cm 이상으로 하여 수목을 절단하도록 한다.

③ 절단 시 수목중심부에서 뒤쪽 좌우측의 45° 정도에 안전지역을 확보해야 한다.

④ 방향베기 중 크게 베기가 가장 손쉬운 방법이다.

⑤ 밑으로 베기는 경사지역의 나무에 적용하기 용이하다.

해설

방향베기 중 위로 베기는 가장 손쉬운 방법이며, 밑으로 베기는 경사지역에서 적용하는 방법이다.

05 다음은 방향베기에 방법에 대한 설명이다. 옳은 것은?

> • 평평하거나 경사진 지형에서 실시
> • 방향베기의 각도는 약 70° 유지
> • 방향베기의 하단 절단은 마무리 절단위치에서 밑으로 각을 주어야 함
> • 나무가 지면에 닿기 전에 경첩부가 찢어지지 않으나 그루터기가 높아지는 단점이 있음

① 위로 베기 ② 앞으로 베기
③ 뒤로 베기 ④ 크게 베기
⑤ 밑으로 베기

해설

방향베기 방법은 위로 베기, 크게 베기, 밑으로 베기로 나누어지며 경첩부가 찢어지는 것을 방지하기 위해서 크게 베기를 한다.

제2장   비생물적 피해론

01   비생물적 피해 서론

01 다음 병의 증상 중 원인이 다른 하나는?

① 곰팡이에 의한 경우 표징이 나타나는 경우가 있다.
② 동일 수종 내에서 건강 상태에 따라 이병체와 건전체가 섞여 있다.
③ 유사한 종류의 수종에서만 나타나는 기주특이성이 있다.
④ 한 개체 내에서 병징이 수관 전체에 불규칙하게 퍼져 있다.
⑤ 수관의 방위, 위치, 높이에 따라서 그 지역의 전체 수종에 똑같은 증상이 나타난다.

해설

생물적 피해는 기주특이성이 있고, 비생물적 피해는 환경적 요인에 의한 것으로 특성을 구분한다. 전염성병의 경우에는 기주특이성을 가지고 있어 동일수종이나 근연종에 발생하며, 비전염성병은 환경적인 영향에 의해서 발생하며 동일한 환경에서 모든 수종에 발생하는 특성을 가지고 있다.

02 산림의 생태적 보호로 볼 때 가장 저항성이 큰 산림의 형태는 무엇인가?

① 혼효림
② 단순림
③ 맹아림
④ 활엽수림
⑤ 침엽수림

해설
동일한 특성을 가지고 있지 않은 수목은 병해충으로부터 저항성이 높으며, 기후환경에 피해에 대해 다른 생존전략으로 피해를 최소화시킬 수 있다.

03 다음 중 비생물적 피해와 거리가 먼 것은?

① 동일한 수종에서 발생한다.
② 피해장소에서 자라는 거의 모든 나무에서 동일한 병징을 나타낸다.
③ 일정한 다른 특수한 환경에서 발병하는 경우가 많다.
④ 수관의 방위, 위치 높이에 따라 한 나무 내에서도 발병 부위가 다르다.
⑤ 불규칙한 기상상태 등으로 인해 급속히 빠른 속도로 나타나기도 한다.

해설
비생물적 피해는 동일지역에 있는 모든 수종에서 동일한 병징을 나타내며 전염성병은 동일한 수종에서 발생하는 경우가 많다.

04 다음 설명 중 옳은 것은?

① 비생물적 피해는 표징을 확인할 수 있다.
② 모든 생물적 피해는 병징과 표징을 동반한다.
③ 대기오염에 의해서 발생하는 병은 표징이 나타나기도 한다.
④ 파이토플라스마를 제외하고 세균과 바이러스는 직접적인 침입이 가능하다.
⑤ 생물적 피해 중 곰팡이에 의해 발생하는 병은 병징 및 표징을 확인할 수 있다.

해설
곰팡이에 의해 발생하는 병은 병징과 표징을 확인할 수 있다.

01 저온에 의한 피해 중 상렬 현상을 방지하기 위한 조치사항이 아닌 것은?

① 수간감기   ② 페인트 도포
③ 토양멀칭   ④ 방풍조치
⑤ 배수로 조성

해설
상렬 현상은 줄기의 온도차에 의해서 발생함으로 줄기의 온도를 유지시켜야 한다.

02 고온에 의한 피해현상이 아닌 것은?

① 세포막의 손상   ② 원형질의 탈수
③ 지방질의 액화   ④ 단백질의 변성
⑤ 외수피의 파괴

해설
원형질의 탈수현상은 세포막이 파괴되어 세포 내의 물이 빠져나오는 현상으로 세포 내의 농도가 낮을 때 어는점이 높아져 발생하는 저온피해이다.

03 서리로 인해 토양이 솟아오르는 현상으로 뿌리가 얼어 죽는 현상을 무엇이라고 하는가?

① 상 렬   ② 상 주
③ 만 상   ④ 조 상
⑤ 동계건조

해설
초겨울 혹은 이른 봄에 습기가 많은 땅이 얼면서 표면의 흙이 솟아오르는 현상을 말하며 성목보다는 어린나무에 많이 발생한다.

정답 1 ⑤ 2 ② 3 ②

04 만상(晚霜)에 대한 설명으로 옳은 것은?

① 가을에 이상 기온으로 조기에 잎이 변색되는 피해
② 이른 봄에 수목생장이 개시되기 전 치수가 고사하는 피해
③ 가을에 비료를 주어 생장량이 높아질 때 추위에 의한 피해
④ 이른 봄에 수목생장이 개시된 후 급격한 온도저하로 어린 지엽이 입는 피해
⑤ 늦가을에 식물생육이 완전히 휴면되기 전에 급격한 온도저하로 오래된 지엽이 입는 피해

해설
만상은 수목의 생육이 시작되는 이른 봄에 서리에 의해서 발생하는 현상으로 바람이 불면 증상이 악화된다.

05 수목 생장시기인 가을에 내린 서리에 의한 피해를 무엇이라고 하는가?

① 만 상
② 조 상
③ 춘 상
④ 상 렬
⑤ 상 주

해설
조상은 가을에 발생하며 기온저하나 늦여름에 비료를 주어 가을까지 생장함으로써 발생한다.

06 동계건조가 발생하지 않도록 하기 위한 조치사항이 아닌 것은?

① 증산억제제를 살포한다.
② 영상의 기온에서 물주기를 실시한다.
③ 뿌리돌림을 실시한다.
④ 바람막이를 설치한다.
⑤ 지온이 낮아지는 것을 막기 위해 멀칭을 실시한다.

해설
뿌리돌림은 이식이 어려운 수종, 노령목, 이식적기가 아닌 시기에 실시하는 것이다.

07 저온의 피해로 나타나는 상륜에 대한 설명으로 옳은 것은?

① 상해의 피해 중 만상의 피해로 나타나는 일종의 위연륜을 말한다.
② 겨울에 밤낮의 온도차에 의한 목질부의 수축과 팽창에 의해서 발생한다.
③ 조상의 피해로 나타나는 현상으로 일시 생장이 중지되었을 때 나타난다.
④ 한겨울 낮은 온도에서 수액이 저온으로 얼면서 나타나는 피해현상이다.
⑤ 지형적으로 습기가 많고 낮은 지대, 곡간, 소택지 등에 상륜의 피해가 많다.

위연륜은 같은 해에 정상적으로 생기는 나이테 외에 생기는 연륜모양의 구조로 외적 요인에 의해 수목의 생장에 이상이 발생했을 때 나타난다.

08 다음 중 수피가 평활하고 코르크층이 발달하지 못한 수종에서 태양광선의 직사를 받았을 때, 수피의 일부에 급격한 수분증발로 조직이 건조되는 현상은 무엇인가?

① 상렬현상　　　　　　　　　　　② 동 해
③ 열해현상　　　　　　　　　　　④ 피소현상
⑤ 엽소현상

피소현상은 여름철 강한 햇빛과 증산량의 과다로 인해 줄기에 물공급이 원활하지 않고 수피가 타면서 형성층까지 파괴되는 현상이다.

09 다음 중 피소현상에 저항성인 수종은?

① 오동나무　　　　　　　　　　　② 버즘나무
③ 굴참나무　　　　　　　　　　　④ 호두나무
⑤ 단풍나무

피소현상의 저항성은 수피(외수피와 내수피)가 두꺼운 수종이다.

10 해안지방에서 방풍림대를 조성할 때 가장 적당한 수종은 무엇인가?

① 전나무   ② 삼나무

③ 소나무   ④ 곰 솔

⑤ 팽나무

> **해설**
>
> 내염성에 강한 수목은 곰솔, 낙우송, 노간주나무, 리기다소나무, 주목, 측백나무, 향나무 등이며 약한 수종은 가문비나무, 낙엽송, 삼나무 소나무, 스트로브잣나무, 은행나무, 전나무, 히말라야시다이다.

11 고온피해 중 볕데기 설명 중 옳지 않은 것은?

① 북서방향쪽의 피해가 크다.

② 강한 광선에 의해 피해를 받는다.

③ 이식한 나무는 피해를 받기 쉽다.

④ 오동나무, 호두나무가 피해를 많이 받는다.

⑤ 줄기조직의 수피의 일부가 떨어지는 피해를 받는다.

> **해설**
>
> 고온피해는 햇빛이 가장 오래 머무는 방위인 남서쪽에서 피해가 심하다.

12 상륜 설명으로 옳은 것은?

① 겨울철 동해에 의해 발생한다.

② 조상에 의한 피해로 인해 발생한다.

③ 생장개시 후 서리피해로 인해 발생한다.

④ 생장휴지기로 들어가기 전에 서리피해로 발생한다.

⑤ 만상의 피해로 이상 형태 세포가 원주형태를 부분적으로 만들어지게 하는 것이다.

> **해설**
>
> 상륜은 Frost ring이라고 하며 위연륜 중에서 상해에 의해서 생긴 것을 말한다.

13 바람에 의한 피해 설명 중 옳지 않은 것은?

① 침엽수가 피해가 적다.

② 이령림이 바람에 의한 피해가 적다.

③ 동공이 있는 수목이 바람에 의해 부러지기 쉽다.

④ 바람에 의해 피해 발생 후 곰팡이병의 발병률이 높다.

⑤ 주풍은 풍속 10~15m/s로 장기간 부는 바람에 의해 발생한다.

해설

바람에 의한 피해는 활엽수보다는 침엽수, 천연림보다는 인공림이 크다. 폭풍의 풍속은 29m/s 이상으로 피해가 심하며 바람에 의한 잎의 상처는 곰팡이병의 발병률을 높인다.

14 가을철 생장휴지기에 들어가기 전에 내리는 서리에 의한 상해는?

① 동 상   ② 만 상

③ 조 상   ④ 내동성

⑤ 상 주

해설

가을에 첫서리에 의해서 발생하는데 따뜻한 날씨가 지속되어 수목이 생장이 지속될 경우에 내한성을 가지고 있지 않을 때 첫서리에 의해서 피해가 발생하는 것을 조상이라고 한다.

15 저온피해 중 상렬에 대한 설명으로 옳지 않는 것은?

① 치수에서 주로 발생한다.

② 남서쪽 줄기 표면에 세로로 잘 일어난다.

③ 느릅나무, 들메나무, 전나무속의 침엽수에서 피해가 나타난다.

④ 온도변화에 따른 조직의 수축, 팽창 차이로 줄기가 갈라지는 현상이다.

⑤ 상렬현상을 막기 위해 줄기감기 등 밤낮의 온도차이를 줄이는 것이 최선의 방법이다.

해설

상렬은 온도차이에 의해서 목질부의 변재와 심재의 수축과 팽창으로 발생하며, 부피가 클수록 피해가 많이 발생한다.

16 한해에 대한 설명으로 옳지 않은 것은?

① 인공림, 천연림 모두 수령이 적을수록 피해를 받기 쉽다.
② 서쪽 사면의 토양 깊이가 얕은 장소에서 한해가 발생하기 쉽다.
③ 내건성이 큰 버드나무, 오리나무, 들메나무 등이 한해에 강하다.
④ 산림의 개벌, 도로건설 등에 의해 생긴 임연부에서 발생하기 쉽다.
⑤ 건조피해라고 하며 기후온난화로 고산지역의 눈이 일찍 녹아 수분공급이 안됨으로써 발생하고 있다.

> **해설**
> 소나무, 해송, 리기다소나무, 자작나무, 서어나무 등은 건조에 강하며, 버드나무, 포플러, 오리나무, 들메나무 등은 한해에 약하다.

17 폭풍에 의한 피해에 대한 설명으로 옳지 않은 것은?

① 침엽수의 피해율이 활엽수보다 높다.
② 일반적으로 노령의 임목보다는 유령목이 많은 피해를 받는다.
③ 토양이 얕거나 지하수위가 높은 경우 뿌리 뒤집힘이 발생하기 쉽다.
④ 폭풍에 의한 피해로는 만곡, 경사, 수간 부러짐, 뿌리 뒤집힘 등이 있다.
⑤ 폭풍이후에는 병해충의 발생률이 높으며 특히, 해충의 피해가 심해 살충제를 살포한다.

> **해설**
> 폭풍이란 풍속 29m/s 이상의 속도로 부는 바람을 말하며 침엽수의 피해율이 활엽수보다 높으며, 유령림보다는 노령림이 피해가 크다.

18 나무줄기의 일부가 강한 직사광선을 받았을 때 조직의 일부가 말라죽는 현상은?

① 엽 소   ② 피 소
③ 만 상   ④ 조 상
⑤ 한 발

> **해설**
> 피소란 햇빛이 강하여 나무의 수피가 타는 현상이 발생하는데 이식한 수목, 산림내부 수종을 독립수로 식재하거나, 얕은 수피를 가지고 있는 수목(단풍나무, 목련, 자작나무, 벚나무, 오동나무 등)이 많이 발생한다.

19 피소의 피해에 감수성인 수종끼리 묶인 것은?

① 오동나무, 낙우송, 가문비나무
② 후박나무, 벚나무, 상수리나무
③ 전나무, 소나무, 배롱나무
④ 버즘나무, 굴피나무, 메타세쿼이아
⑤ 소나무, 상수리나무 벚나무

해설

피소에 대한 감수성인 수종은 수피가 얇은 종인 벚나무, 단풍나무, 목련, 매화나무, 물푸레나무 등에서 자주 발생하며 또한 고산지역에서 생육하는 수종에서도 발생한다.

20 다음 중 저온에 대한 저항성이 큰 수종끼리 묶인 것은?

① 소나무, 잣나무, 전나무, 편백
② 삼나무, 곰솔, 피라칸사스, 벽오동
③ 오동나무, 자작나무, 소나무, 배롱나무
④ 히말라야시다, 자목련, 오리나무, 소나무
⑤ 자작나무, 오리나무, 사시나무, 버드나무

해설

저온에 대한 수목의 내성은 아래와 같다.

내한성 수종	비내한성 수종
자작나무, 오리나무, 사시나무, 버드나무, 소나무, 잣나무, 전나무	삼나무, 편백, 곰솔, 금송, 히말라야시다, 배롱나무, 피라칸사스, 자목련, 사철나무, 벽오동, 오동나무

21 동해에 의한 줄기 및 수관부 피해에 대한 설명으로 옳지 않은 것은?

① 1월에 혹한이 있으면 개화율이 떨어진다.
② 7월 이후 늦게 질소비료를 과용하면 쉽게 피해를 입는다.
③ 한겨울보다 목화되지 않은 초겨울 추위가 더 위험하다.
④ 잔가지, 새싹, 꽃눈은 줄기와 굵은 가지보다 내동성이 약하다.
⑤ 늦겨울, 이른 봄 내동성 약화기에 혹한기가 왔을 때는 줄기조직 보다 눈이 더 위험하다.

해설

겨울눈은 비늘잎으로 싸여 있는데 비늘잎 위에 솜털이나 진액이 덮여 있어 추위로부터 보호될 수 있다.

22 다음 중 동해 예방법으로 적당하지 않은 것은?

① 동절기에는 증산촉진제를 도포한다.
② 배수가 잘 되는 곳을 식재지로 선정한다.
③ 근역권에 볏짚이나 톱밥으로 피복한다.
④ 7월에 1회 정도 적정한 전정 및 시비를 한다.
⑤ 내한성이 높은 수종으로 방풍림을 조성한다.

> **해설**
> 동해는 0℃ 이하에서 발생하며 순화되지 않는 수목이거나 수체 기관의 일부가 동결되거나 수분부족을 일으켜 피해를 발생시키는 것이다.

23 다음 수종 중 내음성이 가장 높은 것은?

① 버드나무　　　　　　　　② 소나무
③ 주 목　　　　　　　　　　④ 느티나무
⑤ 향나무

> **해설**
> 내음성이 있는 매우 높은 수종은 아래와 같다.

분 류	전광량	침엽수	활엽수
극음수	1~3%	개비자나무, 금송, 나한송, 주목	굴거리나무, 백량금, 사철나무, 식나무, 자금우, 호랑가시나무, 회양목

24 고온피해 중 볕데기 설명으로 옳지 않은 것은?

① 남동방향에서 피해가 심하다.
② 강한 광선에 의한 피해이다.
③ 오동나무, 호두나무가 피해가 크다.
④ 줄기조직 일부가 떨어지는 피해가 발생한다.
⑤ 고온피해는 엽소현상과 피소현상이 있으며 피소현상이 수목에 더 치명적이다.

> **해설**
> 고온피해는 태양이 가장 오랫동안 머무는 방향인 남서쪽에서 가장 많이 발생하는 것이 특징이다.

25 한해 피해 설명 중 옳지 않은 것은?

① 소나무는 한해에 강하다.
② 천근성 수종의 피해가 크다.
③ 토양수분의 결핍이 발생한다.
④ 오리나무는 한해에 약하다.
⑤ 한해의 주요 원인은 추위에 의해서 발생한다.

해설

건조 피해는 수분이 물, 온도, 바람 등 환경조건의 이상 때문에 뿌리로부터의 흡수가 극단적으로 저하되거나 잎으로부터 증산이 억제되는 현상으로 수분은 점차로 감소하여 쇠약해지며 2차 피해에 대한 저항성도 약해진다. 한해(drought injury)라고도 한다.

26 한해에 강한 수종이 아닌 것은?

① 해 송
② 리기다소나무
③ 서어나무
④ 들메나무
⑤ 소나무

해설

소나무, 해송, 리기다소나무, 자작나무, 서어나무 등은 건조에 강하며, 버드나무, 포플러, 오리나무, 들메나무 등은 한해에 약하다.

27 설해 피해 설명 중 옳지 않은 것은?

① 복층림의 경우 피해가 적다.
② 밀식된 임지의 피해가 크다.
③ 삼나무는 설해피해에 강함 편이다.
④ 활엽수보다는 침엽수가 피해가 크다.
⑤ 임목의 가지, 잎에 부착된 것을 관설해라고 한다.

해설

설해 피해는 낙엽수보다는 상록수의 피해가 크며 가늘고 긴 수간, 경사를 따른 임목의 고밀도 배치 시 피해가 크며, 복층림의 하층목의 피해가 심하다.

28 이른 봄 상록수가 과다한 증산작용으로 인하여 말라 죽는 현상은?

① 상 렬　　　　　　　　　　　② 상 주

③ 만 상　　　　　　　　　　　④ 조 상

⑤ 동계건조

> **해설**
> 상록수의 동계건조는 겨울에도 광합성을 하나 토양이 얼어있거나 수분의 공급이 원활하지 않을 때 발생한다.

29 겨울에 수간의 외층이 터지는 현상은?

① 피소현상(皮燒現象)

② 열사현상(熱死現象)

③ 상렬현상(霜裂現象)

④ 동상현상(凍霜現象)

⑤ 상주현상(霜柱現象)

> **해설**
> 상렬현상은 수목의 변재부위와 심재부위의 수축과 팽창의 차이에 의한 장력의 불균형으로 발생하며 낮과 밤의 온도차가 심하여 밤에 수축률이 높아짐으로써 발생한다.

30 건조피해에 관한 설명 중 옳지 않은 것은?

① 잎이 일찍 떨어지며 전체가 시들어 죽는 경우가 있다.

② 내건성이 높은 수종에는 소나무, 노간주나무, 삼나무 등이 있다.

③ 내건성이 낮은 수종은 느릅나무, 층층나무, 단풍나무 등이 있다.

④ 피해 증상 초기에는 활엽수의 경우 잎의 가장자리에 변색이 된다.

⑤ 토양수분이 여러 원인에 의하여 흡수가 저하되고 결핍이 나타나는 현상을 말한다.

> **해설**
> 삼나무는 연평균 12~14℃, 강우량 3,000mm 이상의 계곡부에서 잘 자라는 양수이다.

31 건조의 원인으로 옳지 않은 것은?

① 협소한 생육 공간

② 평균 이하의 강수량

③ 유효 토심이 낮을 때

④ 낮은 용적밀도를 나타낼 때

⑤ 식재토양의 경사도가 높을 때

해설

일반토양의 용적밀도는 $1.3g/cm^3$ 정도이며 용적밀도가 큰 토양은 공간이 적기 때문에 통기성 등 모든 조건이 나빠진다.

32 동계건조에 관한 설명 중 옳은 것은?

① 지표면에 멀칭을 할 경우 동계건조의 피해가 늘어난다.

② 겨울철에 잎이 있는 상록활엽수와 상록침엽수에 주로 나타난다.

③ 한겨울에 지상의 온도가 낮아 증산작용이 적게 일어날 때 주로 나타난다.

④ 겨울철에 나무 주변에 바람을 막아주면 동계건조의 피해가 더 심해진다.

⑤ 모아서 식재된 수목 중 바람이 아주 적게 부는 장소에서 주로 나타난다.

해설

동계건조는 이른 봄 상록수가 과도한 증산작용으로 인하여 말라 죽는 현상으로 겨울에도 녹색의 잎을 가지고 있는 수종에서 주로 발생한다.

33 과습에 관한 설명 중 옳지 않은 것은?

① 칼륨의 흡수율이 급격히 떨어지는 경향을 보인다.

② 구엽이 일찍 떨어지므로 수형이 엉성해 지기도 한다.

③ 일부 수종에서는 잎의 뒷면에 돌기가 생기기도 한다.

④ 토양이 포장용수량보다 더 많은 수분을 가지고 있을 때 주로 나타난다.

⑤ 뿌리에 산소가 부족한 상태가 지속되면 식물 내 ACC합성이 일어나는 경향이 있다.

해설

과습이 발생하면 뿌리의 저항성이 낮아져 Phytophthora병균에 의해서 뿌리썩음 현상과 메탄가스가 발생한다. 수목은 수분스트레스로 인해 에틸렌을 분비하여 엽병이 누렇게 변하고 시간이 경과함에 따라 구엽부터 탈락하기 시작한다.

34 수목의 광량 부족에 관한 설명 중 옳지 않은 것은?

① 잎의 양이 적어 수관이 엉성한 경향을 띤다.
② 소나무와 서어나무는 비내음성 수종으로 볼 수 있다.
③ 수고생장이 왕성한 반면 직경생장이 저조한 경향을 띤다.
④ 마디와 마디사이의 생장이 길고 가늘어지는 경향을 띤다.
⑤ 주목, 편백, 가시나무, 철쭉류는 내음성 수종으로 볼 수 있다.

> **해설**
> 서어나무는 자작나무과의 낙엽교목으로 극상림에 가까운 음수이다.

35 설해에 관한 설명으로 옳지 않은 것은?

① 일반적으로 습설이 건설보다 피해가 높다.
② 피해 예방작업으로 지지대, 줄당김, 쇠조임 등을 설치하기도 한다.
③ 눈이 나뭇가지와 잎에 쌓여 줄기에 피해가 나타나는 현상을 말한다.
④ 건전한 개체목으로 무육하고 가지 사이로 눈이 떨어질 수 있는 공간을 준다.
⑤ 대부분 영하 10℃ 이하의 습설이 내부의 동공이 발생한 가지와 줄기에 피해를 준다.

> **해설**
> 설해는 침엽수인 소나무, 잣나무 등에서 자주 발생하며 나뭇가지 위에 쌓인 눈을 속히 제거하여 무게를 줄이도록 하여야 한다.

36 수목의 동해 예방법으로 적당하지 않은 것은?

① 가식하지 않는다.
② 토양을 답압해 준다.
③ 배수가 잘 되게 한다.
④ 질소비료를 과다 시비하지 않도록 한다.
⑤ 수목에 줄기감기를 실시하고 멀칭을 한다.

> **해설**
> 수목의 동해를 예방하기 위해서는 배수를 원활히 하고 수목감기, 멀칭을 하여 온도를 유지하는 것이 바람직하다.

37 풍해에 대한 기술 중 가장 옳은 것은?

① 수간 하부가 활엽수는 상방편심(上方偏心)을 하고 침엽수는 하방편심(下方偏心)을 한다.
② 주풍(主風)은 풍절(風折), 풍도(風倒), 열상(裂傷) 등 산림에 큰 피해를 준다.
③ 방풍림에 쓰이는 수종은 심근성이고 지조(枝條)가 밀생하며 성림(成林)이 빠른 것으로 한다.
④ 우리나라에서는 서북풍은 온화하고 동남풍은 차고 강하며 육풍(陸風)은 해풍(海風)보다 강하다.
⑤ 폭풍은 풍속 10~15m/s로 장기간 부는 바람에 의해 발생한다.

> **해설**
> 방풍림의 조건은 심근성이고 지조가 밀생하며 성림이 빠른 것이어야 한다.

38 다음 수목 중에서 피소(볕데기)를 받기 쉬운 수종은?

① 소나무   ② 버즘나무
③ 굴참나무   ④ 전나무
⑤ 독일가문비

> **해설**
> 피소현상은 수피가 얇은 수종, 이식한 수종, 고립목보다는 숲 내부 수종을 이식했을 때 많이 발생한다.

39 묘포에서 모래 또는 유기질 토양을 섞어서 토질을 개량하고 상면(床面)을 15cm 정도로 높여 다습하게 되는 것을 막기 위해 묘목 사이에 짚, 낙엽, 왕겨 등을 깔아 놓는 이유로 가장 타당한 것은?

① 상열(霜熱)피해의 예방
② 만상(晚霜)피해의 예방
③ 상주(霜柱)피해의 예방
④ 동상(冬霜)피해의 예방
⑤ 조상(早霜)피해의 예방

> **해설**
> 묘포장에서 이랑을 만들어 과습한 토질을 막아 어는 것을 방지하는 것은 상주피해의 예방 대책이다.

40 저온에 의한 피해 중 변재부와 심재부 수축의 불균형에 의한 장력에 의해 발생하는 현상을 무엇이라고 하는가?

① 동계건조   ② 상렬현상

③ 피소현상   ④ 엽소현상

⑤ 상주현상

> **해설**
> 겨울에 낮과 밤의 온도차이가 가장 많이 발생하며, 특히 햇빛이 오래 머무는 남서쪽 방향에서 가장 많이 발생한다.

41 다음 중 만상(晩霜)의 피해는 어느 것인가?

① 가을에 이상 기온으로 조기에 잎이 변색된다.

② 이른 봄에 수목의 발육이 시작되기 전 치수가 고사한다.

③ 이른 봄에 수목의 발육이 시작된 후 급격한 온도저하로 상해를 입는다.

④ 늦가을에 식물생육이 완전히 휴면되기 전에 급격한 온도 저하로 피해를 입는다.

⑤ 만상은 가을에 발생하며 여름에 비료를 과대 사용하였을 때 피해가 심해진다.

> **해설**
> 만상은 늦서리를 말하며 이른 봄 식물의 생육이 시작된 후 급격한 온도 저하로 어린 지엽이 피해를 받는 것이다.

42 과도한 증산작용을 유발시키고 지중 수분을 탈취하며 기계적으로 수간을 굽게 하고 가지를 손상시키는 수목 피해의 원인은?

① 저 온   ② 고 온

③ 가 뭄   ④ 바 람

⑤ 햇 빛

> **해설**
> 풍해는 주풍, 폭풍, 조풍 등의 피해가 있으며 수목은 주풍방향으로 굽게 되며 수간 하부가 편심생장을 하게 된다.

43 다음 중 서리의 해(霜害)에 대한 설명으로 옳지 않은 것은?

① 남사면이 북사면보다 피해가 심하다.
② 맑은 날보다 흐린 날에는 피해가 적다.
③ 습기가 많은 곳일수록 서리의 피해가 심하다.
④ 유령목이 장령목에 비해 서리의 피해가 크다.
⑤ 겨울철 토양수분이 얼어붙으면서 상주현상이 발생한다.

해설

상렬의 경우 온도차가 심한 남사면이 피해가 크지만 일반적인 서리의 해는 북사면이 피해가 심하다.

44 다음 중 내염성이 가장 약한 수종은?

① 곰 솔   ② 주 목
③ 측 백   ④ 소나무
⑤ 팽나무

해설

내염성에 약한 침엽수종은 가문비나무, 낙엽송, 삼나무, 소나무, 스트로브잣나무, 은행나무, 전나무 등이다.

45 설해의 예방법이 아닌 것은?

① 택벌림을 조성한다.
② 동령 단순림을 조성한다.
③ 설해 피해목은 속히 처분한다.
④ 심근성 활엽수를 섞어 심는다.
⑤ 설해를 막기 위해 가지와 잎에 쌓여 있는 눈을 털어 준다.

해설

동령림이란 수목의 연령이 비슷한 숲을 말하며 이령림이란 수목의 연령이 다른 숲을 의미한다.

01 산불 유형 중 가장 많이 발생하는 산불은?

① 지표화 ② 수간화
③ 수관화 ④ 지중화
⑤ 비산화

해설

지표에 쌓여 있는 낙엽과 초류 등의 지피물과 지상 관목, 치수 등이 불에 타는 화재가 가장 많이 일어나고 모든 산불의 시초가 된다.

02 다음 중 내화력이 가장 약한 수종은?

① 소나무 ② 은행나무
③ 가문비나무 ④ 개비자나무
⑤ 물푸레나무

해설

내화력이 약한 수종에는 소나무, 해송, 삼나무, 편백 등의 침엽수와 아까시나무, 벚나무, 능수버들, 벽오동나무, 참죽나무 등 활엽수가 있다. 수지가 포함되어 있는 경우에 불이 쉽게 꺼지지 않고, 오랫동안 타는 성질이 있다.

03 산성비의 PH는?

① 6.0 이하 ② 5.6 이하
③ 7.0 이하 ④ 5.8 이하
⑤ 5.0 이하

해설

강수는 탄산 외 산성 물질이 없을 경우 중성인 pH 7이 아닌 pH 5.6의 약산성을 나타내지만, 대기오염물질들이 섞여 있으면 결합하여 pH가 5.6 이하로 떨어지게 되는데 이러한 강수를 산성비라고 한다.

04 대기오염으로 나타나는 피해 증상 설명 중 아닌 것은?

① 조기낙엽이 발생한다.

② 엽량의 감소가 발생한다.

③ 수목의 활력이 감소한다.

④ 잎의 황화현상이 발생한다.

⑤ 뿌리의 세근량이 증가한다.

해설

대기오염의 피해는 다양하게 나타나며 조기낙엽, 엽량의 감소, 수목활력의 감소, 잎의 황화현상, 잎의 괴사 등이 있다.

05 산성비 피해 설명 중 아닌 것은?

① 잎 왁스층은 피해가 없다.

② 갈색반점이 생기며 괴사한다.

③ 꽃에는 표백반점이 발생한다.

④ 수목의 생장 활력이 감소한다.

⑤ 잎이 황백색으로 변하는 피해를 입는다.

해설

수목이 직접적으로 피해를 입으면 엽의 표피조직이나 세포가 파괴되어 조직이 고사하게 되므로 엽 주변이나 엽맥 간에 갈색, 황갈색의 반점이 생기며 Ca, Mg, K과 같은 체내의 양료 성분을 용탈시켜 양료 결핍을 초래한다.

06 광화학 산화제로 식물에 미치는 독성이 가장 강한 오염은?

① 황화합물

② PAN

③ 질소화합물

④ 미세먼지

⑤ 일산화탄소

해설

PAN은 공장 연료의 불완전 연소 가스나 자동차의 배기가스의 광화학 반응 생성물인 n−butylene과 질소산화물이 반응을 하여 생성된다.

07 대기오염물질 피해 증상이 가장 잘 나타나는 것은?

① 줄 기 ② 잎
③ 뿌 리 ④ 가 지
⑤ 목질부

해설
대기오염물질 피해는 기체의 교환이 발생하는 잎에서 가장 잘 나타난다.

08 산불에 의한 피해가 적은 내화성이 강한 침엽수의 수종은?

① 편 백 ② 삼나무
③ 곰 솔 ④ 은행나무
⑤ 소나무

해설
침엽수 중 내화성이 강한 수종은 은행나무, 잎갈나무, 분비나무, 가문비나무, 개비자나무, 대왕송이다.

09 다음 중 대기오염에 상대적으로 약한 수종은?

① 은행나무 ② 벽오동
③ 삼나무 ④ 사철나무
⑤ 느티나무

해설
삼나무는 연평균 12~14℃, 강우량 3,000mm 이상의 계곡에서 잘 자라는 양수로서 대기오염에는 약한 편이다.

10 다음 중 2차 생성 오염물질은 무엇인가?

① 아황산가스 ② 염 소
③ 불화수소 ④ PAN
⑤ 이산화질소

해설
2차 대기오염물질은 1차 대기오염물질들이 자외선의 영향에 서로 반응하여 형성되는 NO_3, HNO_3, O_3, PANs 등이 있다.

11 광화학 산화제로 옥시던트현상에 의해서 생성되며 독성이 가장 강한 오염물질은?

① 오 존
② PAN
③ 산성비
④ 분 진
⑤ 질소화합물

해설

PAN은 공장 연료의 불완전 연소가스나 자동차의 배기가스의 광화학 반응 생성물인 n-butylene과 질소산화물이 반응을 하여 생성된다.

12 다음 대기오염물질 중 잎의 선단과 주변부의 황변 또는 갈색현상을 일으키는 것은?

① 불화수소
② 이산화황
③ 산 소
④ PAN
⑤ 이산화탄소

해설

불화수소의 피해 증상은 아황산가스와 비슷하지만 괴사 조직과 건전 조직 간의 차이가 아황산가스에서보다 훨씬 뚜렷하고 주로 엽 선단과 주위에 발생한다. 불화수소에 접촉된 수목은 수 시간 동안 건조 현상을 나타내며 점차 녹색에서 황갈색으로 변해 나중에는 갈색이 된다.

13 오존에 대한 저항성 수종이 아닌 것은?

① 해 송
② 녹나무
③ 소나무
④ 삼나무
⑤ 은행나무

해설

오존에 강한 침엽수는 삼나무, 해송, 편백, 화백, 서양측백, 은행나무 등이며 활엽수는 버즘나무, 굴참나무, 졸참나무, 누리장나무, 개나리, 사스레피나무, 금목서, 녹나무, 광나무, 돈나무, 협죽도, 태산목이다.

14 어린잎이나 신엽에 피해가 심하며, 알루미늄 전해공장이나 인산질 비료공장에서 방출되어 피해를 주는 것은?

① 아황산가스   ② 불화수소

③ 오 존   ④ PAN

⑤ 이산화질소

> **해설**
> 불화수소는 기공을 통해 엽 내에 흡수되면 수분에 용해되어 엽 내 조직을 괴사시키는데 독성이 매우 강해 대기 중에 약 5ppb만 존재해도 식물에 피해를 입힌다.

15 대기오염에 의한 수목의 피해양상으로 옳지 않은 것은?

① 온도가 낮고 흐린 날에 피해가 크다.

② 기온역전현상이 발생할 경우 피해가 심하다.

③ 바람이 없고 상대습도가 높은 날에 피해가 크다.

④ 밤보다는 동화작용이 왕성한 낮에 피해가 심하다.

⑤ 여름에서 가을보다는 봄에서 여름에 더 많이 나타난다.

> **해설**
> 대기오염은 봄부터 여름에 많이 발생하며, 밤보다는 낮에, 바람이 없고 습도가 높으면 피해가 커진다. 특히 기온역전현상이 발생하면 피해가 심하다.

16 대기오염의 피해 중 잎 뒷면이 은회색, 청동색으로 변하는 현상이 나타나는 원인은 무엇인가?

① 아황산가스   ② 이산화질소

③ 오 존   ④ PAN

⑤ 불화수소

> **해설**
> PAN의 대표적인 가시 증상은 엽 하부에 은색 반점이 나타나고, 피해가 지속되면 상부로 확대되어 결국에는 괴사 현상이 나타난다.

17 대기오염의 피해 중 잎 표면에 주근깨 같은 반점이 생기고 책상조직이 먼저 붕괴되며, 심해지면 백색으로 피해를 주는 오염물질은 무엇인가?

① 아황산가스   ② 이산화질소

③ 불화수소   ④ PAN

⑤ 오 존

해설

오존의 피해는 강력한 산화 작용에 의한 것으로 엽의 표면에 한정되며 책상조직이 오존에 대하여 가장 약하여 제일 먼저 공격을 받고 다음이 내부 해면조직, 마지막으로 엽 하부 해면조직이 손상을 입는다.

18 오존(O_3)에 의한 피해 징후의 설명으로 옳은 것은?

① 해면조직에 피해를 받는다.

② 성숙 잎보다 어린잎에서 발생하기 쉽다.

③ 책상조직이 선택적으로 파기되는 경우가 많다.

④ 오존의 피해는 소나무에서 잘 발생하지 않는다.

⑤ 줄기에서 뿌리로 이동하는 탄수화물의 양은 변화되지 않는다.

해설

손상을 입은 책상조직 상부 표피세포나 공변세포는 상당한 기간 동안 피해를 입지 않고 견디며, 유관속 조직은 가장 저항성이 커서 주위 조직들이 모두 죽기 전에는 피해를 입지 않는다.

19 다음 중 아황산가스에 의한 피해현상을 가장 잘 나타낸 것은?

① 책상조직이 우선 붕괴한다.

② 엽맥사이에 반점이 생긴다.

③ 잎 뒷면이 은회색으로 변한다.

④ 잎 뒷면이 청동색으로 변한다.

⑤ 선단부 주변이 황색이나 갈색으로 변한다.

해설

아황산가스는 기공을 통하여 엽 내부에 들어온 후 광합성 부산물인 산소에 의하여 황산염을 만들게 된다.

20 다음 중 산성비와 관련된 설명으로 가장 거리가 먼 것은?

① pH 5.6 이하의 비를 말한다.

② 주로 탄소산화물이 산성비를 일으키는 원인이다.

③ 빗물에 녹아 있는 질산염이 잎에 흡수되면 잎 속의 양분을 용탈시킨다.

④ 빗물에 녹아 있는 수소이온은 토양 중의 Al, Fe, 중금속의 용해를 증가시킨다.

⑤ 산성비에 의해 잎이 황백화 현상이 발생하며, 꽃잎이 탈색되는 현상을 보인다.

> **해설**
> 산성비의 원인은 황산화물(H_2SO_4)과 질소산화물(HNO_3)에 의해서 발생한다.

21 아황산가스에 대한 식물체의 감수성에 관한 설명이다. 옳은 것은?

① 암흑에서는 SO_2에 대한 저항성이 매우 크다.

② 영양분이 결핍된 곳에서 자란 식물의 감수성은 매우 낮다.

③ 상대습도가 높아짐에 따라 SO_2에 대한 감수성은 낮아진다.

④ 식물은 5℃ 이하에서 아황산가스에 대한 저항성이 낮아진다.

⑤ 선단부 주변이 황색이나 갈색으로 변하며, 은행나무는 감수성이다.

> **해설**
> 암 조건에서는 아황산가스에 대하여 매우 저항성이 크며, 유해 가스에 노출되기 직전에 음지에서 생육했던 수목이 일광에서 생육했던 수목보다 더 큰 감수성을 나타낸다.

22 산림화재의 예방 방법으로 방화선을 설치하여 산불의 확대를 막는데 이때 방화선의 폭으로 가장 적당한 것은?

① 1~3m   ② 4~8m

③ 10~20m   ④ 25~35m

⑤ 40~50m

> **해설**
> 방화선의 폭은 지형, 풍속, 기후에 따라 다르지만 일반적으로 10~20m가 적당하고, 방화수림대는 30m 내외의 숲을 조성한다.

23 다음 중 산림화재에 의한 피해가 아닌 것은?

① 산림의 생산능력 감퇴
② 토양의 이화학적 성질 변화
③ 산림의 침식에 의한 토사 유출
④ 야생동물의 감소와 생태계의 변화
⑤ 화학적 양료의 공급에 의한 토양의 개량

해설
산림화재 후 초기에는 양료의 공급이 발생할 수 있으나 시간이 지남에 따라 토양 내의 양분은 침식에 의해서 줄어들게 된다.

24 유해가스가 잎에 침해하는 경로로 가장 옳은 것은?

① 엽맥을 통하여 침입한다.
② 기공을 통하여 침입한다.
③ 엽록체를 통하여 침입한다.
④ 뿌리털을 통하여 침입한다.
⑤ 피목에 의해서 침입한다.

해설
식물의 기체교환이 일어나는 잎의 기공에 유해가스가 침입한다.

25 다음의 대기오염원 중에서 태양광선에 의해 대기 중에서 산화되어 형성되는 것은?

① 아황산가스
② 오 존
③ 불화수소
④ 일산화탄소
⑤ 황화수소

해설
산화적 장해를 발생시키는 것은 오존(O_3), PAN(peroxyacetyl nitrate), 이산화질소(NO_2), 염소(Cl_2) 등이며 환원적 장해로는 아황산가스(SO_2), 황화수소(H_2S), aldehyde류, 일산화탄소(CO)가 있다.

26 아황산가스의 피해로 가장 심하게 손상되는 부분은?

① 목부조직　　　　　　　　　② 해면조직
③ 통도조직　　　　　　　　　④ 사부조직
⑤ 책상조직

> **해설**
> 아황산가스는 해면조직, 오존은 책상조직에 피해를 심하게 준다.

27 다음 중에서 대기오염에 견디는 힘이 강한 수종만으로 나열된 것은?

① 소나무와 느릅나무　　　　　② 삼나무와 전나무
③ 전나무와 소나무　　　　　　④ 은행나무와 사철나무
⑤ 느릅나무와 소나무

> **해설**
> 도시 내에서 가로수 또는 차폐식재로 활용되고 있는 수종을 선정한다.

28 지표화로부터 연소되는 경우가 많고 나무의 공동부가 굴뚝과 같은 작용을 하여 비화가 발생하기 쉬운 산불의 종류는?

① 수관화　　　　　　　　　　② 비산화
③ 지표화　　　　　　　　　　④ 지중화
⑤ 수간화

> **해설**
> 수간화는 강한 불길로 불꽃을 공중에 비산시켜 다른 지표화나 수관화를 일으키게 되기도 한다.

29 아황산가스(SO₂)에 감수성이 가장 높은 수종은?

① 편백나무　　　　　　　　　② 비자나무
③ 은행나무　　　　　　　　　④ 소나무
⑤ 양버즘나무

> **해설**
> 아황산가스에 강한 침엽수종은 화백, 향나무, 편백, 측백, 섬잣나무, 노간주나무, 해송, 은행나무, 낙우송, 메타세쿼이아 등이다.

30 뿌리가 공사 등으로 절단되었을 때 수목보호를 위한 치료방법이 아닌 것은?

① 박피 처리

② 증산억제제 처리

③ 발근촉진제 처리

④ 토양개량으로 뿌리발달

⑤ 상처 발생부위의 외과수술 시행

해설

뿌리가 절단되거나 뿌리의 기능을 상실할 경우 수목의 T/R율을 맞춰주어야 한다. 물과 양분을 흡수할 수 있는 세근의 량을 증가시키거나 광합성을 일시적으로 제한하도록 하여야 한다.

31 복토에 대한 나무 피해 정도가 심한 수종이 아닌 것은?

① 은행나무   ② 백합나무

③ 참나무   ④ 소나무

⑤ 단풍나무

해설

복토의 의한 수목 피해에 강한 종은 양버즘나무, 은행나무 등이다.

32 수목에 복토로 인하여 생기는 증상이 아닌 것은?

① 1년 내에 고사한다.

② 뿌리가 고사한다.

③ 조기낙엽이 발생한다.

④ 잎의 크기가 작아지고 수도 적어진다.

⑤ 나무줄기 지체부의 병목현상 및 부후가 발생한다.

해설

복토에 대한 피해는 토양속의 산소 부족으로 인하여 뿌리의 활력이 나빠지면서 뿌리가 먼저 서서히 고사한 후 지상부에 증세가 매우 서서히 나타난다.

33 **토양건조피해에 대한 설명 중 옳지 않은 것은?**

① 이식 스트레스로 발생하는 피해와 비슷한 증상을 보인다.

② 뿌리가 검게 변하면서 수피가 벗겨지는 현상을 보인다.

③ 남서향의 가지와 바람에 노출된 부분이 먼저 영향을 받는다.

④ 침엽수는 탈수 상태에 대한 저항성이 커서 초기에 잘 나타나지 않는다.

⑤ 건조피해로 쉽게 고사하는 수종은 단풍나무, 층층나무, 물푸레나무, 느릅나무 등이다.

> **해설**
> 뿌리가 검게 변하면서 수피가 벗겨지는 현상은 토양 과습피해의 증상이다.

34 **토양과습피해에 대한 설명 중 옳지 않은 것은?**

① 뿌리에서 에틸렌을 분비한다.

② 바람에 노출된 부분에서 먼저 영향을 받는다.

③ 병에 대한 저항성이 낮아져 뿌리썩음병이 쉽게 발생한다.

④ 초기증상은 엽병이 누렇게 변하면서 아래로 처지는 현상이 발생한다.

⑤ 침수된 물을 5일 이내에 배수시키지 않으면 뿌리가 치명적인 피해 받는다.

> **해설**
> 바람에 노출된 부분에서 먼저 영향을 받는 것은 건조피해의 증상이다.

35 **올바른 비료사용 방법이 아닌 것은?**

① 다량의 화학비료 사용

② 충분히 부숙된 유기질 비료사용

③ 영양제 수간주사 등의 영양공급

④ 부숙되지 않은 유기질비료 제거

⑤ 수관폭 정도의 넓이로 구덩이를 판 후 주기적인 관수

> **해설**
> 화학비료를 다량 사용할 경우 비정상적인 생장과 더불어 삼투압현상으로 인해 수목의 물과 양분이 토양으로 빠져나가는 현상을 보인다.

36 아황산가스가 식물에 생리적 영향을 끼치는 최저농도는?

① 0.1~0.2ppm

② 0.3~0.4ppm

③ 0.5~0.6ppm

④ 0.7~0.8ppm

⑤ 0.9~1.0ppm

해설

아황산가스 피해는 0.1~0.2ppm에서 생리적 영향을 받기 시작하며 여러 가지 조건에 따라서 다르나 민감한 수종은 0.3~0.6ppm에서 약 3시간, 1.0~1.5ppm에서 5분 정도면 피해가 발현이 된다. 그리고 낙엽송은 0.3~0.4ppm에 7~8시간 접촉하면 피해 증상이 나타나고 가문비나무는 3ppm에서 15시간 정도 접촉하면 급성 피해가 나타난다.

37 산불과 공중습도는 산불발생과 매우 관계가 높다. 다음은 공중습도와 산화 발생 위험도와의 관계를 설명한 것이다. 잘못된 것은?

① 공중습도 60% 이상은 산불이 잘 발생하지 않는다.

② 공중습도가 50%~60%에서는 산불이 발생하나 진행이 더디다.

③ 공중습도가 40%~50%에서는 산불이 발생하나 진행이 더디다.

④ 공중습도가 30% 이하에서는 산불 발생이 대단히 쉽고 소방이 곤란하다.

⑤ 공중습도가 낮은 지역에서 온도가 높은 지역보다 산불이 더 잘 발생한다.

해설

대기 습도와 산불 발생 위험도와의 관계는 아래의 표과 같다.

습도(%)	산불 발생 위험도
> 60	산불이 잘 발생하지 않음
50~60	산불이 발생하거나 진행이 느림
40~50	산불이 발생하기 쉽고 빨리 연소
< 30	산불이 대단히 발생하기 쉽고 산불을 진화하기 어려움

38 산성비가 식물에 주는 피해 현상으로 옳지 않은 것은?

① 황백화 현상

② 잎말림 발생

③ 낙엽류의 증가

④ 은색 또는 청동색 현상

⑤ 토양의 산성화로 인한 미량원소의 부족

> **해설**
>
> 수목이 직접적으로 피해를 입으면 엽의 표피조직이나 세포가 파괴되어 조직이 고사하게 되므로 엽 주변이나 엽맥 간에 갈색, 황갈색의 반점이 생기며 Ca, Mg, K과 같은 체내의 양료 성분을 용탈시켜 양료 결핍을 초래한다.

39 산성비 등 산성물질에 의해 토양이 산성화되면 식물이 흡수하여 체내에 축적됨으로써 독성을 나타내는 원소는?

① 알루미늄   ② 칼 슘

③ 마그네슘   ④ 칼 륨

⑤ 철

---

04   양분 불균형 발생 기작과 피해 증상 및 대

01 토양산성화로 인한 수목생육 장애요인으로 옳지 않은 것은?

① 인산 이용의 결핍

② 염기성 양이온의 용탈

③ 뿌리의 양분 흡수력 저하

④ 토양미생물과 소동물의 활성 증가

⑤ 점토광물에서 알루미늄이온의 용해도 증가

> **해설**
>
> 토양이 산성화되면 알루미늄이 녹아 독성을 일으키고, 수소이온이 토양에 부착되어 양이온이 용탈되는 현상을 보이며, 인은 알루미늄 및 철과 결합하여 불용성으로 변한다.

02 양분 불균형으로 일어나는 수목의 피해 증상 중 잘못된 것은?

① 신초가 고사되는 붕소의 독성은 합성세제와 썩힌 생활하수의 유입이 원인이다.

② 아연결핍으로 어린잎부터 잎맥사이의 황화현상은 pH가 낮은 토양에서 잘 나타난다.

③ 몰리브덴의 결핍으로 오래된 잎의 황화현상은 산성 토양에서 잘 나타난다.

④ 칼슘의 과다증상은 철의 흡수를 방해하여 잎의 황화현상을 일으킨다.

⑤ 황 결핍증상은 질소결핍증상과 유사하다.

> **해설**
> 알칼리성 토양에서는 철, 망간, 구리, 아연 등의 부족현상이 발생하며, 산성 토양에서는 질소, 인, 칼륨 등의 흡수율이 떨어진다.

03 양분의 불균형이 일어나지 않도록 적절한 처리를 하였다. 잘못된 것은?

① 호두나무 뿌리분포지역에는 주글론 독성이 나타나므로 제거 후 1년 이후에 나무를 식재한다.

② 칼슘 등의 이온이 과량 집적되어 철 등의 흡수를 방해하는 알칼리성 토양에는 황분말을 혼합한다.

③ 산성 토양에서는 알루미늄에 의한 인산고정을 완화하기 위해서 석회처리한다.

④ 알칼리성 토양에는 관수를 통해 토양 속의 염분농도를 줄일 수 있다.

⑤ 대부분의 침엽수는 알칼리성 토양에서 생육이 용이함으로 알칼리성을 유지하도록 처리한다.

> **해설**
> 침엽수는 알칼리성 토양보다는 산성 토양에서 생육이 용이하다.

04 알칼리성 토양을 교정하기 위해서 사용되는 것은?

① 석회석　　　　　　　　　　② 백운석

③ 감람석　　　　　　　　　　④ 고령토

⑤ 황산알루미늄

> **해설**
> 산성 토양을 교정하기 위해서는 석회석, 백운석을 사용하며, 알칼리성 토양은 황이나 황산알루미늄을 사용하여 교정한다.

05 다음을 설명하는 원소는 무엇인가?

식물의 건중량의 약 1%를 차지하고 있으나 구성성분이 아닌 자유 이온형태로 존재하는 원소로서 광합성과 호흡작용 관여 효소의 활성제 역할 및 기공의 개폐, 삼투압 조절 물질, 전분과 단백질 효소 활성화 역할을 하는 원소이다.

① 질 소　　　　　　　　　　　② 인 산
③ 철　　　　　　　　　　　　　④ 마그네슘
⑤ 칼 륨

해설
칼륨은 식물의 생육에 중요한 원소이나 몸체를 만드는 구성성분이 아니다.

06 토양의 카드뮴 오염을 해결하기 위해서 식재할 수 있는 수종은 무엇인가?

① 벚나무　　　　　　　　　　② 현사시나무
③ 대추나무　　　　　　　　　④ 단풍나무
⑤ 가문비나무

해설
탄광지역에서 발생하는 카드뮴오염은 현사시나무를 식재함으로써 토양 내 오염물질을 제거할 수 있다.

07 토양의 양분결핍현상을 확인하는 방법이 아닌 것은?

① 엽분석
② 시비실험
③ 토양분석
④ 수목활력도 측정
⑤ 가시적 결핍증 관찰

해설
토양의 양분결핍현상은 왜성화, 조직의 괴사, 황화현상으로 증상이 발현되는데, 토양의 양분의 결핍을 확인하기 위해서는 엽분석, 시비실험, 토양분석, 가시적 결핍증 관찰이 있다.

08 식물체 내에서 이동성이 용이한 원소가 아닌 것은?

① 질 소 ② 인 산
③ 칼 륨 ④ 마그네슘
⑤ 철

해설
식물체에서 이동성이 용이하지 않은 원소는 붕소, 철, 칼슘이 대표적이다.

09 토양 환경변화에 의한 피해인 답압의 치료 방법이 아닌 것은?

① 숨틀 설치 ② 울타리 설치
③ 경화된 토양의 경운 ④ 통행금지 및 변경
⑤ 침식방지를 위한 다짐

해설
답압에 의한 피해는 토양의 공극률을 없앰으로써 물과 공기의 공급이 차단되는 것을 의미하며 광물이 50%, 물 25%, 공기 25%의 토양이 좋다.

10 식물체 내에서 이동성이 용이한 원소가 아닌 것은?

① 질 소 ② 인 산
③ 붕 소 ④ 칼 륨
⑤ 마그네슘

해설
식물체의 이동이 용이한 원소는 질소, 인, 칼륨, 마그네슘이며 이동이 어려운 원소는 칼슘, 붕소, 철 등이다.

11 토성과 용적밀도에 관한 설명 중 옳지 않은 것은?

① 용적밀도는 점토보다 사토가 낮다.
② 토양입자가 2.0mm 이상을 자갈이라고 한다.
③ 토양입자는 0.002mm 이하를 점토라고 한다.
④ 용적밀도가 낮은 토양은 고상이 적고 푸석푸석한 토양이다.
⑤ 고상을 구성하는 토양입자의 무게를 전체 토양용적으로 나눈 값을 용적밀도라고 한다.

해설
토성별 용적밀도 순 : 사토 > 사양토 > 양토 > 미사질 양토 > 식양토

12 토양공극과 입단구조에 관한 설명이 옳은 것은?

① 입단의 크기가 작을수록 전체 공극량이 많아진다.
② 대공극량이 증가하면 통기성과 배수성은 나빠진다.
③ 입단구조의 토양보다는 단립구조의 토양이 수목에 좋다.
④ 같은 양의 공극이면 공극의 크기가 달라도 물의 흐름과 건조속도도 같다.
⑤ 작은 토양입자들이 서로 응집하여 뭉쳐진 덩어리 형태의 토양을 떼알구조라고 한다.

해설
토양입단구조는 홀알(단립)구조와 떼알(입단)구조로 구분이 되며 수목의 생장에는 떼알구조가 물과 양분의 부착률이 높기 때문에 좋은 토양이다.

13 수목체 내에서 이동이 잘되지 않는 필수 영양소만으로 짝지은 것은?

① 질소 - 인산   ② 칼슘 - 칼륨
③ 붕소 - 철   ④ 마그네슘 - 유황
⑤ 인산 - 칼슘

해설
수목에 흡수된 영양분 중 이동이 잘 되는 성분은 질소, 인, 칼륨, 마그네슘이다.

14 토양과습에 의한 피해 증상이 아닌 것은?

① 엽병이 누렇게 변하면서 아래로 처진다.

② 뿌리에서 에틸렌을 분비한다.

③ 병에 대한 저항성이 낮아져 뿌리썩음병이 쉽게 발생한다.

④ 뿌리의 수피와 목질부가 분리되는 현상이 보인다.

⑤ 바람에 노출된 부분에서 먼저 영향을 받는다.

해설

바람에 노출된 부분에서 먼저 영향을 받는 것은 토양건조피해의 증상이다.

15 핵산으로 만들어진 염색체와 인지질로 만들어진 원형질막의 구성성분인 것은?

① 질 소   ② 인 산

③ 칼 륨   ④ 마그네슘

⑤ 철

해설

핵산과 세포막을 만드는 주요성분은 인산이다.

01 농약학 서론

01 **농약의 범위에 관한 설명 중 옳지 않은 것은?**

① 토양소독, 종자소독, 재배 및 저장에 사용되는 모든 약제이다.

② 약효를 증진시키기 위해 사용되는 전착제를 포함한다.

③ 농작물의 생리기능을 증진하는 약제는 포함하지 않는다.

④ 제제화에 사용되는 보조제를 포함한다.

⑤ 천적은 농약에 포함된다.

해설

농작물의 생리기능을 증진하거나 억제하는데 사용되는 약제를 포함한다.

02 **농약의 명칭 중 우리나라에서만 사용되는 것은?**

① 화학명   ② 일반명

③ 코드명   ④ 상표명

⑤ 품목명

해설

품목명은 우리나라에서만 사용하는 명칭으로 예를 들어 파라치온유제, 파라치온입제, 비티수화제 등이 있다.

03 **농약의 구비조건에 해당하지 않는 것은?**

① 소량으로 약효가 확실해야 한다.   ② 인축 및 생태계에 안전해야 한다.

③ 농작물에 안전해야 한다.   ④ 가격이 저렴해야 한다.

⑤ 토양 잔류성이 있어야 한다.

해설

예로 DDT는 잔류기간이 길어 농산물 섭취에 의한 만성중독이 우려되어 생산과 사용이 금지된 농약이다.

04 농약을 쉽게 식별하기 위해 포장지와 병뚜껑의 색을 달리하고 있다. 살충제는 무슨 색인가?

① 녹 색　　　　　　　　　　　② 분홍색

③ 적 색　　　　　　　　　　　④ 청 색

⑤ 백 색

해설

약제의 용도에 따른 포장지와 뚜껑 색깔

살균제	살충제	제초제	생장조정제	맹독성 농약	기타 약제	혼합제 및 동시방제제
분홍색	녹 색	황 색	청 색	적 색	백 색	해당 약제색 병용

---

02 농약의 분류

01 농약을 사용목적에 따라 분류할 때 적합하지 않은 것은?

① 살충제　　　　　　　　　　② 살응애제

③ 살균제　　　　　　　　　　④ 제초제

⑤ 유기염소계

해설

유기인계, 카바메이트계, 유기염소계 등은 유효성분 조성에 따른 분류이다.

02 약제가 식물체 내로 흡수 이행되어 흡즙 해충을 방제하는 것은?

① 식독제　　　　　　　　　　② 침투성살충제

③ 유인제　　　　　　　　　　④ 기피제

⑤ 생물농약

해설

• 침투성살충제 : 잎이나 뿌리를 통해 식물체에 흡수되어 체관이나 물관을 타고 이행하며 식물체 내부에 그 약효를 퍼뜨린다. 주로 물관을 타고 아래에서 위로 이행하므로 뿌리에서 흡수하도록 하는 것이 효과적이다.
• 비침투성살충제 : 식물체 내부로 침투하지 않고 식물체 표면에 엷은 피막을 형성하여 식물을 보호하는 보호살균제의 역할을 한다. 엽면살포용으로 많이 사용되나 토양관주 시에는 뿌리로도 소량 흡수된다.

03 농약의 보조제 중 약제가 해충과 식물체에 잘 부착하게 하는 것은?

① 전착제   ② 증량제

③ 유화제   ④ 협력제

⑤ 약해방지제

해설

계면활성제를 첨가하여 농약의 주제가 식물체 또는 병해충의 표면에 잘 확전·부착하도록 하는데 이를 전착제라 한다.

04 다음 중 증량제가 아닌 것은?

① 활 석   ② 카올린

③ 계면활성제   ④ 물

⑤ 유 안

해설

계면활성제는 유화제로 쓰인다.

05 유효성분 조성에 따라 살충제를 분류할 때 제충국과 관련된 것은?

① 유기인계   ② 카바메이트계

③ 피레트로이드계   ④ 유기염소계

⑤ 벤조일우레아계

해설

pyrethrin은 제충국의 분말로 오래 동안 천연살충제로 사용되어 왔다.

06 유효성분 조성에 따라 살균제를 분류할 때 유기유황계 농약은?

① Benzimidazole계   ② Triazole계

③ Morpholine계   ④ Dithiocarbamate계

⑤ Anilide계

해설

Dithiocarbamate계 살균제는 유기유황계 농약이라고도 불린다. dithiocarbamia acid, dialkylamine, alkylene diamine계 화합물로 나뉜다.

07 다음 중 유기유황계 살균제가 아닌 것은?

① benomyl   ② mancozeb

③ maneb   ④ zineb

⑤ ziram

해설

benomyl은 Benzimidazole계이다.

08 제초제 glyphosate를 유효성분 조성에 따라 분류하면 어디에 속하는가?

① Triazine계   ② Amide계

③ Sulfonylurea계   ④ Bipyridylium계

⑤ 아미노산 유도체

해설

glyphosate는 아미노산의 하나인 glycine의 유도체이다. 아미노산 생합성 경로인 시킴산 경로를 저해하기 때문에 식물체는 황백화 현상을 보이며 죽게 된다.

09 유기인계 살충제가 살충을 위해 저해하는 것은 무엇인가?

① 신경전달물질 수용 저해

② 신경축색 전달 저해

③ Acetylcholinesterase 활성 저해

④ 키틴 합성 저해

⑤ 호르몬 기능 교란

해설

유기인계 살충제는 신경전달물질의 분해효소인 AChE의 활성을 저해하여 살충한다. Parathion은 최초로 합성된 유기인계 살충제이다.

10 살균제 streptomycin이 살균을 위해 저해하는 것은 무엇인가?

① 호흡과정의 전자전달　　　　② 단백질 생합성

③ 스테롤 생합성　　　　　　　④ 인지질 생합성

⑤ 멜라닌 생합성

해설
streptomycin과 kasugamycin은 단백질 생합성을 저해하여 살균한다.

11 숙주식물의 병해 저항성을 증대하는 약제가 아닌 것은?

① iprobenfos　　　　　　　② fosetyl-Al

③ probenazole　　　　　　　④ 규산염

⑤ thiram

해설
thiram은 인지질 생합성을 저해하여 살균한다.

12 제초제 2,4-D가 저해하는 것은?

① 광합성의 Hill 반응

② 엽록소 생성

③ 세포분열

④ 식물호르몬 작용

⑤ 지방산 합성

해설
2,4-D는 옥신계 식물호르몬이다. 높은 농도에서 제초 효과가 나타난다.

13 제초제 paraquat가 제초를 위해 무슨 작용을 하는가?

① 활성산소 발생
② 엽록소 생성 저해
③ 식물호르몬 작용 저해
④ shikimic acid 생합성 저해
⑤ 지방산 합성 저해

해설

paraquat는 bipyridylium계 제초제로 광합성의 전자전달계에서 전자를 탈취하여 생성된 자유기 과산화물(예 활성산소)을 생성하여
살초한다.

14 다음 중 직접살포제에 포함되지 않는 것은?

① 분 제   ② 입 제
③ 액 제   ④ 미분제
⑤ 수면부상성입제

해설

액제는 희석살포제에 포함된다.

15 다음 중 간접살포제(희석살포제)에 포함되지 않는 것은?

① 분산성 액제   ② 유 제
③ 수화제   ④ 종자처리수화제
⑤ 훈증제

해설

훈증제는 기타 제형으로 분류된다.

03 농약의 작용기작

01 살충제에 관한 설명 중 옳지 않은 것은?

① 작용점은 신경계, 대사계, 원형질, 피부, 호흡기관 등이 있다.
② 작용점에 도달하는 방법에 따라 식독제, 접촉독제, 흡입독제로 구분된다.
③ 식독제가 작용하기 위해 장액의 pH가 중요하다.
④ 접촉독제는 곤충의 표피나 다리의 환절각막 등에 접촉 침투하기 때문에 친수성이어야 한다.
⑤ 약제가 작용점에 도달하는데 농약의 특성, 사용방법, 사용환경, 곤충의 생태적 특성 등이 관여한다.

> **해설**
> 접촉독제가 가져야 할 요건 : 친유성기 함유, 지질 가수분해능, 지질 용해도

02 다음 중 미생물 살충제인 것은?

① Bt제
② JH제
③ Nicotine
④ parathion
⑤ pyrethroid계

> **해설**
> 미생물 살충제로는 Bt제와 Abamectin이 있다. Bt제는 Bacillus thuringeinsis의 단백질 독소를 이용하며, Abamectin은 Streptomyces avermiltilis의 발효산물을 이용한 살충제이다.

03 다음 중 호르몬 교란 살충제인 것은?

① Bt제
② JH제
③ Nicotine
④ parathion
⑤ pyrethroid계

> **해설**
> JH(Juvenile hormone, 유약호르몬)은 곤충의 유충상태를 유지시키는 호르몬으로 곤충에만 특이적으로 작용하기 때문에 안전하다.

04 **살균제에 관한 설명 중 옳지 않은 것은?**

① 병원균의 표면은 양전하를 띠고 있다.

② 살균제는 병원균의 표면을 뚫고 침투하기 위해 친유성과 친수성을 동시에 가져야 한다.

③ 금속이온은 병원균의 아미노산이나 유기산과 결합하여 킬레이트를 형성해서 침투한다.

④ 살균제 dodine은 계면활성제와 유사한 구조를 가지고 있어 세포막의 구조를 파괴한다.

⑤ 중금속 원소, 비소, 유기합성 살균제는 단백질 또는 산화환원 효소의 SH기와 결합하여 호흡을 저해한다.

해설

병원균의 표면은 음전하를 띠고 있다.

05 **살균제의 작용기작과 관계없는 것은 무엇인가?**

① 세포막 구조 파괴　　　　　　　　② 신경기능 저해

③ 생합성 저해　　　　　　　　　　④ 세포벽 합성 저해

⑤ 호흡 저해

해설

신경기능 저해는 살충제의 작용기작으로 Acetylcholinesterase 활성 저해, 신경전달물질 수용 저해, 시냅스 전막 저해, 신경축색
전달 저해 등이 있다.

06 **제초제에 관한 설명 중 옳지 않은 것은?**

① 작용점으로 광합성 과정, 호흡과정, 식물호르몬 작용 과정, 지질 및 아미노산 생합성 과정이 있다.

② 식물잎의 표피층은 비극성이다.

③ 비극성 화합물은 왁스층을 쉽게 통과한다.

④ 제초제가 casparian strip을 통과하여 물관부로 들어가는 과정을 symplast 경로라 한다.

⑤ casparian strip 통과 후 다시 세포벽을 침투하여 물관부를 통과하는 과정을 apo-symplast 경로라 한다.

해설

• apoplast 경로 : 제초제가 casparian strip을 통과하여 물관부로 들어가는 과정
• symplast 경로 : 원형질 내로 침투하여 원형질 연결사에 의해 체관부로 들어가는 과정

07 다음 중 제초제의 작용기작 중 광합성 저해와 관계가 가장 먼 것은?

① PS Ⅱ 전자전달(Hill 반응) 저해
② Carotenoid 생합성 저해
③ Chlorophyll 생합성 저해
④ PS Ⅰ 전자전달 저해
⑤ 탈공역작용에 의한 산화적 인산화 저해

해설
탈공역작용에 의한 산화적 인산화 저해는 에너지 생성과정 저해 기작이다.

08 제초제를 선택성과 비선택성으로 분류할 때 기준이 되는 것은 무엇인가?

① 사용목적   ② 주성분
③ 작용특성   ④ 제 형
⑤ 유효성분

해설
비선택적 제초제는 식물의 종류에 상관없이 모든 식물을 죽이는 제초제로 paraquat와 diquat 등이 있다.

09 대추나무 빗자루병 구제에 사용되는 약제는 무엇인가?

① 테라마이신   ② 보르드액
③ 만코지수화제   ④ 베노밀수화제
⑤ 티디폰수화제

해설
대추나무 빗자루병은 파이토플라스마에 의해 발병된다.

10 곤충의 키틴 생합성을 저해하여 살충하는 약제는?

① parathion
② rotenone
③ diflubenzuron
④ methoprene
⑤ DDT

해설

③ 요소계 화합물인 diflubenzuron과 chlorfluazuron은 키틴 생합성을 저해하여 곤충의 탈피를 막는다.
① parathion은 유기인계 살충제로 Acetylcholinesterase(AChE) 활성 저해제이다.
② rotenone은 에너지대사 중 호흡을 저해한다.
④ methoprene은 호르몬 기능을 교란한다.
⑤ DDT는 유기염소계 살충제로 신경축색 전달을 저해한다.

04 농약의 제제 형태 및 특성

01 수화제에 관한 설명 중 옳지 않은 것은?

① 원제가 액체인 경우 수화제를 조제할 때 white carbon이 필요하다.
② 입자의 크기와 현수성이 중요하다.
③ 유제에 비해 고농도 제제가 어렵다.
④ 용제가 필요 없다.
⑤ 비산되기 쉬워 호흡기 흡입의 위험성이 크다.

해설

수화제는 유제에 비해 고농도 제제 가능하다(유제 30% 내외, 수화제 50% 내외).

02 액상수화제와 입상수화제에 관한 설명 중 옳지 않은 것은?

① 액상수화제는 물과 유기용매에 난용성인 원제를 액상으로 조제한 것이다.
② 액상수화제는 물을 증량제로 사용한다.
③ 액상수화제와 입상수화제는 수화제의 비산 문제를 보완한 것이다.
④ 입상수화제는 농약원제의 함량이 높고 증량제 비율이 낮다.
⑤ 입상수화제는 용기에 잔존하는 농약의 양이 많은 것이 단점이다.

해설

입상수화제는 용기에 잔존하는 농약의 양이 매우 적다.

03 **유제에 관한 설명 중 옳지 않은 것은?**

① 농약 원제를 용제에 녹이고 계면활성제를 첨가해 제조한다.
② 용제로 물을 사용한다.
③ 약액 조제 후 2시간 경과 후 안정성을 보이면 유화성 양호로 평가한다.
④ 유리병과 같은 액체용 용기를 사용해야 한다.
⑤ 취급 중 화재 위험이 있다.

해설
유제에 사용되는 용제는 석유계 용제(xylene 등), ketone류, alcohol류이다.

04 **액제에 관한 설명 중 옳지 않은 것은?**

① 직접살포형 제형이다.
② 수용성 원제를 사용한다.
③ 동결에 의한 용기 파손을 주의해야 한다.
④ 계면활성제나 동결방지제가 첨가된다.
⑤ 원제는 가수분해의 우려가 없어야 한다.

해설
액제는 희석살포형 제형이다.

05 **희석살포용 제형 중 소량의 소수성 용매에 농약원제를 용해하고 유화제를 사용하여 물에 유화시켜 제제하는 것은?**

① 분산성 액제   ② 유탁제
③ 수용제   ④ 수화제
⑤ 캡슐현탁제

해설
유탁제는 유제에 사용되는 유기용제를 줄이기 위해 개발된 제형이다.

3 ② 4 ① 5 ② 정답

06 다음 중 유효성분의 방출제어가 가능한 제형은?

① 분산성 액제　　　　　　　　　② 유탁제
③ 수용제　　　　　　　　　　　　④ 수화제
⑤ 캡슐현탁제

해설
캡슐현탁제는 미세한 농약 원제의 입자에 고분자 물질을 코팅하여 유탁제나 액상수화제처럼 현탁시킨 제제이다.

07 입제 또는 세립제에 관한 설명 중 옳지 않은 것은?

① 직접살포형 제형이다.
② 압출조립법으로 제조할 때는 가수분해와 열에 강한 약제를 사용해야 한다.
③ 흡착법은 원제가 상온에서 액상일 경우 채택된다.
④ 고흡유가의 점토광물로는 규사와 탄산석회가 있다.
⑤ 피복법은 비흡유성의 입상 담체를 중심핵으로 액상의 원제를 피복시키는 방법이다.

해설
• 흡착법에 사용되는 고흡유가의 점토광물 : 벤토나이트, 버미큘라이트
• 피복법에 사용되는 비흡유성 입상 담체 : 규사, 탄산석회, 모래

08 담수된 논에 살포하면 처음에 가라앉았다가 비중이 큰 증량제가 녹으면서 부상하여 수면에 약제층을 형성하는 제제는 무엇인가?

① 세립제　　　　　　　　　　　　② 수면부상성 입제
③ 수면전개제　　　　　　　　　　④ 분 제
⑤ 수화성 미분제

해설
수면부상성 입제는 일반 입제와 달리 불균일하게 살포하여도 수면에 균일하게 확산되는 특성이 있다.

09 직접살포용 제형에 관한 설명 중 옳지 않은 것은?

① 분제는 유효성분 함량이 1~5%에 불과하고 대부분이 증량제이다.

② 미분제는 입도를 더 작게 하여 비산성을 높여 밀폐된 공간의 방제에 적합하도록 한 제제이다.

③ 오일제는 기름에 녹여 유기용제로 희석하여 살포한다.

④ 저비산분제는 증량제를 최소화하고 응집제를 사용하여 비산을 경감시킨 제제이다.

⑤ 분제는 액상농약에 비해 고착성이 양호하여 잔효성이 요구되는 과수에 적합하다.

> **해설**
> 분제는 유효성분 함량이 낮고 액상농약에 비해 고착성이 불량하여 잔효성이 요구되는 과수에 적합하지 않다.

10 다음 중 점성이 큰 액상으로 제조하여 발라 쓸 수 있는 제형은?

① 종자처리수화제 ② 훈연제

③ 도포제 ④ 훈증제

⑤ 정 제

> **해설**
> 도포제는 과수의 부란병 방제에 주로 사용된다.

11 농약 원제에 발연제 등을 첨가한 제형으로 심지에 점화하여 살포하는 제형은?

① 훈연제 ② 연무제

③ 훈증제 ④ 미량살포제

⑤ 정제

> **해설**
> 훈연제는 심지에 불을 붙여 사용하고, 연무제는 압축가스나 연무발생기로 분무하며, 훈증제는 증기압이 높은 원제를 기화시켜 사용한다.

12 항공방제에 사용되는 고농축 액체 제형은 무엇인가?

① 판상줄제
② 정 제
③ 도포제
④ 미량살포제
⑤ 연무제

해설

미량살포제는 균일한 살포를 위해 정전기 살포법과 같은 기술이 필요하다.

13 농약보조제인 원제의 구비 조건으로 적합하지 않은 것은?

① 높은 용해도
② 유효성분에 대한 안전성
③ 유효성분의 효과 증진
④ 고휘발성
⑤ 경제성

해설

저휘발성과 저인화성이 요구된다.

14 계면활성제에 관한 설명 중 옳지 않은 것은?

① 서로 섞이지 않는 유기물질층과 물층 사이의 경계면을 활성시키는 물질이다.
② 음이온, 양이온, 비이온, 양성 계면활성제로 구분된다.
③ 친수성과 소수성의 특징을 동시에 갖는다.
④ 유효성분의 분해를 방지한다.
⑤ 약액의 표면장력을 낮춰준다.

해설

분해방지제는 유효기간 내 유효성분의 분해를 방지하거나 억제하기 위한 첨가제로 PAP, epichlorohydrin(유기인계 농약의 분해방지제) 등이 있다.

15 살포액의 습전성과 부착성을 향상시키는 보조제는 무엇인가?

① 증량제   ② 전착제

③ 협력제   ④ 약해방지제

⑤ 보습제

해설

전착제로 주로 사용되는 약제는 polyoxyethylene(POE)계통이며, 최근에 siloxane과 같은 dimethylsilicone 계통의 약제가 있다.

16 고체입자의 분산성을 나타내는 용어는 무엇인가?

① 현수성   ② 유화성

③ 습전성   ④ 부착성

⑤ 계면활성

해설

유화성은 액상 입자의 분산성을 나타낸다.

17 증량제에 관한 설명 중 옳지 않은 것은?

① 입자의 크기가 분산성, 비산성에 영향을 준다.

② 가비중은 물보다 큰 것이 적당하다.

③ 흡습성이 낮아야 한다.

④ 원제나 다른 첨가제와 비중의 차이가 크지 않아야 한다.

⑤ 광물성 증량제로 규조토, 활성 등이 있다.

해설

증량제의 적당한 가비중은 0.4~0.6이다.

18 제충국의 pyrethrin에 첨가했을 때 살충력이 증대되는 물질과 거리가 먼 것은?

① sasamin

② sesamolin

③ egonol

④ hinokinin

⑤ sesamax

해설

sesamex는 DDT와 parathion에 첨가하면 이 약제에 저항성이 있는 집파리에 강한 살충력을 나타낸다.

19 벼농사용 제초제인 pretilachlor에 혼합사용하여 벼를 보호하는 약해방지제는?

① oxabetrinil

② epichlorohydrin

③ fenclorim

④ casein

⑤ polyethylene glycol

해설

oxabetrinil는 사탕수수 등을 metolachlor에 의한 약해에서 보호하는 약해방지제이다. 두 약제 모두 보호 작물의 glutathione conjugate 형성을 촉진시켜 약해를 방지한다.

20 살포액적의 증발속도를 억제하기 위해 첨가되는 보습제는?

① gelatin

② gum

③ resin

④ casein

⑤ polyethylene glycol

해설

①~④는 약제의 부착성과 고착성을 향상시키기 위해 첨가되는 고착제이다.

01 약제 조제 시 유의사항 중 옳지 않은 것은?

① 오염되지 않은 알칼리성의 용수를 사용한다.

② 용수의 오염물질은 농약과 반응하여 약해를 유발할 수 있다.

③ 희석배수를 준수한다.

④ 충분히 혼합해서 균일하게 한다.

⑤ 충분히 혼화되지 않으면 약해가 발생할 수 있다.

> **해설**
> 희석용수는 오염되지 않은 중성의 물을 사용해야 한다.

02 A수화제를 1,000배 희석해서 뿌리려고 한다. 물 10리터에 A수화제를 얼마를 넣어야 하나?

① 0.1g

② 1g

③ 10g

④ 100g

⑤ 1kg

> **해설**
> 약제소요량(kg 또는 l) = 희석액 총량(l)/희석배수 = 10/1,000 = 0.01

03 유효성분 농도가 45%인 유제 100ml를 4.5%로 희석하려 한다. 이 유제의 비중은 1.0이다. 필요한 물의 양은 몇 리터인가?

① 0.7

② 0.8

③ 0.9

④ 1.0

⑤ 1.1

> **해설**
> 물소요량(l) = 농약량(ml) × [농약유효성분농도(%)/희석액 농도(%) − 1] × 농약의 비중/1,000
> = 100 × [45/4.5 − 1] × 1.0/1,000 = 0.9

04 살포액 조제방법에 관한 설명 중 옳지 않은 것은?

① 액상수화제는 소정량의 약제를 소량의 물에 넣어 혼화한 후 나머지 전량의 물을 부어 혼화 조제한다.
② 유제의 경우 침전물이 있으면 병채 따뜻한 물로 가온하여 녹여 쓴다.
③ 액제의 경우 완전히 녹여 투명한 액으로 조제한다.
④ 가온해도 침전물이 녹지 않는 유제는 사용하지 않는다.
⑤ 전착제는 수화제와 같은 방법으로 조제한다.

해설
전착제 조제방법은 유제와 같다.

05 약제 혼용에 관한 설명 중 옳지 않은 것은?

① 대부분의 약제는 알칼리에서 안정하다.
② 약제 혼용은 살포횟수를 줄여 비용과 노력을 절감한다.
③ 서로 다른 병해충을 동시에 방제할 수 있다.
④ 사용 전에 반드시 혼용의 가부를 확인해야 한다.
⑤ 연용에 의한 내성을 억제할 수 있다.

해설
대부분의 약제는 알칼리에서 분해되거나 약해를 유발한다.

06 다음 중 알칼리성 약제가 아닌 것은?

① 보르도혼합액
② 결정석회황합제
③ 농용비누
④ 소석회
⑤ 파라티온에틸

해설
말라티온, DDVP, 파라티온에틸, EPN, 다이오지논 등 유기인제, 카바메이트계, 유기염소계, 유기유황균제는 알칼리성 약제와 혼용을 피해야 할 약제이다.

07 약제 혼용 시 주의할 사항 중 옳지 않은 것은?

① 설명서와 혼용가부표를 확인한다.
② 표준희석배수를 준수하고 표준량 이상으로 살포하지 않는다.
③ 혼용가부표가 없을 때에는 시험 살포하여 약해를 확인한다.
④ 미량요소비료와 혼용하면 약제의 상승작용 효과를 볼 수 있다.
⑤ 조제한 살포액은 당일에 살포한다.

해설
미량요소비료와 혼용하지 않으며, 유제와 수화제는 가급적 혼용하지 않는다.

08 고속 송풍기를 이용해 약액을 미립화하여 살포하는 방법은?

① 분무법
② 미스트법
③ 살분법
④ 연무법
⑤ 미량살포법

해설
미스트법은 일반 분무법보다 살포액적의 크기를 미립화하여 살포의 균일한성을 향상시킨 살포방법이다. 고속으로 회전하는 송풍기를 통하여 송출되는 풍압으로 약액을 분사노즐을 통해 분사한다.

09 천적에 영향이 적고 환경오염을 유발하지 않으면서 솔잎혹파리, 솔껍질깍지벌레 방제에 이용되는 방제법은?

① 정전기 살포법
② 관주법
③ 나무주사
④ 도포법
⑤ 피복법

해설
나무주사는 약제를 수간에 직접 주사하기 때문에 환경오염을 유발하지 않는다.

10 약제 살포법에 관한 설명 중 옳지 않은 것은?

① 분무법은 가장 보편적인 약제 살포법이다.

② 공기주입 없이 약액에 압력을 가해 분무하는 것을 무기분무라 한다.

③ 살분법은 희석용수가 필요 없다.

④ 관주법은 입제 농약을 경작 전에 토양에 투입하고 경운하는 방법이다.

⑤ 액적조절살포법은 회전판을 이용해 액적 크기를 균일하게 하는 방법이다.

해설

• 토양혼화법 : 입제 농약을 경작 전에 토양에 투입하고 경운하는 방법

• 관주법 : 토양 병해충을 방제하기 위해 토양에 약제를 주입하는 방법

---

06 농약의 독성 및 잔류성

01 농약의 독성에 관한 설명 중 옳지 않은 것은?

① 급성독성이란 농약을 경구, 경피 투여하거나 피하, 복강, 정맥 주사하였을 때 나타나는 반응이다.

② 경구독성은 입으로 투여되어 나타나는 독성이다.

③ 우리나라에서 유통 중인 대부분의 농약은 보통독성의 농약이다.

④ 맹독성 농약은 우리나라에서 유통되지 않는다.

⑤ 농약에 의하여 작물에 나타나는 생리적 해작용을 약해라 한다.

해설

우리나라에서 유통 중인 대부분의 농약은 저독성이다.

02 반수치사량에 대한 설명 중 옳지 않은 것은?

① 중위 치사량이라고도 한다.
② LD$_{50}$으로 표기한다.
③ 만성독성을 평가할 때 사용한다.
④ 1회 투여로 시험동물의 50%가 죽는 농약의 양이다.
⑤ 단위는 mg/kg(농약 투여량/동물 체중)이다.

> **해설**
> 반수치사량은 급성독성을 평가할 때 사용한다.

03 독성시험에 사용하는 동물이 아닌 것은?

① 쥐
② 개
③ 토 끼
④ 원숭이
⑤ 사 람

> **해설**
> 독성시험은 주로 설치류인 쥐를 이용한다. 최근 개, 토끼, 원숭이 등 대동물에 대한 독성시험 성적을 요구하기도 한다.

04 약해에 관한 설명 중 옳지 않은 것은?

① 급성적 약해는 약제처리 1일 이내에 발생하는 약해이다.
② 토양에 잔류한 농약이 다음 작물에 약해를 나타내는 것을 2차 약해라 한다.
③ 식물의 종류와 품종에 따라 다르게 나타난다.
④ 농약을 근접살포하면 나타날 수 있다.
⑤ 식물의 생장단계에 따라 다르게 나타난다.

> **해설**
> 약제처리 1주일을 기준으로 급성적 약해와 만성적 약해로 구분한다.

05 경엽에 나타나는 약해 증상과 가장 거리가 먼 것은?

① 백 화   ② 괴 사

③ 낙 엽   ④ 기형잎

⑤ 착색저해

해설

착색저해는 과실에 나타나는 약해 증상이다.

06 농약의 잔류에 관한 설명 중 옳지 않은 것은?

① 유제나 수화제는 부착성과 고착성이 좋아 잔류성에 대한 영향이 크다.

② 수용성 약제는 큐티클 층에 녹아들어가 잔류성이 높다.

③ 증기압이 높을수록 증발되기 쉬워 잔류성이 낮다.

④ 온도는 약제의 흡수를 촉진시키는 동시에 분해도 촉진시킨다.

⑤ 침투이행성 농약은 대체로 식물체 내에서의 잔류기간이 길다.

해설

큐티클층은 비극성이기 때문에 유용성 약제가 침투하기 쉽다.

07 농약의 안전사용에 관한 설명 중 옳지 않은 것은?

① 잔류농약은 식품의 형태로 섭취되어 체내에 흡수되기 때문에 주의해야 한다.

② 사람이 평생 매일 섭취하더라도 만성독성학적 영향을 주지 않는 약량을 1일 섭취허용량이라 한다.

③ 질적 위해성에 의한 평가에는 종양유발가능지수가 적용된다.

④ 이론적 잔류허용 한계농도는 1일 섭취허용량을 농산물 섭취량으로 나누어서 계산한다.

⑤ 1일 섭취허용량은 동물시험 결과로부터 산출한다.

해설

이론적 잔류허용 한계농도(PL) = ADI(mg/kg/일)×체중(kg)÷농산물 섭취량(kg/일)

08 어떤 약제에 대한 저항성을 가진 병원균, 해충, 잡초가 한 번도 사용하지 않은 새로운 약제에 대하여 저항성을 나타내는 현상을 무엇이라 하는가?

① 교차저항성
② 단순저항성
③ 복합저항성
④ 생리적 저항성
⑤ 반복저항성

해설
교차저항성은 두 약제 간 작용기작이 비슷하거나 농약의 분해·대사에 영향을 미치는 효소계가 유사할 때 발생한다.

09 살충제에 대한 저항성에 관한 설명 중 옳지 않은 것은?

① 행동에 있어 기피 현상을 일으킨다.
② 체내지방에 저장하여 약제를 불활성화시킨다.
③ 해충에 대한 완전 방제는 불가능하다.
④ 효과가 있는 약제를 연속적으로 사용하면 저항성을 극복할 수 있다.
⑤ 화학적, 생물학적, 재배적 요인을 적절히 활용하는 종합적 방제로 저항성을 극복한다.

해설
해충의 저항성을 극복하기 위해 약제의 과도한 사용과 동일 약제의 연속사용을 피해야 한다.

10 농약 저항성에 대한 대책으로 옳지 않은 것은?

① 계통이 다른 약제를 번갈아 사용한다.
② 살균 효과를 유지하는 약량보다 많은 양을 사용한다.
③ 작용기작이 상이한 약제를 복합처리한다.
④ 일정지역 방제 시 동일한 약제의 공동 사용을 피한다.
⑤ 식물 내 생화학 반응으로 약효가 발생하도록 분자구조를 설계한다.

해설
살균 효과를 유지하는 최소한의 약량을 사용한다.

부록 1
합격판단 비법

모의고사 제1회

01

*Septoria*에 의한 병이 아닌 것은?

① 자작나무 갈색무늬병
② 칠엽수 얼룩무늬병
③ 느티나무 흰별무늬병
④ 두릅나무 더뎅이병
⑤ 참나무 둥근별무늬병

02

오엽송 중 잣나무 털녹병에 저항성을 가지는 수목은?

① 섬잣나무, 눈잣나무
② 스트로브잣나무, 잣나무
③ 스트로브잣나무, 섬잣나무
④ 눈잣나무, 잣나무
⑤ 스트로브잣나무, 눈잣나무

03

작고 무색의 단핵포자이며, 소생자라고도 하며 다른 기주에 침입하여 기주교대를 할 수 있는 포자는?

① 녹병정자   ② 녹포자
③ 여름포자   ④ 겨울포자
⑤ 담자포자

04

접합균의 설명으로 옳지 않은 것은?

① 대부분 부생생활을 한다.
② 접합균류는 약 900여 종이 알려져 있다.
③ 세포벽은 글루칸과 섬유소로 이루어져 있다.
④ 균사가 노화되면 격벽이 발생하는 경우가 있다.
⑤ 유성생식은 모양과 크기가 비슷한 배우자낭이 합쳐져 접합포자를 만든다.

05

아밀라리아 뿌리썩음병에 대한 설명 중 옳지 않은 것은?

① 근상균사속과 부채꼴균사판이 표징이다.
② 아밀라리아 뿌리썩음병은 기주우점병이다.
③ 저항성품종을 식재하거나 석회로 산성화를 막아 피해를 줄인다.
④ 수목에는 피해를 주나, 초본류에는 피해를 주지 않는다.
⑤ 잣나무는 밑동 부분에서 송진이 흘러 굳어 있는 병징이 관찰된다.

06

향나무 녹병의 세대로 옳지 않은 것은?

① 녹병정자   ② 녹포자
③ 담자포자   ④ 여름포자
⑤ 겨울포자

07

다음 중 동종기생균으로만 짝지어진 것은?

① 회화나무 녹병, 소나무 혹병
② 회화나무 녹병, 후박나무 녹병
③ 회화나무 녹병, 전나무 잎녹병
④ 산철쭉 잎녹병, 전나무 잎녹병
⑤ 산철쭉 잎녹병, 후박나무 녹병

08

잎에 발생하는 병 중 마름증상을 발생시키는 것은?

① *Elsinoe*   ② *Marssonina*
③ *Pestalotiopsis*   ④ *Colletotrichum*
⑤ *Septoria*

09

흰가루병을 발생시키는 속이 아닌 것은?

① *Erysiphe*   ② *Phyllactinia*
③ *Podisphaera*   ④ *Cystotheca*
⑤ *Marssonina*

10

*Erysiphe*에 의해 흰가루병이 발생하는 수목으로 옳지 않은 것은?

① 배롱나무   ② 양버즘나무
③ 꽃댕강나무   ④ 단풍나무류
⑤ 벚나무류

11

뿌리에 발생하는 곰팡이병 중 병원균 우점병에 해당하는 것은?

① 흰날개무늬병
② 아밀라리아뿌리썩음병
③ 자주날개무늬병
④ 리지나뿌리썩음병
⑤ Annosum 뿌리썩음병

12

Phytophthora 뿌리썩음병에 대한 설명 중 옳지 않은 것은?

① 기주우점성병이다.
② 침엽수는 엽색이 옅어지고, 잎이 작고 뒤틀린다.
③ 감염초기에는 잔뿌리가 죽고 그 후 큰 뿌리로 진전한다.
④ 꼭대기는 가지마름이 나타나고 심한 경우 1~2년에 고사한다.
⑤ 활엽수는 잎이 작아지고 퇴색하며 조기낙엽 및 뒤틀림 현상이 발생한다.

13

아래의 설명에 해당하는 병으로 옳은 것은?

- 자낭균에 의해 발생한다.
- 나무뿌리가 흰색의 균사막으로 싸여 있다.
- 목질부에 부채모양의 균사막과 실모양의 균사다발을 형성한다.
- 10년 이상의 사과나무 과수원에서 주로 발견한다.

① 리지나뿌리썩음병
② 아밀라리아뿌리썩음병
③ 자주날개무늬병
④ 흰날개무늬병
⑤ Annosum 뿌리썩음병

14

그람염색법에 대한 설명 중 옳지 않은 것은?

① H. C. J. 그람(1853~1938)이 고안한 특수 염색법이다.
② 그람양성균은 붉은색 염색이, 그람음성균은 보라색 염색을 나타낸다.
③ 그람양성균은 세포벽의 약 80~90%가 펩티도글리칸이며 외막이 없다
④ 그람음성균은 세포벽이 약 10%가 펩티도글리칸으로 세포외막, 내막사이에 존재한다.
⑤ 아이오딘으로 착색 후 에탄올로 탈색한 다음 사프라닌으로 대조염색을 하는 방법이다.

15

잣나무털녹병에 대한 설명 중 옳지 않은 것은?

① 섬잣나무와 눈잣나무는 저항성이다.
② 주로 30년 이상의 잣나무에 많이 발생한다.
③ 1936년 경기도 가평군에서 처음 발견되었다.
④ 오엽송 중 잣나무와 스트로브잣나무는 감수성이다.
⑤ 가지 수피가 노란색 또는 갈색으로 변하면서 방추형으로 부풀고 수지가 흘러내린다.

16

소나무류 잎녹병의 기주 및 중간기주가 잘못 연결된 것은?

	기 주	중간기주
① *Coleosporium asterum*	소나무, 잣나무	참취, 개미취, 과꽃, 개쑥부쟁이
② *Coleosporium eupatorii*	잣나무	골등골나물, 등골나물
③ *Coleosporium campanulae*	소나무	금강초롱꽃, 넓은잔대
④ *Coleosporium phellodendri*	소나무	넓은잎황벽나무, 황벽나무
⑤ *Coleosporium plectranthi*	곰 솔	참싸리

17

소나무 혹병에 대한 설명이다. 옳지 않은 것은?

① 중간기주는 졸참, 상수리, 떡갈나무 등 참나무이다.
② 우리나라에서는 직접적인 고사원인이 되지 않는다.
③ 발병정도는 전염기인 9~10월의 강우량 차이에 발생한다.
④ 6개월의 잠복기간을 거쳐 이듬해 여름부터 혹을 형성한다.
⑤ 구주소나무는 이 병에 심하나 우리나라는 피해가 심하지 않다.

19

자낭균에 대한 설명이다. 옳지 않은 것은?

① 대부분의 효모가 자낭균에 속한다.
② 균사의 세포벽은 대부분 키틴과 섬유소로 이루어져 있다.
③ 곰팡이 중 가장 큰 분류군으로 64,000여 종이 알려져 있다.
④ 균사의 격벽에는 물질 이동통로인 단순격벽공을 가지고 있다.
⑤ 불완전균류 중 유성세대가 발견되면 거의 대부분 자낭균에 속한다.

18

곰팡이에 대한 설명이다. 옳지 않은 것은?

① 식물에 병을 일으키는 곰팡이는 모두 사상균이다.
② 곰팡이가 식물을 가해하는 시기는 대부분 무성세대이다.
③ 난균류와 접합균류 그리고 불완전균류는 하등균류로 격벽이 없다.
④ 지구상에 약 10만 종이 있으며, 식물병을 발생시키는 곰팡이는 30,000종이다.
⑤ 유성생식은 원형질융합, 핵융합, 그리고 감수분열을 거쳐 유성포자가 만들어 진다.

20

담자균에 대한 설명 중 옳지 않은 것은?

① 곰팡이 중에서 가장 진화한 고등 균류로 다핵균사이다.
② 수목의 중요한 병원균인 목재부후균이 대부분 여기에 속한다.
③ 녹병균 및 깜부기병균 그리고 대부분의 버섯이 담자균에 속한다.
④ 균사의 격벽은 자낭균보다 복잡한 유연공격벽을 가지고 있다.
⑤ 핵융합과 감수분열은 담자기 내에서 이루어지고 대개 4개의 담자포자가 형성된다.

21

뿌리 병해에 대한 설명이다. 옳지 않은 것은?

① 뿌리병원 곰팡이는 토양에서 부생체로 생존할 수 있는 임의부생체이다.
② 동일한 수목일 경우 뿌리 접촉과 뿌리접목에 의해서도 쉽게 전염이 된다.
③ 목재부후균은 죽은 뿌리를 통해 감염하여 줄기를 따라 심재에서 목재를 부후시킨다.
④ 뿌리병은 복합감염으로 나타나며, 병원균우점형과 기주우점형으로 나타나기도 한다.
⑤ 뿌리병해는 육안으로 확인될 즈음에는 심하게 피해를 받은 상태여서 방제가 쉽지 않다.

22

모잘록병에 대한 설명이다. 옳지 않은 것은?

① *Pythium*은 포자낭포자로 휴면한다.
② 병원균은 *Pythium spp.*와 *Rhizoctonia solani*이다.
③ *Rhizoctonia solani*는 습한 곳뿐만 아니라 비교적 건조한 곳에서도 발생한다.
④ *Pythium*은 뿌리세포가 2차 세포벽을 형성하면 저항성이 되어 잔뿌리에만 국한된다.
⑤ *Rhizoctonia solani*는 유성세대가 거의 관찰되지 않으며 균핵 또는 균사로 월동한다.

23

곰팡이의 동정과정에 사용하는 방법으로 옳지 않은 것은?

① 표징이 없을 때는 습실처리하여 병반부위의 포자를 관찰한다.
② 포자형성이 잘 되지 않을 경우에는 근자외선이나 형광등을 쬐어준다.
③ 병원체 관련 항체를 분리하여 형광항체법으로 검경한다.
④ 포자는 일반적으로 고배율 광학현미경으로 형태를 관찰할 수 있다.
⑤ PCR 증폭을 통해 염기서열을 분석한다.

24

식물 병원성 세균에 대한 설명으로 옳은 것은?

① 식물세균병은 복제를 통해 증식한다.
② 뿌리혹병을 발생시키는 *Agrobacterium*은 그람음성균이다.
③ 단세포 생물로 DNA가 막으로 둘러 싸여 있는 진핵생물이다.
④ 최초의 식물세균병은 핵과류 세균성 구멍병이다.
⑤ 방선균은 격막이 있는 실모양의 균사형태로 자란다.

25

목재부후균에 대한 설명으로 옳지 않은 것은?

① 사물기생균으로 목질부를 썩혀 경제적 피해를 준다.
② 수분과 양분이 공급되는 가지 끝에서 잘 번식한다.
③ 백색부후균은 리그린까지 분해함으로 목질부가 밝은 색을 띤다.
④ 갈색부후균은 부후가 진행함에 따라 벽돌모양으로 금이 가면서 쪼개진다.
⑤ 연부후균은 분해력이 낮으며 부후가 표면에만 국한적으로 나타난다.

26

곤충의 배발생 중 내배엽에서 분화된 기관으로 옳은 것은?

① 중 장
② 순환계
③ 내분비계
④ 전장과 중장
⑤ 정소와 난소

27

월동하는 충태가 다른 수목해충은?

① 두점알벼룩잎벌레
② 오리나무잎벌레
③ 호두나무잎벌레
④ 참긴더듬이잎벌레
⑤ 주둥무늬차색풍뎅이

28

생존전략 중 이주에 대한 잠재적 이점에 대한 설명으로 옳지 않은 것은?

① 천적으로부터 피신한다.
② 새로운 서식처를 점유한다.
③ 이주 시 높은 생존률을 가진다.
④ 유리한 양육환경조건을 찾는다.
⑤ 유전자급원의 재조합이 가능하다.

29

깍지벌레 중 암컷성충이 이동할 수 있는 것은?

① 공깍지붙이과
② 밀깍지벌레과
③ 왕공깍지벌레과
④ 가루깍지벌레과
⑤ 어리공깍지벌레과

30

어떤 곤충 발육영점온도는 10℃이다. 지난 4일간 평균기온이 각각 9℃, 12℃, 10℃, 15℃라면, 이 곤충의 4일간 유효적산온도(Degree-Days)는?

① 6
② 7
③ 9
④ 12
⑤ 15

31

내부에 액포와 여러 가지 함유물이 들어 있는 기관으로 영양물질의 저장장소는?

① 편도세포
② 공생균기관
③ 말피기관
④ 지방체
⑤ 저장낭

32

아래의 설명 중 옳지 않은 것은?

① 대벌레는 의태곤충으로 날개가 있다.
② 잎벌류는 잎의 가장자리에서부터 식해한다.
③ 잎벌레는 성충과 유충이 모두 잎을 가해한다.
④ 벼룩바구미는 뒷다리가 발달하여 도약하기 쉽다.
⑤ 풍뎅이는 땅속에서 유충으로 잔디와 수목의 뿌리를 가해한다.

33

수목을 가해하는 방패벌레 중 연 발생횟수가 가장 적은 것은?

① 진달래방패벌레
② 배나무방패벌레
③ 버즘나무방패벌레
④ 물푸레방패벌레
⑤ 부채방패벌레

34

깍지벌레에 대한 특징 중 옳지 않은 것은?

① 진딧물과 함께 가장 흔하게 발견되는 흡즙성 해충이다.
② 국내는 160여 종이 있으며 수목에 피해를 주는 것은 30여 종이 있다.
③ 보호깍지로 싸여 있고 왁스물질을 분비하기도 하며 가지에 단단하게 붙어 있다.
④ 암수의 구분이 뚜렷하지 않으며 알에서 깨어난 약충은 다리로 기어 다닌다.
⑤ 수컷은 날개가 있는 경우 다리를 보유하고 암컷을 찾아다니나 수명이 매우 짧다.

35

주둥무늬차색풍뎅이의 설명으로 옳지 않은 것은?

① 학명은 *Adoretus tenuimaculatus*이다.
② 연 1회 발생하며 애벌레로 월동한다.
③ 활엽수를 가해하는 광식성 해충으로 잎맥만 남기고 식해한다.
④ 유충은 땅속에서 뿌리를 가해하며 특히, 잔디피해가 심하다.
⑤ 5월 하순경 흙 속에 알을 낳으며, 유아등을 설치하여 방제할 수 있다.

36

다음의 설명으로 옳은 수목해충은?

> • 1년에 1회 발생하며 번데기로 월동한다.
> • 1983년 외래해충으로 기록되었으며 2010년 국내 서식이 확인되었다.
> • 성충은 6~7월 우화하며 주로 느티나무를 가해하며 피해목을 고사시킨다.

① 소나무좀
② 앞털뭉뚝나무좀
③ 박쥐나방
④ 복숭아유리나방
⑤ 광릉긴나무좀

37

종실 구과 해충이 아닌 것은?

① 애기솔알락명나방
② 밤애기잎말이나방
③ 복숭아심식나방
④ 밤송이진딧물
⑤ 복숭아유리나방

38

진딧물의 특성으로 옳지 않은 것은?

① 침엽수와 활엽수를 동시에 가해하는 진딧물은 없다.
② 무성생식과 유성생식을 하며 목화진딧물은 최대 연 24회 발생한다.
③ 국내는 300여 종이 알려져 있으며 조경수는 30여 종의 해충이 있다.
④ 늦여름이 되면 유시 암컷과 수컷이 나타나고 교미 후 산란하여 알로 월동한다.
⑤ 월동한 알은 날개 있는 암컷으로 부화하며 처녀생식으로 빠른 속도로 암컷만을 생산한다.

39

다음의 설명으로 옳은 수목해충은?

> • 진달래, 철쭉류, 장미 등의 잎을 가해한다.
> • 1년에 3~4회 발생하며 낙엽 밑 또는 토양 속에서 유충으로 월동한다.
> • 톱 같은 산란관을 잎 가장자리 조직 속에 집어넣어 일렬로 알을 낳는다.

① 장미등에잎벌
② 극동등에잎벌
③ 느릅나무등에잎벌
④ 좀검정잎벌
⑤ 무지개납작잎벌

40

솔껍질깍지벌레에 대한 설명 중 옳지 않은 것은?

① 1963년 전남 고흥에서 최초로 발생하였다.
② 암컷은 후약충 이후 성충이 되는 불완전변태를 한다.
③ 수컷은 전성충을 거친 후 성충이 되며 불완전변태를 한다.
④ 소나무와 곰솔에 피해를 주지만 주로 곰솔에 피해가 심각하다.
⑤ 암컷은 다리가 발달하였고 수컷은 날개와 하얀색꼬리가 특징이다.

41

진딧물에 대한 설명 중 옳지 않은 것은?

① 진사진딧물은 단풍나무류를 가해한다.
② 대륙털진딧물은 소나무류를 가해한다.
③ 목화진딧물의 피해는 무궁화에 심하다.
④ 붉은테두리진딧물은 특히 매실나무에 피해가 크다.
⑤ 가슴진딧물은 제주도에 분포하며 상록활엽수를 가해한다.

42

깍지벌레의 월동태가 다른 것은?

① 뿔밀깍지벌레
② 루비깍지벌레
③ 쥐똥밀깍지벌레
④ 거북밀깍지벌레
⑤ 솔껍질깍지벌레

43

다음은 흡즙성 해충에 대한 설명이다. 옳은 것은?

> • 조경수, 과수류, 채소류 등 가해식물의 범위가 매우 넓은 편이다.
> • 기온이 높고 건조할 경우에 피해가 심하며 7~8월에 밀도가 가장 높다.
> • 암컷성충의 형태는 여름형은 황록색에 반점이 있고 겨울형은 주황색에 무반점이다.
> • 부화 약충은 곤충과 같이 다리가 3쌍이나 탈피하면서 4쌍이 된다.

① 전나무응애
② 뿔밀깍지벌레
③ 거북밀깍지벌레
④ 점박이응애
⑤ 진달래방패벌레

44

곤충의 번성원인에 대한 설명 중 옳지 않은 것은?

① 골격은 외골격으로 건조를 방지할 수 있는 키틴질로 되어 있다.
② 생존과 생식에 필요한 최소한의 자원으로 몸을 유지할 수 있다.
③ 3억 년 전에 습득한 비행능력으로 서식처 확장 및 번식을 할 수 있다.
④ 완전변태는 곤충강 중 9개목이지만 곤충의 87%를 점유하고 있다.
⑤ 짧은 세대의 교번으로 유전자의 변이를 발생시켜 불리한 환경에 저항성을 발현한다.

45

곤충의 발생횟수에 대한 설명 중 옳지 않은 것은?

① 미국흰불나방, 자귀뭉뚝날개나방은 연 2회 발생한다.
② 방패벌레 종별로 차이가 있으나 연 3~5회 범위 내에서 발생한다.
③ 점박이응애, 차응애는 연 8~10회 발생한다.
④ 아카시잎혹파리, 전나무잎응애, 벚나무응애는 연 2~3회 발생한다.
⑤ 진딧물은 연 수 회 발생하는 종이 많으며 목화진딧물은 최대 연 24회 발생한다.

46

외래해충의 원산지와 피해수종이 잘못 연결된 것은?

① 버즘나무방패벌레   일본(1995)   버즘나무, 물푸레

② 아까시잎혹파리   북미(2001)   아까시나무

③ 꽃매미   중국(2006)   대부분 활엽수

④ 미국선녀벌레   미국(2009)   대부분 활엽수

⑤ 갈색날개매미충   중국(2009)   대부분 활엽수

47

곤충의 표피에 대한 설명으로 옳지 않은 것은?

① 기저막은 외골격과 혈체강을 구분지어 준다.

② 진피는 주로 상피세포의 단일층으로 형성된 분비조직이다.

③ 외표피는 수분손실을 줄이고 이물질을 차단하는 기능을 한다.

④ 진피세포의 일부가 외분비샘으로 특화되어 화합물(페르몬, 기피제)을 생성한다.

⑤ 원표피는 중원표피가 대부분을 차지하고 있으며 키틴과 단백질로 구성되어 있다.

48

곤충의 구조와 기능에 대한 설명 중 옳은 것은?

① 말피기관은 흡수기능을 한다.

② 화학감각기는 무공성털이다.

③ 혈장과 혈구는 호흡기능이다.

④ 이산화탄소 농도차에 의한 확산으로 호흡한다.

⑤ 전장의 원주세포에서 소화효소를 분비한다.

49

총채벌레에 대한 설명으로 옳지 않은 것은?

① 식엽성 해충이며 턱은 좌우 비대칭이다.

② 수목해충으로 꽃노랑총채벌레와 볼록총채벌레(10~13회 발생)가 있다.

③ 피해증상은 무수히 많은 주근깨 같은 흰색 또는 검은색 반점이 생긴다.

④ 날개가 좁고 길며 긴 털이 나있어 날지 못하며 빠르게 움직이는 것이 특징이다.

⑤ 세계적으로 1,500여 종이 있으며 국내에서는 2종이 수목을 가해한다.

50

솔잎혹파리의 방제에 이용되는 기생벌이 아닌 것은?

① 혹파리등뿔먹좀벌

② 혹파리반뿔먹좀벌

③ 솔잎혹파리먹좀벌

④ 혹파리살이먹좀벌

⑤ 혹파리납작먹좀벌

51

목본식물에 대한 설명 중 옳지 않은 것은?

① 형성층에 의해 2차 생장을 한다.
② 대나무는 초본식물로 취급한다.
③ 키가 4m 이상인 나무를 교목이라 한다.
④ 생식생장에 많은 에너지를 소비하지 않는다.
⑤ 활엽수재는 침엽수재에 비해 비중이 크다.

52

다음 중 후각조직인 것은?

① 기 공
② 피 목
③ 엽 맥
④ 섬유세포
⑤ 수 선

53

수목의 잎에 대한 설명으로 옳은 것은?

① 책상조직은 상표피 아래 간격을 두고 불규칙한 배열을 한 조직이다.
② 엽맥의 사부는 하표피쪽에 위치한다.
③ 피자식물의 기공은 공변세포가 반족세포보다 깊게 위치한다.
④ 포플러는 잎의 하표피에만 기공을 가지고 있다.
⑤ 잎의 각피는 키틴질로 되어 있어 수분증발을 억제할 수 있다.

54

수목의 줄기에 대한 설명으로 옳지 않은 것은?

① 형성층은 목부와 사부를 만드는 분열조직이다.
② 코르크 형성층은 코르크를 생산하는 분열조직이다.
③ 목부 중앙의 짙은 색 부분을 심재라 한다.
④ 환공재는 추재 도관의 지름이 춘재 도관의 지름보다 크다.
⑤ 침엽수의 가도관은 활엽수의 도관에 비해 수분 이동 속도가 느리다.

55

수목의 생장에 대한 설명 중 옳지 않은 것은?

① 고정생장형이 자유생장형보다 생장 속도가 느리다.
② 수목은 매년 새가지를 만들어 생장하기 때문에 수명이 정해지지 않는다.
③ 정아우세현상에 관여하는 식물호르몬은 옥신이다.
④ 형성층 세포가 접선방향으로 분열하는 것을 병층분열이라 한다.
⑤ 나무 밑동에서 형성층 생장이 가장 늦게 중단된다.

56

식물이 시간을 측정할 수 있는 장치에 해당하는 물질은?

① phytochrome
② cryptochrome
③ HIR
④ chlorophyll
⑤ carotenoids

57

태양광선과 식물생리에 대한 설명 중 옳지 않은 것은?

① 양엽은 음엽보다 광포화점이 높다.
② 광보상점은 식물이 생존할 수 있는 최소한의 광도이다.
③ 양수와 음수의 구분은 햇빛을 좋아하는 정도에 따른 구분이다.
④ 수목 개체는 양엽과 음엽을 함께 가지고 있다.
⑤ 하루 중 정오 전후에 광합성량이 가장 많다.

58

다음 중 수목의 호흡과 생장에 대한 설명으로 옳지 않은 것은?

① 수목을 밀식하면 개체 수는 많아지고 줄기직경은 작아져서 상대적인 호흡량이 증가한다.
② 수목은 나이가 들수록 광합성량에 비해 호흡량이 많아지기 때문에 생장이 줄어든다.
③ 순광합성량이 높아질수록 탄수화물이 축적되어 생장량이 증가한다.
④ 뿌리가 수목 전체에서 호흡량이 가장 많다.
⑤ 이미 자라고 있는 나무 주변에 복토를 하면 뿌리 호흡을 방해하게 된다.

59

수목의 탄수화물 대사에 대한 설명 중 옳지 않은 것은?

① 탄수화물의 합성은 광합성의 명반응에서 시작한다.
② 수목은 세포용액의 설탕 농도를 높여 동해를 막는다.
③ 낙엽수는 가을 낙엽 시기에 탄수화물 농도가 가장 높다.
④ 가장 일반적인 탄수화물의 운반형태는 설탕이다.
⑤ 사부를 통해 운반되는 탄수화물은 비환원당이다.

60

지구상에서 가장 풍부한 단백질은 무엇인가?

① cytochrome
② DNA
③ RuBP carboxylase
④ nitrate reductase
⑤ nitrogenase

61

다음 중 isoprenoids 화합물이 아닌 것은?

① 정유(essential oil)
② 카로티노이드(carotenoids)
③ 수지(resin)
④ 고무(rubber)
⑤ 리그닌(lignin)

62

수피의 코르크세포를 감싸 수분 증발을 억제하고 어린 뿌리의 카스페리안대를 구성하는 물질은 무엇인가?

① 큐틴(cutin)
② 무시젤(mucigel)
③ 왁스(wax)
④ 목전질(suberin)
⑤ 인지질(phospholipid)

63

수목에서의 수분퍼텐셜에 대한 설명 중 옳은 것은?

① 삼투퍼텐셜은 액포 속에 녹아있는 용질의 농도에 의해 나타난다.
② 수분을 충분히 흡수한 세포의 압력퍼텐셜은 (−)값을 갖는다.
③ 수목에서 물의 이동은 기질퍼텐셜의 차이에 의해 좌우된다.
④ 증산작용은 도관의 수분퍼텐셜을 높여 준다.
⑤ 세포의 수분 감소는 삼투퍼텐셜을 증가시킨다.

64

사탕단풍나무와 고로쇠나무의 수액은 무엇에 의한 현상인가?

① 일액현상
② 근 압
③ 수간압
④ 증산작용
⑤ 광합성작용

65

수목의 증산작용에 대한 설명 중 옳지 않은 것은?

① 이산화탄소를 얻기 위해 기공을 열어서 생기는 수분 손실 현상이다.
② 잎의 온도를 낮춰 엽소 현상을 방지한다.
③ 공변세포의 안쪽 세포벽이 바깥쪽보다 두껍다.
④ 기공의 개폐에 관여하는 식물호르몬은 사이토키닌이다.
⑤ 하나의 큰 잎보다 여러 개의 소엽으로 된 복엽은 증산작용을 억제한다.

66

다음 중 외생균근의 특징이 아닌 것은?

① 뿌리 표면을 두껍게 싼 균투를 형성한다.
② 뿌리의 피층 세포에 소낭과 수지상 균사를 형성한다.
③ 뿌리 피층 세포 간극에 하티그망을 형성한다.
④ 주로 목본식물에서 발견된다.
⑤ 송이버섯은 외생균근을 형성한다.

67

수액에 관한 설명 중 옳지 않은 것은?

① 수액 중의 질소화합물은 주로 암모늄태 질소이다.
② 수액 중의 탄수화물의 주성분은 설탕, 포도당, 과당이다.
③ 사부수액은 알칼리성이고 목부수액은 산성이다.
④ 수분 스트레스 상황에서는 abscisic acid가 검출된다.
⑤ 수액은 나선방향으로 돌면서 상승한다.

68

수액의 상승속도가 느린 것에서 빠른 것으로 바르게 비교한 것은?

① 산공재 < 반환공재 < 환공재 < 가도관
② 반환공재 < 환공재 < 산공재 < 가도관
③ 환공재 < 반환공재 < 산공재 < 가도관
④ 가도관 < 반환공재 < 환공재 < 산공재
⑤ 가도관 < 산공재 < 반환공재 < 환공재

69

수목의 유형기에 대한 설명 중 옳지 않은 것은?

① 향나무의 유엽은 침엽이나, 성엽은 인엽이다.
② 삽목은 유형기보다 성숙기에 더 용이하다.
③ 굴나무와 아까시나무는 유형기에 가시가 발달한다.
④ 목본식물의 긴 유형기는 목재생산에 유용하다.
⑤ 유칼리나무는 잎의 배열순서와 각도가 성숙하면서 변화한다.

70

수목의 유성생식에 대한 설명 중 옳지 않은 것은?

① 나자식물은 수꽃이 암꽃보다 먼저 형성된다.
② 완전화는 꽃받침, 꽃잎, 수술, 암술을 모두 갖춘 꽃이다.
③ 암꽃은 수관의 상단에 위치한다.
④ 화분생산량은 충매화가 풍매화보다 많다.
⑤ 나자식물에서 웅성배우체의 세포질 유전은 부계 유전현상이다.

71

종자휴면 타파 방법 중 진한 황산처리는 어떤 방법에 해당하는가?

① 후 숙   ② 저온처리
③ 열탕처리   ④ 약품처리
⑤ 상처유도법

72

다음 수목 중 종자가 지상자엽형 발아하는 것은?

① 참나무류   ② 밤나무
③ 단풍나무   ④ 호두나무
⑤ 개암나무류

73

Callus 조직배양 시 식물체 분화를 유도하기 위해 주로 사용하는 두 가지 식물호르몬은?

① 사이토키닌과 옥신
② 옥신과 지베렐린
③ 지베렐린과 사이토키닌
④ 아브시스산과 에틸렌
⑤ 에틸렌과 지베렐린

74

수분 스트레스가 중생식물의 대사작용에 끼치는 영향에 대한 설명 중 옳지 않은 것은?

① proline 함량이 감소한다.
② 호흡이 증가한다.
③ abscisic acid 함량이 증가한다.
④ 광합성이 감소한다.
⑤ 당류 함량이 증가한다.

75

대기오염 스트레스에 대한 설명 중 옳은 것은?

① 불소는 광화학산화물 중 가장 독성이 강하다.
② 오존은 활엽수 잎 표면에 주근깨 모양의 반점을 만든다.
③ 일산화탄소는 수목에 대한 오염물질이다.
④ PAN의 독성을 해독하는데 환원된 ferredoxin이 사용된다.
⑤ 아황산가스는 자유라디칼을 생산하여 광합성을 억제한다.

76

토양에 대한 일반적인 서술 중 옳은 것은?

① 삼림토양의 온도는 경작지토양의 온도보다 높다.
② 토양은 오랜 시간 토양생성인자인 환경과 평형을 이루어 안정화되었기 때문에 더 이상 변화하지 않는다.
③ 토양은 3차원적인 것으로 대기에 접하는 지표면과 하부의 암석 사이에 분포하고, 지표면에 거의 평행한 몇 개의 층위로 이루어진다.
④ 삼림토양은 경작지토양에 비해 pH가 높다.
⑤ 토양생성인자는 모재, 기후, 지형, 식생 등 네 가지이다.

77

토양단면에 대한 설명 중 옳지 않은 것은?

① 토양단면의 형태적 특징을 통해 토양생성요인의 작용 정도를 알아낼 수 있다.
② H층은 물로 포화된 유기물층을 말한다.
③ O층은 삼림지에서 흔히 볼 수 있으나 초지에서는 관찰하기 어렵다.
④ E층은 용탈 흔적이 가장 명료한 층으로 특히, Entisol에서 잘 관찰할 수 있다.
⑤ B층은 상부 토층으로부터 용탈된 철·알루미늄 산화물과 미세점토가 집적되어 생성된다.

78

습윤한 한대지방의 침엽수림 아래에서 염기성 이온들이 먼저 용탈하고 토양이 산성을 띠므로 철, 알루미늄 등이 가용화되어 하층에 이동하여 집적되고, 용탈층은 과용탈상태가 되어 심하면 회백색을 띤 토층이 형성된다. 토양생성작용 중 무엇에 대한 설명인가?

① 염류화작용
② 라테라이트화작용
③ 갈색화작용
④ 회색화작용
⑤ 포드졸화작용

79

토양의 색은 토양단면의 형태적 특징을 나타낸다. 토양의 색에 대한 설명 중 옳지 않은 것은?

① Munsell식 토색책을 이용해 표현된 10YR 5/3은 색상 명도/채도를 나타낸다.
② 유기물이 많은 표토가 심토에 비해 어두운 색을 띤다.
③ 토양색을 측정할 때는 직사광선이 토양 시료와 토색첩에 직접 비춰지게 한다.
④ 색이 1개 이상일 때는 모든 색을 기록하고 지배적인 색을 표시한다.
⑤ 산소가 부족한 토양의 색이 회색을 띠는 것은 철이 Fe^{3+}의 형태로 존재하기 때문이다.

80

토성에 대한 설명 중 옳은 것은?

① 토양입자를 유기물과 무기물로 나누고, 이들의 함유비율에 따라 토양을 분류한 것이다.
② 토양의 물리적 성질들 중에서 가장 기본이 되는 성질이다.
③ 미사는 지름이 0.05~2mm(미국 농무성법)이며, 손가락으로 비볐을 때 미끈미끈한 느낌이 나고, 가소성과 점착성을 갖는다.
④ 점토는 지름이 0.002mm 이하이나, 교질의 특성을 갖지 않는다.
⑤ 토성이 고울수록 보비력이 낮아지는 경향이 있다.

81

토양의 밀도에 대한 설명으로 옳지 않은 것은?

① 고상을 구성하는 유기물을 포함한 토양의 고형 입자 자체의 밀도를 입자밀도라 한다.
② 입자밀도는 토양이 가진 고유한 밀도로 인위적인 요인에 의하여 변하지 않는다.
③ 고상을 구성하는 고형 입자의 무게를 전체 용적으로 나눈 것을 용적밀도라 한다.
④ 용적밀도는 입자밀도와 달리 인위적인 요인에 의하여 변한다.
⑤ 일반적으로 용적밀도가 입자밀도보다 크다.

82

토양구조에 대한 설명으로 옳은 것은?

① 작은 토양입자들이 서로 응집하여 뭉쳐진 덩어리형
  태의 토양을 말한다.

② 보통 지표면으로부터 약 30cm 이내인 표층의 토양
  에서는 괴상 구조가 주로 발견된다.

③ 판상구조는 수분침투성과 배수성 및 통기성이 모두
  양호하다.

④ 일반적으로 낱알 구조는 수분침투성과 배수성 및
  통기성이 모두 좋다.

⑤ 각주상 구조는 단위구조의 수평길이가 수직길이보
  다 긴 기둥모양이며, 수평면이 평탄하고 각진 모서
  리를 가진 구조이다.

83

토양수분의 매트릭퍼텐셜에 대한 설명 중 옳은 것은?

① 물에 녹아든 용질에 의하여 생성되는 물의 에너지
  이다.

② 어떤 매트릭스의 영향을 전혀 받지 않은 자유수가
  기준상태가 되며, 이때의 값은 '0'이다.

③ 토양입자의 표면이나 모세관공극에는 물이 강하게
  흡착 보유되므로 기준상태인 자유수에 비하여 높은
  퍼텐셜을 가진다.

④ 포화상태에서의 수분 이동은 대부분 매트릭퍼텐셜
  의 차이에서 온다.

⑤ 강수 또는 관수 후 대공극에 채워진 과잉의 수분을
  제거하는데 작용한다.

84

**0, −0.033, −1.5, −3.1MPa의 토양수분퍼텐셜에서
의 용적수분함량이 42%, 27%, 7%, 4%였다. 유효수
분함량은 얼마인가?**

① 7% 　　　　② 20%

③ 23% 　　　　④ 35%

⑤ 38%

85

다음 중 규산염광물에 속하지 않는 것은?

① 고령석(kaolinite)

② 알로판(allophane)

③ 질석(vermiculite)

④ 견운모(illite)

⑤ 녹니석(chlorite)

86

점토광물의 표면전하에 대한 설명으로 옳지 않은 것은?

① 양전하와 음전하를 동시에 가질 수 있다.

② 토양의 순전하량은 양전하와 음전하의 합으로 계산
  한 값이다.

③ 일반적인 조건에서 토양은 순양전하를 띤다.

④ 토양의 pH의 영향을 받는 가변전하와 영향을 받지
  않는 영구전하로 구분할 수 있다.

⑤ 토양의 양분보유력과 밀접한 관련이 있다.

87

토양산성에 가장 큰 영향을 끼치는 두 가지 양이온은 무엇인가?

① Al과 Ca
② Ca과 Mg
③ Mg과 Fe
④ H와 Al
⑤ Ca과 H

88

토양의 pH와 양이온교환용량에 관한 설명 중 옳지 않은 것은?

① 철과 알루미늄의 산화물 및 유기물의 음전하는 대부분 pH 의존성이다.
② 규산염점토광물의 음전하는 대부분 동형치환에 의한 것이다.
③ 토양의 양이온교환용량은 pH의 변화에 따라 변한다.
④ 산성에서 양이온교환용량이 커진다.
⑤ 양이온교환용량이 큰 토양일수록 pH를 개량하려면 많은 개량제(예 석회)가 필요하다.

89

토양의 산화환원반응에 대한 설명 중 옳지 않은 것은?

① 전자의 이동을 수반하는 반응으로서 짝을 이루어 동시에 일어난다.
② 배수가 불량한 토양은 산소가 고갈됨에 따라 환원 상태가 된다.
③ 산화층과 환원층으로 분화되는 경계면에서의 산화 환원전위(Eh)는 +200~300mV 정도이다.
④ 환원상태의 토양공기에는 메탄의 농도가 높다.
⑤ 환원상태가 발달한 토양은 산성화된다.

90

다음 중 암모니아산화균을 고르시오.

① Azotobacter
② Rhizobium
③ Nitrosomonas
④ Nitrobacter
⑤ Pseudomonas

91

탄소함량이 40%이고, 질소함량이 0.5%인 볏짚 100g을 사상균에 의하여(탄소동화율, yield coefficient = 0.35라 가정) 분해될 때 식물의 질소기아 없이 분해가 되려면 몇 g의 질소가 토양에 가해져야 하는가?(단, 사상균 세포의 탄질률은 10이다)

① 0.5g
② 0.6g
③ 0.7g
④ 0.8g
⑤ 0.9g

92

식물의 필수영양소 중 양이온과 음이온 두 가지 형태로 흡수되는 것은?

① N
② P
③ Fe
④ Ca
⑤ S

93

토양 중 칼륨과 식물생리와의 관계에 대한 설명 중
옳은 것은?

① 음이온 형태로 식물에 흡수된다.
② 체내 이동성이 낮아 성숙한 조직에 축적되는 경향
   을 보인다.
③ 성장이 진행될수록 종자나 과실로 이동한다.
④ 결핍하면 엽록소 합성 저해로 인한 엽맥 사이의 황
   화현상이 일어난다.
⑤ 펙틴 등 세포벽 구성물질에 결합하여 세포벽의 구
   조 안정성을 높여준다.

94

다음 중 마그네슘이 부족한 산성토양을 개량하기에
적합한 비료는 무엇인가?

① 황산암모늄
② 석회고토
③ 황산칼륨
④ 요 소
⑤ 생석회

95

표준 질소시비량이 100kgN/ha인 토양 1ha 면적에
질소를 공급하기 위해 요소비료($CO(NH_2)_2$)를 시비하
려고 한다. 표준 질소시비량을 충족시키기 위해 시비
해야 할 요소비료는 몇 kg인가?

① 약 114kg
② 약 164kg
③ 약 214kg
④ 약 264kg
⑤ 약 314kg

96

토양침식에 대한 설명 중 옳은 것은?

① 물에 의한 침식은 분산탈리, 이동, 퇴적의 3단계의
   과정을 거친다.
② 세류침식은 강우에 의해 비산된 토양이 토양표면을
   따라 얇고 일정하게 침식되는 것이다.
③ 유출수가 침식이 약한 부분에 모여 작은 수로를 형
   성하며 흐르면서 일어나는 침식을 협곡침식이라
   한다.
④ 침식의 규모가 커지면서 트랙터 등 농기계가 들어
   갈 수 없을 정도로 수로의 바닥과 양 옆이 심하게
   침식되는 것을 면상침식이라 한다.
⑤ 토양 유실의 대부분은 협곡침식에 의해 일어난다.

97

식생이 토양침식에 미치는 영향에 대한 설명 중 옳지 않은 것은?

① 식물은 빗방울의 직접적인 타격으로부터 토양을 보호해 준다.

② 식물의 종류, 밀도, 피복도, 초장에 따라 효과에 차이가 있다.

③ 초장이 클수록 강우차단효과가 크다.

④ 뿌리는 토양구조를 발달시켜 토양의 투수성과 수분 보유력을 증진시킨다.

⑤ USLE에서 작부관리인자에 해당한다.

98

오염토양의 식물복원방법에서 오염물질이 뿌리 주변에 비활성 상태로 축적되거나 식물체에 의해 이동이 차단되는 원리를 무엇이라 하는가?

① Phytoextraction

② Rhizodegradation

③ Phytodegradation

④ Phytostabilization

⑤ Land farming

99

입경분석에 적용되는 Stokes의 법칙에 대한 설명 중 옳은 것은?

① 구형의 입자가 액체 내에서 침강할 때 침강속도는 입자의 질량과 액체의 점성에 의하여 결정된다는 법칙이다.

② 구형 입자의 침강속도는 액체의 점성계수에 비례한다.

③ 구형 입자의 침강속도는 입자 반지름에 비례한다.

④ 침강하는 동안 입자들 간의 마찰을 고려한다.

⑤ 입자들은 액체분자들의 브라운 운동의 영향을 받지 않을 정도로 충분히 크다.

100

중금속이 식물의 생육에 미치는 영향에 대한 서술 중 옳지 않은 것은?

① 토양용액 중의 중금속 농도는 pH가 높을수록 높아진다.

② 중금속 중에서 Cu, Fe, Zn, Mn, Mo 등은 식물의 생육에 필수적이다.

③ 중금속은 뿌리의 원형질막 투과성을 저하시켜 K^+과 같은 이온과 다른 용질의 누출을 초래한다.

④ 식물체는 phytochelatin을 합성하거나 자유라디칼을 없애 주는 항산화 효소 또는 대사물질을 만들어 중금속 피해를 방어한다.

⑤ 비필수적인 중금속은 상위한계농도만이 존재한다.

101

이식 후 목재칩 멀칭 효과로 옳지 않은 것은?

① 겨울에 토양동결을 방지한다.
② 토양 내 수분 유지에 유리하다.
③ 여름에 토양온도를 상승시킨다.
④ 잡초의 발아와 생장을 억제한다.
⑤ 강우 시 표토의 유실을 방지한다.

102

다음 중 가지치기에 대한 설명이다. 옳지 않은 것은?

① 수관의 밑가지를 제거함으로써 초살도를 증가시킬 수 있다.
② 가지치기는 늦어도 세포분열이 왕성한 5월 이전에 하는 것이 좋다.
③ 피압목의 경우에는 수관상부의 가지가 밑가지보다 치유가 빠르다.
④ 굵은 가지의 제거는 휴면기인 겨울철에 가지치기하는 것이 바람직하다.
⑤ 맹아지 발생을 줄이기 위해서는 새잎이 형성된 후 6월 중순이나 하순경에 제거하는 것이 좋다.

103

수목의 벌도와 제거에 대한 설명이다. 옳지 않은 것은?

① 벌도 시 경첩부 폭은 수목 직경의 10%, 최소 2cm를 유지하여야 한다.
② 위로 베기는 가장 손쉬운 방법으로 그루터기의 높이를 가장 낮게 할 수 있다.
③ 방향 베기의 노치각은 45° 이상을 유지하여야 하며, 따라베기는 노치하단보다 높아야 한다.
④ 크게 베기는 노치각이 70° 이상을 유지하여야 하며, 그루터기 높이가 높아야 한다.
⑤ 밑으로 베기는 목질이 딱딱한 수종에 적합하며 그루터기 높이를 가장 낮게 유지할 수 있다.

104

답압피해 현상으로 옳지 않은 것은?

① 토양의 용적비중이 낮아진다.
② 토양의 우수 침투가 적고 표토가 유실된다.
③ 토양 내 공극이 좁아져 배수가 불량해 진다.
④ 토양 내 공극이 좁아져 통기성이 불량해 진다.
⑤ 토양 내 산소부족으로 유해물질이 생성된다.

105

여름에 개화하는 무궁화, 배롱나무, 금목서는 언제 전정하는 것이 좋은가?

① 3~4월　　　　　② 5~6월
③ 7~8월　　　　　④ 9~10월
⑤ 10~11월

106

수목의 생육과 관련된 전정에 대한 설명이다. 옳지 않은 것은?

① 소나무의 경우는 상처도포제를 바르지 않아도 된다.
② 활엽수는 지륭이 바깥으로 나와 있어 지륭을 잘 확인하여 전정하여야 한다.
③ 꽃을 감상하기 위해서는 꽃이 지고 난 다음 꽃눈이 형성되기 전에 전정하여야 한다.
④ 울타리는 지표면과 직각이 되도록 전정하여 보행에 지장이 되지 않도록 하여야 한다.
⑤ 울타리 전정은 신초가 단단해지기 전, 직전 깎기 지점의 2.5cm 이내에서 깎아 주는 것이 좋다.

107

일반적인 양료요구도의 순서로 옳은 것은?

① 농작물 > 유실수 > 활엽수 > 침엽수 > 소나무
② 활엽수 > 유실수 > 농작물 > 침엽수 > 소나무
③ 농작물 > 유실수 > 침엽수 > 활엽수 > 소나무
④ 농작물 > 유실수 > 활엽수 > 소나무 > 침엽수
⑤ 유실수 > 농작물 > 침엽수 > 활엽수 > 소나무

108

수목의 전정시기에 대한 설명으로 옳지 않은 것은?

① 가장 적절한 가지치기의 시기는 수목이 휴면상태인 이른 봄이다.
② 활엽수는 봄에 생장을 개시하기 전 휴면기 중에 하는 것이 좋다.
③ 침엽수는 이른 봄에 새가지가 나오기 전에 실시하는 것이 가장 좋다.
④ 여름전정은 생육환경 개선을 위해 실시하며 강전정은 피한다.
⑤ 회양목과 같은 생울타리는 겨울 전정을 해도 좋다.

109

과습의 예방 및 사후대책으로 옳은 것은?

① 토양 내에 화학비료를 준다.
② 토양 내에 유공관을 설치한다.
③ 증산억제제를 살포한다.
④ 수관하부에 멀칭재를 덮어 준다.
⑤ 토양 내에 유기물을 첨가한다.

110

수간외과수술에 대한 설명 중 옳지 않은 것은?

① 부패부를 제거할 때에는 목질부가 변색되어 있는 부분까지 깨끗하게 제거한다.
② 살충제로 침투성이 좋은 스미치온, 다이아톤을 혼합하여 분무기로 사용한다.
③ 살균제처리는 살균력이 좋고 곧 증발하는 70% 에틸알코올을 사용하는 것이 좋다.
④ 수간 외과수술의 적기는 상처유합제 형성이 잘 되는 봄부터 초여름이다.
⑤ 일반적으로 향나무는 자연방어벽을 만들기 때문에 외과수술이 필요하지 않다.

111

이식수종 및 시기에 대한 설명으로 옳지 않은 것은?

① 야자 및 은행나무는 이식성공률이 높다.
② 섬잣나무, 단풍나무는 이식성공률이 낮다.
③ 이식은 늦가을부터 이른 봄까지의 휴면기에 한다.
④ 상록수는 겨울가뭄에 취약하므로 이른 봄에 이식하는 것이 좋다.
⑤ 수목이식에 가장 좋지 않은 시기는 7~8월이다.

112

뿌리돌림에 대한 설명으로 옳지 않은 것은?

① 이식성공률이 낮은 수종에 실시한다.
② 이식부적기에 이식하여야 할 경우 실시한다.
③ 노거수 및 주요한 수목에 실시한다.
④ 직경의 4배되는 지점에 구덩이를 파서 세근을 유도한다.
⑤ 뿌리돌림 후 되메우기를 실시하되 작업 전과 토양구조를 동일하게 한다.

113

어린잎에서 먼저 결핍현상이 나타나는 원소는?

① 철, 칼슘
② 황, 질소
③ 칼륨, 염소
④ 인, 몰리브덴
⑤ 마그네슘, 붕소

114

고온의 의한 피해 중 엽소와 피소에 취약한 수종으로 짝지어진 것은?

① 단풍나무, 소나무
② 사철나무, 해송
③ 칠엽수, 굴참나무
④ 자작나무, 오동나무
⑤ 물푸레나무, 신갈나무

115

농약피해에 대한 설명이다. 옳지 않은 것은?

① 일조량이 부족하거나 그늘에 자라는 나무는 약제의 효과가 적다.
② 태풍이 지나간 직후에는 상처가 많아서 약해를 받기 쉽다.
③ 약제살포시기는 바람이 적고 갠 날 오전 혹은 늦은 오후에 좋다.
④ 디프수화제를 핵과식물에 살포하면 황화현상을 보이며 낙엽이 진다.
⑤ 유기질 비료는 토양 용적을 기준으로 5% 이상 사용하면 피해가 발생할 우려가 높다.

116

수목의 내한성에 대한 설명이다. 옳지 않은 것은?

① 가을에 증가하는 지질은 주로 인지질이다.

② 전분을 가수분해하여 당분을 만들며 주로 설탕의 함량이 증가한다.

③ 수분함량이 증가하고, 원형질의 빙점이 낮아지면서 기후순화가 일어난다.

④ 내한성을 높이기 위해서 단백질합성이 이루어지면서 구조적인 변화가 생긴다.

⑤ 일장이 짧아지고 온도가 낮아지면 생장을 정지하고 탄수화물과 지질함량을 증가시킨다.

117

가지로부터 수간으로 변색이나 부후가 확산되는 것을 저지하는 구조를 무엇이라고 하는가?

① 내초(pericycle)

② 연륜(growth ring)

③ 유세포(parenchyma cell)

④ 가지보호지대(branch protection zone)

⑤ 지피융기선(branch bark ridge)

118

생활환경보전림의 생육환경을 개선하기 위해 솎아베기 효과로 옳지 않은 것은?

① 고사목 발생을 방지한다.

② 임내 토양온도를 상승시킨다.

③ 하층식생 유입을 유도한다.

④ 옹이가 없는 목재 생산을 할 수 있다.

⑤ 임내 광환경을 개선하여 건강한 숲을 조성한다.

119

수간주사에 대한 설명 중 옳지 않은 것은?

① 5~9월의 맑은 날에 실시한다.

② 다량원소의 결핍 시에 실시한다.

③ 수간주사 시 뿌리에는 약제가 이동하지 않는다.

④ 약제의 이동속도는 활엽수(환공재) > 활엽수(산공재) > 침엽수이다.

⑤ 구멍의 깊이는 수피를 통과한 후 2cm가량 더 들어가야 한다.

120

과밀한 임분의 특성에 대한 설명으로 옳지 않은 것은?

① 토양구조의 발달이 불량하다.

② 수고에 비해 수간직경이 작다.

③ 높은 임분밀도로 사면안정성이 높다.

④ 임내가 어둡고 하층식생이 빈약하다.

⑤ 바람이나 눈 등으로 인한 기상재해에 약하다.

121

대기오염과 기상환경에 대한 설명이다. 옳지 않은 것은?

① 수직, 수평으로 희석되면서 피해의 정도가 급감한다.

② 기온역전현상에 의해 대기오염이 발생하는 경우가 많다.

③ 상대습도가 낮을 때 대기오염피해가 높아진다.

④ 맑고 더운 날에 심하며 시원하고 흐린 날에는 덜하다.

⑤ 밤에는 영향이 적고 낮 동안에 많은 영향을 받는다.

122

아황산가스에 대한 저항성이 높은 수종끼리 짝지어진 것은?

① 목련 – 팽나무 – 미선나무
② 벽오동 – 미선나무 – 목련
③ 모과나무 – 마가목 – 배롱나무
④ 산사나무 – 박태기나무 – 백당나무
⑤ 라일락 – 팽나무 – 가중나무

123

다음 중 내건성이 높은 수종은?

① 섬잣나무
② 느릅나무
③ 단풍나무
④ 동백나무
⑤ 물푸레나무

124

기계톱을 사용할 때 지켜야 할 안전수칙으로 옳지 않은 것은?

① 기계톱 시동 시에는 체인브레이크를 작동시켜 둔다.
② 기계톱 연속운전 시간은 10분을 넘기지 않아야 한다.
③ 절단작업 시 톱날을 빼 낼 때에는 비틀지 않아야 한다.
④ 기계톱 사용 시 작업자로부터 3m 이상의 이격거리를 유지한다.
⑤ 작업 시 킥백현상을 막기 위해 가이드바(안내판) 끝을 사용한다.

125

유기인계 살충제에 대한 설명 중 옳지 않은 것은?

① 최초로 합성된 유기인계 살충제는 Malathion이다.
② 인을 중심으로 한 결합 구조이며, 인과 산소 또는 인과 황의 이중결합이 특징적이다.
③ 신경전달물질분해효소의 활성을 저해한다.
④ 대부분 물에 대해 불용성이다.
⑤ 유기인계 농약은 살균제와 제초제로도 개발되고 있다.

126

다음 중 살충제의 작용 기작 중 신경기능 저해로 옳지 않은 것은?

① AChE 활성 저해
② Synapse 전막 저해
③ Hill 반응 저해
④ Axon 전달 저해
⑤ Acetylcholine 수용 저해

127

다음 제초제 중 shikimic acid 생합성 저해가 작용기작인 것은?

① Paraquat
② 2,4-D
③ Atrazine
④ Glyphosate
⑤ Alachlor

128

살균제를 유효성분으로 구분할 때 해당되지 않는 것은?

① 유기인계
② Nereistoxin계
③ Benzimidazole계
④ Triazole계
⑤ Dithiocarbamate계

129

다음 수화제에 대한 설명 중 옳지 않은 것은?

① 유제에 비해 고농도로 조제할 수 있다.
② 비산되기 쉬어 호흡기로 흡입할 위험성이 크다.
③ 계면활성제의 사용량을 줄일 수 있는 제형이다.
④ 희석살포용 제형이다.
⑤ 약효가 우수하나 유리병과 같은 액체용 용기를 사용해야 한다.

130

증기압이 높은 원제를 용기에 충전한 것으로 용기를 열면 유효성분이 기화하여 약효가 나타나는 것은?

① 훈증제   ② 훈연제
③ 연무제   ④ 미량살포제
⑤ 도포제

131

다음 중 계면활성제에 대한 설명 중 옳지 않은 것은?

① 서로 섞이지 않는 유기물질층과 물층 사이의 경계면을 활성시키는 물질이다.
② 친수성 또는 소수성의 특징 중 하나를 갖는다.
③ 음이온, 양이온, 비이온, 양성 등으로 구분할 수 있다.
④ 농약의 습전성과 부착성을 높여준다.
⑤ 약액의 표면장력을 낮춰준다.

132

다음 중 농약의 사용법에 대한 설명 중 옳지 않은 것은?

① 농약 희석용수는 중성을 사용한다.
② 유제나 수화제는 충분히 혼화되지 않으면 약해를 일으킬 수 있다.
③ 희석배수는 병해충의 방제효과와 직접적으로 관계된다.
④ 약제혼용은 병해충의 내성을 억제하는 효과가 있다.
⑤ 미량요소비료와 혼용하면 약제의 상승효과가 있다.

133

농약 독성에 관한 설명으로 옳지 않은 것은?

① 우리나라에서 유통되는 농약은 대부분 보통독성이다.
② 급성적 약해는 약제처리 1주일 이내에 발생하는 약해이다.
③ 식물의 종류와 품종에 따라 농약 독성에 대한 감수성에 차이가 난다.
④ 농약에 혼입된 불순물에 의해서도 약해가 발생할 수 있다.
⑤ 반수 치사량(LD$_{50}$)은 급성독성을 구분하는데 사용된다.

134

농약의 잔류에 관한 설명으로 옳지 않은 것은?

① 증기압이 높을수록 잔류성이 낮다.
② 침투이행성 농약은 식물체 내 분해에 의해 잔류성이 결정된다.
③ 수용성 무기농약은 잔류성이 높다.
④ 토성이 고울수록 잔류하는 농약이 많아진다.
⑤ 반감기 180일 이상이고, 후작물에 영향을 주는 농약을 토양잔류성 농약이라 한다.

135

한 약제에 대한 저항성이 발달하면서 다른 약제에 대한 감수성이 증대하는 현상은?

① 내 성
② 생태적 저항성
③ 교차저항성
④ 역상관교차저항성
⑤ 복합저항성

136

농약 저항성에 대한 대책으로 옳지 않은 것은?

① 동일 약제의 연속사용을 피한다.
② 해충을 완전 방제하여 저항성 해충이 나타나지 않게 한다.
③ 종합적 방제를 한다.
④ 살균 효과를 유지하는 최소한의 약량을 사용한다.
⑤ 침투성과 비침투성 살균제를 혼합하여 사용한다.

137

나무병원 등록 취소에 대한 설명 중 옳지 않은 것은?

① 거짓이나 부정한 방법으로 등록을 한 경우 등록을 취소한다.
② 영업정지 기간에 수목진료 사업을 한 경우 등록을 취소한다.
③ 다른 자에게 등록증을 빌려준 경우 등록을 취소하거나 1년 이하 영업을 정지한다.
④ 등록이 취소된 후 2년이 지나지 아니한 자는 나무병원을 등록할 수 없다.
⑤ 폐업한 경우 등록을 취소한다.

138

나무의사 벌칙 중 500만 원 이하의 벌금에 해당하지 않는 것은?

① 나무의사 등의 자격취득을 하지 아니하고 수목진료를 한 자
② 거짓이나 부정한 방법으로 나무병원을 등록한 자
③ 나무의사 등의 명칭이나 이와 유사한 명칭을 사용한 자
④ 나무의사 등의 자격증을 빌리거나 빌려주거나 이를 알선한 자
⑤ 나무병원을 등록하지 아니하고 수목진료를 한 자

139

「소나무재선충병 방제지침」에 따른 소나무 반출금지 구역은 재선충병 발생지역과 발생지역으로부터 몇 km 이내에 포함되는 구역인가?

① 1km
② 2km
③ 3km
④ 4km
⑤ 5km

140

「농약관리법」에 대한 설명 중 옳지 않은 것은?

① 농작물의 생리기능을 증진하는데 사용되는 약제는 농약에 포함된다.
② 개별 유효성분의 비율과 제제 형태가 같은 농약의 종류를 원제라 한다.
③ 농약은 품목별로 농촌진흥청장에게 등록한다.
④ 농약은 농림축산식품부령으로 정한다.
⑤ 살균·살충·제초·생장조절 효과를 나타내는 물질이 발생하는 기구 또는 장치를 농약활용기자재라 한다.

01

핵상은 n이며 돌기가 없는 단세포로 이루어져 있고, 형태와 형성위치가 녹병균류의 분류에 중요한 기준이 되는 세대는?

① 녹병정자 ② 녹포자
③ 여름포자 ④ 겨울포자
⑤ 담자포자

02

담자균류에 대한 설명으로 옳지 않은 것은?

① 담자균은 가장 진화한 고등 균류이다.
② 목재부후균이 대부분 담자균에 속한다.
③ 격벽은 자낭균보다 복잡한 유연공격벽으로 되어 있다.
④ 담자포자는 원형질융합, 핵융합, 감수분열의 결과로 형성된다.
⑤ 감수분열의 결과 담자기 위에 5개의 담자포자가 형성된다.

03

녹병균의 생활사 중 녹병정자세대의 설명이다. 옳지 않은 것은?

① 유성생식을 한다.
② 돌기가 있는 단세포이다.
③ 곤충이나 빗물에 의하여 전파된다.
④ 원형질융합을 하여 녹포자를 형성한다.
⑤ 곤충을 유인할 수 있는 독특한 향이 있다.

04

잎에 발생하는 병 중 탄저병을 일으키는 것은?

① *Cercospora* ② *Marssonina*
③ *Pestalotiopsis* ④ *Colletotrichum*
⑤ *Septoria*

05

*Cercospora*에 의한 병으로 옳지 않은 것은?

① 느티나무 흰별무늬병
② 모과나무 점무늬병
③ 삼나무 붉은마름병
④ 배롱나무 갈색무늬병
⑤ 소나무 잎마름병

06

리지나뿌리썩음병에 대한 설명 중 옳지 않은 것은?

① 자낭균에 의해 발생하며 1982년 경주에서 처음 발견되었다.

② 소나무, 전나무, 가문비나무, 낙엽송류 등 침엽수에 발생한다.

③ 토양온도가 35~45℃에서 발아하여 뿌리 및 사부로 침입한다.

④ 표징은 파상땅해파리버섯이며 산성토양에서 피해가 심각하다.

⑤ 병원균이 토양주변에 균사망을 만들고 헝겊 같은 피막을 형성한다.

07

아래에 설명한 병으로 옳은 것은?

- 1986년 강원도 횡성에서 처음 발견되었다.
- 주로 계곡에서 발생하며 병든 잎이 일찍 떨어진다.
- 병의 발생을 억제하기 위해서는 뱀고사리를 제거한다.

① 잣나무 털녹병

② 소나무 줄기녹병

③ 포플러 잎녹병

④ 전나무 잎녹병

⑤ 오리나무 잎녹병

08

다음 중 난균에 대한 설명 중 옳지 않은 것은?

① 난균은 격벽이 없는 다핵균사로 이루어져 있다.

② 난균의 유성포자인 유주포자는 2개의 편모를 가지고 있다.

③ 장란기와 장정기 사이에 수정이 이루어져 난포자를 형성한다.

④ 세포벽은 키틴을 함유하지 않고 글로칸과 섬유소로 이루어져 있다.

⑤ 난균은 모잘록병, 뿌리썩음병, 흰가루병, 역병, 노균병 등을 발생시킨다.

09

***Phytophthora* 뿌리썩음병에 대한 설명이다. 옳지 않은 것은?**

① 사과나무 줄기밑동썩음병을 발생시킨다.

② *Phytophthora*는 일반적으로 경화성 병해이다.

③ *Phytophthora*는 모두 병원균으로 알려져 있다.

④ 이 병은 습하고 배수가 불량한 토양에서 심하게 발생한다.

⑤ 수목이 균근을 형성하면 이 병에 감염을 차단하는 효과가 있다.

10

목재부후균에 대한 설명으로 옳지 않은 것은?

① 백색부후균은 주로 담자균이다.

② 연부후균은 대부분 자낭균이다.

③ 백색부후균의 표징은 말굽버섯, 영지버섯, 느타리버섯 등이다.

④ 갈색부후균의 표징은 실버섯류, 구멍버섯류, 조개버섯 등이다.

⑤ 연부후균은 대부분 자낭균으로 표징이 나타나지 않는다.

11

밤나무 잉크병에 대한 설명 중 옳지 않은 것은?

① *Phytophthora katsurae*에 의한 병이다.

② 우리나라에서는 2007년에 최초 발견되었다.

③ 밤나무 줄기마름병과 함께 밤나무에 가장 큰 피해를 준다.

④ 수피 표면이 젖어 있고 검은색의 액체가 흐르는 증상을 보인다.

⑤ *Phytophthora*에 의해 뿌리에는 발생하지 않으며 수간하부에 주로 발생한다.

12

수목병의 발병환경개선에 대한 설명 중 옳은 것은?

① Fsarium균에 의한 모잘목병은 비교적 습도가 높은 토양에서 발생한다.

② *Rhizotonia solani*에 의한 모잘목병은 습도가 낮은 경우에 피해가 크다.

③ 인산질 비료와 칼리질 비료는 전염병의 발생을 증가시킬 수 있다.

④ 황산암모니아의 과용은 토양을 알칼리화 시켜 세균병을 증가시킬 수 있다.

⑤ 질소질비료의 과용은 묘목을 웃자라게 하여 다양한 병에 걸리기 쉽다.

13

뿌리에 발생하는 수목병에 대한 설명 중 옳지 않은 것은?

① 뿌리 병원 곰팡이는 대부분 임의부생균이다.

② 동일한 수종일 경우, 뿌리접촉, 뿌리접목에 의해서도 발생한다.

③ 잔뿌리의 뿌리썩음은 주로 난균류와 불완전균류에 의해 발생한다.

④ 목재부후균은 죽은 뿌리를 통해 줄기를 따라 심재에서 목재를 부후시킨다.

⑤ 뿌리의 형성층과 목질부와 조직의 뿌리썩음은 주로 담자균류에 의해 발생한다.

14

식물 전염성병원체의 구조에 대한 설명 중 옳지 않은 것은?

구 분	곰팡이	세 균	파이토플라스마	바이러스
① 핵 막	있 음	없 음	없 음	없 음
② 세포벽	있 음	있 음	없 음	없 음
③ 세포막 (막구조)	있 음	있 음	있 음	없 음
④ 미토콘드리아	있 음	있 음	없 음	없 음
⑤ 리보솜	있 음	있 음	있 음	없 음

15

밤나무 줄기마름병에 대한 설명 중 옳지 않은 것은?

① 병원균은 *Cryphonectria parasitica*이다.
② 우리나라에서는 1925년 최초로 보고되었다.
③ 동양의 풍토병이었으나 1990년에 북아메리카로 유입되었다.
④ 동양은 저항성이나 미국과 유럽의 밤나무림을 황폐화시켰다.
⑤ 병원균은 줄기의 상처발생 시 바람에 의해 전파된다.

16

소나무 피목가지마름병에 대한 설명 중 옳지 않은 것은?

① 불완전균류에 의해 발생한다.
② 병원균은 *Cenangium ferruginosum*이다.
③ 소나무, 해송, 잣나무의 2~3년생 가지와 줄기에 발생한다.
④ 자낭반을 형성하고 7~8월에 새 가지로 이동 후 봄에 전파한다.
⑤ 겨울기온이 매우 낮을 때 피해가 심각하게 발생한다.

17

잣나무 수지동고병에 대한 설명 중 옳지 않은 것은?

① 병원균은 *Guignardia laricina*이다.
② 1988년 가평군에서 최초 발견되었다.
③ 가지치기한 부위를 중심으로 아래로 진전된다.
④ 현재는 국한된 지역에서만 발견되고 피해율은 5% 정도이다.
⑤ 자낭균에 의해 발생하며 병징은 병환부가 함몰하면서 갈변한다.

18

세균의 생장곡선에 대한 설명으로 옳지 않은 것은?

① 생장곡선은 유도기, 대수기, 정상기, 사멸기로 구분된다.
② 유도기는 균을 새로운 배지에 접종, 배양할 때 배지에 적응하는 시기이다.
③ 대수기는 세포의 크기, 세균 수, 단백질 함량, 건물량이 같은 속도로 감소한다.
④ 정상기는 영양물의 고갈, 대사생산물 축적, pH 변화, 산소부족 현상이 나타난다.
⑤ 사멸기는 세포가 감소하는 시기이며 가수분해효소의 작용으로 자가소화로 융해된다.

19

선충에 대한 설명으로 옳지 않은 것은?

① 식물기생선충의 대부분은 토양에서 서식한다.
② 식물기생선충을 제외한 토양선충을 부생선충이라고 한다.
③ 식물기생선충은 부드럽고 투명한 키틴질도 되어 있다.
④ 구침의 형태는 식도형 구침과 구강형 구침으로 나누어진다.
⑤ 선충의 생활사는 알에서 1차 탈피하고 4령충 이후에 성충이 된다.

20

파이토플라스마에 대한 설명으로 옳지 않은 것은?

① 세 겹의 단위막(unit membrane)으로 둘러싸여 있다.
② 공 모양, 타원형, 불규칙한 관 또는 실 모양이다.
③ 인공배양이 불가능하며 식물의 물관부에 존재한다.
④ 황화, 위축, 빗자루 모양, 쇠락 등의 병징이 발현된다.
⑤ 접목이나 매미충에 의하여 매개하며 종자전염 및 즙액 전염은 되지 않는다.

21

자낭균류의 분류에 대한 설명 중 옳은 것은?

① 반자낭균강 : 자낭과는 자낭구 머리구멍이 있음
② 부정자낭균강 : 단일벽의 자낭이 자낭과내의 자실층에 배열
③ 각균강 : 자낭과는 자낭반으로 내벽은 자실층으로 되어 있음
④ 반균강 : 자실층에는 자낭이 나출되어 있음
⑤ 소방자낭균강 : 단일 벽의 자낭이 불규칙적으로 산재

22

대추나무 빗자루병에 대한 설명 중 옳지 않은 것은?

① 매개충은 마름무늬매미충이다.
② 매미충의 침샘, 중장에서 증식 후 타액선을 통해 감염된다.
③ 병원균은 여름에 지상부에 있다가 겨울에 뿌리에서 월동한다.
④ 뿌리에서 월동한 병원균은 봄에 수액과 함께 전신으로 이동한다.
⑤ 1970년경에 크게 발생하여 보은, 옥천, 봉화 등 재배지를 황폐화시켰다.

23

그람염색법에 의한 그람양성균이 아닌 것은?

① *Arthrobacter* ② *Clavibacter*
③ *Curtobacterium* ④ *Rhodococcus*
⑤ *Agrobacterium*

24

*Elsinoe*속의 병해에 대한 특징으로 옳은 것은?

① 전 세계의 소나무류에 널리 발생한다.
② 각 수목과 초본에 더뎅이병을 유발한다.
③ 15년 이하의 잣나무에 발생한다.
④ 3~5월에 묵은 잎의 1/3 이상이 낙엽이 진다.
⑤ 병든 낙엽에서 6~7월 자낭반이 형성된다.

25

녹병에 대한 설명으로 옳지 않은 것은

① 녹병균은 순활물기생체 또는 절대기생체이다.
② 경제적으로 중요하면 기주, 그렇지 않으면 중간기주라고 한다.
③ 한 종의 기주에서 생활사를 마치는 균을 동종기생균이라고 한다.
④ 동종기생균의 대표적인 예는 회화나무 녹병, 오리나무 녹병이 있다.
⑤ 녹병은 담자균류에 속하며 전 세계 150속 6,000여 종이 알려져 있다.

26

곤충의 타감물질에서 분비자에게는 도움이 되고, 인지한 개체에는 손해가 되는 물질은?

① 시노몬
② 알로몬
③ 페르몬
④ 호르몬
⑤ 카이로몬

27

곤충의 번성원인에 대한 설명으로 옳지 않은 것은?

① 암컷은 저장낭에 수 개월, 수 년 동안 정자를 보관할 수 있다.
② 생존과 생식에 필요한 최소한의 작은 몸집을 가졌다.
③ 포식자로부터 피할 수 있도록 무시형으로 발달하였다.
④ 섭식 및 성장기능이 변태를 통해 뚜렷하게 진화하였다.
⑤ 골격이 외부에 있는 외골격으로 되어 있으며 건조를 방지한다.

28

곤충이 집단으로 모여 사는 이유에 대한 설명으로 옳지 않은 것은?

① 서식처가 이질적이다.
② 개체 간 배타성이 있다.
③ 유충의 이동 범위가 작다.
④ 대체로 알을 난괴로 낳는다.
⑤ 무리를 지어 살면 생존율이 높다.

29

외국으로부터 유입된 해충이 아닌 것은?

① 솔잎혹파리
② 소나무재선충
③ 잣나무넓적잎벌
④ 주홍날개꽃매미
⑤ 버즘나무방패벌레

30

아래의 설명으로 옳은 것은?

- 가늘고 긴 맹관으로 체강 내에 유리된 상태로 존재한다.
- 분비작용을 하는 과정에서 칼륨이온이 관내로 유입된다.
- 액체가 후장을 통과하면서 수분과 이온류가 재흡수된다.

① 편도세포
② 공생균기관
③ 말피기관
④ 지방체
⑤ 전 위

31

기주범위에 따른 해충의 구분 중에 광식성(polyphagous) 해충인 것은?

① 오리나무좀
② 소나무왕진딧물
③ 벚나무깍지벌레
④ 줄마디가지나방
⑤ 자귀뭉뚝날개나방

32

하늘소류 중에서 가장 먼저 우화하는 종은?

① 솔수염하늘소
② 향나무하늘소
③ 뽕나무하늘소
④ 북방수염하늘소
⑤ 털두꺼비하늘소

33

아래는 깍지벌레의 대한 설명이다. 옳은 것은?

> • 오스트레일리아 원산으로 다식성 해충이다.
> • 자루모양의 알주머니를 만들며 배 끝이 위쪽을 향한다.
> • 암컷은 날개가 없고 자웅동체이며 수컷은 날개가 있는 성충이 된다.

① 이세리아깍지벌레
② 소나무가루깍지벌레
③ 쥐똥밀깍지벌레
④ 줄솜깍지벌레
⑤ 벚나무깍지벌레

34

응애에 대한 설명이다. 옳지 않은 것은?

① 응애는 고온 건조할 경우 밀도가 높다.
② 진딧물, 깍지벌레와 함께 조경 3대 해충에 속한다.
③ 응애는 거미강에 포함되며 다리가 4쌍이 특징이다.
④ 응애는 눈이 없는 것도 있으나 홑눈이 없고 겹눈이 있다.
⑤ 응애는 가해습성에 따라 흡즙성, 충영형성의 분류로 나눌 수 있다.

35

식엽성 해충에 대한 설명이다. 해충의 종류로 옳은 것은?

> • 1년에 1회 발생하며 성충으로 월동한다.
> • 성충은 야행성이며 불빛에 잘 유인된다.
> • 암컷성충은 5월 하순경부터 흙 속에 알을 낳는다.
> • 유충은 6월 상순부터 발생하여 부식질이나 잡초의 뿌리를 가해한다.

① 자귀뭉뚝날개나방
② 호두나무잎벌레
③ 큰이십팔점박이무당벌레
④ 주둥무늬차색풍뎅이
⑤ 참긴더듬이잎벌레

36

곤충의 동일한 배자 발육끼리 묶은 것은?

① 외분비샘 – 순환계
② 감각기관 – 생식선
③ 호흡계 – 내분비샘
④ 감각기관 – 호흡계
⑤ 전장, 후장 – 중장

37

곤충의 날개에 대한 설명 중 옳지 않은 것은?

① 딱정벌레목, 집게벌레목은 딱지날개를 가지고 있다.
② 메뚜기목, 바퀴목, 대벌레목은 가죽날개를 가지고 있다.
③ 노린재아목은 끝부분에 막질인 앞날개를 가지고 있는 반초시이다.
④ 파리목은 평행을 유지하는 작은 곤봉 모양의 평균곤을 가지고 있다.
⑤ 곤충은 석탄기인 약 3억 년 전에 유시충으로 출연하였다.

38

알락나방에 대한 설명으로 옳지 않은 것은?

① 잎의 뒤쪽에서 식해하며 검은 벌레똥과 탈피각이 붙어 있다.
② 유충은 잎의 가장자리부터 식해하고 다양한 활엽수를 가해한다.
③ 유충은 위협 시 거미줄을 타고 땅으로 떨어지는 습성이 있다.
④ 유충의 몸이 굵어 달팽이 모양이며, 화려한 색깔을 하고 있다.
⑤ 해충으로는 뒤흰띠알락나방, 대나무쐐기알락나방, 노랑털알락나방 등이 있다.

39

잎응애에 대한 설명으로 옳지 않은 것은?

① 덥고 습하며 먼지가 많은 환경을 좋아한다.
② 눈은 겹눈이 없으며 홑눈으로만 구성되어 있다.
③ 대부분 거미줄을 만들어 매트(mat)을 형성하고 그 안에서 자란다.
④ 침엽수와 활엽수에 폭넓게 기생하며 잎 뒷면에서 즙액을 빨라 먹는다.
⑤ 주근깨 같은 반점이 무수히 생기면서 마치 잎에 양분이 결핍된 것처럼 보인다.

40

식엽성 해충에 대한 설명 중 옳지 않은 것은?

① 큰이십팔점박이무당벌레는 잎살만 가해한다.
② 오리나무잎벌레는 수관 위쪽의 피해가 심하다.
③ 두점알벼룩잎벌레는 어린잎을 불규칙하게 갉아 먹는다.
④ 잣나무넓적잎벌은 20년생 이상의 잣나무에 피해가 심하다.
⑤ 느티나무벼룩바구미는 성충과 유충이 모두 잎살을 가해한다.

41

나방류의 형태적 특성에 대한 설명이다. 옳지 않은 것은?

① 재주나방류은 머리와 꼬리를 들고 재주를 피우는 행동을 보인다.
② 불나방류는 낮에 활동하며 야간에 불빛에 잘 유인된다.
③ 자나방류는 몸을 반으로 접어 몸의 길이를 자로 재듯 움직인다.
④ 박각시나방류는 유충 몸의 등쪽 끝부분에 침 같은 돌기를 가지고 있다.
⑤ 잎말이나방류는 유충이 거미줄로 잎을 말아 그 속에서 살면서 잎을 식해한다.

42

병원미생물 중 바이러스에 대한 설명이다. 옳지 않은 것은?

① 바이러스는 주변 환경에 따라 활성이 매우 달라진다.
② 기주곤충이나 곤충배양세포에서만 증식이 가능하다.
③ 방제 시 소요시간이 길어 방제현장에 적용이 어렵다.
④ 세균이나 곰팡이에 비해 기주범위가 좁아 복합적인 방제에 유리하다.
⑤ 인간에 대한 감염위험이나 독성, 알레르기 반응에 대해 불안전하여 사용이 어렵다.

43

해충방제에 대한 설명 중 옳지 않은 것은?

① 경제적 피해수준은 경제적 피해가 나타나는 최저밀도이다.
② 일반적인 환경조건에서의 평균밀도를 일반평행밀도라고 한다.
③ 해충방제는 해충의 활동을 원천적으로 억제하여 박멸하는 것이다.
④ 직접적인 방제수단을 써야 하는 밀도수준을 경제적 피해허용수준이라고 한다.
⑤ IPM은 병충해뿐만 아니라 토양, 시비, 관수 등 재배관리와 연계한 종합적인 관리이다.

44

벚나무에 자주 발생하는 복숭아유리나방에 대한 특징으로 옳은 것은?

① 유충이 수피 밑의 형성층 부위를 식해한다.
② 가해부는 배설물과 함께 목설을 밖으로 배출한다.
③ 성충의 날개는 투명하나 날개맥과 날개끝은 갈색이다.
④ 우화최성기는 6월 상순이며 암컷이 성페로몬을 분비한다.
⑤ 침입구멍에 철사를 넣고 찔러 죽이거나 끈끈이 트랩을 설치한다.

45

수목해충에 대한 설명으로 옳은 것은?

① 미국흰불나방은 연 3회 발생한다.
② 외줄면충의 기주식물은 느티나무이다.
③ 갈색날개매미충은 성충으로 월동한다.
④ 소나무좀은 봄과 여름 연 2회 발생한다.
⑤ 소나무재선충은 2004년에 부산에서 발견되었다.

46

곤충과 응애의 공통점으로 옳은 것은?

① 눈은 곁눈과 홑눈으로 이루어져 있다.
② 환형동물문에 속하며 더듬이가 있다.
③ 몸 형태는 좌우대칭형이며 외골격은 키틴질이다.
④ 몸 형태는 방사대칭형이며 절지동물문에 속한다.
⑤ 머리, 가슴, 배로 이루어져 있으며 다리가 8개 이다.

47

진딧물에 대한 설명 중 옳지 않은 것은?

① 월동한 알은 날개 없는 암컷으로 부화한다.
② 처녀생식으로 빠른 속도로 암컷만을 생산한다.
③ 침엽수와 활엽수를 동시에 가해하는 진딧물이 있다.
④ 깍지벌레, 응애와 더불어 조경수의 3대 해충이라고 한다.
⑤ 유시 암컷과 수컷이 나타나고 교미 후 산란하여 알로 월동한다.

48

꽃매미에 대한 설명 중 옳지 않은 것은?

① 감로에 의해 그을음병을 유발한다.
② 1년에 1회 발생하고 알상태로 월동한다.
③ 2006년 이후 전국에 급속히 퍼지고 있다.
④ 3령충까지는 붉은 색이나 4령충 이후에 검은 색이 된다.
⑤ 잎이나 새로 자라는 가지에서 약충과 성충이 흡즙한다.

49

생물적 방제법에 대한 설명으로 옳지 않은 것은?

① 기생성 천적은 주로 맵시벌류와 잎벌류가 있다.

② 내부기생성 천적에는 먹좀벌, 진디벌 등이 있다.

③ 외부기생성 천적에는 기생침벌, 가시고치벌 등이 있다.

④ 해충방제에 사용되는 세균은 포자형성세균류이다.

⑤ 병원미생물은 바이러스, 곰팡이, 세균, 원생동물, 선충이 이용된다.

50

해충의 주된 피해수목으로 옳지 않은 것은?

① 줄마디가지나방 – 회화나무

② 별박이자나방 – 쥐똥나무

③ 남포잎벌 – 굴참나무

④ 극동등애잎벌 – 철쭉류

⑤ 자귀뭉뚝날개나방 – 자귀나무

51

다음 중 낙엽성 갈참나무류에 속하지 않는 것은?

① 갈참나무　　　② 졸참나무

③ 신갈나무　　　④ 떡갈나무

⑤ 굴참나무

52

수목의 조직 중 탄수화물의 이동 기능을 담당하는 것은?

① 유조직　　　② 사 부

③ 목 부　　　④ 분비조직

⑤ 코르크조직

53

다음 중 나자식물의 잎 구조에 대한 설명으로 옳지 않은 것은?

① 소나무류의 잎은 책상조직과 해면조직이 미분화되었다.

② 은행나무의 잎은 두 개의 유관속을 가지고 있다.

③ 주목의 잎은 책상조직과 해면조직이 분화되어있다.

④ 나자식물은 표피조직 아래 수지구에서 수지를 분비한다.

⑤ 소나무류의 잎은 외표피와 내표피의 이중 표피구조이다.

54

대와 잎 사이의 겨드랑이에 위치한 눈은?

① 정 아　　　　　② 측 아
③ 액 아　　　　　④ 잠 아
⑤ 부정아

55

수목의 줄기에 대한 설명 중 옳지 않은 것은?

① 2차 사부는 내수피에 해당한다.
② 목부에는 변재, 심재, 수가 있다.
③ 1차 목부는 초본과 목본 모두에 존재한다.
④ 사부조직은 목부조직과 함께 수목의 직경을 굵게
　하는데 중요한 역할을 한다.
⑤ 심재는 방어능력이 없어 미생물에 의해 부패되기
　쉽다.

56

다음 중 자유생장을 하는 수종은 무엇인가?

① 소나무　　　　② 잣나무
③ 목 련　　　　　④ 가문비나무
⑤ 플라타너스

57

광합성에서 엽록소의 보조색소 역할과 광산화작용으
로부터 엽록소를 보호하는 역할을 하는 물질은?

① phytochrome　　② cryptochrome
③ HIR　　　　　　④ chlorophyll
⑤ carotenoids

58

뿌리 생장에 대한 설명 중 옳은 것은?

① 소나무류와 참나무류는 외생균근을 형성할 때 뿌리
　털을 만들지 않는다.
② 뿌리털은 뿌리끝 신장생장하는 부분에서 나온다.
③ 편백나무와 가문비나무는 심근성 침엽수이다.
④ 뿌리 생장은 줄기 생장 후에 시작한다.
⑤ 복토와 심식은 뿌리의 생장을 촉진한다.

59

다음 중 청색광을 흡수하여 주광성을 유도하는 색소는?

① phytochrome　　② cryptochrome
③ chlorophyll　　　④ carotenoids
⑤ HRD

60

식물의 이산화탄소 고정 방식에 대한 설명 중 옳지 않은 것은?

① C3 식물군은 RuBP와 CO_2가 반응하여 2개의 3-PGA를 생산한다.

② 대부분의 단자엽식물은 C4 식물군에 속한다.

③ C3 식물군의 광합성 효율이 C4 식물군보다 높다.

④ 다육식물은 건조에 대응하기 위해 밤에 기공을 열고 CO_2를 흡수한다.

⑤ CAM 식물군은 낮에는 기공을 닫은 채로 광합성을 해서 수분의 손실을 막는다.

61

수피 중 맨 바깥쪽의 조피조직에 이산화탄소와 산소가 드나들기 쉽게 구멍이 형성된 것을 무엇이라 하는가?

① 호흡근   ② 피 목

③ 피 층   ④ 내 초

⑤ 판 근

62

다음 중 다당류가 아닌 것은?

① cellulose   ② starch

③ hemicellulose   ④ lignin

⑤ gum

63

다음 중 탄수화물 수용부로서 강도가 가장 큰 것은?

① 열 매   ② 어린 잎

③ 형성층   ④ 뿌 리

⑤ 저장조직

64

식물의 질소 대사에 대한 설명 중 옳지 않은 것은?

① 뿌리로 흡수되는 질소의 형태는 NH_4^+와 NO_3^- 형태이다.

② 질산태로 흡수된 질소는 암모늄태 질소로 환원된다.

③ 암모늄 이온은 독성을 띠기 때문에 섬유소 형태로 유기물화 된다.

④ 광합성 과정에서 산소와 함께 발생한 암모늄 이온을 유기물화 하는 것을 광호흡 질소순환이라 한다.

⑤ 질산태 질소는 뿌리에서 환원되거나 잎으로 이동한 후 환원된다.

65

식물의 지질 대사에 대한 설명 중 옳지 않은 것은?

① 인지질은 원형질막을 형성한다.

② 추운 지방의 식물은 포화지방산 함량이 높다.

③ 수지는 목재의 부패를 방지한다.

④ 나자식물은 고무를 생산하지 않는다.

⑤ 타닌은 떫은맛을 내 초식동물의 식욕을 떨어뜨린다.

66

수목의 총수분퍼텐셜을 정하는 두 개의 퍼텐셜은 무엇인가?

① 기질퍼텐셜과 중력퍼텐셜
② 중력퍼텐셜과 압력퍼텐셜
③ 압력퍼텐셜과 삼투퍼텐셜
④ 삼투퍼텐셜과 기질퍼텐셜
⑤ 중력퍼텐셜과 삼투퍼텐셜

67

다음 중 증산량을 증가시키는 조건이 아닌 것은?

① 높은 광도
② 낮은 이산화탄소 농도
③ 높은 온도
④ 넓은 엽면적
⑤ 복 엽

68

세포벽을 통한 물과 무기염의 자유로운 이동을 차단하기 위해 내피세포에 만들어진 띠를 무엇이라 하는가?

① 원형질막   ② 운반단백질
③ 자유공간   ④ 카스페리안대
⑤ 코르크층

69

내생균근에 관한 설명 중 옳지 않은 것은?

① 균사가 뿌리 피층세포 안으로 침투한다.
② 실험실에서 단독배양이 가능하다.
③ 소낭과 수지상 균사를 형성한다.
④ 환경스트레스에 대한 저항성을 증대시킨다.
⑤ 접합자균에 속한다.

70

수고 100m 이상 수액을 상승시킬 수 있는 원리를 설명하는 것은?

① Fick's law   ② Stoke's law
③ 응집력설   ④ Darcy's law
⑤ CODIT

71

수목의 개화 및 종자생리에 대한 설명 중 옳지 않은 것은?

① 암꽃이 활력이 큰 가지에 달린다.
② 높은 옥신함량은 암꽃을 촉진시킨다.
③ 사이토키닌은 개화를 촉진시킨다.
④ 초본과 달리 광주기에 반응하지 않지만, 무궁화와 진달래는 예외이다.
⑤ 참나무류의 종자는 배유종자이다.

72

종자의 휴면타파에 효과적인 식물호르몬은?

① GA
② ABA
③ IAA
④ ethylene
⑤ cytokinin

73

옥신에 대한 설명 중 옳지 않은 것은?

① 귀리의 자엽초나 완두콩의 상배축을 신장시키는 화합물의 총칭이다.
② 어린 조직에서 주로 생합성된다.
③ 목부와 사부를 통해 이동한다.
④ 수목의 수고생장과 부정근 발달을 촉진한다.
⑤ 높은 농도로 사용하면 제초 효과를 볼 수 있다.

74

수목의 스트레스에 대한 설명 중 옳지 않은 것은?

① 수분 스트레스를 받게 되면 proline 농도가 증가한다.
② 수간이 얼 때 목재 안쪽과 바깥쪽의 수축 정도의 차이로 수직 방향의 균열이 생기는 것을 상륜이라고 한다.
③ 냉해는 빙점 이상의 온도에서 나타나는 저온 피해이다.
④ 왕성하게 생장하는 식물은 빙점 근처에서 치명적인 손상을 입는다.
⑤ 고온은 지방질을 액화시키고 단백질을 변성시켜 세포막을 손상시킨다.

75

조직용탈로 가장 많이 손실되는 것은 무엇인가?

① 질 소
② 칼 슘
③ 마그네슘
④ 칼 륨
⑤ 망 간

제4과목 산림토양학

76

산림토양을 경작지 토양과 비교하여 기술한 내용 중 옳지 않은 것은?

① 토양 pH가 높다.
② 토양 표면의 온도가 낮고 변화가 적다.
③ 미생물 중 곰팡이의 비중이 크다.
④ 유기물층이 있다.
⑤ 비옥도가 낮다.

77

다음의 화학반응은 화학적 풍화작용 중 무엇에 해당하는가?

$$K_2(Si_6Al_2)Al_4O_{20}(OH)_4 + 6C_2O_4H_2 + 8H_2O$$
$$\rightleftharpoons 2K^+ + 8OH^- + 6C_2O_4Al^+ + 6Si(OH)_4$$

① 산화작용
② 수 화
③ 가수분해와 용해
④ 산성용액
⑤ 환원작용

78

과습으로 인한 산소 부족으로 형성된 환원상태에서 철과 망간이 환원되는 현상과 관련된 토양생성작용은 무엇인가?

① 갈색화작용
② 포드졸화작용
③ 염류화작용
④ 회색화작용
⑤ 석회화작용

79

토양모재에 대한 설명으로 옳은 것은?

① 운적모재는 풍화된 장소에 남아서 토양의 모재가 된 것이다.
② 퇴적유기모재는 통기성이 좋은 완만한 경사지에서 생성된다.
③ 강 하류에서 물이 범람하여 주변에 퇴적된 모재가 선상지이다.
④ 빙하가 흐른 지역을 종퇴석이라 한다.
⑤ 붕적퇴적물은 경사면을 따라 중력에 의하여 이동하여 퇴적된 모재이다.

80

미국 농무성의 신토양분류법에 따른 분류 체계를 가장 상위 단위에서 가장 하위 단위까지 바르게 배열한 것은?

① 목 – 통 – 대군 – 아군 – 속 – 아목
② 대군 – 아군 – 목 – 아목 – 속 – 통
③ 통 – 목 – 아목 – 대군 – 아군 – 속
④ 목 – 아목 – 대군 – 아군 – 속 – 통
⑤ 통 – 대군 – 아문 – 목 – 아목 – 속

81

토양의 물리적 성질에 대한 설명이 옳은 것은?

① 토양의 고상 비율이 증가하면 용적밀도가 감소한다.
② 입자밀도는 토양의 고유한 값으로 인위적으로 변하지 않는다.
③ 중량수분함량은 토양수분의 양을 토양깊이로 나타내는 데 편리하다.
④ 토양입자의 광물조성별 구성비율에 따라 토양을 분류한 것이 토성이다.
⑤ 공극률과 용적밀도는 비례관계이다.

82

현장에서 $100cm^3$ 코어로 채취한 토양의 무게가 150g이었다. 건조기에서 말린 후 토양무게는 125g이었다. 이 토양의 입자밀도는 $2.5mg/cm^3$이다. 다음 서술 중 옳지 않은 것은?

① 중량수분함량은 20%이다.
② 용적수분함량은 25%이다.
③ 용적밀도는 $1.25mg/cm^3$이다.
④ 공극률은 50%이다.
⑤ 고상:액상:기상 = 50:20:30이다.

83

토양용액의 양이온은 음전하를 띤 점토와 점토를 정전기적으로 응집하게 한다. 하지만 이것의 농도가 높은 토양은 입단이 발달하지 못해 투수성이 불량해진다. 다음 중 이것은 무엇인가?

① Ca^{2+}
② Mg^{2+}
③ Na^+
④ Fe^{2+}
⑤ Al^{3+}

84

다음의 토양 이온과 기체 분자 중 배수가 불량하여 산소가 부족한 토양환경에 주로 존재하는 것은?

① CO_2
② CH_4
③ NO_3^-
④ SO_4^{2-}
⑤ Fe^{3+}

85

토양색에 대한 기술 중 옳지 않은 것은?

① 토양 덩어리를 채취하고 건조할 경우 분무기를 이용해 습윤하게 적신다.
② 토양 덩어리를 2등분하고 안쪽 면을 토색첩과 대조한다.
③ 직사광선에 직접 비춰 토양의 색과 토색첩의 색을 비교하여 찾는다.
④ 토양색은 배수양호 또는 불량의 판별에 도움을 준다.
⑤ 토양색은 색상 채도/명도로 표기한다.

86

토양수분함량을 측정하는 방법에 대한 설명 중 옳지 않은 것은?

① TDR법은 토양의 유전상수가 토양의 수분함량에 비례함을 이용한다.
② 중성자법은 중성자가 물 분자의 수소원자와 충돌하면 속력이 느려지고 반사되는 원리를 이용한다.
③ 텐시오미터법은 토양공극 내 상대습도로 토양수분퍼텐셜을 측정한다.
④ 전기저항법은 전극이 내장된 전기저항괴를 토양에 묻고 저항값을 측정한다.
⑤ 건조법은 매번 시료를 채취해야 하기 때문에 토양환경의 변화를 초래한다.

87

토양수분퍼텐셜에 대한 설명 중 옳지 않은 것은?

① 총수분퍼텐셜은 중력, 매트릭, 압력, 삼투퍼텐셜의 합이다.
② 토양에서는 4개의 퍼텐셜이 동시에 작용한다.
③ 퍼텐셜이 0이 되는 기준상태와 비교하여 표시하는 상대적인 값이다.
④ 토양수분퍼텐셜이 식물 뿌리 내의 퍼텐셜보다 높으면 식물이 물을 흡수할 수 있다.
⑤ 매트릭퍼텐셜은 건조한 토양덩어리나 스펀지 속으로 물이 스며드는 현상과 관련된다.

88

다음 중 이력현상에 대한 설명 중 옳지 않은 것은?

① 건조과정과 습윤과정의 토양수분특성곡선이 서로 일치하지 않는 현상이다.
② 같은 압력에서 습윤과정의 수분함량이 건조과정의 수분함량보다 높다.
③ 토양공극의 내부공간이 그 입구보다 크기 때문에 일어난다.
④ 공극 내 공기는 이력현상의 원인으로 작용한다.
⑤ 팽윤과 수축에 따른 토양 구조의 변화가 이력현상의 원인 중 하나이다.

89

다음 중 비팽창형 규산염 2차 광물로만 짝지어진 것은?

① kaoline, smectite
② smectite, vermiculite
③ vermiculite, illite
④ illite, gibbsite
⑤ chlorite, kaoline

90

양이온교환에 대한 설명 중 옳지 않은 것은?

① 화학량론적이며 비가역적인 반응이다.
② 흡착세기 : $Na^+ < K^+ = NH_4^+ < Mg^{2+} = Ca^{2+} < Al(OH)_2^+ < H^+$
③ 중금속 오염물질(Cd^{2+}, Zn^{2+}, Pb^{2+}, Ni^{2+} 등)의 확산을 방지한다.
④ 점토함량과 유기물함량이 많을수록 양이온교환용량이 커진다.
⑤ pH가 증가하면 pH 의존성 전하가 증가하여 양이온교환용량이 커진다.

91

토양반응에 대한 설명 중 옳지 않은 것은?

① 토양의 산성 또는 알칼리성의 정도이며 pH로 나타낸다.
② 수소이온 농도가 높아지면 pH 값은 감소한다.
③ 토양 무기성분의 용해도에 영향을 준다.
④ 산림토양에서 질산화세균의 활성이 저하되는 것은 낮은 pH 때문이다.
⑤ 토양에 염류농도가 높아지면 토양은 산성화된다.

92

균근균에 대한 설명으로 옳지 않은 것은?

① 내생균근균은 살아있는 식물의 뿌리를 통해서만 배양이 가능하다.
② 외생균근균은 뿌리의 표피세포 사이의 공간에 침입하여 Hartig 망을 형성한다.
③ 내생균근균은 거의 수목에만 한정해서 공생한다.
④ 외생균근균은 피층 둘레에 균투를 형성한다.
⑤ 균근균은 항생물질을 생성하여 병원균으로부터 식물을 보호한다.

93

토양에서의 유기물 분해에 대한 설명으로 옳은 것은?

① 단백질 함량이 높은 유기물의 분해속도는 느리다.
② 탄질률이 크면 유기물의 분해속도는 빨라진다.
③ 페놀함량이 높은 유기물의 분해속도는 느리다.
④ 왁스 성분은 셀룰로스보다 빨리 분해된다.
⑤ 호기조건 보다 혐기조건에서 유기물 분해가 빠르다.

94

다음은 부식을 단계적으로 분획했을 때 얻어진 물질의 특성이다. 이 물질은 무엇인가?

> • 알칼리용액에 비가용성이다.
> • 고도로 축합된 물질로서 점토와 복합체를 형성한다.

① 부식회   ② 부식산
③ 풀브산   ④ 리그닌
⑤ 셀룰로스

95

토양 중의 질소가 암모니아(NH_3) 기체로 전환되어 대기 중으로 날아가 손실되는 현상을 무엇이라 하는가?

① 탈 질   ② 휘 산
③ 용 탈   ④ 질산화
⑤ 질소 고정

96

토양미생물에 대한 설명 중 옳지 않은 것은?

① 균근은 광합성 환경이 좋고 토양비옥도가 양호할 때 발달한다.
② *Actinomyces oderifer*는 흙에서 나는 냄새 물질인 geosmins을 분비한다.
③ 콩과식물과 공생하는 질소고정균이 형성하는 뿌리 혹을 근류라 한다.
④ 살아있는 뿌리의 영향을 받는 주변 토양을 근권이라 한다.
⑤ 질산화균은 자급영양세균으로 암모니아를 산화하여 에너지를 얻는다.

97

식물이 이용할 수 있는 인산의 형태로 알맞은 것은?

① H_3PO_4, $H_2PO_4^-$
② $H_2PO_4^-$, HPO_4^{2-}
③ HPO_4^{2-}, PO_4^{3-}
④ H_3PO_4, PO_4^{3-}
⑤ $H_2PO_4^-$, PO_4^{3-}

98

염류 또는 알칼리성 토양에 관한 설명 중 옳지 않은 것은?

① 지하에서 염분이 상승하여 식물의 생장에 피해를 줄 수 있다.
② ESP는 토양에 흡착된 양이온 중 Na^+가 차지하는 비율을 %로 나타낸 것이다.
③ 제염이 쉽도록 심토층 배수시설을 채용한다.
④ 염류토양은 높은 염류농도로 대부분의 식물 생육에 부적합하지만 교질물이 고도로 응집되어 토양 구조는 양호하다.
⑤ 염류토양은 포화침출액의 전기전도도가 4dS/m 이하이다.

99

Phytoremediation의 장점으로 옳지 않은 것은?

① 난분해성 유기물질을 분해할 수 있다.
② 양분이 부족한 경우 비료성분을 첨가하면서 관리할 수 있다.
③ 운전경비가 거의 소요되지 않는다.
④ 처리하는데 장기간이 소요된다.
⑤ 친환경적인 접근 기술이다.

100

토양유실예측공식인 USLE에 대한 서술 중 옳지 않은 것은?

① 전 세계에서 가장 많이 사용하는 토양유실예측공식이다.
② 세류침식과 면상침식을 구분하여 유실량을 예측할 수 있다.
③ 표준포장은 식생이 없는 나지상태로 유지된 길이 22.1m, 경사 9%의 실험포장이다.
④ 경사도가 크고 경사장이 길수록 침식량이 많아지며, 이때 경사도가 경사장보다 침식에 미치는 영향이 크다.
⑤ 등식침식도는 강우인자의 값이 비슷한 지역을 연결하여 나타낸 그림이다.

제5과목　수목관리학

101

전정에 대한 설명 중 옳지 않은 것은?

① 소나무, 전나무는 절단부에 맹아가 발생하지 않아 주의하야 한다.
② 단풍나무류, 자작나무는 수액유출이 가장 심한 5~6월은 피해야 한다.
③ 벚나무, 오동나무는 부후하기 쉬운 수종으로 가급적 전정을 하지 않는 것이 좋다.
④ 단풍나무류는 전정 시 가지가 마르는 현상을 보임으로 가급적 전정을 피해야 한다.
⑤ 소나무의 적심시기는 신초가 굳기 전인 5월 초순~중순경이 적당하다.

102

수목의 시비량에 대한 설명 중 옳지 않은 것은?

① 점질토보다 사질토에 더 많이 시비해야 한다.
② 양이온 치환능력이 클수록 토양비옥도는 높아진다.
③ 시비량은 수종, 수령, 토성 그리고 토양조건에 따라 달라진다.
④ 속성수는 양료요구도가 크며, 활엽수는 침엽수보다 양료요구도가 높다.
⑤ 점토가 양이온 치환능력이 미사나 모래보다 큼으로 토양이 비옥해 진다.

103

다음은 CODIT이론의 방어벽에 대한 설명이다. 옳지 않은 것은?

① 활엽수 중에서 환공재를 가진 수종은 전충제로 도관을 막는다.

② 침엽수의 경우 송진과 테르펜류를 분비하거나 막공 폐쇄로 가도관을 막는다.

③ 나이테의 춘재는 세포벽이 두껍고 조밀하여 분해가 어려운 방어대이다.

④ 방사상 유세포는 균이 침투하면 스스로 사멸하면서 병원체의 침투를 방어한다.

⑤ 형성층 세포에서 페놀물질, 2차 대사물, 전충체 등을 세포에 축적하여 나이테로 전달하여 방어한다.

104

양료요구도가 높은 수종으로 묶은 것은?

① 곰솔, 노간주나무

② 가문비나무, 전나무

③ 보리수나무, 오리나무

④ 소나무, 향나무

⑤ 느티나무, 벚나무

105

봄에 개화하는 개나리, 명자나무, 백목련의 전정시기로 옳은 것은?

① 2~3월   ② 5~6월

③ 7~8월   ④ 9~10월

⑤ 10~11월

106

수목의 위험성 평가 및 관리에 대한 설명 중 옳지 않은 것은?

① 목재부후 측정은 나무망치, 생장추, 저항천공기, 음향측정장치 등을 이용한다.

② 수간의 비율이 30:1(길이/직경)을 초과하면 부러지거나 넘어지기 시작한다.

③ 가지의 비율이 60:1(길이/직경)을 초과하면 대부분의 수간과 가지가 파손된다.

④ 당김줄은 지지를 받는 나무 수관의 1/2 이상 위치에서 지지해 주는 나무 수관의 1/2 이하로 연결한다.

⑤ 수목의 기울진 형태에 따라 만곡형, 직선형, 활모양으로 나누어지며, 만곡형이 가장 위험하다.

107

관수에 대한 설명 중 옳지 않은 것은?

① 1년 중 수목이 가장 물을 필요로 하는 시기는 여름이다.

② 이식 후 수목활착이 되는 5년까지는 주의 깊게 관찰하여 관수한다.

③ 겨울철 기온이 낮은 시간에 관수를 하면 뿌리가 썩는 원인이 된다.

④ 하루 중 관수시간은 한낮을 피해 아침 10시 이전이나 일몰 즈음에 관수한다.

⑤ 건조 시기에는 관수를 1회하더라도 물이 땅 속 깊이 스며들도록 해야 한다.

108

전정에 대한 설명으로 옳지 않은 것은?

① 눈이 많은 곳은 눈이 녹은 후에 실시하는 것이 좋다.
② 독일가문비, 금송, 히말라야시다는 강전정을 해야 하는 수종이다.
③ 상록 활엽수는 대체로 추위로 약하므로 강전정은 피하도록 한다.
④ 추운지역에서는 가을에 전정 시 동해를 입을 수 있음으로 이른 봄에 실시한다.
⑤ 늦은 봄에서 초가을까지는 수목 내에 탄수화물이 적고 부후균이 많아 상처치유가 어렵다.

109

뿌리분에 대한 설명 중 옳지 않은 것은?

① 뿌리분의 형태는 나근, 용기묘, 근분묘로 구분된다.
② 근분의 경우 어린 묘목 등 활착이 잘 되는 수목에 가능하다.
③ 용기묘는 규격화 및 하자율을 줄일 수 있는 방안이 될 수 있다.
④ 일반적으로 사용되는 분 형태는 근분이며 산지의 수목을 이식할 경우에 사용된다.
⑤ 용기묘는 뿌리가 밀생하여 용기 안쪽에서 휘감은 부분은 잘라 식재한다.

110

다음은 지지보조물 설치에 대한 설명 중 옳지 않은 것은?

① Ⅰ자형 지지대는 가지 길이의 2/3지점에 설치하는 것이 바람직하다.
② 당김줄 설치 시 처진 가지와 당김줄의 각도는 45° 이하가 되도록 한다.
③ 쇠조임은 수간을 관통할 경우 볼트와 너트를 형성층 안쪽까지 집어넣도록 한다.
④ 당김줄을 지면에 고정할 경우에는 나무 수고의 2/3 정도 되는 위치에 설치한다.
⑤ 당김줄은 지지를 받는 나무 수관의 1/2 이상에서 지지해 주는 나무 수관의 1/2 이하로 연결한다.

111

이식 후 수목의 생리적 변화(T/R율)에 대한 조치사항으로 옳지 않은 것은?

① 잎을 따준다.
② 가지를 절단한다.
③ 물을 적게 준다.
④ 차광막을 설치한다.
⑤ 증산억제제를 살포한다.

112

수목의 방어체계에 대한 설명중 옳지 않은 것은?

① 제1방어대는 물관부로 전충체를 형성한다.

② 제2방에대는 추재로서 세포벽이 두꺼워 분해가 어려운 방어대이다.

③ 제3방어대는 방사상유세포가 접선방향으로 병원균이 침입하는 것을 막는다.

④ 제4방어대는 형성층에서 분비하는 페놀물질, 2차 대사물에 의해 막는다.

⑤ 제5방에대는 목재부후균의 심재방향으로의 전진을 막는 방어대이다.

113

성숙잎에서 먼저 결핍증상이 나타나는 원소로 짝지어진 것은?

① 황, 붕소

② 철, 칼슘

③ 칼륨, 염소

④ 인, 마그네슘

⑤ 마그네슘, 붕소

114

토양의 수분부족에 의한 수목의 피해현상에 대한 설명으로 옳지 않은 것은?

① 잎마름 증상이 나타난다.

② 상층부보다 하층부의 피해가 심하다.

③ 수관 가장자리부터 피해 증상이 나타난다.

④ 침엽수는 잎 끝에서 갈변현상이 나타난다.

⑤ 엽병 부위의 건조에 의한 탈리현상이 나타난다.

115

다음을 설명하는 대기오염물질은?

- 제초제와 비슷한 증상을 보인다.
- 생장부진, 잎과 눈의 탈락, 잎의 황화, 꽃의 기형과 괴저의 병징을 보인다.
- 천연가스공정, 온실난방기 연료가 불완전연소를 할 때도 발생한다.

① 오 존

② 에틸렌

③ 불화수소

④ 이산화황

⑤ 이산화질소

116

내화성이 약한 수종은?

① 벚나무, 삼나무

② 회양목, 마가목

③ 굴참나무, 동백나무

④ 음나무, 가문비나무

⑤ 고로쇠나무, 은행나무

117

다음은 수목의 온도에 의한 피해 현상이다. 옳지 않은 것은?

① 고온에 의한 피해로 줄기에서는 형성층과 목부조직의 괴사가 나타난다.

② 고온에 의해서 새로운 단백질이 형성되는데 이를 열쇼크단백질이라고 한다.

③ 온대지방의 수목의 동결은 약 $-40℃$에서 일어나며 과냉각이라고 한다.

④ 저온순화는 물이 세포간극으로 이동하면서 세포 내에 농축되는 현상을 보인다.

⑤ 서리로 인하여 형성층의 어린세포가 일시적으로 피해를 입어 나타나는 상륜이 있다.

118

방풍림을 조성하는데 부적합한 수종은?

① 편백, 자작나무
② 비자나무, 칠엽수
③ 소나무, 회화나무
④ 은행나무, 팽나무
⑤ 전나무, 후박나무

119

산림쇠퇴의 원인과 기작으로 옳지 않은 것은?

① 대기오염물질에 의해 화학적인 광합성 기능이 마비된다.
② 산성비로 인하여 wax층이 붕괴하고 세포막을 파괴함으로써 잎에서 질소가 용탈된다.
③ 산성강화물로 인해 토양의 pH가 낮아져 알루미늄 독성이 나타나며 세근의 발달이 억제된다.
④ 산림 내 강화물로 인해 질소가 과다하게 공급되는 반면 Ca, Mg 등이 용탈된다.
⑤ 세근의 발달이 억제되어 한발에 대한 저항성이 약해지며, 무기영양상태가 악화된다.

120

다음 중 내습성이 낮은 수종은?

① 버즘나무류
② 오리나무류
③ 가문비나무
④ 주엽나무
⑤ 포플러류

121

다음 중 심근성 수종이 아닌 것은?

① 구실잣밤나무
② 굴거리나무
③ 녹나무
④ 느티나무
⑤ 자작나무

122

산불에 대한 설명으로 옳지 않은 것은?

① 산림이 모자이크 형태로 피해를 받는다.
② 수지가 있는 소나무가 참나무보다 피해가 심하다.
③ 산불의 형태는 지표화, 지중화, 수간화, 수관화이다.
④ 산불의 형태 중 가장 피해를 주는 것은 지중화이다.
⑤ 산불 영향의 3요소는 연료, 지형, 기상이다.

123

침엽수 중에 대기오염에 대한 피해에 강한 것은?

① 소나무   ② 잣나무
③ 측백나무   ④ 전나무
⑤ 향나무

124

상렬현상에 대한 설명으로 옳지 않은 것은?

① 코르크 형성층이 손상을 받는다.
② 수간감기를 통해 발생을 줄일 수 있다.
③ 침엽수보다 활엽수에 잘 발생한다.
④ 목부의 외곽에 있는 변재가 심재보다 더 수축하여 발생한다.
⑤ 목질부가 연한 직경이 10cm 이하의 어린 나무에 잘 발생한다.

125

현재 사용이 금지된 DDT는 무슨 계의 살충제에 속하는가?

① 유기염소계
② 유기인계
③ 카바메이트계
④ 피레스로이드계
⑤ 니코틴계

126

유기인계 살충제와 함께 Acetylcholinesterase의 활성을 저해하는 살충제는?

① nicotinoid계
② DDT
③ cyclodiene계
④ carbamate계
⑤ pyrethroid계

127

다음 중 제충국의 살충성분은?

① Nereistoxin
② Pyrethrin
③ Nicotine
④ Abamectin
⑤ Isoboldin

128

보르도액에 대한 설명으로 옳지 않은 것은?

① 살균제로 사용된다.
② 황산구리와 생석회를 주성분으로 한다.
③ 병해 발생 후의 치료효과가 크다.
④ 포도의 노균병 방제에 효과가 있다.
⑤ 탄산가스나 식물의 유기산에 의해 구리이온이 용출되어 작용한다.

129

다음 중 제초제 paraquat의 작용기작으로 옳은 것은?

① 광합성 Hill 반응 저해
② 엽록소 생합성 저해
③ 세포분열 저해
④ 식물호르몬 작용 교란
⑤ 활성산소의 발생

130

Ferbam, Ziram, Zineb, Mancozeb 등의 살균제는 어느 살균계에 속하는가?

① Dithiocarbamate계
② Benzyimidazole계
③ Triazole계
④ Anilide계
⑤ Morpholine계

131

다음 중 농약보조제에 대한 설명 중 옳지 않은 것은?

① 계면활성제는 약액의 표면장력을 낮춰준다.
② 현수성은 고체 입자의 분산성을 나타낸다.
③ 유화성은 액체 입자의 분산성을 나타낸다.
④ 약해방지제는 작물의 약해를 경감시키는 첨가제이다.
⑤ 증량제의 비중은 물과 비슷한 것이 좋다.

132

다음 중 농약의 2차 약해와 관련이 있는 것은?

① 수용성
② 표류비산
③ 휘산
④ 대사 및 분해산물
⑤ 잔류성

133

농약의 대사과정 중 Phase 2에 해당하는 것은?

① 산화반응
② 환원반응
③ 가수분해반응
④ 콘쥬게이션반응
⑤ 탈알킬화반응

134

농약 살포액적의 증발속도를 억제하기 위한 첨가제는 무엇인가?

① 보습제
② 고착제
③ 활성제
④ 분해방지제
⑤ 협력제

135

다음의 이화학성 중 그 영향이 커질수록 농약의 잔류성이 낮아지는 것은?

① 수용성
② 침투이행성
③ 낮은 증기압
④ 부착성
⑤ 유용성

136

농약의 저항성과 대책에 대한 설명 중 옳지 않은 것은?

① 작용기작이 서로 다른 2종 이상의 약제에 대한 저항성을 복합저항성이라 한다.
② 약제에 대한 내성이 후대로 유전된다.
③ 계통이 다른 약제를 번갈아 사용하는 것은 저항성에 대한 대책이다.
④ 일정지역 방제 시 동일한 약제를 공동으로 사용하여 일시에 박멸해야 한다.
⑤ 작용점 변형은 약제에 대한 저항성을 발달시킨다.

137

「산림보호법」에 대한 설명 중 옳지 않은 것은?

① 수목진료란 수목의 피해 진단·처방 및 피해 예방 또는 치료를 위한 모든 활동이다.
② 나무의사 자격을 취득하기 위해서는 농약관리법 위반으로 징역을 선고받고 그 집행이 종료된 날부터 3년이 경과되어야 한다.
③ 수목치료기술자는 나무의사의 진단·처방에 따라 예방과 치료를 담당하는 사람이다.
④ 1종 나무병원을 등록하기 위해서는 자본금 1억 원 이상이 필요하다.
⑤ 보호수는 시·도지사 또는 지방산림청장이 지정한다.

138

「소나무재선충병 방제지침」의 용어 설명으로 옳지 않은 것은?

① 감염우려목 : 재선충병에 감염된 것으로 의심되어 진단이 필요한 소나무류
② 피해고사목 : 반출금지구역에서 재선충병에 감염되거나 감염된 것으로 의심되어 고사되거나 고사가 진행 중인 소나무류
③ 비병징감염목 : 재선충병에 감염되었으나 잎의 변색이나 시들음, 고사 등 병징이 감염당년도에 나타나지 않고 이듬해부터 나타나는 소나무류
④ 선형선단지 : 발생지역 외곽 재선충병이 확산되는 방향의 끝지점에 있는 감염목들을 연결한 선
⑤ 소구역골라베기 : 피해고사목 반경 20m 안의 고사된 소나무와 비병징감염목 등을 골라 벌채하는 것

139

「소나무재선충병 방제지침」에 따른 방제 방법에 대한 설명 중 옳지 않은 것은?

① 피해정도가 극심 또는 심지역은 외곽부터 피해목을 제거한다.
② 피해정도가 경 또는 경미지역은 소구역골라베기와 예방나무주사를 병행한다.
③ 벌채산물을 활용할 수 없는 경우 파쇄, 소각, 매몰, 박피, 그물망 피복, 훈증 등의 방법으로 처리한다.
④ 선단지에서는 소구역골라베기와 예방나무주사를 실시하며, 피해지 1km 내외 고사목은 제거한다.
⑤ 피해정도가 극심인 지역은 피해고사목 본수가 5만 본 이상인 시·군·구이다.

140

재선충병 육안검사 방법에 대한 설명 중 옳지 않은 것은?

① 소나무류 잎의 병징을 확인하기 위해 외관검사를 실시한다.
② 수피를 벗겨 송진 유출이 극히 적다면 감염의심목으로 판정한다.
③ 대상목에 탈출공이 있는지 확인한다.
④ 훈증처리목에서 매개충이 죽었는지 확인한다.
⑤ 현미경 검사는 육안검사에 포함되지 않는다.

제1과목 수목병리학

01
다음 중 흰가루병의 발생 원인이 다른 속은?

① 목련 흰가루병
② 사철나무 흰가루병
③ 쥐똥나무 흰가루병
④ 양버즘나무 흰가루병
⑤ 장미 흰가루병

02
곰팡이와 나무좀의 공격에 대한 저항성을 가지는 C10~C30의 탄소수를 가지는 화합물은?

① 수 지
② 셀룰로스
③ 리그린
④ 고 무
⑤ 카로티노이드

03
곰팡이의 특성에 대해서 잘못 설명한 것은?

① 난균강은 2개의 편모를 가지고 있다.
② 병꼴균강은 후단에 민꼬리형의 편모가 있다.
③ 역모균강은 전단에 털꼬리형의 편모가 있다.
④ 난균강의 세포벽은 글루칸과 섬유소로 이루어져 있다.
⑤ 병꼴균강은 조류와 유사성을 가지고 있다.

04
자낭균에 대한 설명으로 옳지 않은 것은?

① 곰팡이 중에서 가장 큰 분류군이다.
② 대부분의 효모가 자낭균에 포함된다.
③ 균사조직으로는 균핵과 자좌를 형성한다.
④ 격벽에는 물질 이동통로인 유연공격벽이 있다.
⑤ 불완전균류의 유성세대가 밝혀지면 대부분 자낭균에 포함된다.

05
불완전균류에 대한 설명으로 옳은 것은?

① 불완전균류에도 유성세대가 나타난다.
② 분아균강은 중요한 식물병원균에 속한다.
③ 불완전균류는 계통학적으로 분류된 균류이다.
④ 유성세대가 발견될 경우에는 대부분 담자균류에 속하게 된다.
⑤ 불완전균류는 분아균강, 유각균강, 총생균강, 무포자균강으로 분류된다.

06

녹병의 생활사에 대한 설명 중 옳지 않은 것은?

① 녹병정자세대는 유성생식을 한다.

② 여름포자세대는 반복감염을 시킨다.

③ 담자포자와 녹병정자의 핵상은 2n이다.

④ 원형질이 융합되어 녹포자가 형성된다.

⑤ 녹포자 및 담자포자는 기주교대세대이다.

07

이종기생균의 녹병정자(녹포자)세대와 여름포자(겨울포자)세대의 연결이 옳지 않은 것은?

① 전나무 잎녹병 : 전나무 − 송이풀

② 소나무 잎녹병 : 소나무 − 황벽나무

③ 포플러 잎녹병 : 낙엽송 − 포플러나무

④ 소나무 잎녹병 : 소나무 − 참취, 쑥부쟁이

⑤ 잣나무 털녹병 : 잣나무 − 송이풀, 까치밥나무

08

잎에 발생하는 병 중 발생 원인이 다른 것은?

① 소나무 잎마름병

② 삼나무 붉은마름병

③ 포플러 갈색무늬병

④ 벚나무 갈색무늬구멍병

⑤ 은행나무 잎마름병

09

아래의 그림은 자낭구와 부속사에 대한 그림이다. 어떤 균류에 속하는가?

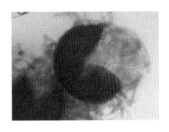

① *Erysiphe*　　② *Phvllactinia*

③ *Podisphaera*　　④ *Cystotheca*

⑤ *Marssonina*

10

아래의 설명에 해당하는 병으로 옳은 것은?

- 전 세계 묘목생산량의 15%를 고사시킨다.
- *Pythium*에 의한 병은 잔뿌리에서 지체부위로 병이 진전된다.
- *Rhizoctonia*는 지체부 줄기가 감염되어 아래로 병이 진전된다.
- 발병 시 질소질 비료보다는 인산비료를 충분히 살포하여야 한다.

① 리지나뿌리썩음병

② 모잘록병

③ 지주날개무늬병

④ 아밀라리아뿌리썩음병

⑤ Annosum 뿌리썩음병

11

Annosum 뿌리썩음병에 대한 설명으로 옳지 않은 것은?

① 표징은 뿌리꼴균사다발, 부채꼴균사판이다.

② 감염된 수목은 영양결핍현상 및 잎의 황화현상이 발생한다.

③ 뿌리 접촉이나 접목을 통해서도 건전 기주로 감염된다.

④ 말굽버섯속에 속하는 균으로 주로 침엽수에 피해를 준다.

⑤ 담자균에 의해 발생하며 적송과 가문비나무가 감수성이다.

12

세균병을 발생시키는 세균 중 그람양성균인 것은?

① *Xylella*　　　　② *Agrobacterium*

③ *Pseudomonas*　　④ *Clavibacter*

⑤ *Xanthomonas*

13

대추나무 빗자루병에 대한 설명 중 옳지 않은 것은?

① 종자, 토양, 즙액에 의해서도 전염이 된다.

② 꽃의 엽화현상과 잎의 조기낙엽 및 가지고사가 발생한다.

③ 병원균은 겨울에 뿌리에서 월동 후 봄에 수액과 전신으로 이동한다.

④ 1950년경에 크게 발생하여 보은, 옥천, 봉화지역을 황폐화시켰다.

⑤ 병원균은 매미충의 침샘, 중장에서 증식 후 타액선을 통해 감염된다.

14

아래는 어떤 병해에 대한 설명인가?

- 정상 잎보다 1~2개월 일찍 낙엽이 되어 생장이 감소한다.
- 전 세계적으로 약 14종이 있고, 그중 우리나라는 2종이 분포한다.
- 대부분의 피해는 *Melampsora larici-populina*에 의해 발생한다.

① 잣나무 털녹병

② 소나무 줄기녹병

③ 포플러 잎녹병

④ 전나무 잎녹병

⑤ 오리나무 잎녹병

15

아래의 저항성은 무엇에 대한 설명인가?

- 특정 병원체의 레이스에 대해서만 나타내는 저항성이다.
- 병원체의 유전자가 변하면 저항성을 상실한다.
- 질적 저항성, 소수인자저항성이라고도 부른다.

① 수직저항성

② 수평저항성

③ 병회피

④ 내병성

⑤ 전신유도저항성

16

접합균류에 대한 설명 중 옳지 않은 것은?

① 접합균류는 대부분 부생생활을 하며 약 900여 종이 알려져 있다.
② 식물병원균으로는 *Choanephora, Rhizopus, Mucor* 속 등이 있다.
③ 접합균류는 모양과 크기가 비슷한 배우자낭이 합쳐져 접합포자를 만든다.
④ 격벽이 없으나 균사가 노화되거나 생식기관이 형성됨에 따라 격벽이 형성되기도 한다.
⑤ 접합균강과 *Trichomycetes*강으로 나누어지며 모두 식물병원균을 포함하고 있다.

17

수목에 발생하는 불마름병에 대한 설명으로 옳지 않은 것은?

① 병원균은 그람음성균인 *Erwinia amylovora*이다.
② 방제 방법으로는 스트렙토마이신, 옥시테트라사이클린이 있다.
③ 감염된 가지는 감염부위로부터 최소 10cm 이상 잘라내어야 한다.
④ 초기증상은 물이 스며든 듯한 모양을 보인다.
⑤ 꽃은 암술머리에서 처음 발생하여 꽃 전체가 시든다.

18

수목병해에 대한 설명 중 옳지 않은 것은?

① 선충은 대부분 토양에서 뿌리를 가해한다.
② 최초로 발견된 바이러스는 담배모자이크바이러스이다.
③ 방선균은 곰팡이의 특성을 가지고 있으며 진핵생물이다.
④ 곰팡이는 10만여 종 중 병을 발생시키는 것은 3만여 종이다.
⑤ 세균은 약 9,000여 종 중 병을 발생시키는 것은 180여 종이다.

19

목질청변균에 대한 설명으로 옳지 않은 것은?

① 목재의 변색은 곰팡이의 멜라닌색소에 의한 것이다.
② 목질부의 색깔이 청색으로 변하여 목질청변이라고 한다.
③ 목재청변균은 주로 흡즙성 해충에 의해 전반된다.
④ 방사상 유세포와 수직 유세포에서 주로 공생하며 세포를 파괴한다.
⑤ 목질청변의 대부분은 *Ophiostoma, Ceratocystis*속의 곰팡이에 의한 것이다.

20

식물 전염성병원체의 설명 중 옳지 않은 것은?

구 분	곰팡이	세 균	파이토플라스마	바이러스
① 분류	진핵생물	원핵생물	원핵생물	세포 없음
② 크기	사상균 형태	1~3μm	0.3~1.0μm	150~2,000nm
③ 형태	균사, 자실체, 버섯	공, 나선, 막대, 곤봉모양	다형성	핵산과 (외피) 단백질
④ 번식	포자 번식	이분법 번식	복제 번식	복제 번식
⑤ 감염	국부 감염	국부감염	전신 감염	전신감염

22

소나무 수지궤양병에 대한 설명 중 옳지 않은 것은?

① 병원균은 *Fusarium circinatum*이다.

② 우리나라에서는 1996년 인천에서 최초 발견되었다.

③ 자낭류에 의해 발생하며 송진이 흘러내리고 궤양을 형성한다.

④ 생육단계에서 여러 부위가 감염되어 다양한 병징을 발생한다.

⑤ 리기다소나무는 감수성, 잣나무와 적송은 저항성을 가진다.

21

우리나라 수병학의 역사에 대한 설명 중 옳은 것은?

① 잣나무 털녹병은 1936년 중간기주인 까치밥나무를 확인하였다.

② 포플러 잎녹병은 1956년 전국 조림지역에서 발생하였다.

③ 리지나뿌리썩음병은 1982년 인천에서 최초 발견되었다.

④ 푸사리움 가지마름병은 1956년 리기다소나무에서 최초 발견되었다.

⑤ 참나무 시들음병은 2004년 성남의 상수리나무에서 최초 발견되었다.

23

다음을 설명하고 있는 병으로 옳은 것은?

- 사과나무, 배나무, 복숭아나무, 호두나무, 밤나무 등에 발생한다.
- 6~8월에 감염된 부위에서 분생포자각과 자낭각 형성한다.
- 열매는 흑색썩음병을 일으키며 특유의 술냄새가 난다.

① 밤나무 가지마름병

② 호두나무 검은돌기마름병

③ 밤나무 잉크병

④ 밤나무 줄기마름병

⑤ 낙엽송 가지끝마름병

24

선충의 발병과 병징에 대한 설명으로 옳지 않은 것은?

① 선충의 생식방법은 양성생식이다.

② 구침을 이용하여 기주식물체로부터 영양분을 탈취한다.

③ 선충의 침과 분비물로 인해 식물의 생리적 변화를 발생시킨다.

④ 토양선충은 식물에 뚜렷한 피해를 나타내지 않고 식생의 쇠락에 관여한다.

⑤ 식물기생선충은 대부분 길이가 1mm 내외로 육안으로 식별하기 어렵다.

25

세균병의 방제방법에 대한 설명 중 옳지 않은 것은?

① 저항성 품종을 사용하는 것이 효과적이다.

② 온실에서는 증기나 포름알데이드 등으로 처리한다.

③ 오염된 종자는 치아염소산나트륨과 염산용액으로 소독한다.

④ 항생제로 스트렙토마이신 제제와 옥시테트라사이크린을 이용한다.

⑤ 세균은 52℃에서 20분 정도의 처리로는 감염종자의 수를 줄이지 못한다.

26

곤충의 배발생 중 중배엽에서 분화된 기관으로 옳지 않은 것은?

① 근육계   ② 순환계

③ 내분비계   ④ 전장과 후장

⑤ 정소와 난소

27

다음 설명에 해당하는 수목해충은?

> • 사철나무에 피해가 크다.
> • 노숙유충은 잎을 묶어서 고치를 짓고 번데기 된다.
> • 부화유충은 새로 발생한 가지 끝에 집단으로 모여 잎을 갉아 먹는다.

① 벚나무모시나방   ② 사철나무혹파리

③ 노랑털알락나방   ④ 회양목명나방

⑤ 대나무쐐기알락나방

28

곤충의 표피에 대한 설명으로 옳지 않은 것은?

① 기저막은 외골격과 체강을 구분한다.

② 내원표피는 표피층의 대부분을 차지한다.

③ 상표피, 외원표피, 내원표피, 진피, 기저막으로 구성된다.

④ 표피는 탈수방지와 탈피를 통해 성장에 중요한 역할을 한다.

⑤ 진피는 내원표피 아래의 단일층으로 되어 있는 분비조직이다.

29

유리나방과의 설명으로 옳지 않은 것은?

① 성충의 생김새는 벌과 유사하다.
② 포도유리나방은 포도덩굴 줄기에 잠입한다.
③ 야행성으로 밤에 비행하며 꽃에서 영양분을 얻는다.
④ 벚나무에서는 복숭아유리나방의 피해가 매우 심하다.
⑤ 대왕참나무에서 밤나무장수유리나방의 피해가 증가하고 있다.

30

곤충의 생식기관에 대한 설명 중 옳지 않은 것은?

① 암컷의 수정낭은 정자를 보관하는 곳이다.
② 정자는 저정낭을 통해 수정관으로 이동한다.
③ 암컷의 부속샘은 알의 보호막, 점착액을 분비한다.
④ 정소는 여러 개의 정소소관이 모여 하나의 낭 안에 있다.
⑤ 초기난모세포가 난소소관의 증식실과 난황실을 거쳐 알을 형성한다.

31

우리나라에 침입한 외래해충이 아닌 것은?

① 소나무재선충   ② 진달래방패벌레
③ 갈색날개매미충   ④ 아까시잎혹파리
⑤ 솔껍질깍지벌레

32

다음의 잎벌류 중 납작잎벌과에 속하는 것은?

① 솔잎벌   ② 개나리잎벌
③ 좀검정잎벌   ④ 잣나무넓적잎벌
⑤ 느릅나무등에잎벌

33

목설을 밖으로 배출하지 않는 해충은?

① 오리나무좀   ② 알락하늘소
③ 벚나무사향하늘소   ④ 향나무하늘소
⑤ 가문비왕나무좀

34

소나무재선충병의 방제방법에 대한 설명으로 옳지 않은 것은?

① 벌채산물은 1.5cm 이하의 두께로 제재한다.
② 함수율이 30% 이하가 되도록 건조 처리한다.
③ 목재 중심부 온도를 56℃ 이상에서 30분 이상 열처리한다.
④ 성충 우화 전에 3~4월에 티아메톡삼 분산성액제를 나무주사한다.
⑤ 성충 우화시기 시 티아크로프리드 액상수화제, 클로티아니딘 액상수화제을 살포한다.

35

깍지벌레에 대한 설명 중 옳지 않은 것은?

① 공깍지벌레는 매실나무에 피해가 많다.

② 소나무가루깍지벌레는 피목가지마름병을 유발하기도 한다.

③ 루비깍지벌레는 주로 상록활엽수를 가해하며 남부지방에 피해가 심각하다.

④ 뿔밀깍지벌레는 중국원산으로 국내에서는 1930년에 과수 해충으로 처음 보고되었다.

⑤ 쥐똥밀깍지벌레는 암컷성충이 가지에 하얀색 밀랍을 분비하여 쉽게 눈에 띤다.

36

아래는 깍지벌레에 대한 설명이다. 옳은 것은?

> • 중국 원산으로 국내에서는 1930년대 과수 해충으로 처음 기록되었다.
> • 남부 해안지방의 가로수와 조경수에 피해가 늘고 있다.
> • 66종 이상 가해하는 다식성 해충이며 명아주, 망초에도 기생한다.

① 뿔밀깍지벌레

② 공깍지벌레

③ 쥐똥밀깍지벌레

④ 줄솜깍지벌레

⑤ 벚나무깍지벌레

37

다음은 진딧물에 대한 설명이다. 옳은 것은?

> • 살구나무, 매실나무, 복숭아나무, 벚나무속에 피해를 준다.
> • 배설물로 인해 끈적거리며, 피해 잎은 세로로 말리는 현상을 보인다.
> • 여름기주인 억새와 갈대에서 생활하다 벚나무속 수목에서 알로 월동한다.

① 복숭아가루진딧물

② 붉은테두리진딧물

③ 느티나무알락진딧물

④ 조팝나무진딧물

⑤ 모감주진사진딧물

38

응애에 대한 설명 중 옳지 않은 것은?

① 점박이응애는 알로 월동한다.

② 벚나무응애는 고온건조한 6~7월 밀도가 매우 높다.

③ 전나무응애는 산림보다는 가로수, 조경수에 많이 발생한다.

④ 차응애는 월동태가 일정하지 않고 성충, 알, 약충의 형태로 월동한다.

⑤ 점박이응애의 부화 약충은 다리가 3쌍이나 탈피를 거치면서 4쌍이 된다.

39

자귀뭉뚝날개나방에 대한 설명 중 옳지 않은 것은?

① 배설물이 그물망 안에 남아 있어서 지저분하게 보인다.

② 암컷성충은 6월 상순부터 나타나서 잎에 알을 낳는다.

③ 유충은 위협 시 실을 내면서 아래로 떨어지는 습성을 보인다.

④ 산간지역, 평지 등 관계없이 자귀나무가 자라는 곳은 피해가 발생한다.

⑤ 1년에 1회 발생하며 알로 수피 틈이나 지피물에서 월동한다.

40

다음 중 단식성 해충이 아닌 것은?

① 줄마디가지나방

② 뽕나무깍지벌레

③ 자귀뭉뚝날개나방

④ 복숭아혹진딧물

⑤ 느티나무벼룩바구미

41

다음 해충 중 알, 약충, 성충으로도 월동이 가능한 것은?

① 조록나무혹진딧물

② 아까시잎혹파리

③ 사철나무혹파리

④ 사사키잎혹진딧물

⑤ 회양목혹응애

42

방패벌레에 대한 설명으로 옳지 않은 것은?

① 방패벌레는 애벌레로 낙엽 밑에서 월동한다.

② 4mm 이내의 작은 곤충으로 몸 전체가 사각형의 방패모양이다.

③ 잎의 뒤쪽에서 흡즙하며 검은 벌레똥과 탈피각이 붙어 있다.

④ 어린 약충은 거의 이동하지 않으나 4~5령이 되면 잘 움직인다.

⑤ 국내는 24종이 기록되어 있으며 수목을 피해를 주는 종은 4종이다.

43

박쥐나방에 대한 설명 중 옳지 않은 것은?

① 보통 1년에 1회 발생하며 알로 월동한다.

② 5월에 부화하여 지피물 밑에서 초목류를 가해한다.

③ 산란은 지표면에 날아다니면서 알을 떨어트린다.

④ 3~4령기 이후에는 나무로 이동하여 목질부 속을 가해한다.

⑤ 2년에 1회 발생할 경우 피해목 갱도에서 번데기로 월동한다.

44

벌레똥을 밖으로 배출하지 않는 해충은?

① 밤바구미(*Curculio sikkimensis*)

② 알락하늘소(*Anoplophora chinensis*)

③ 앞털뭉뚝나무좀(*Scolytus frontails*)

④ 박쥐나방(*Endoclyta excrescens*)

⑤ 복숭아유리나방(*Synanthedon bicingulata*)

45

우리나라에서 사용하고 있는 병원미생물에 대한 설명 중 옳지 않은 것은?

① 바이러스는 경피감염에 의해 침입한다.

② 곰팡이는 백강균과 녹강균을 사용한다.

③ Bt제는 소화중독에 의해서만 효과가 있다.

④ 핵다각체병바이러스와 과립병바이러스를 사용한다.

⑤ 선충은 햇빛이나 자외선에 매우 약하며 습도가 낮으면 죽는다는 단점이 있다.

46

기계적 방제법에 대한 설명 중 옳지 않은 것은?

① 포살법 : 손이나 간단한 기구를 이용

② 진동법 : 흡즙성 해충류가 떨어지는 습성을 이용

③ 소살법 : 어린 유충의 군서생활 습성을 이용

④ 유살법 : 습식형태, 호로몬 분비 등 행동습성을 이용

⑤ 경운법 : 풍뎅이류 등을 지표면에 노출시켜 천적을 이용

47

다음 중 해충의 간접조사에 해당하지 않은 것은?

① 원격탐사

② 황색수반트랩

③ 페르몬트랩

④ 먹이트랩

⑤ 우화상

48

다음 빈칸에 들어갈 용어로 옳은 것은?

> (   )은 외부자극에 반응하여 발생하는 조율된 운동이다. 이들 행동은 곤충이 자극의 원인을 찾는데 도움을 줌으로써 생존을 위한 적응력을 높인다. 가장 단순한 행동은 단 한 개의 감각수용체로부터 정보가 입력되는 반면, 보다 진보된 행동은 한 쌍의 수용체로부터 쌍방으로 입력을 받는다.

① 정위행동

② 무정위운동

③ 주 성

④ 반 사

⑤ 주광성

49

경제적 측면에서의 해충의 구분에 대한 설명으로 옳지 않은 것은?

① 솔잎혹파리와 같이 매년 지속적으로 심한 해충은 관건해충이다.

② 피해가 경미하여 방제가 필요 없는 사슴벌레는 비경제해충이다.

③ 돌발해충이나 주요해충으로 될 가능성이 있는 메뚜기는 잠재해충이다.

④ 살충제의 사용으로 천적이 감소하면서 증가한 응애류는 주요해충이다.

⑤ 밀도억제 요인들이 변화하여 경제적 피해수준을 넘는 매미나방류는 돌발해충이다.

50

아시아국가에서 출항하거나 경유한 선박이 북미국가(미국, 캐나다) 항구에 도착할 경우 『무감염증명서』를 제출하여야 하는 해충은 무엇인가?

① 알락하늘소
② 매미나방
③ 솔수염하늘소
④ 광릉긴나무좀
⑤ 텐트나방

53

목부에 대한 설명으로 옳은 것은?

① 변재는 비교적 최근에 만들어진 조직으로 수분함량이 높다.
② 2차 목부는 초본과 목본 모두에 존재한다.
③ 심재는 도관, 가도관, 목부섬유 등으로 구성된다.
④ 변재는 방어능력이 없어 미생물에 의해 부패되기 쉽다.
⑤ 변재에는 검, 송진, 페놀 등의 물질이 축적된다.

제3과목 수목생리학

51

소나무와 잣나무에 대한 설명 중 옳지 않은 것은?

① 소나무의 비중이 잣나무의 비중보다 크다.
② 백송은 잣나무류에 속한다.
③ 소나무류의 잎의 유관속은 2개이다.
④ 잣나무류에서 잎이 부착되었던 자리는 소나무류에 비해 도드라져 있다.
⑤ 소나무류의 엽속 내 잎의 수는 2~3개이다.

54

수목의 뿌리에 대한 설명 중 옳지 않은 것은?

① 배수가 불량한 토양에서 천근성의 측근이 발달한다.
② 참나무는 첫해에 직근만 갖는다.
③ 수베린은 뿌리가 토양을 뚫고 나가는 것을 돕는 윤활제 역할을 한다.
④ 뿌리골무는 정단분열조직을 보호한다.
⑤ 유묘시절 유전적 형태와 특징이 나타나지만 토양환경에 의해 변형된다.

52

눈과 잎에 대한 설명 중 옳지 않은 것은?

① 눈은 가지 끝의 왕성한 세포분열조직이다.
② 뿌리 삽목 시 형성되는 눈은 부정아이다.
③ 주맹아는 지상부 그루터기의 잠아에서 자라는 눈이다.
④ 기공의 크기와 분포밀도는 반비례 관계가 있어 수종 간 증산량 차이를 줄여준다.
⑤ 잎의 해면조직은 광합성에 유리한 구조이다.

55

정아우세현상을 일으키는 식물호르몬은?

① 지베렐린
② 옥 신
③ 사이토키닌
④ 에틸렌
⑤ 아브시스산

56

형성층에 대한 설명 중 옳지 않은 것은?

① 형성층의 세포분열의 결과 수목은 직경생장을 하게 된다.
② 형성층 바깥쪽이 사부이고 안쪽이 목부이다.
③ 수층분열을 통해 형성층 자체의 시원세포의 숫자를 늘린다.
④ 나무 꼭대기부터 추재가 형성된다.
⑤ 형성층의 세포분열은 옥신에 의해 조절된다.

57

식물생리와 관계된 태양광선의 특징에 대한 설명 중 옳지 않은 것은?

① 낮과 밤의 상대적인 길이를 광주기 또는 일장이라 한다.
② 활엽수림 하부에는 장파장인 청색광선이 주종을 이룬다.
③ 호흡으로 방출되는 이산화탄소와 광합성으로 흡수되는 이산화탄소의 양이 같을 때의 광도를 광보상점이라 한다.
④ 크립토크롬은 주광성을 유도한다.
⑤ 단일조건에서 수목은 월동준비에 들어간다.

58

밤에 이산화탄소를 흡수하고 낮에 이산화탄소를 고정하는 식물은?

① 사탕수수　　　　② 소나무
③ 느티나무　　　　④ 은행나무
⑤ 돌나물

59

광합성에 영향을 주는 인자에 대한 설명으로 옳지 않은 것은?

① 숲속 수목의 음엽에서의 광합성 제한요소는 햇빛이다.
② 개체당 엽량이 많을수록 광합성 능력이 커진다.
③ 고정생장형의 활엽수는 늦은 여름에 광합성량이 최대에 이른다.
④ 상록 침엽수는 한겨울 빙점 전후에도 광합성을 수행한다.
⑤ 하루 중 오후에는 수분 부족으로 광합성량이 줄어든다.

60

수목 부위 중 호흡이 가장 왕성한 것은?

① 가 지　　　　　② 뿌 리
③ 과 실　　　　　④ 종 자
⑤ 잎

61

다음 중 단당류가 아닌 것은?

① glucose　　　　② fructose
③ sucrose　　　　④ mannose
⑤ xylose

62

지구에서 가장 흔한 유기화합물로서 세포벽의 주성분인 것은?

① starch ② lignin

③ pectin ④ cellulose

⑤ phospholipid

63

다음 중 압력유동설에 대한 설명 중 옳지 않은 것은?

① 삼투압 차이로 발생하는 압력에 의한 수동적 이동이다.

② 잘린 진딧물의 주둥이로 수액이 배출되는 것으로 증명된다.

③ 바이러스의 이동을 설명한다.

④ 공급원보다 수용부의 탄수화물 농도가 낮다.

⑤ 설탕은 이동 중에 소모되기 때문에 설탕과 물의 이동속도에 차이가 생긴다.

64

생물학적 질소 고정에 필요한 효소는?

① nitrogenase

② nitrate reductase

③ RuBP carboxylase

④ lipase

⑤ dehydrogenase

65

열매, 꽃, 단풍 등이 붉은색을 띠게 하는 색소는?

① 루테인 ② 스테롤

③ 안토시아닌 ④ 엽록소

⑤ 올레오레진

66

근압에 대한 설명으로 옳지 않은 것은?

① 겨울철 증산작용을 하지 않을 때 나타난다.

② 기질포텐셜의 차이로 흡수된 수분에 의해 발생된 뿌리 내의 압력이다.

③ 일액현상은 근압을 해소하기 위한 현상이다.

④ 수분의 이동이 매우 느리다.

⑤ 나자식물에서는 관찰되지 않고 있다.

67

수액에 대한 설명 중 옳지 않은 것은?

① 기포나 전충체에 의해 도관이 막히는 현상을 tylosis현상이라 한다.

② 목부수액의 pH는 4.5~5.0의 산성을 띤다.

③ 고로쇠나무 수액의 주성분은 설탕이다.

④ 수액은 나선방향으로 돌면서 상승한다.

⑤ 수액 상승의 방해 인자인 기포는 가도관에서 더 큰 문제를 일으킨다.

68

정유(essential oil)에 대한 설명 중 옳은 것은?

① 수분곤충을 유인한다.
② 떫은맛을 내서 초식동물이 먹기 싫어하게 한다.
③ 붉은색 색소이다.
④ 원형질막의 구성성분이다.
⑤ phenol 화합물이다.

69

종자발아에 대한 설명 중 옳지 않은 것은?

① 수목 종자의 발아에 광선의 존재는 필수적이다.
② 원적색광은 발아를 억제한다.
③ 발아에 필요한 에너지는 저장조직으로부터 공급받는다.
④ 발아할 때 호흡이 활발해지기 때문에 산소가 필요하다.
⑤ 배의 하배축이 길게 자라면서 자엽을 지상 밖으로 밀어내는 방식을 지상자엽 발아라 한다.

70

다음 중 겨울눈이 봄이 되기 전에 싹 트는 것을 억제하는 식물호르몬은?

① 옥 신   ② 지베렐린
③ 사이토키닌   ④ 아브시스산
⑤ 에틸렌

71

다음 중 GA의 생합성을 방해하여 줄기 생장을 억제하는 물질이 아닌 것은?

① phosphon D   ② Amo-1618
③ Cycocel   ④ paclobutrazol
⑤ 2,4-D

72

사이토키닌에 대한 설명 중 옳지 않은 것은?

① 세포분열을 촉진하기 때문에 조직배양에 많이 사용된다.
② 정아우세를 소멸시키고 측아 발달을 촉진시킨다.
③ 사이토키닌은 유상조직을 뿌리로 분화시킨다.
④ 사이토키닌은 주변으로부터 영양분을 모아들여 잎의 노쇠를 지연시킨다.
⑤ 녹병 부위에 엽록소가 유지되는 것은 녹병 곰팡이가 사이토키닌을 생산하기 때문이다.

73

어린잎을 제거하면 줄기 생장이 정지하였다가 이 물질을 처리하면 절간생장이 회복된다. 이 물질은 무엇인가?

① 옥 신   ② 지베렐린
③ jasmonate   ④ salicylic acid
⑤ 에틸렌

74

다음 중 고온 스트레스에 의한 피해가 아닌 것은?

① 엽록체 thylakoid막의 기능 상실
② 과도한 증산에 의한 수분 스트레스
③ 여름철 피소에 의한 형성층의 괴사
④ 원형질막의 고체겔화 및 수축으로 인한 막 구조 파괴
⑤ 단백질 변성

75

다음 중 활엽수의 잎 뒷면에 광택이 난 후 청동색으로 변색되는 병징을 나타내는 대기오염물질은?

① 오 존　　　　　② 불 소
③ PAN　　　　　④ 이산화황
⑤ 질소산화물

76

토양생성인자에 대한 설명 중 잘못 된 것을 고르시오.

① 산성 화성암류가 모재인 토양은 칼슘, 마그네슘 등 2가 양이온의 함량이 높다.
② 강수량이 많을수록 토양생성속도가 빨라지고 토심이 깊어진다.
③ 온도가 높아지면 화학반응의 속도가 증가하여 풍화속도가 빨라진다.
④ 평탄지 토양은 표층에서 용탈된 점토와 이온이 심층에 집적하여 B층이 발달한다.
⑤ 초원지역은 초본의 뿌리가 분해산물로 축적되어 어두운 색의 A층이 발달한다.

77

다음의 화학반응은 화학적 풍화작용 중 무엇에 해당하는가?

$$Al_2O_3 + 3H_2O \rightarrow Al_2O_3 \cdot 3H_2O$$
$$2Fe_2O_3 + 3H_2O \rightarrow 2Fe_2O_3 \cdot 3H_2O$$

① 산화작용　　　　② 수 화
③ 가수분해와 용해　④ 산성용액
⑤ 환원작용

78

토양층위에 대한 설명으로 옳지 않은 것은?

① O층 : 초지에서는 유기물이 쉽게 분해되어 무기물과 혼합되기 때문에 존재하지 않는다.

② A층 : 대부분 입단구조가 발달되어 있고 식물의 잔뿌리가 많은 무기물표층이다.

③ E층 : 칼슘 등 석회물질이 축적되어 담색을 띤다.

④ B층 : 토괴의 표면에 점토피막이 형성되기 때문에 구조의 발달을 볼 수 있다.

⑤ C층 : 심한 침식을 받은 경우 A층과 B층이 발달하지 않아 지표면이 될 수 있다.

79

산림토양에서 무기태 질소의 형태가 주로 암모늄태질소인 이유로 가장 가까운 것은?

① 낮은 pH로 인해 질산화세균이 억제된다.

② 유기물의 분해속도가 느리다.

③ 점토함량이 높아 CEC가 크다.

④ 임관의 그늘 때문에 토양 온도가 낮다.

⑤ 토성이 거칠고 용적밀도가 작다.

80

면적 1ha, 깊이 10cm의 농경지 토양의 무게는?(단, 토양의 용적밀도는 1.2g/cm³)

① 1,000톤

② 1,100톤

③ 1,200톤

④ 1,300톤

⑤ 1,400톤

81

토양단면기술 중 조사토양 개황의 세부 기록 사항이 아닌 것은?

① 모 재

② 배수등급

③ 지하수위

④ 층위의 두께

⑤ 염류집적 흔적

82

토양의 견지성에 대한 설명 중 옳은 것은?

① Atterberg 한계는 소성과 액성의 한계수분함량 범위이다.

② 강성은 수소결합에 의한 결합이다.

③ 이쇄성은 힘을 가했을 때 파괴되지 않고 모양만 변하고 원래 상태로 돌아가지 않는 성질이다.

④ 소성은 적당한 수분을 가진 토양에 힘을 가할 때 쉽게 부서지는 성질이다.

⑤ 소성하한은 소성상태에서 액성상태로 변하는 순간의 수분함량이다.

83

토성에 대한 설명 중 옳지 않은 것은?

① 토양입자를 크기별로 모래, 미사 및 점토로 나누고, 이들의 함유비율에 따라 토양을 분류한 것이다.

② 토양의 물리적 성질들 중에서 가장 기본이 되는 성질이다.

③ 미국 농무성법에 의해 12가지로 구분된다.

④ 점토는 지름이 0.002mm 이하이며, 교질의 특성을 갖는다.

⑤ 모래, 미사, 점토의 함량이 각각 1/3으로 같을 때의 토성은 양토이다.

84

토양공기에 관한 설명으로 옳지 않은 것은?

① 토양공기는 대기와 비교해서 산소 농도는 적고, 이산화탄소 농도는 높다.

② 대기와 토양 사이에서 일어나는 산소와 이산화탄소의 교환은 확산에 의한 것이다.

③ 이산화탄소는 토양 pH를 높이고, 광물을 녹이거나 침전물을 형성한다.

④ 통기성이 양호하여 토양공기의 산소가 풍부한 상태를 산화상태라 한다.

⑤ 일반적으로 토양 중 산소농도가 10% 이상이면 식물 생육에 지장이 없다.

85

토양의 산화환원상태에 관한 설명 중 옳지 않은 것은?

① 점질토에 미부숙 유기물이 공급되면 산소 고갈이 심해져 환원상태가 된다.

② 철과 망간의 용해도는 산화상태에서 증가한다.

③ 토양 중 산소농도가 5% 이하로 떨어지면 식물생육이 심각하게 저해된다.

④ 환원상태에서 황산이온은 황화수소로 전환된다.

⑤ 통기성이 불량하여 토양 공기의 산소가 부족한 상태를 환원상태라 한다.

86

토양수분과 관련된 설명 중 옳은 것은?

① 물은 분자 내 불균일한 전자분포로 극성을 띤다.

② 물 분자의 산소 원자와 이웃 물 분자의 수소 원자 사이에는 공유결합이 발생한다.

③ 물 분자들이 서로 끌려 뭉치는 현상을 부착이라 한다.

④ 표면장력은 액체와 고체의 경계면에서 일어나는 현상으로 액체의 표면적을 최소화하려는 힘이다.

⑤ 모세관 상승 높이는 액체의 점도에 비례한다.

87

삼투퍼텐셜에 대한 설명 중 옳지 않은 것은?

① 토양용액의 이온이나 용질 때문에 생기는 에너지이다.

② 순수한 물의 삼투퍼텐셜을 0으로 할 때, 토양용액은 항상 (+)값을 갖는다.

③ 세포용액과 토양용액 사이의 수분 이동에 중요하게 작용한다.

④ 염류가 높은 시설재배토양에서 삼투퍼텐셜의 영향력이 커진다.

⑤ 보통 토양용액의 용존물질의 농도가 매우 낮기 때문에 삼투퍼텐셜을 0으로 볼 수 있다.

88

점토광물에 대한 설명으로 옳지 않은 것은?

① 감람석은 Fe^{2+}, Mg^{2+} 등의 2가 양이온이 규소사면체를 연결하는 구조를 갖는다.

② 동형치환은 점토광물이 전하를 갖게 되는 주요 원인이다.

③ 카올린은 우리나라의 대표적인 점토광물이다.

④ montmorillonite는 비팽창형 점토광물이다.

⑤ illite는 2:1층들 사이에 K^+가 끼어들어 결합한 구조를 갖는다.

89

산성토양의 중화에 관한 설명 중 옳지 않은 것은?

① 석회요구량은 토양의 pH를 일정 수준으로 올리는데 필요한 석회물질의 양을 CaO로 환산하여 나타낸 값이다.

② 석회물질을 투입하면 토양의 염기포화도가 증가한다.

③ CEC가 높을수록 석회요구량이 증가한다.

④ 유기물을 공급하면 토양의 완충능력을 증대시킬 수있다.

⑤ 완충곡선에 의한 방법이 중화제를 처리하는 가장 정확한 방법이다.

90

외생균근균에 대한 설명으로 옳지 않은 것은?

① 실험실에서 단독 배양이 가능하다.

② 뿌리의 표피세포 내부로 침입하여 Hartig망을 형성한다.

③ 거의 수목에만 한정해서 공생한다.

④ 피층 둘레에 균투를 형성한다.

⑤ *Pisolithus tictorus*는 나무의 유묘에 널리 사용된다.

91

탄소가 60%이고 질소가 6.0%인 부식을 유기물로 가지고 있는 토양이 있다. 이 토양에 탄소가 30g이 있는 것으로 조사되었다. 부식의 양을 계산하면 몇 g인가?

① 30 ② 40

③ 50 ④ 60

⑤ 70

92

카올리나이트에 대한 설명으로 옳지 않은 것은?

① 규산염 2차 광물이다.

② 2:1형 광물로 층 사이에 K이 들어가 강하게 결합하고 있다.

③ 비팽창형 광물로 도자기 제조에 적합한 성질을 가지고 있다.

④ 동형치환이 거의 일어나지 않아 다른 규산염 2차 광물에 비해 음전하량이 적다.

⑤ 심하게 풍화된 토양에서 발견되는 중요한 점토광물이다.

93

식물영양소에 관한 설명 중 옳지 않은 것은?

① 영양소의 총함량보다 유효태 영양소의 함량을 아는 것이 중요하다.

② 토양용액에서 양이온의 몰수는 음이온의 몰수와 일치한다.

③ 수분퍼텐셜에 의한 물의 이동과 함께 영양소가 뿌리쪽으로 이동하여 공급되는 것을 확산이라 한다.

④ 접촉교환학설은 뿌리가 수소이온을 내놓고 교환성 양이온을 흡수한다는 이론이다.

⑤ 양이온교환용량이 큰 토양은 영양소에 대한 완충용량이 크다.

94

토양 중 질소순환에 관한 설명 중 옳지 않은 것은?

① 유기태 질소가 무기태 질소로 변화되는 작용을 무기화 작용이라 한다.

② 미생물이 식물이 이용할 무기태 질소를 흡수해서 식물이 질소부족현상을 겪는 것을 질소기아현상이라 한다.

③ 탈질과정은 탈질균에 의한 다단계 환원반응이다.

④ 휘산은 산성토양에서 일어나기 쉽다.

⑤ NO_3^- 는 토양에 흡착되지 못해 쉽게 용탈된다.

95

다음 설명에 해당하는 영양소를 고르시오.

> • 뿌리에서뿐만 아니라 기공으로도 흡수된다.
> • 90% 이상이 식물체의 단백질에 존재한다.
> • 결핍되면 콩과작물에서 뿌리혹 형성을 저해한다.

① Ca ② Mg

③ S ④ N

⑤ P

96

미량영양원소 중 칼륨과 함께 기공의 개폐에 관여하고 결핍증상으로 햇빛이 강할 때 위조와 함께 황화현상이 나타나는 원소는?

① 코발트 ② 니 켈

③ 아 연 ④ 붕 소

⑤ 염 소

97

토양침식에 대한 설명 중 옳지 않은 것은?

① 바람에 의한 침식은 분산탈리, 이동, 퇴적의 3단계의 과정을 거친다.

② 풍식에서 입자의 이동경로는 약동, 포행, 부유로 구분된다.

③ 유출수가 침식이 약한 부분에 모여 작은 수로를 형성하며 흐르면서 일어나는 침식을 세류침식이라 한다.

④ 세류침식의 규모가 커지면서 수로의 바닥과 양 옆이 심하게 침식되는 것을 지질침식이라 한다.

⑤ 토양 유실의 대부분은 면상침식과 세류침식에 의해 일어난다.

98

토양오염물질인 중금속에 대한 설명 중 옳지 않은 것은?

① 비료의 과다 사용과 축산 활동은 질소와 인의 과잉을 유발한다.
② 음용수에 인산염 농도가 높아지면 청색증이 발생할 수 있다.
③ 농약은 먹이사슬을 통해 생물농축되는 특성이 있다.
④ PAHs는 비극성이며 소수성인 특성이 있고 토양과 지하수를 광범위하게 오염시킨다.
⑤ 중금속은 용해도가 커질수록 독성이 증가한다.

99

토양환경보전법에 규정된 토양오염물질에 관한 설명 중 옳지 않은 것은?

① 토양오염우려기준과 대책기준으로 구분된다.
② 각 기준에 따라 1지역, 2지역, 3지역으로 나뉘어 관리된다.
③ 크롬은 3가 크롬의 농도로 규제된다.
④ 환원상태의 비소가 산화상태의 비소보다 독성이 크다.
⑤ 유기인화합물은 토양오염우려기준만 있다.

100

건조한 식물체 1g을 산화제로 분해한 후 증류수를 부어 100ml 용액으로 만들고 K의 농도를 측정한 결과 200mg/L가 나왔다. 식물체 중의 K 함량은 몇 mg/kg인가?

① 10,000mg/kg
② 15,000mg/kg
③ 20,000mg/kg
④ 25,000mg/kg
⑤ 30,000mg/kg

제5과목 수목관리학

101

근분을 제작하는 과정에 대한 설명 중 옳지 않은 것은?

① 굴취작업 2~3일 전 충분히 관수 조치한다.
② 뿌리분은 근원직경의 3배 이상으로 굴취한다.
③ 녹화마대로 감고 녹화끈으로 허리감기를 실시한다.
④ 허리감기가 끝나면 각 지점을 삼각뜨기 또는 사각뜨기를 한다.
⑤ 토양의 유동을 완화하기 위해 천연재료의 탄성재와 철선을 결속한다.

102

수목의 식재과정에 대한 설명 중 옳지 않은 것은?

① 터파기 시 직경은 뿌리분의 2~3배로 한다.
② 깊이는 뿌리분의 깊이보다 약간 깊게 판다.
③ 안착 후 뿌리분을 감은 재료는 가급적 제거한다.
④ 식재 후 물집을 만들어 관수작업의 준비를 한다.
⑤ 터파기한 흙은 주변에 두어 되메우기 시 사용한다.

103

뿌리외과수술에 대한 설명이다. 옳지 않은 것은?

① 뿌리외과수술을 시행한 후 엽량을 줄여준다.
② 뿌리외과수술은 뿌리의 활동이 멈추는 휴면기에 실시하는 것이 좋다.
③ 죽은 뿌리는 수피가 힘없이 벗겨지고 형성층이 검게 착색되어 있다.
④ 살아있는 뿌리에 환상박피 및 부분 박피를 실시하고, IBA를 10~50ppm 분제로 조제하여 뿌린다.
⑤ 빠른 회복을 위해 요소 0.5%용액 혹은 질산칼슘, 제1인산칼륨 0.01~0.1%용액을 엽면시비하여 준다.

104

지주에 대한 설명이다. 옳지 않은 것은?

① 단각지주나 이각지주는 어린 묘목에 사용한다.
② 지주는 뿌리를 지탱하는 역할을 함으로 움직임이 없어야 한다.
③ 삼각지주와 사각지주는 보행을 위해 가로수에 적용하는 경우가 많다.
④ 연계형지주는 바람에 의한 유동성을 막기 위해 단단한 목재를 사용한다.
⑤ 경관성을 높이기 위해서 매몰형 지주나 당김줄형 지주를 사용한다.

105

시비방법에 대한 설명 중 옳지 않은 것은?

① 작업의 신속성을 위해 표토시비법을 사용한다.
② 엽면시비는 최종농도를 0.5% 이하로 유지한다.
③ 수간주사는 생장기인 4~10월 사이에 주로 시행한다.
④ 관주관수법은 뿌리의 기능이 원활하지 못할 때 사용한다.
⑤ 엽면시비는 철분, 아연, 망간 등 미량원소의 결핍 시 사용하는 것이 효과적이다.

106

수목의 치료에 대한 설명이다. 옳지 않은 것은?

① 토양관주 시 모래보다 진흙에서 더 많은 약해를 받는다.

② 엽면시비 시 무기양분의 농도를 0.5% 이하로 유지하여 사용해야 한다.

③ 수간주사 위치는 아래로 주사액이 이동하지 않으므로 낮으면 낮을수록 좋다.

④ 수간주사 시 인산암모늄 대신 인산칼륨을 사용하는 것이 수목의 건강과 이식목의 활착에 유리하다.

⑤ 목부수액은 침엽수의 경우 나선상으로 올라가지만 활엽수는 수직선상으로 올라가는 경우가 많다.

107

전정 시 상처유합이 잘 일어나지 않는 수종으로 묶은 것은?

① 벗나무 - 단풍나무

② 향나무 - 소나무

③ 매화나무 - 살구나무

④ 은행나무 - 양버즘나무

⑤ 감나무 - 배나무

108

수목의 생육과 관련된 전정에 대한 설명이다. 옳지 않은 것은?

① 체인브레이크는 킥백현상이 발생했을 때 손으로 밀어야 한다.

② 체인톱 바의 하단을 사용할 시에는 당기면서 작업을 하여야 한다.

③ 체인톱 바의 상단을 사용할 시에는 밀면서 작업을 하도록 하여야 한다.

④ 기계톱의 끝부분이 단단한 물체에 접촉하면 체인이 끊어져 튀어오는 현상이 발생한다.

⑤ 킥백현상은 톱 체인 끝의 상단부분이 물체에 닿아서 체인 톱이 작업자 쪽으로 튀는 현상을 말한다.

109

건강한 수목을 선정하는 방법에 대한 설명 중 옳지 않은 것은?

① 잎은 크고 촘촘하게 달려 있어야 한다.

② 성숙 잎의 색깔은 짙은 녹색이어야 한다.

③ 가지의 분지는 한 지점에서 5~6개 정도 발생하여야 한다.

④ 수피는 밝은 색을 띠면서 금이 가거나 상처가 없어야 한다.

⑤ 겨울철 동아가 가지마다 뚜렷하고 크게 자리 잡아야 한다.

110

수목의 무기영양상태를 진단하는 방법으로 적합하지 않은 것은?

① 가시적 결핍증 관찰로 진단한다.
② 시비를 통한 실험을 통해 진단한다.
③ 토양분석을 통해 간접적으로 진단한다.
④ 엽분석을 실시하여 정밀 진단한다.
⑤ 가지의 생장정도를 확인하여 진단한다.

111

토양의 화학적 성질 중 유기물에 대한 설명으로 옳지 않은 것은?

① 토양의 입단구조를 개선한다.
② 공극과 통기성을 증가시켜 준다.
③ 토양온도의 변화를 완화시켜 준다.
④ 반숙된 유기물 비료가 수목생장에 좋다.
⑤ 썩지 않는 유기물은 수목생장에 방해가 된다.

112

다음 중 심근성 수종만으로 짝지어진 것은?

① 은행나무, 잣나무, 버드나무
② 매화나무, 낙엽송, 가문비나무
③ 녹나무, 느티나무, 굴거리나무
④ 자작나무, 매화나무, 밤나무
⑤ 잣나무, 전나무, 포플러류

113

오존에 저항성인 수목으로 짝지어진 것은?

① 은행나무, 삼나무
② 단풍나무, 소나무
③ 느티나무, 포플러
④ 떡갈나무, 낙엽송
⑤ 배롱나무, 라일락

114

방풍림에 대한 설명으로 옳지 않는 것은?

① 주풍, 폭풍, 조풍, 한풍의 피해를 방지 및 경감시킨다.
② 풍상측은 수고의 5배, 풍하측은 10~25배의 거리까지 효과를 미친다.
③ 수고는 높게 하고, 임분대의 폭은 넓게 하면 영향의 감소효과가 커진다.
④ 방풍효과를 높이기 위해서는 임분대의 폭을 100~150m로 하는 것이 적당하다.
⑤ 활엽수림 또는 혼효림보다는 침엽수림을 조성하는 것이 바람직하다.

115

수목의 대기오염피해 양상에 대한 설명 중 옳지 않은 것은?

① 밤보다는 낮에 피해가 심각하다.
② 일반적으로 봄부터 여름까지 많이 발생한다.
③ 대기 및 토양이 건조할 경우 피해가 심하다.
④ 기온역전현상이 발생할 경우 피해가 심하다.
⑤ 오염물질의 발생원에서 바람 부는 쪽으로 피해가 심하다.

116

수목의 피소현상이 적은 수종끼리 짝지어진 것은?

① 참나무, 소나무
② 버즘나무, 배롱나무
③ 벚나무, 단풍나무
④ 버즘나무, 오동나무
⑤ 벚나무, 오동나무

117

내한성이 강한 수종끼리 짝지어진 것은?

① 편백나무, 곰솔
② 히말라야시다, 자목련
③ 오리나무, 버드나무
④ 사철나무, 오동나무
⑤ 자작나무, 삼나무

118

침수와 관련된 설명 중 옳지 않은 것은?

① 고산지 수종은 침수에 대한 내성이 거의 없다.
② 천근성 수종은 침수에 대한 내성이 큰 편이다.
③ 버드나무와 포플러 등은 습한 지역에서도 잘 견딘다.
④ 토양 내 산소 농도가 10% 이하로 떨어지면 뿌리는 완전히 질식한다.
⑤ 침수 시 뿌리호흡이 곤란하여 뿌리가 죽고 나무는 완전히 말라 죽는다.

119

방풍림의 수고가 12m일 경우 풍상측의 영향범위는?

① 20m
② 40m
③ 60m
④ 80m
⑤ 100m

120

대기오염물질에 대한 설명 중 옳지 않은 것은?

① 이산화탄소의 증가는 식물의 직접적인 피해를 발생시키지 않는다.
② PAN은 자외선에 의해 광화학환원반응을 보이며 독성이 높다.
③ PAN의 피해는 잎 뒷면에 광택이 나타나면서 후에 청동색으로 변한다.
④ 산성비의 경우 왁스층이 붕괴되면서 영양소 결핍을 나타내기도 한다.
⑤ 대기 중에 방출된 물질로부터 새롭게 형성된 물질을 2차 오염물질이라고 한다.

121

다음 중 그늘 피해에 가장 취약한 수목은?

① 굴거리나무
② 사철나무
③ 호랑가시나무
④ 개비자나무
⑤ 자작나무

122

낙뢰에 의한 피해의 설명 중 옳지 않은 것은?

① 낙뢰는 송진이 많은 수종일수록 피해가 커진다.
② 흉고직경 1m 이상 시 피뢰침은 2개 이상 설치하여야 한다.
③ 낙뢰피해는 꼭대기에서 밑동으로 갈수록 피해 폭이 커진다.
④ 낙뢰피해 시 부직포나 비닐로 덮어서 건조를 막아주어야 한다.
⑤ 피해가 많은 수종은 참나무, 느릅나무, 소나무, 튤립나무, 포플러, 물푸레나무 등이다.

123

산불과 습도에 대한 관계의 설명 중 옳지 않은 것은?

① 60% 이상일 시 산불이 잘 발생하지 않는다.
② 50~60%일 경우에는 산불이 발생하나 진행이 빠르다.
③ 40~50%일 경우에는 산불이 발생하기 쉽고 빨리 연소된다.
④ 30% 이하일 경우 산불이 대단히 발생하기 쉽고 산불을 진화가 어렵다.
⑤ 초봄의 가뭄 시 산불 위험이 매우 높으나, 새잎이 난 후에는 위험성이 낮아지는 경향이 있다.

124

제초제의 대한 설명으로 옳지 않은 것은?

① 피해는 호르몬계열인 페녹시계의 디캄바, 메코프로프 액제 정도이다.
② 제초제 피해는 활성탄에 의해서 제독함으로써 피해를 막을 수 있다.
③ 생육초기 또는 너무 춥거나 더운 날에 처리하는 경우에 잘 발생한다.
④ 글리포세이트 액제는 잎에 불규칙한 반점을 일으키거나 잎을 괴저시킨다.
⑤ 제초제로 인해 뿌리가 상했을 경우에는 질소질 비료를 투여하여 뿌리생육을 돕는다.

125

Glyphosate에 대한 설명 중 옳지 않은 것은?

① 비선택성 제초제이다.
② 경엽을 통하여 체내에 흡수되어 뿌리부로 이행한다.
③ 노출된 식물체는 황백화 현상을 보이며 고사한다.
④ 암모늄 이온을 축적하여 광합성을 저해한다.
⑤ 토양 중에서 미생물에 의해 쉽게 분해된다.

126

Pyrethroid계 살충제의 작용기작으로 옳은 것은?

① Acetylcholinesterase 활성 저해
② 신경전달물질 수용 저해
③ 시냅스 전막 저해
④ 신경축색 전달 저해
⑤ 키틴 합성 저해

127

야생 콩과식물인 Derris에서 추출한 유효성분으로부터 발전된 살충제는?

① Nicotine계

② Nereistoxin계

③ Carbamate계

④ Phenylpyrazol계

⑤ Rotenone계

128

다음 중 항생제 계통의 살균제가 아닌 것은?

① Abamectin

② Streptomycin

③ Kasugamycin

④ Blasticidin-S

⑤ Validamycin

129

살균제의 작용기작 중에는 균 포자가 발아해서 기주식물에 부착된 후 식물체로 침투하는 데 중요한 역할을 하는 물질의 생합성을 저해하는 기작이 있다. 이 물질은 무엇인가?

① Sterol　　　　② Melanin

③ phospholipid　　④ Chitin

⑤ Nucleotide

130

농약의 제형에 대한 설명 중 옳지 않은 것은?

① 수화제는 유제에 비해 고농도 제제가 가능하다.

② 유제는 약효는 우수하나 액체용 용기를 사용해야 한다.

③ 액상수화제는 수화제의 비산 문제를 보완한 제형이다.

④ 유탁제는 미탁제의 기능을 개선한 제형이다.

⑤ 캡슐현탁재는 유효성분의 방출제어가 가능하다.

131

농약에 대한 저항성 발달기작에 대한 설명으로 옳지 않은 것은?

① 곤충은 작용점의 변형을 통하여 감수성을 저하시킨다.

② 곤충은 표피 큐티클층의 지질 구성을 변화시켜 약제 침투율을 저하시킨다.

③ 저항성균의 발생과정은 변이와 도태의 2단계가 있다.

④ 잡초 중 감수성 계통은 저항성 계통에 비하여 더 많은 수의 작용점을 보유한다.

⑤ 대사반응에 의하여 발생되는 대부분의 분해산물은 독성이 감소한다.

132

농약의 환경독성에 대한 설명 중 옳지 않은 것은?

① 생체조직에 축적된 농약의 농도가 환경과 먹이 중의 농약농도보다 높게 나타난다.

② DDT와 BHC 등은 생물농축이 심각하기 때문에 사용이 금지되었다.

③ 생물농축계수는 수질 환경과 생물체 내 화합물의 농도비이다.

④ 농약의 옥탄올/물 분배계수가 낮은 화합물이 생물농축 가능성이 높다.

⑤ 육생 생물 중 농약의 농축정도는 조류가 가장 크다.

133

농약의 제제형태에 따른 어독성을 높은 것에서 낮은 것의 순으로 바르게 나열한 것은?

① 유제 > 수화제 > 분제 > 입제

② 유제 > 분제 > 수화제 > 입제

③ 유제 > 입제 > 분제 > 수화제

④ 수화제 > 분제 > 입제 > 유제

⑤ 수화제 > 유제 > 분제 > 입제

134

농약 대사의 Phase 1을 거치지 않고 지용성 약물과 직접 콘쥬게이션을 하는 반응은?

① Glucuronic acid 콘쥬게이션

② Glucose 콘쥬게이션

③ Glutathion 콘쥬게이션

④ Glycine 콘쥬게이션

⑤ Glutamic acid 콘쥬게이션

135

Endrin, Aldrin, Camphechlor, PCNB 등의 농약이 국내에서 사용 금지된 이유는?

① 급성독성 문제

② 잔류성 문제

③ 약해 문제

④ 휘발성 문제

⑤ 저항성 문제

136

A 유제(50%)를 1,000배 희석하여 10a 농지에 10말 (200L)를 살포하려고 한다. 필요한 유제의 양은 얼마인가?

① 100ml   ② 150ml

③ 200ml   ④ 250ml

⑤ 300ml

137

다음 중 나무의사 3년 자격정지에 해당할 수 있는 경우는?

① 거짓이나 부정한 방법으로 나무의사 등의 자격을 취득한 경우

② 자격취득의 결격사유에 해당하는 경우

③ 나무의사 등의 자격정지기간에 수목진료를 행한 경우

④ 고의로 수목진료를 사실과 다르게 한 경우

⑤ 동시에 두 개 이상의 나무병원에 취업한 경우

138

나무병원 등록에 대한 설명 중 옳지 않은 것은?

① 1종과 2종 나무병원으로 구분된다.

② 2020년 6월 28일 이후부터 1종 나무병원 등록을 위한 인력 기준은 나무의사 1명이다.

③ 정부 또는 소유자를 제외한 자는 나무병원을 등록하지 않고는 수목진료를 할 수 없다.

④ 2종 나무병원은 수목진료 중 처방에 따른 약제살포를 할 수 있다.

⑤ 최근 5년간 3회 이상 영업정지 명령을 받은 경우 나무병원의 등록은 취소된다.

139

「소나무재선충병 방제지침」에 대한 설명 중 옳지 않은 것은?

① 선단지는 재선충병 발생지역과 그 외곽의 확산우려지역을 말한다.

② 선단지선을 연결할 때 감염목 간의 거리는 2km 이내로 한다.

③ 모두베기는 재선충병 발생지역의 전부 또는 일부 구역 안에 있는 모든 소나무류를 베어내는 것이다.

④ 미발생지역 예찰에서 발견된 감염의심목 중 대표성을 띠는 것을 시료로 채취한다.

⑤ 감염의심목의 시료는 별도하여 채취하는 것이 원칙이다.

140

2020년 산림보호법에 신설 또는 변경되는 사항이 아닌 것은?

① 수목진료 시 농약을 사용할 경우에는 처방전 발급을 의무화한다.

② 나무병원에 종사하는 나무의사는 정기적으로 보수교육을 받도록 한다.

③ 목재 교육 분야 국가자격인 목재 교육전문가 제도 신설한다.

④ 산사태취약지역 해제를 위한 판정표 및 해제절차 마련한다.

⑤ 산사태 발생 우려지역 기초조사, 실태조사 판정표로 이원화한다.

1	2	3	4	5	6	7	8	9	10
④	①	⑤	③	④	④	②	③	⑤	⑤
11	12	13	14	15	16	17	18	19	20
④	①	④	②	②	⑤	④	③	②	①
21	22	23	24	25	26	27	28	29	30
①	①	③	②	②	①	④	③	④	②
31	32	33	34	35	36	37	38	39	40
④	①	③	④	②	②	⑤	⑤	②	③
41	42	43	44	45	46	47	48	49	50
②	⑤	④	①	④	①	⑤	①	①	⑤
51	52	53	54	55	56	57	58	59	60
②	③	②	④	⑤	①	③	④	①	③
61	62	63	64	65	66	67	68	69	70
⑤	④	①	③	④	②	①	⑤	②	④
71	72	73	74	75	76	77	78	79	80
⑤	③	①	①	②	③	④	⑤	⑤	②
81	82	83	84	85	86	87	88	89	90
⑤	①	②	②	②	③	④	④	⑤	③
91	92	93	94	95	96	97	98	99	100
⑤	①	③	②	③	①	③	④	⑤	①
101	102	103	104	105	106	107	108	109	110
③	①	⑤	①	①	④	①	⑤	②	①
111	112	113	114	115	116	117	118	119	120
②	⑤	①	④	①	③	④	④	②	③
121	122	123	124	125	126	127	128	129	130
③	⑤.	①	⑤	①	③	④	②	⑤	①
131	132	133	134	135	136	137	138	139	140
②	⑤	①	③	④	②	④	②	②	②

01

두릅나무 더뎅이병은 Elsinoe속의 곰팡이병으로 자낭균아문에 속하며 각종 수목류와 초본류에 더뎅이병을 일으킨다.

02

오엽송류 중 잣나무와 스트로브잣나무는 감수성이므로 피해가 대단히 심하나 섬잣나무와 눈잣나무는 저항성이므로 피해는 거의 없다.

03

담자포자의 발아로 n균사를 형성하고 기주교대를 하는 세대이다.

04

난균의 세포벽은 글루칸과 섬유소로 이루어져 있으며 접합균의 세포벽은 키틴으로 이루어져 있다.

05

수목뿐만 아니라 초본류에도 피해를 주는 병이다.

06

향나무 녹병은 여름포자세대가 없다.

07

녹병균 중 두 종의 기주를 필요로 하는 것을 이종기생균, 한 종의 기주에서 생활사를 마치는 것을 동종기생균이라고 한다. 대표적인 동종기생균은 회화나무 녹병과 후박나무 녹병이 있다.

08

Pestalotiopsis이 발생시키는 대표적인 병은 은행나무 잎마름병, 삼나무 잎마름병, 철쭉류 잎마름병 등이 있다.

09

Marssonina는 불완전균류로 잎에 점무늬병을 발생시키는 곰팡이균이다.

10

Erysiphe에 의해 흰가루병이 발생하는 수목은 인동, 꽃댕강나무, 양버즘나무, 단풍나무류, 배롱나무, 꽃개오동, 참나무류 등이며 벚나무류는 Podosphaera에 의해 발생한다.

11

병원균 우점병에 해당하는 뿌리병에는 모잘록병, Phytophthora 뿌리썩음병, 리지나뿌리썩음병이 포함된다.

12

Phytophthora 뿌리썩음병은 병원균우점성병으로 분류된다.

13

Rosellinia necatrix에 의해 발생하는 흰날개무늬병에 대한 설명이다.

14

그람양성균은 보라색이, 그람음성균은 붉은색을 나타낸다.

15

잣나무털녹병은 주로 5~20년생의 잣나무에 발생한다.

16

Coleosporium plectranthi에 의한 소나무 잎녹병의 기주는 곰솔, 중간기주는 산초나무이다.

17

소나무 혹병의 잠복기간은 9~10개월이며, 포플러 잎녹병 4~6일, 낙엽송 가지끝마름병 10~14일, 소나무 잎녹병 10~22개월, 잣나무 털녹병 3~4년이다.

18

자낭균과 담자균 그리고 불완전균류는 격벽이 있는 고등균류이며, 난균과 접합균류는 격벽이 없는 하등균류에 속한다.

19

자낭균 균사의 세포벽은 대부분 키틴으로 이루어져 있고 섬유소는 거의 함유하지 않는다.

20

담자포자는 일반적으로 1핵의 단상체로 이루어져 있다.

21

뿌리병을 발생시키는 곰팡이는 대부분 부생체로 존재하는 임의 기생체이다.

22

*Pythium*은 난포자로 휴면하고 *Rhizoctonia solani*는 균핵 또는 균사로 월동한다. 또한 *Pythium*은 뿌리털이나 잔뿌리를 침입하여 지체부 줄기까지 위로 병이 진전하는데 비하여 *Rhizoctonia*는 지체부 줄기가 감염된 후 아래로 진전한다.

23

형광항체법은 항원을 검출하는데 간접적으로 그 항원에 대한 항체에 형광색소를 부착시켜 이용하는 방법으로 바이러스의 검출 등 병원체 확인 및 조직과 세포내에 존재하는 특정물질을 확인하는 방법이다.

24

최초의 식물세균병은 사과나무 불마름병이다. 방선균은 격막이 없이 사상균의 형태로 성장하며 세균에 포함된다.

25

목재부후균은 수분과 양분이 공급되는 뿌리와 줄기의 경계부인 지체부에서 잘 번식한다.

26

내배엽에서 분화된 기관은 중장이다.

구 분	발육 운명
외배엽	표피, 외분비샘, 뇌 및 신경계, 감각기관, 전장 및 후장, 호흡계, 외부생식기
중배엽	심장, 혈액, 순환계, 근육, 내분비샘, 지방체, 생식선(난소와 정소)
내배엽	중 장

27

수목에 피해를 주는 잎벌레류는 보통 1회 발생하며 성충으로 월동하나, 참긴더듬이잎벌레는 알로 월동한다.

28

이주 시에 높은 사망률에도 천적으로부터의 피신, 유리한 양육환경조건, 경쟁의 감소, 새로운 서식처 점유, 대체 기주식물로 분산, 유전자급원의 재조합을 목적으로 이주한다.

29

깍지벌레 약충은 부화 후 기주에 정착할 때까지의 짧은 시간에 비교적 활발하게 이동하여 분산하고, 일단 정착하면 암컷은 일생 동안 이동하지 않고 덮개 밑에서 생활하며 수컷도 유충시기에는 암컷과 같이 덮개를 형성하지만 2령 유충을 거쳐 전용, 번데기, 보통 날개를 가진 성충이 되어 덮개로부터 탈출한다. 예외적으로 암컷성충이 이동이 가능한 분류군은 도롱이깍지벌레과, 짚신깍지벌레과, 가루깍지벌레과 등이다.

30

곤충의 발육은 온도와 밀접한 관계가 있으며 발육단계마다 발육에 필요한 일정한 온량이 있다. 이를 유효적산온도라 하며 1일 평균기온에서 발육영점온도를 빼고 그 값을 누적시키면 유효적산온도가 된다.
유효적산온도 = (발육기간 중의 평균온도 − 발육영점온도) × 경과일수

31

내부에 액포와 여러 가지 함유물이 들어있는 영양물질의 저장장소는 지방체이다.

32

대벌레류는 나무껍질과 유사한 의태곤충이며 날개가 없는 것이 특징이다.

33

진달래방패벌레는 4~5회, 배나무방패벌레는 3~4회, 버즘나무방패벌레는 2회, 물푸레방패벌레는 4회 발생한다.

34

깍지벌레는 암수가 뚜렷하게 구분되는 것이 특징이다.

35

연 1회 발생하며 유충으로 땅속에서 월동한다.

36

가로수 중 느티나무의 고사를 발생시키는 앞털뭉뚝나무좀 (*Scolytus frontails*)에 대한 설명이다.

37

종실 구과 해충은 바구미류, 나방류, 거위벌레류, 뿌리혹벌레류로 나눌 수 있다.

구 분	해충명	발 생	가해특성
바구미과	밤바구미	1회	똥이 밖으로 배출되지 않음
	도토리바구미	1회	밤바구미와 흡사
명나방과	복숭아명나방	2회	똥과 거미줄이 겉으로 보임
	점노랑들명나방	–	꽃망울과 씨방 가해
	솔알락명나방	1회	구과와 새순을 가해
	큰솔알락명나방	1회	구과와 새 가지를 가해
	애기솔알락명나방	–	구과와 새 가지를 가해
잎말이나방과	밤애기잎말이나방	1회	똥이 밖으로 배출됨
	백송애기잎말이나방	1회	구과와 새 가지 가해
	솔애기잎말이나방	2~3회	구과와 새 가지 가해
심식나방과	복숭아심식나방	1~3회	똥을 배출하지 않음
뿌리혹벌레과	밤송이진딧물	1회	작은 밤송이가 조기 낙과
거위벌레과	도토리거위벌레	1회	도토리에 산란 후 가지 절단

38

월동한 알은 무시충으로 부화하며 처녀생식을 한다.

39

잎벌류는 톱 같은 산란관을 가지고 있고, 잎의 가장자리부터 갉아먹는 특성을 가지고 있다.

잎벌명	발생횟수	기주 식물
잣나무넓적잎벌	1회	잣나무
무지개납작잎벌	1회	벚나무류, 아그배나무, 마가목, 산사나무
장미등에잎벌	3회	장미, 찔레나무, 해당화
느릅나무등에잎벌	2회	느릅나무, 참느릅나무, 비술나무, 난티나무
극동등에잎벌	3~4회	진달래, 영산홍, 장미
좀검정잎벌	1회	쥐똥나무, 개나리, 광나무
개나리잎벌	1회	개나리, 산개나리
참나무잎벌	3회	졸참나무, 갈참나무, 굴참나무, 배나무
누런솔잎벌	1회	소나무, 곰솔, 기타 소나무
솔잎벌	2~3회	소나무, 곰솔, 스트로브잣나무, 낙엽송

40

솔껍질깍지벌레 수컷은 후약충 이후 전성충을 거쳐 번데기가 된 다음 성충이 되는 완전변태를 한다.

41

대륙털진딧물은 버드나무류를 가해하며 주로 무시충으로 번식한다. 기주이동은 하지 않으며 봄에서 여름철에 발생량이 많다.

42

뿔밀깍지벌레, 루비깍지벌레, 쥐똥밀깍지벌레, 거북밀깍지벌레는 암컷성충으로 월동을 하며 솔껍질깍지벌레는 후약충으로 월동한다.

43

점박이응애는 연 8~10회 발생하며 암컷성충으로 월동한다. 조경수, 과수류, 채소류 등 가해식물의 범위가 매우 넓다.

44

외골격은 키틴질로 되어 있고, 외골격의 건조를 방지하기 위해서 왁스층으로 싸여져 있다.

46

버즘나무방패벌레는 북미원산으로 1995년에 발견되었다.

47

원표피층은 탄수화물인 키틴과 단백질로 구성되어 있다. 내원표피층과 중원표피층, 외원표피층으로 구분되며 내원표피층이 곤충 표피층의 대부분을 차지하고 있다.

48

혈장의 기능은 수분의 보존, 양분의 저장, 영양물질과 호르몬의 운반이며 혈구의 주요기능은 식균작용이다. 소화효소는 침샘과 중장의 원주세포에서 소화효소를 분비한다. 화학감각기는 보통 구멍이 있는 얇은 벽으로 되어 있다.

49

총채벌레는 흡즙성 해충이다.

50

솔잎혹파리의 천적으로는 솔잎혹파리먹좀벌, 혹파리살이먹좀벌, 혹파리등뿔먹좀벌, 혹파리반뿔먹좀벌 등이 있으며, 이중 솔잎혹파리먹좀벌과 혹파리살이먹좀벌은 인공으로 사육되고 있다.

51

대나무와 야자류는 형성층이 없지만 목본으로 취급한다.

52

- 후각조직 : 엽병, 엽맥, 줄기
- 후막조직 : 호두껍질, 섬유세포

53

① 책상조직은 상표피 아래 촘촘하고 규칙적으로 배열되어 있다.
③ 나자식물에 대한 설명이다.
④ 포플러는 잎의 양면에 기공이 분포한다.
⑤ 잎의 각피는 큐티클층으로 덮여 있다.

54

환공재는 지름이 큰 도관이 춘재에 집중되어 있으며, 참나무류와 음나무를 예로 들 수 있다.

55

옥신은 봄에 눈에서 생산되어 밑동으로 이동하고, 가을에는 잎에서 생산이 줄어들기 때문에 밑동에 미치는 옥신의 작용은 가장 늦게 시작해서 가장 빨리 중단된다.

56

phytochrome은 P_r과 P_{fr}의 두 가지 형태로 존재하는데 P_{fr}은 야간에 시간에 비례하여 환원되며, 식물은 P_{fr}과 P_r의 상대적 비율로부터 밤의 길이를 측정한다.

57

양수와 음수의 구분은 그늘에서 견딜 수 있는 내음성 정도에 따른 구분이다.

58

잎은 수목 전체 중량의 일부에 불과하지만 호흡량은 30~50%로 가장 왕성하다.

59

광합성의 명반응은 빛에너지를 이용해 물을 분해하여 산소와 ATP, NADPH를 생성하는 반응이다. 탄수화물 합성은 광합성의 음반응에서 시작한다.

60

RuBP carboxylase(rubisco 효소) : 광합성 관련 효소로 녹색 잎에 존재하는 단백질의 12~25%를 차지

61

리그닌은 타닌과 플라보노이드와 함께 페놀화합물이다.

62

목전질은 큐틴과 비슷하나 페놀화합물 함량이 많다.

63

② 수분을 충분히 흡수한 세포는 팽압이 걸려 압력퍼텐셜은 (+) 값을 갖는다.

③ 수목에서 수분퍼텐셜은 삼투퍼텐셜과 압력퍼텐셜의 합으로 정해진다.
④ 증산작용으로 도관에 장력이 걸려 압력퍼텐셜이 (−)값을 갖게 된다.
⑤ 세포의 수분이 감소되면 용질의 농도가 증가하기 때문에 삼투퍼텐셜은 낮아진다.

64
수간압은 낮에 이산화탄소가 수간의 세포간극에 축적되어 나타나는 압력이다.

65
abscisic acid는 공변세포의 칼륨농도를 조절하여 기공을 열고 닫게 한다.

66
②는 내생균근의 특징이다.

67
수액 중의 질소화합물은 주로 아미노산과 ureides로 존재한다.

68
가도관보다 도관의 수액 상승속도가 빠르고, 도관 중에서 지름이 가장 큰 환공재의 상승속도가 가장 빠르며, 반환공재와 산공재가 뒤를 잇는다.

69
유형기에 삽목이 더 용이하다.

70
화분생산량은 풍매화가 충매화보다 많다.

71
상처유도법에는 진한 황산 처리 외에 사포나 줄칼을 이용해 기계적 상처를 만드는 것이 있다. 약품처리는 지베렐린이나 과산화수소를 이용하는 것이다.

72
상자엽형 발아 : 단풍나무, 물푸레나무, 아까시나무, 소나무, 대부분의 나자식물

73
사이토키닌의 비율이 높아지면 줄기로 분화하고 옥신의 비율이 높아지면 뿌리로 분화한다.

74
수분 스트레스는 아미노산의 일종인 proline의 농도를 높인다.

75
① 불소는 기체상태 오염물질 중 독성이 가장 크고, PAN은 광화학산화물 중 독성이 가장 강하다.
③ 일산화탄소는 수목에 대한 오염물질이 아니다.
④ 아황산가스의 독성을 해독하는데 환원된 ferredoxin이 사용된다.
⑤ 질소산화물, 오존, PAN은 자유라디칼을 생산하여 광합성을 억제한다.

76
삼림토양은 경작지 토양에 비해 토성이 거칠어 통기성과 배수성이 좋으나 양이온치환용량과 보비력이 낮다. 낙엽 등의 축적으로 표토에 유기물함량이 높으며, 이들 유기물은 탄질율이 높고 페놀과 탄닌 등의 타감물질을 함유하고 있어 분해가 느리다. 유기물 분해로 생성되는 휴믹산으로 인해 pH가 낮기 때문에 세균보다는 곰팡이가 우세하고 질산화세균의 활동이 위축되어 질산화작용이 억제되기 때문에 무기태 질소는 주로 암모늄태 질소(NH_4^+−N) 형태로 존재하게 된다.

77
E층은 규반염점토와 철·알루미늄 산화물 등이 용탈되어 위아래 층보다 조립질이거나 내풍화성 입자의 함량이 많고, 색은 담색을 띤다. 부식산이 많이 생성되고 강수량이 많은 지역에서 발달하며 Spodosol의 표백층이 대표적이다. Entisol은 토양단면의 발달이 거의 진행되지 않은 토양이다.

78
① 염류화작용 : 토양용액에 녹아있는 수용성 염류(NaCl, $NaNO_3$, $CaSO_4$, $CaCl_2$)의 농도가 점차 높아져 침전·석출되고, 토양단면 상부의 표토 밑에 집적되는 현상
② 라테라이트화작용 : 강수량이 많고 기온이 높은 환경에서 규소, 칼슘, 칼륨 등이 용탈로 빠져나가고, 철과 알루미늄수산화물이 집적되는 작용

③ 갈색화작용 : 화학적 풍화작용으로 녹아나온 철이온이 산소나 물 등과 결합하여 가수산화철이 되어 토양을 갈색으로 착색시키는 과정

④ 회색화작용 : 과습으로 인한 산소부족으로 형성된 환원상태에서 철과 망간이 환원됨에 따라 토양의 색이 암회색으로 변하는 작용

79

철과 망간은 토양의 산화환원상태에 따라 존재형태가 달라지고 이로 인해 토양의 색이 변하기 때문에 토양의 배수상태를 판별할 때 도움을 준다.

산화상태 (배수양호)	• 산소 공급이 원활 • 붉은 색을 띰	산화철 Fe^{3+}, 산화망간 Mn^{4+}
환원상태 (배수불량)	• 산소 부족 • 회색 또는 청색을 띰	환원철 Fe^{2+}, 환원망간 Mn^{3+}, Mn^{2+}

80

① 토양입자를 모래, 미사, 점토로 나누어 이들의 함유비율에 따라 토양을 분류한 것이다.

③ 모래 : 0.05~2mm, 미사 : 0.002~0.05mm, 점토 : 0.002mm 이하

④ 토양교질물에는 점토와 부식이 있다.

⑤ 토성이 고울수록 점토가 많아지므로 보비력이 증가하게 된다.

81

용적밀도는 토양을 구성하는 3상 전체의 부피에 대한 고형입자의 무게비로 구한다. 따라서 용적밀도가 커지는 것은 고상의 비율이 증가한다는 것을 의미한다.

82

② 일반적으로 지표면으로부터 약 30cm 이내인 표층의 토양에서는 구형의 입상과 판상의 구조가 주로 발견된다.

③ 판상구조는 수분침투, 배수, 통기 모두 불량하다.

④ 일반적으로 입상 구조는 수분침투성과 배수성 및 통기성이 모두 좋다.

⑤ 각주상 구조는 단위구조의 수직길이가 수평길이보다 긴 기둥 모양이다.

83

① 매트릭퍼텐셜은 극성을 가진 물분자가 토양 표면에 흡착되는 부착력과 토양입자 사이의 모세관에 의하여 만들어지는 힘 때문에 생성된다. 물에 녹아든 용질에 의하여 생성되는 물의 에너지는 삼투퍼텐셜이다.

③ 강하게 흡착될수록 퍼텐셜은 낮아진다.

④ 매트릭포텐셜은 불포화수분상태에서만 작용하고, 포화수분상태에서는 압력포텐셜이 주로 작용한다.

⑤ 중력퍼텐셜에 대한 설명이다.

84

유효수분(plant-available water)함량은 식물이 이용할 수 있는 물로서 포장용수량과 위조점 사이의 수분함량을 말한다. 포장용수량(field capacity)은 −0.033MPa 또는 −1/3bar의 퍼텐셜의 토양수분함량이고, 위조점(wilting point)은 식물이 물을 흡수하지 못하여 시들게 되는 토양수분상태로 −1.5MPa 또는 −15bar의 퍼텐셜의 토양수분함량이다.

85

2차 광물의 종류

• 규산염광물 : kaolinite, montmorillonite, vermiculite, illite, chlorite 등

• 금속산화물 또는 금속수산화물 : gibbsite, goethite 등

• 비결정형 광물 : allophane, imogolite 등

• 기타 : 황산염 또는 탄산염광물 등

86

일반적으로 점토광물은 동형치환에 의해 음전하를 띤다. 동형치환은 사면체와 팔면체의 구조의 변화 없이 원래 양이온 대신 크기가 비슷한 다른 양이온이 치환되어 들어가는 현상으로 대부분 원래 양이온보다 양전하가 적은 이온으로 치환된다.

87

토양산성의 원인은 H^+ 농도의 증가와 Al복합체의 형성이다.

88

pH가 증가하면 pH 의존성 음전하가 증가하기 때문에 양이온교환용량(CEC)이 증가한다.

89

건조상태에서 측정된 pH와 상관없이 환원상태가 발달한 토양, 예를 들어 논토양은 중성의 pH를 유지한다.

90

• *Azotobacter* : 단생질소고정균

• *Rhizobiu* : 공생질소고정균

• *Nitrosomonas* : 암모니아산화균

• *Nitrobacter* : 아질산산화균

• *Pseudomonas* : 탈질균

91

볏짚 100g 중 탄소의 양은 40g이고, 질소의 양은 0.5g이다. 탄소 동화율(사상균이 체내로 흡수하는 비율)이 0.35이므로 40g의 탄소 중 14g이 흡수된다. 사상균의 세포는 탄질률(C/N비) 10을 유지하기 위해 1.4g의 질소를 흡수해야 하는데, 투입된 볏짚은 0.5g의 질소를 가지고 있어서 외부에서 0.9g의 질소를 공급해 주어야 질소기아를 막을 수 있다.

92

질소의 흡수 형태 : NH_4^+, NO_3^-

NH_4^+	• 뿌리에서 아미노산, 아마이드, 아민 등으로 동화 되어 각 부분으로 재분배 • pH가 중성일 때 잘 흡수
NO_3^-	• 대부분 줄기와 잎으로 이동한 후 동화 • 낮은 pH에서 잘 흡수(높은 pH에서는 음이온 (OH^-)과의 경쟁효과로 감소)

93

칼륨은 양이온 형태로 흡수되고 체내 이동성이 매우 크며, 식물의 구조를 형성하지 않고 생리적 기능을 담당한다. 결핍하면 잎의 주변과 끝 부분에 황화현상 또는 괴사현상이 나타난다.

94

석회고토는 마그네슘을 함유한 석회비료(화학식 : $CaCO_3 \cdot MgCO_3$)로 산성을 중화하면서 마그네슘을 공급할 수 있다.

95

요소비료를 구성하는 원소의 원자량(탄소 12, 질소 14, 산소 16, 수소 1)을 이용해 계산한 요소의 분자량은 $60\{(12\times1)+(14\times2)+(16\times1)+(1\times4)\}$이다.

	요소 전체	요소를 구성하는 질소
화학식량	60	28
실물 투입량	X	100

위 표를 이용해 비례식(60:28=X:100)을 만들어 풀면 실제 투입 해야 할 요소비료의 양은 214.3kg으로 계산된다.

96

• 토양 유실의 대부분은 면상침식과 세류침식에 의해 일어남
• 면상침식(sheet erosion) : 강우에 의해 비산된 토양이 토양표 면을 따라 얇고 일정하게 침식되는 것
• 세류침식(rill erosion) : 유출수가 침식이 약한 부분에 모여 작은 수로를 형성하며 흐르면서 일어나는 침식

• 협곡침식(gully erosion) : 세류침식의 규모가 커지면서 수로 의 바닥과 양 옆이 심하게 침식되는 것

97

초장이 작아 지표에 가까울수록 강우차단효과가 크다.

98

식물추출(phytoextraction),
식물안정화(phytostabilization),
식물분해(phytodegradation),
근권분해(rhizodegradation),
토양경작법(land farming)

99

① 입자의 질량이 아니라 크기이다.
② 점성계수에 비례가 아니라 반비례이다.
③ 입자 반지름이 아니라 반지름의 제곱에 비례한다.
④ 마찰은 무시한다.

100

Mo을 제외한 대부분의 중금속은 pH가 낮을수록 용해도가 증가 한다. Cu, Fe, Zn, Mn, Mo 등과 같은 필수적인 중금속은 상위한 계농도와 하위한계농도를 갖는다.

101

목재칩의 멀칭효과는 잡초 발생의 억제, 토양온도 조절을 통한 식물보호, 토양 수분의 유지, 토양침식의 방지와 물리 화학적 성질 개선, 토양 비효의 증진, 토양의 비산 혹은 먼지 발생의 억제, 식물의 성장 촉진 효과, 병충해 발생의 억제 등이 있다.

102

밑가지를 제거함으로써 초살도를 감소시킬 수 있다.

103

밑으로 베기는 잘 찢어지는 수종에 적합한 방식이다.

104

토양의 용적비중은 일정한 용적의 토양무게다. 다져지지 않은 상태에서의 밀도는 공기층인 기상과 물로 채워진 액상의 공간(수 분은 제거된 상태)이 포함된 상태의 토양무게다. 보통 $1.3g/cm^3$ 정도다.

105

여름에 개화하는 수종인 무궁화, 배롱나무, 금목서는 가을이나 겨울에 전정이 가능하나, 동해 발생을 막기 위해 당년도 가지에 각각 5월, 6월, 7월에 꽃눈이 형성되므로 봄에 생장이 시작될 때에 전정하는 것이 바람직하다.

106

울타리 전정은 상단보다 바닥부분이 넓게 유지하고 햇빛이 도달할 수 있도록 하여야 수목의 생육에 좋다.

107

일반적인 양료요구도는 침엽수보다 활엽수가 높으며 특히, 소나무류의 양료요구도가 가장 낮다.

108

회양목은 동해에 약하므로 겨울전정을 지양하고 5월말에 전정하는 것이 바람직하다.

109

과습에 의한 피해를 예방하기 위해서는 수분함량을 낮추어야 하며, 방법으로는 토양객토, 유공관 설치 등이 있다.

110

목질부의 변색되었으나 단단한 부분은 수목의 방어벽임으로 제거하게 되면 미생물의 침입으로 인해 부패가 빠른 속도로 진행된다.

111

섬잣나무는 이식성공률이 낮으나, 단풍나무는 이식성공률이 높은 수종이다.

112

뿌리돌림은 1~2년 뒤 이식을 목적으로 실시함으로 세근의 발달을 촉진시키기 위해 비료공급, 통기성 확보를 해주어야 한다.

113

결핍증상의 양상은 아래와 같다.

구 분	내 용
이동이 용이한 원소	N, P, K, Mg은 결핍증이 성숙잎에서 먼저 나타남
이동이 어려운 원소	Ca, Fe, B는 결핍증이 생장점, 열매, 어린잎에 나타남

114

고온에 의한 피소 및 엽소에 대한 감수성과 저항성은 아래와 같다.

구 분	강한 수종	약한 수종
피 소	사철나무, 동백나무 등	단풍나무, 층층나무, 물푸레나무, 칠엽수, 느릅나무, 주목, 잣나무, 젓나무, 자작나무
엽 소	참나무류, 소나무류 등	버즘나무, 배롱나무, 가문비나무, 오동나무, 벚나무, 단풍나무, 매화나무 등

115

일조량이 부족하거나 그늘에서 자라는 나무는 조직이 연약하여 약해가 발생할 우려가 높다.

116

수목의 세포간극이 얼기 시작하여 세포 내의 수분을 빼앗아 농도가 진하게 바뀜으로 원형질의 빙점이 낮아진다.

117

가지에서 수간으로 변색이나 부후를 막는 것은 가지보호대이다.

118

생활환경보전림은 도시와 생활권 주변의 경관유지 등 쾌적한 환경을 제공하는 산림으로 공원형, 경관형, 방풍/방음형, 생산형으로 나눌 수 있다.

119

수간주사는 미량원소의 결핍 시 사용하는 것이 효과적이다.

120

과밀한 임분은 토양구조의 발달을 저해하고 수고생장을 하게 하여 수간직경이 작으며, 하층식생이 빈약하다.

121

상대습도가 높을 때 대기오염피해가 높아진다.

122

아황산가스에 대해 저항인 수종은 라일락, 광나무, 회잎나무, 가중나무, 팽나무, 박태기나무, 백당나무 등이다.

123

내건성이 높은 수종은 곰솔, 노간주나무, 눈향나무, 섬잣나무,
소나무, 향나무 등이다.

내건성	침엽수	활엽수
높 음	곰솔, 노간주나무, 눈향나무, 섬잣나무, 소나무, 향나무	가중나무, 물오리나무, 보리수나무, 사시나무, 사철나무, 아까시나무, 호랑가시나무, 회화나무
낮 음	낙우송, 삼나무	느릅나무, 능수버들, 단풍나무, 동백나무, 물푸레나무, 주엽나무, 층층나무, 황매화

124

가이드 바(안내판)의 끝으로 작업을 할 경우 킥백현상이 나타난다.

125

최초의 합성 유기인계 살충제는 parathion이다.

126

Hill 반응은 광합성 과정 중의 반응으로 물을 광분해서 산소와
전자를 생산하는 과정이다. 따라서 Hill 반응 저해는 제초제 작용
기작에 해당한다.

127

① 광합성 과정에서 활성산소를 발생하여 살초
② 식물호르몬(옥신) 작용 교란
③ 광합성의 Hill 반응 저해
⑤ 단백질 합성 저해

128

Nereistoxin계는 바다 갯지렁이의 독소성분을 이용한 살충제이다.

129

수화제는 고체상태이기 때문에 빈 농약병 처리 문제가 없다.

130

훈증제는 저장곡물 또는 토양소독에 사용한다.

131

계면활성제는 친수성과 소수성의 특징을 동시에 갖는다.

132

약제혼용 시 주의사항 중 '미량요소비료와 혼용하지 않는다'가
있다.

133

우리나라의 농약은 대부분 저독성이며, 맹독성은 유통되지 않
는다.

134

보르도액 같은 수용성 무기농약은 쉽게 유실되기 때문에 잔류성
이 낮다.

135

교차저항성은 한 약제에 대한 저항성이 생기면 유사한 다른 약제
에도 저항성을 보이는 경우로 역상관교차저항성과 구별된다.

136

해충의 완전 방제는 불가능하다.

137

등록이 취소된 후 3년이 지나지 아니한 자는 나무병원을 등록할
수 없다.

138

1년 이하의 징역 또는 1천만원 이하의 벌금
• 거짓이나 부정한 방법으로 나무의사 등의 자격을 취득한 자
• 거짓이나 부정한 방법으로 양성기관으로 지장을 받은 자
• 거짓이나 부정한 방법으로 나무병원을 등록한 자

139

반출금지구역 : 재선충병 발생지역과 발생지역으로부터 2km
이내에 포함되는 행정 동·리의 전체구역

140

• 품목 : 개별 유효성분의 비율과 제제 형태가 같은 농약의 종류
• 원제 : 농약의 유효성분이 농축되어 있는 물질

1	2	3	4	5	6	7	8	9	10
①	⑤	②	④	①	⑤	④	②	②	⑤
11	12	13	14	15	16	17	18	19	20
⑤	⑤	①	④	③	①	①	③	③	③
21	22	23	24	25	26	27	28	29	30
④	⑤	⑤	②	④	②	③	②	③	③
31	32	33	34	35	36	37	38	39	40
①	②	①	④	④	④	②	①	①	②
41	42	43	44	45	46	47	48	49	50
②	⑤	③	①	②	③	③	④	①	③
51	52	53	54	55	56	57	58	59	60
⑤	②	②	③	④	⑤	⑤	①	②	③
61	62	63	64	65	66	67	68	69	70
②	④	①	③	②	③	⑤	④	②	③
71	72	73	74	75	76	77	78	79	80
⑤	①	③	②	④	①	④	④	⑤	④
81	82	83	84	85	86	87	88	89	90
②	⑤	③	②	⑤	③	②	②	⑤	①
91	92	93	94	95	96	97	98	99	100
⑤	③	③	①	②	①	②	⑤	④	②
101	102	103	104	105	106	107	108	109	110
②	①	③	⑤	②	⑤	①	②	②	②
111	112	113	114	115	116	117	118	119	120
③	⑤	④	②	②	①	①	①	②	③
121	122	123	124	125	126	127	128	129	130
⑤	④	⑤	⑤	①	④	②	③	⑤	①
131	132	133	134	135	136	137	138	139	140
⑤	④	④	①	①	④	②	①	④	⑤

01

녹병정자는 녹병정자기 안에 형성되는 극히 작은 단세포이며, 표면은 돌기 없이 평활하다. 녹병정자기의 형태 및 형성위치는 녹병균류의 분류에서 중요한 기준이 된다. 또한 곤충을 유인할 수 있는 독특한 향이 있으므로 주로 곤충에 의하여 전반되거나 빗물에 의해 전파된다.

02

담자균은 유성세대로는 담자기 위에 유성포자인 담자포자를 형성하는데 핵융합과 감수분열의 결과 담자기 위에 4개의 담자포자를 형성한다.

03

녹병정자는 돌기가 없는 단세포로 곤충을 유인할 수 있는 독특한 향을 지니고 있으며 곤충이나 빗물에 의하여 전파된다.

04

*Colletotrichum*은 호두나무 탄저병, 사철나무 탄저병, 동백나무 탄저병 등을 발생시킨다.

05

느티나무 흰별무늬병은 *Septoria*에 의한 병이다.

06

토양주변에 균사망을 만들고 헝겊 같은 피막을 형성하는 병은 자주날개무늬병이다.

07

전나무 잎녹병은 주로 계곡에서 발생하며 병원균은 담자균인 *Uredinopsis komagatakensis*으로 중간기주는 뱀고사리이다.

08

난균은 유성생식포자는 난포자이며, 무성생식포자는 유주포자라고 한다.

09

*Phytophthora*는 일반적으로 연화성 병해이다.

10

연부후균은 콩버섯, 콩꼬투리버섯이 대표적이고, *Alternaria*, *Bisporomyces*, *Diplodia* 등도 목재조직이 높은 습도에 지속적으로 노출될 경우에 연부후가 발생한다.

11

밤나무 잉크병은 *Phytophthora katsurae*에 의해 발생하며 뿌리와 수간하부에 주로 발생한다.

12

*Fsarium*균은 비교적 습도가 낮은 토양, *Rhizotonia solani*에 의한 모잘목병은 습도가 높은 경우에 피해가 크며, 인산질 비료와 칼리질 비료는 전염병의 발생을 감소시킬 수 있다. 또한 황산암모니아의 과용은 토양을 산성화시켜 병을 증가시킬 수 있다.

13

뿌리에 병을 발생시키는 곰팡이는 대부분의 시간을 죽은 유기물에서 생활하고, 사물영양체라 할 수 있지만 어떤 조건에서는 살아있는 식물체에 침입하는 임의기생균이다.

14

세균은 미토콘드리아를 가지고 있지 않다.

15

밤나무 줄기마름병은 세계 3대 수병 중 하나로 원래는 동양의 풍토병이었으나, 1900년대에 북아메리카로 유입되었으며 미국과 유럽의 밤나무림을 황폐화시켰다.

16

소나무피목가지마름병의 병원균은 자낭균인 *Cenangium ferruginosum*이며 기온이 매우 낮을 때 피해가 심각하다.

17

*Guignardia laricina*는 낙엽송 가지끝마름병균이고, 잣나무 수지동고병의 병원균은 *Valsa abieties*이다.

18

세균의 생장곡선에서 대수기에는 일정한 생장률을 보이고, 세포의 크기, 세균 수, 단백질 함량, 건물량이 같은 속도로 증가하는 시기이다.

19

선충의 외피는 부드럽고 투명한 큐티클로 되어있다.

20

파이토플라스마는 인공배양이 불가능하며 식물의 체관부 즙액에 존재한다.

21

구 분	특 징
반자낭균강	• 자낭과를 형성하지 않아 병반 위에 나출 • 자낭은 단일벽
부정자낭균강	• 자낭과는 자낭구로 머릿구멍(ostiole)이 없음 • 단일 벽의 자낭이 불규칙적으로 산재
각균강	• 자낭과는 자낭각으로 위쪽에 머리구멍이 있거나 없음 • 단일 벽의 자낭이 자낭과 내의 자실층에 배열
반균강	• 자낭과는 자낭반으로 내벽은 자실층으로 되어있음 • 자실층에는 자낭이 나출되어있음
소방자낭균강	자낭과로 자낭자좌를 가지며 자낭은 2중 벽

22

대추나무 빗자루병은 1950년경에 크게 발생하였다.

23

그람염색법에 의한 그람양성균과 그람음성균의 구분은 아래와 같다.

구 분	그람양성균 (Gram positive)	그람음성균 (Gram negative)
식물병균	*Arthrobacter,* *Clavibacter,* *Curtobacterium,* *Rathayibacter,* *Rhodococcus*	*Agrobacterium,* *Pseudomonas,* *Streptomyces,* *Xanthomonas,* *Xylophilus, Xylella*

24

*Elsinoe*속은 더뎅이병을 유발하며 나머지는 *Lophodermium* 병의 특징이다.

25

동종기생균에는 회화나무 녹병, 후박나무 녹병이 있다.

26

동종 개체에 정보전달을 페르몬, 다른 종 개체 간의 정보전달을 타감물질이라고 한다.

타감물질	내 용
알로몬	생산자에게 유리, 수용자에게 불리
카이로몬	생산자에게 불리, 수용자에게 유리
시노몬	생산자와 수용자 모두에게 유리하게 작용

27

곤충의 번성원인은 외부골격, 작은 몸집, 비행 능력, 번식 능력, 변태 유형, 적응 능력 등이다.

28

곤충은 무리지어 생활하는 습성을 가지고 있으며 이는 생존율을 높이기 위한 것이다.

29

외래해충은 아래와 같다.

학 명	원산지	피해수종
솔잎혹파리	일본(1929)	소나무, 곰솔
미국흰불나방	북미(1958)	버즘나무, 벚나무 등 활엽수 160여 종
솔껍질깍지벌레	일본(1963)	곰솔, 소나무
소나무재선충	일본(1988)	소나무, 곰솔, 잣나무
버즘나무방패벌레	북미(1995)	버즘나무, 물푸레
아까시잎혹파리	북미(2001)	아까시나무
꽃매미	중국(2006)	대부분 활엽수
미국선녀벌레	미국(2009)	대부분 활엽수
갈색날개매미충	중국(2009)	대부분 활엽수

30

- 편도세포는 탈피호르몬을 생산
- 공생균기관은 수용성 비타민류와 필수아미노산을 공급
- 지방체는 영양물질의 저장장소의 역할

31

광식성 해충은 여러 과의 수목을 가해하는 해충이다.
- 미국흰불나방, 독나방, 매미나방, 천막벌레나방 등
- 목화진딧물, 조팝나무진딧물, 복숭아혹진딧물 등
- 뽕밀깍지벌레, 거북밀깍지벌레, 뽕나무깍지벌레 등
- 전나무잎응애, 점박이응애, 차응애 등
- 오리나무좀, 알락하늘소, 왕바구미, 가문비왕나무좀

32

하늘소 중 향나무하늘소는 연 1회 발생하고 3~4월에 우화한다.

하늘소명	발생횟수	우화시기	하늘소명	발생횟수	우화시기
솔수염 하늘소	1회	5~8월	향나무 하늘소	1회	3~4월
북방수염 하늘소	1회	4~7월	털두꺼비 하늘소	1회	4~8월
알락 하늘소	1회	6~7월	버들 하늘소	2년 1회	7~8월
뽕나무 하늘소	2~3년 1회	7~8월	포플러 하늘소	1회	4~5월

33

이세리아깍지벌레는 오스트레일리아 원산으로 연 2~3회 발생하고, 암컷성충은 자웅동체의 특성을 가진다.

34

응애는 홑눈을 가지고 있으며 겹눈이 없다. 가해습성에 따라 흡즙을 하는 잎응애와 충영형성을 하는 혹응애로 구분할 수 있다.

35

주둥무늬차색풍뎅이 유충은 뿌리를 가해하는 특성이 있어 잔디의 피해가 심하며 성충은 불빛에 잘 유인되므로 유아등을 이용하여 방제한다.

36

곤충의 배자 층별 발육은 아래와 같다.

구 분	발육 운명
외배엽	표피, 외분비샘, 뇌 및 신경계, 감각기관, 전장 및 후장, 호흡계, 외부생식기
중배엽	심장, 혈액, 순환계, 근육, 내분비샘, 지방체, 생식선 (난소와 정소)
내배엽	중장

37

대벌레목은 날개는 종종 축소되었거나 없으며, 꼬리돌기는 짧고 마디화되지 않는다. 대부분의 대벌레류는 단시형이거나 이차적으로 날개가 없어졌다.

38

잎의 뒤쪽에서 식해하며 검은 벌레똥과 탈피각이 붙어 있는 것은 방패벌레의 특징이다.

39

잎응애는 흡즙성 해충으로 덥고 건조하며 먼지가 많은 환경을 좋아하는 특징을 가지고 있다.

40

오리나무잎벌레는 수관 아래에서 위로 가해함으로써 수관 아래쪽의 피해가 심하다.

41

불나방류는 주로 밤에 활동하며 주광성이 있어 야간에 불빛에 잘 유인되는 특징이 있다.

42

병원미생물 중 바이러스는 인간에 대한 감염위험이나 독성, 알레르기 반응에 대해 안전적인 장점이 있다.

43

해충방제란 인간에게 경제적 손실을 초래하는 해충의 활동을 억제하는 것으로 해충의 밀도를 일정수준 이하로 조절하는 것을 의미한다.

44

유충이 수피 밑의 형성층 부위를 식해하며 가해부는 적갈색의 굵은 배설물과 함께 수액이 흘러나온다. 성충의 날개는 투명하나 날개맥과 날개끝은 검은색이며 우화최성기는 8월 상순이다. 방제방법으로 침입구멍에 철사를 넣고 찔러 죽이거나 페로몬 트랩 설치하기도 한다.

45

외줄면충은 1년에 수 회 발생하고 한국, 일본, 중국, 미국에 분포하며, 느티나무를 가해한다.

46

곤충과 응애는 좌우대칭형 절지동물이며 외골격은 키틴질로 되어 있다.

47

진딧물 중 침엽수와 활엽수를 동시에 가해하는 종은 아직 발견되지 않았다.

48

꽃매미는 1~3령충까지 검은 색이나 4령충 이후에는 붉은 색으로 변한다.

49

기생성 천적은 주로 기생벌류와 기생파리류가 있다.

50

남포잎벌은 신갈나무, 떡갈나무를 가해하는 해충이며 감수성은 밤나무는 낮은 편이고 굴참나무는 가해하지 않는다.

51

낙엽성 상수리나무류 : 상수리나무, 굴참나무, 정릉참나무

52

사부 조직의 기능 : 탄수화물의 이동, 지탱, 코르크 형성층의 기원

53

은행나무, 주목, 전나무, 미송의 잎은 한 개의 유관속을 가지며, 소나무류는 2개를 갖는다.

54

액아는 동아가 되거나 수피 밑에 묻혀 잠아로 남는다.

55

사부조직은 수피로 벗겨져 없어지기 때문에 직경을 굵게 하는데 역할을 못한다.

56

자유생장형 수종 : 은행나무, 낙엽송, 포플러, 자작나무, 플라타너스, 버드나무, 아까시나무, 느티나무

57

카로티노이드는 이소프레노이드 화합물로서 노란색, 오렌지색, 적색 등을 나타내는 색소이다.

58

② 뿌리털은 뿌리끝 신장생장하는 부분의 바로 뒤에 위치한다.
③ 편백나무와 가문비나무는 천근성 침엽수이다.
④ 뿌리 생장은 줄기 생장 전에 시작해서 줄기 생장이 정지한 후에도 계속 된다.
⑤ 복토와 심식은 뿌리의 호흡을 저해한다.

59

cryptochrome : 파장 320~450nm의 청색광을 흡수하는 플라보 단백질 계통의 색소

60

C4 식물군에 속하는 식물은 사탕수수, 옥수수, 수수 등의 열대성 초본으로 광합성 속도가 빠르고 효율이 높다.

61

굵은 가지나 수간의 호흡은 수피와 형성층 주변 조직에서 주로 일어나며, 형성층 조직은 외부와 직접 접촉하지 않기 때문에 산소의 공급이 부족해서 혐기성 호흡이 일어나기도 한다. 피목은 수피의 가스교환을 촉진시킨다.

62

lignin은 지질대사산물인 폴리페놀화합물이다.

63

수용부로서의 상대적 강도
열매, 종자 > 어린 잎, 줄기 끝의 눈 > 성숙한 잎 > 형성층 > 뿌리 > 저장조직

64

암모늄 이온은 독성을 띠기 때문에 아미노산 형태로 유기물화 된다.

65

포화지방산은 불포화지방산보다 잘 굳는 성질을 가지므로 추운 지방의 식물은 불포화지방산의 함량이 높다.

66

수목은 수분을 함유하고 있어 보통 세포의 기질퍼텐셜(매트릭퍼 텐셜)은 0에 가깝고 세포들 간 차이가 없어 수목에서 수분포텐셜을 계산할 때 무시해도 된다. 수목에서 수분포텐셜은 팽압에 의한 압력퍼텐셜과 세포액의 농도에 의한 삼투퍼텐셜의 합으로 결정된다.

67

증산작용의 억제 : 여러 개의 소엽으로 된 복엽, 가느다란 침엽, 두꺼운 각피층, 틸, 반사도

68

카스페리안대 : 내피세포의 방사단면벽과 횡단면벽에 수베린으로 만들어진 띠

69

내생균근균은 수수와 같은 기주식물과 함께 증식해야 하며, 단독 배양은 불가능하다.

70

① 용질의 확산속도
② 입자의 침강속도
④ 수리전도도
⑤ 구획화

71

• 배유종자 : 두릅나무, 소나무, 솔송나무
• 무배유종자 : 너도밤나무, 아까시나무, 콩과식물, 참나무류

72

종자가 수분을 흡수하면 지베렐린(GA)이 생산되어 휴면이 타파된다.

73

옥신은 목부나 사부가 아닌 유관속 조직에 인접한 유세포를 통해 이동한다.

74

②는 상렬에 대한 설명이다.

75

산성비와 대기오염물질에 의해 왁스층이 침식되기 때문에 조직 용탈이 가속된다. 무기영소 중 칼륨이 가장 많이 용탈된다.

76

산림토양의 pH는 경작지토양보다 낮다. 낮은 pH에서 세균의 활동이 저해되기 때문에 세균보다 곰팡이의 비중이 커진다.

77

유기산에서 나온 수소이온이 규산염 광물의 알루미늄을 용해 또는 유기복합체 형성을 통해 제거하여 광물을 붕괴시키는 반응으로 산성용액에서의 풍화에 해당한다.

78

회색화작용은 수직배수가 잘 안 되는 투수불량지 또는 지하수위가 높은 곳에 흔하게 나타난다.

79

① 잔적모재에 대한 설명이다.
② 퇴적유기모재는 호수나 습지 등 산소공급이 제한되어 유기물 분해가 느려 축적되는 환경에서 형성된다.
③ 범람원에 대한 설명이다. 종퇴석은 빙하가 녹은 자리의 머리 부분에 남은 반원형의 퇴적물이다.
④ 빙력토평원에 대한 설명이다.

80

가장 상위 단위는 목(order)이고 가장 하위 단위는 통(series)이다.

81

① 토양의 고상 비율이 증가하면 공극률이 감소하고 용적밀도는 증가한다.
③ 용적수분함량에 대한 설명이다.
④ 토성은 토양입자의 크기별 구성비율이다.
⑤ 비례가 아닌 반비례관계이다.

82

공극은 액상과 기상이 차지하는 공간이다. 공극률이 50%이고 용적수분함량이 25%이므로 기상의 비율은 25%가 된다.

83

Na^+이온은 수화반지름이 커서 점토입자를 분산시킨다.

84

배수가 불량한 토양은 산소가 부족하여 환원상태가 된다.

산화 상태	CO_2 이산화탄소	NO_3^- 질산이온	SO_4^{2-} 황산이온	Fe^{3+} 3가 철	Mn^{4+} 4가 망간
환원 상태	CH_4 메탄	N_2, NH_3 질소, 암모니아	S, H_2S 황, 황화수소	Fe^{2+} 2가 철	Mn^{2+}, Mn^{3+} 2가, 3가 망간

85

토양색 표기방법 : 색상(토색첩 각 쪽의 오른쪽 상단) 명도(Y축)/채도(X축)

86

텐시오미터(tensiometer, 장력계)법은 토양수분의 매트릭퍼텐셜을 직접 측정하는 것으로 유효수분함량을 평가할 수 있다. 토양공극 내 상대습도로 토양수분퍼텐셜을 측정하는 방법은 싸이크로미터(psychrometer)법이다.

87

4개의 퍼텐셜이 동시에 작용하는 경우는 없다. 압력퍼텐셜은 포화수분상태에서만 작용하고, 매트릭퍼텐셜은 불포화수분상태에서만 작용한다.

88

같은 압력에서 습윤과정의 수분함량이 건조과정의 수분함량보다 낮다.

89

팽창형 규산염 2차 광물은 smectite와 vermiculite이다. 2:1층 사이의 결합이 약해 물분자의 출입이 자유로워 수분함량에 따라 팽창과 수축하게 된다.

90

양이온교환은 토양교질의 표면전하가 음전하를 띠기 때문에 일어나는 현상이다. 토양교질에 흡착된 양이온은 토양용액 중의 다른 양이온과 자리바꿈을 할 수 있기 때문에 가역적인 반응이다.

91

알칼리 및 알칼리토금속이온은 토양용액의 OH^- 이온농도를 높이고, 이로 인해 H^+ 이온농도가 감소되기 때문에 pH 7.0 이상의 알칼리성을 나타낸다.

92

내생균근균은 초본류, 작물, 과수 및 대부분의 산림수목과 공생한다.

93

③ 유기물의 리그닌함량과 페놀함량이 높을수록 분해가 느려진다.
①·④ 식물체 구성물질의 분해도 : 당류·전분 > 단백질 > 헤미셀룰로오스 > 셀룰로오스 > 리그닌 > 지질·왁스·탄닌 등
② 탄질률이 20 이하일 때, 무기화작용 우세하고 토양에 무기태 질소 증가한다. 탄질률이 30 이상일 때, 고정화작용 우세하고 미생물에 의해 질소가 고정되면서 토양의 무기태 질소 감소 또는 고갈되어 질소기아현상이 일어날 수 있다.
⑤ 중성 정도의 pH, 산소가 풍부한 호기조건, 토양공극이 60% 정도 채워진 수분상태, 25~35℃의 온도조건에서 미생물의 유기물분해가 빠르다.

94

부식의 분획산물은 부식회(humin), 부식산(humic acid), 풀브산(fulvic acid)으로 구분된다. 알칼리용액으로 추출되지 않고 남는 분획이 부식회, 추출된 분획에 다시 산처리를 하였을 때 계속해서 녹아 있는 것은 풀브산, 녹지 않고 가라앉는 것은 부식산이다.

95

① 탈질 : 탈질균에 의한 다단계 환원반응
③ 용탈 : 토양 중의 물질(여기서는 질소)이 물에 녹아 씻겨나가 손실되는 현상
④ 질산화 : 질산화균에 의한 2단계 산화반응
⑤ 질소 고정 : 질소 분자를 암모니아로 전환시켜 유기질소화합물을 합성하는 것

96

균근은 광합성 환경은 좋으나 토양비옥도가 낮을 때 발달한다.

97

식물이 흡수하는 인산의 형태
$H_2PO_4^-$, HPO_4^{2-}(총인에 비해 농도가 매우 낮음), pH 7.22에서 $H_2PO_4^-$와 HPO_4^{2-}의 농도가 같아지고, pH 7.22 이하에서 $H_2PO_4^-$, pH 7.22 이상에서 HPO_4^{2-}이 많아진다.

98

염류토양 : pH 8.5 이하, 포화침출액의 전기전도도 4dS/m 이상, 교환성 나트륨비 15% 이하, 나트륨 흡착비 13 이하

99

Phytoremediation의 단점
• 토양, 침전물, 슬러지 등에 있는 고농도의 TNT나 독성 유기화합물의 분해가 어려움
• 독성물질에 의하여 처리효율이 떨어질 수 있음
• 화학적으로 강하게 흡착된 화합물은 분해되기 어려움
• 처리하는데 장기간이 소요
• 너무 높은 농도의 오염물질에는 적용하기 어려움

100

WEPP는 USLE/RUSLE를 보완하기 위해 이용되는 모델로서 세류침식과 면상침식을 구분하여 유실량 예측 및 개개 인자에 의한 유실량 예측이 가능하다. USLE/ RUSLE는 면상침식이나 세류침식에 관계없이 총토양유실량을 예측하는데 이용된다.

101

단풍나무류와 자작나무는 2~4월경에 수액유출이 심하여 이 시기는 피하는 것이 좋다.

전정 시 주의 할 사항	수 종	비 고
부후하기 쉬운 수종	벚나무, 오동나무, 목련 등	
수액유출이 심한 수종	단풍나무류, 자작나무 등	전정 시 2~4월은 피함
가지가 마르는 수종	단풍나무류	
맹아가 발생하지 않는 수종	소나무, 전나무 등	
수형을 잃기 쉬운 수종	전나무, 가문비나무, 자작나무, 느티나무, 칠엽수, 후박나무 등	
적심을 하는 수종	소나무, 편백, 주목 등	적심은 5월경에 실시

102

점질토는 양이온치환능력이 큼으로 사질토보다 더 많은 비료를 시비해야 한다.

103

나이테의 추재는 세포벽이 두껍고 조밀하여 병균의 침입이 어려운 방어대이다.

104

느티나무와 벚나무는 양분 요구도가 높은 수종에 속한다.

양료요구도	침엽수	활엽수
높 음	금송, 낙우송, 독일가문비, 삼나무, 주목, 측백나무	감나무, 느티나무, 단풍나무, 대추나무, 동백나무, 매화나무, 모과나무, 물푸레나무, 배롱나무, 벚나무, 오동나무, 이팝나무, 칠엽수, 튤립나무, 피나무, 회화나무, 버즘나무
중 간	가문비나무, 잣나무, 전나무	가시나무류, 버드나무류, 자귀나무, 자작나무, 포플러
낮 음	곰솔, 노간주나무, 대왕송, 방크스소나무, 소나무, 향나무	등나무, 보리수나무, 소귀나무, 싸리나무, 아까시나무, 오리나무, 해당화

105

봄에 개화하는 수종은 꽃눈이 당년도 개화가 끝난 직후에, 아직 내년도 꽃눈이 생기기 전에 전정하여야 한다.

106

수목의 기울어진 형태는 직선형이 최근에 발생한 기울기로서 가장 위험한 형태이다.

107

1년 중 수목생장에 있어 가장 물이 중요한 시기는 봄철이다.

108

전정을 하지 않는 수종은 아래와 같다.

구 분	전정하지 않는 수종
침엽수	독일가문비, 금송, 히말라야시다, 나한백 등
상록활엽수	동백나무, 치자나무, 굴거리나무, 녹나무, 태산목 등
낙엽활엽수	느티나무, 팽나무, 회화나무, 참나무류, 푸조나무, 백목련, 튤립나무, 떡갈나무 등

109

어린 묘목 등 활착이 잘 되는 수종에 적합한 뿌리분은 나근이다.

110

구조적 안정성을 위해서는 당김줄과 처진 가지와의 각도를 45° 이상으로 하여야 한다.

111

수목의 이식은 물과 양분을 흡수할 수 있는 세근이 부족해짐에 따라 광합성량을 줄여야 하며, 이를 위해서는 가지를 절단하거나 잎을 제거, 차광막 설치, 증산억제제 살포 등의 방법이 있다.

112

수목의 방어대는 목재 부후균을 비롯한 여러 상처 미생물의 침입을 봉쇄하고 감염된 조직의 확대를 최소화하기 위해 상처 주변에 여러 방향으로 화학적, 물리적 방어벽을 형성하는 것을 말하며 제1~4방어대가 있다.

113

어린잎에서 먼저 결핍증상을 보이는 원소는 철, 붕소, 칼슘이고, 성숙잎에서 결핍증상을 보이는 원소는 질소, 인, 칼륨, 마그네슘이다.

114

수분 부족 시에는 물의 이동이 지체부에서 수관 쪽으로 이동함으로 부족현상은 수관의 상층부 및 수관의 끝부분에서 나타난다.

115

에틸렌은 정상적인 수목에서도 존재하는 생장조절물질로서 제초제의 피해와 혼돈하기도 한다.

116

내화력이 약한 수종은 침엽수는 소나무, 해송, 삼나무, 편백 상록활엽수의 경우는 녹나무, 구실잣밤나무 낙엽활엽수의 경우는 아까시나무, 벚나무, 능수버들, 벽오동나무, 참죽나무, 조릿대 등이다.

117

목부조직의 피해는 거의 발생하지 않으며 사부조직의 괴사가 발생한다.

118

천근성 수종은 방풍림 조성에 부적합하며, 침엽수에는 가문비나무, 낙엽송, 솔송나무, 편백 등이 있으며, 활엽수로는 매화나무, 밤나무, 버드나무, 아까시아나무, 자작나무, 포플러류가 천근성이다.

119

산성비로 인하여 Wax층이 붕괴하고 세포막을 파괴함으로써 잎에서 K, Mg, Ca이 용탈된다.

120

내습성이 낮은 수종은 가문비나무, 서양측백, 소나무, 주목, 향나무, 해송 등이다.

내습성	침엽수	활엽수
높음	낙우송	단풍나무류(은단풍, 네군도, 루부룸), 물푸레나무, 버드나무류, 버즘나무류, 오리나무류, 주엽나무, 포플러류
낮음	가문비나무, 서양측백나무, 소나무, 주목, 향나무류, 해송	단풍나무류(설탕, 노르웨이), 벚나무류, 사시나무, 아까시나무, 자작나무류, 층층나무

121

천근성 수종은 매화나무, 밤나무, 버드나무, 아까시나무, 자작나무, 포플러, 낙엽송, 가문비 등이다.

구 분	침엽수	활엽수
심근성	곰솔, 나한송 소나무류, 비자나무, 은행나무, 잣나무류, 전나무, 주목	가시나무, 구실잣밤나무, 굴거리나무, 녹나무, 느티나무, 단풍나무류, 동백나무, 마가목, 모과나무, 목련류, 벽오동, 생달나무, 참나무류, 칠엽수, 튤립나무, 팽나무, 호두나무, 회화나무, 후박나무
천근성	가문비나무, 낙엽송, 눈주목, 독일가문비나무, 솔송나무, 편백	매화나무, 밤나무, 버드나무, 아까시나무, 자작나무, 포플러류

122

산불의 형태 중 진화가 힘들고 가장 큰 손실을 가져오는 유형은 수관화이다.

123

은행나무, 편백, 향나무류 등은 대기오염에 강한 침엽수종이다.

저항성	강 함	약 함
대기오염	은행나무, 편백, 향나무류	가문비나무, 반송, 삼나무, 소나무, 오엽송, 잣나무, 전나무, 측백나무, 히말라야시다

124

온도의 변화가 심한 남서쪽에서 잘 발생하며 직경이 15~30cm의 수목에 자주 발생한다.

125

DDT(dichlorodiphenyl trichlorine)는 유기염소계 농약으로서 살충력이 강하고 포유류에 상대적으로 저독성이어서 널리 사용되었으나, 잔류기간이 길어 현재는 사용이 금지된 약제이다.

126

① 신경전달물질 수용 저해
② 신경축색 전달 저해
③ 시냅스 전막 저해
⑤ 신경축색 전달 저해

127

① 바다갯지렁이의 독소
③ 담배 추출물
④ Streptomyces avermitilis의 발효생성물
⑤ 곤충 섭식저해물질

128

보르도액은 작물표면에 부착하는 포자가 발아하는 것을 저지하는 발병 전 예방제로 사용되는 보호살균제이다.

129

Paraquat는 Bipyridylium계 제초제로서 살초작용에 광조건이 요구된다. 광합성 명반응(PS I) 중에 활성산소의 발생을 촉진시켜 과산화에 의한 세포막 파괴 등을 유도해 살초한다.

130

Dithiocarbamate계 살균제는 보르도액 등 초기 무기살균제 이후 2세대 살균제 중에서 가장 중요한 역할을 하고 있다. 비선택성 살균작용과 낮은 저항성 유발 특성이 있어 침투성 살균제와 함께 널리 사용되고 있다.

131

증량제는 입자의 크기 및 입도분포에 따라 분산성, 비산성, 부착성에 영향을 준다. 가비중은 비산성과 관계가 되며, 보통 0.4~0.6이 적당하다. 물의 비중은 1.0이다.

132

2차 약해는 살포된 농약이 작물체 내 또는 토양 중에서 대사·분해되어 생성된 화합물에 의하여 일어나는 약해이다.

133

농약의 기본적인 대사과정은 무극성 물질의 극성화과정이다. 농약은 생물체 내 침입을 위해 대부분 지용성 화합물로 되어 있다. 대사과정은 Phase 1과 Phase 2의 두 가지 반응으로 구분된다.

Phase 1	효소작용에 의해 약제 분자 내에 극성기인 OH, SH, COOH, NH₂ 등이 도입되는 과정	
Phase 2	콘쥬게이션	Phase 1의 생성물이 당, 아미노산, 펩타이드, 황산 등의 생물체 내 성분과 결합하는 반응
	무기화	Phase 1의 생성물이 물질대사에 의하여 물과 탄산가스로 무기화되는 과정

134

휘발성이 낮은 polyethylene glycol 등이 보습제로 사용된다.

135

물에 대한 용해도, 즉 수용성이 큰 약제는 쉽게 유실되기 때문에 잔류성이 낮다. 보르도액과 같은 수용성 무기농약을 예로 들 수 있다.

136

병해충에 대한 완전 방제는 불가능하며, 일정지역 방제 시 동일한 약재의 공동 사용은 회피해야 한다.

137

나무의사 자격 취득 결격 사유
농약관리법 또는 소나무재선충병 방제특별법을 위반하여 징역의 실형을 선고받고 그 집행이 종료되거나 집행이 면제된 날부터 2년이 경과되지 아니한 사람

138

• 감염우려목 : 반출금지구역의 소나무류 중 재선충병 감염 여부 확인을 받지 아니한 소나무류
• 감염의심목 : 재선충병에 감염된 것으로 의심되어 진단이 필요한 소나무류

139

복합방제(피해고사목 벌채+예방나무주사)를 원칙으로 함
• 극심·심 지역 : 외곽부터 피해목 제거에 집중, 피해극심지는 모두베기
• 경·경미지역 : 소구역골라베기와 예방나무주사, 피해목 주변 고사목 병행 제거
• 선단지 : 소구역골라베기와 예방나무주사, 피해지 2km 내외 고사목 제거

140

입목, 원목, 훈증처리목에서 재선충병 감염이 의심되는 경우 시료를 채취하여 재선충 분리 및 현미경 검사를 실시한다. 이 때 현미경 검사는 육안검사에 포함된다.

1	2	3	4	5	6	7	8	9	10
⑤	①	⑤	④	⑤	③	①	⑤	①	②
11	12	13	14	15	16	17	18	19	20
①	④	①	③	①	⑤	③	③	③	④
21	22	23	24	25	26	27	28	29	30
②	③	①	①	⑤	④	③	③	③	②
31	32	33	34	35	36	37	38	39	40
②	④	④	②	⑤	①	①	①	⑤	②, ④
41	42	43	44	45	46	47	48	49	50
⑤	①	⑤	①	①	②	①	①	④	②
51	52	53	54	55	56	57	58	59	60
④	⑤	①	③	②	④	②	⑤	③	⑤
61	62	63	64	65	66	67	68	69	70
③	④	③	①	③	②	⑤	①	①	④
71	72	73	74	75	76	77	78	79	80
⑤	③	②	④	③	①	②	③	①	③
81	82	83	84	85	86	87	88	89	90
④	①	⑤	③	②	①	②	④	①	②
91	92	93	94	95	96	97	98	99	100
③	②	③	④	③	⑤	④	②	③	③
101	102	103	104	105	106	107	108	109	110
②	②	②	④	④	①	①	①	③	⑤
111	112	113	114	115	116	117	118	119	120
④	③	①	⑤	③	①	③	④	③	②
121	122	123	124	125	126	127	128	129	130
⑤	①	②	⑤	④	④	⑤	①	②	④
131	132	133	134	135	136	137	138	139	140
④	④	①	③	②	③	⑤	②	④	③

01

장미 흰가루병은 *Podosphaera pannosa*에 의한 병이며, 나머지는 *Erysiphe*에 의한 흰가루병이다.

02

수지(resin)는 지방산, 왁스, 테르펜 등의 혼합체로서 저장에너지 역할하지 않으며 목재의 부패를 방지하고 나무좀의 공격에 대한 저항성을 나타낸다.

03

난균은 라이신 생합성경로 및 스테롤 대사, 세포벽이 섬유소를 포함하는 등 조류와 유사성을 가지고 있다.

04

자낭균의 균사 격벽에는 물질이동통로인 단순격벽공(simple septal pore)이 있으며 담자균에는 유연공격벽(dolipore septum)이 있다.

05

불완전균류는 유성세대가 발견되지 않아 무성세대만 알려진 균류들을 인위적으로 묶었으며 유성세대가 발견될 경우 대부분 자낭균에 속한다.

06

담자포자와 녹병정자의 핵상은 n이며, 녹포자와 여름포자는 n+n, 겨울포자는 2n이다.

07

전나무 잎녹병은 주로 계곡에서 발생하며 여름포자와 겨울포자세대는 뱀고사리, 녹병정자와 녹포자세대는 전나무에서 생활한다.

08

①~④은 Cercospora에 의한 병이고,
⑤는 Pestalotiopsis에 의한 병이다.

09

자낭구 안에 자낭이 여러 개로 되어 있으며, 부속사는 구부러진 일자형으로 Erysiphe를 나타낸다.

10

난균 Pythium spp., 불완전균 Rhizoctonia solani에 의해 발병하는 모잘록병에 대한 설명이다.

11

아밀라리아뿌리썩음병의 표징은 뽕나무버섯, 뿌리꼴균사다발, 부채꼴균사판이다.

12

세균병은 그람양성균과 그람음성균으로 나눌 수 있다.

그람양성균 (Gram positive)	그람음성균 (Gram negative)
Arthrobacter, Clavibacter, Curtobacterium, Rathayibacter, Rhodococcus	Agrobacterium, Pseudomonas, Streptomyces, Xanthomonas, Xylophilus, Xylella

13

파이토플라스마에 의한 병은 종자, 토양, 즙액에 의해서 전염되지 않고, 매개충이나 분주 및 접목에 의해서 전염이 된다.

14

포플러 잎녹병은 Melampsora속에 의해 발생하며 중간기주는 일본잎갈나무, 현호색이다.

15

저항성에 대한 종류는 다음과 같다.

구 분	종 류	내 용
진정 저항성	수직저항성	• 특정 병원체의 레이스에 대해서만 나타내는 저항성 • 병원체의 유전자가 변하면 저항성 상실 • 질적 저항성, 소수인자저항성이라고도 함
	수평저항성	• 식물체가 대부분의 병원체 레이스에 대하여 나타내는 저항성 • 완전하지 못하나 병의 전파를 감소시키고 큰 병으로 진전을 막음 • 양적 저항성, 다인자저항성이라고도 함
외견상 저항성	병회피	감수성인 식물체라도 발병조건이 갖추어지지 않았을 때 나타나는 저항성
	내병성	감염되었더라도 병징이 약하거나 감염 전과 별 차이가 없는 경우

16

접합균류는 접합균강과 Trichomycetes강으로 나누어진다. Trichomycetes강은 절족동물의 소화관 내에서 편리공생을 하는 특수한 분류군으로 식물병원균은 포함되지 않는다.

17

감염된 가지는 감염부위로부터 최소한 30cm 이상 아래에서 잘라 내어야 한다.

18

방선균은 곰팡이의 특성을 가지고 있으나 원핵생물인 세균으로 분류하고 있다.

19

목재청변곰팡이는 주로 천공성 해충에 의해 전반되는 것으로 알려져 있는데, 우리나라에서는 특히 소나무좀, 소나무줄나무좀이 가장 흔하게 발견되는 매개충이다.

20

파이토플라스마는 2분법에 의해서 증식한다.

21

참나무 시들음병은 2004년 경기도 성남의 신갈나무에서 처음 발견되었으며 광릉긴나무좀에 의해 매개한다는 사실을 확인하였다.

병 명	연 도	장 소	특 징
잣나무털녹병	1936년	가 평	• 국내는 중간기주 중 송이풀류에서만 발견 • 까치밥나무류에서는 발견되지 않음
포플러잎녹병	1956년	전 국	• 전국 조림지역에서 발생 • 낙엽송 및 현호색류를 중간기주로 함
리지나뿌리썩음병	1982년	경 주	• 불난 자리나 뿌리가 약해진 곳에서 발병 • 동해안의 대형산불지역에서도 발생
소나무재선충	1988년	부 산	• 적송과 해송에서 발생 • 2006년 경기도 광주 잣나무임지에서도 발견
푸사리움 가지마름병	1996년	인 천	• 리기다소나무림에서 처음 발견 • 중부지역에서 발견된 후 전국으로 확산
참나무 시들음병	2004년	성 남	• 신갈나무에서 처음 발견 • 광릉긴나무좀에 의해 매개

22

소나무 수지궤양병은 *Fusarium circinatum*인 불완전균류에 의해서 발생한다.

23

병원균이 자낭균 *Botryoshaeria dothidea*에 의해 발생하는 밤나무 가지마름병에 대한 설명이다.

24

선충의 생식방법은 양성생식과 처녀생식(단성생식)이 있다.

25

52℃에서 20분 정도의 처리는 감염종자의 수를 줄일 수 있다.

26

전장과 후장은 외배엽에서 분화된 기관이다.

구 분	발육 운명
외배엽	표피, 외분비샘, 뇌 및 신경계, 감각기관, 전장 및 후장, 호흡계, 외부생식기
중배엽	심장, 혈액, 순환계, 근육, 내분비샘, 지방체, 생식선(난소와 정소)
내배엽	중장

27

노랑털알락나방은 1년에 1회 발생하며 알로 월동한다. 봄에 부화한 어린 유충은 새로 발생한 가지 끝에 집단으로 모여 잎을 갉아 먹는데 잎 뒷면에서 집단으로 탈피를 하여 탈피각이 남아 있다. 평균 130개의 알을 덩어리로 낳으며 주로 사철나무에 피해가 크다.

28

표피는 외표피, 원표피, 진피, 기저막으로 구성되어 있으며, 각각의 역할은 표와 같다.

구 분	내 용
외표피	• 외표피는 수분손실을 줄이고 이물질을 차단하는 기능 • 리포단백질과 지방산 사슬로 구성되어 있음
원표피	키틴과 단백질로 구성되어 있으며 내원표피는 표피층의 대부분을 차지
진피	• 주로 상피세포의 단일층으로 형성된 분비조직 • 진피세포의 일부가 외분비샘으로 특화되어 화합물(페르몬, 기피제) 생성
기저막	외골격과 혈체강을 구분지어 줌

29

유리나방은 낮에 활동하며, 꽃에서 영양분을 얻는다.

30

정자소관의 정자는 수정관을 통해서 저장낭으로 모인다.

구 분	생식기관	내 용
수 컷	정소 (정집)	여러 개의 정소소관이 모여 하나의 낭 안에 있음
	수정관	수정소관은 수정관으로 연결됨
	저장낭 (저정낭)	정소소관의 정자는 수정관을 통해서 저 장낭으로 모임
	부속샘	정액과 정자주머니를 만들어 정자가 이 동하기 쉽게 도움
암 컷	난소소관 (알집)	초기난모세포가 난소소관의 증식실과 난황실을 거쳐 알 형성
	부속샘	알의 보호막, 점착액 분비
	저장낭 (수정낭)	교미 시 수컷으로부터 건네받은 정자 보관
	수란관	난소소관은 수란관으로 연결됨

31

학 명	원산지	피해수종
솔잎혹파리	일본 (1929)	소나무, 곰솔
미국흰불나방	북미 (1958)	버즘나무, 벚나무 등 활엽수 160여 종
솔껍질깍지벌레	일본 (1963)	곰솔, 소나무
소나무재선충	일본 (1988)	소나무, 곰솔, 잣나무
버즘나무방패벌레	북미 (1995)	버즘나무, 물푸레
아까시잎혹파리	북미 (2001)	아까시나무
꽃매미	중국 (2006)	대부분 활엽수
미국선녀벌레	미국 (2009)	대부분 활엽수
갈색날개매미충	중국 (2009)	대부분 활엽수

32

잣나무넓적잎벌과 무지개납작잎벌은 납작잎벌과에 속하며, 좀 검정잎벌, 개나리잎벌, 참나무잎벌은 잎벌과에 속한다.

33

향나무하늘소는 목설을 밖으로 배출하지 않아 발견하기 어려운 해충이다.

34

함수율은 열기 건조기를 이용하여 19% 이하가 되도록 건조 처리 한다.

35

쥐똥밀깍지벌레는 수컷약충이 가지에 하얀색 밀랍을 분비하여 피해 가지가 쉽게 눈에 띤다.

36

뿔밀깍지벌레는 중국원산으로 일본을 거쳐 국내에서는 1930년 과수해충으로 처음 기록되었으며 남부 해안지방의 가로수와 조 경수에 큰 피해를 주고 있다.

37

복숭아가루진딧물은 여름기주인 억새와 갈대에서 생활하다 벚 나무속으로 이동하여 수목에 알로 월동하며 월동 후 기주에서 생활하다 여름기주로 옮겨 간다.

38

점박이응애, 벚나무응애는 암컷성충으로 월동하며 전나무잎응 애는 알로 월동하고 차응애는 불규칙하여 성충, 알, 약충 모두 월동태로 볼 수 있다.

39

자귀뭉뚝날개나방은 1년에 2회 발생하며 번데기로 수피 틈이나 지피물에서 월동한다.

40

소나무왕진딧물 등 일부를 제외하고 목화진딧물, 조팝나무진 딧물, 복숭아혹진딧물 등 진딧물류는 광식성(Polyphagous)인 경우가 많다.

41

회양목혹응애는 연 2~3회 발생한다. 잎눈 속에서 가해하며 꽃봉 오리 모양의 벌레혹을 형성하고 주로 성충으로 월동하지만 알, 약충으로 월동하기도 한다.

42

방패벌레는 성충으로 낙엽 밑에서 월동한다.

43

박쥐나방은 보통 1년에 1회 발생하며 알로 월동하나 2년에 1회 발생할 경우 피해목 갱도에서 유충으로 월동한다.

44

밤바구미, 복숭아심식나방, 향나무하늘소 등은 벌레 똥을 밖으로 배출하지 않는다.

45

병원미생물 중 바이러스는 경구감염을 통해 중장 내 소화액에 용해되고 기주세포에 침입한다.

46

진동법은 딱정벌레가 나무에 진동을 가할 때 나무에서 떨어지는 습성을 이용하여 방제하는 기계적 방제법이다.

47

해충의 발생조사는 직접조사와 간접조사로 나눌 수 있다.

직접조사	간접조사
전수조사, 표본조사, 축차조사, 원격탐사	유아등, 황색수반트랩, 페르몬트랩, 먹이트랩, 우화상, 흡충기, 쓸어잡기, 말레이즈트랩, 털어잡기 등

48

외부자극에 반응하여 발생하는 조율된 운동은 정위행동이며, 자극의 강도에 직접적으로 비례하는 운동속도의 변화 또는 운동방향의 전환은 무정위운동이다.

49

해충의 방제로 인해 생태계의 평형이 파괴되고 기존에 문제가 되지 않았던 해충이 천적과 같은 밀도제어 요인이 없어지면서 밀도가 급격히 증가하면서 해충화하는 경우를 2차 해충이라고 한다. 매년 지속적으로 심한 피해를 주는 해충을 관건해충 또는 주요해충이라고 한다.

50

북미식물보호기구(NAPPO)에 소속된 미국·캐나다와 칠레 및 뉴질랜드가 요구하는 수출 선박 등 운송수단에 대한 아시아매미나방(AGM) 검사를 위해 국제식물검역인증원이 설립되었다.

51

잎이 부착되었던 자리는 소나무류에서 도드라지고 잣나무류에서는 밋밋하다.

52

해면조직은 이산화탄소의 확산이 용이한 구조이다.

53

② 1차 목부는 초본과 목본 모두에 존재한다.
③ 변재에 해당한다.
④·⑤ 심재에 해당한다.

54

무시젤은 뿌리가 토양을 뚫고 나가는 것을 돕는 윤활제 역할을 한다.

55

정아에서 생산된 옥신은 측아의 생장을 억제하여 정아지가 측지보다 빨리 자라게 한다. 정아우세현상에 의해 원추형의 수관을 형성하게 된다.

56

밑동부터 추재가 형성된다.

57

청색광선은 단파장이고 적색광선이 장파장이다.

58

CAM 식물군으로 다육식물인 돌나물과, 선인장과, 난초과, 나리과, 대극과 등이 있다.

59

자유생장형의 활엽수는 늦은 여름에 광합성량이 최대에 이르고, 고정생장형의 활엽수는 초여름에 광합성량이 최대에 이른다.

60

잎의 호흡량은 전체 수목의 30~50%를 차지한다.

61

Sucrose(설탕)은 포도당과 과당이 결합한 이당류이다.

62

수목의 주요 유기화합물은 Cellulose, Hemicellulos, Lignin으로 이 중 Cellulose(섬유소)의 함량이 가장 높다.

63

바이러스의 이동은 확산에 의한 것이다.

64

② 질산환원효소
③ 탄소동화작용에 관여하는 효소
④ 지방분해 효소
⑤ 탈수소효소

65

안토시아닌은 플라보노이드 기본 구조에 당류가 결합한 수용성 색소이다.

66

근압은 삼투압에 의한 물의 능동적 흡수로 나타나는 압력이다. 자작나무와 포도나무에 상처를 냈을 때 수액이 나오는 것은 근압에 의한 것이다.

67

지름이 작은 가도관과 산공재에서는 기포가 쉽게 제거된다.

68

② 타닌, ③ 안토시아닌, ④ 인지질, ⑤ Isoprenoid 화합물이다.

69

천연광 또는 적색광은 발아를 촉진하나 원적색광은 발아를 억제한다. 파이토크롬이 빛의 파장에 반응한다.

70

Abscisic Acid = ABA = 에브시식산 = 아브시식산 = 아브시스산

71

2,4-D는 합성옥신으로 높은 농도에서 제초제 효과가 나타난다.

72

사이토키닌은 유상조직을 줄기로 분화시키고, 옥신은 유상조직을 뿌리로 분화시킨다.

73

자라고 있는 어린잎에서 생산된 지베렐린(GA)는 밑의 줄기 생장에 관여한다.

74

④는 저온 스트레스에 의한 피해에 해당한다.

75

대기오염물질 중 광화학산화물에는 오존, 질소산화물, PAN이 있으며, 각각의 특징적인 병징은 회녹색 반점과 잎 가장자리 괴사, 잎 표면의 주근깨 모양의 반점, 잎 뒷면의 광택 후 청동색 변색을 들 수 있다.

76

산성 화성암류는 석영 및 1가 양이온의 함량이 높고 물리성이 양호한 토양으로 발달하고, 염기성 화성암류는 칼슘, 마그네슘 등의 2가 양이온의 함량이 높고 비옥한 토양으로 발달한다.

77

보기는 알루미늄 산화물의 수화작용(위)과 적철광이 수화되어 갈철광이 되는 철의 수화작용(아래)의 화학식이다.

78

E층은 최대 용탈층으로 규반염점토와 철·알루미늄 산화물 등이 용탈되어 위아래층보다 조립질이거나 내풍화성 입자의 함량이 많고, 담색을 띤다.

79

질산화세균은 암모늄태 질소를 질산태 질소로 산화시키는 균이 때문에 이 균의 활성이 저해되면 암모늄태 질소가 축적되게 된다.

80

면적 : 1ha = 10,000㎡, 깊이 : 10cm = 0.1m, 면적과 깊이를 곱하여 구한 토양의 부피는 1,000㎥이다. 이어서 용적밀도와 부피를 곱하여 구한 토양의 무게는 1,200mg이다.

81

층위의 두께는 개별 층위 기술의 세부 기록 사항에 해당한다.

82

② 강성은 건조하여 굳어지는 성질로서 Van Der Waals 힘에 의해 결합한다.

③ 이쇄성은 적당한 수분을 가진 토양에 힘을 가할 때 쉽게 부서지는 성질이다.

④ 소성은 힘을 가했을 때 파괴되지 않고 모양만 변하고 원래 상태로 돌아가지 않는 성질이다.

⑤ 소성하한은 토양이 소성을 가질 수 있는 최소 수분함량이다. 소성상한은 토양이 소성을 가질 수 있는 최대 수분함량으로 액성한계와 같다.

83

세 가지 입자성분이 같은 비율로 구성되어 있을 때의 토성은 식양토이다.

84

이산화탄소는 토양 pH를 낮추고, 광물을 녹이거나 침전물을 형성한다.

85

철과 망간의 용해도는 환원상태에서 증가한다.

86

물은 물 분자의 극성과 물 분자 사이의 수소결합에 의해 상대적으로 높은 비열, 끓는점, 어는점을 갖는다. 물 분자가 다른 물질의 표면에 붙는 현상은 부착이며 물 분자들이 서로 끌려 뭉치는 현상은 응집이다. 표면장력은 액체와 기체의 경계면에서 일어나며, 액체의 점도가 낮을수록 모세관 상승 높이가 높아진다.

87

용액 중의 이온이나 분자들은 수화현상으로 물분자를 끌어당기므로 물의 퍼텐셜에너지가 낮아진다. 따라서 순수한 물의 삼투퍼텐셜을 0으로 하면 토양용액은 이온과 용질을 함유하고 있기 때문에 항상 (−)값을 갖게 된다.

88

Montmorillonite는 2:1층 간 결합력이 약해 물분자가 자유롭게 출입할 수 있다. 따라서 토양수분 조건에 따라 팽창과 수축이 심한 팽창형 점토광물이 된다.

89

석회요구량은 석회물질의 양을 $CaCO_3$로 환산하여 나타낸 값이다.

90

외생균근균은 표피세포 사이의 공간에 침입하여 Hartig망을 형성하고 피층 둘레에 균투를 형성한다.

91

부식의 60%가 탄소로 구성되어 있으므로 탄소가 30g이면 부식의 양은 30g을 0.6으로 나눈 값, 즉 50g과 같다.

92

2:1형 광물로 층 사이에 K이 들어가 강하게 결합하고 있는 광물은 Illite이다.

93

- 뿌리차단 : 뿌리가 직접 접촉하여 흡수
- 집단류 : 수분퍼텐셜에 의한 물의 이동과 함께 영양소가 뿌리 쪽으로 이동하여 공급
- 확산 : 불규칙한 열운동에 의해 이온이 높은 농도에서 낮은 농도로 이동하는 현상

94

휘산은 pH가 높을 때 일어나기 쉽다.

95

Cysteine과 Methionine(아미노산의 종류)의 구성성분으로서 결핍증상이 질소결핍증상과 유사하다.

96

염소는 망간과 함께 광합성 반응(PS Ⅱ에서 물분해 과정인 Hill반응)에 관여하고 K과 함께 기공의 개폐에 관령한다.

97

협곡침식은 침식의 규모가 커서 트랙터 등 농기계가 들어갈 수 없다.

98

청색증은 음용수의 질산염 농도가 높을 때 유발될 수 있다.

99

크롬은 6가 크롬의 농도로 규제된다.

100

200mg/L는 분해용액 1L당 200mg의 K가 있다는 것을 의미한다. 실험에서 만든 용액의 부피는 100ml이기 때문에 분해용액에 들어있는 K는 20mg이 된다. 처음에 사용한 식물체가 1g이기 때문에 식물체 중의 함량은 20mg/g이 된다. 이것은 20,000mg/kg에 해당한다.

101

굴취 시 마르지 않도록 굴취작업 2~3일 전에 충분히 관수하며 뿌리분의 크기는 근원직경의 4배 이상으로 하고, 수목의 생육에 따라 6배 이상으로도 분을 뜬다.

102

터파기의 깊이가 뿌리분의 깊이보다 깊어지면 수목의 물과 양분을 흡수하는 세근과 지체부 쪽의 형성층의 유세포가 호흡곤란이 발생한다.

103

뿌리외과수술은 뿌리의 치유가 가능할 수 있는 초봄에 하는 것이 가장 바람직하다.

104

연계형지주는 외부환경에 따른 유동을 완화시킬 수 있는 재질인 대나무를 사용하는 것이 바람직하다.

105

관주관수법은 미량원소 및 발근촉진에 유리한 호르몬제 등을 물에 희석하여 토양에 관주하는 것으로 직접 뿌리에서 흡수하도록 하여야 한다. 뿌리의 기능이 원활하지 못할 경우에는 수간주사법을 사용하도록 한다.

106

토양관주 시에 진흙은 양이온치환용량이 커서 더 많이 시비하여도 약해를 받지 않는다.

107

벚나무나 단풍나무, 목련, 오동나무 등은 큰 상처가 생길 때는 잘 아물지 않아 말라 죽거나 병균 침입 등 썩어 들어가는 일이 흔히 일어난다. 굵은 가지는 치지 않는 것이 좋고, 부득이 쳐야 할 때는 절단부에 톱신페스트 등 상처도포제를 처리하여야 한다.

108

체인브레이크는 킥백현상이 발생할 때 관성에 의해서 작동하게 된다.

109

건강한 수목은 분지되는 줄기의 마디가 일정한 간격이어야 하며, 한 곳에서 다량의 가지가 발생하지 않아야 한다.

110

수목의 무기영양상태를 진단하는 방법으로는 가시적 결핍증 관찰, 시비실험, 토양분석, 엽분석 등이 있다.

111

토양유기물은 완숙되어야 하며, 썩지 않은 유기물은 지온을 상승시켜 뿌리에 해를 끼친다.

112

심근성 수종과 천근성 수종은 아래 표와 같다.

구 분	침엽수	활엽수
심근성	곰솔, 나한송 소나무류, 비자나무, 은행나무, 잣나무류, 전나무, 주목	가시나무, 구실잣밤나무, 굴거리나무, 녹나무, 느티나무, 단풍나무류, 동백나무, 마가목, 모과나무, 목력류, 벽오동, 생달나무, 참나무류, 칠엽수, 튤립나무, 팽나무, 호두나무, 회화나무, 후박나무
천근성	가문비나무, 낙엽송, 눈주목, 독일가문비나무, 솔송나무, 편백	매화나무, 밤나무, 버드나무, 아까시나무, 자작나무, 포플러류

113

대기오염물질	저항성	감수성
오 존	은행나무, 삼나무, 흑송, 녹나무, 밀감나무	포도나무, 라일락, 느티나무, 포플러

114

방풍림의 조성 시에는 침엽수와 활엽수를 포함하는 혼효림이 적합하다.

115

대기 및 토양습도가 높을 때 수목의 대기오염피해가 심하게 나타난다.

116

수피가 두꺼운 수종이 피소현상에 강한 수종이다.

구 분	강한 수종	약한 수종
수 종	참나무류, 소나무류 등	버즘나무, 배롱나무, 오동나무, 벚나무, 단풍나무 등

117

일반적으로 자작나무, 소나무, 오리나무, 버드나무 등은 내한성이 큰 반면, 배롱나무, 자목련 등은 내한성이 작다.

내한성 수종	비내한성 수종
자작나무, 오리나무, 사시나무, 버드나무, 소나무, 잣나무, 전나무	삼나무, 편백, 곰솔, 금송, 히말라야시다, 배롱나무, 피라칸사스, 자목련, 사철나무, 벽오동, 오동나무

118

산소농도가 10%보다 낮으면 나무뿌리는 호흡곤란을 겪기 시작하며, 3% 이하에서 고사하게 된다.

119

방풍림의 설치는 주풍, 폭풍, 조풍, 한풍의 피해를 방지하고 경감하기 위해서이며 풍상측은 수고의 5배, 풍하측은 10~25배의 거리까지 효과가 미친다.

120

PAN은 질소화합물과 탄화수소가 광화학산화반응을 보이며 독성이 매우 높다.

121

자작나무는 극양수로서 60% 이상의 전광량이 필요하다.

분 류	전광량	침엽수	활엽수
극양수	60% 이상	낙엽송, 대왕송, 방크스소나무, 연필향나무	두릅나무, 버드나무, 붉나무, 자작나무, 포플러류

122

낙뢰피해는 거목일수록 피해가 커지는 경향이 있다.

구 분	수 종
피해가 많은 수종	참나무, 느릅나무, 소나무, 튤립나무, 포플러, 물푸레나무
피해가 적은 수종	자작나무, 마로니에

123

수목의 새잎은 함수율이 매우 높음으로 산불의 위험성이 낮아지는 경향이 있다.

습도(%)	산불 발생 위험도
> 60	산불이 잘 발생하지 않음
50 ~ 60	산불이 발생하거나 진행이 느림
40 ~ 50	산불이 발생하기 쉽고 빨리 연소됨
< 30	산불이 대단히 발생하기 쉽고 산불을 진화하기 어려움

124

제초제로 인해 뿌리가 상했을 경우에는 인산질 비료를 투여하여 뿌리의 생육을 도와야 한다.

125

- Glufosinate ammonium : 체내 암모늄 이온의 축적과 함께 Glutamine의 생합성과 광합성을 저해하여 살초
- Glyphosate : 아미노산 생합성 경로인 시킴산 경로를 저해하여 살초

126

DDT와 pyrethroid계 살충제는 신경축색에 있는 Na^+ 통로의 개폐를 저해함으로써 신경전달을 교란한다. 신경축색 저해작용으로 축색말단에 계속적인 자극 전달에 의해 곤충이 죽게 된다.

127

Rotenone(Derris)은 pyrethrin(제충국)과 nicotine(담배)과 함께 대표적인 천연 식물성 살충제이다.

128

Abamectin은 Streptomyces avermitilis가 생산하는 발효물질로 살충제로 사용한다.

129

Pyroquilon과 Tricyclazole 등은 Melanin 생합성 과정 중 환원반응을 저해하고, carproamid는 탈수반응을 저해한다.

130

미탁제는 유탁제의 기능을 개선한 제형이다.

131

저항성 계통은 감수성 계통에 비하여 더 많은 수의 작용점을 보유함으로써 모든 작용점의 저해에 필요한 제초제의 양을 증가시키기도 한다.

132

생물농축계수(BCF)는 지용성 생체구성물질과 수질환경 간의 분배현상으로 분배계수와 높은 상관관계를 갖는다. 따라서 농약의 옥탄올/물 분배계수가 높은 화합물이 생물농축 가능성이 높다.

133

일반적으로 유제가 독성이 가장 높다. 입도가 작아질수록 독성이 강하다.

134

콘쥬게이션 반응은 동·식물체에서 일어나는 것으로 미생물에서는 거의 일어나지 않는다. Glutathion 콘쥬게이션은 지용성 약물과의 직접적인 반응이며, 대부분의 콘쥬게이션 반응은 Phase 1을 통해 극성 작용기를 함유한 대사물과의 반응이다. Glucuronic acid, Glucose, 인산, 아미노산 콘쥬게이션, acetylation, methylation 등이 있다.

135

DDT, BHC 등과 같이 농약의 잔류기간이 길어 농산물 섭취에 의한 포유동물의 만성중독이 우려되는 농약에 대해서는 생산 및 사용을 금지하고 있다.

136

다음과 같은 비례식을 세워 계산한다.
$1 : 1000 = x : 200$
$x = 0.2$
단위가 리터이기 때문에 0.2L = 200ml가 된다.

137

①~④는 자격 취소에 해당한다. 자격 취소 또는 3년 이하 자격정지에 해당하는 경우는 동시에 두 개 이상의 나무병원에 취업한 경우, 나무의사 등이 자격증을 빌려준 경우, 과실로 수목진료를 사실과 다르게 한 경우이다.

138

1종 나무병원 등록기준
- (인력) 2018년 6월 28일부터 2020년 6월 27일까지 : 나무의사 1명 이상, 2020년 6월 28일 이후 : 나무의사 2명 이상 또는 나무의사 1명과 수목치료기술자 1명 이상
- (자본금) 1억 원 이상, (시설) 사무실

139

시료채취대상
미발생지역 예찰에서 발견된 모든 감염의심목, 재선충병 발생지역 내의 선단지에서 발견된 모든 감염의심목, 그 밖에 중앙대책본부장이나 지역대책본부장이 진단이 필요하다고 인정하는 감염의심목

140

③은 목재이용법에 신설되는 사항이다.

남에게 이기는 방법의 하나는 예의범절로 이기는 것이다.

- 조쉬 빌링스 -

부록 2
합격특급 비법

제1과목 수목병리학

01

수목 병원체 관찰 및 진단법으로 옳지 않은 것은?

① 세균 – 그람염색법을 이용한 광학현미경 관찰
② 곰팡이 – 포자와 균사를 광학현미경으로 관찰
③ 바이러스 – 음성염색법을 이용한 광학현미경 관찰
④ 파이토플라스마 – DAPI 염색법을 이용한 형광현미경 관찰
⑤ 선충 – 베르만(Baermann)깔때기법을 이용한 광학현미경 관찰

02

수목 병원균류의 영양기관은?

① 버 섯　　　　　② 균사체
③ 자낭구　　　　④ 분생포자좌
⑤ 분생포자층

03

포플러류 모자이크병의 병징으로 옳지 않은 것은?

① 잎의 황화
② 잎의 뒤틀림
③ 잎자루와 주맥에 괴사반점
④ 기형이 되는 잎들은 조기 낙엽
⑤ 잎에 불규칙한 모양의 퇴록반점

04

백색부후에 관한 설명으로 옳지 않은 것은?

① 대부분의 백색부후균은 담자균문에 속한다.
② 주로 활엽수에 나타나지만, 침엽수에서도 나타난다.
③ 조개껍질버섯, 치마버섯, 간버섯 등은 백색부후균이다.
④ 목재 성분인 셀룰로스, 헤미셀룰로스, 리그닌이 모두 분해되고 이용된다.
⑤ 부후된 목재는 암황색으로 네모난 형태의 금이 생기고 쉽게 부러진다.

05

수목병의 병징에서 병든 부분과 건전 부분의 경계가 뚜렷하지 않은 것은?

① 붉나무 모무늬병
② 포플러 잎마름병
③ 회양목 잎마름병
④ 쥐똥나무 둥근무늬병
⑤ 참나무류 갈색둥근무늬병

06

수목의 내부 부후 진단 시 상처를 최소화한 기기 또는 방법은?

① 생장추
② 저항기록드릴
③ 현미경 조직검경
④ 분자생물학적 탐색
⑤ 음파 단층 이미지 분석

07

분생포자가 1차 전염원이 아닌 수목병은?

① 사철나무 탄저병
② 포플러 갈색무늬병
③ 느티나무 갈색무늬병
④ 쥐똥나무 둥근무늬병
⑤ 소나무류 갈색무늬병(갈색무늬잎마름병)

08

사과나무 불마름병(화상병)의 방제법으로 옳지 않은 것은?

① 매개충 방제
② 테부코나졸 약제 살포
③ 병든 가지는 매몰 또는 소각
④ 도구는 사용할 때마다 차아염소산나트륨으로 소독
⑤ 감염된 가지는 감염 부위로부터 최소 30cm 아래에서 제거

09

수목 병원균의 월동장소로 옳지 않은 것은?

① 대추나무 빗자루병 – 고사된 가지
② 삼나무 붉은마름병 – 병환부의 조직 내부
③ 명자나무 불마름병(화상병) – 병든 가지의 궤양 주변부
④ 단풍나무 역병(파이토프토라뿌리썩음병) – 감염 뿌리 조직
⑤ 소나무 가지끝마름병(디플로디아 순마름병) – 병든 낙엽 또는 가지

10

수목에 발생하는 병에 관한 설명으로 옳지 않은 것은?

① 배롱나무 흰가루병의 피해는 7~9월 개화기에 심하다.
② 미국밤나무는 일반적으로 밤나무 줄기마름병에 감수성이 크다.
③ 포플러류 점무늬잎떨림병은 주로 수관 하부의 잎에서 시작된다.
④ 느티나무 흰별무늬병에서 흔하게 나타나는 증상은 조기 낙엽이다.
⑤ 소나무재선충병 매개충은 우화·탈출 시기에 살충제를 살포하여 방제한다.

11

*Marssonina*속에 의한 병 발생 및 병원균의 특성에 관한 설명으로 옳은 것은?

① 분생포자각을 형성한다.
② 분생포자는 막대형이며 여러 개의 세포로 나뉘어 있다.
③ 은백양은 포플러류 점무늬잎떨림병에 감수성이 있다.
④ 증상이 심한 병반에는 짧은 털이 밀생한 것처럼 보인다.
⑤ 장미 검은무늬병은 봄비가 잦은 해에는 5~6월에도 심하게 발생한다.

12

다음에 설명된 수목 병원체에 관한 내용으로 옳은 것은?

> • 원핵생물계에 속하며 일정한 모양이 없는 다형성 미생물이다.
> • 세포벽이 없고 원형질막으로 둘러싸여 있다.

① 병원체는 감염된 수목의 체관부에 기생한다.
② 주로 즙액, 영양번식체, 매개충에 의해 전반된다.
③ 매미충류, 나무이, 꿀벌 등이 매개충으로 알려져 있다.
④ 옥시테트라사이클린과 페니실린계 항생제에 감수성이 있다.
⑤ 병원체의 크기는 바이러스보다 크고 세균과 유사하다.

13

한국에 적용 살균제가 등록되어 있는 수목병은?

① 사철나무 탄저병
② 명자나무 점무늬병
③ 칠엽수 잎마름병(얼룩무늬병)
④ 멀구슬나무 점무늬병(갈색무늬병)
⑤ 동백나무 갈색잎마름병(겹둥근무늬병)

14

수목병의 관리 방법으로 옳지 않은 것은?

① 쥐똥나무 빗자루병 – 매개충 방제
② 밤나무 가지마름병 – 주변 오리나무 제거
③ 밤나무 잉크병 – 물이 고이지 않게 배수 관리
④ 전나무 잎녹병 – 발생지 부근의 뱀고사리 제거
⑤ 소나무 리지나뿌리썩음병 – 주변에서 취사행위 금지

15

수목병의 병징 및 표징에 관한 설명으로 옳지 않은 것은?

① 철쭉류 떡병 – 잎이 국부적으로 비대
② 밤나무 갈색점무늬병 – 건전부와의 경계에 황색 띠 형성
③ 버즘나무 탄저병 – 주로 엽육 조직에 적갈색 반점 다수 형성
④ 은행나무 잎마름병 – 분생포자반에서 분생포자가 포자덩이뿔로 분출
⑤ 호두나무 탄저병 – 잎자루와 잎맥에 흑갈색 병반이 형성되면서 잎은 기형이 됨

16

회색고약병에 관한 설명으로 옳지 않은 것은?

① 병원균은 깍지벌레 분비물을 영양원으로 이용한다.
② 두꺼운 회색 균사층이 가지와 줄기 표면을 덮는다.
③ 병원균은 외부기생으로 수피에서 영양분을 취하지 않는다.
④ 병원균은 *Septobasidium spp.* 로 담자포자를 형성한다.
⑤ 줄기 또는 가지 표면의 균사층을 들어내면 깍지벌레가 자주 발견된다.

17

편백·화백 가지마름병에 관한 설명으로 옳지 않은 것은?

① 병반 조직 수피 아래에 분생포자층을 형성한다.
② 감염된 가지와 줄기의 수피가 세로로 갈라진다.
③ 분생포자는 방추형이며 세포 6개로 나뉘어 있다.
④ 감염 부위에서 누출된 수지가 굳어 적색으로 변한다.
⑤ 병원균은 *Seiridium Unicorne(=Monochaetia Unicornis)*이다.

18

회화나무 녹병에 관한 설명으로 옳지 않은 것은?

① 병원균은 *Uromyces Truncicola*이다.
② 줄기와 가지에 방추형 혹이 생기고 수피가 갈라진다.
③ 병든 낙엽과 가지 또는 줄기의 혹에서 겨울포자로 월동한다.
④ 잎 아랫면에 황갈색 가루덩이가 생긴 후 흑갈색으로 변한다.
⑤ 늦은 봄 수피의 갈라진 틈에 흑갈색 가루덩이(포자퇴)가 나타난다.

19

뿌리혹병(근두암종병)에 관한 설명으로 옳지 않은 것은?

① 목본과 초본 식물에 발생한다.
② 토양에서 부생적으로 오랫동안 생존할 수 있다.
③ 한국에서는 1973년 밤나무 묘목에 크게 발생하였다.
④ 병원균은 그람음성세균이며 짧은 막대 모양의 단세포이다.
⑤ 주요 병원균으로는 *Agrobacterium Tumefaciens*, *A. Radiobacter K84* 등이 있다.

20

느릅나무 시들음병에 관한 설명으로 옳지 않은 것은?

① 세계 3대 수목병 중 하나이다.
② 매개충은 나무좀으로 알려져 있다.
③ 병원균은 뿌리접목으로 전반되지 않는다.
④ 방제법으로는 매개충 방제, 감염목 제거 등이 있다.
⑤ 병원균은 자낭균문에 속하며, 학명은 *Ophiostoma (novo-)ulmi*이다.

21

병원균의 속(Genus)이 동일한 병만 고른 것은?

> ㄱ. 밤나무 잉크병
> ㄴ. 참나무 급사병
> ㄷ. 삼나무 잎마름병
> ㄹ. 철쭉류 잎마름병
> ㅁ. 포플러 잎마름병
> ㅂ. 동백나무 겹둥근무늬병

① ㄱ, ㄴ, ㄹ
② ㄱ, ㄴ, ㅁ
③ ㄷ, ㄹ, ㅁ
④ ㄷ, ㄹ, ㅂ
⑤ ㄷ, ㅁ, ㅂ

22

흰날개무늬병의 특징만 고른 것은?

> ㄱ. 감염목의 뿌리 표면에 균핵이 형성된다.
> ㄴ. 감염된 나무뿌리는 흰색 균사막으로 싸여 있다.
> ㄷ. 뿌리꼴균사다발이나 뽕나무버섯이 주요한 표징이다.
> ㄹ. 병원균은 리지나뿌리썩음병과 동일한 문(Phylum)에 속한다.

① ㄱ, ㄴ ② ㄱ, ㄷ
③ ㄴ, ㄷ ④ ㄴ, ㄹ
⑤ ㄷ, ㄹ

24

침엽수와 활엽수를 모두 가해하는 뿌리썩음병만 고른 것은?

> ㄱ. 흰날개무늬병
> ㄴ. 자주날개무늬병
> ㄷ. 리지나뿌리썩음병
> ㄹ. 안노섬뿌리썩음병
> ㅁ. 아밀라리아뿌리썩음병
> ㅂ. 파이토프토라뿌리썩음병

① ㄱ, ㄴ, ㄹ ② ㄱ, ㄴ, ㅁ
③ ㄱ, ㄷ, ㄹ ④ ㄴ, ㄷ, ㅂ
⑤ ㄴ, ㅁ, ㅂ

23

아래 수목병 증상을 나타내는 병원균은?

> 봄에 새순과 어린잎이 회갈색으로 변하면서 급격히 말라 죽는다. 여름부터 초가을까지 말라 죽은 침엽 기부의 표피를 뚫고 검은색 작은 분생포자각이 나타난다.

① *Marssonina Rosae*
② *Lecanosticta Acicola*
③ *Sphaeropsis Sapinea*
④ *Entomosporium Mespili*
⑤ *Drepanopeziza Brunnea*

25

수목의 줄기 부위를 부후하는 균만 고른 것은?

> ㄱ. 말굽버섯(Fomes Fomentarius)
> ㄴ. 느타리(Pleurotus Ostreatus)
> ㄷ. 왕잎새버섯(Meripilus Giganteus)
> ㄹ. 해면버섯(Phaeolus Schweinitzii)
> ㅁ. 덕다리버섯(Laetiporus Sulphureus)
> ㅂ. 소나무잔나비버섯(Fomitopsis Pinicola)

① ㄱ, ㄴ, ㄷ ② ㄱ, ㄷ, ㅂ
③ ㄴ, ㄹ, ㅁ ④ ㄴ, ㅁ, ㅂ
⑤ ㄷ, ㄹ, ㅁ

26

노린재목에 관한 설명으로 옳지 않은 것은?

① 노린재아목, 매미아목, 진딧물아목 등으로 나뉜다.
② 진딧물은 찔러 빨아 먹는 전구식 입틀을 갖고 있다.
③ 식물을 가해하면서 병원균을 매개하는 종도 있다.
④ 노린재아목의 일부 종은 수서 또는 반수서 생활을 한다.
⑤ 진딧물아목의 미성숙충은 성충과 모양이 비슷하지만 기능적인 날개가 없다.

27

수목해충학 매미나방의 분류 체계를 나타낸 것이다. ( ) 안에 들어갈 명칭을 순서대로 나열한 것은?

| 강 Class : Insecta |
| 목 Order : Lepidoptera |
| 과 Family : (ㄱ) |
| 속 Genus : (ㄴ) |
| 종 Species : (ㄷ) |

	(ㄱ)	(ㄴ)	(ㄷ)
①	Erebidae	Lymantria	Dispar
②	Erebidae	Lymantria	Auripes
③	Notodontidae	Ivela	Dispar
④	Notodontidae	Ivela	Auripes
⑤	Notodontidae	Lymantria	Dispar

28

유충(약충)과 성충의 입틀이 서로 다른 곤충목을 나열한 것은?

① 나비목, 벼룩목
② 나비목, 총채벌레목
③ 딱정벌레목, 벼룩목
④ 딱정벌레목, 파리목
⑤ 총채벌레목, 파리목

29

벚나무류를 가해하는 해충을 모두 고른 것은?

> ㄱ. 벚나무깍지벌레
> ㄴ. 미국선녀벌레
> ㄷ. 회양목명나방
> ㄹ. 복숭아유리나방

① ㄱ　　　　　　　② ㄴ, ㄷ
③ ㄱ, ㄴ, ㄹ　　　④ ㄴ, ㄷ, ㄹ
⑤ ㄱ, ㄴ, ㄷ, ㄹ

30

곤충 생식기관 부속샘의 분비물에 관한 설명으로 옳지 않은 것은?

① 정자를 보관한다.
② 알의 보호막 역할을 한다.
③ 암컷의 행동을 변화시킨다.
④ 정자가 이동하기 쉽게 한다.
⑤ 산란 시 점착제 역할을 한다.

31

곤충과 날개의 변형이 옳지 않은 것은?

① 대벌레 – 연모(Fringe)
② 오리나무좀 – 초시(Elytra)
③ 갈색여치 – 가죽날개(Tegmina)
④ 아까시잎혹파리 – 평균곤(Haltere)
⑤ 갈색날개노린재 – 반초시(Hemelytra)

32

성충의 외부 구조에 관한 설명으로 옳은 것은?

① 백송애기잎말이나방은 머리에 옆홑눈이 있다.
② 네눈가지나방의 기문은 머리와 배 부위에 분포한다.
③ 갈색날개매미충의 다리는 3쌍이며 배 부위에 있다.
④ 알락하늘소의 더듬이는 머리에 있으며 세 부분으로 구성된다.
⑤ 진달래방패벌레의 날개는 앞가슴과 가운뎃가슴에 각각 1쌍씩 있다.

33

곤충의 말피기관에 관한 설명으로 옳은 것은?

① 맹관으로 체강에 고정된 상태이다.
② 중장 부위에 붙어 있으며 개수는 종에 따라 다르다.
③ 분비작용 과정에서 많은 칼륨이온이 관외로 배출된다.
④ 육상 곤충의 단백질 분해 산물은 암모니아 형태로 배설된다.
⑤ 대사산물과 이온 등 배설물을 혈림프에서 말피기관 내강으로 분비한다.

34

곤충의 내분비계에 관한 설명으로 옳은 것은?

① 알라타체는 탈피호르몬을 분비한다.
② 카디아카체는 유약호르몬을 분비한다.
③ 내분비샘에서 성페로몬과 집합페로몬을 분비한다.
④ 신경분비세포에서 분비되는 호르몬은 엑디스테로이드이다.
⑤ 성충의 유약호르몬은 알에서의 난황 축적과 페로몬 생성에 관여한다.

35

각 해충의 연간 발생횟수, 월동장소, 월동태를 옳게 나열한 것은?

① 몸큰가지나방 – 3회, 흙 속, 알
② 독나방 – 3~4회, 낙엽 사이, 알
③ 갈색날개매미충 – 1회, 가지 속, 알
④ 극동등에잎벌 – 1회, 낙엽 및 흙 속, 번데기
⑤ 이세리아깍지벌레 – 1회, 가지 속, 번데기

36

두 해충의 온도(x)와 발육률(y)의 관계에 관한 설명으로 옳은 것은?

해충 A : $y = 0.01x - 0.1$
해충 B : $y = 0.02x - 0.2$

① 두 해충의 발육영점온도는 같다.
② 두 해충의 유효적산온도는 같다.
③ 해충 A의 발육영점온도는 12℃이다.
④ 해충 A의 유효적산온도는 50온일도(Degree Day)이다.
⑤ 같은 환경 조건에서 해충 A의 발육이 해충 B보다 빠르다.

37

겨울철에 약제 처리가 적합한 해충을 나열한 것은?

① 꽃매미, 소나무재선충
② 오리나무잎벌레, 꽃매미
③ 소나무재선충, 솔껍질깍지벌레
④ 갈색날개매미충, 솔껍질깍지벌레
⑤ 갈색날개매미충, 오리나무잎벌레

38

단식성 해충으로 나열한 것은?

① 박쥐나방, 큰팽나무이
② 박쥐나방, 붉나무혹응애
③ 큰팽나무이, 붉나무혹응애
④ 노랑쐐기나방, 큰팽나무이
⑤ 노랑쐐기나방, 붉나무혹응애

39

소나무재선충과 솔수염하늘소의 특성에 관한 설명으로 옳지 않은 것은?

① 소나무재선충은 소나무, 곰솔, 잣나무에 기생하여 피해를 입힌다.
② 솔수염하늘소는 제주도를 제외한 전국에 분포하며 1년에 2회 발생한다.
③ 솔수염하늘소 부화유충은 목설을 배출하고 2령기 후반부터는 목질부도 가해한다.
④ 소나무로 침입한 재선충 분산기 4기 유충은 바로 탈피하여 성충이 되고 교미하여 증식한다.
⑤ 솔수염하늘소 성충은 우화하여 어린 가지의 수피를 먹고 몸에 지니고 있는 소나무재선충을 옮긴다.

40

해충과 방제 방법의 연결이 옳지 않은 것은?

① 솔나방 – 기생성 천적을 보호
② 말매미 – 산란한 가지를 잘라서 소각
③ 매미나방 – 성충 우화시기에 유아등으로 포획
④ 이세리아깍지벌레 – 가지나 줄기에 붙어 있는 알덩어리를 제거
⑤ 솔잎혹파리 – 지표면에 비닐을 피복하여 성충이 월동처로 이동하는 것을 차단

41

수목해충의 약제 처리에 관한 설명으로 옳지 않은 것은?

① 꽃매미는 어린 약충기에 수관살포한다.
② 갈색날개매미충은 어린 약충기인 4월 하순부터 수관살포한다.
③ 미국선녀벌레는 어린 약충기에 수관살포한다.
④ 밤바구미는 성충 우화기인 6월 초순경에 수관살포한다.
⑤ 솔나방은 월동한 유충의 활동기인 4월 중·하순경에 경엽살포한다.

42

수목해충의 천적에 관한 설명으로 옳은 것은?

① 꽃등에의 유충과 성충 모두 응애류를 포식한다.
② 개미침벌은 솔수염하늘소 번데기에 내부기생한다.
③ 중국긴꼬리좀벌은 밤나무혹벌 유충에 외부기생한다.
④ 혹파리살이먹좀벌은 솔잎혹파리 유충에 내부기생한다.
⑤ 홍가슴애기무당벌레는 진딧물류의 체액을 빨아먹는 포식성이다.

43

제시된 수목해충의 방제법으로 옳지 않은 것은?

> - 곰팡이를 지니고 다니면서 옮긴다.
> - 연간 1회 발생하며, 주로 노숙 유충으로 월동한다.
> - 유충과 성충이 신갈나무 목질부를 가해하여 외부로 목설을 배출한다.

① 나무를 흔들어 낙하한 유충을 죽인다.
② 우화 최성기 이전까지 끈끈이롤트랩을 설치한다.
③ 고사목과 피해목의 줄기와 가지를 잘라서 훈증한다.
④ 6월 중순을 전후하여 페니트로티온 유제를 수간살 포한다.
⑤ 4월 하순부터 5월 하순까지 ha당 10개소 내외로 유인목을 설치한다.

44

해충에 의한 피해 또는 흔적의 연결로 옳지 않은 것은?

① 때죽납작진딧물 – 잎에 혹 형성
② 물푸레면충 – 줄기나 새순에 구멍이 뚫림
③ 전나무잎응애 – 잎의 변색 또는 반점 형성
④ 천막벌레나방 – 거미줄과 유사한 실이 있음
⑤ 매실애기잎말이나방 – 잎을 묶거나 맒

45

격발현상(Resurgence)에 관한 설명이다. 2차 해충에 게 이러한 현상이 일어나는 이유를 옳게 나열한 것은?

> 살충제 처리가 2차 해충에 유리하게 작용하여 개체 군의 증가 속도가 빨라지거나 그 밀도가 종전보다 높아지는 현상이다.

① 항생성, 생태형
② 생태형, 천적 제거
③ 천적 제거, 항생성
④ 경쟁자 제거, 항생성
⑤ 천적 제거, 경쟁자 제거

46

해충과 밀도 조사방법의 연결이 옳지 않은 것은?

① 소나무좀 – 유인목트랩
② 벗나무응애 – 황색수반트랩
③ 복숭아명나방 – 유아등트랩
④ 잣나무별납작잎벌 – 우화상
⑤ 솔껍질깍지벌레 – 성페로몬트랩

47

버즘나무방패벌레와 진달래방패벌레에 관한 공통적인 설명으로 옳은 것은?

① 성충이 잎 앞면의 조직에 1개씩 산란한다.
② 성충의 날개에 X자 무늬가 뚜렷이 보인다.
③ 낙엽 사이나 지피물 밑에서 약충으로 월동한다.
④ 약충이 잎 앞면과 뒷면을 가리지 않고 가해한다.
⑤ 잎응애 피해 증상과 비슷하지만 탈피각이 붙어 있어 구별된다.

48

각 수목해충의 기주와 가해 부위를 옳게 나열한 것은?

① 식나무깍지벌레 성충 – 사철나무, 잎
② 벚나무모시나방 유충 – 벚나무, 가지
③ 황다리독나방 유충 – 층층나무, 가지
④ 주둥무늬차색풍뎅이 유충 – 벚나무, 잎
⑤ 느티나무벼룩바구미 성충 – 느티나무, 가지

49

흡즙성, 천공성, 종실 해충 순으로 옳게 나열한 것은?

① 박쥐나방, 자귀나무이, 밤바구미
② 자귀나무이, 박쥐나방, 솔알락명나방
③ 복숭아명나방, 돈나무이, 솔알락명나방
④ 자귀나무이, 도토리거위벌레, 복숭아유리나방
⑤ 백송애기잎말이나방, 솔알락명나방, 복숭아유리나방

50

수목해충의 물리적 또는 기계적 방제법에 해당하는 설명을 모두 고른 것은?

┌───┐
│ ㄱ. 수확한 밤을 30℃ 온탕에 7시간 침지 처리한다. │
│ ㄴ. 간단한 도구를 사용하여 매미나방 알을 직접 │
│   제거한다. │
│ ㄷ. 해충 자체나 해충이 들어가 있는 수목 조직을 │
│   소각한다. │
│ ㄹ. 석회와 접착제를 섞어 수피에 발라 복숭아유리 │
│   나방의 산란을 방지한다. │
└───┘

① ㄱ
② ㄱ, ㄴ
③ ㄱ, ㄴ, ㄷ
④ ㄱ, ㄴ, ㄹ
⑤ ㄱ, ㄴ, ㄷ, ㄹ

제3과목 **수목생리학**

51

환공재, 산공재, 반환공재로 구분할 때 나머지와 다른 수종은?

① 벚나무
② 느티나무
③ 단풍나무
④ 자작나무
⑤ 양버즘나무

52

수목의 뿌리에서 코르크형성층과 측근을 만드는 조직은?

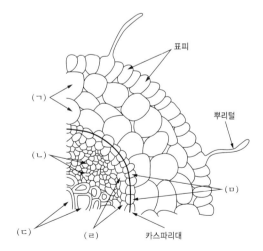

① ㄱ
② ㄴ
③ ㄷ
④ ㄹ
⑤ ㅁ

53

잎에 유관속이 두 개 존재하고, 엽육조직인 책상조직과 해면조직으로 분화되지 않은 수종은?

① 주 목
② 소나무
③ 잣나무
④ 전나무
⑤ 은행나무

54

수목의 꽃에 관한 설명으로 옳지 않은 것은?

① 버드나무는 2가화이다.
② 자귀나무는 불완전화이다.
③ 벚나무는 암술과 수술이 한 꽃에 있다.
④ 상수리나무는 암꽃과 수꽃이 한 그루에 있다.
⑤ 단풍나무는 양성화와 단성화가 한 그루에 달린다.

55

온대지방 수목에서 지하부의 계절적 생장에 관한 설명으로 옳은 것은?

① 잎이 난 후에 생장이 시작된다.
② 생장이 가장 활발한 시기는 한여름이다.
③ 지상부의 생장이 정지되기 전에 뿌리의 생장이 정지된다.
④ 수목을 이식하려면 봄철 뿌리 발달이 시작한 후에 하는 것이 좋다.
⑤ 지상부와 지하부 생장 기간 차이는 자유생장보다 고정생장 수종에서 더 크다.

56

수목의 직경생장에 관한 설명으로 옳지 않은 것은?

① 유관속형성층이 생산하는 목부는 사부보다 많다.
② 유관속형성층의 병층분열은 목부와 사부를 형성한다.
③ 유관속형성층의 수층분열은 형성층의 세포수를 증가시킨다.
④ 유관속형성층이 봄에 활동을 시작할 때 목부가 사부보다 먼저 만들어진다.
⑤ 유관속형성층이 안쪽으로 생산한 2차 목부조직에 의해 주로 이루어진다.

57

온대지방 낙엽활엽수의 무기영양에 관한 설명으로 옳은 것은?

① 가을이 되면 잎의 Ca 함량은 감소한다.
② 가을이 되면 잎의 P, K 함량은 증가한다.
③ Fe, Mn, Zn, Cu는 필수미량원소이다.
④ 양분요구도가 낮은 수목은 척박지에서 더 잘 자란다.
⑤ 무기양분 요구량은 농작물보다 많고 침엽수보다 적다.

58

수목 뿌리에서 무기이온의 흡수와 이동에 관한 설명으로 옳은 것은?

① 뿌리의 호흡이 중단되더라도 무기이온의 흡수는 계속된다.
② 세포질이동은 내피 직전까지 자유공간을 이동하는 것이다.
③ 자유공간을 통해 무기이온이 이동할 때 에너지를 소모하지 않는다.
④ 내초에는 수베린이 축적된 카스파리대가 있어 무기이온 이동을 제한한다.
⑤ 원형질막을 통한 무기이온의 능동적 흡수과정은 비선택적이고 가역적이다.

59

햇빛이 있을 때 기공이 열리는 기작으로 옳지 않은 것은?

① K^+이 공변세포 내로 유입된다.
② 공변세포 내 음전하를 띤 Malate가 축적된다.
③ 이른 아침에 적색광보다 청색광에 민감하게 반응한다.
④ H^+ ATPase가 활성화되어 공변세포 안으로 H^+가 유입된다.
⑤ 공변세포의 기공 쪽 세포벽보다 반대쪽 세포벽이 더 늘어나 기공이 열린다.

60

수목의 수분흡수와 이동에 관한 설명으로 옳은 것은?

① 액포막에 있는 아쿠아포린은 세포의 삼투조절에 관여한다.
② 토양용액의 무기이온 농도와 뿌리의 수분흡수 속도는 비례한다.
③ 능동흡수는 증산작용에 의해 수분이 집단유동하는 것을 의미한다.
④ 이른 봄 고로쇠나무에서 수액을 채취할 수 있는 것은 근압 때문이다.
⑤ 일액현상은 온대지방에서 초본식물보다 목본식물에서 흔하게 관찰된다.

61

햇빛을 감지하여 광형태 형성을 조절하는 광수용체를 고른 것은?

> ㄱ. 엽록소 a
> ㄴ. 엽록소 b
> ㄷ. 피토크롬
> ㄹ. 카로티노이드
> ㅁ. 크립토크롬
> ㅂ. 포토트로핀

① ㄱ, ㄴ, ㄷ
② ㄱ, ㄹ, ㅂ
③ ㄴ, ㄹ, ㅁ
④ ㄷ, ㄹ, ㅁ
⑤ ㄷ, ㅁ, ㅂ

62

스트레스에 대한 수목의 반응으로 옳은 것은?

① 바람에 자주 노출된 수목은 뿌리 생장이 감소한다.
② 가뭄스트레스를 받으면 춘재 구성세포의 직경이 커진다.
③ 대기오염물질에 피해를 받으면 균근 형성이 촉진된다.
④ 상륜은 발달 중인 미성숙 목부세포가 서리 피해를 입어 생긴다.
⑤ 동일 수종일지라도 북부산지 품종은 남부산지보다 동아 형성이 늦다.

63

수목의 호흡에 관한 설명으로 옳은 것은?

① 뿌리에 균근이 형성되면 호흡이 감소한다.
② 형성층에서는 호기성 호흡만 일어난다.
③ 그늘에 적응한 수목은 호흡을 높게 유지한다.
④ 잎의 호흡량은 잎이 완전히 자란 직후 최대가 된다.
⑤ 유령림은 성숙림보다 단위건중량당 호흡량이 적다.

64

줄기의 수액에 관한 설명으로 옳지 않은 것은?

① 사부수액은 목부수액보다 pH가 낮다.
② 수액 상승 속도는 침엽수가 활엽수보다 느리다.
③ 수액 상승 속도는 증산작용이 활발한 주간이 야간보다 빠르다.
④ 목부수액에는 질소화합물, 탄수화물, 식물호르몬 등이 용해되어 있다.
⑤ 환공재는 산공재보다 기포에 의한 공동화현상(Cavitation)에 취약하다.

65

유성생식에 관한 설명으로 옳지 않은 것은?

① 화분 입자가 작을수록 비산거리가 늘어난다.
② 온도가 높고 건조한 낮에 화분이 더 많이 비산된다.
③ 잣나무의 암꽃은 수관 상부에, 수꽃은 수관 하부에 달린다.
④ 피자식물은 감수 기간에 배주 입구에 있는 주공에서 수분액을 분비한다.
⑤ 소나무는 탄수화물 공급이 적은 상태에서 수꽃을 더 많이 만드는 경향이 있다.

66

수목의 호흡 과정에 관한 설명으로 옳지 않은 것은?

① 해당작용은 세포질에서 일어난다.
② 기질이 산화되어 에너지가 발생한다.
③ 크렙스 회로는 미토콘드리아에서 일어난다.
④ 말단전자전달경로의 에너지 생산효율이 크렙스 회로보다 높다.
⑤ 말단전자전달경로에서 전자는 최종적으로 피루브산에 전달된다.

67

수목에서 탄수화물에 관한 설명으로 옳지 않은 것은?

① 공생하는 균근균에 제공된다.
② 단백질을 합성하는 데 이용된다.
③ 호흡 과정에서 에너지 생산에 이용된다.
④ 겨울에 빙점을 낮춰 세포가 어는 것을 방지한다.
⑤ 잣나무 종자의 저장물질 중 가장 높은 비율을 차지한다.

68

다당류에 관한 설명으로 옳지 않은 것은?

① 전분은 주로 유세포에 전분립으로 축적된다.
② 셀룰로스는 포도당 분자들이 선형으로 연결되어 있다.
③ 펙틴은 중엽층에서 세포들을 결합시키는 접착제 역할을 한다.
④ 세포의 2차벽에는 헤미셀룰로오스가 셀룰로오스보다 더 많이 들어 있다.
⑤ 잔뿌리 끝에서 분비되는 점액질은 토양을 뚫고 들어갈 때 윤활제 역할을 한다.

69

수목의 사부수액에 관한 설명으로 옳은 것은?

① 흔하게 발견되는 당류는 환원당이다.
② 탄수화물은 약 2% 미만으로 함유되어 있다.
③ 탄수화물과 무기이온이 주성분이며 아미노산은 발견되지 않는다.
④ 참나무과 수목에는 자당(Sucrose)보다 라피노즈(Raffinose) 함량이 더 많다.
⑤ 장미과 마가목속 수목은 자당(Sucrose)과 함께 소르비톨(Sorbitol)도 다량 포함하고 있다.

70

수목의 호르몬에 관한 설명으로 옳은 것은?

① 옥신은 줄기에서 곁가지 발생을 촉진한다.
② 뿌리가 침수되면 에틸렌 생산이 억제된다.
③ 아브시스산은 겨울눈의 휴면타파를 유도한다.
④ 일장이 짧아지면 브라시노스테로이드가 잎에 형성되어 낙엽을 유도한다.
⑤ 암 상태에서 발아한 유식물에 시토키닌을 처리하면 엽록체가 발달한다.

71

수목의 질산환원에 관한 설명으로 옳지 않은 것은?

① 흡수된 NO_3^-는 아미노산 합성 전에 NH_4^+로 환원된다.
② 잎에서 질산환원은 광합성속도와 부(−)의 상관관계를 갖는다.
③ 산성토양에서 자라는 진달래류는 질산환원이 뿌리에서 일어난다.
④ 산성토양에서 자라는 소나무의 목부수액에는 NO_3^-가 거의 없다.
⑤ 질산환원효소(Nitrate Reductase)에 의한 환원은 세포질에서 일어난다.

72

목본식물의 질소함량 변화에 관한 설명으로 옳지 않은 것은?

① 낙엽수나 상록수 모두 계절적 변화가 관찰된다.
② 오래된 가지, 수피, 목부의 질소함량비는 나이가 들수록 감소한다.
③ 줄기 내 질소함량의 계절적 변화는 사부보다 목부에서 더 크다.
④ 질소함량은 낙엽 직전에 잎에서는 감소하고 가지에서는 증가한다.
⑤ 봄철 줄기 생장이 개시되면 목부 내 질소함량이 감소하기 시작한다.

73

수목의 지방 대사에 관한 설명으로 옳지 않은 것은?

① 지방은 에너지 저장수단이다.
② 지방의 해당작용은 엽록체에서 일어난다.
③ 지방 분해과정의 첫 번째 효소는 리파아제(Lipase)이다.
④ 지방의 분해는 O_2를 소모하고 ATP를 생산하는 호흡작용이다.
⑤ 지방은 글리세롤과 지방산으로 분해된 후 자당(Sucrose)으로 합성된다.

74

수목의 페놀화합물에 관한 설명으로 옳지 않은 것은?

① 감나무 열매의 떫은맛은 타닌 때문이다.
② 플라보노이드는 주로 액포에 존재한다.
③ 페놀화합물은 토양에서 타감작용을 한다.
④ 이소플라본은 파이토알렉신 기능을 한다.
⑤ 나무좀의 공격을 받으면 리그닌 생산이 촉진된다.

75

광합성에 영향을 주는 요인으로 옳은 설명을 고른 것은?

> ㄱ. 침수는 뿌리호흡을 방해하여 광합성량을 감소시킨다.
> ㄴ. 성숙잎이 어린잎보다 단위면적당 광합성량이 적다.
> ㄷ. 수목은 광도가 광보상점 이상이어야 살아갈 수 있다.
> ㄹ. 그늘에 적응한 나무는 광반(Sunfleck)에 신속하게 반응한다.
> ㅁ. 수목은 이른 아침에 수분 부족으로 인한 일중침체 현상을 겪는다.
> ㅂ. 상록수의 광합성량은 낙엽수보다 완만한 계절적 변화를 보인다.

① ㄱ, ㄴ, ㄷ, ㅂ
② ㄱ, ㄷ, ㄹ, ㅁ
③ ㄱ, ㄷ, ㄹ, ㅂ
④ ㄴ, ㄷ, ㄹ, ㅁ
⑤ ㄴ, ㄷ, ㄹ, ㅂ

제4과목 산림토양학

76

SiO_2 함량이 66% 이상인 산성암은?

① 반려암
② 섬록암
③ 안산암
④ 현무암
⑤ 석영반암

77

배수와 통기성이 양호하며 뿌리의 발달이 원활한 심층토에서 주로 발달하는 토양구조는?

① 괴상구조
② 단립구조
③ 입상구조
④ 판상구조
⑤ 견과상구조

78

모래, 미사, 점토 함량(%)이 각각 40, 40, 20인 토양의 토성은?

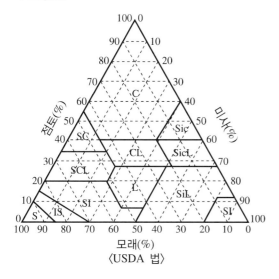

〈USDA 법〉

① L(양토)
② SL(사양토)
③ CL(식양토)
④ SiL(미사질양토)
⑤ SCL(사질식양토)

79

점토광물 중 양이온교환용량(CEC)이 가장 높은 것은?

① 일라이트(Illite)
② 클로라이트(Chlorite)
③ 카올리나이트(Kaolinite)
④ 할로이사이트(Halloysite)
⑤ 버미큘라이트(Vermiculite)

80

한국의 산림토양 특성에 관한 설명으로 옳지 않은 것은?

① 토양형으로 생산력을 예측할 수 있다.
② 가장 널리 분포하는 토양은 암적색 산림토양이다.
③ 토양의 분류 체계는 토양군, 토양아군, 토양형 순이다.
④ 주로 모래 함량이 많은 사양토이며 산성토양이다.
⑤ 수분 상태는 건조, 약건, 적윤, 약습, 습으로 구분한다.

81

온대 또는 열대의 습윤한 기후에서 발달하며 Cambic, Umbric 표층을 가지는 토양목은?

① 알피졸(Alfisol)
② 울티졸(Ultisol)
③ 엔티졸(Entisol)
④ 앤디졸(Andisol)
⑤ 인셉티졸(Inceptisol)

82

광물의 풍화 내성이 강한 것부터 약한 순서로 나열한 것은?

① 미사장석 > 백운모 > 흑운모 > 감람석 > 석영
② 감람석 > 석영 > 미사장석 > 백운모 > 흑운모
③ 백운모 > 흑운모 > 석영 > 미사장석 > 감람석
④ 석영 > 백운모 > 미사장석 > 흑운모 > 감람석
⑤ 흑운모 > 백운모 > 감람석 > 석영 > 미사장석

83

칼륨과 길항관계이며 엽록소의 구성성분인 식물 필수원소는?

① 인
② 철
③ 망 간
④ 질 소
⑤ 마그네슘

84

물에 의한 토양침식에 관한 설명으로 옳지 않은 것은?

① 유기물 함량이 많으면 토양유실이 줄어든다.
② 토양에 대한 빗방울의 타격은 토양입자를 비산시킨다.
③ 분산 이동한 토양입자들은 공극을 막아 수분의 토양침투를 어렵게 한다.
④ 강우강도는 강우량보다 토양침식에 더 많은 영향을 미치는 인자이다.
⑤ 토양유실은 면상침식이나 세류침식보다 계곡침식에서 대부분 발생한다.

85

토양의 질산화작용 중 각 단계에 관여하는 미생물의 속명이 옳게 연결된 것은?

	1단계 ($NH_4^+ \rightarrow NO_2^-$)	2단계 ($NO_2^- \rightarrow NO_3^-$)
①	Nitrocystis	Rhizobium
②	Nitrosomonas	Frankia
③	Nitrosospira	Nitrobacter
④	Rhizobium	Nitrosococcus
⑤	Pseudomonas	Nitrosomonas

86

토양포화침출액의 전기전도도(EC)가 4dS/m 이상이고, 교환성나트륨퍼센트(ESP)가 15% 이하이며, 나트륨흡착비(SAR)는 13 이하인 토양은?

① 염류 토양
② 석회질 토양
③ 알칼리 토양
④ 나트륨성 토양
⑤ 염류나트륨성 토양

87

균근에 관한 설명으로 옳지 않은 것은?

① 균근은 균과 식물뿌리의 공생체이다.
② 인산을 제외한 양분 흡수를 도와준다.
③ 굴참나무는 외생균근, 단풍나무는 내생균근을 형성한다.
④ 균사는 토양을 입단화하여 통기성과 투수성을 증가시킨다.
⑤ 식물은 토양으로 뻗어나온 균사가 흡수한 물과 양분을 얻는다.

88

토양의 완충용량에 관한 설명으로 옳지 않은 것은?

① 식물양분의 유효도와 밀접한 관계가 있다.
② 완충용량이 클수록 토양의 pH 변화가 적다.
③ 모래함량이 많은 토양일수록 완충용량은 커진다.
④ 부식의 함량이 많을수록 완충용량은 커진다.
⑤ 양이온교환용량이 클수록 완충용량은 커진다.

89

산불이 산림토양에 미치는 영향으로 옳은 설명만 고른 것은?

> ㄱ. 교환성 양이온(Ca_2^+, Mg_2^+, K^+)은 일시적으로 증가한다.
> ㄴ. 입단구조 붕괴, 재에 의한 공극 폐쇄, 점토입자 분산 등으로 토양 용적밀도가 감소한다.
> ㄷ. 지표면에 불투수층이 형성되어 침투능이 감소하고 유거수와 침식이 증가한다.
> ㄹ. 양이온교환능력은 유기물 손실량에 비례하여 증가한다.

① ㄱ, ㄴ　　　　　② ㄱ, ㄷ
③ ㄱ, ㄹ　　　　　④ ㄴ, ㄷ
⑤ ㄴ, ㄹ

90

콩과식물의 레그헤모글로빈 합성에 필요한 원소는?

① 규 소　　　　　② 나트륨
③ 셀레늄　　　　　④ 코발트
⑤ 알루미늄

91

토양유기물 분해에 관한 설명으로 옳지 않은 것은?

① 토양이 산성화 또는 알칼리화되면 유기물 분해속도는 느려진다.
② 페놀화합물 함량이 유기물 건물 중량의 3~4%가 되면 분해속도는 빨라진다.
③ 발효형 미생물은 리그닌의 분해를 촉진시키는 기폭효과를 가지고 있다.
④ 탄질비가 300인 유기물도 외부로부터 질소가 공급되면 분해속도가 빨라진다.
⑤ 리그닌과 같은 난분해성 물질은 유기물 분해의 제한요인으로 작용할 수 있다.

92

식물영양소의 공급기작에 관한 설명으로 옳은 것은?

① 인산이 칼륨보다 큰 확산계수를 가진다.
② 칼슘과 마그네슘은 주로 확산에 의해 공급된다.
③ 식물이 필요로 하는 영양소의 대부분은 집단류에 의해 공급된다.
④ 집단류에 의한 영양소 공급기작은 접촉교환학설이 뒷받침한다.
⑤ 뿌리차단(Root Intereption)에 의한 영양소 흡수량은 뿌리가 발달할수록 적어진다.

93

식물체 내에서 영양소와 생리적 기능의 연결로 옳지 않은 것은?

① 칼륨 – 이온 균형 유지
② 붕소 – 산화환원반응 조절
③ 칼슘 – 세포벽 구조 안정화
④ 인 – 핵산과 인지질의 구성원소
⑤ 니켈 – 요소분해효소의 보조인자

94

석회질비료에 관한 설명으로 옳지 않은 것은?

① 토양 개량으로 양분 유효도 개선을 기대할 수 있다.
② 석회석의 토양 산성 중화력은 생석회보다 더 높은 편이다.
③ 석회고토는 백운석($CaCO_3 \cdot MgCO_3$)을 분쇄하여 분말로 제조한 것이다.
④ 소석회는 알칼리성이 강하므로 수용성 인산을 함유한 비료와 배합해서는 안 된다.
⑤ 부식과 점토함량이 낮은 토양의 산도 교정에는 생석회를 많이 사용하지 않아도 된다.

95

답압이 토양에 미치는 영향으로 옳은 것은?

① 입자밀도가 높아진다.
② 수분 침투율이 증가한다.
③ 표토층 입단이 파괴된다.
④ 토양 공기의 확산이 증가한다.
⑤ 토양 3상 중 고상의 비율이 감소한다.

96

토양콜로이드 입자의 표면에 흡착된 양이온 중 토양을 산성화시키는 원소만 모두 고른 것은?

> ㄱ. 수 소
> ㄴ. 칼 륨
> ㄷ. 칼 슘
> ㄹ. 나트륨
> ㅁ. 마그네슘
> ㅂ. 알루미늄

① ㄱ, ㄹ
② ㄱ, ㅂ
③ ㄱ, ㅁ, ㅂ
④ ㄴ, ㄷ, ㄹ, ㅁ
⑤ ㄱ, ㄴ, ㄷ, ㄹ, ㅁ

97

토양 코어(부피 $100cm^3$)를 사용하여 채취한 토양의 건조 후 무게는 150g이었다. 중량수분함량이 20%일 때 토양의 공극률(%)과 용적수분함량(%)은? (단, 입자밀도는 $3.0g/cm^3$, 물의 밀도는 $1.0g/cm^3$이다.)

① 30, 20
② 40, 20
③ 40, 30
④ 50, 30
⑤ 60, 30

98

토양수분 특성에 관한 설명으로 옳지 않은 것은?

① 위조점은 식물이 시들게 되는 토양수분 상태이다.
② 포장용수량은 모든 공극이 물로 채워진 토양수분 상태이다.
③ 흡습수와 비모세관수는 식물이 이용하지 못하는 수분이다.
④ 물은 토양수분퍼텐셜이 높은 곳에서 낮은 곳으로 이동한다.
⑤ 포장용수량에 해당하는 수분함량은 점토의 함량이 높을수록 많아진다.

99

토양의 용적밀도에 관한 설명으로 옳지 않은 것은?

① 답압이 발생하면 높아진다.
② 공극량이 많을 때 높아진다.
③ 유기물 함량이 많으면 낮아진다.
④ 토양 내 뿌리 자람에 영향을 미친다.
⑤ 공극을 포함한 단위용적에 함유된 고상의 중량이다.

100

질소 저장량을 추정하고자 조사한 내용이 아래와 같을 때, 이 토양 A층의 1ha 중 질소 저장량(ton)은?

- A층 토심 : 10cm
- 용적밀도 : 1.0g/cm^3
- 질소농도 : 0.2%
- 석력함량 : 0%

① 0.02
② 0.2
③ 2
④ 20
⑤ 200

101

수목 이식에 관한 설명으로 옳지 않은 것은?

① 나무의 크기가 클수록 이식성공률이 낮다.
② 낙엽수는 상록수보다, 관목은 교목보다 이식이 잘 된다.
③ 교목은 인접한 나무와 수관이 맞닿을 정도로 식재한다.
④ 수피 상처와 피소를 예방하고자 수간을 피복한다.
⑤ 대경목의 뿌리돌림은 이식 2년 전부터 2회에 걸쳐 실시하는 것이 바람직하다.

102

가로수에 관한 설명으로 옳지 않은 것은?

① 내병충성과 강한 구획화 능력이 요구된다.
② 보행자 통행에 지장이 없는 나무로 선정한다.
③ 보도 포장의 융기와 훼손을 예방하려고 천근성 수종을 선정한다.
④ 식재지역의 역사와 문화에 적합하고 향토성을 지닌 나무를 선정한다.
⑤ 난대지역에 적합한 수종으로는 구실잣밤나무, 녹나무, 먼나무, 후박나무 등이 있다.

103

다음 설명에 해당하는 전정 유형은?

- 한 번에 총엽량의 1/4 이상을 제거해서는 안 된다.
- 성숙한 나무가 필요 이상으로 자라 크기를 줄일 때 적용하는 방법이다.
- 줄당김, 수간외과수술 등과 연계하여 나무의 파손 가능성을 줄일 목적으로 적용한다.

① 수관 솎기　　② 수관 청소
③ 수관 축소　　④ 수관 회복
⑤ 수관 높이기

104

다음 설명에 해당하는 수종은?

- 층층나무과의 낙엽활엽교목이다.
- 가지 끝에 달리는 산방꽃차례에 흰색 꽃이 5월에 핀다.
- 잎은 어긋나고 측맥은 6~9쌍이며 뒷면에 흰 털이 발달한다.
- 열매는 핵과이고 둥글며 검은색으로 익는다.

① *Cornus kousa*　　② *C. walteri*
③ *C. officinalis*　　④ *C. controversa*
⑤ *C. macrophylla*

105

수목관리 방법이 옳은 것은?

① 공사현장의 수목보호구역은 수목의 형상비를 기준으로 설정한다.
② 고층건물의 옥상 녹지에 목련, 소나무, 느릅나무 등 경관수목을 식재한다.
③ 토양유실로 노출된 뿌리에서 경화가 확인되면 원지반 높이까지만 흙을 채운다.
④ 산림에 인접한 주택은 건물 외벽으로부터 폭 10m 이내에 교목과 아교목을 혼식하여 방화수림대를 조성한다.
⑤ 내한성이 약한 식수대(Planter) 생육 수목을 야외에서 월동시킬 경우, 노출된 식수대 외벽에 단열재를 설치한다.

106

수목 지지시스템의 적용 방법이 옳지 않은 것은?

① 부러질 우려가 있는 처진 가지에 지지대를 설치한다.
② 할렬로 파손 가능성이 있는 줄기를 쇠조임한다.
③ 기울어진 나무는 다시 곧게 세우고 당김줄을 설치한다.
④ 쇠조임을 위한 줄기 관통구멍의 크기는 삽입할 쇠막대 지름의 2배로 한다.
⑤ 결합이 약한 동일세력 줄기의 분기 지점으로부터 분기 줄기의 2/3되는 지점을 줄당김으로 연결한다.

107

녹지의 잡초에 관한 설명으로 옳지 않은 것은?

① 잡초 종자는 수명이 길고 휴면성이 좋다.
② 방제법으로는 경종적 · 물리적 · 화학적 방법 등이 있다.
③ 대부분의 잡초 종자는 광조건과 무관하게 발아한다.
④ 다년생 잡초에는 쑥, 쇠뜨기, 질경이, 띠, 소리쟁이, 개밀 등이 있다.
⑤ 병해충의 서식지, 월동장소 등을 제공하여 병해충 발생을 조장하는 잡초종도 있다.

108

두절에 대한 가로수의 반응으로 옳지 않은 것은?

① 뿌리 생장이 위축된다.
② 맹아지가 과도하게 발생한다.
③ 절단면에 부후가 발생하기 쉽다.
④ 저장된 에너지가 과다하게 소모된다.
⑤ 지제부의 직경생장이 급격하게 증가한다.

109

우박 및 우박 피해에 관련된 내용으로 옳지 않은 것은?

① 상층 수관에 피해를 일으키는 경우가 많다.
② 우박 피해는 줄기마름병 피해와 증상이 흡사하다.
③ 지름 1~2cm인 우박은 14~20m/s 속도로 낙하한다.
④ 가지에 난 우박 상처가 오래되면 궤양 같은 흔적을 남긴다.
⑤ 우박은 불안정한 대기에서 만들어지며 상승기류가 발생하는 지역에 자주 내린다.

110

수목의 낙뢰 피해에 관한 설명으로 옳지 않은 것은?

① 방사조직이 파괴되어 영양분을 상실한다.
② 대부분의 경우 나무 전체에 피해가 나타난다.
③ 피해 즉시보다 일정기간 생존 후 고사하는 사례가 많다.
④ 수간 아래로 내려오면서 피해 부위가 넓어지는 것이 특징이다.
⑤ 느릅나무, 칠엽수 등 지질이 많은 수종에서 피해가 심하다.

111

수목의 기생성 병과 비기생성 병의 특징에 관한 설명으로 옳은 것은?

① 기생성 병은 기주 특이성이 높지만 비기생성 병은 낮다.
② 기생성 병과 비기생성 병 모두 표징이 존재하는 경우도 있다.
③ 기생성 병은 수목 조직에 대한 선호도가 없지만 비기생성 병은 있다.
④ 기생성 병은 병의 진전도가 비슷하게 나타나지만 비기생성 병은 다양하게 나타난다.
⑤ 기생성 병은 수목 전체에 같은 증상이 나타나나, 비기생성 병은 증상이 임의로 나타난다.

112

1991년에 만들어진 도시공원의 토양조사 결과 pH8.5이며, EC는 4.5dS/m이다. 이 토양에서 일어나기 쉬운 수목 피해에 관한 설명으로 옳은 것은?

① 균근 형성률이 증가한다.
② 잎의 가장자리가 타들어간다.
③ 잎 뒷면이 청동색으로 변한다.
④ 소나무 줄기에서 수지가 흘러내린다.
⑤ 엽육조직이 두꺼운 수종에서는 과습돌기가 만들어진다.

114

도시공원의 토양 분석표이다. 조경수 생육에 부족한 원소는?

구 분	함 량
총질소	0.13%
유효인산	20mg/kg
교환성 칼륨	1cmolc/kg
교환성 칼슘	5cmolc/kg
교환성 마그네슘	2cmolc/kg

① 인   ② 질 소
③ 칼 륨   ④ 칼 슘
⑤ 마그네슘

115

농약 명명법에서 제품의 형태를 표기하는 것은?

① 상표명   ② 일반명
③ 코드명   ④ 품목명
⑤ 화학명

113

햇볕에 의한 고온 피해로 옳지 않은 것은?

① 목련, 배롱나무는 피소에 민감하다.
② 성숙잎보다 어린잎에서 심하게 나타난다.
③ 양엽에서는 햇볕에 의한 고온 피해가 일어나지 않는다.
④ 엽육조직이 손상되어 피해 조직에서는 광합성을 하지 못한다.
⑤ 피소되어 형성층이 파괴되면 양분과 수분 이동이 저해된다.

116

다음 내용에 해당하는 농약의 제형은?

- 유탁제의 기능을 개선한 것
- 유기용제를 소량 사용하여 조제한 것
- 살포액을 조제하였을 때 외관상 투명한 것
- 최근 나무주사액으로 많이 사용하는 것

① 미탁제   ② 분산성액제
③ 액상수화제   ④ 입상수용제
⑤ 캡슐현탁제

117

유기분사 방식으로 분무 입자를 작게 만들어 고속으로 회전하는 송풍기를 통해 풍압으로 살포하는 방법은?

① 분무법
② 살분법
③ 연무법
④ 훈증법
⑤ 미스트법

118

농약의 독성평가에서 특수 독성 시험은?

① 최기형성 시험
② 염색체이상 시험
③ 피부자극성 시험
④ 급성경구독성 시험
⑤ 지발성신경독성 시험

119

미국흰불나방 방제에 사용되는 디아마이드(Diamide)계 살충제의 작용기작은?

① 키틴 합성 저해
② 나트륨이온 통로 변조
③ 라이아노딘 수용체 변조
④ 아세틸콜린에스테라제 저해
⑤ 니코틴 친화성 아세틸콜린 수용체의 경쟁적 변조

120

플루오피람 액상수화제(유효성분 함량 40%)를 4,000배 희석하여 500L를 조제할 때 소요되는 약량과 살포액의 유효성분 농도는? (단, 희석수의 비중은 1이다.)

	약량(mL)	농도(ppm)
①	125	50
②	125	100
③	125	200
④	250	100
⑤	250	200

121

아바멕틴 미탁제에 관한 설명으로 옳지 않은 것은?

① 접촉독 및 소화중독에 의하여 살충효과를 나타낸다.
② 꿀벌에 대한 독성이 강하여 사용에 주의하여야 한다.
③ 소나무에 나무주사 시 흉고직경 cm당 원액 1mL로 사용하여야 한다.
④ 작용기작은 글루탐산 의존성 염소이온 통로 다른자리입체성 변조이다.
⑤ 미생물 유래 천연성분 유도체이므로 계속 사용하여도 저항성이 생기지 않는다.

122

테부코나졸 유탁제에 관한 설명으로 옳지 않은 것은?

① 스트로빌루린계 살균제이다.
② 작용기작은 사1로 표기한다.
③ 세포막 스테롤 생합성 저해제이다.
④ 침투이행성이 뛰어나 치료 효과가 우수하다.
⑤ 리기다소나무 푸사리움가지마름병 방제에 사용한다.

123

「농약관리법 시행규칙」상 잔류성에 의한 농약 등의 구분에 의하면 "토양잔류성 농약은 토양 중 농약 등의 반감기간이 ( )일 이상인 농약 등으로서 사용결과 농약 등을 사용하는 토양(경지를 말한다)에 그 성분이 잔류되어 후작물에 잔류되는 농약 등"이라고 정의하고 있다. ( ) 안에 들어갈 일수는?

① 60   ② 90
③ 120   ④ 180
⑤ 365

124

「소나무재선충병 방제특별법 시행령」상 반출금지구역에서 소나무를 이동하였을 때 위반 차수별 과태료 금액이 옳은 것은? (단위 : 만 원)

	1차	2차	3차
①	30	50	150
②	50	100	150
③	50	100	200
④	100	150	200
⑤	100	150	300

125

「2023년도 산림병해충 예찰・방제계획」에 제시된 주요 산림병해충에 관한 기본 방향으로 옳지 않은 것은?

① 솔껍질깍지벌레 : 해안가 우량 곰솔림에 대한 종합방제사업 지속 발굴・추진
② 소나무재선충병 : 드론예찰을 통한 예찰 체계 강화로 사각지대 방제 및 누락 방지
③ 참나무시들음병 : 매개충의 생활사 및 현지 여건을 고려한 복합방제로 피해 확산 저지
④ 솔잎혹파리 : 피해도 '심' 이상 지역, 중점관리지역 등은 임업적 방제 후 적기에 나무주사 시행
⑤ 외래・돌발・혐오 병해충 : 대발생이 우려되는 외래・돌발 병해충에 사전 적극 대응해 국민생활안전 보장

제1과목 수목병리학

01

전염원이 바람에 의해 직접적으로 전반되는 수목병으로 옳지 않은 것은?

① 잣나무 털녹병
② 동백나무 탄저병
③ 은행나무 잎마름병
④ 사철나무 흰가루병
⑤ 사과나무 불마름병

02

봄에 향나무 잎과 줄기에 형성된 노란색 또는 오렌지색 구조체에 생성되는 것은?

① 녹포자
② 유주포자
③ 겨울포자
④ 여름포자
⑤ 녹병정자

03

병원균의 분류군(속)이 나머지와 다른 것은?

① 소나무 잎마름병
② 회양목 잎마름병
③ 명자나무 점무늬병
④ 느티나무 갈색무늬병
⑤ 배롱나무 갈색점무늬병

04

표징을 관찰할 수 없는 것은?

① 회화나무 녹병
② 뽕나무 오갈병
③ 벚나무 빗자루병
④ 배나무 붉은별무늬병
⑤ 단풍나무 타르점무늬병

05

무성생식으로 생성되는 포자를 모두 고른 것은?

ㄱ. 자낭포자		ㄴ. 담자포자
ㄷ. 난포자		ㄹ. 분생포자
ㅁ. 유주포자		ㅂ. 후벽포자

① ㄱ, ㅁ
② ㄱ, ㅂ
③ ㄴ, ㅂ
④ ㄷ, ㄹ
⑤ ㄹ, ㅁ

06

수목병과 병원균이 형성하는 유성세대 구조체의 연결로 옳지 않은 것은?

① 밤나무 잉크병 – 자낭자좌
② 밤나무 줄기마름병 – 자낭각
③ 벚나무 빗자루병 – 나출자낭
④ 단풍나무 흰가루병 – 자낭구
⑤ 소나무 피목가지마름병 – 자낭반

07

수목 병원성 곰팡이에 관한 설명으로 옳지 않은 것은?

① 빗자루병을 일으킬 수 있다.
② Biolog 검정법을 통해 동정할 수 있다.
③ 기공과 피목을 통해 식물체 내부로 침입할 수 있다.
④ 휴면 월동 구조체인 균핵과 후벽포자는 전염원이 될 수 있다.
⑤ 탄저병을 일으키는 *Colletotrichum*속은 강모(Setae)를 형성하기도 한다.

08

병의 진단에 사용하는 코흐(Koch)의 원칙에 관한 설명으로 옳지 않은 것은?

① 병원체는 반드시 병든 부위에 존재해야 한다.
② 재분리한 병원체의 유성생식이 확인되어야 한다.
③ 병반에서 분리한 병원체는 순수배양이 가능해야 한다.
④ 순수 분리된 병원체를 동종 수목에 접종했을 때 동일한 병징이 재현되어야 한다.
⑤ 병징이 재현된 감염 조직에서 접종했던 병원체와 동일한 것이 재분리되어야 한다.

09

병원체와 제시된 병명의 연결이 모두 옳은 것은?

> ㄱ. 벚나무 빗자루병
> ㄴ. 뽕나무 자주날개무늬병
> ㄷ. 감귤 궤양병
> ㄹ. 소나무 혹병
> ㅁ. 호두나무 근두암종병
> ㅂ. 배나무 붉은별무늬병
> ㅅ. 쥐똥나무 빗자루병
> ㅇ. 소나무 재선충병

① 선충 – ㅁ, ㅇ
② 세균 – ㄷ, ㄹ
③ 곰팡이 – ㄴ, ㄹ
④ 바이러스 – ㄴ, ㅂ
⑤ 파이토플라스마 – ㄱ, ㅅ

10

포플러 잎녹병에 관한 설명으로 옳지 않은 것은?

① 중간기주로 일본잎갈나무(낙엽송) 등이 알려져 있다.
② 한국에서는 대부분 *Melampsora larici-populina*
　에 의해 발생한다.
③ 한국에서도 포플러 잎녹병에 대한 저항성 클론이
　개발·보급되었다.
④ 월동한 겨울포자가 발아하여 생성된 담자포자가 포
　플러 잎을 감염한다.
⑤ 여름포자는 핵상이 n+n이며 기주를 반복 감염하
　여 피해를 증가시킨다.

11

병원체에 관한 설명으로 옳은 것은?

① 곰팡이는 자연개구로 침입할 수 없다.
② 식물기생선충은 구침을 가지고 있지 않다.
③ 바이러스는 식물체에 직접 침입할 수 있다.
④ 세균은 수목의 상처를 통해서만 침입할 수 있다.
⑤ 파이토플라스마는 새삼이나 접목을 통해 전반될 수
　있다.

12

바이러스에 관한 설명으로 옳지 않은 것은?

① 세포 체제를 가지고 있지 않다.
② 절대기생성이며 기주특이성이 없다.
③ 복제 시 핵산에 돌연변이가 발생할 수 있다.
④ 식물체 내 원거리 이동통로는 주로 체관이다.
⑤ 유전자 발현은 기주의 단백질 합성기구에 의존한다.

13

파이토플라스마에 관한 설명으로 옳지 않은 것은?

① 세포벽을 통해 양분흡수와 소화효소 분비를 조절
　한다.
② 매개충을 통해 전반되며 수목에 전신감염을 일으
　킨다.
③ 16S rRNA 유전자 염기서열 분석으로 동정할 수
　있다.
④ 오동나무 빗자루병, 붉나무 빗자루병 등의 병원체
　이다.
⑤ 병든 나무는 벌채 후 소각하거나 옥시테트라사이클
　린 나무주사로 치료한다.

14

수목병의 표징에 관한 설명으로 옳지 않은 것은?

① 호두나무 탄저병 : 병반 위에 분생포자덩이를 형성한다.
② 회화나무 녹병 : 줄기와 가지에 길쭉한 혹이 만들어진다.
③ 삼나무 잎마름병 : 분생포자덩이가 분출되어 마르면 뿔 모양이 된다.
④ 아밀라리아뿌리썩음병 : 주요 표징 중 하나는 뿌리꼴균사다발이다.
⑤ 호두나무 검은(돌기)가지마름병 : 분생포자덩이가 빗물에 씻겨 수피로 흘러내리면 잉크를 뿌린 듯이 보인다.

15

수목병 진단기법에 관한 설명으로 옳은 것은?

① 바이러스 봉입체는 전자현미경으로만 관찰된다.
② 그람염색법으로 소나무 혹병의 병원균을 동정한다.
③ 사철나무 대화병은 병환부를 습실처리하여 표징 발생을 유도한다.
④ 오동나무 빗자루병은 Toluidine Blue를 이용한 면역학적 기법으로 진단한다.
⑤ 향나무 녹병 진단을 위해 병원균 DNA ITS의 부위를 PCR로 증폭하여 염기서열을 분석한다.

16

수목병을 관리하는 방법에 관한 설명으로 옳지 않은 것은?

① 배롱나무 흰가루병 : 일조와 통기 환경을 개선한다.
② 소나무 잎녹병 : 중간기주인 뱀고사리를 제거한다.
③ 소나무 가지끝마름병 : 수관 하부를 가지치기한다.
④ 대추나무 빗자루병 : 옥시테트라사이클린을 나무 주사한다.
⑤ 벚나무 갈색무늬구멍병 : 병든 잎을 모아 태우거나 땅속에 묻는다.

17

비기생성 원인에 의한 수목병의 일반적인 특성으로 옳은 것은?

① 기주특이성이 높다.
② 병원체가 병환부에 존재하고 전염성이 있다.
③ 수목의 모든 생육단계에서 발생할 수 있다.
④ 환경조건이 개선되어도 병이 계속 진전된다.
⑤ 미기상 변화에 직접적인(Microclimate) 영향을 받지 않는다.

18

제시된 특징을 모두 갖는 병원균에 의한 수목병은?

> • 분생포자를 생성한다.
> • 세포벽에 키틴을 함유한다.
> • 균사 격벽에 단순격벽공이 있다.

① 철쭉 떡병
② 동백나무 흰말병
③ 오리나무 잎녹병
④ 사과나무 흰날개무늬병
⑤ 느티나무 줄기밑둥썩음병

19

*Ophiostoma*속 곰팡이에 관한 설명으로 옳지 않은 것은?

① 토양 속에 균핵을 형성한다.
② 천공성 해충의 몸에 붙어 전반된다.
③ 느릅나무 시들음병의 병원균이 속한다.
④ 멜라닌 색소를 합성하여 목재 변색을 일으킨다.
⑤ 변재부의 방사유조직에서 생장하여 감염 부위가 나타난다.

20

수목 뿌리에 발생하는 병에 관한 설명으로 옳은 것은?

① 파이토프토라뿌리썩음병균은 유주포자낭을 형성한다.
② 안노섬뿌리썩음병균은 아까시흰구멍버섯을 형성한다.
③ 리지나뿌리썩음병균은 자낭반 형태의 뽕나무버섯을 형성한다.
④ 모잘록병은 기주 우점병이며 주요 병원균으로는 *Pythium*속과 *Rhizoctonia solani* 등이 있다.
⑤ 뿌리혹선충은 뿌리 내부에 침입하여 세포와 세포 사이를 이동하는 이주성 내부기생 선충이다.

21

소나무 가지끝마름병에 관한 설명으로 옳지 않은 것은?

① 피해 입은 새 가지와 침엽은 수지에 젖어 있다.
② 감염된 어린 가지는 말라 죽으며, 아래로 구부러진 증상을 보인다.
③ 침엽 및 어린 가지의 병든 부위에는 구형 또는 편구형 분생포자각이 형성된다.
④ 가뭄, 답압, 과도한 피음 등으로 수세가 약해진 나무에서는 굵은 가지에도 발생한다.
⑤ 병원균은 *Guignardia*속에 속하며 병든 낙엽, 가지 또는 나무 아래의 지피물에서 월동한다.

22

한국에서 발생하는 참나무 시들음병에 관한 설명으로 옳지 않은 것은?

① 주요 피해 수종은 신갈나무이다.
② 감염된 나무는 변재부가 변색된다.
③ 병원균은 유성세대가 알려지지 않은 불완전균류이다.
④ 물관부의 수분 흐름이 감소되어 나무 전체가 시든다.
⑤ 병원균은 기주수목의 방어반응을 이겨 내기 위해 체관 내에 전충체(Tylose)를 형성한다.

23

수목에 기생하는 겨우살이에 관한 설명으로 옳지 않은 것은?

① 진정겨우살이는 침엽수에 피해를 준다.
② 기주식물에 흡기를 만들어 양분과 수분을 흡수한다.
③ 수간이나 가지의 감염 부위는 부풀고 강풍에 쉽게 부러질 수 있다.
④ 방제를 위해 감염된 가지를 전정한 후 상처도포제를 처리하는 것이 좋다.
⑤ 진정겨우살이는 광합성을 할 수 있으나 수분과 무기양분은 기주식물에 의존한다.

24

벚나무 번개무늬병에 관한 설명으로 옳지 않은 것은?

① 접목에 의한 전염이 가능하다.
② 병원체는 *American plum line pattern virus* 등이 있다.
③ 봄에 나온 잎의 주맥과 측맥을 따라 황백색 줄무늬가 나타난다.
④ 병징은 매년 되풀이되어 나타나며 심할 경우 나무는 고사한다.
⑤ 감염된 잎의 즙액을 지표식물에 접종하면 국부병반이 나타나고, ELISA로 진단할 수 있다.

25

버즘나무 탄저병에 관한 설명으로 옳지 않은 것은?

① 병원균의 유성세대는 *Apiognomonia*속에 속한다.
② 병원균은 무성세대 포자형성기관인 분생포자각을 형성한다.
③ 감염된 낙엽과 가지를 제거하면 추가 감염을 예방하는 효과가 있다.
④ 봄에 잎이 나온 후 비가 자주 내릴 때 많이 발생하며, 어린 잎과 가지가 말라 죽는다.
⑤ 잎이 전개된 이후에 감염되면 엽맥을 따라 번개 모양의 갈색 병반을 보이며 조기 낙엽을 일으킨다.

제2과목 수목해충학

26

곤충이 번성한 이유에 관한 설명으로 옳지 않은 것은?

① 외골격은 가볍고 질기며 수분 투과를 막는다.
② 식물과 공진화하여 먹이 자원에 대한 종특이성이 발달하였다.
③ 크기가 작아 소량의 먹이로도 살아갈 수 있고 공간 요구도가 낮다.
④ 이동분산 능력을 증대시키는 날개가 있어 탐색활동이나 교미활동에 유리하다.
⑤ 세대 간 간격이 짧아 도태나 돌연변이가 일어나지 않아 종 다양성이 증가하였다.

27

곤충의 기원과 진화에 관한 설명으로 옳은 것은?

① 데본기에 날개가 있는 곤충이 출현하였다.
② 무시류 곤충은 캄브리아기에 출현하였다.
③ 근대 곤충 목(目, Order)은 대부분 삼첩기에 출현하였다.
④ 다리가 6개인 절지동물류는 모두 곤충강으로 분류한다.
⑤ 곤충강에 속하는 분류군은 입틀이 머리덮개 안으로 함몰되어 있다.

28

곤충 성충의 외부형태적 특징에 관한 설명으로 옳지 않은 것은?

① 홑눈은 낱눈 여러 개로 채워져 있다.
② 날개는 체벽이 신장되어 생겨난 것이다.
③ 더듬이의 마디는 밑마디, 흔들마디, 채찍마디로 되어 있다.
④ 입틀은 큰턱과 작은턱이 각각 1쌍이고 윗입술, 아랫입술, 혀로 구성되어 있다.
⑤ 다리의 마디는 밑마디, 도래마디, 넓적마디, 종아리마디, 발목마디로 되어 있다.

29

곤충의 특징에 관한 설명으로 옳은 것은?

① 외표피는 키틴을 다량 함유한다.
② 메뚜기류의 고막은 앞다리 넓적마디에 있다.
③ 중추신경계는 뇌와 앞가슴샘이 신경색으로 연결되어 있다.
④ 순환계는 소화관의 아래쪽에 위치하며, 대동맥과 심장으로 되어 있다.
⑤ 기관계에서 바깥쪽 공기는 기문을 통해 곤충 몸 안으로 들어가고, 기관지와 기관소지를 통해 세포까지 공급된다.

30

곤충분류학 용어에 관한 설명으로 옳지 않은 것은?

① 속명과 종명은 라틴어로 표기한다.
② 계-문-강-목-과-속-종의 체계로 이루어져 있다.
③ 명명법은 「국제동물명명규약」에 규정되어 있다.
④ 신종 기재 시에는 1개체만 완모식표본으로 설정한다.
⑤ 종결어미는 과명에서 '-inae'이고 아과명에서는 '-idae'이다.

31

제시된 특징의 곤충 분류군(목)은?

- 잎을 가해하고 간혹 대발생한다.
- 주로 단위생식을 하며 독립생활을 한다.
- 수관부를 섭식하며 알을 한 개씩 지면으로 떨어뜨린다.
- 앞가슴마디가 짧고, 가운데가슴마디와 뒷가슴마디가 길다.

① 벌목(Hymenoptera) ② 대벌레목(Phasmida)
③ 나비목(Lepidoptera) ④ 메뚜기목(Orthoptera)
⑤ 딱정벌레목(Coleoptera)

32

해충 개체군의 특징에 관한 설명으로 옳은 것은?

① 어린 유충기의 집단생활은 생존율을 낮춘다.
② 어린 유충기에 집단생활을 하는 종으로 솔잎벌이 있다.
③ 환경저항이 없는 서식처에서 로지스틱(Logistic) 성장을 한다.
④ 생존곡선에서 제3형(C형)은 어린 유충기에서 죽는 비율이 높다.
⑤ 서열(경합)경쟁은 종간경쟁의 한 종류이며, 생태적 지위가 유사한 종간에 발생한다.

33

곤충의 신경계에 관한 설명으로 옳지 않은 것은?

① 신경계에서 호르몬이 분비된다.
② 뇌에 신경절 2쌍이 연합되어 있다.
③ 말초신경계는 운동신경과 체벽에 분포한 감각신경을 포함한다.
④ 신경계는 감각기를 통해 환경자극을 전기에너지로 전환한다.
⑤ 내장신경계는 내분비기관, 생식기관, 호흡기관 등을 조절한다.

34

곤충의 내분비계에 관한 설명으로 옳지 않은 것은?

① 알라타체는 유약호르몬을 분비한다.
② 탈피호르몬은 뇌호르몬의 자극을 받아 분비된다.
③ 앞가슴샘은 유충과 성충에서 탈피호르몬을 분비하는 내분비기관이다.
④ 내분비계에는 앞가슴샘, 카디아카체, 알라타체, 신경분비세포가 있다.
⑤ 카디아카체는 뇌의 신경분비세포에서 신호를 받은 후에 저장된 앞가슴샘자극호르몬을 방출한다.

35

곤충과 온도의 관계에 관한 설명으로 옳은 것은?

① 온대지역에서 고온치사임계온도는 35℃이다.
② 적산온도법칙은 고온임계온도를 초과한 높은 온도에도 적용한다.
③ 발육속도는 해당 온도구간에서 발육기간(일)의 역수로 계산한다.
④ 유효적산온도는 [(평균온도−발육영점온도)÷발육기간(일)]로 계산한다.
⑤ 발육영점온도는 실험온도와 발육속도의 직선회귀식으로 얻은 기울기를 Y절편 값으로 나눈 것이다.

36

딱정벌레목과 벌목의 특징에 관한 설명으로 옳지 않은 것은?

① 바구미과는 나무좀아과와 긴나무좀아과를 포함한다.
② 딱정벌레목의 다식아목에는 하늘소과, 풍뎅이과, 딱정벌레과가 포함된다.
③ 비단벌레과는 금속 광택이 특징이며 유충기에 수목의 목질부를 가해한다.
④ 잎벌아목 성충의 산란관은 톱니 모양으로 발달하여 잎이나 줄기를 절개하고 산란한다.
⑤ 벌목의 잎벌아목과 벌아목은 뒷가슴과 제1배마디가 연합된 자루마디의 유무로 구분된다.

37

곤충의 주성에 관한 설명으로 옳지 않은 것은?

① 양성주광성은 빛이 있는 방향으로 이동하려는 특성이다.
② 양성주풍성은 바람이 불어오는 방향으로 이동하려는 특성이다.
③ 양성주지성은 중력에 반응하여 식물체 위로 기어 올라가는 특성이다.
④ 양성주화성은 특정 화합물이 있는 방향으로 이동하려는 특성이다.
⑤ 주촉성은 자신의 몸을 주변 물체에 최대한 많이 접촉하려는 특성이다.

38

곤충의 적응과 휴면(Diapause)에 관한 설명으로 옳지 않은 것은?

① 암컷 성충만 월동하는 곤충도 있다.
② 적산온도법칙은 휴면기간 중에도 적용한다.
③ 휴면 유도는 이전 발육단계에서 결정되는 경우가 많다.
④ 휴면이 일어나는 발육단계는 유전적으로 정해져 있다.
⑤ 휴면을 결정하는 여러 요인 중에서 광주기가 중요한 역할을 한다.

39

곤충의 성페로몬과 이용에 관한 설명으로 옳지 않은 것은?

① 단일 혹은 2개 이상의 화합물로 구성된다.
② 신경혈액기관에서 생성되어 체외로 방출된다.
③ 개체군 조사, 대량유살, 교미교란에 이용된다.
④ 유인력 결정에는 화합물의 구성비가 중요하다.
⑤ 한쪽 성에서 생산되어 반대쪽 성을 유인한다.

40

천공성 해충과 충영형성 해충을 옳게 나열한 것은?

	천공성 해충	충영형성 해충
①	박쥐나방 알락하늘소	돈나무이 외발톱면충
②	개오동명나방 광릉긴나무좀	외줄면충 자귀나무이
③	복숭아유리나방 벚나무사향하늘소	외발톱면충 큰팽나무이
④	솔수염하늘소 큰솔알락명나방	벚나무응애 때죽납작진딧물
⑤	소나무좀 목화명나방	공깍지벌레 복숭아가루진딧물

41

제시된 생태적 특징을 지닌 해충으로 옳은 것은?

> • 장미과 수목의 잎을 가해한다.
> • 연 1회 발생하며 유충으로 월동한다.
> • 유충의 몸에는 검고 가는 털이 있다.
> • 유충의 몸은 연노란색이고 검은 세로줄이 여러 개 있다.

① 노랑쐐기나방
② 복숭아명나방
③ 황다리독나방
④ 노랑털알락나방
⑤ 벚나무모시나방

42

해충의 외래종 여부 및 원산지의 연결이 옳은 것은?

	해충명	외래종 여부 (O, X)	원산지
①	매미나방	X	한국, 일본, 중국, 유럽
②	솔잎혹파리	X	한국, 일본
③	밤나무혹벌	O	유 럽
④	별박이자나방	O	일 본
⑤	갈색날개매미충	O	미 국

43

벚나무류 해충의 가해 및 피해 특징에 관한 설명으로 옳지 않은 것은?

① 사사키잎혹진딧물 : 잎이 뒷면으로 말리고 붉게 변한다.
② 뽕나무깍지벌레 : 가지, 줄기에 집단으로 모여 흡즙한다.
③ 갈색날개매미충 : 1년생 가지에 산란하면서 상처를 유발한다.
④ 남방차주머니나방 : 유충이 잎맥 사이를 가해하여 구멍을 뚫는다.
⑤ 복숭아유리나방 : 유충이 수피를 뚫고 들어가 형성층 부위를 가해한다.

44

해충별 과명, 가해 부위 및 연 발생, 세대 수의 연결이 옳지 않은 것은?

① 외줄면충 : 진딧물과 – 잎 – 수회
② 솔잎혹파리 : 혹파리과 – 잎 – 1회
③ 소나무왕진딧물 : 진딧물과 – 가지 – 3~4회
④ 루비깍지벌레 : 깍지벌레과 – 줄기, 가지, 잎 – 1회
⑤ 뿔밀깍지벌레 : 밀깍지벌레과 – 가지, 잎 – 1회

45

제시된 해충의 생태에 관한 설명으로 옳지 않은 것은?

> • 소나무류를 가해한다.
> • 학명은 *Tomicus piniperda*이다.

① 성충으로 지제부 부근에서 월동한다.
② 연 1회 발생하며 월동한 성충이 봄에 산란한다.
③ 신성충은 여름에 새 가지에 구멍을 뚫고 들어가 가해한다.
④ 쇠약한 나무에서 내는 물질이 카이로몬 역할을 하여 월동한 성충이 유인된다.
⑤ 봄에 수컷 성충이 먼저 줄기에 구멍을 뚫고 들어가면 암컷이 따라 들어가 교미한다.

46

해충의 가해 및 월동 생태에 관한 설명으로 옳은 것은?

① 뽕나무이 : 성충으로 월동하며 열매에 알을 낳는다.
② 벚나무응애 : 잎 뒷면에서 흡즙하고 가지 속에서 알로 월동한다.
③ 사철나무혹파리 : 유충은 1년생 가지에 파고 들어가 충영을 만든다.
④ 아까시잎혹파리 : 땅속에서 번데기로 월동 후 우화하여 잎 앞면 가장자리에 알을 낳는다.
⑤ 식나무깍지벌레 : 잎 뒷면에 집단으로 모여 가해하며, 암컷이 약충 또는 성충으로 가지에서 월동한다.

47

종합적 해충방제 이론에서 약제방제를 해야 하는 시기로 옳은 것은?

① 일반 평형밀도에 도달 전
② 일반 평형밀도에 도달 후
③ 경제적 가해수준에 도달 후
④ 경제적 피해 허용수준에 도달 전
⑤ 경제적 피해 허용수준에 도달 후

48

곤충의 밀도조사법에 관한 설명으로 옳지 않은 것은?

① 함정트랩 : 지표면을 배회하는 곤충을 포획한다.
② 황색수반트랩 : 꽃으로 오인하게 하여 유인한 후 끈끈이에 포획한다.
③ 털어잡기 : 지면에 천을 놓고 수목을 쳐서 아래로 떨어지는 곤충을 포획한다.
④ 우화상 : 목재나 토양에서 월동하는 곤충류가 우화 탈출할 때 포획한다.
⑤ 깔때기트랩 : 수관부에 설치하고 비행성 곤충이 깔때기 아래 수집통으로 들어가게 하여 포획한다.

49

해충과 천적의 연결이 옳지 않은 것은?

① 솔잎혹파리 - 솔잎혹파리먹좀벌
② 복숭아유리나방 - 남색긴꼬리좀벌
③ 붉은매미나방 - 독나방살이고치벌
④ 황다리독나방 - 나방살이납작맵시벌
⑤ 낙엽송잎벌 - 낙엽송잎벌살이뾰족맵시벌

50

해충의 예찰과 방제에 관한 설명으로 옳은 것은?

① 솔잎혹파리는 집합페로몬트랩으로 예찰하여 방제
시기를 결정한다.
② 광릉긴나무좀 성충의 침입을 차단하기 위해 끈끈이
롤트랩을 줄기 하부에서 상부 방향으로 감는다.
③ 미국흰불나방 유충 발생 초기에 곤충생장조절제인
람다사이할로트린 수화제를 5월 말에 경엽처리한다.
④ 「농촌진흥청 농약안전정보시스템」에 따르면 솔껍
질깍지벌레는 정착약충기에 약제로 방제하는 것이
효과적이다.
⑤ 「농촌진흥청 농약안전정보시스템」에 따르면 양버
즘나무에 발생하는 버즘나무방패벌레는 겨울에 아
세타미프리드 액제를 나무주사하여 방제한다.

제3과목 수목생리학

51

**줄기 정단분열조직에 의해서 만들어진 1차 분열조직
으로 옳은 것만을 나열한 것은?**

① 수, 피층, 전형성층
② 주피, 내초, 원표피
③ 엽육, 원표피, 1차물관부
④ 원표피, 전형성층, 기본분열조직
⑤ 피층, 유관속형성층, 기본분열조직

52

수목의 수피에 관한 설명으로 옳지 않은 것은?

① 주피는 코르크형성층에서 만들어진다.
② 수피는 유관속형성층 바깥에 있는 조직이다.
③ 코르크형성층은 원표피의 유세포로부터 분화된다.
④ 코르크 세포의 2차벽에 수베린(Suberin)이 침착된다.
⑤ 성숙한 외수피는 죽은 조직이지만 내수피는 살아
있는 조직이다.

53

**C3 식물의 광호흡이 일어나는 세포소기관으로 옳은
것만을 나열한 것은?**

① 엽록체, 소포체, 퍼옥시솜
② 액포, 리소좀, 미토콘드리아
③ 소포체, 리보솜, 미토콘드리아
④ 리보솜, 엽록체, 미토콘드리아
⑤ 엽록체, 퍼옥시솜, 미토콘드리아

54

수목의 뿌리생장에 관한 설명으로 옳지 않은 것은?

① 세근은 주로 표토층에 분포하며 수분과 양분을 흡수한다.
② 내생균근을 형성한 뿌리에는 뿌리털이 발달하지 않는다.
③ 근계는 점토질토양보다 사질토양에서 더 깊게 발달한다.
④ 측근은 주근의 내피 안쪽에 있는 내초세포가 분열하여 만들어진다.
⑤ 온대지방에서 뿌리의 생장은 줄기보다 먼저 시작하고, 줄기보다 늦게까지 지속된다.

55

줄기의 2차생장에 관한 설명으로 옳지 않은 것은?

① 생장에 불리한 환경에서는 목부 생산량이 감소한다.
② 만재는 조재보다 치밀하고 단단하며 비중이 높다.
③ 정단부에서 시작되고, 수간 밑동 부근에서부터 멈추기 시작한다.
④ 고정생장 수종은 수고생장이 멈추기 전에 직경생장이 정지한다.
⑤ 일반적으로 수종이나 생육환경에 상관없이 사부보다 목부를 더 많이 생산한다.

56

명반응과 암반응이 함께 일어나야 광합성이 지속될 수 있는 이유로 옳은 것은?

① 명반응 산물인 O_2가 암반응에 반드시 필요하기 때문이다.
② 명반응에서 만들어진 물이 포도당 합성에 이용되기 때문이다.
③ 명반응 산물인 ATP와 NADPH가 암반응에 이용되기 때문이다.
④ 암반응 산물인 포도당이 명반응에서 ATP 생산에 이용되기 때문이다.
⑤ 명반응이 일어나지 않으면 그라나에서 CO_2를 흡수할 수 없기 때문이다.

57

수목의 줄기생장에 관한 설명으로 옳지 않은 것은?

① 정아를 제거하면 측아 생장이 촉진된다.
② 연간 생장한 마디의 길이는 1차생장으로 결정된다.
③ 고정생장 수종은 정아가 있던 위치에 연간 생장 마디가 남는다.
④ 자유생장 수종은 겨울눈이 봄에 성장한 직후 다시 겨울눈을 형성한다.
⑤ 고정생장 수종의 봄에 자란 줄기와 잎의 원기는 겨울눈에 들어 있던 것이다.

58

수목의 내음성에 관한 설명으로 옳지 않은 것은?

① 양수가 그늘에서 자라면 뿌리 발달이 줄기 발달보다 더 저조해진다.

② 내음성은 낮은 광도조건에서 장기간 생육을 유지할 수 있는 능력이다.

③ 음수는 낮은 광도에서 광합성 효율이 높아 그늘에서 양수보다 경쟁력이 크다.

④ 음수는 성숙 후에 내음성 특성이 나타나 나이가 들수록 양지에서 생장이 둔해진다.

⑤ 음수는 양수보다 광반에 빠르게 반응하여 짧은 시간 내에 광합성을 하는 능력이 있다.

59

수목의 호흡작용에 관한 설명으로 옳은 것만을 모두 고른 것은?

ㄱ. O_2는 환원되어 물 분자로 변한다.

ㄴ. 해당작용은 산화적 인산화를 통해 ATP를 생산한다.

ㄷ. 기질이 환원되어 CO_2분자로 분해된다.

ㄹ. TCA 회로에서는 아세틸 CoA가 C4 화합물과 반응하여 피루빈산이 생산된다.

ㅁ. TCA 회로는 미토콘드리아에서 일어난다.

---

① ㄱ, ㄹ   ② ㄱ, ㅁ

③ ㄴ, ㄷ   ④ ㄷ, ㄹ

⑤ ㄹ, ㅁ

60

수목 내의 탄수화물에 관한 설명으로 옳지 않은 것은?

① 포도당은 물에 잘 녹고 이동이 용이한 환원당이다.

② 세포벽에서 섬유소가 차지하는 비율은 1차벽보다 2차벽에서 크다.

③ 전분은 불용성 탄수화물이지만 효소에 의해 쉽게 포도당으로 분해된다.

④ 잎에서 자당(Sucrose)은 엽록체 내에서 합성되고, 전분은 세포질에 축적된다.

⑤ 펙틴은 세포벽의 구성성분이며, 구성 비율은 1차벽보다 2차벽에서 더 크다.

61

수목 내 질소의 계절적 변화에 관한 설명으로 옳은 것은?

① 가을철 잎의 질소는 목부를 통하여 회수된다.

② 질소의 계절적 변화량은 사부보다 목부에서 크다.

③ 잎에서 회수된 질소는 목부와 사부의 방사유조직에 저장된다.

④ 봄에 저장단백질이 분해되어 암모늄태 질소로 사부를 통해 이동한다.

⑤ 저장조직의 연중 질소함량은 봄철 줄기 생장이 왕성하게 이루어질 때 가장 높다.

62

페놀화합물에 관한 설명으로 옳지 않은 것은?

① 수용성 플라보노이드는 주로 액포에 존재한다.
② 이소플라본은 병원균의 공격을 받은 식물의 감염부위 확대를 억제한다.
③ 리그닌은 주로 목부조직에서 발견되며, 초식동물로부터 보호하는 역할을 한다.
④ 타닌(Tannin)은 목부의 지지능력을 향상해 수분이동에 따른 장력에 견딜 수 있도록 한다.
⑤ 초본식물보다 목본식물에 함량이 많으며, 리그닌과 타닌은 미생물에 의한 분해가 잘 안 된다.

63

수목의 지질대사에 관한 설명으로 옳지 않은 것은?

① 종자에 있는 지질은 세포 내 올레오솜에 저장된다.
② 지방은 분해된 후 글리옥시솜에서 자당으로 합성된다.
③ 지질은 탄수화물에 비해 단위 무게당 에너지 생산량이 많다.
④ 가을이 되면 내수피의 인지질 함량이 증가하여 내한성이 높아진다.
⑤ 지방 분해는 O_2를 소모하고 에너지를 생산하는 호흡작용에 해당한다.

64

수목의 질소화합물에 관한 설명으로 옳지 않은 것은?

① 엽록소, 피토크롬, 레그헤모글로빈은 질소를 함유한 물질이다.
② 효소는 단백질이며, 예로 탄소 대사에 관여하는 루비스코가 있다.
③ 원형질막에 존재하는 단백질은 세포의 선택적 흡수 기능에 기여한다.
④ 핵산은 유전정보를 가지고 있는 화합물이며, 예로 DNA와 RNA가 있다.
⑤ 알칼로이드 화합물은 주로 나자식물에서 발견되며, 예로 소나무의 타감물질이 있다.

65

수목의 호흡에 관한 설명으로 옳지 않은 것은?

① 형성층 조직에서는 혐기성 호흡이 일어날 수 있다.
② Q_{10}은 온도가 10℃ 상승함에 따라 나타나는 호흡량 증가율이다.
③ 균근이 형성된 뿌리는 균근이 미형성된 뿌리보다 호흡량이 증가한다.
④ 종자를 낮은 온도에서 보관하는 것은 호흡을 줄이는 효과가 있다.
⑤ 눈비늘(아린)은 산소를 차단하여 호흡을 억제하므로 눈의 호흡은 계절적 변동이 없다.

66

나자식물의 질산환원 과정이다. (ㄱ), (ㄴ), (ㄷ)에 들어갈 내용을 순서대로 옳게 나열한 것은?

$$NO_3^- \xrightarrow[\text{(ㄱ)}]{\text{질산환원효소}} \text{(ㄴ)} \xrightarrow[\text{(ㄷ)}]{\text{아질산환원효소}} NH_4^+$$

	(ㄱ)	(ㄴ)	(ㄷ)
①	엽록체	NO_2^-	액 포
②	색소체	NO^-	세포질
③	액 포	NO_2^-	색소체
④	세포질	NO_2^-	색소체
⑤	액 포	NO^-	엽록체

67

무기양분에 관한 설명으로 옳은 것은?

① 철은 산성토양에서 결핍되기 쉽다.
② 대량원소에는 철, 염소, 구리, 니켈 등이 포함된다.
③ 질소와 인의 결핍증상은 어린잎에서 먼저 나타난다.
④ 식물 건중량의 1% 이상인 대량원소와 그 미만인 미량원소로 나눈다.
⑤ 칼륨은 광합성과 호흡작용에 관여하는 다양한 효소의 활성제 역할을 한다.

68

수목의 균근 또는 균근균에 관한 설명으로 옳지 않은 것은?

① 균근 형성률은 토양의 비옥도가 낮을 때 높다.
② 균근은 토양에 있는 암모늄태 질소의 흡수를 촉진한다.
③ 내생균근은 세포의 내부에 하티그 망(Hartig Net)을 형성한다.
④ 외생균근을 형성하는 곰팡이는 담자균과 자낭균에 속하는 균류이다.
⑤ 외생균근은 균사체가 뿌리의 외부를 둘러싸서 균투(Fungal Mantle)를 형성한다.

69

수액 상승에 관한 설명으로 옳은 것은?

① 교목은 목부의 수액 상승에 많은 에너지를 소비한다.
② 목부의 수액 상승은 압력유동설로 설명한다.
③ 수액의 상승 속도는 대체로 환공재나 산공재가 가도관재보다 빠르다.
④ 산공재는 환공재에 비해 기포에 의한 도관폐쇄 위험성이 상대적으로 더 크다.
⑤ 수액이 나선 방향으로 돌면서 올라가는 경향은 가도관재보다 환공재에서 더 뚜렷하다.

70

생식과 번식에 관한 설명으로 옳지 않은 것은?

① 수령이 증가할수록 삽목이 잘된다.

② 수목은 유생기(유형기)에는 영양생장만 한다.

③ 화분 생산량은 일반적으로 풍매화가 충매화보다 많다.

④ 봄에 일찍 개화하는 장미과 수종의 꽃눈 원기는 전년도에 생성된다.

⑤ 수목의 품종 특성을 그대로 유지하기 위해서는 무성번식으로 증식한다.

71

꽃눈원기 형성부터 종자가 성숙할 때까지 3년이 걸리는 수종은?

① 소나무

② 배롱나무

③ 신갈나무

④ 가문비나무

⑤ 개잎갈나무

72

수목의 수분퍼텐셜에 관한 설명으로 옳은 것은?

① 수분퍼텐셜은 항상 양수이다.

② 삼투퍼텐셜은 항상 0 이하이다.

③ 삼투퍼텐셜은 삼투압에 비례하여 높아진다.

④ 살아 있는 세포의 압력퍼텐셜은 항상 0 이하이다.

⑤ 물은 수분퍼텐셜이 낮은 곳에서 높은 곳으로 흐른다.

73

식물호르몬에 관한 설명으로 옳은 것은?

① 옥신 : 탄소 2개가 이중결합으로 연결된 기체이며 과실 성숙을 촉진한다.

② 에틸렌 : 최초로 발견된 호르몬으로 세포신장, 정아우세에 관여한다.

③ 아브시스산 : 세스퀴테르펜의 일종으로 외부 환경 스트레스에 대한 반응을 조절한다.

④ 시토키닌 : 벼의 키다리병을 일으킨 곰팡이에서 발견되었으며, 줄기생장을 촉진한다.

⑤ 지베렐린 : 담배의 유상조직 배양연구에서 밝혀졌으며, 세포분열을 촉진하고 잎의 노쇠를 지연시킨다.

74

종자에 관한 설명으로 옳은 것을 모두 고른 것은?

> ㄱ. 배는 자엽, 유아, 하배축, 유근으로 구성되어 있다.
> ㄴ. 두릅나무와 솔송나무는 배유종자를 생산한다.
> ㄷ. 배휴면은 배 혹은 배 주변의 조직이 생장억제제를 분비하여 발아를 억제하는 것이다.
> ㄹ. 콩과식물의 휴면타파를 위한 열탕처리는 낮은 온도에서 점진적으로 온도를 높이면서 진행한다.

① ㄱ, ㄴ   ② ㄱ, ㄹ
③ ㄴ, ㄷ   ④ ㄴ, ㄹ
⑤ ㄷ, ㄹ

75

제시된 설명의 특성을 모두 가진 식물호르몬은?

> • 사이클로펜타논(Cyclopentanone) 구조를 가진 화합물로, 불포화지방산의 일종인 리놀렌산에서 생합성된다.
> • 잎의 노쇠와 엽록소 파괴를 촉진하고, 루비스코 효소 억제를 통한 광합성 감소를 유발한다.
> • 환경 스트레스, 곤충과 병원균에 대한 저항성을 높인다.

① 폴리아민(Polyamine)
② 살리실산(Salicylic acid)
③ 자스몬산(Jasmonic acid)
④ 스트리고락톤(Strigolactone)
⑤ 브라시노스테로이드(Brassinosteroid)

제4과목 산림토양학

76

제시된 특성을 모두 가지는 점토광물로 옳은 것은?

> • 비팽창성 광물이다.
> • 층 사이에 Brucite라는 팔면체층이 있다.
> • 기저면 간격(Interlayer Spacing)은 약 1.4nm이다.

① 일라이트(Illite)
② 클로라이트(Chlorite)
③ 헤마타이트(Hematite)
④ 카올리나이트(Kaolinite)
⑤ 버미큘라이트(Vermiculite)

77

산림토양과 농경지토양의 차이점을 비교한 내용으로 옳은 것만을 고른 것은?

	비교사항	산림토양	농경지토양
ㄱ.	토양온도의 변화	크 다	작 다
ㄴ.	낙엽 공급량	적 다	많 다
ㄷ.	토양 동물의 종류	많 다	적 다
ㄹ.	미기상의 변동	작 다	크 다

① ㄱ, ㄴ
② ㄱ, ㄷ
③ ㄴ, ㄷ
④ ㄴ, ㄹ
⑤ ㄷ, ㄹ

78

USDA의 토양분류체계에 따른 12개 토양목 중 제시된 토양목을 풍화정도(약→강)에 따라 옳게 나열한 것은?

Alfisols(알피졸)	Entisols(엔티졸)
Oxisols(옥시졸)	Ultisols(울티졸)

① Alfisols → Entisols → Ultisols → Oxisols
② Entisols → Alfisols → Oxisols → Ultisols
③ Entisols → Alfisols → Ultisols → Oxisols
④ Oxisols → Entisols → Alfisols → Ultisols
⑤ Oxisols → Ultisols → Alfisols → Entisols

79

면적 1ha, 깊이 10cm인 토양의 탄소저장량(Mg=ton)은? (단, 이 토양의 용적밀도, 탄소농도, 석력함량은 각각 $1.0g/cm^3$, 3%, 0%로 한다.)

① 0.3 　　　　② 3
③ 30 　　　　④ 300
⑤ 3,000

80

토양의 수분 침투율에 관한 설명으로 옳지 않은 것은?

① 다져진 토양은 침투율이 낮다.
② 동결된 토양에서는 침투현상이 거의 일어나지 않는다.
③ 입자가 큰 토양은 입자가 작은 토양보다 침투율이 높다.
④ 식물체가 자라지 않던 토양에 식생이 형성되면 침투율이 감소한다.
⑤ 침투율은 강우 개시 후 평형에 도달할 때까지 시간이 지남에 따라 감소한다.

81

입단 형성에 관한 설명으로 옳지 않은 것은?

① 응집현상을 유발하는 대표적인 양이온은 Na^+이다.
② 균근균은 균사뿐 아니라 글로멀린을 생성하여 입단 형성에 기여한다.
③ 토양이 동결-해동을 반복하면 팽창-수축이 반복되어 입단 형성이 촉진된다.
④ 유기물이 많은 토양에서 식물이 가뭄에 잘 견딜 수 있는 것은 입단의 보수력이 크기 때문이다.
⑤ 토양수분 공급과 식물의 수분흡수에 따라 토양의 젖음-마름 상태가 반복되면 입단 형성이 촉진된다.

82

토성이 식토, 식양토, 사양토, 사토 순으로 점점 거칠어질 때 토양특성의 변화가 옳게 연결된 것은?

	보수력	비표면적	용적밀도	통기성
①	감소	감소	감소	감소
②	감소	감소	증가	증가
③	감소	감소	감소	증가
④	증가	증가	증가	변화 없음
⑤	증가	감소	감소	변화 없음

5개 공원 토양의 수분보유곡선이 그림과 같을 때 유효수분 함량이 가장 많은 곳은?

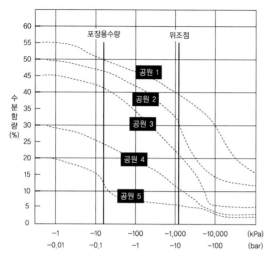

① 공원 1   ② 공원 2
③ 공원 3   ④ 공원 4
⑤ 공원 5

84

토양의 화학적 특성에 관한 설명으로 옳지 않은 것은?

① Fe^{3+}는 산화되면 Fe^{2+}로 된다.
② 풍화가 진행될수록 pH가 낮아진다.
③ 점토는 모래보다 양이온교환용량이 크다.
④ 산이나 염기에 의한 pH 변화에 대한 완충능을 갖는다.
⑤ 산성 토양에 비해 알칼리성 토양에서 염기포화도가 높다.

85

「농촌진흥청고시」 제2023-24호 제5조(비료의성분)에 따른 비료(20-10-10) 100kg 중 K의 무게(kg)는? (단, K, O의 분자량은 각각 39g/mol, 16g/mol이다. 소수점은 둘째 자리에서 반올림하여 소수점 첫째 자리까지 구한다.)

① 4.4
② 5.0
③ 8.3
④ 10.0
⑤ 20.0

86

산림토양 산성화의 원인으로 옳은 것을 모두 고른 것은?

> ㄱ. 황화철 산화
> ㄴ. 질산화작용
> ㄷ. 토양유기물 분해로 인한 유기산 생성
> ㄹ. 토양호흡으로 생성되는 CO_2의 용해
> ㅁ. 식물 뿌리의 양이온 흡수로 인한 H^+ 방출

① ㄱ   ② ㄱ, ㄴ
③ ㄱ, ㄴ, ㄷ   ④ ㄱ, ㄴ, ㄷ, ㄹ
⑤ ㄱ, ㄴ, ㄷ, ㄹ, ㅁ

87

제시된 설명과 1차광물의 연결로 옳은 것은?

> ㄱ. 가장 간단한 구조의 규산염광물이며, 결정구조
> 가 단순하기 때문에 풍화되기 쉽다.
> ㄴ. 전기적으로 안정하고 표면의 노출이 적어 풍화
> 가 매우 느리며, 토양 중 모래 입자의 주성분이다.

	ㄱ	ㄴ
①	각섬석	휘 석
②	감람석	석 영
③	휘 석	장 석
④	감람석	휘 석
⑤	각섬석	석 영

88

화산회로부터 유래한 토양에 많이 함유되어 있으며
인산의 고정력이 강한 점토광물은?

① 알로판(Allophane)
② 돌로마이트(Dolomite)
③ 스멕타이트(Smectite)
④ 벤토나이트(Bentonite)
⑤ 할로이사이트(Halloysite)

89

화학적 반응이 중성인 비료는?

① 요 소
② 생석회
③ 용성인비
④ 석회질소
⑤ 황산암모늄

90

토양유기물 분해에 영향을 미치는 설명으로 옳은 것
을 모두 고른 것은?

> ㄱ. 유기물 분해속도는 토양 pH와 관계없이 일정하다.
> ㄴ. 페놀화합물이 유기물 건물량의 3~4% 포함되
> 어 있으면 분해속도가 빨라진다.
> ㄷ. 탄질비가 200을 초과하는 유기물도 외부로부
> 터 질소를 공급하면 분해속도가 빨라진다.
> ㄹ. 리그닌 함량이 높은 유기물은 리그닌 함량이
> 낮은 유기물보다 분해가 느리다.

① ㄱ, ㄴ   ② ㄱ, ㄷ
③ ㄴ, ㄷ   ④ ㄴ, ㄹ
⑤ ㄷ, ㄹ

91

A, B 두 토양의 소성지수(Plastic Index)가 15%로
같다. 두 토양의 액성한계(Liquid limit)에서의 수분
함량이 각각 40%, 35%라면 두 토양의 소성한계
(Plastic Limit)에서의 수분함량(%)은?

	A	B
①	15	15
②	25	20
③	40	35
④	50	55
⑤	55	50

92

균근에 관한 설명으로 옳지 않은 것은?

① 토양 중 인의 흡수를 촉진한다.
② 상수리나무에서 수지상체를 형성한다.
③ 병원균이나 선충으로부터 식물을 보호한다.
④ 강산성과 독성 물질에 의한 식물 피해를 경감한다.
⑤ 균사가 뿌리세포에 침투하는 양상에 따라 분류한다.

93

유기물질을 퇴비로 만들 때 유익한 점만을 모두 고른 것은?

> ㄱ. 퇴비화 과정 중 발생하는 높은 열로 병원성 미생물이 사멸된다.
> ㄴ. 유기물이 분해되는 동안 CO_2가 방출됨으로써 부피가 감소되어 취급이 편하다.
> ㄷ. 질소 외 양분의 용탈 없이 유기물을 좁은 공간에서 안전하게 보관할 수 있다.
> ㄹ. 퇴비화 과정에서 방출된 CO_2 때문에 탄질비가 높아져 토양에서 질소기아가 일어나지 않는다.

① ㄱ, ㄴ   ② ㄱ, ㄷ
③ ㄱ, ㄹ   ④ ㄴ, ㄷ
⑤ ㄴ, ㄹ

94

필수양분과 주요 기능의 연결로 옳지 않은 것은?

① Mg : 엽록소 구성원소
② Mo : 기공의 개폐 조절
③ P : 에너지 저장과 공급
④ Zn : 단백질 합성과 효소 활성
⑤ Mn : 과산화물제거효소의 구성성분

95

제시된 설명에 모두 해당하는 오염토양 복원 방법은?

> • 비용이 많이 소요된다.
> • 현장 및 현장 외에 모두 적용할 수 있다.
> • 전기적으로 용융하여 오염물질 용출이 최소화된다.
> • 유기물, 무기물, 방사성 폐기물 등에 모두 적용할 수 있다.

① 소각(Incineration)
② 퇴비화(Composting)
③ 유리화(Vitrification)
④ 토양경작(Land Farming)
⑤ 식물복원(Phytoremediation)

96

간척지 염류토양 개량방법으로 옳은 것을 모두 고른 것은?

> ㄱ. 내염성 식물을 재배한다.
> ㄴ. 유기물을 시용한다.
> ㄷ. 양질의 관개수를 이용하여 과잉염을 제거한다.
> ㄹ. 효과적인 토양배수체계를 갖춘다.
> ㅁ. 석고를 시용한다.

① ㄱ   ② ㄱ, ㄴ
③ ㄱ, ㄴ, ㄷ   ④ ㄱ, ㄴ, ㄷ, ㄹ
⑤ ㄱ, ㄴ, ㄷ, ㄹ, ㅁ

97

산불발생지 토양에서 일어나는 변화로 옳지 않은 것은?

① 토색이 달라진다.
② 침식량이 증가한다.
③ 수분 증발량이 증가한다.
④ 수분 침투율이 증가한다.
⑤ 토양층에 유입되는 유기물의 양이 감소한다.

98

제시된 식물 생육 반응곡선을 따르지 않는 것은?

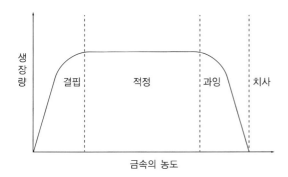

① Cd   ② Cu
③ Fe   ④ Mo
⑤ Zn

99

「토양환경보전법 시행규칙」 제1조의2(토양오염물질)에 규정된 토양오염물질로만 나열되지 않은 것은?

① 구리, 에틸벤젠
② 카드뮴, 톨루엔
③ 철, 벤조(a)피렌
④ 아연, 석유계총탄화수소
⑤ 납, 테트라클로로에틸렌

100

현장에서 임지생산능력을 판정하기 위한 간이산림토양조사 항목이 아닌 것은?

① 방 위
② 지 형
③ 토 성
④ 견밀도
⑤ 경사도

101

수목의 상처 치유 및 치료에 관한 설명으로 옳은 것은?

① 내수피가 보존되어 있어야 유합조직이 형성될 수 있다.
② 긴 상처에 부착할 수피 조각은 못으로 고정하고 건조시킨다.
③ 오염을 방지하기 위해 상처 면적의 두 배 이상 수피를 제거한다.
④ 들뜬 수피는 제자리에 고정하고 햇빛이 비치게 투명 테이프로 감싼다.
⑤ 새순이 붙어 있는 건강한 가지를 이용하여 넓게 격리된 수피를 연결한다.

102

토목공사장에서 수목을 보전하는 방법에 관한 설명으로 옳지 않은 것은?

① 바람 피해가 예상되면 수관을 축소한다.
② 햇볕 피해를 예방하기 위해 그늘에 있던 줄기는 마대로 감싼다.
③ 부득이하게 중장비가 이동하는 곳에서는 지표면에 설치한 유공철판을 제거한다.
④ 차량이 수관폭 내부로 접근하지 못하도록 보전할 수목의 주변에 울타리를 설치한다.
⑤ 보전할 수목에 도움이 안 되는 주변의 수목은 밑동까지 바짝 자르거나 뿌리까지 제거한다.

103

수목의 상태에 따른 피해 발생에 관한 설명으로 옳은 것은?

① 밑동을 휘감는 뿌리가 있으면 바람 피해의 가능성이 적다.
② 줄기의 한 곳에 가지가 밀생하면 가지 수피가 함몰될 가능성이 크다.
③ 가지가 줄기에서 둔각으로 자라면 겨울에 찢어질 가능성이 크다.
④ 수간에 큰 공동이 있으면 수간 하중 감소로 바람 피해의 가능성이 적다.
⑤ 음파로 줄기를 조사하여 음파가 목재를 빠르게 통과하는 부위가 많으면 부러질 가능성이 크다.

104

제시된 수종 중 양수 2종을 고른 것은?

ㄱ. 낙우송	ㄴ. 녹나무
ㄷ. 회양목	ㄹ. 느티나무
ㅁ. 비자나무	ㅂ. 사철나무

① ㄱ, ㄹ
② ㄴ, ㄷ
③ ㄷ, ㅁ
④ ㄹ, ㅁ
⑤ ㅁ, ㅂ

105

느티나무 가지를 길게 남겨 전정하였는데 남은 가지에서 시작되어 원줄기까지 부후되고 있다. 이 현상의 원인에 관한 설명으로 옳은 것은?

① 전정 상처가 유합되지 않았기 때문이다.
② 남겨진 가지에 지의류가 발생하였기 때문이다.
③ 전정 시 가지밑살(지륭)이 제거되었기 때문이다.
④ 원줄기의 지피융기선이 부후균에 감염되었기 때문이다.
⑤ 수목의 과민성반응에 의하여 가지와 원줄기의 세포들이 사멸했기 때문이다.

106

수목의 다듬기 전정 시기에 관한 설명으로 옳지 않은 것은?

① 향나무는 어린 가지를 여름에 전정해도 된다.
② 무궁화는 4월에 전정하여도 당년에 꽃을 볼 수 있다.
③ 측백나무는 당년지를 늦봄에 잘라서 크기를 조절한다.
④ 백목련은 등(나무) 개화기 전에 전정하면 다음해에 꽃을 볼 수 없다.
⑤ 중부지방에서는 소나무의 적심을 잎이 나오기 전인 5월 중하순경에 실시한다.

107

제시된 내용 중 수목의 이식성공률을 높이는 방법을 모두 고른 것은?

> ㄱ. 어린나무를 이식한다.
> ㄴ. 지주목을 5년 이상 유지한다.
> ㄷ. 생장이 활발한 시기에 이식한다.
> ㄹ. 용기묘는 휘감는 뿌리를 절단한다.
> ㅁ. 굴취 전에 수간을 보호재로 피복한다.

① ㄱ, ㄴ, ㄷ   ② ㄱ, ㄴ, ㄹ
③ ㄱ, ㄹ, ㅁ   ④ ㄴ, ㄷ, ㅁ
⑤ ㄷ, ㄹ, ㅁ

108

과습에 대한 저항성이 큰 수종으로만 나열한 것은?

① 낙우송, 벚나무, 사시나무
② 전나무, 오리나무, 버드나무
③ 곰솔, 아까시나무, 층층나무
④ 낙우송, 물푸레나무, 오리나무
⑤ 가문비나무, 버드나무, 양버즘나무

109

수목에 필요한 무기양분 중 철에 관한 설명으로 옳지 않은 것은?

① 엽록소 생성과 호흡과정에 관여한다.
② 토양에 과잉되면 수목에 인산이 결핍될 수 있다.
③ 결핍 현상은 알칼리성 토양에서 자라는 수목에서 흔히 나타난다.
④ 결핍되면 침엽수와 활엽수 모두 잎에 황화 현상이 나타난다.
⑤ 체내 이동성이 낮아 성숙한 잎에서 먼저 결핍 증상이 나타난다.

110

대기오염물질인 오존(O_3)과 PAN에 관한 설명으로 옳은 것은?

① 오존과 PAN은 황산화물과 탄화수소의 광화학 반응으로 발생한다.
② 오존은 해면조직에, PAN은 책상조직에 가시적인 피해를 일으킨다.
③ 오존은 성숙한 잎보다 어린잎이, PAN은 어린잎보다 성숙한 잎이 감수성이 크다.
④ 느티나무와 왕벚나무는 오존 감수성 수종이며, 은행나무와 삼나무는 오존 내성 수종이다.
⑤ 오존의 피해 증상은 엽록체가 파괴되어 백색 반점이 나타나면서 괴사되나 황화현상은 나타나지 않는다.

111

제설염 피해에 관한 설명으로 옳지 않은 것은?

① 상록수는 수관 전체 잎의 90% 이상 피해를 받으면 고사할 수 있다.
② 낙엽활엽수에서 잎 피해는 새싹이 자라면서 봄 이후에 증상이 나타난다.
③ 제설염을 뿌리기 전에 수목 주변의 토양표면을 비닐로 멀칭해 주면 예방효과가 있다.
④ 상록수는 겨울철에 증산억제제를 평소보다 적게 뿌려 줌으로써 피해를 줄일 수 있다.
⑤ 수액이 위로 곧게 상승하는 수종은 흡수한 뿌리와 같은 방향에서 피해증상이 나타난다.

112

산불에 관한 설명으로 옳은 것은?

① 산불의 3요소는 연료, 공기, 바람이다.
② 산불 확산 속도는 평지가 계곡부보다 훨씬 빠르다.
③ 내화수림대 조성에 적합한 수종은 황벽나무, 굴참나무, 가시나무, 동백나무 등이다.
④ 산불은 지표화, 수간화, 수관화, 지중화로 구분되며 한국에서 피해가 가장 큰 것은 수간화이다.
⑤ 산불로 인한 재는 질소 성분이 많고, 인산석회와 칼륨 등이 있어 토양척박화를 막아 준다.

113

토양경화(답압)에 의해 발생하는 현상이 아닌 것은?

① 용적밀도 감소
② 가스 교환 방해
③ 뿌리 생장 감소
④ 토양공극률 감소
⑤ 수분침투율 감소

114

수목 생장에 필수인 미량원소만 나열한 것은?

① 아연, 구리, 망간
② 카드뮴, 납, 구리
③ 구리, 수은, 비소
④ 납, 아연, 알루미늄
⑤ 알루미늄, 카드뮴, 망간

115

다음 ( ) 안에 들어갈 명칭이 옳게 연결된 것은?

구조식			
(ㄱ)	1-(4-Chlorophenyl)-3-(2,6-Difluorobenzoyl) urea		
(ㄴ)	디플루벤주론 수화제		
(ㄷ)	Diflubenzuron		
(ㄹ)	디밀린		

	ㄱ	ㄴ	ㄷ	ㄹ
①	상표명	화학명	일반명	품목명
②	일반명	품목명	상표명	화학명
③	품목명	일반명	화학명	상표명
④	화학명	상표명	품목명	일반명
⑤	화학명	품목명	일반명	상표명

116

농약 사용 방법에 관한 설명으로 옳지 않은 것은?

① 농약 살포 방법은 분무법, 미스트법, 미량살포법 등 다양하다.
② 농약의 작물부착량은 제형, 살포액의 농도, 작물의 종류에 따라서 달라진다.
③ 농약의 효과는 살포량에 비례하기 때문에 많은 양을 살포할수록 효과는 계속 증가한다.
④ 무인멀티콥터로 농약을 살포할 때 기류의 영향을 크게 받기 때문에 주변으로 비산되는 것을 주의해야 한다.
⑤ 희석살포용 농약의 경우 정해진 희석배율로 조제하여 살포하지 않으면 약효가 저하되거나 약해가 유발될 수 있다.

117

제제의 형태가 액상이 아닌 것은?

① 액 제
② 유 제
③ 미탁제
④ 수용제
⑤ 액상수화제

118

농약 안전사용기준 설정 과정의 모식도이다. (   ) 안에 들어갈 용어로 옳게 연결된 것은? (단, ADI : 1일 섭취허용량, MRL : 농약잔류허용기준, NOEL : 최대무독성용량이다.)

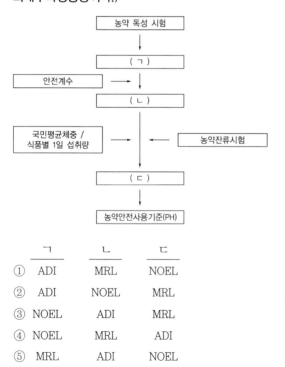

	ㄱ	ㄴ	ㄷ
①	ADI	MRL	NOEL
②	ADI	NOEL	MRL
③	NOEL	ADI	MRL
④	NOEL	MRL	ADI
⑤	MRL	ADI	NOEL

119

에르고스테롤 생합성저해 작용기작을 지닌 살균제가 아닌 것은?

① 메트코나졸(Metconazole)
② 테부코나졸(Tebuconazole)
③ 펜피라자민(Fenpyrazamine)
④ 마이클로뷰타닐(Myclobutanil)
⑤ 피라클로스트로빈(Pyraclostrobin)

120

살충제 설폭사플로르(Sulfoxaflor)의 작용 기작은?

① 키틴합성 저해(15)
② 라이아노딘 수용체 변조(28)
③ 신경전달물질 수용체 변조(4c)
④ 현음기관 TRPV 통로 변조(9b)
⑤ 아세틸콜린에스테라제 저해(1a)

121

글루포시네이트암모늄 + 티아페나실 액상수화제의 유효성분별 작용기작을 옳게 나열한 것은?

① 엽록소 생합성 저해(H14) + 광계 II 저해(H05)
② 글루타민 합성효소 저해(H10) + 광계 II 저해(H05)
③ 글루타민 합성효소 저해(H10) + 엽록소 생합성 저해(H14)
④ 아세틸 CoA 카르복실화 효소 저해(H01) + 글루타민 합성효소 저해(H10)
⑤ 엽록소 생합성 저해(H14) + 아세틸 CoA 카르복실하 효소 저해(H01)

122

농약의 대사과정 중 복합기능 산화효소(Mixed Function Oxidase)가 관여하는 반응이 아닌 것은?

① 에폭시화
② *O*-탈알킬화
③ 방향족 수산화
④ 니트로기의 아민 변환
⑤ 산소 원자의 황 원자 치환

123

「소나무재선충병 방제지침」 소나무류 보존 가치가 큰 산림 중 '소나무 보호·육성을 위한 법적 관리지역'에 포함되지 않는 것은?

① 국립공원 내 소나무림
② 소나무 문화재용 목재생산림
③ 소나무 종자공급원(채종원, 채종림)
④ 산림유전자원보호구역 내 소나무림
⑤ 금강소나무림 등 특별수종육성권역

124

「산림보호법 시행령」 제12조의10에 따른 나무병원 등록의 취소 또는 영업정지의 세부기준에 관한 설명으로 옳지 않은 것은?

① 부정한 방법으로 나무병원 등록을 변경한 경우 등록이 취소된다.
② 나무병원 등록 기준에 미치지 못하는 경우 3차 위반 시 등록이 취소된다.
③ 나무병원의 등록증을 다른 자에게 빌려준 경우 1차 위반 시 영업정지 6개월, 2차 위반 시 등록이 취소된다.
④ 위반행위의 횟수에 따른 행정처분 기준은 최근 5년 동안 같은 위반행위로 행정처분을 받은 경우에 적용한다.
⑤ 위반행위가 고의나 중대한 과실이 아닌 사소한 부주의나 오류로 인한 것으로 인정되는 영업정지인 경우 그 처분의 2분의 1 범위에서 감경할 수 있다.

125

「산림보호법 시행규칙」 제19조의9(진료부·처방전 등의 서식 등)에 따라 나무의사가 작성하는 진료부에 명시되지 않은 항목은?

① 생육환경
② 진단결과
③ 수목의 표시
④ 수목의 상태
⑤ 처방·처치 등 치료방법

▶ 2023년 제9회 기출문제

1	2	3	4	5	6	7	8	9	10
③	②	①	⑤	③	⑤	②	②	①	④
11	12	13	14	15	16	17	18	19	20
⑤	①	①	②	③	③	④	⑤	⑤	③
21	22	23	24	25	26	27	28	29	30
④	①, ④	③	⑤	④	②	①	①	③	①
31	32	33	34	35	36	37	38	39	40
①	④	⑤	⑤	③	①	③	③	②	⑤
41	42	43	44	45	46	47	48	49	50
④	④	①	②	⑤	②	⑤	①	②	⑤
51	52	53	54	55	56	57	58	59	60
②	④	②	②	⑤	④	③	③	④	①
61	62	63	64	65	66	67	68	69	70
⑤	④	④	①	④	⑤	⑤	④	⑤	⑤
71	72	73	74	75	76	77	78	79	80
②	③	②	⑤	③	⑤	①	①	⑤	②
81	82	83	84	85	86	87	88	89	90
⑤	④	⑤	⑤	③	①	②	③	②	④
91	92	93	94	95	96	97	98	99	100
②	③	②	②	③	②	④	②	②	③
101	102	103	104	105	106	107	108	109	110
③	③	③	④	모두정답	④	③	⑤	②	②, ⑤
111	112	113	114	115	116	117	118	119	120
①	②	②, ③	①	④	①	⑤	①	③	②
121	122	123	124	125					
⑤	①	④	④	④					

01

바이러스는 전자현미경으로 관찰하여야 한다.

02

영양기관은 균사체, 균사막, 뿌리꼴균사다발, 자좌, 균핵, 흡기 등이며 번식기관은 버섯, 자낭구, 분생포자좌, 분생포자층, 자낭 각 등이 있다.

03

모자이크무늬는 바이러스의 병징으로 바이러스는 순활물기생체 (절대기생체)로서 잎의 뒤틀림, 잎자루와 주맥에 괴사반점, 기형이 되는 잎들은 조기 낙엽, 잎에 불규칙한 모양의 퇴록반점이 나타나며 잎의 황화현상은 고사된 상태이다.

04

백색부후균은 일반적으로 활엽수에, 갈색부후균은 침엽수에 많이 나타나며, 암황색, 갈색의 벽돌모양의 금이 생기는 형태는 갈색부후균의 특징이다.

05

붉나무 빗자루병은 잠복기가 있으며 전신병 병해이다. 나머지는 자낭균에 의해서 발생하며 병든부분과 건전부분에 경계가 발생한다.

06

생장추와 저항기록드릴은 심재까지 상처를 주고 이로 인해 심재 부후균의 침입이 발생할 가능성이 매우 높으며, 음파 단층 이미지분석으로 상처를 최소화할 수 있다.

07

포플러 갈색무늬병은 유성세대가 발견되어 자낭각을 형성한다는 것을 밝혀냈으며, 포플러 갈색무늬병(자낭각), 벚나무 갈색무늬병(자낭각), 모과나무 점무늬병(위자낭각)은 유성세대가 발견되는 수목병이다.

08

사과나무 불마름병은 세균병으로 스트렙토마이신, 테트라사이클린계 농약이 항생제이며 테부코나졸은 살균제이므로 곰팡이 발생에 살포하는 약제이다.

09

대추나무 빗자루병을 발생시키는 파이토플라스마는 월동 시 뿌리 쪽으로 이동하였다가 초봄에 줄기, 가지로 이동하는 전신병이다.

10

느티나무 흰별무늬병은 조기낙엽을 발생시키지 않는다.

11

*Marssonina*속에 속하는 병은 포플러 점무늬잎떨림병, 참나무 갈색둥근무늬병, 장미 검은무늬병, 호두나무 갈색무늬병 등이 있으며 분생포자반을 형성한다. 분생포자는 격벽이 하나이며 두 개의 세포로 되어 있으며, 은백양은 포플러 점무늬잎떨림병에 저항성이 있다.

12

원핵생물계는 세균 또는 파이토플라즈마이며 세포벽이 없으니 파이토플라즈마를 의미한다. 또한 파이토플라즈마는 체관부에서 기생한다.

13

사철나무 탄저병이 등록되어 있다.

14

밤나무 가지마름병은 배수가 불량한 장소와 수세가 약한 경우에 피해가 심하며, 가지치기나 인위적 상처를 가했을 때 또는 초기 병반이 발생하였을 때에는 병든 부위를 도려내고 도포제를 발라야 한다. 또한, 저항성 품종인 이평, 은기를 식재하고 옥광은 피해야하며 오동나무 줄기마름병의 경우에는 오동나무 단순림을 식재하지 말고 오리나무 등과 혼식하면 예방효과가 있다.

15

버즘나무 탄저병은 초봄에 발생하게되면 어린 싹이 까맣게 말라 죽고 잎이 전개된 이후에 발생하면 잎맥을 중심으로 갈색무늬가 형성되며 조기 낙엽을 일으킨다. 잎맥주변에는 작은 점이 무수히 나타나는데 이는 병원균의 분생포자반이다.

16

회색고약병균은 초기에는 깍지벌레와 공생하며 분비물로부터 양분을 섭취하여 번식하지만 차츰 균사를 통하여 수피에서 영양분을 취한다.

17

감염 부위에서 누출된 수지가 굳어 흰색으로 변한다.

18

회화나무 녹병은 기주교대를 하지 않는 동종기생성이며 잎, 가지, 줄기에 발생한다. 잎에는 7월 초순쯤부터 뒷면에 표피를 뚫고 황갈색의 가루덩이(여름포자)들이 나타나며 여름포자는 전반되고 잎과 어린가지에 반복감염을 시킨다. 8월 중순부터는 황갈색의 여름포자는 사라지고 흑갈색의 가루덩이(겨울포자)로 겨울을 나며 줄기와 가지에는 껍질이 갈라져 방추형의 혹이 생긴다. 또한, 회화나무 녹병은 녹병정자, 녹포자 세대가 없다.

19

Agrobacterium tumefaciens, *A. radiobacter K84*은 뿌리혹병을 방제하기 생물학적 방제균이다.

20

우리나라에서도 발견되기도 하였으며 후지검은나무좀에 의해서 병이 전반되고 뿌리접목으로 전염되기도 한다.

21

밤나무 잉크병은 *Phytophthora katsurae*, 참나무 급사병은 *Phytophthora ramorum*, 포플러 잎마름병은 *Septotis populiperda*, 삼나무 잎마름병, 철쭉류 잎마름병, 동백나무 겹둥근무늬병은 *Pestalotiopsis*속 병균이다.

22

흰날개무늬병, 리지나뿌리썩음병은 자낭균문에 속하고 흰날개무늬병이 발병한 나무 뿌리는 흰색의 균사막으로 싸여 있으며 굵은 뿌리의 표피를 제거하면 목질부에 부채모양의 균사막과 실모양의 균사다발을 확인할 수 있다.

23

소나무 가지끝마름병의 병징은 6월부터 새 가지의 침엽이 짧아지면서 갈색 내지 회갈색으로 변하고 어린가지는 말라 죽어 밑으로 처진다. 수피를 벗기면 적갈색으로 변한 병든 부위를 확인할 수 있으며 새 가지와 침엽은 수지에 적어 있고 수지가 흐르고 굳으면 병든 가지가 쉽게 부러지게 되며, 침엽 및 어린 가지의 병든 부위에는 구형 내지 편구형의 분생포자각이 형성된다.

24

자주날개무늬병, 아밀라리아뿌리썩음병, 파이토프토라뿌리썩음병은 다범성 병해라고 할 수 있으며 흰날개무늬병은 활엽수, 리지나뿌리썩음병과 안노섬뿌리썩음병은(적송과 가문비나무) 침엽수에 발생한다.

25

왕잎새버섯은 주로 뿌리에서 발생하며, 해면버섯은 그루터기에서 발생한다.
- ㄴ. 느타리 : 활엽수의 고목, 그루터기 등에 군생하며 중첩하여 발생해 백색부후균을 형성한다.
- ㅁ. 덕다리버섯 : 침엽수 심재썩음병
- ㅂ. 소나무잔나비버섯 : 줄기심재썩음병

26

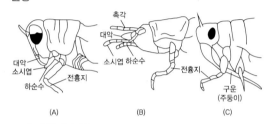

구기(입틀)의 유형
A : 하구식, B : 전구식, C : 후구식

구 분	내 용	종 류
전구식	소화관이 놓인 몸의 방향과 동일한 방향으로 놓인 입틀	딱정벌레과
하구식	소화관이 놓인 몸의 방향과 직각방향인 입틀	메뚜기류
후구식	소화관이 놓인 몸의 방향과 예각인 방향의 입틀	노린재목

27

매미나방은 나비목, Erebidae 독나방아과(Lymantriinae)이며 학명은 *Lymantria dispar*이다.

28

- 벼룩목 : 미성숙충은 씹는 입틀을 성충은 빠는 입틀을 가지고 있다.
- 나비목 : 유충은 씹는 입틀을 성충은 흡관구형으로 코일과 같이 감긴 긴 관으로 되어 있다.
- 파리목 : 미성숙충은 입갈고리(Mouth Hook)로 되어 있으며 성충은 빠는 형으로 되어 있다.

29

회양목명나방은 단식성으로 회양목만을 가해한다.

30

정자를 보관하는 기관은 저장낭(수정낭)이다. 곤충의 생식기관의 분비물은 알의 보호막이나 접착액을 분비하여 알을 감싸고 벌의 경우에는 독침으로 변형되기도 한다.

31

연모를 가지고 있는 대표적인 해충으로는 총채벌레가 있는데 총채벌레는 좁은 날개의 가장자리에 술 형태의 연모가 있으며, 날지 못하는 것이 특징이다.

32

옆홑눈은 완전변태류 유충과 일부 성충(예 톡토기목, 좀목, 벼룩목, 부채벌레목)의 유일한 시각기관이다. 나방의 기문은 가슴과 배부위에 위치하고 있으며, 곤충의 다리는 가슴에 부착되어 있고 날개는 중간가슴과 뒷가슴에 각 1쌍씩 있다.

33

말피기관은 막혀있는 맹관으로 체강에 고정되지 않은 유리된 상태로 움직이면서 체강 내의 불순물을 제거하여 후장으로 전달한다.

구 분	내 용
말피기관 (Malpighan Tubule)	• 가늘고 긴 맹관으로 체강 내에 유리된 상태로 존재 • 분비작용을 하는 과정에서 칼륨이온이 관내로 유입 • 액체가 후장을 통과하면서 수분과 이온류의 재흡수

34

유약호르몬은 애벌레시기에는 유충형질을 유지시키며, 성충 시에는 알의 성숙촉진에 주된 작용을 한다.

35

갈색날개매미충은 연 1회 발생하며 가지를 찢고 두 줄로 알을 낳으며 밀랍으로 덮어 보온하여 겨울을 날 수 있도록 한다.

구 분	발생횟수	월동태	월동지역
몸큰가지나방	연 2회 발생	번데기로 월동	지표면의 낙엽 밑이나 흙속
독나방	연 1회 발생	유충으로 월동	잡초, 낙엽 사이에 천막을 만들고 그 속에서 월동
극동등에잎벌	연 3~4회 발생	유충으로 월동	고치를 짓고 그 안에서 월동
이세리아깍지벌레	연 2~3회 발생	성충 또는 약충 월동	–

36

두 해충의 발육영점온도는 같으나 유효적산온도는 해충 A는 100DD, 해충 B는 50DD가 필요하여 해충 B의 발육이 더 빠르게 나타남

발육영점온도는 'y=0'일때 온도

해충 A : 0 = 0.01x − 0.1, x = 10℃ 해충 B : 0 = 0.02x − 0.2, x = 10℃

발육완료에 필요한 적산온도(Degree Day, 일도)는 기울기의 역수

해충 A : 1/0.01 = 100온일도(Degree Day) 해충 B : 1/0.02 = 50온일도(Degree Day)

37

소나무재선충, 솔껍질깍지벌레는 겨울철 약제 처리를 실시한다.

구 분	방제 시기	방제 방법	내 용
소나무재선충	2~3월	수간주사	아바멕틴, 에마멕틴벤조에이트 유제
솔껍질깍지벌레	11~2월	수간주사	에마멕틴벤조에이트 유제, 이미다클로르리드 분산성 액제, 티아메톡삼 분산성 액제 등의 적용 약제 사용
	2~3월	지상살포	뷰프로페진 액상수화제, 아세타미프리드 등 적용약제 사용

38

구 분	관련 해충
단식성 (Monophagous)	느티나무벼룩바구미(느티나무), 팽나무벼룩바구미, 줄마디가지나방(회화나무), 회양목명나방(회양목), 개나리잎벌(개나리), 밤나무혹벌 및 혹응애류, 자귀뭉뚝날개나방(자귀나무, 주엽나무), 솔껍질깍지벌레, 소나무가루깍지벌레, 소나무왕진딧물, 뽕나무이, 향나무잎응애, 솔잎혹파리, 아까시잎혹파리, 큰팽나무이, 붉나무혹응애
협식성 (Oligophagous)	솔나방(소나무속, 개잎갈나무, 전나무), 방패벌레류, 소나무좀, 애소나무좀, 노랑애소나무좀, 광릉긴나무좀, 벚나무깍지벌레, 쥐똥밀깍지벌레, 소나무굴깍지벌레

광식성 (Polyphagous)	미국흰불나방, 독나방, 매미나방, 천막벌레나방, 목화진딧물, 조팝나무진딧물, 복숭아혹진딧물, 뿔밀깍지벌레, 거북밀깍지벌레, 뽕나무깍지벌레, 전나무잎응애, 점박이응애, 차응애, 오리나무좀, 알락하늘소, 왕바구미, 가문비왕나무좀

39

해충은 온도에 따라 발생률이 달라지기도 하는데 제주도의 경우, 소나무재선충병이 가장 심각한 지역이다.

40

솔잎혹파리는 9월에서 다음 해 1월경까지(최성기 11월 중순) 솔잎에 있던 유충이 탈출하여 지면으로 떨어지며 토양 속으로 이동하는데 성충이 월동처로 이동하는 것이 아니라 유충이 이동을 하며, 이를 차단하기 위해 지표면에 비닐을 피복하기도 한다.

41

밤바구미는 보통 1년에 1회 발생하지만 2년에 1회 발생하는 개체도 있으며 노숙유충으로 토양 속에서 흙집을 짓고 월동을 한다. 월동유충은 7월 중순부터 토양 속에서 번데기가 되고 8월 상순부터 우화하며 우화최성기는 9월 상중순이다. 암컷성충은 주둥이로 종피까지 구멍을 뚫은 후 산란관을 꽂아 과육과 종피사이에 1~2개의 알을 낳는다.

42

솔잎혹파리의 천적은 솔잎혹파리먹좀벌, 혹파리살이먹좀벌, 혹파리등뿔먹좀벌, 혹파리반뿔먹좀벌이 있으며 이들은 유충에 내부기생하는 특징이 있다.

43

지문의 내용은 광릉긴나무좀에 대한 설명이다. 일부 딱정벌레류 성충(풍뎅이류・무당벌레류・잎벌레류・바구미류・하늘소류 곤충 등)은 진동을 통해 낙하하는 습성이 있으나 광릉긴나무좀은 천공성 해충으로 목질부내에서 생활함으로 진동법에 의한 방제법은 옳지 않다.

44

물푸레면충은 흡즙성 해충으로 성충과 약충이 이른 봄에 잎과 어린 가지에서 집단으로 수액을 빨아먹어 잎이 오그라드는 증상을 보인다.

45

살충제는 대상 해충뿐만 아니라 **천적과 경쟁자까지 제거**하여 약제 살포 후 해충의 밀도 회복 속도가 빨라지고 약제 처리 전보다 밀도가 높아지거나 2차 해충의 피해가 발생하여 피해가 증대되는 격발현상(Resurgence)을 유발한다.

46

황색수반트랩은 노란색을 칠해 놓은 평평한 그릇에 물을 담아 놓는 방법이다. 수반에 떨어지는 곤충은 우연히 떨어진 것도 있고, 수면의 반사광에 이끌린 것도 있지만, 대개는 수반의 색깔에 유인되어 떨어진다. 해충이 떨어진 황색수반에 계면활성제를 사용하면 해충이 물속에 가라앉아 채집 및 조사가 가능하며, 주로 총채벌레나 진딧물류 조사에 사용된다.

47

버즘나무방패벌레와 진달래방패벌레는 잎의 뒷면에서 생활하며 잎에 탈피각, 배설물을 부착하고 잎 뒷면 조직에 1개씩 산란하는 공통점을 보인다. 차이점으로는 진달래방패벌레는 날개를 접었을 때 X자형 무늬가 보이나 버즘나무방패벌레는 무늬가 뚜렷하지 않으며, 버즘나무방패벌레는 수피틈 사이, 진달래방패벌레는 낙엽사이나 지피물에서 성충으로 월동하는 특성을 가지고 있다.

48

벚나무모시나방, 황다리독나방, 느티나무벼룩바구미는 잎을 가해하며 주둥무늬차색풍뎅이 유충은 뿌리를 가해하는 해충이다.

49

구 분	해충 종류
흡즙성 해충	돈나무이, 자귀나무이
종실 가해 해충	밤바구미, 백송애기잎말이나방(잣 피해), 솔알락명나방, 복숭아명나방
천공성 해충	박쥐나방, 복숭아유리나방, 솔알락명나방

50

- 물리적 방제 : 온도, 습도, 음파, 전기, 압력, 색깔 등을 이용하여 해충을 제거한다.
- 기계적 방제 : 포살, 유살, 소각, 매몰, 박피, 파쇄, 제재, 진동, 차단법으로 방제한다.

51

목부조직에 따른 수종
- 환공재 : 낙엽성 참나무류, 음나무, 물푸레나무, 느티나무, 느릅나무, 팽나무, 회화나무, 아까시나무, 이팝나무, 밤나무
- 산공재 : 단풍나무, 피나무, 양버즘나무, 벚나무, 플라타너스, 자작나무, 포플러, 칠엽수, 목련, **상록성 참나무류**(방사공재로도 불림)
- 반환공재 : 가래나무, 호두나무, 중국굴피나무

52

뿌리 조직의 배치 순서
유관속조직(목부와 사부) – 내초 – 내피(카스파리대 위치) – 표피(일부 뿌리털로 발달)

53

- 잎에 두 개의 유관속을 가진 수종 : 소나무류
- 잎에 한 개의 유관속을 가진 수종 : 은행나무, 주목, 전나무, 미송 등

54

자귀나무는 꽃잎, 꽃받침, 암술, 수술을 모두 가진 완전화이다.

55

- 뿌리는 줄기생장 전에 생장을 시작해서 줄기생장이 정지된 후에도 계속 생장한다. 따라서 고정생장을 하는 수종의 경우 이른여름에 수고생장이 정지하는 반면 뿌리 생장은 가을까지 계속되기 때문에 지상부와 지하부 생장 기간의 차이가 커진다.
- 뿌리 생장은 봄철 왕성하다가 한여름에 감소하고 가을에 다시 왕성해지고 토양온도가 떨어지는 겨울이 오면 정지한다.
- 나무 이식 시기는 뿌리발달을 시작하기 전인 봄철 겨울눈이 트기 2~3주 전이 좋다.

56

봄철 사부가 목부보다 먼저 만들어진다.
- 환공재의 경우 사부는 목부와 비슷한 시기 또는 약간 먼저 생산된다.
- 산공재나 침엽수는 환공재보다 훨씬 앞서 사부를 생산한다.

57

가을이 되면 수목은 낙엽 전에 잎에 있는 양분을 재분배한다.
- N, P, K : 이동이 용이한 양분으로 낙엽 전에 수피로 회수되어 저장함(농도 감소)
- Ca : 이동이 어려운 양분으로 잎에 남게 됨(농도 증가)
- Mg : 비슷한 수준 유지(농도 비슷)

58

- 뿌리가 무기염을 흡수하는 과정은 선택적이고 비가역적이며, 에너지를 소모한다. 따라서 호흡이 중단되면 무기염의 흡수가 중단된다.
- 뿌리의 세포벽에 의하여 연결된 체계를 통해 무기염이 자유로이 들어오는 공간을 자유공간이라 하며, 자유공간을 통한 이동을 세포벽 이동이라 한다. 세포질 이동은 원형질막을 통과하여 원형질 연락사를 통해 이웃 세포로 이동하는 것을 말한다.
- 세포벽 이동은 카스파리대가 위치하는 내피에서 중단된다.
- 세포벽 이동은 무기염이 확산과 집단운동에 의해 자유롭게 이동하는 것으로 비선택적이고 가역적이다. 따라서 뿌리는 에너지를 소모하지 않는다.

59

햇빛을 받으면 공변세포막에 있는 H^+ ATPase 효소가 활성화되어 H^+을 밖으로 방출하고, 전하의 불균형을 해소하기 위해 세포막에 있는 K^+-채널을 통해 K^+가 공변세포로 유입된다.

60

- 아쿠아포린 : 비극성인 인지질의 이중막을 극성인 물이 빠르게 통과하게 하는 단백질
  - 세포와 세포 간, 세포 내에서 수분의 이동을 조절하는 기능 담당
  - 액포의 액포막에 존재하는 아쿠아포린은 삼투압을 조절하는 기능 발휘
- 토양용액의 무기이온 농도가 높아지면 삼투퍼텐셜이 낮아지기 때문에 뿌리의 수분흡수가 어려워진다.
- 수동흡수는 증산작용에 의해 수분이 집단유동하는 것을 의미한다.
- 이른 봄 고로쇠나무에서 수액을 채취할 수 있는 것은 수간압 때문이다.
  - 근압 : 식물이 증산작용을 하지 않을 때 뿌리의 삼투압에 의해 능동적으로 수분을 흡수함으로써 나타나는 뿌리 내의 압력(자작나무, 포도나무 수액 채취)
  - 수간압 : 수간의 세포간극과 섬유세포에 축적되어 있는 공기가 팽창하여 압력이 증가하면서 생기는 압력(설탕단풍, 야자나무, 아가베, 고로쇠나무 수액 채취)
- 일액현상은 온대지방에서 목본식물보다 초본식물에서 흔하게 관찰되며, 이는 근압을 해소하기 위해 일어나는 현상이다.

61

- 광수용체 : 피토크롬, 포토트로핀, 크립토크롬
- 광합성색소 : 엽록소 a(청록색), 엽록소 b(황록색), 카로티노이드

62

- 바람에 자주 노출된 수목 : 수고생장 감소, 직경생장과 뿌리생장 촉진
- 수분스트레스는 춘재에서 추재로 이행되는 것을 촉진하여 춘재의 비율이 적어진다.
- 대기오염 물질에 의해 노출되면 탄소 동화물질이 주로 해독작용에 쓰이기 때문에 뿌리로 이동하지 않아 뿌리의 발달이 현저히 둔화되고, 호흡량이 감소하며, 균근의 형성을 감소시킨다.
- 북부산지 품종은 동아 형성이 이르기 때문에 가을에 첫서리 피해를 적게 받는다.

63

- 뿌리호흡의 95%가 세근에서 이루어지며, 특히 균근을 형성하고 있는 뿌리는 전체 뿌리의 5% 정도의 세근에서만 형성되지만, 호흡량은 뿌리 전체 호흡량의 25%를 차지한다.
- 형성층 조직은 외부와 직접 접촉하지 않기 때문에 산소의 공급이 부족하여 혐기성 호흡이 일어나는 경향이 있다.
- 음수는 양수에 비해 최대 광합성량이 적지만, 호흡량도 낮은 수준을 유지함으로써 효율적으로 그늘에서 살아갈 수 있다.
- 어린 숲은 성숙한 숲에 비하여 엽량이 많고 살아있는 조직이 많기 때문에 대사활동이 왕성하다. 이로 인하여 단위 건중량당 호흡량이 증가한다.

64

수액의 성분

구 분	목부수액 (Xylem sap)	사부수액 (Phloem sap)
정 의	증산류를 타고 상승하는 도관 또는 가도관 내의 수액	사부를 통한 탄수화물의 이동액
상대적 농도	묽 음	진 함
pH	산성(pH 4.5~5.0)	알칼리성(pH 7.5)

65

피자식물과 나자식물의 수분 비교

피자식물	• 주두(암술머리)에서 세포외 분비물이 분비되어 화분의 화합성을 감지 • 화합성이 있는 화분은 발아하여 화분관을 형성하여 자라남 • 화분관은 화주의 중엽층에 있는 펙틴을 녹이면서 자방을 향해 자라 내려감
나자식물	• 배주 입구에 있는 주공에서 수분액을 분비하여 화분이 부착되기 쉽게 함 • 주공 안으로 수분액이 후퇴할 때 화분이 함께 빨려 들어감

66

- 말단전자전달경로에서 최종 전자수용체는 산소이다. 그래서 호기성 호흡이라고도 한다.
- 피루브산은 호흡작용의 첫 단계인 해당작용에서 포도당이 분해되어 생성된다.

67

수종별 종자에 저장되는 에너지 물질

- 밤나무, 참나무류 : 탄수화물 비율이 가장 높음
- 소나무류 : 단백질과 지방 함량이 높음
- 잣나무, 개암나무, 호두나무 : 지방 비율이 가장 높음

68

세포벽의 성분과 함유량

- 셀룰로오스 : 1차벽의 9~25%, 2차벽의 41~45%(탄수화물 다당류)
- 헤미셀룰로오스 : 1차벽의 25~50%, 2차벽의 30%(탄수화물 다당류)
- 펙틴 : 1차벽의 10~35%, 2차벽에는 거의 없음(탄수화물 다당류)
- 리그닌 : 셀룰로오스의 미세섬유 사이를 충진(지질 페놀화합물)

69

사부조직을 통해 운반되는 물질

- 탄수화물은 비환원당으로 구성(환원당은 수송 중에 분해되거나 반응하기 때문)
- 탄수화물 중 설탕(2당류)의 농도가 가장 높으며, 올리고당인 라피노즈(3당류), 스타키오스(4당류), 버바스코스(5당류)가 발견됨
- 사부수액에서 탄수화물인 당류의 농도는 20% 가량으로 매우 진함
- 탄수화물 이외에 아미노산과 K, Mg, Ca, Fe 등의 무기이온이 있음

사부수액에 함유된 당의 종류에 따른 수목 구분

1그룹	설탕이 대부분이고 약간의 라피노즈 함유
2그룹	• 설탕과 함께 상당량의 라피노즈 함유 • 능소화과, 노박덩굴과 수목
3그룹	• 설탕과 함께 상당량의 당알코올 함유 • 물푸레나무속 – 만니톨 다량 함유 • 장미과 – 소르비톨을 설탕보다 더 많이 함유 • 노박덩굴과 – 둘시톨 함유 • 그 밖의 당알코올로 갈락티톨과 미오이노시톨 발견

※ 자당 = 설탕 = 수크로스 = Sucrose

70

- 정아우세현상 : 정아가 생산한 옥신이 측아의 생장을 억제하거나 둔화시키는 현상
- 뿌리가 장기간 침수되면 물 때문에 에틸렌이 뿌리 밖으로 나가지 못하고 줄기로 이동하여 독성을 나타나게 된다. 이는 산소부족으로 인하여 에틸렌의 전구물질인 ACC가 축적되고, 축적된 ACC가 줄기로 이동하여 줄기에서 산소를 공급받아 에틸렌으로 바뀌기 때문이다.
- 아브시스산(ABA)은 휴면을 유도하는 호르몬이다.
- 브라시노스테로이드의 특성
  - 옥신과 함께 작용하여 세포신장, 통도조직 분화 촉진
  - 낙화, 낙과, 부정아 발생 억제(지베렐린과 유사)
  - 감염, 저온, 열 쇼크, 건조, 염분, 제초제 피해 등의 스트레스에 대한 저항성 증진
  - 세포벽 합성과 신장에 관여하는 유전자 발현 유도하며, 2차벽 형성에 관여

71

질산환원으로 생산된 암모늄태 질소가 아미노산 합성에서 사용되기 위해서는 탄수화물과 결합하여야 하기 때문에 광합성으로 탄수화물이 충분히 공급되어야 한다. 따라서 질산환원 속도는 광합성 속도와 정(+)의 상관관계를 갖는다.

72

사부조직은 주로 살아 있는 내수피를 의미하며, 줄기와 뿌리의 목부조직보다는 사부조직에 주로 질소를 저장하기 때문에 줄기 내 질소함량의 계절적 변화는 사부조직에서 더 크게 나타난다.

73

지방은 분해된 후 말산염(Malate) 형태로 세포기질(Cytosol)로 이동되고, 역해당작용에 의해 설탕으로 합성된 후, 에너지가 필요한 곳으로 이동한다.

74

- 나무좀의 공격을 받으면 목부의 유세포가 추가로 수지도를 만들어 수지의 분비를 촉진하여 나무좀의 피해를 적게 해준다.
- 목본식물 내 지질의 종류

종류	예
지방산 및 지방산 유도체	포화지방산(라우르산, 미리스트산, 팔미트산, 스테아르산), 불포화지방산(올레산, 리놀레산, 리놀렌산), 단순지질(지방, 기름), 복합지질(인지질, 당지질), 납(Wax), 큐틴(Cutin, 각피질), 수베린(Suberin, 목전질)
이소프레노이드 화합물	정유, 테르펜, 카로티노이드(β-카로틴, 루테인), 고무, 수지, 스테롤
페놀화합물	리그닌, 타닌, 플라보노이드(안토시아닌, 이소플라본)

75

- 성숙잎은 세포당 더 많은 엽록체 수, 두꺼운 잎, 두꺼운 책상조직, 높은 탄소동화율, 높은 루비스코 효소의 활성으로 어린잎보다 단위면적당 광합성량이 많다.
- 이른 아침은 수분 관계가 하루 중 가장 유리하지만 낮은 광도와 온도 때문에 광합성량은 적다.
- 일중침체 현상 : 오전 동안 수목이 수분을 어느 정도 잃어버리면 일시적인 수분부족 현상으로 기공을 닫게 되는 현상

76

- 화성암의 구분

구 분	산성암 (SiO₂ > 66%)	중성암 (SiO₂ 66~52%)	염기성암 (SiO₂ < 52%)
심성암	화강암	섬록암	반려암
반심성암	석영반암	섬록반암	휘록암
화산암 (분출암)	유문암	안산암	현무암

- 산성암은 규산함량이 많아 밝은색을 띠는 반면, 염기성암은 유색 광물의 함량이 많아 검은색을 띠며 무겁다.
- 우리나라 중부지방에서 가장 흔히 볼 수 있는 암석은 화강암과 화강암의 변성암인 화강편마암이다.
- 산성암은 염기성암보다 풍화에 대한 내성이 강하다.

77

토양구조의 종류

토양구조	특 징
구상 구조	• 입상 구조라고도 함 • 유기물이 많은 표층토에서 발달함 • 입단의 결합이 약하며 쉽게 부서지는 특성을 지님
괴상 구조	• 배수와 통기성이 양호하며 뿌리의 발달이 원활한 심층토에서 발달함 • 입단의 모양이 불규칙하지만 대개 6면체로 되어 있음 • 입단 간 거리가 5~50mm 가량 • 각이 있으면 각괴, 각이 없으면 아각괴로 구분함
각주상 구조	• 건조 또는 반건조지역의 심층토에서 주로 지표면과 수직한 형태로 발달함 • 지름이 대개 150mm 이상 • 습윤지역의 배수가 불량한 토양이나 팽창성 점토가 많은 토양에서도 나타남
원주상 구조	• 각주상 구조와 달리 수평면이 둥글게 발달한 주상 구조 • Na이온이 많은 토양의 B층에서 많이 관찰됨 • 우리나라에서는 하성 또는 해성 퇴적물을 모재로 하는 논토양의 심층토에서 많이 나타남

판상 구조	• 접시 모양 또는 수평배열의 토괴로 구성된 구조 • 토양생성과정 중 발달하거나 인위적인 요인에 의하여 만들어짐 • 모재의 특성을 그대로 간직하고 있으며, 물이나 빙하의 아래에 위치하기도 함 • 우리나라 논토양에서 많이 발견 – 약 15cm 깊이 아래에 형성되는 압밀경반층(용적밀도가 크고 공극률이 급격히 낮아지며 대공극이 없어짐) • 깊이갈이(심경)로 경반층의 판상 구조를 부술 수 있음
무형 구조	• 낱알구조 또는 덩어리 형태의 구조 • 풍화과정 중에 있는 C층에서 주로 발견됨

78

토성삼각도 읽기

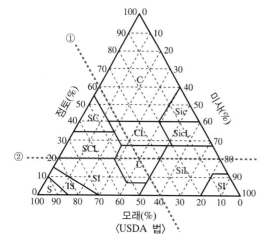

〈USDA 법〉

① 모래 함량(40%)에 맞춰 선을 긋는다.
② 점토 함량(20%)에 맞춰 선을 긋는다.
　→ 두 선의 교점이 속하는 영역의 토성을 읽는다.
※ 유의점 : 모래 함량에서 선을 그을 때 사선의 방향(＼)으로 긋는다.

79

• 규산염 점토광물의 CEC 크기 비교
카올리나이트 · 할로이사이트 < 일라이트 · 클로라이트 < 스메타이트 < 버미큘라이트
　※ 할로이사이트 : 카올리나이트와 같은 1:1형 점토광물이지만, 1:1층과 1:1층 사이에 1~2개의 물분자층을 가지고 있음
• 주요 점토광물의 비표면적과 양이온교환용량(CEC)

구분		비표면적 (m²/g)	양이온 교환용량 (cmolc/kg)
Kaolinite	1:1형	7~30	2~15
Montmorillonite	2:1형	600~800	80~150
Dioctahedral vermiculite	2:1형	50~800	10~150
Trioctahedral vermiculite	2:1형	600~800	100~200
Chlorite	2:1:1형	70~150	10~40
Allophane	무정형	100~800	100~800

80

• 가장 널리 분포하는 토양은 갈색산림토양군이다.
• 산림토양형과 토양 분류 연계성

산림토양형		Soil Taxonomy	World Reference Base for Soil Resources
갈색건조 산림토양형	B1	Inceptisols	Cambisols
갈색약건 산림토양형	B2	Inceptisols	Cambisols
갈색적윤 산림토양형	B3	Inceptisols, Alfisols, Ultisols	Umbrisols
갈색약습 산림토양형	B4	Inceptisols, Alfisols, Ultisols	Umbrisols
적색계갈색건 조 산림토양형	rB1	Alfisols, Ultisols	Acrisols
적색계갈색약 건 산림토양형	rB2	Alfisols, Ultisols	Acrisols
적색건조 산림토양형	R1	Alfisols, Ultisols	Acrisols
적색약건 산림토양형	R2	Alfisols, Ultisols	Acrisols
황색건조 산림토양형	Y	Alfisols, Ultisols	Acrisols
암적색건조 산림토양형	DR1	Alfisols, Inceptisols	Luvisols

암적색약건 산림토양형	DR2	Alfisols, Inceptisols	Luvisols
암적색적윤 산림토양형	DR3	Alfisols	Luvisols
암적갈색건조 산림토양형	DRb1	Inceptisols, Alfisols	Cambisols
암적갈색약 건 산림토양형	DRb2	Inceptisols, Alfisols	Cambisols
회갈색건조 산림토양형	GrB1	Inceptisols, Alfisols	Cambisols, Leptosols
회갈색약건 산림토양형	GrB2	Inceptisols, Alfisols	Cambisols, Leptosols
화산회건조 산림토양형	Va1	Andisols	Andosols
화산회약건 산림토양형	Va2	Andisols	Andosols
화산회적윤 산림토양형	Va3	Andisols	Andosols
화산회습윤 산림토양형	Va4	Andisols	Andosols
화산회성적색건 조 산림토양형	Va-R1	Inceptisols, Andisols	Andosols
화산회성적색약 건 산림토양형	Va-R2	Inceptisols, Andisols	Andosols
화산회자갈많 은 산림토양형	Va-gr	Andisols	Andosols, Leptosols
약침식 토양형	Er1	Entisols	Leptosols
강침식 토양형	Er2	Entisols	Leptosols
사방지 토양형	Er-c	Entisols	Regosols
미숙 토양형	Im	Entisols	Regosols
암쇄 토양형	Li	Entisols	Letosols

81

- Cambic : 변화 발달 초기의 약한 B층(약간 농색 및 구조)
- Umbric : 염기 결핍(염기포화도 < 50%), 암색 표층

82

광물의 풍화내성

풍화내성	1차광물	2차광물
강	–	침철광(철 산화물)
		적철광(철 산화물)
		깁사이트(알루미늄 산화물)
↑	석 영	–
↑	–	규산염 점토광물
↑	백운모	
	미사장석	
	정장석	
	흑운모	
	조장석	–
	각섬석	
↓	휘 석	
↓	회장석	
↓	감람석	
약	–	백운석(탄산염 광물)
		방해석(탄산염 광물)
		석고(황산염 광물)

83

- 마그네슘은 NH_4^+와 K^+과 흡수 경쟁하는 길항관계이다.
- 마그네슘은 엽록소 분자의 구성원소이기 때문에 결핍되면 잎에서 엽맥 사의 황화현상이 뚜렷하게 나타난다.

84

토양 유실은 대부분 가시적으로 확실히 구별되는 협곡침식보다 면상침식이나 세류침식에 의하여 일어난다.

85

③ 질산화균 : 자급영양세균

1단계	2단계
암모니아산화균 ($NH_4^+ \rightarrow NO_2^-$)	아질산산화균 ($NO_2^- \rightarrow NO_3^-$)
Nitrosomonas Nitrococcus Nitrosospira	Nitrobacter Nitrocystis

86

염류집적토양의 분류

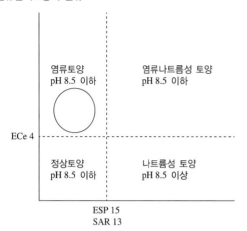

ECe 4

| 염류토양 pH 8.5 이하 | 염류나트름성 토양 pH 8.5 이하 |
| 정상토양 pH 8.5 이하 | 나트륨성 토양 pH 8.5 이상 |

ESP 15
SAR 13

87

균근균은 인산과 같이 유효도가 낮거나 적은 농도로 존재하는 토양양분을 식물이 쉽게 흡수할 수 있도록 도와주고, 과도한 양의 염류와 독성 금속이온의 흡수를 억제한다.

88

토양의 양이온교환용량이 클수록 완충용량이 커지며, 양이온교환용량은 점토함량과 유기물함량이 높을수록 커진다.

89

• 입단구조 붕괴, 재에 의한 공극 폐쇄, 점토입자 분산 등으로 토양 용적밀도가 증가한다.
• 양이온교환능력은 유기물 손실량에 비례하여 감소한다.

90

코발트와 몰리브덴은 질소고정에 필수적인 영양소이다.
• 코발트 : Leghaemoglobin의 생합성에 필요
• 몰리브덴 : Nitrogenase의 보조인자로 작용

91

유기물의 구성요소 중 리그닌과 페놀화합물은 유기물의 분해속도를 느리게 한다.

92

• 토양에서 영양소의 확산속도 : $NO_3^- \cdot Cl^- \cdot SO_4^{2-}$ > K^+ > $H_2PO_4^-$
• 확산에 의해 주로 공급되는 영양소 : 칼륨, 인산
• 접촉교환설의 뒷받침을 받는 기작은 뿌리차단이다.
• 뿌리가 발달할수록 많은 토양과 접촉하며, 영양소 또한 더 많이 공급받을 수 있다.

93

• 붕소의 기능
  – 주로 잎의 끝과 테두리에 축적
  – 새로운 세포의 발달과 생장에 필수적인 원소
  – 당을 비롯한 생체물질들의 이동, 단백질 합성, 탄수화물 대사, 콩과작물의 뿌리혹 형성 등에 관여
  – 식물 효소의 보조인자로 관여하는 경우는 거의 없음
• 붕소의 결핍증상
  – 생장점과 어린 잎의 생장 저해, 심하면 고사
  – 줄기의 마디가 짧아지며, 잎자루가 비정상적으로 굵어짐
  – 꽃과 과실이 쉽게 떨어지는 현상
  – 근채류의 경우 근경의 정수리부분이나 중심부분이 썩는 현상

94

석회물질의 중화력 비교

화학식	CaCO₃	Ca(OH)₂	CaO
이 름	탄산석회 (탄산칼슘)	소석회	생석회
분자량	40+12+16×3 = 100	40+(16+1)×2 = 74	40+16 = 56
상대적 소요량	100	74	56
중화력	100%	135%	179%
반응 속도	지효성	속효성	속효성

※ 중화를 위해 소요되는 석회물질의 칼슘 함유량 차이로 발생

95

• 입자밀도는 토양의 고유값으로 인위적인 요인으로 변하지 않는다.
• 답압은 고상의 비율을 증가시키므로 공극이 줄어들고 작아져 수분 침투와 공기 확산이 불량해지고 용적밀도는 증가한다.

96

- 토양산성은 토양용액 중 H^+농도의 증가와 토양입자의 H·Al 및 Al복합체의 농도가 높아지기 때문에 나타나는 특성이다.
- Al이온은 흡착되었던 것 이외에 $Al(OH)_3$의 용해에 의해서도 생성되며, 이는 가수분해되어 H^+과 몇 가지 Hydroxyl Aluminium 복합체를 형성하기 때문에 pH를 낮추게 된다.

97

- 중량수분함량 = 수분무게 / 건조토양무게
  수분무게를 x라 하고 건조토양무게 150을 대입하면,
  $0.2 = x / 150$
  $x = 30$
- 수분무게가 30g이고 물의 밀도가 $1.0g/cm^3$이므로 물의 부피는 $30cm^3$
  그리고 토양 코어 부피가 $100cm^3$이므로 <u>용적수분함량은 30%</u>
- 용적수분함량 = 중량수분함량 × 용적밀도
  용적밀도 = 30 / 20 = 1.5
- 공극률 = 1 − 용적밀도/입자밀도
  = 1 − 1.5 / 3.0
  = 0.5 = **50%**

98

- 관개를 충분히 하거나 또는 비가 많이 내려 토양이 물로 포화된 후 토양에 따라서 하루 또는 사흘이 지나면 대공극의 물은 중력에 의해 다 빠지지만 소공극의 물은 그대로 남아있게 된다. 이 때의 토양수분함량을 포장용수량이라한다.
- 포장용수량에서의 매트릭퍼텐셜은 토양에 따라 약간씩 다르나 −10~−30kPa이다.
- 포장용수량은 대공극의 물이 빠져나가 뿌리의 호흡을 좋게 하면서도 소공극에는 식물이 이용할 수 있는 충분한 양의 물이 아직 있는 상태이므로 식물이 생육하기에 가장 좋은 수분조건이다.

99

용적밀도와 공극률은 반비례 관계이다.

100

- 토양 A층의 무게 = 면적 × 깊이 × 용적밀도
  = $10,000m^2$ × $0.1m$ × $1.0Mg/m^3$
  = $1,000Mg$ = 1,000ton
- 토양무게의 0.2%가 질소농도이므로 질소 저장량은 2톤이 된다.
- ※ 1ha = 10,000
- ※ $1g/cm^3$ = $1Mg/m^3$ = $1ton/m^3$

101

수목은 기존환경에서 오랜시간 적응할수록 이식성공률이 낮아지며, 교목보다 관목의 이식성공률이 높다. 교목의 식재 시 향후 생장속도를 고려하여 성숙목의 경우의 수관크기를 고려하여야 한다.

102

천근성 수종은 측근이 수평으로 자라서 지표 가까이에 넓고 얕게 분포하는 뿌리를 가지고 있으며 대체로 바람에 약하고, 근맹아를 발생시키기도 한다. 또한, 천근성수종이 답압이나 수분부족, 양분부족 시에는 뿌리가 융기하는 경우가 있다.

103

수관축소는 성숙한 나무가 필요 이상으로 자라거나 뿌리에 비해 상부가 비대할 경우, 크기를 줄여 생리적 문제와 구조적인 문제를 해결하고자 할 때 실시한다.

수관 축소 시 유의사항
전체 수관의 25% 이상 절대 제거하지 말 것 : 수관 또는 나뭇잎의 25%

- 두절 절대 금지하고 수목 크기 줄여야 할 경우에는 수관 축소(Reduction) 실시
- 두절 또는 자연재해에 의해 손상 입은 뒤는 회복 가지치기(Restoration Pruning)
- 죽은 가지, 부러진 가지 등 일반관리를 위한 수관 청소(Crown Cleaning) 방법 적용
- 환경에 맞는 수형을 만들 때는 구조 가지치기(Structure Pruning) 실시

104

④ 층층나무 잎은 어긋나기가 특징이다.

층층나무속 식물	잎	꽃	열 매
산딸나무 (*Cornus kousa*)	마주나기잎, 측맥 4~5쌍	두상꽃차례	붉은색
말채나무 (*C. walteri*)	마주나기잎, 측맥 4~5쌍	취산꽃차례	검은색
산수유 (*C. officinalis*)	마주나기잎, 측맥 5~6쌍	산방꽃차례	붉은색
층층나무 (*C. controversa*)	어긋나기잎, 측맥 6~9쌍	산방꽃차례	검은색
곰의말채나무 (*C. macrophylla*)	마주나기잎, 측맥 6~10쌍	취산꽃차례	검은색

105

시행처에서 명확한 설명 없이 "모두정답" 처리 되었다.

106

쇠조임을 위한 줄기 관통구멍은 빗물이 들어가지 않도록 쇠조임 막대의 두께크기로 한다.

107

③ 잡초도 암발아종자와 광발아종자로 나누어짐

잡초 구분		잡초 종류
일년생잡초	하 계	바랭이, 피, 쇠비름, 명아주
	동 계	뚝새풀, 냉이 등
다년생잡초		쑥, 쇠뜨기, 질경이, 띠, 소리쟁이, 개밀, 민들레, 갈대, 애기수영 등

108

두절로 인한 피해는 뿌리 생장이 위축되며, 맹아지가 과도하게 발생한다. 절단된 부분의 면적이 크면 클수록 부후가 쉬우며 잎과 가지를 발생시키기 위한 에너지의 소모가 많아진다.

109

우박의 피해는 하늘에서 떨어지면서 잔가지 수피의 위쪽에만 상처를 만들기 때문에 가지 전체에 퍼지는 줄기마름병이나 동고병과 구별할 수 있다.

110

- 낙뢰피해를 받은 나무는 노출된 상처를 부직포나 비닐로 덮어서 건조를 막아주어야 한다.
- 낙뢰의 피해가 많은 나무는 거목일수록 피해 확률이 높으며 피해가 많은 수종은 참나무, 느릅나무, 소나무, 튤립나무, 포플러, 물푸레나무이며 피해가 적은 수종 자작나무, 마로니에 등이 있다.

111

① 기생성병은 표징이 존재할 수 있지만 비기생성병은 표징이 존재하지 않는다.

기생성병	비기생성병
• 동일 종이나 속 혹은 과에 속하는 유사 수종에서만 제한되어 나타남(기주 특이성) • 동일 수종 내에서도 개체의 건강상태에 따라 발병 정도가 다름	• 피해 장소 내의 거의 모든 나무에서 동일한 병징이 나타남 • 특수한 환경(경사, 고도, 방위, 바람, 토양 등)에서 발병한 경우가 많음

112

EC가 4.5dS/m이므로 염해가 발생할 수 있는 환경이며 염해의 피해는 아래와 같다.

- 피해부위와 건전부위의 경계선이 뚜렷하며, 성숙 잎이 어린잎보다 피해가 크다.
- 수목의 가장 먼 부분인 잎의 끝 쪽에서 수분이 빠져나가 황화현상을 보이게 된다.
- 오래된 잎은 염분이 많아져 어린잎보다 피해가 심하다.
- 토양의 염류가 3dS/m을 초과하면 염도성으로 간주하며, 이 수준부터 민감한 식물이 피해를 입기 시작한다.

113

고온피해는 엽소피해와 피소피해로 나뉘며 목련, 배롱나무, 버즘나무, 오동나무, 벚나무, 단풍나무, 매화나무는 피소에 민감하다. 엽소피해는 성숙잎에서 더 잘 나타난다.

114

유효인산의 적정범위는 100~200mg/kg 정도다.

구분	개략 적정 범위
유효인산	100~200mg/kg
교환성 칼륨	0.25~0.50cmolc/kg
교환성 칼슘	2.5~5.0cmolc/kg
교환성 마그네슘	1.5cmolc/kg 이상

115

- 농약의 명칭 뒤에 따라붙는 수화제, 유제, 액제 등의 표기는 제품의 형태를 나타내며, 이렇게 표기하는 이름을 품목명이라 한다.
- 농약 원제가 같더라도 제품의 형태가 달라지면 품목명이 다른 제품이 된다.

116

분산성 액제	• 친수성이 강한 특수용매를 사용하여 물에 용해되기 어려운 농약 원제를 계면활성제와 함께 녹여 만든 제형 • 살포용수에 희석하면 서로 분리되지 않고 미세입자로 수중에 분산 • 액제와 특성이 비슷하나 고농도의 제제를 만들 수 없는 것이 단점

	• 물과 유기용매에 난용성인 원제를 액상 형태로 조제한 것 • 수화제에서 분말의 비산 등의 단점을 보완한 제형 • 증량제로 물을 사용하고 액상의 보조제와 혼합하여 유효성분을 물에 현탁(유효성분이 가수분해에 대하여 안정해야 함) • 증량제가 물이기 때문에 독성 측면에서 유리하고 수화제보다 약효가 우수함 • 제조공정이 까다롭고 점성 때문에 농약용기에 달라붙는 것이 단점
액상 수화제	
입상 수화제	• 수화제 및 액상수화제의 단점을 보완하기 위하여 과립 형태로 제제 • 농약 원제 함량이 높고 증량제 비율은 상대적으로 낮음 • 수화제에 비하여 비산에 의한 중독 가능성이 작음 • 액상수화제에 비하여 용기 내에 잔존하는 농약의 양이 적음 • 생산설비에 대한 투자비용이 높은 제형
캡슐 현탁제	• 미세하게 분쇄한 농약원제의 입자에 고분자물질을 얇은 막 형태로 피복하여 만든 제형 • 유효성분의 방출제어가 가능하므로 약제의 효율이 높아 적은 유효성분으로 약효가 우수 • 약제 손실이 적고 독성 및 약해 경감효과가 있는 효율적 제형 • 고도의 제제기술이 필요하고 제조비용이 비싼 것이 단점

117

	• 가장 일반적인 사용방법 • 물로 적정 배수에 맞게 희석한 후 살포기로 연무 형태로 살포 • 살포기의 압력이 일정하지 않아 균일 살포를 위해서는 희석배수를 크게 한 후 상대적으로 많은 양의 살포액을 조제하여 살포해야 함
분무법	
살분법	• 분제와 같이 고운 가루 형태의 농약을 살포하는 방법 • 분무법에 비해 작업이 간편하고 노력이 적게 들며, 희석용수가 필요 없음
연무법	• 살포액의 물방울 크기가 미스트보다 더 작은 연무질(에어로졸) 형태로 살포 • 식물이나 곤충 표면에 대한 부착성이 우수하나, 비산성이 크므로 바람이 없는 시간대에 살포해야 함 • 열과 풍압 또는 풍압만으로 작은 입자로 만드는 방법과 끓는점이 낮은 용매(Chlorofluorocarbon 또는 Methyl Chloride)에 농약의 유효성분 및 윤활유와 같은 비휘발성의 기름을 용해시켜 철제용기에 가압 충전한 것도 있음
훈증법	• 저장곡물이나 종자를 창고나 온실에 넣고 밀폐시킨 후 약제를 가스화하여 방제하는 방법 • 우리나라에서는 수입 농산물의 방역용으로 주로 사용(재배 중인 농작물에 사용하지 않음)

118

여러 가지 독성시험

구 분	종 류	설 명
급성독성	급성경구 독성	최소 1일 1회 경구 투여, 14일 관찰, LD$_{50}$ 산출
	급성경피 독성	피부에 도포, 24시간 후 제거, 14일 이상 관찰, LD$_{50}$ 산출
	급성흡입 독성	최소 1일 1회 4시간 흡입 투여, 14일 이상 관찰, LD$_{50}$ 산출
아급성독성	아급성 독성	90일간 1일 1회, 주 5회 이상 투여, 제 증상 관찰
만성독성	만성독성	장기간(6개월~1년) 먹이와 함께 투여, 최대무작용량 결정
변이원성	복귀돌연 변이시험	*Salmonella typhimurium* 돌연변이 균주에 처리한 후 항온배양하여 나타나는 복귀돌연변이(정상세균) 조사
	염색체 이상시험	인위 배양한 포유류 세포에 처리 후 1.5 정상 세포주기 경과 시에 염색체 이상 검정
	소핵시험	생쥐에 복강 또는 경구 투여, 18~72시간 사이 골수 채취하여 소핵을 가진 다염성 적혈구 빈도 검사
지발성 신경독성	지발성 신경독성	닭에 유기인제 농약 1회 투여, 21일간 보행이상, 효소활성억제, 병리조직학적 이상 여부 검사
자극성	피부자극 성시험	주로 토끼 피부에 도포하고 4시간 노출 후 72시간까지 홍반, 부종 등 이상 여부 조사
	안점막자 극성시험	토끼 눈에 처리하고 24시간 후 멸균수로 닦아낸 후 72시간 동안 관찰
	피부감작 성시험	기니피그 피부에 주사 또는 도포하여 4주간 알러지 반응 검사
특수독성	발암성	흰쥐(24개월) 또는 생쥐(18개월)에 먹이와 함께 투여, 암의 발생 유무와 정도 파악
	최기형성	임신된 태아 동물의 기관 형성기에 투여, 임신 말기 부검하여 검사
	번식독성 시험	실험동물 암수에 투여, 교배 후 얻은 1세대에 투여, 2세대 검사

119

작용기작 구분	표시 기호	계통 및 성분	해당농약	
라이아노 딘 수용체 조절	28	디아마 이드계	사이안트리닐리프롤, 사이클라닐리프롤, 클로란트라닐리프롤,	Cyantraniliprole, Cyclaniliprole, Chlorantranilip role,
			테트라닐리프롤, 플루벤디아마이드	Tetraniliprole, Flubendiamide

120

- 계 산
  - 4,000배 희석한 최종 희석액의 양이 500L이므로 500L를 4,000으로 나눈 0.125L(=125ml)가 소요되는 약량이 된다.
  - 유효성분 농도는 4,000배 희석되기 때문에 40%를 4,000으로 나누면 0.01%이 되고, 이는 100ppm과 같다. (※ 1% = 10,000ppm)
- 플루오피람 액상수화제
  - 살균제 : 잿빛곰팡이병, 흰가루병, 균핵병 등 방제에 사용
  - 다2(복합체 II의 숙신산(호박산염) 탈수소효소 저해), 인축독성 4급, 어독성 3급
  - 수목 관련 등록현황 : 배롱나무 흰가루병, 복숭아 잿빛무늬병, 뽕나무 오디균핵병, 양버즘나무 흰가루병, 포도 잿빛곰팡이병
  - 같은 기작의 약제 : 메프로닐, 보스칼리드, 사이클로뷰트리플루람, 아이소페타미드, 아이소피라잠, 옥시카복신, 카복신, 티플루자마이드, 펜티오피라드, 펜플루펜, 푸라메트피르, 플루오피람, 플루인다피르, 플루톨라닐, 플룩사피록사드, 피디플루메토펜, 피라지플루미드

121

아바멕틴 미탁제
- 살충제 : 차먼지응애, 점박이응애, 아메리카잎굴파리, 담배나방, 꽃노랑총채벌레, 오이총채벌레, 소나무재선충, 미국흰불나방 등 방제에 사용
- 6(Cl 통로 활성화), 인축독성 3급, 어독성 1급
- 수목 관련 등록현황
  벚나무 : 벚나무응애(원액 0.5ml/흉고직경cm)
  소나무·잣나무 : 소나무재선충(원액 1ml/흉고직경cm)
  양버즘나무 : 미국흰불나방(원액 0.5ml/흉고직경cm)
- 같은 기작의 약제 : 레피멕틴, 밀베멕틴, 아바멕틴, 에마멕틴벤조에이트

122

테부코나졸 유탁제
- 살균제 : 탄저병, 흰가루병, 갈색점무늬병, 흑색썩음균핵병, 푸사리움가지마름병, 겹무늬썩음병, 흰가루병, 덩굴마름병 등 방제에 사용
- 사1(막에서 스테롤 생합성 저해 > 탈메틸 효소 기능 저해), 인축독성 4급, 어독성 2급
- 수목 관련 등록현황
  리기다소나무 : 푸사리움가지마름병(원액 5ml/흉고직경10cm)
  소나무·잣나무 : 소나무재선충(원액 1ml/흉고직경cm)
  양버즘나무 : 미국흰불나방(원액 0.5ml/흉고직경cm)
- 같은 기작의 약제 : 뉴아리몰, 디니코나졸, 디페노코나졸, 마이클로뷰타닐, 메트코나졸, 메펜트리플루코나졸, 비타타놀, 사이프로코나졸, 시메코나졸, 에폭시코나졸, 이미벤코나졸, 이프코나졸, 테부코나졸, 테트라코나졸, 트리아디메놀, 트리아디메폰, 트리티코나졸, 트리포린, 트리플루미졸, 페나리몰, 펜뷰코나졸, 펜코나졸, 프로클로라즈, 프로클로라즈망가니즈, 프로클로라즈 코퍼 클로라이드, 프로피코나졸, 플루실라졸, 플루퀸코나졸, 플루트리아폴, 헥사코나졸

123

잔류성에 의한 농약 등의 구분
- 작물잔류성농약 등 : 농약 등의 성분이 수확물 중에 잔류하여 식품의약품안전처장이 농촌진흥청장과 협의하여 정하는 기준에 해당할 우려가 있는 농약 등
- 토양잔류성 농약 등 : 토양 중 농약 등의 반감기간이 180일 이상인 농약 등으로서 사용결과 농약 등을 사용하는 토양(경지를 말한다)에 그 성분이 잔류되어 후작물에 잔류되는 농약 등
- 수질오염성 농약 등 : 수서생물에 피해를 일으킬 우려가 있거나 「수질 및 수생태계 보전에 관한 법률」에 따른 공공수역의 수질을 오염시켜 그 물을 이용하는 사람과 가축 등에 피해를 줄 우려가 있는 농약 등

124

소나무재선충병 방제특별법 시행령 [별표] 과태료의 부과기준

특별법 조항	내 용	과태료 금액 (단위 : 만 원)		
		1차 위반	2차 위반	3차 이상 위반
제3조 제3항	피해 산림의 연접 토지소유자는 재선충병 피해방제를 위한 산림소유자 등의 토지 출입에 응하여야 한다.	30	50	100
제3조 제4항	산림소유자 등은 국가 및 지방자치단체가 재선충병 방제를 위해 필요한 조치를 할 경우 협조하여야 한다.	30	50	100
제2조 제2항	산림소유자는 모두베기 방법에 의한 감염목 등의 벌채작업을 한 경우에는 사전 전용허가를 받은 경우를 제외하고는 농림축산식품부령이 정하는 바에 따라 그 벌채치제 조림을 하여야 한다. 다만, 천연갱신이 가능하다고 인정되는 경우에는 그러하지 아니한다.	해당 조림 비용 전액		
제3조 제1항	산림청장 및 시장·군수·구청장은 감염목 등을 인위적으로 이동시켜 재선충병 피해를 확산시키는 것을 방지하기 위하여 소나무류를 취급하는 업체에 대하여 관련 자료를 제출하게 할 수 있으며, 소속 공무원에게 사업장 또는 사무소 등에 출입하여 장부·서류 등을 조사·검사하게 하거나 재선충병 감염 여부 확인에 필요한 최소량의 시료를 무상으로 수거하게 할 수 있다.	50	100	150
제3조 제3항	소나무류를 취급하는 업체는 소나무류의 생산·유통에 대한 자료를 작성·비치하여야 한다.	50	100	200
제3조 제4항	누구든지 제10조(반출금지구역에서의 소나무류 이동 금지 조항) 및 제10조의2(반출금지구역이 아닌 지역에서의 소나무류의 이동)를 위반한 소나무류를 취급하여서는 아니 된다.	100	150	200
제3조 제5항	산림청장 및 시장·군수·구청장은 소속 공무원에게 자동차·선박 등 교통수단으로 소나무류를 운송하는 자에 대하여 운송정지를 명하고, 제10조 및 제10조의2를 위반하였는지 여부를 확인하게 할 수 있다.	50	100	150

125

솔잎혹파리 피해 안정화를 위한 기본 방향

- 특별관리체계 확립을 통해 발생지에 대한 책임방제 및 관리 강화
- 소나무재선충병 발생 유무에 따른 솔잎혹파리 방제방법 차별화
- 피해도 "중" 이상 지역, 중점관리지역, 주요 지역 등 임업적 방제 후 적기 나무주사 시행
- 솔잎혹파리 천적(기생봉)을 이용한 친환경 방제 추진

정답 및 해설

▶ 2024년 제10회 기출문제

01	02	03	04	05	06	07	08	09	10
⑤	③	②	②	⑤	①	②	②	③	④
11	12	13	14	15	16	17	18	19	20
⑤	②	①	②	⑤	②	③	④	①	①
21	22	23	24	25	26	27	28	29	30
⑤	⑤	①	④	②	⑤	③	①	⑤	⑤
31	32	33	34	35	36	37	38	39	40
②	④	②	③	③	②	③	②	②	③
41	42	43	44	45	46	47	48	49	50
⑤	①	①	④	⑤	⑤	⑤	②	②	②
51	52	53	54	55	56	57	58	59	60
④	③	⑤	②	④	③	④	④	②	④
61	62	63	64	65	66	67	68	69	70
③	④	②	⑤	⑤	④	⑤	③	③	①
71	72	73	74	75	76	77	78	79	80
①	모두정답	③	①	③	②	⑤	③	③	④
81	82	83	84	85	86	87	88	89	90
①	②	③	①	③	⑤	②	①	①	⑤
91	92	93	94	95	96	97	98	99	100
②	②	①	②	③	⑤	④	①	③	①
101	102	103	104	105	106	107	108	109	110
①	③	②	①	①	④	③	④	⑤	④
111	112	113	114	115	116	117	118	119	120
④	③	①	①	⑤	③	④	③	⑤	③
121	122	123	124	125					
③	④	①	③	①					

01

바람에 의한 전염은 곰팡이병이다. 사과나무 불마름병은 매개충에 의한 전염이 심하다.

02

향나무 녹병은 겨울포자와 담자포자가 향나무에서 녹병정자, 녹포자는 장미과식물에서 생활한다. 특히, 겨울포자가 빗물에 의해 부풀어 오르면서 오렌지색의 구조체를 형성하고, 이후 담자포자가 되며 장미과식물로 이동한다.

03

회양목 잎마름병은 *Macrophoma candollei*에 의한 병이며 나머지는 *Cercospora*에 의한 병이다.

병원균	특 징	종 류
Cercospora	• 잎의 병원체이며 어린 줄기도 침입함 • 병반 위에는 많은 분생포자경과 분생포자가 밀생 • 긴막대형으로 집단적으로 나타날 경우는 융단같이 보임	삼나무 붉은마름병 포플러 갈색무늬병 때죽나무 점무늬병 느티나무 갈색무늬병 모과나무 점무늬병 두릅나무 뒷면모무늬병 벚나무 갈색무늬구멍병 소나무 잎마름병 무궁화 점무늬병 명자꽃 점무늬병 배롱나무 갈색무늬병 쥐똥나무 둥근무늬병

04

뽕나무 오갈병은 파이토플라스마에 의한 병으로 표징을 관찰할 수 없다.

05

유성생식포자는 자낭포자, 담자포자, 난포자이며 무성생식포자는 분생포자, 유주포자, 후벽포자 등이 있다.

06

밤나무 잉크병은 *Phytophthora Katsurae* 등에 의한 병으로 난균이다. 유주포자가 뿌리를 가해하고 감염시킨 후 줄기로 번져나가면서 검고 움푹 가라앉는 궤양을 형성하며, 유성세대는 난포자이다.

07

생리화학적 진단(Physiological and Biochemical Method) 중 Biolog 분석은 세균이 용액에 있는 탄소원을 이용, 흡광도를 측정하여 균이 용액에 있는 탄소를 얼마나 이용하는지 확인하여 분석하는 방법이다.

08

② 재분리한 병원체는 동일한 병을 나타내어야 한다.

코흐의 원칙

• 의심받는 병원체(세균 또는 다른 미생물)는 반드시 조사된 모든 병든 기주에 존재해야 한다.
• 의심받는 병원체는 반드시 병든 기주로부터 분리되어야 하고 순수배지에서 자라야 한다.
• 순수배지의 의심받는 병원체를 감수성인 기주에 접종하였을 때 특정 병을 나타내야 한다.
• 실험적으로 접종하여 감염된 기주로부터 같은 병원체가 다시 획득되어야 한다.

09

병과 병원체의 종류

구 분	종 류
곰팡이병	벚나무 빗자루병, 뽕나무 자주날개무늬병, 소나무 혹병, 배나무 붉은별무늬병
세균병	감귤 궤양병, 호두나무 근두암종병
파이토플라스마	쥐똥나무 빗자루병
선 충	소나무 재선충병

10

낙엽송에서 녹병정자, 녹포자세대가 형성되고 포플러에서는 여름포자, 겨울포자, 담자포자가 형성된다. 따라서 녹포자가 포플러에 옮겨지면서 감염이 되고 녹포자는 여름포자를 형성하여 반복감염을 시킨다.

11

곰팡이는 상처침입, 자연개구부침입, 직접침입 모두 가능하며, 식물기생선충은 구침을 가지고 있다. 또한, 바이러스는 주로 매개충에 의해 침입하며, 세균은 자연개구부와 상처로 침입이 가능하다.

12

바이러스의 기주특이성 특징
- 바이러스는 핵산과 단백질 껍질로만 되어 있는 비세포 단계이다.
- DNA나 RNA 중 한 종류의 핵산을 가지고 있다.
- 수목병을 발생시키는 바이러스는 대부분 외가닥 RNA이다.
- 스스로 증식하지 못하고 숙주의 물질대사 기구를 이용하여 증식한다.
- 바이러스는 변이가 심해 항바이러스제의 개발이 어렵다.
- 이웃세포의 이동통로는 원형질연락사이며 원거리 이동통로는 체관부이다.

13

파이토플라스마는 세포벽이 없으며 아래와 같은 특성을 가지고 있다.
- 단위막(Unit Membrane)으로 둘러싸여 있다.
- 공 모양, 타원형, 불규칙한 관 또는 실 모양(다형성)이다.
- 인공배양이 불가능하며 식물의 체관 즙액에 존재한다.
- 접목이나 매미충에 의하여 매개하며 종자전염 및 즙액 전염은 되지 않는다.
- 황화, 위축, 빗자루 모양, 쇠락 등의 병징이 발현된다.

14

회화나무 녹병은 줄기와 가지에 길쭉한 혹이 만들어지는데 이는 표징이 아니라 병징이라고 할 수 있다.

15

바이러스 봉입체는 광학현미경으로도 관찰이 가능하며 그람염색법은 세균을 동정할 때 사용한다. 대화병의 원인이 정확하게 밝혀진 바 없으므로 표징이 발생되지 않으며, Toluidine Blue는 조직을 염색하는 것으로 광학현미경으로 관찰하여 진단한다.

16

나무 잎녹병의 중간기주는 다양하나, 뱀고사리는 전나무 잎녹병의 중간기주이다.

기 주	병원균	중간기주
소나무, 잣나무	*C. asterum*	참취, 개미취, 과꽃, 개쑥부쟁이
잣나무	*C. eupatorii*	골등골나물, 등골나물
소나무	*C. campanulae*	금강초롱꽃, 넓은잔대
소나무	*C. phellodendri*	넓은잎황벽나무, 황벽나무
곰 솔	*C. plectranthi*	산초나무

17

비기생성병은 기주특이성이 낮으며, 모든 생육단계에서 발생할 수 있고 병원체가 존재하지 않는다.

특 징	비기생성 병원	기생성 병원
발병부위	식물체 전부	식물체 일부
병의 심각성	대개 비슷한 수준	발병정도 다양
발병지역	넓 음	좁 음
초기증상진전율	빠 름	느 림
중기증상진전율	느 림	빠 름
종특이성	낮 음	높 음
병원체 확인	확인 불가능	병환부에 존재

18

단순격벽공을 가지고 있으며, 분생포자를 생성하므로 자낭균에 대한 수목병을 찾아야 하며 사과나무 흰날개무늬병은 자낭균에 의해 발병한다. 철쭉 떡병과 느티나무 줄기밑둥썩음병, 오리나무 잎녹병은 담자균에 의한 병이다.

19

Ophiostoma 속 곰팡이는 천공성 해충에 의해 전반되는 것으로 알려져 있으며 우리나라에서는 소나무좀과 소나무줄나무좀이 가장 흔한 매개충이다. 멜라닌 색소에 의해서 목질부의 색깔이 청변하고 나빠지는데 이를 목질청변(Bluestain, Sapstain)이라고 하며 주로 방사유조직에 감염이 된다.

20

안노섬뿌리썩음병균은 말굽버섯을 형성하며, 리지나뿌리썩음병은 파상땅해파리버섯을 형성한다. 모잘록병은 병원균우점병이며 뿌리혹선충은 고착형 내부기생선충이다.

21

소나무 가지끝마름병의 병원균은 *Sphaeropsis Sapinea*이다.

22

물관 내에 전충체를 형성하여 물관폐색이 진행된다.

23

진정겨우살이는 참나무에 가장 큰 피해를 주며 팽나무, 물오리나무, 자작나무, 밤나무 등 활엽수에 피해를 주고, 구실잣밤나무, 동백나무, 후박나무 등 상록활엽수에 피해를 준다. 전나무, 가문비나무, 소나무 등 구과류에는 아르큐토비움속(Arceuthobium)의 겨우살이가 발생할 수 있으나 잎과 줄기가 퇴화되어 있으므로 수분과 양분을 전적으로 기주식물에 의존한다.

24

벚나무 번개무늬병은 번개무늬 모양의 선명한 황백색 줄무늬 병반이 나타나며, 봄에 자라나온 잎에서만 병징이 나타나고 매년 발생하더라도 수세에는 큰 영향이 없다.

25

버즘나무 탄저병은 잎맥과 주변에는 작은 점이 무수히 나타나는데 이것은 병원균의 분생포자반이다. 우리나라에서 유성세대는 발견되지 않았으며 병든 낙엽이나 가지에서 균사 또는 분생포자반으로 월동하여 이듬해 1차 전염원이 된다.

26

⑤ 세대 간의 간격이 짧으면 돌연변이가 자주 발생하여 종 다양성이 증가한다.

구 분	내 용
외부 골격	• 골격이 몸의 외부에 있는 **외골격(키틴)**으로 되어 있음 • 외골격이 건조를 방지하는 왁스층으로 되어 있음 • 체벽에 부착된 근육을 지렛대처럼 이용하여 **체중의 50배까지 들어 올림**
작은 몸집	• 생존과 생식에 필요한 최소한의 자원으로 유지됨 • 포식자로부터 피할 수 있는 크기
비행 능력	• **3.5억년 전(석탄기)**에 비행능력을 습득하였음 • 포식자로부터 피할 수 있으며 개체군이 새로운 서식지로 빠르게 확장 • 외골격의 굴근(Flexor Muscle)에 의해 흡수된 위치에너지를 운동에너지로 전환
번식 능력	• 대부분의 암컷은 저장낭에 수개월 또는 수년 동안 정자를 저장할 수 있음 • 수컷이 전혀 없는 종도 있으며 무성생식의 과정으로 자손을 생산함
변태 유형	• 완전변태는 곤충강 27개목 중 9개목이지만 모든 **곤충의 약 86%를 차지함** • 유충과 성충이 다른 유형의 환경, 먹이, 서식지를 점유할 수 있음
적응 능력	• 다양한 개체군, 높은 생식능력, 짧은 생활사로 **유전자 변이를 발생** • **짧은 세대의 교번으로 살충제에 대한 저항성 발현 등**

27

데본기에는 무시충, 석탄기에 유시충이 출현하였다. 삼첩기에 대부분의 목이 출현하였다. 다리가 6개인 절지동물 중 입틀이 머리덮개 안으로 함몰되어 있으며 낫발이목, 좀붙이목, 톡토기목이 이에 포함되며 내구강에 속한다.

28

겹눈이 낱눈 여러 개로 채워져 있다.

29

메뚜기류의 고막은 가슴에 있으며 귀뚜라미는 종아리마디에 있다. 순환계는 곤충의 등쪽에 위치하고 있으며 심장과 대동맥으로 연결되어 있다.

현음기관	내 용
무릎아래기관	• 대부분 다리에 위치함 • 매질을 통해 전달되는 진동을 들을 수 있음
고막기관	• 소리 진동에 반응하는 고막아래에 있음 • **가슴(노린재 일부), 복부(메뚜기, 매미류, 일부 나방), 앞다리 종아리마디(귀뚜라미, 여치)** 등에 있음
존스턴기관	• 더듬이 흔들마디 안에 있음(위치나 방향에 대한 정보) • 모기와 깔따구는 더듬이의 털이 공명성 진동을 감지함

30

과일 경우에는 -idea, 아과에서는 -inae로 기재한다.

31

② 단위생식을 하며 알을 한 개씩 지면으로 떨어뜨리는 특성을 가진 해충은 대벌레이다.

해충명	발생/월동	특 징
대벌레 *Ramulus irregulariter dentatus*	1회/알 -	• 1990년 이후 자주 발생하며 대발생하기도 함 • 수컷은 5회, 암컷은 6회 탈피 후 6월 중하순에 성충이 됨 • 활엽수를 가해하며 암컷은 느리나 수컷은 민첩함 • 무시형이며, 집단으로 대이동하면서 잎 식해

32

로지스틱곡선은 개체수가 환경수용력 내에서 개체수가 수렴함으로써 실제 생장곡선이 S형태로 나타나는 것을 의미한다.

개체군의 생존곡선
• 제1형 : 연령이 어린 개체들의 사망률이 낮은 경우(인간, 대형 동물 등)
• 제2형 : 사망률이 연령에 관계없이 일정
• 제3형 : 어린 연령의 개체 수들의 사망률이 매우 높은 경우(곤충 등)

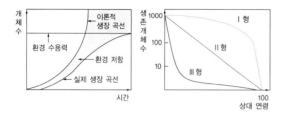

33

일반적으로 중앙신경계(중추신경계)에서는 신경절이 몸의 각 마디에 1쌍이 가까이 붙어 있고 그 사이를 1쌍의 신경색(신경줄)이 연결하고 있으며 이는 머리에서 배 끝까지 이어진다. 머리에는 신경절이 모여 뇌를 형성하는데 뇌는 3개의 신경절이 연합된 것으로 전대뇌, 중대뇌, 후대뇌로 구분된다.

34

앞가슴샘(전흉선)은 유충 시에 탈피호르몬을 분비하지만 성충이 되었을 경우에는 탈피호르몬을 분비하지 않는다.

35

곤충은 60~66℃의 온도에서 단백질이 응고되고 효소작용이 저해되어 죽게 되며 저온의 경우 곤충은 5~15℃에서 활동이 느려지고 −27~0℃에서는 생존이 어렵다. 유효적산온도는 [(평균온도−발육영점온도)×발육기간(일)]으로 계산한다.

36

딱정벌레목은 식육아목(Adephaga), 원시딱정벌레아목(Archostemata), 식균아목(Myxophaga), 풍뎅이아목(Polyphaga)으로 구분되며, 다식아목은 풍뎅이아목을 의미한다.

37

주성은 자극을 향하거나(양성) 멀어지는(음성) 운동으로 식물체를 기어 올라가는 특성은 땅으로부터 멀어지기 때문에 음성주지성이라고 한다.

38

유효적산온도는 발육영점온도를 뺀 값을 누적시킨 온도를 의미하며 발육이 시작되는 온도를 합산한 것이다. 휴면기간은 최소한의 대사율과 호흡을 하여 발육에는 영향을 미치지 않는다.

39

내분비샘에서 페로몬이 생성되며 순환계로 방출되며, 신경혈액기관은 샘과 유사하지만 신경계의 신호에 의해 방출하도록 자극될 때까지 특별한 방에 분비물을 저장하는 기관이다.

40

천공성 해충은 박쥐나방, 알락하늘소, 광릉긴나무좀, 복숭아유리나방, 솔수염하늘소, 벚나무사향하늘소, 소나무좀이며, 충영형성 해충은 외발톱면충, 외줄면충, 큰팽나무이, 때죽납작진딧물 등이 있다.

41

⑤ 벚나무모시나방은 연 1회 유충으로 월동하며 검은 세로줄이 있으며 가는 털이 있다.

벚나무모시나방의 특징

• 1년에 1회 발생하며 어린 유충으로 지피물이나 낙엽에서 집단으로 월동
• 6월 중하순에 노숙유충은 잎을 뒷면으로 말고 단단한 고치를 만듦
• 성충은 9~10월에 우화하여 수피나 잎 뒷면에 수 개~20여 개씩의 알을 낳음
• 불빛에도 모여들며 교미 전 이른 아침에 떼를 지어 날아다님

42

① 매미나방은 한국, 일본, 중국, 유럽 등이 원산지이며 특히, 북미와 유럽의 경우 아시아매미나방의 피해가 우려됨에 따라 AGM에 대한 검역을 철저히 시행하고 있다.

학 명	원산지	피해수종	가해습성
솔잎혹파리	일본(1929)	소나무, 곰솔	충영형성
미국흰불나방	북미(1958)	버즘나무, 벚나무 등 활엽수 160여 종	식엽성
솔껍질깍지벌레	일본(1963)	곰솔, 소나무	흡즙성
소나무재선충	일본(1988)	소나무, 곰솔, 잣나무	–
버즘나무방패벌레	북미(1995)	버즘나무, 물푸레	흡즙성
아까시잎혹파리	북미(2001)	아까시나무	충영형성
꽃매미	중국(2006)	대부분 활엽수	흡즙성
미국선녀벌레	미국(2009)	대부분 활엽수	흡즙성
갈색날개매미충	중국(2009)	대부분 활엽수	흡즙성

43

사사키잎혹진딧물은 벚나무 새눈에 기생하는 진딧물로 잎의 뒤쪽에서 잎맥을 따라서 주머니모양의 벌레혹을 형성한다.

44

루비깍지벌레는 밑깍지벌레과에 속한다.

45

소나무좀은 3월 하순에 월동처로 나와 허약한 소나무에 암컷 성충이 구멍을 뚫고 들어가면 뒤따라 수컷이 들어가 교미한다. 광릉긴나무좀의 경우에는 수컷이 구멍을 뚫고 성페로몬을 분비하여 암컷을 불러들이는 것이 소나무좀과 상반된다.

46

① 뽕나무이는 새순이나 잎 뒷면에 200~300개의 알을 낳는다.
② 벚나무응애는 수피틈에서 암컷성충으로 월동한다.
③ 사철나무혹파리는 사철나무 잎 뒷면에 울퉁불퉁하게 부풀어 오르는 벌레혹을 형성한다.
④ 뽕나무이는 아까시잎혹파리는 잎 뒷면 가장자리에 알을 낳는다.

47

⑤ 경제적 피해 허용수준에 도달 후에는 방제수단을 써야 한다.

해충밀도	내 용
경제적 피해수준 (EIL)	• 경제적 피해가 나타나는 최저밀도 • 해충의 피해액과 방제비가 같은 수준
경제적 피해 허용수준 (ET)	경제적 피해수준에 도달 억제를 위하여 방제수단을 써야 하는 밀도
일반평행밀도 (GEP)	환경조건 하에서의 평균밀도

48

황색수반트랩은 황색수반에 물을 담고 계면활성제를 섞어 곤충이 물속에 가라앉게 하여 채집하는 것으로 총채벌레나 진딧물을 유인하여 포획하는 방법이다.

49

남색긴꼬리좀벌은 밤나무혹벌의 유충을 공격하는 외부기생성 천적이다.

50

솔잎혹파리의 예찰은 우화상을 설치하여 확인하며, 광릉긴나무좀은 끈끈이트랩을 이용한다.

51

식물의 분열조직
• 1차 분열조직 : 원표피, 기본분열조직, 전형성층
• 2차 분열조직 : 코르크형성층, 유관속형성층

52

분열조직과 생성되는 조직
• 1차 : 원표피 → 표피, 기본분열조직 → 피층, 내초, 수, 엽육조직, 전형성층 → 1기 물관부, 1기 체관부
• 2차 : 피층, 내초 → 코르크형성층 → 주피, 전형성층 → 유관속형성층 → 2차 물관부, 2차 체관부

53

광호흡
• 잎의 광조건에서만 일어나는 호흡작용이다.
• C3 식물은 광합성으로 고정한 이산화탄소의 20~40%를 광호흡으로 방출한다.
• 광호흡을 일으키는 효소와 이산화탄소를 고정하는 효소가 같다. → RuBP 카르복실라아제
• 햇빛으로 잎의 온도가 올라가면 증가하고, 산소농도를 낮춰주면 감소시킬 수 있다.

54

외생균근을 형성한 뿌리에는 뿌리털이 발달하지 않는다.

55

고정생장의 특성
• 전년도 형성된 동아로부터 봄에만 키가 큰다.
• 일반적으로 직경생장은 봄에 줄기생장이 시작될 때 함께 시작하여 여름에 줄기생장이 정지한 다음에도 더 지속되는 경향이 있다.
• 소나무, 잣나무, 가문비나무, 솔송나무, 너도밤나무, 참나무류, 동백나무

56

광합성 기작
• 명반응 : 엽록소가 햇빛을 받아 물 분자를 분해시켜 나오는 에너지를 전자전달계를 통해 NADPH와 ATP를 생산하며, 이때 산소도 발생한다. 엽록체의 그라눔에서 일어난다.
• 음반응 : 명반응에서 만들어진 NADPH와 ATP에 저장된 에너지를 이용해 이산화탄소를 탄수화물로 고정한다. 엽록체의 스트로마에서 일어난다.

57

자유생장 수종은 겨울눈이 봄에 성장한 직후 다시 여름눈을 형성하여 여름 내내 하엽을 생산한다.

58

음수는 어릴 때에만 그늘을 선호하며, 유묘시기를 지나면 햇빛에 더 잘 자란다.

59

호흡작용의 기작
- 해당작용 : 포도당이 피루빈산으로 분해되는 과정이며, 세포기질에서 일어난다. 산소를 요구하지 않는 단계이며, 환원적 인산화를 통해 ATP를 생산한다.
- TCA 회로 : C2 화합물인 아세틸 CoA가 C4 화합물과 반응하여 CO_2를 발생시키고 NADH를 생산하는 단계이다. 크렙스 회로 또는 CAC라고도 부르며, 미토콘드리아에서 일어난다.
- 전자전달계 : NADH로 전달된 전자(e^-)와 수소(H^+)가 최종적으로 산소에 전달되어 물로 환원되면서 ATP를 생산하는 과정으로 미토콘드리아에서 일어난다.

60

자당(설탕)의 합성은 세포질에서 이루어지며, 전분은 잎에서는 엽록체에 직접 축적되고, 저장조직에서는 전분체에 축적된다.

61

① 가을철 잎의 질소는 사부를 통하여 회수된다.
② 질소의 계절적 변화량은 목부보다 사부에서 크다.
④ 봄에 저장단백질이 분해되어 아미노산(특히 아르기닌) 형태로 사부를 통해 이동한다.
⑤ 저장조직의 연중 질소함량은 봄철 줄기 생장이 왕성하게 이루어질 때 가장 낮다.

62

타닌(Tannin)
- 폴리페놀 중합체로 특히 참나무류와 유칼리의 수피에 다량 함유되어 있다.
- 곰팡이나 박테리아의 침입을 막아준다고 추측되며, 떫은맛을 나게 해 초식동물의 가해를 막아주는 역할을 하며, 식물 생장을 억제하는 타감물질로 작용한다.

63

지방은 분해된 후 말산염 형태로 세포기질로 이동되어 역해당작용에 의해 자당(설탕)으로 합성된다.

64

알칼로이드 화합물은 주로 쌍자엽 초본식물에서 발견되며, 나자식물에서는 거의 발견되지 않는다.

65

눈의 호흡
- 계절적으로 변동이 심하다.
- 휴면기간 최저수준, 봄철 개엽 시기 급격히 증가, 가을 생장이 정지할 때까지 왕성하게 유지한다.
- 아린은 산소를 차단하여 겨울철 눈의 호흡을 억제한다.

66

질산환원 과정
- 루핀형 : 뿌리에서 일어나며, 목본식물 중 나자식물, 진달래류, 프로테아과 수목이 여기에 속한다.
- 도꼬마리형 : 잎에서 일어나며, 나머지 수목이 여기에 속한다. 아질산환원효소 단계는 엽록체에서 일어난다.

67

① 철은 산성토양에서 결핍되기 쉽다.
② 미량원소(8종)에는 철, 염소, 구리, 니켈, 몰리브덴, 아연, 붕소, 망간 등이 포함된다.
③ 질소, 인, 칼륨, 마그네슘의 결핍증상은 오래된 잎에서 먼저 나타난다.
④ 식물 건중량의 0.1%(=1,000ppm) 이상인 대량원소와 그 미만인 미량원소로 나눈다.

68

외생균근은 세포의 내부에 하티그 망(Hartig Net)을 형성한다.

69

① 교목에서의 수액 상승은 수분퍼텐셜에 차이와 모세관 현상에 의한 기작이기 때문에 수액 상승에 에너지를 거의 소비하지 않는다.
② 목부의 수액 상승은 응집력설로 설명한다.
④ 직경이 큰 환공재가 직경이 작은 산공재에 비해 기포에 의한 도관폐쇄 위험성이 더 크다.
⑤ 수액이 나선 방향으로 돌면서 올라가는 경향은 가도관재에서 더 뚜렷하다.

70

수령이 증가할수록 삽목이 어려워진다.

71

온대지방 목본식물의 화아원기 형성, 개화, 수정 및 종자 성숙까지 걸리는 시간

- 1년형 : 장미, 배롱나무, 무궁화
- 2년형 : 회양목, 배나무, 갈참나무, 신갈나무, 보리장나무, 비파나무, 상동나무, 팔손이, 까마귀쪽나무, 가문비나무, 개잎갈나무, 연필향나무, 서양향나무
- 3년형 : 소나무류, 상수리나무, 굴참나무, 향나무
- 4년형 : 두송

72

출제오류로 인한 "모두정답" 처리

73

① 옥신 : 최초로 발견된 호르몬으로 세포신장, 정아우세에 관여한다.
② 에틸렌 : 탄소 2개가 이중결합으로 연결된 기체이며 과실 성숙을 촉진한다.
④ 시토키닌 : 담배의 유상조직 배양연구에서 밝혀졌으며, 세포분열을 촉진하고 잎의 노쇠를 지연시킨다.
⑤ 지베렐린 : 벼의 키다리병을 일으킨 곰팡이에서 발견되었으며, 줄기생장을 촉진한다.

74

ㄷ. 배 혹은 배 주변의 조직이 생장억제제를 분비하여 발아를 억제하는 것은 생리적 휴면에 해당한다.
ㄹ. 콩과식물의 휴면타파를 위한 열탕처리는 뜨거운 물(75~100℃)에 잠깐 담근 후 점진적으로 온도를 낮추어 진행한다.

75

잎이 초식동물과 곤충의 공격을 받으면 자스몬산이 대량으로 만들어지면서 휘발성 유기물로 바뀌어 이웃 식물에 경고하는 역할을 한다.

76

8면체층
- 깁사이트형(Gibbsite-like) : 중심이온이 Al^{3+}이고, 음이온이 수산기인 광물, $Al(OH)_3$
- 브루사이트형(Brucite-like) : 중심이온이 Mg^{2+}이고, 음이온이 수산기인 광물, $Mg(OH)_2$

77

ㄱ. 산림토양은 수관 아래 놓여 있기 때문에 토양온도 변화가 작다.
ㄴ. 산림토양은 낙엽의 공급량이 많아 O층이 형성된다.

78

③ Entisols → Alfisols → Ultisols → Oxisols
- Entisols(엔티졸) : 미숙토
- Inceptisols(인셉티졸) : 반숙토
- Alfisols(알피졸) : 성숙토
- Ultisols(울티졸) : 과숙토
- Oxisols(옥시졸) : 과산화토

79

- 토양의 부피 = 면적 × 깊이 = $10,000m^2$ × $0.1m$ = $1,000m^3$
  (※ $1ha$ = $10,000m^2$)
- 토양의 무게 = 부피 × 용적밀도 = $1,000m^3$ × $1.0Mg/m^3$ = $1,000Mg$ (※ $1g/cm^3$ = $1Mg/m^3$)
- 탄소저장량 = 토양의 무게 × 탄소농도 = $1,000Mg$ × 0.03 = $30Mg$

80

토양 표면이 식생으로 피복되면 토양 구조가 발달하고 강우의 타격으로부터 보호되기 때문에 수분 침투율이 증가하게 된다.

81

Na^+은 응집현상을 방해하는 대표적인 양이온이다.

82

토양입자는 입경에 따라서 광물학적, 물리적 및 화학적 성질이 다르므로 토양분류, 토지이용 및 토지를 평가함에 있어 토성은 매우 중요한 기본적 성질이 된다.

83

5개 공원의 유효수분함량(포장용수량과 위조점의 차이)

	포장용수량	위조점	유효수분함량
공원 1	50	40	10
공원 2	45	30	15
공원 3	40	20	20
공원 4	25	10	15
공원 5	10	5	5

84

Fe^{3+}는 환원되면 Fe^{2+}로 된다(산화수가 감소하면 환원, 증가하면 산화).

85

비료 포장지에 적힌 숫자의 의미
- 질소, 인, 칼륨 성분의 순서로 함유율을 %로 나타냄
- 주의할 점 : 질소 = N, 인 = P_2O_5, 칼륨 = K_2O
- $N-P_2O_5-K_2O$ = 20-10-10
  → 칼륨 성분은 비료 100kg 중 10%인 10kg이 된다.
    K_2O의 분자량 = 94, 이 중 K이 차지하는 양은 78
    K_2O가 10kg이므로 K의 무게는 10kg × 78(칼륨의 무게)/94(K_2O의 분자량) = 8.298 = 8.3kg이 된다.

86

산성화는 수소이온의 농도를 증가시키는 반응으로 진행된다.

87

토양에 있는 주요 광물의 풍화에 대한 저항성 비교
석영 > 백운모 > 장석류 > 각섬석류 > 휘석류·흑운모 > 감람석류

88

알로판(Allophane)
- 화산재의 풍화로 생성되며 화산지대 토양의 주요 구성물질이지만, 일반 토양의 점토에도 흔히 존재한다.
- 많은 pH 의존적인 음전하를 가지고 있어 150cmolc/kg 정도의 큰 양이온교환용량을 갖는다.

89

비료의 반응
- 화학적 반응 : 비료 자체가 가지는 반응(pH)
  예 산성 : 과인산석회, 중성 : 질산암모늄, 요소, 알칼리성 : 생석회, 소석회
- 생리적 반응 : 비료 사용 후 잔류성분에 의한 토양반응(pH)
  예 산성 : 황산암모늄, 중성 : 질산암모늄, 요소, 알칼리성 : 질산나트륨, 질산칼슘

90

ㄱ. 유기물 분해는 미생물에 의한 반응이기 때문에 미생물의 활성에 영향을 주는 인자에 의해 분해속도가 변화된다.
ㄴ. 미생물 활성에 유리한 환경 즉, 적당한 pH, 수분함량, 온도, 산소농도가 주어지면 유기물 분해 속도가 빨라진다.

91

소성지수 = 액성한계 − 소성한계

92

상수리나무와 공생하는 균근균은 외생균근균이기 때문에 수지상체를 형성하지 않는다. 수지상체의 형성은 내생균근균의 특징이다.

93

ㄷ. 탄소 외 양분의 용탈 없이 유기물을 좁은 공간에서 안전하게 보관할 수 있다.
ㄹ. 퇴비화 과정에서 방출된 CO_2 때문에 탄질비가 낮아져 토양에서 질소기아가 일어나지 않는다.

94

Mo : 질소환원효소인 Nitrate Reductase의 보조인자이다.

95

토양복원기술 중 안정화 및 고형화처리기술
- 시멘트화에 의한 안정화 및 고형화처리기술
- 유리화에 의한 안정화 및 고형화처리기술

96

석고의 Ca는 서서히 용출되면서 토양의 교환성 나트륨을 교환한다. 교환된 나트륨은 용해도가 높은 황산나트륨으로 되어 용탈되고 토양은 Na형 토양에서 Ca형 토양으로 변하여 물리성이 개량된다.

97

산불은 토양의 발수성을 증가시키고 공극을 막아 수분 침투율과 투수능을 감소시킨다.

98

- 필수적 중금속 : 하위한계농도와 상위한계농도를 가짐(Cu, Fe, Zn, Mn, Mo)
- 비필수적 중금속 : 상위한계농도만 가짐(Cd, Pb, As, Hg, Cr)

99

철은 토양오염물질에 해당하지 않는다.

100

간이산림토양조사 항목

토심, 지형, 건습도, 경사, 퇴적양식, 침식, 견밀도, 토성

101

내수피는 형성층을 보호하는 층이기도 하며 내수피와 형성층은 맞붙어 있어 유합조직을 형성하기 위해서는 내수피가 보존되어야 한다. 수피조직은 건조할 경우 상처치유가 되지 않으며, 들뜬 수피는 이미 형성층이 고사하였음을 의미한다.

102

중장비가 이동할 경우 토양의 답압이 심해지므로 이를 보호하기 위해 철판을 깔기도 하나 이를 제거하면 답압에 의한 피해가 심해진다.

103

줄기의 한곳에 가지가 밀생할 경우, 시간이 지남에 따라 가지가 부피생장을 하게 되면 수피가 목질부 내에 파묻히게 되는 경우가 발생한다.

104

음수와 양수에 대한 수목의 구분

분류	전광량	침엽수	활엽수
극음수	1~3%	개비자나무, 금송, 나한송, 주목	굴거리나무, 백량금, 사철나무, 식나무, 자금우, 호랑가시나무, 회양목
음수	3~10%	가문비나무, 비자나무, 전나무류	녹나무, 단풍나무류, 서어나무류, 송악, 칠엽수, 함박꽃나무
중성수	10~30%	잣나무, 편백, 화백	개나리, 노각나무, 느릅나무, 때죽나무, 동백나무, 마가목, 목련, 물푸레나무, 산사나무, 산초나무, 산딸나무, 생강나무, 수국, 은단풍, 참나무류, 채진목, 철쭉류, 피나무, 회화나무
양수	30~60%	낙우송, 메타세콰이어, 삼나무, 소나무, 은행나무, 측백나무, 향나무류, 히말라야시다	가죽나무, 느티나무, 등나무, 라일락, 모감주나무, 무궁화, 밤나무, 벚나무류, 배롱나무, 산수유, 오동나무, 오리나무, 위성류, 이팝나무, 자귀나무, 주엽나무, 층층나무, 튤립나무, 플라타너스
극양수	60% 이상	낙엽송, 대왕송, 방크스소나무, 연필향나무	두릅나무, 버드나무, 붉나무, 자작나무, 포플러류

105

느티나무 가지를 분지되는 지점이 아닌 두목전정을 하였다고 할 수 있으며, 이로 인해 상처부위는 유합되지 않게 되며, 부후가 진행될 수 있다.

106

백목련의 개화기는 3~4월이며, 꽃이 진 직후인 5월(등나무의 개화기)에 전정을 하면 다음해에 꽃을 볼 수 있다.

107

이식은 수목이 어리고 뿌리절단이 적을수록 이식성공률이 높으며, 이식 시 상처발생과 환경피해를 막기 위해 수간감기 등의 조치를 취할 수 있다.

108

과습에 대한 정항성 수목

저항성	침엽수	활엽수
높음	낙우송	단풍나무류(은단풍, 네군도, 루브르), 미류나무, 물푸레나무, 버드나무류, 버즘나무류, 주엽나무, 오리나무 등
낮음	가문비나무, 서양측백나무, 주목, 소나무	벚나무류, 아까시나무, 자작나무류, 층층나무

109

철, 칼슘, 붕소는 체내에 이동성이 낮아 어린잎에 결핍증상이 먼저 나타난다.

110

PAN은 질소산화물과 탄화수소의 광화학적 반응으로 발생하며, 오존은 책상조직을 PAN은 해면조직에 가시적인 피해를 발생시킨다. 또한, 오존은 성숙잎에 PAN은 어린잎에 피해가 크다.

오존에 강한 수종

침엽수	삼나무, 해송, 편백, 화백, 서양측백, 은행나무
활엽수	버즘나무, 굴참나무, 졸참나무, 누리장나무, 개나리, 사스레피나무, 금목서, 녹나무, 광나무, 돈나무, 협죽도, 태산목

111

증산억제제를 뿌릴 경우, 탈수를 방지할 수 있으며, 제설염의 피해는 수분의 흡수를 막기 때문에 증산억제제를 뿌림으로써 단기간의 피해를 막을 수 있다.

112

① 산불의 3요소는 연료, 공기, 열이다.
② 산불의 확산은 평지보다 바람이 형성되는 계곡부에서 더 빨리 확산이 된다.
④ 산불은 지표화, 지중화, 수간화, 수관화로 구분된다.
⑤ 산불로 인한 재는 칼륨, 마그네슘 등이 많아 교환성 양이온이 증가하고, 산림이 척박해진다.

113

토양경화로 인한 피해는 공극이 적어짐으로써 가스 교환 방해, 뿌리 생장 감소, 수분침투율 감소 등이 발생한다. 일정 부피 내에 고체의 질량이 높아지는 것은 용적밀도가 커지는 것이다. 따라서 용적밀도가 증가한다는 것은 토양경화가 심화된다는 것을 의미한다.

114

수목 생장에 필요한 질소, 인산, 칼륨, 칼슘, 마그네슘, 황은 다량원소이며, 철, 망간, 구리, 아연, 붕소, 염소, 몰리브덴, 니켈은 미량원소이다. 이를 나누는 기준은 수목생체량의 0.1% 이상인 경우에는 다량원소, 0.1% 이하일 경우에는 미량원소로 구분된다.

115

디플루벤주론
살충제(분류기호 : 15, 작용기작 : 키틴합성저해제)

116

농약의 과다 사용은 약해와 환경오염을 유발한다.

117

수용제는 수용성 고체 원제와 유안이나 망초, 설탕과 같이 수용성인 증량제를 혼합한 후 분쇄하여 만든 분말제제이다.

118

용어정리
• 최대무독성용량(NOEL) : 실험동물을 대상으로 바람직하지 않은 영향을 나타내지 않는 최대 투여량
• 1일 섭취허용량(ADI) : NOEL을 사람에 적용하기 위해 안전계수(보통 100)로 나누어서 산출한 용량
• 농약잔류허용기준(MRL) : ADI 값을 근거로 설정
• 농약안전사용기준(PHI) 및 생산단계농약 잔류허용기준(PHRL) : MRL 값을 근거로 설정

119

피라클로스트로빈(Pyraclostrobin) : 다. 호흡 저해(에너지 생성 저해) >> 다3. 복합체Ⅲ: 퀴논 외측에서 시토크롬 bc1 기능 저해

120

설폭사플로르(Sulfoxaflor) : 미국선녀벌레 방제

121

• 글루타민 합성효소 저해(H10) 농약 : 글루포시네이트암모늄, 글루포시네이트-피
• 엽록소 생합성 저해(H14) 농약 : 뷰타페나실, 비페녹스, 사플루페나실, 설펜트라존, 옥사디아길, 옥사디아존, 옥시플루오르펜, 카펜트라존에틸, 클로르니트로펜, 클로메톡시펜, 트리플루디목사진, 티아페나실, 펜톡사존, 플루미옥사진, 플루티아셋메틸, 피라클로닐, 피라플루펜에틸

122

니트로기의 아민 변환은 환원 반응이다.

123

국립공원 내 소나무림은 법적 보호지역의 가치와 건강성 증진을 위해 보호가 필요한 경우에 해당한다.

124

나무병원의 등록증을 다른 자에게 빌려준 경우 1차 위반 시 영업정지 12개월 2차 위반 시 등록이 취소된다.

125

진료부에 기재해야 할 사항
• 진료일자
• 수목의 소유자 또는 관리자의 성명·전화번호
• 수목의 소재지, 수목의 종류, 본수 또는 식재면적, 식재연도 또는 수목의 나이 등 수목의 표시에 관한 사항
• 수목의 상태 및 진단
  처방·처치 등 치료방법(농약을 사용하거나 처방한 경우에는 농약의 명칭·용법·용량 및 처방일수를 포함한다)

제1회 시험 복원문제

[시행 2019. 07. 27.]

문 항 수 : 　　　문항
응시시간 : 　　　분

본 내용은 수험생의 기억을 바탕으로 복원된 문제로, 시험을 치루기 전 어떤 문제들이 출제되는지, 어떤 방식으로 출제되는지 등을 파악하기 위해 수록합니다. 실제 출제된 문제와 다르거나 배점이 다를 수 있으니 이점 양해바랍니다.

제1교시　논술형 (09:00~12:00) 100점

01 아파트에 제초제 피해 발생, 토양 및 수목관리방법 서술하시오. (15점)

02 외래해충으로 1화기 성충에만 흰 날개에 검은 점이 있는 해충의 종명(국명), 월동태, 생활사(가해 및 섭식형태), 방제법(물리적, 생물적, 화학적) 서술하시오. (15점)

03 흰가루병과 그을음병의 생물학적 차이와 방제법 서술하시오. (16점)

04 8월에 단풍나무 피해 발생, 수피가 꺼지고 점액질물질이 나오고, 하부에 굵은 목설(톱밥)이 보임. 열식으로 심어진 단풍나무가 한쪽 방향으로만 벗겨지고 지저분한 상처 발생 · 병 · 해충 · 생리적 피해 관점에서의 진단 및 방제법 서술하시오. (54점)

05 줄기가 부러질 위험이 있는 오래된 보호수를 외과수술하기로 결정, 외과수술 과정 서술 하시오. (15점) 작업형 01

02 DVD판독 : 수목명, 기주 및 병명(예 회화나무 녹병), 해충명 각 10문제 (30점)

※ 2018 국가생물종목록에 있는 명칭으로 작성

연 번	수목명	기주 및 병명	해충명	비 고
1	계수나무	단풍나무 타르점무늬병	갈색날개노린재	
2	구상나무	두릅나무 녹병	갈색날개매미충	산란된 가지
3	굴거리나무	붉나무 점무늬병	거북밀깍지벌레	
4	노각나무	사철나무 흰가루병	낙엽송잎벌	
5	모감주나무	소나무 혹병	벚나무사향하늘소	
6	미선나무	이팝나무 녹병	복숭아명나방	
7	복자기	작약흰가루병	오리나무잎벌레	
8	자귀나무	전나무 잎녹병	왕거위벌레	
9	전나무	참나무 시들음병	큰광대노린재	약 충
10	회화나무	향나무 녹병	팽나무알락진딧물	

03 농약 계산 및 희석 (15점)
- 테부코나졸 1,000배액 처방, 0.5ℓ 조제하려면 수화제 양은? 계산식 및 답
- 테부코나졸 농약의 종류 : (살충제, 살균제, 살비제) 중 고르기
- 농약 희석(수화제)

04 토양 산도 측정 (15점)

- 토양 산습도계 DM-5를 이용해 A, B, C 토양산도 측정 및 기록
- 어느 토양에서 수목이 잘 자라는가? A, B, C
- 알칼리토양을 고르고 토양을 개량하려면 (황, 석회, 염화마그네슘) 중 하나를 고르시오.

05 준스메타 사용법 (10점)

- BATT CHECK 수치는 얼마 이하면 충전해야 하는가? 8 (제작사 동영상)
- ZERO에서의 표시값은 몇으로 맞춰야 하는가? 1
- CAL에서의 표시값은 몇으로 맞춰야 하는가? 200~±1
- 나무의(작은 통나무) 활력도를 4방향에서 측정 및 기록

1. PROBE에 잭을 연결한다.

2. POWER를 켜고, 배터리를 체크한다(11.5V 이하이면 충전 필요).

3. Control switch를 ZERO로 놓고 표시값을 1로 맞춘다.

4. Control switch를 CAL로 놓고 200±1로 맞춘다.

5. Control switch를 MEASURE에 놓고 전극을 수간에 꽂는다.

6. 수목에 전극을 수직으로 꽂은 후 계기판에서 수치를 확인한다.

06 현미경 관찰 (15점) 녹병에 걸린 콩배나무 잎에서 포자 분리 및 관찰

- 실체현미경으로 병반에서 포자 분리
- 광학현미경으로 배율×100 포자 관찰

계수나무

구상나무

굴거리나무

노각나무

모감주나무

미선나무

복자기

자귀나무

전나무

회화나무

단풍나무 (작은)타르점무늬병

두릅나무 녹병

붉나무 점무늬병(모무늬병)

사철나무 흰가루병

소나무 혹병

이팝나무 녹병(잎에 노란 반점)

작약흰가루병(열매모양)

전나무 잎녹병

참나무 시들음병

향나무 녹병

갈색날개노린재

갈색날개매미충

거묵밀깍지벌레

낙엽송잎벌

벚나무사향하늘소

복숭아명나방

오리나무잎벌레

왕거위벌레

큰광대노린재

팽나무알락진딧물

제2회 시험 복원문제

[시행 2020. 02. 01.]

문 항 수 :	문항
응시시간 :	분

본 내용은 수험생의 기억을 바탕으로 복원된 문제로, 시험을 치루기 전 어떤 문제들이 출제되는지, 어떤 방식으로 출제되는지 등을 파악하기 위해 수록합니다. 실제 출제된 문제와 다르거나 배점이 다를 수 있으니 이점 양해바랍니다.

제1교시 논술형 (09:00~12:00) 100점

01 아밀라리아 뿌리썩음병에 대하여 기술하시오. (15점)
- 속명과 기주를 적으시오.
- 다른 뿌리썩음병과 구별할 수 있는 특징을 적으시오.
- 방제법을 3가지로 나누어서 기술하시오.

02 참나무 시들음병의 매개충에 대해서 기술하시오. (25점)
- 매개충 이름을 한글과 학명으로 쓰시오.
- 매개충의 생활사에 대하여 기술하시오.
- 매개충 방제에 사용되는 유인법(또는 기계적 처리방법) 두 가지와 화학적 처리방법 두 가지를 등록된 농약명과 시기 방법에 대해 기술하시오.

03 이미다클로프리드 수화제와 데부코나졸 유제를 혼합하여 4,000배를 희석하려고 한다. 물 1L에 대하여 각각의 약량과 혼합법에 대하여 기술하시오. (10점)

04 소나무는 우리나라 사람들이 좋아하는 수종이다. 내건성인 특성이 있어서 가로수로도 많이 식재되고 있다. 2020년 6월 25일 구청으로부터 가로수로 식재되어 있는 몇몇의 소나무의 수관이 급작스럽게 말랐다고 전화가 왔다. 아래 기초정보를 토대로 다음 물음에 답하시오. (50점)

- 피해지는 도심지 가운데로 밤늦게까지 가로등이 켜져 밝은 곳이고, 도시의 건물들로 인하여 밤에도 온도가 높다.
- 가로수는 식재된 지 15년이 되었다.
- 몇 년 전에 몇몇 소나무의 작은 가지들이 마르고 죽어있었다고 한다.
- 작년 강우량이 평년에 비해 적었다고 한다.
- 피해목의 줄기에 지름 1mm의 작은 구멍이 몇 개가 관찰되었다.
- 6년 전부터 나무의 생장량이 줄어들고 있다고 한다.

- 추가진단에 대하여 구체적으로 서술하고 결과를 제시하시오.
- 결과적으로 나온 진단에 대한 처방을 기술하시오.

01 노거수의 외과수술과정에 대하여 기술하시오. (10점)

02 DVD판독 : 수목명, 기주 및 병명, 해충명 각 10문제

No	수목명	기주 및 병명	해충명	월동태, 횟수, 유충형태
1	산딸나무	무궁화 그을음병	꽃매미	4령충
2	독일가문비	잣나무 털녹병	깍지벌레과	약 충
3	녹나무	철쭉류민떡병	흰불나방	번데기
4	마가목	참나무겨우살이	소나무굴깍지벌레	
5	벽오동	칠엽수 얼룩무늬병	회양목명나방	유 충
6	오리나무	붉나무 빗자루병	매미나방	1회
7	아왜나무	모무늬매미충	황다리독나방	
8	산사나무	참나무 녹병	갈색여치	알
9	이팝나무	붉나무 점무늬병	버들잎벌레	
10	쪽동백	버드나무 흰가루병	미국선녀벌레	1회

03 현미경 관찰 (10점) 밤나무 줄기마름병에 걸린 밤나무줄기에서 포자분리 및 관찰 (약 10분 소요)
실체현미경으로 병반에서 포자분리 / 광학현미경으로 포자관찰 / 병원균의 색깔 및 형태를 그려서 제출

04 산도측정 (10점)
- 시료를 3개로 나누어 산도측정
- 산성, 중성, 알칼리성의 시료 3곳을 산도측정기로 측정 후 기록 / 알칼리성 토양과 수목생장에 적합한 토양을 적어서 제출

05 토성구분문제 (10점)
사토, 양토, 점토질 토양을 촉감법으로 감별

수목병

산딸나무

독일가문비

녹나무

마가목

벽오동

오리나무

아왜나무

산사나무

이팝나무

쪽동백

병 해

수목병해 사진 및 수목병해 관련 사진을 파악하고 정답을 기록

무궁화 그을음병

독일가문비

철쭉류민떡병

참나무겨우살이

칠엽수 얼룩무늬병

붉나무 빗자루병

마름무늬매미충

참나무 잎녹병

붉나무 모무늬병

버드나무 흰가루병

충 해

해충의 사진 또는 해충관련사진을 제시하고 해충명, 월동태, 발생횟수, 유충형태를 묻는 문제

꽃매미, 4령충

깍지벌레과, 약충

미국흰불나방, 월동태 ; 번데기

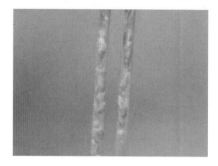

소나무굴깍지벌레

회양목명나방, 월동태 ; 유충

매미나방, 1회

황다리독나방, 기주 ; 층층나무

갈색여치, 월동태 ; 알

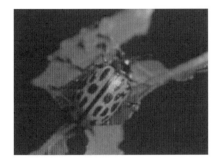

버들잎벌레

미국선녀벌레, 1회

본 내용은 수험생의 기억을 바탕으로 복원된 문제로, 시험을 치루기 전 어떤 문제들이 출제되는지, 어떤 방식으로 출제되는지 등을 파악하기 위해 수록합니다. 실제 출제된 문제와 다르거나 배점이 다를 수 있으니 이점 양해바랍니다.

제1교시   논술형 (09:00~12:00) 100점

01 생활권 수목에서 확인되는 *Septoria*속 병원균이 일으키는 수목병에 대한 아래 물음에 답하시오. (15점)
- 피해 특징 중 병징을 쓰시오.
- 피해 특징 중 표징을 쓰시오.
- 방제법 2가지를 쓰시오.

02 1963년 전남 고흥에서 처음 발생하여 해안가 곰솔림에 막대한 피해를 주고 있는 해충에 대한 아래 물음에 답하시오. (20점)
- 해충의 국명과 학명
- 해충의 생태적 특징과 생활사
- 선단지에서의 예찰 방법
- 소나무 재선충병과 함께 발생 시 곰솔에 수간주사로 처방 가능한 등록 약제 1종

03 사진을 보고 진단하시오. (15점)

(사진 설명 : 침엽수의 신초가 꼬불꼬불하고, 활엽수의 잎에서 오갈 증상이 심함)

- 공통적인 원인을 쓰시오.
- 진단 방법을 쓰시오.
- 치료 방법을 쓰시오.

04 다음의 기초 정보를 참고하여 물음에 답하시오. (50점)

> 진해 군항제 벚나무
> - 평균 수령이 60년이고, 군항제 방문객이 100만 명에 달함
> - 토양의 용적밀도와 경도가 높은 상태
> - 축제 기간 7일 동안 야간에 가로등이 계속 켜져 있었고, 잔가지가 말라 죽고 일부 수목의 지제부에는 이끼가 끼어 있음
> - 얇은 가지가 모여 자란 현상이 다수의 벚나무에서 관찰됨
> - 줄기에서 해충 배설물이 지저분하게 발견되었고, 목설과 다량의 수액 누출이 관찰됨

- 종합적 진단
- 종합적 처방(방제방법)

01 수목의 외과수술 단계 중 매트처리와 인공수피처리에 대하여 설명하시오. (10점)

02 DVD 판독 : 수목, 병, 해충 각 10문제 (2점 × 30문제 = 60점)

No	수목명	기주 및 병명	해충명
1	스트로브잣나무	사철나무 탄저병	털두꺼비하늘소, 월동태
2	화백	산철쭉 떡병	별박이자나방, 연 발생 횟수
3	상수리나무	옥시테트라사이클린	진달래방패벌레
4	은사시나무	자낭포자	가중나무껍질밤나방
5	백당나무	바이러스	극동등에잎벌
6	목련	벚나무 빗자루병	솔껍질깍지벌레, 피해 심한 충태
7	자작나무	아까시흰구멍버섯	갈색날개매미충, 월동태
8	중국단풍나무	아밀라리아 뿌리썩음병	때죽납작진딧물, 가해 종류
9	산벚나무	갈색부후	대나무쐐기알락나방, 월동태
10	까치박달	벚나무 갈색무늬구멍병	복숭아유리나방, 월동태

03 루페 활용 (15점)
- 솔수염하늘소의 더듬이를 관찰하여 암수를 구별하는 방법을 두 가지 쓰시오. (10점)
- 더듬이의 자루마디, 팔굽마디, 채찍마디의 수를 암수 구분하여 (   ) 안에 쓰시오. (5점)

04 토양 진단 (15점)
- 토색 판별 : Musell 토색첩에 A, B로 표시된 색을 기호로 쓰시오.
- 용적밀도 계산 : 토양 시료 채취에 사용된 코어의 지름과 높이가 그림으로 제시되었고, 준비된 건조 토양이 담긴 통, 저울과 칭량접시(플라스틱 재질)를 직접 이용하여 용적밀도를 구하고, 소수 첫째 자리까지 적으시오.

제4회 시험 복원문제

[시행 2021. 04. 24.]

문 항 수 :　문항

응시시간 :　분

본 내용은 수험생의 기억을 바탕으로 복원된 문제로, 시험을 치루기 전 어떤 문제들이 출제되는지, 어떤 방식으로 출제되는지 등을 파악하기 위해 수록합니다. 실제 출제된 문제와 다르거나 배점이 다를 수 있으니 이점 양해바랍니다.

제1교시 논술형 (09:00~12:00) 100점

01 최근 과수에 큰 피해를 주는 불마름병에 대한 아래 물음에 답하시오. (15점)
- 병징과 표징을 쓰시오.
- 감염 및 전염 경로를 쓰시오.
- 방제법을 쓰시오.

02 소나무 잎의 기부에 혹을 만들어 가해하는 해충에 대한 아래 물음에 답하시오. (20점)
- 해충의 국명과 학명
- 생활사
- 충태별 방제방법
- 천적 4종

03 아래 질문에 대해 답하시오. (10점)
- 메트코나졸의 유효성분과 작용기작
- 델타메트린의 유효성분과 작용기작

04 농약 저항성을 줄이기 위한 농약 사용법을 쓰시오. (5점)

05 다음의 기초 정보를 참고하여 물음에 답하시오. (50점)

해수욕장 곰솔
• 9월 15일 진단의뢰가 들어온 해안가 숲에서 곰솔 40본에서 수관 하부의 잎이 적갈색으로 변하였고, 그중 5본이
  잎이 쳐지며 고사한 것을 발견
• 주변에 취사행위의 흔적과 파상땅해파리버섯의 자실체(문제에서는 사진으로만 제시)가 다수 발견
• 최근 5년간 해수욕장 이용객이 급증
• 토양의 용적밀도가 $1.2g/cm^3$에서 $1.5g/cm^3$로 증가
• 해일과 태풍으로 해수가 유입된 적이 있으며, 토양 조사 결과 pH는 8.6이었고, ESP는 17%였음

• 조사자료를 분석하고 추가 진단사항을 쓰시오.
• 진단에 대한 종합적 처방을 쓰시오.

01 뿌리 외과수술에 관련하여 아래 물음에 답하시오. (10점)

- 뿌리절단과 박피
- 토양소독과 토양개량

02 DVD 판독 : 수목, 병, 해충 각 10문제 (2점 × 30문제 = 60점)

No	수목명	기주 및 병명	해충명
1	고로쇠나무	동백나무 흰말병	노랑쐐기나방, 월동태
2	굴참나무	잣나무 털녹병, 송이풀	노랑털알락나방, 월동태
3	메타세쿼이아	회양목 잎마름병	장미등에잎벌, 월동태
4	백송	벚나무 번개무늬병, 바이러스	사철나무혹파리, 월동태
5	산딸나무	회색고약병	개나리잎벌, 연 발생 횟수
6	산수유	(자낭구) 흰가루병	진달래방패벌레, 월동태
7	산수국	(소나무 피목가지마름병) 자낭반	소나무가루깍지벌레, 월동태
8	왕버들	(장미 검은무늬병) 분생포자층	매미나방, 월동태
9	칠엽수	감나무 둥근무늬낙엽병	미국선녀벌레, 연 발생 횟수
10	버즘나무	마가목 점무늬병	호두나무잎벌레, 월동태

03 루페 활용 (15점)

- 벚나무 모시나방의 사진과 표본에서 시맥을 관찰하여 둔맥의 수와 주맥의 수를 쓰시오. (5점)
- 더듬이 모양을 관찰하고 특징이 잘 나타나도록 그리고, 더듬이 유형을 쓰시오. (9점)

04 토양 진단 (15점)

- 중량수분함량 계산 : 건조 전후의 토양이 담긴 용기, 용기의 무게 정보(27g), 전자저울을 주고 이를 이용하여 수분의 무게를 쓰고 (5점), 중량수분함량을 계산하여 자연수로 쓰시오. (5점)
- 토양단면 문제 : 세 개의 층위로 구분되는 토양단면 사진을 보고 층위를 기호로 나타내고, 이 중 철과 알루미늄 산화물이 집적되는 층과 그 층의 이름을 쓰시오. (5점)

제5회 시험 복원문제

[시행 2021. 10. 02.]

문 항 수 : 　　 문항

응시시간 : 　　 분

본 내용은 수험생의 기억을 바탕으로 복원된 문제로, 시험을 치루기 전 어떤 문제들이 출제되는지, 어떤 방식으로 출제되는지 등을 파악하기 위해 수록합니다. 실제 출제된 문제와 다르거나 배점이 다를 수 있으니 이점 양해바랍니다.

제1교시　논술형 (09:00~12:00) 100점

01 소나무 혹병과 밤나무 뿌리혹병에 대한 아래 물음에 답하시오. (16점)
- 각각의 병원균을 쓰시오. (4점)
- 각각의 기주를 쓰시오. (4점)
- 각각의 피해부위를 쓰시오. (4점)
- 각각의 전염방법을 쓰시오. (4점)

02 사진의 해충(매미나방의 수컷)에 대한 아래 물음에 답하시오. (18점)
- 해충의 국명과 성별 (3점)
- 암수 성충의 형태적 차이 (4점)
- 유충의 가해 형태 (3점)
- 이 해충의 생활사 (8점)

03 솔잎혹파리 방제 약제인 페니트로티온 유제(50%)에 대한 아래 물음에 답하시오. (18점)
- 유효성분의 계통을 쓰시오. (2점)
- 약제 20ml를 20L로 희석한 살포액의 유효성분을 ppm 농도로 계산하여 쓰시오. (2점)
- 이 약제의 코드는 1b이다. 1b의 작용기작을 쓰시오. (10점)
- 페니트로티온에 중독되었을 때의 해독제를 쓰시오. (2점)
- 페니트로티온은 (　　　)에 잔류하기 때문에 봄부터 개화가 끝날 때까지 살포를 금한다. (　　　)를 채우시오. (2점)

04 다음의 기초 정보를 참고하여 물음에 답하시오. (48점)

> 도로변에 500m 길이로 가로수로 식재된 양버즘나무가 있다. 90년대 초에 이식되었고, 흉고직경은 40cm이다. 7월 초에 2~7일간의 호우로 침수된 적이 있으며, 일부 식재 위치는 지면보다 낮다. 겨울철에는 제설작업으로 여러 차례 나무 밑둥에 눈을 쌓아 놓은 적이 있다. 최근 갑자기 대부분의 잎이 갈변되고 시들어 7월 말에 나무의사가 다녀갔고, 다음과 같은 정보를 얻었다.
> - 토양 pH 7.0
> - 일부 잎이 황백색으로 변하고 잎 뒷면에 검은색 잔재물 발견
> - 일부 잎에서 엽맥과 잎 주변이 괴사함
> - 줄기에 상처와 공동이 있으며, 지제부에서 버섯 발견

04-1

기초자료를 토대로 추가 진단사항과 진단결과를 쓰시오.
- 병해 (8점)
- 충해 (8점)
- 비생물적 피해 (8점)

04-2

개선 방안을 쓰시오.
- 병해 (8점)
- 충해 (8점)
- 비생물적 피해 (8점)

01 수목의 외과수술 과정 중 살균, 살충, 방부, 방수처리 과정과 유의사항에 대하여 설명하시오. (10점)

02 DVD 판독 : 수목, 병, 해충 각 10문제 (2점 x 30문제 = 60점)

No	수목명	기주 및 병명	해충명
1	일본잎갈나무	명자나무 붉은별무늬병, 향나무	이세리아깍지벌레
2	리기다소나무	버드나무 잎녹병	주둥무늬차색풍뎅이
3	팽나무	대나무 개화병	회양목명나방
4	산철쭉	리기다소나무 푸사리움가지마름병	알락하늘소, 월동태
5	당단풍나무	버즘나무 탄저병	벚나무모시나방
6	때죽나무	배롱나무 잎가루병	복숭아명나방, 월동태
7	꽃사과나무	느티나무 흰별무늬병, 분생포자각	아까시잎혹파리, 월동태
8	멀구슬나무	오동나무 빗자루병, 매개충	외줄면충, 중간기주
9	대왕참나무	밤나무 줄기마름병, 자낭각	붉나무혹응애
10	매자나무	소나무류 잎떨림병	모리츠잎혹진딧물

03 병해충 동정 (15점)

03-1

보여주는 도구 중에서 움직이는 캐터필러형 유충을 관찰하는데 필요한 도구 3개를 고르시오. (5점)

> 해부현미경, 광학현미경, 토양경도계, 핀셋, 물, 루페

03-2

현미경을 사용하는 방법이 옳지 않은 것을 고르시오. (5점)
- 영상1 : 대물대 조작
- 영상2 : 대물렌즈 조작
- 영상3 : 초점 잡는 동작
- 영상4 : 프레파라아트 맞추는 동작

03-3

주어진 자를 이용하여 화면 속 자낭구와 제시된 척도에 근거하여 길이를 측정하여 정수로 적으시오. (5점)

04 토양 진단 (15점)

- 용적밀도 및 수분함량 측정 : 영상에서 코어의 지름과 높이를 재는 장면과 잰 수치를 클로즈업해서 보여주고, 채취한 토양과 이를 건조한 후 잰 무게를 저울을 클로즈업해서 순서대로 보여주고는 용적밀도와 수분함량을 구하는 식을 쓰라고 함(결과를 요구하지 않고 영상에서 올바른 수치를 뽑아 대입한 수식을 적기만 하면 됨) (5점)

- 토색 판별 : Munsell 토색첩으로 토색을 찾는 영상을 보여주고 선정된 색을 표기하는 문제 (5점)

- 토성 판별 : 토양시료를 적당히 적셔 띠를 만들어 길이를 재니 4.7cm가 되는 영상을 보여주고, 이 토양의 토성을 식토, 식양토, 양토 중에서 고르라는 문제 (5점)

참고문헌

- 나용준 외, 수목병리학, 향문사
- 신해충도감, 국립산림과학원
- 나용준 외, 조경수병충해도감, 서울대출판문화원
- 이경준, 수목생리학, 서울대학교출판부
- 구창덕 외, 신고 산림보호학, 2015, 향문사
- 김계훈 외, 토양학, 향문사
- 진현오, 삼림토양학, 향문사
- 정형오 외, 최신농약학, 시그마프레스
- 이경준, 수목의학, 서울대학교출판부
- 천연기념물 노거수 위험관리 매뉴얼, 2016, 국립문화재연구소
- 산림사업안전관리매뉴얼, 2015, 산림청
- 대기오염과 피해수목, 2012, 산림과학원
- 시민정원사 매뉴얼, 2015, 경기농림진흥재단
- 한권으로 끝내기, 2019, 시대고시기획
- 조경기능사 필기 한권으로 끝내기, 2019, 시대고시기획
- 조경기능사 실기[조경작업], 2019, 시대고시기획
- 식물보호기사·산업기사 한권으로 끝내기, 2019, 시대고시기획
- 유기농업기사·산업기사 한권으로 끝내기, 2019, 시대고시기획

모든 전사 중 가장 강한 전사는 이 두 가지, 시간과 인내다.

– 레프 톨스토이 –

꿈을 꾸기에 인생은 빛난다.

- 모차르트 -

2025 SD에듀 나무의사 한권으로 끝내기

개정6판1쇄 발행	2024년 06월 20일 (인쇄 2024년 04월 25일)
초 판 발 행	2019년 10월 04일 (인쇄 2019년 08월 30일)
발 행 인	박영일
책 임 편 집	이해욱
편 저	김동욱 · 정규종
편 집 진 행	노윤재 · 유형곤
표지디자인	박서희
편집디자인	장성복 · 정재희
발 행 처	(주)시대고시기획
출 판 등 록	제10-1521호
주 소	서울시 마포구 큰우물로 75 [도화동 538 성지 B/D] 9F
전 화	1600-3600
팩 스	02-701-8823
홈 페 이 지	www.sdedu.co.kr
I S B N	979-11-383-7061-5 (13520)
정 가	39,000원